ᐙᐸᓄᑖᒡ ᓂᐃᒥᕁ ᐯᐃ ᓇᐱᔅ/ᓇᓂ ᐊᔨᒍᐃᐧᓐ
ᔑᐧᐊᓄᑖᒡ

Dictionnaire du cri de l'Est de la Baie James
Dialecte du Sud

CRI–FRANÇAIS

Édition 2012

Publié par:
Programmes cris, Commission scolaire crie
C.P. 270
Chisasibi (Québec) J0M 1E0 Canada

Dans le cadre du projet eastcree.org [subventionné par le Conseil de Recherche en Sciences Humaines du Canada, subvention #856-2009-008 à M-O. Junker, Carleton University]

ISBN 978-1-927039-44-1

ᑳᓂᑳᓅᕽᒋᒡ	**Coordonnatrice**
ᒦᓯ-ᐅᑏᓪ ᔳᐣᑭᕐ	Marie-Odile Junker

ᑳ ᒪᓯᓇᐦᐊᒥᐦᒡ	**Rédactrices**
ᕈᑦ ᓴᑦ	Ruth Salt
ᐋᓇ ᐹᒃᐢᒥᑦ	Anna Blacksmith
ᐸᑦᕇᓵ ᑖᔮᒪᐣ	Patricia Diamond
ᐳᕐᓪ ᐌᐢᒉ	Pearl Weistche
ᒦᓯ-ᐅᑏᓪ ᔳᐣᑭᕐ	Marie-Odile Junker
ᒫᕐᑭᕆᑦ ᒪᑭᐣᓯ	Marguerite MacKenzie

Données de publication de la Bibliothèque nationale du Canada

Ruth Salt
Anna Blacksmith
Patricia Diamond
Pearl Weistche
Marie-Odile Junker
Marguerite MacKenzie

Waapanuutaahch cheimis pei iiyiyuu / iinuu ayimuwin - shaawanuutaahch 1 Dictionnaire du cri de l'Est de la Baie James (Dialecte du Sud): Cri-français.

Inclut une introduction à la langue, de l'information grammaticale, et des définitions pour plus de 18 000 mots cris de l'Est (dialecte du Sud).

ISBN 978-1-927039-44-1

1. Cri- langue - dialecte - cri de l'Est - Baie James - dictionnaire - bilingue. 1. titre

---

Imprimé par: Lulu.com

Dictionnaire du cri de l'Est de la Baie James
Dialecte du Sud
CRI–FRANÇAIS
Édition 2012

ᑳᐅᓯᓈᐦᐄᑲᓂᐎᒡ	**Coordonnatrice**
ᒫᕆ-ᐅᑎᓪ ᔫᓐᑯᕐ	Marie-Odile Junker
ᑳ ᒪᓯᓇᐦᐊᒧᒡ	**Rédactrices**
ᕈᑦ ᓵᓪᑦ	Ruth Salt
ᐋᓇ ᐴᓛᒃᔅᒥᑦ	Anna Blacksmith
ᐸᑦᕋᐃᔥ ᑖᐃᒪᓐ	Patricia Diamond
ᐳᕐᓫ ᐧᐁᔥᒡ	Pearl Weistche
ᒫᕆ-ᐅᑎᓪ ᔫᓐᑯᕐ	Marie-Odile Junker
ᒫᒃᑭᓐᔨ ᒫᒡᑲᓐᔨ	Marguerite MacKenzie
ᑳ ᐅᔥᑖᐧᐃᒡ	**Assistance technique,**
ᑲᓇᐙᐸᒥᐦᐄᑲᓂᐙᑉ	**Scripts d'exportation de**
ᐁ ᐋᔥᑐᐸᔨᒡ ᓂᐳᑦ	**la banque de données**
ᑎᓛᔨ ᑎᐧᑯᕐᓄ	Delasie Torkornoo

Cette version a été publiée par: Les programmes cris,
Commission scolaire crie
C.P. 270, Chisasibi, Baie James (Québec) J0M 1E0 Canada
Télécopieur: 819-855-2724

dans le cadre du projet eastcree.org [subventionné par le Conseil de Recherche en Sciences Humaines du Canada, subvention #856-2009-008 à M-O. Junker, Université Carleton]

Ajouts et corrections peuvent être envoyés aux rédactrices à l'adresse ci-dessus ou par courriel: ayimuwin@eastcree.org

Données de publication: Ruth Salt, Anna Blacksmith, Patricia Diamond, Pearl Weistche, Marie-Odile Junker, Marguerite MacKenzie (réd.) (2012) *Dictionnaire du cri de l'Est de la Baie James: Cri-français*. Commission scolaire crie.

ISBN **978-1-927039-44-1**

Copyright © 2004–2012, Commission scolaire crie

Éditions précédentes (électroniques 2007–2010)

ᑳ ᒥᒋᒥᐦᐋᑲᓄᐦᒡ **Rédacteurs et rédactrices**
ᐯᓪ ᒐᓂᓯᐛᔅ Bill Jancewicz (2004)
ᒣᕆ-ᐅᑎᓪ ᔫᖕᑭᕐ Marie-Odile Junker (2004–2010)
ᒫᒃᕆᑦ ᒫᑲᓐᓯ Marguerite MacKenzie (2004–2010)
ᑌᓯ ᒧᐋᕐ Daisy Moar (2004–2007)
ᐁᓚ" ᓃᐳᔥ Ella Neeposh (2004)
ᕈᑦ ᓴᓪᑦ Ruth Salt (2004–2010)

Traduction anglais-français
ᐊᖢᔅ ᓚᐴᓐ France Lafond (2007)

ᐁ ᒌᒋᒥᔅᑲᒫᑲᓅᐅᒋᒡ
Remerciements

ᓂᐋ ᒌᒋᒥᔅᑲᒫᓱᓈᓐ ᐊᓅᒡ ᑎᐹᒋᒧᐧᒥ/ᑎᐹᒋᒧᐦᒌ ᑳ ᐧᒥᒐ ᐎᑐᐹᒋᒥᑯᔨᒡᑦ ᓃᑳᓐ ᑳ ᐱᒦᑲᓐ ᐅ ᒫᒋᒥᐦᐋᑲᓐ, ᐁᐅᑯᓂᒡ ᒡᑫ ᐅᒌ :

Nous tenons à remercier toutes les personnes ressources et aînées qui nous ont aidé à créer ce dictionnaire au fil des années, en particulier :

ᐁᐧᒡᓃ ᒫᒃᔫᐧᑐᐋᔅᑦ	ᐋᔥᑎᐋᓐ	Florrie Mark-Stewart, Eastmain
ᐃᓕᓴᐯᑦ ᒐᓖ	ᐧᐋᔅᑳᒣᐧᐋᓂᔥ	Elizabeth Jolly, Waskaganish
ᐁᑦᐎᓐ ᒐᓖ	ᐧᐋᔅᑳᒣᐧᐋᓂᔥ	Edwin Jolly, Waskaganish
ᐊᓅᔥ ᒎᐁᔥ ᑖᔨᒪᓐ	ᐧᐋᔅᑳᒣᐧᐋᓂᔥ	(feu) Louise Diamond, Waskaganish
ᐊᓅᔥ ᐧᒐᓂ ᐧᐊᔅᑭᒐᓐ	ᐧᐋᔅᑳᒣᐧᐋᓂᔥ	(feu) Johnny Whiskeychan, Waskaganish
ᐊᓕᒃ ᐧᐊᔅᑦ	ᐧᐋᔅᑳᒣᐧᐋᓂᔥ	Alec Weistche, Waskaganish
ᒋᒥ ᒧᐋᕐ	ᐧᐋᔅᑳᒣᐧᐋᓂᔥ	Jimmy Moar, Waskaganish
ᐊᓅᔥ ᕉᐳᕐᑦ ᐁᕐᓕᔅ	ᐧᐋᔅᑳᒣᐧᐋᓂᔥ	(feu) Rupert Erless, Waskaganish
ᓴᓐᑐᔅ ᐧᐊᔅᑦ	ᐧᐋᔅᑳᒣᐧᐋᓂᔥ	Sanders Weistche, Waskaganish
ᐊᓅᔥ ᒎᓯᐦᐄᓐ ᑖᔨᒪᓐ	ᐧᐋᔅᑳᒣᐧᐋᓂᔥ	(feu) Josephine Diamond, Waskaganish
ᐸᑦᕆᔖ ᑖᔨᒪᓐ	ᐧᐋᔅᑳᒣᐧᐋᓂᔥ	Patricia Diamond, Waskaganish
ᐊᓚᓐ ᑭᒋᓐ	ᐧᐋᔅᐧᐊᓂᐱ	Allan Kitchen, Waswanipi
ᒥᕆ ᐯᓖᒃᔅᒥᑦ	ᐧᐋᔅᐧᐊᓂᐱ	Mary Blacksmith, Waswanipi
ᐁᒥᓖ ᑯᐦᐯᕐ	ᐧᐋᔅᐧᐊᓂᐱ	Emily Cooper, Waswanipi
ᐊᓅᔥ ᔅᒪᓖ ᐯᑕᐧᐊᐸᓄ	ᒥᔅᑎᔅᓃ	(feu) Smalley Petawabano, Mistissini
ᓓᕆ ᐯᑕᐧᐊᐸᓄ	ᒥᔅᑎᔅᓃ	Lauri Petawabano, Mistissini
ᐁᐧᑦᓃ ᐯᓖᒃᔅᒥᑦ	ᒥᔅᑎᔅᓃ	Evadney Blacksmith, Mistissini
ᐊᓅᔥ ᐳᐃᔅ ᐯᓖᒃᔅᒥᑦ	ᒥᔅᑎᔅᓃ	(feu) Boyce Blacksmith, Mistissini
ᓘᐃᔅ ᐯᓖᒃᔅᒥᑦ	ᒥᔅᑎᔅᓃ	Louise Blacksmith, Mistissini

ᓃᐧᐃ ᓂᔅᑯᒧᐋᓐ ᐅᐱᒣ ᑲ ᐊᑎ ᒫᔨᔑᔨᒉᐤ ᐋᔭᔑ/ᐋᒎ ᒥᔑᒌᓯᔨᐊᓐ ᐁ ᐅᐃᒋ ᐱᒋᐸᔨᐦᒋᐸᓅᐃᔾ:
Pour leur soutien indéfectible, nous remercions chaleureusement:

ᑌᐃᔾ ᐯᔑᑲᓐ-ᐦᐁᕈᐅᓀᔅ	Daisy Bearskin-Herodier, Coordonnatrice des Programmes cris
ᓖᓐᑕ ᐱᓯᑦᔅ	Linda Visitor, Programmes cris
ᐴᕋᓐᔅ ᐱᓯᑦᔅ	Frances Visitor, Programmes cris
ᐊᔨᑕ ᑭᓪᐱᓐ	Ida Gilpin, Directrice de l'Éducation

ᑲ ᐅᑎᓂᒼᑉ ᐅᔅᑯ ᒥᔨᐊᔑᑉᐋᑉᐊᒼ **Graphisme et photo**
ᑲ ᐊᔾᔅᑎᒼᑉ ᒦ ᐊᔪᐋᑐᔅᒃ ᐅᔅᑯ **de la couverture**
ᑫᐃᔅ ᒥᔅᐊ Kate Missen

ᓃᐧᐃ ᓂᔅᑯᒧᐋᓐ SIL International ᐊᓂᑦ ᑕᔅᐋᔥ ᑲ ᐊᔪᓯᓐᒃᐅᐢ ᐊᓂᒼ ᐁ ᐅᐃᒡ ᐋᒐᒼᐋᐧᐸᔅᐤ ᐁ ᐋᔭᔪᐅᐧᐸ/ᐋᒨᒼᐤᐢ ᐁ ᒪᔨᐋᑲᒪᔅ ᐁ ᑫᐸᑲᐃᐦᑕᒥᒃ ᒃᐊ" ᒺᑊ ᑲᔅᒋᓇ ᐊᓱᐧᔨᑊᓐ ᐁ ᐊᔨ ᐋᒐᒼᐋᐧᐸᔅᔾ.
Nous remercions SIL International pour le logiciel Toolbox et pour leur aide dans le développement des systèmes de clavier et des caractères syllabiques, ainsi que l'Université Carleton pour leur infrastructure et leur soutien à la recherche.

ᓂᔅᒋᑕᓪ ᐊᔭᒨᐃᐊ
Préface

ᓂᒐᐊ ᒫᒃ ᑭᐱ ᒐᒼᒐᐋᔨᐅ ᐁ ᐊᔨᐱᒫᔨᐊᓐ, ᑲᑦᓇ ᑭᐱ ᐱᒋᐋᔨᐅ ᐊᓇᐣ ᒺᑌᐣ ᐊ ᐊᔪᐋᒡᒼᐦ ᒺ ᐊᔨᐱᔨᒐᑲᓯᓇᐃᐤ. « Il n'y a aucune raison que ce travail s'arrête, il va continuer car il reste tant à faire », disait Luci Bobbish-Salt dans l'introduction à l'édition cri-anglais de 2004. En effet, le travail a continué, et c'est avec plaisir que nous vous présentons aujourd'hui la première édition imprimée en français. En 2004 nous avons publié simultanément les versions imprimées cri-anglais et les versions électroniques en ligne cri-anglais et anglais-cri. En 2007, nous avons eu le plaisir de publier en ligne et en format électronique téléchargeable les versions cri-français et français-cri. En 2008, une édition électronique sur CD, en 2010, une nouvelle édition en ligne, et maintenant, une série de 8 volumes, disponibles dans différents formats. Cette édition contient bien des corrections, mises à jour et nouveaux mots, comme ᓂᐧᒑᐸᐦᒋᑲᓐ nitwaapahchikan 'ordinateur', ᓂᐧᒑᐸᐦᒋᑲᓂᔥ nitwaapahchikanish 'ordinateur portable', et ᒋᔅᒋᔅᒋᓂᑲᓐ chischischinikan 'souris d'ordinateur', mots qui témoignent de la vitalité et de la capacité de la langue crie à s'adapter aux réalités du 21e siècle. L'équipe s'est déjà lancée dans la prochaine édition, qui inclura plus de mots particuliers à certaines communautés, et comprendra une organisation thématique complète. L'équipe éditoriale est ravie de recevoir vos commentaires et suggestions à ayimuwin@eastcree.org. Vous aussi, vous pouvez faire partie de la prochaine édition!

INTRODUCTION

Table des matières

Le cri de l'Est de la Baie James viii
    Situation dans la famille linguistique viii
        Dialectes cri-innu-naskapi ix
        Carte des dialectes cri-innu-naskapi x
        Dialectes du cri de l'Est xi
        Carte des communautés cries de l'Est xi
    Système d'écriture xii
        Tableau d'écriture syllabique –
        cri de l'Est de la Baie James xiii
        Réforme de l'orthographe xiv
        Représentation en orthographe romane xiv
        Système de clavier pour le syllabique xv
    Points de grammaire xv
        Le genre xv
        La transitivité xvi
    Classification des mots xvii

Guide d'utilisation du dictionnaire xviii
    Nomenclature xviii
        Mot d'entrée xviii
        Écriture romane xix
        Dialecte xix
    Information grammaticale et abréviations utilisées xix
        Noms xix
        Verbes xx
        Particules, Préverbes et Pronoms xxi
        Exemples d'information grammaticale dans le dictionnaire xxiii
    Définitions xxiv
    Exemples xxv
Resources xxv

Le cri de l'Est de la Baie James

Cette section situe le cri de l'Est comme langue autochtone, présente le système d'écriture et quelques aspects de la grammaire, nécessaires pour comprendre les informations données dans le corps de ce dictionnaire bilingue cri-français.

Situation dans la famille linguistique

Le cri de l'Est de la Baie James (appelé cri de l'Est par les linguistes) appartient au continuum dialectal cri-innu (montagnais)-naskapi qui s'étend du Labrador sur la côte atlantique jusqu'aux montagnes rocheuses en Alberta. Les dialectes principaux de ce continuum, d'Ouest en Est, sont: le cri des plaines (Alberta et Saskatchewan), le cri des bois (Saskatchewan et Manitoba), le cri des marais (Manitoba et Ontario), le cri de Moose (Ontario), l'atikamekw, le cri de l'Est, le naskapi de l'Ouest (Québec) et l'Innu/Montagnais (Québec et Labrador). Ces dialectes trouvent tous leur origine dans une langue parlée il y plusieurs centaines d'années, que les linguistes appellent le cri commun, un membre de la famille de langues algonquiennes. Le cri est apparenté au mi'kmaq, au maliseet-passamaquoddy, à l'ojibwe, au meskwakie (Fox), au menominee, au pied-noir (Blackfoot), à l'arapaho, et à plusieurs autres langues algonquiennes. La prononciation des mots change régulièrement d'un dialecte à l'autre, de sorte que les dialectes se distinguent selon leur usage de la consonne *y, th, n, l* ou *r* dans certains mots:

	moi	toi	lui/elle	il vente
cri des plaines	niiya	kiiya	wiiya	yôtin
cri des bois	niitha	kiitha	wiitha	thôtin
cri des marais	niina	kiina	wiina	nôtin
cri de Moose	niila	kiila	wiila	lôtin
atikamekw	niira	kiira	wiira	rôtin
cri de l'Est	niiyi	chiiyi	wiiyi	yuutin
naskapi de l'Ouest	niiy	chiiy	wiiy	yuutin
innu (montagnais de l'Ouest)	niil	tshiil	uiil	luutin
innu (montagnais de l'Est et naskapi de l'Est)	niin	tshiin	uiin	nuutin

Les dialectes se répartissent également en deux groupes, de l'Est et de l'Ouest, dépendant de leur usage des consonnes *k* ou *ch/tsh* avant les voyelles *e, i, ii*:

	C'est long	Quoi	C'est chaud	toi	vous
cri des plaines	ᑭᓄᐚ° *kinwaaw*	ᑫᒀᐊ *kekwaan*	ᑭᓯᑌᐤ *kisitew*	ᑭᔾ *kiiya*	ᑭᔾᐚᐤ *kiiywaaw*
cri des bois	ᑭᓄᐚ° *kinwaaw*	ᑫᒀᐊ *kekwaan*	ᑭᓯᑌᐤ *kisitew*	ᑭᖬ *kiitha*	ᑭᖬᐚ° *kiithwaaw*
cri des marais	ᑭᓄᐚ° *kinwaaw*	ᑫᒀᐊ *kekwaan*	ᑭᓯᑌᐤ *kisitew*	ᑭᓇ *kiina*	ᑭᓄᐚ° *kiinwaaw*
cri de Moose	ᑭᓄᐚ° *kinwaaw*	ᑫᒀᐊ *kekwaan*	ᑭᓯᑌᐤ *kisitew*	ᑭᓚ *kiila*	ᑭᓛ° *kiilwaaw*
atikamekw	ᑭᓄᐚ° *kinwaaw*	ᑫᒀᐊ *kekwaan*	ᑭᓯᑌᐤ *kisitew*	ᑭᕋ *kiira*	ᑭᕌ° *kiirwaaw*
cri de l'Est	ᒋᓅᐚ° *chinwaau*	ᒉᒀᐊ *chaakwaan*	ᒋᔑᑌᐤ *chishiteu*	ᒌᔨ *chiiyi*	ᒌᔨᐚᐤ *chiiyiwaau*
naskapi de l'Ouest	ᒋᓅᐚ° *chinwaau*	ᒉᒀᐊ *chaakwaan*	ᒋᓯᑖᐤ *chisitaaw*	ᒌᔾ *chiiy*	ᒌᔨᐚᐤ *chiiyiwaau*
innu (montagnais de l'Ouest)	ᒋᓅᐚ° *tshinuaau*	ᒉᑯᐊ *tshekuaan*	ᒋᔑᑌᐤ *tshishiteu*	ᒌᓪ *tshiil*	ᒌᓗᐊᐤ *tshiiluaau*
innu (montagnais de l'Est et naskapi de l'Est)	ᒋᓅᐚ° *tshinuaau*	ᒉᑯᐊ *tshekuaan*	ᒋᔑᑌᐤ *tshishiteu*	ᒌᓐ *tshiin*	ᒌᓄᐚ° *tshiinuaau*

(Note: le syllabique utilisé dans les tableaux ci-dessus est le syllabique de l'Est. Celui de l'Ouest est un peu différent).

Dialectes cri-innu-naskapi

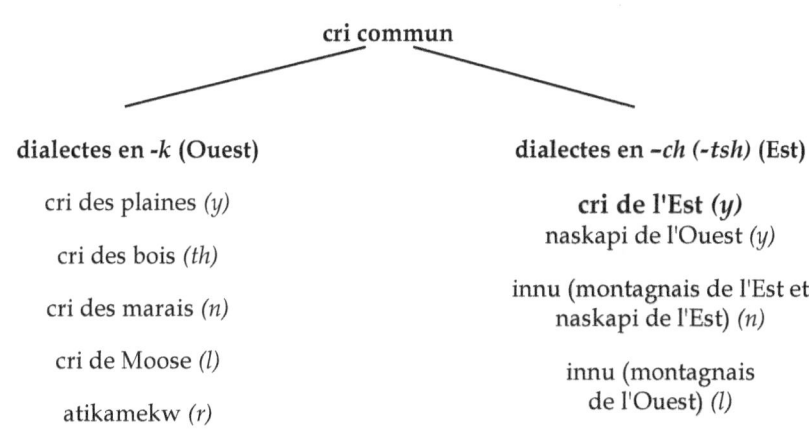

Carte des dialectes cri-innu-naskapi

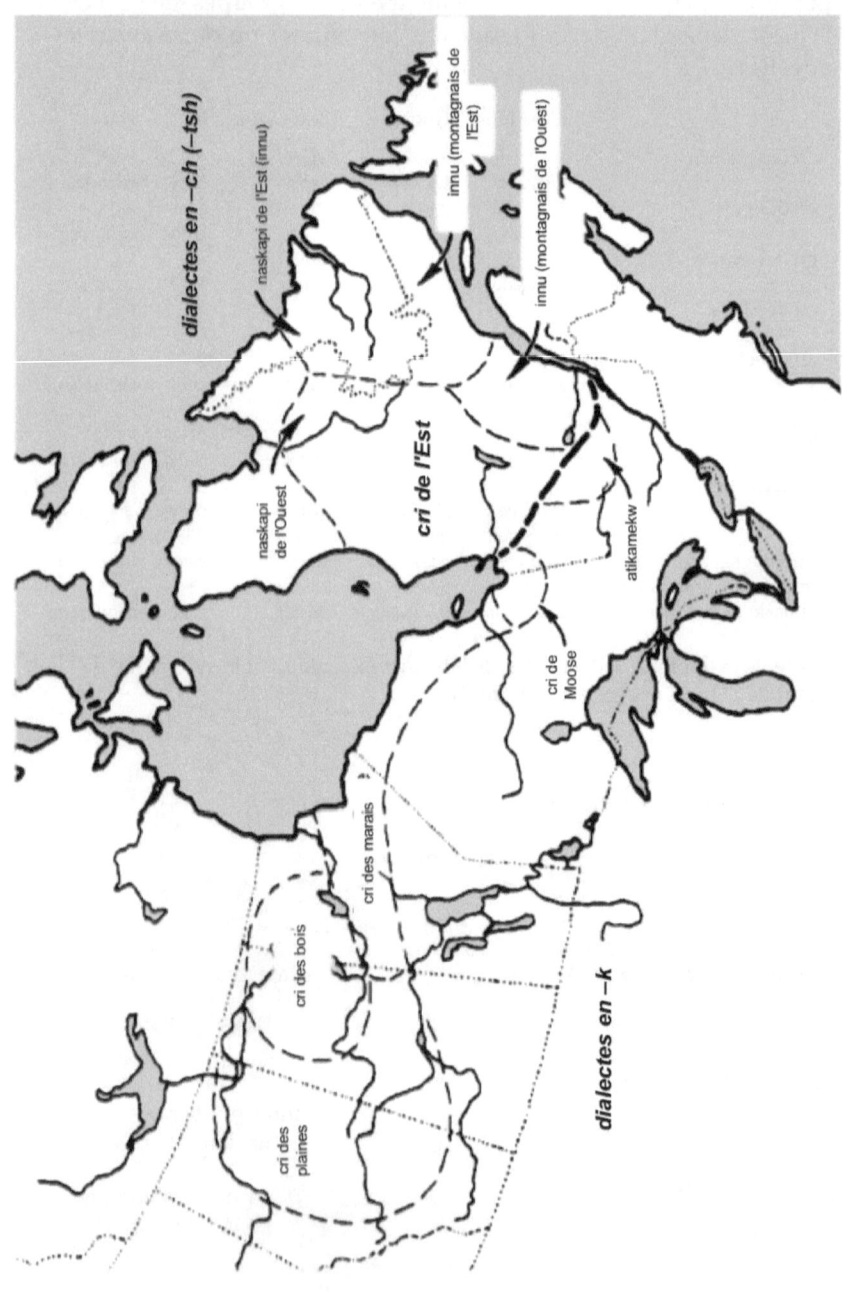

Dialectes du cri de l'Est

Le cri de l'Est se divise en deux dialectes principaux, celui du Sud et celui du Nord. Ils diffèrent dans leur prononciation et leur orthographe, ainsi que dans leur vocabulaire et sur certains points de grammaire. Le dialecte du Nord ne prononce pas la voyelle *e*, représentée dans les symboles syllabiques ▽, ∨, ∪, ꓶ, ꓤ, ꓵ, ᆺ, etc. Celle-ci est remplacée par la voyelle qui s'écrit *aa* en roman et qui se retrouve dans les symboles syllabiques ◁ ⊂ ᑳ ᑲ ᒐ ᒪ ᓴ ᓇ ᐊ ᕙ. (Les noms propres font exception). Le dialecte du Nord inclut les communautés de Whapmagoostui (Poste-de-la-Baleine), Chisasibi (Fort George), and Wemindji (Vieux-Comptoir). Le dialecte du Sud se divise entre deux sous-dialectes, celui de la côte, qui inclut les communautés de: Eastmain, Waskaganish, et Nemaska (Nemiscau) et celui de l'intérieur, avec: Mistissini, Oujé-Bougoumou et Waswanipi. On connaît un certain nombre de différences entre ces dialectes, mais beaucoup de recherche reste à faire dans ce domaine.

Carte des communautés cries de l'Est

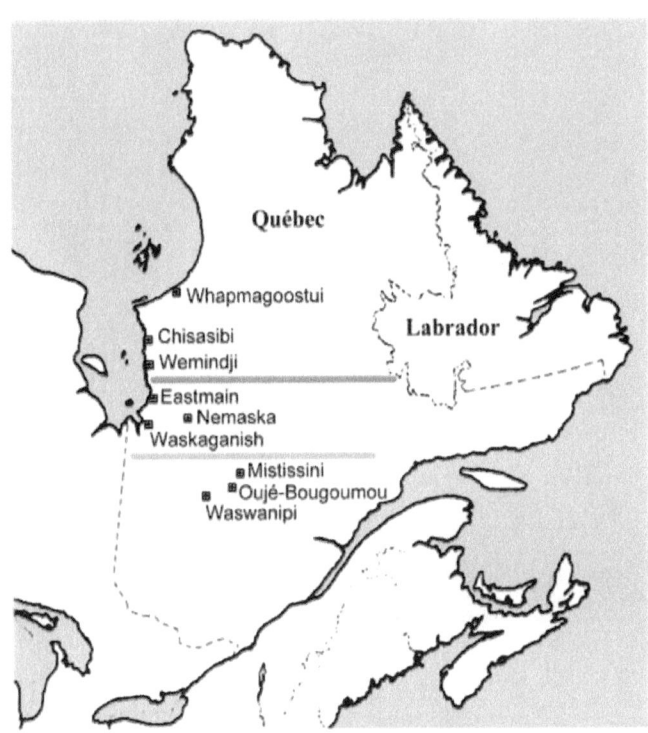

Système d'écriture

Les Cris lisent et écrivent avec un système d'écriture syllabique qui s'inspire du système créé par James Evans, un prêtre méthodiste au service des Ojibwés et des Cris de l'Ontario et du Manitoba dans les années 1820-1840. Une version modifiée de ce système est aussi utilisée par les Inuits. Le système cri est complètement *pointé*: on utilise un point au-dessus des symboles pour indiquer la longueur des voyelles. De plus, un point à gauche du symbole indique un *w* avant la voyelle, un petit cercle en position finale indique un *w* ou un *u* consonnantique à la fin d'un mot, le (") est un symbole pour *h*. De plus, le cri de l'Est a aussi un symbole pour indiquer le son *kw* en fin de mot, un son qui n'est pas prononcé dans les dialectes de l'Ouest.

L'ordre de tri des mots cris suit l'ordre des symboles syllabiques dans le tableau, de gauche à droite et de haut en bas, avec les voyelles courtes précédant les voyelles longues.

Tableau d'écriture syllabique – cri de l'Est de la Baie James

▽		△	△̇	▷	▷̇	◁	◁̇	°	ʺ
e		i	ii	u	uu	a	aa	u	h
·▽		·△	·△̇	·▷	·▷̇	·◁	·◁̇		
we		wi	wii	wu	wuu	wa	waa		
∨	·∨	∧	∧̇	>	>̇	<	<̇	·<̇	<
pe	pwe	pi	pii	pu	puu	pa	paa	pwaa	p
∪	·∪	∩	∩̇	⊃	⊃̇	⊂	⊂̇	·⊂̇	c
te	twe	ti	tii	tu	tuu	ta	taa	twaa	t
ᑫ	·ᑫ	ᑭ	ᑭ̇	ᑯ	ᑰ	ᑲ	ᑳ	·ᑳ	k	kw
ke	kwe	ki	kii	ku	kuu	ka	kaa	kwaa	k	kw
ᐣ	·ᐣ	ᑕ	ᑕ̇	ᒍ	ᒎ	ᒐ	ᒑ	·ᒑ	ᒡ	
che	chwe	chi	chii	chu	chuu	cha	chaa	chwaa	ch	
ᒣ	·ᒣ	ᒥ	ᒦ	ᒧ	ᒨ	ᒪ	ᒫ	·ᒫ	m	
me	mwe	mi	mii	mu	muu	ma	maa	mwaa	m	
ᓀ	·ᓀ	ᓂ	ᓃ	ᓄ	ᓅ	ᓇ	ᓈ	·ᓈ	n	
ne	nwe	ni	nii	nu	nuu	na	naa	nwaa	n	
ᓓ	·ᓓ	ᓕ	ᓖ	ᓗ	ᓘ	ᓚ	ᓛ	·ᓛ	l	
le	lwe	li	lii	lu	luu	la	laa	lwaa	l	
ᓭ	·ᓭ	ᓯ	ᓰ	ᓱ	ᓲ	ᓴ	ᓵ	·ᓵ	s	
se	swe	si	sii	su	suu	sa	saa	swaa	s	
ᔐ	·ᔐ	ᔑ	ᔒ	ᔓ	ᔔ	ᔕ	ᔖ	·ᔖ	sh	
she	shwe	shi	shii	shu	shuu	sha	shaa	shwaa	sh	
ᔦ	·ᔦ	ᔨ	ᔩ	ᔪ	ᔫ	ᔭ	ᔮ	·ᔮ	y	
ye	ywe	yi	yii	yu	yuu	ya	yaa	ywaa	y	
ᕃ	·ᕃ	ᕆ	ᕇ	ᕈ	ᕉ	ᕋ	ᕌ	·ᕌ	r	
re	rwe	ri	rii	ru	ruu	ra	raa	rwaa	r	
ᐯ	·ᐯ	ᐱ	ᐱ̇	>	>̇	<	<̇	·<̇	v, f,	
ve	vwe	vi	vii	vu	vuu	va	vaa	vwaa	v, f,	
ᑌ	·ᑌ	ᑎ	ᑎ̇	ᑐ	ᑐ̇	ᑕ	ᑕ̇	·ᑕ̇	c̓	
the	thwe	thi	thii	thu	thuu	tha	thaa	thwaa	th	

Réforme de l'orthographe

Depuis la toute première publication du dictionnaire cri-anglais en 1987 (*Cree Dictionary: Eastern James Bay Dialects* [1987]) plusieurs changements ont été apportés à l'orthographe des mots. En général, l'orthographe a été modifiée pour se rapprocher d'une forme plus ancienne de la langue et des autres dialectes du cri. Par exemple, le symbole ᐃ a été remplacé par ᐲ dans des mots comme ᐃᐅᐲᑦᒡᑌ. Il y maintenant plus de différences entre la façon d'orthographier les mots dans les dialectes du Nord et du Sud. L'orthographe des mots du Nord reflète mieux la manière dont parlent les aînés, avec moins de contractions dans les mots, surtout à la fin des verbes. Bien que l'orthographe ne soit pas aussi proche de la prononciation des jeunes locuteurs, les changements régularisent mieux l'orthographe des suffixes. La version la plus récente d'un manuel d'orthographe en anglais (Spelling Manual) peut-être téléchargée du site www.eastcree.org.

Représentation en orthographe romane

Le cri de l'Est ne s'écrit généralement pas en lettres romanes comme le français et l'anglais sauf dans des cas où il coexiste avec le syllabique (comme ce dictionnaire) ou dans de rares documents destinés aussi aux gens qui ne lisent pas le syllabique (une version de la Bible a été publiée en orthographe romane standard), ou encore dans les applications qui n'offrent pas le syllabique, comme les systèmes de messageries textuelles des téléphones. Les gens qui savent lire en cri, lisent en syllabique.

Il est néanmoins très pratique d'avoir un système consistant pour représenter le cri avec une écriture romane. Le système partiellement phonémique du *Tableau d'écriture syllabique* (ci-dessus) est utilisé pour la représentation en roman des entrées du dictionnaire, suite au mot d'entrée en syllabique. Il existe deux manières de représenter la longueur des voyelles en orthographe romane: un accent circonflexe ou un macron: *a* "a-bref", *â* "a-long", ou les voyelles doubles: *a* "a-bref", *aa* "a-long". Cette publication fait usage des voyelles doubles pour représenter la longueur des voyelles.

Pour un guide de la prononciation des caractères syllabiques, consultez le tableau de syllabique sonore interactif téléchargeable sur le site eastcree.org: http://www.eastcree.org/keyboard.html.

Pour un guide général de la prononciation en cri, consultez la section *Les sons du cri de l'Est* (*The Sounds of East Cree*) du site eastcree.org.

Système de clavier pour le syllabique

Il existe deux systèmes pour taper en syllabique. Le premier système a pour origine les machines à écrire pour le cri, avec lesquelles chaque touche du clavier correspondait à un symbole. On avait besoin d'apprendre la disposition particulière des touches sur clavier, mais ensuite, on pouvait taper assez vite. Ce clavier est arrangé de façon à ce que la première rangée de touches corresponde à la série de syllabiques en *e,* la suivante à la série en *i,* etc. Ce système exige l'emploi de touches spéciales (Majuscule, Contrôle, etc.) en même temps que d'autres touches pour obtenir la durée des voyelles ou certaines orientations de caractères.

L'autre système combine l'alphabet français ou anglais et le clavier d'ordinateur. On a besoin de connaître la correspondance entre une combinaison de lettres romanes et un caractère syllabique donné, comme on peut le voir dans le tableau d'écriture syllabique. Il faut aussi être familier avec un clavier d'ordinateur standard utilisé pour les langues officielles (anglais ou français). Le système permet qu'on tape les mots cris en lettres romanes, mais ce qu'on voit sur l'écran est le mot en syllabique, au fur et mesure qu'on le tape. Par exemple, si on tape *kaa* ça donne ᑳ. Un des avantages de ce système est que le clavier n'a pas besoin d'être modifié (ni touches spéciales, ni nouvelles étiquettes sur les touches) et qu'on n'a pas besoin de mémoriser un nouveau clavier. C'est le système le plus populaire en usage aujourd'hui.

Pour en savoir plus: www.eastcree.org/cree/en/resources/cree-fonts/

Points de grammaire

La structure du cri est assez différente de celle du français et de l'anglais. Une certaine conscience de ces différences sera utile pour consulter ce dictionnaire.

Le genre

Le genre est une distinction importante en français, et elle l'est aussi en cri. La différence est que le genre en français consiste en une distinction masculin-féminin, alors qu'en cri, on distingue l'*animé* et l'*inanimé*.

Dans la classe des animés on compte les choses ayant des référents animés comme les gens, les animaux, les êtres vivants (dont les arbres et certaines plantes), mais aussi des choses et des objets, comme les voitures, la peau de caribou, le pain et le motoneige.

Dans le dictionnaire le genre des noms est indiqué par les lettres **na** pour *nom animé* et **ni** pour *nom inanimé*. Le genre du verbe est aussi indiqué de cette manière avec **a** et **i**. Voir la section des *Abréviations*, ci-dessous pour en savoir plus.

La transitivité

Les *verbes* servent à décrire des actions ou des états. La personne ou la chose qui fait l'action est appelé un **agent**. S'il y a quelqu'un ou quelque chose qui reçoit ou est affecté par l'action, on l'appelle le **patient**.

Si un verbe a un patient, on l'appelle un verbe *transitif*, parce que l'action "transite" entre l'agent et le patient. Par exemple dans la phrase française 'Anne lance la balle', *Anne* est l'agent et *la balle* est le patient. L'action *lance* passes **(transite)** de l'agent au patient.

Les verbes qui n'ont pas de patient sont appelés des verbes *intransitifs*. Par exemple dans la phrase française 'Anne court.' *Anne* est l'agent, *court* est l'action, mais il n'y a pas de patient.

Les quatre classes de verbes en cri se distinguent selon que le verbe est *transitif* or *intransitif*, et ensuite par le genre (animé ou inanimé) des participants.

Verbe Transitif Animé (vta)

Ces verbes ont un patient qui est affecté par l'action (ce qui fait qu'ils sont transitifs) et ce patient est un nom animé. C'est pourquoi on les appelle verbes transitifs animés. Les lettres **vta** veulent dire *verbe, transitif animé* et c'est ce qui est indiqué avec ces verbes dans le dictionnaire.

 ᐧᐋᐸᒥᐤ waapameu **vta** ♦ il/elle la/le voit (animé, par exemple: une raquette, un ami)

Verbe Transitif Inanimé (vti)

Ces verbes ont aussi un patient affecté par l'action (ce qui fait qu'ils sont transitifs), mais leur patient est un nom **inanimé**. Ils sont notés **vti** pour *verbe, transitif inanimé*.

 ᐧᐋᐸᐦᑕᒼ waapahtam **vti** ♦ il/elle le voit

Verbe Animé Intransitif (vai)

Puisque ces verbes n'ont pas de patient, on dit qu'ils sont **intransitifs**. C'est le genre du sujet qui compte: la personne ou la chose qui fait l'action est un nom **animé**. C'est pourquoi ils sont notés **vai** pour *verbe, animé intransitif.*

ᓂᐹᐅ nipaau **vai** ♦ il/elle dort

ᒥᐦᑯᓲ mihkusuu **vai** ♦ il/elle/c'est rouge (animé, par exemple une mitaine)

Verbe Inanimé Intransitif (vii)

Ici le genre de la chose qui fait l'action est **inanimé** (ou il n'y a pas d'agent, comme pour les verbes impersonnels de météo) et il n'y a pas de patient pour l'action. Ces verbes sont notés **vii** pour *verbe, inanimé intransitif.*

ᒋᒧᐎᓐ chimuwin **vii** ♦ il pleut

ᒥᐦᒁᐤ mihkwaau **vii** ♦ c'est rouge

Voir la section des *Abréviations*, ci-dessous dans le *Guide du Dictionnaire* pour en savoir plus.

Classification des mots

Comme les autres langues de la famille algonquienne, le cri a seulement quatre classes de mots ou parties du discours: des *noms*, des mots qui désignent des êtres et des choses; des *pronoms* qui remplacent des noms; des *verbes*, des mots qui décrivent des actions et des états; et des *particules*, qui incluent l'équivalent de conjonctions ('et', 'mais'), prépositions ('sous') et adverbes ('vraiment'). Le français et l'anglais ont beaucoup plus de parties du discours (des prépositions, des adverbes, des adjectifs, des déterminants) que le cri. Alors que la complexité du français et de l'anglais se situe au niveau de la **phrase**, la complexité du cri se retrouve plutôt au niveau interne du **mot**. En cri, un **verbe** seul peut toujours former une **phrase**. On voit bien ceci dans les définitions du dictionnaire: toutes les traductions des verbes cris sont des phrases complètes.

Guide d'utilisation du dictionnaire

Pour bien pouvoir utiliser le dictionnaire, il est important de comprendre comment l'information est organisée et présentée.

Nomenclature

Les pages du dictionnaires sont arrangées en deux colonnes et chaque entrée comprend les informations suivantes:

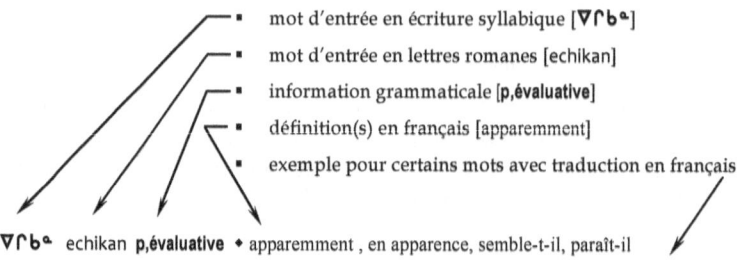

- mot d'entrée en écriture syllabique [∇ᑭᏏᵃ]
- mot d'entrée en lettres romanes [echikan]
- information grammaticale [**p,évaluative**]
- définition(s) en français [apparemment]
- exemple pour certains mots avec traduction en français

∇ᑭᏏᵃ echikan **p,évaluative** ♦ apparemment, en apparence, semble-t-il, paraît-il
■ ∇ᑭᏏᵃ ᓚᒪᔭ° ·ᐃ ᐅᑕᑦ"< ᑳ ᑭᑭᒥᑫ"ᵇₓ ■ *Apparemment, ce n'était pas son manteau qu'elle portait.*

∇ᒥ".ᑰᵃ emihkwaan **na** ♦ une cuillère

∇ᓂ<ᔨ enipayuu **vai/vii -i** ♦ il/elle/ça va au fond

∇ᓂᔑᵃ enishin **vai** ♦ il/elle est couché-e à plat; il/elle tombe malade et reste longtemps sans bouger

Mot d'entrée

Dans le dictionnaire cri-français, le *mot d'entrée* (le mot cri) est classé d'après son orthographe en syllabique cri, c'est-à-dire dans l'ordre de lecture du *tableau d'écriture syllabique* (ci-dessus). Ceci est important parce que les mots words qui commencent par ∆ se trouvent en premier, suivis par les mots, commençant par ∆̇, ᐅ, ᐅ̇, ᐊ, ᐊ̇, etc.

Le mot d'entrée cri consiste en la forme la plus simple du mot; par exemple, si c'est un *nom*, on donnera la forme au singulier, sauf si le mot est utilise uniquement ou le plus souvent au pluriel. Si c'est un *verbe*, on donnera la troisième personne du singulier de l'indicatif présent de l'indépendant. Par exemple, vous ne trouverez pas le mot cri ᓂᒌ ·ᐊ̇<ᑎᵘ nichii waapameuch 'je les ai vus' dans le dictionnaire, mais plutôt, le mot ·ᐊ̇<ᑎ° waapameu 'il/elle le/la voit'. Ce choix est fait parce que la forme infinitive n'existe pas en cri et que la forme de la troisième personne ne comporte aucun préfixe personnel et est la plus simple en inflection ou suffixes. Toutes les autres formes du verbe cri peuvent se construire à partir de celle-ci en appliquant les règles appropriées de préfixation et de suffixation. Le mot d'entrée se trouve en caractères syllabiques en gras immédiatement à gauche dans chaque colonne.

Écriture romane

Dans l'entrée, le mot qui apparait immédiatement après le mot en syllabique est la forme en orthographe romane du mot. Comme c'est indiqué ci-dessus dans la section sur le système d'écriture on utilise le voyelles doubles pour représenter les voyelles longues *(ii, uu, aa)* dans l'orthographe romane. Cette orthographe a l'avantage d'indiquer également les touches du clavier à taper pour obtenir les caractères syllabiques.

Dialecte

Une indication de l'usage particulier d'un mot dans une communauté ou une aire dialectale se trouve parfois entre [**crochets**] avant la définition. Le dialecte du Nord inclut les communautés de **Whapmagoostui, Chisasibi** et **Wemindji**.

Information grammaticale et abréviations utilisées

Différentes abréviations sont utilisées dans le dictionnaire, comme on l'a mentionné dans la section sur les points de grammaire. On les trouve surtout dans l'information grammaticale qui accompagne chaque mot. Les tables suivantes offrent une liste complète des abréviations données.

Noms

na.................. nom animé
nad................ nom animé, dépendant
nap................ nom animé participe/nominalisation
ni................... nom inanimé
nid................. nom inanimé dépendant
nip................. nom inanimé participe/nominalisation

Les noms animés (**na**) font leur pluriel avec le suffixe *–ich* et leur obviatif avec le suffixe *-h*.

Un très petit nombre de noms peuvent avoir le genre *animé* et le genre *inanimé*. Ils feront l'objet de deux entrées (ᒥᔥᑎᒄ mishtikw **na** 'un arbre', ᒥᔥᑎᒄ mishtikw **ni** 'un bâton').

Les *noms animés dépendants* (**nad**) sont des noms qui ont toujours un préfixe personnel. Ils réfèrent aux parties du corps et aux termes de parenté. Quand ils sont utilisés à la troisième personne, les **nad** se terminent avec un *-h* (marque d'obviatif). On les a traduit au singulier dans le dictionnaire bien qu'ils puissent être singulier ou pluriel, 'son fils' ou 'ses fils'.

Les termes de parenté ont été entrés dans le dictionnaire trois fois, avec des préfixes pour 'mon/ma', 'ton/ta' and 'son/sa' étant donné leur fréquence d'usage: ᓂᑳᐃ nikaawii, ᒋᑳᐃ chikaawii, ᐅᑳᐃᐦ ukaawiih.

Les *noms animés participes (nominalisations)* (**nap**) sont des verbes qui sont utilisés comme noms. Ils commencent avec *kaa-* et finissent avec le suffixe verbal du conjonctift *-t, -k* ou *-ch*.

Les *noms inanimés* (**ni**) font leur pluriel avec le suffixe *-h* et leur obviatif singulier avec le suffixe *-iyiu*.

Les *noms inanimés dependents* (**nid**) sont des noms inanimés qui ont toujours un préfixe personnel. Ils réfèrent presque toujours aux parties du corps.

Les *noms inanimés participes (nominalisations)* (**nip**) sont des verbes utilisés comme noms. Ils commencent par *kaa-* et se terminent par un suffixe verbal du conjonctif *-ch*.

Verbes

vai	verbe animé intransitif
vai+o	verbe animé intransitif plus objet
vii	verbe inanimé intransitif
vta	verbe transitif animé
vti	verbe transitif inanimé

Verbes animés intransitifs (**vai**): Ces verbes regroupent plusieurs catégories. La plupart de ces verbes ne prennent pas d'objet (nipaau 'il/elle dort'), mais certains en acceptent. Ceux qui forment leur passif en *–kanuu* au lieu de *–nuu* sont codés **vai+o** (ushihtaau 'il/elle le fait').

Forme active		*Type de verbe*	*Forme passive*	
ᓂᐹᐤ	nipaau	**vai**	ᓂᐹᓅ	nipaa**nuu**
ᐅᔑᐦᑖᐤ	ushihtaau	**vai+o**	ᐅᔑᐦᑖᑲᓅ	ushihtaa**kanuu**

Ces verbes diffèrent aussi dans la voyelle finale du radical. Pour ceux qui se terminent en -*uu* (ᐅ ᐳ ᑦ ᒧ ᒍ ᔈ ᙯ), la voyelle du radical n'est pas visible, c'est pourquoi ils sont codés en **-u**, ou **-wi** (-iwi, -iiwi, -aawi, -uwi).

Indépendant	*Voyelle du radical*	*Conjonctif*
nikimuu	u	aa nikimut
sischiiuu	wi	aa sischiiwit
niiipuu	wi	aa niipuwit

Verbes intransitifs inanimés (vii): Pour ces verbes, le sujet est toujours inanimé (ᒥᐦᑯᐚᐤ mihkwaau 'c'est rouge', ᒥᔅᐳᓐ mispun 'il neige'). Ils diffèrent selon la voyelle du radical. Pour ceux qui se terminent en -*uu* (ᐅ ᐳ ᑦ ᒧ ᒍ ᔈ ᙯ), la voyelle du radical n'est pas visible, c'est pourquoi ils sont aussi codés en **-u**, ou **-wi** (-iwi, -iiwi, -aawi, -uwi).

Verbes transitifs animés (vta): Ce sont des verbes comme ᐧᐋᐸᒣᐤ waapameu 'il/elle la/le voit' où une personne, un animal ou une chose animée agit sur une autre personne, un animal ou une chose animée (grammaticalement animée).

Verbe transitif inanimé (vti): Ce sont des verbes qui se terminent toujours en -*ham* dans ce dialecte. Une personne ou une chose animée agit sur une chose inanimée (ᐧᐋᐸᐦᑕᒻ waapahtam 'il/elle le voit'). Il existe quelques verbes de la classe vti qui ne prennent pas d'objet (ᒫᐦᐊᒻ maaham 'il/elle descend la rivière en bateau').

Particules, Préverbes et Pronoms

p......................... particule
preverb............... préverbe
pro...................... pronom

Les particules (**p**) sont des mots invariables. Elles sont sous-catégorisées pour leur valeur sémantique comme le **lieu**, le **temps**, etc. Voir la liste complète ci-dessous.

Les préverbes (**préverbe**) se trouvent devant les verbes et peuvent se combiner.

Les pronoms (**pro**) servent parfois à remplacer les noms. Ceux-ci sont sous-catégorisés en: **pronom personnel, focus, démonstratif** etc. Voir la liste complète ci-dessous.

Suite à l'abréviation de particule **p**, précédée par une virgule, on trouve les sous-catégories de particules suivantes:

affirmative	mot pour dire 'oui' ou pour montrer qu'on est d'accord
conjunction	mot pour joindre des phrases ou des mots: 'mais, ou, et'
dém, (focus,) lieu	mot pour montrer ou pointer, mots appelés 'démonstratifs'
emphatique	mot qui ajoute de l'importance aux autres mots
évaluative	mot qui indique un jugement sur une situation, 'évidemment, sans doute'
interjection	mot qu'on dit quand on s'exclame, ou mot de politesse 'bonjour, merci'
lieu	mot qui indique la situation, l'emplacement ou la direction
manièrer	mot qui indique la manière de faire quelque chose
negative	mot pour dire 'non'
nombre	mot pour exprimer des nombres
quantité	mots de quantité comme 'quatre livres, trois fois, beaucoup'
question	mot pour interroger comme 'quand' et le marqueur de question oui-non: aa
temps	mot pour indiquer le temps ou la durée

Suite à l'abréviation de pronom **pro**, précédée par une virgule, on trouve les sous-catégories de pronoms suivants:

absent	pronom absentatif, pour une personne ou une chose disparue
alternatif	pronom alternatif, utilisé pour référer à un ou une autre.
dém	pronom démonstratif
dubitatif	pronom dubitatif, utilisé pour s'interroger sur l'identité d'une personne ou d'une chose
focus	pronom focus, utilisé pour attirer l'attention d'une personne ou d'une chose
hésitation	pronom d'hésitation ou de pause quand on fait une pause dans la phrase
indéfini	pronom indéfini, utilisé quand on n'est pas sûr de l'identité de quelqu'un ou de quelque chose
question	pronom interrogatif, utilisé pour demander 'qui' ou 'quoi'
personel emphatique	pronom personnel, utilisé pour mettre de l'emphase 'moi, toi, lui, elle, etc.'

Suite à la partie du discours, on trouvera les indications suivantes, séparées par des virgules:

pl	pluriel
dim	diminutif, utilisé quand une personne ou une chose est plus petit-e que normal
invers e	agent et patient inversés, utilisé pour certaines formes transitives
pej	péjoratif, indiquant que quelque chose est vieux et usé
recip	réciproque, utilisé quand les gens se font des choses les uns aux autres
redup	réduplication de la première syllabe du mot indiquant la répétition d'une action ou sa continuité
reflex	réflexif, utilisé quand on se fait quelque chose à soi-même, par exemple 'se laver'
voc	vocatif, utilisé avec les termes de parenté pour interpeller les gens

Les dernières abréviations qu'on trouve avec les parties du discours indiquent la forme morphologique sous-jacente de la racine ou ses variations morpho-phonémiques, toujours précédées par un tiret. Pour les **noms**, on indique la voyelle utilisée avant un suffixe locatif *(-hch)* ou le marqueur du possessif*(-m)*: **-im, iim, -aam**, etc. Pour les **verbes vai** et **vii** se terminant en *–uu,* on indique la voyelle du radical: **-u, -i, -wi (-iwi, -iiwi, -aawi, -uwi).**

Exemples d'information grammaticale dans le dictionnaire

Voici à titre d'exemples, quelques abréviations grammaticales du dictionnaire:

ᔥᐯᐧᐋᐯᒧ yekaawaakamuu **vii –i** ♦ il y a du sable dans l'eau

L'information grammaticale de ce mot est: verbe inanimé intransitif; radical en **-i**.

ᐊᓂᔮ aniyaa **pro,dém,absent** ♦ feu ...

L'information grammaticale de ce mot est: **pro**nom, **dém**onstratif, **abs**entatif.

D'autres abréviations peuvent se trouver dans les définitions, comme les suivantes:

ex.	exemple
lit.	littéralement

Définitions

Dans le dictionnaire, les définitions en français ont une forme particulière, choisies pour refléter le sens du mot cri. La majorité des mots cris sont des verbes, ce que reflète leur définition. Il n'y a pas de distinction de genre féminin-masculin en cri, mais il y a un genre animé-inanimé. Par convention, nous représentons un sujet animé de troisième personne par: **il/elle** et un sujet inanimé par: **ça, c', il**.

Dans certains cas, comme 'elle accouche' ou 'il a une barbe', la définition ne donne que le féminin ou le masculin, mais il faut savoir que, même dans ces cas, le mot cri n'indique pas explicitement le féminin ou le masculin.

Pour les compléments d'objets, nous donnons, par convention **la/le** pour les objets animés et **le** ou **ça** pour les objets inanimés. Ainsi les quatre types de verbes seront traduits selon les conventions suivantes:

ᓅᑎᒫᐤ nuutimaau **vii** ◆ c'est arrondi

ᑯᐃᔥᑯᔫ kuishkushuu **vai** ◆ il/elle siffle

ᐧᐋᐸᐦᑕᒼ waaphtam **vti** ◆ il/elle le voit

ᐧᐋᐸᒣᐤ waapameu **vta** ◆ il/elle la/le voit

Les noms dans les définitions en français sont normalement précédés de l'article indéfini, afin d'indiquer le genre du mot français:

ᐧᐄᔥᑲᒑᓂᔥ wiishkachaanish **na** ◆ un geai du Canada

De nombreux mots qui décrivent des endroits ou des formes, ou encore le temps, sont exprimés par des verbes en cri. Ceci veut dire que la définition aura la forme d'une phrase complète, comme pour les autres verbes:

ᓅᑎᒫᐤ nuutimaau **vii** ◆ c'est arrondi

ᐱᔅᑯᑎᓈᐤ piskutinaau **vii** ◆ c'est une colline élevée, une montagne

ᒋᒧᐧᐃᓐ chimuwin **vii** ◆ il pleut

Les termes scientifiques (en latin) sont donnés pour un certain nombre d'animaux, d'oiseaux, de poissons, d'insectes et de plantes. Ces termes ne résultent pas d'une rigoureuse identification scientifique. Ces termes se trouvent en italiques:

ᐧᐄᔥᑭᒑᓂᔥ wiishkichaanish **na** ◆ un geai du Canada
Perisoreus canadensis

Exemples

Les exemples cris sont traduits en français tantôt au masculin, tantôt au féminin, ceci afin d'alléger le texte.

Resources

Un certain nombre de ressources existent, surtout en anglais, pour aider les professeur-e-s et les élèves avec l'orthographe, la grammaire et la lecture en cri. La plupart de ces ressources sont téléchargeables gratuitement sur le site www.eastcree.org:

    Structures comparées du cri de l'Est et du français

    Manuels d'orthographe (*Spelling Manuals for Northern and Southern Dialects*)

    Vocabulaire ressource (*Resource Book for classroom terms used in the elementary grades*)

    Outils informatiques pour le syllabique (*Cree syllabic fonts and keyboards for typing in Cree*)

    Pages de grammaire et de prononciation

    Catalogue de livres et de matériel éducatif en langue crie

    Banque de données d'histoire orales en cri avec fichiers sons téléchargeables

    Dictionnaire en ligne avec moteurs de recherche avancés, fichiers sons et images

    Jeux, leçons et exercices de langue interactifs

Voici d'autres sites qui peuvent être utiles:

    www.atlas-ling.ca

    www.cscree.qc.ca

    www.creeculture.ca

    www.gcc.ca

    www.sil.org/computing/toolbox/

    www.collectionscanada.ca/naskapi/

    www.tshakapesh.ca

    www.jeux.tshakapesh.ca

    www.innu-aimun.ca/dictionnaire

▽

▽ e préverbe ♦ quand, lorsque c'est possible, au moment voulu (utilisé avec des verbes au conjonctif)

▽ Ȧᒉ e iishi préverbe ♦ ainsi, comme, d'une certaine façon (forme modifiée de iishi, utilisée avec des verbes au conjonctif)

▽ΔΓᒡ eimis ni ♦ la ville d'Amos

▽ΔᒉᐧV̇ᒡ eishiwesaa p,interjection ♦ je me demande ▪ ▽ΔᒉᐧV̇ᒡ ᑲᑕ ΔᒉȧᑯᵃᑉᵃᐧᑦᑊΔᑊᵡ ▪ Je me demande de quoi cette maison aura l'air.

▽▷ᑯᓂᒪ eukunich pro,focus ♦ ce sont ces choses, ce sont eux ou elles (voir eukun) ▪ ▽▷ᑯᓂᒪ ᑲ ᐎᒋ ᒪᔅᑭᒋᐧᒡᵡ ▪ Ce sont eux qui ont été méchants avec moi.

▽▷ᑯᵃ eukun pro,focus ♦ c'est celui-là, c'est celle-là, c'est ça (animé ou inanimé) ▪ ▽▷ᑯᵃ ᑲ ᐎᒋ ᒪᔅᑭᒋᒥᒡᵡ ▪ C'est celui-là qui a été méchant avec moi.

▽▷ᑯᵃᑊ eukunh pro,focus ♦ ce sont ces choses, ce sont ceux ou celles (inanimé, voir eukun) ▪ ▽▷ᑯᵃᑊ ᑲ ᒥᔑᒡᵡ ▪ Ce sont les choses qu'elle m'a données.

▽▷ᑯᵃᑊ eukunh pro,focus ♦ c'est celui-là, celle-là; ce sont ceux-là, celles-là (obviatif animé voir eukun) ▪ ▽▷ᑯᵃᑊ ᑲ ᒪᔅᑭᒋᒥᑯᒡᵡ ▪ Ce sont eux qui ont été méchants avec lui.

▽▷ᑯᔪ eukuyuu pro,focus ♦ c'est ça, c'est la chose (voir eukun) ▪ ▽▷ᑯᔪ ᑲ ᒥᔑᒡᵡ ▪ C'est la chose qu'elle m'a donnée.

▽▷ᑯᔪᑊ eukuyuuh pro,focus ♦ ce sont ces choses, ce sont eux ou elles (inanimé, voir eukun) ▪ ▽▷ᑯᔪᑊ ᑲ ᒥᔑᒡᵡ ▪ Ce sont les choses qu'elle m'a données.

▽▷ᑯᔪᑊ eukuyuuh pro,focus ♦ c'est celui-là, celle-là; ce sont ceux-là ou celles-là (obviatif animé, voir eukun) ▪ ▽▷ᑯᔪᑊ ᑲ ᐎᒋ ᒪᔅᑭᒋᒥᑯᒡᵡ ▪ Ce sont eux qui ont été méchants avec lui.

▽▷ᐧᑲᓂᔦᓀ eukwaaniyene pro,focus,absent [Mistissini] ♦ c'est ce qui manque, c'est parti ▪ ▽▷ᐧᑲᓂᔦᓀ ᓂᒍᒡᵡ ▪ Ça y est, mon canot est parti.

▽▷ᐧᑲᓂᔦᓀᔫ eukwaaniyeneyuu pro,focus, absent [Mistissini] ♦ c'est ce qui manque, c'est parti (inanimé obviatif) ▪ ▽▷ᐧᑲᓂᔦᓀᔫ ▷ᒍᒡᵡ ▪ C'est son canot qui est parti.

▽▷ᐧᑲᓂᔦᑳ eukwaaniyehkaa pro,focus, absent ♦ ça y est, ils sont partis ou elles sont parties (pluriel animé, se dit juste après le départ de quelqu'un) ▪ ▽▷ᐧᑲᓂᔦᑳᑊ ᑲ ᒥᒃᒋᐸᐧᒡᵡ ▪ Ça y est, ils sont partis pour longtemps.

▽▷ᐧᑲᓂᔦᑳᓈᓂᒡ eukwaaniyehkaanaanich pro,focus, absent [Mistissini] ♦ ça y est, ils sont partis ou elles sont parties (pluriel obviatif animé; se dit juste après le départ de quelqu'un, s'utilise pour les personnes)

▽▷ᐧᑲᓂᔦᑳᓈᵃᑊ eukwaaniyehkaanaanh pro,focus, absent [Mistissini] ♦ ça y est, c'est parti (pluriel obviatif animé et inanimé; se dit après le départ de quelqu'un, utilisé pour les personnes)

▽▷ᐧᑲᓂᔮ eukwaaniyaa pro,focus, absent ♦ ça y est, c'est parti (se dit juste après le départ de quelque chose, par ex. un camion, une motoneige, ou une chose partie pour de bon) ▪ ▽▷ᐧᑲᓂᔮ ᒥᑦᐋ ▷ᒡᐋᑊᵡ ♦ ▽▷ᐧᑲᓂᔮ ᐊᐅᔨ ᒥᑦᐋ ▷ᒡᐋᓐᑊᵡ ▪ Ça y est, tous les camions sont partis. ♦ Ça y est, tous ses camions sont partis.

▽▷ᐧᑲᓂᔮᓈ eukwaaniyaanaa pro,focus, absent [Intérieur] ♦ c'est parti; ça y est, c'est mort, perdu, parti ▪ ▽▷ᐧᑲᓂᔮᓈ ᒥᑦᐋ ▷ᒡᐋᑊᵡ ♦ ▽▷ᐧᑲᓂᔮᓈ ᐊᵃ ᓂᒡᐊᒍᓚᑊᵡ ♦ ▽▷ᐧᑲᓂᔮᓈ ᐊᵃ ᐊᑊᐱᓐᑊᵡ ▪ Ça y est, ils sont tous partis les camions! ♦ Ça y est, il est parti l'enfant (par ex. en glissant). ♦ Ça y est, il est parti ou mort le chien.

▽▷ᐧᑲᓂᔮᓈᑊ eukwaaniyaanaah pro,focus, absent [Intérieur] ♦ c'est parti; ça y est, il est mort, perdu, parti ▪ ▽▷ᐧᑲᓂᔮᓈ ᐊᵃ ▷ᒡᐊᒍᓚᑊᵡ ♦ ▽▷ᐧᑲᓂᔮᓈᑊ ▷ᓐᑊᵡ ▪ Ça y est, il disparaît son enfant (par ex. en glissant). ♦ Ça y est, il est parti ou mort le chien.

▽▷ᐧᑲᓂᔮᑊ eukwaaniyaah pro,focus, absent ♦ ça y est, ils sont partis (se dit juste après le départ de quelque chose, par ex. un chien, des enfants sont partis, ou partis pour de bon) ▪ ▽▷ᐧᑲᓂᔮᑊ ᒥᑦᐋ ▷ᓐᑊᵡ ▪ Ça y est, tous ses chiens sont partis!

ᐁᐅᐧᑳᓈ eukwaanaa pro,focus, absent ◆ c'est lui qui n'est pas là; ça y est, il/elle est parti-e (pluriel obviatif animé; se dit juste après le départ de quelqu'un, s'utilise pour les personnes) ▪ ᐁᐅᐧᑳᓈ ᑲ ᐹᓯᑦ ᓂᔅᑌᔅ ᐅᑖᑯᔑᒡ× ▪ *C'est fait, mon frère a pris le bateau hier.*

ᐁᐅᒃᕽ eukh p,interjection ◆ ordre de tourner à droite donné au chien de tête d'un attelage

ᐁᐅᒄ eukw p,interjection ◆ c'est ça! uh-hum! ▪ ᐁᐅᒄ ᐆ ᒧᔭᒻ ᐁ ᐃᔑᓈᑯᐦᒡ× ▪ *C'est ça, c'est lui qui est exactement pareil.*

ᐁᐅᔅᐱᔅᑯᓄᐧᐄᔥᑑᒡ euspiskunuwiishtuuch nip ◆ l'arrière de la hutte de castor, à l'opposé de l'entrée

ᐁᐧᐄᒉ ewiiche pro,dubitatif ◆ ça doit être lui/elle ▪ ᐁᐧᐄᒉ ᐧᒑᓐ ᑲ ᓂᐸᐦᐊᑦ ᐊᓂᔦᐦ ᐊᒥᔅᑾᐦ× ◆ ᐁᐧᐄᒉ ᐊᓐ ᒫᐦᐄᐦᑲᓐ ᑲ ᓂᐸᐦᐊᑦ ᐊᓂᔦᐦ ᒨᔅᐦ× ▪ *Ce doit être Jean qui a tué ce castor.* ◆ *Ça doit être un loup qui a tué l'orignal.*

ᐁᐧᐄᒉᓂᒌ ewiichenichii pro,dubitatif ◆ ça doit être eux/elles (animé, voir *ewiiche*) ▪ ᐁᐧᐄᒉᓂᒌ ᑲ ᓂᐸᐦᐊᐧᑖᐤ ᐊᓂᔦᐦ ᐊᒥᔅᑾᐦ× ▪ *Ça doit être eux qui ont tué ce castor.*

ᐁᐧᐄᒉᓂᒡ ewiichenich pro,dubitatif ◆ ça doit être eux/elles (animé, voir *ewiiche*) ▪ ᐁᐧᐄᒉᓂᒡ ᑲ ᓂᐸᐦᐊᐧᑖᐤ ᐊᓂᔦᐦ ᐊᒥᔅᑾᐦ× ▪ *Ça doit être eux qui ont tué le castor.*

ᐁᐧᐄᒉᓂᐦᐄᐦ ewiichenihiih pro,dubitatif ◆ ça doit être lui/elle, eux/elles (animé obviatif, voir *ewiiche*)

ᐁᐧᐄᒉᓂᐦᐄᐦ ewiichenihiih pro,dubitatif ◆ ça doit être eux/elles (inanimé, voir *ewiiche*) ▪ ᐁᐧᐄᒉᓂᐦᐄᐦ ᒋᒪᓯᓇᐦᐄᑲᓅᐦ× ▪ *Ça doit être nos livres.*

ᐁᐧᐄᒉᓐᐦ ewiichenh pro,dubitatif ◆ ça doit être eux/elles (inanimé, voir *ewiiche*) ▪ ᐁᐧᐄᒉᓐᐦ ᒋᒪᓯᓇᐦᐄᑲᓅᐦ× ▪ *Ce sont peut-être nos livres.*

ᐁᐧᐄᒉᓐᐦ ewiichenh pro,dubitatif ◆ ça doit être lui/elle, eux/elles (animé obviatif, voir *ewiiche*) ▪ ᐁᐧᐄᒉᓐᐦ ᐅᐦᑖᐧᐃᐦ ᑲ ᓂᐸᐦᐊᔨᒡ ᐊᓂᔦᐦ ᐊᒥᔅᑾᐦ× ◆ ᐁᐧᐄᒉᓐᐦ ᐅᑕᓴᒻᐦ× ▪ *Ça doit être son père qui a tué le castor.* ◆ *Celles-ci doivent être ses raquettes.*

ᐁᐱᒥᒋᐦᑕᑳᒡ epimichihtakaach nip ◆ un comptoir, un mur

ᐁᑎ eti préverbe ◆ commencer à (forme modifiée de ati, utilisée avec des verbes au conjonctif) ▪ ᐁᑎ ᒫᑐᑦ ᐊᓂᑦ ᐁ ᐋᐱᑦ× ◆ ᓂᒌ ᓂᑑᐱᒧᐦᑌᓈᓐ ᐁᑎ ᐅᑖᑯᔑᒡ× ▪ *Alors elle s'est mise à pleurer, assise là.* ◆ *Nous sommes allés nous promener dans la soirée.*

ᐁᑎᑐᐧᐄᔥ etituwiish p,quantité dim ◆ un peu plus, un petit peu plus (utilisé comme comparatif) ▪ ᐁᑎᑐᐧᐃᔥ ᒥᔑᔦ ᐅᒫᐦᑮᒻ ᐃᔥᐱᔥ ᓂᔮᓐ× ▪ *Sa tente est un peu plus grande que la nôtre.*

ᐁᑎᑑ etituu p,quantité ◆ plus, quantité, nombre (utilisé comme comparatif) ▪ ᐁᑎᑑ ᒥᔑᔦ ᐧᐄ ᐅᐧᐊᔅᑲᐦᐄᑲᓂᒻ× ▪ *Sa maison est beaucoup plus grande.*

ᐁᑎᒋᓂᐯᑯᒋᓐ etichinipekuchin vai ◆ il/elle flotte à l'endroit, sur le dos

ᐁᑎᒋᓂᐯᑯᐦᑎᓐ etichinipekuhtin vii ◆ ça flotte à l'endroit, sur le dos (par ex. un bateau)

ᐁᑎᒋᓂᐱᑌᐤ etichinipiteu vta ◆ il/elle la/le tire à l'endroit, sur le dos

ᐁᑎᒋᓂᐱᑕᒻ etichinipitam vti ◆ il/elle le tire à l'endroit, sur son dos, face en haut

ᐁᑎᒋᓂᐸᔨᐦᐆ etichinipayihuu vai -u ◆ il/elle se retourne à l'endroit, sur le dos

ᐁᑎᒋᓂᐸᔫ etichinipayuu vai -i ◆ il/elle tombe à la renverse, sur le dos

ᐁᑎᒋᓂᒋᒣᐤ etichinichimeu vai [Côte] ◆ il/elle nage à l'endroit, sur le dos

ᐁᑎᒋᓂᓀᐤ etichinineu vta ◆ il/elle la/le tient face vers le haut, à l'endroit

ᐁᑎᒋᓂᓇᒻ etichininam vti ◆ il/elle le tient à l'endroit, face en haut

ᐁᑎᒋᓂᔑᒣᐤ etichinishimeu vta ◆ il/elle l'étend à l'endroit

ᐁᑎᒋᓂᔑᓐ etichinishin vai ◆ il/elle est étendu-e à l'endroit, sur le dos

ᐁᑎᒋᓂᔥᑌᐤ etichinishteu vii ◆ c'est posé à l'endroit, mis sur le dos

ᐁᑎᒋᓂᔥᑖᐤ etichinishtaau vai+o ◆ il/elle l'étend à l'endroit, sur le dos

ᐁᑎᒋᓂᔥᑵᔑᓐ etichinishkweshin vai ◆ il/elle est étendu-e à l'endroit, sur le dos

ᐁᑎᒋᓈᑎᑳᐤ etichinaatikaau vai [Intérieur] ◆ il/elle nage à l'endroit, sur le dos

∇∩ᒨ<ᐧᒌ **etinepayuu** vai/vii -i [Côte] ♦ il y a une bosse dedans; il y a quelque chose d'imprimé dessus

∇∩ᒼᒉᐤ **etischiiu** vai ♦ il/elle laisse des empreintes de pas, des traces

∇∩ᒧᑯ·∇ᑊ **etishkuweu** vta ♦ il/elle la/le marque, bosse avec le pied, en marchant dessus, en lui donnant un coup de pied

∇∩ᒧᑊᒥ **etishkam** vti ♦ il/elle le bosse, le marque en marchant dessus, en lui donnant un coup de pied

∇⊂"◁ᒥ **etaham** vti ♦ il/elle le bosse, le cabosse, l'entaille; il/elle laisse une bosse, une entaille dessus

∇⊂"·∇ᑊ **etahweu** vta ♦ il/elle y laisse une marque, une bosse

∇ᒡᐱ"ᑲᑌᑊ **etaapihkaateu** vii ♦ ça porte des marques après avoir été attaché par un objet filiforme

∇ᒡᐱ"ᑲᑯ **etaapihkaasuu** vai -u ♦ il/elle porte des marques après avoir été attaché-e

∇ᑯᑌ" **ekuteh** p,lieu ♦ OK, d'accord, c'est bien, c'est parfait, c'est ça, c'est bien là ▪ ∇ᑯᑌ", ᑲᐃᒡ ᐃᒐᐋᑦᵡ ▪ *C'est OK, c'est parfait.*

∇ᑯᒼ" **ekut-h** p,lieu ♦ en plein là, là même

∇ᑯᵅ **ekun** p,interjection ♦ assez! c'est assez! ▪ ∇ᑯᵅ ᐃᒼᐱᒼ ◁ᑯᑊ ◁ᵅ ◁∩ᒥᵡ ▪ *C'est assez, arrête de nourrir ce chien.*

∇ᑯᔥ **ekush** p,interjection ♦ c'est pas grave, laisse tomber, ça ne fait rien, peu importe ▪ ∇ᑯᔥ ᓂᓴᑭᐅᐁᵡ ▪ *Laisse tomber, je vais le faire moi-même.*

∇ᑯ" **ekuh** p,interjection ♦ et puis, alors, ensuite, maintenant ▪ ∇ᑯ" ᓇ ᓂ<ᑦ ᒥᓂᑊ ᒥ ᐱᒼ"ᑌᒐ ▪ *Maintenant il va dormir, après une si longue marche.*

∇ᑯ" ∇∩ᒥ **ekuh etik** vta ♦ ce que je lui ai dit (*ekuh* + forme changée de *iteu*) ▪ ∇ᑯ" ∇∩ᒥ ᓂᒥ, ᒡᵅ ᒥᒧᔮᒐᵡ ▪ *Ensuite, j'ai dit à Marie: "Où est ta chaussure?"*

∇ᑯ" ᐃᔮᒼᒄ **ekuh iyaahch** p,temps ♦ la première fois (par ex. qu'il est sorti) ▪ ∇ᑯ" ᐃᔮᒼᒄ ᐃᔮᑯ ·∇ᐱ·ᒡᵡ ▪ *C'est la première fois qu'il sort.*

∇ᑯ" ·∇ᔅ **ekuh wesaa** p,interjection ♦ exclamation, expression de surprise, Oh, mon Dieu! Ça alors! Seigneur! ▪ ∇ᑯ" ·∇ᔅ <ᑯ"∩ᒐ ·ᑯᒼᐅᒥᑲᓂᐧᒌᵡ ▪ *Oh, mon Dieu! Elle a cassé la lampe.*

∇ᑯ" >ᒐ **ekuh puut** p,interjection ♦ alors maintenant (par ex. ils vont probablement boire), expression de consternation, de crainte, de pessimisme ▪ ∇ᑯ" >ᒐ ᑲᒐᐋ ᒥᒐ ᐅ"ᒥ ᒥᑊᑯ·∇ᵡ ▪ *Alors, je ne pense pas qu'elle va le trouver.*

∇ᑯ" ᒺᒥ **ekuh maak** p,interjection ♦ bien alors, donc, puis ensuite ▪ ∇ᑯ" ᒺᒥ ᒥᐧᒋ·∇ ᒥ ·◁ᓂ"ᒡᒐᵡ ▪ *Alors j'ai tout perdu.*

∇ᑯ" "Ϸᒐ **ekuh huut** p,interjection ♦ OK allons-y, expression d'accord pour faire une action ▪ ∇ᑯ" "Ϸᒐ ᓂᐱᒐᵡ ▪ *OK, dépêchons-nous.*

∇ᑯᒌ" **ekuuh** p,interjection ♦ allons-y, et ensuite, et après, et alors ▪ ∇ᑯ" ᒻᐱᒡᒐ ᒡᒧ ᒥ"ᐃᒡᐁᓄᵡ ▪ *Allons-y, ils nous attendent.*

∇ᒥ **ekaa** p,négative ♦ ne...pas, non, à moins que... ▪ ∇ᒥ ᒥᒥᐧᒨ, ᓂᒥ ᐅϷᒼ∩·ᒥᒋᵅᵡ ▪ *Si je ne mange pas, j'aurai mal à la tête*

∇ᒥ ·ᐃᑫᒥᒐ **ekaa wiiskaat** p,négative ♦ jamais, jamais avant, jamais auparavant ▪ ·ᒍᒽᒧ ∇ᒥ ·ᐃᑫᒥᒐ Ϸ"ᒥ ·◁<ᒌ·ᒡ ᓂ∩ᑲᒥᐅᒥᵡ ▪ *Je crois qu'ils ne se sont jamais rencontrés auparavant.*

∇ᒥ ᐱ∩ᒺ **ekaa pitimaa** p,interjection ♦ pas maintenant! pas tout de suite! attends! attends un peu! juste une minute! ▪ ∇ᒥ ᐱ∩ᒺ, ᒥ·ᐃ ·ᐃᒥ"ᒺ∩ᵅ ·∇ᒋᵅᵡ ▪ *Attends, je veux t'aider.*

∇ᒥ·ᐃ **ekaawii** p,négative ♦ ne pas (impératif), ne fais pas ▪ ∇ᒥ·ᐃ ᐃ"ᒍᒡᵡ ▪ *Ne fais pas ça!*

∇ᒥᑲᵅ **echikan** p,évaluative ♦ apparemment, en apparence, semble-t-il, paraît-il ▪ ∇ᒥᑲᵅ ᑲᒣᐤ ·ᐃ Ϸᒡᑯᒽ ᒥ ᒥᒥᒥᐁᵡ ▪ *Apparemment, ce n'était pas son manteau qu'elle portait.*

∇ᒥᑲᒡ·∇ᒐ **echikaachiiwet** nip ♦ sa taille, sa ceinture

∇ᒥ"ᑲᐧᒧ **emihkwaanisuu** na -shiish ♦ une punaise d'eau, un hémiptère aquatique (plus petit que l'amiskusiis), supposé être toxique

∇ᒥ"ᑲᵅ **emihkwaan** na ♦ une cuillère, une cuiller

∇ᓂ<ᐧᒌ **enipayuu** vai/vii -i ♦ il/elle/ça va au fond

▽ᓂᔑᕋ enishin vai ♦ il/elle est couché-e à plat; il/elle tombe malade et reste longtemps sans bouger

▽ᓂᐦᒑᐤ enihchaau vii ♦ c'est une élévation de terrain

▽ᓇᐴ enapuu vai -i ♦ il/elle s'assoit sur le plancher, le sol nu (directement)

▽ᓇᑎᓐ enatin p,lieu ♦ à la base, au bas d'une montagne

▽ᓇᑳᒻ enakaam p,lieu ♦ de ce côté, de ce côté-ci, du même côté d'une étendue d'eau que le locuteur ▪ ▽ᓇᑳᒻ ᒋᒷᓐ ᐆᑖᓈᕽ ▪ *Notre cabane se trouve de ce côté de l'eau, de la rivière, du lac.*

▽ᓇᔅᑲᒥᐦᒡ enaskamihch p,lieu ♦ en terrain plat, sur la terre, au sol

▽ᓇᔥᑌᐤ enashteu vii ♦ c'est posé à plat

▽ᓈᐳᐦᒡ enaauhch p,lieu ♦ à plat sur le sable, au fond sur le sable

▽ᓈᒥᔥ enaamisch p,lieu ♦ au fond de la rivière, du lac ou du ruisseau

▽ᓈᐦᒡ enaahch p,lieu ♦ au fond, à plat sur le fond (par ex. d'un bateau, sur le plancher)

▽ᓯᒥᑲᓐ esimikan na [Côte] ♦ un coquillage (à charnière), un mollusque bivalve

▽ᔥ es na [Mistissini] ♦ un coquillage

▽ᔥᑰᐦᐄᐯᐤ eskuuhiipeu vai ♦ il/elle s'assoit et attend à côté du filet à castor

▽ᔥᒉᐤ escheu vai ♦ il/elle fait tout ce qui est nécessaire pour attraper un castor dans sa hutte avec un filet (trouver hutte, préparer l'emplacement du filet, surveiller le filet, frapper sur la hutte et crier pour faire sortir le castor et l'attraper)

▽ᔑᑯᒻ eshikum p,temps [Côte] ♦ chaque (jour, fois, année)

▽ᔑᔑᕋ eshishin vai ♦ il/elle laisse une marque

▽ᔑᐦᑎᓐ eshihtin vii ♦ ça marque; ça laisse une trace

▽ᔥᑯᔑᔥ eshkushiish p,temps dim ♦ bientôt, dans un petit moment, en peu de temps ▪ ▽ᔥᑯᔑᔥ ᓂᑲ ᒋᐅᔥᕋ ▫ᕽ ▪ *Je viendrai bientôt.*

▽ᔥᑲᓇᒡ eshkanach na pl ♦ une ramure, des bois, des cornes caduques

▽ᔥᑲᓐ eshkan ni ♦ un ciseau à glace

▽ᔥᑯ eshkw p,temps ♦ après, plus tard, encore, toujours, déjà ▪ ▽ᔥᑯ ᒉ ᒃᑕ ᐆᑎᐦᑲᓄᑦ ▪ *On lui demandera de venir plus tard.*

▽ᔥᑯ ▽ᑲ eshkw ekaa p,temps ♦ avant, d'ici, déjà, auparavant, d'avance, à l'avance, au préalable, avant l'heure ▪ ᐊᔐᒥᒡ ᒋᒫᒻ ▽ᔥᑯ ▽ᑲ ᒫᒋᐹᕋ ▪ *Nourris ton chien avant de partir.*

▽ᔥᑯ ▽ᑲ eshkw ekaa p,temps ♦ pas encore

▽ᔪᐧ▽ᐦᒡ eyuwehch p,manière ♦ de toute façon, quand même, malgré tout, sans égard à, en dépit de ▪ ᒉ ▽ᔪᐧ▽ᐦᒡ ᒃᑕ ᑯᒋᐦᑖᐤ ▪ *Il va essayer encore malgré tout.*

▽ᔪ eyuu p ♦ aussi, incluant, y compris, également ▪ ▽ᔪ ᒥᔥᒡ ᑭ ᒥᔖᑯᒡ ▪ *Il a aussi reçu du bois.*

▽ᔪᒄ eyuukw p,interjection ♦ exclamation utilisée lorsqu'on atteint la cible (par ex. un objet, un oiseau, un animal, un but) ▪ ▽ᔪᒄ ▽ᒡ ᓐ ᐧᐋ ᑦᒡᐧᑖᕋ ▪ *Ouais, je vais tirer sur la cible cette fois.*

▽ᔮᔨᐦᑕᑳᒡ eyaayihtakaach nip ♦ un mur

▽ᐦᐁ ehe p,affirmative ♦ oui, OK ▪ ▽ᐦᐁ, ᐱᒡ ᓐ ᐅᐦᒡᐧᐋᑖᕋ ▪ *OK, je vais t'aider.*

ᐃ

ᐃᑌᐧᐋᐦᑕᒻ itewehtam vti [Côte] ♦ il/elle le mâche bruyamment (par ex. des croustilles)

ᐃᑌᐧᐋᐦᑲᑐᐧᐁᐤ itewehkahtuweu vta [Côte] ♦ il/elle la/le mâche bruyamment

ᐃᑌᐧᐋᐦᑲᐦᑕᒻ itewehkahtam vti [Côte] ♦ il (un chien) gruge quelque chose bruyamment, en faisant beaucoup de bruit

ᐃᑌᐤ iteu vta ♦ il/elle lui dit

ᐃᑌᐸᔨᐦᐁᐤ itepayiheu vta ♦ il/elle la/le mélange en brassant

ᐃᑌᐸᔨᐦᑖᐤ itepayihtaau vai+o ♦ il/elle le mélange en le secouant ou en l'agitant

ᐃᑕᑲᓐ itekan vii ♦ ça a une certaine apparence; ça a l'air de (étalé)

ᐃᑌᒋᓱ itechisuu vai -i ♦ il/elle paraît, semble (étalé); il/elle a une certaine apparence (étalé)

ᐃᐯᔨᑐ iteyimeu vta ♦ il/elle pense ça d'elle/de lui; il/elle la/le considère ainsi

ᐃᐯᔨᒥᑐᐃᐧ iteyimituwich vai pl recip -u ♦ ils/elles pensent ça l'un-e de l'autre, se considèrent ainsi

ᐃᐯᔨᒥᓱᐃᐧᐣ iteyimisuwin ni ♦ l'estime de soi

ᐃᐯᔨᒥᓲ iteyimisuu vai reflex -u ♦ il/elle se pense, se croit, se considère ainsi

ᐃᐯᔨᒨ iteyimuu vai -i ♦ il/elle pense, se sent ainsi; éprouve un certain sentiment, ressent une certaine émotion

ᐃᐯᔨᐦᑕᒥᐦᐁᐤ iteyihtamiheu vta ♦ il/elle la/le fait penser de cette manière

ᐃᐯᔨᐦᑕᒼ iteyihtam vti ♦ il/elle pense

ᐃᐯᔨᐦᑖᑯᐣ iteyihtaakun vii ♦ ça donne la sensation de; ça ressemble à; on dirait que c'est

ᐃᐯᔨᐦᑖᑯᓲ iteyihtaakusuu vai -i ♦ il/elle est considéré-e ou perçu-e comme, on le/la considère d'une certaine façon; il/elle semble, paraît ou a l'air de; il/elle donne une certaine sensation (au toucher)

ᐃᐯᔨᐦᒉᐤ iteyihcheu vai ♦ il/elle pense (à quelqu'un)

ᐃᐯᔮᑲᒪᐦᐊᒼ iteyaakamaham vti ♦ il/elle brasse, mélange un liquide

ᐃᐦᐊᒼ iteham vti ♦ il/elle le brasse, le mélange (un liquide)

ᐃᐦᐁᐤ itehweu vta ♦ il/elle la/le brasse (un liquide)

ᐃᐦᑲᐦᑐᐁᐧᐤ itehkahtuweu vta [Côte] ♦ il/elle lui parle fort

ᐃᐦᑲᐦᑕᒼ itehkahtam vti [Côte] ♦ il (un chien) jappe après quelque chose

ᐃᐦᒉ itehche p,lieu ♦ vers, de ce côté, sur ce côté (utilisé avec un adverbe démonstratif) ▪ ᐳᐦ ᐃᐦᒉ ᐊᓐᒉᐦ ▪ Mets-le de ce côté.

ᐃᐦᒉᑳᒼ itehchekaam p,lieu ♦ ce côté-ci ou ce côté-là de la rivière

ᐃᐦᒉᔥᑯᐁᐧᐤ itehcheshkuweu vta ♦ il/elle marche de ce côté-là

ᐃᐦᒉᔥᑲᒼ itehcheshkam vti ♦ il/elle marche de ce côté de quelque chose

ᐃᐦᒉᐦᐊᒼ itehcheham vti ♦ il/elle conduit de ce côté de quelque chose; il/elle tire à côté de quelque chose (cible)

ᐃᐦᒉᐦᐁᐧᐤ itehchehweu vta ♦ il/elle conduit de ce côté-là; il/elle tire à côté (une cible)

ᐃᐧᐁᐧᑕᒼ itweutam vti ♦ il/elle pleure longtemps et très fort

ᐃᐧᐁᐧᐦᐁᐤ itweuheu vta ♦ il/elle la/le fait pleurer fort et longtemps

ᐃᐧᐁᐧᐱᑕᒼ itwewepitam vti ♦ il/elle fait beaucoup de bruit, en déplaçant des choses

ᐃᐧᐁᐧᐸᔫ itwewepayuu vii -i ♦ ça s'entend (par ex. un moteur)

ᐃᐧᐁᐧᒣᐤ itwewemeu vta ♦ il/elle lui parle longuement

ᐃᐧᐁᐧᒪᑲᐣ itwewemakan vii ♦ c'est bruyant; ça fait un bruit semblable à

ᐃᐧᐁᐧᓯᒉᐤ itwewesicheu vai ♦ il/elle fait beaucoup de bruit en tirant du fusil

ᐃᐧᐁᐧᐦᐊᒼ itweweham vti ♦ il/elle fait du bruit en le frappant; il/elle le cogne ainsi

ᐃᐧᐁᐧᐦᐁᐧᐤ itwewehweu vta ♦ il/elle fait du bruit en la/le frappant (par ex. un tambour)

ᐃᐧᐁᐧᐦᑕᒼ itwewehtam vti [Intérieur] ♦ il/elle le mâche en faisant du bruit (par ex. des croustilles)

ᐃᐧᐁᐧᐦᑖᐤ itwewehtaau vai+o ♦ il/elle fait beaucoup de bruit

ᐃᐧᐁᐧᐦᑲᐦᑐᐁᐧᐤ itwewehkahtuweu vta [Intérieur] ♦ il/elle fait du bruit en mâchant quelque chose

ᐃᐧᐁᐧᐦᑲᐦᑕᒼ itwewehkahtam vti [Intérieur] ♦ il (un chien) gruge quelque chose bruyamment

ᐃᐧᐁᐤ itweu vai ♦ il/elle dit ▪ ᐊᓐᒉᐦ ᐃᐤ ᐆ ▪ Maman a dit de venir.

ᐃᐧᐁᔥᑕᒧᐁᐧᐤ itweshtamuweu vta ♦ il/elle l'interprète pour elle/lui

ᐃᐧᐁᔥᑕᒧᐋᐧᑕᒼ itweshtamuwaatam vti ♦ il/elle l'interprète

ᐃᐧᐁᔥᑕᒫᒉᐤ itweshtamaacheu vai ♦ il/elle interprète

ᐃᐅᓪᕕᐤ itweheu vta ♦ il/elle lui dit quelque chose en l'attribuant faussement à une autre personne; il/elle lui rapporte quelque chose qui n'a pas vraiment été dit par une autre personne

ᐃᐅᓪᑲᐦᑐᐁᐤ itwehkahtuweu vta ♦ il/elle lui parle très fort; il/elle jappe, grogne après elle/lui

ᐃᐅᓪᑲᐦᒐᒼ itwehkahtam vti [Intérieur] ♦ il (un chien) jappe après quelque chose

ᐃᐅᓪᑲᓲ itwehkaasuu vai-u ♦ il/elle fait un certain bruit avec sa bouche

ᐃᑎᓀᐤ itineu vta ♦ il/elle la/le tient ainsi

ᐃᑎᓇᒼ itinam vti ♦ il/elle le tient comme ça

ᐃᑎᓯᑯᓲ itisikusuu vai-i ♦ elle a une certaine apparence (glace)

ᐃᑎᔅᑳᓀᓲ itiskaanesuu vai-i ♦ il/elle est d'une certaine race, tribu, nation

ᐃᑎᔕᒨ itishamuu vii-u ♦ ça va dans une certaine direction (route)

ᐃᑎᔕᒨ itishamuu vai-u ♦ il/elle s'envole, se sauve ou s'enfuit vers

ᐃᑎᔕᒨᔥᑐᐁᐤ itishamuushtuweu vta ♦ il/elle s'enfuit vers elle/lui

ᐃᑎᔕᐦᐊᒧᐁᐤ itishahamuweu vta ♦ il/elle la/le lui envoie

ᐃᑎᔕᐦᐊᒫᒉᐤ itishahamaacheu vai ♦ il/elle envoie quelque chose à un-e autre

ᐃᑎᔕᐦᐊᒼ itishaham vti ♦ il/elle l'envoie

ᐃᑎᔕᐦᐁᐤ itishahweu vta ♦ il/elle lui envoie quelque chose

ᐃᑎᔕᐦᐋᑲᓐ itishahwaakan na ♦ un envoyé, une envoyée, un ou une émissaire

ᐃᑎᐦᑐᐁᓯᒉᐤ itihtwewesicheu vai ♦ le bruit de ses tirs, le son de son fusil s'entend de là

ᐃᑎᐦᑐᐁᔥᑲᒼ itihtweweshkam vti ♦ il/elle fait du bruit, un son venant de là

ᐃᑎᐦᑐᐁᐤ itihtuweu vta ♦ il/elle l'entend d'une certaine façon; il/elle lui semble entendre ça

ᐃᑎᐦᑐᐹᐯᔥᑯᒋᑲᓀᓲ itihtupaapeshkuchikanesuu vai-i ♦ il/elle pèse un certain nombre de livres, a un certain poids

ᐃᑎᐦᑐᐹᐯᔥᑯᒋᑲᓀᔮᐤ itihtupaapeshkuchikaneyaau vii ♦ ça pèse un certain nombre de livres ou kilos

ᐃᑎᐦᑖᑯᓐ itihtaakun vii ♦ ça ressemble à; le son ressemble à

ᐃᑎᐦᑖᑯᓲ itihtaakusuu vai-i ♦ il/elle sonne, semble; on dirait que; ça a l'air de, ça ressemble à

ᐃᑎᐦᑲᐁᐤ itihkaweu vai ♦ ça (le grain de l'arbre) a l'air de, il/elle a une certaine apparence (par ex. bon pour faire des cadres de raquettes)

ᐃᑐᐦᑌᐤ ituhteu vai ♦ il/elle marche là

ᐃᑐᐦᑐᐁᐤ ituhtuweu vta ♦ il/elle lui apporte quelque chose

ᐃᑐᐦᑕᑖᐤ ituhtataau vai+o ♦ il/elle l'apporte ou l'emporte là avec lui/elle

ᐃᑐᐦᑕᐁᐤ ituhtaheu vta ♦ il/elle l'emmène là

ᐃᑕᐁᐦᐊᒧᐁᐤ itawehamuweu vta ♦ il/elle coupe, coiffe les cheveux de quelqu'un d'une certaine manière

ᐃᑕᐁᐦᐊᒫᐤ itawehamaau vai ♦ il/elle coupe ses cheveux ou se coiffe d'une certaine manière

ᐃᑕᑎᓈᐤ itatinaau vii ♦ la montagne a un certain aspect

ᐃᑕᒋᒣᐤ itachimeu vta ♦ il/elle lui fait payer tant pour quelque chose (d'animé)

ᐃᑕᒋᔅᑖᑯᓲ itachistaakusuu vai-i ♦ il/elle coûte un certain montant

ᐃᑕᒋᐦᑕᒧᐁᐤ itachihtamuweu vta ♦ il/elle lui demande de payer tant pour ça

ᐃᑕᒋᐦᑕᒼ itachihtam vti ♦ il/elle demande tel prix pour quelque chose

ᐃᑕᒋᐦᑖᑯᓐ itachihtaakun vii ♦ ça coûte un certain montant

ᐃᑕᒧᐦᐁᐤ itamuheu vta ♦ il/elle la/le met, pose dessus, l'enfonce dedans d'une certaine manière

ᐃᑕᒧᐦᑖᐤ itamuhtaau vai+o ♦ il/elle le colle ou pose dessus, d'une certaine façon

ᐃᑕᒨ **itamuu** vai/vii -u ♦ il/elle/ça (la route, le chemin, le sentier) mène à; il/elle/ça colle d'une certaine façon

ᐃᑕᒪᑎᔰ **itamatisuu** vai -u [Côte] ♦ il/elle perçoit la présence de quelqu'un (par ex. un esprit)

ᐃᑕᒪᑎᔥᑐᐌᐤ **itamatishuushtuweu** vta ♦ il/elle sent sa présence

ᐃᑕᒪᑎᔥᑕᒻ **itamatishuushtam** vti ♦ il/elle sent sa présence d'une certaine façon

ᐃᑕᒪᒋᐦᐁᐤ **itamachiheu** vta ♦ il/elle la/le fait se sentir d'une certain façon; il/elle lui fait une certaine impression

ᐃᑕᒪᒋᐆ **itamachihuu** vai -u ♦ il/elle se sent d'une certaine façon

ᐃᑕᒪᒋᐦᑖᐤ **itamachihtaau** vai+o -u ♦ il/elle le sent d'une certaine façon (par ex. sur la peau)

ᐃᑕᓃᐆ **itanihuu** vai -u ♦ il/elle est parti-e depuis longtemps

ᐃᑕᓯᓇᐦᐄᒉᐤ **itasinahiicheu** vai ♦ il/elle écrit d'une certaine manière

ᐃᑕᓯᓇᐦᐊᒻ **itasinaham** vti ♦ il/elle l'écrit sur quelque chose

ᐃᑕᓯᓇᐦᐌᐤ **itasinahweu** vta ♦ il/elle écrit quelque chose à son sujet

ᐃᑕᓯᓈᑌᐤ **itasinaateu** vii ♦ c'est écrit ou numéroté de telle façon

ᐃᑕᓯᓈᓲ **itasinaasuu** vai -u ♦ c'est écrit sur; c'est écrit à son sujet ou à propos de lui/d'elle; c'est sa classe [Mistissini] (par ex. en quatrième année)

ᐃᑕᔒᐦᑯᐌᐤ **itashiihkuweu** vta ♦ il/elle est occupée à quelque chose

ᐃᑕᔒᐦᑲᒻ **itashiihkam** vti ♦ il/elle s'en occupe; il/elle est occupé-e à quelque chose

ᐃᑕᔓᐌᐤ **itashuweu** vai ♦ il/elle commande, ordonne

ᐃᑕᔓᐃᒡ **itashuwich** vai pl -i ♦ il y a une certaine quantité

ᐃᑕᔓᐙᑌᐤ **itashuwaateu** vta ♦ il/elle donne des ordres sur ce qui doit être fait avec elle/lui

ᐃᑕᔓᐙᑕᒻ **itashuwaatam** vti ♦ il/elle donne des ordres sur ce qu'il faut faire avec quelque chose

ᐃᑕᔓᒣᐤ **itashumeu** vta ♦ il/elle lui commande verbalement, lui donne un ordre verbal

ᐃᑕᔥᑌᐤ **itashteu** vii [Mistissini] ♦ c'est organisé, placé de cette façon; c'est écrit comme ça

ᐃᑕᔥᑖᐤ **itashtaau** vai+o [Mistissini] ♦ il/elle le place, l'écrit d'une certaine manière

ᐃᑕᐦᐆᑐᐌᐤ **itahuutuweu** vai ♦ il/elle le lui apporte en canot, en bateau, en avion

ᐃᑕᐦᐆᑖᐤ **itahuutaau** vai+o ♦ il/elle l'apporte, l'emporte ou le transporte en canot, en bateau, en avion

ᐃᑕᐦᐆᑖᓲ **itahuutaasuu** vai ♦ il/elle transporte des choses par bateau, par avion

ᐃᑕᐦᐆᔦᐤ **itahuuyeu** vta ♦ il/elle l'amène là en canot

ᐃᑕᐦᐊᒣᐤ **itahameu** vai ♦ il/elle marche d'une certaine façon

ᐃᑕᐦᐊᒧᐌᐤ **itahamuweu** vta ♦ il/elle lui chante une chanson

ᐃᑕᐦᐊᒫᓲ **itahamaasuu** vai ♦ il/elle chante d'une certaine façon

ᐃᑕᐦᐊᒻ **itaham** vti ♦ il/elle le brise (par ex. un tracteur brise la terre)

ᐃᑕᐦᐌᐤ **itahweu** vta ♦ il/elle la/le brise

ᐃᑕᐦᐱᑌᐤ **itahpiteu** vta ♦ il/elle l'attache d'une certaine manière

ᐃᑕᐦᐱᑕᒻ **itahpitam** vti ♦ il/elle l'attache d'une certaine manière

ᐃᑕᐦᑕᐧᑲᓐᐦ **itahtwekanh** vii pl ♦ il y en a un tel nombre de couches (étalé, pl.)

ᐃᑕᐦᑕᐧᒋᓀᐤ **itahtwechineu** vai ♦ il/elle en tient un certain nombre (étalé)

ᐃᑕᐦᑕᐧᒋᓇᒻ **itahtwechinam** vti ♦ il/elle en tient un certain nombre (étalé)

ᐃᑕᐦᑕᐧᒋᓱᐃᒡ **itahtwechisuwich** vai pl -i ♦ il y a un certain nombre de couches (étalé)

ᐃᑕᐦᑕᐧᒋᔥᑯᐌᐤ **itahtwechishkuweu** vta ♦ il/elle en met un certain nombre de couches sur son corps

ᐃᑕᐦᑕᐧᒋᔥᑲᒻ **itahtwechishkam** vti ♦ il/elle s'en met un certain nombre d'épaisseurs sur le corps

ᐃᑕᒻᐅᕈᐅᓂᓐᐦ **itahtwechihtinh** vii pl ◆ il y en a un tel nombre de couches (étalé)

ᐃᑕᓐᓐᐦ **itahtin** vii ◆ il y a un certain nombre

ᐃᑕᑐᐳᓀᓱᐤ **itahtupunesuu** vai -i ◆ il/elle a ...X ...ans

ᐃᑕᑐᐳᓐᐦ **itahtupunh** vii pl ◆ un certain nombre d'années ■ ᑖᓐ ᐃᑕᑐᐳᓐᐦ ᑲ ᐃᒌᐱᒋᔮᑦₓ ■ *Combien d'années étais-tu parti?*

ᐃᑕᑐᑌᓅ **itahtutenuu** vai ◆ il y a un certain nombre de familles

ᐃᑕᑐᔥᑕᐌᔮᐤ **itahtushtaweyaau** vai ◆ il y a un certain nombre de huttes de castors dans le secteur

ᐃᑕᑐᐦᐁᐤ **itahtuheu** vta [Côte] ◆ il/elle en fait, fabrique un certain nombre

ᐃᑕᑐᐦᑏ **itahtuhtii** na [Intérieur] ◆ un certain nombre de dollars

ᐃᑕᑐᐦᑖᐤ **itahtuhtaau** vai+o [Côte] ◆ il/elle en fait ou fabrique un certain nombre

ᐃᑕᒻᑦ **itahtam** vti ◆ il/elle l'entend comme ça; ça sonne comme ça pour lui/elle

ᐃᑕᐦᑖᐯᑲᓐᐦ **itahtwaapekanh** vii pl ◆ il y a un certain nombre de choses (filiforme)

ᐃᑕᐦᑖᐯᒋᓱᐎᒡ **itahtwaapechisuwich** vai pl -i ◆ il y a tant de choses, il y a un nombre précis de choses animées (filiforme)

ᐃᑕᐦᑖᐯᒡ **itahtwaapech** p,quantité ◆ une certaine quantité, un certain nombre de choses (filiforme) ■ ᑖᓐ ᐃᑕᐦᑖᐯᒡ ᑲ ᐅᔑᐦᑖᔨᓐ ᐊᑲᑉᐹᓐₓ ■ *Combien de collets as-tu préparés?*

ᐃᑕᐦᑖᐱᔅᑳᐤᐦ **itahtwaapiskaauh** vii pl [Côte] ◆ il y a un certain nombre de choses (pierre, métal)

ᐃᑕᐦᑖᐱᔅᒋᓱᐎᒡ **itahtwaapischisuwich** vai pl -i ◆ il y en a un certain nombre (pierre, métal)

ᐃᑕᐦᑖᐱᔥ **itahtwaapisch** p,quantité [Côte] ◆ le nombre ou la quantité de choses requises en pierre ou en métal ■ ᑖᓐ ᐃᑕᐦᑖᐱᔥ ᐁ ᐃᔮᓐᐦ ᐊᓐᓀᐦᐹᓐₓ ■ *Combien de pièges as-tu?*

ᐃᑕᐦᑖᐱᐦᑳᑌᐤ **itahtwaapihkaateu** vta [Côte] ◆ il/elle en attache un certain nombre ensemble (par ex. des chiens)

ᐃᑕᐦᑖᐱᐦᑳᑌᐤᐦ **itahtwaapihkaateuh** vii pl [Côte] ◆ il y a un certain nombre de choses attachées ensemble

ᐃᑕᐦᑖᐱᐦᑳᑕᒻ **itahtwaapihkaatam** vti [Côte] ◆ il/elle attache un certain nombre de choses ensemble

ᐃᑕᐦᑖᔅᑯᓐᐦ **itahtwaaskunh** vii pl [Côte] ◆ il y a un certain nombre de choses (long et rigide)

ᐃᑕᐦᑖᔅᑯᓱᐎᒡ **itahtwaaskusuwich** vai pl -i [Côte] ◆ il y en a un certain nombre (long et rigide)

ᐃᑕᐦᑖᔅᒄ **itahtwaaskw** p,quantité ◆ combien, une quantité, un certain nombre de choses de forme allongée ■ ᑖᓐ ᐃᑕᐦᑖᔅᒄ ᐅᒋᐧᐋᐦᑎᒡᐦₓ ■ *Tu as besoin de combien de perches?*

ᐃᑖᐅᐦᑳᐦᐋᓐ **itaauhkaahaan** vii ◆ c'est une empreinte laissée dans le sable par l'action de l'eau

ᐃᑖᐯᑲᒧᐦᐁᐤ **itaapekamuheu** vta ◆ il/elle le/la laisse tendu-e (un filet)

ᐃᑖᐯᑲᒧᐦᑖᐤ **itaapekamuhtaau** vai+o ◆ il/elle le laisse étiré ou étendu (par ex. pose une corde à linge)

ᐃᑖᐯᑲᓐ **itaapekan** vii ◆ ça a une certaine forme (filiforme)

ᐃᑖᐯᒋᓱᐤ **itaapechisuu** vai -i ◆ il/elle a une certaine forme (filiforme)

ᐃᑖᐱᒋᐤ **itaapichiiu** vai ◆ il/elle est parti-e, absent-e depuis un moment

ᐃᑖᐱᔅᑳᐤ **itaapiskaau** vii ◆ ça a une certaine apparence (objet de métal, de pierre)

ᐃᑖᐱᔅᒋᓱᐤ **itaapischisuu** vai -i ◆ il/elle a une certaine apparence, un certain aspect (métal, roche)

ᐃᑖᐱᐦᑳᑌᐤ **itaapihkaateu** vta ◆ il/elle l'attache d'une certaine manière (filiforme)

ᐃᑖᐱᐦᑳᑕᒻ **itaapihkaatam** vti ◆ il/elle l'attache d'une certaine façon (filiforme)

ᐃᑖᐱᐦᑳᓱᐤ **itaapihkaasuu** vai -u ◆ il/elle est attaché-e d'une certaine façon

ᐃᑖᐱᐦᒀᒨ **itaapihkwaamuu** vai -u ◆ il/elle dort les yeux ouverts

ᐃᑖᐳ itaapuu vai-i ♦ il/elle fixe du regard, regarde, contemple

ᐃᑖᐸᑎᓐ itaapatin vii ♦ c'est utilisé pour ça; ça sert à

ᐃᑖᐸᑎᓯᐤ itaapatisiiu vai ♦ il/elle fait un certain travail; il/elle sert à ça, est utilisé-e à cette fin

ᐃᑖᑎᓯᐤ itaatisiiu vai ♦ il/elle a une certaine personnalité, un certain comportement; il/elle agit, se comporte ou se conduit d'une certaine manière

ᐃᑖᑐᑕᒻ itaatutam vti ♦ il/elle donne certaines nouvelles à ce sujet

ᐃᑖᒋᒣᐤ itaachimeu vta ♦ il/elle donne telle ou telle nouvelle à son sujet

ᐃᑖᒋᒧᐃᓐ itaachimuwin ni ♦ des nouvelles, un témoignage

ᐃᑖᒋᒧ itaachimuu vai-u ♦ il/elle dit ou donne les nouvelles, parle de quelque chose

ᐃᑖᔅᐱᓀᐃᓐ itaaspinewin ni ♦ une maladie, une affection, un mal

ᐃᑖᔅᐱᓀᐤ itaaspineu vai ♦ il/elle a une certaine maladie, un mal

ᐃᑖᔅᐱᓱ itaaspisuu vai-i ♦ il/elle s'habille d'une certaine manière

ᐃᑖᔅᑴᔮᐤ itaaskweyaau vii ♦ le secteur a une certaine couverture forestière

ᐃᑖᔅᑯᓀᐤ itaaskuneu vta ♦ il/elle la/le tient ainsi (long et rigide)

ᐃᑖᔅᑯᓇᒻ itaaskunam vti ♦ il/elle le tient ainsi (long et rigide)

ᐃᑖᔅᑯᔨᐌᐤ itaaskuyiweu vai ♦ il/elle a une certaine forme corporelle, silhouette ou ligne

ᐃᑖᔅᑯᔨᐌᔮᐤ itaaskuyiweyaau vii ♦ ça a une certaine forme

ᐃᑖᔥᔫ itaashuu vai-i ♦ il/elle navigue ou vogue vers, souffle là

ᐃᑖᔥᑎᓐ itaashtin vii ♦ ça navigue par là; ça souffle là

ᐃᑖᔨᖁᒨᐌᐤ itaayihkwehmuweu vta ♦ il/elle peigne, coiffe les cheveux de quelqu'un d'une certaine façon (ancien terme)

ᐃᑖᔨᖁᒫᐤ itaayihkwehmaau vai ♦ il/elle se fait peigner les cheveux, se fait coiffer d'une certaine façon (ancien terme)

ᐃᑖᔥᐳᑎᐤ itaahuteu vii ♦ c'est attiré, entraîné par le courant

ᐃᑖᔥᐳᑯ itaahukuu vai ♦ il/elle est attiré-e, entraîné-e par le courant

ᐃᑖᔥᑲᔅᐌᐤ itaahkasweu vta ♦ il/elle la/le brûle d'une certaine manière

ᐃᑖᔥᑲᓱ itaahkasuu vai-u ♦ il/elle brûle d'une certaine manière

ᐃᑖᔥᑲᓴᒻ itaahkasam vti ♦ il/elle le brûle ainsi

ᐃᑖᔥᑲᐦᑎᐤ itaahkahteu vii ♦ ça brûle de telle façon

ᐃᐧᐋᓱ itwaasuu vai ♦ il/elle prétend, fait semblant

ᐃᓯᓂᐦᑳᓱᐃᓐ isinihkaasuwin ni ♦ un nom

ᐃᓯᓂᐦᑳᓱ isinihkaasuu vai-u ♦ son nom est, il/elle se nomme ou s'appelle

ᐃᓯᓈᑯᓱ isinaakusuu vai-i ♦ il/elle ressemble, semble

ᐃᔩᐧᐁᓱ isiiwesuu vai-i ♦ il/elle a l'air de mauvaise humeur, fâché-e, enragé-e, mécontent-e

ᐃᔅᐱᑌᐤ ispiteu vta ♦ il/elle la/le déplace ou tire d'une certaine manière

ᐃᔅᐱᑌᒦᔅᑲᒨ ispitemiiskamuu vii-i ♦ c'est le temps où le feuillage est complet, la fin du printemps

ᐃᔅᐱᑕᒻ ispitam vti ♦ il/elle le bouge d'une certaine façon, le place dans une certaine position

ᐃᔅᐱᒋᑐ ispichituu vai-i [Intérieur] ♦ il/elle a une certaine taille, grandeur ou grosseur; il/elle mesure

ᐃᔅᐱᒋᔅᑐ ispichistuu vai-i [Côte] ♦ il/elle a une certaine taille, grandeur ou grosseur

ᐃᔅᐱᒡ ispichuu vai-i ♦ il/elle se rend à un camp d'hiver, voyage jusqu'au campement d'hiver

ᐃᔅᐱᓯᓈᑯᓐ ispisinaakun vii ♦ c'est à une certaine distance

ᐃᔅᐱᓯᓈᑯᓱ ispisinaakusuu vai-i ♦ il/elle est à une certaine distance

ᐃᔅᐱᓵᐱᐦᑐᐃᒡ ispisaapihtuwich vai pl recip-u ♦ ils/elles sont à une certaine distance les uns des autres ou les unes des autres

ᐃᔅᐱᔕᐱᐦᑐᐦᐁᐤ ispisaapihtuheu vta
* il/elle met une certaine distance entre elles/eux

ᐃᔅᐱᔕᐱᐦᑐᐦᑖᐤ ispisaapihtuhtaau vai+o
* il/elle met une certaine distance entre les choses, il/elle les espace

ᐃᔅᐱᔕᐸᒣᐤ ispisaapameu vta * il/elle est à une certaine distance d'elle/de lui

ᐃᔅᐱᔕᐸᐦᑕᒼ ispisaapahtam vti * il/elle est à une certaine distance de quelque chose

ᐃᔅᐱᐦᑌᑲᓐ ispihtekan vii * ça a une certaine longueur (étalé, par ex. un linoléum, du tissu)

ᐃᔅᐱᐦᑌᒋᓱ ispihtechisuu vai-i * il/elle a une certaine grandeur; il/elle mesure tant (étalé, par ex. une porte de tipi en toile ou en peau)

ᐃᔅᐱᐦᑌᔦᑲᓐ ispihteyekan vii * ça a une certaine largeur (étalé, par ex. du tissu)

ᐃᔅᐱᐦᑌᔦᒋᓱ ispihteyechisuu vai-i
* il/elle a une certaine largeur; il/elle mesure (étalé, par ex. une peau d'orignal)

ᐃᔅᐱᐦᑌᔨᒣᐤ ispihteyimeu vta * il/elle l'attend, la/le considère d'une certaine façon

ᐃᔅᐱᐦᑌᔨᒥᑎᓱ ispihteyimitisuu vai reflex -u
* il/elle se pense ou se sent capable de faire de grands efforts physiques (par ex. travailler pendant une longue période)

ᐃᔅᐱᐦᑌᔨᐦᑕᒼ ispihteyihtam vti * il/elle s'y attend, le considère d'une certaine façon

ᐃᔅᐱᐦᑌᔨᐦᑖᑯᓐ ispihteyihtaakun vii
* c'est considéré comme, vu d'une certaine façon

ᐃᔅᐱᐦᑌᔨᐦᑖᑯᓱ ispihteyihtaakusuu vai-i
* il/elle est capable jusqu'à un certain point; il/elle en vaut la peine

ᐃᔅᐱᐦᑌᔫᑳᐤ ispihteyuukaau vii * ça a une certaine longueur et largeur (quelque chose de plat, de la viande à sécher)

ᐃᔅᐱᐦᑌᔫᒋᓱ ispihteyuuchisuu vai-i
* il/elle a une certaine largeur, étendue (une chose plate, spécialement de la viande d'oie, du poisson mis à sécher)

ᐃᔅᐱᐦᑎᐯᑲᓐ ispihtipekan vii * la marée est à un certain niveau

ᐃᔅᐱᐦᑎᓂᑯᑐ ispihtinikutuu vai-i * il/elle a un certain poids, une certaine pesanteur; il/elle pèse

ᐃᔅᐱᐦᑎᓂᑯᓐ ispihtinikun vii * ça a une certaine pesanteur; ça pèse tant

ᐃᔅᐱᐦᑎᓂᐦᐆ ispihtinihuu vai-u * il/elle est absent-e pendant une certaine période

ᐃᔅᐱᐦᑎᓯᓀᑳᐤ ispihtisinekaau vii * c'est un haut rocher, un affleurement rocheux élevé

ᐃᔅᐱᐦᑎᓰᐤ ispihtisiiu vai * il/elle a un certain âge

ᐃᔅᐱᐦᑎᔅᑲᒥᑳᐤ ispihtiskamikaau vii * ça a une certaine taille (le monde, un morceau de mousse)

ᐃᔅᐱᐦᑎᔐᑳᐤ ispihtischekaau vii * ça a une certaine étendue (une tourbière)

ᐃᔅᐱᐦᑐᐌᔩᒣᐤ ispihtuweyimeu vta
* il/elle l'attend d'un moment à l'autre

ᐃᔅᐱᐦᑕᑯᑌᐤ ispihtakuteu vii * c'est pendu ou suspendu à une certaine hauteur

ᐃᔅᐱᐦᑕᑯᑖᐤ ispihtakutaau vai+o * il/elle le pend ou suspend à une certaine hauteur

ᐃᔅᐱᐦᑕᑯᒋᓐ ispihtakuchin vai * il/elle est pendu-e ou suspendu-e à une certaine hauteur

ᐃᔅᐱᐦᑕᑯᔦᐤ ispihtakuyeu vta * il/elle la/le suspend à une certaine hauteur

ᐃᔅᐱᐦᑕᔑᒣᐤ ispihtashumeu vta * il/elle lui dit d'être là à telle heure; il/elle lui donne rendez-vous

ᐃᔅᐱᐦᑕᔑᒧ ispihtashumuu vai-u * il/elle fixe une heure

ᐃᔅᐱᐦᑕᔥᑌᐦ ispihtashteuh vii pl * c'est empilé à une certaine hauteur

ᐃᔅᐱᐦᑕᔥᑖᐤ ispihtashtaau vai+o * il/elle l'empile jusqu'à une certaine hauteur

ᐃᔅᐱᐦᑕᐦᐁᐤ ispihtaheu vta * il/elle l'empile jusqu'à une certaine hauteur

ᐃᔅᐱᐦᑕᐦᐊᒼ ispihtaham vti * il/elle tire dessus d'une certaine distance

ᐃᔅᐱᐦᑕᐦᐌᐤ ispihtahweu vta * il/elle tire dessus à partir d'une certaine distance

ᐃᔅᐱᐦᑖᐤ ispihtaau vii ◆ ça a une certaine hauteur

ᐃᔅᐱᐦᑖᐱᔅᑳᐤ ispihtaapiskaau vii ◆ ça a une certaine taille; ça mesure (pierre, métal)

ᐃᔅᐱᐦᑖᐱᔅᒋᓲ ispihtaapischisuu vai -i ◆ il/elle a une certaine taille ou grosseur (pierre, métal); il/elle mesure

ᐃᔅᐱᐦᑖᐸᓐ ispihtaapan vii ◆ c'est juste avant le lever du soleil

ᐃᔅᐱᐦᑖᑎᒦᐤ ispihtaatimiiu vii ◆ c'est à une certaine profondeur

ᐃᔅᐱᐦᑖᑯᓂᑳᐤ ispihtaakunikaau vii ◆ il y a une certaine épaisseur de neige

ᐃᔅᐱᐦᑖᑯᓂᑳᔫ ispihtaakunikaashuu vii dim -i ◆ c'est un petit tas de neige formé par le vent

ᐃᔅᐱᐦᑖᑲᒥᑌᐤ ispihtaakamiteu vii ◆ c'est assez chaud (un liquide)

ᐃᔅᐱᐦᑖᑲᒨ ispihtaakamuu vii -i ◆ il y une certaine profondeur de liquide

ᐃᔅᐱᐦᑖᔅᑯᓐ ispihtaaskun vii ◆ ça a une certaine taille; ça mesure (long et rigide)

ᐃᔅᐱᐦᑖᔅᑯᓲ ispihtaaskusuu vai -i ◆ il/elle a une certaine taille ou grosseur (long et rigide); il/elle mesure

ᐃᔅᐱᐦᑖᔮᐤ ispihtaayaau vii ◆ c'est une certaine saison ou période de l'année

ᐃᔅᐱᐦᒋᓯᒁᐤ ispihchisikwaau vii ◆ la glace a une certaine taille ou épaisseur

ᐃᔅᐱᐦᒑᐤ ispihchaau vii ◆ c'est à une certaine distance (semble à 'une certaine hauteur, un niveau d'élévation de terrain')

ᐃᔅᐱᐦᔮᐤ ispihyaau vai ◆ il/elle vole vers

ᐃᔅᐲᐦᑐᐌᔨᐦᑕᒼ ispiihtuweyihtam vti ◆ il/elle l'attend environ à cette heure-là

ᐃᔅᐳᐌᐤ ispuweu vta ◆ il/elle trouve que ça a tel ou tel goût (par ex. un fruit amer)

ᐃᔅᐸᑕᒼ ispatam vti ◆ il/elle a un certain goût; il/elle trouve que ça goûte quelque chose

ᐃᔅᐸᑕᐦᐋᐌᔮᐤ ispatahaaweyaau vii ◆ ça a une certaine hauteur (par ex. quelque chose de pointu, un tipi)

ᐃᔅᐸᔨᐦᐆ ispayihuu vai -u ◆ il/elle se pousse en avant, se met de l'avant

ᐃᔅᐸᔨᐦᑖᐤ ispayihtaau vai+o ◆ il/elle le fait marcher, partir, bouger; il/elle l'agite, le brasse, le remue, le secoue d'une certaine manière

ᐃᔅᐸᔫ ispayuu vai/vii -i ◆ il/elle y va en conduisant; ça se passe d'une certaine façon, ça arrive d'une certaine manière

ᐃᔅᐸᐦᐁᐤ ispaheu vta ◆ il/elle court avec elle/lui

ᐃᔅᐸᐦᑖᐤ ispahtaau vai ◆ il/elle y court

ᐃᔅᐸᐦᑖᒪᑲᓐ ispahtaamakan vii ◆ ça circule (par ex. l'essence dans une motoneige)

ᐃᔅᐸᐦᑤᐤ ispahtwaau vai ◆ il/elle court avec vers un endroit, une place

ᐃᔅᐸᐦᒑᐤ ispahchaau vii ◆ c'est un terrain élevé

ᐃᔅᐹᐦᒉᐌᐱᓀᐤ ispaahchewepineu vta ◆ il/elle la/le lance en haut

ᐃᔅᐹᐦᒉᐌᐱᓇᒼ ispaahchewepinam vti ◆ il/elle le jette, le lance vers le haut

ᐃᔅᐹᐦᒉᐌᐸᐦᐊᒼ ispaahchewepaham vti ◆ il/elle le frappe, le balaie dans l'air avec quelque chose

ᐃᔅᐹᐦᒉᐌᐸᐦᐌᐤ ispaahchewepahweu vta ◆ il/elle la/le frappe, balaie pour l'envoyer en l'air avec quelque chose

ᐃᔅᑴᐅᐸᔨᒌᔅ iskweupayichiis ni ◆ une culotte bouffante, lit. 'un pantalon de femme'

ᐃᔅᑴᐅᐸᔨᐦᐆ iskweupayihuu vai -u ◆ il/elle marche comme une femme, de manière féminine ou efféminée

ᐃᔅᑴᐅᑎᐦᒄ iskweutihkw na ◆ un caribou femelle (ancien terme)

ᐃᔅᑴᐅᒦᒋᒼ iskweumiichim ni ◆ de la nourriture pour femme (par ex. du castor, le pied avant de l'ours)

ᐃᔅᑴᐅᓈᑯᓐ iskweunaakun vii ◆ ça a l'air féminin

ᐃᔅᑴᐅᐦᐆ iskweuhuu vai -u ◆ il/elle s'habille comme une femme, de manière féminine ou efféminée

ᐃᔅᑴᐆ iskweuu vai -u ◆ c'est une femme

ᐃᔅᑴᐌᔨᐦᑖᑯᓲ iskweweyihtaakusuu vai -i ◆ il est efféminé, elle est féminine

ᐃᔅᑴᐤ iskweu na -em ◆ une femme

ᐃᔅᑴᑲᒧᐦᑖᐤ iskwekamuhtaau vai+o ◆ il/elle le pend ou suspend une certaine longueur

ᐃᔅ·ᖃᑲᒧ iskwekamuu vai/vii -u ♦ il/elle/ça couvre une certaine partie (étalé)

ᐃᔅ·ᖃᑲⁿ iskwekan vii ♦ c'est long comme ça; ça a une certaine longueur (étalé, par ex. du papier, du tissu)

ᐃᔅ·ᖃᑲᔥᑌᐤ iskwekashteu vii ♦ ça s'étend jusqu'à un certain point, sur une certaine longueur (étalé, par ex. un tapis, un couvre-pied)

ᐃᔅ·ᖃᑲᐴ iskwekaapuu vai-uu ♦ il/elle s'aligne debout jusqu'à une certaine distance

ᐃᔅ·ᖃᒋᓄᐤ iskwechineu vta ♦ il/elle la/le soulève (étalé)

ᐃᔅ·ᖃᒋᓇᒻ iskwechinam vti ♦ il/elle le monte, le lève (étalé, un tissu)

ᐃᔅ·ᖃᒋᓲ iskwechisuu vai-i ♦ il/elle a une certaine longueur; il/elle mesure (étalé)

ᐃᔅᑯᐯᐤ iskupeu vai ♦ il/elle est dans le liquide jusqu'à une certaine profondeur

ᐃᔅᑯᐱᑌᐤ iskupiteu vta ♦ il/elle la/le monte, tire vers le haut (par ex. un pantalon)

ᐃᔅᑯᐱᑐᓀᐤ iskupituneu vai ♦ son bras est long comme ça, il a une certaine longueur

ᐃᔅᑯᐱᑕᒻ iskupitam vti ♦ il/elle le tire, le remonte

ᐃᔅᑯᐸᔫ iskupayuu vai/vii -i ♦ il/elle monte ou lève tout-e seul-e; ça monte, augmente, croît

ᐃᔅᑯᑖᒧ iskutaamuu vai ♦ il/elle inhale, respire, aspire

ᐃᔅᑯᒄᑎᑖᐤ iskukuhtitaau vai+o ♦ il/elle le couvre d'eau jusqu'à une certaine profondeur

ᐃᔅᑯᒄᒋᒣᐤ iskukuhchimeu vta ♦ il/elle la/le couvre d'eau jusqu'à une certaine profondeur

ᐃᔅᑯᑳᐴ iskukaapuu vai/vii-uu ♦ il/elle/ça a une certaine hauteur

ᐃᔅᑯᓀᐤ iskuneu vta ♦ il/elle la/le pousse, tourne à l'endroit

ᐃᔅᑯᓇᒻ iskunam vti ♦ il/elle le pousse, le tourne à l'endroit

ᐃᔅᑯᓈᒃ iskunaak p,temps ♦ depuis cette fois-là, à partir de ce moment-là ∎ ᑲ ᐁᒥᒡᐧᑖᔅ ᑳ ᒧᐙᒡ ᐊᒥᔥᑾᐦ ᐁᐦᒋᐦ ᐃᔅᑯᓈᒃ ᐊᓈᔥ ᒣᐊ ᐁᐦᒡ ᒧᐧᐄᖽ La dernière fois qu'elle a mangé du castor, elle en a trop mangé, alors elle n'en a plus mangé depuis.

ᐃᔅᑯᓲ iskusuu vai -i ♦ il/elle a une certaine longueur

ᐃᔅᑯᔥᑯᐧᐁᐤ iskushkuweu vta ♦ il/elle la/le lève avec le pied, le corps

ᐃᔅᑯᔥᑲᒻ iskushkam vti ♦ il/elle le soulève, le monte avec le pied, le corps

ᐃᔅᑯᔨᐧᐁᐤ iskuyiweu vai ♦ son corps est long comme ça, c'est la longueur de son corps

ᐃᔅᑯᐦᐁᐤ iskuheu vta ♦ il/elle lui donne une certaine longueur (par ex. un arc)

ᐃᔅᑯᐦᑕᑳᐤ iskuhtakaau vii ♦ c'est long comme ça (bois utile)

ᐃᔅᑯᐦᑖᐤ iskuhtaau vai+o ♦ il/elle lui donne une certaine longueur

ᐃᔅᑲ iska p ♦ ça semble, on dirait, il paraît, ça a l'air (particule obligatoire utilisée avec les verbes à l'indépendant de l'indicatif subjectif) ∎ ᐃᔅᑲ ᓂᐸᐦᓗᐊᒋᔅᑲ ᐸᐦᐳᐋ ♦ ᐃᔅᑲ ᒥᐦᑰᐋ ∎ On dirait qu'elle rit (même si elle ne devrait pas). ♦ Ça a l'air rouge.

ᐃᔅᑲᒄᐦᑎᑖᐤ iskakuhtitaau vai+o ♦ il/elle le couvre avec de l'eau jusqu'à un certain niveau

ᐃᔅᑲᒄᐦᒋᒣᐤ iskakuhchimeu vta ♦ il/elle la/le couvre d'eau jusqu'à un certain niveau

ᐃᔅᑲᓂᐲᓯᒻᐦ iskanipiisimh p,temps ♦ tout le mois, un mois complet ∎ ᐃᔅᑲᓂᐲᓯᒻᐦ ᔖᐦᒡᒥᐦᐤ ᓂᐦ ᐃᔅᐦᑳᐋᖽ Nous étions dans le bois pendant tout le mois.

ᐃᔅᑲᓂᐳᓐᐦ iskanipunh p,temps ♦ toute l'année, une année entière, tout l'hiver, un hiver entier

ᐃᔅᑲᓂᑎᐱᔅᑳᐅᐦ iskanitipiskaauh p,temps ♦ toute la nuit, la nuit entière

ᐃᔅᑲᓂᑑᔥᑌᐤᐦ iskanituushteuh p,temps ♦ toute la semaine, la semaine entière

ᐃᔅᑲᓂᑕᒀᒋᓐᐦ iskanitakwaachinh p,temps ♦ tout l'automne, l'automne entier

ᐃᔅᑲᓂᒉᔑᐸᔮᐅᔅ
iskanichechishepaayaauh p,temps
* tout le matin, toute une matinée

ᐃᔅᑲᓂᓰᔑᑳᐅᔅ iskanichiishikaauh p,temps
* tout le jour, toute une journée

ᐃᔅᑲᓂᓃᐱᓐ iskaniniipinh p,temps * tout l'été ▪ ᐃᔅᑲᓂᓃᐱᓐ ᓅᒋᒻ ᓂᑦ ᐃᒋᑖᓈᓐ ▪ Nous avons passé tout l'été dans le bois.

ᐃᔅᑲᓂᓰᑯᓐ iskanisiikunh p,temps * tout le printemps, le printemps entier

ᐃᔅᑲᓇᐴ iskanapuu vai-i * il/elle passe la journée au camp, prend un jour de congé; une journée passée au campement durant un déplacement, un voyage

ᐃᔅᑳᓰᐅ iskaasiiu vai * il/elle n'a le goût de rien, ne se sent pas bien, n'a pas d'énergie

ᐃᔅᒀᐤ iskwaau vii * ça a une certaine longueur; c'est long comme ça

ᐃᔅᒀᐯᑲᐦᐊᒻ iskwaapekaham vti * il/elle le lève, le monte, le remonte (filiforme) avec une perche

ᐃᔅᒀᐱᐦᒉᐱᑌᐤ iskwaapihchepiteu vta
* il/elle la/le remonte en tirant avec un objet filiforme

ᐃᔅᒀᐱᐦᒉᐱᑕᒻ iskwaapihchepitam vti
* il/elle le tire, le monte, le remonte avec un objet filiforme

ᐃᔅᒀᐱᐦᒉᐱᒋᑲᓂᔮᐱ
iskwaapihchepichikaniyaapii ni-m
* une corde ou un cordage pour lever, monter, hausser quelque chose (par ex. un drapeau, une voile sur un gros voilier)

ᐃᔅᒀᐱᐦᒉᐸᔪᐤ iskwaapihchepayuu vai/vii-i
* il/elle/ça monte sur quelque chose de filiforme

ᐃᔅᒀᐸᒥᓈᑯᓐ iskwaapaminaakun vii
* ça se voit d'une certaine distance; c'est visible d'assez loin

ᐃᔅᒀᐸᒥᓈᑯᓲ iskwaapaminaakusuu vai-i
* il/elle est visible, peut se voir à une certaine distance

ᐃᔅᒀᑎᓰᐤ iskwaatisiiu vai * il/elle vit une certaine période de temps

ᐃᔅᒀᑯᓂᒋᐤ iskwaakunichiiu vai * il/elle est dans la neige jusqu'à une certaine profondeur

ᐃᔅᒀᒥᑖᐅᐦᑳᐤ iskwaamitaauhkaau vii
* c'est le bord du banc de sable

ᐃᔅᒀᓂᑳᐤ iskwaanikaau vii * l'île est longue comme ça; l'île a une certaine longueur

ᐃᔅᒀᓯᒀᐤ iskwaasikwaau vii * c'est le bord d'une étendue glacée

ᐃᔅᒀᔅᑯᓐ iskwaaskun vii * c'est long comme ça (long et rigide); ça mesure tant

ᐃᔅᒀᔅᑯᓲ iskwaaskusuu vai-i * il/elle a une certaine longueur; il/elle mesure (long et rigide, par ex. un arbre)

ᐃᔅᒀᔅᑯᐦᑖᐤ iskwaaskuhtaau vai+o
* il/elle lui donne une certaine longueur (long et rigide)

ᐃᔅᒀᐦᑐᐐᐤ iskwaahtuwiiu vai * il/elle grimpe

ᐃᔅᒀᐦᑐᐑᐸᔪᐤ iskwaahtuwiipayuu vai/vii-i
* il/elle monte sans aide; ça monte tout seul (par ex. dans un ascenseur)

ᐃᔅᒀᐦᑐᐐᐦᑎᑖᐤ iskwaahtuwiihtitaau vai+o
* il/elle le fait grimper; il/elle le monte ou transporte en haut

ᐃᔅᒀᐦᑐᐐᐦᑕᐦᐁᐤ iskwaahtuwiihtaheu vta
* il/elle la/le fait grimper; il/elle la/le porte en haut

ᐃᔅᒀᐦᒋᐸᔪᐤ iskwaahchipayuu vai/vii-i
* il/elle/ça monte, augmente (par ex. un prix)

ᐃᔅᒌᔓᐌᐤ ischiishuweu vai * il/elle le dit d'une certaine manière; il/elle parle un dialecte

ᐃᔅᒌᔓᐙᑌᐤ ischiishuwaateu vta
* il/elle en parle d'une certaine façon

ᐃᔒᐌᐹᔔ ishiwepaashuu vai-i * il/elle souffle, navigue vers

ᐃᔒᐌᐹᔥᑎᓐ ishiwepaashtin vii * ça souffle, navigue vers

ᐃᔑᑐᐦᑐᐌᐤ ishituhtuweu vta [Côte]
* il/elle l'entend d'une certaine façon; il/elle lui semble ainsi

ᐃᔑᑖᐴᐌᐤ ishitaapuweu vta * il/elle tire quelque chose sur une toboggan vers quelqu'un

ᐃᔑᑖᔥᑕᒪᐴ ishitaashtamapuu vai-i
* il/elle est assis-e face à une certaine direction

ᐃᔑᑲᓀᐦᐳᐌᐤ ishikanehpuweu vta
[Intérieur] * il/elle la/le mange sans séparer les os (un oiseau)

ᐃᔑᑳᐴ ishikaapuu vai-uu * il/elle se tient debout d'une certaine façon

ᐃᔑᑳᐳᐦᐁᐤ **ishikaapuuheu** vta ♦ il/elle la/le dresse, la/le met debout d'une certaine manière

ᐃᔑᑳᐳᐦᑖᐤ **ishikaapuuhtaau** vai+o ♦ il/elle le pose, le dresse, le met debout d'une certaine façon

ᐃᔑᒋᒣᐤ **ishichimeu** vai ♦ il/elle pagaie vers ou jusqu'à

ᐃᔑᒌᔑᐅᐎᓐ **ishichiishuwewin** ni ♦ un dialecte, un discours, une langue

ᐃᔑᒌᔑᐅᐁᐤ **ishichiishuweu** vai ♦ il/elle l'exprime d'une certaine manière

ᐃᔑᒌᔑᐅᐁᒫᑲᓐ **ishichiishuwemakan** vii ♦ c'est dit, exprimé d'une certaine manière

ᐃᔑᒣᐤ **ishimeu** vta ♦ il/elle lui parle (sans se faire écouter, plusieurs fois)

ᐃᔑᒫᒣᐤ **ishimaameu** vta ♦ il/elle trouve qu'elle/il a une certaine odeur, sent quelque chose

ᐃᔑᒫᐦᑕᒻ **ishimaahtam** vti ♦ il/elle trouve que ça sent quelque chose

ᐃᔑᓂᔅᒉᔫ **ishinischeyuu** vai-i ♦ il/elle étend la main pour faire un signe; il/elle utilise le langage des mains ou langage gestuel

ᐃᔑᓂᐦᑳᑌᐤ **ishinihkaateu** vii ♦ son nom est; c'est nommé

ᐃᔑᓂᐦᑳᑕᒻ **ishinihkaatam** vti ♦ il/elle l'appelle par son nom, le nomme

ᐃᔑᓂᐦᑳᓲ **ishinihkaasuu** vai-u ♦ il/elle se nomme, s'appelle; son nom est

ᐃᔑᓄᐁᐤ **ishinuweu** vta ♦ il/elle l'identifie comme étant

ᐃᔑᓇᒧᐎᓐ **ishinamuwin** ni ♦ la vision, la vue

ᐃᔑᓇᒻ **ishinam** vti ♦ il/elle le reconnaît, l'identifie comme étant

ᐃᔑᓈᑯᓐ **ishinaakun** vii ♦ ça semble, ressemble à

ᐃᔑᓈᑯᓯᐎᓐ **ishinaakusuwin** ni ♦ une ressemblance, une similitude

ᐃᔑᓈᑯᐦᐁᐤ **ishinaakuheu** vta ♦ il/elle lui donne une certaine apparence, la/le fait semblable à quelque chose

ᐃᔑᓈᑯᐦᑖᐤ **ishinaakuhtaau** vai+o ♦ il/elle lui donne une apparence, le fait ressembler à

ᐃᔑᓈᑯᐦᑖᒉᒫᑲᓐ **ishinaakuhtaachemakan** vii ♦ ça fait que des choses ont un certain air, une certaine apparence

ᐃᔑᔑᒣᐤ **ishishimeu** vta ♦ il/elle l'étend, la/le place ainsi; il/elle est dans une certaine position

ᐃᔑᔑᓐ **ishishin** vai ♦ il/elle est couché-e ou étendu-e d'une certaine façon

ᐃᔑᐦᐁᐤ **ishiheu** vta ♦ il/elle la/le fait ainsi, comme quelque chose d'autre

ᐃᔑᐦᓲ **ishihuu** vai-u ♦ il/elle est habillé-e d'une certaine façon ▪ ᕐ<ᐊ ᐃᔑᐦᓱ×

ᐃᔑᐦᑎᓐ **ishihtin** vii ♦ ç'est étendu de cette façon; ça s'ajuste comme ça

ᐃᔑᐦᑖᐤ **ishihtaau** vai+o ♦ il/elle le fait ainsi

ᐃᔑᐦᑤᐃᓐ **ishihtwaawinh** ni pl ♦ des valeurs (par ex. les valeurs cries)

ᐃᔑᐦᑂᐤ **ishihkweu** vai ♦ il/elle a une certaine forme de visage

ᐃᔑᐦᑴᐸᔨᐦᐤ **ishihkwepayihuu** vai ♦ il/elle fait de drôles de grimaces

ᐃᔑᐦᑴᓈᑯᓲ **ishihkwenaakusuu** vai-i ♦ son visage a l'air de, paraît, a une certaine apparence

ᐃᔑᐦᑴᔫ **ishihkweyuu** vai ♦ il/elle fait une mimique, se donne un air, prend des airs, son visage prend une certaine expression

ᐃᔒᐁᐤ **ishiiweu** vii ♦ le vent souffle dans une certaine direction

ᐃᔒᐁᓲ **ishiiwesuu** vai-i ♦ il/elle chante certains mots

ᐃᔒᐁᐦᐊᒻ **ishiiweham** vti ♦ il/elle chante certaines paroles, chante une chanson

ᐃᔒᐤ **ishiiwiiu** vai ♦ il/elle essaie, s'efforce pendant un long moment, persiste dans ce qu'il/elle fait

ᐃᔒᐦᑯᐁᐤ **ishiihkuweu** vta ♦ il/elle l'ennuie, l'embête

ᐃᔒᐦᑲᒻ **ishiihkam** vti ♦ il/elle s'en occupe

ᐃᔓᐁᔮᔅᑯᐦᑯᐦᑎᑖᐤ **ishuweyaaskuhkuhtitaau** vai+o ♦ il/elle le fait flotter en parallèle avec la rive, parallèlement au rivage

ᐃᔥᐯᔨᒣᐤ **ishpeyimeu** vta ♦ il/elle a beaucoup de respect pour elle/lui; il/elle l'estime beaucoup

ᐃᔥᐯᔨᒥᑎᓲ ishpeyimitisuu vai reflex -u ◆ il a une haute opinion de lui-même, il se pense bon, se croit supérieur; elle a une haute opinion d'elle-même, elle se pense bonne, se croit supérieure

ᐃᔥᐯᔨᐦᑖᑯᓐ ishpeyihtaakun vii ◆ c'est très respecté, bien considéré; on en pense beaucoup de bien

ᐃᔥᐯᔨᐦᑖᑯᓱ ishpeyihtaakusuu vai-i ◆ il/elle est très bien considéré-e, très respecté-e

ᐃᔥᐱᐸᔨᐦᐆ ishpipayihuu vai-u ◆ il/elle fait un mouvement vers le haut

ᐃᔥᐱᑌᐦᑳᒧ ishpitehkwaamuu vai-u ◆ il/elle se lève tard le matin, fait la grasse matinée

ᐃᔥᐱᑎᔥᑎᒃᐙᓀᐤ ishpitishtikwaaneu vai ◆ il/elle a la tête d'une certaine taille, sa tête est grosse comme ça, sa tête mesure

ᐃᔥᐱᑖᐅᐦᑳᐤ ishpitaauhkaau vii ◆ c'est un haut banc de sable

ᐃᔥᐱᑲᐦᑎᒃᐁᐤ ishpikahtikweu vai ◆ il/elle a le front haut

ᐃᔥᐱᒥᐦᑕᑯᐃᓂᐦᑖᐤ ishpimihtakuwinihtaau vai+o [Intérieur] ◆ il/elle y ajoute un deuxième plancher ou étage

ᐃᔥᐱᒥᐦᑕᑯᐃᓐ ishpimihtakuwin vii [Intérieur] ◆ ça a un étage supérieur

ᐃᔥᐱᒥᐦᑕᑯᒡ ishpimihtakuch p,lieu ◆ en haut, à l'étage, au premier étage ■ ᐃᔥᐱᒥᐦᑕᑯᒡ ᐃᐦᑕᓐ ᓂᐯᐗᑲᓐᐦ ■ Les chambres sont à l'étage.

ᐃᔥᐱᒥᐦᑕᒃ ishpimihtakw ni -um ◆ en haut, le haut, à l'étage; le plafond

ᐃᔥᐱᒥᐦᒡ ishpimihch p,lieu ◆ dessus, au-dessus, le toit, en haut

ᐃᔥᐱᒨ ishpimuu vii -uu ◆ ça a un étage, un plancher supérieur

ᐃᔥᐱᒨᐦᑖᐤ ishpimuuhtaau vai+o ◆ il/elle fait, construit ou ajoute un étage supérieur

ᐃᔥᐱᓯᒃᐙᐤ ishpisikwaau vii ◆ il y a de la glace haute (en parlant de plaques de glace de hauteur inégale)

ᐃᔥᐱᓲ ishpisuu vai-i ◆ il/elle a une certaine hauteur, grandeur ou taille; il/elle mesure

ᐃᔥᐱᔪᐁᐤ ishpishipuyeu vta ◆ il/elle lui donne une certaine portion de nourriture

ᐃᔥᐱᔪ ishpishipuu vai-u ◆ sa part de nourriture est tant; c'est sa part de nourriture

ᐃᔥᐱᔑᒧᐃᓐ ishpishimuwin ni ◆ un matelas

ᐃᔥᐱᔑᓐ ishpishin vai ◆ il/elle est à une certaine hauteur; il/elle est étendu-e, allongé-e, couché-e ou posé-e sur une couverture, sur un recouvrement

ᐃᔥᐱᔑᐁᐤ ishpishiheu vta ◆ il/elle la/le bat, vainc, surmonte

ᐃᔥᐱᔑᐤ ishpishiiu vai ◆ il/elle a le temps

ᐃᔥᐱᔑᒫᑲᓐ ishpishiimakan vii ◆ ça a assez de puissance, de force, de cran

ᐃᔥᐱᔑᐦᑯᐁᐤ ishpishiihkuweu vta ◆ il/elle a du temps pour elle/lui

ᐃᔥᐱᔑᐦᑲᒻ ishpishiihkam vti ◆ il/elle a du temps pour quelque chose

ᐃᔥᐱᔖᐤ ishpishaau vii ◆ c'est une certaine quantité ou taille

ᐃᔥᐱᔖᑦ ishpishaat p ◆ que ■ ᐊ ᐃᔥ·ᑴ ᒥᒋᓱᒡ ᐃᔥᐱᔖᑦ ᐊ ᐊᐤᐦ ■ La fille mange plus que le garçon.

ᐃᔥᐱᔥ ishpish p,quantité ◆ combien, tant, autant, cette quantité, ce nombre ■ ᒣ ᐃᔥᐱᔥ ᓲᑳᐗᐸᑕᒻ ᓂᑎᐦᐄᓐ ■ C'est cette quantité de sucre que je veux.

ᐃᔥᐱᔥᑎᒃᐙᓀᐤ ishpishtikwaaneu vai ◆ il/elle a le crâne allongé

ᐃᔥᐱᔥᑖᐤ ishpishtaau vai+o ◆ il/elle est à la hauteur de la tâche; il/elle est capable

ᐃᔥᐱᐦᑖᐤ ishpihtaau vai+o ◆ il/elle le fait haut ou en haut

ᐃᔥᐸᐴ ishpapuu vai-i ◆ il/elle est posé-e, assis-e, placé-e haut ou en haut

ᐃᔥᐸᑎᓈᐤ ishpatinaau vii ◆ c'est une haute montagne

ᐃᔥᐸᑖᔥᑎᓐ ishpataashtin vii ◆ la neige est entassée par le vent, accumulée en gros banc de neige

ᐃᔥᐸᑯᑌᐤ ishpakuteu vii ◆ ça vole haut; c'est élevé; c'est pendu en haut

ᐃᔥᐸᑯᑖᐤ ishpakutaau vai+o ◆ il/elle le pend, le suspend haut ou en haut

ᐃᔥᐸᑯᒋᓐ ishpakuchin vai ◆ il/elle vole haut; il/elle est haut-e (par ex. le soleil)

ᐃᔥᐸᒨ ishpamuu vii -i ◆ c'est un niveau élevé; c'est suspendu en haut

ᐃᔥᐸᔥᑌᐤ ishpashteu vii ◆ c'est empilé haut, installé en hauteur

ᐃᔥᐸᔥᑖᐤ ishpashtaau vai+o ◆ il/elle l'empile haut; il/elle en fait une haute pile

ᐃᔥᐹᐤ ishpaau vii ◆ c'est haut, élevé

ᐃᔥᐹᐯᑲᒧᐦᐁᐤ ishpaapekamuheu vta ◆ il/elle la/le tend en haut (filiforme)

ᐃᔥᐹᐯᑲᒧᐦᑖᐤ ishpaapekamuhtaau vai+o ◆ il/elle le suspend haut ou en haut (filiforme)

ᐃᔥᐹᐱᐦᑌᐤ ishpaapihteu vii ◆ ça monte haut (la fumée)

ᐃᔥᐹᑯᓂᑳᐤ ishpaakunikaau vii ◆ la neige est haute

ᐃᔥᐹᑲᒋᐦᑎᓐ ishpaakachihtin vii ◆ c'est un haut banc de neige

ᐃᔥᐹᑲᒥᐦᑴᐸᔫ ishpaakamihkwepayuu vai -i ◆ il/elle souffre d'hypertension, fait de la haute pression (anglicisme); sa tension artérielle est élevée

ᐃᔥᐹᒪᑎᓈᐤ ishpaamatinaau vii ◆ c'est une longue, haute chaîne de montagnes

ᐃᔥᐹᓂᑳᐤ ishpaanikaau vii ◆ c'est une île surélevée

ᐃᔥᐹᔅᑵᔮᐤ ishpaaskweyaau vii ◆ c'est un secteur couvert de grands arbres

ᐃᔥᐹᔅᑯᒧᐦᐁᐤ ishpaaskumuheu vta ◆ il/elle la/le pose en haut (long et rigide)

ᐃᔥᐹᔅᑯᒧᐦᑖᐤ ishpaaskumuhtaau vai+o ◆ il/elle le pose, le met ou le place haut ou en haut (long et rigide)

ᐃᔥᐹᔅᑯᒨ ishpaaskumuu vii -u ◆ c'est trop haut pour l'atteindre (long et rigide)

ᐃᔥᐹᔅᑯᐦᐄᑲᓐ ishpaaskuhiikan ni ◆ une perche, un bâton ou un pieu qui sert à hausser, soulever ou monter quelque chose

ᐃᔥᐹᔅᑯᐦᑎᓐ ishpaaskuhtin vii ◆ c'est suspendu en haut (long et rigide)

ᐃᔥᐹᔥᑯᔑᓐ ishpaashkushin vai ◆ il (un arbre) est en haut (par ex. un arbre coupé qui reste accroché en hauteur)

ᐃᔥᐹᐦᑎᑯᐍᐤ ishpaahtikuweu vai ◆ il/elle a une longue fourrure, sa fourrure est longue

ᐃᔥᐹᐦᑵᐦᐁᐤ ishpaahkweheu vta ◆ il/elle fait tourner vers le haut le bout des raquettes, des toboggans

ᐃᔥᐹᐦᒉᐍᐱᓀᐤ ishpaahchewepineu vta ◆ il/elle la/le lance en haut

ᐃᔥᐹᐦᒉᐍᐱᓇᒼ ishpaahchewepinam vti ◆ il/elle le lance en l'air, en haut

ᐃᔥᐹᐦᒉᐍᐸᐦᐊᒼ ishpaahchewepaham vti ◆ il/elle le frappe haut dans les airs avec quelque chose

ᐃᔥᐹᐦᒉᐍᐸᐦᐌᐤ ishpaahchewepahweu vta ◆ il/elle la/le frappe dans les airs avec quelque chose

ᐃᔥᐹᐦᒉᐸᔫ ishpaahchepayuu vai/vii -i ◆ il/elle est dressé-e, élevé-e; c'est levé, monté; il/elle/ça monte haut

ᐃᔥᐹᐦᒉᑳᔥᑯᐦᑑ ishpaahchekwaashkuhtuu vai -i ◆ il/elle saute haut

ᐃᔥᐹᐦᒉᓀᐤ ishpaahcheneu vta ◆ il/elle la/le tient en haut

ᐃᔥᐹᐦᒉᓇᒼ ishpaahchenam vti ◆ il/elle le tient bien haut

ᐃᔥᑌᔮᑲᒥᐦᑎᓐ ishteyaakamihtin vii ◆ ça décante, se dépose (un liquide)

ᐃᔥᑌᔮᑲᒨ ishteyaakamuu vii -i ◆ ça décante, se dépose; c'est stagnant, calme (comme un liquide trouble)

ᐃᔥᑵᔑᒧᐎᓐ ishkweshimuwin ni ◆ un oreiller

ᐃᔥᑵᔑᒨᓀᒋᓐ ishkweshimuunechin ni ◆ une enveloppe d'oreiller, un coutil; une taie d'oreiller

ᐃᔥᑵᔒᐤ ishkweshiiu vai ◆ c'est une fille

ᐃᔥᑵᔒᐦᑳᓲ ishkweshiihkaasuu vai -u ◆ il/elle prétend être une jeune fille

ᐃᔥᑵᔥ ishkwesh na dim -ilm ◆ une fille

ᐃᔥᑯᐱᒋᑲᓐ ishkupichikan ni ◆ une retaille de tissu, un reste d'étoffe

ᐃᔥᑯᐳᐌᐤ ishkupuweu vta ◆ il/elle en laisse (après avoir mangé le reste)

ᐃᔥᑯᐸᔨᐦᐁᐤ ishkupayiheu vta ◆ il/elle en laisse (par ex. du tissu, de la farine); il/elle a des restes; il lui en reste

ᐃᔥᑯᐸᔨᐦᑖᐤ ishkupayihtaau vai+o ◆ il/elle en fait ou prépare assez pour qu'il en reste

ᐃᔅᑯᐸᔪ ishkupayuu vai/vii -i ♦ il en reste

ᐃᔅᑯᑌᐅᑖᐹᓐ ishkuteutaapaan ni ♦ un train

ᐃᔅᑯᑌᐅᒫᐍᐦᒋᑲᓐ ishkuteumatwehchikan ni ♦ une alarme d'incendie

ᐃᔅᑯᑌᐤ ishkuteu ni -em ♦ du feu; une pile, une batterie; une bougie

ᐃᔅᑯᑌᔒᔥ ishkuteshiish na dim [Intérieur] ♦ une étincelle

ᐃᔅᑯᑌᐦᑳᓐ ishkutehkaan ni -im ♦ un endroit où on a installé ou allumé un feu, un foyer

ᐃᔅᑯᑕᒃ ishkutak p,temps ♦ depuis, quand ∎ ·ᒌᔑᓐ ᐃᔅᑯᑕᒃ ·ᐊ‍ᐸᓗ∎ Invite-le quand tu le verras.

ᐃᔅᑯᑲᐦᐄᒉᐤ ishkukahiicheu vai ♦ il/elle part sans fendre tout le bois

ᐃᔅᑯᑲᐦᐊᒻ ishkukaham vti ♦ il/elle en laisse non coupé, non fendu

ᐃᔅᑯᑲᐦᐁᐤ ishkukahweu vta ♦ il/elle en laisse qui ne sont pas coupés (par ex. des arbres)

ᐃᔅᑯᓀᐤ ishkuneu vta ♦ il/elle en laisse; il/elle a des restes; il lui en reste

ᐃᔅᑯᓇᒧᐍᐤ ishkunamuweu vta ♦ il/elle lui en laisse (par ex. après en avoir pris)

ᐃᔅᑯᓇᒻ ishkunam vti ♦ il/elle en laisse une partie; il/elle a des restes

ᐃᔅᑯᔗᐤ ishkushweu vta ♦ il/elle la/le coupe d'une certaine longueur; il/elle en laisse tant après avoir coupé une portion

ᐃᔅᑯᔕᒻ ishkusham vti ♦ il/elle le coupe d'une certaine longueur; il/elle en laisse une certaine quantité après avoir coupé sa portion

ᐃᔅᑯᔥᑐᐙᓐ ishkushtuwaan ni ♦ des restes de nourriture à jeter

ᐃᔅᑯᔥᑕᒧᐍᐤ ishkushtamuweu vta ♦ il/elle lui garde des restes de nourriture

ᐃᔅᑯᔥᑕᒻ ishkushtam vti ♦ il/elle en laisse intact, ne mange pas tout

ᐃᔅᑯᐦᐊᒻ ishkuham vti ♦ il/elle laisse des restants dans quelque chose

ᐃᔅᑯᐦᐁᐤ ishkuhweu vta ♦ il/elle part sans les tirer, les tuer tous (par ex. des cibles, des caribous)

ᐃᔥᑲ ishka préverbe ♦ il semble que, on dirait que, il paraît que (utilisé avec le perceptif de l'indépendant) ∎ ᐃᔥᑲ ·ᐊᐱᑎ·ᐊ ∎ C'était comme si il/elle le voyait.

ᐃᔥᑲ ᐁᑲ ishka ekaa p,négative ♦ ne pas, pas tout à fait, il semble que ne... pas ∎ ᐃᔥᑲ ᐁᑲ ᐊᐱ·ᐊ ᒡᐦᐸᔨᑐᓂᒃᐅᔨ ᓂᑎᐯᓕᒧᒃ ∎ Je crois qu'elle n'a pas le téléphone.

ᐃᔥᑲ ᐃᔮᐦᒡ ishka iyaahch p,temps [Intérieur] ♦ il semble, je suppose, il paraît, je pense ∎ ᐃᔥᑲ ᐃᔮᒡ ᐁᑲ ᐃᔮᐲᓐ ᐃᐦᒌᐊ ᓂᑉ ᐊᓗᐦᑊᓚ ♦ ᐊᔥᑲ ᐃᔮᒡ ᐁᑉ ᑭ ᓇᐅᒋᐸᓗ ∎ Il semble qu'il y ait moins de bernaches de nos jours. ♦ Voici la personne que je cherche, je suppose.

ᐃᔥᑳᔅᑴᔮᐤ ishkaaskweyaau vii [Intérieur] ♦ c'est un boisé suite à un espace ouvert

ᐃᔥᒀᐸᔫᐲᓯᒻ ishkwaapayuupiisim na [Côte] ♦ janvier

ᐃᔥᒀᑌᐅᒫᑯᓐ ishkwaateumaakun vii ♦ ça sent le brûlé

ᐃᔥᒀᑌᐅᒫᑯᓱᐤ ishkwaateumaakusuu vai -i ♦ il/elle sent le feu, sent le brûlé

ᐃᔥᒀᑌᐤ ishkwaateu vii ♦ ça brûle

ᐃᔥᒀᑑᔥᑌᐦ ishkwaatuushteuh p,temps ♦ une fin de semaine

ᐃᔥᒀᑖᐅᐦᑳᐤ ishkwaataauhkaau vii ♦ c'est la fin d'un banc de sable, d'un haut-fond

ᐃᔥᒀᑯᒋᓐ ishkwaakuchin vii ♦ ce n'est plus suspendu (par ex. une page de calendrier); c'est la fin du mois

ᐃᔥᒀᒫᑎᓈᐤ ishkwaamatinaau vii ♦ c'est le bord de la montagne

ᐃᔥᒀᔅᐍᐤ ishkwaasweu vta ♦ il/elle la/le brûle

ᐃᔥᒀᓴᒻ ishkwaasam vti ♦ il/elle le brûle

ᐃᔥᒀᔥᒉᐅᑯᐦᐁᐤ ishkwaashcheukuhweu vta ♦ il/elle se salit avec de la suie (par ex. de bois brûlé)

ᐃᔥᒀᔥᒉᐅᒋᓇᒻ ishkwaashcheuchinam vti ♦ il/elle déplace, bouge le bois qui n'est pas brûlé, pour alimenter le feu

ᐃᔥᒀᔥᒉᐅᒋᐦᑖᐤ ishkwaashcheuchihtaau vai+o ♦ il/elle le salit avec de la suie (par ex. de bois brûlé)

ᐃᔥᒀᔥᒉᐤ ishkwaashcheu vii ♦ le feu brûle complètement, baisse jusqu'aux tisons

ᐃᔥᒀᕐᒋᑌᐤ **ishkwaashchiteu** ni [Intérieur] ♦ un bout calciné de bâton, de bûche, de billot

ᐃᔥᒀᔮᐤ **ishkwaayaau** vii ♦ ça arrive à la fin; ça se termine

ᐃᔥᒀᔮᓂᐦᒡ **ishkwaayaanihch** p,lieu ♦ au bout ou à la fin d'une file, d'une ligne, d'une rangée

ᐃᔥᒀᐦᑌᒥᐦᐄᑲᓇᐱᔑᐃ **ishkwaahtemihiikanapishui** ni ♦ un poteau d'entrée du tipi, un montant de porte de tipi

ᐃᔥᒀᐦᑌᒥᐦᐄᑲᓈᐦᑎᒄ **ishkwaahtemihiikanaahtikw** ni ♦ une perche qui sert de traverse ou linteau de porte d'un tipi

ᐃᔥᒀᐦᑌᒼ **ishkwaahtem** na ♦ une porte

ᐃᔥᒀᐦᑲᔥᐁᐤ **ishkwaahkasweu** vta ♦ il/elle en a qui ne sont pas brûlé-e-s; il/elle en laisse qui ne sont pas brûlé-e-s

ᐃᔥᒀᐦᑲᓲ **ishkwaahkasuu** vai-u ♦ il y en a une partie qui n'est pas brûlée (par ex. une mitaine), une partie est intacte

ᐃᔥᒀᐦᑲᓴᒼ **ishkwaahkasam** vti ♦ il/elle en laisse une partie intacte, non brûlée

ᐃᔥᒀᐦᑲᐦᑌᐤ **ishkwaahkahteu** vii ♦ c'est partiellement brûlé; il en reste qui ne sont pas brûlés ou brûlées

ᐃᔦᒀᑳᓐ **iyekwaakan** ni ♦ c'est la première couche de neige

ᐃᔦᔅᑯᐌᔨᒧ **iyeskuweyimuu** vai-u ♦ il/elle se sent prêt-e

ᐃᔦᔅᑯᐄᐤ **iyeskuwiiu** vai ♦ il/elle se prépare

ᐃᔦᔅᑯᐄᔥᑐᐌᐤ **iyeskuwiishtuweu** vta ♦ il/elle se prépare pour elle/lui

ᐃᔦᔅᑯᐄᔥᑕᒼ **iyeskuwiishtam** vti ♦ il/elle est prêt-e avant le temps; il/elle se prépare pour quelque chose

ᐃᔦᔅᑯᐱᑐᓀᐤ **iyeskupituneu** vai ♦ il/elle a les bras fatigués, ses bras sont fatigués

ᐃᔦᔅᑯᐴ **iyeskupuu** vai-i ♦ il/elle est fatigué-e d'être assis-e

ᐃᔦᔅᑯᑐᐙᐴ **iyeskutuwaapuu** vai-i ♦ il/elle a les yeux fatigués, ses yeux sont fatigués

ᐃᔦᔅᑯᑖᐯᐤ **iyeskutaapeu** vai ♦ il/elle est fatigué-e de tirer un toboggan

ᐃᔦᔅᑯᑖᐦᑕᒼ **iyeskutaahtam** vai ♦ il/elle est essoufflé-e

ᐃᔦᔅᑯᑳᐴ **iyeskukaapuu** vai-uu ♦ il/elle est fatigué-e d'être debout

ᐃᔦᔅᑯᑳᑌᐤ **iyeskukaateu** vai ♦ il/elle a les jambes fatiguées, ses jambes sont fatiguées

ᐃᔦᔅᑯᒨ **iyeskumuu** vai-u ♦ il/elle est fatigué-e, a la voix fatiguée (par ex. pour avoir trop toussé, pleuré, chanté)

ᐃᔦᔅᑯᓰᐃᓐ **iyeskusiiwin** ni ♦ de la fatigue

ᐃᔦᔅᑯᓰᐤ **iyeskusiiu** vai ♦ il/elle est fatigué-e

ᐃᔦᔅᑯᓰᒪᑲᓐ **iyeskusiimakan** vii ♦ c'est fatigué (par ex. un bras)

ᐃᔦᔅᑯᔑᓐ **iyeskushin** vai ♦ il/elle est fatigué-e d'être couché-e

ᐃᔦᔅᑯᔨᐌᐤ **iyeskuyiweu** vai ♦ il/elle a le corps fatigué, son corps est fatigué

ᐃᔦᔅᑯᐦᐁᐤ **iyeskuheu** vta ♦ il/elle la/le fatigue

ᐃᔦᔅᑯᐦᐄᐌᐤ **iyeskuhiiweu** vai ♦ il/elle fatigue les gens

ᐃᔦᔅᑯᐦᑌᐤ **iyeskuhteu** vai ♦ il/elle est fatigué-e de marcher

ᐃᔦᔅᑯᐦᑖᐤ **iyeskuhtaau** vai+o ♦ il/elle le fatigue

ᐃᔦᔅᑰᐌᔨᐦᑕᒼ **iyeskuuweyihtam** vti ♦ il/elle y réfléchit, y pense à l'avance (par ex. une décision)

ᐃᔦᔅᑰᑳᐴ **iyeskuukaapuu** vai-uu ♦ il/elle est prêt-e

ᐃᔦᔅᑰᔥᑖᐤ **iyeskuushtaau** vai+o ♦ il/elle s'y prépare à l'avance; il/elle s'approvisionne ou fait ses provisions; il/elle l'achète avant le temps

ᐃᔥᒀᐱᔥᑲᓀᐄᐤ **iyeskwaapishkanewiiu** vai ♦ il/elle a les mâchoires fatiguées à force de mâcher

ᐃᕆᐌᐴ **iyiwepuu** vai-i ♦ il/elle se repose, prend une pause après une activité fatigante

ᐃᕆᐌᓯᓈᓅᒋᐦᔑᑳᐤ **iyiwesinaanuuchiishikaau** vii ♦ c'est un jour férié, un congé

ᐃᕆᐯᐴ **iyipepuu** vai-i ♦ il/elle est assis-e ou installé-e en pente ou sur une pente; il/elle penche

ᐃᔨᐯᐸᔫ iyipepayuu vai/vii -i ◆ il/elle/ça tombe sur un côté, sur une pente

ᐃᔨᐯᑯᑌᐤ iyipekuteu vii ◆ ça penche

ᐃᔨᐯᑯᒋᓐ iyipekuchin vai ◆ il/elle est pendu-e ou suspendu-e en pente ou de côté; il/elle penche d'un côté

ᐃᔨᐯᑯᐦᑎᓐ iyipekuhtin vii ◆ c'est penché dans l'eau (par ex. un canot); c'est incliné d'un bord; ça donne de la bande

ᐃᔨᐯᑯᐦᒋᓐ iyipekuhchin vai ◆ il/elle flotte penché-e, incliné-e d'un côté; il/elle penche

ᐃᔨᐯᓯᒀᐤ iyipesikwaau vii ◆ c'est une surface de glace inclinée, en pente

ᐃᔨᐯᓲ iyipesuu vai -i ◆ il/elle est sur une pente, est en pente, est incliné-e; il/elle penche

ᐃᔨᐯᔑᓐ iyipeshin vai -i ◆ il/elle est étendu-e, posé-e ou installé-e en pente, sur une pente; il/elle penche

ᐃᔨᐯᔥᑌᐤ iyipeshteu vii ◆ c'est posé en pente

ᐃᔨᐯᔥᑲᒼ iyipeshkam vti ◆ il/elle le fait pencher en s'assoyant, en se tassant d'un côté (par ex. dans un canot)

ᐃᔨᐯᔮᐅᐦᑲᐦᐊᒼ iyipeyaauhkaham vti ◆ il/elle marche le long de la pente (par ex. en bas de la crête)

ᐃᔨᐯᔮᐤ iyipeyaau vii ◆ c'est sur une pente; c'est incliné

ᐃᔨᐲᐅᑖᔓ iyipiiutaashuu vai -i ◆ il/elle est couvert-e ou recouvert-e de neige ou de poudrerie (par ex. : la neige couvre les pistes)

ᐃᔨᐲᐅᑖᔥᑎᓐ iyipiiutaashtin vii ◆ c'est recouvert de neige soufflante

ᐃᔨᑯᑖᔓ iyikutaashuu vai -i ◆ il/elle est couvert-e ou recouvert-e de neige ou de poudrerie (par ex. la neige recouvre les pistes)

ᐃᔨᑯᑖᔥᑎᓐ iyikutaashtin vii ◆ c'est recouvert par la poudrerie

ᐃᔨᑯᔮᑕᒼ iyikuyaatam vti ◆ il (un chien) lève la patte pour uriner, pisser sur quelque chose

ᐃᔨᑲᑎᐦᒑᓐ iyikakatihchaan ni ◆ l'espace ou la peau entre les doigts ▪ ᒋ ᒪᑎᓯᔫ ᐊᓂᐦᐊᐤ ᐅᑎᔨᑲᑲᑎᐦᒑᓐᐦ ▪ *Elle lui coupe la peau entre les doigts.*

ᐃᔨᑲᔅᑎᔅ iyikastis ni ◆ un gant

ᐃᔨᒥᐸᔫ iyimipayuu vai/vii -i [côte] ◆ il/elle/ça avance, voyage contre le vent

ᐃᔨᒥᔥᑲᒼ iyimishkam vti [côte] ◆ il/elle va, avance contre le vent

ᐃᔨᒪᑯᒋᓐ iyimakuchin vai [côte] ◆ il/elle vole contre le vent

ᐃᔨᒼ iyim p,lieu [côte] ◆ contre le vent, face au vent, côté vent debout

ᐃᔨᐦᑌᐤ iyihteu vai ◆ la neige fond et le sol est nu par endroits; il y a des endroits dénudés où la neige a fondu

ᐃᔨᐦᑌᐤ iyihteu vai [côte] ◆ il (un animal) marche lentement

ᐃᔨᐦᑯᔑᒣᐤ iyihkushimeu vta ◆ il/elle la/le brise en morceaux

ᐃᔨᐦᑯᐦᐊᒼ iyihkuham vti ◆ il/elle le casse en morceaux avec quelque chose

ᐃᔨᐦᑯᐦᑎᑖᐤ iyihkuhtitaau vai+o ◆ il/elle le casse ou brise en morceaux

ᐃᔨᐦᑲᒋᒣᐤ iyihkachimeu vta ◆ il/elle en augmente la valeur, le prix

ᐃᔨᐦᑲᒋᔅᑕᒧᕓᐤ iyihkachistamuweu vta ◆ il/elle en monte le prix pour elle/lui

ᐃᔨᐦᑲᒋᐦᑕᒼ iyihkachihtam vti ◆ il/elle en monte, en augmente le prix

ᐃᔨᐦᑳᑕᐦᐁᐤ iyihkaataheu vta ◆ il/elle l'emmène marcher plus loin que prévu, l'entraîne trop loin

ᐃᔨᐦᒋᐸᔫ iyihchipayuu vai/vii -i ◆ il/elle/ça augmente (par ex. de prix)

ᐃᔨᐦᒋᓰᐤ iyihchisiiu vai ◆ il/elle est remplacé-e à son travail, son poste

ᐃᔨᐦᒋᐦᐁᐤ iyihchiheu vta ◆ il/elle l'augmente, en ajoute (quelque chose d'animé)

ᐃᔨᐦᒋᐦᑖᐤ iyihchihtaau vai+o ◆ il/elle l'augmente, en ajoute, en rajoute

ᐃᔫ iyuu vai -i [côte] ◆ il/elle dit

ᐃᔭᑲᔅᒉᑲᓐ iyakaschekan vii ◆ c'est large, ample (étalé)

ᐃᔭᑲᔅᒉᒋᓲ iyakaschechisuu vai -i ◆ il/elle est large (étalé)

ᐃᔭᑲᔅᒋᑑ iyakaschituu vai -i ◆ il/elle est large

ᐃᔭᑲᔅᒋᑯᑌᐅᔑᑉ iyakaschikuteuship na -im ◆ un canard souchet *Anas clypeata*, littéralement 'un canard à large bec'

ᐃᔭᐦᒻᑲᒧᐅ iyakashkamuu vii -u ♦ c'est large (sentier, route)

ᐃᔭᐦᒻᑳᐤ iyakashkaau vii ♦ c'est large

ᐃᔭᐦᒻᑳᐯᑲᓐ iyakashkaapekan vii ♦ c'est large (filiforme)

ᐃᔭᐦᒻᑳᐯᒋᓲ iyakashkaapechisuu vai -i ♦ il/elle est large (filiforme)

ᐃᔭᐦᒻᑳᔅᑯᓐ iyakashkaaskun vii ♦ c'est large (long et rigide)

ᐃᔭᐦᒻᑳᔅᑯᓲ iyakashkaaskusuu vai -i ♦ il/elle est large (long et rigide, par ex. un toboggan)

ᐃᔭᒣᔨᐦᑖᑯᓲ iyameyihtaakusuu vai -i [Côte] ♦ il/elle est faible, c'est une personne faible

ᐃᔭᒥᓈᑯᓐ iyaminaakun vii [Côte] ♦ ça paraît faible, petit

ᐃᔭᒥᓈᑯᓲ iyaminaakusuu vai [Côte] ♦ il/elle est petit-e (par ex. bébé prématuré)

ᐃᔭᒥᓈᑯᐦᐁᐤ iyaminaakuheu vta [Côte] ♦ il/elle la/le fait mal (par ex. une raquette)

ᐃᔭᒥᓈᑯᐦᑖᐤ iyaminaakuhtaau vai+o [Côte] ♦ il/elle fait un travail vraiment mauvais (par ex. sculpter, coudre), le fait de façon pitoyable

ᐃᔭᒥᓯᔫ iyamisiiu vai [Côte] ♦ il/elle est faible

ᐃᔭᒥᓰᐦᑳᓲ iyamisiihkaasuu vai -u [Côte] ♦ il/elle prétend être faible

ᐃᔭᔅᑲᒥᒋᓀᐤ iyaskamichineu vta ♦ il/elle l'enterre dans la mousse, le sol

ᐃᔭᔅᑲᒥᒋᓇᒼ iyaskamichinam vti ♦ il/elle l'enfouit, l'enterre dans la mousse, le sol

ᐃᔭᔅᒎᑲᐦᐊᒼ iyaschuukaham vti ♦ il/elle l'enfouit, l'enterre dans la boue

ᐃᔭᔅᒎᑲᐦᐁᐤ iyaschuukahweu vta ♦ il/elle l'enterre, l'enfouit dans la boue

ᐃᔭᐦᐊᒼ iyaham vti ♦ il/elle le couvre (de terre, de neige, de sable)

ᐃᔮᐅᐋᑕᑲᓐ iyaauwaatakan vii ♦ c'est un trou profond, une fosse creuse

ᐃᔮᐅᑌᔨᒣᐤ iyaauteyimeu vta ♦ il/elle pense qu'elle/il est une peste, un embêtement

ᐃᔮᐅᑎᓂᑲᑎᐦᐄᑌᐤ iyaautinikatihiiteu vai [Intérieur] ♦ il/elle déplace des poutres en les portant sur l'épaule ■ ᐃᔮᐅᑎᓂᑲᑎᐦᐄᑌᐤ ᓃ"ᒋ·ᐋₓ ■ Mon père porte des poutres.

ᐃᔮᐅᑎᓐ iyaautin vii ♦ c'est inutile; ça a peu de valeur

ᐃᔮᐅᑕᐦᑖᐤ iyaautahuutaau vai+o ♦ il/elle apporte, emporte, transporte des marchandises en canot

ᐃᔮᐅᑕᐦᑖᓲ iyaautahuutaasuu vai -u ♦ il/elle travaille (avec l'équipage) au transport des marchandises par canot

ᐃᔮᐅᑕᐦᑖᓲᒪᑲᓐ iyaautahuutaasuumakan vii ♦ ça apporte les marchandises (par ex. un avion, un bateau); ça fait l'aller-retour

ᐃᔮᐅᑖᐤ iyaautaau vai+o ♦ il/elle le porte d'un endroit à l'autre, le transporte ailleurs

ᐃᔮᐅᑖᔥᑎᑖᐤ iyaautaashtitaau vai+o ♦ il/elle emporte ou transporte des marchandises en voilier ou bateau

ᐃᔮᐅᒋᐸᔨᐦᐄᐌᐅᑖᐹᓐ iyaauchipayihiiweutaapaan na ♦ un taxi

ᐃᔮᐅᒋᐸᔨᐦᐄᐌᓲ iyaauchipayihiiwesuu na -slim ♦ un chauffeur de taxi

ᐃᔮᐅᒋᒣᐤ iyaauchimeu vta ♦ il/elle lui parle inutilement, pour rien

ᐃᔮᐅᒋᒨ iyaauchimuu vai -u ♦ il/elle parle pour ne rien dire; pose des questions inutiles ou des questions auxquelles il/elle connaît la réponse; parle en vain

ᐃᔮᐅᒋᓂᑲᑎᐦᐄᒉᐤ iyaauchinikatihiicheu vai [Côte] ♦ il/elle déplace des poutres en les portant sur l'épaule ■ ᐃᔮᐅᒋᓂᑲᑎᐦᐄᒉᐤ ᓃ"ᒋ·ᐋₓ ■ Mon père porte des poutres.

ᐃᔮᐅᒋᓯᔫ iyaauchisiiu vai ♦ il/elle pose un geste inutile, fait une chose sans raison valable

ᐃᔮᐅᒋᐦᐆ iyaauchihuu vai -u ♦ il/elle pose un geste inutile, fait une chose sans raison valable

ᐃᔮᐅᒡ iyaauch p,évaluative ♦ c'est inutile, ce n'est pas nécessaire, c'est superflu ■ ᒧᓐ ᐃᔮᐅᒡ ᐊ ᑭ ᐃ"ᑐᒋᓅ"ₓ ■ Ce n'était pas nécessaire de faire ça.

ᐃᔮᐅᓰᔫ iyaausiiu vai ♦ il/elle est le contenu d'un petit contenant, une petite quantité

ᐃᔮᐅᔫ iyaauyeu vta ♦ il/elle les transporte d'un endroit à l'autre

ᐃᔮᐅᐦᑳᒻ iyaauhkaham vti ♦ il/elle l'enfouit, l'enterre dans le sable

ᐃᔮᐅᐦᑳᐌᐤ iyaauhkahweu vta ♦ il/elle l'enfouit dans le sable avec un outil (par ex. un corps)

ᐃᔮᐅᐦᑳᐋᓐ iyaauhkaahan vii ♦ c'est enfoui dans le sable par l'eau

ᐃᔮᐅᐦᒋᓀᐤ iyaauhchineu vta ♦ il/elle l'enterre ou l'enfouit dans le sable avec les mains

ᐃᔮᐅᐦᒋᓇᒻ iyaauhchinam vti ♦ il/elle l'enfouit, l'enterre dans le sable à la main

ᐃᔮᐎᓐ iyaawin vii ♦ c'est une petite quantité; le contenant peut recevoir une quantité précise

ᐃᔮᐯᐅᑎᐦᒄ iyaapeutihkw na -um ♦ un très gros caribou mâle

ᐃᔮᐌᔨᒣᐤ iyaapeweyimeu vta ♦ il/elle le/la connaît bien, personnellement

ᐃᔮᐯᐤ iyaapeu na ♦ un caribou mâle

ᐃᔮᐯᔒᔥ iyaapeshiish na dim ♦ un caribou mâle de deux ans au début de l'automne

ᐃᔮᐱᑌᔨᒣᐤ iyaapiteyimeu vta ♦ il/elle s'en occupe, en prend soin, s'intéresse à elle/lui

ᐃᔮᐱᑌᔨᐦᑕᒻ iyaapiteyihtam vti ♦ il/elle y fait attention, s'en occupe, s'y intéresse

ᐃᔮᐱᓯᐦᑐᐌᐤ iyaapisihtuweu vta ♦ il/elle écoute ce qu'elle/il dit

ᐃᔮᐱᓯᐦᑕᒻ iyaapisihtam vti ♦ il/elle y fait attention

ᐃᔮᐱᔐᐱᒥᒋᐤ iyaapishipemichiiu vai redup ♦ il (un arbre) a de petites feuilles

ᐃᔮᐱᔒᑳᒉᔑᐤ iyaapishikaacheshuu vai redup dim -i ♦ il/elle a les jambes maigres

ᐃᔮᐱᔑᒥᓂᑳᔐᐤᐦ iyaapishiminikaashuuh vii pl redup dim -i ♦ ce sont de petits fruits

ᐃᔮᐱᔑᒥᓂᒋᔓᐎᒡ iyaapishiminichishuwich vai pl dim redup -i ♦ ce sont de petits fruits, de petites baies

ᐃᔮᐱᔑᔥᑲᔓᐤ iyaapishishkashuu vai redup dim -i ♦ ses traces ou empreintes sont petites

ᐃᔮᐱᔑᐦᑯᐌᐤ iyaapishihkuweu vai redup ♦ il (du bois) a un grain fin

ᐃᔮᐱᔖᔥᑯᐱᑐᓀᔓᐤ iyaapishaashkupituneshuu vai redup dim -i ♦ il/elle a les bras maigres

ᐃᔮᐱᔥᑌᔨᒣᐤ iyaapishteyimeu vta ♦ il/elle n'en pense pas grand-chose

ᐃᔮᐱᔥᑌᔨᐦᑖᑯᓲ iyaapishteyihtaakusuu vai -i ♦ il/elle a la réputation d'avoir peu de valeur; il/elle est déprécié-e

ᐃᔮᐸᒡ iyaapach p ♦ encore, toujours, même si, de toute façon, en tout cas, quand même, tout de même, pourtant, toutefois ■ ᐃᔮᐸᒡ ᒌ ᑕᑯᔑᓃ ᐊᑳ ᐅ ᐋᐦᑯᓯᑦ ■ Elle est venue même si elle était malade.

ᐃᔮᑐᐚᐦᐁᐤ iyaatuwaaheu vta ♦ il/elle la/le critique ou rejette à cause d'un défaut, d'un manque de responsabilité

ᐃᔮᑐᐚᐦᑖᐤ iyaatuwaahtaau vai+o ♦ il/elle le critique, le rejette

ᐃᔮᑑᐦᐁᐤ iyaatuuheu vta ♦ il/elle la/le critique; il/elle n'aime pas son apparence

ᐃᔮᑑᐦᑖᐤ iyaatuuhtaau vai+o ♦ il/elle le critique, il/elle n'aime pas son apparence (par ex. de ce que quelqu'un a fait)

ᐃᔮᑯᓀᐤ iyaakuneu vai/vii ♦ il/elle est enfoui-e dans la neige; c'est recouvert de neige

ᐃᔮᑯᓀᔑᓐ iyaakuneshin vai ♦ il/elle tombe dans la neige

ᐃᔮᑯᓀᐦᐊᒻ iyaakuneham vti ♦ il/elle l'enfouit dans la neige

ᐃᔮᑯᓀᐦᐌᐤ iyaakunehweu vta ♦ il/elle l'enfouit dans la neige

ᐃᔮᑯᓀᐦᑎᓐ iyaakunehtin vii ♦ ça atterrit dans la neige; ça tombe et s'enfonce dans la neige

ᐃᔮᑲᑐᐚᐸᐦᑕᒻ iyaakatuwaapahtam vti ♦ il/elle ne cesse de regarder dedans (par ex. un trou, un tunnel, pour voir ce qu'il y a dedans)

ᐃᔮᑲᑐᓀᐤ iyaakatuneu vai ♦ il/elle fouille, fourrage, cherche de la main ou à tâtons, passe la main dans un espace clos

ᐃᔭᑯᓇᒃ iyaakatunam vti ♦ il/elle fouille un espace clos, fourrage dans un espace fermé

ᐃᔭᑯᑌᐊᒃ iyaakatuham vti ♦ il/elle fouille un espace clos, fourrage dans un espace fermé (par ex. une tanière, une hutte de castor, un canon de fusil) à l'aide d'un instrument

ᐃᔨᒥᐊᔑᑯᐛᐳ iyaamiaashikuwaapuu vai -i ♦ ses larmes tombent; les larmes lui montent aux yeux et coulent

ᐃᔨᒥᑯᐛᐳ iyaamikuwaapuu vai -i [Intérieur] ♦ ses larmes tombent; les larmes lui montent aux yeux et coulent

ᐃᔭᓂᔅᑯᐌᑲᔥᑖᐤ iyaaniskuwekashtaau vai+o redup ♦ il/elle les pose, dispose ou place côte à côte, attachés ou attachées

ᐃᔭᓂᔅᑯᐌᑲᐦᐁᐤ iyaaniskuwekaheu vta redup ♦ il/elle les étend par terre ensemble en les reliant

ᐃᔭᓂᔅᑯᑖᐱᐦᑳᑌᐤ iyaaniskutaapihkaateu vta redup ♦ il/elle les attache ensemble tour à tour

ᐃᔭᓂᔅᑯᑖᐱᐦᑳᑕᒻ iyaaniskutaapihkaatam vti redup ♦ il/elle attache des choses ensemble en faisant plusieurs tours; il/elle continue à l'attacher

ᐃᔭᓂᔅᑯᒧᐦᐁᐤ iyaaniskumuheu vta redup ♦ il/elle les relie un-e après l'autre

ᐃᔭᓂᔅᑯᒧᐦᑖᐤ iyaaniskumuhtaau vai+o redup ♦ il/elle assemble des choses une à la suite de l'autre

ᐃᔭᓇᐦᐁᐤ iyaanahweu vta ♦ il/elle en fait partir un morceau en frappant

ᐃᔭᔅᐌ iyaaswe p,manière ♦ un-e sur deux, à tour de rôle, en alternance ■ ᒫ ᐃᔭᔅᐌ ᐋᐱᐤ ᐯᒡ ᐅᓈᐸᒨᐦ ■ *On ne choisira qu'une personne sur deux.*

ᐃᔭᔅᐌᑎᐱᔅᑳᐤᐦ iyaaswetipiskaauh vii pl ♦ c'est à toutes les deux nuits; c'est une nuit sur deux

ᐃᔭᔅᐌᒋᔑᑳᐤᐦ iyaaswechiishikaauh vii pl ♦ c'est à tous les deux jours; c'est un jour sur deux

ᐃᔭᔅᐌᔥᑯᐌᐤ iyaasweshkuweu vta ♦ il/elle passe une personne ou chose sur deux

ᐃᔭᔅᐌᐊᒻ iyaasweham vti ♦ il/elle en fait un-e sur deux (par ex. entrer dans une maison sur deux, passer un repas)

ᐃᔭᔅᐌᐦᐌᐤ iyaaswehweu vta ♦ il/elle en saute un-e sur deux

ᐃᔭᔅᐱᔑᑳᐳ iyaaspishikaapuu vai -uu ♦ il/elle s'attarde en marchant, prend son temps, traîne de l'arrière, flâne, lambine

ᐃᔭᔅᒌᐤ iyaaschiiu vai redup ♦ il/elle se hâte ou se dépêche de le faire

ᐃᔭᔅᒌᐦᑯᐌᐤ iyaaschiihkuweu vta redup ♦ il/elle le fait à toute vitesse pour elle/lui

ᐃᔭᔅᒌᐦᑲᒻ iyaaschiihkam vti redup ♦ il/elle le fait en vitesse, à la hâte; il/elle est pressé-e pour quelque chose

ᐃᔭᔅᐆᐊᓂᒋᔥᑲᒻ iyaashuuaanichishkam vti redup ♦ il/elle marche d'une île à l'autre

ᐃᔭᔅᐆᑕᐦᑯᔅᒉᐤ iyaashuutahkuscheu vai redup ♦ il/elle va et vient, zigzague, avance en zigzag, marche d'un côté à l'autre (par ex. : d'une butte à l'autre dans une tourbière)

ᐃᔭᔥᐱᔑᐤ iyaashpishiiu vai ♦ il/elle le fait mais est en retard; il/elle a pris du retard en le faisant

ᐃᔭᔥᑐᐊᓂᒋᔥᑲᒻ iyaashtuwaanichishkam vti redup ♦ il/elle passe d'une île à l'autre

ᐃᔭᔥᑐᐋᔅᑯᐸᔫ iyaashtuwaaskupayuu vai redup -i ♦ il/elle bouge, avance, se déplace entre les arbres, va d'un arbre à l'autre

ᐃᔭᔥᑐᐋᔅᑯᐦᑌᐤ iyaashtuwaaskuhteu vai redup ♦ il/elle marche parmi les arbres

ᐃᔭᔥᑴᐤ iyaashkweu vai ♦ il/elle parle vite et fort

ᐃᔭᔥᒀᑌᐤ iyaashkwaateu vta redup ♦ il/elle ne cesse de la/le presser en parlant fort; il/elle lui crie constamment d'aller plus vite

ᐃᔮᔨᒣᔨᐦᑕᒼ iyaayimeyihtam vti redup ♦ il/elle s'en inquiète

ᐃᔮᔪᐌᔨᒣᐤ iyaayuweyimeu vta ♦ il/elle pense qu'il/elle est exténué-e

ᐃᔮᔪᐌᔨᒨ iyaayuweyimuu vai ♦ il/elle pleure jusqu'à l'épuisement

ᐃᔮᔪᐌᔮᐱᐦᑌᐤ iyaayuweyaapihteu vii ♦ la fumée suit la rive

ᐃᔮᔫᐤ iyaayuwiiu vai ♦ il/elle est complètement épuisé-e, exténué-e par le travail

ᐃᔮᐧᐄᓕᑲᓐ **iyaayuwiimakan** vii ♦ c'est fatigué, épuisé (par ex. un bras)

ᐃᔮᐧᐊᒨ **iyaayuwaamuu** vai -u ♦ il/elle est exténué-e à force de fuir

ᐃᔮᐧᐊᔔ **iyaayuwaashuu** vai -i ♦ il/elle est détruit-e par le vent, à force de flotter au vent

ᐃᔮᐧᐊᔥᑎᓐ **iyaayuwaashtin** vii ♦ c'est abîmé, détruit par le vent

ᐃᔮᐧᐁᔨᐦᑕᒻ **iyaayuuweyihtam** vti ♦ il/elle se laisse mourir de chagrin à cause de ça

ᐃᔮᐧᐊᔔ **iyaayuuwaashuu** vai -i [Côte] ♦ il/elle est détruit-e par le vent, à force de flotter au vent

ᐃᔮᐧᐊᔥᑎᓐ **iyaayuuwaashtin** vii [Côte] ♦ c'est en train d'être détruit par l'action du vent

ᐃᔮᔫ **iyaayuupuu** vai -i ♦ il/elle est épuisé-e, fatigué-e d'être assis-e

ᐃᔮᔰ **iyaayuukaapuu** vai/vii -uu [Côte] ♦ il/elle est exténué-e, complètement épuisé-e; il/elle est fatigué-e à force de tenir debout; c'est usé parce que ça tient debout depuis trop longtemps (par ex. une vieille tente)

ᐃᔮᔫᓐ **iyaayuun** vii ♦ c'est inutilisable, gâché; ça déborde

ᐃᔮᔫᓯᐅ **iyaayuusiiu** vai ♦ il/elle est inutilisable, ruiné-e, fini-e; il/elle déborde

ᐃᔮᔫᔥᑌᐤ **iyaayuushteu** vii [Côte] ♦ c'est gâté parce que ça a attendu trop longtemps (par ex. de la nourriture)

ᐃᔮᔫᐁᐤ **iyaayuuheu** vta ♦ il/elle la/le ruine, l'assassine, la/le détruit volontairement

ᐃᔮᔫᐦᐃᑎᓲ **iyaayuuhiitisuu** vai reflex -u ♦ il/elle se suicide

ᐃᔮᔫᐦᐤ **iyaayuuhuu** vai -u ♦ il/elle se fait tuer, abattre, détruire

ᐃᔮᔫᐦᑐᐁᐤ **iyaayuuhtuweu** vta ♦ il/elle la/le ruine, détruit pour elle/lui

ᐃᔮᔫᐦᑖᐤ **iyaayuuhtaau** vai+o ♦ il/elle fait exprès pour la détruire, l'endommage délibérément

ᐃᔮᐦᐱᒋᓈᑯᓐ **iyaahpichinaakun** vii ♦ ça a l'air important, utile (toujours utilisé dans la négative)

ᐃᔮᐦᐱᒋᓈᑯᓲ **iyaahpichinaakusuu** vai -i ♦ il/elle ne semble pas utile; il/elle n'a pas l'air important-e

ᐃᔮᐦᑯᑖᐅᐦᑳᐤ **iyaahkutaauhkaau** vii [Côte] ♦ c'est un terrain difficile

ᐃᔮᐦᑯᔨᐦᑑᔥᑖᐤ **iyaahkuyihtuushtaau** vai+o redup ♦ il/elle empile des choses; il/elle en fait une pile

ᐃᔮᐦᑯᔨᐦᑑᐁᐤ **iyaahkuyihtuuheu** vta redup ♦ il/elle les empile un-e par-dessus l'autre

ᐃᔮᐦᒁᒪᑎᓈᐤ **iyaahkwaamatinaau** vii [Côte] ♦ c'est une montagne difficile

ᐃᔮᐦᒋᑕᐦᐁᐤ **iyaahchitaheu** vta ♦ il/elle la fait légère, le fait léger

ᐃᔮᐦᒋᑕᐦᑖᐤ **iyaahchitahtaau** vai+o ♦ il/elle le fabrique léger, le fait léger

ᐃᔮᐦᒡ **iyaahch** p,emphatique [Intérieur] ♦ marque d'emphase utilisée suite à une autre particule, indiquant un choix à faire, 'exactement' (ekuh iyaahch, iska iyaahch, maak iyaahch, eshkw iyaahch) ▪ ᒑ ᐃᔮᐦᒡ ᐋ ᐅᒋᐁᔨᐦᑕᒥᐦᒃₓ ▪ *Lequel veux-tu exactement?*

ᐄᐧᐋᑯᓂᒋᐸᔫ **iywaakunichipayuu** vii -i ♦ il y a une ouverture dans la neige, un trou dans la glace là où la neige est tombée parce qu'un poisson, un castor a fait bouger le bâton ou la ligne dans le trou

ᐄᐧᐋᔥᑎᓂᐸᔫ **iywaashtinipayuu** vai -i ♦ il (le vent) tombe ou se calme

ᐄᐧᐋᔥᑎᓂᑎᐱᔅᑳᐤ **iywaashtinitipiskaau** vii ♦ c'est une nuit paisible, calme

ᐄᐧᐋᔥᑎᓂᑖᑯᔓ **iywaashtinitaakushuu** vii -i ♦ c'est une soirée paisible, calme

ᐄᐧᐋᔥᑎᓂᔓ **iywaashtinishuu** vai -i ♦ il (le vent) tombe ou se calme durant le voyage

ᐃᐦᑑ **ihtuu** vai -i ♦ il/elle le fait

ᐃᐦᑑᑐᐁᐤ **ihtuutuweu** vta ♦ il/elle lui fait ça

ᐃᐦᑑᑕᒻ **ihtuutam** vti ♦ il/elle le fait

ᐃᐦᑕᑯᓐ **ihtakun** vii ♦ ça existe; il y en a

ᐃᐦᑖᐃᓐ **ihtaawin** ni ♦ un village, une municipalité, une ville

ᐃᐦᑖᐤ **ihtaau** vai ♦ il/elle est ici (là, en quelque part), il/elle existe

ᐄ

ᐄ·ᐁᐱᕐᐹ iiwepichikan ni ♦ une frange

ᐄ·ᐁ<ᒡ iiwepayuu vai/vii -i ♦ il/elle/ça tombe ou pend en lambeaux (par ex. un vêtement)

ᐄ·ᐁᑯᐅ° iiwekuteu vii ♦ ça pend en frange

ᐄ·ᐁᑯᕐᵃ iiwekuchin vai ♦ il/elle tombe en frange

ᐄ·ᐊ° iiwaau vii ♦ c'est peu profond

ᐄ·ᐊ·ᐳ·ᐁ° iiwaapuweu na ♦ une bernache cravant *Branta bernicla*, une oie

ᐄ·ᐊ·ᐳ·ᐁᔥ iiwaapuwesh na dim ♦ une jeune oie, une jeune bernache cravant

ᐄ·ᐊₐᒪᴸ iiwaanam vti ♦ il/elle a laissé une vieille piste; sa trace est ancienne

ᐄ·ᐊₐᐅ"ᑳ° iiwaanaauhkaau vii ♦ c'est une plage de sable peu profonde

ᐄ·ᐊˢᑯ·ᐁ° iiwaaskuweu vta ♦ il/elle obtient ce qu'il/elle veut; il/elle réussit avec elle/lui

ᐄ·ᐊˢᑲᴸ iiwaaskam vti ♦ il/elle fait ce qu'il/elle veut, s'en tire bien avec quelque chose, arrive ou réussit à faire quelque chose

ᐃ<ᑌᔭᒥ° iipaateyimeu vta ♦ il/elle la/le trouve désagréable parce qu'elle/il est malpropre (par ex. un chien)

ᐃ<ᑌᔭᒧ"ᐁ° iipaateyimuheu vta ♦ il/elle lui mène la vie dure, la/le met mal à l'aise

ᐃ<ᑌᔭᒨ iipaateyimuu vai -u ♦ il/elle se sent triste, il est malheureux, elle est malheureuse à cause de la température, déprimé-e parce qu'il ne fait pas beau

ᐃ<ᑌᔭ"ᑕᴸ iipaateyihtam vti ♦ il/elle se sent triste, pitoyable, lamentable à cause de quelque chose, comme la température

ᐃ<ᑌᔭ"ᒑᑯᵃ iipaateyihtaakun vii ♦ il fait mauvais; c'est un sale temps; les temps sont durs

ᐃ<ᑕᐅᕓ"ᐊᒉ° iipaataukahiicheu vai ♦ il/elle fait des dégâts en creusant le sol

ᐃ<ᑕᔓ iipaatapuu vai -i ♦ il/elle (par ex. banique) est au milieu d'un dégât, du fouillis, du désordre

ᐃ<ᑕᵃ iipaatan vii ♦ c'est un sale temps; il fait mauvais

ᐃ<ᑕ"ᐃᒉᔓ iipaatahiichesuu vai ♦ il/elle fait des dégâts, sème le désordre

ᐃ<ᑕᐅ"ᑳ° iipaataauhkaau vii ♦ c'est sali par le sable

ᐃ·ᐸ"ᑳ° iipwaahkaau vai ♦ il/elle est intelligent-e, dégourdi-e, astucieux/astucieuse

ᐃᑐ iituu p,lieu ♦ des deux côtés ■ ᒧᕐ ᐊᑐ ᑲᒡ ᐊᵃ ᐊᐊ"ᑖᐅᵒˣ ■ *La banique est cuite des deux côtés.*

ᐃᑐ·ᐅ·ᐃᐧ iituupuwich vai pl -i ♦ ils/elles sont assis-es de chaque côté

ᐃᑐ<ᒡ iituupayuu vai/vii -i ♦ il/elle/ça tombe de chaque côté

ᐃᑐᑳᴸ iituukaam p,lieu ♦ des deux côtés d'une rivière

ᐃᑐᒫᒨ iituumaamuu vii -u ♦ ça a deux décharges (un lac)

ᐃᑐᓴᓄᴸ iituushinuch vai pl ♦ ils sont couchés, étendus de part et d'autre; elles sont couchées, étendues de chaque côté

ᐃᑐˢᑲᴸ iituushkam vti ♦ il/elle le porte des deux côtés

ᐃᑐᒡ iituuyuu p,lieu ♦ des deux côtés du corps

ᐃᑐ"ᐱᑕᴸ iituuhpitam vti ♦ il/elle l'attache des deux côtés

ᐃᑐ"ᑯᐅ° iituuhkuteu vta ♦ il/elle la/le taille des deux côtés

ᐃᑐ"ᑯᑕᴸ iituuhkutam vti ♦ il/elle le taille des deux côtés

ᐃᑖ"ᐄᓄ·ᐁ° iitahiinuweu vai ♦ il/elle sert des aliments, porte ou apporte de la nourriture à quelqu'un d'autre

ᐃᑖ"ᐅᐅ° iitahuuteu vii ♦ ça s'use en frottant sur quelque chose

ᐃᑖᔓ iitaapuu vai -i ♦ il/elle regarde

ᐃᑖᒥˢᑳ° iitaamiskaau vii ♦ c'est le chenal d'une rivière

ᐃᑯ<ᒡ iikupayuu vii -i ♦ le temps se couvre; ça s'ennuage

ᐃᑲᐯᓲ iikapesuu vai -i ♦ il/elle a les jarrets ou genoux cambrés

ᐃᑲᐯᐦᑖᐤ **iikapehtaau** vai+o ♦ il/elle le fait bifurquer ou fourcher

ᐃᑲᓀᓲ **iikanesuu** vai -u ♦ il/elle est infecté-e

ᐃᒋ **iiche** p,lieu ♦ en dehors ou hors de, sur le côté, sur le bord, à part ▪ ᒨᐦ ᐊᓅᐲ ᐃᒋ ᑮᐸᖮᒼ ᐊᔑᑦᒃ ᐊᓅᒋᒼ ᒣᒡᒃ × ▪ *Mets la pile de bois en dehors du chemin.*

ᐃᒋᐌᐱᓀᐤ **iichewepineu** vta ♦ il/elle la/le jette de côté

ᐃᒋᐌᐱᓇᒧᐌᐤ **iichewepinamuweu** vta ♦ il/elle la/le jette de côté pour elle/lui

ᐃᒋᐌᐱᓇᒼ **iichewepinam** vti ♦ il/elle le jette de côté

ᐃᒋᐌᐱᔥᑯᐌᐤ **iichewepishkuweu** vta ♦ il/elle la/le repousse de côté avec le pied

ᐃᒋᐌᐱᔥᑲᒼ **iichewepishkam** vti ♦ il/elle le pousse, le repousse, le renverse de côté avec le pied

ᐃᒋᐴ **iichepuu** vai -i ♦ il/elle est assis-e à côté, à part

ᐃᒋᐸᔨᐽ **iichepayihuu** vai -u ♦ il/elle se met rapidement sur le côté, fait vite un pas de côté, s'écarte rapidement

ᐃᒋᐹᐦᑖᐤ **iichepahtaau** vai ♦ il/elle court sur le côté

ᐃᒉᑎᔑᓀᐤ **iichetishineu** vta ♦ il/elle la/le repousse, pousse de côté

ᐃᒉᑎᔑᓇᒼ **iichetishinam** vti ♦ il/elle le repousse, le pousse plus loin, à côté

ᐃᒉᑎᔕᐦᐊᒼ **iichetishaham** vti ♦ il/elle l'envoie plus loin

ᐃᒉᑎᔕᐦᐌᐤ **iichetishahweu** vta ♦ il/elle l'envoie au loin; il/elle lui dit de s'enlever du chemin, de se déplacer

ᐃᒉᑎᐦᑎᐱᓀᐤ **iichetihtipineu** vta ♦ il/elle la/le roule à côté

ᐃᒉᑎᐦᑎᐱᓇᒼ **iichetihtipinam** vti ♦ il/elle le roule de côté

ᐃᒉᑖᐦᐁᐤ **iichetaheu** vta ♦ il/elle l'entraîne hors du chemin

ᐃᒉᑳᐴ **iichekaapuu** vai -uu ♦ il/elle se tient hors du chemin, est debout à l'écart ou sur le côté

ᐃᒉᑾᔥᑯᐦᑐᐤ **iichekwaashkuhtuu** vai -i ♦ il/elle saute hors du chemin, sur le côté

ᐃᒉᓀᐤ **iicheneu** vta ♦ il/elle la/le met de côté avec la main

ᐃᒉᓇᒧᐌᐤ **iichenamuweu** vta ♦ il/elle la/le déplace de côté pour lui/elle

ᐃᒉᓇᒼ **iichenam** vti ♦ il/elle le met de côté avec la main

ᐃᒉᓲ **iichesuu** vai -i ♦ il/elle s'enlève du chemin, s'écarte sur le côté

ᐃᒉᔅᑴᔫ **iicheskweyuu** vai -i ♦ il/elle s'enlève la tête du chemin, bouge sa tête de côté, se penche la tête de côté

ᐃᒉᔑᓐ **iicheshin** vai -i ♦ il/elle est étendu-e et se déplace, se tasse, roule sur le côté

ᐃᒉᔥᑖᐤ **iicheshtaau** vai+o ♦ il/elle le déplace, l'enlève du chemin, l'écarte, le met de côté

ᐃᒉᔥᑯᐌᐤ **iicheshkuweu** vta ♦ il/elle la/le repousse de côté avec le corps, les pieds

ᐃᒉᔥᑲᒼ **iicheshkam** vti ♦ il/elle le pousse de côté avec le corps, le pied

ᐃᒉᐦᑌᐤ **iichehteu** vai ♦ il/elle marche hors du chemin, s'écarte du sentier, d'un côté de la route

ᐃᒉᐦᑕᑖᐤ **iichehtataau** vai+o ♦ il/elle l'enlève du chemin, l'écarte, le met d'un côté

ᐃᒉᐦᑖᐤ **iichehtaau** vai+o ♦ il/elle en enlève un peu du chemin, en met d'un côté

ᐃᒋᑑᔥᑎᒁᐤ **iichituushtikwaau** vii ♦ la rivière se divise, fourche, bifurque

ᐃᒋᑯᐸᔫ **iichikupayuu** vii ♦ ça givre; ça se couvre de givre (une fenêtre)

ᐃᒋᑯᑌᐤ **iichikuteu** vii ♦ c'est givré

ᐃᒋᑯᑎᓐ **iichikutin** vii ♦ ça se couvre de givre

ᐃᒋᑯᒎ **iichikuchuu** vai -i ♦ il/elle se couvre de frimas, de givre, de gelée

ᐃᒋᑳᐱᔥᒋᐸᔫ **iichikwaapischipayuu** vai/vii -i ♦ il se forme de la gelée, de la vapeur dessus (métal, verre)

ᐃᒋᑳᐸᓐ **iichikwaapan** vii ♦ c'est un matin givré

ᐃᒋᒁᐦᑎᑳᐤ **iichikwaahtikaau** vii ♦ il y a du givre sur les arbres

ᐃᒋᒁᐦᑎᑳᐸᓐ **iichikwaahtikaapan** vii ♦ il y a du givre sur les arbres le matin

ᐃᒋᓀᔥᑯᐌᐤ **iichineshkuweu** vta ♦ il/elle marche de l'un-e à l'autre

ᐃᒋᓀᔥᑲᒻ **iichineshkam** vti ♦ il/elle marche de l'un à l'autre

ᐃᒋᓀᐦᐊᒻ **iichineham** vti ♦ il/elle va de l'un à l'autre en conduisant

ᐃᒋᓀᐦᐌᐤ **iichinehweu** vta ♦ il/elle va de l'un-e à l'autre en conduisant

ᐃᒋᔥᑑᔥᑎᑴᐸᔫ **iichishtuushtikwepayuu** vii [Intérieur] ♦ la rivière principale se divise en deux branches

ᐃᒋᐦᑐᐚᐤ **iichihtuwaau** vii ♦ ça fourche, bifurque

ᐃᒋᐦᑑᑴᔮᐤ **iichihtuukweyaau** vii ♦ c'est une rivière qui a deux branches

ᐃᒋᐦᑑᑲᔐᐤ **iichihtuukasheu** vai ♦ il/elle a les sabots fendus ou fourchus

ᐃᒋᐦᑑᑲᔥᑴᐤ **iichihtuukashkweu** vai ♦ il/elle a les sabots fendus ou fourchus

ᐃᒋᐦᑑᓲ **iichihtuusuu** vai -i ♦ il/elle est fourchu-e, en fourche; il/elle bifurque

ᐃᒋᒥᓇᒡ **iichiiminach** na pl ♦ des pois cassés

ᐃᒋᒥᓈᐴ **iichiiminaapuu** ni ♦ de la soupe aux pois cassés

ᐃᓂᐚᔥᑌᓂᒫᑲᓐ **iiniwaashtenimaakan** ni [Intérieur] ♦ une chandelle

ᐃᓂᒥᓈᐋᐦᑎᒄ **iiniminaanaahtikw** na -um [Intérieur] ♦ un bleuet nain, de la petite myrtille sauvage, une airelle à feuilles étroites *Vaccinum sp.*, ou *Vaccinium angustifolium*

ᐃᓂᒥᓈᐦ **iiniminaanh** ni pl [Intérieur] ♦ des bleuets, des myrtilles; des baies ou petits fruits en général

ᐃᓂᒥᓈᐦᑎᒃ **iiniminaahtikw** ni -um [Intérieur] ♦ un bleuetier *Vaccinum sp.*, *Vaccinium angustifolium*

ᐃᓂᒥᒋᐚᑉ **iinimiichiwaahp** ni [Intérieur] ♦ un tipi

ᐃᓂᔅᒋᓐ **iinischisin** ni [Intérieur] ♦ un mocassin

ᐃᓂᔥ **iiniship** na -im [Intérieur] ♦ un canard colvert *Anas platyrhynchos*, un canard noir *Anas rubripes*

ᐃᓂᔥᑯᑌᐤ **iinishkuteu** ni -m [Intérieur] ♦ un feu de camp, un feu en plein air, un feu à ciel ouvert

ᐃᓃᐤ **iiniiu** vai [Intérieur] ♦ il/elle est vivant-e, né-e

ᐃᓃᑐᐎᓐ **iiniihtuwin** vii [Intérieur] ♦ ça a l'air vivant

ᐃᓃᑑᓯᐤ **iiniihtuusiiu** vai [Intérieur] ♦ il/elle se sent vivant-e, il/elle semble être en vie

ᐃᓃᑳᓂᔥ **iiniihkaanish** ni [Intérieur] ♦ une marionnette

ᐃᓃᑳᓐ **iiniihkaan** na -im [Intérieur] ♦ un mannequin

ᐃᓄᐦᑌᐤ **iinuhteu** vai [Intérieur] ♦ il (un animal) marche lentement

ᐃᓅ **iinuu** na -niim [Intérieur] ♦ une personne, un être humain; un ou une Autochtone, un Cri, une Crie

ᐃᓅᐊᔨᒧᐎᓐ **iinuuayimuwin** ni [Intérieur] ♦ la langue crie

ᐃᓅᑎᐯᔨᐦᒋᒉᓲ **iinuutipeyihchichesuu** na -siim [Intérieur] ♦ l'Administration régionale crie (ARC), le gouvernement cri

ᐃᓅᑲᒥᒄ **iinuukamikw** ni [Intérieur] ♦ un centre de l'amitié autochtone

ᐃᓅᓂᐦᑳᑌᐤ **iinuunihkaateu** vii [Intérieur] ♦ ça a un nom traditionnel

ᐃᓅᓂᐦᑳᓲ **iinuunihkaasuu** vai -u [Intérieur] ♦ il/elle a un nom cri

ᐃᓅᓈᑯᓲ **iinuunaakusuu** vai -i [Intérieur] ♦ il/elle a l'air autochtone, ressemble à un Cri ou à une Crie

ᐃᓅᔥᑌᐤ **iinuushteu** vii [Intérieur] ♦ c'est écrit en syllabiques

ᐃᓅᔥᑖᐤ **iinuushtaau** vai+o [Intérieur] ♦ il/elle l'écrit en syllabiques

ᐃᓈᔥᑎᐱᒉᐤ **iinaashtipichuu** na -chiim [Intérieur] ♦ de la gomme de sapin

ᐃᓈᔥᑎᔅᑳᐤ **iinaashtiskaau** vii [Intérieur] ♦ c'est une forêt de sapins, une sapinière

ᐃᓈᔥᑕᒋᓲ **iinaashtachisuu** vai -i [Intérieur] ♦ il (du bois) sent, goûte le sapin

ᐃᓈᔥᑦ **iinaasht** na [Intérieur] ♦ un sapin baumier *Abies balsamea*

ᐃᓈᐦᑎᑯᔅᑳᐤ **iinaahtikuskaau** vii [Intérieur] ♦ c'est une zone d'épinettes noires

ᐃᓈᐦᑎᑯᑲᒥᒄ **iinaahtikuukamikw** ni [Intérieur] ♦ un tipi fait de troncs ou rondins d'épinette noire fendus et recouverts de mousse

ᐃᓈᐦᑎᒃ **iinaahtikw** na -um [Intérieur] ♦ une épinette noire *Picea mariana*

ᐃᓈᐦᒋᒄ **iinaahchikw** na [Intérieur] ♦ un phoque commun *Phoca vitulina*

ᐄᓐ **iin** vii ♦ ça arrive; ça se produit; ça survient

ᐄᓯᑎᐃ **iisitii** ni -m ♦ du thé noir sans ajout

ᐄᓯᒥᓃᐅᓰᐲ **iisimeniiusiipii** ni -m ♦ la rivière Eastmain

ᐄᔅᑿ **iiskw** p,lieu ♦ d'ici ou jusqu'à une certaine date, la date d'échéance, la date limite est...; jusqu'à une certaine distance, aussi loin que ▪ ᓂᔅᐯᓯᒃ ᐄᔅᑿ ᒥᒋᔅᐯᓯᒃ ᐧᐁ''ᐧᐁᐳᔅᐯᒃ ᐄᔅᑿ ᐱᑯ ᐃᔈ ᒥᓯᓂᐦᐄᑦ ᑎ ᐃ''ᑐᑕᒀ ♦ ᑫᔅᐲ ᐄᔅᑿ ᐁᑦ ᑎ ᐃᔈᔐᔈ ▪ *D'avril à mars.* ♦ *Septembre est la date limite pour le faire; je vous donne jusqu'à septembre pour faire ce travail.* ♦ *Il ira jusqu'à Chisasibi.*

ᐄᔅᒋᒣᐅᐊᔨᒧᐎᓐ **iischimeuayimuwin** ni ♦ la langue inuite, l'inuktitut

ᐄᔅᒌᒣᐅᔅᒌ **iischiimeuaschii** ni -m ♦ la terre des Inuits (des Esquimaux), le territoire habité par les Inuits

ᐄᔅᒌᑎᐅᑎᒻ **iischiimeutim** na ♦ un chien husky, littéralement 'un chien esquimau'

ᐄᔅᒌᑎᐅᑲᒥᒄ **iischiimeukamikw** ni ♦ un igloo, un iglou

ᐄᔅᒌᑎᐅᔅᒌ **iischiimeuschii** ni ♦ une communauté inuite, le territoire inuit

ᐄᔅᒌᑎᐅᔨᒨ **iischiimeuyimuu** vai -i ♦ il/elle parle Inuktitut

ᐄᔅᒌᒣᐤ **iischiimeu** na -em ♦ un Inuk, un Inuit, un esquimau

ᐄᔅᒌᒣᔅᐧᑫᐤ **iischiimeskweu** na -em ♦ une femme Inuit, une esquimaude

ᐄᔅᒣᐃᓐ **iismein** ni ♦ Eastmain

ᐄᔑ **iishi** préverbe ♦ ainsi, comme, d'une certaine façon

ᐄᔑ ᒑ **iishi taan** p,interjection ♦ je me demande qui, quoi ou lequel ▪ ᐄᔑ ᒑ ᑳ ᐅᓈᐸᐦᐄᒃ ▪ *Je me demande qui sera choisi.*

ᐄᔑᓂᒣᐦᑖᐤ **iishinimehtaau** vai+o ♦ il/elle (par ex. un animal) laisse des traces ou des signes de son passage

ᐄᔥᑌᐐᐤ **iishtewiiu** vai ♦ il/elle s'interrompt, arrête ce qu'il/elle fait

ᐄᔥᑌᐯᐤ **iishtepeu** vai ♦ il/elle devient sobre; il/elle dégrise, dessoûle, se calme

ᐄᔥᑌᔮᐱᐦᑌᐤ **iishteyaapihteu** vai ♦ la fumée arrête de monter, commence à s'éclaircir

ᐄᔨᑕᐧᐋᔥᑌᓂᒫᑲᓐ **iiyitawaashtenimaakan** ni [Côte] ♦ une chandelle

ᐄᔨᒥᓈᐊᐃᐦᑯᓈᐤ **iiyiminaaaihkunaau** na -naam ♦ du bannock aux bleuets, de la banique aux bleuets

ᐄᔨᒥᓈᐦᑎᒄ **iiyiminaahtikw** na [Côte] ♦ un bleuetier, un myrtillier *Vaccinum sp.*

ᐄᔨᒥᓐ **iiyiminh** ni pl [Côte] ♦ des bleuets, des myrtilles, des airelles

ᐄᔨᒦᒋᐧᐋᐦᑊ **iiyimiichiwaahp** ni [Côte] ♦ un tipi

ᐄᔨᒦᒋᒻ **iiyimiichim** ni [Côte] ♦ de la nourriture traditionnelle

ᐄᔨᒪᑲᓐ **iiyimakan** vii [Côte] ♦ c'est vivant; ça vit

ᐄᔨᓂᐦᑳᑌᐤ **iiyinihkaateu** vii [Côte] ♦ ça a un nom cri

ᐄᔨᓂᐦᑳᓱᐤ **iiyinihkaasuu** vai -u [Côte] ♦ il/elle a un nom cri

ᐄᔨᓈᑯᓐ **iiyinaakun** vii [Côte] ♦ ça paraît indien; ça a l'air autochtone

ᐄᔨᓈᑯᓱᐤ **iiyinaakusuu** vai -i [Côte] ♦ il/elle a l'air d'être cri-e, autochtone, indien ou indienne, amérindien ou amérindienne

ᐄᔨᔅᒋᓯᓐ **iiyischisin** ni [Côte] ♦ un mocassin

ᐄᔨᔅᒋᐦᒄ **iiyischihkw** na [Côte] ♦ un chaudron de cuivre

ᐄᔨᔥᑯᑌᐤ **iiyishkuteu** ni -em [Côte] ♦ un feu de camp, un feu en plein air, un feu à ciel ouvert

ᐄᔨᔫ **iiyiyuu** na -yiim [Côte] ♦ une personne, un être humain; un ou une Autochtone, un Cri ou une Crie

ᐄᔨᔫᐊᔨᒧᐎᓐ **iiyiyuuayimuwin** ni [Côte] ♦ la langue crie

ᐄᔨᔫᑎᐯᔨᐦᒋᐦᒉᓲ **iiyiyuutipeyihchichesuu** na -siim [Côte] ♦ l'Administration régionale crie, le gouvernement cri

ᐄᔨᔫᑲᒥᒄ **iiyiyuukamikw** ni [Côte] ♦ un centre de l'amitié autochtone

ᐄᔨᔫᓂᐦᑳᑌᐤ **iiyiyuunihkaateu** vii [Côte] ♦ ça a un nom cri, indien

ᐄᔨᔫᓂᐦᑳᓱᐤ **iiyiyuunihkaasuu** vai -u [Côte] ♦ il/elle a un nom autochtone, cri

ᐄᔨᔫᓈᑯᓐ **iiyiyuunaakun** vii [Côte] ♦ ça semble autochtone, indien, cri

ᐄᔨᔮᑯᓯᐤ iiyiyuunaakusuu vai -i [Côte]
 • il/elle semble, paraît ou a l'air d'être autochtone, amérindien, cri

ᐄᔨᔫᔅᑾ iiyiyuuskweu na -em [Côte]
 • une Autochtone, une Crie

ᐄᔨᔫᒌ iiyiyuuschii ni • une réserve crie, une communauté autochtone

ᐄᔨᔫᔥᑌᐤ iiyiyuushteu vii [Côte] • c'est écrit en syllabiques

ᐄᔨᔫᔥᑖᐤ iiyiyuushtaau vai+o [Côte]
 • il/elle l'écrit en syllabiques

ᐄᔨᐦᑑᐃᓐ iiyihtuuwin ni [Côte] • la culture crie

ᐄᔨᐦᑑ iiyihtuun vii • c'est un être vivant; ça a l'air d'être en vie

ᐄᔨᐦᑑᓯᐤ iiyihtuusiiu vai [Côte] • il/elle se sent vivant-e; il/elle a l'air en vie, semble vivant-e; c'est un être vivant

ᐄᔨᐦᑳᓂᔥ iiyihkaanish na [Côte] • une marionnette

ᐄᔨᐦᑳᓐ iiyihkaan na [Côte] • un mannequin

ᐄᔨᐦᑳᓲ iiyihkaasuu vai -u [Côte] • il/elle prétend être autochtone

ᐄᔮᔥᑎᐱᒍ iiyaashtipichuu na -chiim [Côte]
 • de la gomme de sapin

ᐄᔮᔥᑎᔅᑳᐤ iiyaashtiskaau vii [Côte]
 • c'est une sapinière, un boisé de sapins

ᐄᔮᔥᑦ iiyaasht na [Côte] • un sapin baumier *Abies balsamea*

ᐄᔮᐦᑎᑯᔅᑳᐤ iiyaahtikuskaau vii [Côte]
 • c'est un boisé d'épinettes noires

ᐄᔮᐦᑎᑰᑲᒥᒄ iiyaahtikuukamikw ni [Côte]
 • un tipi fait de troncs ou rondins d'épinette noire fendus et recouverts de mousse

ᐄᔮᐦᑎᒀᔥᑦ iiyaahtikwaasht na [Côte]
 • une branche d'épinette noire

ᐄᔮᐦᑎᒄ iiyaahtikw na -um [Côte] • une épinette noire *Picea mariana*

ᐄᔮᐦᒋᒄ iiyaahchikw na [Côte] • un phoque commun *Phoca vitulina*

ᐄᐦᐄᐲᐤ iihiipiiu vai • c'est un travailleur dévoué, engagé, déterminé; c'est une travailleuse dévouée, engagée, déterminée

ᐄᐦᑎᓐ iihtin vii [Côte] • c'est un autre, un différent

ᐄᐦᑎᓯᐤ iihtisiiu vai [Côte] • il/elle est un-e autre, il/elle est différent-e

ᐄᐦᑐᐌᓅ iihtuwenuu vai -uu [Côte]
 • il/elle est d'une autre race que les autres, d'une race différente

ᐄᐦᑐᐌᔨᒣᐤ iihtuweyimeu vta [Côte]
 • il/elle le/la trouve différent-e d'une autre personne

ᐄᐦᑐᐃᓐ iihtuwin ni • une coutume, une façon ou manière de faire les choses, d'agir

ᐄᐦᑕᐌᓰᔅ iihtawesiis na • une certaine sorte d'animal

ᐄᐦᑖᐌᔨᒣᐤ iihtaaweyimeu vta [Intérieur]
 • il/elle la/le confond avec un-e autre

ᐄᐦᑖᐦᑊ iihtaahp p,manière [Côte]
 • entièrement ou totalement différent-e, tout autre ■ ᓄᐁᓬ ᐄᐦᑖᐦᑊ ᐊᔨᒧ ᐁ ᐊᔭᒥᐦᐋᑲᓂᐎᑦ • *Elle parle de tout autre chose quand on lui adresse la parole.*

ᐄᐦᑯᔒᑳᐊᓐ iihkushiikahun ni • un peigne fin

ᐄᐦᑰ iihkuu vai/vii -uu • il/elle est couvert-e de poux; c'est plein de poux

ᐄᐦᑲᓂᑳᐤ iihkanikaau vii • c'est de l'os solide

ᐄᐦᑲᓂᓲ iihkanisuu vai -i • c'est de l'os solide

ᐄᐦᑲᓐ iihkan ni • un os solide (par ex. d'un animal)

ᐄᐦᑲᓲ iihkasuu vai -u • il/elle émerge parce que l'eau baisse ou se retire; il/elle reste à sec, hors de l'eau (par ex. en canot)

ᐄᐦᑲᔥᑌᐤ iihkashteu vii • c'est sorti parce que l'eau s'est retirée; ça a émergé à cause de la baisse de l'eau

ᐄᐦᑲᐦᐄᐯᐤ iihkahiipeu vai • il/elle puise de l'eau

ᐄᐦᑲᐦᐄᐹᑕᒻ iihkahiipaatam vti • il/elle vide l'eau, écope l'eau de quelque chose

ᐄᐦᑳᐯᐸᔫ iihkaapepayuu vii -i • le niveau d'eau baisse, s'abaisse, diminue

ᐄᐦᑳᑲᒥᐸᔫ iihkaakamipayuu vii -i • le niveau d'eau baisse quand le barrage de castor est partiellement ouvert

ᐄᐦᑳᒎᓲ iihkaachuusuu vai • il/elle s'évapore en bouillant, se condense

ÁⁿbJⁿUᵒ iihkaachuuhteu vii ♦ ça s'évapore en bouillant

Áⁿᵈ iihkw na -um ♦ un pou

ÁⁿՐ·∇ȯ iihchiwenuu vai -u ♦ il/elle est différent-e des autres; c'est une autre sorte

Áⁿᴸ iihch p,manière ♦ différent-e, autre ■ Áⁿᴸ ∆ՐȧdσԺ ∇ᔆᵈ ⊳ᒐᑊՐᖰᵃₓ ■ Un de ses souliers est différent.

⊳

⊳·∇Րᐯᕐᒃᵒ uweshipeyimeu vta
♦ il/elle pense à elle/lui

⊳·∇ՐᐯᕐⁿCᴸ uweshipeyihtam vti
♦ il/elle est raisonnable; il/elle a raison; il/elle y pense

⊳·∇ᐊ̇ˑσ·∇ᵒ uweyuunuweu vta ♦ il/elle la/le trouve attirant-e

⊳·∇ᐊ̇ˑσᴸ uweyuunam vti ♦ il/elle le trouve attrayant

⊳·∇ᐊ̇ˑȧdԺ uweyuunaakusuu vai -i
♦ il/elle est attirant-e

⊳·∇ᐊ̇ˑȧdⁿ∇ᵒ uweyuunaakuheu vta
♦ il/elle lui donne une apparence attirante

⊳·∇ᐊ̇ˑᒍᑐ·∇ᵒ uweyuushtuweu vta
♦ il/elle la/le trouve attirant-e

⊳·∇ᐊ̇ˑCᴸ uweyuushtam vti ♦ il/elle le trouve attrayant

⊳·∇ᐊ̇ⁿ∇ᵒ uweyuuheu vta ♦ il/elle essaie de la/le réparer, d'améliorer son apparence

⊳·∇ᐊ̇Ċᵒ uweyuuhtaau vai+o ♦ il/elle essaie de l'arranger, de le réparer pour améliorer son apparence

⊳·∇ᔆ⊳ⁿbⁿᐊᴸ uweyaauhkaham vti
♦ il/elle nivelle, tasse, égalise le sable avec quelque chose

⊳·∇ᔆ⊳ⁿՐⁿbᴸ uweyaauhchishkam vti
♦ il/elle nivelle, tasse, égalise la neige avec le pied

⊳·∇ᔆᐸσbⁿᑐ·∇ᵒ uweyaapaanikahtuweu vta ♦ il/elle place, arrange la corde sur un toboggan

⊳·∇ᔆdσⁿbᴸ uweyaakuneshkam vti
♦ il/elle nivelle, tasse, égalise la neige avec le pied

⊳·ȧᑊᐊbσᑐ·∆ᴸ uwiichewaakanituwich vai pl recip -u ♦ ce sont des compagnons, des amis; ce sont des compagnes, des amies

⊳·ȧᑊᐊbσᑐᑐ·∇ᵒ uwiichewaakanitutuweu vta ♦ il/elle s'en fait un compagnon, une compagne

⊳·ȧᑊᐊbȯ uwiichewaakanuu vai
♦ il/elle a un compagnon ou une compagne

⊳·ȧՐᒐbᵃⁿ uwiichimaakanh nad ♦ son conjoint, son époux; sa conjointe, son épouse

⊳·ȧᒡⁿĊdԺ uwiisihtaakusuu vai -i
♦ il/elle semble drôle, comique

⊳·ᐊ⊳bᵃⁿ uwaaukan nid ♦ sa colonne vertébrale, son épine dorsale

⊳·ᐊσᒍ uwaanimuu vai ♦ il/elle change de sujet parce qu'il/elle ne veut pas en parler

⊳·ᐊσᒡᵒ uwaanisiiu vai -u ♦ il/elle est dans le besoin

⊳·ᐊⁿdᒐbᵃⁿ uwaahkumaakanh na
♦ son parent, sa parente, ses parents, sa parenté

⊳ᐯⁿᐯⁿᵈ upehpehkw nid ♦ sa rate

⊳∧bᒐᵒ upikamaau vii [Côte] ♦ c'est un lac double, deux plans d'eau reliés par un étroit chenal, un détroit

⊳∧Jˑ∆ᵃ upichuwin vii ♦ c'est un passage dans un courant

⊳∧ᒐⁿȧ·∇Ժ upimaachihiiwesuu na -slim
♦ le Sauveur (biblique)

⊳∧ᒡˑbՈᔆ upisikwaatis na ♦ un adultère

⊳∧ᒡˑbՈᔆᑫᵒ upisikwaatiskweu na
♦ une adultère

⊳∧ᔆdᑐᒐᵃⁿ upiskutuyaanh nad pl [Intérieur] ♦ ses testicules (animé, castor)

⊳∧ᔆdᒐᵃ upiskuchaan na ♦ un intestin d'animal, retourné et rempli de gras

⊳∧ᔆd upiskuu vai ♦ il/elle mue

⊳∧ᔆd∧ᖾᴸ upiskuupiisim na ♦ juillet, littéralement 'le mois de la mue'

⊳∧ᒡˑbᖾbᵃⁿ upiskwaaschikan nid [Côte]
♦ un point où ses clavicules se rejoignent

ᐅᐱᔫᓇᐃ upischuunai nad ♦ son estomac (de l'orignal, du caribou) (un de quatre estomacs, à part le foie)

ᐅᐱᔑᑯᐹᓂᐄᔥᑦ upishikupaaniwiisht ni-im ♦ une hutte de castor vide

ᐅᐱᔑᒨ upishimuu vii-u ♦ c'est le début du portage

ᐅᐱᔥᑌᐆᔫ upishtehuuyuu na ♦ son diaphragme

ᐅᐱᔥᑎᑯᔮᐅᐊᔨᒥᐃᓐ upishtikuyaauayimuwin ni ♦ la langue française, le français

ᐅᐱᔥᑎᑯᔮᐅᐊᔨᒨ upishtikuyaauayimuu vai-i ♦ il/elle parle français; c'est un-e francophone

ᐅᐱᔥᑎᑯᔮᐅᔥᑌᐅ upishtikuyaaushteu vii ♦ c'est écrit en français

ᐅᐱᔥᑎᑯᔮᐅᔥᑖᐤ upishtikuyaaushtaau vai+o ♦ il/elle l'écrit en français

ᐅᐱᔥᑎᑯᔮᐤ upishtikuyaauu vai-uu ♦ il est Français, elle est Française

ᐅᐱᔥᑎᑯᔮᐤ upishtikuyaau na-aam ♦ un Français, une Française, un ou une francophone

ᐅᐱᔾᐗᐅᑳᑌᐤ upiywaaukaateu vai ♦ il/elle a les jambes poilues

ᐅᐱᔾᐗᐅᑳᑖᓐ upiywaaukaataan nid ♦ une patte d'orignal ou de caribou avec la peau et le poil; une botte en peau de phoque [Côtier]

ᐅᐱᔾᐗᐅᒥᓈᓐᐦ upiywaauminaanh ni pl [Intérieur] ♦ des baies de gadellier glanduleux

ᐅᐱᔾᐗᐅᒥᓈᐦᑎᒄ upiywaauminaahtikw ni-um ♦ un gadellier glanduleux *Ribes glandulosum*, un gadellier malodorant

ᐅᐱᔾᐗᐅᒥᓐᐦ upiywaauminh ni pl ♦ des baies de gadellier glanduleux, un kiwi

ᐅᐱᔾᐗᐋᔥᒋᑲᓀᐤ upiywaawaaschikaneu vai ♦ il/elle a la poitrine poilue, velue

ᐅᐱᔾᐗᐤ upiywaau vai/vii [Côte] ♦ il/elle/ça a du poil; il/elle est poilu-e; c'est poilu

ᐅᐱᐦᑯᐹᐤ upihkupaau vii ♦ c'est un passage entre les saules dans l'eau

ᐅᐲᐃᐎᓂᐹᑲᓐ upiiwiinipaakan ni ♦ une couverture de plumes, une couette

ᐅᐲᐄᐦ upiiwiih nid pl -waahch / -wiihch ♦ son poil, sa fourrure, ses plumes

ᐅᐲᑯᐦᑐᐍᐤ upiikuhtuweu vai ♦ il (un castor) mâche des brindilles pour se nourrir

ᐅᐲᑯᐦᑐᐙᓐ upiikuhtuwaan ni ♦ des branches mâchées par un castor comme nourriture

ᐅᐲᒥᓂᒄ upiiminikw nid ♦ une partie inférieure de sa patte arrière (orignal, caribou)

ᐅᐳᐦᒌ upuuchishii ni-m ♦ un intestin grêle d'animal

ᐅᐳᐦᒋᐃᔮᐲ upuuchishiiyaapii ni-m ♦ une chaîne sur un piège

ᐅᐸᐹᒧᐦᑌᐤ upapaamuhteu na ♦ un ou une nomade, un vagabond une vagabonde; une personne qui voyage beaucoup

ᐅᐸᐹᒫᔒᐎᔨᔫ upapaamaashiiwiyiyuu na-ylim [Côte] ♦ un ou une marin, un ou une matelot

ᐅᐸᐹᒫᔙ upapaamaashuu na-iim [Intérieur] ♦ un ou une marin, un ou une matelot

ᐅᐸᑎᓈᐤ upatinaau vii ♦ c'est un passage dans la montagne

ᐅᐸᑖᐅᐦᑳᐤ upataauhkaau vii ♦ c'est un passage entre les dunes de sables, les talus

ᐅᐸᑯᔑᐦᐄᐍᐤ upakushihiiweu na ♦ un mendiant, une mendiante

ᐅᐸᒋᔥᑎᓂᒉᐤ upachistinicheu na-esiim ♦ un donateur, une donatrice (d'argent)

ᐅᐸᔐᑳᐤ upaschekaau vii ♦ c'est un passage dans le muskeg, la tourbière

ᐅᐹᐅᐦᑳᐤ upaauhkaau vii ♦ c'est un passage dans un terrain sablonneux

ᐅᐹᐤ upaau vii ♦ c'est un passage

ᐅᐹᐱᑳᐤ upaapiskaau vii ♦ c'est un passage entre les rochers

ᐅᐹᑯᓂᑳᐤ upaakunikaau vii ♦ c'est un passage entre des bancs de neige

ᐅᐹᒥᑳᐤ upaamiskaau vii ♦ c'est un passage dans le chenal

ᐅᐹᔥᑖᒨ upaashtaamuu na ♦ un blasphémateur, une blasphématrice; un calomniateur, une calomniatrice; un diffamateur, une diffamatrice

ᐅᑉᐚᒥᑲᓐ upwaamikan nid ♦ son fémur, l'os de sa cuisse

ᐅᐸᒫᐦᑳᒋᑲᓐ **upwaamahkaachikan** ni
• un chien de verrou d'arme

ᐅᐹᔨᒥᔫ **upwaayimishuu** vai -i • elle
conçoit un garçon, de l'anglais 'boy'

ᐅᐸᔨᒻ **upwaayimh** nad • son copain,
son petit ami, son amoureux, de
l'anglais 'boy'

ᐅᑌᓃ **uteinii** nid • sa langue (voir
aussi *uteii*)

ᐅᑌᓃᐦᑳᒋᑲᓐ **uteiniihkaachikan** ni
[Intérieur] • un loquet, un crochet
d'arrêt, un cliquet de sûreté qui
maintient un piège ouvert

ᐅᑌᒣᐤ **utemeu** vta • il/elle (un poisson)
l'a dans son estomac

ᐅᑌᒫᒄ **utemwaakw** na • un plongeon
du Pacifique, un huard ou huart du
Pacifique *Gavia pacifica*

ᐅᑌᒻ **utemh** nad • son chien

ᐅᑌᓇᒻ **utenam** vti • il/elle marche sur
la neige gelée

ᐅᑌᓈᐤ **utenaau** ni -aam [Mistissini] • un
village, une municipalité, une ville

ᐅᑌᔨᑯᒻ **uteyikumh** nad • sa narine

ᐅᑌᔨᐦᑳᒋᑲᓐ **uteyihkaachikan** ni [Côte]
• un loquet, un crochet d'arrêt, un
cliquet de sûreté qui maintient un
piège ouvert

ᐅᑌᔨ **uteyii** nid [Côte] • sa langue
(ancien terme)

ᐅᑌᔮᐤ **uteyaau** vii • il y a une croûte
glacée sur la neige après une pluie en
hiver

ᐅᑌᓕ **utelii** nid • sa langue (du Cri de
Moose, voir aussi *uteyii* and *uteinii*)

ᐅᑌᐦᐄᐅᒥᐦᑯᔮᐲ **utehiiumihkuyaapii** nid
[Intérieur] • sa veine, litt. 'vaisseau
sanguin du coeur' (filiforme)

ᐅᑌᐦᐄᒥᓇᒡ **utehiiminach** na pl • des
fraises

ᐅᑌᐦᐄᒥᓈᓐᐦ **utehiiminaanh** ni pl
[Intérieur] • des fraises

ᐅᑌᐦᐄᒥᓈᐦᑎᒄ **utehiiminaahtikw** na -im
• un fraisier *Fragaria sp.*

ᐅᑌᐦᐄᒥᓐ **utehiiminh** ni pl • des fraises

ᐅᑌᐦᐄᔮᐲ **utehiiyaapii** nid • son artère,
litt. 'vaisseau du coeur' (filiforme)

ᐅᑌᐦᐄᐦᐋᐹᓐ **utehiihaapaan** ni
• l'assemblage du trou central dans
le tissage des raquettes

ᐅᑌᐦᑕᑯᓲᐋᔅᐱᓀᐎᓐ **utehtakusuuaaspinewin** ni • un
problème rénal, une maladie des reins

ᐅᑌᐦᑕᒻ **utehtam** vti • il (un poisson) a
quelque chose dans l'estomac

ᐅᑌᐦᒉᐤ **utehcheu** vai • il (un poisson) a
quelque chose dans l'estomac

ᐅᑌᐦᒋᑲᓐᐦ **utehchikanh** nid pl -im • un
contenu stomacal, un contenu de
l'estomac d'un poisson

ᐅᑎᐯᔨᐦᒋᒉᐤ **utipeyihchicheu** vai
• il/elle gouverne, dirige, régit

ᐅᑎᐯᔨᐦᒋᒉᓲ **utipeyihchichesuu** na -siim
• le Seigneur

ᐅᑎᐲ **utipii** na -m • une racine

ᐅᑎᐲᐅᔮᐲ **utipiiuyaapii** ni -m • une
radicelle, une tige, une fine racine
courant sous la surface du sol

ᐅᑎᐲᐅᔮᑲᓐ **utipiiuyaakan** ni • un
contenant ou récipient fait de racines
tissées

ᐅᑎᐲᐤ **utipiiu** vai • il (un arbre) a des
racines

ᐅᑎᐸᐴ **utipapuu** vai -i • il/elle est
accroupi-e, recroquevillé-e

ᐅᑎᐸᐦᐋᔅᒉᐤ **utipahaascheu** na -esiim
• un arpenteur-géomètre, une
arpenteuse-géomètre

ᐅᑎᐹᒋᒨ **utipaachimuu** na • un
messager, une messagère; un conteur,
une conteuse

ᐅᑎᑖᒥᔫᐦ **utitaamiyuuh** na • tous les
organes à l'intérieur de la cavité
abdominale d'un animal

ᐅᑎᒥᔅᑲᐃ **utimiskai** na -aam • de la
membrane interne de peau d'orignal
(entre le cuir et la chair, la viande)

ᐅᑎᒥᔅᑲᒨ **utimiskamuu** vai -i • il/elle le
salue

ᐅᑎᓀᐤ **utineu** vta • il/elle la/le prend

ᐅᑎᓂᑲᓐ **utinikan** ni • un article acheté

ᐅᑎᓂᒉᐤ **utinicheu** vai • il/elle achète,
acquiert

ᐅᑎᓂᒉᐦᐄᐌᓲ **utinichehiiwesuu** vai • il
est caissier, elle est caissière

ᐅᑎᓇᒫᓲ **utinamaasuu** vai reflex -u • il/elle
se prend des choses

ᐅᑎᓇᒻ **utinam** vti • il/elle le prend

ᐅᓇᨆᐦᐄᐸᨆ **utinahiipaan** ni ♦ un trou dans la glace pour lever et vérifier un filet

ᐅᓇᨀᐅᔨᐊᨆ **utinaausuwin** ni ♦ un accouchement, la naissance d'un enfant

ᐅᓇᨀᐅᔨ **utinaausuu** vai ♦ il/elle fait un accouchement

ᐅᓇᨀᐯᐤ **utinaapeu** vai ♦ il/elle tire la corde du filet

ᐅᓇᨀᑲᓈᐲ **utinaakanaapii** ni -m ♦ un câble ou une corde pour remonter un filet posé sous la glace

ᐅᓇᨀᔨᐊᨆ **utinaasuwin** ni ♦ un achat, une acquisition

ᐅᓇᨀᔨᐦᐄᐌᐤ **utinaasuhiiweu** vai [Intérieur] ♦ il est caissier, elle est caissière

ᐅᓇᨀᔨ **utinaasuu** vai-u ♦ il/elle achète

ᐅᑎᓯᓈᑯᓐ **utisinaakun** vii ♦ c'est visible à une certaine distance

ᐅᑎᓯᓈᑯᓲ **utisinaakusuu** vai -i ♦ il/elle se voit ou est visible, à une certaine distance

ᐅᑎᓯᓈᐦᒉᐤ **utisinaahcheu** nad -em ♦ un os et de la chair de son thorax (orignal, caribou)

ᐅᑎᓯᐦᑐᐌᐤ **utisihtuweu** vta [Intérieur] ♦ il/elle peut l'entendre au loin (sans la/le voir)

ᐅᑎᓯᐦᑕᒼ **utisihtam** vti ♦ il/elle peut l'entendre au loin (sans le voir)

ᐅᑎᓯ **utisii** nid ♦ un gésier d'oiseau

ᐅᑎᓵᐸᒣᐤ **utisaapameu** vta ♦ il/elle la/le reconnaît au loin; il/elle vit assez longtemps pour voir quelqu'un

ᐅᑎᓵᐸᐦᑕᒼ **utisaapahtam** vti ♦ il/elle vit assez longtemps pour le voir

ᐅᑎᔑᐌᐤ **utishiweu** vai ♦ il/elle les rencontre par hasard (ancien terme, utilisé seulement à la troisième personne)

ᐅᑎᔑᔑᓐ **utishishin** vai ♦ il/elle est couché-e ou étendu-e face contre terre

ᐅᑎᔔ **utishuu** nad ♦ sa testicule

ᐅᑦᐦᐱᑌᐅᓵᒼ **utihpiteusaam** na [Intérieur] ♦ une raquette queue de castor

ᐅᑦᐦᐱᑖᐅᓵᒼ **utihpitaausaam** na ♦ une raquette queue de castor

ᐅᑦᐦᐹᐴ **utihpaapuu** ni ♦ de la cervelle bouillie pour l'épaissir et mise en purée

ᐅᑦᐦᑌᐤ **utihteu** vta ♦ il/elle l'atteint à pied

ᐅᑦᐦᑌᐤ **utihteu** vai ♦ il/elle tombe dessus par hasard; il/elle le trouve sans le vouloir

ᐅᑦᐦᑌᐌᐳᐦᒉᐤ **utihtwewepuhcheu** vai ♦ le bruit qu'il/elle fait en sciant provient de là

ᐅᑦᐦᑌᐌᐸᔨᐦᐁᐤ **utihtwewepayiheu** vta ♦ il/elle fait un bruit avec un objet et le bruit arrive de là

ᐅᑦᐦᑌᐌᐸᔨᐦᑖᐤ **utihtwewepayihtaau** vai+o ♦ le bruit qu'il/elle fait atteint une certaine distance

ᐅᑦᐦᑌᐌᐸᔨᐤ **utihtwewepayuu** vai/vii -i ♦ le bruit qu'il/elle/ça fait vient de là

ᐅᑦᐦᑌᐌᑖᐤ **utihtwewetaau** vai+o ♦ le bruit qu'il/elle fait par ses actions provient de là, un bruit qui porte

ᐅᑦᐦᑌᐌᑲᐦᐄᒉᐤ **utihtwewekahiicheu** vai ♦ le bruit qu'il/elle fait en bûchant arrive ou parvient de là

ᐅᑦᐦᑌᐌᒪᑲᓐ **utihtwewemakan** vii ♦ le son vient de là

ᐅᑦᐦᑌᐌᐦᐄᒉᐤ **utihtwewehiicheu** vai ♦ il/elle fait du bruit de là en frappant, cognant, donnant des coups

ᐅᑦᐦᑌᐌᐦᐊᒼ **utihtweweham** vti ♦ il/elle fait un bruit qui provient de là, en le frappant

ᐅᑦᐦᑌᐌᐦᐌᐤ **utihtwewehweu** vta ♦ il/elle fait un bruit en la/le frappant à partir de là (par ex. un tambour)

ᐅᑦᐦᑦᐌᑕᒼ **utihtwetam** vti ♦ le son de sa voix vient de là

ᐅᑦᐦᑐᐌᐤ **utihtuweu** vta ♦ il/elle l'atteint avec quelque chose

ᐅᑦᐦᑕᐴ **utihtapuu** vai ♦ il/elle a la tête sur le plancher, le sol

ᐅᑦᐦᑕᐸᐴ **utihtapapuu** vai-i ♦ il/elle s'accroupit, se recroqueville

ᐅᑦᐦᑕᒃᐋᑲᓂᔮᐲ **utihtakwaakaniyaapii** nid ♦ sa moelle épinière

ᐅᑦᐦᑕᒼ **utihtam** vti ♦ il/elle l'atteint, y arrive en marchant

ᐅᑎᐦᑕᐦᐅᔦᐤ utihtahuyeu vta ◆ il/elle arrive à destination avec elle/lui par voie d'eau, par la voie des airs

ᐅᑎᐦᑕᐦᐊᒼ utihtaham vti ◆ il/elle y arrive, l'atteint en véhicule

ᐅᑎᐦᑕᐦᐌᐤ utihtahweu vta ◆ il/elle atteint sa cible, arrive chez quelqu'un

ᐅᑎᐦᑖᐱᓲ utihtaapisuu vai -u ◆ l'odeur de la fumée l'atteint

ᐅᑎᐦᑖᒨᓀᐤ utihtaamuuneu vta ◆ il/elle la/le tient face en bas

ᐅᑎᐦᑖᒨᓂᐱᑌᐤ utihtaamuunipiteu vta ◆ il/elle la/le tire à plat ventre

ᐅᑎᐦᑖᒨᓂᐱᑕᒼ utihtaamuunipitam vti ◆ il/elle le tire à l'envers, face en dessous

ᐅᑎᐦᑖᒨᓂᐴ utihtaamuunipuu vai -i ◆ il/elle (un poêlon, une casserole, une poêle à frire) est posé-e à l'envers

ᐅᑎᐦᑖᒨᓂᐸᔨᐦᐆ utihtaamuunipayihuu vai -u ◆ il/elle se tourne sur le ventre, se retourne à l'envers

ᐅᑎᐦᑖᒨᓂᐸᔫ utihtaamuunipayuu vai/vii -i ◆ il/elle/ça tombe en avant, en pleine face

ᐅᑎᐦᑖᒨᓂᐸᐦᒋᔑᓐ utihtaamuunipahchishin vai ◆ il/elle tombe en pleine face

ᐅᑎᐦᑖᒨᓂᔑᒣᐤ utihtaamuunishimeu vta ◆ il/elle l'étend, la/le couche à plat ventre, face en bas

ᐅᑎᐦᑖᒨᓂᔑᓐ utihtaamuunishin vai ◆ il/elle est étendu-e ou couché-e sur le ventre

ᐅᑎᐦᑖᒨᓂᔥᑌᐤ utihtaamuunishteu vii ◆ c'est posé face en bas

ᐅᑎᐦᑖᒨᓂᔥᑖᐤ utihtaamuunishtaau vai+o ◆ il/elle le pose ou l'installe à l'envers

ᐅᑎᐦᑖᒨᓂᐦᐁᐤ utihtaamuuniheu vta ◆ il/elle l'installe face en bas

ᐅᑎᐦᑖᒨᓇᒼ utihtaamuunam vti ◆ il/elle le tient à l'envers, face en dessous

ᐅᑎᐦᑖᐦᐋᒣᐤ utihtaahaameu vai ◆ il/elle rejoint ou atteint la piste, en voyageant

ᐅᑎᐦᑯᒨ utihkumuu vai -i ◆ il/elle a des poux

ᐅᑎᐦᒋᐸᔫ utihchipayuu vai/vii -i ◆ il/elle y va, s'y rend en véhicule; ça se passe, ça arrive

ᐅᑎᐦᒋᑲᓐ utihchikan nid ◆ une nageoire, une aile ou un aileron de poisson

ᐅᑎᐦᒌ utihchii nid ◆ sa main

ᐅᑎᐦᒌᑲᓐ utihchiikan nid ◆ son doigt, l'os de sa main

ᐅᑏᐍᐱᑖᑲᓐᐦ utiiwepitaakanh nad [Intérieur] ◆ son fanon (peau lâche sur la gorge du caribou, de l'orignal)

ᐅᑐᐃ utui na -tuum ◆ de la membrane externe de peau d'orignal, entre le cuir et les poils

ᐅᑐᐙ utuwaa ni ◆ Ottawa

ᐅᑑᐑᐦ utuuwiih nad ◆ un caillot de sang, un coagulum

ᐅᑑᑌᒣᔨᐦᑖᑯᓐ utuutemeyihtaakun vii ◆ c'est une ambiance sympathique, accueillante

ᐅᑑᑌᒥᑐᐌᐤ utuutemituweu vta ◆ il/elle est amical-e avec elle/lui

ᐅᑑᑌᒧᐌᐎᓐ utuutemuwewin ni ◆ une amitié, de la camaraderie

ᐅᑑᑌᒧᐌᐤ utuutemuweu vta ◆ il/elle se fait des amis parmi les autres

ᐅᑑᑌᒻᐦ utuutemh nad ◆ son ami, son amie; son voisin, sa voisine

ᐅᑑᑲᒣᒄ utuukamekw na ◆ des choses blanches dans un poisson après le frai, aussi présentes dans les poissons mâles

ᐅᑑᑲᐦᐌᐤ utuukahweu vta ◆ il/elle la/le meurtrit, lui fait un bleu, une ecchymose en frappant

ᐅᑑᑳᐤ utuukaau vii ◆ c'est abîmé, meurtri

ᐅᑑᑳᐯᒋᑯᔨᐌᐤ utuukaapechikuyiweu vai ◆ il/elle a le cou meurtri; il/elle a un bleu ou une ecchymose au cou; il/elle a une sucette ou un suçon au cou

ᐅᑑᑳᐳᐦᐌᐤ utuukaapuhweu vta ◆ il/elle lui donne un oeil au beurre noir

ᐅᑑᑳᐴ utuukaapuu vai -i ◆ il/elle a un oeil au beurre noir; il/elle a un bleu ou une ecchymose à l'oeil

ᐅᑑᑳᒪᐦᑲᓀᐤ utuukaamahkaneu vai ◆ il/elle a la joue meurtrie; il/elle a un bleu ou une ecchymose à la joue

ᐅᑑᑳᔅᒋᑲᓀᐤ utuukaaschikaneu vai ◆ il/elle a la poitrine meurtrie; il/elle a un bleu, une ecchymose ou une contusion à la poitrine

ᐅᔮᕆᐳᑐᓂᐤ **utuuchipituneu** vai ♦ il/elle a le bras meurtri; il/elle a un bleu ou une ecchymose au bras

ᐅᔮᕆᑎᕐᑎᒥᓂᐤ **utuuchitihtimineu** vai ♦ il/elle a l'épaule meurtrie; il/elle a un bleu ou une ecchymose à l'épaule

ᐅᔮᕆᑎᒐᐤ **utuuchitihcheu** vai ♦ il/elle a la main meurtrie; il/elle a un bleu ou une ecchymose à la main

ᐅᔮᕆᑐᓂᐤ **utuuchituneu** vai ♦ il/elle a la bouche meurtrie; il/elle a un bleu ou une ecchymose à la bouche

ᐅᔮᕆᑯᑎᐤ **utuuchikuteu** vai ♦ il/elle a le nez meurtri; il/elle a un bleu ou une ecchymose au nez

ᐅᔮᕆᑲᐦᑎᒀᐤ **utuuchikahtikweu** vai ♦ il/elle a le front meurtri; il/elle a un bleu ou une ecchymose au front

ᐅᔮᕆᑳᑎᐤ **utuuchikaateu** vai ♦ il/elle a une jambe meurtrie; il/elle a un bleu ou une ecchymose à la jambe

ᐅᔮᕆᒥᐦᑰᓲ **utuuchimihkuusuu** vai-i ♦ il/elle est de couleur bourgogne

ᐅᔮᕆᒥᐦᒁᐤ **utuuchimihkwaau** vii ♦ c'est bourgogne

ᐅᔮᕆᓯᑌᐤ **utuuchisiteu** vai ♦ il/elle a le pied meurtri; il/elle a un bleu ou une ecchymose au pied

ᐅᔮᕆᓲ **utuuchisuu** vai-i ♦ il/elle est meurtrie; il/elle a un bleu ou une ecchymose

ᐅᔮᕆᔑᓐ **utuuchishin** vai ♦ il/elle se fait un bleu ou une ecchymose en tombant

ᐅᔮᕆᔥᑎᒁᓀᐤ **utuuchishtikwaaneu** vai ♦ il/elle a la tête meurtrie; il/elle a un bleu ou une ecchymose à la tête

ᐅᔮᕆᔍᒐᐤ **utuuchishchisheu** vai ♦ il/elle a la lèvre enflée; il/elle a un bleu ou une ecchymose à la lèvre

ᐅᔮᕆᐦᐸᓂᐤ **utuuchihpaneu** vai ♦ il/elle a une contusion pulmonaire

ᐅᔮᕆᐦᑯᓂᐤ **utuuchihkuneu** vai ♦ il/elle a la cheville meurtrie; il/elle a un bleu ou une ecchymose à la cheville

ᐅᔮᕆᐦᒋᑯᓂᐤ **utuuchihchikuneu** vai ♦ il/elle a le genou meurtri; il/elle a un bleu ou une ecchymose au genou

ᐅᔮᒥᓈᐦᑎᒃ **utuuminaahtikw** ni-um ♦ un amélanchier, un amélanchier de Bartran, un amélanchier boréal, des petites poires *Amelanchier bartramiana*; un amélanchier à feuilles d'aulne, un amélanchier de Saskatoon, un saskatoon ou un amélanchier sanguin *Amelanchier alnifolia ou sanguinea*

ᐅᔮᒥᓐ **utuumin** ni ♦ une amélanche

ᐅᓅᒫᑲᓐ **utuumaakanh** nad [Mistissini] ♦ son homonyme

ᐅᔫᓯᒫᐤ **utuusimaau** nad ♦ une belle-mère (la femme du père qui n'est pas la mère), une tante (la soeur de la mère, la femme du frère du père)

ᐅᔫᓴ **utuusa** nad [Intérieur] ♦ sa belle-mère (la femme de son père qui n'est pas sa mère), sa tante (la soeur de sa mère, la femme du frère de son père)

ᐅᔫᐲ **utuuspii** ni-m ♦ un aulne rugueux, un aulne blanc *Alnus rugosa*

ᐅᔫᐲᐛᐳ **utuuspiiwaapuu** ni ♦ un liquide produit en faisant bouillir de l'écorce d'aulne gratté, qui sert à teindre du bois ou des peaux

ᐅᔫᐲᑳᐤ **utuuspiiskaau** vii ♦ c'est un boisé d'aulnes; il y a beaucoup d'aulnes

ᐅᔫᐲᔮᐦᑎᒃ **utuuspiiyaahtikw** ni ♦ une branche d'aulne qui a été coupée

ᐅᔫᔅ **utuus-h** nad [Côte] ♦ sa belle-mère (la femme de son père qui n'est pas sa mère), sa tante (la soeur de sa mère, la femme du frère de son père)

ᐅᔫᔑᒥᒫᐤ **utuushimimaau** nad ♦ un neveu, un beau-fils

ᐅᔫᔑᒥᐢᑹᒫᐤ **utuushimiskwemimaau** nad ♦ une nièce, une belle-fille

ᐅᔫᔑᒥᐢᑹᒼ **utuushimiskwemh** nad ♦ sa nièce, sa belle-fille

ᐅᔫᔑᒼ **utuushimh** nad ♦ son neveu, son beau-fils

ᐅᔫᓕᐲ **utuulipii** na-m [Intérieur] ♦ un cisco, un corégone *Coregonus artedii*

ᐅᔫᐦᐋᓂᐦᐋᒫᐤ **utuuhaanihamaau** vai ♦ elle porte un chignon

ᐅᔫᐦᑎᓐ **utuuhtin** nid ♦ son talon

ᐅᑕᐙᔒᒥᑐᑐᐌᐤ **utawaashiimitutuweu** vta ♦ il/elle l'a comme enfant

ᐅᑕᐋᔒᒧ utawaashiimuu vai -i ♦ elle est enceinte, elle a un enfant ou des enfants

ᐅᐸᔅᑯᒉᐤ utapiskucheu na ♦ le premier os sous son crâne, sa première vertèbre cervicale

ᐅᐸᐦᒃᐘᓂᐦᑳᓲ utapahkwaanihkaasuu vai -u ♦ il/elle coud ensemble des morceaux de toile pour faire une couverture de tipi

ᐅᐸᐦᒃᐚᓄ utapahkwaanuu vai -uu ♦ il/elle a une couverture de toile

ᐅᑕᑎᓐ utatin vii ♦ la neige est à peine gelée

ᐅᑑᔑᒧ utatuushimuu vai -i ♦ il/elle ressemble à un monstre (pour quelqu'un d'autre)

ᐅᑖᒥᐦᑎᑖᐤ utataamihtitaau vai+o ♦ il/elle tape du pied sur quelque chose; il/elle cogne quelque chose sur quelque chose

ᐅᑖᒫᐯᑲᐦᐄᒉᓲ utataamaapekahiichesuu na -siim ♦ un ou une guitariste

ᐅᑕᑖᓯᑰ utataasikuu vai -uu ♦ il (un arbre) a une couche de bois difficile à sculpter dans l'écorce interne, parfois d'un seul côté

ᐅᑕᑖᓯᒄ utataasikw na -uum ♦ de l'écorce externe d'un arbre seulement d'un côté, dure à sculpter

ᐅᑕᑖᐦᑎᑰ utataahtikuu vai -uu ♦ il (un arbre) a une couche de bois difficile à sculpter dans l'écorce interne, parfois d'un seul côté

ᐅᑕᑖᐦᑎᒄ utataahtikw na ♦ une couche de bois dure à sculpter, tailler ou découper dans l'écorce interne, parfois seulement d'un côté

ᐅᑲᐚᔥᑯᐹᓂᔥ utakwaashkupaanish nid dim ♦ la rate y est attachée

ᐅᑕᒋᑯᒧ utachikumuu vai -i ♦ il/elle a un rhume

ᐅᑕᒋᔒᐦ utachishiih nid pl ♦ son intestin, ses intestins

ᐅᑕᒥᐤ utameu vta ♦ il/elle l'aspire (par ex. avec une paille, une pipe)

ᐅᑕᒣᔨᒣᐤ utameyimeu vta ♦ il/elle pense qu'il/elle la/le ralentit, l'entrave

ᐅᑕᒣᔨᒥᑎᓲ utameyimitisuu vai reflex -u ♦ il/elle pense qu'il/elle nuit aux autres; il/elle croit qu'il/elle ralentit les gens; il/elle pense qu'il/elle est trop lent-e pour faire quoi que ce soit

ᐅᑕᒣᔨᒨ utameyimuu vai -u ♦ il/elle se donne des excuses pour ne pas faire quelque chose

ᐅᑕᒣᔨᐦᑕᒧᐎᓐ utameyihtamuwin ni ♦ une activité de substitution, le fait de se concentrer sur une chose alors qu'il faut faire autre chose

ᐅᑕᒣᔨᐦᑕᒼ utameyihtam vti ♦ il/elle pense que ça lui nuit, le/la retarde (par ex. regarder un programme de télévision, amener quelque chose qui n'est pas désiré)

ᐅᑕᒥᑌᔥᑯᔦᐤ utamiteshkuyeu vta ♦ il/elle la/le nourrit pour qu'elle/il ne mange pas au repas

ᐅᑕᒥᑌᔥᑯᠼ utamiteshkuyuu vai -i ♦ il/elle a son plein de nourriture avant le repas

ᐅᑕᒥᑌᐅ utamiteheu vta ♦ il/elle la/le nourrit à sa faim pour qu'elle/il ne ressente pas la faim

ᐅᑕᒥᓰᐤ utamisiiu vai ♦ il/elle gêne les gens, ralentit les autres

ᐅᑕᒥᔅᑯᒣᐤ utamiskumeu nid-um ♦ une piste ou un sentier de castor

ᐅᑕᒥᐦᐁᐤ utamiheu vta ♦ il/elle lui nuit, la/le ralentit

ᐅᑕᒥᐦᐄᐌᐤ utamihiiweu vai ♦ il/elle gêne continuellement les autres, ralentit les gens

ᐅᑕᒥᐦᑖᐤ utamihtaau vai+o ♦ il/elle lui nuit, le gêne, le retarde

ᐅᑕᒥᐤ utamiiu vai ♦ il/elle ne peut faire quelque chose parce qu'il y a autre chose à faire; il/elle est trop occupé-e pour faire autre chose

ᐅᑕᒦᔮᑲᓂᐦᒉᐤ utamiiyaakanihcheu vai [Côte] ♦ il/elle fait lentement une tâche, afin d'avoir une excuse pour ne pas faire autre chose

ᐅᑕᒦᐦᑯᐌᐤ utamiihkuweu vta ♦ il/elle est empêché-e de faire autre chose parce qu'il/elle est préoccupé-e par elle/lui

ᐅᑕᒦᖕᑲᒻ utamiihkam vti ◆ il/elle est empêché-e de faire autre chose parce qu'il/elle s'en préoccupe

ᐅᑕᒦᖕᑳᓲ utamiihkaasuu vai reflex ◆ il/elle s'occupe de ses affaires et fait attendre les autres

ᐅᑕᓯᓃᒨ utasiniimuu vai -i ◆ il/elle a des pierres au foie, des calculs biliaires

ᐅᑕᔥᑑᑎᖕᒌ utashtuutihchii nid ◆ son médius, son majeur

ᐅᑕᐦᐄᐸᓂᑲᒥᒄ utahiipanikamikw ni ◆ une station de pompage

ᐅᑕᐦᐄᑲᓇᔮᐲ utahiikanayaapii ni ◆ une cassette, une bande magnétique en cassette

ᐅᑕᐦᐄᑲᓐ utahiikan ni [Intérieur] ◆ un magnétophone à cassette

ᐅᑕᐦᐄᒉᐤ utahiicheu vai ◆ il/elle gagne (par ex. la loterie, au bingo, au casino); il/elle enregistre sur ruban magnétique

ᐅᑕᐦᐊᒣᐤ utahameu vai ◆ il/elle fait un pas

ᐅᑕᐦᐊᒻ utaham vti ◆ il/elle le tire vers lui/elle en utilisant quelque chose; il/elle le pompe; il/elle le gagne

ᐅᑕᐦᐋᐹᓐ utahaapaan ni ◆ le joint du trou central dans le tissage des raquettes

ᐅᑕᐦᑕᒨᐁᐤ utahtamuweu vta ◆ il/elle lui fait la respiration artificielle

ᐅᑕᐦᑕᒻ utahtam vti ◆ il/elle l'engloutit, l'absorbe, le fait entrer (par ex. en passant à travers quelque chose)

ᐅᑕᐦᑕᐦᑯᓂᑲᓐ utahtahkunikan ni [Intérieur] ◆ un os de son aile

ᐅᑕᐦᑕᐦᑯᓐ utahtahkun nid -im [Intérieur] ◆ une aile d'oiseau ou d'avion

ᐅᑖᐯᐎᓐ utaapewin ni [Côté] ◆ une charge tirée par une personne

ᐅᑖᐯᐤ utaapeu vai ◆ il/elle tire un chargement

ᐅᑖᐯᐦᑕᒨ utaapehtamuu na ◆ un croyant, une croyante

ᐅᑖᐱᖑᐁᐤ utaapihkaateu vta ◆ il/elle la/le tire et l'attache à quelque chose pour la/le retenir (par ex. un toboggan)

ᐅᑖᐱᖑᑲᒻ utaapihkaatam vti ◆ il/elle le tire et l'attache à quelque chose pour le retenir

ᐅᑖᐱᖑᐯᐤ utaapihchepiteu vta ◆ il/elle la/le tire vite vers lui/elle (filiforme)

ᐅᑖᐱᖑᐯᑕᒻ utaapihchepitam vti ◆ il/elle le ramène, le tire rapidement vers lui/elle avec une corde

ᐅᑖᐱᖑᓀᐤ utaapihcheneu vta ◆ il/elle la/le tire vers lui/elle (filiforme)

ᐅᑖᐱᖑᓇᒻ utaapihchenam vti ◆ il/elle le ramène, le tire vers lui/elle avec une corde

ᐅᑖᐳᐦᑲᐦᐄᒉᐙᑲᓐ utaapuhkahiichewaakan nid ◆ un os auquel se rattache la queue de castor, litt. 'ce qui lui sert à frapper l'eau'

ᐅᑖᐸᐦᐁᐤ utaapaheu vta ◆ il/elle la/le fait tirer quelque chose

ᐅᑖᐹᐅᑖᐤ utaapaautaau vai+o ◆ il/elle le mouille et ça rétrécit

ᐅᑖᐹᐅᔦᐤ utaapaauyeu vta ◆ il/elle la/le mouille et ça rapetisse

ᐅᑖᐹᑌᐤ utaapaateu vta ◆ il/elle la/le traîne, tire

ᐅᑖᐹᑕᒻ utaapaatam vti ◆ il/elle l'entraîne, le traîne, le tire

ᐅᑖᐹᑖᐅᓲ utaapaataausuu vai -u ◆ il/elle tire un enfant (sur un toboggan)

ᐅᑖᐹᓀᔮᐱᖑᔥᑲᒻ utaapaaneyaapihcheshkam vti ◆ il/elle le porte comme un harnais de toboggan, croisé sur la poitrine

ᐅᑖᐹᓂᔥ utaapaanish ni dim [Intérieur] ◆ une automobile, une voiture, un camion

ᐅᑖᐹᓂᔮᐲ utaapaaniyaapii ni -m ◆ un harnais, des traits de traîneau

ᐅᑖᐹᓂᐦᑯᐁᐤ utaapaanihkuweu vta ◆ il/elle charge le toboggan pour elle/lui

ᐅᑖᐹᓂᐦᑲᑐᐁᐤ utaapaanihkatuweu vta ◆ il/elle l'arrange (une charge sur un toboggan); il/elle arrange une charge de toboggan pour elle/lui

ᐅᑖᐹᓂᐦᑲᑕᒻ utaapaanihkatam vti ◆ il/elle l'arrange, le place, l'organise (un chargement sur un traîneau)

ᐅᑖᐹᓂᐦᑳᓲ utaapaanihkaasuu vai reflex -u ◆ il/elle charge son propre toboggan

ᐅᑖᐹᓂᐦᒉᐤ utaapaanihcheu vai ◆ il/elle charge son toboggan

ᐅᑕᐸᓈᔅᒁᔅᒉᐅᒋᓇᒻ utaapaanaaskwaascheuchinam vti
  • il/elle l'empile sur le feu (le bois) comme une charge de toboggan

ᐅᑕᐸᓈᔅᒄ utaapaanaaskw na • un toboggan, une traîne sauvage, un traîneau; un tracteur

ᐅᑕᐸᓐ utaapaan ni • une charge de toboggan, un chargement de traîneau, une cargaison; un camion

ᐅᑕᐸᓲ utaapaasuu vai -u [Intérieur]
  • il/elle est tiré-e sur le traîneau, le toboggan

ᐅᑖᑯᔑᒉ utaakushiche p,time • ce soir, littéralement 'quand ce sera le soir' (forme du conjonctif du verbe *utaakushuu*)

ᐅᑖᑯᔒᒡ utaakushiihch p,temps • hier

ᐅᑖᑯᔔ utaakushuu vii -i • c'est le soir

ᐅᑖᑯᔕᒃᒍᔥ utaakushuuchahkush na dim
  • l'étoile du soir

ᐅᑖᑯᔔᒦᒋᓱᐎᓐ utaakushuumiichisuwin ni • un repas du soir, un souper (au Canada), un dîner (en France)

ᐅᑖᑯᔔᒦᒋᓱᓈᓂᐦᑯᐌᐅ utaakushuumiichisunaanihkuweu vta
  • il/elle prépare le repas du soir pour quelqu'un, le souper (Canada), le dîner (Europe)

ᐅᑖᑯᔔᒦᒋᓲ utaakushuumiichisuu vai -u
  • il/elle prend le repas du soir; il/elle dîne (Europe); il/elle soupe (Canada)

ᐅᑖᑯᔔᓈᐦᒄ utaakushuunaahkweu vai
  • il/elle prend une collation le soir

ᐅᑖᑯᐦᐄᔥᑲᒻ utaakuhiishkam vti • il/elle va chasser, tuer le castor à pied le soir

ᐅᑖᑯᐦᐊᒨᐱᔦᔒᔥ utaakuhamuupiyeshiish na dim [Intérieur]
  • un pinson des prés *Passerculus sandwichensis*, 'il chante le soir'

ᐅᑖᑯᐦᐊᒻ utaakuham vti • il/elle va chasser, tuer le castor en canot/bateau le soir

ᐅᑖᑲᐦᐊᒨᐱᔦᔒᔥ utaakahamupiyeshiish na dim • un pinson des prés *Passerculus sandwichensis*, littéralement 'il chante le soir'

ᐅᑖᒣᐅᒋᔑᓐ utaameuchishin vai [Côte]
  • il/elle a les muscles endoloris après avoir marché sur une surface dure (ancien terme)

ᐅᑖᒣᑲᐦᐄᑲᓈᐦᑎᒄ utaamekahiikanaahtikw ni • un bâton de bois servant de batteur pour assouplir les peaux tannées

ᐅᑖᒣᑲᐦᐄᑲᓐ utaamekahiikan ni • un batteur métallique pour assouplir les peaux tannées

ᐅᑖᒥᐯᒋᔑᓐ utaamipechishin vai • il/elle tombe dans l'eau peu profonde

ᐅᑖᒥᐱᑐᓀᐅ utaamipitunehweu vta
  • il/elle la/le frappe au bras avec un objet

ᐅᑖᒥᐸᐧᐋᒣᐅ utaamipwaamehweu vta
  • il/elle la/le frappe à la cuisse avec un objet

ᐅᑖᒥᑎᐦᒉᐅ utaamitihchehweu vta
  • il/elle lui frappe les mains

ᐅᑖᒥᑑᒉᐅ utaamituuchehweu vta
  • il/elle la/le frappe à l'oreille

ᐅᑖᒥᑯᔨᐌᐅ utaamikuyiwehweu vta
  • il/elle la/le frappe au cou avec quelque chose

ᐅᑖᒥᑲᒋᔐᔑᓐ utaamikachisheshin vai
  • il/elle se cogne le derrière en tombant

ᐅᑖᒥᑲᒋᔐᐅ utaamikachishehweu vta
  • il/elle la/le frappe au derrière

ᐅᑖᒥᑲᐦᐅᓲ utaamikahuusuu vai reflex -u
  • il/elle se coupe avec une hache

ᐅᑖᒥᑲᐦᐊᒻ utaamikaham vti • il/elle le coupe, le tranche à la hache

ᐅᑖᒥᑲᐦᐌᐅ utaamikahweu vta • il/elle la/le coupe, tranche avec une hache

ᐅᑖᒥᑳᑌᐅ utaamikaatehweu vta
  • il/elle la/le frappe à la jambe avec quelque chose

ᐅᑖᒥᔅᑯᔑᓐ utaamiskushin vai • il/elle tombe sur la glace

ᐅᑖᒥᔅᒎᐙᒋᔑᓐ utaamischuuwachishin vai • il/elle tombe dans la boue

ᐅᑖᒥᔑᒋᑲᓀᐅ utaamishichikanehweu vta • il/elle frappe son orteil avec un objet

ᐅᑖᒥᔑᒣᐤ utaamishimeu vta • il/elle la/le jette par terre (par ex. dans une bagarre)

ᐅᑖᒥᔑᓐ utaamishin vai • il/elle glisse et tombe

ᐅᑖᒥᔑᐦᑫᔑᓐ utaamishihkweshin vai
  • il/elle se frappe ou se cogne la tête sur quelque chose

ᐅᑳᒥᔑᑎᒃᐚᓀᔫ° utaamishtikwaaneshin
vai ♦ il/elle se frappe ou se cogne la
tête sur quelque chose

ᐅᑳᒥᔑᑎᒃᐚ"·ᐧ° utaamishtikwaanehweu vta ♦ il/elle
la/le frappe à la tête

ᐅᑳᒥ"ᑎᑐ·ᐧ° utaamihtituweu vta
♦ il/elle la/le frappe avec un objet

ᐅᑳᒥ"ᑎᒡ° utaamihtitaau vai+o ♦ il/elle
le frappe contre quelque chose

ᐅᑳᒥ"ᑎᓐ° utaamihtin vii ♦ ça frappe
quelque chose

ᐅᑳᒥ"ᖑᔫ° utaamihkweshin vai ♦ il/elle
tombe en pleine face

ᐅᑳᒥ"ᖑ"·ᐧ° utaamihkwehweu vta
♦ il/elle la/le frappe au visage avec
un objet

ᐅᑳᒪ"ᐦᐊᑲᓐ° utaamahiikan ni ♦ un
marteau, un pilon

ᐅᑳᒪ"ᐦᐊᒉᐤ utaamahiicheu vai ♦ il/elle
martèle, frappe, cogne

ᐅᑳᒪ"ᐦᐊᒉᐸᔫ utaamahiichepayuu vii -i
♦ ça frappe fort; c'est un orage

ᐅᑳᒪ"ᐊᒻ utaamaham vti ♦ il/elle
l'atteint, le frappe avec quelque chose

ᐅᑳᒪ"·ᐧ° utaamahweu vta ♦ il/elle la/le
frappe avec quelque chose

ᐅᑳᒪᐯ"ᐦᐋᒋᓲ° utaamaapekahiichesuu na
-slim ♦ un ou une guitariste

ᐅᑳᒪᐯᒋᔫ° utaamaapechishin vai
♦ il/elle se heurte sur quelque chose
de filiforme

ᐅᑳᒪᐯ"ᑐ·ᐧ° utaamaapechihtuweu vta
♦ il/elle la/le frappe avec un objet
filiforme

ᐅᑳᒪᐱᔅᑲ"ᐦᐋᒉᐤ utaamaapiskahiicheu vai
♦ il/elle frappe, cogne, tape, donne
des coups sur un objet de métal, de
verre (souvent utilisé pour signifier les
petits coups que les invités donnent
sur leur assiette ou leur tasse pour
que les nouveaux mariés se lèvent et
s'embrassent)

ᐅᑳᒪᐱᔅᒋᔫ° utaamaapischishin vai
♦ il/elle glisse et tombe sur un rocher
(mouillé)

ᐅᑳᒫᐳ"·ᐧ° utaamaapuuhweu vta
♦ il/elle la/le frappe à l'oeil

ᐅᑳᒪᔅᒋᑲᓀ"·ᐧ° utaamaaschikanehweu
vta ♦ il/elle la/le frappe à la poitrine
avec un objet

ᐅᑳᒪᔥᑯᔫ° utaamaashkushin vai
♦ il/elle tombe et frappe du bois

ᐅᑖᓂᐧᐁ"ᑕᒨ utaaniwehtamuu na ♦ un
ou une incrédule, un non-croyant, une
non-croyante

ᐅᑖᓂᓯᒫ° utaanisimaau vai -u ♦ elle est
la fille de quelqu'un

ᐅᑖᓂᔅ utaanisa nad [Intérieur] ♦ sa fille

ᐅᑖᓂᔅ" utaanis-h nad [Côte] ♦ sa fille

ᐅᑖᓂᓲ utaanishuu vai -i ♦ elle a une
fille; elle conçoit une fille

ᐅᑖᔅᑯᓀᐤ° utaaskuneu vta ♦ il/elle
l'embauche, l'emploie

ᐅᑖᔅᑯ"ᐦᐄᑲᓐ° utaaskuhiikan ni ♦ un
grappin

ᐅᑖᔅᑯ"ᐊᒻ utaaskuham vti ♦ il/elle le
ramène à lui/elle, le tire vers lui/elle
avec un bâton

ᐅᑖᔅᑯ"·ᐧ° utaaskuhweu vta ♦ il/elle
la/le tire vers lui/elle avec un bâton
recourbé

ᐅᑖᔅᒉᐅᑲ"ᐦᐋᑲᓈ"ᑎᒄ utaascheukahiikanaahtikw ni -um ♦ un
tisonnier, un crochet de poêle, un
pique-feu

ᐅᑖᔅᒉᐅᑲ"ᐊᒻ utaascheukaham vti
♦ il/elle rassemble les tisons dans le
poêle

ᐅᑖᔥᑕᒥᐱᔥᑐ·ᐧ° utaashtamipishtuweu
vta ♦ il/elle est assis-e face à elle/lui

ᐅᑖᔥᑕᒥᐱᔥᑕᒻ utaashtamipishtam vti
♦ il/elle est assis-e face à quelque
chose

ᐅᑖᔥᑕᒥᐳ° utaashtamipuu vai -i ♦ il/elle
est assis-e face à

ᐅᑖᔥᑕᒥᑎᐦᒑᓐ utaashtamitihchaan nid
♦ la paume de sa main

ᐅᑖᔥᑕᒥᑳᐳ° utaashtamikaapuu vai -uu
♦ il/elle est debout face à une
certaine direction

ᐅᑖᔥᑕᒥᑳᐳᔥᑐ·ᐧ° utaashtamikaapuushtuweu vta ♦ il/elle
est debout face à face avec elle/lui

ᐅᑖᔥᑕᒥᔑᒥᑐ·ᐧ° utaashtamishimituweu
vta ♦ il/elle est étendu-e, couché-e
face à elle/lui

ᐅᑖᔥᑕᒥᔫ° utaashtamishin vai ♦ il/elle
est étendu-e face à une certaine
direction

ᐅᑖᓐᑕᒫᐤ utaashtamahweu vta
* il/elle danse en face d'elle/de lui, devant elle/lui

ᐅᑖᓐᑖᐱᑕᑲᔥᑌᐤ utaashtamaapitakashteu vii * c'est sur le sol avec la lame face à quelqu'un (une hache)

ᐅᑖᓐᑖᐱᑕᑳᐤ utaashtamaapitakaau vii * le côté aiguisé de la lame d'une hache fait face à quelqu'un

ᐅᑖᓐᑖᔑᑲᓐ utaashtamaaschikan nid * le devant de sa poitrine ou son thorax

ᐅᑖᐦᒄᐯᒋᑲᓂᔮᐲ utaahkwepachikaniyaapii ni -m * une corde qui rattache la tête recourbée au corps du toboggan

ᐅᑖᐦᑯᓱᐎᓐ utaahkusuwin ni * ses règles, ses menstruations

ᐅᑖᐦᑯᓱ utaahkusuu na -siim * un patient, une patiente, un ou une malade

ᐅᑖᐦᒉᐤ utaahcheu vai * il/elle marche derrière

ᐅᑖᐦᒉᐸᔫ utaahchepayuu vai/vii -i
* il/elle/ça va derrière

ᐅᑖᐦᒉᑕᒄ utaahchetakw ni * une partie arrière de canot ou de bateau, une poupe

ᐅᑖᐦᒉᑯᔅᑯᔅ utaahchekuskus ni * une barre transversale arrière de raquette (la forme plus ancienne est kuskusch)

ᐅᑖᐦᒉᑳᑦ utaahchekaat nid * sa patte arrière (se dit d'un orignal ou d'un caribou)

ᐅᑖᐦᒡ utaahch p,lieu * au fond, derrière, dans le passé ▪ ᐅᑖᵘᒡ ᐅᐦᑖᐸᔉ ᐊ ᒨᓐ ᐲ ᓂᑑᐸᓃᔾ ᐅᑖᵘᒡ ▪ *Elle est debout derrière, au fond.* * *Les gens chassaient toujours dans le passé.*

ᐅᑯᐹᓐ ukupaan ni * une hutte de castor abandonnée

ᐅᑯᓯᒫᐤ ukusimaau nad * un fils

ᐅᑯᓴ ukusa nad * son fils

ᐅᑯᓵᐸᐦᑕᒨ ukusaapahtamuu na * un conjurateur, une conjuratrice; la personne qui dirige une cérémonie de la tente tremblante

ᐅᑯᔅᐦ ukus-h nad [Côte] * son fils

ᐅᑯᔑᒣᔮᐦᑎᒄ ukushimeyaahtikw ni -um
* un bâton de bois parfait, de bois de coeur, de duramen

ᐅᑯᔔ ukushuu vai -i * elle est grosse, pleine, gravide

ᐅᑯᔥᐦ ukushh nad * son petit (animal)

ᐅᑯᔨᐌᐱᑖᑲᓐ ukuyiwepitaakan na [Côte]
* son fanon (la peau lâche sur la gorge), d'un caribou ou orignal mâle

ᐅᐦᑕᔥᑯᐃ ukuhtashkui nid * sa gorge

ᐅᐦᑕᔥᑯᔮᐲ ukuhtashkuyaapii nid * son oesophage

ᐅᐦᑖᑲᓐ ukuhtaakan nid * sa trachée

ᐅᑲᑎᓈᐤ ukatinaau vii * c'est le côté rapproché d'une colline

ᐅᑲᑲᒪᔥᒉᑳᐤ ukakaamaschekaau vii
* c'est le côté rapproché d'un muskeg, d'une tourbière

ᐅᑲᑳᒻ ukakaam p,lieu * proche du rivage ou de la rive, près de la berge d'une étendue d'eau

ᐅᑲᓅᔥᒀᐦᑐᐌᐤ ukanuushkwaahtuweu na -siim * un portier, une portière; un gardien, une gardienne

ᐅᑲᓇᐌᔨᒧᐌᐤ ukanaweyimuweu na -siim
* un protecteur, une protectrice; un gardien, une gardienne

ᐅᑲᓇᐙᔅᑳᐦᐄᑲᓄᐌᐤ ukanawaaskaahiikanuweu na -esiim * un aide ménager, une aide ménagère, un ou une aide domestique, une bonne, une femme à tout faire, un homme à tout faire

ᐅᑲᓇᐙᐦᑎᒀᐤ ukanawaahtikweu na -esiim
* un gardien, une gardienne de buts, un garde-but

ᐅᑲᔅᑰᓃ ukaskuunii nid -naahch / -niihch
* une partie centrale découpée de la colonne d'un lapin ou lièvre

ᐅᑳᐎᒫᐅᒌᔑᑳᐤ ukaawiimaauchiishikaau vii * c'est la Fête des mères

ᐅᑳᐎᒫᐤ ukaawiimaau nad * une mère

ᐅᑳᐎᐦ ukaawiih nad * sa mère

ᐅᑳᐎᐦ ukaawiih nad pl * des piquants de porc-épic

ᐅᑳᐎᐦᑳᐎᓐ ukaawiihkaawinh na [Intérieur] * sa belle-mère

ᐅᑳᐎᐦᑳᑎᒫᐤ ukaawiihkaatimaau nad [Intérieur] * une belle-mère (ancien terme)

ᐅᑳᐤ ukaau na * un doré jaune, un doré commun *Stizostedion vitreum*

ᐅᑲᕈᐃᐧᐁᐤ neukaapuheu vai ♦ il/elle en met ou place quatre debout, en position verticale

ᐅᑳᒋᑯᓈᐊ ukaachikunaan nid [Côte] ♦ de petites plumes difficiles à enlever, sur le dessus de l'aile d'un oiseau

ᐅᑳᓯᒋᒣᔨᐦᑖᑯᓱᐤ ukaasichimeyihtaakusuu vai -i ♦ il/elle veut tout avoir sans partager avec les autres; il/elle est avide, arrogant-e

ᐅᑳᓯᒋᒦᐦᑲᒼ ukaasichimiihkam vti ♦ il/elle le mange voracement, gloutonnement

ᐅᑳᓯᒋᒨ ukaasichimuu vai -i ♦ il/elle est avide, cupide, vorace

ᐅᑳᓯᒋᒼ ukaasichim nid ♦ sa luette

ᐅᑳᔅᑌᔅᑯᓐ ukaasteskun vii ♦ il se forme des nuages noirs au loin

ᐅᑳᔅᑌᔅᒃᐚᐤ ukaasteskwaau vii ♦ il y a des nuages noirs au-dessus

ᐅᑳᔅᑲᐚᓂᔮᐱᕀ ukaaskahwaaniyaapii nid ♦ un ligament principal de soutien de sa tête (d'un animal)

ᐅᑳᔅᑲᐚᐊ ukaaskahwaan nad ♦ une partie de la peau qui couvre son cou et son dos (de l'orignal, du caribou)

ᐅᑳᔥ ukaash na dim -im ♦ un doré jaune, un doré commun *Stizostedion vitreum* [Intérieur]; un jeune doré [Côtier] (voir *ukaau*)

ᐅᑳᔥᑌᐸᔫ ukaashtepayuu vii -i ♦ ça s'assombrit

ᐅᑳᔥᑌᔑᒨ ukaashteshimuu vai -u ♦ il/elle reste à l'ombre

ᐅᑳᔥᑌᔑᓐ ukaashteshin vai ♦ il/elle est à l'ombre; il/elle projette une ombre

ᐅᑳᔥᑌᔥᑯᐌᐤ ukaashteshkuweu vta ♦ il/elle lui bloque la lumière (par ex. de la lune), fait une ombre

ᐅᑳᔥᑌᔥᑲᒼ ukaashteshkam vti ♦ il/elle bloque la lumière, fait de l'ombre, se tient devant la lumière

ᐅᑳᔥᑌᔮᐤ ukaashteyaau vii ♦ c'est couvert, sombre

ᐅᑳᔥᑌᐦᐊᒫᓲᐃᐧᐊ ukaashtehamaasuwin ni ♦ un store ou une toile pour fenêtre, un parasol de fortune

ᐅᑳᔥᑌᐦᐊᒼ ukaashteham vti ♦ il/elle fait de l'ombre sur quelque chose, ferme les rideaux, les stores

ᐅᑳᔥᑌᐦᑎᓐ ukaashtehtin vii ♦ c'est à contre-jour; ça bloque la lumière

ᐅᑳᐦᑳᒍᐤ ukaahkaachuu nid ♦ son duodénum, son appendice

ᐅᑳᐦᑳᒍᐚᔅᐱᓀᐎᐊ ukaahkaachuuwaaspinewin ni ♦ une appendicite

ᐅᒉᑭᔥ uchekish na dim ♦ un jeune pékan, une jeune martre *Martes americana*

ᐅᒉᑯᔮᐊ uchekuyaan na ♦ une peau de pékan, une peau de martre

ᐅᒉᑲᑕᐦᑰᔥ uchekatahkuush na ♦ la petite ourse (une constellation d'étoiles)

ᐅᒉᑲᑕᐦᒄ uchekatahkw na ♦ la Grande Ourse (formation stellaire)

ᐅᒉᒃ uchek na -im ♦ un pékan, une martre de Penmant *Martes pennanti*

ᐅᒉᒣᐤ uchemeu vta ♦ il/elle l'embrasse, lui donne un baiser

ᐅᒉᒥᔅᑫᐧᐁᐤ uchemiskweweu vai ♦ il/elle embrasse une femme

ᐅᒉᒫᑕᐦᐚᑲᓅ uchemaatahwaakanuu vai ♦ il/elle a un suçon, une sucette (bleu dû à un baiser sucé)

ᐅᒉᔅᒋᐸᐦᑯᐃᐧ ucheschipahkui na -aam ♦ un morceau d'écorce de bouleau

ᐅᒉᔅᒋᐸᐦᒁᐊ ucheschipahkwaan na ♦ un morceau d'écorce de bouleau qui sert à recouvrir les tipis, les contenants, etc.

ᐅᒉᔥᑎᑖ ucheshtitai ni -aam ♦ le haut de l'abdomen d'un orignal qui est découpé en rond

ᐅᒉᔥᑎᔮᐱᕀ ucheshtiyaapii nid ♦ son tendon, son ligament

ᐅᒉᔥᑎᔮᐱᐤ ucheshtiyaapiiu vii ♦ ça contient beaucoup de tendons (par ex. de la viande)

ᐅᒉᔥᑑ ucheshtuu vii -uu ♦ c'est plein de tendons

ᐅᒉᔥᑦ uchesht nid [Côte] ♦ un ligament principal de soutien pour sa tête

ᐅᒉᐦᑕᒼ uchehtam vti ♦ il/elle l'embrasse

ᐅᒋᐱᑌᐤ uchipiteu vta ♦ il/elle la/le tire

ᐅᒋᐱᑎᑰ uchipitikuu vai ♦ il/elle a une crampe, une crise d'épilepsie

ᐅᒋᐱᑕᒼ uchipitam vti ♦ il/elle le tire

ᐅᒋᐱᒋᑲᐊ uchipichikan ni ♦ une détente d'arme, un démarreur de motoneige

ᐅᓯᐱᒡᓃᐤ **uchipichikaacheu** vai
• il/elle s'en sert pour tirer

ᐅᓯᐳᑯ **uchipukuu** vai -u • il/elle est entraîné-e par le courant (en haut des rapides)

ᐅᓯᐳᔪ **uchipuyeu** vta • il/elle l'achète avec de la nourriture

ᐅᓯᐳᐦᐊ **uchipuhun** nid • son diaphragme

ᐅᓯᐸᔨᐦᐁᐤ **uchipayiheu** vta • il/elle la/le tire en arrière

ᐅᓯᐸᔨᐦᑖᐤ **uchipayihtaau** vai+o • il/elle le retire, le ramène vers l'arrière

ᐅᓯᐸᔪ **uchipayuu** vai/vii -i • il/elle/ça rétrécit

ᐅᓯᑳᑌᔪ **uchikaateyuu** vai -i • il/elle retire ses jambes de là

ᐅᓯᑲᐙᑌᐤ **uchikwaateu** vta • il/elle l'accroche, l'attrape avec un crochet

ᐅᓯᑲᐙᑐᐦᐁᐤ **uchikwaatuhweu** vta
• il/elle l'accroche

ᐅᓯᑲᐙᑕᒻ **uchikwaatam** vti • il/elle l'attrape avec un hameçon, un crochet

ᐅᓯᑲᐙᑕᐦᐊᒻ **uchikwaataham** vti • il/elle l'accroche

ᐅᓯᑲᐙᒉᐤ **uchikwaacheu** vai • il/elle pêche avec une ligne et un hameçon

ᐅᓯᑲᐙᒉᓱ **uchikwaachesuu** vai • il est pêcheur, elle est pêcheuse (à la ligne)

ᐅᓯᑲᐙᒋᑲᓈᐱᔉ **uchikwaachikanaapiskw** ni • un crochet pour crocheter

ᐅᓯᑲᐙᒋᑲᓈᐦᑎᒄ **uchikwaachikanaahtikw** ni -um • une canne à pêche, une perche, une gaule

ᐅᓯᑲᐙᒋᑲᓐ **uchikwaachikan** ni • un crochet ou hameçon de pêche

ᐅᓯᒉᔨᑯᔥ **uchicheyikush** na dim [Intérieur] • une fourmi

ᐅᓯᒑᐦᑯᔥ **uchichaahkush** na dim • une jeune grue du Canada

ᐅᓯᒑᐦᒄ **uchichaahkw** na • une grue du Canada *Grus canadensis*

ᐅᒋᒥᐦᑐᐌᐤ **uchimihtuweu** ni • une souche ou une tige rongée par un castor

ᐅᒋᒥᐦᑕᐌᐙᐦᑎᑯᑦ **uchimihtawewaahtikw** ni -m [Intérieur] • des branches (bouleau, saule, peuplier, etc.) rongées par un castor

ᐅᒋᒥᐦᑕᐌᔮᐦᑎᑯᑦ **uchimihtaweyaahtikw** ni -m • des branches (bouleau, saule, peuplier, etc.) rongées par un castor

ᐅᒋᒥᐦᑕᐙᓐ **uchimihtawaan** nid • une branche rongé par un castor pour en faire de la nourriture ou pour la construction de sa hutte

ᐅᒋᒫᐳ **uchimaaupuu** vai -i • il/elle est assis-e comme le patron

ᐅᒋᒫᐅᑲᒥᒄ **uchimaaukamikw** ni • une maison de gérant ou de directeur

ᐅᒋᒫᐌᔨᒣᐤ **uchimaaweyimeu** vta
• il/elle la/le respecte, considère avec respect

ᐅᒋᒫᐌᔨᐦᑖᑯᓐ **uchimaaweyihtaakun** vai -i
• c'est un endroit respecté, une chose respectée

ᐅᒋᒫᐌᔨᐦᑖᑯᓱ **uchimaaweyihtaakusuu** vai -i • il/elle mérite ou inspire le respect; il/elle est digne de respect

ᐅᒋᒫᐃᓐ **uchimaawin** ni • un ou une responsable

ᐅᒋᒫᐤ **uchimaau** na -maam • un patron, un boss, un dirigeant

ᐅᒋᒫᔉᑴᐤ **uchimaaskweu** na -em • la femme, la conjointe ou l'épouse du patron, du gérant; une patronne

ᐅᒋᒫᔉᑴᐸᔨᐦᐤ **uchimaaskwepayihuu** vai -u • elle marche fièrement, se comporte comme une dame

ᐅᒋᒫᔉᑴᔥ **uchimaaskwesh** na dim -iim • la fille du patron, du gérant

ᐅᒋᒫᔒᐅᑲᒥᒄ **uchimaashiiukamikw** ni
• la résidence des employés

ᐅᒋᒫᔒᐤ **uchimaashiiu** vai • il/elle est commis

ᐅᒋᒫᔥ **uchimaash** na dim -iim • un ou une commis, un ou une secrétaire

ᐅᒋᒫᐦᑲᐦᑐᐌᐤ **uchimaahkahtuweu** vta
• il/elle lui donne des ordres, la/le mène, dirige

ᐅᒋᒫᐦᑳᓂᔉᑴᐤ **uchimaahkaaniskweu** na -em • la femme, la conjointe, l'épouse du chef

ᐅᒋᒫᐦᑳᓂᔒᐤ **uchimaahkaanishiiu** vai -uu
• il est conseiller de bande, elle est conseillère de bande; il/elle siège au conseil de bande

ᐅᒋᒫᐦᑳᓂᔥ **uchimaahkaanish** na dim • un conseiller de bande, une conseillère de bande

ᐅᕆᒫᐦᑳᓂᐦᑳᓲ **uchimaahkaanihkaasuu** vai -u ♦ il/elle prétend être le chef

ᐅᕆᒫᐦᑳᓂᐦᒉᐤ **uchimaahkaanihcheu** vai ♦ il/elle lui en donne la responsabilité, la charge

ᐅᕆᒫᐦᑳᓅ **uchimaahkaanuu** vai -u ♦ il est chef de bande, elle est cheffe de bande

ᐅᕆᒫᐦᑳᓐ **uchimaahkaan** na -im ♦ un ou une chef

ᐅᕆᒫᐦᑳᓲ **uchimaahkaasuu** vai -u ♦ il se prend pour le patron, elle se prend pour la patronne; il/elle est autoritaire

ᐅᕆᓭᐙᑎᓯᐤ **uchisewaatisiiu** na -siim ♦ une bonne personne, une personne gentille, charitable

ᐅᕆᔅᑎᑯᓈᐤ **uchistikunaau** vii ♦ c'est un endroit à l'abri

ᐅᕆᔅᑎᑯᓈᔅᐌᔮᐤ **uchistikunaaskweyaau** vii ♦ c'est un endroit abrité parmi les arbres

ᐅᕆᔅᑕᒫᑎᓯᐤ **uchistamaatisiiu** na -siim ♦ un pauvre, une pauvresse, une personne démunie

ᐅᕆᔅᒋᓄᐦᑖᐦᐄᐌᐤ **uchischinuhtahiiweu** vai ♦ il/elle est guide; c'est un meneur, une meneuse

ᐅᕆᔅᒌᐦᐱᒨ **uchischiihpimuu** vai -i ♦ il/elle a un clou ou un furoncle

ᐅᕆᔅᒌᐦᐱᒻ **uchischiihpimh** nad ♦ son furoncle

ᐅᕆᔅᒎᐚᐦᐄᒉᐤ **uchischuwaahiicheu** na -esiim ♦ un prophète, une prophétesse

ᐅᕈᔥᑎᑯᓂᔑᒨᐎᓐ **uchishtikunishimuwin** ni ♦ un abri contre la pluie, la neige, le vent

ᐅᕈᔥᑎᑯᓂᔑᒨ **uchishtikunishimuu** vai -u ♦ il/elle se protège de la pluie

ᐅᕈᔥᑎᑯᓇᐦᐅᓱᐎᓐ **uchishtikunahusuwin** ni ♦ une couverture temporaire (par ex. une bâche installée lors d'une pluie soudaine); un parapluie (Côtier)

ᐅᕈᔥᑎᑯᓇᐦᐊᒫᓱᐎᓐ **uchishtikunahamaasuwin** ni ♦ une couverture temporaire (par ex. une bâche installée lors d'une pluie soudaine)

ᐅᕈᔥᑎᑯᓇᐦᐊᒻ **uchishtikunaham** vti ♦ il/elle construit un abri

ᐅᕈᔥᑎᑯᓈᐹᓲᓐ **uchishtikunaapaasun** ni ♦ un arc au-dessus du soleil

ᐅᕈᔅᑐᐛᐦᒌᓴᓂᐲᐎᐦ **uchishtuwiisitaanipiiwiih** nid pl ♦ du poil dans la fente du sabot du caribou

ᐅᕈᔅᑐᐛᐦᒌᓴᓐ **uchishtuwiisitaan** ni ♦ la fente dans le sabot du caribou

ᐅᕈᔥᐠᐌᑎᐦᒌᔥ **uchishkwetihchiish** nid dim ♦ son petit doigt, son auriculaire

ᐅᕈᔥᐠᐌᔑᒨᐎᓂᔥ **uchishkweshimuwinish** nid dim ♦ son placenta

ᐅᕈᔥᐠᐌᔒᒻ **uchishkweshiimh** nad dim ♦ sa copine, sa petite amie, son amoureuse

ᐅᕈᔥᐠᐚᔫᔅᒄ **uchishkwaayuuskw** ni [Côte] ♦ une quenouille ou massette *Typha latifolia*, un scirpe *Scirpus sp.*, litt. 'de l'herbe de queue de rat musqué'

ᐅᕈᔥᐠᐚᔫᔥᑯᔕᐤ **uchishkwaayuushkushuu** ni -shiim [Intérieur] ♦ une quenouille ou massette *Typha latifolia*, un scirpe *Scirpus sp.*, litt. 'de l'herbe de queue de rat musqué'

ᐅᒋᔮᔥᑯᒼ **uchiyaashkumh** nad ♦ son copain, son petit ami, son amoureux, littéralement 'son goéland'

ᐅᒋᐦᑳᓐ **uchihkanh** ni pl [Intérieur] ♦ un réserve de nourriture d'un castor

ᐅᒋᐦᒉᐤ **uchihcheu** vii [Intérieur] ♦ ça remplit sa réserve de nourriture (un castor)

ᐅᒋᐦᒋᐱᔒᔥ **uchihchipishiish** na dim ♦ une alouette cornue, une alouette hausse-col *Eremophila alpestris*

ᐅᒋᐦᒋᑳᓐ **uchihchikanh** na ♦ une peau de castor sèche, avec le trou des pattes cousu

ᐅᒋᐦᒋᒌᐎᓐ **uchihchichiwin** vii ♦ la rivière coule à partir de

ᐅᒋᐦᒌᐦᑯᓃᐤ **uchihchiihkuniiu** vai [Intérieur] ♦ il/elle est à genoux

ᐅᒋᐦᒌᐦᑯᓇᐱᔥᑐᐌᐤ **uchihchiihkunapishtuweu** vta ♦ il/elle se met à genoux, s'agenouille devant elle/lui

ᐅᒋᐦᒌᐦᑯᓇᐴ **uchihchiihkunapuu** vai -i ♦ il/elle est à genoux la tête penchée (comme pour prier)

ᐅᒌᒋᓈᐦᑯᒨ **uchiichinaahkumuu** vai -i ♦ il/elle a des lentes

ᐅᑖᒪᐆ uchiimaakanuu vai ♦ il/elle a un compagnon ou une compagne dans le canot

ᐅᑖᒪᑲᓐ uchiimaakanh nad ♦ son compagnon ou sa compagne de canot

ᐅᒌᓅᕓᐤ uchiineheu vta ♦ il/elle lui donne un morceau de viande spécial en plus

ᐅᒌᐋᓂᑲᓂ uchiinaanikan ni [Intérieur] ♦ une partie de la colonne vertébrale d'un orignal ou caribou

ᐅᒌᓯᓲ uchiisisuu vai -i ♦ il/elle est ridée; il/elle a des rides

ᐅᒌᓯᓵᐤ uchiisisaau vii ♦ c'est plissé, ridé (la peau)

ᐅᒌᓯᓵᐴ uchiisisaapuu vai -i ♦ il/elle a des rides autour des yeux

ᐅᒌᓯᔅᑴᐤ uchiisiskweu vai ♦ il/elle a la face ridée

ᐅᒌᔅᑳᐤ uchiiskaau vii ♦ c'est montagneux

ᐅᒌᔅᒋᒥᓂᓲ uchiischiminisuu na -shiish [Intérieur] ♦ un martin-pêcheur d'Amérique *Megaceryle alcyon*

ᐅᒌᒽᑴᐦᐋᒫ uchiihkweham vti ♦ il/elle coud le dessus du mocassin à la partie avant froncée, plissée

ᐅᒌᒽᒋᑯᒥᔥᑲᒫᐤ uchiihchiikumishkamaau vai ♦ il/elle marche avec de la neige collée au trou des orteils de la raquette

ᐅᒑᐃᑰᑲᓐ uchaaikuukan na ♦ un museau, un mufle, la base du nez (orignal, caribou)

ᐅᒑᐹᓂᔥ uchaapaanish ni dim [Intérieur] ♦ une petite automobile, une voiturette, une camionette

ᐅᒑᑦ uchaat na ♦ un museau, un mufle d'animal

ᐅᒣᒌ umechii nid -m ♦ son digesta, de la nourriture en partie digérée du caribou, du lièvre, de l'orignal

ᐅᒣᔥᑎᓂᐲᐧᐄᐦ umeshtinipiiwiih ni pl -m ♦ des plumules, du duvet (volaille)

ᐅᒥᒉᐤ umicheu vai ♦ il (un caribou) gratte la neige pour trouver de la nourriture en reniflant (ancien terme)

ᐅᒥᒌᐅᑐᓈᓐ umichiiutunaan nid ♦ un bouton de fièvre, un feu sauvage sur ou dans la bouche

ᐅᒥᒌᐅᑕᔦᐸᔫ umichiiutayepayuu vai -i ♦ il/elle a des ulcères d'estomac

ᐅᒥᒌᐙᔅᐱᓀᐎᓐ umichiiwaaspinewin ni ♦ de l'impétigo

ᐅᒥᒌᐤ umichiiu vai ♦ il/elle a la gale, de l'eczéma

ᐅᒥᒥᐦᑖᑯᒨ umimihtaakumuu na redup ♦ un vantard, une vantarde, un vaniteux, une vaniteuse, un prétentieux, une prétentieuse

ᐅᒥᓂᑯᔥ uminikush na dim ♦ un jeune canard pilet

ᐅᒥᓂᒄ uminikw na -um ♦ un canard pilet *Anas acuta*

ᐅᒥᓯᒫᐤ umisimaau nad ♦ une soeur aînée

ᐅᒥᓴ umisa na [Intérieur] ♦ sa soeur aînée

ᐅᒥᔅᐦ umis-h na [Côte] ♦ sa soeur aînée

ᐅᒥᔥᑕᑖᐃ umishtatai na -aam [Intérieur] ♦ le plus grand estomac, intestin d'un orignal ou caribou (où vont les déchets)

ᐅᒥᔥᑴᐙᓐ umishkwewaan nid ♦ son grand muscle

ᐅᒥᔥᑯᐄᐧᐄᓐ umishkuwiiwinh nid pl ♦ ses muscles

ᐅᒥᔥᑯᐙᓐ umishkuwaanh nad ♦ son muscle, ses muscles

ᐅᒥᔥᑯᔒᐦᑳᓂᐦᒉᓲ umishkushiihkaanihchesuu na -siim ♦ un ouvrier ou une ouvrière à la presse de balles de foin

ᐅᒥᔥᑯᔨᐙᓐ umishkuyiwaanh nad ♦ son muscle, ses muscles

ᐅᒥᔦᔨᒧᐦᐄᐧᐁᓲ umiyeyimuhiiwesuu na -shiim ♦ une personne qui réconforte

ᐅᒥᐦᑲᔒᐤ umihkasheu vai -u ♦ elle (une peau d'orignal ou de caribou) est marquée, trouée par les parasites

ᐅᒦᐧᐁᓲ umiiwesuu na -siim ♦ une personne charitable, qui partage

ᐅᒦᒦᐤ umiimiiu na -miish ♦ une colombe

ᐅᒦᓂᒽ umiinimh nad ♦ son grain de beauté (par ex. sur la face)

ᐅᒍᑌᐃ umutai nad ♦ son jabot (perdrix, lagopède)

ᐅᒍᔔᒥᒫᐤ umushumimaau nad ♦ un grand-père

ᐅᒍᓀᒡ" **umushumh** nad ♦ son grand-père

ᐅᒫᒋᑎᔫ° **umachaatisiiu** na -siim ♦ une personne malveillante, sinistre, ignoble, odieuse, infâme; un mauvais individu, un méchant, une méchante

ᐅᒪᓂᔑᒌ° **umanishicheu** na -esiim ♦ le Faucheur, la grande faucheuse (biblique)

ᐅᒪᓯᓇ"ᐃᑲᓂ"ᑯᐌ° **umasinahiikanihkuweu** vta ♦ il/elle lui écrit un livre, lui fait une facture

ᐅᒫ° **umaau** nad ♦ son feuillet (troisième estomac du caribou, de l'orignal)

ᐅᒫᒫ" **umaamaamh** nad ♦ son sourcil, ses sourcils

ᐅᒪᓂᔑ" **umaanishiish** na dim ♦ un foetus d'orignal, de caribou

ᐅᒫᔨ"ᒉ **umaayeyihchesuu** na -siim ♦ une personne méprisante, irrespectueuse

ᐅᒫ"ᐊᒧ **umaahamuu** na [Intérieur] ♦ quelqu'un qui descend la rivière en aval

ᐅᒫ"ᑭᒥ"ᑯᐌ° **umaahkiimihkuweu** vta ♦ il/elle installe la tente pour elle/lui; il/elle lui monte une tente

ᐅᒫ"ᑭᒥ"ᑳᓲ **umaahkiimihkaasuu** vai reflex ♦ il/elle se fait une tente

ᐅᒫ"ᑳᓐ **umaahkaan** na -im ♦ un petit treuil, un winch (anglicisme), une poulie

ᐅᓂ"ᐃᐎᓐ **unihiiwin** nid ♦ sa main droite

ᐅᓃᒋ"ᐄᑯᒫ° **uniichihiikumaau** nad ♦ un parent

ᐅᓃᒋ"ᐄᑯ **uniichihiikuu** vta inverse -u ♦ il/elle a des parents, les a comme parents

ᐅᓃᒋ"ᐄᒄ **uniichihiikwh** nad ♦ ses parents

ᐅᓃᔥᒄ" **uniishkh** nad ♦ de la viande de poitrine de castor

ᐅᓇᐌ° **unaweuh** nad [Intérieur] ♦ sa pommette

ᐅᓇᐎ" **unawiih** nad [Côte] ♦ sa pommette

ᐅᓇᒫ"ᒌᐎᓐ **unamahchiiwin** nad ♦ sa main gauche

ᐅᓇᓀ"ᑳᒋ"ᐄᐌᓲ **unanehkaachihiiwesuu** na -siim ♦ un oppresseur, une oppresseure

ᐅᓇᓂ"ᐄ"ᑕᒧ **unanihiihtamuu** vai ♦ il/elle est obéissant-e

ᐅᓇᓂ"ᐄ"ᑕᒨᓲ **unanihiihtamuusuu** na -siim ♦ une personne obéissante

ᐅᓇ"ᐋᑲᓂᔅᑴᒥᒣ° **unahaakaniskwemimeu** vta ♦ il/elle l'a comme bru, belle-fille

ᐅᓇ"ᐋᑲᓂᔅᑴᒻ" **unahaakaniskwemh** nad ♦ sa bru, sa belle-fille

ᐅᓇ"ᐋᒋᒫ° **unahaachimaau** nad ♦ un gendre, un beau-fils

ᐅᓇ"ᐋᒋᒻ" **unahaachimh** nad ♦ son gendre, son beau-fils

ᐅᓈᐅ *ᓯ* **unaaush** p,manière [Intérieur] ♦ à peine, de justesse, tout juste, presque ■ ᐅᓈᐅ ᐃ"ᒉ ᓂᐱ ■ *C'est tout juste s'il y a de l'eau.*

ᐅᓈᐯᒥᒫ° **unaapemimaau** nad ♦ un mari, un conjoint

ᐅᓈᐯᒥ"ᑯᐌ° **unaapemihkuweu** vta ♦ il/elle lui trouve un mari

ᐅᓈᐯᒧ **unaapemuu** vai -i ♦ elle est mariée; elle a un mari

ᐅᓈᐯᒻ" **unaapemh** nad ♦ son mari, époux ou conjoint

ᐅᓈᑐᐌᐸᔫ **unaatuwepayuu** vai -i [Intérieur] ♦ sa fourrure se salit

ᐅᓈᑖᐱ"ᒉᓇᒻ **unaataapihchenam** vti ♦ il/elle l'emmêle (filiforme)

ᐅᓈᑖ"ᑎᑯᐌᐸᔫ **unaataahtikuwepayuu** vai -i [Intérieur] ♦ sa fourrure se salit

ᐅᓭᐌ **usewe** p,lieu ♦ au-delà, de l'autre côté ■ ᐊᓲ" ᐅᓭᐌ ᐃ"ᒉ ■ *Il doit être en quelque part de l'autre côté.*

ᐅᓭᐌ° **useweu** vai ♦ il/elle va au-delà de

ᐅᓭᐌᐸᔫ **usewepayuu** vai -i ♦ il/elle conduit au-delà de

ᐅᓭᐌᔥᑯᐌ° **useweshkuweu** vta ♦ il/elle disparaît derrière elle/lui

ᐅᓭᐌᔥᑲᒻ **useweshkam** vti ♦ il/elle disparaît derrière quelque chose

ᐅᓭᐌᔮᐸᒣ° **useweyaapameu** vta ♦ il/elle voit au-delà d'elle/de lui

ᐅᓭᐌᔮᐸ"ᑕᒻ **useweyaapahtam** vti ♦ il/elle voit plus loin, au-delà de quelque chose

ᐅᓯᐁ“ᐊᴸ useweham vti ♦ il/elle pagaie plus loin, au-delà

ᐅᓴᐤ usweu vta ♦ il/elle la/le fait bouillir

ᐅᓴᐯᐦ"ᐊᒍᐊᐧᐤ uswepekahamuweu vta ♦ il/elle l'asperge d'eau en utilisant quelque chose

ᐅᓴᐯᐦ"ᐊᴸ uswepekaham vti ♦ il/elle éclabousse de l'eau dans quelque chose

ᐅᓴᐯᒋᐸᔨ"ᐁᐤ uswepechipayiheu vta ♦ il/elle l'asperge

ᐅᓴᐯᒋᐸᔨ"ᑖᐤ uswepechipayihtaau vai+o ♦ il/elle le fait éclabousser

ᐅᓴᐯᒋᔑᒣᐤ uswepechishimeu vta ♦ il/elle la/le laisse tomber en éclaboussant, la/le jette en bas

ᐅᓴᐯᒋᔑᐣ uswepechishin vai ♦ il/elle tombe en éclaboussant

ᐅᓴᐯᒋ"ᐅᑖᐤ uswepechihtitaau vai+o ♦ il/elle l'échappe en faisant des éclaboussures

ᐅᓴᐯᒋ"ᐅᐣ uswepechihtin vii ♦ ça tombe en éclaboussant

ᐅᓴᐸᔫ uswepayuu vai/vii -i ♦ il/elle/ça pulvérise

ᐅᓴᑯᐦᑖᐤ uswekuhtaau vai+o ♦ il/elle fait éclabousser l'eau

ᐅᓯᐱᐦᑖᐤ usipihtaau vai+o ♦ il/elle observe le mouvement de l'eau pour déceler l'activité du castor

ᐅᓯᐱᐤ usipiiu vai ♦ il (un castor) fait bouger l'eau

ᐅᓯᑕᐢᑲᐱᐢᑾ usitaaskwaapiskw ni [Intérieur] ♦ une lame de hache

ᐅᓯᑖᐢᑾ usitaaskw ni [Intérieur] ♦ une hache

ᐅᓯᑯᓯᒫᐤ usikusimaau nad ♦ une belle-mère (la mère du mari ou de la femme), une tante (la femme du frère de la mère, la soeur du père)

ᐅᓯᑯᓴ usikusa nad [Intérieur] ♦ sa belle-mère (la mère de son mari ou de sa femme), sa tante (la femme du frère de sa mère, la soeur de son père)

ᐅᓯᑯᐢ" usikus-h nad [Côte] ♦ sa belle-mère (la mère de son mari ou de sa femme), sa tante (la femme du frère de sa mère, la soeur de son père)

ᐅᓯᑯᔥ usikush na dim ♦ un jeune canard, un jeune grand harle

ᐅᓯᑲᓀᐛᐳ usikanewaapuu ni ♦ un bouillon de viande dégraissé fait à partir d'un os bouilli

ᐅᓯᑲᓀᐤ usikaneu vai ♦ il/elle coupe des os pour faire du bouillon

ᐅᓯᑲᓈᐳ usikanaapuu ni ♦ un bouillon ou consommé fait à partir d'un os bouilli

ᐅᓯᑳᑯᐣ usikaakun nid ♦ un creux de son genou

ᐅᓯᒃ usikw na -um ♦ un harle huppé, un bec-scie à poitrine rousse *Mergus serrator*

ᐅᓯᒫᐤ usimaau nad ♦ un beau-père (le père de l'époux ou l'épouse), un oncle (relation de sexe opposé à celui du parent- le frère de la mère, le mari de la soeur du père)

ᐅᓯᓴᐁᐱᓇᒼ usiswewepinam vti ♦ il/elle l'éparpille, le répand

ᐅᓯᓴᐸᔨ"ᐁᐤ usiswepayiheu vta ♦ il/elle l'arrose (un liquide), l'éparpille, la/le dissémine, saupoudre, répand (des graines)

ᐅᓯᓴᐸᔨ"ᑖᐤ usiswepayihtaau vai+o ♦ il/elle l'arrose, l'asperge (du liquide); il/elle le répand, le saupoudre (par ex. du sel)

ᐅᓯᓴᐸᔫ usiswepayuu vai/vii -i ♦ il/elle est dispersé-e, éparpillé-e, saupoudré-e; c'est dispersé, éparpillé, saupoudré

ᐅᓯᓴᔮᐳᒋᐸᔨ"ᑖᐤ usisweyaapuuchipayihtaau vai+o ♦ il/elle le laisse (liquide) tomber du contenant

ᐅᓯᔑᐯᐤ usishipeu vai ♦ il/elle fait bouillir du canard

ᐅᓯ"ᑌᐤ usihteu vai ♦ il/elle entend bien; il/elle a une bonne ouïe; il/elle a l'oreille fine

ᐅᓱᐁ“ᐊᴸ usuweham vti ♦ il/elle le casse, le brise, le fracasse

ᐅᓱᐁ“ᐊᐧᐤ usuwehweu vta ♦ il/elle la/le fracasse, brise

ᐅᓱᐋᔨᒉᑲᐣ usuwaayichekan nid ♦ son coccyx, son croupion, sa queue osseuse, son pygostyle

ᐅᓲ usuu vai -u ♦ il/elle bout

ᐅᓲ usuu nid ♦ sa queue (nid)

ᐅᒎ usuu ni ♦ la poignée d'un pot ou d'une casserole (ni)

ᐅᒎᐙ usuush nid dim -shumish ♦ son coccyx (d'une personne); son croupion, sa queue osseuse (d'un animal)

ᐅᓴ usa nad [Intérieur] ♦ son beau-père (le père de son époux ou épouse), son oncle (relation de sexe opposé à celui de son parent- le frère de sa mère, le mari de la soeur de son père)

ᐅᓴ usaa p,quantité ♦ beaucoup, fort, très; principalement, surtout, pour la plupart, le plus souvent, en général ■ ᐅᓴ ᓂᔑ ᐱᑯᐸᔮₓ ■ *Il a surtout pris des meuniers noirs dans son filet.*

ᐅᓴᐱᔦᔒᔥ usaapiyeshiish na ♦ un oiseau jaune

ᐅᓴᒥᓂᓱ usaauminisuu vai -i ♦ c'est une perle de verre jaune, verte

ᐅᓴᒥᓐ usaamin na ♦ une perle jaune

ᐅᓴᓈᑯᓐ usaaunaakun vii ♦ ça paraît vert, jaune

ᐅᓴᓈᑯᓱ usaaunaakusuu vai -i ♦ il/elle paraît vert-e, jaune

ᐅᓴᐅᓯᑯᓱ usaausikusuu vai -i ♦ c'est de la glace jaune

ᐅᓴᐅᓱ usaausuu vai -i ♦ il/elle est vert-e, jaune

ᐅᓴᐅᔅᑎᑳᓂᑲᓐ usaaustikwaanikan na ♦ nom d'oiseau, littéralement 'une tête jaune'

ᐅᓴᐅᔅᑯᐱᔦᔒᔥ usaauskupiyeshiish na dim ♦ une fauvette, un canari, littéralement 'un oiseau aux plumes jaunes'

ᐅᓴᐅᔅᑯᔔᑳᐤ usaauskushuukaau vii ♦ c'est de l'herbe verte

ᐅᓴᐅᔅᑯᔥ usaauskush na dim ♦ un jeune ours brun *Ursus americanus*, phase jaune

ᐅᓴᐅᔅᑲᒥᒄ usaauskamikw ni -um ♦ de la mousse de sphaigne jaune *Sphagnum*

ᐅᓴᐅᔅᑳᐤ usaauskaau vii ♦ il y a beaucoup de nouvelles pousses vert tendre (par ex. de l'herbe, des feuilles)

ᐅᓴᐅᔅᑳ usaauskw na ♦ un ours brun *Ursus americanus*

ᐅᓴᐅᔔᑳᐤ usaaushuukaau ni -m ♦ de la cassonade, du sucre brun

ᐅᓴᐅᔔᔮᓈᐱᔥᑯᔥ usaaushuuyaanaapishkush na -um [Côte] ♦ une pièce d'or

ᐅᓴᐅᔔᓖᔮᐤ usaaushuuliyaau na -aam [Intérieur] ♦ de l'or

ᐅᓴᐅᔔᓖᔮᓈᐱᔥᒄ usaaushuuliyaanaapiskw na [Intérieur] ♦ une pièce d'or

ᐅᓴᐅᔥᑳᐤ usaaushkaau vii ♦ les feuilles commencent à peine à sortir, au début de l'été, littéralement 'il y a beaucoup de vert'

ᐅᓴᐅᐦᐁᐤ usaauheu vta ♦ il/elle la/le colore, colorie vert, jaune

ᐅᓴᐅᐦᑖᐤ usaauhtaau vai+o ♦ il/elle le fait ou le colorie vert, jaune

ᐅᓴᐅᐦᒉᔒᔅᑳᐤ usaauhcheshiiskaau vii ♦ il y a beaucoup de renards roux; c'est une zone de renards roux

ᐅᓴᐅᐦᒉᔒᔥ usaauhcheshiish na dim ♦ un jeune renard roux, un renardeau *Vulpes vulpes*

ᐅᓴᐅᐦᒉᔔ usaauhcheshuu na -iim ♦ un renard roux *Vulpes vulpes*

ᐅᓴᐚᐤ usaawaau vii ♦ c'est vert, jaune

ᐅᓴᐚᐱᔅᑯᔥ usaawaapiskush na dim [Côte] ♦ un penny, un denier, un sou

ᐅᓴᐚᐱᔅᑳᐤ usaawaapiskaau vii ♦ c'est un métal jaune, du laiton

ᐅᓴᐚᐱᔅᒄ usaawaapiskw ni ♦ un métal jaune, du cuivre jaune, du laiton, de l'or

ᐅᓴᐚᑲᒨ usaawaakamuu vii -i ♦ l'eau a une teinte jaune

ᐅᓴᑲᐦᐋᒉᐤ usaakahaacheu ni ♦ un tunnel de hutte de castor

ᐅᓴᒥᑳᒨᐎᓐ usaamikaamuwin ni ♦ un excédent de poids

ᐅᓴᒥᒀᒨ usaamikwaamuu vai -u ♦ il/elle dort trop longtemps; il/elle 'passe tout droit' (Canada)

ᐅᓴᒥᐦᑐᐌᐤ usaamihtuweu vai ♦ il/elle prend plus de nourriture qu'il/elle devrait

ᐅᓴᒥᐦᑕᒼ usaamihtam vti ♦ il/elle prend plus de nourriture qu'il/elle ne devrait

ᐅᓴᒫᔥᑕᐌᐤ usaamaashtaweu vii ♦ c'est un feu trop faible, sur le point de s'éteindre

ᐅᓵᓂᒡ usaanich p,lieu ♦ de l'autre côté de l'île

ᐅᓵᓇᑎᓐ usaanatin p,lieu ♦ au-delà ou de l'autre côté de la montagne

ᐅᖹᖷᐱᑊᒋᔑᐊ **usaasaapishchishin** vai redup
- il/elle glisse sans cesse sur un rocher

ᐅᖷ"ᑎᵈ **usaahtikw** p,lieu ◆ de l'autre côté de l'arbre

ᐅᔅᐱᒍᐊ **uspitun** nid ◆ son bras

ᐅᔅᐱᑲᐃ **uspikai** na -aam ◆ un carré de côtes de flanc

ᐅᔅᐱᒐᑲᐊ **uspichekan** na ◆ une côte, un os des côtes

ᐅᔅᐱᓭᐅᑲᐊ **uspiseukan** ni ◆ un bréchet (d'oie, de perdrix, d'oiseau)

ᐅᔅᔳ"ᑲᐊ **uspuuhkan** ni ◆ un os de la patte inférieure du castor

ᐅᔅᐚ·ᐁᔾ"ᒋᒡ **uspaaweyihtam** vti
◆ il/elle ne peut dormir; il/elle souffre d'insomnie

ᐅᔅ·ᐸᑲᐊ **uspwaakan** na ◆ du tabac à pipe

ᐅᔅᒉᒫᐤ **ustesimaau** nad ◆ un frère aîné

ᐅᔅᒉᓴ **ustesa** na [Intérieur] ◆ son frère aîné

ᐅᔅᒉᔥ **ustes-h** na [Côte] ◆ son frère aîné

ᐅᔅᑎᑎ"ᐃᐸᑯ"ᒋᒣᐤ **ustitihiipekuhchimeu** vta ◆ il/elle la/le fait flotter à la surface de l'eau

ᐅᔅᑎᑎ"ᐃᐸᑯ"ᒋᐊ **ustitihiipekuhchin** vai
◆ il/elle flotte à la surface de l'eau

ᐅᔅᑎᑎ"ᐃᐸᓱ·ᐚᑲᐊ **ustitihiipesuuwaakan** ni ◆ un gilet de sauvetage

ᐅᔅᑎᑕ"ᐃᐯᐤ **ustitahiipeu** vii [Côte] ◆ ça flotte à la surface; ça ne coule pas

ᐅᔅᑎᑖᑯᐊ **ustitaakun** p,lieu ◆ sur ou dessus la neige, à la surface de la neige

ᐅᔅᑑᐸᔅ·ᐁᔮᐤ **ustuupaaskweyaau** vii
◆ c'est une zone de petits arbres

ᐅᔅᑑᐸᔅ·ᐚᑲᒫᐤ **ustuupaaskwaakamaau** vii
◆ c'est un lac entouré de petits arbres

ᐅᔥᑴᐅᐊ **uskweun** vii [Intérieur] ◆ c'est plein de vermine, d'asticots

ᐅᔥᑴᐤ **uskweuu** vai -u ◆ il/elle est plein-e de vermine, d'asticots

ᐅᔥᑴᐤ **uskweuu** vii [Côte] ◆ c'est plein de vermine, d'asticots

ᐅᔥᑴᒎᔥ **uskwechuush** na dim ◆ un cône de conifère

ᐅᔥᑯᑎᒥᔅᒌᔥ **uskutimischiish** ni pej [Intérieur] ◆ un ancien barrage de castor

ᐅᔥᑯᑎᒥ"ᒉᓲ **uskutimihchesuu** ni ◆ une compagnie d'électricité

ᐅᔥᑯᑎᒼ **uskutim** ni ◆ un barrage

ᐅᔥᑯᒡ **uskut** nid ◆ son bec

ᐅᔥᑯᓂᒪᒋ"ᐅ·ᐃᐊ **uskunemachihuwin** ni
◆ des brûlures ou brûlements d'estomac, des aigreurs

ᐅᔥᑯᐊ **uskun** nid ◆ son foie

ᐅᔥᑲᑕᒧᐃ **uskatamui** na -muum ◆ une racine de nénuphar, une racine de lis d'eau *Nymphaea sp.*

ᐅᔥᑲᑕᒧᔅᒋ"ᒃᐤ **uskatamuschihkw** na [Côte]
◆ une sorte de marmite faite en cuivre, rare de nos jours

ᐅᔥᑲᑖᒥᓄᒥᓇᒡ **uskataaminuminach** na pl
◆ des cerises

ᐅᔥᑲᑖᒥᐊ **uskataamin** ni ◆ un grain, une graine, une semence, un noyau, un pépin

ᐅᔥᑲᑲᐊ **uskakaan** ni ◆ un tipi neuf, un nouveau tipi

ᐅᔥᑲᓂᒪᒋ"ᐤ **uskanemachihuu** vai -u
◆ il/elle a des brûlures d'estomac

ᐅᔥᑲᓂᐱᒦ **uskanipimii** ni -m ◆ de la graisse ou du gras d'orignal ou de caribou

ᐅᔥᑲᓅ **uskanuu** vai/vii ◆ il est osseux, elle est osseuse; c'est osseux; il/elle/ça a des os

ᐅᔥᑲᓈ·ᐋᐊ **uskanaawaan** ni ◆ une coquille d'oeuf

ᐅᔥᑲᓈᒨ **uskanaamuu** na ◆ une guêpe

ᐅᔥᑲᓈᒨᔥ **uskanaamuush** na dim ◆ une petite guêpe

ᐅᔥᑲᐊ **uskan** ni ◆ un os, des ossements

ᐅᔥᑲ"ᐁᐤ **uskahweu** vta ◆ il/elle fait lever un oiseau

ᐅᔥᑲ"ᑎᒃ **uskahtikw** nid ◆ son front; le tissage avant d'une raquette

ᐅᔥᑳᑎᔮᐱ" **uskaatiyaapiih** ni pl -m ◆ une racine de plante

ᐅᔥᑳᑖᔅᒃᐤ **uskaataaskw** ni ◆ une carotte

ᐅᔥᒋᐚᔥᑳ"ᐄᑲᐊ **uschiwaaskaahiikan** ni
◆ une maison neuve

ᐅᔥᒋᐚᔥ **uschiwaash** na -iim ◆ un nouveau-né, un bébé

ᐅᔅᑎᑖᐹᓂᐤ uschitaapaaneu vai ♦ il/elle a une nouvelle voiture, une voiture neuve

ᐅᔅᒋᑲᒥᒄ uschikamikw ni ♦ un nouveau tipi, une nouvelle maison ou habitation

ᐅᔅᒋᒥᓂᐅᐧᐃᓐ uschiminihuwin ni ♦ la première fois qu'un enfant tue un animal à la chasse, célébrée par un festin

ᐅᔅᒋᓃᒋᔅᒽᐅᔔ uschiniichiskweushuu vai -i ♦ c'est une jeune fille

ᐅᔅᒋᓃᒋᔅᒽᐤ uschiniichiskweu na -em ♦ une jeune femme

ᐅᔅᒋᓃᒋᐅᓈᑯᓐ uschiniichiiunaakun vii ♦ ça semble jeune

ᐅᔅᒋᓃᒋᐅᓈᑯᓱᐤ uschiniichiiunaakusuu vai -i ♦ il/elle paraît jeune, a l'air jeune

ᐅᔅᒋᓃᒎ uschiniichuu na -chiim ♦ un jeune homme, une jeune personne

ᐅᔅᒋᓇᔅᑯᒧᐧᐃᓐ uschinaskumuwin ni ♦ une nouvelle entente, un nouvel accord, une nouvelle convention

ᐅᔅᒋᓈᐯᐧᐋᓐ uschinaapewaan na ♦ un futur marié, un nouveau marié

ᐅᔅᒋᓈᑯᓐ uschinaakun vii ♦ ça a l'air neuf

ᐅᔅᒋᓈᑯᓱᐤ uschinaakusuu vai -i ♦ il a l'air neuf, elle a l'air neuve

ᐅᔅᒋᓯᐤ uschisiiu vai ♦ il est neuf, elle est neuve

ᐅᔅᒋᔅᒽᐁᐤ uschiskweweu vai ♦ il vient de se marier avec une femme qui se marie pour la première fois; c'est un jeune marié

ᐅᔅᒋᔅᒽᐋᓐ uschiskwewaan na ♦ une future mariée

ᐅᔅᒋᔅᑲᒥᓐ uschiskamin na ♦ un ananas

ᐅᔅᒋᔅᑲᒫᒡ uschiskamach p ♦ par terre, sur le sol ▪ ᐊᐧᐁᓰᔕᒡ ᐯᒧᐦᑌᐗᒃ ᐅᔅᒋᔅᑲᒥᒡ. ▪ Les animaux marchent sur le sol.

ᐅᔅᒋᔅᑳᐤ uschiskaau vii ♦ c'est une pinède, une forêt de pins

ᐅᔅᒋᔅᒃ uschisk na -im ♦ un pin *Pinus sp.*

ᐅᔅᒋᔅᒋᐸᒄ uschischipakw ni -um ♦ le cassandre caliculé *Chamaedaphne calyculata* ou l'andromède à feuilles de Polium *Andromeda polifolia*

ᐅᔅᒋᔑ uschishii nid ♦ sa lèvre supérieure

ᐅᔅᒋᐦᑌᓲ uschihtesuu na -iihch ♦ des nénuphars, des lis d'eau *Nuphar*

ᐅᔅᒋᐦᑖᐤ uschihtaau vai+o ♦ il/elle le renouvelle

ᐅᔅᒌᑕᐦᐄᐯᐤ uschiitahiipeu vii [Intérieur] ♦ ça flotte à la surface

ᐅᔅᒌᔑᑯᒥᓈᐦᑎᒄ uschiishikuminaahtikw na -um ♦ la ronce pubescente, des catherinettes *Rubus pubescens*

ᐅᔅᒌᔑᑯᒥᓐ uschiishikuminh ni pl ♦ les fruits de la ronce pubescente, des catherinettes *Rubus pubescens*

ᐅᔅᒌᔑᑯᐦᑳᓈᐱᔅᑰ uschiishikuhkaanaapiskuu vai -u [Intérieur] ♦ il/elle porte des verres, des lunettes

ᐅᔅᒌᔑᑯᐦᑳᓈᐱᔅᒄ uschiishikuhkaanaapiskw ni [Intérieur] ♦ des lunettes, des verres

ᐅᔅᒌᔑᑯᐦᑳᓱᐧᐃᓐ uschiishikuhkaasuwinh ni pl [Côte] ♦ des lunettes, des verres

ᐅᔅᒌᔑᑯᐦᑳᓱᓅ uschiishikuhkaasunuu vai -u [Côte] ♦ il/elle porte des verres, des lunettes

ᐅᔅᒌᔑᒃᐧᐋᐱᔅᑰ uschiishikwaapiskuu vai -u [Intérieur] ♦ il/elle porte des verres, des lunettes (ancien terme)

ᐅᔅᒌᔑᒃᐧᐋᐱᔅᒄ uschiishikwaapiskw ni ♦ des lunettes, des verres (ancien terme)

ᐅᔔᓃ uschuunii nid ♦ son nez, son museau (d'un animal, par ex. d'un chien, d'un lièvre)

ᐅᔥ us-h nad [Côte] ♦ son beau-père (le père de son époux ou épouse), son oncle (relation de sexe opposé à celui de son parent - le frère de sa mère, le mari de la soeur de son père)

ᐅᔐᑎᓈᐤ ushetinaau vii ♦ c'est une crête montagneuse

ᐅᔐᑑ ushetuu ni -tuum ♦ une queue, un talon de raquette

ᐅᔐᑖᐅᐦᑲᒻ ushetaauhkaham vti ♦ il/elle marche sur une crête de sable

ᐅᔐᑲᓐ ushekan nid -im [Côte] ♦ son épine dorsale (poisson)

ᐅᔐᓯᒃᐧᐋᐤ ushesikwaau vii ♦ c'est une crête de glace

ᐅᓭᔫ ushesuu vai -u ♦ il/elle a une crête, une ligne d'épaisseur (par ex. la crête sur une peau d'orignal)

ᐅᓭᔕᐅᐦᑲᐤ usheyaauhkaau vii ♦ c'est une crête de sable

ᐅᓭᔕᐤ usheyaau vii ♦ c'est une crête

ᐅᓭᔕᐱᐢᑲᕽ usheyaapiskaham vti ♦ il/elle marche sur une crête rocheuse

ᐅᓭᔕᑎᒦᐤ usheyaatimiiu vii ♦ c'est une crête rocheuse sous l'eau; c'est un récif, un écueil

ᐅᓭᔕᑯᓂᑲᐤ usheyaakunikaau vii ♦ c'est une crête de neige

ᐅᓭᔕᑲᑖᐢᑎᐣ usheyaakataashtin vii ♦ c'est de la poudrerie qui forme une crête de neige

ᐅᓭᔕᑲᒉᐢᑎᐣ usheyaakachishtin vii ♦ c'est de la poudrerie qui forme une crête de neige

ᐅᓭᔕᐢᑴᔕᐤ usheyaaskweyaau vii ♦ il y a des arbres alignés sur une crête

ᐅᓭᔕᐢᑯᑎᓈᐤ usheyaaskutinaau vii ♦ c'est une crête boisée sur une montagne

ᐅᓭᐦᑯᐹᐤ ushehkupaau vii ♦ les saules poussent en ligne sur la crête du rivage

ᐅᔑᑕᒫᐤ ushitamaau vai ♦ il/elle voit des traces d'orignal ou de caribou

ᐅᔑᑕᒫᑲᐣ ushitamaakan ni ♦ une piste ou des traces visibles faites par un orignal ou un caribou

ᐅᔑᑕᒼ ushitam vti ♦ il/elle s'enfuit, se sauve de quelque chose

ᐅᔑᑖᑯᔑᐦᐦ ushitaakushiihch p,temps ♦ avant-hier

ᐅᔑᑯᐃᐣ ushikuwin ni ♦ une blessure, une lésion, une rupture

ᐅᔑᑯᐱᑐᓀᔑᐣ ushikupituneshin vai ♦ il/elle se fait mal au bras, se blesse le bras en tombant

ᐅᔑᑯᐸᔨᐦᐤ ushikupayihuu vai -u ♦ il/elle se blesse en bougeant; il/elle se fait une foulure, une entorse

ᐅᔑᑯᐸᔫ ushikupayuu vai -i ♦ il/elle s'étire un muscle (souffre d'un claquage musculaire)

ᐅᔑᑯᑎᐦᒉᐤ ushikutihcheu vai ♦ il/elle a une blessure à la main; il/elle s'est fait mal à la main

ᐅᔑᑯᑎᐦᒉᔑᐣ ushikutihcheshin vai ♦ il/elle se blesse à la main en tombant ou en se cognant sur quelque chose

ᐅᔑᑯᑳᑌᔑᐣ ushikukaateshin vai ♦ il/elle se blesse à la jambe en tombant ou en se cognant sur quelque chose

ᐅᔑᑯᒨ ushikumuu vai -u ♦ il/elle se fait du mal en toussant, en pleurant

ᐅᔑᑯᓯᑌᐤ ushikusiteu vai ♦ il/elle a une blessure au pied; il/elle s'est fait mal au pied

ᐅᔑᑯᔑᒣᐤ ushikushimeu vta ♦ il/elle la/le blesse en la/le jetant par terre

ᐅᔑᑯᔑᐣ ushikushin vai ♦ il/elle se blesse, se fait mal en tombant

ᐅᔑᑯᐦᐁᐤ ushikuheu vta ♦ il/elle la/le blesse gravement; il/elle lui cause un tort sérieux, un préjudice grave

ᐅᔑᑯᐦᐄᓲ ushikuhiisuu vai reflex -u ♦ elle subit une blessure qui entraîne une fausse couche; il/elle se blesse accidentellement

ᐅᔑᑯᐦᐆ ushikuhuu vai -u ♦ il/elle se blesse gravement en raison de son imprudence

ᐅᔑᑯᐦᑎᑖᐤ ushikuhtitaau vai+o ♦ il/elle le blesse en le cognant sur quelque chose

ᐅᔑᑯᐦᑖᐤ ushikuhtaau vai+o ♦ il/elle l'endommage

ᐅᔑᑯ ushikuu vai -u ♦ il/elle se blesse en étirant un muscle

ᐅᔑᑲᐃ ushikai nad ♦ sa peau

ᐅᔑᑳᐤ ushikaau vii ♦ c'est un recouvrement (par ex. la couverture d'un livre, la peau sur la patte de l'oie)

ᐅᔑᒃᐙᑎᓰᐤ ushikwaatisiiu vai ♦ elle avorte, fait une fausse couche

ᐅᔑᒣᐤ ushimeu vta ♦ il/elle lui échappe; il/elle se sauve d'elle/de lui

ᐅᔑᒧᐃᐣ ushimuwin ni ♦ une évasion, une fuite

ᐅᔑᒧᑕᒼ ushimutam vti ♦ il/elle s'enfuit, se sauve de quelque chose

ᐅᔑᒧᐦᐁᐤ ushimuheu vta ♦ il/elle la/le fait se sauver, s'échapper de quelqu'un

ᐅᔑᒧᐦᑖᐤ ushimuhtaau vai+o ♦ il/elle se sauve ou s'enfuit avec

ᐅᔑᒨ **ushimuu** vai -u ♦ il/elle se sauve, s'enfuit

ᐅᔑᓄᐧᐁᐤ **ushinuweu** vta ♦ il/elle rit d'elle/de lui

ᐅᔑᓇᒻ **ushinam** vti ♦ il/elle en rit, s'en moque

ᐅᔑᐦᐁᐤ **ushiheu** vta ♦ il/elle la/le fait, fabrique

ᐅᔑᐦᐄᐧᐁᐤ **ushihiiweu** vai ♦ il/elle fait, crée

ᐅᔑᐦᐄᒣᓭᐤ **ushihiimeseu** vai [Côte]
♦ il/elle nettoie du poisson

ᐅᔑᐦᐆ **ushihuu** vai -u ♦ elle (la lune) croît, grossit

ᐅᔑᐦᐆᒪᑲᓐ **ushihuumakan** vii ♦ ça augmente de volume (par la fermentation, comme une soupe qui rancit, de la bière maison)

ᐅᔑᐦᐊᒣᓭᐤ **ushihameseu** vai [Intérieur]
♦ il/elle nettoie le poisson

ᐅᔑᐦᑕᒧᐧᐁᐤ **ushihtamuweu** vta ♦ il/elle la/le fait pour lui/elle

ᐅᔑᐦᑕᒫᒉᐤ **ushihtamaacheu** vai ♦ il/elle le fait pour quelqu'un d'autre

ᐅᔑᐦᑕᒫᓲ **ushihtamaasuu** vai reflex -u
♦ il/elle le fait pour lui/elle-même

ᐅᔑᐦᑖᐤ **ushihtaau** vai+o ♦ il/elle le fait ou fabrique

ᐅᔑᐦᑖᒉᐸᔫ **ushihtaachepayuu** vai/vii -i
♦ il/elle fait des choses tout-e seul-e; ça fait des choses tout seul

ᐅᔑᐦᑖᒉᒪᑲᓐ **ushihtaachemakan** vii ♦ ça fait des choses (par ex. une machine)

ᐅᔑᐲᑲᓐ **ushiipiikan** nad ♦ du cartilage de ses côtes au bout du sternum

ᐅᔑᐃᒣᐤ **ushiimimeu** vta ♦ il/elle la/le considère comme un petit frère, une petite soeur

ᐅᔑᐃᒫᐤ **ushiimimaau** nad ♦ un frère ou une soeur plus jeune, un frère cadet, une soeur cadette

ᐅᔑᒻᐦ **ushiimh** na ♦ son frère cadet, sa soeur cadette, sa jeune soeur, son jeune frère

ᐅᔑᔑᐲᒥᐦᐁᐤ **ushiishiipimiheu** vta
♦ il/elle lui donne un canard

ᐅᔔᐲ **ushuupii** na -m ♦ du gras de dos, du gras dorsal, du lard dorsal, d lard d'échine, de la bardière d'orignal ou de caribou

ᐅᔔᑯᓇᐃ **ushuukunai** nid -aahch ♦ une queue de poisson

ᐅᔔᔮᓂᒨ **ushuuyaanimuu** vai -i [Côte]
♦ il/elle a beaucoup d'argent

ᐅᔔᓕᔮᒨ **ushuuliyaamuu** vai -i [Intérieur]
♦ il/elle a beaucoup d'argent

ᐅᔕᐦᐊᒫᐤ **ushahamaau** vai [Intérieur]
♦ il/elle voit un orignal, un caribou qu'il/elle suivait, sans avoir la chance de tirer; il/elle poursuit ou suit un orignal, un caribou à la trace

ᐅᔕᐦᐊᒫᑲᓐ **ushahamaakan** na [Intérieur]
♦ un orignal, un caribou suivi à la trace

ᐅᔕᐧᐁᐤ **ushahweu** vta ♦ il/elle fait lever un animal

ᐅᔖᐅᔑᔎ **ushaaushishuu** vai ♦ il/elle est jaune

ᐅᔖᐅᔥᑎᒃᐧᐋᓀᐤ **ushaaushtikwaaneu** vai
♦ il/elle a les cheveux pâles; il/elle est blond-e

ᐅᔖᐧᐋᔑᐆ **ushaawaashuu** vii -i ♦ c'est jaune

ᐅᔖᐧᐋᔥᑎᓐ **ushaawaashtin** vii ♦ il y a des nuages jaunes qui précèdent le vent

ᐅᔖᑯᑌᐦᐁᐤ **ushaakuteheu** na ♦ une personne timide; un ou une lâche, un poltron, une poltronne, une poule mouillée, une lavette

ᐅᔖᑰᒋᐦᐄᐧᐁᐤ **ushaakuuchihiiweu** na -esiim
♦ un conquérant, une conquérante, un gagnant, une gagnante, un ou une vainqueur

ᐅᔖᔑᔑᓐ **ushaashishin** vai ♦ il/elle glisse

ᐅᔖᔓᐃ **ushaashui** na -uuhch [Côte] ♦ une nouvelle neige, de la neige fraîche

ᐅᔖᔔ **ushaashuu** vii -uu [Côte] ♦ il y a de la nouvelle neige, de la neige fraîche

ᐅᔖᔖᑯᓂᒋᔑᓐ **ushaashaakunichishin** vai
♦ il/elle glisse sur la neige

ᐅᔥᑎᒃᐧᐋᓂᒉᑲᓐ **ushtikwaanichekan** nid
♦ son crâne (animal)

ᐅᔥᑎᒃᐧᐋᓅᔮᓐ **ushtikwaanuuyaan** ni ♦ la partie de la tête dans une peau de castor

ᐅᔥᑎᒃᐧᐋᓈᔅᒄ **ushtikwaanaaskw** ni ♦ une touffe de branches sèches sur une épinette (balai de sorcière)

ᐅᔅᑎᑲᓐ ushtikwaan nid ♦ sa tête

ᐅᔅᑐᐁᔨᒣᐤ ushtuweyimeu vta ♦ il/elle est déçu-e d'elle/de lui, désappointé-e par elle/lui

ᐅᔅᑐᐁᔨᐦᑕᒥᐦᐁᐤ ushtuweyihtamiheu vta ♦ il/elle la/le déçoit, désappointe

ᐅᔅᑐᐁᔨᐦᑕᒼ ushtuweyihtam vti ♦ il/elle en est déçu-e

ᐅᔅᑐᐎᔨᓱ ushtuwiyisuu vai reflex -u ♦ il/elle se fatigue inutilement, se pousse de trop

ᐅᔅᑐᐐᐤ ushtuwiiweu vai ♦ c'est inconfortable

ᐅᔅᑐᐎᐤ ushtuwiiu vai ♦ il/elle n'est pas à l'aise en faisant quelque chose

ᐅᔅᑐᑕᒧᐙᔅᐱᓀᐤ ushtutamuwaaspineu vai ♦ il/elle a la tuberculose, littéralement 'il/elle a une toux des poumons'

ᐅᔅᑐᑕᒨᓈᐳ ushtutamuunaapuu ni ♦ un sirop contre la toux, un antitussif

ᐅᔅᑐᑕᒼ ushtutam vti ♦ il/elle tousse

ᐅᔅᑐᐱᓯᐤ ushtuupisiiu vai ♦ il/elle est flexible

ᐅᔅᑐᐳ ushtuupuu vai -i ♦ il/elle n'est pas à l'aise en position assise

ᐅᔅᑐᐹᐤ ushtuupaau vii ♦ c'est flexible

ᐅᔅᑐᐹᔅᑲᓐ ushtuupaaskun vii ♦ c'est flexible (long et rigide)

ᐅᔅᑐᐹᔅᑯᓱ ushtuupaaskusuu vai -i ♦ il/elle est flexible (long et rigide)

ᐅᔅᑐᑳᐳ ushtuukaapuu vai -uu ♦ il/elle n'est pas à l'aise en position debout

ᐅᔅᑐᒨ ushtuumuu vai/vii -u ♦ il/elle est mal installé-e; c'est mal ajusté, c'est posé de travers

ᐅᔅᑐᓅᐤ ushtuunuweu vta ♦ il/elle trouve qu'elle/il semble mal à l'aise

ᐅᔅᑐᓇᒼ ushtuunam vti ♦ il/elle trouve que ça semble désagréable, pas confortable

ᐅᔅᑐᓐ ushtuun vii ♦ c'est un endroit désagréable

ᐅᔅᑑᔑᓐ ushtuushin vai ♦ il/elle n'est pas l'aise en position étendue

ᐅᔅᑑᔥᑯᐁᐤ ushtuushkuweu vta ♦ il/elle (ex. une raquette) est inconfortable pour elle/lui; il/elle lui est inconfortable à cause de son poids

ᐅᔅᑑᔫ ushtuuyeu vta ♦ il/elle la/le met mal à l'aise

ᐅᔥᑖᐱᑕᒼ ushtaapitam vti ♦ il/elle fait des histoires, des difficultés; il/elle cause des problèmes

ᐅᔥᑖᐸᔨᐦᐁᐤ ushtaapayiheu vta ♦ il/elle la/le rend difficile pour elle/lui; il/elle fait quelque chose qui est malcommode, peu pratique

ᐅᔥᑖᐸᔨᐦᑖᐤ ushtaapayihtaau vai+o ♦ il/elle crée des difficultés; il/elle cause des inconvénients

ᐅᔥᑖᒪᐦᒋᐦᐤ ushtaamahchihuu vai -u ♦ il/elle a la nausée; il/elle a mal au coeur

ᐅᔥᑖᐦᒋᐤ ushtaahchiiu vai ♦ il/elle se déplace ou s'écarte

ᐅᔥᑖᐦᒌᐲᔥᑐᐁᐤ ushtaahchiipiishtuweu vta ♦ il/elle se déplace pour s'asseoir à quelque distance d'elle/de lui

ᐅᔥᑖᐦᒌᐲᔥᑕᒼ ushtaahchiipiishtam vti ♦ il/elle est assis-e à une certaine distance de quelque chose

ᐅᔥᑖᐦᒌᐳ ushtaahchiipuu vai -i ♦ il/elle est assis-e à une certaine distance

ᐅᔥᑖᐦᒌᑳᐳ ushtaahchiikaapuu vai -uu ♦ il/elle se tient debout à une certaine distance

ᐅᔥᑖᐦᒌᑳᐳᔥᑐᐁᐤ ushtaahchiikaapuushtuweu vta ♦ il/elle se tient à une certaine distance d'elle/de lui

ᐅᔥᑖᐦᒌᑳᐳᔥᑕᒼ ushtaahchiikaapuushtam vti ♦ il/elle se tient debout à une certaine distance de quelque chose

ᐅᔥᑖᐦᒌᔑᓅᔥᑕᒼ ushtaahchiishinuushtam vti ♦ il/elle se déplace en rampant à une certaine distance de quelque chose

ᐅᔥᑖᐦᒌᔑᓐ ushtaahchiishin vai ♦ il/elle est étendu-e à une certaine distance

ᐅᔥᑖᐦᒌᔥᑐᐁᐤ ushtaahchiishtuweu vta ♦ il/elle se déplace à une certaine distance d'elle/de lui

ᐅᔥᑴᐸᑲᑎᓈᐤ ushkwepakatinaau vii ♦ c'est une colline couverte de bouleaux

ᐅᔥᑴᐸᑳᐤ ushkwepakaau vii ♦ c'est une zone de bouleaux

ᐅᔥᑴᐸᑳᓂᑳᐤ ushkwepakaanikaau vii ♦ c'est une île couverte de bouleaux

ᐅᔅᑫᐸᔫ **ushkwepayuu** vai/vii -i ♦ il/elle se trompe de chemin; il/elle/ça prend un mauvais angle

ᐅᔅᑫᑐᐃ **ushkwetui** na [Intérieur] ♦ un cône de conifère

ᐅᔅᑫᔅᑳᐤ **ushkweskaau** vii ♦ il y a beaucoup de bouleaux

ᐅᔅᑫᔑᒣᐤ **ushkweshimeu** vta ♦ il/elle la/le fait bondir, rebondir

ᐅᔅᑫᔑᓐ **ushkweshin** vai ♦ il/elle bondit, rebondit en angle

ᐅᔅᑫᐦᐊᒻ **ushkweham** vti ♦ il/elle le fait partir dans la mauvaise direction, le fait ricocher ou rebondir avec quelque chose

ᐅᔅᑫᐦᐌᐤ **ushkwehweu** vta ♦ il/elle l'envoie dans la mauvaise direction, la/le fait rebondir, ricocher avec quelque chose

ᐅᔅᑫᐦᑎᑖᐤ **ushkwehtitaau** vai+o ♦ il/elle le fait bondir ou rebondir

ᐅᔅᑫᐦᑎᓐ **ushkwehtin** vii ♦ ça rebondit

ᐅᔅᑫᐦᑕᒄ **ushkwehtakw** na ♦ du bois de bouleau

ᐅᔅᑯᐃ **ushkui** na -waam ♦ un bouleau à papier, un bouleau blanc *Betula papyrifera* var, de l'écorce de bouleau

ᐅᔅᑯᐃᐳᐨ **ushkuiuut** ni ♦ un canot en écorce de bouleau

ᐅᔅᑯᐃᐦᑕᒄ **ushkuihtakw** ni [Côte] ♦ du bois de bouleau

ᐅᔅᑯᔮᐦᑎᒄ **ushkuyaahtikw** na ♦ une partie interne du bouleau

ᐅᔅᑲᑎᓐ **ushkatin** vii ♦ c'est gelé depuis peu

ᐅᔅᑲᑎᐦᑯᔥ **ushkatihkush** na dim ♦ un caribou d'un an

ᐅᔅᑲᑯᒋᓐ **ushkakuchin** vai ♦ c'est le début du mois

ᐅᔅᑲᑯᐦᐯᐤ **ushkakuhpeu** vai ♦ elle a une nouvelle robe, une robe neuve

ᐅᔅᑲᐦ **ushkach** p,temps ♦ d'abord, en premier, la première fois ■ ᒫᐅᔅᑲᐦ ᒃ ·ᐋᑳᒥᐸ ᐅᐋᐱ, ᐁᐤᑯ ᐊᑐᐃ ᐅᔑᑳ ᕆᔮᐱᔥᒃᵡ ■ *La première fois que j'ai vu Daisy, elle était toute jeune.*

ᐅᔅᑲᔅᑎᓭᐤ **ushkastiseu** vai ♦ il/elle a de nouvelles mitaines, des mitaines neuves

ᐅᔥᑲᔅᒋᓯᓀᐤ **ushkaschisineu** vai ♦ il/elle a de nouvelles bottes, de nouveaux souliers ou mocassins; il/elle a des bottes neuves, des souliers ou mocassins neufs

ᐅᔥᑲᔑ **ushkashii** na -m ♦ une chenille de motoneige, la bande d'un pneu, littéralement 'une griffe'

ᐅᔥᑲᔥᑐᑎᓀᐤ **ushkashtutineu** vai ♦ il/elle a un nouveau chapeau, un chapeau neuf

ᐅᔥᑲᐦᐱᓲ **ushkahpisuu** vai-u ♦ c'est le premier poisson pris dans un filet neuf

ᐅᔥᑳᐤ **ushkaau** vii ♦ c'est nouveau

ᐅᔥᑳᐳᔅᒋᑌᐤ **ushkaapuschiteu** vii ♦ c'est un secteur récemment brûlé

ᐅᔥᑳᐹᓀᑎᓐ **ushkaapaanetin** vii ♦ c'est le premier gel (une rivière, un lac)

ᐅᔥᑳᑎᓯᐤ **ushkaatisiiu** vai ♦ il/elle est jeune; c'est une jeune personne

ᐅᔥᑳᒉᐅᔑᓯᓐ **ushkaacheuschisinh** ni pl ♦ une chaussure imperméable faite de la peau de la partie inférieure d'une patte (coude) d'orignal ou de caribou; de la peau de caribou avec le poil

ᐅᔥᑳᒉᐎᐨ **ushkaachewit** ni ♦ un sac en peau de patte de caribou ou d'orignal

ᐅᔥᑳᒉᐤ **ushkaacheu** ni ♦ la partie inférieure de la patte (coude) dans une peau d'orignal ou de caribou

ᐅᔥᑳᒋᐦᒄ **ushkaachihkw** ni ♦ un foret, une mèche, une perceuse, une alène

ᐅᔥᑳᔅᑲᑎᓐ **ushkaaskatin** vai ♦ ça commence à geler

ᐅᔥᑳᐦᑎᑳᐤ **ushkaahtikaau** vii ♦ c'est une zone de jeunes arbres

ᐅᔥᑳᐦᑎᒄ **ushkaahtikw** na -um ♦ un jeune arbre, un arbrisseau

ᐅᔅᒃᕚᔅᑳᐤ **ushkwaaskaau** vii ♦ c'est une zone de bouleaux

ᐅᔥᒋᒌ **ushchichii** ni -m ♦ un tuyau, un tuyau de pipe

ᐅᔥᒋᒡ **ushchich** p,lieu ♦ sur, dessus, à la surface, par-dessus, à l'extérieur ■ ᐊᐅᔥᒋᒡ ᒃ ᐃᐦᑳᑎᐤ ᓂᐸᑲ ᐯᑖᕽ ■ *Apporte la couverture du dessus.*

ᐅᔥᒋᒨᔥ **ushchimuusush** na dim ♦ un orignal d'un an

ᐅᔥᒋᐦᐁᐤ **ushchiheu** vta ♦ il/elle la/le renouvelle

ᐅᓭᔨᒧ uyeyimeu vta ♦ il/elle la/le choisit; il/elle se décide à son sujet

ᐅᓭᔨᐦᑕᒧᐌᐤ uyeyihtamuweu vta ♦ il/elle décide, planifie pour elle/lui

ᐅᓭᔨᐦᑕᒧᐎᓐ uyeyihtamuwin ni ♦ une décision, un choix

ᐅᔫᐡᑲᒻ uyuushkam vti ♦ il/elle marche jusqu'à l'embouchure de la rivière

ᐅᔫᐦᐊᒻ uyuuham vti ♦ il/elle pagaie jusqu'à l'entrée, l'embouchure de la rivière

ᐅᔮᑲᓐ uyaakan ni ♦ un plat, un plateau; une casserole, un poêlon, une poêle; une assiette

ᐅᔮᓐᐦ uyaanh nad ♦ du muscle de mollet de la jambe

ᐅᐦᐁᐤ uheu vta [Côte] ♦ il/elle lui prête quelque chose

ᐅᐦᐄᐌᐤ uhiiweu vai ♦ il/elle prête des choses

ᐅᐦᐄᒉᐢᑳ uhiicheskw ni [Intérieur] ♦ de l'écorce d'arbre

ᐅᐦᐆᒥᓲ uhuumisuu na -shiish ♦ un grand-duc d'Amérique *Bubo virginianus*

ᐅᐦᐆᒥᔒᔥ uhuumishiish na dim ♦ une jeune chouette

ᐅᐦᐊᑳᐃᐦ uhakaih nad pl -aam [Intérieur] ♦ ses écailles (animé, poisson)

ᐅᐦᐋᓱᐎᓐ uhaasuwin ni ♦ une chose empruntée (le possessif peut être nuuhaasuwin ou nituhaasuwin)

ᐅᐦᐋᓲ uhaasuu vai -u ♦ il/elle l'emprunte

ᐅᐦᐋᓲᒧᐤ uhaasuumeu vta ♦ il/elle l'emprunte d'elle/de lui

ᐅᐦᐯᑲᐦᐊᒧᐌᐤ uhpekahamuweu vta ♦ il/elle hisse, lève, monte la voile pour elle/lui (toute chose ressemblant à du tissu)

ᐅᐦᐯᑲᐦᐊᒻ uhpekaham vti ♦ il/elle hisse la voile, monte le drapeau

ᐅᐦᐯᐌᐱᐡᑲᒻ uhpewepishkam vti ♦ il/elle les répand, les éparpille (par ex. des plumes) avec ses pieds

ᐅᐦᐯᐱᑕᒻ uhpepitam vti ♦ il/elle répand des choses (par ex. des plumes), les éparpille avec ses mains, ses bras

ᐅᐦᐯᐸᔨᐦᑖᐤ uhpepayihtaau vai+o ♦ il/elle les lance (par ex. des plumes) pour les éparpiller

ᐅᐦᐯᐸᔫ uhpepayuu vai/vii -i ♦ il/elle/ça monte (une plume, une oie)

ᐅᐦᐯᐡᑎᒀᓀᐤ uhpeshtikwaaneu vai ♦ il/elle a les cheveux ébouriffés, en désordre

ᐅᐦᐯᐡᑎᒀᓀᐦᒁᒨ uhpeshtikwaanehkwaamuu vai ♦ il/elle a les cheveux ébouriffés au réveil; il/elle a la chevelure en désordre après avoir dormi

ᐅᐦᐯᔮᐅᒋᐡᑲᒻ uhpeyaauchishkam vti ♦ il/elle répand le sable avec ses pieds

ᐅᐦᐯᔮᑯᓀᐡᑲᒻ uhpeyaakuneshkam vti ♦ il/elle répand la neige avec ses pieds

ᐅᐦᐯᔮᐡᑎᓐ uhpeyaashtin vii ♦ c'est dispersé par le vent (du sable, de la poussière)

ᐅᐦᐱᐱᑌᐤ uhpipiteu vta ♦ il/elle la/le hisse, lève, soulève en tirant

ᐅᐦᐱᐱᑕᒻ uhpipitam vti ♦ il/elle le monte, le lève, le soulève en tirant

ᐅᐦᐱᐸᔨᐦᐁᐤ uhpipayiheu vta ♦ il/elle la/le fait monter

ᐅᐦᐱᐸᔨᐦᑖᐤ uhpipayihtaau vai+o ♦ il/elle le fait lever ou monter

ᐅᐦᐱᐸᔫ uhpipayuu vai/vii -i ♦ il/elle/ça monte

ᐅᐦᐱᑌᔦᒋᓀᐤ uhpiteyechineu vta ♦ il/elle la/le hisse, lève, monte (étalé)

ᐅᐦᐱᑌᔦᒋᓇᒻ uhpiteyechinam vti ♦ il/elle le lève, le monte, le soulève (étalé)

ᐅᐦᐱᑳᑌᔫ uhpikaateyuu vai -i ♦ il/elle lève la jambe

ᐅᐦᐱᒀᐡᑯᐦᑐᐤ uhpikwaashkuhtuu vai -i ♦ il/elle saute

ᐅᐦᐱᒋᑲᐃ uhpichikai nid ♦ son pelvis, son bassin

ᐅᐦᐱᒋᓈᐅᓲ uhpichinaausuu vai -u ♦ il/elle élève des enfants

ᐅᐦᐱᒋᐦᐁᐤ uhpichiheu vta [Mistissini] ♦ il/elle l'élève (un enfant)

ᐅᐦᐱᒋᐦᐋᐅᓲ uhpichihaausuu vai -u [Intérieur] ♦ il/elle élève des enfants

ᐅᐦᐱᒎ uhpichuu vai -i ♦ il/elle grandit

ᐅᕐᐲ **uhpime** p,lieu ♦ d'un côté, sur le côté, à côté, auprès ♦ ᐅᕐᐲ ᐊᒻᐅ° ᐊᵃ ᒥᓂᕐᑉᑉᵃˣ ▪ *Cette tasse est à côté de quelque chose.*

ᐅᕐᐲᐴ **uhpimepuu** vai -i ♦ il/elle est assis-e ou installé-e penché-e d'un côté

ᐅᕐᐲᑯᐁ° **uhpimekuteu** vii ♦ ça penche d'un côté

ᐅᕐᐲᑯᑖ **uhpimekutaau** vai+o ♦ il/elle le suspend en le faisant pencher d'un côté

ᐅᕐᐲᑯᕐᑎᵃ **uhpimekuhtin** vii ♦ ça flotte en penchant d'un côté

ᐅᕐᐲᑯᕐᑖ° **uhpimekuhtaau** vai+o ♦ il/elle le fait flotter en penchant d'un côté

ᐅᕐᐲᑳᐴ **uhpimekaapuu** vai -uu ♦ il/elle se tient debout penché-e d'un côté

ᐅᕐᐲᔅᐧᖁ **uhpimeskweyuu** vai -i ♦ il/elle penche la tête de côté

ᐅᕐᐲᔑᒣ° **uhpimeshimeu** vta ♦ il/elle l'étend, la/le couche sur le côté

ᐅᕐᐲᔑᓐᵃ **uhpimeshin** vai ♦ il/elle est couché-e ou étendu-e sur le côté

ᐅᕐᐲᔑᑌᐁ° **uhpimeshteu** vii ♦ c'est appuyé sur le côté dans une pente ▪ ᐅᕐᐲᔑᑌᐁ° ᐊᵃ ᒥᓂᕐᑉᑉᵃˣ *Cette tasse est sur le côté.*

ᐅᕐᐲᔑᒃᐧᐊᔑᓐᵃ **uhpimeshkweshin** vai ♦ il/elle est couché-e ou étendu-e avec la tête de côté

ᐅᕐᐲᔑᑯᐁ·ᐁ° **uhpimeshkuweu** vta ♦ il/elle la/le fait pencher sur le côté (par ex. une motoneige)

ᐅᕐᐲᔑᑲᒻ **uhpimeshkam** vti ♦ il/elle le fait pencher d'un côté, lui fait donner de la bande

ᐅᕐᐲᔮ° **uhpimeyaau** vii ♦ ça penche d'un côté; c'est bancal

ᐅᕐᐲᔮᔅᑯᔑᓐ **uhpimeyaaskushin** vai ♦ il/elle penche d'un côté (long et rigide)

ᐅᕐᐲᔮᔅᑯᕐᑎᵃ **uhpimeyaaskuhtin** vii ♦ ça penche d'un côté (long et rigide)

ᐅᕐᐲᔮᔅᑯᕐᑖ° **uhpimeyaaskuhtaau** vai+o ♦ il/elle le penche d'un côté (long et rigide)

ᐅᕐᐲᔮᔕ **uhpimeyaashuu** vai -i ♦ il/elle penche d'un côté, poussé-e par le vent

ᐅᕐᐲᔮᔅᑎᓐᵃ **uhpimeyaashtin** vii ♦ ça penche d'un côté en étant poussé par le vent

ᐅᕐᐲᕐᑌᐁ° **uhpimehteu** vai ♦ il/elle marche penché-e de côté

ᐅᕐᐱᓀ° **uhpineu** vta ♦ il/elle la/le lève, soulève

ᐅᕐᐱᓂᔅᒉᔪ **uhpinischeyuu** vai -i ♦ il/elle lève ses mains

ᐅᕐᐱᓂᕐᑖᐅᒋᓀ° **uhpinihtaauchineu** vta ♦ il/elle l'élève (un enfant)

ᐅᕐᐱᓂᕐᑖᐅᒍ **uhpinihtaauchuu** vai -i ♦ il/elle grandit

ᐅᕐᐱᓇᒧᐁ·ᐁ° **uhpinamuweu** vta ♦ il/elle la/le lève, soulève pour elle/lui

ᐅᕐᐱᓇᒻ **uhpinam** vti ♦ il/elle le lève, le soulève

ᐅᕐᐱᓰᑲᵃ **uhpisikan** ni -im ♦ de la levure chimique, de la poudre à pâte, de la poudre à lever; du bicarbonate de sodium, du bicarbonate de soude

ᐅᕐᐱᓰᒀ° **uhpisikwaau** vii ♦ la glace est soulevée

ᐅᕐᐱᓲ **uhpisuu** vai -u ♦ il/elle lève à cause de la poudre à pâte, la levure

ᐅᕐᐱᔅᑖ° **uhpistaau** vai+o ♦ il/elle commence le portage avec une courroie

ᐅᕐᐱᔅᐧᖁ **uhpiskweyuu** vai -i ♦ il/elle lève la tête

ᐅᕐᐱᔅᑯᑳᔅᑲᐧᐋᓐᵃ **uhpiskukaaskahwaan** nid ♦ la partie épaisse de sa peau derrière le cou, en parlant d'un orignal

ᐅᕐᐱᔥᑳᐧᐃᓐ ni **uhpishkaawin** ♦ l'Ascension (religion)

ᐅᕐᐱᔥᑳ° **uhpishkaau** vai ♦ il/elle monte au ciel ou au paradis

ᐅᕐᐲ° **uhpiiu** vai ♦ il/elle monte, lève

ᐅᕐᐲᔥᑐᐁ·ᐁ° **uhpiishtuweu** vta ♦ il/elle se lève contre quelque chose (un chasseur pour tirer des oiseaux)

ᐅᕐᑉᐊᑖᐋᓂᒧ **uhpataawaanimuu** vai -u [Intérieur] ♦ elle (une ourse) hiberne avec ses petits

ᐅᕐᑉᐊᑯᑌᐁ° **uhpakuteu** vta ♦ il/elle la/le suspend (avec une corde); c'est suspendu en haut

ᐅᕐᑉᐊᓐᕐ **uhpanh** nid pl ♦ des poumons

ᐅᕐᑉᐊᕐᐳ **uhpahuu** vai -u ♦ il/elle s'envole dans les airs

ᐅᑉᐸᐦᐹᓯᒻ uhpahuupiisim na [Intérieur] ◆ août

ᐅᑉᐸᐦᐅᑖᐤ uhpahuutaau vai+o ◆ il/elle l'emporte en avion avec lui/elle; il/elle s'envole avec

ᐅᑉᐸᐦᐆᒪᑲᓐ uhpahuumakan vii ◆ ça décolle, s'envole (un avion)

ᐅᑉᐸᐦᐆᓱ uhpahuusuu vai reflex -u ◆ il/elle se soulève

ᐅᑉᐸᐦᐆᔦᐤ uhpahuuyeu vta ◆ il/elle l'amène en avion avec elle/lui; il/elle la/le fait voler

ᐅᑉᐸᐦᐊᒼ uhpaham vti ◆ il/elle le lève, le monte avec quelque chose; il/elle l'ouvre (par ex. un piège)

ᐅᑉᐹᐱᐦᑳᑌᐤ uhpaapihkaateu vta ◆ il/elle l'attache et la/le monte, remonte, tire en haut

ᐅᑉᐹᐱᐦᑳᑕᒼ uhpaapihkaatam vti ◆ il/elle l'attache et le monte en tirant

ᐅᑉᐹᐱᐦᒉᐱᑌᐤ uhpaapihchepiteu vta ◆ il/elle la/le remonte, hisse, monte à l'aide d'une corde

ᐅᑉᐹᐱᐦᒉᐱᑕᒼ uhpaapihchepitam vti ◆ il/elle le hisse, le monte avec une corde

ᐅᑉᐹᐱᐦᒉᐱᒉᐤ uhpaapihchepicheu vai ◆ il/elle hisse des choses; il/elle monte des choses avec une corde

ᐅᑉᐹᐴ uhpaapuu vai -i ◆ il/elle lève le regard; il/elle regarde en haut

ᐅᑉᐹᐸᐦᑌᐤ uhpaapahteu vii ◆ la fumée d'un feu monte tout droit

ᐅᑉᐹᐸᐦᑌᐸᔨᐤ uhpaapahtepayuu vai/vii -i ◆ il/elle/ça lève ou soulève la poussière, la fumée; il/elle/ça monte tout droit (la fumée d'un feu)

ᐅᑉᐹᔅᑵᔮᐤ uhpaaskweyaau vii ◆ c'est un terrain plat avec de grands arbres au bout

ᐅᑉᐹᔅᑯᓂᒉᐤ uhpaaskunicheu vai ◆ il/elle joue à ramasser les bâtons

ᐅᑉᐹᔅᑯᐦᐊᒼ uhpaaskuham vti ◆ il/elle le hisse, le monte avec une perche

ᐅᑉᐹᔅᑯᐦᐌᐤ uhpaaskuhweu vta ◆ il/elle la/le lève, soulève avec une perche

ᐅᑉᐹᔓ uhpaashuu vai -i ◆ il/elle souffle vers le haut

ᐅᑉᐹᔥᑎᓐ uhpaashtin vii ◆ ça souffle vers le haut

ᐅᑗᐚᐳ uhtewaapuu ni ◆ de l'eau bouillante

ᐅᑌᐤ uhteu vii ◆ ça bout

ᐅᑌᔨᒣᐤ uhteyimeu vta ◆ il est jaloux d'elle/de lui, envieux envers elle/lui; elle est jalouse d'elle/de lui, envieuse envers elle/lui

ᐅᑌᔨᐦᑕᒧᐎᓐ uhteyihtamuwin ni ◆ de la jalousie, de l'envie

ᐅᑌᔨᐦᑕᒼ uhteyihtam vti ◆ il en est jaloux, envieux; elle en est jalouse, envieuse; il/elle l'envie, le jalouse

ᐅᑎᑕᐦᑕᒼ uhtitahtam vti ◆ il/elle mord quelque chose à un endroit précis (ex un chien, un loup)

ᐅᑎᓀᐤ uhtineu vta ◆ il/elle l'obtient de là

ᐅᑎᓇᒧᐌᐤ uhtinamuweu vta ◆ il/elle lui fournit quelque chose

ᐅᑎᓇᒧᐎᓐ uhtinamuwin ni ◆ des provisions

ᐅᑎᓇᒧᐙᑕᒼ uhtinamuwaatam vti ◆ il/elle lui fournit quelque chose (par ex. de la nourriture pour une vente de pâtisseries)

ᐅᑎᓇᒫᒉᐤ uhtinamaacheu vai ◆ il/elle fournit, subvient, prévoit

ᐅᑎᓇᒫᓱ uhtinamaasuu vai reflex -u ◆ il/elle subvient à ses besoins

ᐅᑎᓐ uhtin vii ◆ le vent vient d'une certaine direction

ᐅᑎᓰᐤ uhtisiiu vai ◆ il/elle est payé-e (un montant); il/elle reçoit un montant

ᐅᑎᔅᑲᓅᐌᐤ uhtiskanuweu vai [Intérieur] ◆ ses traces proviennent de là

ᐅᑎᔅᑲᓅᓱ uhtiskanuusuu vai -u [Intérieur] ◆ on voit ses traces venant de là

ᐅᑎᔅᑲᓅᐦᐁᐤ uhtiskanuuheu vta [Intérieur] ◆ il/elle voit les traces de quelqu'un venant de là

ᐅᑎᔅᑳᓀᓱ uhtiskaanesuu vai -i ◆ il/elle appartient à cette race, cette tribu; il/elle vient de ce pays

ᐅᑎᔥᑯ uhtishkuu p,lieu ◆ face à, dans la direction de ▪ ᐅᑎᔥᑯ ᐊᐸᒡ ᐊᔥᒌᑉ ▪ *Pose-le en face.*

ᐅᑎᔥᑰᐚᐱᔅᑳᐤ uhtishkuuwaapiskaau vii ◆ il y a un rocher devant quelqu'un

ᐴᑊᓅᑦᐊᖅᑭᒧ **uhtishkuuwaaskamuu** vii -u ♦ ça pointe, dépasse dans la piste (long et rigide, par ex. une branche)

ᐴᑊᓅᑦᐳ **uhtishkuupuu** vai -i ♦ il/elle est assis-e devant; il/elle fait face à

ᐴᑊᓅᑦᑐᑌᐤ **uhtishkuukuteu** vii ♦ c'est suspendu face au vent

ᐴᑊᓅᑦᑐᒋᓐ **uhtishkuukuchin** vai
♦ il/elle est suspendu-e en pointant vers; il/elle est face à quelque chose; il/elle vole au vent

ᐴᑊᓅᑦᑐᑊᑎᓐ **uhtishkuukuhtin** vii ♦ ça flotte contre le courant

ᐴᑊᓅᑦᑐᑊᒋᓐ **uhtishkuukuhchin** vai
♦ il/elle flotte contre le courant

ᐴᑊᓅᑦᑲᐴ **uhtishkuukaapuu** vai -uu
♦ il/elle fait face à quelqu'un, à quelque chose

ᐴᑊᓅᑦᑲᐴᔥᑖᑐᐎᒡ **uhtishkuukaapuushtaatuwich** vai pl recip -u
♦ ils/elles sont face à face

ᐴᑊᓅᑦᐦᐌᐤ **uhtishkuuhweu** vta
♦ il/elle mène, conduit le canot vers, contre les vagues

ᐴᑊᑎᑦᒐᒻ **uhtihtam** vti [Intérieur]
♦ il/elle a quelque chose (à boire ou à manger) dans la bouche ■ ᐁᔥᑯᔫ ᐴᑊᑎᑦᒐᒻₓ ■ *Je me demande ou il a pris ça (se dit d'un chien qui entre avec quelque chose dans sa gueule)*

ᐴᑊᑎᒐᑊᐱᑳᑌᐤ **uhtihtaapihkaateu** vta
♦ il/elle l'attache à quelque chose (par ex. un poteau de tente)

ᐴᑊᑎᒐᑊᐱᑳᑕᒻ **uhtihtaapihkaatam** vti
♦ il/elle l'attache à quelque chose (par ex. un poteau de tente)

ᐴᑐᐃ **uhtui** nad -tuum ♦ son harpon pour l'esturgeon, la baleine

ᐴᑐᐌᐤ **uhtuhteu** vai redup ♦ il/elle arrive de là en marchant

ᐴᑐᑕᑖᐤ **uhtuhtataau** vai+o redup ♦ il/elle l'apporte de là

ᐴᑐᑕᐦᐁᐤ **uhtuhtaheu** vta redup ♦ il/elle l'amène de là

ᐴᑕᐦᐄᐳ **uhtahiipeu** vai ♦ il/elle prend de l'eau à cet endroit

ᐴᑕᐦᐄᐸᓐ **uhtahiipaan** ni ♦ un point d'eau, un trou d'eau; une pompe, une borne fontaine, un réservoir au sol

ᐴᒐᐎᒣᔨᒣᐤ **uhtaawiimeyimeu** vta
♦ il/elle le considère comme un père

ᐴᒐᐎᒪᐴᒋᔑᑳᐤ **uhtaawiimaauchiishikaau** vai ♦ c'est la Fête des Pères

ᐴᒐᐎᒪᐤ **uhtaawiimaau** nad ♦ un père

ᐴᒐᐎᔥᑯᐌᐤ **uhtaawiishkuweu** vta ♦ il agit comme un père avec elle/lui

ᐴᒐᐎᑊᑳᑎᒪᐤ **uhtaawiihkaatimaau** nad [Mistissini] ♦ un beau-père

ᐴᒐᐸᑯᑎᓱᐎᓐ **uhtaapakutisuwin** ni
♦ un endroit où l'animal est tué et d'où on l'emporte à la maison

ᐴᒐᒋᒣᐤ **uhtaachimeu** vai ♦ il/elle arrive en raquettes d'une certaine direction

ᐴᒐᒋᒧᐎᓐ **uhtaachimuwin** ni ♦ un témoignage, une déposition, une preuve

ᐴᒐᒋᒨ **uhtaachimuu** vai-u ♦ il/elle apporte ou donne les nouvelles; il/elle témoigne

ᐴᒐᓯᐲᐤ **uhtaasipiiu** vai ♦ il/elle agite l'eau à partir de là

ᐴᒐᔅᐱᓀᔑᓐ **uhtaaspineshin** vai ♦ il/elle est malade ou handicapé en permanence à cause d'une maladie ou d'une blessure

ᐴᒐᔅᐱᓇᓱᐙᒉᐤ **uhtaaspinasuwaacheu** vai ♦ il/elle s'en sert comme d'une arme

ᐴᒐᔒ **uhtaashuu** vai -i ♦ il/elle souffle, naviguer de là

ᐴᒐᔥᑎᓐ **uhtaashtin** vii ♦ ça souffle, vogue à partir de là

ᐴᑯᐁᐴᐊᑊᑯᓈᐤ **uhkuweuaaihkunaau** na -naam ♦ une croquette de poisson, un pâté de poisson, une galette de poisson

ᐴᑯᐁᐙᐴ **uhkuwewaapuu** ni ♦ une soupe de poisson

ᐴᑯᐌᐤ **uhkuweu** na ♦ de la chair de poisson

ᐴᑯᒥᒪᐤ **uhkumimaau** nad ♦ une grand-mère, une grand-maman, une aïeule

ᐴᑯᒥᓯᑳᑎᒪᐤ **uhkumisikaatimaau** nad
♦ un beau-père

ᐴᑯᒥᓯᒪᐤ **uhkumisimaau** nad ♦ un oncle (le frère de la mère, le mari de la soeur de la mère), un beau-père (le mari de la mère)

ᐅᐦᑯᒥᓴ **uhkumisa** nad [Intérieur] ♦ son oncle (le frère de sa mère, le mari de la soeur de la mère), son beau-père (le mari de la mère)

ᐅᐦᑯᒥᓯᐦ **uhkumis-h** nad [Côte] ♦ son oncle (le frère de sa mère, le mari de la soeur de la mère), son beau-père (le mari de la mère)

ᐅᐦᑳᑌᔨᒣᐤ **uhkaateyimeu** vta ♦ il/elle est hostile envers elle/lui, la/le déteste, la/le hait

ᐅᐦᑳᑌᔨᐦᑕᒼ **uhkaateyihtam** vti ♦ il/elle ressent de l'hostilité envers quelque chose; il/elle le déteste, le hait

ᐅᐦᑳᑕᒼ **uhkaatam** vti ♦ il/elle est hostile envers quelque chose; il/elle le déteste

ᐅᐦᑳᒣᐤ **uhkaameu** vta ♦ il/elle la/le fâche par ses paroles

ᐅᐦᑳᓯᓄᐌᐤ **uhkaasinuweu** vta ♦ il/elle déteste la/le voir, n'aime pas la/le voir

ᐅᐦᑳᓯᓇᒼ **uhkaasinam** vti ♦ il/elle n'aime pas le voir

ᐅᐦᑳᓯᐤ **uhkaasiiu** vai ♦ il/elle est hostile

ᐅᐦᑳᔓᐌᐤ **uhkaashuweu** vai ♦ c'est un-e ennemi-e

ᐅᐦᑳᔥᑯᐌᐤ **uhkaashkuweu** vta ♦ il/elle la/le trouve agaçant-e, énervant-e, embêtant-e

ᐅᐦᑳᐦᐁᐤ **uhkaaheu** vta ♦ il/elle lui inspire de l'hostilité, la/le rend hostile

ᐅᐦᒉᐤ **uhcheu** vai ♦ il/elle a un animal de compagnie

ᐅᐦᒋ **uhchi** préverbe ♦ de, de là, en provenance de

ᐅᐦᒋᑖᐯᐤ **uhchitaapeu** vai ♦ il/elle tire des choses de là

ᐅᐦᒋᑖᐹᑌᐤ **uhchitaapaateu** vta ♦ il/elle la/le tire de là

ᐅᐦᒋᐟ **uhchit** p,manière ♦ juste pour le plaisir, pour le 'fun' (Québec), pour s'amuser; faire semblant, prétendre ■ ᐅᐦᒋᐟ ᒋ ᐁᐦᑑᒼ ■ *Fais-le juste pour le plaisir.*

ᐅᐦᒋᑯᐙᐴ **uhchikuwaapuu** vai -i ♦ il/elle pleure; il/elle verse des larmes

ᐅᐦᒋᑯᓐ **uhchikun** nid ♦ son genou

ᐅᐦᒋᑰ **uhchikuu** vii -uu [Côte] ♦ ça fuit, coule, suinte

ᐅᐦᒋᑰᓐ **uhchikuun** vii [Intérieur] ♦ ça fuit, coule, suinte

ᐅᐦᒋᑰᐦᐁᐤ **uhchikuuheu** vta ♦ il/elle la/le draine, vide

ᐅᐦᒋᑰᐦᐄᐯᐤ **uhchikuuhiipeu** vai ♦ il/elle attrape l'eau de pluie, les gouttes

ᐅᐦᒋᑰᐦᐄᐹᓐ **uhchikuuhiipaan** ni ♦ un endroit où on recueille de l'eau de pluie

ᐅᐦᒋᑰᐦᑖᐤ **uhchikuuhtaau** vai+o ♦ il/elle le fait dégoutter (par ex. un robinet)

ᐅᐦᒋᑲᒫᐤ **uhchikamaau** vii ♦ la lac vient de cette direction

ᐅᐦᒋᒋᐎᓐ **uhchichiwin** vii ♦ le courant commence à partir de là

ᐅᐦᒋᒋᔔ **uhchichuushuu** vai dim -i ♦ il (un petit ruisseau) s'écoule

ᐅᐦᒋᔅᑕᒧᐌᐤ **uhchistamuweu** vta ♦ il/elle lui fournit, donne quelque chose

ᐅᐦᒋᔅᑕᒫᒉᐎᓐ **uhchistamaachewin** ni ♦ des provisions, une faveur

ᐅᐦᒋᔅᑲᓄᐌᐤ **uhchiskanuweu** vai [Côte] ♦ ses traces proviennent de là

ᐅᐦᒋᔅᑲᓅᓲ **uhchiskanuusuu** vai -i [Côte] ♦ ses traces révèlent d'où il/elle vient; sa piste montre sa provenance

ᐅᐦᒋᔅᑲᓅᐦᐁᐤ **uhchiskanuuheu** vta [Côte] ♦ il/elle voit les traces de quelqu'un venant de là

ᐅᐦᒌᐤ **uhchiiu** vai ♦ il/elle vient ou provient de là; il/elle est originaire de; il/elle est en provenance de

ᐅᐦᒌᒄ **uhchiikw** nad ♦ une branchie de poisson

ᐅᐦᒌᒪᑲᓐ **uhchiimakan** vii ♦ ça vient de là

ᐅᐦᔮᐱᑌᐤ **uhyaapiteu** vta ♦ il/elle la/le retire et l'emmêle, fait un gâchis, un fouillis

ᐅᐦᔮᐱᑕᒼ **uhyaapitam** vti ♦ il/elle le retire et l'emmêle

ᐅᐦᔮᔅᑖᓲ **uhyaastaasuu** vai ♦ il/elle fait un dégât

ᐅ

ᐅ **uu** pro,dém ♦ celui, celui-ci, celle, celle-ci, ceci, ce, cet, cette (animé ou inanimé). ᒫᕐᒉᑦ ᐅᐗ ᐧ ᑳ ᒣᔖ ᐊᐸ ᐅ ᐧᒫᕝₓ ▪ *C'est Marguerite.* ⬥ *Celui-ci pleurait.*

ᐅᑌᐦ **uuteh** pro,dém,lieu ♦ ici, ici même, voici

ᐅᑎᑲᒥᒃᐧ **uutikamikw** ni ♦ un abri à canots, un hangar à canots

ᐅᑦ **uut** na ♦ un canot, un canoé, un bateau, une chaloupe

ᐅᑦᐦ **uut-h** pro,dém,lieu ♦ ici, ici même, voici

ᐅᒐᐁᐧ **uucheun** vai/vii [Intérieur] ♦ il/elle/ça a des vers, des larves

ᐅᒉᐋᑌᐤ **uuchewaateu** vta [Côte] ♦ il/elle pond des oeufs sur elle/lui (par ex. une mouche)

ᐅᒉᐋᑕᒻ **uuchewaatam** vti [Côte] ♦ elle pond des oeufs dessus (par ex. une mouche)

ᐅᒉᐤ **uucheu** na -em ♦ une mouche domestique, une mouche commune

ᐅᒉᐳᑲᒨ **uuchepukamuu** ni ♦ Oujé-Bougoumou, Chibougamau

ᐅᒉᔥ **uuchesh** na dim ♦ une petite mouche

ᐅᒌ **uuchii** pro,dém ♦ ceux, ceux-ci, celles, celles-ci, ces (animé, voir *uu*)

ᐅᒌᒡ **uuchiich** pro,dém ♦ ceux-ci, celles-ci, ces (animé, voir *uu*)

ᐅᓰᒥᒫᐤ **uusimimaau** nad ♦ un petit-enfant

ᐅᓰᒻᐦ **uusimh** nad ♦ son petit-enfant

ᐅᔅᑫᐧᐋᑌᐤ **uuskwewaateu** vta ♦ il y a des vers dessus

ᐅᔅᑫᐧᐋᑕᒻ **uuskwewaatam** vti ♦ il y a des vers dessus

ᐅᔅᑫᐤ **uuskweu** na -em ♦ un asticot, une larve

ᐅᔅᒋᓇᒻ **uuschinam** vti ♦ il/elle l'étend, l'agrandit, le prolonge (par ex. la partie arrière du tipi)

ᐅᔦᔫ **uuyeyuu** pro,dém ♦ celui, celui-ci, celle, celle-ci, ceci, ce, cet, cette (inanimé obviatif, voir *uu*)

ᐅᔦᔬᐦ **uuyeyuuh** pro,dém ♦ ceux-ci, celles-ci (obviatif animé ou inanimé); celui-ci, celle-ci, ceci, ce, cet, cette (obviatif animé) (voir *uu*)

ᐅᔦᐦᑳ **uuyehkaa** pro,dém, absent ♦ ceux qui sont absents, celles qui sont absentes (voir *uuyaa*). ᐁᐧᔐ ᐊᒐ ᐃᒡᐳᓬ ᐅᔦᐦᑳ ᑲ ᒪᔓᐧᐅᐧᒉₓ ▪ *Ceux qui sont partis il y a un bon moment, ne sont plus ici.*

ᐅᔦᐦᑳᐦ **uuyehkaah** pro,dém, absent ♦ celui qui est absent, celle qui est absente, ceux qui sont absents, celles qui sont absentes (obviatif animé, voir *uuyaa*)

ᐅᔫ **uuyuu** pro,dém ♦ celui, celui-ci, celle, celle-ci, ceci, ce, cet, cette (inanimé obviatif, voir *uu*)

ᐅᔬᐦ **uuyuuh** pro,dém ♦ ceux-ci, celles-ci, ces (obviatif animé ou inanimé); celui-ci, celle-ci, ce, cet, cette, ceci (obviatif animé) (voir *uu*)

ᐅᔮ **uuyaa** pro,dém, absent [Côte] ♦ celui qui est absent, celle qui est absente (animé, voir *uuyaa*). ᐁᐧᔐ ᐊᒐᐃ ᐃᒡᐤ ᐅᔮ ᑲ ᒪᔓᐧᐅᒡₓ ▪ *Celui qui est parti il y a un bon moment, n'est pas ici.*

ᐅᔮᐦ **uuyaah** pro,dém, absent [Côte] ♦ celui qui est absent, celle qui est absente, ceux qui sont absents, celles qui sont absentes (obviatif animé, voir *uuyaa*). ᐊᔅ ᒑ ᐃᑦᔦᐦ ᐅᔮ ᐳᒋᔐᒡᐦ ᑲ ᐃᐱᓲᐧᐅᐃᐧₓ ▪ *Je me demande pourquoi ses enfants mettent si longtemps à venir.*

ᐅᐦᐄᐦ **uuhiih** pro,dém [Eastmain] ♦ ceux, ceux-ci, celles, celles-ci, ces (inanimé, voir *uu*)

ᐅᐦᑎᐊ **uuhtin** vii ♦ le vent vient d'une certaine direction

ᐅᐦᑖᐄᐧ **uuhtaawiih** nad ♦ son père

ᐅᐦᑯᒻᐦ **uuhkumh** nad ♦ sa grand-mère

ᐅᐦᑳᓂᑲᒥᒃᐧ **uuhkaanikamikw** ni [Côte] ♦ une grange, une étable, un endroit où garder des animaux

ᐅᐦᑳᐊ **uuhkaan** na [Côte] ♦ un animal domestique, un animal familier, un animal de compagnie, un animal favori

ᐊ

ᐊᐃ **ai** pro, hésitation ♦ euh

ᐊᐃ·ᐊᖑᔐᔮᐤ aiwaacheyimeu vta ♦ il/elle la/le respecte beaucoup

ᐊᐃ·ᐊᒉᐸᔫ aiwaachipayuu vai/vii -i ♦ il/elle/ça dépasse, excède; il/elle est laissé-e de côté; c'est laissé de côté

ᐊᐃ·ᐊᒡ aiwaach p,quantité ♦ un supplément, un extra, de l'extra, de plus, supplémentaire ▪ ᐊᐃ·ᐊᒡ ᑭ ᒦᖃᑦ ᐊᐅᔭ ᐯ ᐃᔅᐱᔥ ᓂᑐ·ᐯᔨᐦᑖᐦᒡ× ▪ Il a reçu plus que ce qu'il voulait.

ᐊᐃᒡ aich pro, hésitation ♦ euh (animé pluriel, voir ai) ▪ ᐊᐃᒡxxxx ᑭ ᒋᒍᓂᒡxxxx ᐯᒧ ᖦᕓ ᒫᐱᓯᑦ× ▪ Euh!...Elles sont arrivées...Ella et Marguerite.

ᐊᐃᔪ aiyuu pro, hésitation ♦ euh (obviatif inanimé singulier, voir ai)

ᐊᐃᔫᐦ aiyuuh pro, hésitation ♦ euh (obviatif inanimé pluriel, voir ai)

ᐊᐃᐦ aih pro, hésitation ♦ euh (obviatif inanimé pluriel, voir ai)

ᐊᐃᐦ aih pro, hésitation ♦ euh (obviatif animé, voir ai) ▪ ᐊᐃᐦxxxxx ᑭ ᒧ ᑐ·ᐯᐤ xxxxxᓂᖦx ▪ c'est euh...qu'elle a mangé... du poisson.

ᐊᐅᓯᐚᐸᐦᒉ ausiwaapahche p,temps ♦ après-demain

ᐊᐅᓯᐱᐳᓂᐦᒡ ausipipunihch p,temps ♦ l'avant-dernier hiver

ᐊᐅᓯᑕᒀᑳᐦᒡ ausitakwaakahch p,temps ♦ l'avant-dernier automne

ᐊᐅᓯᓃᐱᓂᐦᒡ ausiniipinihch p,temps ♦ l'avant-dernier été

ᐊᐅᓯᓰᑯᓂᐦᒡ ausisiikunihch p,temps ♦ l'avant-dernier printemps

ᐊᐅᐦᐁᐤ auheu vta [Intérieur] ♦ il/elle la/le lui prête

ᐊᐅᐦᑳᓂᑲᒥᒄ auhkaanikamikw ni [Intérieur] ♦ une grange, un endroit où on garde des animaux

ᐊᐅᐦᑳᓐ auhkaan na -im [Intérieur] ♦ un animal domestique, un animal familier, un animal de compagnie

ᐊᐴᔪ auusuu vai -i ♦ il/elle se tient près du feu pour la chaleur, se réchauffe près du feu

ᐊ·ᐌᒉ aweche pro,question,dubitatif ♦ je me demande qui, qui ça peut être, quiconque, qui que ce soit, qui donc ▪ ᐊ·ᐌᒉ ᑭ ᒋᒍᐦx ▪ Je me demande qui est venu.

ᐊ·ᐌᒉᓂᒌ awechenichii pro,question,dubitatif ♦ je me demande qui (pluriel), qui ça peut être (voir aweche) ▪ ᐊ·ᐌᒉᓂᒌ ᑭ ᒋᒍᐦᐳ× ❖ ᓇᒪ ᓂᒋᔅᑫᔨᐦᑌᓐ ᐊ·ᐌᒉᓂᒌ ᑭ ᒋᒍᐦᐳ× ▪ Je me demande qui sont les gens qui sont venus. ♦ Je ne sais pas qui sont ceux qui sont venus.

ᐊ·ᐌᒉᓂᒡ awechenich pro,question,dubitatif ♦ je me demande qui (pluriel), qui ça peut être (voir aweche) ▪ ᐊ·ᐌᒉᓂᒡ ᑭ ᒋᒍᐦᐳ× ❖ ᓇᒪ ᓂᒋᔅᑫᔨᐦᑌᓐ ᐊ·ᐌᒉᓂᒡ ᑭ ᒋᒍᐦᐳ× ▪ Je me demande qui sont les gens qui sont venus. ♦ Je ne sais pas qui sont ceux qui sont venus.

ᐊ·ᐌᒋᔥ awechish na dim [Intérieur] ♦ un jeune castor

ᐊ·ᐌᓂᐸᓐ awenipan pro,indéfini, prétérit [Côte] ♦ quelqu'un, une personne absente, que l'on attend encore (ancien terme) (voir awen) ▪ ᐊ·ᐌᓂᐸᓐ ᐊᑊ ᓂᔅᑌᔅx ▪ Je me demande où est mon frère qui est absent.

ᐊ·ᐌᓂᒌ awenichii pro,question,indéfini ♦ qui (pluriel), gens, personnes (voir awen) ▪ ᐊ·ᐌᓂᒌ ᑭ ᒋᒍᐦᐳ× ❖ ᓇᒪ ᓂᒋᔅᑫᔨᐦᑌᓐ ᐊᓂᑊ ᐊ·ᐌᓂᒌ ᑭ ᐙᐸᒪᐳ× ▪ Qui est venu (pluriel)? ♦ Je ne sais pas qui sont les personnes que j'ai vues.

ᐊ·ᐌᓂᒡ awenich pro,question,indéfini ♦ qui (pluriel), gens, personnes (voir awen) ▪ ᓇᒪ ᓂᒋᔅᑫᔨᐦᑌᓐ ᐊᓂᑊ ᐊ·ᐌᓂᒡ ᑭ ᐙᐸᒪᐳ× ▪ Je ne sais pas qui sont ces personnes que j'ai vues.

ᐊ·ᐌᓐ awen pro,question,indéfini ♦ qui, quelqu'un, une personne ▪ ᐊ·ᐌᓐ ᑭ ᒋᒍᐦᑊ ᐁᑕᑯᔑᐦᒡx ❖ ᓇᒪ ᓂᒋᔅᑫᔨᐦᑌᓐ ᐊ·ᐌᓐ ᑭ ᐙᐸᒪᑊx ▪ Qui est arrivé hier? ♦ Je ne sais pas qui j'ai vu.

ᐊ·ᐌᓰᔅ awesiis na -im ♦ un animal sauvage

ᐊ·ᐌᔨᒉᓂᐦᐄ aweyichenihii pro,question,dubitatif ♦ je me demande qui, qui ça peut être (obviatif, voir aweche) ▪ ᐊ·ᐌᔨᒉᓂᐦᐄ ᑭ ᒦᔨᑯᑦ ᐅᔦx ▪ Je me demande qui le lui a donné.

ᐊ·ᐌᔨᒉᓐᐦ aweyichenh pro,question,dubitatif ♦ je me demande qui, qui ça peut être (obviatif, voir aweche) ▪ ᐊ·ᐌᔨᒉᓐᐦ ᑭ ᒦᔨᑯᑦ ᐅᔦx ▪ Je me demande qui le lui a donné.

ᐊ·ᐌᔫᐦ aweyuuh pro,question,indéfini ♦ qui, quelqu'un, personne (obviatif, see aweche) ▪ ᐊ·ᐌᔫᐦ ᑭ ᓇᑐ·ᐊᐸᒥᑯᑦᔅx ▪ Qui est allé la visiter?

ᐊᐧᐊᔅ awas p,interjection ◆ va-t-en! pars d'ici! sors d'ici! sacre ton camp! fous le camp! ▪ ᐊᐧᐊᔅ ᐄᒉᔅ× ▪ *Va-t-en!*

ᐊᐧᐋᔒᐤ awaashiiu vai ◆ il/elle est jeune, c'est un enfant

ᐊᐧᐋᔒᐦᑳᓲ awaashiihkaasuu vai -u ◆ il/elle agit comme un enfant, a un comportement enfantin ou puéril

ᐊᐧᐋᔕᔅᒌ awaashaschii ni -m ◆ de la sphaigne, de la mousse de tourbière, litt. 'de la mousse pour bébé' *Sphagnum fuscum*, aussi nommée sphaigne brune

ᐊᐧᐋᔥ awaash na -iim ◆ un enfant

ᐊᐧᐋᔥᑳᓂᔥ awaashkaanish na dim ◆ une poupée

ᐊᐧᐋᔥᓂᑐᐦᑯᔨᓐ awaashnituhkuyin ni -iim ◆ un médicament pour bébé

ᐊᐧᐯᐧᐄᐤ apwewiiu vai ◆ il/elle sue ou transpire, est en sueur à force de travailler, de s'activer

ᐊᐧᐯᐤ apweu vai ◆ c'est de la viande rôtie sur un bâton

ᐊᐧᐯᐸᔨᐦᐁᐤ apwepayiheu vta ◆ il/elle la/le fait suer

ᐊᐧᐯᐸᔨᐦᐄᑎᓲ apwepayihiitisuu vai reflex ◆ il/elle se laisse suer ou transpirer

ᐊᐧᐯᐸᔫ apwepayuu vai -i ◆ il/elle sue ou transpire à cause de la fièvre

ᐊᐧᐯᑎᐦᒉᐤ apwetihcheu vai ◆ ses mains suent ou transpirent; ses mains sont moites

ᐊᐧᐯᑲᒋᔒᐤ apwekachishiiu vai ◆ il/elle a le derrière en sueur, son derrière sue ou transpire

ᐊᐧᐯᑳᓯᒉᐤ apwekaasicheu vai ◆ il/elle sue ou transpire à force de manger avec avidité, avidement, voracement, gloutonnement

ᐊᐧᐯᒨ apwemuu vai -u ◆ il/elle sue ou transpire à force de pleurer

ᐊᐧᐯᓯᑌᐤ apwesiteu vai ◆ ses pieds suent ou transpirent

ᐊᐧᐯᓰᐅᒫᑯᓐ apwesiiumaakun vii ◆ ça sent la sueur

ᐊᐧᐯᓰᐅᒫᑯᓲ apwesiiumaakusuu vai -i ◆ il/elle sent la sueur ou la transpiration

ᐊᐧᐯᓲ apwesuu vai -u ◆ il/elle sue ou transpire

ᐊᐧᐯᔑᒨ apweshimuu vai ◆ il/elle sue, transpire ou est en sueur à force de danser

ᐊᐧᐯᔥᑎᒁᓀᐤ apweshtikwaaneu vai ◆ sa tête sue ou transpire, sa tête est en sueur

ᐊᐧᐯᔥᑳᑰ apweshkaakuu vai ◆ il/elle (par ex. un médicament) le/la fait suer, il/elle transpire après l'avoir pris

ᐊᐧᐯᔦᔨᐦᑕᒼ apweyeyihtam vti ◆ il/elle transpire en pensant à quelque chose (ça la/le fait suer rien que d'y penser)

ᐊᐧᐯᔮᑯᓂᒌᐤ apweyaakunichiiu vai ◆ il/elle sue, transpire ou est en sueur à force de marcher dans la neige épaisse

ᐊᐧᐯᐦᑌᐤ apwehteu vai ◆ il/elle sue, transpire ou est en sueur à force de marcher

ᐊᐧᐯᐦᒁᒨ apwehkwaamuu vai ◆ il/elle sue, transpire en dormant

ᐊᐱᑦ apit na ◆ une pierre à feu, une pierre à fusil, un silex

ᐊᐱᒋᐦᐸᔫ apichihpayuu vai -i ◆ il/elle a la face bleue par manque d'air

ᐊᐱᔃᐤ apisweu vta ◆ il/elle la/le réchauffe près du poêle

ᐊᐱᓴᒼ apisam vti ◆ il/elle le chauffe, réchauffe près du feu, du poêle

ᐊᐱᓵᐍᐤ apisaaweu vai ◆ il/elle (par ex. un poêle) dégage de la chaleur, chauffe

ᐊᐱᓵᐍᒪᑲᓐ apisaawemakan vii ◆ ça dégage de la chaleur (par ex. du bois qui brûle)

ᐊᐱᔅ apis ni -im [Intérieur] ◆ de la corde, un cordon, une ficelle

ᐊᐱᔅᑎᒋᐸᔫ apistichipayuu vai/vii -i ◆ il/elle/ça se défait (un maillage, une couture)

ᐊᐱᔅᒋᔥ apischish na dim ◆ une petite oie, un oison

ᐊᐱᔐᑲᔔ apishekashuu vii dim -i ◆ c'est petit (étalé)

ᐊᐱᔐᒋᔔ apishechishuu vai -i ◆ il/elle est petit-e (étalé)

ᐊᐱᔑᐳᔔ apishipushuu vai dim -i ◆ il/elle reçoit un peu de nourriture

ᐊᐱᔑᑎᐦᒉᔔ apishitihcheshuu vai dim -i ◆ il/elle a de petites mains

ᐊᐱᔑᑲᒫᐤ **apishikamaau** vii ♦ c'est un petit plan d'eau

ᐊᐱᔑᑲᒫᓲ **apishikamaashuu** vii dim -i ♦ c'est un petit lac

ᐊᐱᔑᒋᔮᔥᑯᔥ **apishichiyaashkush** na dim ♦ une sterne arctique *Sterna paradisaea*

ᐊᐱᔑᔑᑯᓲ **apishishikushuu** vai dim -i ♦ c'est un petit morceau de glace

ᐊᐱᔑᔑᒃᐙᓲ **apishishikwaashuu** vii dim -i ♦ c'est une petite étendue ou nappe de glace

ᐊᐱᔒᓃᔥ **apishiiniish** na dim -im [Intérieur] ♦ des personnes de petite taille, des petits hommes

ᐊᐱᔒᓲ **apishiishuu** vai dim -i ♦ il/elle est petit-e

ᐊᐱᔒᔥ **apishiish** p,quantité dim ♦ un peu, légèrement, une petite quantité, à peine ■ ᒥᑦ ᐊᐱᔒᔥ ᒦᒋᔾ ■ *Il mange à peine.*

ᐊᐱᔒᔩᔥ **apishiiyiish** na dim [Côte] ♦ des personnes de petite taille, des petits hommes

ᐊᐱᔫᐃ **apishui** ni ♦ un poteau, une perche, un pieu de tipi

ᐊᐱᔖᐯᑳᓲ **apishaapekashuu** vii dim -i ♦ c'est un petit diamètre (filiforme)

ᐊᐱᔖᐯᒋᑯᔨᐌᐤ **apishaapechikuyiweu** vai ♦ il/elle a un cou maigre

ᐊᐱᔖᐯᒋᑯᔨᐌᓲ **apishaapechikuyiweshuu** vai dim ♦ il/elle a un cou vraiment maigre

ᐊᐱᔖᐯᒋᔥᐌᐤ **apishaapechishweu** vta ♦ il/elle la/le coupe en petits morceaux ou minces lanières (filiforme)

ᐊᐱᔖᐯᒋᓲ **apishaapechishuu** vai dim -i ♦ il/elle a un petit diamètre, est mince (filiforme)

ᐊᐱᔖᐯᒋᔕᒼ **apishaapechisham** vti ♦ il/elle le coupe petit, découpe étroit (filiforme)

ᐊᐱᔖᐱᔥᑳᓲ **apishaapishkaashuu** vii dim -i ♦ c'est petit (pierre, métal)

ᐊᐱᔖᐱᔥᒋᓲ **apishaapishchishuu** vai dim -i ♦ il/elle est petit-e (pierre, métal)

ᐊᐱᔖᐱᐦᒉᓲ **apishaapihcheshuu** vai dim -i ♦ il/elle a un petit diamètre (corde, par ex. un fil mince)

ᐊᐱᔖᐱᐦᒉᔮᓲ **apishaapihcheyaashuu** vii dim -i ♦ ça a un petit diamètre (filiforme)

ᐊᐱᔖᑲᒥᓲ **apishaakamishuu** vii dim -i ♦ c'est une petite quantité d'eau

ᐊᐱᔖᓂᑳᓲ **apishaanikaashuu** vii dim -i ♦ c'est une petite île

ᐊᐱᔖᓲ **apishaashuu** vii dim -i ♦ c'est petit

ᐊᐱᔖᔥᑎᑴᔮᐤ **apishaashtikweyaau** vii ♦ c'est un petit ruisseau

ᐊᐱᔖᔥᑯᔑᓲ **apishaashkushishuu** vai dim -i ♦ il/elle a un petit diamètre, est mince (long et rigide); se réfère à une personne mince [Mistissini]

ᐊᐱᔖᔥᑯᓲ **apishaashkushuu** vii dim -i ♦ c'est un petit diamètre (long et rigide)

ᐊᐱᔥᑌᔨᐦᑕᒼ **apishteyihtam** vti ♦ il/elle n'en pense pas grand-chose

ᐊᐱᔥᑌᔨᐦᑖᑯᓐ **apishteyihtaakun** vii ♦ c'est estimé être petit; on pense que c'est petit et sans valeur

ᐊᐱᔥᑎᑴᔖᓲ **apishtikweyaashuu** vii dim -i ♦ c'est une petite rivière

ᐊᐱᔥᑎᒀᓀᓲ **apishtikwaaneshuu** vai dim -i ♦ il/elle a une petite tête

ᐊᐱᔥᑎᒀᓲ **apishtikwaashuu** vii dim -i ♦ la rivière est petite

ᐊᐱᔥᑐᐌᐤ **apishtuweu** vta ♦ il/elle s'assoit à côté d'elle/de lui

ᐊᐱᔥᑕᒼ **apishtam** vti ♦ il/elle s'assoit à côté de quelque chose

ᐊᐲᐦᑌᑲᓐ **apihtekan** vii ♦ c'est de couleur foncée, de couleur sombre (étalé)

ᐊᐲᐦᑌᒋᓲ **apihtechisuu** vai -i ♦ il/elle est foncé-e (étalé) ou de couleur foncée

ᐊᐲᐦᑖᐤᐙᐱᔅᒋᓲ **apihtaauwaapischisuu** vai ♦ c'est (métal) du bronze ou de couleur bronze

ᐊᐲᐦᑖᐤ **apihtaau** vii ♦ c'est bleu marin, de couleur foncée ou sombre

ᐊᐲᐦᑖᔅᑯᓐ **apihtaaskun** vii ♦ c'est de couleur foncée, de couleur sombre (long et rigide)

ᐊᐲᐦᑖᔅᑯᓲ **apihtaaskusuu** vai -i ♦ il/elle est foncé-e, a une couleur foncée (long et rigide)

ᐊᐲᐦᑲᓐ **apihkan** na ♦ des barres transversales d'un canot

ᐊᐱᐦᒋᓲ apihchisuu vai -i ◆ il/elle est bleu marin, de couleur foncée

ᐊᐳᐃ apui na ◆ une pagaie, une hélice, un moteur hors-bord

ᐊᐳᐃᐦᒉᐤ apuihcheu vai [Côte] ◆ il/elle fabrique une pagaie

ᐊᐳᐧᐃᓀᒋᓐ apuwinechin ni ◆ une toile pour couvrir une cache, un affût

ᐊᐳᐧᐃᓈᐦᑎᒄ apuwinaahtikw ni -um ◆ une ossature ou structure de cache, d'affût

ᐊᐳᐧᐃᓐ apuwin ni ◆ une cache, un affût pour la chasse

ᐊᐳᔮᐦᑎᒄ apuyaahtikw na ◆ du bois pour fabriquer une pagaie

ᐊᐴ apuu vai -i ◆ il/elle s'assoit, est assis-e

ᐊᐴᐦᒉᐤ apuuhcheu vai [Intérieur] ◆ il/elle fabrique une pagaie

ᐊᐸᐦᐧᑫᐤ apahkweu vai ◆ il/elle pose la toile sur le tipi

ᐊᐸᐦᐧᑳᓂᔮᐲ apahkwaaniyaapii ni -m ◆ une corde pour la toile

ᐊᐸᐦᐧᑳᓐ apahkwaan ni ◆ de la toile, un canevas

ᐊᐧᐹᓈᐢᒄ apwaanaaskw ni ◆ un bâton servant à rôtir de la viande près du poêle ou du feu

ᐊᐧᐹᓐ apwaan ni ◆ de la viande rôtie sur un bâton

ᐊᑎ ati préverbe ◆ commencer, entreprendre (une action)

ᐊᑎᐱᓴᒪᐦᒄ atipisamahkw na ◆ une aiguille pour tresser la fine babiche de raquette

ᐊᑎᐱᐢ atipis ni ◆ de la babiche mince servant au tissage avant et arrière d'une raquette (mot animé dans les dialectes de l'Intérieur; inanimé dans les dialectes côtiers)

ᐊᑎᒌᐧᐁᐦᐅᔦᐤ atichiiwehuyeu vta ◆ il/elle la/le ramène en canot

ᐊᑎᒌᐧᐁᐦᐆ atichiiwehuu vai -u ◆ il/elle pagaie vers la maison, retourne en pagayant

ᐊᑎᒌᐤ atichiiu vai/vii ◆ il/elle est immature; ce n'est pas mûr

ᐊᑎᒣᐤ atimeu vta ◆ il/elle la/le rattrape en marchant

ᐊᑎᒥᐱᔥᑐᐧᐁᐤ atimipishtuweu vta ◆ il/elle s'assoit en lui tournant le dos

ᐊᑎᒥᐱᔥᑕᒻ atimipishtam vti ◆ il/elle est assis-e en lui tournant le dos

ᐊᑎᒥᐸᔫ atimipayuu vai/vii -i ◆ il/elle/ça s'en va dans la direction opposée (en véhicule)

ᐊᑎᒥᐸᐦᑖᐤ atimipahtaau vai ◆ il/elle court ou s'enfuit dans la direction opposée

ᐊᑎᒥᑖᐯᐤ atimitaapeu vai ◆ il/elle le tire, l'écarte, l'éloigne

ᐊᑎᒥᑲᓐ atimikan vii ◆ la marée baisse

ᐊᑎᒥᑳᐴ atimikaapuu vai -uu ◆ il/elle est debout le dos tourné à quelqu'un

ᐊᑎᒥᑳᐴᔥᑐᐧᐁᐤ atimikaapuushtuweu vta ◆ il/elle lui tourne le dos

ᐊᑎᒥᑳᐴᔥᑕᒻ atimikaapuushtam vti ◆ il/elle lui tourne le dos

ᐊᑎᒥᒌᐧᐁᒍᐧᐃᓐ atimichiiwechuwin vii ◆ la marée baisse, se retire

ᐊᑎᒥᒌᔑᑳᐤ atimichiishikaau vii ◆ la lumière du jour baisse

ᐊᑎᒥᔑᒣᐤ atimishimeu vta ◆ il/elle le couche le dos tourné

ᐊᑎᒥᔑᒥᔥᑐᐧᐁᐤ atimishimishtuweu vta ◆ il/elle est couché-e et lui tourne le dos

ᐊᑎᒥᔑᓐ atimishin vai ◆ il/elle est couché-e ou étendu-e le dos tourné

ᐊᑎᒥᔥᑯᐧᐁᐤ atimishkuweu vta ◆ il/elle la/le rattrape en marchant

ᐊᑎᒥᔥᑲᒻ atimishkam vti ◆ il/elle le porte à l'envers (par ex. une robe)

ᐊᑎᒥᔥᑳᐤ atimishkaau vai ◆ il/elle s'en va en pagayant

ᐊᑎᒥᐦᔮᐤ atimihyaau vai ◆ il/elle vole ou s'envole dans la direction opposée

ᐊᑎᒥᐦᔮᒪᑲᓐ atimihyaamakan vii ◆ ça vole dans la direction opposée

ᐊᑎᒧᐧᐁᐸᔫ atimuwepayuu vai/vii -i ◆ il/elle/ça fait un bruit qui s'éloigne (par ex. en motoneige)

ᐊᑎᒧᐧᐁᑕᒻ atimuwetam vti ◆ il/elle fait un bruit de voix en s'éloignant

ᐊᑎᒧᐧᐁᑖᐹᓈᐢᐧᑫᔑᓐ atimuwetaapaanaaskweshin vai ◆ on l'entend tirer le toboggan sur la neige en partant

ᐊᑎᒎᐁᒪᑲᓐ atimuwemakan vii ♦ c'est le bruit d'un moteur qui s'éloigne

ᐊᑎᒎᐁᔑᓐ atimuweshin vai ♦ il/elle fait du bruit en partant (par ex. ses pas)

ᐊᑎᒎᐁᔭᑯᓀᔑᓐ atimuweyaakuneshin vai ♦ le bruit fort de ses pas sur la neige gelée se fait entendre quand il/elle part

ᐊᑎᒎᐁᔮᒋᒣᐤ atimuweyaachimeu vai ♦ on entend le bruit fort de ses raquettes sur la neige gelée au moment de partir

ᐊᑎᒎᐁᐦᐊᒼ atimuweham vti ♦ il/elle se fait entendre en s'éloignant en véhicule

ᐊᑎᒍᑖᐹᓂᔮᐱ atimutaapaaniyaapii ni -m ♦ un harnais de chien

ᐊᑎᒍᐦᑌᐤ atimuhteu vai ♦ il/elle part ou s'éloigne en marchant (dans la direction opposée)

ᐊᑎᒍᐦᑳᒋ atimuhkachii ni ♦ des excréments de chien, une crotte de chien

ᐊᑎᒪᑑ atimapuu vai -i ♦ il/elle est assis-e le dos tourné

ᐊᑎᒪᓂᐦᑲᑐᐁᐤ atimanihkatuweu vta ♦ il/elle pose un harnais sur les raquettes

ᐊᑎᒪᓂᐦᑳᓲ atimanihkaasuu vai -u ♦ il/elle coupe un harnais pour ses propres raquettes

ᐊᑎᒪᓐ atiman ni ♦ un harnais de raquette

ᐊᑎᒪᐦᐄᑌᐤ atimahiiteu vai ♦ il/elle remonte la piste, retourne sur ses pas

ᐊᑎᒪᐦᐊᒣᐤ atimahameu vta ♦ il/elle s'éloigne en suivant le sentier

ᐊᑎᒪᐦᐊᒫᓲ atimahamaasuu vai -u ♦ il/elle s'en va en chantant

ᐊᑎᒪᐦᐊᒼ atimaham vti ♦ il/elle le rattrape en conduisant

ᐊᑎᒪᐦᐁᐤ atimahweu vta ♦ il/elle la/le rattrape en conduisant

ᐊᑎᒫᐱᑰ atimaapikuu vai ♦ il/elle s'éloigne en flottant

ᐊᑎᒫᐳᑌᐤ atimaaputeu vii ♦ ça s'éloigne en flottant

ᐊᑎᒫᑎᑳᓲ atimaatikaasuu vai -i ♦ il/elle est parti-e en pataugeant dans l'eau

ᐊᑎᒫᔅᑎᓭᐤ atimaastiseu vai ♦ il/elle a mis sa mitaine à l'envers

ᐊᑎᒫᔅᒋᓯᓀᐤ atimaaschisineu vai ♦ il/elle a mis ses souliers à l'envers

ᐊᑎᒫᔥᑯᐁᐤ atimaashkuweu vta ♦ il/elle la/le porte à l'envers

ᐊᑎᒫᔥᑲᒼ atimaashkam vti ♦ il/elle le porte à l'envers (par ex. un chandail), les met à l'envers (par ex. des souliers)

ᐊᑎᒫᐦᐊᒣᐤ atimaahameu vai ♦ il/elle retourne sur ses pas, remonte la piste

ᐊᑎᒼ atim na ♦ un chien

ᐊᑎᓵᐤ atisweu vta ♦ il/elle le fume (intestin) en utilisant des branches au-dessus d'un feu

ᐊᑎᓯᑲᓐ atisikan ni ♦ un colorant, une teinture

ᐊᑎᓲ atisuu vai -u ♦ il/elle (par ex. un fruit) est mûr-e; il/elle (par ex. un filet) est teint-e

ᐊᑎᓴᒼ atisam vti ♦ il/elle le teint

ᐊᑎᐦᑌᐅᐃᑦ atihteuwit ni ♦ un sac pour les peaux, utilisé autrefois

ᐊᑎᐦᑌᐳᐊᔨᐊᐤ atihteupayiheu vta ♦ il/elle lui fait perdre sa couleur au lavage (par ex. un pantalon)

ᐊᑎᐦᑌᐳᐊᔨᐦᑖᐤ atihteupayihtaau vai+o ♦ il/elle fait déteindre la couleur au lavage (par ex. en mélangeant les vêtements de couleur foncée avec du blanc)

ᐊᑎᐦᑌᐳᔫ atihteupayuu vai/vii -i ♦ sa couleur coule

ᐊᑎᐦᑌᐅᓯᓈᐦᐄᑲᓈᐦᑎᒄ atihteusinahiikanaahtikw ni ♦ un crayon de couleur

ᐊᑎᐦᑌᐅᓯᓈᐦᐄᑲᓐ atihteusinahiikan ni ♦ de la peinture à la main

ᐊᑎᐦᑌᐅᓯᓈᐦᐄᒉᐅᓯᓈᐦᐄᑲᓐ atihteusinahiicheusinahiikan ni ♦ un livre à colorier

ᐊᑎᐦᑌᐅᓯᓈᐦᐄᒉᐤ atihteusinahiicheu vai ♦ il/elle colore, est en train de colorier

ᐊᑎᐦᑌᐅᐃᑦ atihtewit ni ♦ un ballot de fourrures

ᐊᑎᐦᑌᐤ atihteu vii ♦ c'est mûr (par ex. un fruit, une baie); c'est décoloré (par ex. un vêtement)

ᐊᑎᐦᑖᐊᒼ atihtaham vti ♦ il/elle le manque en tirant à côté

ᐊᐱᐦᑖᐎᐤ **atihtahweu** vta ♦ il/elle la/le manque en visant à côté

ᐊᐱᐦᑖᐴ **atihtaapuu** vai -i ♦ il/elle a les yeux croches ou bigleux, souffre de strabisme

ᐊᐱᐦᑯᐎᔮᔅ **atihkuwiyaas** ni ♦ de la viande de caribou

ᐊᐱᐦᑯᑲᒥᒄ **atihkukamikw** ni -m ♦ une maison de caribou (dans la légende)

ᐊᐱᐦᑯᑲᓐ **atihkukan** ni ♦ un os de caribou

ᐊᐱᐦᑯᒣᐤ **atihkumeu** ni -em ♦ un sentier, une piste ou une trace de caribou

ᐊᐱᐦᑯᔥ **atihkush** na dim ♦ un jeune caribou *Rangifer tarandus*

ᐊᐱᐦᑯᔮᓐ **atihkuyaan** na ♦ une peau de caribou

ᐊᐱᐦᑲᒣᑯᐱᓯᒼ **atihkamekupiisim** na [Intérieur] ♦ octobre

ᐊᐱᐦᑲᒣᑯᒨᐙᑲᓂᔥ **atihkamekumuwaakanish** na dim ♦ de petites mouches servant de nourriture au poisson blanc

ᐊᐱᐦᑲᒣᒄ **atihkamekw** na ♦ un corégone, un poisson blanc, un cisco *Coregonus dupeaformis*

ᐊᐱᐦᒁᐯᐤ **atihkwaapeu** na -em ♦ l'homme caribou

ᐊᐱᐦᒄ **atihkw** na -um ♦ un caribou *Rangifer tarandus*

ᐊᑐᑌᐤ **atuteu** vta ♦ il/elle demande à quelqu'un de travailler pour lui/elle

ᐊᑐᑕᐴ **atutapuu** vai -i ♦ il/elle s'assoit dessus sans le savoir, par inadvertance

ᐊᑐᐦ **atuch** p,négative ♦ ne voudrait pas, ne serait pas, ne devrait pas ■ ᐊᑐᐦ ᐅᐱᒼ ᐊᐴ ᐋᓱᑦ ᒎᐦᑯᑕᒃ ♦ ᐊᑐᐦ ᐁᐋ ᐅᐱ ᒋᐴᑕᐴᒡ ᐁᐴ ᐅᐦ ᐁᐦᒍᑖᐸᒧᒡ ■ *Elle ne devrait pas avoir ce couteau.* ♦ *Il ne serait pas venu si on ne lui avait pas dit.*

ᐊᑐᔅ **atus** na ♦ une pointe de flèche

ᐊᑐᔅᑯᐍᐤ **atuskuweu** vta [Intérieur] ♦ il/elle travaille pour elle/lui comme servant-e

ᐊᑐᔅᒉᐤ **atuscheu** vai ♦ il/elle travaille, oeuvre

ᐊᑐᔅᒉᔮᑲᓂᔅᒀᐤ **atuscheyaakaniskweu** na -em ♦ une domestique, une servante, une employée

ᐊᑐᔅᒉᔮᑲᓐ **atuscheyaakan** na ♦ un ou une domestique, un serviteur, une servante; un employé, une employée

ᐊᑐᔅᒉᐦᑲᐦᑕᒻ **atuschehkahtam** vti ♦ il/elle y travaille

ᐊᑐᐦᐄᑲᓐ **atuhiikan** ni ♦ un index

ᐊᑐᐦᐄᒉᐤ **atuhiicheu** vai ♦ il/elle pointe

ᐊᑐᐦᐄᒉᒪᑲᓐ **atuhiichemakan** vii ♦ ça pointe dans une direction

ᐊᑐᐦᐊᒧᐍᐤ **atuhamuweu** vta ♦ il/elle la/le pointe pour elle/lui

ᐊᑐᐦᐊᒼ **atuham** vti ♦ il/elle le pointe

ᐊᑐᐦᐍᐤ **atuhweu** vta ♦ il/elle la/le pointe du doigt

ᐊᑑᔕᐊᐃᐦᑯᓈᐤ **atuushaaaihkunaau** na -naam ♦ un champignon qui pousse sur les troncs d'arbre, litt. 'la banique du monstre'

ᐊᑑᔥ **atuush** na -im ♦ un géant cannibale, un monstre

ᐊᑕᒦᐤ **atamiiu** vii [Côte] ♦ le niveau d'eau monte à cause de la pluie, du ruissellement

ᐊᑕᒪᑲᓐ **atamakan** vii [Côte] ♦ ça gonfle à cause de la pluie, du ruissellement (rivière, lac)

ᐊᑖᐍᐤ **ataaweu** vai ♦ il/elle vend

ᐊᑖᐍᓲ **ataawesuu** na -siim ♦ un négociant, une négociante, un vendeur, une vendeuse

ᐊᑖᐍᔥᑕᒧᐍᐤ **ataaweshtamuweu** vta ♦ il/elle la/le vend pour lui/elle

ᐊᑖᐙᐅᑲᒥᒄ **ataawaaukamikw** ni ♦ un magasin, un entrepôt

ᐊᑖᐙᒉᐤ **ataawaacheu** vai ♦ il/elle le vend

ᐊᑖᒣᐤ **ataameu** vta ♦ il/elle lui vend quelque chose

ᐊᑖᒣᔨᒣᐤ **ataameyimeu** vta ♦ il/elle la/le blâme pour quelque chose

ᐊᑖᒣᔨᒥᑎᓲ **ataameyimitisuu** vai reflex -u ♦ il/elle se blâme, se sent coupable

ᐊᑖᒣᔨᐦᑕᒧᐍᐤ **ataameyihtamuweu** vta ♦ il/elle la/le blâme pour quelque chose

ᐊᑖᒣᔨᐦᑕᒼ **ataameyihtam** vti ♦ il/elle blâme quelqu'un de quelque chose

ᐊᑖᒣᔨᐦᒉᐤ **ataameyihcheu** vai ♦ il/elle blâme, accuse

ᐊᑖᓐ ataan na ♦ une pierre servant à écraser les os pour faire du bouillon, une enclume de métal

ᐊᑖᔅᑕᐦᐅᔫ ataashtahuuyeu vta ♦ il/elle blâme une autre personne pour ce qu'il/elle a fait

ᐊᕪᐸᓈᑯᓐ akwepinaakun vii ♦ ça paraît énorme; ça semble gigantesque

ᐊᕪᐸᓈᑯᓲ akwepinaakusuu vai-i ♦ il/elle a l'air immense; il/elle semble énorme, gigantesque

ᐊᕪᐱᓯᔫ akwepisiiu vai ♦ il/elle a beaucoup de choses

ᐊᑯᐱᑐᐌᐤ akupituweu vai ♦ il/elle lui applique un emplâtre ou un cataplasme

ᐊᑯᐱᑣᐎᓐ akupitwaawin ni ♦ toute chose chauffée et appliquée comme emplâtre ou cataplasme

ᐊᑯᐱᑣᐤ akupitwaau vai ♦ il/elle a un emplâtre ou un cataplasme

ᐊᑯᐹᑎᓀᐤ akupaatineu vta ♦ il/elle la/le colle dessus

ᐊᑯᐹᑎᓇᒻ akupaatinam vti ♦ il/elle le colle, le fixe dessus

ᐊᑯᑎᓈᑌᐤ akutinaateu vta ♦ il/elle suspend les vêtements mouillés d'une autre personne

ᐊᑯᑎᓈᓲ akutinaasuu vai-u ♦ il/elle pend ou suspend des choses (par ex. des vêtements à sécher)

ᐊᑯᑐᐙᑲᓈᐦᑎᑿ akutuwaakanaahtikw ni ♦ une barre servant à suspendre des objets pour les faire sécher à l'intérieur du tipi

ᐊᑯᑕᒧᐦᐊᒻ akutamuham vti ♦ il/elle pousse un linge dedans (un cylindre) avec un outil

ᐊᑯᑕᒧᐦᐌᐤ akutamuhweu vta ♦ il/elle pousse un linge dans quelque chose (d'animé, par ex. un cylindre, un tuyau de poêle, un canon de fusil) avec un outil

ᐊᑯᑖᐙᑲᓐ akutaawaakan ni ♦ un cintre (pour suspendre les vêtements)

ᐊᑯᑖᐤ akutaau vai+o ♦ il/elle le pend ou suspend, pose des collets

ᐊᑯᑖᐹᓐ akutaapaan ni ♦ un crochet de bois attaché par une corde à une barre pour suspendre un chaudron

ᐊᑯᑖᓱᐎᓐ akutaasuwin ni ♦ un drapeau

ᐊᑯᑖᓲᓂᔮᐲ akutaasuuniyaapii ni-m ♦ une corde de mât porte-drapeau

ᐊᑯᑖᔫ akutaayuu na [côte] ♦ de la neige accumulée sur les branches

ᐊᑯᑖᔫᓐ akutaayuun vii [Intérieur] ♦ la neige est accrochée aux branches

ᐊᑯᒋᑲᓈᑌᐤ akuchikanaateu vta ♦ il/elle suspend ses os

ᐊᑯᒋᑲᓈᐦᑎᑿ akuchikanaahtikw ni ♦ une perche ou un poteau où on attache des os

ᐊᑯᒋᓐ akuchin vai ♦ il/elle est pendu-e ou suspendu-e

ᐊᑯᒎ akuchuu vai-i ♦ il/elle gèle et colle sur quelque chose

ᐊᑯᒑᔂ akuchaashuu vai dim ♦ il/elle (un-e enfant) pose un collet

ᐊᑯᒧᔒᔥ akumushiish na dim ♦ un labbe (oiseau) Tercorarius sp.

ᐊᑯᒨ akumuu vai-u ♦ il/elle flotte sur place

ᐊᑯᓀᐤ akuneu vta ♦ il/elle la/le tient, presse sur ou contre quelque chose

ᐊᑯᓂᓭᑳᐤ akunisekaau vii ♦ c'est une falaise, une montagne avec un rocher en surplomb

ᐊᑯᓂᐦᐃᐅᑖᓀᒋᓐ akunihiiutaanechin ni ♦ une bâche, une couverture dans un canot

ᐊᑯᓂᐦᐃᐅᑖᓐ akunihiiutaan ni ♦ une bâche, littéralement 'une couverture'

ᐊᑯᓃᐤ akuniiu vai ♦ il/elle se couvre

ᐊᑯᓇᒻ akunam vti ♦ il/elle le tient, presse sur ou contre quelque chose

ᐊᑯᓇᐦᐊᒻ akunaham vti ♦ il/elle le couvre

ᐊᑯᓇᐦᐌᐤ akunahweu vta ♦ il/elle la/le couvre

ᐊᑯᓇᐦᒍᐌᐦᐄᑲᓐ akunahchuwehiikan ni ♦ un couvercle de chaudron, de pot

ᐊᑯᓈᐱᔅᑳᐤ akunaapiskaau vii ♦ c'est une falaise en surplomb

ᐊᑯᓈᐳᐌᐦᐄᑲᓐ akunaapuwehiikan ni ♦ un couvercle pour un chaudron ou un pot de liquide

ᐊᑯᓈᐹᑌᐤ akunaapaateu vta ♦ il/elle remonte la couverture sur elle/lui

ᐊᑯᓈᐹᑎᓇᒻ akunaapaatinam vti ♦ il/elle tire la couverture sur quelque chose

◁dȧ̇<ʳ·Δᵃ akunaapaasuwin ni ♦ un parapluie, une bâche ou couverture pour le contenu du canot

◁dȧ̇ᵘᵎꟼ·Δ° akunaahkwewiiu vai
♦ il/elle a une couverture sur la face

◁dȧ̇ᵘᵎꟼՐ° akunaahkweshimeu vta
♦ il/elle lui couvre le visage quand il/elle est couché-e (par ex. un bébé)

◁dȧ̇ᵘᵎꟼՐᴊ akunaahkweshimisuu vai reflex -u ♦ il/elle est étendu-e la face couverte

◁dȧ̇ᵘᵎꟼՐᴊᵘꓵᵈ akunaahkweshimunaahtikw ni ♦ un anneau ou cerceau de bois pour planche porte-bébé

◁dȧ̇ᵘᵎꟼՐᵃ akunaahkweshin vai
♦ il/elle est étendu-e avec la face couverte

◁dȧ̇ᵘᵎꟼᵎΔ̇bȧ̇ᵘꓵᵈ akunaahkwehiikanaahtikw ni [Côte]
♦ un anneau ou cerceau de bois pour planche porte-bébé

◁dʳꓶˢ° akusimeseu na ♦ un balbuzard pêcheur *Pandion haliaetus*, un aigle pêcheur (cf. kusimeseu)

◁dʳꓶˢʷ akusimesesh na dim [Intérieur]
♦ un jeune balbuzard

◁dʳᴊ° akusiiu vai ♦ il/elle se perche, se juche

◁dʳᴊꓴᵎᗞ akusiitehuu vai-u ♦ il/elle s'envole et se perche ou se juche

◁dʳᴊᗡ·∇° akusiituweu vta ♦ il/elle se perche sur lui/elle

◁dˢꓶᗄՐᵃᴸ akuscheuchinam vti
♦ il/elle fait le feu avec un tas de charbon de bois

◁dˢjՐᴗ° akuschuuchineu vta ♦ il/elle met de la gomme, de la boue, de la glaise, une substance gluante dessus

◁dˢjՐᵃᴸ akuschuuchinam vti ♦ il/elle y met de la gomme, de la boue, de l'argile, une substance gluante

◁dˢj̇·ꓶ° akuschuusweu vta ♦ il/elle lui met de la gomme chaude dessus

◁dᵚꓨᵎ◁ᴸ akushtaham vti ♦ il/elle le coud sur quelque chose

◁dᵚꓨᵎ·∇° akushtahweu vta ♦ il/elle la/le coud dessus

◁d⁴° akuyeu vta ♦ il/elle la/le suspend, l'accroche

◁dᵘΔ̇bᵃ akuhiikan ni ♦ une pièce de toile qui recouvre la partie supérieure du tipi

◁dᵘ◁ᴸ akuham vti ♦ il/elle couvre, recouvre la partie supérieure d'un tipi

◁dᵘ∇Րᵃ akuhpechin ni ♦ du tissu, de l'étoffe pour une robe, une jupe

◁dᵘᴧᴏ° akuhpineu vta ♦ il/elle la/le tient contre quelque chose

◁dᵘᴧᴗᴸ akuhpinam vti ♦ il/elle le tient contre quelque chose

◁dᵘ< akuhp ni ♦ une robe, une jupe, un manteau

◁dᵘꓵĊᵒ akuhtitaau vai+o ♦ il/elle le trempe dans l'eau

◁dᵘꓵᵃ akuhtin vii ♦ ça trempe dans l'eau, ça flotte

◁dᵘꓴbᵘ◁ᴸ akuhtakaham vti ♦ il/elle le cloue sur ça

◁dᵘꓴbᵘ·∇° akuhtakahweu vta ♦ il/elle la/le cloue

◁dᵘbꓴ° akuhkateu vii ♦ ça colle au pot et ça brûle

◁dᵘbᴊ akuhkasuu vai-u ♦ il/elle colle sur le pot et brûle

◁dᵘՐbᴏ° akuhchikaneu vai ♦ il/elle suspend des os

◁dᵘՐꓶ° akuhchimeu vta ♦ il/elle la/le trempe dans l'eau; elle trempe de la nourriture dans la sauce, la graisse en mangeant

◁dᵘՐj̇ akuhchimuu vai-u ♦ il/elle trempe dans l'eau

◁dᵘՐᵃ akuhchin vai ♦ il/elle trempe dans l'eau, flotte sur l'eau

◁dᵘՐᵓ⁴bᵃ akuhchistuyaakan ni ♦ un flotteur de filet

◁b⁴·bᵘꓵᵈ akaskwaahtikw na ♦ un fût de flèche, une hampe de flèche, un tube de flèche

◁b⁴ᵈᵘ akaskwh nad ♦ une flèche

◁bᵘᵈΔ akahkui na -uiim ♦ une sangsue

◁bᵘρ̇ akahchii ni -m ♦ un crochet de bois attaché à la barre transversale d'un tipi pour suspendre un chaudron au-dessus du feu

◁bᵘρ̇⁴ᵘꓵᵈ akahchiiyaahtikw ni ♦ du bois pour le crochet attaché à la barre transversale d'un tipi pour suspendre un chaudron au-dessus du feu

ᐊᑳᒥᐋᔒᐤ akaamiwaashaau p,lieu ♦ de l'autre côté de la baie

ᐊᑳᒥᐯᒡ akaamipech p,lieu ♦ de l'autre côté du cours d'eau

ᐊᑳᒥᒋᐦᒋᑲᒦᐦᒡ akaamichihchikamiihch p,lieu ♦ de l'autre côté de l'océan

ᐊᑳᒥᔅᑲᓅ akaamiskanuu p,lieu ♦ de l'autre côté de la route, du chemin

ᐊᑳᒥᔥᒉᒡ akaamischech p,lieu ♦ de l'autre côté de la tourbière ou du muskeg

ᐊᑳᒥᔥᑯᑌᐅᐃᔨᔫ akaamishkuteuiiyiyuu na -yiim [Côte] ♦ une personne de l'autre côté du feu (par rapport au locuteur)

ᐊᑳᒥᔥᑯᑌᐦᒡ akaamishkutehch p,lieu ♦ de l'autre côté du feu; la famille qui occupe le côté opposé du tipi ou de la tente (se dit même s'il n'y a pas de feu ni de poêle)

ᐊᑳᒥᐦᒡ akaamihch p,lieu ♦ de l'autre côté de l'eau

ᐊᑳᒫᐅᒡ akaamaauch p,lieu ♦ de l'autre côté de la prochaine crête

ᐊᐧᑳᐄᐤ akwaaiiweu vii ♦ c'est une brise de mer, un vent du large

ᐊᐧᑳᐋᐤ akwaawaan ni ♦ de la viande de castor désossée, tranchée en lanières et suspendue à sécher

ᐊᐧᑳᐱᓴᒨ akwaapisamuweu vta ♦ il/elle la/le fume pour quelqu'un d'autre (par ex. une peau d'orignal)

ᐊᐧᑳᐱᔅᑲᒍ akwaapiskachuu vai -i ♦ son doigt mouillé ou sa langue est collée sur la glace, sur du métal gelé

ᐊᐧᑳᐱᔅᒋᑌᐤ akwaapischiteu vii ♦ c'est sur le métal chaud et ça brûle (par ex. un poêle)

ᐊᐧᑳᐱᔅᒋᓀᐤ akwaapischineu vta ♦ il/elle la/le met contre le métal chaud (par ex. un poêle)

ᐊᐧᑳᐱᔅᒋᓇᒻ akwaapischinam vti ♦ il/elle le met contre le métal chaud (par ex. un poêle)

ᐊᐧᑳᐱᔅᒋᓲ akwaapischisuu vai -u ♦ il/elle touche à du métal chaud (par ex. le poêle) et brûle

ᐊᐧᑳᐱᔅᒋᔥᑯᐍᐤ akwaapischishkuweu vta ♦ il/elle la/le pousse contre le métal chaud et la/le brûle

ᐊᐧᑳᐱᔅᒋᔥᑲᒻ akwaapischishkam vti ♦ il/elle le pousse contre du métal chaud et le brûle

ᐊᐧᑳᐱᐦᑳᑌᐤ akwaapihkaateu vii ♦ c'est attaché à ça

ᐊᐧᑳᐱᐦᑳᓲ akwaapihkaasuu vai -u ♦ il/elle y est attaché-e

ᐊᐧᑳᐹᔫ akwaapayuu vai/viī -i ♦ il/elle/ça accoste (par ex. un bateau)

ᐊᐧᑳᐹᑎᓀᐤ akwaapaatineu vta ♦ il/elle la/le tire de l'eau avec ses mains

ᐊᐧᑳᐹᑎᓇᒻ akwaapaatinam vti ♦ il/elle le sort de l'eau avec les mains

ᐊᐧᑳᐹᑖᐦᐊᒻ akwaapaataham vti ♦ il/elle le sort de l'eau, à l'aide d'un outil, d'un instrument

ᐊᐧᑳᐹᑖᐦᐌᐤ akwaapaatahweu vta ♦ il/elle la/le retire de l'eau à l'aide d'un outil, un instrument

ᐊᐧᑳᐹᒋᐱᑌᐤ akwaapaachipiteu vta ♦ il/elle la/le tire de l'eau

ᐊᐧᑳᐹᒋᐱᑕᒻ akwaapaachipitam vti ♦ il/elle le tire hors de l'eau, le retire de l'eau

ᐊᐧᑳᑕᒨᐤ akwaatamuweu vta ♦ il/elle la taquine parce qu'elle a un petit ami, le taquine parce qu'il a une petite amie

ᐊᐧᑳᑯᓀᐤ akwaakuneu vii ♦ la neige colle dessus

ᐊᐧᑳᑲᒥᓂᒉᐤ akwaakaminicheu vai ♦ il/elle retire à la main la graisse durcie, figée de la viande d'orignal ou de caribou

ᐊᐧᑳᒋᒣᐤ akwaachimeu vai ♦ il/elle a de la neige humide ou mouillée collée à ses raquettes

ᐊᐧᑳᒍᐃᓐ akwaachuwin vii ♦ le courant arrive sur le banc, la rive

ᐊᐧᑳᒥᔅᒌᐤ akwaamischiiu vai ♦ il/elle nage en touchant le fond en eau peu profonde, en dépassant de l'eau

ᐊᐧᑳᔅᑯᐹᓐ akwaaskupaan na ♦ une pelle à neige en bois

ᐊᐧᑳᔅᑯᐦᐹᑕᒻ akwaaskuhpaatam vti ♦ il/elle enlève des morceaux de glace du trou avec une pelle à neige

ᐊᐧᑳᔅᑲᑎᒣᐤ akwaaskatimeu vta ♦ il/elle la/le fait geler sur quelque chose

ᐊᐧᑳᔅᑲᑎᐦᑖᐤ akwaaskatihtaau vai+o ♦ il/elle le gèle sur quelque chose

ᐊᐧᑳᔥᑲᑐ akwaashkachuu vai -i ◆ il/elle est gelé-e sur quelque chose

ᐊᐧᑳᐦᐃᑲᓐ akwaahiikan na ◆ une macreuse à front blanc, une macreuse à lunettes *Melanitta perspicillata*

ᐊᐧᑳᐦᐊᒼ akwaaham vti ◆ il/elle le sort, le vide d'un liquide

ᐊᐧᑳᐦᐋᓂᐦᒄ akwaahaanihtakw ni ◆ du bois flotté, du bois de grève

ᐊᐧᑳᐦᑲᑌᐤ akwaahkateu vii [Intérieur] ◆ ça colle à la casserole (par ex. de la nourriture)

ᐊᐧᑳᐦᑲᑎᓲ akwaahkatisuu vai -u ◆ il/elle y est collé-e par la chaleur, la sécheresse

ᐊᐧᑳᐦᑲᑐᑌᐤ akwaahkatuteu vii ◆ c'est collé par la chaleur, la sécheresse

ᐊᒋᑖᑲᒥᐦᒁᔑᓐ achitaakamihkweshin vai ◆ le sang lui monte à la tête parce qu'il/elle est étendu-e la tête plus basse que le corps

ᐊᒋᑳᑌᔥᑯᐌᐤ achikaateshkuweu vta ◆ il/elle la/le fait trébucher ou tomber avec la jambe; il/elle lui fait un croc-en-jambe

ᐊᒋᑳᑌᔥᑲᒼ achikaateshkam vti ◆ il/elle trébuche sur le pied de quelque chose

ᐊᒋᑳᔑᔥ achikaashish na dim ◆ un visonneau, un jeune vison *Mustela vison*

ᐊᒋᑳᔔᔮᓐ achikaashuuyaan na ◆ une peau de vison, une fourrure de vison

ᐊᒋᑳᔥ achikaash na -im ◆ un vison *Mustela vison*

ᐊᒋᒀᔅᐱᓀᐎᓐ achikwaaspinewin ni ◆ un rhume, un rhume de cerveau

ᐊᒌᒄ achikw na -um ◆ une mucosité, de la morve

ᐊᒋᒧᔥ achimush na dim ◆ un chiot, un petit chient

ᐊᒋᒧᔥᑳᓂᔥ achimushkaanish na dim ◆ un saule discolore *Salix discolor*, un chaton, un saule à chatons

ᐊᒋᒨᔥᑳᓂᔥ achimuushkaanish na dim ◆ un chiot jouet, un toutou

ᐊᒋᔥᑑ achishtuu p,lieu ◆ ouest

ᐊᒋᐦᑎᓀᐤ achihtineu vta ◆ il/elle la/le tient tête en bas

ᐊᒋᐦᑎᓇᒻ achihtinam vti [Intérieur] ◆ il/elle le tient à l'envers

ᐊᒋᐦᑑᐙᐸᐦᐊᒼ achihtuuwaapaham vti ◆ il (un avion) plonge soudain en vol

ᐊᒋᐦᑑᐸᔨᐦᐆ achihtuupayihuu vai/vii -u ◆ il/elle/ça (un oiseau) plonge soudainement en volant

ᐊᒋᐦᑑᐸᔫ achihtuupayuu vai/vii -i ◆ il/elle/ça glisse à la surface, effleure l'eau

ᐊᒋᐦᑕᑯᑌᐤ achihtakuteu vii ◆ ça pend à l'envers, c'est suspendu tête en bas

ᐊᒋᐦᑕᑯᑖᐤ achihtakutaau vai+o ◆ il/elle le pend ou suspend à l'envers ou la tête en bas

ᐊᒋᐦᑕᑯᒋᓐ achihtakuchin vai ◆ il/elle pend ou est pendu-e ou suspendu-e à l'envers ou tête en bas

ᐊᒋᐦᑕᑯᔦᐤ achihtakuyeu vta ◆ il/elle la/le suspend à l'envers

ᐊᒋᐦᑕᑯᐦᑎᓐ achihtakuhtin vii ◆ ça flotte à l'envers

ᐊᒋᐦᑕᑯᐦᒋᓐ achihtakuhchin vai ◆ il/elle flotte à l'envers

ᐊᒋᐦᑕᒼ achihtam vti ◆ il/elle compte des choses

ᐊᒋᐦᑖᐘᓂᔅᑴᔨᔥᑐᐌᐤ achihtaawaniskweyishtuweu vta ◆ il/elle s'incline devant quelqu'un

ᐊᒋᐦᑖᐘᓂᔅᑴᔫ achihtaawaniskweyuu vai -i ◆ il/elle incline, penche ou courbe la tête

ᐊᒋᐦᑖᐯᒋᓀᐤ achihtaapechineu vta ◆ il/elle la/le met à l'envers dans l'eau (filiforme)

ᐊᒋᐦᑖᐯᒋᓇᒼ achihtaapechinam vti ◆ il/elle le met (filiforme) à l'envers dans l'eau

ᐊᒋᐦᑖᓲᓐ achihtaasun ni ◆ un nombre, un numéro

ᐊᒋᐦᑖᓲ achihtaasuu vai -u ◆ il/elle compte, est en train de compter

ᐊᒋᐦᒋᐱᑌᐤ achihchipiteu vta ◆ il/elle la/le tire tête en bas

ᐊᒋᐦᒋᐱᑕᒼ achihchipitam vti ◆ il/elle le tire à l'envers

ᐊᒋᐦᒋᐸᔨᐦᐁᐤ achihchipayiheu vta ◆ il/elle la/le renverse

ᐊᒋᐦᒋᐸᔨᐦᑖᐤ achihchipayihtaau vai+o ◆ il/elle le renverse ou fait basculer à l'envers

ᐊᒋᐦᒋᐸᔫ achihchipayuu vai -i ◆ il/elle tombe la tête la première

ᐊᓯᐦᑎᓐ achihchitin vii ◆ ç'est étendu avec la tête pendante, inclinée

ᐊᓯᐦᒋᑳᐴ achihchikaapuu vai -uu ◆ il/elle est debout sur la tête, se tient la tête en bas

ᐊᓯᐦᒋᑳᐴᐦᐁᐤ achihchikaapuuheu vta ◆ il/elle la/le met debout à l'envers

ᐊᓯᐦᒋᑳᐴᐦᑖᐤ achihchikaapuuhtaau vai+o ◆ il/elle le met debout tête en bas, à l'envers

ᐊᓯᐦᒋᓯᓐ achihchishin vai [côte] ◆ elle meurt en couches parce qu'elle ne peut accoucher

ᐊᓯᐦᒋᔥᑖᐤ achihchishtaau vai+o ◆ il/elle le place ou pose à l'envers ou tête en bas; il/elle écrit à l'envers

ᐊᓯᐦᒋᔥᒀᓯᓐ achihchishkweshin vai ◆ il/elle tombe la tête la première; il/elle dort sans avoir assez d'oreillers, la tête pendante vers l'arrière

ᐊᓯᐦᒋᐦᐁᐤ achihchiheu vta ◆ il/elle la/le pose ou l'installe à l'envers

ᐊᓯᕽ achihch p,manière ◆ à l'envers, inversé ■ ᐊᓯᕽ ᐋᓯᐦᑎᓐ ᐊ ᒥᓂᑉᐸᐦ. ■ *La tasse est dans une boîte à l'envers.*

ᐊᒍᐋᐱᐦᑳᑌᐤ achuwaapihkaateu vta ◆ il/elle la/le raccourcit, réduit, diminue en l'attachant

ᐊᒍᐋᐱᐦᑳᑕᒻ achuwaapihkaatam vti ◆ il/elle le raccourcit, réduit, diminue en l'attachant

ᐊᒍᐋᐱᐦᒉᓇᒻ achuwaapihchenam vti ◆ il/elle le raccourcit, diminue (filiforme) à la main

ᐊᒍᐋᐱᐦᒉᓴᒻ achuwaapihchesham vti ◆ il/elle le coupe (filiforme) pour le raccourcir

ᐊᒍᐋᐳᑲᐦᐊᒧᐌᐤ achuwaapukuhamuweu ◆ il/elle lui donne un bouillon dégraissé à boire

ᐊᒍᐋᐹᐅᑖᐤ achuwaapwaautaau vai+o ◆ il/elle lave quelques morceaux pour avoir moins de linge à laver

ᐊᒍᐋᐹᐅᔦᐤ achuwaapwaauyeu vta ◆ il/elle la/le fait rétrécir au lavage (par ex. un pantalon)

ᐊᒍᐌᑲᐦᐊᒻ achuuwekaham vti ◆ il/elle le descend, baisse, (étalé, amener une voile)

ᐊᒍᐌᒋᐱᑌᐤ achuuwechipiteu vta ◆ il/elle la/le déchire pour la/le rapetisser (par ex. une peau)

ᐊᒍᐌᒋᐱᑕᒻ achuuwechipitam vti ◆ il/elle le déchire (étalé) pour le rapetisser

ᐊᒍᐃᐅᒡ achuuwiiuch vai pl ◆ le nombre de personnes diminue au fur et à mesure qu'elles partent

ᐊᒍᐋᐳᑲᐦᐊᒻ achuuwaapukaham vti ◆ il/elle réduit le liquide en écopant

ᐊᒍᐋᑲᑎᔥᐌᐤ achuuwaakatisweu vta ◆ il/elle la/le rétrécit par le séchage (par ex. une peau)

ᐊᒍᐋᑲᑎᓲ achuuwaakatisuu vai -i ◆ il/elle (une peau) rétrécit en séchant

ᐊᒍᐋᑲᑎᓴᒻ achuuwaakatisam vti ◆ il/elle le fait rapetisser au séchage

ᐊᒍᐋᑲᐦᑎᑌᐤ achuuwaakahtiteu vii ◆ ça rétrécit en séchant

ᐊᒍᐋᒍᓴᒻ achuuwaachuusam vti ◆ il/elle fait réduire le liquide en laissant bouillir trop longtemps

ᐊᒍᐋᒍᐦᑌᐤ achuuwaachuuhteu vii ◆ le liquide réduit en bouillant (eau, bouillon)

ᐊᒍᐋᔥᑯᔥᑕᐦᐊᒻ achuuwaashkushtaham vti ◆ il/elle le réduit, rapetisse en utilisant un objet long et rigide (par ex. une aiguille)

ᐊᒎᐯᐸᔫ achuupepayuu vii -i ◆ le niveau d'eau baisse, diminue

ᐊᒎᐱᑌᐤ achuupiteu vta ◆ il/elle la/le diminue, réduit en la/le tirant ou brisant

ᐊᒎᐱᑕᒧᐌᐤ achuupitamuweu vta ◆ il/elle la/le réduit, diminue en la/le tirant ou brisant

ᐊᒎᐱᑕᒻ achuupitam vti ◆ il/elle le réduit, diminue en tirant, brisant

ᐊᒎᐲᐦᑕᐦᐊᒻ achuupiihtaham vti [côte] ◆ il/elle le diminue, réduit en en enlevant (par ex. des vêtements d'une valise)

ᐊᒎᐲᐦᑖᓲ achuupiihtaasuu vai ◆ il/elle réduit la quantité en en déchargeant une partie

ᐊᒎᐳᑖᐤ achuuputaau vai+o ◆ il/elle le réduit en sciant une partie

ᐊᒍ>ᔪ° **achuupuyeu** vta ♦ il/elle la/le réduit en sciant

ᐊᒍ<ᔅ"ᐃᔾ **achuupayihiisuu** vai reflex ♦ il/elle essaie de maigrir, de perdre du poids

ᐊᒍ<ᔫ **achuupayuu** vai/vii -i ♦ il/elle/ça réduit, diminue

ᐊᒎᑳᐁᐧᔥᑖᐧᐁ° **achuukaateweshtahweu** vta ♦ il/elle la/le raccourcit en cousant (par ex. une jambe de pantalon)

ᐊᒍᑳᑌ° **achuukwaateu** vta ♦ il/elle la/le rapetisse, raccourcit en cousant (par ex. un pantalon)

ᐊᒍᑳᑕᒻ **achuukwaatam** vti ♦ il/elle le raccourcit, rapetisse, diminue en cousant (par ex. un manteau)

ᐊᒍᑳᓈᓲ **achuukwaanaasuu** vai -u ♦ il/elle réduit le chargement du canot ou du véhicule en enlevant une partie

ᐊᒍᑳᐦᐄᓄᐧᐁ° **achuukwaahiinuweu** vai ♦ il/elle réduit la quantité de nourriture en en enlevant un peu

ᐊᒍᑳᐦᐊᒫᓲ **achuukwaahamaasuu** vai reflex -u ♦ il/elle réduit la quantité dans le contenant en en prenant un peu pour elle ou lui-même

ᐊᒍᑳᐦᐊᒻ **achuukwaaham** vti ♦ il/elle réduit la quantité dans le contenant en en enlevant

ᐊᒎᒣ° **achuumeu** vta ♦ il/elle la/le réduit en en mangeant

ᐊᒍᓀ° **achuuneu** vta ♦ il/elle la/le réduit, diminue à la main

ᐊᒍᓇᒧᐧᐁ° **achuunamuweu** vta ♦ il/elle la/le réduit en en prenant une partie

ᐊᒍᓇᒻ **achuunam** vti ♦ il/elle le diminue, réduit à la main

ᐊᒍᓈᑣᐦᐊᒻ **achuunaatwaakaham** vti ♦ il/elle raccourcit le bâton en le coupant

ᐊᒍᓈᑣᐦᐊᐧᐁ° **achuunaatwaakahweu** vta ♦ il/elle raccourcit l'arbre en le coupant à la hache

ᐊᒍᓈᓲ **achuunaasuu** vai/vii -i ♦ il/elle réduit ses choses en les jetant ou donnant

ᐊᒍᔫ° **achuushweu** vta ♦ il/elle la/le réduit en coupant

ᐊᒍᔙᒧᐧᐁ° **achuushamuweu** vta ♦ il/elle la/le réduit pour lui/elle en coupant

ᐊᒍᔙᒻ **achuusham** vti ♦ il/elle le réduit, diminue en coupant

ᐊᒍᔥᑖᐦᐊᒻ **achuushtaham** vti ♦ il/elle le raccourcit, rapetisse en cousant

ᐊᒍᔥᑖᐦᐧᐁ° **achuushtahweu** vta ♦ il/elle la/le réduit en cousant

ᐊᒍᐦᐁ° **achuuheu** vta ♦ il/elle la/le réduit ou diminue

ᐊᒍᐦᐊᒻ **achuuham** vti ♦ il/elle en enlève pour le diminuer, réduire; il/elle le raccourcit avec quelque chose, un outil

ᐊᒍᐦᐧᐁ° **achuuhweu** vta ♦ il/elle la/le rapetisse, réduit, rétrécit avec quelque chose

ᐊᒍᐦᐘᑲᓴᒻ **achuuhwaakasam** vti ♦ il/elle réduit la réserve de bois de chauffage en le brûlant

ᐊᒍᐦᑕᒧᐧᐁ° **achuuhtamuweu** vta ♦ il/elle la/le réduit en en mangeant avant qu'un-e autre puisse en manger

ᐊᒍᐦᑕᒻ **achuuhtam** vti ♦ il/elle le diminue en en mangeant

ᐊᒍᐦᑖᐤ **achuuhtaau** vai+o ♦ il/elle le réduit ou diminue

ᐊᒍᐦᑯᑌ° **achuuhkuteu** vta ♦ il/elle la/le réduit en la/le taillant ou sculptant

ᐊᒍᐦᑯᑕᒻ **achuuhkutam** vti ♦ il/elle le réduit en le taillant

ᐊᒍᐦᑯᑖᒉ° **achuuhkutaacheu** vai ♦ il/elle réduit les choses en les sculptant ou taillant

ᐊᒍᐦᑯᔦᓐ **achuuhkuyenam** vti ♦ il/elle diminue, réduit le feu

ᐊᒍᐦᑯᐧᐁ° **achuuhkuhweu** vta ♦ il/elle la/le diminue ou réduit à la hache

ᐊᒍᐦᒋᐦᑕᒻ **achuuhchihtam** vti ♦ il/elle en réduit, baisse le prix

ᐊᒍᐦᒋᐦᑖᓲ **achuuhchihtaasuu** vai ♦ il/elle baisse les prix, met les articles en vente

ᐊᒃᑯᔥ **achahkush** na dim -im ♦ une étoile

ᐊᒥᑖᐦᑕᒻ **amitaahtam** vti ♦ il/elle crache du liquide

ᐊᒥᒉᐦᑲᓱᐃᓐ **amichehkasuwin** ni ♦ un fauteuil, de l'anglais 'armchair'

ᐊᒥᔅᑯᐅᑌᐦᑕᑯᓲ amiskuutehtakusuu na ◆ des rognons de castor

ᐊᒥᔅᑯᐅᑎᑖᒥᔫᐦ amiskuutitaamiyuuh ni ◆ des organes internes de castor

ᐊᒥᔅᑯᐅᒋᒁᒋᑲᓐ amiskuuchikwaachikan ni ◆ un crochet à castor

ᐊᒥᔅᑯᐅᓲ amiskuusuu ni ◆ une queue du castor

ᐊᒥᔅᑯᐋᐃᐦᑯᓈᐤ amiskuaaihkunaau ni -naam ◆ de la banique préparée avec de la graisse de castor

ᐊᒥᔅᑯᐧᐃᔮᔅ amiskuwiyaas ni ◆ de la viande de castor

ᐊᒥᔅᑯᐧᐄᓱᐲ amiskuwiisupii ni -m ◆ une vésicule biliaire de castor

ᐊᒥᔅᑯᐧᐄᔫ amiskuwiiyuu ni ◆ de la graisse ou du gras de castor

ᐊᒥᔅᑯᐧᐊᓇᐦᐄᑲᓐ amiskuwanahiikan ni ◆ un piège à castor

ᐊᒥᔅᑯᐧᐊᓇᐦᐄᒉᐤ amiskuwanahiicheu vai ◆ il/elle pose un piège à castor

ᐊᒥᔅᑯᐧᐋᔥᑌᓂᒫᑲᓐ amiskuwaashtenimaakan ni ◆ une lampe à la graisse de castor

ᐊᒥᔅᑯᐱᒦ amiskupimii ni -m ◆ de la graisse ou du gras de castor

ᐊᒥᔅᑯᑎᔨᑲᓐ amiskutiyikan ni ◆ une omoplate de castor

ᐊᒥᔅᑯᑲᓐ amiskukan ni ◆ un os de castor

ᐊᒥᔅᑯᒋᒫᐤ amiskuchimaau na -maam ◆ un maître de trappe

ᐊᒥᔅᑯᒣᐃᐧᐋᓐ amiskumeiwaan ni ◆ des fèces, des excréments de castor

ᐊᒥᔅᑯᒣᐃᒌ amiskumeichii ni -m ◆ le contenu de l'estomac d'un castor

ᐊᒥᔅᑯᒣᐤ amiskumeu ni -em ◆ un sentier, une piste du castor

ᐊᒥᔅᑯᒥᐦᒄ amiskumihkw ni ◆ du sang de castor

ᐊᒥᔅᑯᒦᒋᒼ amiskumiichim ni ◆ de la viande de castor

ᐊᒥᔅᑯᓂᒁᑲᓐ amiskunikwaakan ni [Intérieur] ◆ un collet à castor

ᐊᒥᔅᑯᓇᒁᓐ amiskunakwaan ni [Côte] ◆ un collet à castor

ᐊᒥᔅᑯᓯᑦ amiskusit ni ◆ une patte du castor

ᐊᒥᔅᑯᓰᔅ amiskusiis na -im [Côte] ◆ une punaise d'eau, un hémiptère aquatique

ᐊᒥᔅᑯᓴᑲᐻᓐ amiskusakapwaan na ◆ un castor rôti à la ficelle

ᐊᒥᔅᑯᓵᑲᐦᐄᑲᓐ amiskusaakahiikan ni ◆ un lac où il y a des castors chaque année

ᐊᒥᔅᑯᔅᑯᓐ amiskuskun ni ◆ un foie du castor

ᐊᒥᔅᑯᔅᒋᐦᒄ amiskuschihkw na ◆ une marmite, une casserole pour faire bouillir le castor

ᐊᒥᔅᑯᔑᑊ amiskuship na -im ◆ une macreuse brune, une macreuse à ailes blanches *Melanitta fusca deglandi*

ᐊᒥᔅᑯᔖᐳᓂᑲᓐ amiskushaapunikan ni ◆ une aiguille pour faire des trous dans les peaux de castor pour l'étirage

ᐊᒥᔅᑯᔥ amiskush na dim ◆ un bébé castor *Castor canadensis*

ᐊᒥᔅᑯᔥᑎᒁᓂᑲᓐ amiskushtikwaanikan ni ◆ un crâne de castor

ᐊᒥᔅᑯᔮᐲ amiskuyaapii ni -m ◆ une corde pour tirer le castor jusqu'à la maison

ᐊᒥᔅᑯᔮᓀᑯᐦᑊ amiskuyaanekuhp ni -m ◆ un manteau de fourrure de castor, en peau de castor

ᐊᒥᔅᑯᔮᓀᔅᑎᔅ amiskuyaanestis ni ◆ une mitaine en peau de castor

ᐊᒥᔅᑯᔮᓀᔥᑐᑎᓐ amiskuyaaneshtutin ni ◆ un chapeau de fourrure de castor

ᐊᒥᔅᑯᔮᓐ amiskuyaan na ◆ une peau de castor

ᐊᒥᔅᑯᐦᐄᐲ amiskuhiipii na -m [Côte] ◆ un filet pour attraper le castor

ᐊᒥᔅᑯᐦᐊᐲ amiskuhapii na -m [Intérieur] ◆ un filet pour attraper le castor

ᐊᒥᔅᑯᐦᑑ amiskuhtuu ni ◆ un cadre pour peau de castor

ᐊᒥᔅᑯᐦᑳᓐ amiskuhkaan na -im ◆ un castor sculpté, empaillé

ᐊᒥᔅᑰᐦᐸᓐ amiskuuhpan ni ◆ un poumon du castor

ᐊᒥᔅᒁᐱᑦ amiskwaapit ni ◆ une dent de castor

ᐊᒥᔅᒁᐴ amiskwaapuu ni ◆ du bouillon de castor

ᐊᒥᔅᒁᔫ amiskwaayuu ni ◆ l'os de la queue du castor

ᐊᒥᔅᒄ amiskw na ◆ un castor *Castor canadensis*

ᐊᒪᑎᔪ **amatisuu** vai -u [Intérieur]
• il/elle sent ou perçoit une présence (par ex. un esprit)

ᐊᒻᵈ **amahkw** na • une aiguille à tresser les raquettes

ᐊᒫᐌᓴᐤ **amaawesweu** vta • il/elle la/le fait fuir en tirant du fusil

ᐊᒫᐌᓯᒑᐤ **amaawesicheu** vai • il/elle fait peur au gibier, effraie le gibier en tirant du fusil

ᐊᒫᐌᐦᑳᐤ **amaawehkahweu** vta • il/elle fait fuir le gibier en bûchant du bois

ᐊᒫᑌᐤ **amaateu** vta • il/elle la/le fait fuir (le gibier)

ᐊᒫᐦᐁᐤ **amaaheu** vta • il/elle la/le fait fuir

ᐊᒫᐦᐄᐯᐤ **amaahiipeu** vai • ils (poissons) évitent le secteur, parce qu'un filet y a été laissé trop longtemps

ᐊᓀ **ane** pro,dém [Intérieur] • celui-là là-bas, celle-là là-bas, cela, ça, ce, cet, cette (inanimé, voir *ne*)

ᐊᓀᒌ **anechii** pro,dém [Intérieur] • ceux-là là-bas, celles-là là-bas (animé) (voir *naa*)

ᐊᓀᒌᔥ **anechiich** pro,dém [Intérieur] • ceux-là là-bas, celles-là là-bas (animé, voir *naa*)

ᐊᓀᔫ **aneyuu** pro,dém [Intérieur] • celui-là là-bas, celle-là là-bas, cela, ça, ce, cet, cette (inanimé obviatif, voir *ne*)

ᐊᓀᔫᐦ **aneyuuh** pro,dém [Intérieur] • ceux-là là-bas, celles-là là-bas (obviatif animé ou inanimé); celui-là là-bas, celle-là là-bas, ça là-bas, cela, ce, cet, cette (obviatif animé) (voir *naa* ou *ne*)

ᐊᓀᐦᐄᐦ **anehiih** pro,dém [Intérieur] • ceux-là là-bas, celles-là là-bas, ces...-là là-bas (inanimé, voir *ne*)

ᐊᓂᑌᐦ **aniteh** pro,dém,lieu • là, y, là-bas ◼ ᐊᓂᑌᐦ ᐋᑖᐧᐦ ᐊᓀᔫ ᒪᓯᓇᐦᐃᑲᓇ ◼ *Pose ces livres là-bas.*

ᐊᓂᑦ **anit-h** pro,dém,lieu • là, y, là-bas ◼ ᐊᓂᑦ ᓂᐯᐦ ◼ *Tiens-toi là debout.*

ᐊᓂᑯᒑᔥ **anikuchaash** na dim -im [Intérieur] • un écureuil roux *Tamiasciurus hudsonicus*, voir aussi *nikuchaash* [Côtier]

ᐊᓂᒌ **anichii** pro,dém • ceux-là, celles-là, ces, voilà (animé, voir *an*)

ᐊᓂᒌᔥ **anichiich** pro,dém • ceux-là là-bas, celles-là là-bas (animé, voir *naa*)

ᐊᓂᒌᔥ **anichiish** p,temps dim • maintenant, aujourd'hui ◼ ᐊᓂᒌᔥ ᓂᑎᐱᔅᑳᐧ ◼ *C'est mon anniversaire aujourd'hui.*

ᐊᓂᒑᐴᐌᐤ **anichaapuweh** p,interjection • expression de tendresse, de gentillesse utilisée en parlant de quelqu'un (par ex. un bébé, un enfant, un aîné) ou une jolie petite chose

ᐊᓂᔅᑯᒑᐹᓂᒫᐤ **aniskuchaapaanimaau** nad • un arrière-arrière-grand-parent, une arrière-arrière-grand-parente, un trisaïeul, une trisaïeule

ᐊᓂᔅᑯᒑᐹᓂᔥ **aniskuchaapaanish** na dim [Intérieur] • un arrière-arrière-petit-enfant, une arrière-arrière-petite-enfant

ᐊᓂᔦᓀ **aniyene** pro,dém, absent [Intérieur] • absent-e, disparu-e (inanimé, voir *aniyene*) ◼ ᓂᒪᓯᓇᐦᐃᑲᓐ ᐊᓂᔦᓀ ᓂᓘᕐᑖᐸᐦᑎᓐ ◼ *Mon livre perdu me manque.*

ᐊᓂᔦᓀᔫ **aniyeneyuu** pro,dém, absent [Intérieur] • absent-e, disparu-e (inanimé, voir *aniyene*)

ᐊᓂᔦᔫ **aniyeyuu** pro,dém • celui-là, celle-là, cela, ça, ce, cet, cette (inanimé obviatif, voir *an*)

ᐊᓂᔦᔫᐦ **aniyeyuuh** pro,dém • celui-là, celle-là, ce, cet, cette (obviatif animé); ceux-là, celles-là, ces (obviatif animé ou inanimé, voir *an*)

ᐊᓂᔦᐦᑳ **aniyehkaa** pro,dém, absent • défunts, défuntes, décédés, décédées, feux, feues, disparus, disparues (animé pluriel, voir *aniyaa*)

ᐊᓂᔦᐦᑳᓈᓂᒡ **aniyehkaanaanich** pro,dém, absent [Intérieur] • défunts, défuntes, décédés, décédées, feux, feues, disparus, disparues (animé pluriel, voir *aniyaa*) ◼ ᐁᒍᐋ ᐃᐦᑖᐧᐤ ᐊᓂᔦᐦᑳᓈᓂᒡ ᓂᑑᑖᐄᐧᐊᒡ ◼ *Ils ne sont plus là, nos défunts parents.*

ᐊᓂᔦᐦᑳᓈᓐ **aniyehkaanaanh** pro,dém, absent [Intérieur] • absents, absentes, disparus, disparues (inanimé, voir *aniyene*)

ᐊᓂᔥᐦ" **aniyehkaah** pro,dém, absent
  ◆ défunt-s, décédé-s, feu-s, disparu-s; défunte-s, décédée-s, feue-s, disparue-s (animé obviatif singulier et pluriel, voir *aniyaa*) ▪ ᐊᓂᔥᐦ" ᐅᑳᐃ" ᐦ ᑲᐱᑦₓ ▪ *Feu sa mère le lui avait donné.*

ᐊᓂᔾ **aniyuu** pro,dém ◆ celui-là, celle-là, cela, ça, ce, cet, cette (obviatif inanimé, voir *an*)

ᐊᓂᔾ" **aniyuuh** pro,dém ◆ celui-là, celle-là, ce, cet, cette (obviatif animé); ceux-là, celles-là, ces (obviatif animé ou inanimé) (voir *an*)

ᐊᓂᔾ" **aniyuuh** pro,dém ◆ ceux-là, celles-là, ces, voilà (inanimé, voir *an*) ▪ ᐯᒡ" ᐊᓂᔾ" ᒪᔅᑲᓯᓇᕐ"ₓ ▪ *Apporte celles-là, tes chaussures!*

ᐊᓂᔾ **aniyaa** pro,dém, absent ◆ défunt-e, décédé-e, feu-e, disparu-e ▪ ᐊᓂᔾ ᓂᑳᐃ ᓂᐦ ᑲᐱᑦₓ ▪ *Feu ma mère me l'avait donné.*

ᐊᓂᔾᐊ **aniyaanaa** pro,dém, absent
  ◆ défunt-e, décédé-e, feu-e, disparu-e (voir *aniyaa*) ▪ ᐊᓂᔾᐊ ᓂᑳᐃ ᓂᐦ ᑲᐱᑦₓ ▪ *Feu ma mère me l'avait donné.*

ᐊᓂᔾᐊ" **aniyaanaah** pro,dém, absent
  ◆ défunt-s, défunte-s, décédé-s, décédée-s, feu-x, feue-s, disparu-s, disparue-s (animé obviatif, voir *aniyaa*)

ᐊᓂᔾ" **aniyaah** pro,dém, absent ◆ défunt-s, défunte-s, décédé-s, décédée-s, feu-x, feue-s, disparu-s, disparue-s (animé obviatif, voir *aniyaa*)

ᐊᓂ"ᐃ" **anihiih** pro,dém [Eastmain]
  ◆ ceux-là, celles-là, ces (inanimé, voir *an*)

ᐊᓂ"ᐊᐧ **anihawe** pro,dém [Mistissini]
  ◆ celui-là, celle-là, cela, ça, ce, cet, cette, voilà (animé ou inanimé, voir *an*) ▪ ᐊᐧᓇ ᐊᓂ"ᐊᐧ ᑲ ᑲᐦᓂᓂᒡₓ ▪ *Qui est celui qui vient d'entrer?*

ᐊᐅ"ᑲᐸᔾ **anuhchipayuu** vai -i ◆ il/elle attrape ou ramasse vite les choses (par ex. avant qu'elles tombent)

ᐊᐅ"ᒌᔥ **anuhchiish** p,temps dim
  ◆ maintenant, aujourd'hui ▪ ᐊᐅ"ᒌᔥ ᓂᑎᐸ"ᐦᑲᑦₓ ▪ *C'est mon anniversaire aujourd'hui.*

ᐊᐅ"ᒌᐦᑲ **anuhchiihkaan** p,temps
  ◆ récemment, dernièrement, il n'y a pas longtemps, depuis peu, ces derniers temps, ces derniers jours ▪ ᐊᐅ"ᒌᐦᑲ ᐦ ᑐᒡᐳₓ ▪ *Elle vient de partir, il n'y a pas longtemps.*

ᐊᐅ"ᒡ **anuhch** p,temps ◆ maintenant, aujourd'hui ▪ ᐊᐅ"ᒡ ᓂᑎᐸ"ᐦᑲᑦₓ ▪ *C'est aujourd'hui mon anniversaire.*

ᐊᓇᑯᐃ **anakui** nad ◆ une manche, un manchon

ᐊᓈ **anaa** pro,dém ◆ celui-là là-bas, celle-là là-bas, ce, cet, cette , voilà...là-bas (animé, voir *naa*) ▪ ᒫᒃᓯᑦ ᐊᓈₓ ▪ *C'est Marguerite là-bas.*

ᐊᐧᓈ **anwaa** pro,dém ◆ celui-là là-bas, celle-là là-bas, ce, cet, cette, voilà...là-bas (animé, voir *naa*)

ᐊᓇ **an** pro,dém ◆ celui-là, celle-là, cela, ça, ce, cet, cette, voilà (animé ou inanimé) ▪ ᒫᒃᓯᑦ ᐊᓇₓ ◆ ᓂᐦ ᒌ ᐊᓇ ᐊᐧᒥₓ ▪ *C'est Marguerite.* ◆ *Celui-là pleurait.*

ᐊᓴᑲᐳ **asekapuu** vai -i ◆ il/elle est assemblé-e, regroupé-e, ramassé-e, tassé-e, mis-e en grappe ou en botte (étalé)

ᐊᓴᒋᓀᐤ **asechineu** vta ◆ il/elle en tient plusieurs à la main (étalé)

ᐊᓴᒋᓇᒻ **asechinam** vti ◆ il/elle en tient plusieurs (étalé) dans sa main

ᐊᓯᐯᒋᔑᓇ **asipechishin** vai ◆ il/elle est réfléchi-e ou se reflète sur l'eau

ᐊᓯᐯᒋ"ᑎᓇ **asipechihtin** vii ◆ c'est réfléchi dans l'eau

ᐊᓯᐱᑎᐤ **asipiteu** vta ◆ il/elle les rassemble en grappes ou paquets

ᐊᓯᐱᑕᒻ **asipitam** vti ◆ il/elle les assemble, les rassemble en paquets, ballots

ᐊᓯᐳᐃᒡ **asipuwich** vai pl -i ◆ ils/elles s'assoient tous ensemble, ils sont entassés, elles sont entassées

ᐊᓯᑎᒋᒣᐤ **asitichimeu** vta ◆ il/elle l'inclut dans le compte

ᐊᓯᑎᒋ"ᑕᒻ **asitichihtam** vti ◆ il/elle le compte dans, l'ajoute

ᐊᓯᑎᔥᑯᐧᐤ **asitishkuweu** vta [Intérieur]
  ◆ il/elle appuie sur elle/lui avec le pied, le corps

ᐊᓯᑎᔥᑲᒻ **asitishkam** vti [Intérieur]
* il/elle le retient, le tient contre quelque chose avec son pied; il/elle presse dessus avec le pied, le corps

ᐊᓯᐧᖁᐱᑌᐤ **asikwepiteu** vta ♦ il/elle les saisit par le cou

ᐊᓯᒄ **asikw** na -um [Waswanipi] ♦ un harle huppé *Mergus serrator*

ᐊᓯᒋᐱᑌᐤ **asichipiteu** vta ♦ il/elle la/le tire, l'entraîne avec lui/elle

ᐊᓯᒋᐱᑕᒻ **asichipitam** vti ♦ il/elle le tire avec lui/elle

ᐊᓯᒋᑲᐦᐊᒻ **asichikaham** vti ♦ il/elle le coupe sur un objet en bois

ᐊᓯᒋᑲᐦᐧᐁᐤ **asichikahweu** vta ♦ il/elle la/le coupe sur un objet en bois

ᐊᓯᒋᒀᑌᐤ **asichikwaateu** vta ♦ il/elle la/le coud sur quelque chose

ᐊᓯᒋᒀᑕᒻ **asichikwaatam** vti ♦ il/elle le coud sur quelque chose

ᐊᓯᒋᔥᑯᐧᐁᐤ **asichishkuweu** vta [Côte] ♦ il/elle appuie sur elle/lui avec le pied, le corps

ᐊᓯᒋᔥᑲᒻ **asichishkam** vti [Côte] ♦ il/elle le retient, le tient contre quelque chose avec son pied; il/elle presse dessus avec le pied, le corps

ᐊᓯᒧᐧᐃᒡ **asimuwich** vai pl -u ♦ ils/elles (par ex. des baies, des fruits) sont en grappes, en talles

ᐊᓯᒧᓐᐦ **asimunh** vii pl [Intérieur] ♦ c'est une grappe (par ex. de petits fruits), une botte (de légumes)

ᐊᓯᒨᐦ **asimuuh** vii pl -u [Côte] ♦ c'est une grappe (par ex. de petits fruits)

ᐊᓯᓀᐤ **asineu** vta ♦ il/elle les tient ensemble dans la main

ᐊᓯᓂ **asinii** na -m ♦ une pierre

ᐊᓯᓃᐅᑖᐦᑳᐤ **asiniiutaauhkaau** vii
* c'est un terrain rocheux et sablonneux

ᐊᓯᓃᐅᔅᑲᒥᑳᐤ **asiniiuskamikaau** vii
* c'est un terrain pierreux, rocheux

ᐊᓯᓃᐧᐋᒥᔅᑳᐤ **asiniiwaamiskaau** vii
* c'est un fond pierreux, rocheux

ᐊᓯᓃᐤ **asiniiu** vii ♦ c'est un terrain rocheux

ᐊᓯᓃᔅᑳᐤ **asiniiskaau** vii ♦ c'est couvert de pierres, de roches; c'est rocheux

ᐊᓯᓃᔮᒥᔅᑰ **asiniiyaamiskuu** vii -uu [Intérieur] ♦ c'est un secteur de petits cailloux, de petites pierres

ᐊᓯᓃᔮᒥᔅᒄ **asiniiyaamiskw** ni [Intérieur]
* un petit caillou, une petite roche

ᐊᓯᓃᔮᒥᔥᑯᔕᐦ **asiniiyaamishkushh** ni pl dim [Intérieur] ♦ des cailloux dans l'eau (lac, rivière)

ᐊᓯᓃᐦᑯᒃ **asiniihkukw** ni -um ♦ du plomb, une feuille ou du papier d'aluminium

ᐊᓯᓃᐦᑲᐦᑕᒻ **asiniihkahtam** vti ♦ il/elle met un plâtre dessus

ᐊᓯᓃᐦᑳᓐ **asiniihkaan** ni ♦ une brique, du ciment, un plâtre

ᐊᓯᓇᒻ **asinam** vti ♦ il/elle tient des choses ensemble dans sa main

ᐊᓯᓈᐲ **asinaapii** ni -m ♦ une pièce d'ancrage, un poids, un plomb pour filet (bâton, pierre)

ᐊᓯᓈᒥᔅᑰ **asinaamiskuu** vii -uu [Côte]
* c'est un secteur de petits cailloux, de galets, de petites pierres

ᐊᓯᓈᒥᔅᒄ **asinaamiskw** ni [Côte] ♦ un petit caillou, une petite roche

ᐊᓯᓈᒥᔥᑯᔕᐦ **asinaamishkushh** ni pl dim [Côte] ♦ des cailloux dans l'eau (lac, rivière)

ᐊᓯᔅᒌᐅᒋᔑᒣᐤ **asischiiuchishimeu** vta [Côte] ♦ il/elle la/le salit de boue sans faire exprès

ᐊᓯᔅᒌᐅᒋᐦᑎᑖᐤ **asischiiuchihtitaau** vai+o [Côte] ♦ il/elle le salit avec de la boue accidentellement

ᐊᓯᔅᒌᐅᓀᐤ **asischiiuneu** vta [Intérieur]
* il/elle la/le couvre de boue avec la main

ᐊᓯᔅᒌᐅᓇᒻ **asischiiunam** vti ♦ il/elle le recouvre, le couvre de boue avec la main

ᐊᓯᔅᒌᐅᔑᓐ **asischiiushin** vai ♦ il/elle se couvre de boue en tombant

ᐊᓯᔅᒌᐅᐦᐁᐤ **asischiiuheu** vta ♦ il/elle l'éclabousse, la/le couvre de boue

ᐊᓯᔅᒌᐅᐦᑎᓐ **asischiiuhtin** vii ♦ ça se couvre de boue en tombant

ᐊᓯᔅᒌᐋᑲᒨ **asischiiwaakamuu** vii -i
* l'eau est boueuse

ᐊᓯᔅᒌᐋᔅᑯᓇᒻ **asischiiwaaskunam** vti
* il/elle le couvre (long et rigide) de boue

ᐊᕐᔨᒋᐤ asischiiu vai/vii ♦ il est boueux, elle est boueuse; c'est boueux

ᐊᕐᔨᐦᑳᓈᐱᔅᒄ asischiihkaanaapiskw ni ♦ une brique d'argile

ᐊᕐᔫ asischuu ni -chiim ♦ de la boue, de l'argile

ᐊᕐᔫᒋᔑᒣᐤ asischuuchishimeu vta [Intérieur] ♦ il/elle la/le salit de boue accidentellement

ᐊᕐᔫᒋᐦᑎᑖᐤ asischuuchihtitaau vai+o [Intérieur] ♦ il/elle le salit de boue accidentellement

ᐊᕐᓱᓈᐤ asishinuch vai pl ♦ ils/elles sont en tas ou en amas; ils sont entassés ou amassés, elles sont entassées ou amassées

ᐊᕐᔥᑖᐤ asishtaau vai+o ♦ il/elle les met en tas ou en amas, les entasse ou les amasse

ᐊᓰᐦᐁᐤ asiheu vta ♦ il/elle les entasse, empile

ᐊᓰᐦᐱᑌᐤ asihpiteu vai ♦ il/elle les attache en paquets, grappes

ᐊᓰᐦᐱᑕᒻ asihpitam vti ♦ il/elle les lie, les attache en paquets, en ballots

ᐊᓰᐦᑵᐱᒉᐤ asihkwepicheu vai ♦ il/elle attache les canards, les oies par le cou

ᐊᓰᐦᑵᐱᒋᑲᓂᔮᐲ asihkwepichikaniyaapii ni -m ♦ une corde pour attacher les oies par le cou, en grappe

ᐊᔫᑌᐤ asuuteu vta ♦ il/elle la/le met dans un contenant

ᐊᔫᑖᐤ asuutaau vai+o ♦ il/elle le met dans un contenant ou récipient ▪ ᐊᓂ ᐃᔨᐴᒻ ᐦ ᐊᔫᑖᐤ ᐅᓂᒧᔑᒻ ▪ Elle met ses baies dans le bol.

ᐊᔅᒋᐸᔫ asachipayuu vai/vii ♦ il/elle/ça tombe à la renverse avec un-e autre

ᐊᔅᒋᑳᑌᐤ asachikwaateu vta ♦ il/elle la/le coud sur quelque chose

ᐊᔅᒋᑳᑕᒻ asachikwaatam vti ♦ il/elle le coud sur quelque chose

ᐊᓵᐲᐦᑳᑌᐤ asaapihkaateu vta [Intérieur] ♦ il/elle attache un paquet de choses ensemble (par ex. des mitaines)

ᐊᓵᐲᐦᑳᑌᐤᐦ asaapihkaateuh vii pl [Intérieur] ♦ plusieurs choses sont attachées ensemble

ᐊᓵᐲᐦᑳᑕᒻ asaapihkaatam vti [Intérieur] ♦ il/elle attache un paquet de choses ensemble

ᐊᓵᐲᐦᑳᓱᐎᒡ asaapihkaasuwich vai pl -u [Intérieur] ♦ il y en a un paquet ou groupe attaché ensemble

ᐊᓵᒥᔥᒌᔕᒡ asaamishchiishach na pl pej ♦ une vieille paire de raquettes

ᐊᓵᒻ asaam na ♦ une raquette à neige

ᐊᔅᐯᔨᐦᑕᒧᐎᓐ aspeyihtamuwin ni ♦ de l'espoir

ᐊᔅᐯᔨᐦᑕᒨ aspeyihtamuu vai ♦ il/elle espère, a de l'espoir

ᐊᔅᐱᑕᐦᑲᐦᒻ aspitahkaham vti ♦ il/elle utilise un bloc de bois sous les billots qu'il/elle fend

ᐊᔅᐱᑕᐦᑲᐦᐋᐚᓐ aspitahkahaawaan ni ♦ une pièce de bois sur laquelle on pose les bûches à fendre

ᐊᔅᐱᓀᐤ aspineu vta ♦ il/elle la/le prend en se protégeant la main avec quelque chose

ᐊᔅᐱᓂᑲᓐ aspinikan ni ♦ quelque chose qui sert à tenir un objet

ᐊᔅᐱᓇᒻ aspinam vti ♦ il/elle le prend en utilisant quelque chose pour se protéger la main

ᐊᔅᐱᓐ aspin p,temps ♦ depuis ▪ ᐅᒑᑎᔅ ᐊᔅᐱᓐ ᓂ ᐚᐸᒫᐤ ▪ Je ne l'ai pas vu depuis hier.

ᐊᔅᐱᔥᑕᒫᐎᓐ aspishtamaawin ni ♦ de la confiture faite maison, de la tartinade

ᐊᔅᐱᐦᐸᓱᔮᓐ aspihpasuyaan ni ♦ une couverture spéciale utilisée pour envelopper un bébé quand il est mis dans le waaspisuyaan (sac de mousse)

ᐊᔅᐱᐦᒋᑯᓀᐴ aspihchikunepuu vai ♦ il/elle se sert de quelque chose comme tablier pour se couvrir en étant assis-e

ᐊᔅᐱᐦᒋᑯᓀᐦᐊᓐ aspihchikunehun ni ♦ un tablier

ᐊᔅᐱᐦᒋᓈᑲᓐ aspihchinaakan ni ♦ un étui ou un fourreau à fusil

ᐊᔅᐸᐴᐁᐤ aspapuweu vai ♦ il/elle ajoute quelque chose à la soupe, au bouillon

ᐊᔅᐸᐴᐎᓐ aspapuwin ni ♦ un coussin

ᐊᔅᐸᐴ aspapuu vai -i ♦ il/elle s'en sert comme tapis ou coussin pour s'asseoir

ᐊᔅᐸᑯᐎᓐ aspakuwin ni ♦ un châle, un fichu

ᐊᔅᐸᑯ aspakuu vai-u ♦ elle porte quelque chose comme un châle ou un fichu

ᐊᔅᐸᐦᐄᑲᓐ aspahiikan ni ♦ une rondelle pour une vis

ᐊᔅᐸᐦᐊᒻ aspaham vti ♦ il/elle pose quelque chose dessus pour le serrer

ᐊᔅᐸᐦᐐ aspahweu vta ♦ il/elle y fixe quelque chose pour que ce soit serré, étanche

ᐊᔅᐸᐦᐱᓱᐎᓐ aspahpisuwin ni ♦ une enveloppe, un fourreau, une gaine pour le bébé dans le sac de mousse; un couverture de bébé faite à la main

ᐊᔅᐹᐱᔑᓀᐤ aspaapischineu vta ♦ il/elle se sert de quelque chose pour la/le ramasser (métal)

ᐊᔅᐹᐱᔑᓂᑲᓐ aspaapischinikan ni ♦ une poignée (pour manipuler les plats), une manicle ou manique

ᐊᔅᐹᐱᔑᓇᒻ aspaapischinam vti ♦ il/elle utilise quelque chose pour le ramasser (métal)

ᐊᔅᐹᐳᐌᐤ aspaapuweu vai ♦ il/elle ajoute quelque chose à la soupe, au bouillon (ancien terme)

ᐊᔅᐹᑳᐦᐄᑲᓐ aspaakahiikan ni [Côte] ♦ une pièce de bois fixée au rebord supérieur d'un canot

ᐊᔅᐹᔅᑯᔑᒣᐤ aspaaskuschimeu vai ♦ il/elle couvre le centre des cadres de raquettes avec du cuir, du tissu

ᐊᔅᐹᔅᑯᔑᒫᓐ aspaaskuschimaan ni ♦ un chiffon ou tissu enveloppant la partie centrale du cadre d'une raquette, sous le tissage

ᐊᔅᑎᑳᒥᑯᐦᒡ astikaamikuhch p,lieu ♦ de ce côté d'une étendue d'eau

ᐊᔅᑎᓰ astisii na-m ♦ un ligament, un tendon le long du dos

ᐊᔅᑎᔅ astis na ♦ une mitaine

ᐊᔅᑑᔅᑑᐹᔫ astuustuupayuu vai/vii-i ♦ il/elle/ça prend (en gelée), épaissit

ᐊᔅᑕᐦᒋᑯᓂᐦᒉᐤ astahchikunihcheu vai ♦ il/elle prépare les choses à emmagasiner, stocker ou entreposer; à cacher ou mettre dans la cache

ᐊᔅᑕᐦᒋᑰᓐ astahchikun ni ♦ un objet entreposé, une chose remisée ou emmagasinée

ᐊᔅᑕᐦᒋᑰ astahchikuu vai-u ♦ il/elle emmagasine, stocke ou entrepose des choses

ᐊᔅᑖᓱᓂᑲᒥᒄ astaasunikamikw ni ♦ un entrepôt, une remise; une cabane, un cabanon, une shed, une baraque, un hangar d'entreposage

ᐊᔅᑖᔅᖫᐚᓐ astaaskwewaan na ♦ une fille promise en mariage, une fiancée

ᐊᔅᑖᔅᑯᔖᐌᐤ astaaskushaaweu vai ♦ il/elle coupe de la babiche au couteau en étendant la peau sur un morceau de bois

ᐊᔅᑲᑖᐤ askataau vai+o ♦ il/elle reste en arrière ou derrière pour l'attendre

ᐊᔅᑲᒧᐌᐤ askamuweu vta ♦ il/elle l'attend pour lui faire quelque chose (par ex. une embuscade)

ᐊᔅᑲᒧᐚᑕᒻ askamuwaatam vti ♦ il/elle l'attend (par ex. le train)

ᐊᔅᒀᔅᑯᐦᐄᑲᓐ askwaaskuhiikan ni ♦ un pieu ou poteau pour corde à linge

ᐊᔅᒋᐱᑐᓀᐤ aschipituneu vai ♦ son bras est fatigué (ancien terme)

ᐊᔅᒋᐳᑌᐤ aschiputeu vii ♦ c'est inondé par l'eau qui monte

ᐊᔅᒋᐳᑖᐤ aschiputaau vai+o ♦ il/elle le fait déborder, cause une inondation

ᐊᔅᒋᐳᑰ aschipukuu vai-u ♦ sa place est envahie, son camp est inondé par l'eau qui monte

ᐊᔅᒋᐳᔦᐤ aschipuyeu vta ♦ il/elle la/le fait sortir avec de l'eau

ᐊᔅᒋᑲᒋᔐᐴ aschikachishepuu vai-i ♦ il/elle est fatigué d'être assis-e, a mal au derrière

ᐊᔅᒋᑳᐴ aschikaapuu vai-uu ♦ il/elle est fatigué-e d'être debout immobile

ᐊᔅᒋᑳᑌᐴ aschikaatepuu vai-i ♦ il/elle est fatigué d'être assis-e, a mal aux jambes à force d'être assis-e

ᐊᔅᒋᒣᐤ aschimeu vai ♦ il/elle lace, sangle des raquettes

ᐊᔅᒋᒥᓂᔮᐲ aschiminiyaapii ni-m ♦ de la babiche épaisse (pour le support du pied dans la raquette)

ᐊᔅᒋᒥᓂᔮᐲᒪᐦᒄ aschiminiyaapiimahkw na ♦ une aiguille à tresser les raquettes

ᐊᔅᒋᒫᑌᐤ aschimaateu vta ♦ il/elle la/le lace, tisse

ᐊᔅᒋᒫᑕᒼ aschimaatam vti ♦ il/elle le lace, le tisse

ᐊᔅᒋᔑᓐ aschishin vai ♦ il/elle est fatigué-e d'être étendu-e dans la même position

ᐊᔅᒋᐦᒃᐙᐦᑎᒄ aschihkwaahtikw ni ♦ une barre transversale pour suspendre un chaudron ou une bouilloire dans un tipi

ᐊᔅᒋᐦᒄ aschihkw ni ♦ un chaudron, une marmite, une bouilloire, un seau

ᐊᔅᒌ aschii ni -m ♦ le monde, la terre, un territoire, un pays, le sol, un terrain; de la terre, de la mousse

ᐊᔅᒌᐅᑲᒥᒄ aschiiukamikw ni ♦ une cabane de bois recouverte de mousse

ᐊᔅᒌᐅᒫᔥᑌᐤ aschiiumaashteu vii ♦ ça sent la mousse brûlée; il y a une odeur de mousse brûlée

ᐊᔅᒌᐅᓯᓇᐦᐄᑲᓐ aschiiusinahiikan ni ♦ une carte, un plan

ᐊᔅᒌᐅᔅᑲᒥᑳᐤ aschiiuskamikaau vii ♦ c'est un territoire couvert de mousse, une pessière à mousse

ᐊᔅᒌᐙᑎᓰᐎᓐ aschiiwaatisiiwin ni ♦ les plaisirs du monde (terme biblique)

ᐊᔅᒌᐙᑎᓰᐤ aschiiwaatisiiu vai ♦ il/elle vit de la terre (mot biblique)

ᐊᔅᒌᐯᒄ aschiipekw ni ♦ un étang, une mare, un bassin dans une tourbière ou un muskeg

ᐊᔅᒌᒥᓈᓈᐦᑎᒄ aschiiminaanaahtikw ni ♦ une camarine noire *Empetrum nigrum*

ᐊᔅᒌᒥᓈᐦ aschiiminaanh ni pl [Intérieur] ♦ des camarines noires

ᐊᔅᒌᒥᓐᐦ aschiiminh ni pl [Côte] ♦ des camarines noires, des graines noires

ᐊᔑᓀᐤ asheneu vta ♦ il/elle la/le retourne, ramène

ᐊᔑᓇᒼ ashenam vti ♦ il/elle le rend, le retourne

ᐊᔑᑎᒋᒥᓲ ashitichimisuu vai reflex -u ♦ il/elle s'inclut dans le groupe, se met avec les autres, se joint aux autres

ᐊᔑᑎᓀᐤ ashitineu vta ♦ il/elle l'inclut avec le reste, la/le mélange

ᐊᔑᑎᓇᒼ ashitinam vti ♦ il/elle l'inclut, le prend avec le reste, le mélange au reste

ᐊᔑᑕᐴ ashitapuu vai -i ♦ il/elle s'assoit ou est assis-e avec les autres

ᐊᔑᑕᑯᑌᐤ ashitakuteu vii ♦ c'est suspendu avec le reste

ᐊᔑᑕᑯᑖᐤ ashitakutaau vai+o ♦ il/elle le pend ou suspend avec le reste

ᐊᔑᑕᑯᒋᓐ ashitakuchin vai ♦ il/elle est pendu-e ou suspendu-e avec les autres

ᐊᔑᑕᑯᔦᐤ ashitakuyeu vta ♦ il/elle la/le suspend avec le reste

ᐊᔑᑕᔥᑌᐤ ashitashteu vii ♦ c'est assis avec les autres

ᐊᔑᑖᐱᐦᑳᑌᐤ ashitaapihkaateu vta ♦ il/elle l'attache sur le reste

ᐊᔑᑖᐱᐦᑳᑕᒼ ashitaapihkaatam vti ♦ il/elle l'attache aux autres, au reste

ᐊᔑᑖᒥᔅᑯᐦᐌᐤ ashitaamiskuhweu vta ♦ il/elle la/le retient au fond de la rivière, du lac avec quelque chose (par ex. un castor)

ᐊᔑᑖᔅᑿᐱᐦᑳᑌᐤ ashitaaskwaapihkaateu vta ♦ il/elle l'attache à un objet long et rigide

ᐊᔑᑖᔅᑿᐱᐦᑳᑕᒼ ashitaaskwaapihkaatam vti ♦ il/elle l'attache à un objet long et rigide

ᐊᔑᑲᓀᐦᐳᐌᐤ ashikanehpuweu vta [Intérieur] ♦ il/elle la/le mange sans séparer les os (un oiseau)

ᐊᔑᒋᐸᔫ ashichipayuu vai/vii -i ♦ il/elle/ça s'accroche à quelque chose

ᐊᔑᒋᑳᐴᐎᒡ ashichikaapuuwich vai pl -uu ♦ ils/elles se tiennent debout avec les autres, sont debout ensemble

ᐊᔑᒋᑳᐴᐦᐁᐤ ashichikaapuuheu vta ♦ il/elle la/le met debout avec les autres

ᐊᔑᒎᑯᒉᔒᔥ ashichuuukucheshiish na dim [Intérieur] ♦ un bec-croisé des sapins, un bec-croisé rouge *Loxia curvirostra*

ᐊᔑᒡ ashich p,temps ♦ au même moment, en même temps, ensemble ▪ ᐊᓄᒡ ᑲ ᐊᔑᒡ ᐱ ᒥᔮᒡ ▪ *Donne-lui cela en même temps.*

ᐊᔑᒣᐤ ashimeu vta ♦ il/elle lui donne de la nourriture; il/elle la/le nourrit

ᐊᔑᒫᑲᓂᔥ ashimaakanish na dim -im [Intérieur] ♦ un soldat

ᐊᓰᒪᑲᐁ ashimaakan ni ♦ un dard, une lance, un harpon, une foêne

ᐊᓯᓃᐅᔥ ashiniiushuu vii dim -i ♦ c'est très rocheux; il y a beaucoup de petites roches, de petits cailloux

ᐊᓯᓃᔥ ashiniish ni dim -im ♦ des balles de calibre vingt-deux

ᐊᓯᐦᒉᐤ ashihcheu vai ♦ il/elle donne de la nourriture, partage sa nourriture

ᐊᔓᐋᐳᐃᓐ ashuwaapuwin ni ♦ un poste d'observation, d'attente (par ex. pour le gibier)

ᐊᔓᐋᐳ ashuwaapuu vai -i ♦ il/elle attend et surveille le retour de quelqu'un

ᐊᔓᐋᐸᒣᐤ ashuwaapameu vta ♦ il/elle l'attend et le surveille

ᐊᔓᐋᐸᐦᑕᒼ ashuwaapahtam vti ♦ il/elle l'attend et le surveille

ᐊᔓᐯᑲᐦᐊᒼ ashupekaham vti ♦ il/elle se sert d'un pinceau sur quelque chose, surtout pour vernir

ᐊᔓᑕᒧᐌᐤ ashutamuweu vta ♦ il/elle la/le lui confie (par ex. la division de la viande); il/elle la/le charge de quelque chose (par ex. un festin)

ᐊᔓᑕᒫᒉᐃᓐ ashutamaachewin ni ♦ le transfert des droits

ᐊᔓᑕᒫᒉᐤ ashutamaacheu vai ♦ il/elle cède ses droits à quelqu'un d'autre

ᐊᔓᐦᐄᑲᓈᐦᑎᒄ ashuhiikanaahtikw ni ♦ un pinceau ou une brosse pour peindre

ᐊᔓᐦᐄᑲᓐ ashuhiikan ni ♦ de la peinture

ᐊᔓᐦᐄᒉᐳᐃᓐ ashuhiicheupuwin ni ♦ une cache, un affût (pour la chasse à l'oie, à l'orignal)

ᐊᔓᐦᐄᒉᐳ ashuhiicheupuu vai -i ♦ il/elle attend les oies, assis-e dans la cache ou l'affût

ᐊᔓᐦᐄᒉᐤ ashuhiicheu vai ♦ il/elle attend les oies dans la cache ou l'affût

ᐊᔓᐦᐄᒉᐤ ashuhiicheu vai ♦ il/elle peint, peinture

ᐊᔓᐦᐊᒫᐃᓐ ashuhamaawin ni ♦ une tartinade pour le pain (par ex. de la confiture, du beurre d'arachide)

ᐊᔓᐦᐊᒫᐤ ashuhamaau vai ♦ il/elle tartine, étend quelque chose (confiture, beurre d'arachide) sur

ᐊᔓᐦᐊᒼ ashuham vti [côte] ♦ il/elle le peint, le peinture

ᐊᔓᐦᐌᐤ ashuhweu vta ♦ il/elle la/le peint, peinture

ᐊᔖᐌᐱᓀᐤ ashaawepineu vta ♦ il/elle la/le rejette, jette vers l'arrière

ᐊᔖᐌᐱᓇᒼ ashaawepinam vti ♦ il/elle le rejette, le jette en arrière

ᐊᔖᐌᐱᔥᑯᐌᐤ ashaawepishkuweu vta ♦ il/elle la/le repousse avec son corps, son poids

ᐊᔖᐌᐱᔥᑲᒼ ashaawepishkam vti ♦ il/elle le repousse vers l'arrière avec son corps, son poids

ᐊᔖᐛᔥᑕᐦᐄᒉᐤ ashaawaashtahiicheu vai ♦ il/elle fait un signal, un signe de la main à quelqu'un, de rester en arrière

ᐊᔖᐛᔥᑕᐦᐊᒧᐌᐤ ashaawaashtahamuweu vta ♦ il/elle lui fait signe de la main de rester derrière

ᐊᔖᐱᑌᐤ ashaapiteu vta ♦ il/elle la/le tire vers l'arrière

ᐊᔖᐱᑕᒼ ashaapitam vti ♦ il/elle le ramène, le tire en arrière, le retire

ᐊᔖᐸᔨᐦᐁᐤ ashaapayiheu vta ♦ il/elle la/le conduit à reculons

ᐊᔖᐸᔨᐦᐤ ashaapayihuu vai -u ♦ il/elle recule, se déplace vers l'arrière (s'emploie uniquement pour les personnes)

ᐊᔖᐸᔨᐦᑖᐤ ashaapayihtaau vai+o ♦ il/elle le conduit à reculons, le fait reculer

ᐊᔖᐸᔫ ashaapayuu vai/vii -i ♦ il/elle/ça recule

ᐊᔖᐸᐦᑖᐤ ashaapahtaau vai ♦ il/elle court à reculons

ᐊᔖᑎᐦᑎᐱᓀᐤ ashaatihtipineu vta ♦ il/elle l'enroule dans l'autre sens

ᐊᔖᑎᐦᑎᐱᓇᒼ ashaatihtipinam vti ♦ il/elle l'enroule, le roule en arrière

ᐊᔖᑖᒋᒨ ashaataachimuu vai -u ♦ il/elle rampe à reculons

ᐊᔖᑳᐳ ashaakaapuu vai -uu ♦ il/elle recule, s'écarte

ᐊᓵᒋᒧ° ashaachimeu vai ◆ il/elle nage à reculons

ᐊᓵᓄ° ashaaneu vta ◆ il/elle la/le repousse, refoule; il/elle l'enfonce

ᐊᓵᓇᒻ ashaanam vti ◆ il/elle le repousse

ᐊᓵᔮᓲ ashaayaashuu vai -i ◆ il/elle est repoussé-e, soufflé-e vers l'arrière

ᐊᓵᔮᔥᑎᓐ ashaayaashtin vii ◆ c'est repoussé par le vent, soufflé vers l'arrière

ᐊᓵᐦᐊᒼ ashaaham vti ◆ il/elle le repousse, le fait reculer à l'aide de quelque chose, fait reculer le canot en pagayant vers l'arrière; il/elle le rembobine

ᐊᓵᐦᐋᒣ° ashaahaameu vai ◆ il/elle marche à reculons

ᐊᓵᐦᑌ° ashaahteu vai ◆ il/elle marche à reculons, recule

ᐊᓵᐦᑕᒣ° ashaahtameu vai ◆ il/elle retrace ses pas, revient ou retourne sur ses pas, recule ou va à reculons

ᐊᔥᐱᓯᑌᔑᒧᐎᓐ ashpishiteshimuwin ni ◆ un tapis de plancher

ᐊᔥᐱᔥᑕᒫᐎᓐ ashpishtamaawin ni ◆ une tartinade, un produit à tartiner (pour le pain, la banique)

ᐊᔥᐱᔥᑕᒫ° ashpishtamaau vai ◆ il/elle l'étend dessus pour manger

ᐊᔥᐱᔥᑖᑲᓐ ashpishtaakan ni ◆ une chose comme une toile que l'on étend pour y couper, écorcher, dépouiller, écailler des animaux ou des poissons

ᐊᔥᑌ° ashteu vii ◆ c'est placé, posé là

ᐊᔥᑌ° ashtweu vta ◆ il/elle lui prépare de la nourriture à l'avance

ᐊᔥᑎᑳᒥᑯᐦᒡ ashtikaamikuhch p,lieu ◆ ce côté-ci d'une étendue d'eau

ᐊᔥᑐᐎᐅᑲᒥᒄ ashtuwiiukamikw ni [Côte] ◆ un hangar, un entrepôt ou une remise de fabrique de canots

ᐊᔥᑐᐎᐤ ashtuwiiu vai [Côte] ◆ il/elle fabrique ou construit un canot

ᐊᔥᑐᐎᐦᒉᐅᑲᒥᒄ ashtuwiihcheukamikw ni ◆ une usine à canots; un atelier de fabrication de canots

ᐊᔥᑐᐎᐦᒉ° ashtuwiihcheu vai ◆ il/elle fabrique ou construit un canot

ᐊᔥᑐᑎᓐ ashtutin ni ◆ un chapeau, une casquette

ᐊᔥᑖ° ashtaau vai+o ◆ il/elle le met là, le dépose là, le pose là, le place là

ᐊᔥᑖᐦᑯᓂᑲᒥᒄ ashtaahkunikamikw ni ◆ un abri fait de branches

ᐊᔥᑖᐦᑯᓂᒌᔑᑳ° ashtaahkunichiishikaau vii ◆ c'est le dimanche des rameaux

ᐊᔥᑖᐦᑯᓇᐸᐦᐧᒉ° ashtaahkunapahkweu vai ◆ il/elle couvre ou recouvre le tipi de branches

ᐊᔥᑖᐦᑯᓈᐳ ashtaahkunaapuu ni ◆ une boisson faite à la maison à partir de branches (d'épinette, de sapin)

ᐊᔥᑖᐦᑯᓈᐹᐦᑎᑯᐦ ashtaahkunapaahtikuch na pl ◆ des aiguilles tombées des branches de revêtement du sol, une branche de conifère sans aiguilles

ᐊᔥᑖᐦᑯᓐ ashtaahkun na-im ◆ une branche pour revêtement de sol

ᐊᔥᑖᐅᓂᐦᒉ° ashtwaaunihcheu vai ◆ il/elle prépare les aliments, la nourriture pour plus tard

ᐊᔥᑖᐎᓐ ashtwaawin nid ◆ des restes de nourriture à manger plus tard

ᐊᔥᑖ° ashtwaau vai ◆ il/elle garde, conserve de la nourriture pour plus tard

ᐊᔥᑖᑲᓂᐦᑳᓐ ashtwaakanihkaan ni ◆ de la nourriture préparée pour les visiteurs attendus

ᐊᔥᑖᑲᓂᐦᒉ° ashtwaakanihcheu vai ◆ il/elle prépare la nourriture pour les invités

ᐊᔥᑖᓲ ashtwaasuu vai reflex -u ◆ il/elle garde, conserve des choses pour les utiliser plus tard

ᐊᔦᑳᐦ ayekwaah p,interjection ◆ dégage! enlève-toi de là!

ᐊᔨᐌᓵᓅᒌᔑᑳ° ayiwesinaanuuchiishikaau vii ◆ c'est la fête du travail

ᐊᔨᒉᔨᒣ° ayikweyimeu vta [Intérieur] ◆ il/elle a de la compassion pour elle/lui (par ex. un chien abandonné)

ᐊᔨᑯᔥ ayikush na [Côte] ◆ une fourmi

ᐊᔨᑲᑖᔥ ayikataash ni ◆ une sarracénie pourpre, des petits cochons, l'herbe-crapaud *Sarracenia purpurea*

ayikaminaahtikw ni ♦ un gadellier amer *Ribes triste* 'gadellier sauvage'

ayikaminh ni pl ♦ des fruits ou baies rouges du gadellier amer *Ribes triste* de 'gadellier sauvage'

ayikaahkuch na ♦ des oeufs de crapaud ou de grenouille

ayikaahkw na ♦ un têtard

ayikwaaskuhiikanaahtikw ni ♦ un tableau d'affichage

ayikwaaskuhiikan ni ♦ une affiche sur un poteau, sur un mur ou sur un tableau d'affichage; un poster

ayik na -im ♦ un crapaud

ayikw na [Eastmain] ♦ une fourmi

ayimituneyuu vai -i ♦ il/elle bouge ses lèvres comme pour parler

ayimituutuweu vta ♦ il/elle en parle de manière persuasive

ayimituutam vti ♦ il/elle en parle de façon persuasive, avec conviction

ayimiheukamikw ni ♦ une église

ayimiheuchimaukamikw ni ♦ un presbytère, la maison du pasteur

ayimiheuchimaau na -maam ♦ un ou une prêtre, un ou une ministre du culte, un prédicateur, une prédicatrice

ayimiheuchistuhchesuu na ♦ un-e pianiste, un-e organiste

ayimiheuchistuhchikan ni ♦ un piano, un orgue

ayimiheuchiishikaau vii ♦ c'est dimanche, littéralement 'le jour de la prière'

ayimiheusinahiikan ni ♦ un livre de prières, un livre de messe

ayimihewin ni ♦ une religion

ayimiheu vta ♦ il/elle lui parle

ayimihekaasuwin ni ♦ de l'hypocrisie (dans la religion)

ayimiheshtuweu vta ♦ il/elle l'adore, lui fait des prières

ayimiheshtamuweu vta [Intérieur] ♦ il/elle prie pour elle/lui

ayimihehkaasuu vai -u ♦ il/elle fait semblant de prier, un chrétien ou une chrétienne hypocrite

ayimihiiwesuu na -siim ♦ un être surnaturel, un esprit qui se manifeste dans la tente tremblante et les rêves

ayimihiituwin ni ♦ une conversation

ayimihaawinish ni pl dim [Intérieur] ♦ une courte prière

ayimihaau vai ♦ il/elle fréquente l'église, va à la messe

ayimihtuweu vta ♦ il/elle la/le lit pour elle/lui

ayimihtaau vai+o ♦ il/elle le lit

ayimihchikewin ni ♦ une prière

ayimihchikeu vai ♦ il/elle prie

ayimihchikeshtamuweu vta [Côte] ♦ il/elle prie pour elle/lui

ayimiimakan vii ♦ ça parle (par ex. la radio)

ayimiishtamuweu vta ♦ il/elle parle pour elle/lui

ayimuweyaapiiukamikw ni ♦ une station de radio

ayimuwin ni ♦ une langue, un langage, une parole, un discours

ayimuu vai -i ♦ il/elle parle

ayimuuweyaapii ni -m ♦ une radio de camp

ayimuuwin ni ♦ un mot, une langue, un langage, une parole, un discours

ayihiicheu vai ♦ il/elle tasse ou entasse la neige sur le bord inférieur du tipi, à la base du tipi

ayihtin vii [Intérieur] ♦ c'en est un différent

ayihtisiiu vai [Intérieur] ♦ il/elle est un-e autre, différent-e; c'est un-e autre

ᐊᔨᐦᑎᔅᑳᓀᓲ ayihtiskaanesuu vai [Intérieur] ◆ il/elle est d'une autre race ou tribu

ᐊᔨᐦᑐᐌᓅ ayihtuwenuu vai -uu [Intérieur] ◆ il/elle est d'une autre race que les autres, d'une race différente

ᐊᔨᐦᑐᐌᔨᒣᐤ ayihtuweyimeu vta [Intérieur] ◆ il/elle le/la trouve différent-e d'une autre personne

ᐊᔫᐛᐸᐦᑌᐦᐄᒉᐸᔫ ayuuwaapahtehiichepayuu vai ◆ il/elle émet un courant d'air

ᐊᔨᐆᒉᒣᐤ ayuuchiimeu vta [Intérieur] ◆ il/elle devient trop grand-e pour elle/lui (par ex. un pantalon)

ᐊᔫᒌᐦᑕᒼ ayuuchiihtam vti [Intérieur] ◆ il/elle devient trop grand-e pour ça

ᐊᔫᒥᓈᐃᐦᑯᓈᐤ ayuuminaaaihkunaau na -naam ◆ du bannock, de la banique aux flocons d'avoine

ᐊᔫᒥᓇᐦ ayuuminach na pl -im ◆ des flocons d'avoine

ᐊᔫᓀᑯᐦᑉ ayuunekuhp ni ◆ un manteau de fourrure

ᐊᔫᓅᐃᑦ ayuunuwit ni ◆ un sac pour les peaux de castor

ᐊᔫᓅᑐᐦᒉᐤ ayuunuutuhcheu vai -chesiim ◆ il/elle prépare des ballots de fourrures, met les fourrures en ballots

ᐊᔫᓇᔥᑐᑎᓐ ayuunashtutin ni ◆ un chapeau de fourrure

ᐊᔫᓐ ayuun na ◆ une fourrure, une peau

ᐊᔫᓰᓯᐤ ayuusisiiu vai ◆ c'est de la nourriture fraîche, c'est un aliment frais

ᐊᔫᔅᑲᓇᐦ ayuuskanach ni pl -im ◆ des framboises

ᐊᔫᔅᑲᓈᐦᑎᒄ ayuuskanaahtikw ni ◆ un framboisier *Rubus idaeus var. strigosus*

ᐊᔫᔅᑲᓐ ayuuskan na -im ◆ une framboise

ᐊᔫᔑᐛᐸᓐᐦ ayuushiwaapanh p,temps ◆ le matin suivant

ᐊᔫᔑᐳᓐᐦ ayuushipunh p,temps ◆ au cours du même hiver, cet hiver-là; au cours de la même année, cette année-là

ᐊᔫᔑᑎᐱᔅᑳᐅᐦ ayuushitipiskaauh p,temps ◆ la nuit du même jour, cette nuit-là

ᐊᔫᔑᑎᒁᒋᓐᐦ ayuushitikwaachinh p,temps ◆ au cours du même automne, cet automne-là

ᐊᔫᔑᑖᑯᔑᐅᐦ ayuushitaakushuuh p,temps ◆ la soirée du même jour, ce soir-là

ᐊᔫᔑᒌᔑᑳᐅᐦ ayuushichiishikaauh p,temps ◆ dans la même journée, au cours du même jour, ce jour-là

ᐊᔫᔑᓃᐱᓐᐦ ayuushiniipinh p,temps ◆ au cours du même été, cet été-là

ᐊᔫᔑᓰᑯᓐᐦ ayuushisiikunh p,temps ◆ au cours du même printemps, ce printemps-là

ᐊᔫᔖᐤ ayuushaau vai ◆ c'est de la nourriture fraîche, c'est un aliment frais

ᐊᔫᔥ ayuush p,temps ◆ faire quelque chose dans une même période de temps (par ex. un jour)

ᐊᔮᐌᐤ ayaaweu vta ◆ il/elle l'a

ᐊᔮᐤ ayaau vai+o ◆ il/elle l'a

ᐊᔮᐸᐸᔨᐁᐤ ayaapapayiheu vta ◆ il/elle le/la déroule (animé, par ex. de la laine) ◼ ᐊᔮᐸᐸᔨᕽᓇᐤ ᒥᒋᕈᐋᕽˣ ◼ *Elle déroule la laine.*

ᐊᔮᒄ ayaakwaa p,interjection ◆ fais attention! sois prudent! ◆ ᒌᕽ ᐊᔮᒄ ᑳᓅᑫᑦ ᒥᒋᕈᐋᕽˣ ◼ *Fais attention de prendre bien soin de ton fusil.*

ᐊᔮᒁᒣᔨᒣᐤ ayaakwaameyimeu vta ◆ il/elle y fait attention, est prudent-e avec ça

ᐊᔮᒁᒣᔨᒧᐎᓐ ayaakwaameyimuwin ni ◆ de la prudence, de l'attention

ᐊᔮᒁᒣᔨᐦᑕᒼ ayaakwaameyihtam vti ◆ il/elle est prudent-e; il/elle fait attention

ᐊᔮᒁᒥᐌᐎᓐ ayaakwaamiwewin ni ◆ un avertissement de faire attention, une alerte

ᐊᔮᒁᒥᒣᐤ ayaakwaamimeu vta ◆ il/elle l'avertit, lui dit de faire attention

ᐊᔮᒁᒥᐤ ayaakwaamiiu vai ◆ il est prudent, diligent, consciencieux, soigneux, attentif, vigilant; elle est prudente, diligente, consciencieuse, soigneuse, attentive, vigilante

ᐊᔮᒁᒦᔥᑐᐌᐤ ayaakwaamiishtuweu vta ◆ il/elle est prudent-e avec elle/lui; il/elle fait attention à elle/lui

ᐊᔮᒁᒦᔥᑕᒼ ayaakwaamiishtam vti ◆ il/elle est prudent-e avec quelque chose; il/elle y fait attention

ᐊᔭᒄ **ayaakw** p,emphatique ♦ marque d'emphase utilisée après une autre particule (*tekuh ayaakw, iska ayaakw, maak ayaakw*) ■ ∇ᑦ ᐊᔭᒄ ᑌᑯᔈᒻˣ ♦ ∇ᑦ ᐊᔭᒄ ᐅ ᒥᑲᔆᑦ ᐊᐦ ᐊ·ᐧᐢˣ ■ *Il arrive enfin!* ♦ *C'est la première fois que l'enfant marche en raquettes!*

ᐊᔮᔨᑳᓰᐤ **ayaayikaasiiu** vai [Eastmain]
♦ il/elle taquine, agace

ᐊᔮᔨᑳᐦᐁᐤ **ayaayikaaheu** vta [Eastmain]
♦ il/elle la/le taquine

ᐊᔮᔮᐦᒡ **ayaayaahch** p,manière ♦ même si, malgré, en dépit de, bien que; continuer de faire quelque chose après s'être fait dire de ne pas le faire, désobéissance ■ ᒨ ᐊᔮᒡ ᐊᒼ ᐧᑲᐤ ∇ ᐅᑦᐸᔨᐨ ■ *Il continue de faire à sa tête malgré ce qu'on lui a dit.*

ᐊ·ᔮᔥᑎᓐ **aywaashtin** vii ♦ c'est calme

ᐊᓚᑲᐦᑯᐃ **alakahkui** na -uiim [Intérieur]
♦ une sangsue

ᐊᕌᐦ **araah** p,interjection ♦ ordre de tourner à gauche donné au chien de tête d'un attelage

ᐊᐦᐁᐤ **aheu** vta ♦ il/elle la/le place ou pose quelque part

ᐊᐦᐄᐱᐦᑳᐦᐁᐤ **ahiipihkaacheu** vai [Côte]
♦ il/elle en fait un filet ou fait un filet avec

ᐊᐦᐄᐱᐦᑳᓈᐦᑎᒄ **ahiipihkaanaahtikw** na -um [Côte] ♦ une aiguille à filets, une navette à filet

ᐊᐦᐄᐱᐦᒉᐧᐋᐦᐁᐤ **ahiipihchewaacheu** vai [Côte] ♦ il/elle fabrique un filet avec ou en fait un filet

ᐊᐦᐄᐱᐦᒉᐤ **ahiipihcheu** vai [Côte]
♦ il/elle fabrique un filet

ᐊᐦᐄᐱᐦᒉᓰᔅᑳᐤ **ahiipihchesiiskaau** vii ♦ il y a beaucoup d'araignées; les araignées sont nombreuses

ᐊᐦᐄᐱᐦᒉᓲ **ahiipihchesuu** na -shiish [Côte]
♦ une araignée

ᐊᐦᐄᐱ **ahiipii** na -m [Côte] ♦ un filet

ᐊᐦᐄᐱᔮᐯᒄ **ahiipiiyaapekw** na ♦ une ficelle pour filet, une corde à filet

ᐊᐦᐄᐱᔮᐦᑎᒄ **ahiipiiyaahtikw** ni -um ♦ une perche ou un poteau de filet

ᐊᐦᐄᐱᐦᒉᓲ **ahiipiihchesuu** vai ♦ il/elle fabrique des filets

ᐊᐦᐄᐱᐦᒉᓱ **ahiipiihchesuu** na -shiish ♦ une araignée

ᐊᐦᐊᐱᐦᑳᐦᐁᐤ **ahapihkaacheu** vai [Intérieur] ♦ il/elle en fait un filet ou fabrique un filet avec

ᐊᐦᐊᐱᐦᑳᓈᐦᑎᒄ **ahapihkaanaahtikw** na -um [Intérieur] ♦ une aiguille à filets

ᐊᐦᐊᐱᐦᒉᐧᐋᐦᐁᐤ **ahapihchewaacheu** vai [Intérieur] ♦ il/elle en fait un filet ou fabrique un filet avec

ᐊᐦᐊᐱᐦᒉᐤ **ahapihcheu** vai [Intérieur]
♦ il/elle fabrique un filet

ᐊᐦᐊᐱ **ahapii** na -m [Intérieur] ♦ un filet

ᐊᐦᐋᔅ **ahaas** na -im ♦ un cheval, un chevalet; de l'anglais 'horse'

ᐊᐦᑏᔖᐳᓂᑲᓐ **ahtiishaapunikan** ni [Côte]
♦ une aiguille pour faire des trous dans les peaux de castor pour l'étirage (ancien terme)

ᐊᐦᑯᔥᑎᓂᔔ **ahkushtinishuu** vai -i
♦ il/elle reçoit des gouttes (par ex. d'une fuite dans la tente)

ᐊᐦᑯᔥᑎᓐ **ahkushtin** vii ♦ ça reçoit des gouttes (par ex. à cause d'une fuite dans une tente)

ᐊᐦᒉᐸᐦᐧᑫᔑᒣᐤ **ahchepahkweshimeu** vta
♦ il/elle déforme la toile en l'appuyant dessus

ᐊᐦᒉᐸᐦᐧᑫᐦᑖᐤ **ahchepahkwehtaau** vai+o
♦ il/elle fait une bosse dans la toile en y appuyant quelque chose

ᐊᐦᒉᒥᔅᑰ **ahchemiskuu** vai -u ♦ elle (un castor femelle) est pleine, grosse, gestante, gravide

ᐊᐦᒉᒧᓲ **ahchemusuu** vai -u ♦ elle (un orignal femelle) est pleine, grosse, gestante, gravide

ᐊᐦᒉᒨᔅ **ahchemuus** na -um ♦ un orignal femelle gravide, gestante, pleine, grosse

ᐊᐦᒉᔑᓐ **ahcheshin** vai ♦ il/elle se penche et fait une bosse visible de l'extérieur

ᐊᐦᒉᔥᑎᒨ **ahcheshtimuu** vai -u ♦ la chienne est pleine, grosse, gestante, gravide (ancien terme)

ᐊᐦᒉᔮᐱᓰᐤ **ahcheyaapishiiu** vai -u ♦ elle (un lynx femelle) est pleine, grosse, gestante, gravide

ᐊᐦᒉᔮᐳᔬ **ahcheyaapushuu** vai -u ♦ elle (un lièvre femelle, une lapine) est pleine, grosse, gestante, gravide

ᐊᐦᒉᐦᑎᓐ **ahchehtin** vii ♦ ça penche et ça fait un renflement, une bosse visible à l'extérieur

ᐊᐦᒑᐲ **ahchaapii** na -m ♦ un arc, un ressort en métal

ᐊᐦᒑᐦᑰ **ahchaahkuu** vai -uu ♦ il/elle est un esprit, il/elle a un pouvoir spirituel

ᐊᐦᒑᐦᑰᓐ **ahchaahkuun** vii [Côte] ♦ c'est un esprit; ça a un pouvoir spirituel

ᐊᐦᒑᐦᒄ **ahchaahkw** na ♦ une âme, un esprit; un pompon sur un chapeau

ᐊᐸᔫ **ahyeu** vta [Mistissini] ♦ il/elle la/le met ou place quelque part

ᐊ

ᐊ **aa** p,question ♦ mot interrogatif ▪ ᓂᐹᐤ ᐊ ᒋᒋᐋᔑᒥᔥ ▪ *Est-ce que ton enfant dort?*

ᐊᐃ **aai** p,interjection ♦ exclamation servant à attirer l'attention de quelqu'un ▪ ᐊᐃ, ᐁᑳᐃ ᐃᐦᑑᑦ ᐊᐦ ▪ *Hé! Ne fais pas ça.*

ᐊᐃᐚᔥ **aaiwaash** p,manière ♦ pas de chance (par ex. dans la chasse) après beaucoup d'efforts ▪ ᐊᐃᐚᔥ ᓂᐊ ᓂᐸᐱᑳᓖᐦ ▪ *Je n'ai pas de chance avec mes collets.*

ᐊᐃᔖᒡ **aaishaach** p,manière ♦ avec de grands efforts, des efforts redoublés; sans le vouloir, à contrecœur, contre son gré, avec réticence; malgré ou en dépit de quelque chose ▪ ᐊᐃᔖᒡ ᐦ ᓂᑐᐦ ᐊᐸᒋᔫ ᐊᒡ ᐁ ᐦ ᐊᐦᑎᒄ ▪ *Il a quand même fait l'effort d'aller travailler malgré sa maladie.*

ᐊᐃᐦᐁ **aaihe** p,interjection [Intérieur] ♦ hum, je veux dire

ᐊᐃᐦᐧᐁ **aaihwe** p,interjection [Waswanipi] ♦ hum, je veux dire

ᐊᐃᐦᑯᓈᐅᒫᑯᓐ **aaihkunaaumaakun** vii ♦ ça sent la banique, le gâteau

ᐊᐃᐦᑯᓈᐅᒫᔥᑌᐤ **aaihkunaaumaashteu** vii ♦ ça sent le pain, la banique en train de cuire

ᐊᐃᐦᑯᓈᐤ **aaihkunaau** na -naam ♦ de la banique

ᐊᐃᐦᑯᓈᐦᒉᐤ **aaihkunaahcheu** vai ♦ il/elle prépare la banique

ᐊᐃᐦᑯᓈᐦᒉᓲ **aaihkunaahchesuu** na ♦ un boulanger, un pâtissier

ᐊᐅᐚᒡ **aauwach** pro,dém, question ♦ se pourrait-il que ce soit celles-là, ceux-là? (animé, voir *aau*) ▪ ᒋᐦ ᐦ ᐊᐅᐚᒡ ᐊ ᓂᒋᑖᐅᔑᒥᒡ ▪ *Se pourrait-il que ce soient mes enfants?*

ᐊᐅᐚᓂᔫ **aauwaniyuu** pro,dém, question ♦ se pourrait-il que ce soit celui-là, celle-là? (obviatif inanimé, voir *aauwan*) ▪ ᒋᐦ ᐦ ᐊᐅᐚᓂᔫ ᐊ ᐅᑦᖬᒥᓕᐦ ▪ *Se pourrait-il que ce soit sa voiture?*

ᐊᐅᐚᓂᔫᐦ **aauwaniyuuh** pro,dém, question ♦ se pourrait-il que ce soit ceux-là, celles-là? (obviatif inanimé, voir *aauwan*) ▪ ᒋᐦ ᐦ ᐊᐅᐚᓂᔫᐦ ᐊ ᐅᑎᐸᒋᒧᐎᓕᐦ ▪ *Se pourrait-il que ce soit ses affaires?*

ᐊᐅᐚᓐ **aauwan** pro,dém, question ♦ se pourrait-il que ce soit celle-là, celui-là, cela, ça? (inanimé) ▪ ᒋᐦ ᐦ ᐊᐅᐚᓐ ᐊ ᓂᑖᐸᑳᓐ ▪ *Se pourrait-il que ce soit ma voiture?*

ᐊᐅᐚᓐᐦ **aauwanh** pro,dém, question ♦ se pourrait-il que ce soit ceux-là, celles-là? (inanimé, voir *aauwan*) ▪ ᒋᐦ ᐦ ᐊᐅᐚᓐᐦ ᐊ ᓂᑎᐸᒋᒧᐎᓐᐦ ▪ *Se pourrait-il que ce soit mes affaires?*

ᐊᐆᑐᓲ **aautusuu** na -siim [Intérieur] ♦ une sorte de carpe, de meunier

ᐊᐆᑑᓲ **aautuusuu** na -liim [Intérieur] ♦ un meunier noir, une carpe noire *Catostomus commersoni*

ᐊᐆᓄᐌᐤ **aaunuweu** vta ♦ quelqu'un lui rappelle quelqu'un d'autre

ᐊᐆᓈᐤ **aaunaau** na ♦ une ouananiche, un saumon des lacs *Salvelinus alpinus*

ᐊᐆᓭᐌᐤ **aauseweu** vai ♦ il/elle disparaît de vue en marchant derrière quelque chose (par ex. une pointe de terre, une bâtisse)

ᐊᐆᓭᐌᐸᔫ **aausewepayuu** vai ♦ il/elle disparaît de vue en passant ou conduisant derrière quelque chose (par ex. une pointe de terre, une bâtisse)

ᐊᐆᔫᐦ **aauyuuh** pro,dém, question ♦ se pourrait-il que ce soit celui-là, celle-là, ceux-là, celles-là? (obviatif animé, voir *aau*) ▪ ᒋᐦ ᐦ ᐊᐆᔫᐦ ᐊ ᐅᑳᐎᐦ ▪ *Se pourrait-il que ce soit sa mère?*

ᐊᐅᐦᒉᐅ aauhcheu vai ♦ il/elle trouve qu'il/elle ressemble à quelqu'un d'autre; il/elle semble être un-e autre selon lui ou elle ▪ ᐧᒐᐦ ᑳ ᐊᐅᐦᒉᐅ ᐊᓂᒡᐦ ᐋᐯᐦᑦₓ ▪ *Elle trouve que cet homme ressemble à Jean.*

ᐋᐧᐁ aawe p,interjection ♦ OK? d'accord? s'il te plaît? c'est bien? (le locuteur cherche l'accord de l'interlocuteur) ▪ ᒥᒋᓱᐦᑲᒥᒄ ᐃᑐᐦᐁᑖᐦ, ᐋᐧᐁₓ ▪ *Allons au restaurant, OK?*

ᐋᐧᐁᔨᒣᐤ aaweyimeu vta ♦ quelqu'un lui rappelle quelqu'un d'autre ▪ ᐋᐧᐁᵃ ᓂᒌᐧᐁᓖᐦ ᐁ ᐧᐋᐸᒪᒡ ᐊᐦ ᐋᐯᐦₓ ▪ *Je me rappelle de quelqu'un quand je vois cet homme. /Cet homme me rappelle quelqu'un.*

ᐋᐧᐁᔨᐦᑕᒻ aaweyihtam vti ♦ il/elle pense que c'est un autre

ᐋᐤ aau pro,dém, question ♦ se pourrait-il que ce soit celle-là, celui-là? (animé) ▪ ᒫᑲ ᑳ ᐊᐤ ᐊ ᓂᑳᐧᐃₓ ▪ *Se pourrait-il que ce soit ma mère?*

ᐊᐱᑎᓂᔑᓐᵃ aapitinishin vai ♦ il/elle tombe et meurt sur-le-champ ou immédiatement

ᐊᐱᑎᓃᐤ° aapitiniiu vai ♦ il/elle arrive à transporter tout son chargement en un voyage; réussit à tout apporter d'un coup

ᐊᐱᑕᓇᐦᐧᐁᐤ aapitanahweu vta ♦ il/elle lui tire dessus et elle/il tombe et meurt immédiatement

ᐊᐱᑯᔒᔑᔥ aapikushiishish na dim ♦ un souriceau, une petite souris, probablement une jeune souris sylvestre *Peromyscus maniculatus*

ᐊᐱᑯᔒᔑᐦᑳᓐ aapikushiishihkaan na ♦ une souris jouet

ᐊᐱᑯᔒᔥ aapikushiish na dim ♦ une souris, probablement souris sylvestre *Peromyscus maniculatus*; une souris d'ordinateur

ᐊᐱᑲᓀᔖᐧᐁᐤ aapikaneshaaweu vai ♦ il/elle découpe la viande d'une carcasse à partir de la colonne vertébrale

ᐊᐱᒥᐱᑌᐤ aapimipiteu vta ♦ il/elle la/le tourne face au locuteur; il/elle (une oie) retourne vers la personne qui appelle

ᐊᐱᒥᑖᔒ aapimitaashuu vai-i ♦ il/elle souffle, navigue vers ou entre dans l'abri

ᐊᐱᒥᑲᓇᐋᐧᐸᒣᐤ aapimikanawaapameu vta ♦ il/elle se retourne pour la/le voir; il/elle regarde derrière

ᐊᐱᒥᒍᐃᓐ aapimichuwin vii ♦ le courant est plus lent, dans un bras mort

ᐊᐱᒥᐦᑎᓐ aapimihtin vii ♦ c'est à l'abri de la tempête

ᐊᐱᒥᐤ aapimiiu vai ♦ il/elle se tourne vers (comme une oie vers un appelant)

ᐊᐱᒦᔥᑐᐧᐁᐤ aapimiishtuweu vta ♦ il/elle se tourne vers elle/lui

ᐊᐱᒫᐤ aapimaau vii ♦ c'est abrité, calme

ᐊᐱᒫᐳᑌᐤ aapimaaputeu vii ♦ ça dérive dans un secteur calme

ᐊᐱᒫᐳᑯ aapimaapukuu vai-u ♦ il/elle dérive vers l'eau calme

ᐊᐱᒫᔒ aapimaashuu vai-i ♦ elle (la neige) souffle vers l'abri; il/elle navigue ou se dirige vers un abri

ᐊᐱᒫᔥᑎᓐ aapimaashtin vii ♦ ça souffle vers l'abri; ça vogue ou navigue du côté sous le vent

ᐊᐱᒻ aapim p,lieu ♦ derrière quelque chose, autour, au coin de la rue ▪ ᐊᓂᑌᐦ ᐊᐱᒻ ᐧᒐᐦᑳᐱᑲᒥᐦᵘ ᐊᐦᒐᐦ ▪ *Mets-le derrière la maison.*

ᐊᐱᓰᐦᐁᐤ aapisiheu vta ♦ il/elle la/le ranime, réveille; il/elle l'excite

ᐊᐱᓰᐧᐁᔨᐦᑕᒻ aapisiiweyihtam vti ♦ il/elle reprend connaissance, se ranime

ᐊᐱᓵᐳ aapisaapuu vai-i ♦ il/elle regarde en arrière ou derrière

ᐊᐱᓵᐸᒣᐤ aapisaapameu vta ♦ il/elle lui jette un coup d'oeil

ᐊᐱᓵᐸᐦᑕᒻ aapisaapahtam vti ♦ il/elle y jette un coup d'oeil en arrière

ᐊᐱᓵᐸᐅᔦᐤ aapisaapaauyeu vta ♦ il/elle la/le ranime, réveille avec de l'eau sur la face

ᐊᐱᓵᐸᐧᐁᐤ aapisaapaaweu vai ♦ il/elle est réveillé-e par de l'eau dans la face

ᐊᐱᔥᑎᒋᓀᐤ aapistichineu vta ♦ il/elle en défait la couture (par ex. du tissu) en l'utilisant; il/elle la/le découd en la/le portant

ᐊᐱᐦᑎᓇᒻ aapistichinam vti ♦ il/elle en défait la couture en le manipulant, le portant

ᐊᐱᐦᑎᔑᐌᐤ aapistichishweu vta ♦ il/elle en coupe la couture

ᐊᐱᐦᑎᔑᓴᒻ aapistichisham vti ♦ il/elle en ouvre la couture en coupant

ᐊᐱᐦᑎᔑᔥᑯᐌᐤ aapistichishkuweu vta ♦ il/elle en défait la couture en la/le portant; il/elle la/le découd (par ex. un pantalon)

ᐊᐱᐦᑎᔑᔥᑲᒻ aapistichishkam vti ♦ il/elle en défait la couture en le portant

ᐊᐱᔑᐦᑯᔔ aapishihkushuu vai-i ♦ il/elle est éveillé-e ou réveillé-e

ᐊᐱᐦᐄᐱᑕᒻ aapihiipitam vti ♦ il/elle l'ouvre en tirant

ᐊᐱᐦᐄᐸᔫ aapihiipayuu vai/vii -i ♦ il/elle/ça ouvre, s'ouvre

ᐊᐱᐦᐄᑲᐦᑕᒻ aapihiikahtam vti ♦ il/elle le détache avec ses dents

ᐊᐱᐦᑌᐤ aapihteu vta [Côte] ♦ il/elle la/le démêle, déroule

ᐊᐱᐦᑎᐱᐄᐧᐃᔨᔫ aapihtipiiwiiyiyuu na -ylim [Côte] ♦ un Algonquin, une Algonquine, un ou une Anishnabe

ᐊᐱᐦᑑ aapihtuu p,quantité ♦ moitié, demi-e ▪ ᒥᑦ ᐊᐱᐦᑑ ᐊᒪᔅ ᐊᓄᐦᒡ ᐊᐃᐦᑖᐁᐅᐦ x ▪ Donne-lui juste la moitié de la banique.

ᐊᐱᐦᑑᐙᐳᐤ aapihtuuwaapeu vai ♦ c'est un petit homme, un nain

ᐊᐱᐦᑑᐚᒪᑎᓐ aapihtuuwaamatin p,lieu ♦ à mi-hauteur de la montagne

ᐊᐱᐦᑑᐚᔖᐤ aapihtuuwaashaau p,lieu ♦ au milieu de la baie, à mi-distance ou mi-chemin dans la baie

ᐊᐱᐦᑑᐚᐦᑎᐦᒃ aapihtuuwaahtihkw p,lieu ♦ au centre, au milieu, à mi-longueur, sur quelque chose ressemblant à un bâton

ᐊᐱᐦᑑᐚᐦᑲᑎᓲ aapihtuuwaahkatisuu vai -u ♦ il/elle est à moitié sec ou sèche

ᐊᐱᐦᑑᐚᐦᑲᑐᑌᐤ aapihtuuwaahkatuteu vii ♦ c'est à moitié sec

ᐊᐱᐦᑑᐱᑐᓐ aapihtuupitun p,lieu ♦ à mi-longueur du bras, au milieu du bras

ᐊᐱᐦᑑᑳᑦ aapihtuukaat p,lieu ♦ à mi-hauteur de la jambe, au milieu de la jambe

ᐊᐱᐦᑑᑳᒻ aapihtuukaam p,lieu ♦ au centre d'un lac, au milieu, à mi-distance

ᐊᐱᐦᑑᓐ aapihtuun vii ♦ c'est mercredi; c'est la moitié de quelque chose

ᐊᐱᐦᑑᔅᒋᓀᐤ aapihtuuschineu vii ♦ c'est à moitié plein, à moitié rempli

ᐊᐱᐦᑑᔅᒋᓀᐸᔮᐤ aapihtuuschinepeyaau vii ♦ c'est à moitié rempli de liquide; c'est à moitié plein

ᐊᐱᐦᑑᔅᒋᓀᐱᑖᐤ aapihtuuschinepitaau vai+o ♦ il/elle en remplit la moitié avec du liquide

ᐊᐱᐦᑑᔅᒋᓂᑖᓲ aapihtuuschinitaasuu vai -u ♦ il/elle le remplit à moitié

ᐊᐱᐦᑑᔅᒋᓂᐦᑖᐤ aapihtuuschinihtaau vai+o ♦ il/elle le remplit à moitié avec quelque chose

ᐊᐱᐦᑑᔫ aapihtuuyuu p,lieu ♦ au milieu, à mi-hauteur du corps, à la taille

ᐊᐱᐦᑕᒻ aapihtam vti [Côte] ♦ il/elle le démêle, dénoue

ᐊᐱᐦᑖᑎᐱᔅᑳᐤ aapihtaatipiskaau vii ♦ il est minuit

ᐊᐱᐦᑖᑎᑯᐦᒡ aapihtaatikuhch p,lieu ♦ au centre du canot, au milieu, à mi-distance, à mi-chemin

ᐊᐱᐦᑖᒋᔑᑳᐤ aapihtaachiishikaau vii ♦ il est midi

ᐊᐱᐦᑖᔅᑲᓅ aapihtaaskanuu p,lieu ♦ à mi-chemin, au milieu du sentier

ᐊᐱᐦᑯᔬᐌᐤ aapihkushweu vta ♦ il/elle lui coupe ses liens

ᐊᐱᐦᑯᓴᒻ aapihkusham vti ♦ il/elle coupe le lien sur quelque chose, le libère

ᐊᐱᐦᑲᓀᔬᐌᐤ aapihkaneshweu vta ♦ il/elle la/le désosse

ᐊᐱᐦᑲᓀᓴᒻ aapihkanesham vti ♦ il/elle le désosse

ᐊᐱᐦᑲᓀᔖᐚᓐ aapihkaneshaawaan ni ♦ un animal désossé, une carcasse désossée

ᐋᐳᐚᐤ aapuwaau vii ♦ c'est dégelé

ᐋᐳᐚᐱᔅᒋᑌᐤ aapuwaapischiteu vii ♦ ça chauffe, se réchauffe (pierre, métal)

ᐋᐳᐚᐱᔅᒋᓲ aapuwaapischisuu vai-u ♦ il/elle chauffe, se réchauffe (pierre, métal)

ᐊᐴᐊᑲᒥᑌᐤ aapuwaakamiteu vii
 • c'est du liquide chaud, réchauffé

ᐊᐴᐊᔅᑯᑌᐤ aapuwaaskuteu vii • ça chauffe, se réchauffe (long et rigide)

ᐊᐴᐊᔅᑯᓲ aapuwaaskusuu vai -i
 • il/elle chauffe, se réchauffe (long et rigide)

ᐊᐴᐊᔥᑌᐤ aapuwaashteu vii • ça chauffe ou se réchauffe au soleil; le soleil le chauffe

ᐊᐳᑎᓀᐤ aaputineu vta • il/elle la/le replie (une peau)

ᐊᐳᑎᓂᔅᑳᔨᐌᐤ aaputiniskaayiweu vai
 • il/elle a une queue dressée

ᐊᐳᑎᓇᒼ aaputinam vti • il/elle le plie, replie, retourne à l'envers

ᐊᐳᑎᓈᐤ aaputinaau na -naam • un castor désossé, en une pièce retournée à l'envers et suspendue par une corde pour la cuisson

ᐊᐳᑎᓈᐦᒉᐤ aaputinaahcheu vai • il/elle fait cuire un castor retourné

ᐊᐳᑎᔥᐌᐤ aaputishweu vai • il/elle découpe la viande d'une carcasse par le dos

ᐊᐳᑐᐌᐦᐊᒫᐤ aaputuwehamaau vai
 • il/elle peigne ses cheveux vers l'arrière; se peigne les cheveux vers l'arrière

ᐊᐳᑐᓀᐦᐌᐤ aaputunehweu vta • il/elle lui ouvre la bouche (par ex. un poêle à bois)

ᐊᐳᑖᔨᐌᐤ aaputaayiweu vai • il (un chien) a une queue bouclée ou en boucle

ᐊᐳᒋᐱᑌᐤ aapuchipiteu vta • il/elle la/le tourne à l'envers d'un geste brusque, rapide

ᐊᐳᒋᐸᔫ aapuchipayuu vai/vii -i
 • il/elle/ça se retourne, se plie, se rabat, se replie

ᐊᐴᔐᐤ aapushweu vta • il/elle l'ouvre au couteau

ᐊᐴᔕᒼ aapusham vti • il/elle l'ouvre en coupant

ᐊᐴᔥᑯᐌᐤ aapushkuweu vta • il/elle va à la rencontre de quelqu'un qui est en route

ᐊᐴᔥᑲᒼ aapushkam vti • il/elle va à sa rencontre

ᐊᐴᔥᑳᒉᐤ aapushkaacheu vai • il/elle va rencontrer quelqu'un qui revient, va à la rencontre de quelqu'un qui retourne

ᐊᐳᔨᑐᐃᓐ aapuyituwin ni • un paquet, un colis (ancien terme)

ᐊᐳᔨᑯᓰᐃᓐ aapuyikusiiwin ni • un paquet, un colis

ᐊᐴᐘᓀᐤ aapuhweneu vta • il/elle la/le déroule, démêle à la main

ᐴᐘᓇᒼ aapuhwenam vti • il/elle le déroule, démêle, dénoue avec ses mains

ᐊᐴᐘᔦᒋᓀᐤ aapuhweyechineu vta
 • il/elle la/le défait, l'ouvre

ᐊᐴᐦᑲᑌᐦᑕᒼ aapuhkatehtam vti • il/elle le crache, recrache

ᐊᐴᐚᔮᐤ aapuuwaayaau vii • c'est une journée douce, spécialement au printemps à la fonte des neiges

ᐊᐴᐸᔫ aapuupayuu vii -i • la température se réchauffe; le temps s'adoucit

ᐊᐴᑌᐤ aapuuteu vii • c'est dégelé par la chaleur

ᐊᐴᑎᐦᒉᓀᐤ aapuutihcheneu vta
 • il/elle lui réchauffe les mains dans les siennes

ᐊᐴᑖᒣᐤ aapuutaameu vta • il/elle la/le fait fondre dans la bouche

ᐊᐴᑖᐦᑕᒼ aapuutaahtam vti • il/elle le fait dégeler dans sa bouche

ᐊᐴᑯᐦᑎᑖᐤ aapuukuhtitaau vai+o
 • il/elle le dégèle ou fait dégeler dans l'eau

ᐊᐴᑯᐦᒋᒣᐤ aapuukuhchimeu vta
 • il/elle la/le fait dégeler dans l'eau chaude

ᐊᐴᓀᐤ aapuuneu vta • il/elle la/le fait fondre, dégeler avec la main

ᐊᐴᓇᒼ aapuunam vti • il/elle le fait dégeler, décongeler avec ses mains

ᐊᐴᓷᐤ aapuusweu vta • il/elle la/le fait dégeler avec de la chaleur

ᐊᐴᓲ aapuusuu vai -u • il/elle est dégelé-e par la chaleur

ᐊᐴᓴᒼ aapuusam vti • il/elle le fait dégeler, décongeler par la chaleur

ᐊᐴᔥᑌᐤ aapuushteu vta • il/elle dégèle sur place

ᐊᐴᔥᑖᐤ aapuushtaau vai+o ♦ il/elle le dégèle, fait dégeler

ᐊᐴᔥᑯᐌᐤ aapuushkuweu vta ♦ il/elle la/le réchauffe avec son corps

ᐊᐴᔥᑲᒻ aapuushkam vti ♦ il/elle le réchauffe avec son corps

ᐊᐴᐦᐁᐤ aapuuheu vta ♦ il/elle la/le fait dégeler

ᐊᐸᐱᑌᐤ aapapiteu vta [Intérieur] ♦ il/elle la/le déroule, démêle en tirant

ᐊᐸᐱᑕᒻ aapapitam vti [Intérieur] ♦ il/elle le déroule, le défait, le démêle en tirant

ᐊᐸᐹᔫ aapapayuu vai/vii -i ♦ il/elle/ça se déroule, se démêle, se défait

ᐊᐸᑎᓐ aapatin vii ♦ c'est utilisé; c'est utile

ᐊᐸᑎᓰᐤ aapatisiiu vai ♦ il/elle travaille

ᐊᐸᑎᓰᒪᑲᓐ aapatisiimakan vii ♦ ça marche, fonctionne

ᐊᐸᑎᓰᔥᑕᒧᐌᐤ aapatisiishtamuweu vta ♦ il/elle travaille pour elle/lui

ᐊᐸᑎᓰᐦᑲᐦᑐᐌᐤ aapatisiihkahtuweu vta ♦ il/elle travaille sur quelque chose (animé, ex. une raquette)

ᐊᐸᑎᓰᐦᑲᐦᑕᒻ aapatisiihkahtam vti ♦ il/elle travaille sur ça

ᐊᐸᑎᓰᐦᑳᓲ aapatisiihkaasuu vai ♦ il/elle prétend travailler, fait semblant de travailler

ᐊᐸᒋᐦᐁᐤ aapachiheu vta ♦ il/elle l'utilise

ᐊᐸᒋᐦᐆᐃᓐ aapachihuwinh ni pl [Intérieur] ♦ des possessions; des choses, des vêtements, des meubles utiles

ᐊᐸᒋᐦᖱᑲᓐ aapachihaakan na ♦ un ou une aide, un ou une auxiliaire

ᐊᐸᒋᐦᑖᐃᓐ aapachihtaawinh ni pl [Intérieur] ♦ des possessions; des choses, des vêtements, des meubles utiles

ᐊᐸᒋᐦᑖᐤ aapachihtaau vai+o ♦ il/elle l'utilise ou s'en sert

ᐊᐸᔅᑎᒋᐱᑌᐤ aapastichipiteu vta ♦ il/elle la/le découd, démêle, défait

ᐊᐸᔅᑎᒋᐱᑕᒻ aapastichipitam vti ♦ il/elle en défait la couture, le dénoue, le démêle

ᐊᐸᐦᐋᐳᐤ aapahiiuteu vai ♦ il/elle les ouvre (boîtes, sacs), déballe les cadeaux

ᐊᐸᐦᐄᐱᑌᐤ aapahiipiteu vta ♦ il/elle l'ouvre en tirant

ᐊᐸᐦᐄᐱᑕᒻ aapahiipitam vti ♦ il/elle l'ouvre d'un geste rapide, l'ouvre en tirant

ᐊᐸᐦᐄᐴ aapahiipuu vai -i ♦ il/elle est posé-e, ouvert-e

ᐊᐸᐦᐄᑲᒣᐤ aapahiikameu vta ♦ il/elle l'ouvre avec les dents

ᐊᐸᐦᐄᑲᓅᐃᑦ aapahiikanuwit ni ♦ un coffre à outils

ᐊᐸᐦᐄᑲᓐ aapahiikan ni ♦ une clé ou clef anglaise, un outil

ᐊᐸᐦᐄᔥᑌᐤ aapahiishteu vii ♦ c'est posé ouvert

ᐊᐸᐦᐄᔥᑯᐌᐤ aapahiishkuweu vta ♦ il/elle l'ouvre avec son corps (une porte)

ᐊᐸᐦᐄᔥᑲᒻ aapahiishkam vti ♦ il/elle le force, l'ouvre de force avec son corps

ᐊᐸᐦᐄᐦᑎᓐ aapahiihtin vii ♦ ça s'ouvre en roulant, en tombant

ᐊᐸᐦᐋᒫᒉᐤ aapahamaacheu vai ♦ il/elle l'ouvre, le détache pour quelqu'un

ᐊᐸᐦᐊᒻ aapaham vti ♦ il/elle l'ouvre

ᐊᐸᐦᐋᔅᑯᐦᐊᒻ aapahaaskuham vti ♦ il/elle l'ouvre avec un objet long et rigide

ᐊᐸᐦᐋᔅᑯᐦᐌᐤ aapahaaskuhweu vta ♦ il/elle l'ouvre avec un objet long et rigide

ᐊᐸᐦᐌᐤ aapahweu vta ♦ il/elle l'ouvre; il/elle détache le sac de mousse du bébé

ᐊᐸᐦᐌᔥᑌᓂᐤ aapahweshteneu vta ♦ il/elle la/le défait, démêle (filiforme)

ᐊᐸᐦᐌᔥᑌᓇᒻ aapahweshtenam vti ♦ il/elle le défait, le démêle, le déroule (filiforme)

ᐊᐸᐦᐌᔦᒋᐱᑌᐤ aapahweyechipiteu vta ♦ il/elle la/le défait en tirant rapidement

ᐊᐸᐦᐌᔦᒋᐱᑕᒻ aapahweyechipitam vti ♦ il/elle l'ouvre, le déballe en tirant d'un geste rapide

ᐊᐸᐦᐌᔦᒋᓂᐤ aapahweyechineu vta ♦ il/elle le/la défait, l'ouvre

ᐊᐸᕻᐯᔨᓇᒻ aapahweyechinam vti
 • il/elle le déballe, l'ouvre
ᐊᐸᕻᑯᐱᑌᐤ aapahkupiteu vta • il/elle la/le détache rapidement
ᐊᐸᕻᑯᐱᑕᒻ aapahkupitam vti • il/elle le détache rapidement
ᐊᐸᕻᑯᐸᔫ aapahkupayuu vai/vii -i
 • il/elle/ça se dénoue, se délie
ᐊᐸᕻᑯᒣᐤ aapahkumeu vta • il/elle (un chien) la/le détache avec les dents (par ex. la laisse d'un autre chien)
ᐊᐸᕻᑯᓀᐤ aapahkuneu vta • il/elle la/le détache, libère; il/elle l'ouvre
ᐊᐸᕻᑯᓂᓲ aapahkunitisuu vai reflex -u
 • il/elle se détache, se libère
ᐊᐸᕻᑯᓇᒻ aapahkunam vti • il/elle le détache, l'ouvre, le libère
ᐊᐸᕻᑯᐆ aapahkuhuu vai -u • il/elle se détache, se libère, est libre
ᐋᑎᒫᓂᔐᐱᑌᐤ aatimaanischehpiteu vta
 • il/elle lui attache les mains derrière le dos; il/elle lui attache les pattes de devant derrière le dos
ᐋᑎᒫᓂᔐᐱᓲ aatimaanischehpisuu vai -u
 • il/elle a le bras attaché derrière le dos; il/elle a les pattes de devant attachées par derrière
ᐋᑎᒫᓂᔐᑌᐤ aatimaanischehteu vai -u
 • il/elle marche avec les mains derrière le dos
ᐋᑎᔥᑯᐌᐤ aatishkuweu vta • il/elle est rendu-e en avant d'elle/de lui
ᐋᑎᔥᑲᒻ aatishkam vti • il/elle y arrive avant quelque chose
ᐋᑎᔫᐦᑯᐌᐤ aatiyuuhkuweu vta • il/elle lui raconte une légende
ᐋᑎᔫᐦᑳᓐ aatiyuuhkaan ni • une légende
ᐋᑎᔫᐦᒉᐤ aatiyuuhcheu vai • il/elle raconte une légende
ᐋᑎᐦᑕᑲᐦᐄᑲᓐ aatihtakahiikanh ni • des bâtons ou pieux placés à chaque extrémité d'une pile de bois de chauffage pour la tenir en place
ᐋᑑᐄ aatuwii p • au moins, à tout le moins ▪ ᐋᑑᐄ ᑮ ᐋᔥᒉᑦ ᒥᒋᒻ ᐁ ᒪᒄᒐᓂᐧᐦᒡ × ▪ *Au moins, il y avait assez de nourriture au festin.*

ᐋᑐᐋᒋᔦᐦ aatuwaachiyeh p,interjection [côte] • au revoir, adieu (ancien terme, à l'opposé de waachiye pour allô)
ᐋᑑᓯᐤ aatuusiiu vai • il (un poisson) est maigre
ᐋᑑᐦᐁᐤ aatuuheu vta • il/elle la/le coince
ᐋᑑᐦᐆ aatuuhuu vai -u • il/elle s'enfonce, s'enlise, s'embourbe; il/elle reste pris-e, collé-e, bloqué-e, coincé-e
ᐋᑑᐦᑖᐤ aatuuhtaau vai+o • il/elle plante, colle, bloque, coince, l'enfonce
ᐋᑕ aata p • même, malgré que, cependant, alors même, même si ▪ ᐃᔅᑯᑦ ᒑ ᐋᑕ ᐁ ᒌᒫᓯᓈᓂᐧᒃ ⋄ ᐃᔅᐸᑦ ᑳ ᓂᕚᐱᒡ ᐋᑕ ᒣ ᐊᐱᔑᐧ ᐊᑉᐄᐧ × ▪ *Il est parti en bateau malgré la pluie.* ✦ *Elle sera contente même si elle n'en reçoit qu'un petit peu.*
ᐋᑕᐌᔨᒣᐤ aataweyimeu vta • il/elle n'en a pas besoin et la/le rejette, refuse ou s'y oppose
ᐋᑕᐌᔨᒨ aataweyimuu vai -u • il/elle se sent mal; il/elle est malheureux/malheureuse parce que quelque chose le/la préoccupe; il/elle se sent rejeté-e
ᐋᑕᐌᔨᐦᑕᒻ aataweyihtam vti • il/elle n'en a pas besoin, alors il/elle le rejette, le refuse, s'y oppose
ᐋᑕᐗᐋᐸᒣᐤ aatawaapameu vta • il/elle lui trouve des défauts; il/elle trouve qu'elle/il a tort
ᐋᑕᐗᐋᐸᐦᑕᒻ aatawaapahtam vti • il/elle le condamne, le réprouve, le critique
ᐋᑕᐗᐋᓯᓅᐌᐤ aatawaasinuweu vta
 • il/elle n'aime pas son apparence
ᐋᑕᐗᐋᓯᓇᒻ aatawaasinam vti • il/elle n'aime pas son apparence
ᐋᑕᑳᒣᓯᑳᐤ aatakaamesikaau vii • il y a une barrière de broussailles
ᐋᑕᑳᒣᓯᒃᐋᐤ aatakaamesikwaau vii • il y a une barrière de glace
ᐋᑕᑳᒣᔐᐦᒋᔑᓐ aatakaameschehchishin vai • son passage est bloqué par un muskeg ou une tourbière

ᐊᑕᑲᒣᔑᒣᐅ **aatakaameshimeu** vta
 • il/elle la/le laisse de l'autre côté d'un cours d'eau sans moyen de traverser

ᐊᑕᑲᒣᔮᐤ **aatakaameyaau** vii • la traversée d'un plan d'eau est bloquée

ᐊᑕᑲᒣᔮᐱᔅᑳᐤ **aatakaameyaapiskaau** vii
 • il y a une barrière de roche

ᐊᑕᑳᒥᐦᒡ **aatakaamihch** p,lieu • passage ou accès bloqué; ce qu'on ne peut traverser ▪ ᐊᑕᑳᒥᐦᒡ ᐃᐆᐦ ᐊᔒ ᒦᐧᒑᐦ ᐆᒫᔥᑊᐧ. ▪ *Le chemin pour aller à sa tente est bloqué par la rivière.*

ᐊᑕᑳᒪᒋᔑᓐ **aatakaamachishin** vai • son passage à pied est bloqué par un cours d'eau

ᐊᑕᑳᒻ **aatakaam** p,lieu • de l'autre côté de la rivière, la rivière barre la route ou coupe le chemin ▪ ᐊᑕᑳᒻ ᐊᔒ ᐃᐦᒐᑐᐧᒡ ᐆᒫᔥᑊᐧ. ▪ *Le chemin pour arriver à sa tente est barré par la rivière.*

ᐊᑕᒧᐦᐌᐤ **aatamuhweu** vta • il/elle la/le surpasse

ᐊᑖᐅᐦᒋᔑᓐ **aataauhchishin** vai • il/elle est enlisé-e ou pris-e dans le sable, bloqué-e par le sable (par ex. un banc de sable dans la voie)

ᐊᑖᐱᔅᑲᐦᐄᑲᓐ **aataapiskahiikan** ni • un cadenas, un verrou, une serrure, une barrure sur une porte

ᐊᑖᐱᔅᑲᐦᐊᒻ **aataapiskaham** vti [Intérieur]
 • il/elle le verrouille, le ferme à clef

ᐊᑖᐱᔅᑲᐦᐌᐤ **aataapiskahweu** vta
 • il/elle la/le verrouille

ᐊᑖᐱᔅᒋᓂᑲᓐ **aataapischinikan** ni • un cadenas, un verrou, un loquet, une barrure, une clenche

ᐊᑖᐱᐦᒉᔑᒣᐤ **aataapihcheshimeu** vta
 • il/elle l'accroche sur quelque chose (filiforme)

ᐊᑖᑯᓀᔑᓐ **aataakuneshin** vai • il/elle ne peut avancer parce qu'il/elle est pris-e dans la neige

ᐊᑖᒥᔅᒄ **aataamiskw** na • un gros castor (rarement vu)

ᐊᑖᔅᑯᐦᐄᐅᑖᓈᐦᑎᒃ **aataaskuhiiutaanaahtikw** ni • un bâton pour soutenir une tablette ou étagère dans un tipi

ᐊᑖᔅᑯᐦᐄᐅᑖᓐ **aataaskuhiiutaan** ni • une étagère ou tablette dans un tipi

ᐊᑖᔅᑯᐦᐄᑲᓈᐦᑎᒃ **aataaskuhiikanaahtikw** ni • un loquet ou taquet de bois

ᐊᑰᐌᔨᐦᑕᒧᐎᓐ **aakuweyihtamuwin** ni
 • une syncope, un évanouissement

ᐊᑰᐌᔨᐦᑕᒻ **aakuweyihtam** vti • il/elle s'évanouit, tombe inconscient-e

ᐊᑯᑎᓈᐦᒡ **aakutinaahch** p,lieu • le côté ombragé d'une côte, d'une colline ▪ ᐊᓂᐦ ᐊᑯᑎᓈᐦᒡ ᐁᑐᐦ ᒦᔑᐦᒃᐧ. ▪ *Il y a des baies sauvages du côté de la colline à l'ombre.*

ᐊᑯᔅᑯᐌᐤ **aakuskuweu** vta • il/elle la/le dépasse en marchant; il/elle va de l'avant et l'arrête

ᐊᑯᔅᑲᔥᑖᐤ **aakuskashtaau** vai+o • il/elle en bloque l'accès avec quelque chose

ᐊᑯᔅᑲᐦᐊᒻ **aakuskaham** vti • il/elle en bloque l'accès

ᐊᑯᔨᐦᑑᐙᐱᔅᒋᔑᓐ **aakuyihtuuwaapischishin** vai • il (un métal) est sur une chose double

ᐊᑯᔨᐦᑑᐙᐱᔅᒋᐦᑎᓐ **aakuyihtuuwaapischihtin** vii • c'est sur quelque chose qui est double (métal)

ᐊᑯᔨᐦᑑᐲᐦᑕᐦᐊᒻ **aakuyihtuupiihtaham** vti
 • il/elle le met dans quelque chose et puis dans autre chose

ᐊᑯᔨᐦᑑᐲᐦᑕᐦᐌᐤ **aakuyihtuupiihtahweu** vta • il/elle la/le met dans quelque chose et puis dans autre chose

ᐊᑯᔨᐦᑑᐲᐦᒋᔑᓐ **aakuyihtuupiihchishin** vai
 • il/elle est dans quelque chose à l'intérieur d'autre chose

ᐊᑯᔨᐦᑑᐲᐦᒋᐦᑎᓐ **aakuyihtuupiihchihtin** vii • c'est dans quelque chose qui est dans quelque chose d'autre

ᐊᑯᔨᐦᑑᐳᐎᐦᒡ **aakuyihtuupuwich** vai pl -i
 • ils sont posés l'un sur l'autre, elles sont posées l'une sur l'autre

ᐊᑯᔨᐦᑑᐳᐤ **aakuyihtuupuu** vai -i • il/elle est posé-e sur un-e autre (par ex. un étage de gâteau)

ᐊᑯᔨᐦᑑᐸᔨᒌᓯᐤ **aakuyihtuupayichiiseu** vai • il/elle porte plusieurs pantalons, un par-dessus l'autre

ᐊᑯᔨᐦᑑᓀᐤ **aakuyihtuuneu** vta • il/elle la/le maintient en couches

ᐊᑯᔨᐦᑑᓇᒻ **aakuyihtuunam** vti • il/elle le tient en couches

ᐊᑯᔨᐦᑑᑉᒋᓈᓐ aakuyihtuuschisinaan ni
 • un couvre-chaussure, un caoutchouc, une claque

ᐊᑯᔨᐦᑑᔑᒣᐤ aakuyihtuushimeu vta
 • il/elle les met, dépose en couches

ᐊᑯᔨᐦᑑᔑᓐ aakuyihtuushin vai • il/elle est posé-e ou disposé-e sur un-e autre; c'est une couche

ᐊᑯᔨᐦᑑᔥᑌᐤ aakuyihtuushteu vii • c'est mis un par-dessus l'autre

ᐊᑯᔨᐦᑑᔥᑖᐤ aakuyihtuushtaau vai+o
 • il/elle pose les choses une sur l'autre, les dispose en couches, les empile

ᐊᑯᔨᐦᑑᔥᑯᐌᐤ aakuyihtuushkuweu vta
 • il/elle en met une autre couche (par ex. un autre pantalon)

ᐊᑯᔨᐦᑑᔥᑲᒻ aakuyihtuushkam vti
 • il/elle en met une autre couche (par ex. une autre chemise)

ᐊᑯᔨᐦᑑᐦᐁᐤ aakuyihtuuheu vta • il/elle les empile, les pose en couches

ᐊᑰ aakuu p,lieu • derrière ça, hors de vue ■ ᐊᓅᐦ ᐊᑰ ᐁᐦᒑᐃ ᐊᐁ ᑭᓛᐦₓ ■ *Le canot est hors de vue.*

ᐊᑰᐌᔑᓐ aakuuweshin vai • il/elle est hors de vue derrière la pointe

ᐊᑰᐅᒫᑎᓐ aakuuwaaumatin vii
 • c'est le côté caché d'une montagne; c'est derrière la montagne ■ ᓅᒃ ᐊᑰᐅᒫᑎᓐ ᒋᐳᒡ ᐅᒫᐦᑭₓ ■ *Sa tente est du côté caché de la montagne, c'est derrière la montagne.*

ᐊᑰᐅᐦᒡ aakuuwaauhch p,lieu • du côté caché de la colline, de l'autre côté de la colline ■ ᓅ ᐊᑰᐅᐦᒡ ᒋᐳᒡ ᐅᒫᐦᑭₓ ■ *Sa tente est cachée par la colline.*

ᐊᑰᐅᐤ aakuuwaau vii • c'est un endroit caché, un lieu camouflé

ᐊᑰᐅᐱᒄᐌᐦᓐ aakuuwaapikwehun ni
 • une visière, une visière de casquette

ᐊᑰᐅᐱᓀᐤ aakuuwaapineu vta • il/elle se couvre les yeux

ᐊᑰᐅᐱᐢᑳᐤ aakuuwaapiskaau vii • c'est bloqué par des pierres

ᐊᑰᐅᔥᑌᔑᓐ aakuuwaashteshin vai
 • il/elle est à l'ombre

ᐊᑰᐅᔥᑌᔥᑯᐌᐤ aakuuwaashteshkuweu vta • il/elle lui bloque la lumière du soleil

ᐊᑰᐅᔥᑌᐤ aakuuwaashtehweu vta
 • il/elle fait de l'ombre sur elle/lui

ᐊᑰᐅᔥᑌᐦᑎᓐ aakuuwaashtehtin vii
 • c'est dans l'ombre, à l'ombre

ᐊᑰᐅᔥᑯᔑᒽ aakuuwaashkushimuu vai -u
 • il/elle se cache derrière un arbre

ᐊᑰᐅᔥᒉᐤ aakuuwaashcheu vai • le soleil disparaît derrière quelque chose

ᐊᑰᐸᔨᐦᐁᐤ aakuupayiheu vta • il/elle la/le cache rapidement derrière quelque chose

ᐊᑰᐸᔨᐦᐆ aakuupayihuu vai -u • il/elle se cache ou se dissimule rapidement derrière quelque chose

ᐊᑰᐸᔨᐦᑖᐤ aakuupayihtaau vai+o
 • il/elle le cache ou dissimule rapidement derrière quelque chose

ᐊᑰᐸᔫ aakuupayuu vai/vii -i • il/elle/ça se cache derrière quelque chose

ᐊᑰᑯᑌᐤ aakuukuteu vii • c'est suspendu et caché derrière quelque chose

ᐊᑰᑯᒋᓐ aakuukuchin vai • il/elle est pendu-e ou suspendu-e pour cacher quelque chose

ᐊᑰᒑᐱᐦᑳᑌᐤ aakuuchaapihkaateu vta
 • il/elle lui bande les yeux

ᐊᑰᒑᐱᐦᑳᓲ aakuuchaapihkaasuu vai
 • il/elle a les yeux bandés, a un bandeau sur les yeux

ᐊᑰᔑᒣᐤ aakuushimeu vta • il/elle se cache d'elle/de lui derrière quelque chose

ᐊᑰᔑᒽ aakuushimuu vai -u • il/elle se cache derrière quelque chose

ᐊᑰᔥᑯᐌᐤ aakuushkuweu vta • il/elle lui bloque la vue

ᐊᑰᔦᑲᐦᐄᑲᓀᒋᓐ aakuuyekahiikanechin ni
 • du tissu, de l'étoffe pour rideaux

ᐊᑰᔦᑲᐦᐄᑲᓐ aakuuyekahiikan ni • un rideau, une tenture, un écran, un paravent

ᐊᑰᔦᑲᐦᐊᒻ aakuuyekaham vti • il/elle y pose un rideau, le garnit d'un rideau

ᐊᑰᔦᑲᐦᐁᐤ aakuuyekahweu vta • il/elle suspend quelque chose devant elle/lui

ᐊᑰᔑᐱᑕᒻ aakuuyechipitam vti ♦ il/elle baisse le store, tire le rideau

ᐊᑰᔑᐱᐦᒋᑲᓐ aakuuyechipihchikan ni ♦ une toile pour fenêtre, un store à ressort

ᐊᑰᐦᐊᒻ aakuuham vti ♦ il/elle le couvre en plaçant quelque chose devant; il/elle le cache, dissimule

ᐊᑰᐦᐌᐤ aakuuhweu vta ♦ il/elle la/le couvre, cache en plaçant quelque chose devant

ᐊᑰᐦᑌᐤ aakuuhteu vai ♦ il/elle marche jusqu'à disparaître derrière quelque chose

ᐊᑰᐦᑎᓐ aakuuhtin vii ♦ c'est hors de vue derrière la pointe de terre

ᐊᑰᐦᑴᓂᓲ aakuuhkwenisuu vai reflex -u ♦ il/elle se couvre la face avec les mains

ᐋᑲᑌᐸᔫ aakatepayuu vai -i ♦ il/elle vomit, a des haut-le-coeur ou des nausées

ᐋᑲᑌᓀᐤ aakateneu vta ♦ il/elle met ses doigts dans la bouche d'une personne pour la faire vomir

ᐋᑲᑌᓂᓲ aakatenisuu vai reflex ♦ il/elle se met les doigts dans la bouche pour vomir

ᐋᑲᑐᓀᐤ aakatuneu vta ♦ il/elle met toute sa main dans quelque chose (d'animé, par ex. un poêle)

ᐋᑲᑐᓇᒻ aakatunam vti ♦ il/elle met sa main dedans

ᐋᑲᑦ aakat na ♦ un bâton recourbé pour trouver les tunnels de castor sous la glace

ᐋᑲᓱᑴᔮᐸᒣᐤ aakasukweyaapameu vta ♦ il/elle regarde dans quelque chose (d'animé)

ᐋᑲᓱᑴᔮᐸᐦᑕᒻ aakasukweyaapahtam vti ♦ il/elle regarde dans quelque chose, l'examine

ᐋᐧᑳᑎᐱᔅᑳᐤ aakwaatipiskaau vii ♦ il est tard dans la nuit

ᐋᐧᑳᒌᔑᑳᐤ aakwaachiishikaau vii ♦ il est tard dans la journée

ᐋᒉᐱᐳᓂᔂ aachipipunishuu vai -i ♦ il/elle est pris-e là par l'arrivée de l'hiver juste avant son départ

ᐋᒋᑳᑌᐯᐹᔥᑯᐌᐤ aachikaatewepashkuweu vta ♦ il/elle la/le fait trébucher ou tomber avec le pied; il/elle lui fait un croc-en-jambe

ᐋᒋᑳᑌᐯᐸᐦᐌᐤ aachikaatewepahweu vta ♦ il/elle la/le fait trébucher à l'aide de quelque chose

ᐋᒋᑳᑌᔥᑯᐌᐤ aachikaateshkuweu vta ♦ il/elle l'accroche par la jambe, par la patte

ᐋᒋᑳᑌᔥᑲᒻ aachikaateshkam vti ♦ il/elle l'accroche par la patte

ᐋᒋᑳᑌᐱᑌᐤ aachikaatehpiteu vta ♦ il/elle la/le fait trébucher ou tomber en lui tirant la jambe; il/elle lui fait un croc-en-jambe

ᐋᒋᓯᑳᐤ aachisikwaau vii ♦ c'est pris, bloqué dans la glace

ᐋᒋᔑᒣᐤ aachishimeu vta ♦ il/elle l'accroche à quelque chose

ᐋᒋᐦᑎᑖᐤ aachihtitaau vai+o ♦ il/elle l'accroche à ou sur quelque chose

ᐋᒋᐦᑎᓐ aachihtin vii ♦ c'est accroché (pris) à un crochet, un hameçon

ᐋᒋᐦᔑᓐ aachihshin vai ♦ il/elle est accroché-e, pris-e à un hameçon ou crochet, retenu-e

ᐋᒥᐱᑌᐤ aamipiteu vta ♦ il/elle la/le baisse ou descend

ᐋᒥᐱᑕᒻ aamipitam vti ♦ il/elle le baisse et l'enlève, l'ôte

ᐋᒥᐸᔨᐦᐁᐤ aamipayiheu vta ♦ il/elle la/le fait descendre (du traîneau de la motoneige)

ᐋᒥᐸᔨᐦᐆ aamipayihuu vai -u ♦ il/elle descend de quelque chose

ᐋᒥᐸᔨᐦᑖᐤ aamipayihtaau vai+o ♦ il/elle le descend ou débarque (par ex. du traîneau de la motoneige)

ᐋᒥᐸᔫ aamipayuu vai/vii -i ♦ il/elle/ça tombe

ᐋᒥᐸᐦᑖᐤ aamipahtaau vai ♦ il/elle s'écoule ou sort de quelque chose

ᐋᒥᑎᔑᓀᐤ aamitishineu vta ♦ il/elle la/le pousse de quelque chose

ᐋᒥᑎᔑᓇᒻ aamitishinam vti ♦ il/elle le fait tomber de quelque chose en poussant

ᐋᒥᒀᔥᑯᐦᑑ aamikwaashkuhtuu vai -i ♦ il/elle saute en bas de quelque chose

ᐊᕆᒍᐧᐃᓐ **aamichuwin** vii ♦ c'est là où le courant commence à descendre (par ex. en haut des chutes, des rapides)

ᐊᕆᓄ **aamine** p,manière [Intérieur] ♦ un peu plus, un petit peu plus, légèrement plus (utilisé comme comparatif) ■ ᐊᕆᓄ ᐆᓐ ᕆᑦ ᐱᓗᑎᐧᐁ᙮ ■ *Il se sent un petit peu mieux.*

ᐊᕆᓄᐤ **aamineu** vta ♦ il/elle l'enlève à la main

ᐊᕆᓇᒼ **aaminam** vti ♦ il/elle l'enlève, l'ôte, le retire avec ses mains

ᐊᕆᓈᐦᐁᐧᐤ **aaminaahkweu** vai [Côte] ♦ le devant d'une raquette pointue, d'un toboggan est très recourbé

ᐊᕆᔅᕆᓄᐤ **aamischineu** vai/vii ♦ il/elle/ça (un solide, par ex. du poisson, des friandises) déborde du contenant (ancien terme)

ᐊᕆᔅᕆᓂᐦᐁᐧᐤ **aamischiniheu** vta ♦ il/elle la/le fait déborder

ᐊᕆᔅᕆᓂᐦᑖᐤ **aamischinihtaau** vai+o ♦ il/elle le fait déborder

ᐊᕆᔑᒣᐤ **aamishimeu** vta ♦ il/elle la/le fait tomber

ᐊᕆᔑᓐ **aamishin** vai ♦ il/elle tombe (par ex. d'un véhicule en marche)

ᐊᕆᔥᑖᐤ **aamishtaau** vai+o ♦ il/elle l'enlève, le fait descendre de quelque chose

ᐊᕆᔥᑯᐧᐁᐤ **aamishkuweu** vta ♦ il/elle la/le renverse, fait tomber (avec le corps)

ᐊᕆᔥᑲᒼ **aamishkam** vti ♦ il/elle le fait tomber avec le pied, le corps

ᐊᕆᐦᐁᐤ **aamiheu** vta ♦ il/elle la/le fait descendre d'un endroit

ᐊᕆᐦᑎᑖᐤ **aamihtitaau** vai+o ♦ il/elle le fait tomber

ᐊᕆᐦᑎᓐ **aamihtin** vii ♦ ça tombe (d'un véhicule en marche)

ᐊᕆᐳᒡ **aamiiuch** vai pl ♦ ils (poissons) fraient

ᐊᕆᐳᒃ **aamiiumekw** na ♦ un poisson frayant, un bouvard

ᐊᕆᐤ **aamiiu** vai ♦ il/elle en descend

ᐊᕆᐦᑲᓐ **aamiihkan** ni [Côte] ♦ une frayère, un lieu de ponte, un lieu de frai, un site de fraie

ᐊᕆᐦᑳᓈᓐ **aamiihkaanaan** ni [Intérieur] ♦ un endroit où on pêche le poisson frayant

ᐊᕆᐦᒉᐤ **aamiihcheu** vai ♦ le poisson fraye

ᐊᒧᐁᐧᐱᔥᑯᐧᐁᐤ **aamuwepishkuweu** vta ♦ il/elle la/le renverse avec son corps

ᐊᒧᐁᐧᐱᔥᑲᒼ **aamuwepishkam** vti ♦ il/elle le fait tomber avec son corps

ᐊᒧᑌᐁᐧᐱᔥᑯᐧᐁᐤ **aamutewepishkuweu** vta ♦ il/elle la/le pousse hors du canot par accident

ᐊᒧᑌᐁᐧᐱᔥᑲᒼ **aamutewepishkam** vti ♦ il/elle le pousse hors du canot accidentellement

ᐊᒧᑌᐸᔫ **aamutepayuu** vai/vii -i ♦ il/elle/ça tombe du canot

ᐊᒧᑌᔑᓐ **aamuteshin** vai ♦ il/elle tombe d'un canot qui bouge

ᐊᒨ **aamuu** na ♦ une abeille *apis melifica*

ᐊᒨᐊᐧᒋᔥᑐᓐ **aamuuwachishtun** ni ♦ une ruche, un nid d'abeilles

ᐊᒨᔔᑳᐤ **aamuushuukaau** ni -m ♦ du miel

ᐊᒨᔥ **aamuush** na dim ♦ une jeune abeille; une mouche qui pique (*Stomoxys calcitrans*)

ᐊᒪᐦᐊᒼ **aamaham** vti ♦ il/elle le fait tomber (avec quelque chose)

ᐊᒪᐦᐁᐧᐤ **aamahweu** vta ♦ il/elle la/le fait tomber en utilisant quelque chose

ᐋᓂᔅᑯᐧᐋᐤ **aaniskuwaau** vii ♦ c'est attaché sur

ᐋᓂᔅᑯᐧᐋᐯᕆᓄᐤ **aaniskuwaapechineu** vta ♦ il/elle l'allonge à la main (filiforme); il/elle attache deux cordes ensemble pour faire une rallonge

ᐋᓂᔅᑯᐧᐋᐱᐦᑳᑌᐤ **aaniskuwaapihkaateu** vta ♦ il/elle l'allonge en y attachant quelque chose

ᐋᓂᔅᑯᐧᐋᐱᐦᑳᑕᒼ **aaniskuwaapihkaatam** vti ♦ il/elle l'allonge, le rallonge en attachant quelque chose dessus

ᐋᓂᔅᑯᐧᐋᐱᐦᒉᐤ **aaniskuwaapihcheu** vai ♦ il/elle allonge des choses en y attachant quelque chose

ᐋᓂᔅᑯᐧᐋᐱᐦᒉᒧᐦᑖᐤ **aaniskuwaapihchemuhtaau** vai+o ♦ il/elle y joint ou y attache une corde pour l'allonger

ᐊᓂᔅᑰᐋᐱᐦᒉᓅ **aaniskuwaapihcheneu**
vta ♦ il/elle y ajoute une autre longueur de ligne (à quelque chose d'animé)

ᐊᓂᔅᑰᐋᐱᐦᒉᓇᒻ **aaniskuwaapihchenam**
vti ♦ il/elle y attache une rallonge, y ajoute une autre longueur de ligne

ᐊᓂᔅᑰᐋᔅᐱᑎᐤ **aaniskuwaaspiteu** vta
♦ il/elle la/le lace, tisse sur un-e autre

ᐊᓂᔅᑰᐋᔅᐱᑕᒻ **aaniskuwaaspitam** vti
♦ il/elle le lace, le tisse sur autre chose

ᐊᓂᔅᑰᐋᔅᑯᒨ **aaniskuwaaskumuu** vii -u
♦ c'est joint ou attaché à un autre bâton (long et rigide)

ᐊᓂᔅᑰᐋᔅᑯᔑᓐ **aaniskuwaaskushin** vai
♦ il/elle est joint-e, attaché-e, relié-e (long et rigide) à un autre bâton

ᐊᓂᔅᑯᑖᐯᒨᔔᒻ **aaniskutaapeumushuum** na ♦ un arrière-arrière-grand-père, un trisaïeul

ᐊᓂᔅᑯᑖᐯᐅᐦᑯᒻ **aaniskutaapeuuhkum** na
♦ une arrière-arrière-grand-mère, une bisaïeule

ᐊᓂᔅᑯᑖᐯᐤ **aaniskutaapeu** vai ♦ il/elle fait un noeud

ᐊᓂᔅᑯᑖᐯᓲ **aaniskutaapesuu** na -siim
♦ un arrière-arrière-arrière-grand-parent, une arrière-arrière-arrière-grand-parente, un quadrisaïeul, une quadrisaïeule

ᐊᓂᔅᑯᑖᐱᐦᑳᑌᐤ **aaniskutaapihkaateu** vta
♦ il/elle y fait un noeud

ᐊᓂᔅᑯᑖᐱᐦᑳᑕᒻ **aaniskutaapihkaatam** vti
♦ il/elle le noue, y fait un noeud

ᐊᓂᔅᑯᑖᐱᐦᒉᐤ **aaniskutaapihcheu** vai
♦ il/elle fait un noeud, noue, attache

ᐊᓂᔅᑯᑖᐱᐦᒉᐸᔫ **aaniskutaapihchepayuu**
vai/vii -i ♦ il/elle/ça se noue, fait des noeuds

ᐊᓂᔅᑯᑖᐱᐦᒉᔑᒣᐤ **aaniskutaapihcheshimeu** vta ♦ il/elle l'attache avec un noeud

ᐊᓂᔅᑯᑖᐱᐦᒉᐦᑎᑖᐤ **aaniskutaapihchehtitaau** vai+o ♦ il/elle en fait un noeud, le noue, l'attache

ᐊᓂᔅᑯᑖᐹᓐ **aaniskutaapaan** ni ♦ un noeud

ᐊᓂᔅᑯᑖᐹᓐ **aaniskutaapaan** na [Intérieur]
♦ un arrière-grand-parent, une arrière-grand-parente, un bisaïeul, une bisaïeule

ᐊᓂᔅᑯᒑᐹᓐ **aaniskuchaapaan** na [Côte]
♦ un arrière-arrière-grand-parent, une arrière-arrière-grand-parente, un trisaïeul, une trisaïeule

ᐊᓂᔅᑰᐋᐯᒋᓇᒻ **aaniskuuwaapechinam**
vti ♦ il/elle l'allonge, le rallonge (filiforme) à la main; il/elle attache deux cordes ensemble pour faire une rallonge

ᐊᓂᔅᑰᐴ **aaniskuupuu** vai -i ♦ il/elle est placé-e, arrangé-e, rangé-e avec d'autres

ᐊᓂᔅᑰᑲᓂᒋᐦᒑᓐ **aaniskuukanichihchaan**
ni [Intérieur] ♦ une articulation ou jointure du doigt

ᐊᓂᔅᑰᑲᓈᓂᒋᐦᒑᓐ **aaniskuukanaanichihchaan** ni [Côte]
♦ une articulation ou jointure du doigt

ᐊᓂᔅᑰᑲᓈᓐ **aaniskuukanaan** ni ♦ une articulation, une jointure

ᐊᓂᔅᑰᒀᑌᐤ **aaniskuukwaateu** vii ♦ c'est allongé par la couture

ᐊᓂᔅᑰᒀᑌᐤ **aaniskuukwaateu** vta
♦ il/elle l'allonge en cousant

ᐊᓂᔅᑰᒀᑕᒻ **aaniskuukwaatam** vti
♦ il/elle le raccorde, l'allonge en cousant

ᐊᓂᔅᑰᒨ **aaniskuumuu** vai -i ♦ il/elle est relié-e, joint-e ou attaché-e pour allonger quelque chose

ᐊᓂᔅᑰᓀᐤ **aaniskuuneu** vta ♦ il/elle y met une rallonge à la main

ᐊᓂᔅᑰᓇᒻ **aaniskuunam** vti ♦ il/elle tient une rallonge dessus

ᐊᓂᔅᑰᓲ **aaniskuusuu** vai -i ♦ il/elle est joint-e, attaché-e sur, relié-e à

ᐊᓂᔅᑰᔑᓐ **aaniskuushin** vai ♦ il/elle est joint-e, attaché-e, relié-e au même niveau, au ras ou à ras

ᐊᓂᔅᑰᔥᑌᐤ **aaniskuushteu** vii ♦ c'est placé, posé pour allonger quelque chose

ᐊᓂᔅᑰᔥᑕᐦᐊᒻ **aaniskuushtaham** vti
♦ il/elle y coud une pièce pour le rallonger

ᐊᓂᐢᑯᐦᑕᐦᐍᐤ **aaniskuushtahweu** vta
 • il/elle coud une pièce sur quelque chose (d'animé)
ᐊᓂᐢᑯᐦᑖᐤ **aaniskuushtaau** vai+o • il/elle le pose pour allonger quelque chose
ᐊᓂᐢᑯᐢᑯᔫ **aaniskuushkushuu** ni -shiim [Côte] • de la prêle, une plante de rivage avec une tige articulée *Equisetum sp.*
ᐊᓂᐢᑯᐦᐁᐤ **aaniskuuheu** vta • il/elle la/le pose pour allonger quelque chose
ᐊᓂᐢᑯᐦᐱᑌᐤ **aaniskuuhpiteu** vta • il/elle la/le tire derrière l'autre
ᐊᓂᐢᑯᐦᐱᑕᒼ **aaniskuuhpitam** vti • il/elle l'attache derrière l'autre
ᐊᓂᐢᑯᐦᐱᒋᑲᓐ **aaniskuuhpichikan** ni • une rallonge à un toboggan
ᐊᓂᐢᑯᐦᐱᓲ **aaniskuuhpisuu** vai -u • il/elle est attaché-e, joint-e, relié-e à ou avec
ᐊᓂᔐᓇᒼ **aanischenam** vti [Côte] • il/elle le tire en pièces détachées, morceau par morceau
ᐊᓂᔐᐢᑯᔒᐦ **aanischeshkushiih** ni pl -m [Intérieur] • des herbes qui poussent dans l'eau, des herbages aquatiques
ᐊᓂᔐᔮᐱᐦᑳᑌᐤ **aanischeyaapihkaateu** vta • il/elle les attache un-e après l'autre
ᐊᓂᔐᔮᐱᐦᑳᑕᒼ **aanischeyaapihkaatam** vti • il/elle attache les choses une après l'autre, en série, en succession
ᐊᓂᔐᔮᐱᐦᒉᔑᒣᐤ **aanischeyaapihcheshimeu** vta • il/elle les étend en longueur un-e après l'autre (par ex. des rallonges)
ᐊᓂᔐᔮᐱᐦᒉᐦᑎᑖᐤ **aanischeyaapihchehtitaau** vai+o • il/elle les met, les attache (objets filiformes) un-e après l'autre, les relie un à l'autre
ᐊᓂᔐᔮᐢᐱᓀᐎᓐ **aanischeyaaspinewin** ni • une maladie héréditaire
ᐊᓂᔐᓀᐤ **aanischeneu** vta • il/elle la/le lève petit à petit (un filet de pêche)
ᐊᓂᔐᓇᒼ **aanischenam** vti • il/elle le tire, l'amène morceau par morceau, petit à petit

ᐊᓄᐌᔨᒣᐤ **aanuweyimeu** vta • il/elle la/le réprimande, gronde; il/elle se plaint à son sujet
ᐊᓄᐌᔨᐦᑕᒼ **aanuweyihtam** vti • il/elle se plaint de quelque chose, n'y croit pas
ᐊᓄᐌᔨᐦᑖᑯᓐ **aanuweyihtaakun** vii • c'est nié; c'est incroyable
ᐊᓄᐌᔨᐦᒉᐤ **aanuweyihcheu** vai • il/elle critique les gens
ᐊᓄᐌᐦᑐᐌᐤ **aanuwehtuweu** vta • il/elle ne la/le croit pas; il/elle lui désobéit
ᐊᓄᐌᐦᑕᒧᐎᓐ **aanuwehtamuwin** ni • de la désobéissance
ᐊᓄᐌᐦᑕᒼ **aanuwehtam** vti • il/elle n'y croit pas, n'est pas d'accord avec ça
ᐋᔅᐁᐢᑯᐌᐤ **aasweshkuweu** vta • il/elle va plus loin qu'elle/que lui; il/elle la/le dépasse
ᐋᔅᐁᐢᑲᒼ **aasweshkam** vti • il/elle va au-delà de ça
ᐋᔅᐁᔮᐸᒣᐤ **aasweyaapameu** vta • il/elle ne la/le voit pas, la/le manque
ᐋᔅᐁᔮᐸᐦᑕᒼ **aasweyaapahtam** vti • il/elle manque de le voir
ᐋᔅᐁᐦᐊᒼ **aasweham** vti • il/elle tire ou lance plus loin que ça
ᐋᔅᐁᐦᐍᐤ **aaswehweu** vta • il/elle tire, lance plus loin qu'elle/que lui
ᐊᓯᔮᓐ **aasiyaan** na • une couche
ᐊᓲ **aasuu** vai -u • il/elle s'appuie sur quelque chose (par ex. aide pour marcher)
ᐋᓲᑳᐴᐦᐁᐤ **aasuukaapuuheu** vta • il/elle la/le met debout en l'appuyant sur quelque chose (par ex. un arbre)
ᐋᓲᑳᐴᐦᑖᐤ **aasuukaapuuhtaau** vai+o • il/elle le met debout en appui sur quelque chose, l'appuie sur quelque chose
ᐋᓲᑳᓲ **aasuukaasuu** vai -u • il/elle traverse le ruisseau à pied
ᐋᓲᑳᔅᑯ **aasuukaaskuu** vai -u • il/elle traverse sur la glace
ᐋᓲᔑᒧᑐᑐᐌᐤ **aasuushimututuweu** vta • il/elle s'appuie sur elle/lui

ᐊᔨᔑᒍᑕᒼ **aasuushimututam** vti
  • il/elle s'appuie contre, sur quelque chose
ᐊᔨᔑᒨ **aasuushimuu** vai -u • il/elle s'appuie sur ou contre quelque chose
ᐊᔨᔑᓐ **aasuushin** vai • il/elle (par ex. un toboggan) est appuyé-e sur quelque chose
ᐊᔫᐦᑎᓐ **aasuuhtin** vii • ça s'appuie ou ça penche sur quelque chose
ᐊᐢᐱᑖᐦᑖᓐ **aaspitihaashtaan** ni [Côte]
  • un tas de branches à côté de l'entrée du tipi
ᐊᐢᐳᓀᔨᒥᑯᓯᐤ **aaspuneyimikusiiu** vai
  • il/elle a la réputation d'être avide, impatient-e
ᐊᐢᐳᓀᔨᒨᐃᓐ **aaspuneyimuwin** ni • un désir ardent, l'avidité, l'impatience, l'empressement, l'ardeur, l'âpreté
ᐊᐢᐳᓀᔨᒨ **aaspuneyimuu** vai -u • il/elle est avide, impatient-e
ᐊᐢᐳᓂᓯᐤ **aaspunisiiu** vai • il/elle aime prendre part aux activités, participer
ᐊᔥᑰ **aaskuu** p,temps • parfois, de temps à autre, quelquefois, occasionnellement ▪ ᒥᐦ ᐊᔥᑰ ᐯᐸᔨᐦ *Il ne vient que parfois, de temps à autre.*
ᐊᐢᒉᔨᐦᑕᒼ **aascheyihtam** vti • il/elle progresse, avance, prend de l'avance (par son intérêt) dans quelque chose
ᐊᐢᒋᑎᔕᐦᐁᐤ **aaschitishahweu** vta
  • il/elle la/le presse de marcher, courir plus vite
ᐊᔒᐯᔮᐤ **aashipeyaau** vii • c'est un cours d'eau traversé par un courant
ᐊᔒᐱᑌᐤ **aashipiteu** vta • il/elle la/le baisse rapidement (par ex. un pantalon)
ᐊᔒᐱᑕᒼ **aashipitam** vti • il/elle l'abaisse, le baisse rapidement
ᐊᔒᐸᔨᐦᐁᐤ **aashipayiheu** vta • il/elle glisse sur lui/elle (par ex. un pantalon)
ᐊᔒᐸᔨᕽ **aashipayihuu** vai -u • il/elle glisse
ᐊᔒᐸᔨᐦᑖᐤ **aashipayihtaau** vai+o
  • il/elle glisse (par ex. un bas) sur lui ou elle
ᐊᔒᐸᔫ **aashipayuu** vai/vii -i • il/elle/ça glisse en bas

ᐊᔒᑌᒣᐤ **aashitemeu** vta • il/elle la/le contredit; il/elle se dispute avec elle/lui
ᐊᔒᑌᔮᐦᑎᑯᒉᐤ **aashiteyaahtikucheu** vai
  • il/elle fabrique une croix ou un crucifix en bois
ᐊᔒᑌᔮᐦᑎᑯ **aashiteyaahtikw** na -um
  • une croix ou un crucifix en bois
ᐊᔒᑌᐦᐯᑎᑌᐤ **aashitehepiteu** vta
  • il/elle pousse sur le coeur avec la main pour la/le tuer (par ex. un lièvre vivant)
ᐊᔒᑎᔒᓀᐤ **aashitishineu** vta • il/elle la/le descend de quelque chose
ᐊᔒᑎᔑᓇᒼ **aashitishinam** vti • il/elle le descend de quelque chose
ᐊᔒᒧᐋᑯᐲᓯᒼ **aashimwaakupiisim** na [Côte]
  • mai
ᐊᔒᒧᐋᑯᒉᐤ **aashimwaakucheu** vai • c'est un jeu où les enfants tirent des pierres sur une cible lancée dans les airs
ᐊᔒᒧᐋᑯᔥ **aashimwaakush** na dim • un jeune plongeon catmarin, un jeune huart à gorge rousse
ᐊᔒᒧᐋᑯ **aashimwaakw** na • un plongeon catmarin, un huard ou huart à gorge rousse *Gavia stellata*
ᐊᔒᓀᐤ **aashineu** vta • il/elle la/le descend; il/elle la/le baisse (par ex. un pantalon)
ᐊᔒᓂᑲᓐ **aashinikan** ni • toute chose utilisée pour faire descendre des objets, les mettre à l'eau
ᐊᔒᓄᐋᓯᐤ **aashinuwaasiiu** vai [Côte]
  • il/elle attend
ᐊᔒᓄᐙᐦᐁᐤ **aashinuwaaheu** vta [Côte]
  • il/elle l'attend
ᐊᔒᓄᐙᐦᑖᐤ **aashinuwaahtaau** vai+o [Côte] • il/elle l'attend
ᐊᔒᓇᒼ **aashinam** vti • il/elle l'abaisse, le descend, le fait descendre
ᐊᔒᐦᑫᐤ **aashihkweu** vai • il/elle crie, hurle
ᐊᔒᐦᑫᐁᐤ **aashihkweheu** vta • il/elle la/le fait crier, hurler
ᐊᔒᐦᑾᑌᐤ **aashihkwaateu** vta • il/elle lui crie après
ᐊᔕᑲᓂᐸᔫ **aashukanipayuu** vai/vii -i
  • il/elle/ça fait un pont (par ex. un arbre couché)

ᐋᔅᑲᓂᑳᐦᒉᐅ aashukanikaahcheu vai
 • il/elle bâtit, construit un pont pour les gens

ᐋᔅᑲᓂᔥ aashukanish ni dim • un petit quai

ᐋᔅᑲᓂᔥᒌᔥ aashukanishchiish ni pej
 • un vieux pont, vieux quai

ᐋᔅᑲᓂᐦᒉᐅ aashukanihcheu vai • il/elle bâtit, construit un pont

ᐋᔅᑲᓐ aashukan ni • un pont, un quai, un embarcadère, un ponton

ᐋᔥᐦᑎᑖᐅ aashuhtitaau vai+o • il/elle le penche, l'incline, l'appuie en travers

ᐋᔈᐋᐱᐦᑳᑌᐤ aashuuwaapihkaateu vta
 • il/elle l'attache de l'un-e à l'autre

ᐋᔈᐋᐱᐦᑳᑕᒼ aashuuwaapihkaatam vti
 • il/elle attache de l'un à l'autre

ᐋᔈᐋᐱᐦᒉᐧᐄᐤ aashuuwaapihchewiiu vai
 • il/elle traverse au moyen d'une corde

ᐋᔈᐋᐱᐦᒉᐱᑌᐤ aashuuwaapihchepiteu vta • il/elle la/le fait traverser en tirant avec une corde

ᐋᔈᐋᐱᐦᒉᐱᑕᒼ aashuuwaapihchepitam vti • il/elle le tire à travers avec une corde

ᐋᔈᐋᑎᑳᓲ aashuuwaatikaasuu vai-i
 • il/elle traverse à pied de l'autre côté de l'eau

ᐋᔈᐋᔥᑯᒧᐦᑖᐤ aashuuwaaskumuhtaau vai+o • il/elle le pose (long et rigide) en travers d'autres perches

ᐋᔈᐋᔥᑯᔑᒣᐤ aashuuwaaskushimeu vta
 • il/elle la/le place en travers de quelque chose (long et rigide)

ᐋᔈᐋᔥᑯᔑᓐ aashuuwaaskushin vai
 • il/elle est posé-e ou placé-e (long et rigide) en travers de quelque chose

ᐋᔈᐋᔥᑯᐦᑎᓐ aashuuwaaskuhtin vii
 • ça traverse quelque chose (long et rigide)

ᐋᔈᐋᐦᑑᐧᐄᐤ aashuuwaahtuuwiiu vai
 • il/elle grimpe par-dessus pour arriver à autre chose

ᐋᔔᐲᐦᒉᐅ aashuupiihcheu vai • il/elle traverse à l'autre maison

ᐋᔔᐸᔫ aashuupayuu vai/vii-i • il/elle traverse en véhicule; ça passe de l'autre côté

ᐋᔔᐸᐦᑖᐤ aashuupahtaau vai • il/elle traverse en courant, passe de l'autre côté à la course

ᐋᔔᑎᓐ aashuutin vii • ça gèle complètement, d'un bord à l'autre

ᐋᔔᑎᔕᐦᐧᐁᐤ aashuutishahweu vta
 • il/elle l'envoie de l'autre côté

ᐋᔔᑖᒋᒨ aashuutaachimuu vai-u
 • il/elle traverse en rampant, rampe de l'autre côté

ᐋᔔᑲᒥᒉᐸᐦᑖᐤ aashuukamichepahtaau vai • il/elle traverse en courant à une autre maison, court de l'autre côté

ᐋᔔᑳᒣᐸᔪᐤ aashuukaamepayuu vai-i
 • il/elle traverse un cours d'eau en bateau

ᐋᔔᑳᒣᔮᑎᑳᓲ aashuukaameyaatikaasuu vai-i • il/elle traverse l'eau à pied

ᐋᔔᑳᒣᐦᐅᔦᐤ aashuukaamehuyeu vta
 • il/elle la/le fait traverser (en canot, en pagayant)

ᐋᔔᑳᒣᐦᔮᐤ aashuukaamehyaau vai
 • il/elle traverse en volant, vole de l'autre côté (rivière, lac)

ᐋᔔᑳᓯᐸᔨᐦᐁᐤ aashuukaasipayiheu vta
 • il/elle la/le fait traverser (en véhicule)

ᐋᔔᑳᓯᐸᔨᐦᑖᐤ aashuukaasipayihtaau vai+o • il/elle le fait traverser, l'apporte ou l'emporte de l'autre côté (en véhicule)

ᐋᔔᑳᓯᐸᔫ aashuukaasipayuu vai-i
 • il/elle le/la conduit, le/la fait traverser, l'amène ou l'emmène de l'autre côté (d'un cours d'eau gelé)

ᐋᔔᑳᓯᑕᐦᐁᐤ aashuukaasitaheu vta
 • il/elle la/le fait traverser (en marchant)

ᐋᔔᑳᓯᐦᑕᑖᐤ aashuukaasihtataau vai+o • il/elle le conduit, le fait traverser, l'apporte ou l'emporte de l'autre côté d'un cours d'eau à pied, en marchant

ᐋᔔᒀᔥᑯᐦᑑ aashuukwaashkuhtuu vai-i
 • il/elle saute de l'autre côté

ᐋᔔᒥᓯᐦᑌᐸᔪᐤ aashuumisihtepayuu vii-i
 • ça se répand; c'est contagieux

ᐋᔔᓀᐤ aashuuneu vta • il/elle la/le penche de travers

ᐋᔔᔅᑰ aashuuskuu vai-u • il/elle traverse un plan d'eau gelé

ᐊᔑᖁᑲᓅ aashuuskanuu p,lieu ◆ de l'autre côté de la route, du chemin

ᐊᔑᔐᑲᕻᐊᒡ aashuuschekaham vti ◆ il/elle traverse le muskeg

ᐊᔑᔥᑎᑴᐸᔫ aashuushtikwepayuu vai/vii -i ◆ il/elle/ça traverse la rivière, passe de l'autre côté

ᐊᔑᔥᑲᒼ aashuushkam vti ◆ il/elle le traverse, marche à travers (par ex. une clairière)

ᐊᔑᐦᐆᓈᓐ aashuuhuunaan ni ◆ une traversée, un passage sur une rivière ou un lac

ᐊᔑᐦᐊᒣᐤ aashuuhameu vai ◆ il/elle traverse le sentier, la route, la piste, le chemin

ᐊᔑᐦᐊᒣᐸᐦᑖᐤ aashuuhamepahtaau vai ◆ il/elle traverse le chemin en courant, court de l'autre côté de la route

ᐊᔑᐦᐊᒼ aashuuham vti ◆ il/elle traverse un plan d'eau en utilisant quelque chose (en pagayant dans un canot, en nageant)

ᐊᔑᐦᑌᐤ aashuuhteu vai ◆ il/elle traverse à pied, en marchant

ᐊᔑᐦᑕᑖᐤ aashuuhtataau vai+o ◆ il/elle le fait traverser, l'emporte ou l'apporte de l'autre côté

ᐊᔑᐦᑕᐦᐁᐤ aashuuhtaheu vta ◆ il/elle la/le fait traverser

ᐊᓵᐦᐊᒼ aashaham vti ◆ il/elle le descend, l'abaisse avec quelque chose

ᐊᓴᐦᐁᐤ aashahweu vta ◆ il/elle l'abaisse avec quelque chose

ᐊᔑᐹᐱᓀᐤ aashaapechineu vta ◆ il/elle l'abaisse (filiforme)

ᐊᔑᐹᐱᓇᒼ aashaapechinam vti ◆ il/elle le descend, l'abaisse (filiforme)

ᐊᔑᐱᐦᑳᑌᐤ aashaapihkaateu vta ◆ il/elle l'abaisse alors que c'est suspendu par une corde

ᐊᔑᐱᐦᑳᑕᒼ aashaapihkaatam vti ◆ il/elle l'abaisse, le descend suspendu à une corde, par un fil

ᐊᔑᐱᐦᒉᐧᐃᐤ aashaapihchewiiu vai ◆ il/elle se laisse descendre au moyen d'une corde

ᐊᔑᐦᑲᐱᐦᒉᔥᑲᒼ aashaakaapihcheshkam vti ◆ il/elle est pris-e, emmêlé-e dans ça (filiforme)

ᐊᔑᐦᑳᔅᑯᓐ aashaakaaskun vii ◆ ça a une fourche qui sert de crochet (long et rigide, par ex. une perche)

ᐊᔑᐦᑳᔅᑯᓲ aashaakaaskusuu vai-i [côté] ◆ il/elle (long et rigide, par ex. un arbre) a une fourche qui sert de crochet ou d'hameçon

ᐊᔑᕐᒋᐦᑎᓐ aashaachihtin vii ◆ c'est accroché, retenu

ᐊᔑᐧᐋᒪᐦᑲᓀᐴ aashwaamahkanepuu vai-i ◆ il/elle est assis-e avec la main sur la joue

ᐊᔑᐧᐋᒪᐦᑲᓀᑳᐴ aashwaamahkanekaapuu vai-uu ◆ il/elle est debout appuyé-e sur quelque chose avec la main sur la joue

ᐊᔑᐧᐋᒪᐦᑲᓀᓂᓲ aashwaamahkanenisuu vai reflex -u ◆ il/elle se met la main sous la mâchoire

ᐊᔥᐱᑖᔅᑯᔑᓐ aashpitaaskushin vai ◆ il/elle est appuyé-e (long et rigide) sur ou contre quelque chose, un dossier ou appui-dos

ᐊᔥᐱᒋᔥᑎᐦᑖᐤ aashpichistihtaau vai+o ◆ il/elle l'appuie sur quelque chose

ᐊᔥᐱᒋᔑᒣᐤ aashpichishimeu vta ◆ il/elle l'appuie sur quelque chose

ᐊᔥᐱᒋᔑᒧᑐᐧᐁᐤ aashpichishimutuweu vta ◆ il/elle s'appuie contre elle/lui

ᐊᔥᐱᒋᔑᒧᑕᒼ aashpichishimutam vti ◆ il/elle s'appuie, s'adosse, s'accoude sur ça

ᐊᔥᐱᒋᔑᒨ aashpichishimuu vai -u ◆ il/elle s'appuie sur ou contre quelque chose; il/elle est assis-e adossé-e à quelque chose

ᐊᔥᐱᒋᔑᓐ aashpichishin vai ◆ il/elle est appuyé-e sur quelque chose

ᐊᔥᐱᒋᐤ aashpichiiu vai ◆ il/elle s'appuie sur quelque chose pour se lever, prend appui

ᐊᔥᑌᐱᑲᓐ aashtepiikan vii ◆ c'est un liquide clair après le dépôt du sédiment

ᐊᔥᑌᔥᑯᐧᐁᐤ aashteshkuweu vta ◆ il/elle ne la/le rencontre pas en marchant, après avoir prévu un lieu de rencontre

ᐊᔥᑌᔮᑲᒥᐸᔫ aashteyaakamipayuu vii-i ◆ l'eau se calme

ᐊᔥᑐᐧᐁᐤ aashtuweu vai/vii ◆ il/elle est éteint-e; c'est éteint (le feu)

ᐊᔥᑐᐁᐱᑌᐤ° aashtuwepiteu vta ♦ il/elle l'éteint, la/le débranche

ᐊᔥᑐᐁᐱᑕᒻ aashtuwepitam vti ♦ il/elle l'éteint (par ex. la lumière électrique)

ᐊᔥᑐᐁᐳᑖᑌᐤ° aashtuwepuutaateu vta
♦ il/elle l'éteint en soufflant dessus (par ex. une allumette)

ᐊᔥᑐᐁᐳᑖᑕᒻ aashtuwepuutaatam vti
♦ il/elle souffle dessus, l'éteint (par ex. une chandelle)

ᐊᔥᑐᐁᐸᔨᐁᐤ° aashtuwepayiheu vta
♦ il/elle la/le secoue pour l'éteindre (par ex. une allumette)

ᐊᔥᑐᐁᐸᔨᐦᑖᐤ° aashtuwepayihtaau vai+o
♦ il/elle le secoue pour l'éteindre (par ex. le feu)

ᐊᔥᑐᐁᐸᔫ aashtuwepayuu vai/vii -i
♦ il/elle s'éteint tout-e seul-e (par ex. un feu, une lanterne à gaz); ça s'éteint tout seul

ᐊᔥᑐᐁᓀᐤ° aashtuweneu vta ♦ il/elle l'éteint avec la main

ᐊᔥᑐᐁᓇᒻ aashtuwenam vti ♦ il/elle l'éteint à la main

ᐊᔥᑐᐁᔑᒣᐤ° aashtuweshimeu vta
♦ il/elle étouffe le feu dessus

ᐊᔥᑐᐁᔥᑲᒻ aashtuweshkam vti ♦ il/elle l'éteint avec le pied

ᐊᔥᑐᐁᔮᐹᐅᑖᐤ° aashtuweyaapaautaau vai+o ♦ il/elle l'éteint avec un liquide (par ex. du feu), l'arrose

ᐊᔥᑐᐁᔮᐹᐌᐤ° aashtuweyaapaaweu vii
♦ c'est éteint par un liquide

ᐊᔥᑐᐁᔮᔬ aashtuweyaashuu vai -i
♦ il/elle s'éteint (allumette), est soufflé-e

ᐊᔥᑐᐁᔮᔥᑌᐱᑌᐤ° aashtuweyaashtepiteu vta ♦ il/elle la/le fait clignoter (une lumière)

ᐊᔥᑐᐁᔮᔥᑌᐱᑕᒻ aashtuweyaashtepitam vti ♦ il/elle le fait s'éteindre en vacillant, clignotant

ᐊᔥᑐᐁᔮᔥᑌᐸᔫ aashtuweyaashtepayuu vii -i ♦ ça cligne ou clignote

ᐊᔥᑐᐁᔮᔥᑎᓐ aashtuweyaashtin vii
♦ c'est soufflé; ça s'éteint

ᐊᔥᑐᐁᐦᐄᒉᐅᑲᒥᒄ aashtuwehiicheukamikw ni ♦ la caserne des pompiers

ᐊᔥᑐᐁᐦᐄᒉᐅᒋᒫᐤ aashtuwehiicheuchimaau na ♦ un chef des pompiers

ᐊᔥᑐᐁᐦᐄᒉᐤ° aashtuwehiicheu vai
♦ il/elle combat, éteint un feu ou un incendie

ᐊᔥᑐᐁᐦᐄᒉᐸᔫ aashtuwehiichepayuu vai/vii -i ♦ il/elle/ça fait éteindre le feu, la lumière

ᐊᔥᑐᐁᐦᐄᒉᓲ aashtuwehiichesuu na
♦ un pompier

ᐊᔥᑐᐁᐦᐊᒻ aashtuweham vti ♦ il/elle l'éteint (un feu, une chandelle, une lumière)

ᐊᔥᑐᐁᐦᐌᐤ° aashtuwehweu vta ♦ il/elle l'éteint avec quelque chose

ᐊᔥᑐᐁᐦᑎᑖᐤ° aashtuwehtitaau vai+o
♦ il/elle l'écrase (le feu), le piétine, l'éteint en le piétinant

ᐊᔥᑐᓀᐸᔫ aashtunepayuu vai/vii -i
♦ il/elle/ça croise, traverse en diagonale

ᐊᔥᑐᓀᑳᑌᐴ aashtunekaatepuu vai -i
♦ il/elle est assis-e les jambes croisées

ᐊᔥᑐᓀᔥᑌᐤ° aashtuneshteu vii ♦ c'est croisé; c'est placé, posé, écrit en X

ᐊᔥᑐᓀᔥᑖᐤ° aashtuneshtaau vai+o [Côte]
♦ il/elle écrit ou trace un "X"; il/elle le pose en forme de "X", de croix; il/elle le croise ■ ᒥᐊ ᐦ ᐊᔥᑐᓀᔥᑖᐤ ᐊᓱᐦ ᐅᒪᓯᓇᐦᐄᑲᓐx ■ Il a signé la lettre avec un X seulement.

ᐊᔥᑐᓀᔮᐤ aashtuneyaau vii ♦ c'est croisé; c'est en forme de croix

ᐊᔥᑐᓀᔮᐯᑲᒧᐦᑖᐤ° aashtuneyaapekamuhtaau vai+o
♦ il/elle pose un fil en X; il/elle croise une corde ou ficelle

ᐊᔥᑐᓀᔮᐱᒉᐦᑖᐤ° aashtuneyaapichehtaau vai+o ♦ il/elle croise une corde, un fil ou une ficelle

ᐊᔥᑐᓀᔮᔅᑯᒧᐦᑖᐤ° aashtuneyaaskumuhtaau vai+o ♦ il/elle attache des bâtons en croix

ᐊᔥᑐᓀᔮᔅᑯᒨ aashtuneyaaskumuu vii -u
♦ c'est fixé en travers (long et rigide)

ᐊᔥᑐᓀᔮᔅᑯᔥᑖᐤ° aashtuneyaaskushtaau vai+o ♦ il/elle le pose (long et rigide) en croix, le croise

ᐋᔅᑕᑲᒻ **aashtatekaam** p,lieu ◆ en face du côté du rivage où le soleil ne brille pas

ᐋᔅᑕᒣᐤ **aashtameu** p,lieu ◆ du côté ensoleillé d'une pointe de terre

ᐋᔅᑕᒥᑌᐦ **aashtamiteh** p,lieu ◆ de ce côté-ci (par ex. d'un arbre, d'une maison)

ᐋᔅᑕᒥᑖᐅᐦᒡ **aashtamitaauhch** p,lieu ◆ de ce côté-ci de la colline

ᐋᔅᑕᒥᑳᒻ **aashtamikaam** p,lieu ◆ ce côté-ci de la rivière

ᐋᔅᑕᒦᐦᑳᓐ **aashtamiihkaan** p,temps ◆ depuis ce temps, depuis ce moment, depuis lors ■ ᓂᕐ ᐋᒌᓗᒡ ᐅᒡ ᐋᔅᑕᒦᐦᑳᖕ ▪ *Je l'ai vue ici depuis ce temps.*

ᐋᔅᑕᒨ **aashtamuu** p,interjection ◆ viens donc! ■ ᐋᔅᑕᒨ ᑭᑕ ᐅᑎᓴᑦ ᐧᒉᖕ ▪ *Viens donc, il va t'embarquer.*

ᐋᔅᑕᒫᐅᐦᒡ **aashtamaauhch** p,lieu ◆ de ce côté-ci de la crête, de la montagne

ᐋᔅᑕᒫᐱᔅᑳᐤ **aashtamaapiskaau** vii ◆ c'est le côté d'un rocher au soleil

ᐋᔅᑕᒫᐱᔥ **aashtamaapisch** p,lieu ◆ de ce côté-ci d'une pointe rocheuse

ᐋᔅᑕᒫᔥᑌᐤ **aashtamaashteu** vii ◆ c'est étendu au soleil

ᐋᔅᑕᒫᔥᑌᐳ **aashtamaashtepuu** vai-i ◆ il/elle est assis-e au soleil

ᐋᔅᑕᒫᔥᑌᑳᐳ **aashtamaashtekaapuu** vai-uu ◆ il/elle est debout au soleil

ᐋᔅᑕᒫᔥᑌᔑᒣᐤ **aashtamaashteshimeu** vta ◆ il/elle la/le met au soleil, l'étend au soleil

ᐋᔅᑕᒫᔥᑌᔑᓐ **aashtamaashteshin** vai ◆ il/elle est étendu-e au soleil

ᐋᔅᑕᒫᔥᑌᔥᑖᐤ **aashtamaashteshtaau** vai+o ◆ il/elle l'étend, le met au soleil

ᐋᔅᑕᒫᔥᑌᐦᐁᐤ **aashtamaashteheu** vta ◆ il/elle la/le met au soleil

ᐋᔅᑕᒫᔥᑌᐦᑎᑖᐤ **aashtamaashtehtitaau** vai+o ◆ il/elle le met au soleil

ᐋᔅᑕᒫᔮᐤ **aashtamaayaau** vii ◆ c'est le côté ensoleillé de quelque chose, le côté au soleil

ᐋᔅᑕᒫᔮᐦᒡ **aashtamaayaahch** p,lieu ◆ du côté ensoleillé de quelque chose (par ex. rivière, lac, colline)

ᐋᔅᑕᐦᑌᑳᒪᔅᒉᑳᐤ **aashtahtekaamaschekaau** vii ◆ c'est le côté rapproché d'un muskeg

ᐋᔅᑕᐦᑌᔮᐅᐦᑲᑎᓈᐤ **aashtahteyaauhkatinaau** vii ◆ c'est le côté rapproché d'une colline

ᐋᔥᑲᑖᐦᑕᒻ **aashkataahtam** vti ◆ il/elle a le souffle court; il/elle halète

ᐋᔨᑳᓀᓰᒪᑲᓐ **aayikaanesiimakan** vii ◆ ça s'infecte avec des plaies (par ex. la peau, un animal)

ᐋᔨᑳᓀᓱ **aayikaanesuu** vai-u ◆ il/elle a des plaies infectées

ᐋᔨᒹᐤ **aayimweu** vai ◆ il/elle éternue

ᐋᔨᒷᐦᐁᐤ **aayimweheu** vta ◆ il/elle la/le fait éternuer

ᐋᔨᒥᐹᔪ **aayimipayuu** vai-i ◆ il/elle passe, se promène constamment; il/elle a toujours des problèmes, des difficultés

ᐋᔨᒥᑖᐅᐦᑳᐤ **aayimitaauhkaau** vii [Intérieur] ◆ c'est un terrain difficile

ᐋᔨᒥᓰᐦᑳᓱ **aayimisiihkaasuu** vai-u ◆ il/elle est fatigant-e, énervant-e; il/elle demande toujours aux autres de faire quelque chose, de rendre service

ᐋᔨᒥᓱᐎᓐ **aayimisuwin** ni ◆ une difficulté, un problème

ᐋᔨᒥᓱ **aayimisuu** vai-i ◆ il/elle (par ex. un enfant) est difficile, espiègle, malicieux ou malicieuse; c'est (par ex. du pain) cher, dispendieux

ᐋᔨᒥᐦᐁᐤ **aayimiheu** vta ◆ il/elle lui crée des problèmes, lui rend la vie difficile

ᐋᔨᒥᐦᐆ **aayimihuu** vai-u ◆ il/elle a des problèmes, éprouve des difficultés, passe un mauvais moment

ᐋᔨᒦᐦᑯᐌᐤ **aayimiihkuweu** vta ◆ il/elle en prend soin, s'en occupe; il/elle ne cesse de l'ennuyer, de l'incommoder

ᐋᔨᒦᐦᑳᓱ **aayimiihkaasuu** vai-u ◆ il/elle s'inquiète, se préoccupe pour ses propres préparatifs

ᐋᔨᒧᐦᑌᐤ **aayimuhteu** vai ◆ il/elle est toujours en train de marcher, de se promener, il/elle entre et sort

ᐋᔨᒨᑕᒻ **aayimuutam** vti ◆ il/elle en parle

ᐋᔨᒨᒣᐤ **aayimuumeu** vta ◆ il/elle parle à son sujet

ᐋᔨᒪᑎᓈᐅ° aayimatinaau vii ♦ c'est une montagne difficile

ᐋᔨᒫᓯᓈᑯᐊ aayimaasinaakun vii ♦ ça paraît difficile

ᐋᔨᒫᓯᓈᑯᓱᐤ aayimaasinaakusuu vai -i ♦ il/elle a l'air ou semble difficile

ᐋᔨᒫᐦᒡ aayimaahch p,lieu ♦ c'est un endroit difficile ▪ ᐃᓐ ᐋᔨᒫᐦᒡ ᐃᐦᒑᑕ ᐊᐊ ᑊ ᓲᒋᐁᕆᐦᒋᓚᐦᒃ ▪ *La chose que tu veux se trouve dans un endroit très difficile.*

ᐋᔨᔒᓅ aayishiiinuu na -niim [Intérieur] ♦ une personne des temps anciens, une personne des temps mythiques

ᐋᔨᔒᔨᔫ aayishiiiyiyuu na -yiim [Côte] ♦ une personne des temps anciens, une personne des temps mythiques

ᐋᔨᐦᑲᒥᒣᐤ aayihkamimeu vta ♦ il/elle insiste fortement pour qu'elle/il fasse quelque chose; il/elle la/le domine

ᐋᔨᐦᑲᒥᐦᐁᐤ aayihkamiheu vta ♦ il/elle la/le force

ᐋᔨᐦᑲᒥᐦᑖᐤ aayihkamihtaau vai+o ♦ il/elle continue d'essayer, insiste, l'impose

ᐋᔨᐦᑲᒻ aayihkam p,manière ♦ de force, par la force ▪ ᐋᔨᐦᑲᒻ ᐦ ᐃᒉᐦᑖᐸᔫ ᐊᓯᐅᐤ ᐃᐦᑲᔨᒃᑕᐦᒃ ▪ *On l'a amenée à l'hôpital par la force.*

ᐊᔮᔨᒪᐴ aayaayimapuu vai redup -i ♦ il/elle bouge, s'agite, gigote, remue tout en étant assis-e en place

ᐋᐦ aah p,interjection ♦ expression de réprobation (utilisée seule)

ᐋᐦᐋ aahaa p,interjection ♦ OK, expression utilisée par l'interlocuteur pour témoigner son intérêt

ᐋᐦᐋᐌᔒᔥ aahaaweshiish na dim ♦ un canard kakawi, un harelde kakawi, un cacaoui *Clangula hyemalis*

ᐋᐦᑎᐱᐦᑌᐤ aahtipihteu vta ♦ il/elle l'attache ailleurs

ᐋᐦᑎᐱᐦᑕᒻ aahtipihtam vti ♦ il/elle l'attache ailleurs; il/elle change le bandage d'une plaie

ᐋᐦᑎᑯᐦᑎᑖᐤ aahtikuhtitaau vai+o ♦ il/elle le déplace, le change de place dans l'eau

ᐋᐦᑎᓀᐤ aahtineu vta ♦ il/elle change sa position

ᐋᐦᑎᓂᐦᐄᐯᐤ aahtinihiipeu vai ♦ il/elle déplace son filet pour le poser ailleurs

ᐋᐦᑎᓇᒻ aahtinam vti ♦ il/elle change de position

ᐋᐦᑎᓈᔥᒉᐤ aahtinaascheu vai ♦ il/elle change les branches sur le sol, les branches du plancher

ᐋᐦᑎᓐ aahtin vii [Côte] ♦ c'est changé (par ex. un cadenas)

ᐋᐦᑎᔅᒃᐌᓀᐤ aahtiskweneu vta ♦ il/elle déplace la tête d'une personne avec la main

ᐋᐦᑎᔅᒃᐌᔫ aahtiskweyuu vai -i ♦ il/elle se bouge la tête, bouge la tête, remue sa tête

ᐋᐦᑎᔅᑰ aahtiskuu na ♦ un tétras à queue fine, une gélinotte à queue fine *Pedioecetes phasianellus* ou *Tympanuchus phasianellus*

ᐋᐦᑎᔅᑰᔥ aahtiskuush na dim ♦ un jeune tétras à queue fine, une jeune gélinotte à queue fine

ᐋᐦᑎᐦᐁᐤ aahtiheu vta ♦ il/elle la/le déplace, place ailleurs; il/elle change sa position

ᐋᐦᑐᐌᐤ aahtuweu vai ♦ il/elle change sa fourrure (par ex. un animal dont la fourrure mue ou change de couleur)

ᐋᐦᑐᒉᐤ aahtucheu vai ♦ il/elle déménage dans une autre maison ou tente

ᐋᐦᑐᐦᑌᐤ aahtuhteu vai ♦ il/elle marche avec vers un autre endroit, une autre place

ᐋᐦᑐᐦᑕᑖᐤ aahtuhtataau vai+o ♦ il/elle marche avec vers une autre endroit

ᐋᐦᑐᐦᑕᐦᐁᐤ aahtuhtaheu vta ♦ il/elle marche jusqu'à un autre endroit avec elle/lui

ᐋᐦᑕᐴ aahtapuu vai -i ♦ il/elle s'assoit, va à un autre endroit, se rend ailleurs, déménage

ᐋᐦᑕᑯᑌᐤ aahtakuteu vii ♦ c'est suspendu à un autre endroit; ça bouge en étant suspendu

ᐋᐦᑕᑯᑖᐤ aahtakutaau vai+o ♦ il/elle le pend ou suspend ailleurs

ᐋᐦᑕᑯᒋᓐ aahtakuchin vai ♦ il/elle est pendu-e ou suspendu-e ailleurs

ᐋᐦᑕᑯᔨᐤ aahtakuyeu vta ♦ il/elle la/le suspend ailleurs

ᐋᐦᑕᒧᐦᐁᐤ aahtamuheu vta ♦ il/elle la/le remplace, change (par ex. une porte)

ᐊ"ᑕᒍ"ᑖᐤ aahtamuhtaau vai+o ♦ il/elle le change pour autre chose, le remplace

ᐊ"ᑕ"ᐳ aahtahuu vai-u ♦ il/elle déplace le campement, en pagayant ou par bateau moteur

ᐊ"ᑕ"ᐊᒫ aahtaham vti ♦ il/elle le tisonne, le remue (une fois)

ᐊ"ᑕ"ᐌᐤ aahtahweu vta ♦ il/elle la/le bouge, remue (une fois)

ᐊ"ᒑᐱᐤ aahtaapiteu vai ♦ il/elle perd ses dents de lait, il/elle a de nouvelles dents (enfant)

ᐊ"ᒑᐱ"ᐦᑳᑌᐤ aahtaapihkaateu vta ♦ il/elle l'attache d'une autre façon, ailleurs (par ex. un chien)

ᐊ"ᒑᐱ"ᐦᑳᑕᒪ aahtaapihkaatam vti ♦ il/elle l'attache d'une autre façon (ailleurs)

ᐊ"ᒑᐳᑌᐤ aahtaaputeu vii ♦ ça se déplace sur l'eau; ça s'en va à un autre endroit sur l'eau

ᐊ"ᒑᐳ"ᐦᒉᐤ aahtaapuuhcheu vai ♦ il/elle change son eau de lavage

ᐊ"ᒑᑲᒥᐸᔫ aahtaakamipayuu vii-i ♦ ça bouge, ondule (l'eau)

ᐊ"ᒑᑲᒪ"ᐊᒫ aahtaakamaham vti ♦ il/elle le déplace, le fait bouger (de l'eau) avec quelque chose

ᐊ"ᒑᓯᔮᓂ"ᐦᐁᐤ aahtaasiyaaniheu vta ♦ il/elle change sa couche

ᐊ"ᒑᔅᐱᐤ aahtaaspiteu vta ♦ il/elle change ses vêtements

ᐊ"ᒑᔅᐱᓲ aahtaaspisuu vai-u ♦ il/elle change de vêtements

ᐊ"ᒑᔅᑯᐸᔫ aahtaaskupayuu vai/vii-i ♦ il/elle/ça bouge (long et rigide, par ex. un arbre, un bâton)

ᐊ"ᒑᔅᑯ"ᑖᐤ aahtaaskuhtaau vai+o ♦ il/elle répare, change sa poignée

ᐊ"ᒑᔅᒉᑲᐦᐊᒫ aahtaascheukaham vti ♦ il/elle le brasse, remue (le feu) avec quelque chose; il/elle alimente, tisonne le feu

ᐊ"ᒑᔅᒉᑲᐦᐌᐤ aahtaascheukahweu vta ♦ il/elle la/le brasse, remue (par ex. le feu dans le poêle)

ᐊ"ᒑᔑᑰᐦᐁᐤ aahtaashikuuheu vta ♦ il/elle la/le verse (un liquide, par ex. du lait) dans un autre contenant

ᐊ"ᒑᔑᑰ"ᑖᐤ aahtaashikuuhtaau vai+o ♦ il/elle le verse (liquide) dans un autre contenant, dans un récipient différent

ᐊ"ᒀᔨᒨ aahkweyimuu vai-u ♦ il/elle se débat, se démène, bataille

ᐊ"ᑯᐱᑌᐤ aahkupiteu vii ♦ ça chauffe trop; ça dégage trop de chaleur

ᐊ"ᑯᐱᓵᐌᐤ aahkupisaaweu vai ♦ il/elle (par ex. un poêle) chauffe fort, dégage une chaleur intense

ᐊ"ᑯᐣ aahkun vii ♦ ça goûte fort; ça a un goût prononcé

ᐊ"ᑯᓯᑕᒋᔐᐤ aahkusitachisheu vai ♦ il/elle a mal à l'estomac

ᐊ"ᑯᓰᐅᑲᒥᒃ aahkusiiukamikw ni ♦ un hôpital

ᐊ"ᑯᓯᐎᐣ aahkusuwin ni ♦ une maladie

ᐊ"ᑯᓱ aahkusuu vai ♦ il/elle est malade

ᐊ"ᑯᓱᑖᐸᐣ aahkusuutaapaan ni ♦ une ambulance

ᐊ"ᑯᓵᐱᑌᐤ aahkusaapiteu vai ♦ il/elle a un mal de dent, a mal aux dents

ᐊ"ᑯᓵᒋᐱᔅᑯᓀᐤ aahkusaachipiskuneu vai ♦ il/elle a un problème de dos, souffre d'une douleur au dos

ᐊ"ᑯᓵᒋᐱᔅᑯᓂᐎᐣ aahkusaachipiskuniwin ni ♦ un problème de dos

ᐊ"ᑯᔅᑑᑲᔦᐤ aahkustuukayeu vai ♦ il/elle a un mal d'oreille, a mal aux oreilles

ᐊ"ᑯᔑᐣ aahkushin vai ♦ il/elle se blesse ou se fait mal en tombant

ᐊ"ᑯᔥᑎᒃᐚᓀᐤ aahkushtikwaaneu vai ♦ il/elle a un mal de tête, a mal à la tête

ᐊ"ᑯᔥᑲᑌᐤ aahkushkateu vai ♦ il/elle a une douleur au ventre, a un mal de ventre

ᐊ"ᑯᔨᐌᓰᔥᑐᐌᐤ aahkuyiwesiishtuweu vta ♦ il/elle est violent-e envers elle/lui

ᐊ"ᑯᔨᐌᓱᐎᐣ aahkuyiwesuwin ni ♦ de la violence

ᐊ"ᑯᔨᐌᓲ aahkuyiwesuu vai-i ♦ il/elle est violent-e

ᐊ"ᑯᐦᐁᐤ aahkuheu vta ♦ il/elle la/le blesse; il/elle lui fait mal

ᐊ"ᑯᐦᐄᐌᐤ aahkuhiiweu vai ♦ il/elle provoque la douleur, fait mal

ᐋᑯᐦᐄᐧᒪᑲᓐ aahkuhiiwemakan vii
 • ça fait mal; ça fait souffrir; c'est douloureux

ᐋᐦᑲᔨᒨ aahkameyimuu vai -u • il/elle marche vite, rapidement, en se dépêchant; il/elle presse le pas

ᐋᐦᑲᔨᐦᑕᒼ aahkameyihtam vti • il/elle s'applique; il/elle est diligent-e

ᐋᐦᑲᓐ aahkan vii • c'est léger

ᐋᐦᑳᐱᐢᑳᐤ aahkaapiskaau vii • c'est un métal léger, ce sont des pierres légères

ᐋᐦᒁᐱᑖᒥᐤ aahkwaapitaameu vta
 • il/elle lui fait mal en la/le mordant

ᐋᐦᒁᐱᑖᒥᑰ aahkwaapitaamikuu vta inverse -u • il/elle a de mauvaises morsures (par ex. d'insectes, de chien)

ᐋᐦᒁᐱᐢᒋᑌᐤ aahkwaapischiteu vii
 • c'est du métal ou du verre terriblement chaud, brûlant

ᐋᐦᒁᐱᐢᒋᓲ aahkwaapischisuu vai -u
 • c'est du métal ou du verre terriblement chaud (par ex. un poêle)

ᐋᐦᒁᐱᐢᒋᓵᐤᐤ aahkwaapischisaaweu vai
 • le poêle chauffe terriblement, dégage une chaleur intense

ᐋᐦᒁᑌᔨᒣᐤ aahkwaateyimeu vta
 • il/elle le considère dangereux, nocif; il/elle la considère dangereuse, nocive

ᐋᐦᒁᑌᔨᐦᑕᒼ aahkwaateyihtam vti
 • il/elle pense que c'est dangereux, nuisible, sauvage

ᐋᐦᒁᑌᔨᐦᑖᑯᓐ aahkwaateyihtaakun vii
 • c'est considéré dangereux, dommageable, nocif

ᐋᐦᒁᑌᔨᐦᑖᑯᓲ aahkwaateyihtaakusuu vai -i • il/elle est violent-e, malfaisant-e, dangereux/dangereuse, sauvage, farouche

ᐋᐦᒁᑎᓐ aahkwaatin vii • c'est féroce, destructeur, grave, dangereux (par ex. une maladie, une brûlure)

ᐋᐦᒁᑎᓰᐃᐧᓐ aahkwaatisiiwin ni • de la férocité, de l'ardeur, de l'intensité, de l'acharnement; de la violence, de la nocivité, du danger

ᐋᐦᒁᑎᓰᐤ aahkwaatisiiu vai • il/elle est féroce, furieux/furieuse, violent-e, malfaisant-e, dangereux/dangereuse, sauvage, farouche

ᐋᐦᒁᑎᐡᐧᐁᐤ aahkwaatishweu vta • il/elle la/le coupe gravement

ᐋᐦᒁᑎᐦᓱᐤ aahkwaatishusuu vai reflex -u
 • il/elle se coupe gravement

ᐋᐦᒁᑎᓴᒼ aahkwaatisham vti • il/elle le coupe profondément, gravement

ᐋᐦᒁᑖᐦᐊᒼ aahkwaataham vti • il/elle le détruit, démolit en frappant

ᐋᐦᒁᑖᐦᐊᐧᐁᐤ aahkwaatahweu vta • il/elle la/le démolit en la/le frappant; il/elle l'endommage terriblement

ᐋᐦᒁᑖᐢᑯᔑᒣᐤ aahkwaataaskushimeu vta
 • il/elle y fait un grand trou en la/le déchirant sur un objet long et rigide

ᐋᐦᒁᑖᐢᑯᐦᑎᑖᐤ aahkwaataaskuhtitaau vai+o • il/elle fait un grand trou dedans (par ex. vêtement) en l'accrochant à un objet long et rigide

ᐋᐦᒁᑖᐢᑲᑎᒣᐤ aahkwaataaskatimeu vta
 • il/elle la/le fait geler dur

ᐋᐦᒁᑖᐢᑲᑎᓐ aahkwaataaskatin vai -i
 • c'est gelé dur sur quelque chose

ᐋᐦᒁᑖᐢᑲᑎᐦᑖᐤ aahkwaataaskatihtaau vai+o • il/elle le fait geler très dur

ᐋᐦᒁᑖᐢᑲᒍ aahkwaataaskachuu vai -i
 • il/elle est gelé-e dur sur quelque chose

ᐋᐦᒁᑖᐡᑎᒣᐤ aahkwaataashtimeu vta
 • il/elle fait un grand trou dedans, en tirant (par ex. sa chemise)

ᐋᐦᒁᑖᐦᑲᓰᐤ aahkwaataahkasweu vta
 • il/elle la/le brûle gravement

ᐋᐦᒁᑖᐦᑲᓴᒼ aahkwaataahkasam vti
 • il/elle le carbonise, le calcine, le brûle complètement

ᐋᐦᒁᑯᓀᐅᑎᓐ aahkwaakuneutin vii
 • c'est gelé très dur (la neige)

ᐋᐦᒁᑲᒥᑌᐤ aahkwaakamiteu vii • c'est un liquide chaud qui brûle

ᐋᐦᒁᒋᐸᔨᐦᐁᐤ aahkwaachipayiheu vta
 • il/elle l'abîme en l'utilisant

ᐋᐦᒁᒋᐸᔨᐦᑖᐤ aahkwaachipayihtaau vai+o • il/elle l'abîme à force de l'utiliser

ᐋᐦᒁᒋᐸᔫ aahkwaachipayuu vai/vii -i
 • il/elle/ça se détruit, se ruine

ᐋᐦᒁᒋᑲᐦᐅᑎᓲ aahkwaachikahutisuu vai reflex -u • il/elle se coupe gravement

ᐋᐦᒁᒋᑲᐦᐧᐁᐤ aahkwaachikahweu vta
 • il/elle la/le coupe gravement avec une hache

ᐄ"ᑲᒋ"ᐁᐤ aahkwaachiheu vta ♦ il/elle la/le gâte

ᐄ"ᑲᒋ"ᐃᑎᓱᐤ aahkwaachihiitisuu vai reflex -u ♦ il/elle se gâte

ᐄ"ᑲᒋ"ᐦᑖᐤ aahkwaachihtaau vai+o ♦ il/elle le détériore, gâche, gâte, abîme

ᐄ"ᑳᒪᑎᓈᐤ aahkwaamatinaau vii ♦ c'est une montagne dangereuse

ᐄ"ᑲᔨᓀᑳᐤ aahkwaasinekaau vii ♦ ce sont des rochers dangereusement hauts

ᐄ"ᑲᔨᓈᑯᓐ aahkwaasinaakun vii ♦ ça a l'air dangereux; ça semble menaçant, nocif

ᐄ"ᑲᔨᓈᑯᓱᐤ aahkwaasinaakusuu vai -i ♦ il/elle a l'air ou semble féroce, furieux/furieuse, violent-e, malfaisant-e, dangereux/dangereuse, sauvage, farouche

ᐄ"ᑳᔅᑲᑎᓐ aahkwaaskatin vai -i ♦ il/elle est gelé-e dur

ᐄ"ᑳᔅᑲᒑᐤ aahkwaaskachuu vai -i ♦ il/elle a des gelures ou engelures graves, souffre d'engelure sévère

ᐄ"ᑳᐦᑲᑎᔰᐤ aahkwaahkatisweu vta ♦ il/elle la/le fait geler dur

ᐄ"ᑳᐦᑲᑎᓱᐤ aahkwaahkatisuu vai -u ♦ il/elle sèche en profondeur, durcit en séchant

ᐄ"ᑳᐦᑲᑎᓴᒻ aahkwaahkatisam vti -u ♦ il/elle le fait sécher complètement

ᐄ"ᑳᐦᑲᑐᑌᐤ aahkwaahkatuteu vii ♦ ça durcit et raidit en séchant

ᐄ"ᒋᐴᑌᐤ aahchipiteu vta ♦ il/elle la/le tire vers un autre endroit

ᐄ"ᒋᐳᑕᒻ aahchipitam vti ♦ il/elle le tire ailleurs, à un autre endroit

ᐄ"ᒋᐱᒎ aahchipichuu vai -i ♦ il/elle déménage le camp en hiver, déplace le campement, change le camp de place pour l'hiver

ᐄ"ᒋᐱ"ᒑᒪᑲᓐ aahchipihtaamakan vii ♦ ça s'éloigne (tout seul)

ᐄ"ᒋᐸᒍᔮᓀᐤ aahchipachuyaaneu vai ♦ il/elle change de chemise

ᐄ"ᒋᐸᔨᐁᐤ aahchipayiheu vta ♦ il/elle la/le déplace, bouge

ᐄ"ᒋᐸᔨᐦᑖᐤ aahchipayihtaau vai+o ♦ il/elle le bouge, le déplace

ᐄ"ᒋᐸᔫ aahchipayuu vai/vii -i ♦ il/elle bouge tout-e seul-e; ça bouge tout seul

ᐄ"ᒋᑑ aahchituu vai -i ♦ il est léger, elle est légère

ᐄ"ᒋᑕᐁᐤ aahchitaheu vta ♦ il/elle la/le rend moins lourd (poids); il/elle l'allège

ᐄ"ᒋᑯᐧᐃᔫ aahchikuwiyuu na -um [Côte] ♦ de la graisse de phoque

ᐄ"ᒋᑯᐲ aahchikupimii ni -m [Intérieur] ♦ de l'huile de phoque

ᐄ"ᒋᑯᔥ aahchikush na dim ♦ un jeune phoque

ᐄ"ᒋᑯᔮᓀᔥᑎᔅ aahchikuyaanestis na ♦ une mitaine en peau de phoque

ᐄ"ᒋᑯᔮᓀᔅᒋᓯᓐ aahchikuyaaneschisin ni ♦ une botte en peau de phoque

ᐄ"ᒋᑯᔮᓐ aahchikuyaan na ♦ une peau de phoque

ᐄ"ᒋᑯᐦᑳᓐ aahchikuhkaan na -im ♦ une bouée, un phoque gonflé, un phoque empaillé

ᐄ"ᒋᑳᐴ aahchikaapuu vai -uu ♦ il/elle se déplace, bouge pour se tenir ailleurs, change de place

ᐄ"ᒋᑳᐴᐁᐤ aahchikaapuuheu vta ♦ il/elle la/le déplace, déménage ailleurs

ᐄ"ᒋᑳᐴᐦᑖᐤ aahchikaapuuhtaau vai+o ♦ il/elle le bouge, déplace, met ailleurs

ᐄ"ᒋᑳᑌᐸᔨᐦᐆ aahchikaatepayihuu vai -u ♦ il/elle bouge sa jambe

ᐄ"ᒋᒀᔥᑯᐦᑑ aahchikwaashkuhtuu vai -i ♦ il/elle saute à un autre endroit

ᐄ"ᒋᒃ aahchikw na ♦ un phoque

ᐄ"ᒋᓂ"ᑳᑌᐤ aahchinihkaateu vii ♦ son nom est changé

ᐄ"ᒋᓂ"ᑳᓲ aahchinihkaasuu vai -u ♦ son nom est différent, changé

ᐄ"ᒋᓈᑯᓐ aahchinaakun vii ♦ son apparence est changée, transformée

ᐄ"ᒋᓈᑯᓱᐤ aahchinaakusuu vai -i ♦ son apparence est changée ou transformée, son aspect est différent

ᐄ"ᒋᓈᑯᐁᐤ aahchinaakuheu vta ♦ il/elle change son apparence

ᐄ"ᒋᓈᑯᐦᐃᓲ aahchinaakuhiisuu vai reflex -u [Intérieur] ♦ il/elle change d'apparence, d'aspect

ᐊᐦᒋᓈᑯᐦᑖᐅ aahchinaakuhtaau vai+o
* il/elle en change l'apparence ou l'aspect, le transforme

ᐊᐦᒋᓰᒋᓀᐤ aahchisiichineu vta * il/elle la/le verse (un liquide) dans un autre contenant

ᐊᐦᒋᓰᒋᓇᒻ aahchisiichinam vti * il/elle verse du liquide dans un autre contenant

ᐊᐦᒋᔅᑴᔫ aahchiskweyuu vai-i [Côte]
* il/elle (par ex. un oiseau) se bouge la tête, remue sa tête

ᐊᐦᒋᔅᑲᑕᒻ aahchiskatam vti * il/elle déménage dans un autre village, une autre communauté

ᐊᐦᒋᔑᒣᐤ aahchishimeu vta * il/elle la/le déplace pour l'étendre ailleurs

ᐊᐦᒋᔑᓐ aahchishin vai * il/elle change de place, se déplace par terre

ᐊᐦᒋᔥᑌᐤ aahchishteu vii * c'est un autre endroit; ça a changé de place

ᐊᐦᒋᔥᑖᐤ aahchishtaau vai+o * il/elle le place ailleurs, le déplace, change sa position

ᐊᐦᒋᔥᑯᐌᐤ aahchishkuweu vta * il/elle la/le change (par ex. un pantalon); il/elle la/le fait bouger en passant à côté

ᐊᐦᒋᔥᑲᒧᑎᔦᐤ aahchishkamutiyeu vta
* il/elle change de vêtement

ᐊᐦᒋᔥᑲᒻ aahchishkam vti * il/elle le bouge, le déplace avec son corps, son pied; il/elle le change (par ex. un vêtement)

ᐊᐦᒋᐦᔦᐤ aahchiheu vta * il/elle la/le change, déménage

ᐊᐦᒋᐦᐆ aahchihuu vai -u * il/elle se change en tenue habillée

ᐊᐦᒋᐦᑖᐤ aahchihtaau vai+o * il/elle le change

ᐊᐦᒋᐦᔮᐤ aahchihyaau vai * il/elle s'envole vers un autre endroit, ailleurs

ᐊᐦᒌᐅᐦ aahchiiuh p,manière * différent-e, un-e autre ▪ ᐊᐦᒌᐅᐦ ᐃᔅᒁᐤ ᐊᐸ ᐃᐦᑑᒃ. ▪ *La femme vient d'une autre tribu.*

ᐊᐦᒌᐌᐤ aahchiiweu vii * le vent change de direction

ᐊᐦᒌᐌᐸᔫ aahchiiwepayuu vii-i * le vent change de direction quand une tempête se lève

ᐊᐦᒌᐤ aahchiiu vai * il/elle bouge

ᐌ

ᐌᐱᔥᒌᔥ weipishchiish p,temps dim
* très bientôt, un moment, un peu (de temps) ▪ ᐧᐋᐦ ᐌᐱᔥᒌᔥₓ ▪ *Attends un peu pour elle.*

ᐌᐅᒋᐱᑌᐤ weuchipiteu vta * il/elle l'embrasse, l'enlace, l'étreint

ᐌᐅᒋᐱᑕᒻ weuchipitam vti * il/elle l'enlace, l'embrasse, l'étreint

ᐌᐅᒋᒃᐌᓀᐤ weuchikweneu vta * il/elle met ses bras autour de son cou

ᐌᐅᒋᓀᐤ weuchineu vta * il/elle l'étreint, l'enlace, la/le serre dans ses bras

ᐌᐅᒋᓇᒻ weuchinam vti * il/elle le serre dans ses bras, l'étreint

ᐌᐌᐱᐱᑌᐤ wewepipiteu vta redup
* il/elle la/le balance d'un bord à l'autre avec la main

ᐌᐌᐱᐱᑕᒻ wewepipitam vti redup
* il/elle le balance, le berce avec la main

ᐌᐌᐱᐸᔨᐦᐁᐤ wewepipayiheu vta redup
* il/elle l'agite, la/le brandit d'un bord à l'autre

ᐌᐌᐱᐸᔨᐦᑖᐤ wewepipayihtaau vai+o redup * il/elle l'agite (par ex. un drapeau)

ᐌᐌᐱᐸᔫ wewepipayuu vai/vii redup -i
* il/elle/ça balance, oscille

ᐌᐌᐱᑳᐴ wewepikaapuu vai redup -uu
* il/elle se balance debout d'avant en arrière

ᐌᐌᐱᒋᔅᒉᔑᒨ wewepichischeshimuu vai redup * il/elle danse le twist

ᐌᐌᐱᒋᔅᒉᔫ wewepichischeyuu vai redup -i
* il/elle tortille des hanches; il/elle se déhanche

ᐌᐌᐱᔅᑴᔑᑐᐌᐤ wewepiskweyishtuweu vta redup
* il/elle secoue, hoche la tête devant elle/lui

ᐌᐌᐱᔅᑴᔫ wewepiskweyuu vai redup -i
* il/elle secoue la tête ou hoche de la tête

ᐌᐌᐲᐤ wewepiiu vai redup * il/elle est assis-e et se balance d'avant en arrière

ᐌᐌᐹᐱᐦᒉᐸᔨᐦᐁᐤ **wewepaapihchepayiheu** vta redup
- il/elle la/le fait balancer sur une balançoire, une corde

ᐌᐌᐹᐱᐦᒉᐸᔨᐦᑖᐤ **wewepaapihchepayihtaau** vai+o redup
- il/elle le balance sur une balançoire, une corde

ᐌᐌᐹᐱᐦᒉᓀᐤ **wewepaapihcheneu** vta redup
- il/elle la/le balance avec sa main (filiforme)

ᐌᐌᐹᐱᐦᒉᓇᒼ **wewepaapihchenam** vti redup
- il/elle le balance (filiforme) avec la main

ᐌᐌᐹᔑᐤ **wewepaashuu** vai redup -i
- il/elle se balance, oscille dans le vent

ᐌᐌᐹᔥᑎᓐ **wewepaashtin** vii redup
- ça balance au vent; le vent le fait osciller, tanguer, balancer

ᐌᐌᐹᔨᐌᐤ **wewepaayiweu** vai redup
- il/elle agite ou remue la queue

ᐌᐌᐹᔫ **wewepaayuu** vai redup
- il/elle (par ex. un chien) remue ou agite la queue

ᐌᐌᐹᔫᔥᑐᐌᐤ **wewepaayuushtuweu** vta redup
- il (un chien) remue ou agite sa queue devant quelqu'un

ᐌᐌᐹᐦᐱᔥᑲᓀᐸᔫ **wewepaahpishkanepayuu** vai redup -i
- sa mâchoire bouge d'un côté à l'autre

ᐌᐌᑲᐴ **wewekapuu** vai redup -i
- il/elle est assis-e partiellement enveloppé-e dans quelque chose

ᐌᐌᑲᔥᑖᐤ **wewekashtaau** vai+o redup
- il/elle l'enveloppe dans quelque chose

ᐌᐌᑲᐦᐁᐤ **wewekaheu** vta redup
- il/elle l'enveloppe dans quelque chose

ᐌᐌᑲᐦᐱᑌᐤ **wewekahpiteu** vta redup
- il/elle l'attache en enroulant une corde autour

ᐌᐌᑲᐦᐱᑕᒼ **wewekahpitam** vti redup
- il/elle l'attache, le lie avec une corde; il/elle le ficelle

ᐌᐌᑳᐦᐱᐦᑳᑌᐤ **wewekaahpihkaateu** vta redup
- il/elle l'enveloppe dans quelque chose et l'attache tout autour

ᐌᐌᑳᐦᐱᐦᑳᑕᒼ **wewekaahpihkaatam** vti redup
- il/elle l'enveloppe dans quelque chose et puis l'attache

ᐌᐌᒋᓀᐤ **wewechineu** vta redup
- il/elle l'enroule, l'entoure, l'enveloppe

ᐌᐌᒋᓇᒼ **wewechinam** vti redup
- il/elle l'enveloppe au complet

ᐌᐌᒋᔑᒣᐤ **wewechishimeu** vta redup
- il/elle l'enroule, l'entoure, l'enveloppe dans quelque chose qui ressemble à une couverture

ᐌᐌᒋᔑᓄᐦ **wewechishinuch** vai pl redup
- ils sont couchés, elles sont couchées ensemble sous une couverture

ᐌᐌᒋᔑᓐ **wewechishin** vai redup
- il/elle est étendu-e, enveloppé-e dans quelque chose

ᐌᐌᒋᔥᑕᐦᐊᒼ **wewechishtaham** vti redup
- il/elle coud une enveloppe autour

ᐌᐌᒋᔥᑕᐦᐌᐤ **wewechishtahweu** vta redup
- il/elle coud une enveloppe autour de quelque chose

ᐌᐌᒋᐤ **wewechiiu** vai redup
- il/elle s'enveloppe dedans

ᐌᐯᔨᒣᐤ **wepeyimeu** vta
- il/elle la/le laisse, la/le quitte, l'abandonne

ᐌᐯᔨᐦᑕᒧᐌᐤ **wepeyihtamuweu** vta
- il/elle lui pardonne

ᐌᐯᔨᐦᑕᒫᒉᐎᓐ **wepeyihtamaachewin** ni
- un pardon, une rémission

ᐌᐯᔨᐦᑕᒫᒉᐤ **wepeyihtamaacheu** vai
- il/elle pardonne

ᐌᐯᔨᐦᑕᒼ **wepeyihtam** vti
- il/elle y renonce, l'abandonne, le délaisse, le quitte; il/elle le pardonne

ᐁᐱᑲᒎᔥ **wepikachuush** na
- une toupie, un jouet

ᐁᐱᑳᑕᐦᐊᒼ **wepikwaataham** vti
- il le balaie, le lance avec ses bois

ᐁᐱᑳᑕᐦᐌᐤ **wepikwaatahweu** vta
- il/elle la/le balaie, projette avec ses bois, sa ramure

ᐁᐱᑳᑖᐦᐄᒉᐤ **wepikwaataahiicheu** vai
- il/elle balance ses bois tout autour

ᐁᐱᒃᑳᐦᑲᓐ **wepikwaakan** ni
- un levier de collet ou piège à ressort

ᐁᐱᓀᐤ **wepineu** vta
- il/elle la/le jette; il/elle divorce, se sépare d'elle/de lui

ᐁᐱᓂᑐᐃᒡ **wepinituwich** vai pl recip -u
♦ ils divorcent, se séparent, littéralement 'ils se jettent'

ᐁᐱᓂᑐᐃᓐ **wepinituwin** ni ♦ une séparation, un divorce

ᐁᐱᓂᑲᓐ **wepinikan** ni ♦ un article jeté

ᐁᐱᓂᑲᓐ **wepinikan** na ♦ un chien errant, un ex-conjoint, une ex-conjointe, un orphelin, une orpheline sans foyer

ᐁᐱᓂᒉᐃᓐ **wepinichewin** ni [Mistissini]
♦ des rebuts, des ordures, des déchets, des résidus

ᐁᐱᓂᒉᐚᑲᓐ **wepinichewaakan** ni [Mistissini] ♦ une poubelle, une boîte à ordures

ᐁᐱᓂᒉᐤ **wepinicheu** vai ♦ il/elle jette des choses, des ordures

ᐁᐱᓇᒧᐧᐁᐤ **wepinamuweu** vta ♦ il/elle lui lance quelque chose

ᐁᐱᓇᒻ **wepinam** vti ♦ il/elle le jette

ᐁᐱᓈᓱᓄᐃᑦ **wepinaasunuwit** ni ♦ une poubelle, une boîte à ordures

ᐁᐱᓈᓲᓐ **wepinaasunh** ni pl ♦ des rebuts, des ordures, des déchets, des résidus

ᐁᐱᓈᓲ **wepinaasuu** vai -u ♦ il/elle jette des ordures

ᐁᐱᓈᓲᑖᐹᓐ **wepinaasuutaapaan** na
♦ un camion à ordures, un camion de collecte, une benne à ordures

ᐁᐱᔥᑯᐧᐁᐤ **wepishkuweu** vta ♦ il/elle la/le fait tomber avec le pied

ᐁᐱᔥᑰᑌᐤ **wepishkuuteu** vii ♦ c'est rejeté, entraîné par la glace durant le dégel

ᐁᐱᔥᑰᓲ **wepishkuusuu** vai -u ♦ il/elle est entraîné-e ou rejeté-e par la glace durant la débâcle, le dégel

ᐁᐱᔥᑲᒻ **wepishkam** vti ♦ il/elle le projette avec le pied

ᐁᐸᓂᐲᐚᑕᒻ **wepanipiiwaatam** vti
♦ il/elle arrose l'endroit avec de l'eau pour éliminer l'odeur humaine, après avoir posé un piège

ᐁᐸᔩᐤ **wepayiheu** vta ♦ il/elle la/le lance, projette (un liquide) [Côtier]; il/elle la/le lance, projette [Intérieur]

ᐁᐸᔨᐦᑖᐤ **wepayihtaau** vai+o ♦ il/elle le (liquide) projette au loin [Côtier]; il/elle le projette au loin [Intérieur]

ᐁᐸᐦᐄᑳᓈᐦᑎᒄ **wepahiikanaahtikw** ni
♦ un manche à balai

ᐁᐸᐦᐄᑲᓐ **wepahiikan** ni ♦ un balai

ᐁᐸᐦᐄᑲᓐᐦ **wepahiikanh** ni pl ♦ des balayures

ᐁᐸᐦᐄᒉᐤ **wepahiicheu** vai ♦ il/elle balaye ou balaie

ᐁᐸᐦᐄᒉᓲ **wepahiichesuu** na -siim ♦ un balayeur, une balayeuse, un ou une concierge, un homme d'entretien

ᐁᐸᐦᐄᒋᔅᒀᑌᐤ **wepahiichiskwaateu** vta [Mistissini] ♦ il/elle tire sur elle/lui avec une fronde, un lance-pierre

ᐁᐸᐦᐊᒧᐧᐁᐤ **wepahamuweu** vta
♦ il/elle la/le balaie, fait glisser vers elle/lui

ᐁᐸᐦᐊᒻ **wepaham** vti ♦ il/elle l'enlève en balayant, l'entraîne

ᐁᐸᐦᐋᑯᓀᐤ **wepahaakuneu** vai ♦ il/elle balaie ou balaye la neige; il/elle pellette la neige

ᐁᐸᐦᐋᑯᓀᐦᐄᒉᐸᔫ **wepahaakunehiichepayuu** vii -i ♦ ça lance, souffle la neige

ᐁᐸᐦᐋᔥᒀᑌᐤ **wepahaashkwaateu** vta
♦ il/elle utilise un lance-pierre contre lui/elle

ᐁᐸᐦᐋᔥᒀᑕᒻ **wepahaashkwaatam** vti
♦ il/elle lui lance, lui jette quelque chose

ᐁᐸᐦᐋᔥᒀᓐ **wepahaashkwaan** ni ♦ un lance-pierre ou une fronde faite d'un morceau de cuir et d'une corde ou ficelle

ᐁᐸᐦᐧᐁᐤ **wepahweu** vta ♦ il/elle l'entraîne, la/le balaie

ᐁᐹᐱᐦᒉᐧᐃᐤ **wepaapihchewiiu** vai
♦ il/elle se balance à une corde

ᐁᐹᐱᐦᒉᐱᑌᐤ **wepaapihchepiteu** vta
♦ il/elle la/le tire et balance

ᐁᐹᐱᐦᒉᐱᑕᒻ **wepaapihchepitam** vti
♦ il/elle le tire et le balance

ᐁᐹᐱᐦᒉᔑᓐ **wepaapihcheshin** vai
♦ il/elle est renversé-e, repoussé-e, rejeté-e en arrière, tout en se retenant à quelque chose

ᐁᐹᐱᐦᒉᐦᐊᒻ **wepaapihcheham** vti
♦ il/elle le frappe avec quelque chose et le fait balancer

·ᐁᐸᐱᐦᒉᐦᐌᐤ **wepaapihchehweu** vta
 • il/elle la/le frappe avec quelque chose et la/le fait balancer, vaciller

·ᐁᐸᐳᑌᐤ **wepaaputeu** vii • ça s'éloigne en flottant

·ᐁᐋᔅᑯᐦᐊᒻ **wepaaskuham** vti • il/elle le pousse avec un bâton

·ᐁᐋᔅᑯᐦᐌᐤ **wepaaskuhweu** vta • il/elle la/le pousse, repousse à l'aide d'un bâton

·ᐁᐸᔔ **wepaashuu** vai -i • il/elle est emporté-e par le vent

·ᐁᐸᔥᑎᑖᐤ **wepaashtitaau** vai+o • il/elle le laisse s'envoler

·ᐁᐸᔥᑎᒣᐤ **wepaashtimeu** vta • il/elle est emporté-e par le vent

·ᐁᐸᔥᑎᓐ **wepaashtin** vii • le vent le pousse au loin

·ᐁᐸᔥᑯᔑᓐ **wepaashkushin** vai • il/elle est repoussé-e en frappant du bois

·ᐁᐸᐦᐅᑌᐤ **wepaahuteu** vta • il/elle la/le laisse dériver, partir à la dérive

·ᐁᐸᐦᐅᑖᐤ **wepaahutaau** vai+o • il/elle le fait dériver, flotter

·ᐁᐸᐦᐅᑯ **wepaahukuu** vai -u • il/elle dérive, s'éloigne à la dérive

·ᐌᑖᒡ **wetaach** p,manière • graduellement, peu à peu, progressivement ▪ ·ᐌᒡ ᐊᒡ ᒥᔭᑦ ᐊᓂᑦ ᐅᔅᐱᑐᓐₓ ▪ *Son bras guérit peu à peu.*

·ᐌᑖᔅᐱᑌᐤ **wetaaspiteu** vta • il/elle la/le répare, raccommode, ravaude (par ex. un filet, une raquette)

·ᐌᒉᐦᒡ **wechehch** p,manière [Côte] • apte à, capable de, compétent, plus expérimenté ▪ ᓂ ·ᐌᒡᓕᓗ ᓂᑦ ᐊᔅᒋᐦᐃᐋᑦᐧᓐₓ ▪ *Je lui en parlerai parce que j'ai plus d'expérience, je suis plus capable.*

·ᐌᒋᔥ **wechish** na dim [Côte] • un jeune castor *Castor canadensis*

·ᐌᒥᓈᑯᓐ **weminaakun** vii • c'est une vue claire; on peut voir loin

·ᐌᒥᔥᑎᑯᔑᐅᐊᔨᒧᐎᓐ **wemishtikushiiuayimuwin** ni
 • l'anglais, la langue anglaise

·ᐌᒥᔥᑎᑯᔑᐅᐊᔨᒨ **wemishtikushiiuayimuu** vai -i • il/elle parle anglais; c'est un-e anglophone

·ᐌᒥᔥᑎᑯᔑᐅᔥᑌᐤ **wemishtikushiiushteu** vii • c'est écrit en anglais

·ᐌᒥᔥᑎᑯᔑᐅᔥᑖᐤ **wemishtikushiiushtaau** vai+o • il/elle l'écrit en anglais

·ᐌᒥᔥᑎᑯᔑᐤ **wemishtikushiiu** na -siim
 • un homme blanc, un Blanc, un Canadien anglais, un anglophone

·ᐌᒦᐌᐤ **wemiiweu** vii • c'est une zone exposée au vent

·ᐌᒧᐦᒡ **wemuhch** p,manière [Mistissini]
 • absolument, complètement, exactement, tout à fait, c'est bien ça, en plein ça

·ᐌᒫᐸᐦᑕᒻ **wemaapahtam** vti • il/elle va voir d'un poste d'observation

·ᐌᒫᔥᑌᐤ **wemaashteu** vii • c'est le côté ensoleillé

·ᐌᓯᓐ **wesin** p,emphatique • particule emphatique ▪ ·ᐌᓯᓐ ᓂᔥ ᒋ ᒥᑭᒃ ᓂᐅᑦᐊᓂᑦₓ ▪ *On lui a déjà donné un médicament.*

·ᐌᓵ **wesaa** p,manière • trop ▪ ·ᐌᓵ ᒥᒋᓱ ᐋᐌ ᐊᐧᔑᔥₓ ·ᐌᓵ ᓄᐋᑦ ᒥᒋᔥᐋₓ ▪ *Cet enfant mange trop.* ✧ *Wow! C'est vraiment trop.*

·ᐌᓵ ᐅᓵᒻ **wesaa usaam** p,interjection
 • exclamation, c'est trop, exagérer ▪ ·ᐌᓵ ᐅᓵᒻ ᐃᔥᑐᑐᐌᐤₓ ✧ ·ᐌᓵ ᐅᓵᒻ ᐃᔥᑐᑖᑦₓ ▪ *Elle en fait vraiment trop pour lui.* ✧ *Elle exagère vraiment.*

·ᐌᔅ **wes** p,emphatique • particule emphatique ▪ ·ᐌᔅ ᓂᑦ ᐃ ·ᐊᐸᑐᓯᓐₓ ✧ ·ᐊ ᒥᒋᒃ ᐃᔥᑐᑳᑦ ·ᐌᔅ ·ᐊ ᐊᐅᔅₓ ▪ *Je voulais vraiment le voir.* ✧ *Il devrait le faire, puisqu'il l'a dit.*

·ᐌᔅᐱᑌᐤ **wespiteu** vta [Côte] • il/elle l'habille

·ᐌᔅᐱᓲ **wespisuu** vai -u [Côte] • il/elle s'habille

·ᐌᔅᑖᔅᑖᑯᓲ **westaastaakusuu** vai -i
 • il/elle est fatigant-e, agaçant-e à entendre, à écouter

·ᐌᔅᑲᑦ **weskat** ni • un gilet, une petite veste, de l'anglais 'weskit'

·ᐌᔅᑲᒋᓯᐤ **weskachisiiu** vai • il/elle est assez âgé-e

·ᐌᔥᑖᑌᐤ **weshtaateu** vta [Côte] • il/elle s'ennuie d'elle/de lui, se sent seul-e en pensant à elle/lui

·ᐌᔥᑖᑌᔨᒣᐤ **weshtaateyimeu** vta
 • il/elle la/le trouve agaçant-e, dérangeant-e

·ᐌᔥᑖᑌᔨᐦᑕᒻ **weshtaateyihtam** vti
 • il/elle trouve ça tannant, contrariant

ᐧᐁᔐᑖᐯᐦᑖᑯᐊ **weshtaateyihtaakun** vii [Côte] ♦ c'est fatigant; ça donne un sentiment de solitude

ᐧᐁᔐᑖᐯᐦᑖᑯᓱᐤ **weshtaateyihtaakusuu** vai -i ♦ il/elle fait des choses agaçantes, énervantes, fatigantes; il/elle est agaçant-e, fatigant-e, énervant-e

ᐧᐁᔐᑖᑕᒼ **weshtaatam** vti [Côte] ♦ il/elle s'ennuie de quelque chose; ça lui manque

ᐧᐁᔐᑖᓯᒫᑯᐊ **weshtaasimaakun** vii ♦ l'odeur est dérangeante

ᐧᐁᔐᑖᓯᒫᑯᓱᐤ **weshtaasimaakusuu** vai -i ♦ son odeur est dérangeant-e

ᐧᐁᔐᑖᓯᓈᑯᐊ **weshtaasinaakun** vii [Côte] ♦ on se sent triste, solitaire à le regarder

ᐧᐁᔐᑖᔅᑐᐌᐤ **weshtaastuweu** vta ♦ il/elle trouve qu'elle/il fait un bruit agaçant; il/elle est dérangé-e par le bruit qu'elle/il fait

ᐧᐁᔐᑖᔅᑕᒼ **weshtaastam** vti ♦ il/elle est dérangé-e par son bruit; il/elle trouve son bruit dérangeant

ᐧᐁᔐᑖᔅᑖᑯᐊ **weshtaastaakun** vii ♦ c'est fatigant, énervant à écouter, entendre

ᐧᐁᔐᑖᔅᑖᑯᓱᐤ **weshtaastaakusuu** vai -i ♦ il/elle est fatigant-e à écouter, à entendre; sa façon de parler est agaçante, énervante

ᐧᐁᔐᑖᔅᑖᑯᐦᑖᐤ **weshtaastaakuhtaau** vai+o ♦ il/elle fait des bruits agaçants ou énervants avec ça

ᐧᐁᔥᑲᒋᓈᑯᐊ **weshkachinaakun** vii ♦ ça paraît vieux, démodé

ᐧᐁᔥᑲᒋᓈᑯᓱᐤ **weshkachinaakusuu** vai -i ♦ il/elle a l'air démodé-e

ᐧᐁᔥᑲᒋᐦᐅᐤ **weshkachihuu** vai-uu [Côte] ♦ il/elle s'habille à l'ancienne mode

ᐧᐁᔥᑲᒋᐅᐤ **weshkachiiun** vai/vii -uu [Intérieur] ♦ il est plutôt vieux, elle est plutôt vieille; c'est plutôt vieux

ᐧᐁᔥᑲᒌᔥ **weshkachiish** p,temps dim ♦ il y a un bon moment, depuis un bon moment déjà, depuis longtemps ▪ ᐃᔥ ᐧᐁᔥᑲᒌᔥ ᐃᑕᖺᐦᐁᐤ ▪ *Il est parti depuis un bon moment déjà.*

ᐧᐁᔥᑲᒡ **weshkach** p,temps ♦ il y a longtemps, longtemps ▪ ᓄᐦᐃᓬ ᐧᐁᔥᑲᒡ ᐋ ᐁᔥᐦᑳᐸᐦ ♢ ᓄᐦᐃᓬ ᐧᐁᔥᑲᒡ ᐯ ᐊᑊᑊᑊᐦᒡ ▪ *Cette maison a été bâtie il y a longtemps.* ♢ *Elle a été longtemps malade.*

ᐧᐁᔦᑲᐴ **weyekapuu** vai -i ♦ il/elle est installé-e, disposé-e

ᐧᐁᔦᑲᔥᑌᐤ **weyekashteu** vii ♦ c'est disposé

ᐧᐁᔦᑲᔥᑖᐤ **weyekashtaau** vai+o ♦ il/elle le dispose, l'installe

ᐧᐁᔦᑲᐦᐁᐤ **weyekaheu** vta ♦ il/elle l'étale, la/le sort, prépare, dispose

ᐧᐁᔫᑎᐊ **weyuutin** vii ♦ c'est abondant; il y en a beaucoup

ᐧᐁᔫᑎᓯᐤ **weyuutisiiu** vai ♦ il/elle est abondant-e; il y en a beaucoup

ᐧᐁᔫᑎᓰᐦᐁᐤ **weyuutisiiheu** vta ♦ il/elle l'enrichit

ᐧᐁᔫᑎᐦᐱᑌᐤ **weyuutihpiteu** vta ♦ il/elle en prend beaucoup dans le filet (par ex. du poisson)

ᐧᐁᔫᑎᐦᑎᑳᐤ **weyuutihtikaauh** vii pl ♦ il y a beaucoup de bois de chauffage

ᐧᐁᔫᑖᐸᒣᐤ **weyuutaapameu** vta ♦ il/elle en voit beaucoup

ᐧᐁᔫᑖᐸᐦᑕᒼ **weyuutaapahtam** vti ♦ il/elle en voit beaucoup

ᐧᐁᔫᒋᐸᔫ **weyuuchipayuu** vai/vii -i ♦ il/elle/ça abonde; il y en a beaucoup, il y en a une abondance, il y en a à profusion

ᐧᐁᔫᒋᒦᒋᓱᐤ **weyuuchimiichisuu** vai -u ♦ il/elle a beaucoup à manger

ᐧᐁᔫᒋᐦᐁᐤ **weyuuchiheu** vta ♦ il/elle en a beaucoup, en a des tas

ᐧᐁᔫᒋᐦᑖᐤ **weyuuchihtaau** vai+o ♦ il/elle en a beaucoup, abondamment

ᐧᐁᔫᓯᓈᑯᐊ **weyuusinaakun** vii ♦ il semble y en avoir beaucoup

ᐧᐁᔫᓯᓈᑯᓱᐤ **weyuusinaakusuu** vai -i ♦ il/elle semble abondant-e; on dirait qu'il y en a beaucoup

ᐧᐁᔫᓵᐸᒣᐤ **weyuusaapameu** vta ♦ il/elle en voit beaucoup (par ex. des poissons, des oiseaux)

ᐧᐁᔫᓵᐸᐦᑕᒼ **weyuusaapahtam** vti ♦ il/elle en voit beaucoup (par ex. des petits fruits)

ᐧᐁᐦᐧᐁᐴᐦᓯᒼ **wehweupiisim** na [Côte] ♦ septembre

ᐧᐁᐦᐧᐁᐅᒥᒋᒼ **wehweumiichim** ni ♦ de la viande d'oie des neiges

ᐧᐁᐦᐧᐁᐤ **wehweu** na ♦ une oie bleue *Chen caerulescens caerulescens*

ᐧᐁᐦᐧᐁᔥ **wehwesh** na dim -im ♦ un oison, une jeune oie bleue *Chen caerulescens caerulescens*

ᐧᐁᐦᑎᑖᐙᓅᒌᔑᑳᐤ **wehtitaawaanuuchiishikaau** vii ♦ c'est le lendemain de Noël

ᐧᐁᐦᑎᒋᔅᑕᒧᐧᐁᐤ **wehtichistamuweu** vta ♦ il/elle baisse le prix pour elle/lui; il/elle lui vend à prix modique, à prix abordable

ᐧᐁᐦᑎᒋᔅᑖᓲ **wehtichistaasuu** vai -u ♦ il/elle fait une vente

ᐧᐁᐦᑎᓰᐤ **wehtisiiu** vai ♦ c'est facile, pas cher, modique, abordable

ᐧᐁᐦᑖᒋᒣᐤ **wehtachimeu** vta ♦ il/elle la/le vend à bas prix, à prix abordable, à prix modique

ᐧᐁᐦᑖᒋᔅᑕᒼ **wehtachistam** vti ♦ il/elle en baisse le prix; il/elle le vend bon marché

ᐧᐁᐦᑖᒋᔅᑖᑯᓐ **wehtachistaakun** vii ♦ son prix est bas; ce n'est pas cher

ᐧᐁᐦᑖᒋᔅᑖᑯᓲ **wehtachistaakusuu** vai -i ♦ il/elle a un prix abordable, modique; il est peu coûteux, elle est peu coûteuse

ᐧᐁᐦᑖᓂᔐᐤ **wehtanisheu** vai ♦ ses plumes sont faciles à enlever; il/elle est facile à plumer

ᐧᐁᐦᑖᓐ **wehtan** vii ♦ c'est facile, bon marché, abordable

ᐧᐁᐦᑖᐱᐦᑳᑌᐤ **wehtaapihkaateu** vii ♦ c'est attaché sans être serré

ᐧᐁᐦᑖᐱᐦᑳᑕᒼ **wehtaapihkaatam** vti ♦ il/elle l'attache légèrement

ᐧᐁᐦᑖᐱᐦᑳᓲ **wehtaapihkaasuu** vai -u ♦ ses liens ne sont pas serrés

ᐧᐁᐦᒋ **wehchi** préverbe ♦ de, de là, en provenance de (forme modifiée de uhchi, utilisée avec des verbes au conjonctif)

ᐧᐁᐦᒋᐸᔫ **wehchipayuu** vai/vii -i ♦ il/elle est facile à faire; c'est facile à faire

ᐧᐁᐦᒋᓈᑯᓐ **wehchinaakun** vii ♦ ça semble facile à faire

ᐧᐁᐦᒋᓈᑯᓲ **wehchinaakusuu** vai -i ♦ ça a l'air facile, ça semble facile à faire

ᐧᐁᐦᒋᐦᐄᑰ **wehchihiikuu** vai -u ♦ c'est facile pour elle/lui

ᐧᐁᐦᒋᐦᑖᐤ **wehchihtaau** vai+o ♦ il/elle trouve que c'est facile à faire

ᐧᐁᐦᒋᐤ **wehchiiu** vai ♦ il/elle le fait facilement, sans effort

ᐧᐃ

ᐧᐃᒋᐦᒉᐤ **wichihcheu** vii [Côte] ♦ ça rassemble ses provisions de nourriture (un castor)

ᐧᐃᓂᒉᐤ **winicheu** vai ♦ il/elle porte un canot sur ses épaules

ᐃᔦᓵᐲᐤ **wiyesaapiiu** vai [Intérieur] ♦ il/elle est aveuglé-e par la neige

ᐃᔦᔑᐸᒋᔅᑎᓀᐤ **wiyeshipachistineu** vta ♦ il/elle la/le trahit, trompe

ᐃᔦᔑᒣᐤ **wiyeshimeu** vta ♦ il/elle la/le trompe, l'induit en erreur, lui fait croire quelque chose (une fausseté); il/elle la/le déçoit par ses paroles

ᐃᔦᔑᒧᐧᐁᐤ **wiyeshimuweu** vai ♦ il est trompeur, elle est trompeuse; c'est un-e imposteur-e

ᐃᔦᔑᓐ **wiyeshin** p,évaluative ♦ cela importe-t-il? c'est un problème? y a-t-il un problème? (aussi utilisé dans la négative avec namui, taapaa 'c'est pas grave', 'il n'y a pas de problème') ▪ ᓇᒧᐃ ᐃᔦᔑᓐ ᐊᐟ ᒥᕐᐧ ᑐᓇᕐᑐx ♦ ᐃᔦᔑᓈ ᐊx ▪ *Ce n'est pas un problème si tu les prends tous.* ♦ *Cela importe-t-il?*

ᐃᔦᔑᐦᐁᐤ **wiyeshiheu** vta ♦ il/elle la/le trompe, la/le dupe

ᐃᔦᔑᐦᐄᐧᐁᐃᓐ **wiyeshihiiwewin** ni ♦ de la tromperie

ᐃᔦᔑᐦᐄᐧᐁᐤ **wiyeshihiiweu** vai ♦ il/elle trompe, triche

ᐃᔦᔥ **wiyesh** p,manière ♦ environ, approximativement, à peu près, autour, aux alentours de, aux environs de (heure, lieu) ▪ ᐃᔦᔥ ᑐ ᓂᔑᑯ ᑲᑕ ᐃᐦᑖx ▪ *Il devrait rester ici environ 4 jours.*

ᐃᔦᔥᑌᔨᐦᑕᒼ **wiyeshteyihtam** vti ♦ il/elle pense qu'il y a quelque chose qui va mal, qui ne va pas, qui ne fonctionne pas

•ᐃᔕᒼᑌᑊ **wiyeshteh** p,lieu ♦ quelque part autour, dans les environs, environ ▪ ᐊᓂᑌᑊ ᐧᐃᔕᒼᑌᑊ ᐃᑊᑳᑯᔫᖏ ᐊᓂ ᑎᒉᔨᕐᒫᐦᑲx. *Ton soulier doit être quelque part ici.*

•ᐃᔕᔥᑑᐧᑌᐤ **wiyeshtuutuweu** vta
  ♦ il/elle lui fait du tort, du mal, la/le blesse

•ᐃᔨᔦᒥᐤ **wiyeyimeu** vta ♦ il/elle la/le choisit

•ᐃᔨᔦᐦᑕᒻ **wiyeyihtam** vti ♦ il/elle se décide à propos de quelque chose; il/elle le détermine

•ᐃᔨᑎᓯᐤ **wiyitisiiu** vai ♦ il/elle a ce qu'il/elle mérite

•ᐃᔨᑯᔥᑯᐦ **wiyikushkuch** ni -im [Côte]
  ♦ un oignon

•ᐃᔨᑯᐦᑎᑖᐤ **wiyikuhtitaau** vai+o ♦ il/elle le met, le place, le pose, le dispose dans une certaine position dans un cours d'eau (par ex. mettre un bateau)

•ᐃᔨᑯᐦᒋᒣᐤ **wiyikuhchimeu** vta ♦ il/elle la/le met, pose à un certain endroit, place dans une certaine position dans un cours d'eau (par ex. mettre une bouée dans un canal)

•ᐃᔨᑲᐦᐊᒼ **wiyikaham** vti ♦ il/elle le taille, le modèle à la hache, lui donne une forme avec une hache

•ᐃᔨᑲᐦᐧᐁᐤ **wiyikahweu** vta ♦ il/elle lui donne une forme avec une hache

•ᐃᔨᑳᒡ **wiyikaach** p,évaluative ♦ quelle perte! quel gaspillage! (ancien terme) ▪ •ᐃᔨᑳᒡ ᐊᓂ ᒥᒋᒻx. ▪ *Quel gaspillage de nourriture!*

•ᐃᔨᒉᔅᒄ **wiyicheskw** ni [Côte] ♦ une écorce d'arbre

•ᐃᔨᒉᔦᐦᑖᑯᓐ **wiyicheyihtaakun** vii
  ♦ c'est gaspillé; c'est du gaspillage

•ᐃᔨᒉᔦᐦᑖᑯᓱᐤ **wiyicheyihtaakusuu** vai -i
  ♦ quel gâchis pour lui/elle; il/elle n'a pas réalisé son potentiel ▪ ᓄᐃᔾ ·ᐋᔨᔦᐦᑖᑯᓯᑦ ᐊᓂ ᐁᒧᕝ ᐁᐱ ᐃᔥᒋ ᐱ ᐆᐧᐃᐸᕐᒡx. ▪ *Quel gâchis pour elle qu'elle n'aie pas pu se marier!*

•ᐃᔨᒋᒣᐤ **wiyichimeu** vta ♦ il/elle marque le prix, fixe le prix de quelque chose

•ᐃᔨᒋᐦᐁᐤ **wiyichiheu** vta ♦ il/elle la/le gaspille

•ᐃᔨᒋᐦᑕᒻ **wiyichihtam** vti ♦ il/elle en fixe le prix

•ᐃᔨᒋᐦᑖᐤ **wiyichihtaau** vai+o ♦ il/elle le gaspille, le perd

•ᐃᔨᒥᓈᐦᑎᒄ **wiyiminaahtikw** ni ♦ un tableau noir

•ᐃᔨᒥᓐ **wiyimin** na ♦ de l'ocre (roche rouge, verte broyée et mélangée avec du gras pour faire de la peinture); de la craie

•ᐃᔨᐦᑯᑌᐤ **wiyihkuteu** vta ♦ il/elle la/le taille, modèle avec un couteau

•ᐃᔨᐦᑯᑕᒻ **wiyihkutam** vti ♦ il/elle le taille, le façonne, le modèle avec un couteau

•ᐃᔪᐦᑯᐹᐤ **wiyuhkupaau** vii ♦ il y a des saules jusqu'à l'embouchure de la rivière, du ruisseau

•ᐃᔫᒫᑲᓐ **wiyuumakan** vii ♦ c'est gras

•ᐃᔭᐦᐱᑌᐤ **wiyahpiteu** vta ♦ il/elle l'attelle, y pose le harnais, l'attelage (par ex. un toboggan); il/elle l'arrime, l'attache

•ᐃᔭᐦᐱᑕᒻ **wiyahpitam** vti ♦ il/elle l'attache, le lie (par ex. attacher un appât à un hameçon)

•ᐃᔮᐱᔅᑲᔥᑖᐤ **wiyaapiskashtaau** vai+o
  ♦ il/elle le pose, l'installe, le monte, le place (pierre, métal)

•ᐃᔮᐱᔅᑲᐦᐁᐤ **wiyaapiskaheu** vta ♦ il/elle l'installe, la/le dresse, pose (pierre, métal)

•ᐃᔮᐱᔅᑲᐦᐧᐁᐤ **wiyaapiskahweu** vta
  ♦ il/elle la/le façonne, lui donne une forme (pierre, métal)

•ᐃᔮᐱᔅᒋᐦᑕᑖᒉᓲ **wiyaapischihtataachesuu** na ♦ un plombier, une plombière

•ᐃᔮᐱᐦᑳᑌᐤ **wiyaapihkaateu** vta ♦ il/elle la/le rattache, l'attache d'avance

•ᐃᔮᐱᐦᒋᑲᓐ **wiyaapihchikan** ni [Mistissini] ♦ un viseur, une mire avant, un guidon d'arme

•ᐃᔮᐸᒣᐤ **wiyaapameu** vta ♦ il/elle regarde et la/le repère, choisit; il/elle braque son arme dans sa direction, la/le vise

•ᐃᔮᐸᐦᑕᒻ **wiyaapahtam** vti ♦ il/elle regarde et le choisit, le repère; il/elle le vise

•ᐃᔮᒣᐤ **wiyaameu** vta ♦ il/elle la/le porte (par ex. un vêtement)

•ᐃᐩᔅ wiyaas ni -im ♦ de la viande, de la chair

•ᐃᐩᔅᓯᒡᑲᐊ wiyaaskuchikan ni ♦ une fondation, un sol de support, un sol porteur, un terrain d'appui

•ᐃᐩᔅᓯᓂᐤ wiyaaskuneu vta ♦ il/elle la/le poursuit en justice, lui intente un procès

•ᐃᐩᔅᓯᓂᒉᐤ wiyaaskunicheu vai ♦ il/elle juge

•ᐃᐩᔅᓯᓂᒉᓲ wiyaaskunichesuu na -siim ♦ un ou une juge, un magistrat; un avocat, une avocate, un procureur, une procureure

•ᐃᐩᔅᓯᓇᒼ wiyaaskunam vti ♦ il/elle le pointe, le braque (un fusil) sur quelque chose

•ᐃᐩᔅᔑᒉᐤ wiyaaskushimeu vta ♦ il/elle la/le pose comme base, fondation (long et rigide)

•ᐃᐩᔅᐦᐊᒻ wiyaaskuham vti ♦ il/elle le met (par ex. morceau de viande d'orignal) sur un bâton (pour le faire rôtir); il/elle érige, monte la structure d'une maison, d'un édifice

•ᐃᐩᔅᐦᐌᐤ wiyaaskuhweu vta ♦ il/elle la/le prépare sur des tiges, des bâtonnets pour faire cuire près du feu (par ex. une oie entière)

•ᐃᐩᔅᐦᑎᑖᐤ wiyaaskuhtitaau vai+o ♦ il/elle le pose, l'installe, le met en place comme base ou fondation (long et rigide)

•ᐃᐩᔅᑭᐊ wiiyaaskatin vii ♦ la rivière ou le lac commence à geler

•ᐃᐩᐦᐱᑌᐤ wiyaahpiteu vai ♦ il/elle peut facilement tirer une charge

•ᐃᐩᐦᐱᑕᒼ wiyaahpitam vti ♦ il/elle a une charge légère à tirer

•ᐃᐩᐦᐲᐤ wiyaahpiiu vai ♦ il/elle voyage avec peu de bagages

•ᐃᐩᐦᑕᒼ wiyaahtam vti ♦ il/elle le porte (par ex. un vêtement)

•ᐃᐩᐦᒐᑲᐦ wiyaahchikanh ni pl ♦ un vêtement, un habillement

•ᐃᐦᑕᐦᐊᔅᑲᐌᐤ wihtahaskweu ni ♦ un sentier battu de castor

•ᐃ̇

•ᐃ̇ wii pro,personnel ♦ il, elle, lui, lui-même, elle-même, le sien ou la sienne, les siens ■ ᐃ̇ ᑊ ᒍᐤ ᐊᓂᑦ ᐊᐧ·ᔨᐨᐦ C'est lui qui a fait pleurer cet enfant.

•ᐃ̇ᐅᒫᐤ wiiumaau nad ♦ une femme, une conjointe

•ᐃ̇ᐅᔑᒣᐤ wiiushimeu vta ♦ il/elle la/le porte sur son dos

•ᐃ̇ᐅᔓᐎᐊ wiiushuwin ni ♦ un ballot, une charge portée sur le dos

•ᐃ̇ᐅᔔ wiiushuu vai -i ♦ il/elle porte un chargement sur son dos

•ᐃ̇ᐊᒥᔅᑯᓯᔫ wiiamiskutisuu vai -i [Côté] ♦ ça goûte le castor

•ᐃ̇ᐊᒥᔅᑯᑲᐊ wiiamiskukan vii ♦ ça goûte le castor

•ᐃ̇ᐊᒥᔅᑯᓯᔫ wiiamiskuchisuu vai -i [Intérieur] ♦ ça goûte le castor

•ᐃ̇ᐊᒥᔅᑯᒫᑲᐊ wiiamiskumaakun vii ♦ ça sent le castor

•ᐃ̇ᐊᒥᔅᑯᒫᑯᔫ wiiamiskumaakusuu vai -i ♦ ça sent le castor

•ᐃ̇ᐊᒥᔅᑯᔥᑌᐤ wiiamiskushteu vii ♦ il y a une odeur de castor qui cuit

•ᐃ̇ᐊᔥᑕᐦᒋᑯᓂᓯᔫ wiiashtahchikunitisuu vai -i ♦ ça sent le moisi après avoir été entreposé dans le bois (par ex. des raquettes)

•ᐃ̇ᐊᔥᑕᐦᒋᑯᓂᑲᐊ wiiashtahchikunikan vii ♦ ça sent le moisi après avoir été entreposé dans le bois

•ᐃ̇ᐊᑎᐦᑯᐌᐤ wiiwitihkuweu vta ♦ il/elle lui prépare un paquet, un ballot, une charge à porter sur le dos

•ᐃ̇ᐊᑎᐦᑲᐦᑐᐌᐤ wiiwitihkahtuweu vta ♦ il/elle en fait un paquet, une charge à porter sur le dos

•ᐃ̇ᐊᑎᐦᑲᐦᑕᒼ wiiwitihkahtam vti ♦ il/elle en fait un paquet à porter sur le dos

•ᐃ̇ᐊᑎᐦᑲᐊ wiiwitihkaan ni ♦ une charge ou un ballot préparé pour être porté sur le dos

•ᐃ̇ᐊᑎᐦᑳᓲ wiiwitihkaasuu vai ♦ il/elle prépare son chargement à porter sur le dos

·Ꭿ·Δᶜ wiiwit nid ♦ sa valise, son bagage, sa mallette

·Ꭿ·Ꭿ·ᐁᐱᓃ° wiiwiiwepineu vta ♦ il/elle la/le jette dehors

·Ꭿ·Ꭿ·ᐁᐱᓇᒃ wiiwiiwepinam vti ♦ il/elle le lance, le jette dehors

·Ꭿ·Ꭿ·ᐁᐱᔑᑯᐌ· wiiwiiwepishkuweu vta ♦ il/elle la/le pousse, balaie dehors avec le pied

·Ꭿ·Ꭿ·ᐁᐱᔑᑲᒃ wiiwiiwepishkam vti ♦ il/elle le balaie dehors avec ses pieds

·Ꭿ·Ꭿ·ᐁᐸᐌ° wiiwiiwepahweu vta ♦ il/elle la/le fait sortir, avec un objet

·Ꭿ·Ꭿ° wiiwiiu vai ♦ il/elle sort (euphémisme pour 'déféquer' chez les locuteurs plus âgés)

·Ꭿ·Ꭺᐱᑌ° wiiwiipiteu vta ♦ il/elle la/le retire, tire à l'extérieur

·Ꭿ·Ꭺᐱᑕᒃ wiiwiipitam vti ♦ il/elle le sort en tirant, le retire

·Ꭿ·Ꭿ·ᐸᔨᐦᐁ° wiiwiipayiheu vta ♦ il/elle la/le sort, fait sortir

·Ꭿ·Ꭿ·ᐸᔨᐦᐆ wiiwiipayihuu vai -u ♦ il/elle saute ou sort soudainement; il/elle surgit, jaillit hors de quelque chose

·Ꭿ·Ꭿ·ᐸᔨᐦᑖ° wiiwiipayihtaau vai+o ♦ il/elle le sort

·Ꭿ·Ꭿ·ᐸᔫ wiiwiipayuu vai/vii -i ♦ il/elle/ça tombe

·Ꭿ·Ꭿ·ᐸᐁ° wiiwiipaheu vta ♦ il/elle sort en courant avec elle/lui

·Ꭿ·Ꭿ·ᐸᐦᑖ wiiwiipahtaau vai ♦ il/elle sort en courant

·Ꭿ·Ꭿ·ᐸᐦᑤ° wiiwiipahtwaau vai ♦ il/elle sort en courant avec

·Ꭿ·Ꭿᐦᑎ wiiwiitime p,lieu ♦ hors de, en dehors de, l'extérieur d'un objet ■ ᒥᓂ ·Ꭿ·Ꭿᐦᑎ ᐊᐁ ᒥᓯᐦᑌᐃ × ■ *L'extérieur de cette tasse est sale.*

·Ꭿ·Ꭿᐦᑎ° wiiwiitimeu p,lieu ♦ hors de, en dehors de, à l'extérieur de la région ■ ·Ꭿ·Ꭿᐦᑎ° ᐅᐦᒋ ᐁᑕᔅ ♦ ·Ꭿ·Ꭿᐦᑎ° ᐊᐸᑎᔫᐦ × ■ *Ella vient de l'extérieur de la communauté.* ♦ *Il travaille en dehors de la région.*

·Ꭿ·Ꭿᐦᑎᒥᐦᒡ wiiwiitimihch p,lieu ♦ hors de, en dehors de, à l'extérieur de la région

·Ꭿ·Ꭿᐦᑎᔑᒥ° wiiwiitishimeu vta ♦ il/elle sort en courant pour lui échapper, se sauver d'elle/de lui

·Ꭿ·Ꭿᐦᑎᔑᓃ° wiiwiitishineu vta ♦ il/elle la/le pousse dehors

·Ꭿ·Ꭿᐦᑎᔑᓇᒃ wiiwiitishinam vti ♦ il/elle le pousse dehors

·Ꭿ·Ꭿᐦᑎᔕᐦᐊᒃ wiiwiitishaham vti ♦ il/elle l'envoie dehors, lui ordonne de sortir

·Ꭿ·Ꭿᐦᑎᔕᐦᐌ° wiiwiitishahweu vta ♦ il/elle l'envoie dehors, lui ordonne de sortir

·Ꭿ·Ꭿᑖᐯ° wiiwiitaapeu vai ♦ il/elle tire des choses hors de quelque chose

·Ꭿ·Ꭿᑖᐹᑌ° wiiwiitaapaateu vta ♦ il/elle la/le traîne dehors

·Ꭿ·Ꭿᑖᐹᑕᒃ wiiwiitaapaatam vti ♦ il/elle le traîne dehors

·Ꭿ·Ꭿᒋᒨ wiiwiitaachimuu vai -u ♦ il/elle sort en rampant; il/elle se glisse ou se traîne hors de quelque chose

·Ꭿ·Ꭿᒃᐚᔥᑯᐦᑏᒪᑲᓐ wiiwiikwaashkuhtiimakan vii ♦ ça saute hors de

·Ꭿ·Ꭿᒃᐚᔥᑯᐦᑑ wiiwiikwaashkuhtuu vai -i ♦ il/elle saute, surgit hors de quelque chose

·Ꭿ·Ꭿᒪᑲᓂᐲᓯᒻ wiiwiimakanipiisim na [Intérieur] ♦ janvier

·Ꭿ·Ꭿᒪᑲᓐ wiiwiimakan vii ♦ ça sort; c'est le Nouvel An

·Ꭿ·Ꭿᔖᐦᒉᔨᒨ wiiwiisaahcheyimuu vai -u ♦ il/elle souffre

·Ꭿ·Ꭿᔥᑐᐌ° wiiwiishtuweu vta ♦ il/elle sort, va vers elle/lui

·Ꭿ·Ꭿᔥᑕᒃ wiiwiishtam vti ♦ il/elle sort vers quelque chose

·Ꭿ·Ꭿᔥᑯᐌ° wiiwiishkuweu vta ♦ il/elle la/le fait sortir avec le pied

·Ꭿ·Ꭿᔥᑲᒃ wiiwiishkam vti ♦ il/elle le sort, le fait sortir avec le pied

·Ꭿ·Ꭿᔮᐦᒋᓃ° wiiwiiyahchineu vta ♦ il/elle la/le pousse dehors

·Ꭿ·Ꭿᔮᐸᐦᑌ° wiiwiiyaapahteu vii ♦ la fumée sort

·Ꭿ·Ꭿᔮᒧᐦᒉ° wiiwiiyaamuhcheu vai ♦ il/elle éloigne les gens par des paroles méchantes ou désagréables

·Ꭿ·Ꭿᔮᔅᑯᓀ° wiiwiiyaaskuneu vta ♦ il/elle l'étend, la/le prolonge, la/le pousse (long et rigide) hors de quelque chose

- ·Ȧ·Ȧᔾᐦdᑫᒷ wiiwiiyaaskunam vti ♦ il/elle l'étend, le prolonge (long et rigide) hors de quelque chose
- ·Ȧ·Ȧ"ᑦᑖ° wiiwiihtataau vai+o ♦ il/elle l'apporte dehors, le sort
- ·Ȧ·Ȧ"ᑕ"ᐁ° wiiwiihtaheu vta ♦ il/elle la/le sort, fait sortir
- ·Ȧ·Ȧ"ᑕ"ᐊᐅᔫᓈᓅ wiiwiihtahaausuunaanuu vii,impersonnel ♦ il y a une cérémonie des premiers pas d'un enfant
- ·Ȧ·Ȧ"ᔾ° wiiwiihyaau vai ♦ il/elle s'envole
- ·Ȧ·ᐊ° wiiwaau pro,personnel pl ♦ ils, elles, eux, eux-mêmes, elles-mêmes, le leur, les leurs (voir *wii*)
- ·Ȧ° wiiu vai ♦ il est marié, il a une femme ou une épouse
- ·Ȧ°" wiiuh nad ♦ sa femme, sa conjointe ▪ ·Ȧ°" ᐊᓀᒡ" ᖲ ·Ȧᒡ·ᐋᑦˣ
- ·Ȧᐯᐁ° wiipeweu vii ♦ c'est de la viande brune
- ·Ȧᐯᑲᐊ wiipekan vii ♦ c'est noir (étalé)
- ·Ȧᐯᒋᔫ wiipechisuu vai -i ♦ il/elle est noir-e (étalé)
- ·Ȧᐯᒋᔑᐊ wiipechishin vai ♦ il/elle (étalé) est sale, noir-e, après avoir touché à quelque chose
- ·Ȧᐯᒋᑎᐊ wiipechihtin vii ♦ c'est sale, noir, parce que ça a touché à quelque chose (étalé)
- ·Ȧᐯᔾ° wiipeyaau vii ♦ c'est un secteur inondé
- ·Ȧᐱᑖᐴ wiipitaapuu ni ♦ de la bave de dentition
- ·Ȧᐱᒋᑲᐊ" wiipichikanh p,interjection ♦ un mot chanté à un bébé que l'on berce quand il perce ses dents, utilisé avec 'neuhaashii'
- ·Ȧᐱᒌᔥ wiipichiish na dim ♦ un jeune morse *Odobenus rosmarus*
- ·Ȧᐱᒎ wiipichuu na -chiim ♦ un morse *Odobenus rosmarus*
- ·Ȧᐱᒑᐱᓀ° wiipichaapineu vta ♦ il/elle lui met du noir, du maquillage, du charbon sur les yeux
- ·Ȧᐱᒑᐳ"ᐦᔫᒡ wiipichaapuhuusuu vai reflex -u ♦ il/elle porte du maquillage autour des yeux, du mascara
- ·Ȧᐱᒑᐴ wiipichaapuu vai -i ♦ il/elle a des cernes noirs autour des yeux
- ·Ȧᐲᓀ° wiipineu vta ♦ il/elle la/le noircit à la main
- ·Ȧᐲᓇᒷ wiipinam vti ♦ il/elle le noircit à la main
- ·Ȧᐲᓈᑯᐊ wiipinaakun vii ♦ ça paraît noir, foncé
- ·Ȧᐲᓈᑯᔫ wiipinaakusuu vai -i ♦ il/elle semble foncé-e, noir-e
- ·Ȧᐱᔫ wiipisuu vai -i ♦ il/elle est noir-e
- ·Ȧᐱᔐᔮᔫ wiipisheyaasuu vai -u ♦ il/elle est bruni-e ou bronzé-e par le soleil
- ·Ȧᐱᔑᐊ wiipishin vai ♦ il/elle se salit, se noircit en touchant quelque chose
- ·Ȧᐱᔥ wiipish p,manière ♦ surnom pour une personne à la peau foncée ▪ ·Ȧᔥ ᐊᔫᖲᑦᖲᒡ ᓂᑫ·Ȧ ᐁ ȦᔾᐊȦ"ᑉᖲᒡˣ ▪ Son surnom est 'noirôt'.
- ·Ȧᐱᔥᑎᒀᓀ° wiipishtikwaaneu vai ♦ il/elle a les cheveux noirs
- ·Ȧᐱᐁ° wiipiheu vta ♦ il/elle la/le noircit
- ·Ȧᐱᑎᐊ wiipihtin vii ♦ ça se salit, se noircit en touchant quelque chose
- ·Ȧᐱᑖ° wiipihtaau vai+o ♦ il/elle le noircit
- ·Ȧᐱᒀᓀ° wiipihkweneu vta ♦ il/elle noircit la face de quelqu'un avec la main
- ·Ȧᐱᒀᔮᔫ wiipihkweyaasuu vai -u ♦ il/elle a la face brunie ou bronzée par le soleil
- ·Ȧᐳᔅᑳ° wiipuskaau vii ♦ c'est un brûlé, un brûlis
- ·Ȧᐳᔅᑳᑲᒫ° wiipuskaakamaau vii ♦ c'est un lac dans un secteur brûlé
- ·Ȧᐳᔅᑳᔅᒋᑕᒄ wiipuskaaschihtakw ni -um ♦ un arbre brûlé
- ·Ȧᐸᒌ"ᑳᐊ wiipachiihkaan p,temps ♦ pas longtemps après ▪ ·Ȧᐸᒌ"ᑳᐊ ᐲ ᑕᒍᔕᑦˣ ▪ Elle est arrivée pas longtemps après.
- ·Ȧᐸᒎᔮᓂᒫᔥᑌ° wiipachuyaanimaashteu vii ♦ ça sent le tissu brûlé
- ·Ȧᐸᒡ wiipach p,temps ♦ bientôt, vite, dans peu de temps; tôt, de bonne heure ▪ ·Ȧᐸᒡ ᓂ·ᐊᓴᐦᑳᐊˣ ·Ȧᐸᒡ ᑕᑯᔫᐊˣ ▪ Je me réveille de bonne heure. ♦ Elle va arriver bientôt.
- ·Ȧᐸᔪᑳ° wiipaschuukaau vii ♦ c'est de la boue noire

·ᐃᐸᔑᒋᓯᐧ **wiipaschuuchisuu** vai -i ♦ c'est de la boue noire; il est noir et boueux, elle est noire et boueuse

·ᐃᐸᔑᒍᓄᐤ **wiipaschuuneu** vai ♦ il (un chien) a le museau noir

·ᐃᐸᔐᐤ **wiipasheu** vai ♦ il/elle a la peau foncée

·ᐃᐸᔑᑲᔦᐤ **wiipashikayeu** vai ♦ il/elle a la peau foncée

·ᐃᐸᔑᑲᔦᒃᓴᐧ **wiipashikayehkasuu** vai ♦ il/elle a la peau bronzée par le soleil; sa peau est brunie par le soleil

·ᐃᐸᐦᐅ **wiipahuu** vai-u ♦ il/elle s'habille en noir; il/elle est vêtu-e de noir

·ᐃᐸᐦᒉᔓ **wiipahcheshuu** na -iim ♦ un renard noir

·ᐃᐸᐅᐦᑳᐤ **wiipaauhkaau** vii ♦ c'est du sable noir; ce sont des cendres noires

·ᐃᐸᐤ **wiipaau** vii ♦ c'est noir

·ᐃᐸᐯᑲᓐ **wiipaapekan** vii ♦ c'est noir (filiforme)

·ᐃᐸᐯᒋᓱ **wiipaapechisuu** vai-i ♦ il/elle est noir-e (filiforme)

·ᐃᐸᐳ **wiipaapuu** vai-i ♦ il/elle a les yeux noirs

·ᐃᐸᐳᓈᓐ **wiipaapuunaan** ni ♦ la pupille de l'oeil

·ᐃᐸᑲᒨ **wiipaakamuu** vii -i ♦ c'est un liquide noir, foncé

·ᐃᐸᓱ **wiipaasuu** vai ♦ il/elle est foncé-e par le soleil

·ᐃᐸᐢᐱᓱ **wiipaaspisuu** vai -u ♦ il/elle s'habille en noir; il/elle est vêtu-e de noir

·ᐃᐸᔥᒉᐅᑎᓱ **wiipaascheutisuu** vai reflex -u ♦ il/elle se noircit en jouant avec du charbon de bois

·ᐃᐸᔥᒍᑎᓱ **wiipaaschuutisuu** vai -i ♦ il/elle est noir-e après avoir joué avec du charbon de bois

·ᐃᐸᔥᑎᑯᔑᐤ **wiipaashtikushiiu** na -siim ♦ une personne noire, un Noir, une Noire

·ᐃᐸᐦᑎᑯᐧᐤ **wiipaahtikuweu** vai ♦ sa fourrure est noire

·ᐃᐸᐦᑲᓀᐤ **wiipaahkasweu** vta ♦ il/elle la/le carbonise, brûle

·ᐃᐸᐦᑲᓱ **wiipaahkasuu** vai-u ♦ il/elle est calciné-e

·ᐃᐸᐦᑲᓴᒻ **wiipaahkasam** vti ♦ il/elle le brûle, le carbonise

·ᐃᐸᐦᑲᐦᑌᐤ **wiipaahkahteu** vii ♦ c'est calciné; ça noircit en brûlant

·ᐃᐆᒋᐦᒁᐤ **wiiteschihkweu** vai ♦ il/elle prépare de la viande dans une marmite pour la cuisson

·ᐃᐆᒋᐦᒁᑕᒻ **wiiteschihkwaatam** vti ♦ il/elle la coupe (la viande) dans le pot

·ᐃᐆᔦᒨ **wiiteyimeu** vta ♦ il/elle la/le trouve amusant-e

·ᐃᐆᔨᐦᑕᒻ **wiiteyihtam** vti ♦ il/elle s'en amuse

·ᐃᐆᔨᐦᑖᑯᓐ **wiiteyihtaakun** vii ♦ c'est drôle, amusant

·ᐃᐆᔨᐦᑖᑯᓱ **wiiteyihtaakusuu** vai -i ♦ il/elle est amusant-e, drôle, comique

·ᐃᑎᐱᔥᑐᐧᐤ **wiitipishtuweu** vta ♦ il/elle s'assoit avec elle/lui, lui tient compagnie

·ᐃᑎᒥᓯᑎᓱ **wiitimesitisuu** vai -i ♦ il/elle sent le poisson

·ᐃᑎᒥᒫᑯᓐ **wiitimesimaakun** vii ♦ ça sent le poisson

·ᐃᑎᒥᒫᑯᓱ **wiitimesimaakusuu** vai -u ♦ il/elle sent le poisson

·ᐃᑎᒧᓯᒫᐤ **wiitimusimaau** nad ♦ une belle-soeur, un beau-frère, un cousin croisé ou une cousine croisée (une personne du sexe opposé au sien qui est la descendante du frère de sa mère ou de la soeur de son père)

·ᐃᑎᒧᓱ **wiitimusuu** vai -i ♦ il/elle l'a comme belle-soeur ou beau-frère

·ᐃᑎᒧᓱ **wiitimusuu** vai-i [Mistissini] ♦ il a une petite amie, une copine; elle a un petit ami, un copain

·ᐃᑎᒧᔅ **wiitimusa** nad [Intérieur] ♦ sa belle-soeur ou son beau-frère, son cousin ou sa cousine (une personne du sexe opposé au sien qui est la descendante du frère de sa mère ou de la soeur de son père)

·ᐃᑎᒧᔥ **wiitimus-h** nad [Côte] ♦ sa belle-soeur ou son beau-frère, son cousin ou sa cousine (une personne du sexe opposé au sien qui est la descendante du frère de sa mère ou de la soeur de son père)

ᐧᐃᑎᓯᐅ wiitisiiu vai ♦ il/elle est dans une situation comique, amusante; il/elle le mérite bien

ᐧᐄᑐ wiituu ni ♦ un anus de castor y compris le gras qui l'entoure, après avoir été retiré et tourné à l'envers

ᐧᐄᑑᐦᑑᐁᐧᐤ wiituukahtuweu vai ♦ il (un jeune castor) gruge tout autour des saules, des peupliers

ᐧᐄᑑᓈᐳᐃ wiituunaapui nad -puum ♦ du castoréum (glande de castor)

ᐧᐄᑑᓈᐳᐦᑕᒼ wiituunaapukahtam vti ♦ il/elle y met l'odeur du musc

ᐧᐄᑑᓈᐳ wiituunaapuu ni ♦ un liquide de castoréum ou de rognon de castor

ᐧᐄᑑᔅᐠ wiituuskw nid ♦ une glande de musc derrière sa queue (pour un oiseau)

ᐧᐄᑑᔮᐳᐦᑕᒼ wiituuyaapukahtam vti [Intérieur] ♦ il/elle y met l'odeur du musc

ᐧᐄᑑᔮᔅᑯᐦᐄᑲᓐ wiituuyaaskuhiikan ni ♦ un bâton frotté avec du castoréum et posé près d'un piège

ᐧᐄᑕᐱᒣᐤ wiitapimeu vta ♦ il/elle s'assoit avec elle/lui; il/elle le/la veille, reste avec elle/lui

ᐧᐄᑕᐱᔥᑕᒼ wiitapishtam vti ♦ il/elle le garde (par ex. la cuisson) et ne le laisse pas

ᐧᐄᑕᐱᔥᑖᐤ wiitapishtaau vai+o ♦ il/elle l'installe, le pose à côté de quelque chose

ᐧᐄᑕᐱᐦᑎᔦᐤ wiitapihtiyeu vai ♦ il/elle l'assoit à côté de quelqu'un

ᐧᐄᑕᐱᐦᑐᐁᐧᐤ wiitapihtuheu vta ♦ il/elle l'assoit à côté de quelqu'un

ᐧᐄᑕᐱᐦᑕᒼ wiitapihtam vti ♦ il/elle le garde (par ex. la cuisson) et ne le laisse pas

ᐧᐄᑕᑯᓃᒣᐤ wiitakuniimeu vta ♦ il/elle utilise les mêmes couvertures qu'elle/que lui

ᐧᐄᑕᒣᓯᑲᓐ wiitamesikan vii ♦ ça sent le poisson

ᐧᐄᑕᒣᓯᒋᓲ wiitamesichisuu vai -i ♦ il/elle sent le poisson

ᐧᐄᑕᒥᔅᑰ wiitamiskuu vai ♦ il (le castor) s'accouple

ᐧᐄᑕᐦᑰᒣᐤ wiitahuumeu vta ♦ il/elle l'accompagne dans un autre canot

ᐧᐄᑖᐯᐤᐦ wiitaapeuh nad ♦ son semblable

ᐧᐄᑖᐳᓲ wiitaapushuu vai-u ♦ il (le lièvre) s'accouple

ᐧᐄᑖᔥᑯᔑᓅᒣᐤ wiitaashkushinuumeu vta ♦ il/elle est couché-e, étendu-e dans la même pièce qu'elle/que lui

ᐧᐄᒀᔅᑲᓅᓲ wiikweskanuusuu vai ♦ il/elle perd la piste, le sentier, la trace

ᐧᐄᒀᔅᑲᓅᐦᐁᐤ wiikweskanuuheu vta ♦ il/elle perd la trace, la piste d'une personne, d'un animal qu'il/elle suivait

ᐧᐄᒀᐁᐧᑕᒼ wiikweham vti ♦ il/elle laisse une piste fraîche, des traces fraîches dans la neige

ᐧᐄᑯᐯᓵᑲᓐ wiikupesaakan ni ♦ un arc-en-ciel

ᐧᐄᑯᐲ wiikupii ni-m ♦ de l'écorce de saule

ᐧᐄᑯᐲᐧᐃᐟ wiikupiiwit ni ♦ un panier en écorce de bouleau

ᐧᐄᑳᐴᐦᐁᐤ wiikaapuuheu vta ♦ il/elle l'érige, la/le monte, dresse

ᐧᐄᑳᐴᐦᑖᐤ wiikaapuuhtaau vai+o ♦ il/elle l'érige, le monte, le dresse

ᐧᐄᑳᔅᒋᓯᑖᓐ wiikaaschisitaan nid ♦ un coussinet plantaire d'ours, un durillon ou une callosité au pied d'une personne

ᐧᐄᐠ wiikw ni ♦ de la graisse de rognon (d'orignal, de caribou)

ᐧᐄᒉᐅᐧᑐᐃᐧᐨ wiicheutuwich vai pl recip -u ♦ ils/elles vont ensemble

ᐧᐄᒉᐅᔥᐠ wiicheusk na ♦ une espèce d'oiseau qui vole en couple

ᐧᐄᒉᐁᐧᐤ wiicheweu vta ♦ il/elle va avec elle/lui

ᐧᐄᒋᐅᑳᐄᐧᒣᐤ wiichiukaawiimeu vta ♦ il/elle a la même mère qu'elle/que lui

ᐧᐄᒋᐅᐦᑖᐄᐧᒣᐤ wiichiuhtaawiimeu vta ♦ il/elle a le même père qu'elle/que lui

ᐧᐄᒋᐋᐸᑎᓰᒣᐤ wiichiaapatisiimeu vta ♦ il/elle travaille avec elle/lui

ᐧᐄᒋᐋᐸᑎᓰᒫᑲᓐ wiichiaapatisiimaakan na ♦ un ou une collègue, un compagnon de travail, une compagne de travail

ᐧᐃᕆᐳᓂᔑᒣᐤ wiichipipunishiimeu vta
 ♦ il/elle passe l'hiver avec elle/lui

ᐧᐃᕆᐦᒣᐤ wiichipichiimeu vta ♦ il/elle voyage avec elle/lui en hiver

ᐧᐃᕆᒫᑎᓰᒣᐤ wiichipimaatisiimeu vta
 ♦ il/elle vit avec quelqu'un

ᐧᐃᕆᒫᔔᒣᐤ wiichipimaashuumeu vta
 ♦ il/elle navigue avec elle/lui

ᐧᐃᕆᓯᑳᑎᓰᒣᐤ wiichipisikwaatisiimeu vta ♦ il/elle commet l'adultère avec elle/lui

ᐧᐃᕆᐁᐦᑣᐅᒣᐤ wiichipiihtwaaumeu vta
 ♦ il/elle fume avec elle/lui

ᐧᐃᕆᐳᔅ wiichipusuu vai-i [Côte] ♦ il/elle a de la saleté sur la face et les vêtements

ᐧᐃᕆᐳᔥᑯᐧᐁᐤ wiichipushkuweu vta [Côte]
 ♦ il/elle laisse des traces de saleté sur quelque chose

ᐧᐃᕆᐳᔥᑲᒻ wiichipushkam vti [Côte]
 ♦ il/elle laisse des traces de saleté sur quelque chose

ᐧᐃᕆᐳ wiichipuu vai-u ♦ il/elle a la face sale après avoir mangé

ᐧᐃᕆᐸᐦᑖᒣᐤ wiichipahtaameu vta
 ♦ il/elle court avec elle/lui

ᐧᐃᕆᐧᐋᐤ wiichipwaau vii ♦ c'est visiblement très sale

ᐧᐃᒋᑕᒃᐚᐦᑖᒣᐤ wiichitakwaachihtaameu vta ♦ il/elle passe l'automne avec elle/lui

ᐧᐃᒋᑳᐴᔥᑐᐧᐁᐤ wiichikaapuushtuweu vta
 ♦ il/elle se tient debout à ses côtés

ᐧᐃᒋᑳᐴᔥᑕᒻ wiichikaapuushtam vti
 ♦ il/elle se tient avec quelque chose, est debout avec

ᐧᐃᒋᒋᔐᔥᑴᔥ wiichichisheishkwesh nad dim ♦ sa vieille, sa femme

ᐧᐃᒋᒋᔐᐄᓄᐦ wiichichisheiinuuh nad [Intérieur] ♦ son vieux, son mari

ᐧᐃᒋᒋᔐᐃᔨᔥᐦ wiichichisheiiyishh nad dim [Côte] ♦ son vieux copain, son camarade, son vieil ami

ᐧᐃᒋᒋᔥᑴᐯᒣᐤ wiichichiishkwepemeu vta
 ♦ il/elle se saoule avec elle/lui

ᐧᐃᒣᐤ wiichimeu vta ♦ il/elle vit avec elle/lui

ᐧᐃᒣᑕᐧᐁᒣᐤ wiichimetawemeu vta
 ♦ il/elle joue avec elle/lui

ᐧᐃᒥᓂᐦᑴᒣᐤ wiichiminihkwemeu vta
 ♦ il/elle boit avec elle/lui

ᐧᐃᒋᒥᔦᔨᐦᑕᒨᒣᐤ wiichimiyeyihtamuumeu vta ♦ il/elle se réjouit avec elle/lui

ᐧᐃᒋᒦᒋᓲᒣᐤ wiichimiichisumeu vta
 ♦ il/elle mange avec elle/lui

ᐧᐃᒋᒨᔅ wiichimuus na-um ♦ une compagne de l'orignal

ᐧᐃᒋᒪᑯᔐᒣᐤ wiichimakushemeu vta
 ♦ il/elle participe à un festin, festoie avec elle/lui

ᐧᐃᒋᒫᑲᓂᒫᐤ wiichimaakanimaau nad
 ♦ un conjoint, une conjointe, un époux, une épouse, une femme, un mari

ᐧᐃᒋᒫᑲᓐ wiichimaakanh nad ♦ son conjoint, sa conjointe, d'autres personnes du voisinage

ᐧᐃᒋᓂᑐᐦᐆᒣᐤ wiichinituhuumeu vta
 ♦ il/elle chasse avec elle/lui

ᐧᐃᒋᓂᑲᒨᒣᐤ wiichinikamuumeu vta
 ♦ il/elle chante avec elle/lui

ᐧᐃᒋᓃᒨᒣᐤ wiichiniimuumeu vta ♦ il/elle danse avec elle/lui

ᐧᐃᒋᓈᐯᐦ wiichinaapeuh nad ♦ deux de sexe masculin

ᐧᐃᒋᓯᓂᑳᓲᒣᐤ wiichisinikaasumeu vta
 ♦ il/elle a le même nom que lui/elle

ᐧᐃᒋᓯᓂᐦᑳᓱᒫᑲᓐ wiichisinihkaasumaakan na ♦ une personne ayant le même nom, un ou une homonyme

ᐧᐃᒋᓯᓈᑯᓰᒣᐤ wiichisinaakusiimeu vta
 ♦ il/elle lui ressemble

ᐧᐃᒋᓯᓈᑯᓰᐦᑕᒻ wiichisinaakusiihtam vti
 ♦ il/elle lui ressemble

ᐧᐃᒋᓰᑯᓂᐦᑖᒣᐤ wiichisiikunihtaameu vta
 ♦ il/elle passe le printemps avec elle/lui

ᐧᐃᒋᓱᒫᑲᓂᐦᐁᐤ wiichisumaakaniheu vta
 ♦ il/elle lui donne le nom de quelqu'un, la/le nomme d'après quelqu'un

ᐧᐃᒋᓱᒫᑲᓐ wiichisumaakanh nad ♦ son homonyme

ᐧᐃᒋᓲᒣᐤ wiichisuumeu vta ♦ il/elle lui donne un nom, la/le nomme; il/elle a le même nom qu'elle/que lui

ᐧᐃᒋᔅᐱᐦᒋᓰᒣᐤ wiichispihchisiimeu vta
 ♦ il/elle a le même âge qu'elle/que lui

ᐧᐃᒋᔅᑴᐦ wiichiskweuh nad ♦ sa femme, deux de sexe féminin

·ᐧᐄᒋᔅᒉᒨ wiichischemuu vai ◆ il/elle (un-e enfant) va vivre avec une autre famille

·ᐧᐄᒋᔖᓂᑳᓂᒫᐤ wiichishaanikaanimaau nad ◆ un beau-frère

·ᐧᐄᒋᔖᓂᒫᐤ wiichishaanimaau nad ◆ un frère ou une soeur, un cousin ou une cousine parallèle (le fils ou la fille du frère du père ou de la soeur de la mère)

·ᐧᐄᒋᔖᓂᔅᑵᒥᐦᑳᓂᒫᐤ wiichishaaniskwemihkaanimaau nad ◆ une belle-soeur

·ᐧᐄᒋᔖᓂᔅᑵᒫᐤ wiichishaaniskwemaau nad ◆ une soeur

·ᐧᐄᒋᔖᓂᔅᑵᒼᐦ wiichishaaniskwemh nad ◆ sa soeur

·ᐧᐄᒋᔖᓂᔑᒫᐤ wiichishaanishimaau nad ◆ un petit frère, une petite soeur, un cousin plus jeune, une cousine plus jeune

·ᐧᐄᒋᔖᓐᐦ wiichishaanh nad ◆ son frère ou sa soeur, son cousin ou sa cousine parallèle (le fils ou la fille du frère de son père ou de la soeur de sa mère)

·ᐧᐄᒋᔥᑎᒨ wiichishtimuu vai -u ◆ il (un chien) s'accouple

·ᐧᐄᒋᐦᐁᐤ wiichiheu vta ◆ il/elle l'aide

·ᐧᐄᒋᐦᐄᐌᐎᓐ wiichihiiwewin ni ◆ une aide, une assistance, un appui, un soutien, du secours

·ᐧᐄᒋᐦᐄᐌᐤ wiichihiiweu vai ◆ il/elle aide; il est garçon d'honneur au mariage de quelqu'un

·ᐧᐄᒋᐦᐄᐌᒪᑲᓐ wiichihiiwemakan vii ◆ ça aide

·ᐧᐄᒋᐦᐄᐌᓲ wiichihiiwesuu na -siim ◆ une demoiselle d'honneur, une fille d'honneur; un témoin, un garçon d'honneur

·ᐧᐄᒋᐦᑌᐦᐁᒣᐤ wiichihtehemeu vta ◆ il/elle sympathise avec elle/lui

·ᐧᐄᒋᐦᑎᔦᐤ wiichihtiyeu vta [Côte] ◆ il/elle la/le marie à quelqu'un

·ᐧᐄᒋᐦᑐᐎᓐ wiichihtuwin ni ◆ un mariage

·ᐧᐄᒋᐦᑐᐦᐁᐤ wiichihtuheu vta [Intérieur] ◆ il/elle la/le marie à quelqu'un

·ᐧᐄᒋᐦᑖᐤ wiichihtaau vai+o ◆ il/elle l'aide, l'assiste

·ᐧᐄᒋᐦᑖᓭᑲᐦᑕᒻ wiichihtaasekahtam vti ◆ il/elle les met deux par deux, les met en paires (par ex. des bas, des chaussettes)

·ᐧᐄᒋᐦᑯᒥᔒᔥ wiichihkumishiish na dim ◆ un moucherolle à ventre jaune *Empidonax flaviventris*, peut-être un moucherolle tchébec *Empidonax minunus*

·ᐧᐄᒋᐦᔮᒣᐤ wiichihyaameu vta ◆ il/elle vole avec quelque chose

·ᐧᐄᒌᑌᔨᐦᑕᒨᒣᐤ wiichiiteyihtamuumeu vta ◆ il/elle est d'accord avec elle/lui; il/elle pense comme elle/lui

·ᐧᐄᒌᓃᐦᑳᐎᓐᐦ wiichiiniihkaawinh nad [Intérieur] ◆ son demi-frère ou sa demi-soeur, son cousin ou sa cousine, son frère adoptif, sa soeur adoptive

·ᐧᐄᒌᓃᐦᑳᓂᒫᐤ wiichiiniihkaanimaau nad [Intérieur] ◆ un cousin, une cousine

·ᐧᐄᒌᓅᐦ wiichiinuuh nad [Intérieur] ◆ son frère, sa soeur, son cousin ou sa cousine (le fils ou la fille de la soeur de sa mère ou du frère de son père)

·ᐧᐄᒌᔨᔫᐦ wiichiiyiyuuh nad [Côte] ◆ son frère, sa soeur, son cousin ou sa cousine (le fils ou la fille de la soeur de sa mère ou du frère de son père)

·ᐧᐄᒌᔨᐦᑳᐎᓐᐦ wiichiiyihkaawinh nad [Côte] ◆ son demi-frère ou sa demi-soeur, son cousin ou sa cousine, son frère adoptif, sa soeur adoptive

·ᐧᐄᒌᔨᐦᑳᓂᒫᐤ wiichiiyihkaanimaau nad [Côte] ◆ un cousin, une cousine

·ᐧᐄᒎ wiichuu vai -i ◆ il/elle vit (à un endroit)

·ᐧᐄᒑᐱᔒᔥ wiichaapishiish na dim ◆ un bruant lapon

·ᐧᐄᒡ wiich nid ◆ sa maison, son habitation, sa demeure

·ᐧᐄᒥᓂᒌ wiiminichii ni ◆ le village, la collectivité ou la communauté de Wemindji, anciennement Paint Hills, litt. 'la montagne ocre'

·ᐧᐄᒪᑎᔥᐍᐤ wiimatishweu vta ◆ il/elle en découpe un morceau (d'une peau); il/elle coupe autour

·ᐧᐄᒪᑎᔕᒻ wiimatisham vti ◆ il/elle en coupe un morceau, coupe autour de quelque chose; il/elle le découpe

·ᐛᒪ<ᒡᐢᑐ·ᐁ° wiimaapayishtuweu vta
 ♦ il/elle l'évite en bougeant, en se déplaçant

·ᐛᒪ<ᒡᐢᑕᒡ wiimaapayishtam vti
 ♦ il/elle l'évite en bougeant

·ᐛᒪ<ᐁᒍ wiimaapayuu vai ♦ il/elle évite quelque chose en conduisant

·ᐛᒪ<"ᑕ° wiimaapahtaau vai ♦ il/elle court autour pour l'éviter

·ᐛᒪᑲ"ᐊᒡ wiimaakaham vti ♦ il/elle coupe les buissons et les arbres autour de quelque chose pour l'éviter

·ᐛᒪᓯᒍ"ᑕ° wiimaashimuhtaau vai+o
 ♦ il/elle trace un sentier autour pour l'éviter

·ᐛᒪᖮᑯ·ᐁ° wiimaashkuweu vta ♦ il/elle l'évite en la/le contournant, en faisant le tour

·ᐛᒪᖮᑲᒡ wiimaashkam vti ♦ il/elle l'évite en le contournant

·ᐛᒪ"ᐊᒡ wiimaaham vti ♦ il/elle l'évite en conduisant

·ᐛᒪ"·ᐁ° wiimaahweu vta ♦ il/elle l'évite en conduisant

·ᐛᒪ"ᑌ° wiimaahteu vai ♦ il/elle marche autour pour l'éviter

·ᐃᓂᑲᓐ wiinekan vii ♦ c'est sale (étalé)

·ᐃᓂᒋᓱ wiinechisuu vai -i ♦ il/elle est sale (étalé)

·ᐃᓂᔨᒣ° wiineyimeu vta ♦ il/elle pense qu'elle/il est sale (par ex. un pantalon)

·ᐃᓂᔨ"ᑕᒡ wiineyihtam vti ♦ il/elle pense que c'est sale, malpropre

·ᐃᓂᔨ"ᑖᑯᓐ wiineyihtaakun vii ♦ c'est détestable, répugnant, dégoûtant

·ᐃᓂᔨ"ᑖᑯᓱ wiineyihtaakusuu vai -i
 ♦ il/elle est détestable; il/elle est répugnant-e

·ᐃᓂᐯᑯ wiinipekuu vai -u ♦ c'est un Indien de la Côte; c'est une Indienne de la Côte

·ᐃᓂᐯᑯᒥᔅ wiinipekuumes na -im ♦ un poisson de mer, un poisson marin

·ᐃᓂᐯᒃ wiinipekw ni ♦ la baie James et d'Hudson, de l'eau salée

·ᐃᓂᐯᖮᑌ° wiinipeshteu vai ♦ l'eau de neige fondue a un drôle de goût

·ᐃᓂᑌ° wiiniteu vai ♦ il/elle lâche un rot malodorant ou puant; il/elle ne se sent pas bien et vomit après avoir mangé trop d'aliments différents

·ᐃᓂᑎ"ᑯᔦᒫᑯᓐ wiinitihkuyeumaakun vii [Côte] ♦ ça sent les aisselles

·ᐃᓂᑎ"ᑯᔦᒫᑯᓱ wiinitihkuyeumaakusuu vai ♦ il/elle pue des aisselles parce qu'elles sont sales

·ᐃᓂᑎ"ᑯᔦ° wiinitihkuyeu vai [Côte]
 ♦ il/elle sent des aisselles

·ᐃᓂᑎ"ᒉ° wiinitihcheu vai ♦ il/elle a les mains sales

·ᐃᓂᑯᓂ·ᐁ° wiinikuneweu vai ♦ il/elle a mauvaise haleine

·ᐃᓂᑲᐦᒉ° wiinikahcheu vai ♦ il/elle lâche un pet puant

·ᐃᓂᒋ"ᑯᑲᓂᒫᑯᓐ wiinichihkukaneumaakun vii [Intérieur]
 ♦ ça sent la sueur d'aisselle

·ᐃᓂᒋ"ᑯᑲᓀ° wiinichihkukaneu vai [Intérieur] ♦ il/elle pue des aisselles; il/elle sent la transpiration

·ᐃᓂᒫᑯᓐ wiinimaakun vii ♦ ça sent mauvais; ça pue

·ᐃᓂᒫᑯᓱ wiinimaakusuu vai -i ♦ il/elle pue, sent mauvais (par ex. un pantalon)

·ᐃᓂᓀ° wiinineu vta ♦ il/elle la/le salit en touchant

·ᐃᓂᓄ·ᐁ° wiininuweu vta ♦ il/elle trouve qu'elle/il a l'air sale

·ᐃᓂᓇᒡ wiininam vti ♦ il/elle trouve que ça a l'air sale, malpropre

·ᐃᓂᓈᑯᓐ wiininaakun vii ♦ ça a l'air sale

·ᐃᓂᓈᑯᓱ wiininaakusuu vai -i ♦ il/elle a l'air sale

·ᐃᓂᓯᑌᒫᑯᓐ wiinisiteumaakun vii [Intérieur] ♦ ça sent les pieds sales

·ᐃᓂᓯᑌ° wiinisiteu vai ♦ il/elle a les pieds sales

·ᐃᓂᓯᒃ·ᐋ wiinisikwaau vii ♦ c'est de la glace sale

·ᐃᓂᓱ wiinisuu vai -i ♦ il/elle est sale (aussi utilisé pour un homme qui embête les petits enfants)

ᐧᐄᓂᐢ wiinis p,interjection ♦ c'est sale! une exclamation à un enfant qui salit sa couche plusieurs fois de suite, à un chien qui lèche une assiette

ᐧᐄᓂᐢᐸᑯᐣ wiinispakun vii ♦ ça goûte mauvais; ça a un goût désagréable

ᐧᐄᓂᐢᐸᑯᓱ wiinispakusuu vai -i ♦ il/elle goûte mauvais

ᐧᐄᓂᔑᒋᑲᓀᐅᒫᑯᐣ wiinishichikaneumaakun vii ♦ ça sent les pieds sales

ᐧᐄᓂᔑᒋᑲᓀᐤ wiinishichikaneu vai ♦ ses pieds puent, sentent mauvais

ᐧᐄᓂᔑᒋᑲᓀᒫᑯᐣ wiinishichikanemaakun vii ♦ ça sent les pieds sales, les pieds puants

ᐧᐄᓂᔑᒋᑲᓀᒫᑯᓱ wiinishichikanemaakusuu vai ♦ il/elle pue des pieds

ᐧᐄᓂᔑᒣᐤ wiinishimeu vta ♦ il/elle la/le salit en la/le laissant toucher quelque chose; il/elle la/le laisse pourrir

ᐧᐄᓂᔑᒨ wiinishimuu vai -i ♦ il/elle se salit en touchant quelque chose

ᐧᐄᓂᔥᑯᐧᐁᐤ wiinishkuweu vta ♦ il/elle la/le salit avec le pied

ᐧᐄᓂᔥᑯᔥ wiinishkush na dim ♦ une jeune marmotte, un jeune sifflеux *Marmota monax*

ᐧᐄᓂᔥᑳᒉᐳᒀᒨ wiinishkachaapukwaamuu vai -i ♦ il/elle a les yeux encrassés en se réveillant

ᐧᐄᓂᔥᑳᒉᐴ wiinishkachaapuu vai -i ♦ il/elle a de la saleté dans les yeux; il/elle a les yeux encrassés

ᐧᐄᓂᔥᑲᒻ wiinishkam vti ♦ il/elle le salit avec le pied

ᐧᐄᓂᔥᑿ wiinishkw na ♦ une marmotte commune, une marmotte d'Amérique, un sifflеux *Marmota monax*

ᐧᐄᓂᐦᐁᐤ wiiniheu vta ♦ il/elle la/le salit, souille, profane

ᐧᐄᓂᐦᐃᓲ wiinihiisuu vai reflex ♦ il/elle se salit

ᐧᐄᓂᐦᑎᑖᐤ wiinihtitaau vai+o ♦ il/elle salit en le laissant toucher quelque chose

ᐧᐄᓂᐦᑎᐣ wiinihtin vii ♦ c'est pourri, gâté (nourriture)

ᐧᐄᓂᐦᑑᑲᔦᐤ wiinihtuukayeu vai ♦ il/elle a les oreilles sales et entend mal (impoli à dire)

ᐧᐄᓂᐦᑑᒉᐤ wiinihtuucheu vai ♦ il/elle entend mal parce qu'il/elle a les oreilles sales (ancien terme)

ᐧᐄᓂᐦᑕᑳᐤ wiinihtakaau vii ♦ c'est sale (bois utile, par ex. un plancher)

ᐧᐄᓂᐦᑕᒋᓲ wiinihtachisuu vai -i ♦ il (bois utile) est sale

ᐧᐄᓂᐦᑴᐤ wiinihkweu vai ♦ il/elle a la face sale

ᐧᐄᓂᐦᑲᓱ wiinihkasuu vai -u ♦ il/elle pourrit à cause de la chaleur

ᐧᐄᓂᐦᑲᐦᑌᐤ wiinihkahteu vii ♦ ça pourrit à cause de la chaleur

ᐧᐄᓃᐦᑑ wiiniihtuu vai -i ♦ il/elle pose des gestes indécents

ᐧᐄᓅ wiinuu vai/vii [Intérieur] ♦ il est gras, elle est grasse; c'est gras

ᐧᐄᓇᑲᐦᒉᐅᒫᑯᐣ wiinakahcheumaakun vii ♦ ça sent le pet

ᐧᐄᓈᐤ wiinaau vii ♦ c'est sale

ᐧᐄᓈᐱᑌᐤ wiinaapiteu vai ♦ il/elle a de mauvaises dents

ᐧᐄᓈᐱᔅᑳᐤ wiinaapiskaau vii ♦ c'est sale (métal, pierre)

ᐧᐄᓈᐱᔅᒋᓲ wiinaapischisuu vai -i ♦ il/elle est sale (métal)

ᐧᐄᓈᐴ wiinaapuu ni ♦ de l'eau sale, dégoûtante

ᐧᐄᓈᑯᓂᑳᐤ wiinaakunikaau vii ♦ il y a de la neige sale

ᐧᐄᓈᑯᓂᒋᓲ wiinaakunichisuu vai -i ♦ elle (la neige) est sale

ᐧᐄᓈᑯᓱ wiinaakusuu vai -i ♦ il/elle est sale

ᐧᐄᓈᑲᒥᔑᒣᐤ wiinaakamishimeu vta ♦ il/elle la/le laisse traîner (un liquide, par ex. du lait) et ça surit, se salit, se contamine

ᐧᐄᓈᑲᒥᔑᐣ wiinaakamishin vai ♦ il/elle (par ex. du lait) est suri-e, gâté-e, pourri-e

ᐧᐄᓈᑲᒥᐦᐁᐤ wiinaakamiheu vta ♦ il/elle la/le laisse et ça se salit, se contamine (un liquide)

ᐧᐄᓈᑲᒥᐦᐊᒻ wiinaakamiham vti ♦ il/elle le salit, le contamine (un liquide) avec quelque chose

•ᐄᓈᑭᒥᐦᐁᐅ **wiinaakamihweu** vta
 ♦ il/elle la/le salit, contamine (un liquide) avec un objet
•ᐄᓈᑭᒥᐦᑖᐤ **wiinaakamihtaau** vai+o
 ♦ il/elle le laisse (du liquide) et il devient sale, contaminé
•ᐄᓈᑲᒨ **wiinaakamuu** vii -i ♦ c'est de l'eau sale
•ᐄᓈᒋᒨ **wiinaachimuu** vai -u ♦ il/elle raconte une histoire salée, une histoire cochonne
•ᐄᓈᔅᑲᓐ **wiinaaskun** vii ♦ c'est sale (long et rigide)
•ᐄᓈᔅᑯᓲ **wiinaaskusuu** vai -i ♦ il/elle est sale (long et rigide)
•ᐄᓈᔒᐁᐅ **wiinaascheweu** vai ♦ il (le goût de la viande) est gâté par l'adrénaline parce que l'animal a trop couru avant de mourir
•ᐄᓈᔥᑕᑳᐃ **wiinaashtakai** ni -aam ♦ un grand estomac d'orignal ou de caribou où les déchets aboutissent (même sens que umistatai)
•ᐄᓐ **wiin** ni ♦ de la moelle
•ᐄᓭᐁ **wiisewe** p,manière ♦ environ, approximativement, à peu près, aux alentours de ▪ •ᐄᓭᐁ ᑭᐸ ᐁᑦ •ᐄ ᐃᔑᓈᑯᐦᑦ•ₓ ▪ *Essaie de leur donner à peu près la même apparence.*
•ᐄᓯᑦ **wiisit** na ♦ un sabot d'orignal, de caribou
•ᐄᓯᑳᐦᑲᔅᐁᐅ **wiisikaahkasweu** vta ♦ il/elle l'a brûlé-e et ça a un goût amer
•ᐄᓯᑳᐦᑲᓴᒼ **wiisikaahkasam** vti ♦ il/elle l'a brûlé et ça goûte amer
•ᐄᓯᒉᔨᐦᑕᒧᔥᑕᒧᐁᐅ **wiisicheyihtamushtamuweu** vta
 ♦ il/elle ressent/partage la douleur, l'angoisse, la souffrance de quelqu'un
•ᐄᓯᓱᐸᔨᐦᐆ **wiisisupayihuu** vai -u
 ♦ il/elle bouge très rapidement, se déplace en grande hâte
•ᐄᓯᓱᓈᑯᓐ **wiisisunaakun** vii ♦ c'est criard; ça a une couleur très brillante
•ᐄᓯᓱᓈᑯᓲ **wiisisunaakusuu** vai ♦ il/elle est voyant-e; il/elle porte une couleur très brillante
•ᐄᓱᐱ **wiisupii** ni -m [Côte] ♦ une vésicule biliaire
•ᐄᓴᑲᓐ **wiisakan** vii ♦ c'est amer

•ᐄᓴᑲᔐᔑᓐ **wiisakasheshin** vai reflex -u
 ♦ il/elle ressent une douleur cuisante ou brûlante sur la peau
•ᐄᓴᑲᐴᐁᐃᐧᓐ **wiisakahuuwewin** ni
 ♦ une blessure cuisante, qui brûle ou qui élance
•ᐄᓴᑲᐴᐁᒪᑲᓐ **wiisakahuuwemakan** vii
 ♦ ça pique, brûle (par ex. une brûlure, une coupure, une gifle)
•ᐄᓴᑲᐴᓲ **wiisakahuusuu** vai reflex -u
 ♦ il/elle se pique avec quelque chose
•ᐄᓴᑲᐁᐅ **wiisakahweu** vta ♦ il/elle lui inflige une douleur cuisante (par ex. en frappant avec une lanière)
•ᐄᓴᑲᐱᓀᐤ **wiisakahpineu** vai ♦ il/elle souffre énormément; il/elle ressent une douleur aiguë
•ᐄᓴᑲᐦᑖᐤ **wiisakahtaau** vai+o ♦ il/elle est 'too much', 'sensass', 'extra'
•ᐄᓴᑲᐱᓲ **wiisakaapisuu** vai -u ♦ ses yeux piquent à cause de la fumée
•ᐄᓴᑳᐱᐦᑌᓂᐦᑖᐤ **wiisakaapihtenihtaau** vai+o ♦ il/elle fait de la fumée qui pique les yeux
•ᐄᓴᑳᐴ **wiisakaapuu** vai -i ♦ ses yeux piquent; ses yeux sont irrités
•ᐄᓴᑳᑲᒨ **wiisakaakamuu** vai ♦ il/elle est un liquide amer
•ᐄᓴᑳᔅᐱᓀᐃᐧᓐ **wiisakaaspinewin** ni ♦ un malaise douloureux, un élancement, un pincement, une douleur cuisante à la poitrine
•ᐄᓴᑳᔅᐱᓀᐤ **wiisakaaspineu** vai ♦ il/elle a une douleur cuisante à la poitrine; il/elle ressent un élancement à la poitrine
•ᐄᓴᑳᔥᑌᐤ **wiisakaashteu** vii ♦ c'est très chaud au soleil et ça brûle
•ᐄᓴᑳᐦᑲᔅᐁᐅ **wiisakaahkasweu** vta
 ♦ il/elle la/le fait brûler et ça devient amer
•ᐄᓴᑳᐦᑲᓲ **wiisakaahkasuu** vai -u ♦ il/elle est brûlé-e et son goût est amer
•ᐄᓴᑳᐦᑲᓴᒼ **wiisakaahkasam** vti ♦ il/elle le brûle et ça goûte amer
•ᐄᓴᑳᐦᑲᐦᑌᐤ **wiisakaahkahteu** vii ♦ c'est amer parce que c'est brûlé
•ᐄᓴᒉᔨᑕᒧᔥᑕᒧᐁᐅ **wiisacheyitamushtamuweu** vta ♦ Il (Jésus) souffre terriblement pour elle/lui

•ᐃᕐᒉᒨ **wiisacheyimuu** vai -u ♦ il/elle ressent une douleur cuisante; il/elle souffre

•ᐃᕐᒉᐦᑕᒧᐎᓐ **wiisacheyihtamuwin** ni ♦ de la souffrance, une douleur, l'agonie

•ᐃᕐᒉᐦᑕᒼ **wiisacheyihtam** vti ♦ il/elle souffre d'une blessure cuisante, est angoissé-e par une blessure

•ᐃᕐᒋᐸᒃ **wiisachipakw** ni ♦ un rhododendron du Canada, un rhodora *Rhododendron canadense*

•ᐃᕐᒋᒥᓈᓐᐦ **wiisachiminaanh** ni pl [Intérieur] ♦ une airelle de montagne, des graines rouges, une airelle vigne-d'Ida

•ᐃᕐᒋᒥᓈᐦᑎᒄ **wiisachiminaahtikw** ni ♦ une airelle de montagne, une airelle vigne-d'Ida *Vaccinum vitis-idaea*

•ᐃᕐᒋᒥᓐᐦ **wiisachiminh** ni pl [Côte] ♦ une airelle de montagne, des graines rouges, une airelle vigne-d'Ida

•ᐃᕐᒋᓀᐤ **wiisachineu** vta ♦ il/elle lui fait mal, la/le blesse par une prise puissante qui lui fait mal

•ᐃᕐᒋᓇᒼ **wiisachinam** vti ♦ il/elle se blesse la main avec un outil et ça lui fait mal

•ᐃᕐᒋᓱᐎᓐ **wiisachisuwin** ni ♦ de l'amertume, de la sensibilité, de la douleur; une douleur cuisante, un pincement, un élancement

•ᐃᕐᒋᓱᐤ **wiisachisuu** vai -i ♦ il est amer, elle est amère; il/elle élance (comme une brûlure)

•ᐃᕐᒋᔑᒣᐤ **wiisachishimeu** vta ♦ il/elle la/le fait tomber et cause une blessure qui pique

•ᐃᕐᒋᔑᓐ **wiisachishin** vai ♦ il/elle ressent un élancement suite à une chute

•ᐃᕐᒋᔥᑯᐌᐤ **wiisachishkuweu** vta ♦ il/elle la/le blesse avec le pied, le corps et ça fait mal

•ᐃᕐᒋᔥᑲᒼ **wiisachishkam** vti ♦ il/elle le blesse avec le pied, le corps et ça lui fait mal

•ᐃᕐᒋᐦᑎᑖᐤ **wiisachihtitaau** vai+o ♦ il/elle se blesse en frappant quelque chose et cela élance

•ᐃᕐᓱᐃᐁᐤ **wiisasuiiweu** vii ♦ c'est un vent très fort, habituellement à l'automne

•ᐃᕐᓱᒥᐦᑯᓱᐤ **wiisasumihkusuu** vai -i ♦ il/elle est rouge clair

•ᐃᕐᓱᒥᐦᑳᐤ **wiisasumihkwaau** vii ♦ c'est rouge clair, brillant

•ᐃᓵᐲᐤ **wiisaapiiu** vai [Côte] ♦ il/elle est aveuglé-e par la neige

•ᐃᐦᓵᔅᑯᐯᐤ **wiisaaskupeu** vai ♦ il (un arbre) est mort parce que le terrain est inondé

•ᐃᐦᓵᔅᑯᐦᐄᐯᐤ **wiisaaskuhiipeu** vii ♦ la forêt est inondée quand l'eau monte dans les rivières

•ᐃᐦᓵᐦᑌᐤ **wiisaahteu** ni ♦ du bois sec de n'importe quel arbre

•ᐃᐦ **wiis** ni ♦ du gras ou de la graisse autour de l'estomac (crépine)

•ᐃᐦᐸᐃᑌᐤ **wiiskwepiteu** vta ♦ il/elle l'emballe, l'enveloppe et l'attache en paquet; il/elle lui pose des bandages

•ᐃᐦᐸᐃᑕᒼ **wiiskwepitam** vti ♦ il/elle l'enveloppe et l'attache en paquet

•ᐃᐦᐸᐦᒋᑲᓐ **wiiskwepihchikan** ni ♦ un bandage, un pansement

•ᐃᐦᐸᑖᐸᓐ **wiiskwetaapaan** ni ♦ une couverture ou une bâche sur un chargement de toboggan ou de traîneau

•ᐃᐦᐸᓀᐤ **wiiskweneu** vta ♦ il/elle l'enveloppe complètement

•ᐃᐦᐸᓂᑲᓐ **wiiskwenikan** ni ♦ un matériau d'enveloppement, une enveloppe, du papier d'emballage

•ᐃᐦᐸᓇᒼ **wiiskwenam** vti ♦ il/elle l'enveloppe complètement

•ᐃᐦᐸᓈᓲᐎᓐ **wiiskwenaasuwin** nid ♦ sa coiffe, la coiffe foetale ou l'enveloppe qui couvre un nouveau-né

•ᐃᐦᐸᔥᑎᒁᓀᐱᑌᐤ **wiiskweshtikwaanepiteu** vta ♦ il/elle lui attache un foulard autour de la tête

•ᐃᐦᐸᔥᑎᒁᓀᐱᓱᐎᓐ **wiiskweshtikwaanepisuwin** ni ♦ un mouchoir de tête, un fichu carré, un foulard

•ᐃᐦᐸᔦᑲᐴ **wiiskweyekapuu** vai -i ♦ il/elle est assis-e complètement enveloppé-e dans quelque chose

•ᐃᔅ·ᐧᔥᑕᐸᔨᐧᐁ° **wiiskweyechipayiheu** vta ♦ il/elle l'enveloppe vite dans quelque chose (étalé)

•ᐃᔅ·ᔥᑕᑳᐳ **wiiskweyechikaapuu** vai-uu ♦ il/elle est debout enveloppé-e dans quelque chose

•ᐃᔅ·ᔥᑕᓄ° **wiiskweyechineu** vta ♦ il/elle l'enveloppe dans quelque chose qui ressemble à une couverture (étalé)

•ᐃᔅ·ᔥᑕᓂᑲᐣ **wiiskweyechinikan** ni ♦ une enveloppe, du papier d'emballage

•ᐃᔅ·ᔥᑕᓇᒻ **wiiskweyechinam** vti ♦ il/elle l'enveloppe dans quelque chose (étalé)

•ᐃᔅ·ᔥᑕᓈᓱ **wiiskweyechinaasuu** vai-u ♦ il/elle enveloppe des objets dans quelque chose d'étalé

•ᐃᔅ·ᔥᑕᔨᐣ **wiiskweyechishin** vai ♦ il/elle est étendu-e enveloppé-e dans quelque chose (par ex. une couverture)

•ᐃᔅ·ᔥᑕᔨᐤ° **wiiskweyechiiu** vai ♦ il/elle s'enveloppe dans quelque chose (étalé)

•ᐃᔅ·ᔥᐱᒐᑲᐣ **wiiskweyehpichikan** ni ♦ un tissu d'enveloppement, une enveloppe en tissu, du tissu d'emballage

•ᐃᔅ·ᔦᐱᐦᑳᑌᐤ° **wiiskweyaapihkaateu** vta ♦ il/elle l'enveloppe, l'attache

•ᐃᔅ·ᔦᐱᐦᑳᑕᒻ **wiiskweyaahpihkaatam** vti ♦ il/elle l'enveloppe et l'attache

•ᐃᔅᑭᒋᑲᐣ **wiiskiichiikan** na ♦ un épervier brun *Accipiter striatus*

•ᐃᔅᑯᑌᐅᒫᑯᐣ **wiiskuteumaakun** vii ♦ ça sent la fumée

•ᐃᔅᑯᑌᐤ° **wiiskuteu** vii ♦ c'est gris à cause de la fumée

•ᐃᔅᑯᑌᒥᔅᐧᐁᐤ° **wiiskutemisweu** vta ♦ il/elle lui donne une odeur de fumée

•ᐃᔅᑯᑌᒥᓴᒻ **wiiskutemisam** vti ♦ il/elle lui donne une odeur de fumée

•ᐃᔅᑯᓂᐦᒉᔮᑲᓱ **wiiskunihkeyaakasuu** vai-u ♦ il/elle a un coup de soleil au visage; il/elle a la face brûlée par le vent

•ᐃᔅᑯᓇᐦᒉᔑᔥ **wiiskunahcheshiish** na dim ♦ un jeune renard argenté, un renardeau *Vulpes vulpes*

•ᐃᔅᑯᓇᐦᒉᔑᐤ **wiiskunahcheshuu** na-iim ♦ un renard argenté *Vulpes vulpes*

•ᐃᔅᑯᓱ **wiiskusuu** vai-i ♦ il/elle est gris-e à cause de la fumée

•ᐃᔅᑯᓱᐤ° **wiiskusuuweu** vai ♦ il/elle est gris-e à cause de la fumée

•ᐃᔅᑯᓴᒻ **wiiskusam** vti ♦ il/elle le noircit en le faisant fumer

•ᐃᔅᑯᔥᑌᔦᑲᐣ **wiiskushteyekan** vii ♦ c'est gris (étalé)

•ᐃᔅᑯᔥᑌᔨᓱ **wiiskushteyechisuu** vai-i ♦ il/elle est gris-e (étalé)

•ᐃᔅᑯᔥᑌᔮᐤ° **wiiskushteyaau** vii ♦ c'est gris

•ᐃᔅᑯᔥᑌᔮᐸᒣᑿ **wiiskushteyaapamekw** na ♦ une baleine grise, peut-être un vieux béluga

•ᐃᔅᑳᐟ **wiiskaat** p,négative ♦ jamais, déjà, un jour, toujours (lorsque utilisé avec namui, taapaa, eka) ■ •ᐃᔅᑳᐟ ᐊ ᑕᑯᔑᐣˣ ᐊ ᑯᒃ •ᐃᔅᑳᐟ ᓈᒻ ᑕᑯᔑᐣˣ ■ *Arrivera-t-il un jour?* ♦ *Elle n'est jamais arrivée.*

•ᐃᔅᒋᐯᒀᑳᒧᐤ **wiischiipekwaakamuu** vii-i ♦ ça goûte le muskeg (de l'eau)

•ᐃ·ᔥᐧᐁᐤ° **wiishweu** vta ♦ il/elle la/le découpe

•ᐃᔑᑳᑯᒋᓱ **wiishikaakuchisuu** vai-i [Intérieur] ♦ il/elle sent la mouffette

•ᐃᔑᑳᑯᒫᑯᐣ **wiishikaakumaakun** vii ♦ ça sent la mouffette (ou moufette)

•ᐃᔑᑳᑯᒫᑯᓱ **wiishikaakumaakusuu** vai [Côte] ♦ il/elle sent la mouffette

•ᐃᔑᓈᐧᐋᐳ **wiishinaawaapuu** ni ♦ du castoréum (sécrétion odorante du castor utilisée en médecine)

•ᐃᔑᓈᐤ° **wiishinaau** nad-m ♦ du castoréum (glande de castor)

•ᐃᔑᔑᐱᒋᓱ **wiishihiipichisuu** vai-i ♦ il/elle sent le canard

•ᐊᔥᐧᐁᐅᒋᒫᐤ° **wiishuweuchimaau** na-maam ♦ une administratrice, un administrateur socio-éducatif, une administratrice, un administrateur d'éducation populaire

•ᐊᔥᐧᐁ·ᐃᐣ **wiishuwewin** ni ♦ la loi, le droit

•ᐊᔥᐧᐁᓱ **wiishuwesuu** na-siim ♦ un coordonnateur, une coordonnatrice

•ᐊᔥᐧᐋᑌᐤ° **wiishuwaateu** vta ♦ il/elle lui donne des ordres, lui ordonne de faire quelque chose, la/le commande

ᐧᐃᔂᐧᐊᑕᒻ **wiishuwaatam** vti ♦ il/elle le commande, l'ordonne

ᐧᐃᔂᐱᐤ **wiishumeu** vta ♦ il/elle lui donne des ordres

ᐧᐃᔂᒻ **wiisham** vti ♦ il/elle le découpe (selon un patron)

ᐧᐃᔖᐧᐁᐤ **wiishaaweu** vai ♦ il/elle taille, coupe ou découpe du tissu, une peau, du cuir pour coudre des vêtements

ᐧᐃᔖᑰᐱᓯᒻ **wiishaakupiisim** na ♦ octobre, littéralement 'le mois du rut'

ᐧᐃᔖᑰᒋᓲ **wiishaakuchisuu** vai -i ♦ il/elle sent l'orignal ou le caribou en rut

ᐧᐃᔖᑰᒫᑯᓲ **wiishaakumaakusuu** vai -i ♦ il/elle sent l'orignal ou le caribou en rut

ᐧᐃᔖᑰᔮᓐ **wiishaakuyaan** na ♦ une peau épaisse d'orignal, de caribou (durant la saison du rut)

ᐧᐃᔖᑰ **wiishaakuu** vai -u ♦ il/elle (un orignal, un caribou) est en rut, en chaleur

ᐧᐃᔖᑰᔅᐸᑯᓐ **wiishaakuuspakun** vii ♦ ça goûte l'animal en rut

ᐧᐃᔖᑰᔅᐸᑯᓲ **wiishaakuuspakusuu** vai -i ♦ il/elle a un goût d'animal en rut

ᐧᐃᔖᒣᐤ **wiishaameu** vta ♦ il/elle l'invite, lui demande de venir avec lui/elle

ᐧᐃᔖᒧᐧᐁᐤ **wiishaamuweu** vai ♦ il/elle invite des gens

ᐧᐃᔥᑌᐤ **wiishteu** vii ♦ c'est écrit

ᐧᐃᔥᑎᒥᐦᐁᐤ **wiishtimiheu** vta ♦ il/elle lui donne le droit de faire la trappe des castors d'une hutte

ᐧᐃᔥᑎᔫ **wiishtischii** ni -m ♦ une ancienne hutte de castor

ᐧᐃᔥᑎᐦᑳᓲ **wiishtihkaasuu** vai -u ♦ il (un castor) construit sa hutte

ᐧᐃᔥᑎᐦᒉᐤ **wiishtihcheu** vai ♦ il (un castor) prépare sa hutte

ᐧᐃᔥᑐᐧᐁᐤ **wiishtuweu** vta ♦ il/elle sort, dispose de la nourriture pour elle/lui

ᐧᐃᔥᑑ **wiishtuu** ni ♦ un museau de castor

ᐧᐃᔥᑑᒪᐦᐁᐤ **wiishtuumaheu** vta ♦ il/elle lui donne le museau d'un castor

ᐧᐃᔥᑖᐅᒫᐤ **wiishtaaumaau** nad ♦ la belle-soeur d'une femme, le beau frère d'un homme, un cousin ou une cousine (une personne du même sexe qui est la descendante d'un frère de la mère ou d'une soeur du père)

ᐧᐃᔥᑖᐤ **wiishtaau** vai+o ♦ il/elle l'écrit, l'organise, l'installe, le pose

ᐧᐃᔥᑖᐦ **wiishtaauh** nad ♦ sa belle-soeur (si elle est une femme), son beau-frère (s'il est un homme), son cousin ou sa cousine (une personne du même sexe qui est la descendante du frère de sa mère ou de la soeur de son père)

ᐧᐃᔥᑖᓲ **wiishtaasuu** vai -u ♦ il/elle organise ou installe les choses (pour un événement)

ᐧᐃᔥᑦ **wiisht** ni -im ♦ une hutte de castor

ᐧᐃᔥᑯᑌᒫᑯᓲ **wiishkuteumaakusuu** vai -i ♦ il/elle sent la fumée

ᐧᐃᔥᑯᑌᒥᔥᑌᐤ **wiishkutemishteu** vii ♦ le feu à ciel ouvert sent la fumée

ᐧᐃᔥᑯᑌᒪᒋᓲ **wiishkutemachisuu** vai -u ♦ il/elle sent la fumée; il/elle est imprégné-e de l'odeur de la fumée

ᐧᐃᔥᑯᔥᑌᓲ **wiishkushtesuu** na ♦ un chien gris, un loup gris

ᐧᐃᔥᑲᒑᓂᑲᒥᒄ **wiishkachaanikamikw** ni ♦ un garage, une remise, un abri, un atelier

ᐧᐃᔥᑲᒑᓂᔥ **wiishkachaanish** na dim ♦ un geai du Canada, un geai gris *Perisoreus canadensis*

ᐧᐃᔥᑲᒑᓐ **wiishkachaan** na -im ♦ un mécanicien, une mécanicienne; un forgeron, une forgeronne

ᐧᐃᔥᑲᔥᑎᒧᒋᓲ **wiishkashtimuchisuu** vai -i ♦ il/elle sent le chien

ᐧᐃᔥᑲᔥᑎᒧᒫᑯᓐ **wiishkashtimumaakun** vii ♦ ça sent le chien

ᐧᐃᔥᒌᐦᑎᑰ **wiishchiihtikuu** vai -u ♦ il (un arbre) est pourri

ᐧᐃᔥᒌᐦᑎᒄ **wiishchiihtikw** ni ♦ un arbre pourri

ᐧᐃᔥᒌᐦᑖᑳᐤ **wiishchiihtakaau** vii ♦ c'est pourri (bois utile)

ᐧᐃᔦᑲᓐ **wiiyekan** vii ♦ ça sent l'urine

ᐧᐃᔦᒋᒫᑯᓐ **wiiyechimaakun** vii ♦ ça sent l'urine

ᐧᐃᔦᒋᓲ **wiiyechisuu** vai -i ♦ il/elle sent l'urine

ᐧᐃᔅᑐ wiiyeshituu vai -u ♦ il/elle a un problème (mental) mais on ne sait pas quoi exactement

ᐧᐃᔅᐦᑲᔅᐤ wiiyehkaskw na [Intérieur] ♦ la partie supérieure de la cavité buccale, le palais, la voûte

ᐧᐃᔅᐦᑳᐧᐋᓴᐦᐋᐤ wiiyehkwaawaashahaau vii ♦ c'est le fond de la baie

ᐧᐃᔅᐦᑳᑲᒫᐤ wiiyehkwaakamaau vii ♦ c'est la fin du lac

ᐧᐃᔅᐦᑳᓯᑳᐤ wiiyehkwaasikwaau vii ♦ c'est la fin d'une étendue de glace

ᐧᐃᔅᐦᑳᔑᒨ wiiyehkwaashimuu vii -u ♦ ça finit en cul-de-sac (route)

ᐧᐃᔅᐦᑳᔮᐤ wiiyehkwaayaau vii ♦ c'est le bout d'un tunnel, le fond d'un objet semblable à un sac

ᐧᐃᔅᐦᑳᐦᐋᒣᐤ wiiyehkwaahaameu vai ♦ il/elle marche jusqu'au bout du chemin, arrive à un cul-de-sac

ᐧᐃᔨ wiiyi nid ♦ sa vessie

ᐧᐃᔨᑲᐣ wiiyikan p,interjection ♦ quel gaspillage (ancien terme) ▪ ᓂᐧᐋᑊ ᐧᐃᔨᑲᐣ ᐋᐣ ᐦᒥᒡ ᒃ ᐃᓂᐦᑎᐧᐠ ▪ Quel gaspillage! La nourriture était gâtée.

ᐧᐃᔨᒥᔅᐧᑫᐤ wiiyimiskweu vai ♦ il/elle découpe le castor

ᐧᐃᔨᓲ wiiyisuu vai -u ♦ il/elle flambe, s'enflamme, explose

ᐧᐃᔨᔫ wiiyiyuu vai -u ♦ il/elle hurle, crie, mugit

ᐧᐃᔨᐦᐁᐤ wiiyiheu vta ♦ il/elle finit de s'occuper de la grosse carcasse de gibier (découper, écorcher un orignal, un caribou, un ours)

ᐧᐃᔨᐦᑲᔅᐤ wiiyihkaskw nad -im [Côte] ♦ un palais, la voûte de la bouche

ᐧᐃᔨᐦᑾ wiiyihkwh nad ♦ des amygdales

ᐧᐃᔫᐧᐋᐤ wiiyuuwaau vii ♦ c'est là où une rivière débouche sur un lac ou une autre rivière

ᐧᐃᔫᒌ wiiyuuchii ni -m ♦ de l'aubier, un cambium (couche rose sous l'écorce de l'arbre)

ᐧᐃᔫᐦᒐᑲᓂᐦ wiiyꭒhchikanh ni pl ♦ des vêtements, un habillement

ᐧᐄᐦ wiih préverbe ♦ vouloir, avoir l'intention de, désirer (forme utilisée avec des verbes à l'indépendant)

ᐧᐄᐦᐁᐤ wiiheu vta ♦ il/elle a déjà nettoyé, vidé l'animal

ᐧᐄᐦᐁᐤ wiiheu vta redup ♦ il/elle lui donne un nom, la/le nomme; il/elle donne un nom à un nouveau-né ▪ ᓂᑳᐧᐃ ᑦ ᐧᐄᐦᐁᐤ ᓂᑕᐧᐋᔕᒥᔥ ▪ Ma mère a donné son nom à mon bébé.

ᐧᐄᐦᐃᑎᓲ wiihiitisuu vai reflex -u ♦ il/elle donne son nom

ᐧᐄᐦᐯᒣᐤ wiihpemeu vta ♦ il/elle couche, dort avec elle/lui

ᐧᐄᐦᐯᒥᑐᐧᐃᒡ wiihpemituwich vai pl recip -u ♦ ils dorment ensemble, elles dorment ensemble

ᐧᐄᐦᐯᒥᓈᐯᐤ wiihpeminaapeweu vai ♦ elle couche avec un homme

ᐧᐄᐦᐯᒥᔅᑴᐤ wiihpemiskweweu vai ♦ il couche avec une femme

ᐧᐄᐦᐯᐦᑕᒼ wiihpehtam vti ♦ il/elle dort avec quelque chose

ᐧᐄᐦᐱᑎᓂᔅᒋᓲ wiihpitinischisuu vai -i ♦ il (un arbre) est creux

ᐧᐄᐦᐱᓂᔅᑲᑑ wiihpiniskatuu vai -u ♦ il (un arbre) est pourri et creux

ᐧᐄᐦᐱᓭᑳᐤ wiihpisekaau vii ♦ il y a une caverne dans la falaise

ᐧᐄᐦᐱᓯᓀᑳᐤ wiihpisinekaau vii ♦ c'est une caverne dans le rocher

ᐧᐄᐦᐱᓲ wiihpisuu vai -i ♦ il est creux, elle est creuse; il/elle est vide (par ex. une balle)

ᐧᐄᐦᐱᐦᑕᒋᓲ wiihpihtachisuu vai -i ♦ il (du bois sec) est creux

ᐧᐄᐦᐱᐦᑯᑌᐤ wiihpihkuteu vta ♦ il/elle taille, creuse un trou dans quelque chose

ᐧᐄᐦᐱᐦᑯᑕᒼ wiihpihkutam vti ♦ il/elle taille, découpe un creux, un trou dans quelque chose

ᐧᐄᐦᐸᑯᑌᐤ wiihpakuteu vii ♦ c'est décollé du sol (par ex. il y a un espace entre la base de la tente et le sol)

ᐧᐄᐦᐸᔅᑲᒥᑳᐤ wiihpaskamikaau vii ♦ il y a un creux dans le sol, la mousse

ᐧᐄᐦᐹᐤ wiihpaau vii ♦ il y a un creux dedans

ᐧᐄᐦᐹᐱᔅᑳᐤ wiihpaapiskaau vii ♦ c'est un creux dans la roche ou le rocher

ᐧᐄᐦᐹᐱᔅᒋᓲ wiihpaapischisuu vai -i ♦ il/elle a un creux (pierre, métal)

ᐧᐃᙃᐸᑐᕁᑲᒻ **wiihpaakuneshkam** vti
 • il/elle creuse un trou dans la neige
ᐧᐃᙃᐸᑐᓂᐋᐤ **wiihpaakunikaau** vii • il y a un creux dans la neige
ᐧᐃᙃᐹᔅᑯᓐ **wiihpaaskun** vii • c'est creux (bois)
ᐧᐃᙃᐹᔅᑯᓱᐤ **wiihpaaskusuu** vai-i • il est creux, elle est creuse (par ex. un arbre)
ᐧᐃᙃᐹᔅᑯᔐᒡ **wiihpaaskushach** na pl • du macaroni, littéralement 'des choses creuses'
ᐧᐃᙃᐹᔅᑲᑎᓐ **wiihpaaskatin** vii • c'est gelé avec un creux dedans
ᐧᐃᙃᐹᔥᑎᒄ **wiihpaashtikw** ni • un arbre creux et pourri
ᐧᐃᙃᐹᔥᑲᒑᐤ **wiihpaashkachuu** vai-i
 • il/elle est congelé-e avec un creux dedans
ᐧᐃᙃᐹᔥᒄ **wiihpaashkw** ni • une berce laineuse, une berce très grande *Heracleum lanatum*
ᐧᐃᙃᐹᔮᐦᑯᑌᐤ **wiihpaayaahkuteu** vii
 • des creux se sont formés dans la neige autour d'un feu de camp
ᐧᐃᙃᐹᐦᑯᑌᐤ **wiihpaahkuteu** vii [Intérieur]
 • il y a des creux fondus dans la neige par le soleil
ᐧᐃᙂᑌᐤ **wiihteu** vii • c'est allumé
ᐧᐃᙂᑌᐸᔫ **wiihtepayuu** vii-i • ça s'enflamme, prend feu
ᐧᐃᙂᑕᒧᐧᐁᐤ **wiihtamuweu** vta • il/elle lui dit quelque chose
ᐧᐃᙂᑕᒫᒉᐤ **wiihtamaacheu** vai • il/elle dit des choses
ᐧᐃᙂᑕᒻ **wiihtam** vti • il/elle le dit, le confesse
ᐧᐃᙂᑖᐤ **wiihtaau** vai+o [Côte] • il/elle le démembre, le coupe en morceaux
ᐧᐃᙂᑖᒉᐤ **wiihtaacheu** vai • il/elle découpe de la viande; il/elle fait de la boucherie
ᐧᐃᙂᑖᒫᒉᐅᓯᓇᐦᐄᑲᓐ **wiihtaamaacheusinahiikan** ni • un horaire, un agenda, lit. 'livre d'information'
ᐧᐃᙂᑦ **wiiht** p,interjection • ordre donné à un attelage de chiens d'aller plus vite
ᐧᐃᙃᑴᐤ **wiihkweu** vai • il/elle jure, blasphème, sacre (Canada)

ᐧᐃᙃᑴᐛᑌᐤ **wiihkwekwaateu** vta • il/elle la/le coud en forme de sac
ᐧᐃᙃᑴᐛᑕᒻ **wiihkwekwaatam** vti • il/elle le coud en forme de sac
ᐧᐃᙃᑴᓅ **wiihkweneu** vta • il/elle vide, nettoie une perdrix en retirant la peau sans la déchirer, comme un sac
ᐧᐃᙃᑴᓯᒄᐁᐤ **wiihkwesikweu** vii • c'est entièrement couvert de glace (par ex. une botte)
ᐧᐃᙃᑴᔅᑯᒣᐤ **wiihkweskumeu** vai • elle (une raquette) est toute couverte de glace
ᐧᐃᙃᑴᔅᒋᓀᐤ **wiihkweschineu** vta • il/elle la/le clôture
ᐧᐃᙃᑴᔅᒋᓇᒻ **wiihkweschinam** vti • il/elle plante des bâtons autour d'un piège
ᐧᐃᙃᑴᔅᒎᐧᐁᐤ **wiihkweschuuweu** vai/vii
 • il/elle est complètement couvert-e de boue; c'est tout boueux
ᐧᐃᙃᑴᔖᐤ **wiihkweshaau** vai • il/elle pisse dans ses culottes (ancien terme)
ᐧᐃᙃᑴᔨᒋᐸᔨᐦᐁᐤ **wiihkweyechipayiheu** vta • il/elle l'enveloppe quelque chose qui ressemble à un sac, une couverture
ᐧᐃᙃᑴᔨᒋᐸᔨᐦᑖᐤ **wiihkweyechipayihtaau** vai+o • il/elle l'enveloppe dans quelque chose en forme de sac et étalé
ᐧᐃᙃᑴᔨᒋᐸᔫ **wiihkweyechipayuu** vii-i
 • ça s'emmêle dans quelque chose d'étalé ressemblant à un sac (par ex. un filet de pêche)
ᐧᐃᙃᑴᔨᒋᔑᓐ **wiihkweyechishin** vai
 • il/elle se met dans quelque chose qui ressemble à un sac
ᐧᐃᙃᑴᔮᐅᑯᐦᑉ **wiihkweyaaukuhp** ni • un pull-over, un gilet
ᐧᐃᙃᑴᔮᐤ **wiihkweyaau** ni-aam • un sac, une poche
ᐧᐃᙃᑴᔮᑯᓅ **wiihkweyaakuneu** vai/vii
 • il/elle est complètement couvert-e de neige; c'est tout enneigé
ᐧᐃᙃᑴᐦᔮᐚᓐ **wiihkwehyaawaan** na • un lagopède apprêté sans briser la peau pour le vider, en forme de sac
ᐧᐃᙃᑯᐃ **wiihkui** ni-waam • une vessie d'animal, un oesophage d'oiseau utilisés comme contenant
ᐧᐃᙃᑯᑕᐦᐊᒻ **wiihkutaham** vti • il/elle le libère, le dégage avec quelque chose

·Ȧ"dC".∇° **wiihkutahweu** vta ◆ il/elle la/le libère de son emprise avec un outil

·Ȧ"dՐ∧U° **wiihkuchipiteu** vta ◆ il/elle la/le libère en tirant

·Ȧ"dՐ∧∩ᒡ **wiihkuchipitisuu** vai reflex -u ◆ il/elle se libère en tirant

·Ȧ"dՐ∧Cᴸ **wiihkuchipitam** vti ◆ il/elle le libère en tirant

·Ȧ"dՐ"∇° **wiihkuchiheu** vta ◆ il/elle la/le libère

·Ȧ"dՐ"Ȧdᒡ·∆ᵃ **wiihkuchihiikusiiwin** ni ◆ la liberté (religion)

·Ȧ"dՐ"Ḃ **wiihkuchihuu** vai -u ◆ il/elle se libère en tirant; il/elle se dégage, s'enfuit

·Ȧ"dՐ"Ċ° **wiihkuchihtaau** vai+o ◆ il/elle le libère, le dégage

·Ȧ"d"Ḃ **wiihkuhuu** vai -u ◆ il/elle se libère, se dégage

·Ȧ"bᵃ **wiihkan** vii ◆ c'est savoureux, délicieux

·Ȧ"bbᒐ **wiihkaakamuu** vii -i ◆ ça goûte bon (un liquide)

·Ȧ"·b∧ᶜ **wiihkwaapit** ni [Intérieur] ◆ une molaire

·Ȧ"·bU° **wiihkwaateu** vta ◆ il/elle lui lance des jurons; il/elle sacre après elle/lui

·Ȧ"·bCᴸ **wiihkwaatam** vti ◆ il/elle sacre après quelque chose (Canada), lui lance des jurons

·Ȧ"·bbḶ° **wiihkwaakamaau** vii ◆ c'est la fin du lac

·Ȧ"·bᣜՐσbᵃ **wiihkwaaschinikan** na ◆ au bout de la rangée de bâtons d'un enclos de filets pour piéger le castor

·Ȧ"·bᒡ° **wiihkwaayaau** vii ◆ c'est la fin d'un tunnel, le fond d'une chose en forme de sac

·Ȧ"ՐV° **wiihchipeu** vai ◆ il/elle aime boire (de l'alcool, des boissons)

·Ȧ"Ր>·∇° **wiihchipuweu** vta ◆ il/elle aime son goût

·Ȧ"Ր>ᒃ° **wiihchipuumeu** vta ◆ il/elle aime ce qu'une autre personne a cuisiné

·Ȧ"Ր<">̇ **wiihchipaahpuu** vai -i ◆ il/elle aime rire

·Ȧ"Ր∩"∇° **wiihchitiheu** vta ◆ il/elle lui donne un bon goût

·Ȧ"ՐᒥႱ° **wiihchimineu** vai ◆ il/elle aime le goût des baies, des petits fruits

·Ȧ"ՐḶdᵃ **wiihchimaakun** vii ◆ ça sent bon

·Ȧ"ՐḶdᒡ **wiihchimaakusuu** vai -i ◆ il/elle sent bon

·Ȧ"ՐḶd"Ċ° **wiihchimaakuhtaau** vai+o ◆ il/elle en fait quelque chose qui sent bon

·Ȧ"ՐḶᒀ° **wiihchimaameu** vta ◆ il/elle trouve son odeur appétissante

·Ȧ"ՐḶᒡ **wiihchimaasuu** vai -u ◆ il/elle sent bon en cuisant

·Ȧ"ՐḶᣞ·∇° **wiihchimaasaaweu** vai ◆ il/elle fait cuire quelque chose qui sent bon

·Ȧ"ՐḶᣝU° **wiihchimaashteu** vii ◆ ça dégage une bonne odeur en cuisant

·Ȧ"ՐḶ"Cᴸ **wiihchimaahtam** vti ◆ il/elle trouve son odeur appétissante

·Ȧ"ՐᶏV·∇° **wiihchinaapeweu** vai ◆ elle aime beaucoup les hommes

·Ȧ"Րᣜ·९·∇° **wiihchiskweweu** vai ◆ il aime beaucoup les femmes

·Ȧ"ՐᣝCᴸ **wiihchishtam** vti ◆ il/elle en aime le goût

·Ȧ"Ր"ᐠ **wiihchihtuu** vai -i ◆ il est savoureux, délicieux, succulent; elle est savoureuse, délicieuse, succulente

·Ȧ"Ր"bᒐ **wiihchihkwaamuu** vai -u ◆ il/elle aime dormir

·◁

·◁·∇ᒡ·bU° **wawesikwaateu** vta redup ◆ il/elle la/le répare en cousant

·◁·∇ᒡ·bCᴸ **wawesikwaatam** vti redup ◆ il/elle le répare en cousant

·◁·∇ᒐ"∇° **waweshiheu** vta redup ◆ il/elle l'arrange, la/le répare

·◁·∇ᒐ"Ȧ∩ᒡ **waweshihiitisuu** vai redup reflex -u ◆ il/elle se maquille; il/elle se prépare

·◁·∇ᒐ"Ḃ **waweshihuu** vai redup -u ◆ il/elle s'habille, se maquille

ᐊᐧᐯᔑᐦᑖᐤ waweshihtaau vai+o redup
 • il/elle l'arrange, le répare

ᐊᐧᐁᔦᔨᒻᐆ waweyeyimuu vai redup -u
 • il/elle planifie pour être prêt-e;
 il/elle se prépare

ᐊᐧᐁᔦᔨᐦᑕᒼ waweyeyihtam vti redup
 • il/elle planifie, pense à ce qu'il faut faire

ᐊᐧᐁᔨᐍᐦᐊᒫᐤ waweyiwehamaau vai redup • il/elle se peigne les cheveux d'une certaine manière

ᐊᐧᐁᔨᐃᐧᐤ waweyiwiiu vai redup -u
 • il/elle se prépare

ᐊᐧᐁᔨᐱᔥᑕᒼ waweyipishtam vti redup
 • il/elle s'assoit à côté (par ex. de la nourriture sur la table)

ᐊᐧᐁᔨᐱᐃᔥᑐᐌᐤ waweyipiishtuweu vta redup • il/elle s'assoit à côté d'elle/de lui

ᐊᐧᐁᔨᐴ waweyipuu vai redup -i • il/elle ajuste sa position après s'être assis-e

ᐊᐧᐁᔨᑎᑯᓃᒣᐤ waweyitikuniimeu vta redup • il/elle se glisse sous les couvertures avec quelqu'un

ᐊᐧᐁᔨᑯᑌᐤ waweyikuteu vii redup • c'est suspendu et prêt

ᐊᐧᐁᔨᑯᑖᐤ waweyikutaau vai+o redup
 • il/elle le pend ou suspend à portée de la main

ᐊᐧᐁᔨᑯᒋᓐ waweyikuchin vai redup
 • il/elle est suspendu-e et prêt-e

ᐊᐧᐁᔨᑯᓃᐤ waweyikuniiu vai redup
 • il/elle se prépare à se couvrir de couvertures

ᐊᐧᐁᔨᑯᓇᐦᐊᒼ waweyikunaham vti redup
 • il/elle se prépare à bien le couvrir

ᐊᐧᐁᔨᑯᓇᐦᐁᐤ waweyikunahweu vta redup • il/elle se prépare à bien la/le couvrir

ᐊᐧᐁᔨᑯᔦᐤ waweyikuyeu vta redup
 • il/elle la/le suspend à portée de la main

ᐊᐧᐁᔨᑳᐴ waweyikaapuu vai redup -uu
 • il/elle se prépare à se lever

ᐊᐧᐁᔨᓀᐤ waweyineu vta redup • il/elle la/le prépare à la main

ᐊᐧᐁᔨᓇᒧᐌᐤ waweyinamuweu vta redup
 • il/elle la/le prépare à la main pour elle/lui; il/elle la/le pointe sur elle/lui

ᐊᐧᐁᔨᓇᒼ waweyinam vti redup • il/elle le prépare à la main

ᐊᐧᐁᔨᔑᒣᐤ waweyishimeu vta • il/elle l'étend, la/le couche

ᐊᐧᐁᔨᔑᓐ waweyishin vai redup • il/elle se prépare à se coucher

ᐊᐧᐁᔨᔥᑕᒧᐌᐤ waweyishtamuweu vta redup • il/elle la/le prépare pour quelqu'un d'autre

ᐊᐧᐁᔨᔥᑖᐤ waweyishtaau vai+o redup
 • il/elle l'installe pour que ce soit prêt; il/elle le prépare

ᐊᐧᐁᔨᐦᐁᐤ waweyiheu vta redup • il/elle l'installe pour que ce soit prêt

ᐊᐧᐁᔨᐦᐄᑎᓲ waweyihiitisuu vai reflex -u
 • il/elle s'installe pour être prêt-e

ᐊᐧᐁᐆᐦᐆ waweyuuhuu vai redup -u
 • il/elle se rend attrayant-e; il/elle se prépare

ᐊᐧᐁᐆᐦᑐᐌᐤ waweyuuhtuweu vta
 • il/elle est persuadé-e par elle/lui

ᐊᐧᐁᐆᐦᑕᒼ waweyuuhtam vti • il/elle est persuadé-e par quelque chose

ᐊᐧᐁᔮᐱᐦᑳᑌᐤ waweyaapihkaateu vta
 • il/elle la/le rattache

ᐊᐧᐁᔮᐱᐦᑳᑕᒼ waweyaapihkaatam vti
 • il/elle le rattache

ᐊᐧᐁᔮᐱᐦᒉᐱᑌᐤ waweyaapihchepiteu vta redup • il/elle la/le prépare en tirant (filiforme)

ᐊᐧᐁᔮᐱᐦᒉᐱᑕᒼ waweyaapihchepitam vti redup • il/elle le prépare en tirant (filiforme)

ᐊᐧᐁᔮᐱᐦᒉᓀᐤ waweyaapihcheneu vta redup • il/elle la/le prépare (filiforme)

ᐊᐧᐁᔮᐱᐦᒉᓇᒼ waweyaapihchenam vti redup • il/elle le prépare (filiforme)

ᐊᐧᐁᔮᐹᐦᑕᒼ waweyaapahtam vti
 • il/elle le choisit, le vise

ᐊᐧᐁᔮᐹᓇᐦᐁᐤ waweyaapaanaheu vta
 • il/elle arrange la corde sur le toboggan

ᐊᐧᐁᔮᑯᓀᓇᒼ waweyaakunenam vti
 • il/elle place, nivelle, égalise la neige à la main

ᐊᐧᐁᔮᑯᓀᔥᑲᒼ waweyaakuneshkam vti
 • il/elle place, nivelle, égalise la neige avec ses pieds

ᐊᐧᐁᔮᑯᓀᐦᐊᒼ waweyaakuneham vti
 • il/elle place, nivelle, égalise la neige avec un instrument

•ᐊ·ᐁᔭᐦᑯᐦᐁᐤ **waweyaaskuheu** vta redup
  ♦ il/elle la/le prépare en paquet pour charger le toboggan
•ᐊ·ᐄ·ᐁᐸᐦᐊᒼ **wawiiwepaham** vti redup
  ♦ il/elle le fait tomber, le balaie avec un outil
•ᐊ·ᐄᑌᐤ **wawiiteu** vai redup [Côte] ♦ il/elle fait des blagues, parle de manière amusante; il/elle est comique, drôle
•ᐊ·ᐄᑦᐁᐤ **wawiitweu** vai redup [Intérieur]
  ♦ il/elle fait des blagues, parle de manière amusante; il/elle est comique ou drôle
•ᐊ·ᐄᓵᓈᑯᓐ **wawiisinaakun** vii redup ♦ ça paraît comique, amusant
•ᐊ·ᐄᓵᓈᑯᓲ **wawiisinaakusuu** vai redup -i
  ♦ il/elle a l'air comique, amusant-e
•ᐊ·ᐄᔒᒣᐤ **wawiishimeu** vta redup ♦ il/elle blague, plaisante avec elle/lui
•ᐊ·ᐊᓂᒑᑕᒼ **wawaanitaahtam** vti redup
  ♦ il/elle a de la difficulté à respirer, à reprendre son souffle
•ᐊ·ᐊᓂᒦᒋᓲ **wawaanimiichisuu** vai redup -u
  ♦ il/elle ne trouve rien à manger
•ᐊ·ᐊᐋᐸᐋᔪᐤ **wawaanaapaauyeu** vta redup ♦ il/elle la/le laisse difficilement reprendre son souffle après l'avoir maintenu-e sous l'eau
•ᐊ·ᐊᐋᐸᐋᐁᐤ **wawaanaapaaweu** vai redup
  ♦ il/elle a de la difficulté à reprendre son souffle après avoir été sous l'eau
•ᐊᒋᔥᑐᓐ **wachishtun** ni ♦ un nid
•ᐊᒋᔥᑯᐄᔥᑦ **wachishkuwiisht** ni -im ♦ un terrier ou une tanière de rat musqué
•ᐊᒋᔥᑯᐊᓇᐦᐄᑲᓐ **wachishkuwanahiikan** ni ♦ un piège à rats musqués
•ᐊᒋᔥᑯᒦᒋᒼ **wachishkumiichim** ni ♦ de la viande de rat musqué
•ᐊᒋᔥᑯᔥ **wachishkush** na dim ♦ un jeune rat musqué *Ondatra zibethicus*
•ᐊᒋᔥᑯᔮᓐ **wachishkuyaan** na ♦ une peau de rat musqué
•ᐊᒋᔥᒁᔪᔅᒄ **wachishkwaayuuskw** ni
  ♦ un iris versicolore *Iris versicolor*
•ᐊᒋᔥᒄ **wachishkw** na ♦ un rat musqué *Ondatra zibethicus*
•ᐊᒌ **wachii** ni -m ♦ une montagne, un mont
•ᐊᒌᐋᓂᔥ **wachiinaanish** ni dim ♦ les Pléiades (constellation d'étoiles)

•ᐊᓐᔩᑕᒼ **waneyihtam** vti ♦ il/elle se trompe; il/elle ne sait pas quoi faire pour aider quelqu'un, il/elle ignore comment faire quelque chose
•ᐊᓂᐱᑌᐤ **wanipiteu** vta ♦ il/elle la/le tire dans la mauvaise direction
•ᐊᓂᐱᑕᒼ **wanipitam** vti ♦ il/elle le tire dans la mauvaise direction
•ᐊᓂᐸᒋᐦᑎᓀᐤ **wanipachihtineu** vta
  ♦ il/elle l'égare, la/le perd
•ᐊᓂᐸᒋᐦᑎᓇᒼ **wanipachihtinam** vti
  ♦ il/elle l'égare
•ᐊᓂᐹᔫ **wanipayuu** vai -i ♦ il/elle conduit dans la mauvaise direction, se trompe de chemin
•ᐊᓂᐹᑖᐤ **wanipahtaau** vai ♦ il/elle court dans la mauvaise direction
•ᐊᓂᑌᐤ **waniteweu** vai ♦ il/elle se perd parce que la piste est invisible dans la neige, surtout au début du printemps
•ᐊᓂᑌᐤ **waniteu** vii ♦ au printemps, de l'air chaud monte de la neige, de la glace au soleil, ce qui cause souvent un mirage
•ᐊᓂᑎᐱᔅᒋᓰᐃᓐ **wanitipischisiiwin** ni
  ♦ des ténèbres éternels
•ᐊᓂᑑᑐᐁᐤ **wanituutuweu** vta ♦ il/elle lui fait du tort, du mal
•ᐊᓂᑑᑕᒼ **wanituutam** vti ♦ il/elle fait quelque chose de mal, le fait mal
•ᐊᓂᑑᒑᐤ **wanituutaacheu** vai ♦ il/elle fait du tort à l'autre
•ᐊᓂᑳᑕᐦᐄᒉᐤ **wanikaatahiicheu** vai
  ♦ il/elle porte quelque chose (par ex. un rondin) sur son épaule
•ᐊᓂᑳᑕᐦᐁᐤ **wanikaatahweu** vta
  ♦ il/elle la/le porte sur son épaule
•ᐊᓂᑳᑖᔅᑯᐦᐊᒼ **wanikaataaskuham** vti
  ♦ il/elle porte une charge suspendue à un bâton sur son épaule
•ᐊᓂᑳᑖᔅᑯᐦᐁᐤ **wanikaataaskuhweu** vta
  ♦ il/elle la/le porte avec un bâton sur son épaule (un animal)
•ᐊᓂᒉᐋᑲᓐ **wanichewaakan** nid ♦ sa bosse, la partie épaisse derrière son cou, normalement plus grosse chez les hommes qui portent le canot
•ᐊᓂᒉᐤ **wanicheu** vai ♦ il/elle porte un canot sur ses épaules

ᐊᓂᐦᒋᒋᑐᑐᐌᐤ **wanichischisiitutuweu** vta ♦ il/elle l'oublie

ᐊᓂᐦᒋᒋᑐᑕᒼ **wanichischisiitutam** vti ♦ il/elle l'oublie

ᐊᓂᐦᒋᓱ **wanichischisuu** vai -i ♦ il/elle oublie; il/elle n'est pas conscient de quelque chose

ᐊᓂᒣᐤ **wanimeu** vta ♦ il/elle la/le distrait par son discours

ᐊᓂᒥᑎᒣᐤ **wanimitimeu** vai ♦ il/elle prend le mauvais sentier; il/elle perd son chemin

ᐊᓂᒧᔦᐤ **wanimuyeu** vta ♦ il/elle lui joue un tour, la/le dupe

ᐊᓂᒧᔨᐌᐅᒌᔑᑳᐤ **wanimuyiweuchiishikaau** vii ♦ c'est le Poisson d'Avril

ᐊᓂᒧᐦᐁᐤ **wanimuheu** vta ♦ il/elle la/le met mal

ᐊᓂᒧᐦᑖᐤ **wanimuhtaau** vai+o ♦ il/elle le met ou pose mal

ᐊᓂᒨᑎᓐ **wanimuutin** vii ♦ c'est secret

ᐊᓂᒨᑎᓯᐤ **wanimuutisiiu** vai ♦ il est secret, elle est secrète; il/elle est rusé-e

ᐊᓂᒨᒋᐦᐁᐤ **wanimuuchiteheu** vai ♦ il/elle garde un secret dans son coeur

ᐊᓂᒨᒡ **wanimuuch** p,manière ♦ secrètement, en secret, en cachette, en douce, de façon rusée ■ ᒑᐦ ᐊᓂᒨᒡ ᐃᐦᑐᒼ ᓃᐯᔥ ■ *Il fait des choses en cachette.*

ᐊᓂᓀᐤ **wanineu** vta ♦ il/elle prend le mauvais

ᐊᓂᓇᒼ **waninam** vti ♦ il/elle prend le mauvais

ᐊᓂᓯᐤ **wanisiiu** vai ♦ il/elle erre, se perd

ᐊᓂᔅᑯᒨ **waniskumuu** vii -u ♦ c'est la fin de la route, le bout du chemin

ᐊᓂᔅᑯᓱ **waniskusuu** vai -i ♦ c'est la fin de ça; c'est terminé

ᐊᓂᔅᑲᓄᐌᐤ **waniskanuweu** vai ♦ ses traces sont perdues; on perd sa piste

ᐊᓂᔅᑲᓅᐦᐁᐤ **waniskanuuheu** vta ♦ il/elle perd sa piste, ses traces

ᐊᓂᔅᑳᐤ **waniskwaau** vii ♦ c'en est la fin (par ex. une route)

ᐊᓂᔅᑳᔅᑯᓐ **waniskwaaskun** vii ♦ c'en est la fin, le bout (long et rigide)

ᐊᓂᔅᑳᔅᑯᓱ **waniskwaaskusuu** vai -i ♦ c'est l'extrémité, le bout de ça (long et rigide)

ᐊᓂᔅᑳᐦᑎᒄ **waniskwaahtikw** ni -um ♦ un bout de canot

ᐊᓂᔒᔦᒣᐤ **wanischeyimeu** vta ♦ il/elle se trompe en pensant qu'elle/il est facile

ᐊᓂᔒᔦᐦᑕᒼ **wanischeyihtam** vti ♦ il/elle se trompe en pensant que c'est facile

ᐊᓂᔒᒣᐤ **wanischimeu** vai ♦ il/elle se trompe en tissant une raquette

ᐊᓂᔑᐌᐤ **wanishweu** vta ♦ il/elle la/le coupe mal

ᐊᓂᔑᒣᐤ **wanishimeu** vta ♦ il/elle la/le perd (la personne qui suit)

ᐊᓂᔑᒨ **wanishimuu** vii -u ♦ le sentier se perd

ᐊᓂᔑᓐ **wanishin** vai ♦ il/elle se perd, s'égare

ᐊᓂᔕᒼ **wanisham** vti ♦ il/elle le coupe mal, de la mauvaise façon

ᐊᓂᔥᑖᐤ **wanishtaau** vai+o ♦ il/elle se trompe en l'écrivant

ᐊᓂᔥᑲᒼ **wanishkam** vti ♦ il/elle le perd en marchant dessus (par ex. en l'enfonçant dans la neige)

ᐊᓂᔥᑳᔅᑴᓀᐤ **wanishkaskweneu** vai ♦ il/elle lève ou soulève la tête de quelqu'un

ᐊᓂᔥᑳᐎᓐ **wanishkaawin** ni ♦ la Résurrection

ᐊᓂᔥᑳᐤ **wanishkaau** vai ♦ il/elle se lève, de la position couchée

ᐊᓂᔥᑳᐱᑌᐤ **wanishkaapiteu** vta ♦ il/elle la/le remonte, lève, hisse d'une position couchée

ᐊᓂᔥᑳᐱᑕᒼ **wanishkaapitam** vti ♦ il/elle le hisse, le tire, le monte d'une position étendue

ᐊᓂᔥᑳᑎᔑᓀᐤ **wanishkaatishineu** vta ♦ il/elle la/le lève (de la position couchée)

ᐊᓂᔥᑳᑎᔑᓇᒼ **wanishkaatishinam** vti ♦ il/elle le lève, le remonte avec la main, d'une position étendue

•ᐊᓂᔥᑳᑎᔕᐅᐤ wanishkaatishahweu vta ♦ il/elle lui dit de se lever

•ᐊᓂᔥᑳᓇᒻ wanishkaanam vti ♦ il/elle l'installe, le dresse, le monte à la main (un objet étendu)

•ᐊᓂᐦᐁᐤ waniheu vta ♦ il/elle la/le perd

•ᐊᓂᐦᐄᐦᑌᐤ wanihiihteu vai [Intérieur] ♦ il/elle perd la piste qu'il/elle suivait; il/elle perd la trace de ce qu'il suivait

•ᐊᓂᐦᐋᒣᐤ wanihaameu vai ♦ il/elle prend le mauvais sentier; il/elle perd son chemin

•ᐊᓂᐦᐋᐦᑌᐤ wanihaahteu vai [Côte] ♦ il/elle perd la piste qu'il/elle suivait; il/elle perd la trace de ce qu'il suivait

•ᐊᓂᐦᐱᓲ wanihpisuu vai-u ♦ il/elle se met les 'pieds dans les plats'; il/elle fait une gaffe, une bévue; il/elle se crée des problèmes

•ᐊᓂᐦᑌᐤ wanihteweu vai ♦ il/elle se perd parce que la piste est invisible dans la neige

•ᐊᓂᐦᑎᓐ wanihtin vii ♦ c'est perdu

•ᐊᓂᐦᑐᐁᐤ wanihtuweu vta ♦ il/elle l'a mal compris-e, mal interprété-e

•ᐊᓂᐦᑕᒻ wanihtam vti ♦ il/elle le comprend mal, ne le comprend pas

•ᐊᓂᐦᑖᐤ wanihtaau vai+o ♦ il/elle le perd

•ᐊᓂᐦᑦᐙᓲ wanihtwaasuu vai ♦ il/elle subit ou éprouve une perte

•ᐊᓂᐦᑯᔓᐤ wanihkushuu vai-u ♦ il/elle a un cauchemar; il/elle est somnambule

•ᐊᓂᐦᒋᐦᑕᒻ wanihchihtam vti ♦ il/elle le manque en comptant (par ex. une date, les mois, les jours de la semaine)

•ᐊᓃᔦᔨᐦᑕᒻ waniiteyihtam vti ♦ il/elle se trompe, pense mal

•ᐊᓃᑌᐤ waniitweu vai ♦ il/elle se trompe dans ses paroles

•ᐊᓃᐦᑐᐃᓐ waniihtuwin ni ♦ une faute, un défaut; une irrégularité, un méfait

•ᐊᓇᐦᐄᑲᓐ wanahiikan ni ♦ un piège (en acier)

•ᐊᓇᐦᐄᒉᐤ wanahiicheu vai ♦ il/elle piège; il/elle pose des pièges

•ᐊᓇᐦᐊᒧᐁᐤ wanahamuweu vta ♦ il/elle pose un piège pour l'attraper

•ᐊᓇᐦᐋᐯᐤ wanahaapeu vai ♦ il/elle lace mal

•ᐊᓈᐱᑯᐦᐊᒻ wanaapikuham vti ♦ il/elle se trompe dans son tricot, son travail au crochet

•ᐊᓈᐱᑯᐦᐁᐤ wanaapikuhweu vta ♦ il/elle fait une erreur, se trompe dans le maillage

•ᐊᓈᐸᒣᐤ wanaapameu vta ♦ il/elle la/le perd de vue, la/le voit mal

•ᐊᓈᐸᐦᑕᒻ wanaapahtam vti ♦ il/elle le perd de vue; il/elle le voit mal

•ᐊᓈᑎᓐ wanaatin vii ♦ c'est perdu, ruiné, détruit

•ᐊᓈᑎᓯᐤ wanaatisiiu vai ♦ il/elle meurt dans un accident; elle avorte, fait une fausse couche

•ᐊᓈᒋᐦᐁᐤ wanaachiheu vta ♦ il/elle la/le détruit; elle fait une fausse couche, perd le bébé

•ᐊᓈᒋᐦᐄᓱᐃᓐ wanaachihiisuwin ni ♦ une fausse couche, un avortement spontané

•ᐊᓈᒋᐦᐆ wanaachihuu vai-u ♦ il/elle meurt (par noyade)

•ᐊᓈᒋᐦᑖᐤ wanaachihtaau vai+o ♦ il/elle l'endommage, lui cause des dommages

•ᐋ

•ᐋᐅᑲᓂᑲᓐ waaukanikan ni ♦ une colonne vertébrale, sans viande

•ᐋᐅᑳᓈᐦᑎᒄ waaukanaahtikw ni ♦ un poteau de faîte, faîtage, faîte de tente; une quille de canot

•ᐋᐅᑲᓐ waaukan ni [Intérieur] ♦ une coquille d'oeuf

•ᐋᐅᓈᑖᐱᐦᒉᐸᔨᐦᐁᐤ waaunaataapihchepayiheu vta ♦ il/elle l'emmêle, l'enchevêtre (filiforme)

•ᐋᐅᓈᑖᐱᐦᒉᐸᔫ waaunaataapihchepayuu vai/vii-i ♦ il/elle/ça s'emmêle (filiforme)

•ᐋᐅᓈᒋᔥᑐᐁᐤ waaunaachiishtuweu vai ♦ il/elle expose ses parties génitales devant quelqu'un sans le savoir

•ᐋᐃᑎᓯᐤ waawitisiiu vai ♦ il/elle l'a bien mérité

•ᐋᐃᔦᐳᑖᐤ waawiyeputaau vai+o ♦ il/elle le scie en cercle ou en rond

ᐛᐃᔦᐳᔫ waawiyepuyeu vta ♦ il/elle la/le scie en rond, en cercle

ᐛᐃᔦᐴᒉᐤ waawiyepuhcheu vai ♦ il/elle scie en cercle ou en rond

ᐛᐃᔦᑎᓈᐤ waawiyetinaau vii ♦ c'est une montagne circulaire à la base

ᐛᐃᔦᑯᑖᔅ waawiyekutaas na ♦ un eider à tête grise, un eider remarquable *Somateria spectabilis*

ᐛᐃᔦᑲᒫᐤ waawiyekamaau vii ♦ c'est un lac rond

ᐛᐃᔦᒨᐦᐁᐤ waawiyemuheu vta ♦ il/elle la/le met en rond, pose autour, installe en cercle

ᐛᐃᔦᒧᐦᑖᐤ waawiyemuhtaau vai+o ♦ il/elle place des choses en cercle; il/elle dispose des choses en rond

ᐛᐃᔦᓯᓇᐦᐄᒉᐤ waawiyesinahiicheu vai ♦ il/elle dessine des cercles ou des ronds

ᐛᐃᔦᓯᓇᐦᐊᒼ waawiyesinaham vti ♦ il/elle dessine un cercle sur quelque chose

ᐛᐃᔦᓯᓇᐦᐁᐤ waawiyesinahweu vta ♦ il/elle dessine un cercle, un rond sur elle/lui

ᐛᐃᔦᓲ waawiyesuu vai-i ♦ il/elle est circulaire

ᐛᐃᔦᔐᑳᐤ waawiyeschekaau vii ♦ c'est une tourbière ronde, un muskeg rond

ᐛᐃᔦᔥᐌᐤ waawiyeshweu vta ♦ il/elle la/le coupe en cercle

ᐛᐃᔦᔑᒧᐦᑖᐤ waawiyeshimuhtaau vai+o ♦ il/elle fait un chemin ou un sentier circulaire

ᐛᐃᔦᔑᒨ waawiyeshimuu vii-u ♦ le chemin est circulaire

ᐛᐃᔦᔥᑌᐤ waawiyeshteu vii ♦ c'est disposé, écrit en cercle

ᐛᐃᔦᔥᑖᐤ waawiyeshtaau vai+o ♦ il/elle écrit en cercle; il/elle le dispose en cercle, le met dans un cercle

ᐛᐃᔦᔦᒋᓀᐤ waawiyeyechineu vta ♦ il/elle la/le fait circulaire (étalé)

ᐛᐃᔦᔦᒋᓇᒼ waawiyeyechinam vti ♦ il/elle le fait circulaire, en cercle (étalé)

ᐛᐃᔦᔦᒋᔕᒼ waawiyeyechisham vti ♦ il/elle le coupe en cercle

ᐛᐃᔦᔦᐱᒋᓇᒼ waawiyeyapichinam vti ♦ il/elle le plie, le fléchit, le courbe en cercle (du bois)

ᐛᐃᔦᔮᐤ waawiyeyaau vii ♦ c'est circulaire

ᐛᐃᔦᔦᐁᐸᑾ waawiyeyaapekapuu vai-i ♦ il/elle est placé-e en cercle; il/elle est disposé-e en rond (filiforme)

ᐛᐃᔦᔦᐁᐸᑲᓐ waawiyeyaapekan vii ♦ c'est circulaire (filiforme)

ᐛᐃᔦᔦᐁᐸᑲᔥᑌᐤ waawiyeyaapekashteu vii ♦ c'est posé en cercle (filiforme)

ᐛᐃᔦᔦᐁᐸᑲᔥᑖᐤ waawiyeyaapekashtaau vai+o ♦ il/elle le place en cercle; il/elle le dispose en rond (filiforme)

ᐛᐃᔦᔦᐁᐸᑲᐦᐁᐤ waawiyeyaapekaheu vta ♦ il/elle la/le place, met en cercle (filiforme)

ᐛᐃᔦᔦᐁᐱᒋᓀᐤ waawiyeyaapechineu vta ♦ il/elle en fait une boucle (filiforme)

ᐛᐃᔦᔦᐁᐱᒋᓇᒼ waawiyeyaapechinam vti ♦ il/elle en fait une boucle (filiforme)

ᐛᐃᔦᔦᐁᐱᒋᓲ waawiyeyaapechisuu vai-i ♦ il/elle est circulaire (filiforme)

ᐛᐃᔦᔦᐁᐱᒋᔑᓐ waawiyeyaapechishin vai ♦ il/elle est disposé-e ou étendu-e en cercle (filiforme)

ᐛᐃᔦᔦᐁᐱᒋᐦᑎᓐ waawiyeyaapechihtin vii ♦ c'est posé, installé en cercle (filiforme)

ᐛᐃᔦᔦᐁᐱᒋᓀᐤ waawiyeyaapichineu vta ♦ il/elle la/le plie en cercle (du bois)

ᐛᐃᔦᔦᐁᐱᔅᑳᐤ waawiyeyaapiskaau vii ♦ c'est circulaire (pierre, métal)

ᐛᐃᔦᔦᐁᐱᔅᒋᓀᐤ waawiyeyaapischineu vta ♦ il/elle la/le plie en cercle (pierre, métal)

ᐛᐃᔦᔦᐁᐱᔅᒋᓇᒼ waawiyeyaapischinam vti ♦ il/elle le plie, le fléchit, le courbe en cercle (pierre, métal)

ᐛᐃᔦᔦᐁᐱᔅᒋᓲ waawiyeyaapischisuu vai-i ♦ il/elle est circulaire (pierre, métal)

ᐛᐃᔦᔦᐊᒋᓇᒼ waawiyeyaachinam vti ♦ il/elle le plie, l'incurve en cercle

ᐛᐃᔦᔦᐊᓯᒉᐤ waawiyeyaasicheu vai ♦ il y a un cercle autour (le soleil)

ᐛᐃᔦᔦᐊᔅᑯᓐ waawiyeyaaskun vii ♦ c'est circulaire (long et rigide)

ᐛᐃᔦᔦᐊᔅᑯᓲ waawiyeyaaskusuu vai-i ♦ il/elle est circulaire (long et rigide)

•ᐧᐃᕀᐦᐸᐣ **waawiyeyaahkan** vii ♦ le cerceau de peau de castor est rond

•ᐧᐃᔅᐦᐁᐧᐤ **waawiyeheu** vta ♦ il/elle lui donne une forme circulaire, ronde, la/le fait circulaire

•ᐧᐃᔅᐦᑖᐤ **waawiyehtaau** vai+o ♦ il/elle le fait circulaire, l'arrondit

•ᐧᐃᔅᐦᑖᑲᓈᐦᑎᐠ **waawiyehtaakanaahtikw** ni -um ♦ une douve ou douelle de tonneau ou de baril

•ᐧᐃᔅᐦᑖᑲᐣ **waawiyehtaakan** ni ♦ un bac à laver, un baquet ou une cuve à lessive; un baril, un tonneau

•ᐧᐃᔅᐦᑫᐧᐤ **waawiyehkweu** vai ♦ il/elle a la face ronde

•ᐧᐃᔅᐦᑯᑌᐤ **waawiyehkuteu** vta ♦ il/elle la/le découpe, taille en rond, en cercle

•ᐧᐃᔅᐦᑯᑕᒼ **waawiyehkutam** vti ♦ il/elle le taille en cercle

•ᐧᐃᔅᐦᑯᑖᒉᐤ **waawiyehkutaacheu** vai ♦ il/elle découpe ou sculpte des choses en cercle

•ᐧᐃᔮᓂᑲᐣ **waawiyaanikan** ni ♦ du gras autour des intestins, du suif, de la graisse de rognon

•ᐧᐄᓭᐌ **waawiisewe** p,lieu ♦ dans les environs, autour d'ici, à peu près ici, proche d'ici, dans le secteur immédiat ▪ ᐁᑯᑦ ᐧᐄᓭᐧᐁ ᒥᐢ ᐃᐦᑕᐊ ᐊᐸ ᒌᑳᐠ. *La tente devrait être aux environs.*

•ᐧᐄᓯᓈᑯᐦᐁᐧᐤ **waawiisinaakuheu** vta redup ♦ il/elle lui donne une apparence comique, amusante

•ᐧᐄᓯᓈᑯᐦᑖᐤ **waawiisinaakuhtaau** vai+o redup ♦ il/elle lui donne une apparence amusante, comique

•ᐧᐄᓴᒉᔨᐦᑕᒼ **waawiisacheyihtam** vti redup ♦ il/elle souffre

•ᐧᐄᔑᐦᐁᐧᐤ **waawiishiheu** vta redup ♦ il/elle lui joue un tour, lui fait une blague

•ᐧᐄᐦᐁᐧᐤ **waawiiheu** vta redup ♦ il/elle les appelle par leur nom

•ᐧᐄᐦᑕᒧᐌᐧᐤ **waawiihtamuweu** vta redup ♦ il/elle lui dit quelque chose

•ᐧᐄᐦᑕᒫᒉᐤ **waawiihtamaacheu** vai redup ♦ il/elle le répète souvent à d'autres

•ᐧᐄᐦᑕᒼ **waawiihtam** vti redup ♦ il/elle répand la nouvelle, en parle à tout le monde; il/elle le nomme souvent

•ᐧᐋᐧᐊᐸᒣᐤ **waawaapameu** vta redup ♦ il/elle la/le regarde avec attention, la/le scrute, l'examine, l'inspecte

•ᐧᐋᐧᐊᐸᐦᑎᒫᓲ **waawaapahtimaasuu** vai redup reflex -u ♦ il/elle regarde pour se choisir quelque chose

•ᐧᐋᐧᐊᐸᐦᑕᒼ **waawaapahtam** vti redup ♦ il/elle le regarde de près, l'inspecte

•ᐧᐋᐧᐊᐸᐦᒋᑫᐤ **waawaapahchikeu** vai redup ♦ il/elle regarde ou parcoure un livre, un catalogue, une bande dessinée

•ᐧᐋᐧᐋᑯᐦᑌᐤ **waawaakuhteu** vai redup [Intérieur] ♦ il/elle marche en zigzag

•ᐧᐋᑲᒨ **waawaakamuu** vii redup -u ♦ c'est une route sinueuse

•ᐧᐋᑲᔥᑌᐤ **waawaakashteu** vii redup ♦ c'est écrit à la main, de l'écriture cursive

•ᐧᐋᑲᔥᑖᐤ **waawaakashtaau** vai+o redup ♦ il/elle l'écrit à la main, l'écrit en cursive

•ᐧᐋᑳᐯᑲᐴ **waawaakaapekapuu** vai redup -i ♦ il/elle est incurvé-e

•ᐧᐋᑳᐯᑲᔥᑌᐤ **waawaakaapekashteu** vii redup ♦ c'est posé, installé en courbe

•ᐧᐋᑳᐯᑲᔥᑖᐤ **waawaakaapekashtaau** vai+o redup ♦ il/elle le met, le pose ou l'installe en courbes ou en S (filiforme)

•ᐧᐋᑳᐯᑲᐦᐁᐧᐤ **waawaakaapekaheu** vta redup ♦ il/elle la/le place en courbes (filiforme)

•ᐧᐋᑳᐱᐦᒉᐧᐄᐤ **waawaakaapihchewiiu** vai redup ♦ il/elle frétille, remue, se tortille

•ᐧᐋᑳᐱᐦᒉᐱᑌᐤ **waawaakaapihchepiteu** vta redup ♦ il/elle la/le fait onduler, zigzaguer, en tirant

•ᐧᐋᑳᐱᐦᒉᐱᑕᒼ **waawaakaapihchepitam** vti redup ♦ il/elle le fait onduler, zigzaguer, en tirant

•ᐧᐋᑳᐱᐦᒉᐸᔨᐦᐁᐧᐤ **waawaakaapihchepayiheu** vta redup ♦ il/elle lui fait décrire des courbes (filiforme)

•ᐧᐋᑳᐱᐦᒉᐸᔨᐦᐆ **waawaakaapihchepayihuu** vai redup -u ♦ il/elle (par ex. un serpent) avance avec un mouvement sinueux

•ᐛ·ᐛᑲᐱ"ᖑ<ᔭ"Ċ° waawaakaapihchepayihtaau vai+o redup
  • il/elle lui fait faire des courbes (filiforme)
•ᐛ·ᐛᑲᐱ"ᖑ<ᔨ waawaakaapihchepayuu vii redup -i • c'est torsadé, tordu, spiralé (filiforme)
•ᐛ·ᐛᑲᐱ"ᖑᕝ° waawaakaapihcheneu vta redup • il/elle la/le fait en courbe, en zigzag, à la main (filiforme)
•ᐛ·ᐛᑲᐱ"ᖑᓂᑲᓐ waawaakaapihchenikan ni • de la babiche lacée en zigzag sur la barre transversale supérieure de la raquette
•ᐛ·ᐛᑲᐱ"ᖑᓇᒻ waawaakaapihchenam vti redup • il/elle le fait courbé, incurvé, en zigzag (filiforme) à la main
•ᐛ·ᐛᑲᐱ"ᖑᔫ° waawaakaapihchesheu vta redup • il/elle la/le coupe croche, de travers (filiforme)
•ᐛ·ᐛᑲᐱ"ᖑᔑᒻ waawaakaapihchesham vti redup • il/elle le coupe de travers (filiforme)
•ᐛ·ᐛᑲᐱ"ᖑᔫ·ᐁ° waawaakaapihcheshaaweu vai redup
  • il/elle coupe la babiche de travers
•ᐛ·ᐛᑲᑎᒦ° waawaakaatimiiu vii redup
  • le chenal est sinueux
•ᐛ·ᐛᒋᑲᒫ° waawaachikamaau vii redup
  • c'est un lac sinueux
•ᐛ·ᐛᒋ·ᑳ° waawaachikwaateu vta redup
  • il/elle la/le coud de travers, tout croche, en ligne sinueuse
•ᐛ·ᐛᒋ·ᑳᒻ waawaachikwaatam vti redup
  • il/elle le coud de travers, ondulé
•ᐛ·ᐛᒋᓯᓇ"ᐦᑦ° waawaachisinahiicheu vai redup • il/elle a une écriture courbée
•ᐛ·ᐛᒋᓯᓇ"ᐦᒻ waawaachisinaham vti redup • il/elle l'écrit incurvé, en courbe
•ᐛ·ᐛᒋᓯᓇ"·ᐁ° waawaachisinahweu vta redup • il/elle écrit dessus en ligne courbe, sinueuse
•ᐛ·ᐛᒋᓯᓈᑕ° waawaachisinaateu vii redup • il y a des lignes sinueuses
•ᐛ·ᐛᒋᓯᓈᓲ waawaachisinaasuu vai redup -u • il y a des lignes sinueuses écrites dessus
•ᐛ·ᐛᒋᔒᒨ waawaachishimuu vii redup -u • c'est une route sinueuse

•ᐛ·ᐛᒋᔥᑎᑴᔮ° waawaachishtikweyaau vii redup • c'est une rivière sinueuse, en lacet
•ᐛ·ᐛᒋᔥᑖᒻ waawaachishtaham vti redup • il/elle le coud en courbe, en zigzag
•ᐛ·ᐛᒡ waawaach p, manière redup • même, seulement ▪ ᑦᐁ ·ᐛ·ᐛᒡ ᓃ"ᑭ ·ᐛᐸᒪ ᑲ ᑕᑯᔑ"ᑭₓ ▪ Je ne l'ai même pas vu quand il est venu.
•ᐛ·ᐛᓂᔦ"ᑕᒥ·ᐁ° waawaaneyihtamiheu vta redup • il/elle l'embrouille, la/le déroute, trouble, désoriente
•ᐛ·ᐛᓂᔦ"ᑕᒻ waawaaneyihtam vti redup
  • il/elle ne sait pas quoi faire parce qu'il/elle est confus-e, incertain-e, désorienté-e
•ᐛ·ᐛᓂᔐ waawaanische p,manière redup
  • aisément, facilement, avec facilité, sans difficulté ▪ ᐁᑦ" ᒦᒃ ·ᐛ·ᐛᓂᔐ ᖑ ᐦ ᐃ"ᑕᑦ ᑖᒃ ᐸ<ᑎᔅₓ ▪ Maintenant elle peut facilement faire ce qu'elle veut, parce qu'elle ne travaille plus.
•ᐛ·ᐛᓂ"ᑲᑌ° waawaanihkateu vai redup
  • il/elle manque de nourriture
•ᐛ·ᐛᓂ"ᑲᓲ waawaanihkasuu vai redup -u
  • il/elle n'est pas à l'aise à la chaleur
•ᐛ·ᐛᓈᑖᐱ"ᖑ<ᔨ waawaanaataapihchepayuu vii redup -i
  • c'est mêlé, enchevêtré (par ex. une corde, une chevelure)
•ᐛ·ᐛᓈᑖᔨ"ᑴ<ᔨ waawaanaataayihkwepayuu vai redup -i
  [Côte] • ses cheveux s'emmêlent, sont ébouriffés
•ᐛ·ᐛᔅᑌᔅᑲᓐ waawaasteskun vii redup
  [Intérieur] • il y a des aurores boréales
•ᐛ·ᐛᔥᑌ<ᔨ waawaashtepayuu vii • il y a des éclairs, la foudre frappe
•ᐛ·ᐛᔥᑌ"ᐦᑲᓐ waawaashtehiikan ni
  • un ventilateur, un éventail
•ᐛ·ᐛᔥᑫᔓ waawaashkeshuu na -iim
  [Intérieur] • un chevreuil, un cerf de Virginie *Odoccileus virginianus*
•ᐛ° waau ni • un oeuf
•ᐛᐳ"ᑲᓴᒻ waapeuhkasam vti • il/elle le cuit à peine
•ᐛᐯ·ᐁ° waapeweu vai • il/elle a la chair blanche

ᐧᐚᐯᑲᓐ waapekan vii ◆ c'est blanc (étalé)
ᐧᐚᐯᑲᐦᐊᒻ waapekaham vti ◆ il/elle le blanchit en le frappant (étalé)
ᐧᐚᐯᑲᐦᐧᐁᐤ waapekahweu vta ◆ il/elle la/le blanchit en la/le frappant (étalé)
ᐧᐚᐯᒋᓲ waapechisuu vai -i ◆ il est blanc, elle est blanche (étalé)
ᐧᐚᐱᑌᐅᓲ waapiteusuu vai -i ◆ il/elle est décoloré-e, délavé-e; il/elle (par ex. un chien) est grisâtre
ᐧᐚᐱᑌᐅᐢᑲᒥᒄ waapiteuskamikw ni ◆ de la mousse blanche des caribous, de la claudine rangifère *Cladina rangiferina ou stellaris*
ᐧᐚᐱᑌᐅᔥᑌᐤ waapiteushteu vii ◆ il y a un motif délavé dessus (étalé)
ᐧᐚᐱᑌᐧᐋᐤ waapitewaau vii ◆ c'est délavé
ᐧᐚᐱᑯᓀᐤ waapikuneu vai ◆ il/elle a les plumes blanches
ᐧᐚᐱᑯᓂᐲᓯᒻ waapikunipiisim na [Intérieur] ◆ juin
ᐧᐚᐱᑯᓂᔥ waapikunish na dim [Côte] ◆ une marguerite
ᐧᐚᐱᑯᓃᐤ waapikuniiu vai ◆ il/elle fleurit
ᐧᐚᐱᑯᓐ waapikun na -im ◆ une fleur
ᐧᐚᐱᑯᔩᐧᐁᐤ waapikuyiweu vai ◆ il/elle a le cou blanc
ᐧᐚᐱᑲᔦᔥ waapikayesh na dim ◆ un jeune harfang des neiges *Nyctea scandiaca*
ᐧᐚᐱᑲᔫ waapikayuu na ◆ un harfang des neiges *Nyctea scandiaca*
ᐧᐚᐱᑳᑌᐤ waapikaateu vai ◆ il/elle (par ex. un caribou, un chien) a les pattes blanches
ᐧᐚᐱᒥᓐ waapimin ni ◆ une pomme
ᐧᐚᐱᒥᓱᐧᐃᓐ waapimisuwin ni ◆ un miroir
ᐧᐚᐱᒥᓲ waapimisuu vai reflex -u ◆ il/elle se regarde dans le miroir
ᐧᐚᐱᓀᐅᓰᐤ waapineusiiu vai ◆ il/elle est pâle
ᐧᐚᐱᓈᑯᓐ waapinaakun vii ◆ ça semble blanc
ᐧᐚᐱᓈᑯᓲ waapinaakusuu vai -i ◆ il paraît blanc, elle paraît blanche
ᐧᐚᐱᓯᑌᐤ waapisiteu vai ◆ il/elle a les pieds blancs
ᐧᐚᐱᓯᓇᐦᐊᒻ waapisinaham vti ◆ il/elle dessine un motif en blanc dessus
ᐧᐚᐱᓯᓇᐦᐧᐁᐤ waapisinahweu vta ◆ il/elle tire un trait blanc, dessine une ligne blanche sur quelque chose
ᐧᐚᐱᓯᓈᑌᐤ waapisinaateu vii ◆ il y a des lignes blanches dessus
ᐧᐚᐱᓯᓈᓲ waapisinaasuu vai -u ◆ il y a un motif blanc dessus (étalé)
ᐧᐚᐱᓲ waapisuu vai ◆ il est blanc, elle est blanche
ᐧᐚᐱᓲ waapisuu na -shiish ◆ un cygne siffleur *Olor columbianus*, un cygne blanc
ᐧᐚᐱᐢᑲᒥᑳᐤ waapiskamikaau vii ◆ c'est une étendue de mousse de caribou
ᐧᐚᐱᐢᑲᒥᒄ waapiskamikw ni ◆ du lichen blanc, de la mousse blanche *Cladonia sp.*
ᐧᐚᐱᐢᐧᑳᓐ waapiskwaan ni ◆ des cheveux blancs, un poil blanc
ᐧᐚᐱᐢᒉᐧᐁᐤ waapischeweu vai [Côte] ◆ il/elle (une perdrix, un tétras) a la chair blanche
ᐧᐚᐱᐢᒋᑖᐅᐦᑳᐤ waapischitaauhkaau vii ◆ c'est une crête de sable blanc
ᐧᐚᐱᐢᒋᐧᑫᑲᐦᐄᑲᓐ waapischikwekahiikan ni ◆ une marque, une flache, un blanchi, une plaque sur un arbre
ᐧᐚᐱᐢᒋᐧᑫᑲᐦᐧᐁᐤ waapischikwekahweu vta ◆ il/elle marque un arbre, fait une encoche sur un arbre
ᐧᐚᐱᐢᒋᐧᑫᐦᑲᐦᐊᒻ waapischikwehkaham vti ◆ il/elle fait une flache, une encoche sur quelque chose (en bois) avec une hache
ᐧᐚᐱᐢᒋᑳᑌᐤ waapischikaateu vai ◆ il/elle a les pattes blanches
ᐧᐚᐱᐢᒋᐦᑯᑌᐤ waapischihkuteu vta ◆ il/elle l'écorce, la/le pèle avec un couteau croche (un arbre)
ᐧᐚᐱᐢᒋᐦᑯᑕᒻ waapischihkutam vti ◆ il/elle écorce un bâton avec un couteau croche
ᐧᐚᐱᔑᑉ waapiship na -im ◆ un canard blanc
ᐧᐚᐱᔥᑌᐤ waapishteu vii ◆ c'est déteint (étalé)
ᐧᐚᐱᔥᑎᐧᑳᓀᐤ waapishtikwaaneu vai ◆ il/elle a les cheveux blancs
ᐧᐚᐱᔥᑎᒻ waapishtim na ◆ un chien blanc

•ᐊᐱᑊᒉᓯ·ᐊᓚᑊᐋᑲᐣ waapishtaaniwanahiikan ni ♦ un piège à martres

•ᐊᐱᑊᒉᓯᑊ waapishtaanish na dim -im ♦ une jeune martre, une jeune marte *Martes americana*

•ᐊᐱᑊᒉᔪᔮᐣ waapishtaanuyaan na ♦ une peau, une fourrure de martre

•ᐊᐱᑊᒉᓈᐢᑫᔮᐤ waapishtaanaaskweyaau vii ♦ c'est un boisé bon pour la martre

•ᐊᐱᑊᒉᐣ waapishtaan na ♦ une martre, une marte *Martes americana*

•ᐊᐱᐡᑲᑎᐣ waapishkatin vii ♦ il y a du verglas, le sol est couvert de givre

•ᐊᐱᔦᑯᔒᐡ waapiyekushiish na dim ♦ un bruant des neiges *Plectrophenax nivalis*

•ᐊᐱᔫᒥᓯᐦᐨ waapiyuuminishach na pl -im [Intérieur] ♦ du riz

•ᐊᐱᔫᒥᓇᐨ waapiyuuminach na pl -im [Côte] ♦ du riz

•ᐊᐱᐁᐤ waapiheu vta ♦ il/elle la/le blanchit

•ᐊᐱᐦᑕᑳᐤ waapihtakaau vii ♦ c'est blanc (bois utile)

•ᐊᐱᐦᑕᒋᓱ waapihtachisuu vai -i ♦ il (du bois utile) est blanc

•ᐊᐱᐦᑖᐤ waapihtaau vai ♦ il/elle le blanchit

•ᐊᐱᐦᑴᐤ waapihkweu vai ♦ il/elle a la face blanche

•ᐊᐱᐦᑵᓀᐤ waapihkweneu vta ♦ il/elle lui poudre, blanchit le visage à la main

•ᐊᐱᐦᑵᓂᓱᐎᐣ waapihkwenisuwin ni ♦ de la poudre pour le visage

•ᐊᐱᐦᑵᓂᓱ waapihkwenisuu vai reflex -u ♦ il/elle se poudre ou se blanchit la face

•ᐊᐱᐦᑵᐁᐤ waapihkweheu vta ♦ il/elle lui poudre, blanchit le visage avec un objet (par ex. un pinceau)

•ᐊᐱᐦᑯᐁᐤ waapihkuweu vai ♦ il/elle (un tétras, une perdrix) a la chair blanche

•ᐊᐱᐦᑲᔥᐁᐤ waapihkasweu vta ♦ il/elle la/le cuit à peine

•ᐊᐱᐦᔦᐙᐦᑎᐠ waapihyewaahtikw ni ♦ une espèce de saule, peut-être un saule de Bebb *Salix bebbiana*

•ᐊᐱᐦᔦᐤ waapihyeu na -em ♦ un lagopède des saules, une perdrix blanche *Lagopus lagopus*

•ᐊᐱᐦᔦᐡ waapihyesh na dim -em ♦ un lagopède des saules, une perdrix blanche

•ᐊᐳᔒᐡ waapushish na dim ♦ un jeune lièvre (lapin), un levraut *Lepus americanus*

•ᐊᐳᔪᒣᐤ waapushumeu ni -em ♦ un sentier, une piste ou des traces de lièvre ou de lapin

•ᐊᐳᔪᒣᔮᒀᐣ waapushumeyaakwaan nid -im ♦ des crottes ou du crottin en boulettes du lièvre ou du lapin

•ᐊᐳᔪᓇᒃᐙᑲᐣ waapushunakwaakan ni [Intérieur] ♦ un collet pour lièvres

•ᐊᐳᔪᓇᒃᐙᐣ waapushunakwaan ni [Côte] ♦ un collet pour lièvres

•ᐊᐳᔪᔮᓀᑯᐦᑉ waapushuyaanekuhp ni -im ♦ un manteau en peau de lapin

•ᐊᐳᔪᔮᓀᐡᑑᑎᐣ waapushuyaaneshtuutin ni -im [Intérieur] ♦ un chapeau en peau de lapin

•ᐊᐳᔪᔮᓂᐯᑎᑯᐨ waapushuyaanipetikut ni -im [Côte] ♦ un jupon ou une combinaison en peau de lapin

•ᐊᐳᔪᔮᓂᐹᑲᐣ waapushuyaanipaakan na ♦ une couverture en peau de lapin

•ᐊᐳᔪᔮᓂᔮᐲ waapushuyaaniyaapii na -m ♦ une peau de lapin coupée en lanières (pour en faire une couverture, un chapeau, un manchon)

•ᐊᐳᔪᔮᓇᒪᐦᒄ waapushuyaanamahkw na ♦ une aiguille pour coudre une couverture en peau de lapin

•ᐊᐳᔪᔮᓇᐡᑑᑎᐣ waapushuyaanashtuutin ni -im [Côte] ♦ un chapeau en peau de lapin

•ᐊᐳᔪᔮᐣ waapushuyaan na ♦ une peau de lapin

•ᐊᐳᔬᐦᑯᐣ waapushwaakun na ♦ de la neige de lapin (une neige fraîche, légère et scintillante)

•ᐊᐳᐡ waapush na -um ♦ un lièvre d'Amérique (lapin) *Lepus americanus*

•ᐊᐳᔮᓀᒋᐣ waapuyaanechin ni ♦ du tissu pour couverture, un tissu lainé, un duffle

•ᐊᐳᔮᓀᒋᐣ waapuyaanechin ni ♦ de la sibérienne (un tissu de laine)

•ᐊᐳᔭᓂᔅᑎᑦ **waapuyaanestis** na ♦ une mitaine en gros tissu de laine

•ᐊᐳᔭᓐ **waapuyaan** ni ♦ un couverture, une couverte

•ᐊᐳ **waapuu** vai -i ♦ il/elle voit

•ᐊᐸᐌᐆ **waapawehweu** na ♦ une oie des neiges, une oie blanche *Chen caerulescens*

•ᐊᐸᑎᑳᐱᔅᒋᔑᓐ **waapatikaapischishin** vai -i [Côte] ♦ elle (la peau) est blanche à cause d'une cicatrice; la peau de sa face pèle

•ᐊᐸᑎᐦᒄ **waapatihkw** na -um ♦ un caribou blanc

•ᐊᐸᒣᐤ **waapameu** vta ♦ il/elle la/le voit

•ᐊᐸᒣᑯᒧᐙᑲᓂᔥ **waapamekumuwaakanish** na dim -im ♦ un petit poisson dont les baleines blanches se nourrissent, probablement du capelan *Mallotus villosus*

•ᐊᐸᒣᑯᔥ **waapamekush** na dim ♦ un jeune béluga, un jeune bélouga, une jeune baleine blanche *Delphinapterus leucas*

•ᐊᐸᒣᑯᔥᑐᐃ **waapamekushtui** p,lieu ♦ la collectivité, la communauté ou le village de Whapmagoostui, anciennement Poste-de-la-Baleine

•ᐊᐸᒣᑯᔥᑑᔥᑎᒃ **waapamekushtuushtikw** ni -um ♦ la Grande rivière de la Baleine

•ᐊᐸᒣᑯᔮᓐ **waapamekuyaan** na ♦ de la peau de baleine

•ᐊᐸᒣᒄ **waapamekw** na ♦ un béluga, un bélouga, une baleine blanche *Delphinapterus leucas*

•ᐊᐸᒥᐹᑎᓲ **waapamipaatisuu** vai reflex ♦ il/elle (par ex, un orignal) se regarde dans l'eau (son reflet)

•ᐊᐸᒥᐹᑕᒼ **waapamipaatam** vti ♦ il/elle le regarde à travers l'eau (par ex. vérifier les pièges à castor au fond de l'eau)

•ᐊᐸᒥᒑᐦᑯᒣᐤ **waapamichaahkumeu** vta ♦ il/elle scrute pour elle/lui, la/le cherche en utilisant un miroir, la surface de l'eau

•ᐊᐸᒥᒑᐦᑯᒫᓐ **waapamichaahkumaan** ni ♦ de la clairvoyance (trouver des objets en regardant dans l'eau, un miroir, etc.)

•ᐊᐸᒥᔅᑯᔥ **waapamiskush** na dim ♦ un jeune castor albinos

•ᐊᐸᒥᔅᒄ **waapamiskw** na ♦ un castor albinos

•ᐊᐸᒫᐅᓱᐎᓐ **waapamaausuwin** ni ♦ un accouchement, le fait de donner naissance à un enfant

•ᐊᐸᒫᐅᓱ **waapamaausuu** vai -u ♦ il/elle accouche ou donne naissance

•ᐊᐸᓂᑳᐴ **waapanikaapuu** vai -uu ♦ il/elle est debout là jusqu'à l'aube

•ᐊᐸᓂᓱ **waapanisuu** na ♦ l'Esprit de l'Est

•ᐊᐸᓂᔑᓐ **waapanishin** vai ♦ il/elle reste au lit jusqu'au matin

•ᐊᐸᓂᔥᑎᓐ **waapanishtin** vii ♦ ça souffle jusqu'au matin

•ᐊᐸᓂᐦᒁᒨ **waapanihkwaamuu** vai -u ♦ il/elle dort jusqu'à l'aube

•ᐊᐸᓃᐌᐤ **waapaniiweu** vii ♦ c'est un vent d'est

•ᐊᐸᓄᐦᑌᐤ **waapanuhteu** vai ♦ il/elle marche jusqu'à l'aube

•ᐊᐸᓅᑖᐅᐄᓅ **waapanuutaauiinuu** na -niim [Intérieur] ♦ une personne de l'Est

•ᐊᐸᓅᑖᐅᐄᔩᔫ **waapanuutaauiiyiyuu** na -yiim [Côte] ♦ un Indien ou une Indienne de l'Est

•ᐊᐸᓅᑖᐦᒡ **waapanuutaahch** p,lieu ♦ le côté est, l'est

•ᐊᐸᓇᒐᐦᑯᔥ **waapanachahkush** na dim ♦ l'étoile du matin, Vénus

•ᐊᐸᓇᐦᐊᒼ **waapanaham** vti ♦ il/elle arrive, rentre à la maison à l'aube

•ᐊᐸᓐ **waapan** vii ♦ c'est l'aube, la pointe du jour

•ᐊᐸᔅᑯᔥ **waapaskush** na dim ♦ un jeune ours polaire, un ourson *Ursus maritimus*

•ᐊᐸᔅᑯᔮᓐ **waapaskuyaan** na ♦ une peau d'ours polaire

•ᐊᐸᔅᒄ **waapaskw** na ♦ un ours polaire *Ursus maritimus*

•ᐊᐸᔁᑳᐤ **waapaschuukaau** vii ♦ c'est de la boue blanche

•ᐊᐸᔁᒋᓲ **waapaschuuchisuu** vai -i ♦ c'est de la boue blanche

•ᐊᐸᔕᑲᔦᐤ **waapashakayeu** vai ♦ il/elle a la peau blanche

•ᐊᐸᐦᐆ **waapahuu** vai -u ♦ il/elle s'habille en blanc

•ᐊᐸᐦᑌᐤ **waapahteu** vta ♦ il/elle voit ses traces, sa piste

•ᐛᐸ"ᑎᐦᓂᔫ waapahtiyeu vta ♦ il/elle lui montre quelque chose

•ᐛᐸ"ᑎᐎᐎᓐ waapahtiiwewin ni ♦ la vision, la vue (de quelque chose ou quelqu'un)

•ᐛᐸ"ᑕᒻ waapahtam vti ♦ il/elle le voit

•ᐛᐸ"ᒋ waapahche p,time ♦ demain, lit. 'quand ce sera le matin' (forme du conjonctif du verbe *waapan*)

•ᐛᐸ"ᒋᔩᔥ waapahcheshiish na dim ♦ un jeune renard arctique, un renardeau *Alopex lagopus*

•ᐛᐸ"ᒋᓲᔮᓐ waapahcheshuyaan na ♦ une peau de renard blanc

•ᐛᐸ"ᒋᔔ waapahcheshuu na -iim ♦ un renard arctique *Alopex lagopus*

•ᐛᐸᐅᐦᑳᐤ waapaauhkaau vii ♦ c'est du sable blanc

•ᐛᐸᐤ waapaau vii ♦ c'est blanc

•ᐛᐸᐯᑲᓐ waapaapekan vii ♦ c'est blanc (filiforme)

•ᐛᐸᐯᒋᓲ waapaapechisuu vai -i ♦ il est blanc, elle est blanche (filiforme)

•ᐛᐸᐱᔅᑳᐤ waapaapiskaau vii ♦ c'est blanc (pierre, métal)

•ᐛᐸᐱᔅᒋᓲ waapaapischisuu vai -i ♦ il est blanc, elle est blanche (pierre, métal)

•ᐛᐸᐴᓈᓐ waapaapuunaan ni ♦ le blanc de l'oeil, le blanc des yeux

•ᐛᐸᑯᓂᑳᐤ waapaakunikaau vii ♦ la neige est blanche

•ᐛᐸᑲᒨ waapaakamuu vai/vii ♦ il est laiteux, elle est laiteuse; c'est laiteux; c'est un liquide blanc

•ᐛᐸᔅᐱᓲ waapaaspisuu vai -u ♦ il/elle porte des vêtements blancs

•ᐛᐸᔅᑯᓐ waapaaskun vii ♦ c'est blanc (long et rigide)

•ᐛᐸᔅᑲᑎᓐ waapaaskatin vii ♦ c'est blanchi par le gel

•ᐛᐸᔨᐧᐁᐤ waapaayiweu vai ♦ il/elle a une queue blanche

•ᐛᐸᐦᒋᒄ waapaahchikw na ♦ un phoque blanc

•ᐛᑎᑯᒦᒋᑯᔒᔥ waatikumiichikushiish na dim ♦ une hirondelle de rivage, une hirondelle des sables *Riparia riparia*, littéralement 'une hirondelle des trous'

•ᐙᑎᑰ waatikuu vai -u ♦ il/elle a un terrier, un trou

•ᐙᑎᒄ waatikw ni -um ♦ un trou, un terrier, une tanière

•ᐙᑎᐦᒉᐤ waatihcheu vai ♦ il (un castor) creuse un tunnel le long de la berge

•ᐙᑦ waat ni -im ♦ un tunnel de castor

•ᐙᑲᒨ waakamuu vii -u ♦ le sentier est courbe

•ᐙᑲᒨᐦᑖᐤ waakamuuhtaau vai+o ♦ il/elle fait un chemin sinueux, un sentier en courbe

•ᐙᑲᓯᓈᑌᐤ waakasinaateu vii ♦ c'est tracé ou dessiné de travers

•ᐙᑲᓯᓈᓲ waakasinaasuu vai -u ♦ il/elle est dessiné-e de travers

•ᐙᑲᐦᑎᓐ waakahtin vii ♦ le tunnel fait un coude; il y a une courbe dans le tunnel

•ᐙᑳᐅᑲᓀᐤ waakaaukaneu vai [Intérieur] ♦ il/elle a le dos voûté ou courbé

•ᐙᑳᐅᑲᓀᐱᑌᐤ waakaaukanepiteu vta [Intérieur] ♦ il/elle la/le plie, courbe vers l'avant

•ᐙᑳᐅᑲᓀᐴ waakaaukanepuu vai -i [Intérieur] ♦ il/elle est assis-e avec le dos courbé ou voûté

•ᐙᑳᐅᑲᓀᔫ waakaaukaneyuu vai -i ♦ il/elle se courbe le dos

•ᐙᑳᐤ waakaau vii ♦ c'est croche, plié

•ᐙᑳᐯᑲᓐ waakaapekan vii ♦ c'est courbé, plié (long et rigide)

•ᐙᑳᐯᒋᓲ waakaapechisuu vai -i ♦ il/elle est incurvé-e, courbé-e, plié-e (filiforme)

•ᐙᑳᐱᑌᐤ waakaapiteu vai ♦ il/elle a les dents croches ou crochues

•ᐙᑳᐱᔅᑳᐤ waakaapiskaau vii ♦ c'est plié (pierre, métal)

•ᐙᑳᐱᔅᒋᓲ waakaapischisuu vai -i ♦ il/elle est voûté-e, courbé-e, plié-e (pierre, métal)

•ᐙᑳᐱᐦᒉᓀᐤ waakaapihcheneu vta ♦ il/elle la/le plie, courbe à la main (filiforme)

•ᐙᑳᐱᐦᒉᓇᒻ waakaapihchenam vti ♦ il/elle le plie, le courbe (filiforme) à la main

ᐛᑲᐱᐦᒋᔑᓇ waakaapihcheshin vai ♦ il/elle est étendu-e ou couché-e dans une position pliée, recourbée, inclinée

ᐛᑲᑎᒦᐤ waakaatimiiu vii ♦ le chenal prend un virage; il y a un coude dans le chenal

ᐛᑲᐢᑯᐱᑌᐤ waakaaskupiteu vta ♦ il/elle la/le plie, courbe (long et rigide, un arbre)

ᐛᑲᐢᑯᐱᑕᒼ waakaaskupitam vti ♦ il/elle le replie, le fléchit, le courbe (long et rigide)

ᐛᑲᐢᑯᑎᐦᒉᐤ waakaaskutihcheu vai ♦ il/elle a les doigts croches ou crochus

ᐛᑲᐢᑯᓐ waakaaskun vii ♦ c'est plié (long et rigide)

ᐛᑲᐢᑯᓱᐤ waakaaskusuu vai-i ♦ il/elle est courbé-e, plié-e, incurvé-e (long et rigide)

ᐛᑲᐢᑲᑎᓐ waakaaskatin vii ♦ c'est gelé plié; c'est plié par le gel

ᐛᑲᐢᑲᒋᐤ waakaaskachuu vai-i ♦ il/elle est congelé-e plié-e; il/elle est courbé-e par la congélation

ᐛᑲᔨᐌᐤ waakaayiweu vai ♦ il/elle a la queue courbée

ᐛᑳᐦᐧᑫᐦᐄᑲᓈᐦᑎᒃ waakaahkwehiikanaahtikw ni ♦ un bloc de bois pour former la courbe de la tête d'une raquette pointue

ᐛᑳᐦᑲᑎᓱᐤ waakaahkatisuu vai-u ♦ il/elle gauchit ou se tord en séchant

ᐛᑳᐦᑲᑐᑌᐤ waakaahkatuteu vii ♦ ça gauchit, se plie ou se tord en séchant

ᐛᒋᐱᑌᐤ waachipiteu vta ♦ il/elle la/le plie, courbe en tirant

ᐛᒋᐱᑕᒼ waachipitam vti ♦ il/elle le plie, le courbe en tirant

ᐛᒋᐱᐢᑯᓀᐤ waachipiskuneu vai [Côte] ♦ il/elle a le dos courbé, voûté; il/elle se courbe le dos

ᐛᒋᐱᐢᑯᓀᐱᑌᐤ waachipiskunepiteu vta ♦ il/elle la/le plie vers l'arrière

ᐛᒋᐱᐢᑯᓀᐳ waachipiskunepuu vai-i ♦ il/elle est assis-e avec le dos courbé, voûté

ᐛᒋᐸᔫ waachipayuu vai/vii-i ♦ il/elle/ça plie

ᐛᒋᑯᑌᐤ waachikuteu vai ♦ il/elle a un nez courbé

ᐛᒋᑲᒫᐤ waachikamaau vii ♦ c'est un lac croche

ᐛᒋᑳᑌᐤ waachikaateu vai ♦ il/elle marche avec les genoux cambrés

ᐛᒋᓀᐤ waachineu vta ♦ il/elle la/le plie

ᐛᒋᓂᒥᐢᑯᐦᑐᔦᐤ waachinimiskuhtuyeu vai ♦ il/elle plie des perches pour faire des tenderus à peaux de castor

ᐛᒋᓂᓵᒣᐤ waachinisaameu vai ♦ il/elle plie des cadres de raquettes

ᐛᒋᓇᒼ waachinam vti ♦ il/elle le plie, le fléchit, le courbe

ᐛᒋᓈᐤ waachinaau na [Intérieur] ♦ une membrure de canot

ᐛᒋᓈᑲᓂᐦᑕᒃ waachinaakanihtakw na ♦ du bois de mélèze sec

ᐛᒋᓈᑲᓐ waachinaakan na ♦ un mélèze laricin, un mélèze d'Amérique *Larix laricina*

ᐛᒋᓲ waachisuu vai-i ♦ il/elle est plié-e, courbé-e

ᐛᒋᔥᑎᒁᐤ waachishtikwaau vii ♦ c'est une rivière courbe

ᐛᒋᔥᑯᐌᐤ waachishkuweu vta ♦ il/elle la/le plie, courbe avec son poids

ᐛᒋᔥᑲᒼ waachishkam vti ♦ il/elle le plie, le fléchit avec le poids de son corps

ᐛᒋᔦ waachiye p,interjection ♦ salut, allô, de l'anglais 'what cheer'

ᐛᒋᔦᒣᐤ waachiyemeu vta ♦ il/elle l'accueille

ᐛᒋᔦᐦᒄ waachiyehkw p,interjection ♦ salut, allô, de l'anglais 'what cheer', pour saluer plus d'une personne

ᐛᒋᐁᐤ waachiheu vta ♦ il/elle la/le courbe, plie

ᐛᒋᐦᑎᓐ waachihtin vii ♦ ça se plie en tombant; la rivière fait un coude, prend un virage

ᐛᒋᐦᑖᐤ waachihtaau vai+o ♦ il/elle le courbe, le plie ou le fléchit

ᐛᒋᐦᑲᓲ waachihkasuu vai-u ♦ il/elle est plié-e, courbé-e ou déformé-e par la chaleur

ᐛᒋᐦᑲᑌᐤ waachihkahteu vii ♦ c'est plié par la chaleur

ᐧᐋᑳᐦᐦᑫᐧᓂᑲᓐ waachiihkwenikan ni ◆ une tête courbée de raquette, de toboggan

ᐧᐋᒡ waach na -im ◆ une montre, une horloge, de l'anglais 'watch'

ᐧᐋᓂᑳᑕᐦᐊᒻ waanikaataham vti ◆ il/elle le porte sur l'épaule

ᐧᐋᓂᔒᔨᒣᐤ waanischeyimeu vta ◆ il/elle a confiance dans sa capacité de s'en occuper

ᐧᐋᓂᔒᔨᐦᑕᒼ waanischeyihtam vti ◆ il/elle a confiance dans sa capacité de faire quelque

ᐧᐋᓈᐹᐌᐤ waanaapaaweu vta redup ◆ il/elle a de la difficulté à reprendre son souffle après avoir été dans l'eau

ᐧᐋᓭᐸᔫ waasepayuu vii -i ◆ ça se dégage (le ciel, la température)

ᐧᐋᓭᒋᓲ waasechisuu vai -i ◆ il est blanc, elle est blanche (étalé) et se voit de loin quand le soleil brille dessus

ᐧᐋᓭᒋᔅᑌᐤ waasechisteu vii ◆ un objet blanc (étalé) peut se voir de loin quand le soleil brille dessus

ᐧᐋᓭᒋᐦᑯᑲᓐ waasechihkukan vii ◆ c'est une nuit étoilée

ᐧᐋᓭᓂᐦᑖᑲᓈᐱᔅᒄ waasenihtaakanaapiskw ni ◆ une vitre ou un carreau de fenêtre; un globe de lampe

ᐧᐋᓭᓂᐦᑖᑲᓈᐦᑎᒄ waasenihtaakanaahtikw ni -um ◆ un châssis, un encadrement ou cadre de fenêtre, un dormant de fenêtre

ᐧᐋᓭᓂᐦᑖᑲᓐ waasenihtaakan ni ◆ une fenêtre, un châssis

ᐧᐋᓭᔅᑯᓀᐅᒋᔒᔥ waaseskuneuchishiish na dim ◆ un roitelet à couronne rubis *Regulus calendula*, un roitelet à couronne dorée *Regulus satrapa*

ᐧᐋᓭᔅᑯᓂᐸᔫ waaseskunipayuu vii -i ◆ ça se dégage, le jour devient clair et ensoleillé

ᐧᐋᓭᔅᑯᓃᐌᐤ waaseskuniiweu vii ◆ c'est un jour clair, venteux

ᐧᐋᓭᔅᑯᓈᑯᓐ waaseskunaakun vii ◆ c'est turquoise

ᐧᐋᓭᔅᑯᓈᑯᓲ waaseskunaakusuu vai -i ◆ il/elle paraît turquoise

ᐧᐋᓭᔅᑯᓐ waaseskun vii ◆ c'est un jour clair avec un ciel bleu

ᐧᐋᓭᔮᐤ waaseyaau vii ◆ c'est le jour, la lumière du jour

ᐧᐋᓭᔮᐱᔅᑳᐤ waaseyaapiskaau vii ◆ c'est clair (pierre, métal)

ᐧᐋᓭᔮᐱᔅᒋᑌᐤ waaseyaapischiteu vii ◆ c'est brillant (pierre, métal)

ᐧᐋᓭᔮᐱᔅᒋᓲ waaseyaapischisuu vai -i ◆ il/elle est brillant-e (métal, pierre); il/elle est clair-e (comme le verre)

ᐧᐋᓭᔮᐸᓐ waaseyaapan vii ◆ la lumière du matin est visible

ᐧᐋᓯᐯᒋᔑᒣᐤ waasipechishimeu vta ◆ il/elle la/le jette à l'eau en faisant des éclaboussures

ᐧᐋᓯᐯᐦᒋᑖᐤ waasipehchitaau vai+o ◆ il/elle (par ex. un filet) fait éclabousser l'eau

ᐧᐋᓯᐯᓲ waasipesuu vai -i ◆ il/elle brille à cause de la sueur

ᐧᐋᓯᐴ waasipuu vai -i ◆ il/elle brille au soleil

ᐧᐋᓯᐹᒁᐤ waasipaakwaau vii ◆ le fond de la rivière, du lac est visible parce que l'eau est claire, peu profonde

ᐧᐋᓯᑌᐤ waasiteu vii ◆ ça brille parce que c'est au soleil

ᐧᐋᓯᑯᓲ waasikusuu vai -i ◆ il/elle est brillant-e; il/elle brille au soleil

ᐧᐋᓯᑯᔥᑌᐤ waasikushteu vii ◆ c'est brillant; ça brille au soleil

ᐧᐋᓯᑯᐦᐊᒻ waasikuham vti ◆ il/elle le polit et le fait briller

ᐧᐋᓯᑯᐦᐌᐤ waasikuhweu vta ◆ il/elle la/le fait briller, reluire

ᐧᐋᓯᑲᒣᐤ waasikameu vta ◆ il (un castor) a grugé l'écorce d'un arbre qui brille à la lumière

ᐧᐋᓯᑲᓀᓲ waasikanesuu vai -i ◆ on peut les voir (des os) quand le soleil brille dessus

ᐧᐋᓯᓲ waasisuu vai -i ◆ il/elle brille à la lumière

ᐧᐋᓯᔆᒎᒋᓲ waasischuuchisuu vai -i ◆ il/elle est clair-e (substance gluante)

ᐧᐋᓯᐦᑯᐸᔨᐦᐁᐤ waasihkupayiheu vta ◆ il/elle la/le fait briller, scintiller (par ex. un pantalon)

ᐋᔒᐦᑯᐸᔨᐦᑖᐤ waasihkupayihtaau vai+o
* il/elle le fait briller, chatoyer (par ex. un manteau)

ᐋᔒᐦᑯᐸᔫ waasihkupayuu vai/vii
* il/elle/ça scintille

ᐋᔒᐦᑯᐧᔈᑌᐸᔫ waasihkushtepayuu vai/vii
* il/elle/ça brille, scintille, étincelle

ᐋᐛᓴᐱᔅᒋᑌᐤ waasaapischiteu vii ♦ c'est brillant (pierre, métal)

ᐛᓴᐱᔅᒋᓲ waasaapischisuu vai-i ♦ il/elle est brillant-e (pierre, métal)

ᐛᔕᔅᑯᐯᐤ waasaaskupeu vii ♦ c'est une zone boisée inondée

ᐛᔕᔅᑯᑌᐤ waasaaskuteu vii ♦ c'est brillant (long et rigide)

ᐛᔕᔅᑯᓱ waasaaskusuu vai-i ♦ il/elle est brillant-e (long et rigide)

ᐛᔕᐦᐊᓐ waasaahan vii ♦ les vagues se brisent dans un grand vent

ᐛᔕᐦᑐᐧᐁᐤ waasaahtuweu vai ♦ il (un porc-épic) gruge l'écorce d'un arbre qui devient blanc, brillant à la lumière

ᐛᐢᕚᓂᐱ waaswaanipii ni ♦ Waswanipi

ᐋᔅᐱᑌᐤ waaspiteu vta ♦ il/elle l'habille

ᐋᔅᐱᑖᐦᐄᐯᐤ waaspitahiipeu vai ♦ il/elle ravaude un filet

ᐋᔅᐱᑖᐦᐄᐹᓐ waaspitahiipaan ni ♦ de la ficelle pour réparer ou ramender les filets

ᐋᔅᐱᑕᐦᐊᐅᓲ waaspitahausuu vai-u
* il/elle lace un sac de mousse contenant un bébé

ᐋᔅᐱᑕᐦᐊᒼ waaspitaham vti ♦ il/elle le lace, l'attache (par ex. un chargement sur un toboggan)

ᐋᔅᐱᑕᐦᐧᐁᐤ waaspitahweu vta ♦ il/elle la/le lace (par ex. un toboggan)

ᐋᔅᐱᒐᐅᓲ waaspitaausuu vai-u ♦ il/elle habille un enfant [Intérieur]; il/elle lace le sac de mousse du bébé [Côtier]

ᐋᔅᐱᓱᔮᓐ waaspisuyaan ni ♦ un sac de mousse

ᐋᔅᐱᓱ waaspisuu vai-u [Intérieur]
* il/elle s'habille

ᐋᔅᑌᔅᒋᓲ waasteschisuu vai-i ♦ elle (la peau) est blanche à cause d'une cicatrice; la peau de son visage pèle

ᐋᔅᑌᔮᐱᔅᒋᑌᐤ waasteyaapischiteu vii
* c'est un métal brûlant, chauffé au rouge

ᐋᔅᑌᔮᐱᔅᒋᓲ waasteyaapischisuu vai-u
* c'est un métal chauffé au rouge, un métal brûlant

ᐋᔅᑎᓇᒧᐧᐁᐤ waastinamuweu vta
* il/elle lui fait signe de la main

ᐋᔅᑑᔅᑯᓐ waastuuskun vii [Côte] ♦ il y a des aurores boréales

ᐋᔅᑲᒣᔨᒣᐤ waaskameyimeu vta ♦ il/elle pense qu'une personne est alerte

ᐋᔅᑲᒣᔨᒨ waaskameyimuu vai-u
* il/elle est alerte, éveillé-e; il/elle est conscient-e de ce qui se passe

ᐋᔅᑲᒣᔨᐦᑕᒼ waaskameyihtam vti
* il/elle réfléchit bien, a les idées claires (utilisé à la forme négative: il/elle n'a pas les idées claires, n'est pas trop intelligent-e, n'a pas toute sa tête)

ᐋᔅᑲᒥᑌᐦᐁᐤ waaskamiteheu vai
* il/elle a un coeur pur

ᐋᔅᑲᒥᓈᑯᓐ waaskaminaakun vii ♦ le ciel paraît clair, dégagé

ᐋᔅᑲᒥᓈᑯᓲ waaskaminaakusuu vai-i
* il/elle semble clair-e

ᐋᔅᑲᒥᓰᐤ waaskamisiiu vai ♦ il revient à lui, elle revient à elle; il/elle est ranimé-e, réanimé-e; il/elle dégrise après avoir bu

ᐋᔅᑲᒥᐦᐁᐤ waaskamiheu vta ♦ il/elle la/le ranime

ᐋᔅᑲᒥᐦᑖᑯᓐ waaskamihtaakun vii
* c'est clair et intelligible (un bruit, la radio)

ᐋᔅᑲᒥᐦᑖᑯᓲ waaskamihtaakusuu vai-i
* sa voix s'entend clairement; sa voix est audible, claire

ᐋᔅᑲᒧᐧᐁᐤ waaskamuweu vai ♦ il/elle a la voix claire

ᐋᔅᑲᒪᐱᔅᑲᐦᐧᐁᐤ waaskamapiskahweu vta
* il/elle la/le polit, fait briller, fait reluire (du métal)

ᐋᔅᑲᒫᐤ waaskamaau vii ♦ c'est un jour clair, dégagé

ᐋᔅᑲᒪᐱᔅᑲᐦᐊᒼ waaskamaapiskaham vti
* il/elle le polit, le fait briller (métal)

ᐋᔅᑲᒪᐱᔅᑳᐤ waaskamaapiskaau vii
* c'est poli, brillant (métal)

ᐋᔅᑲᒪᐱᔅᒋᓀᐤ waaskamaapischineu vta
* il/elle la/le polit, fait briller à la main (du métal)

ᐊᔅᑲᐱᔅᓯᓇᒧ waaskamaapischinam vti
• il/elle le polit, le fait briller (métal) à la main

ᐊᔅᑲᐱᔅᓯᓲ waaskamaapischisuu vai -i
• il/elle est poli-e; il/elle brille (métal)

ᐊᔅᑲᐱᔅᓯᐦᑖᐤ waaskamaapischihtaau vai+o • il/elle ravive la couleur, polit, fait briller (métal)

ᐊᔅᑲᒫᑯᓂᑳᐤ waaskamaakunikaau vii
• la neige est propre, brillante

ᐊᔅᑲᓄᐌᐤ waaskanuweu vii • les traces sont très visibles

ᐊᔅᑲᓄᐌᑌᐤ waaskanuweteu vii [Côte]
• c'est visible dans la neige de l'autre côté de l'eau

ᐊᔅᑲᓄᐌᐦᐊᒥ waaskanuweham vti
• ses traces sont visibles après une tempête

ᐊᔅᑲᓄᓲ waaskanuusuu vai -u • on voit des traces au loin (par ex. de l'autre côté de la rivière, du lac)

ᐊᔅᑳ waaskaa p,lieu • autour, alentour, tout autour ▪ ᒌᐌ ᐊᔅᑳ ᐄᐦᒡᑖ ᐊᐧᑕᓐᐦ ▪ Il y a des fleurs tout autour.

ᐊᔅᑳᐱᑕᒥ waaskaapitam vti • il/elle déchire autour de quelque chose; il/elle brode autour de quelque chose [Côtier]

ᐊᔅᑳᐱᔅᑐᐌᒡ waaskaapishtuweuch vta pl • ils/elles s'assoient en cercle autour d'elle/de lui

ᐊᔅᑳᐱᔥᑖᑐᐎᒡ waaskaapishtaatuwich vai pl recip -u • ils/elles sont assis en groupes; ils/elles sont assis en cercle ou en rond

ᐊᔅᑳᐳᐎᒡ waaskaapuwich vai pl -i • ils sont assis autour de quelque chose, elles sont assises autour de quelque chose

ᐊᔅᑳᐳᑖᐤ waaskaaputaau vai+o • il/elle scie autour

ᐊᔅᑳᐳᔦᐤ waaskaapuyeu vta • il/elle scie autour de quelque chose

ᐊᔅᑳᐳᐦᒉᐤ waaskaapuhcheu vai
• il/elle scie autour des choses, fait du découpage

ᐊᔅᑳᐸᔨᔥᑐᐌᐤ waaskaapayishtuweu vta
• il/elle la/le contourne en vitesse

ᐊᔅᑳᐸᔨᐦᑖᐤ waaskaapayihtaau vai+o
• il/elle en passe ou en donne à ceux qui sont assis; il/elle en distribue à la ronde

ᐊᔅᑳᐸᔪᐤ waaskaapayuu vii -i • ça contourne quelque chose en véhicule

ᐊᔅᑳᑳᐳᔥᑕᒧᒡ waaskaakaapushtamuch vti pl [Côte] • ils/elles sont debout autour, se tiennent autour de quelque chose

ᐊᔅᑳᑳᐳᐎᒡ waaskaakaapuuwich vai pl -uu
• ils/elles sont debout autour de quelque chose; ils/elles entourent

ᐊᔅᑳᑳᐳᐦᐁᐤ waaskaakaapuuheu vta
• il/elle les met debout, les dresse en cercle

ᐊᔅᑳᑳᐳᐦᑖᐤ waaskaakaapuuhtaau vai+o
• il/elle le pose, l'installe ou le met debout en cercle ou en rond

ᐊᔅᑳᒀᑌᐤ waaskaakwaateu vta • il/elle coud autour de quelque chose

ᐊᔅᑳᒀᑕᒥ waaskaakwaatam vti • il/elle coud autour de quelque chose

ᐊᔅᑳᒀᒋᑲᓐ waaskaakwaachikan ni
• une pièce supplémentaire cousue à la base de la tente pour la garder en place

ᐊᔅᑳᒣᓂᔅᒋᐦᑲᐦᑐᐌᐤ waaskaamenischihkahtuweu vta
• il/elle monte une clôture autour de quelque chose, la/le clôture

ᐊᔅᑳᒣᓂᔅᒋᐦᑲᐦᑕᒥ waaskaamenischihkahtam vti • il/elle pose une clôture autour, le clôture

ᐊᔅᑳᒣᓂᔥᒡ waaskaamenischuu vii -uu
• c'est clôturé

ᐊᔅᑳᒧᐦᐁᐤ waaskaamuheu vta • il/elle la/le pose, dresse autour (par ex. des murs)

ᐊᔅᑳᒧᐦᑖᐤ waaskaamuhtaau vai+o
• il/elle le met autour

ᐊᔅᑳᒨ waaskaamuu vii -u • la route, le sentier contourne quelque chose

ᐊᔅᑲᐱᔅᑯᔫ waaskaamaapiskushuu vai -i • il/elle est complètement éveillé-e ou réveillé-e

ᐊᔅᑲᒫᑎᓰᐤ waaskaamaatisiiu vai
• il/elle est sain-e d'esprit, sensé-e, raisonnable

ᐊᔅᑳᓇᒥ waaskaanam vti • il/elle le façonne tout autour

ᐧᐊᕽᑳᕁᓄ waaskaanaascheu vai
 ♦ il/elle pose des branches contre la neige autour du mur interne du tipi

ᐧᐊᕽᑳᓯᓂᔥᑕᒻ waaskaasinishtam vti
 ♦ il/elle brode autour de quelque chose

ᐧᐊᕽᑳᓯᓇᐦᐊᒻ waaskaasinaham vti
 ♦ il/elle dessine une ligne autour de quelque chose

ᐧᐊᕽᑳᓯᓇᐦᐌᐤ waaskaasinahweu vta
 ♦ il/elle dessine un cercle, fait une ligne autour de quelque chose

ᐧᐊᕽᑳᔅᒋᓇᒻ waaskaaschinam vti ♦ il/elle plante des bâtons autour (par ex. un piège, avec un espace pour laisser passer le castor)

ᐧᐊᕽᑳᔈᐤ waaskaashweu vta ♦ il/elle la/le coupe autour

ᐧᐊᕽᑳᔑᒣᐤ waaskaashimeu vta ♦ il/elle les pose en cercle, autour de quelque chose

ᐧᐊᕽᑳᔑᒧᔥᑐᐌᐅᒡ waaskaashimushtuweuch vta pl
 ♦ ils/elles sont étendu-e-s autour d'elle/de lui

ᐧᐊᕽᑳᔑᒧᔥᑕᒨᒡ waaskaashimushtamuch vti pl ♦ ils/elles sont étendu-e-s autour de quelque chose

ᐧᐊᕽᑳᔑᓄᒡ waaskaashinuch vai pl ♦ ils sont étendus ou disposés en cercle, elles sont étendues ou disposées en cercle

ᐧᐊᕽᑳᔌᒻ waaskaasham vti ♦ il/elle coupe, découpe autour de quelque chose

ᐧᐊᕽᑳᔥᑕᐦᐄᑲᓐ waaskaashtahiikan ni
 ♦ un mur ou pan de tente

ᐧᐊᕽᑳᔥᑕᐦᐊᒻ waaskaashtaham vti
 ♦ il/elle le coud tout autour

ᐧᐊᕽᑳᔥᑕᐦᐌᐤ waaskaashtahweu vta
 ♦ il/elle la/le coud tout autour

ᐧᐊᕽᑳᔥᑯᐌᐤ waaskaashkuweu vta
 ♦ il/elle marche autour d'elle/de lui

ᐧᐊᕽᑳᔮᐤ waaskaayaau vii ♦ c'est tout autour de quelque chose

ᐧᐊᕽᑳᔮᐱᐦᒉᔈᐤ waaskaayaapihcheshweu vta ♦ il/elle en coupe la bordure, le pourtour (une peau de fourrure)

ᐧᐊᕽᑳᔮᐱᐦᒉᔑᑲᓐ waaskaayaapihcheshikan ni ♦ une lanière coupée au pourtour d'une peau

ᐧᐊᕽᑳᔮᐱᐦᒉᔍᒻ waaskaayaapihchesham vti ♦ il/elle en découpe les bords, les rebords

ᐧᐊᕽᑳᔮᑎᔫ waaskaayaatiyuu vai ♦ il y a un cercle autour de la lune ou du soleil

ᐧᐊᕽᑳᐦᐁᐤ waaskaaheu vta ♦ il/elle les place tout autour

ᐧᐊᕽᑳᐦᐄᑲᓂᔥ waaskaahiikanish ni dim -im
 ♦ le village, la collectivité ou la communauté de Waskaganish (anciennement Rupert House)

ᐧᐊᕽᑳᐦᐄᑲᓐ waaskaahiikan ni ♦ une maison, une habitation, une demeure

ᐧᐊᕽᑳᐦᑌᐤ waaskaahteu vai ♦ il/elle marche autour du périmètre

ᐧᐊᕽᑳᐦᑎᑖᐤ waaskaahtitaau vai+o ♦ il/elle le met autour (comme une clôture)

ᐧᐊᕽᑳᐦᑯᑖᒉᐤ waaskaahkutaacheu vai
 ♦ il/elle taille, découpe autour de quelque chose

ᐧᐊᔥᒀᐦᑌᒥᐦᒡ waaskwaahtemihch p,lieu
 ♦ devant, à l'opposé ou en face de l'entrée de l'habitation

ᐧᐊᔐᑎᓐ waashetin vii ♦ la glace est gelé et transparent comme du cristal

ᐧᐊᔐᑲᒣᐤ waashekameu vta ♦ il (un castor) gruge l'écorce d'un arbre et le blanchit, le fait briller

ᐧᐊᔐᑲᒫᐤ waashekamaau vii ♦ c'est un liquide clair, transparent

ᐧᐊᔐᑳᐦᑐᐌᐤ waashekahtuweu vta ♦ il (un castor) gruge l'écorce d'un arbre et le blanchit, le fait briller

ᐧᐊᔐᓯᒃᒑᐤ waashesikwaau vii ♦ la glace est claire

ᐧᐊᔐᔓᑳᐤ waasheschuukaau vii ♦ c'est clair (substance gluante)

ᐧᐊᔐᔮᐱᔅᑳᐤ waasheyaapiskaau vii
 ♦ c'est brillant, clair (pierre, métal)

ᐧᐊᔐᔮᐱᔅᒋᓲ waasheyaapischisuu vai -i
 ♦ il/elle est brillant-e (pierre, métal); il/elle est clair-e

ᐧᐊᔐᔮᐱᔅᒋᓲ waasheyaapischisuu vai -i
 ♦ c'est de l'argent (métal)

ᐧᐊᔐᔮᑎᐦᐯᐤ waasheyaatihpeu vai
 ♦ il/elle est chauve

ᐧᐊᔐᔮᑎᐦᐹᓐ waasheyaatihpaan nid
 ♦ sa tête chauve

ᐚᔦᑲᒧᔨ waasheyaakamuu vii -i ♦ c'est de l'eau claire

ᐚᔦᑲᒫᐤ waasheyaakamaau vii ♦ c'est un cours d'eau claire (par ex. un lac)

ᐚᔑᑳᒣᐹᔨᐤ waashikaamepayiheu vta ♦ il/elle la/le passe à la ronde, la/le distribue aux personnes assises autour

ᐚᔑᑳᒣᐹᔨᐦᑖᐤ waashikaamepayihtaau vai+o ♦ il/elle le passe, le distribue aux personnes assises autour

ᐚᔑᑳᒣᐹᔫ waashikaamepayuu vai/vii -i ♦ il/elle/ça fait tout le tour d'un lac; c'est passé, distribué à la ronde

ᐚᔑᑳᒣᐸᐦᑖᐤ waashikaamepahtaau vai ♦ il/elle court partout en rond

ᐚᔑᑳᒣᑖᐺᐤ waashikaametaapeu vai ♦ il/elle tire quelque chose tout autour (lac)

ᐚᔑᑳᒣᑖᐹᑌᐤ waashikaametaapaateu vta ♦ il/elle la/le tire tout autour de quelque chose (un lac)

ᐚᔑᑳᒣᔥᑲᒻ waashikaameshkam vti ♦ il/elle marche autour (une courbe, un lac, une île)

ᐚᔑᑳᒣᔮᐤ waashikaameyaau vii ♦ c'est un lac dont on peut faire le tour à pied

ᐚᔑᑳᒣᔮᔨᐌᐸᐦᑖᐤ waashikaameyaayiwepahtaau vai ♦ il/elle court tout autour d'un plan d'eau

ᐚᔑᑳᒻ waashikaam p,lieu ♦ une courbe, en cercle ou en rond autour de quelque chose ■ ᐚᔑᑲᒻ ᐅᑦ ᐊᐅᑦ ᑳᐦᐄᐳᑕᒡ ᐃᑦᐤᐤᓪ ■ *Il marche autour du lac sur la rive.*

ᐚᔑᐦᐄᓯᑯᐹᔫ waashihiisikupayuu vii -i ♦ la glace commence à bouger au bord de la baie

ᐚᔑᐦᐄᓯᒀᐤ waashihiisikwaau vii ♦ il y a de la glace au pourtour de la baie

ᐚᔕᐦᐁᑲᓐ waashahekan vii ♦ ça a un rebord recourbé; c'est croche (étalé)

ᐚᔕᐦᐁᒋᓲ waashahechisuu vai -i ♦ il/elle a un bord courbé, une bordure tordue (étalé)

ᐚᔕᐦᐄᑎᓈᐤ waashahiitinaau vii ♦ c'est une montagne en forme de fer à cheval

ᐚᔕᐦᐄᑕᑳᐤ waashahiitakaau vii ♦ c'est en forme de sac (bois utile)

ᐚᔕᐦᐄᑖᐅᐦᑳᐤ waashahiitaauhkaau vii ♦ c'est une crête de sable en forme de fer à cheval

ᐚᔕᐦᐊᔔᑳᐤ waashahaschuukaau vii ♦ le pourtour de la baie est boueux

ᐚᔕᐦᐊᐅᑳᐤ waashahaaukaau vii ♦ le pourtour de la baie est sablonneux

ᐚᔕᐦᐋᐤ waashahaau vii ♦ c'est une baie

ᐚᔕᐦᐋᑯᓀᐦᐊᒻ waashahaakuneham vti ♦ il/elle creuse la neige en forme de baie

ᐚᔕᐦᐋᑯᓂᑳᐤ waashahaakunikaau vii ♦ la neige est en forme de fer à cheval

ᐚᔕᐦᐋᔓ waashahaashuu vii dim -i ♦ c'est une petite baie

ᐚᔖᐅᑲᒥᒄ waashaaukamikw ni ♦ une habitation faite de quatre poteaux dressés au-dessus desquels on attache des perches horizontalement

ᐚᔖᐅᓰᐲ waashaausiipii ni ♦ Washaw Siibii

ᐚᔖᐌᑎᓐ waashaawetin vii ♦ le pourtour du rivage est gelé

ᐚᔖᐌᔮᐤ waashaaweyaau vii ♦ c'est en forme de baie

ᐚᔖᐤ waashaau ni ♦ la baie Hannah

ᐚᔖᐺᐤ waashaapeu vai ♦ il/elle fait de la babiche de peau avec un outil

ᐚᔖᐹᑲᓈᐦᑎᒄ waashaapaakanaahtikw ni [Intérieur] ♦ une pièce de bois dans laquelle on fixe une lame de rasoir pour en faire un outil à couper la babiche

ᐚᔖᐹᑲᓐ waashaapaakan ni ♦ un outil pour couper la babiche ou les lanières de cuir (une lame de rasoir fixée dans un petit morceau de bois)

ᐚᔖᐹᓂᒨᐦᑯᒫᓐ waashaapaanimuuhkumaan ni ♦ un couteau servant à couper la babiche ou les lanières de cuir

ᐚᔖᐹᓈᐦᑎᒄ waashaapaanaahtikw ni [Côte] ♦ une pièce de bois dans laquelle on fixe une lame de rasoir pour en faire un outil à couper la babiche

ᐚᔥᑌᐎᓐ waashtewin ni ♦ de la lumière, un éclairage, une lampe

◁ᵁU° **waashteu** vii ◆ c'est lumineux, brillant; la lumière est allumée

◁ᵁUΛCᴸ **waashtepitam** vti ◆ il/elle allume la lumière

◁ᵁU<bσᐱᒉᴸ **waashtepakanipiisim** na [Intérieur] ◆ septembre

◁ᵁU<bᵃ **waashtepakan** vii ◆ les feuilles changent de couleur à l'automne

◁ᵁU<ᒉ **waashtepayuu** vii -i ◆ ça s'illumine; un éclair jaillit

◁ᵁU⊃° **waashteneu** vta ◆ il/elle allume la lumière pour l'éclairer

◁ᵁUσᒍ·∇° **waashtenimuweu** vta ◆ il/elle l'éclaire, lui fait de la lumière, lui donne de la lumière

◁ᵁUσᒣbσᐱᒉ **waashtenimaakanipimii** ni -m ◆ de l'huile à lampe, du pétrole lampant

◁ᵁUσᒣbσᒉᐱᐅbᒉᵈ **waashtenimaakaniyaapiiukamikw** ni ◆ une centrale électrique

◁ᵁUσᒣbᓴᐱᔑᵈ **waashtenimaakanaapiskw** ni ◆ un chandelier, un porte-chandelle, un bougeoir (en métal)

◁ᵁUσᒣbᓴ"∩ᵈ **waashtenimaakanaahtikw** ni -um ◆ un chandelier, un porte-chandelle, un bougeoir (en bois)

◁ᵁUσᒣbᵃ **waashtenimaakan** ni ◆ une lampe, une lumière, un fanal, une lanterne, une chandelle

◁ᵁUσᒣbσᒉᐱ **waashtenimaakaaniyaapii** ni -m ◆ des fils électriques

◁ᵁUσᒣᒍ **waashtenimaasuu** vai reflex -u ◆ il/elle s'éclaire ou éclaire son chemin

◁ᵁUσ"ᑊ"⊃·∇° **waashtenihkahtuweu** vta ◆ il/elle l'éclaire; il/elle dirige la lumière sur elle/lui

◁ᵁUσ"ᑊ"Cᴸ **waashtenihkahtam** vti ◆ il/elle l'éclaire, dirige une lumière sur quelque chose

◁ᵁUᴀᴸ **waashtenam** vti ◆ il/elle l'allume

◁ᵁUᔑᒉ **waashteschiyuu** vii -uu ◆ les arbres changent de couleur à l'automne

◁ᵁUᔕᐱᒉᐢᴺ° **waashteyaapischisweu** vta ◆ il/elle la/le fait chauffer à blanc, au rouge, pour la/le faire briller ou luire

◁ᵁUᔕᐱᒉᔕᴸ **waashteyaapischisam** vti ◆ il/elle le fait chauffer au rouge, ou à blanc et ça luit

◁ᵁUᔕ> **waashteyaapuu** vai -i ◆ il/elle a les yeux grands ouverts, écarquillés

◁ᵁ∩σᒉ'ᐢ⊃·∇° **waashtinicheshtuweu** vta ◆ il/elle lui fait signe de la main; il/elle agite la main pour lui faire signe

◁ᵁ∩"ᐃᒉ° **waashtihiicheu** vai ◆ il/elle envoie la main, fait un signe de la main, agite la main; il/elle fait un signe ou signal avec quelque chose

◁ᵁ⊃·∇ᒉᔑ **waashtuweshiish** na ◆ une mouche à feu

◁ᵁ⊃·∇"Cᵈ **waashtuwehtakw** ni ◆ du bois pourri qui est phosphorescent, qui luit dans le noir

◁ᵁCᴀᒍ·∇° **waashtanamuweu** vta ◆ il/elle lui fait signe

◁ᵁC"◁ᒍ·∇° **waashtahamuweu** vta ◆ il/elle lui fait signe de la main; il/elle agite la main pour lui faire signe

◁ᵁC"◁ᴸ **waashtaham** vti ◆ il/elle l'agite, le fait briller, clignoter

◁ᵁᑫᔑᴺ **waashkeshiish** na dim ◆ un jeune chevreuil ou cerf de Virginie, un faon ou un hère *Odoccileus virginianus*

◁ᵁᑫᔓ **waashkeshuu** na -iim [Côte] ◆ un chevreuil, un cerf de Virginie *Odoccileus virginianus*

◁ᵁbᔑbσᒉᐱ **waashkashikaniyaapii** ni -m ◆ une partie inégale ou racornie éliminée de la bordure d'une peau tannée

◁ᵁbbᐳᐢ⊃·∇ᐅᴸ **waashkaakaapuushtuweuch** vta pl ◆ ils/elles sont debout autour d'elle/de lui

◁ᵁbᵁU° **waashkaashteu** vii ◆ c'est disposé tout autour

◁ᵁbᵁC"ᐃbσᒉᐱ **waashkaashtahiikaniyaapii** ni -m ◆ des haubans de tente

◁ᵁbᵁĊ° **waashkaashtaau** vai+o ◆ il/elle le met ou le pose tout autour

ᐧᐊᐤᕁᐊᔑᑯᐁᐧᐤ **waashkaashkuweu** vta
  ♦ il/elle marche autour, en fait le tour (un arbre)
ᐧᐊᐤᕁᐊᔑᑲᒻ **waashkaashkam** vti ♦ il/elle marche autour, le contourne
ᐧᐊᔾᐊᑎᐦᒉᐤ **waayiwaatihcheu** vai ♦ il (un castor) construit un tunnel sinueux
ᐧᐊᔨᐯᔮᐤ **waayipeyaau** vii ♦ c'est une cuvette, une mare, une flaque d'eau
ᐧᐊᔨᐸᔪᐤ **waayipayuu** vai/vii -i ♦ il/elle/ça forme un creux, une dépression
ᐧᐊᔨᑎᓈᐤ **waayitinaau** vii ♦ c'est une vallée, un creux entre les montagnes
ᐧᐊᔨᑲᒫᐤ **waayikamaau** vii ♦ c'est une mare, un creux rempli d'eau
ᐧᐊᔨᑲᐦᐄᒉᐤ **waayikahiicheu** vai ♦ il/elle dégage une fosse ou ouverture à la hache
ᐧᐊᔨᑲᐦᐊᒻ **waayikaham** vti ♦ il/elle fait un trou, une fosse en le tranchant, le coupant à la hache
ᐧᐊᔨᒍᐃᐧᐣ **waayichuwin** vii ♦ il y a un creux dans l'eau à cause d'un tourbillon
ᐧᐊᔨᓄᐸᔪᐤ **waayinupayuu** vai/vii -i [Intérieur] ♦ il/elle/ça prend une courbe
ᐧᐊᔨᓄᒨ **waayinumuu** vii -u [Intérieur] ♦ c'est en forme de courbe
ᐧᐊᔨᓄᔑᒨ **waayinushimuu** vii -u [Intérieur] ♦ c'est un sentier ou chemin sinueux, une route sinueuse (habituellement une route secondaire)
ᐧᐊᔨᓄᐦᑌᐤ **waayinuhteu** vai [Intérieur] ♦ il/elle décrit une courbe en marchant
ᐧᐊᔨᓅᐸᔪᐤ **waayinuupayuu** vai/vii -i [Intérieur] ♦ il/elle conduit dans une courbe; ça prend une courbe
ᐧᐊᔨᓱᐤ **waayisuu** vai -i ♦ il y a une dépression, un trou
ᐧᐊᔨᔮᑳᐤ **waayischekaau** vii ♦ c'est un creux dans une zone de tourbière, de muskeg
ᐧᐊᔨᔫᐸᔪᐤ **waayiyuupayuu** vai/vii -i [Côte] ♦ il/elle conduit dans une courbe, prend une courbe
ᐧᐊᔨᔫᒨ **waayiyuumuu** vii -u [Côte] ♦ le chemin, le sentier fait une courbe; ça a une forme courbée

ᐧᐊᔨᔫᔑᒨ **waayiyuushimuu** vii -u [Côte]
  ♦ c'est une piste sinueuse, un sentier en lacet (habituellement une route secondaire)
ᐧᐊᔨᔫᐦᐊᒻ **waayiyuuham** vti [Côte] ♦ il/elle retourne, fait demi-tour
ᐧᐊᔨᔫᐦᑌᐤ **waayiyuuhteu** vai [Côte] ♦ il/elle fait une courbe en marchant
ᐧᐊᔨᐦᐄᑲᐣ **waayihiikan** ni ♦ un étang, un bassin; un trou, une fosse
ᐧᐊᔨᐦᐊᒻ **waayiham** vti ♦ il/elle le vide
ᐧᐊᔨᐦᐌᐤ **waayihweu** vta ♦ il/elle la/le vide, la/le creuse, l'évide
ᐧᐊᔨᐦᑲᓂᑎᐦᒑᐣ **waayihkanitihchaan** ni [Intérieur] ♦ le creux de la main, le centre de la paume de la main
ᐧᐊᔪᐧᐋᐤ **waayuwaau** vii ♦ c'est courbe, incurvé, semi-circulaire
ᐧᐊᔪᐧᐋᑲᒫᐤ **waayuwaakamaau** vii [Côte]
  ♦ c'est un lac croche, semi-circulaire
ᐧᐊᔪᑖᐅᐦᑳᐤ **waayutaauhkaau** vii ♦ c'est un coude dans les rives argileuses d'une rivière
ᐧᐊᔪᓯᒀᐤ **waayusikwaau** vii ♦ il y a une courbe, un demi-cercle de glace autour d'une pointe
ᐧᐊᔪᓱᐤ **waayusuu** vai -i ♦ il/elle est courbé-e; il/elle est en demi-cercle
ᐧᐊᔫᐸᔪᐤ **waayuupayuu** vai/vii -i [Côte]
  ♦ il/elle/ça conduit dans une courbe, prend une courbe
ᐧᐊᔫᐦᑯᑌᐤ **waayuuskuteu** vii ♦ la glace se brise au pourtour de la baie
ᐧᐊᔮᐅᑲᐦᐄᑲᐣ **waayaaukahiikan** ni ♦ une forme dans le sol pour construire l'ossature d'un canot
ᐧᐊᔮᐤ **waayaau** vii ♦ c'est creux
ᐧᐊᔮᐱᔅᒋᓂᑲᐣ **waayaapischinikan** ni
  ♦ une fascine, une bordigue, un barrage pour la pêche
ᐧᐊᔮᑎᑴᐤ **waayaatikweu** vii ♦ il y a un creux dans les vagues
ᐧᐊᔮᑯᓀᐦᐊᒻ **waayaakuneham** vti
  ♦ il/elle fait un trou dans la neige pour quelque chose
ᐧᐊᔮᑯᓀᐦᐌᐤ **waayaakunehweu** vta
  ♦ il/elle fait un trou dans la neige pour elle/lui

ᐧᐊᕽ **waah** p,interjection ♦ quoi? qu'est-ce que? quoi! (dit pour attirer l'attention de quelqu'un, pour que quelqu'un répète ce qui a été dit), une expression de désarroi ou de consternation en réponse à ce qu'un autre dit ▪ ᐧᐊᕽ, ᒑᑕ ᖃ ᐃᔑᐸᓂᒃ. ▪ *Qu'est-ce que tu m'as dit?*

ᐧᐊᕽ **waah** préverbe ♦ vouloir, avoir l'intention de, désirer (forme changée de wii, utilisée avec des verbes au conjonctif)

ᐧᐊᕽᑯᐊᕽᑲᓈᐤ **waahkuaaihkunaau** na-naam ♦ du bannock ou de la banique aux oeufs de poisson

ᐧᐊᕽᑯᒣᐤ **waahkumeu** vta ♦ il/elle est lié-e, apparenté-e, parent-e avec elle/lui

ᐧᐊᕽᑯᒧᐌᐃᐧᓐ **waahkumuwewin** ni ♦ la parenté

ᐧᐊᕽᑯᓇᒡ **waahkunach** na pl ♦ du lichen

ᐧᐊᕽᑯᓈᐱᔅᒄ **waahkunaapiskw** na ♦ de la tripe de roche *Umbilicaria* OU *Umbilicaria deusta*

ᐧᐊᕽᑯ **waahkuu** vai-u ♦ il/elle (par ex. un poisson) est plein-e d'oeufs

ᐧᐊᕽᑯᐦᑖᓐ **waahkuuhtaan** vii ♦ c'est une tempête de petits grêlons

ᐧᐊᕽᑳᕽᑯᓀᔑᓯᓐ **waahkaahkuneschisin** ni [Intérieur] ♦ la partie supérieure d'un mocassin, autour de la cheville

ᐧᐊᕽᑳᕽᑎᒄ **waahkwaahtikw** ni-um ♦ un bâton pour faire sécher des oeufs de poisson, de la rogue

ᐧᐊᕽᑳᕽᑯᓀᔑᓯᓐ **waahkwaahkuneschisin** ni [Côte] ♦ la partie supérieure d'un mocassin, autour de la cheville

ᐧᐊᕽ **waahkw** na-um ♦ un oeuf de poisson

ᐧᐊᕽᔫ **waahyuu** p,lieu ♦ à une certaine distance, au loin, très loin ▪ ᐧᐊᕽᔫ ᐅᐦᒡᔫ ᐊᑕ ᐋᐌᓯᕽ. ▪ *Cet homme vient de très loin.*

ᐧᐊᕽᔫᓈᑯᓐ **waahyuunaakun** vii ♦ ça apparaît au loin

ᐧᐊᕽᔫᓈᑯᓲ **waahyuunaakusuu** vai-i ♦ il/elle apparaît au loin

V

ᐯᐯᒥᒎᐃᐧᓐ **pepemichuwin** vii redup ♦ l'eau, le courant coule en zigzag

ᐯᐯᓵᓲ **pepesinaasuu** vai redup-u ♦ il/elle est rayé-e

ᐯᐯᔃᐤ **pepeshweu** vta redup ♦ il/elle la/le marque au couteau, avec une lame (par ex. une peau)

ᐯᐯᓴᒻ **pepesham** vti redup ♦ il/elle le marque au couteau, avec une lame

ᐯᐹᐅᕽᐁᐤ **pepaauheu** vta ♦ il/elle y met du poivre, la/le poivre

ᐯᐹᐅᕽᑖᐤ **pepaauhtaau** vai+o ♦ il/elle y met du poivre

ᐯᐹᐤ **pepaau** ni-aam ♦ du poivre, de l'anglais 'pepper'

ᐯᑌᐯᔪ **petewepayuu** vai-i ♦ il/elle (par ex. une motoneige) fait un bruit qui arrive jusqu'au locuteur

ᐯᑌᐯᐦᑖᐤ **petewepahtaau** vai ♦ il/elle vient ou arrive en courant bruyamment

ᐯᑌᐌᑖᐸᓈᔅᑫᔑᓐ **petewetaapanaaskweshin** vai ♦ on peut entendre le bruit d'un toboggan tiré sur la neige par quelqu'un qu'on ne voit pas encore

ᐯᑌᐅᑖᕽᑕᒻ **petewetaahtam** vti ♦ on peut l'entendre souffler quand il/elle s'approche (sans le voir)

ᐯᑌᐯᒪᑲᓐ **petewemakan** vii ♦ ça fait un bruit en s'approchant du locuteur (par ex. un moteur)

ᐯᑌᐌᔑᓐ **peteweshin** vai ♦ ses pas se font entendre alors qu'il/elle s'approche

ᐯᑌᐅᔥᑎᓐ **peteweshtin** vii ♦ on entend le vent qui s'approche

ᐯᑌᐯᔮᑯᓀᔑᓐ **peteweyaakuneshin** vai ♦ le bruit de ses raquettes sur la neige se fait entendre alors que s'approche une personne qu'on ne voit pas encore

ᐯᑌᐯᔮᒋᒣᐤ **peteweyaachimeu** vai ♦ le bruit des raquettes sur la neige se fait entendre alors que s'approche une personne qu'on ne voit pas encore

ᐁᑎᒐᒻ petitaamuu vai -u ♦ il/elle reprend son souffle après un moment

ᐁᑎᓂᖕᑕᐤ petinicheu vai ♦ il/elle arrive en portant un canot sur son dos

ᐁᑎᔅᑲᓐ petiskun vii [Intérieur] ♦ des nuages de tempête approchent

ᐁᑎᔅᒀᐅ petiskwaau vii [Côte] ♦ il y a une tempête qui s'approche

ᐁᑐᐌᐤ petuweu vta ♦ il/elle lui apporte quelque chose

ᐁᑑᑌᐤ petuuteu vai ♦ il/elle l'apporte sur son dos

ᐁᑑᒐᒣᐤ petuutaameu vta ♦ il/elle arrive en la/le portant sur son dos

ᐁᑕᑯᑦ petakut ni -im [Côte] ♦ un jupon ou cotillon de femme; un entonnoir en toile servant à fumer les peaux, de l'anglais 'petticoat'

ᐁᑕᑯᑦ petakut ni [Côte] ♦ une combinaison-jupon, un jupon

ᐁᑕᐦᐅᑐᐌᐤ petahutuweu vta ♦ il/elle lui apporte quelque chose en avion, en canot

ᐁᑕᐦᐅᑖᐤ petahutaau vai+o ♦ il/elle l'apporte en avion, en canot

ᐁᑕᐦᐅᔦᐤ petahuyeu vta ♦ il/elle l'amène en avion, en canot

ᐁᑕᐦᐋᒫᓲ petahaamaasuu vai -u ♦ il/elle fait entendre sa chanson en approchant; on l'entend chanter quand il/elle approche

ᐁᑖᐤ petaau vai+o ♦ il/elle l'apporte

ᐁᑖᐳᑌᐤ petaaputeu vii ♦ c'est apporté par le courant

ᐁᑖᐳᑖᐤ petaaputaau vai+o ♦ il/elle le fait flotter vers

ᐁᑖᐳᑯᑎᓲ petaapukutisuu vai -u ♦ il/elle revient de la chasse avec une grande quantité de nourriture sur un toboggan ou traîneau

ᐁᑖᐳᑰ petaapukuu vai -u ♦ il/elle flotte vers

ᐁᑖᐳᐦᑌᐤ petaapuhteu vai ♦ il/elle rapporte des organes (par ex. le coeur) après avoir tué un orignal, un caribou

ᐁᑖᐸᓐ petaapan vii ♦ c'est l'aurore, le lever du soleil

ᐁᑖᐹᐌᐤ petaapaaweu vai ♦ il/elle revient tout-e mouillé-e

ᐁᑖᒋᒧᔥᑐᐌᐤ petaachimushtuweu vta ♦ il/elle lui apporte de mauvaises nouvelles

ᐁᑖᒋᒨ petaachimuu vai -u ♦ il/elle vient annoncer la mort de quelqu'un

ᐁᑖᒧᐦᑕᐤ petaamuhcheu vai ♦ il/elle les fait s'enfuir ou se sauver de ce côté (pour se réfugier)

ᐁᑖᒨ petaamuu vai -u ♦ il/elle se sauve de ce côté pour se réfugier; il/elle se réfugie là

ᐁᑖᓯᐲᐤ petaasipiiu vai ♦ il (un castor) fait frémir l'eau en approchant

ᐁᑖᓱᐎᓐ petaasuwin ni ♦ une chose apportée

ᐁᑖᓲ petaasuu vai -u ♦ il/elle apporte des choses

ᐁᑖᔥᔫ petaashuu vai -i ♦ il/elle est entraîné-e ou poussé-e par le vent dans cette direction

ᐁᑖᔥᑎᓐ petaashtin vii ♦ c'est poussé par le vent dans cette direction

ᐁᑖᔥᑕᒥᑳᐴ petaashtamikaapuu vai -uu ♦ il/elle est debout face à ce côté

ᐁᑖᔥᑕᒥᔑᓐ petaashtamishin vai ♦ il/elle est couché-e, étendu-e face en avant

ᐁᑖᔥᑕᒥᔥᑳᐤ petaashtamishkaau vai ♦ il/elle arrive ou vient en pagayant, en nageant

ᐁᑖᔥᑕᒧᐦᑌᐤ petaashtamuhteu vai ♦ il/elle marche de ce côté

ᐁᑖᔥᑕᒪᐴ petaashtamapuu vai -i ♦ il/elle est assis-e, installé-e face à ce côté

ᐁᑖᐦᐅᑌᐤ petaahuteu vii ♦ ça arrive en flottant

ᐁᑖᐦᐅᑰ petaahukuu vai ♦ il/elle flotte de ce côté

ᐁᑖᐦᐊᓐ petaahan vii ♦ c'est apporté par les vagues

ᐁᑯᐯᐤ pekupeu vai ♦ il/elle monte à la surface de l'eau

ᐁᑯᐯᔥᑳᑐᐎᒡ pekupeshkaatuwich vai pl recip -u ♦ ils (poissons) remplissent la fascine et montent à la surface

ᐁᑯᐸᔫ pekupayuu vai -i ♦ il/elle se réveille

ᐁᑯᑌᑲᐦᐅᑌᐤ pekutekahuteu vii ♦ un trou est fait dans quelque chose en frottant

ᐯᑯᐦᑳᒼ pekutekaham vti ♦ il/elle le troue (étalé) avec quelque chose

ᐯᑯᑎᒣᐤ pekutimeu vta ♦ il/elle fait un trou dedans en rongeant

ᐯᑯᑎᓀᐤ pekutineu vta ♦ il/elle fait un trou dedans à la main

ᐯᑯᑎᓇᒼ pekutinam vti ♦ il/elle fait un trou dedans, le troue à la main

ᐯᑯᑎᐦᑕᒼ pekutihtam vti ♦ il/elle gruge un trou dedans

ᐯᑯᑕᐦᐋᒉᐤ pekutahiicheu vai ♦ il/elle le troue avec un outil

ᐯᑯᑕᐦᐋᒉᐸᔫ pekutahiichepayuu vai/vii -i ♦ il/elle/ça se déchire pour avoir frotté sur quelque chose

ᐯᑯᑕᐦᐊᒼ pekutaham vti ♦ il/elle fait un trou dedans, le troue (par ex. un mur)

ᐯᑯᑕᐦᐌᐤ pekutahweu vta ♦ il/elle fait un trou dedans, la/le troue (par ex. une peau)

ᐯᑯᑖᐱᔅᑲᐦᐋᒼ pekutaapiskaham vti ♦ il/elle fait un trou dedans (métal) avec un objet, le troue

ᐯᑯᑖᐱᔅᑲᐦᐌᐤ pekutaapiskahweu vta ♦ il/elle la/le troue avec quelque chose (métal, par ex. un poêle)

ᐯᑯᑖᔅᑯᔑᒣᐤ pekutaaskushimeu vta ♦ il/elle la/le déchire (un pantalon) sur un objet tranchant, un bâton pointu

ᐯᑯᑖᔅᑯᐦᐋᒼ pekutaaskuham vti ♦ il/elle fait un trou dedans (par ex. du papier, du tissu) en le déchirant avec un objet long et rigide

ᐯᑯᑖᔅᑯᐦᐌᐤ pekutaaskuhweu vta ♦ il/elle fait un trou dedans, la/le déchire (un pantalon) avec un objet long et rigide

ᐯᑯᑖᔅᑯᐦᑎᑖᐤ pekutaaskuhtitaau vai+o ♦ il/elle le déchire (papier, tissu) sur un objet long et rigide (par ex. un bâton pointu)

ᐯᑯᑖᔅᒋᑲᓀᔥᐌᐤ pekutaaschikaneshweu vta ♦ il/elle coupe une fente sur son bréchet (oiseau) ou sternum (animal)

ᐯᑯᒋᐱᑌᐤ pekuchipiteu vta ♦ il/elle la/le troue avec le doigt, les doigts, les pattes

ᐯᑯᒋᐱᑕᒼ pekuchipitam vti ♦ il/elle le troue avec les doigts, les pattes

ᐯᑯᒋᐳᑖᐤ pekuchiputaau vai+o ♦ il/elle le troue avec une scie

ᐯᑯᒋᔥᐌᐤ pekuchishweu vta ♦ il/elle l'ouvre en coupant le long du sternum (par ex. pour enlever la peau du castor)

ᐯᑯᒋᔕᒼ pekuchisham vti ♦ il/elle le coupe pour faire un trou

ᐯᑯᒣᐤ pekumeu vta ♦ il/elle la/le réveille en parlant

ᐯᑯᓀᐤ pekuneu vta ♦ il/elle la/le réveille avec la main

ᐯᑯᐦᐁᐤ pekuheu vta ♦ il/elle la/le réveille (autrement qu'en parlant, par ex. en touchant)

ᐯᑲᑌᐤ pekateu vai ♦ il/elle rote

ᐯᑲᑌᑐᐌᐤ pekatetutuweu vta [Intérieur] ♦ il/elle fait un renvoi, le/la rote

ᐯᑲᑌᑐᑕᒼ pekatetutam vti [Intérieur] ♦ il/elle rote à cause de ça

ᐯᑲᑌᐦᐁᐤ pekateheu vta ♦ il/elle la/le fait roter

ᐯᑲᑌᐦᑕᒼ pekatehtam vti [Côte] ♦ il/elle rote à cause de ça

ᐯᒀᑯᓀᐸᔨᐳ pekwaakunepayihuu vai -u ♦ il/elle s'envole de la neige

ᐯᒀᑯᓀᐦᐋᒼ pekwaakuneham vti ♦ il/elle le déloge, le sort de la neige

ᐯᒀᑯᓂᒌᐤ pekwaakunichiiu vai ♦ il/elle sort de la neige

ᐯᒋ pechi préverbe ♦ vers ici, en direction d'ici, dans notre direction

ᐯᒋᒎᐃᐧᐣ pechichuwin vii ♦ la marée monte

ᐯᒋᔅᑳᑎᓰᐤ pechiskaatisiiu vai ♦ il/elle le fait lentement

ᐯᒋᔅᒉᑲᐦᐋᒼ pechischekaham vti ♦ il/elle traverse le muskeg

ᐯᒋᔥᑖᐯᐤ pechishtaapeu vai ♦ il/elle vient ou arrive en tirant quelque chose

ᐯᒋᔥᑖᐹᑌᐤ pechishtaapaateu vta ♦ il/elle arrive en la/le tirant

ᐯᒋᔥᑖᒋᒨ pechishtaachimuu vai -u ♦ il/elle vient en rampant; il/elle arrive en se traînant

ᐯᒥᐦᐄᑳᑌᑳᐴ pemihiikaatekaapuu vai -uu ♦ il/elle est debout les jambes croisées

ᐯᒪᑲᒫᐤ pemakamaau vii ♦ le lac fait une courbe

ᐲᒫᐯᑳᐊᒻ **pemaapekaham** vti ♦ il/elle l'enroule, l'entortille (par ex. un lacet de raquette)

ᐲᒫᑎᒦᐤ **pemaatimiiu** vii ♦ le chenal, la rivière décrit une courbe

ᐱᓯᓇᐦᐊᒻ **pesinaham** vti ♦ il/elle tire un trait, trace une ligne

ᐱᓯᓈᓲ **pesinaasuu** vai -u ♦ il/elle a une rayure

ᐱᓯᐦᒉᑳᐤ **pesischekaau** vii ♦ c'est une mince lisière de muskeg, de tourbière

ᐱᓯᔑᑌᐤ **pesishteu** vii ♦ il y a une ligne dessus

ᐱᔑᑎᓈᐤ **peshitinaau** vii ♦ il y a la ligne d'une montagne devant une autre

ᐱᔑᑖᐦᑳᐤ **peshitaauhkaau** vii ♦ c'est une mince bande de terre

ᐱᔑᓯᒃᐙᐤ **peshisikwaau** vii ♦ c'est une mince bande de glace

ᐱᔑᐦᒉᑳᐤ **peshischekaau** vii ♦ c'est une mince bande de muskeg

ᐱᔑᔔᑳᐤ **peshischuukaau** vii ♦ c'est une mince bande de boue

ᐱᔑᐦᑯᐹᐤ **peshihkupaau** vii ♦ il y a une rangée de saules

ᐱᔔᐌᐤ **peshuweu** vta ♦ il/elle l'amène (une personne), l'apporte (une chose)

ᐱᔔᐌᒍᐎᓐ **peshuwechuwin** vii ♦ le son des rapides est proche

ᐱᔔᐙᐸᒣᐤ **peshuwaapameu** vta ♦ il/elle la/le rejoint; il/elle se rapproche d'elle/de lui

ᐱᔔᐙᐸᐦᑐᐦᑖᐤ **peshuwaapahtuhtaau** vai+o ♦ il/elle les met ou place ensemble; il/elle les rassemble

ᐱᔔᐙᐸᐦᑕᒻ **peshuwaapahtam** vti ♦ il/elle se rapproche de quelque chose

ᐱᔔᒡ **peshuch** p,lieu ♦ près, tout près, proche, à proximité ■ ᐱᔔᒡ ᐃᐦᑖᑯᓐ ᐊᑐᐦᐱᓈᐦᒡ · *Le magasin est à proximité.*

ᐱᓰᓈᐤ **peshatinaau** vii ♦ il y a une bande montagneuse, une rangée de montagnes

ᐯᔕᐦᐄᑲᓈᐦᑎᒄ **peshahiikanaahtikw** na [Mistissini] ♦ un pinceau, une brosse

ᐯᔕᐦᐄᑲᓐ **peshahiikan** ni [Mistissini] ♦ de la peinture

ᐯᔕᐦᐄᒉᐤ **peshahiicheu** vai [Mistissini] ♦ il/elle peint ou peinture des choses

ᐯᔕᐦᐊᒻ **peshaham** vti [Mistissini] ♦ il/elle le peinture de différentes couleurs, le peint (un tableau)

ᐯᔕᐦᐁᐤ **peshahweu** vta [Mistissini] ♦ il/elle la/le peint ou peinture

ᐯᔖᐤᐦᑳᐤ **peshaauhkaau** vii ♦ c'est une mince bande de sable

ᐯᔖᐤ **peshaau** vii ♦ c'est rayé; il y a une rayure dessus

ᐯᔖᐱᐢᑳᐤ **peshaapiskaau** vii ♦ c'est une mince bande de rochers

ᐯᔖᑯᓂᑳᐤ **peshaakunikaau** vii ♦ c'est une mince bande de neige

ᐯᔖᓂᑳᐤ **peshaanikaau** vii ♦ c'est une île en bande étroite

ᐯᔖᐢᒀᔖᐤ **peshaaskweyaau** vii ♦ c'est une mince lisière d'arbres

ᐯᔭᒀᑲᓐ **peyakwekan** vii ♦ c'est une chose (étalé); c'est en un seul morceau (du tissu)

ᐯᔭᒀᒋᓲ **peyakwechisuu** vai -i ♦ c'est une seule chose (étalé)

ᐯᔭᒀᒋᔑᒣᐤ **peyakwechishimeu** vta ♦ il/elle en met une couche

ᐯᔭᒀᒋᐦᑎᑖᐤ **peyakwechihtitaau** vai+o ♦ il/elle en met ou pose une couche

ᐯᔭᒀᒡ **peyakwech** p,quantité ♦ une chose (en toile ou en tissu)

ᐯᔭᒀᒥᐦᒀᓂᔥ **peyakwemihkwaanish** p,quantité dim ♦ une cuillerée à thé

ᐯᔭᒀᒥᐦᒀᓐ **peyakwemihkwaan** na ♦ une cuillère à soupe, une cuiller à soupe

ᐯᔭᑯᐃᑦ **peyakuwit** p,quantité ♦ un paquet, un ballot

ᐯᔭᑯᐙᐢᑳᐦᐄᑲᓐ **peyakuwaaskaahiikan** p,quantité ♦ une maison ou demeure

ᐯᔭᑯᐱᐳᓐ **peyakupipunh** p,temps ♦ un an, une année

ᐯᔭᑯᐱᑖᐤ **peyakupitaau** vai+o ♦ il/elle prend ou attrape un poisson dans son filet

ᐯᔭᑯᐱᓰᒻ **peyakupiisimh** p,temps ♦ un mois

ᐯᔭᑯᐳᓀᓰᒫᑲᓐ **peyakupunesiimakan** vii ♦ ça a un an; c'est âgé d'un an

ᐯᔭᑯᐳᓀᓲ **peyakupunesuu** vai -i ♦ il/elle a un an

ᐯᔭᑯᐳᔦᐤ **peyakupuyeu** vai ♦ il/elle utilise une pagaie

ᐯᔭᑯᐳ peyakupuu vai -i ♦ il/elle est assis-e tout-e seul-e

ᐯᔭᑯᑌᓅ peyakutenuu na ♦ une famille

ᐯᔭᑯᑎᐱᔅᑳᐤ peyakutipiskaauh p,temps ♦ une nuit

ᐯᔭᑯᑎᐹᐦᐄᑲᓐ peyakutipahiikan p,quantité ♦ un gallon, un mile; une heure [dialecte de l'intérieur]

ᐯᔭᑯᑎᐹᐯᔥᑯᒋᑲᓀᔮᐤ peyakutipaapeshkuchikaneyaau vii ♦ ça pèse une livre

ᐯᔭᑯᑎᐹᔅᑯᓂᑲᓐ peyakutipaaskunikan p.quantité ♦ une verge (unité de mesure équivalant à presque un mètre)

ᐯᔭᑯᑐᐦ peyakutunh p,temps [Intérieur] ♦ au même endroit à chaque fois (ancien terme) ▪ ᐯᔭᑯᑐᐦ ᒃ ᐴ ᐹᐦᒋᓲ_x ▪ *Il tombe toujours au même endroit à chaque fois.*

ᐯᔭᑯᑑᔐᐤ peyakutuushteuh p,temps ♦ une semaine

ᐯᔭᑯᑖᐹᓐ peyakutaapaan p,quantité ♦ un chargement de traîneau

ᐯᔭᑯᑲᒥᒋᓲ peyakukamichisuu vai -u ♦ il y a une habitation dans le camp

ᐯᔭᑯᑲᒫᐤ peyakukamaau vii ♦ il y a un lac

ᐯᔭᑯᑳᐳ peyakukaapuu vai -uu ♦ il/elle se tient debout seul-e

ᐯᔭᑯᑳᑌᑳᐳ peyakukaatekaapuu vai -uu ♦ il/elle se tient sur une jambe

ᐯᔭᑯᐧᒑᐱᓂᑲᓐ peyakukwaapinikan p,quantité ♦ une poignée ramassée

ᐯᔭᑯᒋᔑᑳᐤ peyakuchiishikaau vii ♦ c'est un jour

ᐯᔭᑯᒋᔑᑳᐤ peyakuchiishikaauh p,temps ♦ un jour, une journée; en un jour

ᐯᔭᑯᒥᒋᐦᒋᓐ peyakumichihchin p,quantité ♦ un pouce

ᐯᔭᑯᒥᓀᐦᐄᑐᐧᐃᒡ peyakuminehiituwich vai pl recip -u ♦ ils/elles forment un groupe, une famille

ᐯᔭᑯᒥᓀᐱᐦᒋᑲᓐ peyakuminehpihchikan p,quantité ♦ une grappe de dix oies attachées par le cou

ᐯᔭᑯᒥᓂᑳᐤ peyakuminikaau vii ♦ il y a un petit fruit, une baie

ᐯᔭᑯᒥᓂᔅᑳᐤ peyakuminiskaau vii ♦ il y a un ballot, un paquet

ᐯᔭᑯᒥᓂᔥᑌᐤ peyakuminishteu p,quantité ♦ c'est une corde de bois

ᐯᔭᑯᒥᓂᐦᒁᑲᓐ peyakuminihkwaakan ni ♦ une tasse

ᐯᔭᑯᒥᓯᐟ peyakumisit p,quantité ♦ un pied

ᐯᔭᑯᒥᔥᑎᑰᐟ peyakumishtikuut p,quantité ♦ une caisse

ᐯᔭᑯᒥᐦᑖᑲᓐ peyakumihtaakan p,quantité ♦ un tas vertical de bois ou une pile verticale de billots

ᐯᔭᑯᒦᐧᐃᐟ peyakumiiwit p,quantité ♦ une boîte, un paquet, un colis

ᐯᔭᑯᒦᒋᓲ peyakumiichisuu vai -u ♦ il/elle mange tout-e seul-e

ᐯᔭᑯᒫᑎᔑᑲᓐ peyakumaatishikan p,quantité ♦ une tranche

ᐯᔭᑯᓀᐤ peyakuneu vta ♦ il/elle en tient ou porte un-e

ᐯᔭᑯᓀᐤ peyakuneu vai ♦ il/elle en prend ou saisit un-e; il/elle en porte un-e

ᐯᔭᑯᓂᐦᒡ peyakunihch p,lieu ♦ pareil, pareille, même, au même endroit, à la même place ▪ ᐯᔭᑯᓂᐦᒡ ᐃᔅᑳᑯᔮᔫ ᐳᑳᐦᐱᐤ_x ▪ *Leurs robes sont pareilles.*

ᐯᔭᑯᓇᒻ peyakunam vti ♦ il/elle en tient, en porte, en transporte un

ᐯᔭᑯᓈᑯᓐ peyakunaakun vii ♦ on n'en voit qu'un; un seul est visible

ᐯᔭᑯᓈᑯᓲ peyakunaakusuu vai -i ♦ on n'en voit qu'un-e; un-e seul-e est visible

ᐯᔭᑯᓐ peyakun vii ♦ c'est seul

ᐯᔭᑯᓯᓇᑲᓐ peyakusinakan p,quantité ♦ une brassée

ᐯᔭᑯᔅᑲᑎᔦᒌ peyakuskatiyechii p,quantité ♦ un paquet, un carton

ᐯᔭᑯᔅᒋᓯᓐ peyakuschisin p,quantité ♦ un morceau de cuir assez grand pour faire une paire de mocassins

ᐯᔭᑯᔑᑳᑯᔮᓐ peyakushikaakuyaan na ♦ vingt-cinq cents, le quart de quelque chose, littéralement 'une peau de mouffette'

ᐯᔭᑯᔑᓐ peyakushin vai -i [Côte] ♦ il/elle est couché-e ou étendu-e seul-e

ᐯᔭᑯᔔ peyakushuu vai -i ♦ il/elle est tout-e seul-e

ᐯᔭᑯᔖᐳᐧᐃᒡ peyakushaapuwich vai pl -u ♦ ils/elles sont onze; il y en a onze

ᐯᔭᑯᔖᐳᓐ peyakushaapunh p,temps
 ◆ onze ans ou années

ᐯᔭᑯᔖᐸᓐ peyakushaapanh vii pl ◆ il y a onze choses

ᐯᔭᑯᔖᐴ peyakushaapwaau p,quantité
 ◆ onze fois

ᐯᔭᑯᔖᑊ peyakushaap p,nombre ◆ onze

ᐯᔭᑯᔐᐅᔖᐳᐃᒡ peyakushteushaapuwich vai pl -u
 ◆ ils/elles sont dix-neuf; il y en a dix-neuf

ᐯᔭᑯᔐᐅᔖᐸᓐ peyakushteushaapanh vii pl ◆ il y a dix-neuf choses

ᐯᔭᑯᔐᐅᔖᐴ peyakushteushaapwaau p,quantité
 ◆ dix-neuf fois

ᐯᔭᑯᔐᐅᔖᑊ peyakushteushaap p,nombre ◆ dix-neuf

ᐯᔭᑯᔐᐧᐊᐅᒥᑖᑐᒥᑎᓅ peyakushtewaaumitaahtumitinuu p,nombre ◆ neuf cents

ᐯᔭᑯᔐᐧᐊᐅᒥᑖᑐᒥᑎᓅᒋᔐᒥᑖᑐᒥᓅᐧᐁᐤ peyakushtewaaumitaahtumitinuuchishemitaahtumitinuwewaau p,quantité [Côte]
 ◆ neuf cent mille fois

ᐯᔭᑯᔐᐧᐊᐅᒥᑖᑐᒥᑎᓅᒋᔐᒥᑖᑐᒥᓅᐧᐁᐤ peyakushtewaaumitaahtumitinuuchishemitaahtumitinuwaau p,quantité [Intérieur] ◆ neuf cent mille fois

ᐯᔭᑯᔐᐧᐊᐅᒥᑖᑐᒥᑎᓅᒋᔐᒥᑖᑐᒥᑎᓅ peyakushtewaaumitaahtumitinuuchishemitaahtumitinuu p,nombre ◆ neuf cent mille

ᐯᔭᑯᔐᑌᐤ peyakushteu vii ◆ c'est posé seul

ᐯᔭᑯᔐᑌᐤ peyakushteu p,nombre ◆ neuf

ᐯᔭᑯᔐᒥᑎᓅ peyakushtemitinuu p,nombre ◆ quatre-vingt-dix

ᐯᔭᑯᔥᑎᑳᐤ peyakushtikwaau vii ◆ il y a seulement une rivière, un seul ruisseau

ᐯᔭᑯᔥᑐᐧᐁᔮᐤ peyakushtuweyaau vii ◆ il y a une seule hutte de castors dans ce lac, cette rivière

ᐯᔭᑯᔥᑑ peyakushtuu ni ◆ une famille de castor; une hutte de castor

ᐯᔭᑯᐦᐁᐤ peyakuheu vta ◆ il/elle fait seulement affaire avec elle/lui; il/elle garde toujours la/le même

ᐯᔭᑯᐦᑌᐤ peyakuhteu vai ◆ il/elle marche seul-e

ᐯᔭᑯᐦᑏ peyakuhtii na -m [Côte] ◆ dollar, lit. 'un billet de papier' ■ ᐯᔭᑯᐦᑏ ᓂᑮ ᒥᔦᐤₓ ■ Il m'a donné un dollar.

ᐯᔭᑯᐦᑏ peyakuhtii p,quantité ◆ un dollar

ᐯᔭᑯ peyakuu vai -i ◆ il/elle est seul-e

ᐯᔭᑯᑌᐤ peyakuuteu vai ◆ il/elle en porte un-e sur le dos

ᐯᔭᑯᔑᓐ peyakuushin vai/i [Intérieur]
 ◆ il/elle est couché-e ou étendu-e seul-e

ᐯᔭᑯᐦᑯᐧᐁᐤ peyakuuhkuweu vta ◆ il/elle est seul-e à s'en occuper; il/elle la/le fait par lui/elle-même

ᐯᔭᑯᐦᑲᒻ peyakuuhkam vti ◆ il/elle est seul-e à s'en occuper; il/elle le fait tout-e seul-e; il/elle est seul-e dans le canot

ᐯᔭᒀᐅᒋᔐᒥᑖᑐᒥᑎᓅᐧᐁᐤ peyakwaauchishemitaahtumitinuwewaau p,quantité [Côte] ◆ mille fois

ᐯᔭᒀᐅᒋᔐᒥᑖᑐᒥᑎᓅᐤ peyakwaauchishemitaahtumitinuwaau p,quantité [Intérieur] ◆ mille fois

ᐯᔭᒀᐅᒥᑖᑐᒥᑎᓅ peyakwaaumitaahtumitinuu p,nombre ◆ cent, centaine

ᐯᔭᒀᐅᒥᑖᑐᒥᑎᓅᒋᔐᒥᑖᑐᒥᑎᓅ peyakwaaumitaahtumitinuuchishemitaahtumitinuu p,nombre ◆ cent mille

ᐯᔭᒀᐯᐤ peyakwaapeu p,quantité ◆ un garçon dans une famille, un garçon célibataire ■ ᒥᐦᑦ ᐯᔭᒀᐯᐤ ᐊᐧ ᐊᐧᐋᔑᔥₓ ■ Il est garçon unique dans la famille.

ᐯᔭᒀᐱᔥ peyakwaapisch na [Intérieur]
 ◆ dollar, lit. 'une pièce (métal)' ■ ᐯᔭᒀᐱᔥ ᓂᑮ ᒥᔦᐤₓ ■ Il m'a donné un dollar.

ᐯᔭᒀᐱᔥ peyakwaapisch p,quantité [Intérieur] ◆ un dollar

ᐯᔭᒀᒋᔐᒥᑖᑐᒥᑎᓅ peyakwaachishemitaahtumitinuu p,nombre ◆ mille, un millier

ᐯᔭᒀᔅᑯᑳᐴ peyakwaaskukaapuu vai/vii
 ◆ il/elle tient debout tout-e seul-e; ça tient debout tout seul (long et rigide, par ex. un arbre, une pagaie)

ᐯᔭᒀᐦᑎᒃ peyakwaahtikw p,quantité ◆ un arbre, un bâton

ᐯᔭᒄ peyakw p,nombre ◆ un, une

ᐯᑊᐞᐁᐤ peheu vta ♦ il/elle l'attend
ᐯᑊᐆ pehuu vai-u ♦ il/elle attend
ᐯᑊᐯᑯᒑᐤ pehpekuchaau vii redup ♦ il y a des trous dedans; c'est troué
ᐯᑊᐯᒥᒋᐸᔪ pehpemichipayuu vai/vii redup-i ♦ il/elle/ça louvoie, zigzague d'un bord à l'autre
ᐯᑊᐯᒥᔅᑲᓅ pehpemiskanuu p,lieu redup ♦ va-et-vient de chaque côté du chemin, du sentier
ᐯᑊᐯᒥᔐᑲᒻ pehpemishkam vti redup ♦ il/elle fait l'aller-retour, le va-et-vient sur quelque chose
ᐯᑊᐯᔐᑲᓐ pehpeshekan vii redup ♦ ça a des rayures; c'est rayé (étalé)
ᐯᑊᐯᔖᐤ pehpeshaau vii redup ♦ c'est rayé, strié
ᐯᑊᐯᔖᒋᐱᔅᑯᓀᐤ pehpeshaachipiskuneu vai redup ♦ il/elle a le dos rayé
ᐯᑊᐯᔭᑯᓀᐤ pehpeyakuneu vta redup ♦ il/elle en porte un-e à la fois
ᐯᑊᐯᔭᑯᓇᒼ pehpeyakunam vti redup ♦ il/elle les porte un à un
ᐯᑊᐯᔭᑯᔥᑌᐤᑊ pehpeyakushteuh vii pl redup ♦ chacun-e est séparé-e des autres
ᐯᑊᐯᔭᑯᔥᑖᐤ pehpeyakushtaau vai+o redup ♦ il/elle sépare chaque chose du reste; il/elle met chaque chose à part
ᐯᑊᐯᔭᒃᐚᐤ pehpeyakwaau p,temps redup ♦ chaque fois, un-e à la fois, un-e après l'autre ■ ᒫᐦ ᐯᑊᐯᔭᒃᐚᐤ ᐦ ᒥᒋᓱᐦᒡ Ils ont mangé une fois à chaque fois.
ᐯᑊᐯᔭᒃ pehpeyakw p,manière redup ♦ un-e à la fois, un par un, une par une (ancien terme) ■ ᐯᑊᐯᔭᒃ ᒫᐦ ᐊᐱᐤ ᐦ ᐸ ᑭᐦᑑᔭᒄ Vous devriez entrer seulement un à la fois.
ᐯᑊᑐᐁᐤ pehtuweu vta ♦ il/elle l'entend
ᐯᑊᑕᒼ pehtam vti ♦ il/elle entend quelque chose; il/elle entend
ᐯᑊᑖᐤ pehtaau vai+o ♦ il/elle l'attend
ᐯᑊᑖᑯᓐ pehtaakun vii ♦ on peut en entendre le son, le bruit
ᐯᑊᑖᑯᓱ pehtaakusuu vai-i ♦ il/elle s'entend; il/elle est audible
ᐯᑊᑖᑯᑖᐤ pehtaakuhtaau vai+o ♦ il/elle met le son; il/elle monte le volume
ᐯᑊᑳᑖᑎᓰᐎᓐ pehkaataatisiiwin na ♦ de la gentillesse, de la bonté, de la douceur
ᐯᑊᑳᒡ pehkaach p,manière ♦ bien, avec soin, avec précaution, prudemment, soigneusement, lentement, peu à peu

ᐱ

ᐱᒋᒋᔑᓐ pechichishin vai ♦ il (un animal) pue ou sent mauvais après avoir été laissé là
ᐱᒋᒋᐤ pechichiiu vai [Intérieur] ♦ il/elle pète sans le vouloir en levant un objet lourd
ᐱᒋᑎᓐ pechihtin vii ♦ ça sent le pourri parce que c'est resté là trop longtemps
ᐱᒋᑎᐦᒁᒧ pechihtihkwaamuu vai-u ♦ il/elle pète dans son sommeil
ᐱᒋᑐ pechihtuu vai-u ♦ il/elle pète
ᐱᒋᑳᓱ pechihkasuu vai-u ♦ il (un animal) sent mauvais ou pue à cause de la chaleur
ᐱᒋᑳᐦᑌᐤ pechihkahteu vii ♦ ça sent le pourri à cause de la chaleur
ᐯᒋᒧ pehchimuu vai ♦ il/elle pète accidentellement en toussant
ᐯᒋᐤ pehchiiu vai [Côte] ♦ il/elle pète accidentellement en levant un objet pesant

ᐱ

ᐱᐯᒋᔅᑳᑎᓰᐤ pipechiskaatisiiu vai ♦ il/elle est lent-e dans ce qu'il/elle fait; il/elle agit lentement
ᐱᐯᒋᐤ pipechiiu vai [Eastmain] ♦ il/elle le fait lentement
ᐱᐯᒥᐦᐄᑳᑌᐳ pipemihiikaatepuu vai-i ♦ il/elle est assis-e les jambes croisées
ᐱᐯᔅᑯᐸᔪ pipeskupayuu vai redup-i ♦ il/elle a une série de petites bosses à la surface
ᐱᐯᔅᑯᓯᒁᐤ pipeskusikwaau vii redup ♦ c'est cahoteux sur la glace
ᐱᐯᔅᑯᓱ pipeskusuu vai redup-i ♦ il/elle est très rude, bosselé-e

ᐱᐯᔅᑯᔅᑲᒥᑳᐤ pipeskuskamikaau vii redup ◆ le terrain est cahoteux, bosselé

ᐱᐯᔅᑯᔅᒎᑳᐤ pipeskuschuukaau vii redup ◆ c'est de la boue cahoteuse

ᐱᐯᔅᑯᐦᑎᒨ pipeskuhtimuu vii redup -u ◆ c'est cahoteux, bosselé

ᐱᐯᔅᑯᐦᑕᑳᐤ pipeskuhtakaau vii redup ◆ c'est bosselé, plein de noeuds (bois utile)

ᐱᐯᔅᑯᐦᒑᐤ pipeskuhchaau vii redup ◆ c'est un terrain bosselé

ᐱᐯᔅᒁᐅᐦᑳᐤ pipeskwaauhkaau vii redup ◆ c'est du sable cahoteux, bosselé

ᐱᐯᔅᒁᐤ pipeskwaau vii redup ◆ c'est bosselé, cahoteux

ᐱᐯᔅᒁᐱᔅᑳᐤ pipeskwaapiskaau vii redup ◆ c'est une colline rocheuse et bosselée

ᐱᐯᔅᒁᑯᓂᑳᐤ pipeskwaakunikaau vii redup ◆ c'est de la neige cahoteuse

ᐱᐱᑯᓲ pipikusuu vai redup -u ◆ il/elle est rude, bosselé-e

ᐱᐱᒁᐤ pipikwaau vii redup ◆ c'est un peu rude, bosselé

ᐱᐱᒦᐦᑯᐍᐤ pipimiihkuweu vta redup ◆ il/elle fornique avec elle/lui; il/elle a une liaison avec elle/lui

ᐱᐱᔦᐯᐤ pipiyepeu vii redup ◆ il y a une inondation des ruisseaux, des lacs de l'Intérieur au printemps, à l'automne

ᐱᐲᐅᒣᐤ pipiiumeu vta redup ◆ il/elle laisse des restes après l'avoir mangé (par ex. du poisson)

ᐱᐲᐅᐦᑕᒼ pipiiuhtam vti redup ◆ il/elle laisse des restes, des restants après l'avoir mangé

ᐱᐲᓶᐸᔫ pipiiswepayuu vii redup redup -i ◆ ça bouillonne (de l'eau)

ᐱᐳᓂᐱᔦᔒᔥ pipunipiyeshiish na dim ◆ un oiseau d'hiver (probablement une mésange)

ᐱᐳᓂᐸᔨᒌᔅ pipunipayichiis na ◆ un pantalon de ski, litt. 'un pantalon d'hiver'

ᐱᐳᓂᑖᐹᓂᔥ pipunitaapaanish ni ◆ une autoneige

ᐱᐳᓂᑲᒥᒄ pipunikamikw ni ◆ une habitation ou cabane d'hiver

ᐱᐳᓂᓲ pipunisuu na -shiish ◆ un faucon gerfaut, un gerfaut *Falco rusticolus*

ᐱᐳᓂᔅᑲᐑᐤ pipuniskawiiu vii [côte] ◆ c'est de l'eau libre durant l'hiver

ᐱᐳᓂᔔ pipunishuu vai -i ◆ il/elle passe l'hiver à un endroit

ᐱᐳᓂᐦᒡ pipunihch p,temps ◆ l'hiver dernier

ᐱᐳᓇᑎᐦᑯᔥ pipunatihkush na dim ◆ un caribou d'un an, littéralement 'un jeune caribou de l'hiver'

ᐱᐳᓇᔅᒋᓯᓐ pipunaschisin ni ◆ une botte d'hiver

ᐱᐳᓈᔅᐱᓲ pipunaaspisuu vai -u ◆ il/elle s'habille pour l'hiver

ᐱᐳᓐ pipun vii ◆ c'est l'hiver

ᐱᐸᔥᒋᔕᒼ pipashchisham vti redup ◆ il/elle le coupe (une corde, une ligne)

ᐱᐸᐦᑵᐸᔨᐦᐁᐤ pipahkwepayiheu vta redup ◆ il/elle la/le brise en la/le secouant

ᐱᐸᐦᑵᐸᔨᐦᑖᐤ pipahkwepayihtaau vai+o redup ◆ il/elle le casse, le brise

ᐱᐸᐦᑵᒣᐤ pipahkwemeu vta redup ◆ il/elle la/le mord morceau par morceau

ᐱᐸᐦᑵᐦᑕᒼ pipahkwehtam vti redup ◆ il/elle le mord morceau par morceau (la viande)

ᐱᑎᑯᓲ pitikusuu vai -i ◆ il est massif, elle est massive; il/elle a une forte taille

ᐱᑎᒁᐤ pitikwaau vii ◆ c'est courtaud, massif, court et épais

ᐱᑎᒁᔨᐍᐤ pitikwaayiweu vai ◆ il/elle (par ex. un castor) a une queue large, courte

ᐱᑎᒫ pitimaa p,temps ◆ pour l'instant, en ce moment, avant, d'abord, premièrement, attendez-moi! bientôt (il y a quelque chose à faire avant) ▪ ᐱᑎᒫ ᑲᑕ ᐯᐦᐁᐤ ᑫ ᐗᓂᔥᑳᔨᒡ᙮ ▪ *Elle va d'abord attendre qu'elle se lève.*

ᐱᑕᐦᐅᑌᐤ pitahuteu vii ◆ c'est pris dans un filet

ᐱᑕᐦᐅᑖᐤ pitahutaau vai+o ◆ il/elle l'attrape au filet

ᐱᑕᐦᐅᔦᐤ pitahuyeu vta ◆ il/elle l'attrape au filet

ᐱᑕᐦᐅᔮᐤ pitahuyaau vai ◆ il/elle attrape du poisson au filet

ᐱᑖᐦᐊᒍᓈᓲᐦᐌᐤ **pitahamutishahweu** vta
♦ il/elle la/le fait se prendre dans un
filet (par ex. un castor)
ᐱᑖᐦᐊᒡ **pitaham** vti ♦ il/elle (par ex. un
castor) est pris-e dans quelque chose
(par ex. un filet)
ᐱᐧᐅᔨᑕᒥᐦᐁᐤ **pikweyitamiheu** vta
♦ il/elle l'inquiète, la/le décourage
ᐱᐧᐅᔨᒣᐤ **pikweyimeu** vta ♦ il/elle
s'inquiète à son sujet
ᐱᐧᐅᔨᐦᑕᒡ **pikweyihtam** vti ♦ il/elle
s'inquiète à ce sujet
ᐱᑯᑎᒀᓈᐦᑎᒄ **pikutikwaanaahtikw** ni
♦ un bâton, une perche pour
suspendre de la viande à sécher
ᐱᑯᑑᔎᐤ **pikutuusheu** vai ♦ il/elle donne
naissance à un enfant illégitime
ᐱᑯᑑᔑᐦᐁᐤ **pikutuushiheu** vta ♦ il/elle
est responsable du fait qu'elle ait un
enfant illégitime
ᐱᑯᑑᔖᓅ **pikutuushaanuu** vai -u ♦ c'est
un-e enfant illégitime, né-e hors du
mariage
ᐱᑯᑑᔖᓐ **pikutuushaan** na ♦ un enfant
naturel, un enfant illégitime, un enfant
né hors mariage
ᐱᑯᑕᑲᐦᐊᒡ **pikutakaham** vti ♦ il/elle
taille des fentes dans le bois pour
quelque chose
ᐱᑯᑕᑲᐦᐌᐤ **pikutakahweu** vta ♦ il/elle y
taille des fentes (par ex. pour la barre
transversale de la raquette)
ᐱᑯᓭᔨᒣᐤ **pikuseyimeu** vta ♦ il/elle
désire quelque chose d'elle/de lui
ᐱᑯᓭᔨᐦᑕᒧᐌᐤ **pikuseyihtamuweu** vta
♦ il/elle la/le souhaite pour elle/lui
ᐱᑯᓭᔨᐦᑕᒡ **pikuseyihtam** vti ♦ il/elle
désire l'obtenir de quelque chose
ᐱᑯᓭᔨᐦᒋᑲᓐ **pikuseyihchikan** ni ♦ un
piège, tout mécanisme de piégeage
posé pour attraper un animal
ᐱᑯᓭᔨᐦᒋᒉᐎᓐ **pikuseyihchichewin** ni
♦ un voeu, un désir, un souhait
ᐱᐧᐋᓂᐲ **pikwaanipii** ni -m ♦ une zone
d'eau libre dans la glace d'un lac en
hiver
ᐱᐧᐋᐦᐁᐤ **pikwaaheu** vta [Mistissini]
♦ il/elle l'attend avec impatience;
il/elle est responsable de son attente
impatiente

ᐱᐧᐋᐦᑎᓐ **pikwaahtin** vii ♦ c'est un
couteau aiguisé, coupant
ᐱᒉᔨᒃ **picheyik** p,temps ♦ juste
maintenant, à ce moment-ci,
justement, tout de suite, seulement
maintenant, en ce moment,
immédiatement ▪ ᐱᒉᔨᒃ ᐅᔑᐦᐁᐤ ᐊᐙᐦᑳᐤ
ᐊᐤ ᐃᔅᑴᐤ ▪ *Cette femme est justement
en train de faire de la banique.*
ᐱᒋᐸᔪᐤ **pichipayuu** vai -i ♦ il/elle a la
face bleue par manque d'air
ᐱᒋᑲᔑᒀᔒᔥ **pichikayishkishiish** na dim
♦ une mésange
ᐱᒋᓯᐦᑴᔮᓐ **pichisihkweuyaan** ni ♦ une
bavette, un bavoir
ᐱᒋᓯᐦᑴᐤ **pichisihkweu** vai ♦ il/elle bave
ᐱᒋᓯᐦᒂᑌᐤ **pichisihkwaateu** vta ♦ il/elle
bave sur elle/lui
ᐱᒋᓯᐦᒂᑕᒡ **pichisihkwaatam** vti ♦ il/elle
bave sur quelque chose
ᐱᒋᔥᑲᓀᑲᓐ **pichiskanekan** vii ♦ c'est
bleu (étalé, par ex. du tissu, du papier)
ᐱᒋᔥᑲᓂᑕᐙᐴ **pichiskanitawaapuu** vai
♦ il/elle a les yeux bleus
ᐱᒋᔥᑲᓂᓲ **pichiskanisuu** vai -i ♦ il/elle est
bleu-e
ᐱᒋᔥᑲᓂᐦᐊᓐ **pichiskanihan** vii ♦ le ciel
est bleu (ce qui signifie du temps
chaud)
ᐱᒋᔥᑲᓂᐦᑕᑳᐤ **pichiskanihtakaau** vii
♦ c'est un plancher bleu
ᐱᒋᔥᑲᓈᐤ **pichiskanaau** vii ♦ c'est bleu
ᐱᒋᔥᑲᓈᐯᑲᓐ **pichiskanaapekan** vii
♦ c'est bleu (filiforme)
ᐱᒋᔥᑲᓈᐱᔅᑳᐤ **pichiskanaapiskaau** vii
♦ c'est bleu métallique
ᐱᒋᔥᑲᓈᑯᓐ **pichiskanaakun** vii ♦ c'est
bleu ciel
ᐱᒋᔅᒋᐳᒋᑲᓐ **pichischipuchikan** ni ♦ un
hachoir à viande, un hache-viande
ᐱᒋᔅᒋᑲᐦᐄᑲᓐ **pichischikahiikanh** ni
♦ du bois d'allumage, du petit bois
ᐱᒋᔅᒋᐦᑲᐦᖔᓐ **pichischihkahaawaanh**
ni pl ♦ de petits morceaux de bois
fendus, des copeaux ou rognures de
bois pour allumer un feu
ᐱᒋᔥᑲᐦᐄᐸᑌᑎᓯᐙᑲᓐ
pichishkahiipatetisiwaakan ni ♦ un
pilon à patates

ᐱᒋᔥᒃᐦᐋᐸᑎᓯᐙᓐ
pichishkahiipatetisuwaan ni ♦ des patates pilées, de la purée de pommes de terre

ᐱᒋᔥᒋᔥᑯᐌᐤ pichishchishkuweu vta ♦ il/elle la/le piétine

ᐱᒋᔥᒋᔥᑲᒻ pichishchishkam vti ♦ il/elle le piétine complètement (par ex. des traces)

ᐱᒋᐌᑲᓐ pichiiwekan vii ♦ il y a de la gomme dessus (étalé)

ᐱᒋᐙᔅᑯᓐ pichiiwaaskun vii ♦ il y a de la gomme dessus (long et rigide)

ᐱᒎ pichuu na -chiim ♦ de la gomme, gomme de sève d'arbre

ᐱᒣᑳᐴᐎᒡ pimekaapuuwich vai pl -uu ♦ ils/elles sont en rang; ils/elles sont debout en ligne

ᐱᒣᑳᐴᐦ pimekaapuuh vii pl -uu ♦ les choses sont en rangée, en ligne (par ex. les maisons); les choses sont alignées

ᐱᒣᔨᒣᐤ pimeyimeu vta ♦ il/elle lui fait quelque chose; il/elle joue avec quelque chose

ᐱᒣᔨᐦᑕᒻ pimeyihtam vti ♦ il/elle lui fait quelque chose, s'en occupe, le bricole

ᐱᒥᐌᐸᐦᐊᒻ pimiwepaham vti ♦ il/elle le renverse, le fait tomber

ᐱᒥᐌᐸᐦᐌᐤ pimiwepahweu vta ♦ il/elle l'abat (un oiseau)

ᐱᒥᐌᔥᑎᓐ pimiweshtin vii ♦ c'est un vent qui siffle ou qui hurle

ᐱᒥᐯᔑᑳᐹᐤ pimipeshikaapaau vii ♦ c'est un ruisseau bordé de buissons épais des deux côtés

ᐱᒥᐯᔥᑖᓐ pimipeshtaan vii ♦ c'est une averse de pluie

ᐱᒥᐯᔮᐤ pimipeyaau vii ♦ il y a une nappe d'eau libre dans la glace, le sol

ᐱᒥᐱᒎ pimipichuu vai -i ♦ il/elle déplace ou déménage le camp en hiver

ᐱᒥᐸᔨᐦᐁᐤ pimipayiheu vta ♦ il/elle la/le conduit (en véhicule)

ᐱᒥᐸᔨᐦᑖᐅᓯᓇᐦᐄᑲᓂᔥ pimipayihtaausinahiikanish ni ♦ un permis de conduire

ᐱᒥᐸᔨᐦᑖᐤ pimipayihtaau vai+o ♦ il/elle le conduit; il/elle s'occupe de son fonctionnement (par ex. une entreprise)

ᐱᒥᐸᔨᐦᑖᓲ pimipayihtaasuu na -siim ♦ un chauffeur, une chauffeuse; un conducteur, une conductrice, une personne qui conduit

ᐱᒥᐸᔨᐦᑤᓲ pimipayihtwaasuu vai ♦ il/elle possède une entreprise; il/elle est propriétaire d'un commerce

ᐱᒥᐹᔫ pimipayuu vai/vii -i ♦ il/elle voyage en véhicule; ça marche, ça fonctionne

ᐱᒥᐸᐦᑖᐤ pimipahtaau vai ♦ il/elle court avec

ᐱᒥᐸᐦᑤᐤ pimipahtwaau vai ♦ il/elle le porte en courant

ᐱᒥᑌᐤ pimiteu vii ♦ il y a du gras sur le bouillon de viande

ᐱᒥᑎᔕᐦᐊᒻ pimitishaham vti ♦ il/elle court après quelque chose, le poursuit

ᐱᒥᑎᔕᐦᐋᐌᐤ pimitishahaaweu vta ♦ il/elle court après, poursuit un grand groupe (par ex. des gens, des animaux)

ᐱᒥᑎᔕᐦᐌᐤ pimitishahweu vta ♦ il/elle lui court après, la/le poursuit

ᐱᒥᑎᐦᑌᐦᐄᑲᓈᐦᑎᒄ pimitihtehiikanaahtikw ni [Intérieur] ♦ un bâton fixé à la porte de toile d'un tipi ou d'une tente pour la maintenir en place

ᐱᒥᑕᑎᓈᐤ pimitatinaau vii ♦ c'est une rangée de montagnes

ᐱᒥᑖᒋᒨ pimitaachimuu vai -u ♦ il/elle rampe

ᐱᒥᑖᔅᑯᐱᐦᑖᑲᓐ pimitaaskupihtaakan ni ♦ une barre transversale de toboggan

ᐱᒥᑖᔅᑯᒧᐦᑖᐤ pimitaaskumuhtaau vai+o ♦ il/elle le pose, l'installe, le met en travers ou en croix (long et rigide)

ᐱᒥᑖᔅᑯᓀᐤ pimitaaskuneu vta ♦ il/elle la/le tient en travers (par ex. la/le porte sur ses épaules)

ᐱᒥᑖᔅᑯᓂᑲᓐ pimitaaskunikan na ♦ une pièce de bois ou de métal qui sert à régler la maille pour tisser un filet, une planche pour le maillage

ᐱᒥᑖᔅᑯᓇᒻ pimitaaskunam vti ♦ il/elle le tient en travers de ses épaules

ᐱᒥᑖᔅᑯᔑᒣᐤ pimitaaskushimeu vta ♦ il/elle la/le croise, pose en croix (par ex. des raquettes)

ᐱᒥᑖᔅᑯᔑᓐ **pimitaaskushin** vai ♦ il/elle est couché-e, étendu-e en travers ou croisé-e (long et rigide, personne)

ᐱᒥᑖᔅᑯᔥᑖᑲᓐ **pimitaaskushtaakan** ni ♦ une perche, un bâton pour la cuisson au-dessus du feu, parallèle à l'entrée

ᐱᒥᑖᔅᑯᐦᐄᑲᓐ **pimitaaskuhiikan** ni ♦ un bâton fixé à la porte de toile d'un tipi ou d'une tente pour la maintenir en place; un bâton pour suspendre un collet

ᐱᒥᑖᔅᑯᐦᑎᓐ **pimitaaskuhtin** vii ♦ c'est croisé, étendu en croix (long et rigide)

ᐱᒥᑖᔥᑎᓐ **pimitaashtin** vii ♦ c'est déplacé latéralement, tourné de côté par le vent

ᐱᒥᑖᔥᑯᐱᐦᒋᑲᓐ **pimitaashkupihchikan** ni ♦ des barres transversales de toboggan

ᐱᒥᑖᐦᑯᓈᑲᓐ **pimitaahkunaakan** na [Côte] ♦ un bâton pour suspendre un collet

ᐱᒥᑳᑖᓐ **pimikaataan** ni ♦ un tibia

ᐱᒥᒋᐸᔦᐦᐁᐤ **pimichipayiheu** vta ♦ il/elle la/le conduit de côté, latéralement

ᐱᒥᒋᐸᔨᐦᑖᐤ **pimichipayihtaau** vai+o ♦ il/elle le conduit de côté

ᐱᒥᒋᐸᔨᐤ **pimichipayuu** vai/vii-i ♦ il/elle/ça tombe de côté

ᐱᒥᒋᑕᐦᑯᓈᓐ **pimichitahkunaan** ni ♦ un bâton fixé au centre de la porte de toile d'une tente pour la maintenir en place

ᐱᒥᒋᑲᒫᐤ **pimichikamaau** vii ♦ le lac est en travers du chemin suivi

ᐱᒥᒋᑳᐴ **pimichikaapuu** vai-uu ♦ il/elle se tient de profil, de côté

ᐱᒥᒋᑳᔥᑌᐸᔨᐤ **pimichikaashtepayuu** vai/vii-i ♦ son ombre est visible quand il/elle/ça passe à côté; il/elle/ça jette une ombre en passant

ᐱᒥᒋᒃᕘᔥᑯᐦᑐᐤ **pimichikwaashkuhtuu** vai-i ♦ il/elle saute de côté

ᐱᒥᒋᔥᑎᐦᑲᓈᓈᑎᐦᒄ **pimichishtihkanaanaatihkw** ni-um [Côte] ♦ un bâton fixé au centre de la porte de toile d'une tente pour la maintenir en place

ᐱᒥᒋᐦᑎᓅᐯᔫ **pimichihtinuwepayuu** vai/vii-i ♦ il/elle avance perpendiculairement au vent (sur le sol); ça va perpendiculairement au vent

ᐱᒥᒋᐦᑎᓅᔥᑲᒻ **pimichihtinuweshkam** vti ♦ il/elle marche avec le vent de son côté

ᐱᒥᒋᐦᑎᓅᐦᔮᐤ **pimichihtinuwehyaau** vai ♦ il/elle vole perpendiculairement au vent

ᐱᒥᒋᐦᑖᑳᐤ **pimichihtakaau** vii ♦ c'est un comptoir (par ex. dans un magasin); c'est un mur

ᐱᒥᒎᐃᐧ **pimichuwin** vii ♦ il y a un courant

ᐱᒥᒡ **pimich** p,lieu ♦ en travers, à travers, de l'autre côté, en face de, sur le côté. ◼ ᐊᓅᐦ ᐱᒥᒡ ᒥᐦᒍᐧᒑᐦ. ◼ *Mets-le sur le côté.*

ᐱᒥᒧ **pimimuu** vii-u ♦ ça passe là (une route, un chemin) ◼ ᓅᐦᒋᐦᑯ ᐊᓅᐦ ᐱᒥᒧ ᐊᓂ ᓴᒀᐦᒡ. ◼ *Le chemin passe là, dans les buissons.*

ᐱᒥᓀᐤ **pimineu** vta ♦ il/elle l'élève (comme un parent élève un enfant), prend soin d'elle/de lui

ᐱᒥᓀᐸᔫ **pimenepayuu** vai/vii-i ♦ il/elle est craquelé-e, fendu-e, fendillé-e; c'est craquelé, fendu, fendillé (rigide, par ex. du bois)

ᐱᒥᓃᐤᒉᐤ **piminiiumeu** vta [Côte] ♦ il/elle porte un enfant; il/elle la/le porte sur son dos

ᐱᒥᓅᐯᐦᔑᒄ **piminuweuschihkw** ni ♦ une casserole, un chaudron, un seau, un pot

ᐱᒥᓅᐌᐙᑲᓐ **piminuwewaakan** ni ♦ une casserole, un chaudron

ᐱᒥᓅᐌᐤ **piminuweu** vai ♦ il/elle cuisine, prépare la nourriture

ᐱᒥᓅᐌᓲ **piminuwesuu** vai ♦ il est cuisinier, elle est cuisinière

ᐱᒥᓅᐙᐸᑕᐦᒋᒄ **piminuwaakanischihkw** ni ♦ une casserole, un chaudron

ᐱᒥᓅᐙᓐ **piminuwaan** ni ♦ une cuisson

ᐱᒥᓅᐅᑌᐤ **piminuuteu** vta ♦ il/elle fait la cuisine pour quelqu'un

ᐱᒥᓅᓲ **piminuusuu** vai reflex-u ♦ il/elle cuisine pour lui-même ou elle-même; il/elle se prépare un repas

ᐱᒥᓈᐅᓱ pimina ausuu vai ♦ c'est un parent; il/elle élève un enfant

ᐱᒥᓯᑳᓯᐦᔮᐤ pimisikaasihyaau vai ♦ il (un oiseau) vole au-dessus de l'eau; il/elle survole l'eau

ᐱᒥᓯᒃᐚ pimisikwaau vii ♦ c'est une lisière de glace

ᐱᒥᓯᐦᑖᐤ pimisihtaau vai+o ♦ il/elle traverse un portage

ᐱᒥᓯᐦᑖᑲᓐ pimisihtaakan ni ♦ un vieux portage

ᐱᒥᓵᐌᐤ pimisaaweu vai ♦ il y a de la graisse ou du gras à la surface du bouillon

ᐱᒥᓵᐚᓐ pimisaawaan ni ♦ du gras flottant sur un liquide de cuisson

ᐱᒥᔅᑖᑲᓐ pimistaakan ni ♦ une voie navigable, une voie d'eau très utilisée

ᐱᒥᔅᑯᐱᒋᐤ pimiskupichuu vai -i ♦ il/elle déplace ou déménage le camp en hiver, en passant sur la glace

ᐱᒥᔅᑯᐸᔫ pimiskupayuu vai/vii -i ♦ il/elle/ça passe ou voyage sur la glace

ᐱᒥᔅᑯᐸᐦᑖᐤ pimiskupahtaau vai ♦ il/elle court sur la glace

ᐱᒥᔅᑯᓐ pimiskun vii ♦ c'est un horizon de nuages de tempête

ᐱᒥᔅᑯᔑᓐ pimiskushin vai ♦ il/elle marche sur la glace

ᐱᒥᔅᑯᐦᑌᐤ pimiskuhteu vai ♦ il/elle marche sur la glace (ce qui signifie que la glace est assez solide pour supporter son poids)

ᐱᒥᔅᑲᓅᐌᐤ pimiskanuweu vai ♦ il/elle laisse des traces (en passant); sa piste se poursuit

ᐱᒥᔅᒋᐱᓱᐃᓐ pimischipisuwin ni ♦ une bande ou courroie de cuir épais qui forme les trous d'orteils d'une raquette

ᐱᒥᔑᑳᐹᐤ pimishikaapaau vii ♦ c'est bordé d'épais buissons de saules de chaque côté (un ruisseau)

ᐱᒥᔑᑳᒣᐦᔮᐤ pimishikaamehyaau vai ♦ il (un oiseau) vole de l'eau vers la terre

ᐱᒥᔑᓐ pimishin vai ♦ il/elle se couche ou s'étend

ᐱᒥᔌᐤ pimishkaau vai ♦ il/elle pagaye, nage

ᐱᒥᔌᓈᓐ pimishkaanaan ni ♦ une voie navigable, une voie d'eau très utilisée

ᐱᒥᐦᑖᐤ pimihutaau vai+o ♦ il/elle porte quelque chose en pagayant, en volant

ᐱᒥᐦᐅᔦᐤ pimihuyeu vta ♦ il/elle vole en la/le portant

ᐱᒥᐦᐋᐅᐄᓅ pimihaauiinuu na [Intérieur] ♦ un-e pilote

ᐱᒥᐦᐋᐅᔅᒌ pimihaauschii ni [Intérieur] ♦ un aéroport

ᐱᒥᐦᐋᐅᔅᒌᐅᑲᒥᒄ pimihaauschiiukamikw ni [Intérieur] ♦ un terminal d'aéroport

ᐱᒥᐦᐋᐤ pimihaau vai [Intérieur] ♦ il (un oiseau) vole

ᐱᒥᐦᐋᒪᑲᓐ pimihaamakan vii [Intérieur] ♦ ça vole

ᐱᒥᐦᑳᓂᐦᒉᐤ pimihkaanihcheu vai ♦ il/elle fait du pemmican

ᐱᒥᐦᑳᓐ pimihkaan ni -im ♦ un mélange de graisse et de viande séchée écrasée, du pemmican

ᐱᒥᐦᒁᓈᐦᑎᒄ pimihkwaanaahtikw ni [Intérieur] ♦ un rebord supérieur externe de canot

ᐱᒥᐦᔮᐅᔅᒌ pimihyaauschii ni [Côte] ♦ un aéroport

ᐱᒥᐦᔮᐅᔅᒌᐅᑲᒥᒄ pimihyaauschiiukamikw ni ♦ un terminal d'aéroport

ᐱᒥᐦᔮᐤ pimihyaau vai [Côte] ♦ il (un oiseau) vole

ᐱᒥᐦᔮᒪᑲᓐ pimihyaamakan vii [Côte] ♦ ça vole

ᐱᒦ pimii ni -m ♦ du lard, du gras fondu; du gaz, de l'essence, de l'huile, du naphta

ᐱᒦᐅᑖᐤ pimiiutaau vai+o ♦ il/elle le porte, l'apporte, le transporte sur le dos

ᐱᒦᐅᑲᒥᒄ pimiiukamikw ni ♦ une station-service, une station d'essence

ᐱᒦᐅᑲᓐ pimiiukan vii ♦ il y a de l'huile dessus

ᐱᒦᐅᒋᓱ pimiiuchisuu vai -i ♦ il/elle a de l'huile ou de l'essence sur lui/elle

ᐱᒦᐅᒋᓵᐱᔅᒋᓵᐚᓐ pimiiuchisaapischisaawaan ni ♦ une chaudière à mazout

ᐱᒦᐅᒫᑯᓐ pimiiumaakun vii ♦ ça sent le gras, l'huile, l'essence

ᐱᕐᐅᒐᑯᓱ pimiiumaakusuu vai-i ♦ il/elle sent l'huile, l'essence

ᐱᕐᐅᖕᐸᑯᐦ pimiiuspakun vii ♦ ça goûte l'huile, l'essence (de la viande)

ᐱᕐᐅᖕᐸᑯᓱ pimiiuspakusuu vai-i ♦ il/elle goûte l'huile, l'essence

ᐱᕐᐅᔪᐤ pimiiuyeu vta ♦ il/elle porte un enfant; il/elle la/le porte sur son dos

ᐱᕐᐅᐦᐁᐤ pimiiheu vta ♦ il/elle la/le graisse; il/elle y met trop de lard (par ex. de la banique)

ᐱᕐᐅᐦᑖᐤ pimiiuhtaau vai+o ♦ il/elle y met de la graisse; il/elle y ajoute trop de gras

ᐱᕐᐱᐌᐤ pimiiweu vii ♦ le vent passe

ᐱᕐᐱᐌᐸᔪ pimiiwepayuu vii-i ♦ une rafale de vent passe au-dessus

ᐱᕐᐤ pimiiu vai/vii ♦ il est graisseux, elle est graisseuse; il/elle/ça contient de l'essence, de l'huile (par ex. une motoneige)

ᐱᕐᐦᑯᐌᐤ pimiihkuweu vta ♦ il/elle travaille dessus, la/le répare

ᐱᕐᐦᑲᒼ pimiihkam vti ♦ il/elle travaille à quelque chose, le répare

ᐱᒧᐌᐤ pimuweu vta ♦ il/elle lui lance quelque chose

ᐱᒧᐌᐸᔪ pimuwepayuu vai ♦ on l'entend passer en avion ou véhicule

ᐱᒧᐌᑕᒼ pimuwetam vti ♦ il/elle fait du bruit en passant

ᐱᒧᐌᑖᐸᓈᐦᑴᔑᐣ pimuwetaapanaaskweshin vai ♦ on peut l'entendre tirer un toboggan sur la neige (sans le/la voir)

ᐱᒧᐌᔑᐣ pimuweshin vai ♦ on l'entend marcher autour

ᐱᒧᐌᐦᑎᐣ pimuweshtin vii ♦ ça fait un bruit en soufflant

ᐱᒧᐋᐦᑲᓄᐌᐤ pimuwaaskanuweu vii ♦ les traces ou pistes sont visibles au loin (par ex. de l'autre côté d'une rivière, d'un lac)

ᐱᒧᑕᒼ pimutam vti ♦ il/elle lance sur quelque chose

ᐱᒧᑦᐦᑴᐤ pimutahkweu vai ♦ il/elle tire des flèches à l'arc

ᐱᒧᑦᐦᑲᑌᐤ pimutahkwaateu vta ♦ il/elle lui tire dessus avec une flèche

ᐱᒧᑦᐦᑲᑕᒼ pimutahkwaatam vti ♦ il/elle lui lance une flèche, tire dessus avec une flèche

ᐱᒧᒉᐤ pimucheu vai ♦ il/elle lance de la main

ᐱᒧᓯᓈᑦᐦᐊᐦᐄᒉᐤ pimusinaatahiicheu vai ♦ il/elle lance des pierres sur quelque chose

ᐱᒧᓯᓈᑦᐦᐊᒼ pimusinaataham vti ♦ il/elle lui lance une roche, un pierre

ᐱᒧᓯᓈᑦᐦᐁᐤ pimusinaatahweu vta ♦ il/elle lui lance une pierre

ᐱᒧᐦᑌᐙᑲᓐ pimuhtewaakan ni ♦ une aide à la marche (par ex. une canne, une marchette)

ᐱᒧᐦᑌᐙᒉᐤ pimuhtewaacheu vai ♦ il/elle s'en sert pour marcher (par ex. des béquilles)

ᐱᒧᐦᑌᐤ pimuhteu vai ♦ il/elle marche

ᐱᒧᐦᑌᐦᑲᓄ pimuhteskanuu ni-naam ♦ un sentier, une piste de marche

ᐱᒧᐦᑌᐦᐁᐤ pimuhteheu vta ♦ il/elle la/le fait marcher, la/le guide

ᐱᒧᐦᒉᑖᐤ pimuhtataau vai+o ♦ il/elle marche en le portant

ᐱᒨᔪᐤ pimuuyeu vta ♦ il/elle la/le porte, transporte, fait passer

ᐱᒨᐦᑖᐤ pimuuhtaau vai+o ♦ il/elle le porte, le transporte, l'apporte

ᐱᒪᑎᓈᐤ pimatinaau vii ♦ c'est une rangée de grandes montagnes

ᐱᒪᑖᐅᐦᑳᐤ pimataauhkaau vii ♦ c'est une lisière de terre sèche

ᐱᒪᔅᒉᑳᐤ pimaschekaau vii ♦ c'est une lisière de tourbière, de muskeg

ᐱᒪᔅᒎᑳᐤ pimaschuukaau vii ♦ c'est une flaque de boue, d'argile

ᐱᒪᐦᐄᓄᐌᐤ pimahiinuweu vta ♦ il/elle porte, sert de la nourriture à quelqu'un

ᐱᒪᐦᐆᓈᓐ pimahuunaan ni ♦ un portage de traverse, d'un cours d'eau au suivant

ᐱᒪᐦᐊᒫᓱ pimahamaasuu vai-u ♦ il/elle marche en chantant

ᐱᒪᐦᐊᒼ pimaham vti ♦ il (un oiseau) migre

ᐱᒪᐦᐋᒣᐤ pimahaameu vai ♦ il/elle suit la piste, le sentier

ᐱᒫᐅᐦᑳᐤ pimaauhkaau vii ♦ c'est une étendue de sable, une bande de sable

ᐱᒥᐸᒍᐃᕝᓂᐤ pimaapekamuheu vta
 • il/elle la/le fait passer entre deux perches (filiforme, par ex. un filet de pêche)

ᐱᒫᐱᔅᑲᒨ pimaapiskamuu vii -u • il y a une bande de métal

ᐱᒫᐱᔅᑳᐤ pimaapiskaau vii • c'est une lisière de roches

ᐱᒫᐱᔅᒋᐦᑎᓐ pimaapischihtin vii • c'est étendu le long de quelque chose (pierre, métal, par ex. un tuyau)

ᐱᒫᐱᔥᒋᔑᓐ pimaapishchishin vai
 • il/elle est étendu-e le long de quelque chose (pierre, métal)

ᐱᒫᐱᐦᑌᐤ pimaapihteu vii • la fumée passe par la cheminée

ᐱᒫᐳᑌᐤ pimaaputeu vii • ça flotte

ᐱᒫᐳᑖᐤ pimaaputaau vai+o • il/elle le laisse flotter

ᐱᒫᐳᑯᐤ pimaapukuu vai -u • il/elle flotte avec; il/elle glisse avec en toboggan

ᐱᒫᐳᔦᐤ pimaapuyeu vta • il/elle la/le laisse flotter (par ex. une pagaie)

ᐱᒫᐹᐳᑖᐤ pimaapwaautaau vai+o
 • il/elle le lave, le rince en changeant l'eau plusieurs fois

ᐱᒫᐹᐸᔦᐤ pimaapwaauyeu vta • il/elle la/le lave (par ex. un pantalon)

ᐱᒫᑎᑳᐤ pimaatikaau vai [Intérieur]
 • il/elle nage

ᐱᒫᑎᑳᓯᐦᑖᐤ pimaatikaasihtaau vai+o
 • il/elle tire le canot en marchant dans l'eau

ᐱᒫᑎᑳᓲ pimaatikaasuu vai -i • il/elle marche ou avance dans l'eau

ᐱᒫᑎᒥᐤ pimaatimiiu vii • c'est un chenal, un canal

ᐱᒫᑎᓰᐤ pimaatisiiu vai • il/elle vit; il/elle est vivant-e

ᐱᒫᑯᓂᑳᐤ pimaakunikaau vii • c'est une lisière de neige

ᐱᒫᒋᐦᐁᐤ pimaachiheu vta • il/elle la/le sauve; il/elle vient à son aide, à sa rescousse; il/elle la/le fait vivre

ᐱᒫᒋᐦᐄᐌᐎᓐ pimaachihiiwewin ni • le salut

ᐱᒫᒋᐦᐄᐌᐤ pimaachihiiweu vai • il/elle sauve des vies; il/elle donne la vie à d'autres

ᐱᒫᒋᕽ pimaachihuu vai -u • il/elle se sauve, sauve sa vie (par ex. de la noyade)

ᐱᒫᒋᐦᑖᐤ pimaachihtaau vai+o • il/elle le sauve (par ex. de se perdre); il/elle le sauve de la mort

ᐱᒫᒣᔨᒨ pimaameyimuu vai -u • il/elle a honte d'avoir fait quelque chose de très mal

ᐱᒫᒥᓄᐌᐤ pimaaminuweu vta • il/elle est embarrassé-e, gêné-e par ce que fait quelqu'un

ᐱᒫᒥᓈᑯᓲ pimaaminaakusuu vai -i
 • il/elle embarrasse les autres par son apparence

ᐱᒫᒥᓰᐤ pimaamisiiu vai • il/elle est gêné-e, timide

ᐱᒫᒥᔒᔥᑐᐌᐤ pimaamishiishtuweu vta
 • il/elle est intimidé-e par elle/lui

ᐱᒫᒥᐦᐁᐤ pimaamiheu vai • il/elle l'embarrasse

ᐱᒫᒥᐦᐄᐌᐤ pimaamihiiweu vai • il/elle embarrasse les gens

ᐱᒫᒥᐦᑐᐌᐤ pimaamihtuweu vta • il/elle est embarrassé-e, gêné-e par ce que dit quelqu'un; il/elle a honte de ce qu'elle/il dit

ᐱᒫᒨ pimaamuu vai • il (un animal) se sauve de son refuge

ᐱᒫᔅᑴᔮᐤ pimaaskweyaau vii • c'est une rangée ou lisière d'arbres

ᐱᒫᔅᑯᒧᐦᑖᐤ pimaaskumuhtaau vai+o
 • il/elle le dresse, le plante, le monte (long et rigide)

ᐱᒫᔅᑯᔥᑖᐤ pimaaskushtaau vai+o • il/elle le place, le pose, le met le long (long et rigide)

ᐱᒫᔅᑯᐦᐁᐤ pimaaskuheu vta • il/elle la/le pose ou met le long de quelque chose (long et rigide)

ᐱᒫᔅᑯᐦᑎᓐ pimaaskuhtin vii • c'est étendu le long de quelque chose (long et rigide)

ᐱᒫᔑᑳᒣᐤ pimaashikaameu vai • il/elle marche le long du rivage (alors que d'autres sautent les rapides)

ᐱᒫᔑᑳᒣᐱᑕᒻ pimaashikaamepitam vti
 • il/elle lui fait descendre le courant à la cordelle (se dit d'un canot)

ᐱᒫᔕᑳᒣᐱᒋᑲᓂᔮᐲ
pimaashikaamepichikaniyaapii na -m
* une ligne de halage, utilisée pour tirer un canot dans les rapides

ᐱᒫᔑᑳᒣᐦᑖᐦᐁᐤ pimaashikaamehtaheu vta ◆ il/elle la/le transporte en suivant la rive (alors que d'autres amènent le canot au large)

ᐱᒫᔑᑳᒣᐦᑖᐤ pimaashikaamehtaau vai+o ◆ il/elle le porte le long de la rive (alors que d'autres mènent le canot sur l'eau)

ᐱᒫᔋᐎᓐ pimaashuwin ni ◆ une voile

ᐱᒫᔋᓈᐦᑎᒄ pimaashunaahtikw ni ◆ un mât de voilier, de vaisseau ou de bâtiment à voiles

ᐱᒫᔋ pimaashuu vai -i ◆ il/elle vogue, est emporté-e par le vent

ᐱᒫᔥᑎᓐ pimaashtin vii ◆ ça souffle le long de

ᐱᒫᔥᑯᔑᓐ pimaashkushin vai ◆ il/elle est étiré-e

ᐱᒫᐦᐅᑌᐤ pimaahuteu vii ◆ c'est déplacé par les vagues; ça flotte avec

ᐱᒫᐦᐅᑖᐤ pimaahutaau vai+o ◆ il/elle le fait flotter vers l'aval

ᐱᒫᐦᐅᑰ pimaahukuu vai -u ◆ il/elle est déplacé-e par les vagues

ᐱᒫᐦᐅᔦᐤ pimaahuyeu vta ◆ il/elle la/le laisse flotter (par ex. un canard abattu dans l'eau, un tronc d'arbre jeté à l'eau)

ᐱᒫᐦᐊᓐ pimaahan vii ◆ c'est déplacé sur l'eau par le vent

ᐱᓀᒥᔅᑰ pinemiskuu vai -u ◆ elle (un castor femelle) met bas

ᐱᓀᔮᐱᔒᐤ pineyaapishiiu vai -u ◆ elle (un lynx femelle) met bas

ᐱᓀᔮᐳᔋ pineyaapushuu vai -u ◆ elle (une lapine, un lièvre femelle) met bas

ᐱᓂᐳᑖᐤ piniputaau vai+o ◆ il/elle fait de la sciure en le sciant

ᐱᓂᐳᒋᑲᓐ pinipuchikan ni ◆ de la sciure de bois, du bran de scie

ᐱᓂᐳᔦᐤ pinipuyeu vta ◆ il/elle fait de la sciure en la/le sciant

ᐱᓂᐳᐦᒉᐤ pinipuhcheu vai ◆ il/elle produit de la sciure en sciant

ᐱᓂᐸᔨᐦᐁᐤ pinipayiheu vta ◆ il/elle la/le saupoudre (par ex. de la farine)

ᐱᓂᐸᔨᐦᑖᐤ pinipayihtaau vai+o ◆ il/elle le saupoudre, le parsème, l'étend (par ex. du sable)

ᐱᓂᐸᔩ pinipayuu vii -i ◆ ça tombe en poudre; ça se pulvérise

ᐱᓂᑐᐌᐦᐌᐤ pinituwehweu vta ◆ il/elle fait partir les plumes de l'oiseau en tirant dessus

ᐱᓂᑖᐅᐦᒋᐸᔩ pinitaauhchipayuu vii -i ◆ la berge glisse dans la rivière

ᐱᓂᑲᓀᓇᒻ pinikanenam vti ◆ il/elle laisse traîner des os par terre

ᐱᓂᑲᓀᐦᐋᐙᓐ pinikanehawaan ni ◆ des morceaux d'os jetés par terre

ᐱᓂᑲᐦᐄᒉᐤ pinikahiicheu vai ◆ il/elle coupe du petit bois, du bois d'allumage

ᐱᓂᑲᐦᐊᒻ pinikaham vti ◆ il/elle laisse des copeaux après avoir fendu du bois

ᐱᓂᒣᑯᔥ pinimekush na dim ◆ un poisson qui a frayé

ᐱᓂᓇᒻ pininam vti ◆ il/elle fait des rognures, des retailles

ᐱᓂᓲᐤ pinisuweu vai ◆ il/elle descend une pente en marchant

ᐱᓂᓲᐯᓀᐤ pinisuwepineu vta ◆ il/elle la/le jette en bas de la colline

ᐱᓂᓲᐯᓇᒻ pinisuwepinam vti ◆ il/elle le jette en bas de la colline

ᐱᓂᓲᐸᔨᐦᑖᐤ pinisuwepayihtaau vai+o ◆ il/elle descend ou conduit quelque chose en bas de la pente, de la côte

ᐱᓂᓲᐸᔩ pinisuwepayuu vai/vii -i ◆ il/elle/ça descend la côte

ᐱᓂᓲᐸᐦᑖᐤ pinisuwepahtaau vai ◆ il/elle court en bas de la côte; il/elle descend la colline en courant

ᐱᓂᓲᑖᐦᐁᐤ pinisuwetaheu vta ◆ il/elle l'amène ou l'emporte en bas de la colline; il/elle la/le fait descendre

ᐱᓂᓲᑖᐤᐦᑲᐦᐊᒻ pinisuwetaauhkaham vti ◆ il/elle descend la colline à pied

ᐱᓂᓲᒍᐎᓐ pinisuwechuwin vii ◆ ça coule en bas de la berge, de la colline

ᐱᓂᓲᔮᐤ pinisuweyaau vii ◆ c'est une descente de colline

ᐱᓂᓲᐦᑎᑖᐤ pinisuwehtitaau vai+o ◆ il/elle l'emporte (sur lui/elle) en bas de la pente

ᐱᓂᐦᑯᑖᑲᓐᐦ pinihkutaakanh ni pl ♦ des copeaux ou frisures de bois, des planures de bois

ᐱᓂᐦᑯᒉᐤ pinihkutaacheu vai ♦ il/elle laisse des sciures après avoir plané du bois; il/elle laisse des copeaux de bois

ᐱᓇᔥᑌᐤ pinashteu vii ♦ ça traîne par terre; c'est jeté

ᐱᓇᔥᑖᐤ pinashtaau vai+o ♦ il/elle laisse traîner des choses

ᐱᓇᐦᐄᐦᒁᓐ pinahiihkwaan ni ♦ un peigne fin

ᐱᓇᐦᐊᒼ pinaham vti ♦ il/elle le fait sauter, le déclenche

ᐱᓈᐌᐤ pinaaweu vai ♦ il/elle (par ex. un oiseau) pond des oeufs

ᐱᓈᐱᐦᒉᔥᑲᒼ pinaapihcheshkam vti ♦ il/elle le fait tomber, le déplace, le dérange (filiforme, par ex. un collet)

ᐱᓈᐹᐅᑖᐤ pinaapaautaau vai+o ♦ il/elle le trempe tellement que ça tombe à cause du poids

ᐱᓈᐸᐚᐌᐤ pinaapwaaweu vii ♦ ça s'efface dans l'eau (par ex. une ligne)

ᐱᓈᑯᓀᔥᑯᐌᐤ pinaakuneshkuweu vta ♦ il/elle secoue, fait tomber la neige qui est sur elle/lui

ᐱᓈᑯᓀᔥᑲᒼ pinaakuneshkam vti ♦ il/elle en fait tomber la neige sur quelque chose

ᐱᓈᔅᒌᐆᐲᓯᒼ pinaaschiiupiisim na -um [Intérieur] ♦ septembre

ᐱᓈᔅᒌᐤ pinaaschiiu vai ♦ elles (feuilles) tombent à l'automne

ᐱᓈᔔ pinaashuu vai -i ♦ il/elle (par ex. la neige du toit) s'envole au vent

ᐱᓈᔥᑎᓐ pinaashtin vii ♦ c'est abattu par le vent; ça tombe à cause du vent (par ex. les feuilles d'un arbre)

ᐱᓴᐧᐁᑕᒼ piswewetam vti ♦ il/elle produit un écho

ᐱᓴᐧᐁᒍᐃᓐ piswewechuwin vii ♦ le bruit des rapides fait écho

ᐱᓴᐧᐁᒪᑲᓐ piswewemakan vii ♦ ça fait de l'écho, comme dans une pièce vide

ᐱᓴᐧᐁᐦᑎᓐ piswewehtin vii ♦ c'est un bruit d'écho

ᐱᓴᐱᐦᒋᑲᓐ piswepihchikan ni ♦ des pompons de laine sur les raquettes

ᐱᓴᒪᒋᐦᐆ piswemachihuu vai -u ♦ il/elle se sent malade après avoir mangé de la nourriture grasse (par ex. du gras)

ᐱᓴᔥᑯᔫ pisweshkuyuu vai -yi ♦ il/elle se sent malade après avoir mangé beaucoup de gras, de graisse

ᐱᓴᔦᐤ pisweyaau vii ♦ c'est une nourriture riche (grasse)

ᐱᓯᐌᔥᐌᐤ pisiwesweu vta ♦ il/elle brûle le poil d'un animal par accident

ᐱᓯᐯᒋᐸᔨᑖᐤ pisipechipayihtaau vai+o [Côte] ♦ il/elle le lance (par ex. un caillou plat) pour faire des ricochets sur l'eau

ᐱᓯᐯᐦᔮᐤ pisipehyaau vai ♦ il (un oiseau) vole avec les pattes dans l'eau avant de s'élever

ᐱᓯᐯᐦᔮᒪᑲᓐ pisipehyaamakan vii ♦ ça vole sur l'eau avant de décoller (un avion)

ᐱᓯᐸᔨᐦᐁᐤ pisipayiheu vta ♦ il/elle la/le conduit lentement

ᐱᓯᐸᔨᐦᑖᐤ pisipayihtaau vai+o ♦ il/elle le conduit lentement

ᐱᓯᑌᐤ pisiteu vii ♦ c'est un feu de forêt; c'est en feu

ᐱᓯᑌᐸᔫ pisitepayuu vai/vii -i ♦ il/elle/ça s'enflamme

ᐱᓯᑖᐅᐦᑲᐦᐊᒼ pisitaauhkaham vti ♦ il/elle marche dans la tranchée

ᐱᓯᑖᐅᐦᑳᐤ pisitaauhkaau vii ♦ c'est une tranchée dans une colline sablonneuse

ᐱᓯᑖᐅᐦᒋᐸᐦᑖᐤ pisitaauhchipahtaau vai ♦ il/elle court dans la tranchée

ᐱᓯᑖᐅᐦᒋᔥᑲᒼ pisitaauhchishkam vti ♦ il/elle creuse, gratte une tranchée dans le sol, le sable avec ses pieds

ᐱᓯᑯᓀᐤ pisikuneu vta ♦ il/elle (un oiseau) la/le griffe; il/elle l'attache avec quelque chose de collant, la/le rend collant-e avec la main

ᐱᓯᑯᓂᒉᐤ pisikunicheu vai ♦ il/elle griffe, déchire des choses

ᐱᓯᑯᓇᒼ pisikunam vti ♦ il/elle le griffe, le serre; il/elle l'attache avec quelque chose de collant; il/elle le rend collant en y touchant

ᐱᓯᑯᓲ pisikusuu vai -i ♦ il/elle est collant-e, c'est collant (par ex. de la gomme, de la pâte)

ᐱᕐᑯᖕᑌᔑᒻ pisikuschesham vti ♦ il/elle le disjoint, le disloque en coupant

ᐱᕐᑯᖕᒍᕐᓂᐤ pisikuschuuchineu vta ♦ il/elle la/le colle avec de la gomme

ᐱᕐᑯᖕᒍᕐᓇᒻ pisikuschuuchinam vti ♦ il/elle le colle avec de la gomme

ᐱᕐᑯᔑᓐ pisikushin vai ♦ il/elle est collé-e ou pris-e dans quelque chose (par ex. un toboggan dans la neige)

ᐱᕐᑯᐦᐄᑲᓐ pisikuhiikan ni ♦ de la colle, du ruban adhésif Scotch

ᐱᕐᑯᐦᐄᒉᐤ pisikuhiicheu vai ♦ il/elle colle des choses, fixe des choses ensemble avec du ruban adhésif

ᐱᕐᑯᐦᐊᒻ pisikuham vti ♦ il/elle le colle, l'enduit de colle, le fixe, l'attache avec du ruban gommé

ᐱᕐᑯᐦᐌᐤ pisikuhweu vta ♦ il/elle l'encolle, la/le colle avec quelque chose

ᐱᕐᑯᐦᐱᒋᑲᓐ pisikuhpichikan ni ♦ un pansement adhésif

ᐱᕐᑯᐦᑎᓐ pisikuhtin vii ♦ ça reste collé; ça adhère

ᐱᕐᑯᐦᑕᑖᑲᓐ pisikuhtataakan ni [Intérieur] ♦ un autocollant

ᐱᕐᑯᐦᑖᑲᓐ pisikuhtaakan ni ♦ un autocollant

ᐱᕐᑰ pisikuu vai ♦ il/elle se lève (d'une autre position)

ᐱᕐᑰᑎᔑᓄᐤ pisikuutishineu vta [Intérieur] ♦ il/elle l'aide à se mettre debout, lui donne la main pour se lever

ᐱᕐᑰᒋᔑᓄᐤ pisikuuchishineu vta [Côte] ♦ il/elle l'aide à se mettre debout, lui donne la main pour se lever

ᐱᕐᑰᔥᑐᐌᐤ pisikuushtuweu vta ♦ il/elle lui tient tête

ᐱᕐᒧᐤ pisikwaau vii ♦ c'est collant (par ex. de la colle, de la confiture)

ᐱᕐᒧᐳ pisikwaapuu vai-i ♦ il/elle a les yeux fermés

ᐱᕐᒧᐸᔨᐆ pisikwaapayihuu vai-u ♦ il/elle cligne de l'oeil; il/elle clignote

ᐱᕐᓂᐦᐁᐤ pisiniheu vta ♦ il/elle lui met quelque chose dans l'oeil

ᐱᕐᓃᐃᓐ pisiniiwin ni ♦ quelque chose dans l'oeil

ᐱᕐᓃᐤ pisiniiu vai ♦ il/elle a quelque chose dans l'oeil

ᐱᕐᓲ pisisuu vai-u ♦ il/elle s'enflamme, prend feu

ᐱᓯᓴᒻ pisisam vti ♦ il/elle y met le feu, l'allume

ᐱᓯᓵᐌᐤ pisisaaweu vai ♦ il/elle brûle des choses

ᐱᓯᔅᑲᒥᑳᐤ pisiskamikaau vii ♦ c'est une tranchée dans le sol

ᐱᓯᔐᑳᐤ pisischekaau vii ♦ c'est une tranchée dans une tourbière, un muskeg

ᐱᓯᔓᑳᐤ pisischuukaau vii ♦ c'est une tranchée boueuse

ᐱᓯᔑᓐ pisishin vai ♦ il/elle a un écho

ᐱᓯᐦᐊᓵᒣᐤ pisihasaameu vai ♦ il/elle coupe du bois pour des raquettes

ᐱᓯᐦᑎᓐ pisihtin vii ♦ ça fait de l'écho

ᐱᓯᐦᑯᔦᐸᔫ pisihkuyepayuu vai/vii-i ♦ il/elle/ça prend feu (lentement)

ᐱᔫ pisiiu vai ♦ il/elle est lent-e

ᐱᔫᑯᐌᐤ pisiihkuweu vai ♦ il/elle est lent-e avec ça

ᐱᔫᑲᒻ pisiihkam vti ♦ il/elle est lent-e à faire quelque chose; il/elle prend son temps pour le faire

ᐱᔫᑳᓲ pisiihkaasuu vai-u ♦ il/elle fait semblant d'être lent-e

ᐱᓱᐌᑌᐤ pisuweteu vii ♦ ça prend feu (de la fourrure)

ᐱᓱᐌᓴᐤ pisuwesweu vai ♦ il/elle y met le feu, la/le brûle (une peau, quelque chose d'animé)

ᐱᓱᐌᓲ pisuwesuu vai-u ♦ elle (une peau, une fourrure) prend feu, s'enflamme

ᐱᓱᐌᓴᒻ pisuwesam vti ♦ il/elle y met le feu, la fait flamber (une fourrure)

ᐱᓱᑳᑌᔥᑯᐌᐤ pisukaateshkuweu vta ♦ il/elle la/le fait trébucher, tomber avec son pied, sa jambe

ᐱᓱᒣᐤ pisumeu vta [Intérieur] ♦ il/elle l'offense, la/le blesse dans son honneur par ses paroles

ᐱᓱᓯᑎᔑᓐ pisusiteshin vai ♦ il/elle trébuche sur quelque chose

ᐱᓱᔑᓐ pisushin vai ♦ il/elle trébuche

ᐱᓱᐦᐊᒻ pisuham vti ♦ il/elle trébuche sur quelque chose

ᐱᓱᐦᐌᐤ pisuhweu vta ♦ il/elle trébuche sur elle/lui

ᐱᓱᐦᑌᐤ pisuhteu vai ♦ il/elle marche lentement; l'horloge tourne lentement, prend du retard

ᐱᓱᐦᑕᒼ pisuhtam vti ♦ il/elle est offensé-e par quelque chose (les paroles de quelqu'un)

ᐱᓴᑎᓈᐤ pisatinaau vii ♦ c'est une vallée entre les collines

ᐱᓴᐦᐄᐳᔦᐤ pisahiipuyeu vai ♦ il/elle coupe du bois pour faire une pagaie

ᐱᓴᐦᐊᒼ pisaham vti ♦ il/elle coupe du bois pour quelque chose

ᐱᓴᐦᐌᐤ pisahweu vta ♦ il/elle coupe du bois pour elle/lui

ᐱᓵᐅᐦᒋᐱᑕᒼ pisaauhchipitam vti ♦ il/elle creuse une tranchée, un fossé en grattant le sol, le sable

ᐱᓵᐤ pisaau vii ♦ c'est une tranchée

ᐱᓵᐱᔅᑳᐤ pisaapiskaau vii ♦ c'est une crevasse dans le rocher

ᐱᓵᑎᒦᐤ pisaatimiiu vii ♦ il y a un chenal dans l'eau

ᐱᓵᑯᓇᑳᐤ pisaakunakaau vii ♦ c'est une tranchée dans la neige

ᐱᓵᒥᔅᑳᐤ pisaamiskaau vii ♦ c'est une tranchée dans le rocher sous l'eau

ᐱᓵᒥᔅᒋᐱᑕᒼ pisaamischipitam vti ♦ il (un animal) creuse un tunnel sous l'eau

ᐱᓵᒪᑎᓈᐤ pisaamatinaau vii ♦ c'est une vallée entre les montagnes

ᐱᓵᔅᑵᔮᐤ pisaaskweyaau vii ♦ c'est un passage boisé

ᐱᓵᐦᑯᓂᓷᐤ pisaahkuniswеu vta ♦ il/elle la/le fait fumer, boucaner (un intestin d'orignal, de caribou) en utilisant des branches d'épinette sur le feu

ᐱᔂᐯᑲᐦᐊᒼ piswaapekaham vti ♦ il/elle trébuche sur la corde

ᐱᔂᐯᒋᔅᑎᓐ piswaapechistin vii ♦ ça s'emmêle dessus (filiforme)

ᐱᔂᐯᒋᔑᓐ piswaapechishin vai ♦ il/elle se mêle, s'emmêle, s'entremêle sur quelque chose (filiforme)

ᐱᔂᐯᒋᔥᑲᒼ piswaapechishkam vti ♦ il/elle s'emmêle dans une ligne, une corde

ᐱᔂᐱᒉᐦᑎᑖᐤ piswaapichehtitaau vai+o ♦ il/elle l'accroche, le fait s'accrocher (filiforme)

ᐱᔂᐱᐦᒉᔑᒣᐤ piswaapihcheshimeu vta ♦ il/elle la/le fait s'accrocher, se prendre sur quelque chose (filiforme)

ᐱᔅᐱᑎᔑᓀᐤ pispitishineu vta [Intérieur] ♦ il/elle la/le laisse sortir, fait passer sous la toile

ᐱᔅᐱᑎᔑᓇᒼ pispitishinam vti [Intérieur] ♦ il/elle le laisse sortir, le passe sous la toile

ᐱᔅᐱᒋᔑᓀᐤ pispichishineu vta [Côte] ♦ il/elle la/le laisse sortir, fait passer sous la toile

ᐱᔅᐱᒋᔑᓇᒼ pispichishinam vti [Côte] ♦ il/elle le laisse sortir, le passe sous la toile

ᐱᔅᐱᓀᐅᒉᔩᐦᑕᒼ pispineucheyihtam vti-u ♦ il/elle se sent en danger; il/elle prend des risques

ᐱᔅᐱᓂᑎᓲ pispinitisuu vai reflex -u ♦ il/elle échappe à la mort de justesse

ᐱᔅᐱᓂᓲ pispinisuu vai reflex -u ♦ il/elle frise le danger, prend des risques, se met en danger

ᐱᔅᐹᐴ pispaapuu vai -i ♦ il/elle regarde par un trou, par une fenêtre

ᐱᔅᑌᑲᔥᑌᐤ pistekashteu vii ♦ c'est étalé, étendu par-dessus (par ex. une toile sur une armature de tente)

ᐱᔅᑌᑲᐦᐌᐤ pistekaheu vta ♦ il/elle l'étend, la/le drape (du tissu) sur quelque chose

ᐱᔅᑎᑕᐴ pistitapuu vai -i ♦ il (un ours) hiberne seul

ᐱᔅᑎᔥᑯᐌᐤ pistishkuweu vta ♦ il/elle butte ou se cogne contre elle/lui par accident

ᐱᔅᑎᔥᑲᒼ pistishkam vti ♦ il/elle se cogne sur quelque chose accidentellement

ᐱᔅᑖᐯᑲᒧᐦᐌᐤ pistaapekamuheu vta ♦ il/elle la/le (filiforme) met, pose, place sur ou au-dessus de quelque chose

ᐱᔅᑖᐯᑲᒨᐦᑖᐤ pistaapekamuhtaau vai+o ♦ il/elle le met sur ou par-dessus quelque chose (filiforme)

ᐱᔅᑖᐯᑲᔥᑖᐅ **pistaapekashtaau** vai+o
 ♦ il/elle le pose sur ou par-dessus quelque chose (filiforme)

ᐱᔅᑖᐯᑳᖨᐤ **pistaapekaheu** vta ♦ il/elle la/le (filiforme) met, pose, place sur ou au-dessus de quelque chose

ᐱᔅᑖᐱᐦᑳᑌᐤ **pistaapihkaateu** vta ♦ il/elle l'attache au-dessus de quelque chose

ᐱᔅᑖᐱᐦᑳᑕᒻ **pistaapihkaatam** vti ♦ il/elle l'attache par-dessus quelque chose

ᐱᔅᑖᐱᐦᒉᔑᒣᐤ **pistaapihcheshimeu** vta
 ♦ il/elle l'étend (filiforme) sur quelque chose ou au-dessus de quelque chose (par ex. un serpent, ressemblant à un fil)

ᐱᔅᑖᐱᐦᒉᔑᓐ **pistaapihcheshin** vai
 ♦ il/elle est posé-e ou étendu-e sur ou par-dessus quelque chose

ᐱᔅᑖᐱᐦᒉᐦᑎᑖᐅ **pistaapihchehtitaau** vai+o
 ♦ il/elle le met, le pose, l'installe sur ou par-dessus quelque chose (filiforme)

ᐱᔅᑖᔅᒀᐤ **pistaaskweu** vai ♦ il/elle lace la babiche sur les côtés au centre du cadre de raquette

ᐱᔅᑖᔅᒀᓐ **pistaaskwaan** ni ♦ la babiche qui retient le tissage central au cadre de la raquette

ᐱᔅᒀᐦᐅᒫᒡ **piskweham** vti ♦ il/elle le manque de peu, l'effleure, le frôle, le rase en frappant

ᐱᔅᒀᐦᐅᐌᐤ **piskwehweu** vta ♦ il/elle l'effleure, l'érafle en frappant

ᐱᔅᑯᐯᓵᐋᓐ **piskupesaawaan** ni [Intérieur] ♦ un oiseau d'eau plumé par immersion dans l'eau chaude

ᐱᔅᑯᐴ **piskupuu** vai-i ♦ il/elle (par ex. de la neige) est empilé-e

ᐱᔅᑯᑎᓈᐤ **piskutinaau** vii ♦ c'est une haute colline

ᐱᔅᑯᑑᐦᒉᐦᐁᐤ **piskutuuhcheheu** vta
 ♦ il/elle en fait un ballot, un paquet, un bouquet, une botte, une motte, une pile, une grappe

ᐱᔅᑯᑕᐃ **piskutai** ni ♦ une grande partie de l'intestin de l'orignal et du caribou, près de l'estomac (étroit, environ 12 pouces de long), peut-être le bonnet, réseau ou réticulum

ᐱᔅᑯᑕᐌᓵᐛᓐ **piskutawesaawaan** ni [Côte] ♦ une tête, une aile ou un corps d'oiseau d'eau plumé par immersion dans l'eau chaude

ᐱᔅᑯᑕᐌᓵᐛᓐ **piskutawesaawaan** ni [Intérieur] ♦ une tête, une aile ou un corps d'oiseau d'eau flambé et plumé

ᐱᔅᑯᑕᑯᒋᓐ **piskutakuchin** vai ♦ il/elle est suspendu-e en tas

ᐱᔅᑯᑖᐤᐦᑲᐦᐊᒻ **piskutaauhkaham** vti
 ♦ il/elle en fait un tas de sable

ᐱᔅᑯᑖᐤᐦᑳᐤ **piskutaauhkaau** vii ♦ c'est un tas de sable

ᐱᔅᑯᑖᑯᓂᑳᐤ **piskutaakunikaau** vii ♦ il y a un tas de neige

ᐱᔅᑯᑲᓈᓐ **piskukanaan** ni ♦ une articulation, une jointure de cheville ou de poignet

ᐱᔅᑯᑳᐴᐦ **piskukaapuuh** vii pl ♦ c'est un bosquet de broussailles, une butte broussailleuse

ᐱᔅᑯᒋᐌᐱᓀᐤ **piskuchiwepineu** vta
 ♦ il/elle la/le lance dans les airs

ᐱᔅᑯᒋᐌᐱᓇᒻ **piskuchiwepinam** vti
 ♦ il/elle le lance en l'air

ᐱᔅᑯᓂᒉᐤ **piskunicheu** vai [Côte] ♦ il/elle tient un paquet de choses, une grappe

ᐱᔅᑯᓯᒀᐤ **piskusikwaau** vii ♦ c'est une bosse dans la glace

ᐱᔅᑯᓲ **piskusuu** vai-i ♦ il/elle a une bosse, une grosseur, une substance dure dans la chair

ᐱᔅᑯᔐᑳᐤ **piskuschekaau** vii ♦ c'est une bosse dans le muskeg, la tourbière

ᐱᔅᑯᔥᒋᔅᑳᐤ **piskuschiskaau** vii ♦ c'est un peuplement de pins; il y a beaucoup de pins

ᐱᔅᑯᔔᑳᐤ **piskuschuukaau** vii ♦ c'est une bosse de boue

ᐱᔅᑯᔐᐸᔫ **piskushepayuu** vai/vii -i
 ♦ il/elle/ça a des bosses sur la peau

ᐱᔅᑯᔌ **piskushweu** vta ♦ il/elle en coupe le poil (par ex. d'une peau d'animal)

ᐱᔅᑯᔥᑌᐤ **piskushteu** vii ♦ c'est empilé, entassé

ᐱᔅᑯᔥᑖᐤ **piskushtaau** vai+o ♦ il/elle empile des choses

ᐱᔅᑯᐦᐁᐤ **piskuheu** vta ♦ il/elle les empile

ᐱᔅᑯᐦᒋᑲᓐ piskuhchikan ni ♦ un ensoupleur (un os aiguisé de patte de caribou ou d'orignal, servant à enlever les racines de poil des peaux)

ᐱᔅᑯᐦᒑᐤ piskuhchaau vii ♦ c'est un soulèvement de terre, un coteau (par ex. une bosse dans le terrain)

ᐱᔅᑲᑎᒥᓀᐤ piskatimineu vai ♦ il/elle brise le harnais de raquette

ᐱᔅᑲᒋᓯᓇᐦᐄᑲᓂᔥ piskachisinahiikanish ni dim ♦ un verset, une petite section ou partie d'un document, d'un livre, d'un imprimé

ᐱᔅᑲᒋᓯᓇᐦᐄᑲᓐ piskachisinahiikan ni ♦ un chapitre ou une section d'un document, d'un livre, d'un imprimé

ᐱᔅᑲᒣᐤ piskameu vta ♦ il/elle la/le coupe avec les dents (par ex. un fil)

ᐱᔅᑲᐦᐌᐤ piskahweu vta ♦ il/elle brise le filet en frappant

ᐱᔅᑲᐦᑕᒻ piskahtam vti ♦ il/elle le coupe avec ses dents (par ex. une corde)

ᐱᔅᑳᐯᑲᐦᐊᒼ piskaapekaham vti ♦ il/elle le casse (filiforme) en frappant avec quelque chose

ᐱᔅᑳᐯᑲᐦᐌᐤ piskaapekahweu vta ♦ il/elle la/le rompt, casse, brise en frappant (filiforme)

ᐱᔅᑳᐱᐦᒉᐱᑌᐤ piskaapihchepiteu vta ♦ il/elle la/le tire et brise la corde ou le fil qui la/le retient

ᐱᔅᑳᐱᐦᒉᐱᑕᒼ piskaapihchepitam vti ♦ il/elle tire et casse la corde, le fil qui le retient

ᐱᔅᑳᐱᐦᒉᐸᔨᐦᐤ piskaapihchepayihuu vai -u ♦ il/elle (par ex. un chien) tire et brise la corde qui le/la retient

ᐱᔅᑳᐱᐦᒉᔬᐤ piskaapihcheshweu vta ♦ il/elle la/le coupe (une corde, un fil)

ᐱᔅᑳᐱᐦᒉᔕᒼ piskaapihchesham vti ♦ il/elle le tranche, le coupe (filiforme)

ᐱᔅᑳᐸᒣᐤ piskaapameu vta ♦ il/elle la/le remarque

ᐱᔅᑳᐸᐦᑕᒼ piskaapahtam vti ♦ il/elle le remarque

ᐱᔅᑳᑌᐤ piskaateu vta ♦ il/elle s'en occupe, s'inquiète à son sujet (utilisé seulement à la négative)

ᐱᔅᑳᑕᒼ piskaatam vti ♦ il/elle s'en occupe, se préoccupe à ce sujet, se tracasse à propos de quelque chose

ᐱᔅᑳᐦᑳᔅᐌᐤ piskaahkasweu vta ♦ il/elle la/le brûle (une corde)

ᐱᔅᑳᐦᑳᓴᒼ piskaahkasam vti ♦ il/elle le flambe, le brûle (un fil)

ᐱᔅᒃᐙᐅᑲᓀᐤ piskwaaukaneu vai ♦ il/elle a une bosse; il/elle est bossu-e

ᐱᔅᒃᐙᐅᐦᑳᐤ piskwaauhkaau vii ♦ c'est une colline de sable, une barre de sable

ᐱᔅᒃᐙᐤ piskwaau vii ♦ c'est cahoteux, bosselé

ᐱᔅᒃᐙᐱᔅᑳᐤ piskwaapiskaau vii ♦ c'est une bosse sur un rocher

ᐱᔅᒃᐙᑯᓂᑳᐤ piskwaakunikaau vii ♦ c'est une bosse dans la neige

ᐱᔅᒃᐙᓂᑳᐤ piskwaanikaau vii ♦ c'est une île avec une colline

ᐱᔅᒃᐙᔅᑫᔮᐤ piskwaaskweyaau vii ♦ c'est un coteau boisé

ᐱᔥᒉᐅᒋᐤ pischeuchiiu vai ♦ il/elle s'étire un muscle

ᐱᔥᒉᐧᐄᐤ pischewiiu vai ♦ il (un orignal, un caribou) s'éloigne du troupeau qui court

ᐱᔥᒉᐤ pischeu vai ♦ il/elle prend une autre direction, en quittant le sentier

ᐱᔥᒉᐴ pischepuu vai -i ♦ il/elle est assis-e sur le côté de la route

ᐱᔥᒉᐸᔨᐦᐤ pischepayihuu vai -u ♦ il/elle quitte le chemin, sort du sentier

ᐱᔥᒉᐸᔫ pischepayuu vai/vii -i ♦ il/elle quitte le sentier pour prendre un autre chemin; ça se perd, ça sort du chemin

ᐱᔥᒉᒃᐚᔥᑯᑑ pischekwaashkutuu vai -i ♦ il/elle saute à côté de la route

ᐱᔥᒉᔑᒨ pischeshimuu vii ♦ c'est un chemin ou une route qui se sépare du chemin principal ou de la route principale

ᐱᔥᒉᔨᒣᐤ pischeyimeu vta ♦ il/elle la/le dérange, touche; il/elle s'amuse avec elle/lui

ᐱᔥᒉᔨᐦᑕᒼ pischeyihtam vti ♦ il/elle joue avec quelque chose, le dérange, le touche

ᐱᔑᐦᑌᐤ **pischehteu** vai ♦ il/elle marche dans une autre direction en quittant le sentier

ᐱᔅᒋᑳᑌᔑᓐ **pischikaateshin** vai ♦ il/elle se cogne la jambe par accident; il/elle se frappe la jambe accidentellement

ᐱᔅᒋᓲ **pischisuu** vai -i ♦ il (un filet) est à grandes mailles

ᐱᔅᒋᔐᐤ **pischishweu** vta ♦ il/elle la/le coupe avec des ciseaux (filiforme)

ᐱᔅᒋᔖᐤ **pischishaau** vii ♦ c'est une pièce

ᐱᔅᒋᔖᔔ **pischishaashuu** vii dim -i ♦ c'est une petite pièce

ᐱᔅᒋᔮᒉᐤ **pischiyaacheu** vai ♦ il/elle gagne

ᐱᔅᒋᐤ **pischiiu** vai ♦ il (un orignal, un caribou) se sépare du troupeau ou du groupe

ᐱᔅᒌᔨᐧᐁᐤ **pischiiyiweu** vta ♦ il/elle la/le bat, défait; il/elle gagne contre elle/lui

ᐱᔅᒌᔮᒉᐤ **pischiiyaacheu** vai ♦ il/elle bat quelqu'un, gagne sur quelqu'un

ᐱᔐᑎᐦᑯᒨᓱᔥ **pishetihkumuusush** na dim [Côte] ♦ un orignal de deux ans *Alces alces*

ᐱᔐᑎᐦᑯᒨᔅ **pishetihkumuus** na -um ♦ un orignal de trois ans *Alces alces*

ᐱᔐᑯᒣᐤ **pishekumeu** vta ♦ il/elle en laisse sans faire exprès (restes de nourriture)

ᐱᔐᑯᓀᐤ **pishekuneu** vta ♦ il/elle la/le laisse derrière accidentellement (un objet, non une personne)

ᐱᔐᑯᓇᒼ **pishekunam** vti ♦ il/elle le laisse derrière accidentellement, par erreur

ᐱᔐᑯᔥᑯᐧᐁᐤ **pishekushkuweu** vta ♦ il/elle passe par là mais la/le manque, ne la/le trouve pas

ᐱᔐᑯᔥᑲᒼ **pishekushkam** vti ♦ il/elle passe à côté et le manque, ne le trouve pas

ᐱᔐᑯᐦᑕᒼ **pishekuhtam** vti ♦ il/elle ne mange pas, ne pense pas à le manger

ᐱᔐᑴᐋᐸᒣᐤ **pishekwaapameu** vta ♦ il/elle ne la/le remarque pas

ᐱᔐᑴᐋᐸᐦᑕᒼ **pishekwaapahtam** vti ♦ il/elle manque de le voir, ne le remarque pas

ᐱᔒᐧᑫᔨᒣᐤ **pishikweyimeu** vta ♦ il/elle est mécontent-e d'elle/de lui

ᐱᔒᐧᑫᔨᒨ **pishikweyimuu** vai -u ♦ il/elle n'est pas satisfait-e parce qu'il/elle n'a pas reçu sa part de nourriture

ᐱᔒᐧᑫᔨᐦᑕᒼ **pishikweyihtam** vti ♦ il/elle en est insatisfait-e, mécontent-e

ᐱᔑᑯᐱᑌᐤ **pishikupiteu** vta ♦ il/elle la/le tire pour la/le détacher (par ex. une corde)

ᐱᔑᑯᐱᑕᒼ **pishikupitam** vti ♦ il/elle l'enlève, l'ôte, le retire là où c'était attaché

ᐱᔑᑯᐳ **pishikupuu** vai -i ♦ il/elle est assis-e les mains vides

ᐱᔑᑯᐸᔨᐦᐁᐤ **pishikupayiheu** vta ♦ il/elle la/le vide (un liquide)

ᐱᔑᑯᐸᔨᐦᑖᐤ **pishikupayihtaau** vai+o ♦ il/elle le vide ou le verse (un liquide)

ᐱᔑᑯᐸᔪ **pishikupayuu** vai/vii -i ♦ il/elle/ça se vide (par ex. l'eau d'un seau)

ᐱᔑᑯᑳᐳ **pishikukaapuu** vai -uu ♦ il/elle se tient les mains vides

ᐱᔑᑯᓀᐤ **pishikuneu** vta ♦ il/elle la/le défait, détache, décroche, vide

ᐱᔑᑯᓇᒼ **pishikunam** vti ♦ il/elle le défait, le décroche, le détache, le vide

ᐱᔑᑯᓲ **pishikusuu** vai -i ♦ elle (une poêle à frire) est vide

ᐱᔑᑯᔒᐸᐦᑖᐤ **pishikushipahtaau** vai ♦ il/elle se lève en vitesse et court; il/elle détale ou décampe

ᐱᔑᑯᔥᑌᐤ **pishikushteu** vii ♦ ça reste vide (par ex. une assiette)

ᐱᔑᑯᔥᑯᐧᐁᐤ **pishikushkuweu** vta ♦ il/elle manque de monter sur ou dans quelque chose (d'animé) et perd l'équilibre

ᐱᔑᑯᔥᑲᒼ **pishikushkam** vti ♦ il/elle le dégage d'un coup, le fait se détacher d'un mouvement du corps; il/elle n'arrive pas à monter dessus et perd l'équilibre

ᐱᔑᑯᐦᑌᐤ **pishikuhteu** vai ♦ il/elle marche les mains vides

ᐱᔑᑳᔥᑎᑴᐤ **pishikaashtikweu** vai [Côte] ♦ il/elle marche en suivant la rivière

ᐱᔑᑳᔥᑎᑴᐸᔪ **pishikaashtikwepayuu** vai -i ♦ il/elle conduit le long de la rivière; elle (une rivière) passe près d'un autre cours d'eau

ᐱᔑᑳᔥᑎᒀᔮᐤ pishikaashtikwehyaau vai [Côte] ♦ il/elle vole en suivant la rivière

ᐱᔑᒀᐤ pishikwaau vii ♦ c'est vide

ᐱᔑᒀᐯᐤ pishikwaapeu vai ♦ il/elle est célibataire

ᐱᔑᒀᐱᔅᑳᐤ pishikwaapiskaau vii ♦ c'est un seau vide

ᐱᔑᒀᑎᓯᐅᐃᔨᔫ pishikwaatisiiuiiyiyuu na -yiim ♦ une personne immorale

ᐱᔑᒀᑎᓯᐅᔦᐦᑕᒼ pishikwaatisiiuteyihtam vti ♦ il/elle est obscène, vulgaire, immoral-e

ᐱᔑᒀᒋᒣᐤ pishikwaachimeu vai ♦ il/elle a de la neige mouillée collée à ses raquettes

ᐱᔑᒄ pishikw p,quantité ♦ vide, un contenant vide (sans contenu) ▪ ᐱᔑᒄ ᑭ ᐯᑖᑦ ᐊᓂᑌ ᐊᔥᒋᒄ ▪ Elle a apporté un seau vide, seulement le seau sans contenu.

ᐱᔑᒋᔥᑐᐌᐤ pishichishtuweu vta ♦ il/elle lui obéit à ce sujet

ᐱᔑᒋᔥᑕᒼ pishichishtam vti ♦ il/elle lui obéit, l'écoute

ᐱᔑᒋᐦᐁᐤ pishichiheu vta ♦ il/elle s'occupe d'elle/de lui, la/le sert; il/elle l'écoute, lui obéit

ᐱᔑᒣᐤ pishimeu vai ♦ il/elle pose la corde autour du cadre de raquette

ᐱᔑᒥᓂᑳᔔᐦ pishiminikaashuuh vii pl dim -i ♦ ce sont de petits fruits, des baies

ᐱᔑᒪᓐ pishiman ni ♦ un cordon de bordure qui s'entrelace avec le tissage de la raquette

ᐱᔑᒫᓐ pishimaan ni ♦ de l'herbe brûlée pour éloigner les mouches

ᐱᔑᔐᐤ pishishweu vta ♦ il/elle la/le coupe (fil, ligne)

ᐱᔑᔑᒄ pishishikw p,quantité ♦ ne ... que, rien d'autre, uniquement, seulement, simplement, le seul ou la seule ▪ ᐱᔑᔑᒄ ᑭ ᒦᒋᑦ ᐯ ᐱᒧᐦᑎᑦ ▪ Elle n'a rien fait d'autre que de manger tout en marchant.

ᐱᔑᔑᓐ pishishin vai ♦ il/elle fait écho

ᐱᔑᐦᐅᐃᓐ pishihuwin ni ♦ on ne peut tuer les animaux parce que le chasseur ne les a pas traités avec assez de respect

ᐱᔑᐦᐆ pishihuu vai -u ♦ il/elle ne peut plus tuer de gibier parce qu'il/elle ne respecte pas assez les animaux

ᐱᔑᔥ pishiish na dim ♦ un jeune lynx

ᐱᔔᒣᐤ pishumeu vta ♦ il/elle se fâche contre elle/lui, mais ne fait rien à ce sujet

ᐱᔔ pishuu na -iim ♦ un lynx Lynx canadensis

ᐱᔔᑖᐱᔥᑲᓐ pishuutaapishkan ni ♦ un os de mâchoire de lynx utilisé comme outil pour défaire le tissage des raquettes

ᐱᔔᑯᑖᐤ pishuukutaau vai+o ♦ il/elle pose des collets à lynx

ᐱᔔᔦᐤ pishuuyeu vta ♦ il/elle la/le trompe, la/le surprend, la/le prend au dépourvu

ᐱᔔᔮᓐ pishuuyaan na ♦ une peau ou une fourrure de lynx

ᐱᔥᐱᓂᑌᐤ pishpiniteu vta ♦ il/elle la/le met en danger; il/elle a manqué de la/le tuer (par ex. un orignal)

ᐱᔥᐱᓂᑎᑰ pishpinitikuu vai -u ♦ il/elle sauve sa vie de justesse dans une aventure risquée; il/elle échappe à la mort de justesse

ᐱᔥᐱᓂᑕᒼ pishpinitam vti ♦ il/elle le met en danger; il/elle a manqué de l'avoir (par ex. gagner le gros lot, la partie)

ᐱᔥᐱᓂᓲ pishpinisuu vai reflex -u ♦ il/elle se met en danger; il/elle prend des risques

ᐱᔥᑌᐱᒋᑲᓂᔮᐲ pishtepichikaniyaapii ni -m [Intérieur] ♦ un cordeau, une ligne, un cordeau traceur, une craie de charpentier

ᐱᔥᑌᑲᔥᑖᐤ pishtekashtaau vai+o ♦ il/elle le drape (étalé, par ex. un tissu)

ᐱᔥᑌᐦᐄᑲᓂᔮᐲ pishtehiikaniyaapii ni -m ♦ un fouet pour attelage de chiens

ᐱᔥᑌᐦᐄᑲᓐ pishtehiikan ni ♦ une bretelle, une courroie, une sangle

ᐱᔥᑌᐦᐌᐤ pishtehweu vta ♦ il/elle l'attache avec une sangle ou une courroie; il/elle la/le fouette

ᐱᔥᑎᑑᔥᑯᓀᔑᓐ pishtituushkuneshin vai ♦ il/elle se cogne ou se frappe le coude par accident

ᐱᔥᑎᓀᐤ pishtineu vta ♦ il/elle a pris le/la mauvais-e, la/le prend par erreur, sans faire exprès

ᐱᔥᑎᓇᒷ pishtinam vti ♦ il/elle le prend par erreur, accidentellement

ᐱᔥᑎᔑᒣᐤ pishtishimeu vta ♦ il/elle la/le fait se frapper sur quelque chose sans faire exprès, accidentellement

ᐱᔥᑎᔑᓐ pishtishin vai ♦ il/elle est frappé-e accidentellement

ᐱᔥᑎᐦᑎᑖᐤ pishtihtitaau vai+o ♦ il/elle le cogne ou le frappe sur quelque chose par accident

ᐱᔥᑎᐦᑕᒼ pishtihtam vti ♦ il/elle le rapièce, lui pose une pièce (au canot)

ᐱᔥᑎᐦᑣᐎᓐ pishtihtwaawin ni [Côte] ♦ de la gomme, du goudron, de l'ambroïde pour réparer les canots

ᐱᔥᑎᐦᑣᐤ pishtihtwaau vai [Côte] ♦ il/elle répare un canot avec de la gomme

ᐱᔥᑐᒉᐤ pishtucheu vai ♦ il/elle entre dans la mauvaise maison par erreur; il/elle se trompe de maison

ᐱᔥᑕᒣᐤ pishtameu vta ♦ il/elle la/le mord, mange par accident

ᐱᔥᑕᐦᐄᐸᐤ pishtahiipeu vii ♦ ça flotte avec légèreté

ᐱᔥᑕᐦᐊᒷ pishtaham vti ♦ il/elle le frappe, l'atteint accidentellement

ᐱᔥᑕᐦᐌᐤ pishtahweu vta ♦ il/elle la/le frappe accidentellement, par erreur

ᐱᔥᑕᐦᑕᒼ pishtahtam vti ♦ il/elle le mord, le mange accidentellement

ᐱᔥᑖᐌᓄᐌᐤ pishtaawenuweu vta ♦ il/elle se trompe sur son apparence, la/le prend pour quelqu'un d'autre

ᐱᔥᑖᐌᓯᓄᐌᐤ pishtaawesinuweu vta ♦ il/elle la/le prend pour quelqu'un d'autre en la/le voyant de loin

ᐱᔥᑖᐌᔨᒣᐤ pishtaaweyimeu vta ♦ il/elle se trompe en pensant qu'il s'agit d'une certaine personne; il/elle prend quelqu'un pour un-e autre

ᐱᔥᑖᐌᔨᐦᑕᒼ pishtaaweyihtam vti ♦ il/elle se trompe sur quelque chose

ᐱᔥᑯᐌᐤ pishkuweu vai ♦ il (un animal) a le poil raide

ᐱᔥᑯᐱᑕᒷ pishkupitam vti ♦ il/elle en arrache les poils, les plumes; il/elle le sarcle, le désherbe

ᐱᔥᑯᑐᐌᐸᔫ pishkutuwepayuu vai -i ♦ ses cheveux tombent

ᐱᔥᑯᒉᐸᔨᐆᒪᑲᓐ pishkuchepayihuumakan vii ♦ ça explose, se défonce

ᐱᔥᑯᒉᐸᔫ pishkuchepayuu vai/vii -i ♦ il/elle/ça explose, s'ouvre d'un coup, surgit avec une grande force (une rivière)

ᐱᔥᑯᒉᔑᓐ pishkucheshin vai ♦ il/elle s'ouvre en tombant (par ex. un contenant de papier)

ᐱᔥᑯᒉᐦᐊᒼ pishkucheham vti ♦ il/elle le brise pour l'ouvrir (par ex. un sac), en ouvre un paquet

ᐱᔥᑯᒉᐦᐌᐤ pishkuchehweu vta ♦ il/elle la/le brise pour l'ouvrir; il/elle en ouvre un paquet

ᐱᔥᑯᒉᐦᑎᓐ pishkuchehtin vii ♦ ça se brise en tombant

ᐱᔥᑯᒉᐦᑲᓱᐌᐤ pishkuchehkasweu vta ♦ il/elle la/le fait exploser par la chaleur (par ex. avec de la dynamite)

ᐱᔥᑯᒉᐦᑲᓯᑲᓐ pishkuchehkasikan ni ♦ de la dynamite

ᐱᔥᑯᒉᐦᑲᓱᐤ pishkuchehkasuu vai ♦ il/elle explose à cause de la chaleur (par ex. un poêle)

ᐱᔥᑯᒉᐦᑲᓵᐌᐤ pishkuchehkasaaweu vai ♦ il/elle dynamite, fait sauter à la dynamite

ᐱᔥᑯᔥᑐᓀᐤ pishkushtuneu vai ♦ il/elle saigne du nez

ᐱᔥᑯᔥᑐᓀᔑᓐ pishkushtuneshin vai ♦ il/elle tombe, se cogne sur quelque chose et saigne du nez

ᐱᔥᑯᔥᑐᓀᐦᐌᐤ pishkushtunehweu vta ♦ il/elle la/le fait saigner du nez

ᐱᔥᑯᔥᑖᐤ pishkushtaau vai+o ♦ il/elle l'empile

ᐱᔥᑯᐦᐄᒉᐤ pishkuhiicheu vai ♦ il/elle ensouple, enlève les racines de poil de la peau

ᐱᔥᑯᐦᐊᒧᐌᐤ pishkuhamuweu vta ♦ il/elle lui coupe les cheveux

ᐱᔥᑯᐦᐊᒫᐤ pishkuhamaau vai ♦ il/elle se fait couper les cheveux

ᐱᔥᑯᐦᐋᒉᓱᐤ pishkuhaamaachesuu na [Côte] ♦ un barbier

ᐱᔥᑯᐦᐊᒼ pishkuham vti ♦ il/elle l'ensouple, gratte les poils d'une peau

ᐱᔥᑯᐦᐧᐁᐤ pishkuhweu vta ♦ il/elle gratte les racines de poil, l'ensouple (par ex. une peau d'orignal)

ᐱᔥᑯᐦᒋᑲᓂᐦᒉᐤ pishkuhchikanihcheu vai ♦ il/elle fabrique un racloir en os

ᐱᔥᑯᐦᒌ pishkuhchii ni -m ♦ un arbre déraciné, tombé ou renversé récemment; une crosse de fusil

ᐱᔥᑯᐦᒌᐦᑕᒄ pishkuhchiihtakw ni ♦ un arbre mort, tombé, renversé (sec)

ᐱᥪᑲᐦᐋᐯᐤ pishkahaapeu vai ♦ il/elle lace la raquette grossièrement (avec de grands trous)

ᐱᥪᑲᐦᐧᐁᐤ pishkahweu vta ♦ il/elle la/le lace (une raquette) grossièrement (par ex. avec une maille large)

ᐱᔪᒥᓈᓈᐦᑎᒄ piyeuminaanaahtikw ni ♦ le petit thé, une gaulthérie hispide *Gaultheria hispidula*

ᐱᔪᒥᓈᐦ piyeuminaanh ni pl -im ♦ fruits du petit thé, baies de la gaulthérie hispide

ᐱᔪᒫᑲᓐ piyeumaakun vii ♦ ça sent la perdrix, le lagopède, le ptarmigan

ᐱᔪᒫᑯᓱᐤ piyeumaakusuu vai -i ♦ il/elle sent la perdrix, le lagopède (ptarmigan)

ᐱᔦᐧᐋᐴ piyewaapuu ni ♦ du bouillon de lagopède, de perdrix blanche

ᐱᔫ piyeu na -em ♦ un tétras, une gélinotte; le trèfle des cartes à jouer

ᐱᔦᐴ piyepeu vii ♦ il y a une inondation à l'intérieur des terres au printemps, à l'automne

ᐱᔦᐱᑖᐤ piyepitaau vai+o ♦ il (un castor) fait inonder ou déborder le ruisseau

ᐱᔦᐱᐦᑯᐃᓐ piyepihkuwin vii [Intérieur] ♦ il y a de la suie dessus

ᐱᔦᐱᐦᑰ piyepihkuu vii -uu [Côte] ♦ il y a de la suie dessus

ᐱᔦᐱᐦᑰᐦᑖᐤ piyepihkuuhtaau vai+o ♦ il/elle le tache avec de la suie

ᐱᔦᐱᐦᒄ piyepihkw ni -um ♦ de la suie

ᐱᔦᐸᔫ piyepayuu vai/vii -i ♦ il/elle/ça bouffe, s'ébouriffe; ça devient bouffant, peluchheux

ᐱᔦᑲᔥᒉᔨᒣᐤ piyekascheyimeu vta ♦ il/elle se souvient bien d'elle/de lui

ᐱᔦᑲᔥᒉᔨᐦᑕᒼ piyekascheyihtam vti ♦ il/elle s'en souvient bien

ᐱᔦᑲᔥᒋᓅᐧᐁᐤ piyekaschinuweu vta ♦ il/elle la/le voit clairement

ᐱᔦᑲᔥᒋᓇᒼ piyekaschinam vti ♦ il/elle le voit bien, clairement

ᐱᔦᑲᔥᒋᓈᑯᓐ piyekaschinaakun vii ♦ ça apparaît clairement; on le voit clairement

ᐱᔦᑲᔥᒋᐦᑖᑯᓐ piyekaschihtaakun vii ♦ ça s'entend clairement, distinctement; c'est bien compris

ᐱᔦᑲᔥᒋᐦᑖᑯᓲ piyekaschihtaakusuu vai -i ♦ il/elle s'entend clairement, distinctement; il/elle est bien comprise

ᐱᔦᑲᔥ piyekasch p,manière ♦ clairement, nettement, distinctement ■ ᐋᔥᒌᐱ ᐱᔦᑲᔥ ᐲᒡᑕ ᐊᐱᒌᐅᐱᔮᐦ ■ *On entend clairement la radio.*

ᐱᔦᒀᑲᒦ piyekwaakamii ni ♦ Pointe-Bleue (maintenant Mashteueiatsh)

ᐱᔦᒀᑲᒦᐅᐄᓅ piyekwaakamiiuiinuu na -niim [Intérieur] ♦ un Indien, une Indienne de Pointe-Bleue

ᐱᔦᒀᑲᒦᐅᐃᔨᔫ piyekwaakamiiuiiyiyuu na -yiim [Côte] ♦ un Indien, une Indienne de Pointe-Bleue

ᐱᔦᒀᑲᓐ piyekwaakan na ♦ un flocon de neige

ᐱᔦᒫᐅᒀᑌᐤ piyemaaukwaateu vta ♦ il/elle la/le coud différemment d'un côté

ᐱᔦᒫᐅᒀᑕᒼ piyemaaukwaatam vti ♦ il/elle le coud différemment d'un côté

ᐱᔦᒫᐅᓀᐤ piyemaauneu vta ♦ il/elle en tient deux dépareillé-e-s (par ex. des mitaines)

ᐱᔦᒫᐅᓇᒼ piyemaaunam vti ♦ il/elle en a deux qui ne font pas la paire, en tient deux qui sont différents (par ex. des chaussons, des bottes)

ᐱᔦᒫᐅᓐ piyemaaun vii ♦ ce n'est pas apparié; ça ne fait pas la paire

ᐱᔦᒫᐅᓰᐤ piyemaausiiu vai ♦ il/elle est différent-e de l'autre dans une paire; il/elle est dépareillé-e

ᐱᔐᐳᑎᔓ° piyemaaustiseu vai
[Intérieur] ♦ il/elle porte deux mitaines différentes, des mitaines dépareillées

ᐱᔐᐳᑉᒋᓄ° piyemaauschisineu vai
♦ il/elle porte des souliers différents, dépareillés

ᐱᔐᐳᑉᒋᓐᐦ" piyemaauschisinh ni pl
♦ une paire de souliers dépareillés

ᐱᔐᐳᒽᑯᐧᐁ° piyemaaushkuweu vta
♦ il/elle en porte deux dépareillé-e-s (par ex. des mitaines)

ᐱᔐᐳᒽᑲᒻ piyemaaushkam vti ♦ il/elle en porte deux qui sont différents, qui ne sont pas appariés, qui sont non assortis (par ex. des souliers)

ᐱᔪ piyesuu na -shiish ♦ une dinde, un dindon, autre grande volaille

ᐱᔪᐱᒼ piyesuupimii ni ♦ de la graisse d'oiseau d'eau, de gibier d'eau

ᐱᔪᓇᒣᔥᑌᒄ piyesuunameshtekw ni -um ♦ de l'oie fumée, de la viande de volaille séchée et fumée

ᐱᔐᔥᑲᓂᒋᓐª piyeshikanechin ni ♦ du tissu pour couverture, du tissu lainé, un duffle

ᐱᔐᔥᑲⁿ piyeshikan ni ♦ des chaussettes molletonnées, de gros bas de laine

ᐱᔐᔑᔥ piyeshiish na dim ♦ un petit oiseau, un oisillon

ᐱᔐᔥ piyesh na dim ♦ une jeune perdrix

ᐱᔦᔮᐹᐧᐁ° piyeyaapaaweu vii ♦ c'est duveteux après avoir été mouillé

ᐱᔐʰᑯᐯ° piyehkupeu vii ♦ c'est un secteur inondé

ᐱᔐʰᑲⁿ piyehkan vii ♦ c'est une chose propre

ᐱᔐʰᑳᔅᑳᐸʰᑌᐤ° piyehkaskaapahteu vii
♦ la fumée qui monte se voit clairement

ᐱᔐʰᑳᑲᒧ piyehkaakamuu vii -i ♦ c'est de l'eau propre

ᐱᔐʰᒋᐊʰᒑʰᒄ piyehchiahchaahkw na
[Côte] ♦ le Saint-Esprit

ᐱᔐʰᒋᓈᑯⁿ piyehchinaakun vii ♦ ça paraît propre

ᐱᔐʰᒋᓈᑯᔪ piyehchinaakusuu vai -i
♦ il/elle a l'air propre

ᐱᔐʰᒋᓈᑯʰᑖᐤ piyehchinaakuhtaau vai+o
♦ il/elle lui donne une apparence propre

ᐱᔐʰᒋᔒᐎⁿ piyehchisiiwin ni ♦ de la propreté

ᐱᔐʰᒋᔒᔫ piyehchisiiu vai ♦ il/elle est propre

ᐱᔐʰᒋᐦᐁᐤ° piyehchiheu vta ♦ il/elle la/le nettoie, la/le garde propre

ᐱᔐʰᒋᐦᐄᐧᐁᐎⁿ piyehchihiiwewin ni
♦ une sanctification

ᐱᔐʰᒋᐦᐄᐧᐁᒪᑲⁿ piyehchihiiwemakan vii
♦ ça purifie

ᐱᔐʰᒋᐦᐄᑯᓲᐎⁿ piyehchihiikusuwin ni
♦ une sanctification

ᐱᔐʰᒋʰᑖᐤ piyehchihtaau vai+o ♦ il/elle le nettoie, le garde propre

ᐱᐧᐋᐱᔅᑯᑲᒥᒄ piywaapiskukamikw ni
♦ une cabane ou baraque de métal

ᐱᐧᐋᐱᔅᑯᒌᒫᓂᔥ piywaapiskuchiimaanish ni dim ♦ un petit bateau en aluminium

ᐱᐧᐋᐱᔅᑯᔥᒁʰᑌᒼ piywaapiskushkwaahtem na ♦ une porte en métal

ᐱᐧᐋᐱᔅᑯᔮᐲ piywaapiskuyaapii ni -m
♦ un fil ou un câble

ᐱᐧᐋᐱᔅᑯᔮᑲⁿ piywaapiskuyaakan ni
[Côte] ♦ une bouteille

ᐱᐧᐋᐱᔅᑯᔮᑲⁿ piywaapiskuyaakan ni
♦ une assiette ou un plat en métal, une écuelle; une casserole, un plat, un poêlon

ᐱᐧᐋᐱᔅᑯʰᑲʰᑐᐧᐁ° piywaapiskuhkahtuweu vta ♦ il/elle y pose un morceau de métal (sur quelque chose d'animé)

ᐱᐧᐋᐱᔅᑯʰᑲʰᑕᒼ piywaapiskuhkahtam vti
♦ il/elle y pose une pièce de métal

ᐱᐧᐋᐱᔅᑯ piywaapiskuu vai/vii -u ♦ c'est en métal; il/elle est métallique

ᐱᐧᐋᐱᔅᒄ piywaapiskw ni -um ♦ du métal, un métal

ᐱᐧᐋᓂᒄ piywaanikw na -um ♦ un détonateur, une amorce, une capsule détonante (sur une cartouche de fusil)

ᐱᐧᐋᓂᒄ piywaanikw ni ♦ un silex, une pierre à feu, une pierre à fusil

ᐱᓖᓯᔮᐲʰ pilesiyaapiih ni pl -m ♦ des bretelles, de l'anglais 'braces'

ᐱᐦᐱᔑᓇ pihpishin vai redup ♦ sa voix retentit, son bruit fait écho

ᐱᐦᐱᐦᑯᒋᐁᐤ pihpihkuchiheu vta redup ♦ il/elle la/le divertit

ᐱᐦᐱᐦᑯᒋᐦᑖᑯᓲ pihpihkuchihtaakusuu vai redup -i ♦ il/elle parle ou chante de manière divertissante

ᐱᐦᐱᐦᑯᒋᐤ pihpihkuchiiu vai redup ♦ il/elle se distrait; il/elle fait ce qu'il/elle peut pour ne pas s'ennuyer

ᐱᐦᐱᐦᑯᒋᐦᑯᐌᐤ pihpihkuchiihkuweu vta redup ♦ il/elle fait quelque chose pour la/le distraire, divertir

ᐱᐦᐱᐦᑯᒋᐦᑲᒻ pihpihkuchiihkam vti redup ♦ il/elle se divertit, s'amuse avec quelque chose

ᐱᐦᑯᑌᐅᒫᑯᓐ pihkuteumaakun vii ♦ ça sent les cendres

ᐱᐦᑯᑌᐅᐦᑕᑳᐤ pihkuteuhtakaau vii ♦ il y a des cendres sur le plancher

ᐱᐦᑯᑌᐅᐦᑖᐤ pihkuteuhtaau vai+o ♦ il/elle met de la cendre dessus

ᐱᐦᑯᑌᐚᐱᔅᑳᐤ pihkutewaapiskaau vii ♦ c'est du métal couvert de cendres (par ex. un gobelet)

ᐱᐦᑯᑌᐚᐴ pihkutewaapuu ni ♦ de l'eau de lessive, de l'eau de cendre

ᐱᐦᑯᑌᐚᔅᑯᓇ pihkutewaaskun vii ♦ il y a des cendres dessus (long et rigide)

ᐱᐦᑯᑌᐚᐦᑎᒄ pihkutewaahtikw ni ♦ un bâton, un billot pour retenir le sable et la cendre autour d'un feu de camp, d'un foyer

ᐱᐦᑯᑌᐤ pihkuteu ni -em ♦ de la cendre, de la suie, de la soude

ᐱᐦᑯᔥ pihkush na dim ♦ une mouche noire, une simulie (autant celles que l'on voit l'été que celles que l'on voit sur la neige au printemps)

ᐱᐦᑯᐦᑖᐤ pihkuhtaau vai+o ♦ il/elle le gagne, le mérite

ᐱᐦᑲᔅᐌᐤ pihkasweu vta ♦ il/elle la/le fait griller

ᐱᐦᑲᔐᐸᔫ pihkashepayuu vai/vii -i ♦ il/elle/ça se plisse (la peau)

ᐱᐦᑲᔐᓀᐤ pihkasheneu vta ♦ il/elle en prend ou saisit un pli entre ses doigts (par ex. une peau)

ᐱᐦᑲᔐᓇᒻ pihkashenam vti ♦ il/elle en prend un pli entre ses doigts

ᐱᐦᑳᐤ pihkaau vii ♦ ça peut se plier (par ex. un bras, une jambe)

ᐱᐦᑳᐱᐦᒉᐸᔫ pihkaapihchepayuu vai/vii -i ♦ il/elle/ça se dédouble (filiforme)

ᐱᐦᑳᐱᐦᒉᓀᐤ pihkaapihcheneu vta ♦ il/elle la/le replie, double (filiforme)

ᐱᐦᑳᐱᐦᒉᓇᒻ pihkaapihchenam vti ♦ il/elle le replie, le double (filiforme)

ᐱᐦᑳᑌᐤ pihkaateu vii ♦ c'est tressé

ᐱᐦᑳᑕᒧᐌᐤ pihkaatamuweu vta ♦ il/elle lui tresse les cheveux

ᐱᐦᑳᑕᒻ pihkaatam vti ♦ il/elle le tresse

ᐱᐦᒁᐴ pihkwaapuu ni ♦ de l'eau de poudre à fusil

ᐱᐦᒄ pihkw ni -um ♦ de la poudre à fusil

ᐱᐦᒉᒋᓀᐤ pihchechineu vta ♦ il/elle la/le plie (étalé)

ᐱᐦᒉᒋᓇᒻ pihchechinam vti ♦ il/elle le plie (étalé)

ᐱᐦᒋᐱᑐᓀᐤ pihchipituneu vai ♦ il/elle a un bras plié ou replié

ᐱᐦᒋᐱᑐᓀᔫ pihchipituneyuu vai -i ♦ il/elle plie son bras

ᐱᐦᒋᐳᐎᓐ pihchipuwin ni [Côte] ♦ du poison, un venin

ᐱᐦᒋᐳᔦᐤ pihchipuyeu vta ♦ il/elle l'empoisonne

ᐱᐦᒋᐴ pihchipuu vai -u ♦ il/elle s'empoisonne accidentellement; il/elle mange quelque chose de mauvais par erreur, par accident

ᐱᐦᒋᐸᔥᑯᓀᐤ pihchipashkuneu vta ♦ il/elle la/le plume par erreur, sans faire exprès (un oiseau)

ᐱᐦᒋᐸᔥᑯᓇᒻ pihchipashkunam vti ♦ il/elle le plume (par ex. la tête, l'aile d'un oiseau) par erreur, sans faire exprès

ᐱᐦᒋᐸᔨᐁᐤ pihchipayiheu vta ♦ il/elle la/le plie, l'incurve

ᐱᐦᒋᐸᔨᐦᑖᐤ pihchipayihtaau vai+o ♦ il/elle le plie (par ex. une partie du corps) à une jointure, un angle

ᐱᐦᒋᐸᔫ pihchipayuu vai/vii -i ♦ il/elle/ça plie en angle

ᐱᐦᒋᑲᕽ pihchikaham vti ♦ il/elle la/le tranche, le coupe accidentellement

ᐱᐦᒋᑲᐌᐤ pihchikahweu vta ♦ il/elle la/le tranche accidentellement

ᐱᑦᒋᓄ° pihchineu vta ♦ il/elle l'incurve, la/le plie ou fléchit à la main

ᐱᑦᒋᓇᒻ pihchinam vti ♦ il/elle le plie, le fléchit à la main

ᐱᑦᒋᓱ pihchisuu vai-i ♦ il/elle est plié-e à la jointure, dans un angle

ᐱᑦᒋᑐᑐᐌ° pihchihtuutuweu vta ♦ il/elle lui fait quelque chose sans s'en rendre compte, par erreur, inconsciemment

ᐱᑦᒋᑐᑕᒻ pihchihtuutam vti ♦ il/elle le fait sans y penser, inconsciemment, par erreur

ᐱᑦᒌᐤ pihchiiu vai ♦ il/elle le fait par inadvertance, par mégarde

ᐱᑦᒌᖁᓇᒻ pihchiikwenam vti ♦ il/elle forme la fronce, le plissé de l'avant d'un mocassin

ᐱᑦᒌᖁᓂᑲᓐ pihchiihkwenikan ni ♦ un pli, un faux pli, une cassure, une fronce (en couture)

ᐱᑦᒌᖁᓂᒍ pihchiihkwenicheu vai ♦ il/elle plie, plisse, fait des fronces

ᐱᐦᔦᑯᓲ pihyekusuu vai-u ♦ il/elle est épais-se (dense)

ᐱᐦᔦᑯᔥᑌᐤ pihyekushteu vii ♦ ça s'épaissit, devient plus dense avec le temps

ᐱᐦᔦᑯᐁᐤ pihyekuheu vta ♦ il/elle l'épaissit (par ex. de la sauce)

ᐱᐦᔦᑯᑖᐤ pihyekuhtaau vai+o ♦ il/elle l'épaissit, le rend plus dense

ᐱᐦᔦᒁᐤ pihyekwaau vii ♦ c'est épais, dense

ᐱᐦᔦᒁᑲᒥᓲ pihyekwaakamisuu vai-i ♦ il/elle est dense, épais-se (un liquide, par ex. du lait)

ᐱᐦᔦᒁᑲᒥᔥᑌᐤ pihyekwaakamishteu vii ♦ ça épaissit (un liquide, par ex. après avoir été laissé dehors toute la nuit)

ᐱᐦᔦᒁᑲᒧ pihyekwaakamuu vii-i ♦ c'est épais, dense (un liquide)

ᐱᐦᔦᒁᒎᓲ pihyekwaachuusuu vai-u ♦ il/elle épaissit en bouillant

ᐱᐦᔦᒁᒎᐦᑌᐤ pihyekwaachuuhteu vii ♦ ça s'épaissit, devient dense en bouillant

ᐱ

ᐱᐅ·ᐊᑕᑳᐦᐄᑲᓇᒡ piiuwaatakahiikanach na pl ♦ des branches d'un petit arbre abattu

ᐱᐅᐳᒋᑲᓐ piiupuchikan ni ♦ des copeaux de bois, de la sciure de bois

ᐱᐅᐳᐦᒉᐤ piiupuhcheu vai ♦ il/elle fait des copeaux de bois

ᐱᐅᐸᔦᐤ piiupayiheu vta ♦ il/elle la/le brasse, disperse, répand

ᐱᐅᐸᔨᐦᑖᐤ piiupayihtaau vai+o ♦ il/elle le brasse, le disperse, l'éparpille

ᐱᐅᐸᔪ piiupayuu vai/vii-i ♦ il/elle est éparpillé-e; c'est dispersé

ᐱᐅᑕᒣᔨᒣᐤ piiutameyimeu vta ♦ il/elle se sent calme, tranquille à son sujet

ᐱᐅᑕᒣᔨᐦᑕᒻ piiutameyihtam vti ♦ il/elle se sent calme, l'esprit en paix

ᐱᐅᑕᒻ piiutam vti ♦ il/elle descend, saute les rapides

ᐱᐅᑖᐳᑌᐤ piiutaaputeu vii ♦ ça descend les rapides

ᐱᐅᑖᐳᑯ piiutaapukuu vai-u ♦ il/elle descend les rapides en flottant

ᐱᐅᓄ° piiuneu vta ♦ il/elle en répand, en laisse des retailles, des rebuts, des restes

ᐱᐅᓇᒻ piiunam vti ♦ il/elle en répand les restes, en laisse des restants

ᐱᐅᔅᑲᔥᑐᐋᓐ piiuskashtuwaanh ni pl [Côte] ♦ des rognures d'herbage qui flottent le long du rivage (restes de nourriture des oies bleues)

ᐱᐅᔥᐌᐤ piiushweu vta ♦ il/elle la/le coupe en laissant des rognures, des retailles

ᐱᐅᔑᑲᓐ piiushikan ni ♦ un bout d'étoffe, un reste de tissu

ᐱᐅᔥᐦᐊᒻ piiusham vti ♦ il/elle le coupe en laissant des retailles, des rognures, des rebuts

ᐱᐅᔥᐋᐌᐤ piiushaaweu vai ♦ il/elle coupe en laissant des retailles

ᐱᐅᔥᑖᐤ piiushtaau vai+o ♦ il/elle l'éparpille, le disperse, laisse traîner des choses tout autour

ᐱᐅᭅᒉᐧ piiushtaasuu vai-u ♦ il/elle éparpille ou disperse des choses autour

ᐱᐅᭅᐧ▽ᵒ piiuheu vta ♦ il/elle la/le laisse traîner; il/elle en laisse des rognures ou des retailles par terre

ᐱᐅᭅᐧ◁ᒣ·ᖰᵒ piiuhamekweu vai ♦ il/elle écaille du poisson (ancien terme)

ᐱᐅᭅᐧ◁ᒣᖽᵒ piiuhameseu vai [Intérieur] ♦ il/elle écaille du poisson

ᐱᐅᭅᐧ·▽ᵒ piiuhweu vta ♦ il/elle l'écaille (un poisson)

ᐱᐅᭅᐧᑐ·▽ᵒ piiuhtuweu vai ♦ il/elle laisse des restes de nourriture en mangeant

ᐱᐅᭅᐧᑕᐸᭅ◁·▽ᵒ piiuhtakahaaweu vai ♦ il/elle fait des copeaux de bois avec une hache

ᐱᐅᭅᐧᑕᐸᭅ◁·◁ᵃᐧ piiuhtakahaawaanh ni pl [Intérieur] ♦ des frisures de bois pour allumer un feu

ᐱᐅᭅᐧᑕᒷ piiuhtam vti ♦ il/elle laisse des restants de nourriture

ᐱᐅᭅᐧᑕ·◁ᵃᐧ piiuhtaawaanh ni pl [Intérieur] ♦ des restes de table, des restants de nourriture

ᐱᐅᭅᐧᑯᒉᐸᵃ piiuhkutaakan ni ♦ des frisures produites par la sculpture ou le planage du bois avec un couteau croche, des copeaux de bois

ᐱᐅᭅᐧᑯᒉᖱᵒ piiuhkutaacheu vai ♦ il/elle plane ou rabote du bois; il/elle laisse des copeaux de bois

ᐱᐅᭅᐧᖚᐧᐃᐸᵃᐧ piiuhkahiikanh ni pl ♦ des éclats ou copeaux qui se détachent durant le fendage du bois

ᐱᐅᭅᐧᖚᐧᐃᐧᐅᒉᵃᐧ piiuhkahiihutaanh ni pl ♦ des copeaux ou frisures de bois (ancien terme)

ᐱᐅᭅᐧᖚᐧ◁·◁ᵃᐧ piiuhkahaawaanh ni pl ♦ des morceaux ou copeaux produits par le fendage du bois

ᐱ·▽ᕀᖳᵒ piiweyimeu vta ♦ il/elle la/le néglige

ᐱ·▽ᕀᒧ piiweyimuu vai-u ♦ il/elle est négligent-e

ᐱ·▽ᕀᐧᒷ piiweyihtam vti ♦ il/elle le néglige

ᐱ·▽ᕀᐧᒉᑯᵃ piiweyihtaakun vai-i ♦ il/elle est négligé-e

ᐱ·▽ᕀᐧᒉᑯᒉ piiweyihtaakusuu vai-i ♦ il/elle est négligé-e

ᐱ·Δᵃ piiwin vii ♦ c'est un blizzard, une tempête

ᐱ·◁ᐯᖚᐧᑌᵒ piiwaapekashteu vii ♦ c'est dispersé, éparpillé (filiforme)

ᐱ·◁ᐯ·ᕄᵒ piiwaapeshweu vta ♦ il/elle laisse des retailles de peau après avoir coupé les lacets de raquette

ᐱ·◁ᐯᕑᐸᵃ piiwaapeshikan ni ♦ des restes de peau non tannée après la coupure des lacets de raquette

ᐱ·◁ᐱᐧᖑᑦ·▽ᵒ piiwaapihcheshkuweu vta ♦ il/elle la/le répand ou disperse avec son pied (filiforme)

ᐱ·◁ᐱᐧᖑᑊᐸᒺ piiwaapihcheshkam vti ♦ il/elle l'éparpille, le répand partout avec le pied (filiforme)

ᐱ·◁ᭅᐧᑎᵃ piiwaashtin vii ♦ c'est éparpillé, dispersé par le vent

ᐱ·◁ᐧᑕᐸᐧᐃᖑᵒ piiwaahtakahiicheu vai ♦ il/elle enlève les branches d'un arbre pour faire un plancher

ᐱ·◁ᐧᑕᐸᐧ◁ᒺ piiwaahtakaham vti ♦ il/elle en enlève les branches (d'un arbre) pour faire un plancher

ᐱ·◁ᐧᑕᐸᐧ·▽ᵒ piiwaahtakahweu vta ♦ il/elle coupe des branches d'arbre

ᐱᐳᑌᵒ piiputeu vai ♦ il (un feu) ne dégage que de la fumée

ᐱᐳᑌᐱ·Δᵃ piiputepiiwin vii ♦ la tempête de neige fait rage

ᐱᐳᑌᓀᐧᖛᖑᒺ·▽ᵒ piiputenisachimeweu vai ♦ il/elle fait de la fumée pour éloigner les moustiques

ᐱᐳᑌᓀᐧᖛᖑᒺ·◁ᵃ piiputenisachimewaan ni ♦ ce que l'on brûle pour faire de la fumée et éloigner les mouches et moustiques; une spirale à moustiques

ᐱᐳᑌᓀᐧᐸᐧᑐ·▽ᵒ piiputenihkahtuweu vta ♦ il/elle la/le fait fumer et sécher

ᐱᐳᑌᓀᐧᐸᐧᑕᒷ piiputenihkahtam vti ♦ il/elle le fait saurir, le fait fumer et sécher

ᐱᐳᑌᓇᒧ·▽ᵒ piiputenamuweu vta ♦ il/elle fait de la fumée autour d'elle/de lui (pour éloigner les mouches)

ᐱᐳᑌᓇᒺ piiputenam vti ♦ il/elle fait de la fumée autour de quelque chose (pour éloigner les mouches)

ᐱᐳᑌᐧᑎᵃ piiputeshtin vii ♦ il y a du sable poudreux, un vent de poussière

ᐱᐳᐅᔭᐅᒋᔑᓐ **piiputeyaauchishin** vai ♦ il/elle soulève le sable ou la poussière en tombant

ᐱᐳᐅᔭᐅᒋᔥᑯᐌᐤ **piiputeyaauchishkuweu** vta ♦ il/elle la/le soulève avec ses pieds, son corps (le sable, la poussière)

ᐱᐳᐅᔭᐅᒋᐦᑎᓐ **piiputeyaauchihtin** vii ♦ ça soulève le sable, la poussière en tombant

ᐱᐳᐅᔭᐅᐦᒋᐯᐤ **piiputeyaauhchipiteu** vta ♦ il/elle la/le soulève en passant (le sable, la poussière)

ᐱᐳᐅᔭᐅᐦᒋᐱᑕᒻ **piiputeyaauhchipitam** vti ♦ il/elle le soulève en passant (le sable, la poussière)

ᐱᐳᐅᔭᐅᐦᒋᐸᔫ **piiputeyaauhchipayuu** vii ♦ le sable tourbillonne

ᐱᐳᐅᔭᐅᐦᒋᔥᑲᒼ **piiputeyaauhchishkam** vti ♦ il/elle le soulève (le sable, la poussière) avec les pieds, le corps

ᐱᑐᔐᔨᒣᐤ **piitusheyimeu** vta ♦ il/elle pense qu'elle/il est différent-e de l'autre

ᐱᑐᔐᔨᐦᑕᒼ **piitusheyihtam** vti ♦ il/elle le trouve différent, bizarre, étrange

ᐱᑐᔑᓈᑯᓐ **piitushinaakun** vii ♦ ça semble différent d'un autre

ᐱᑐᔑᓈᑯᓱᐤ **piitushinaakusuu** vai -i ♦ il/elle semble différent-e de l'autre

ᐱᑐᔑᓈᑯᐦᑖᐤ **piitushinaakuhtaau** vai+o ♦ il/elle lui donne une apparence différente de l'autre

ᐱᑐᔥ **piitush** p,manière ♦ différent-e d'un-e autre, distinct-e ■ ᐱᑐᔥ ᐁᓈᑯᓯᐊ ᐊᐸ ᐯᔭᒃ. *Un d'eux semble différent.*

ᐱᑐ **piituu** ni -uum ♦ une corde ou un câble de traction; la boucle avant sur un traîneau, un toboggan

ᐲᒑᐦᑕᒼ **piitwaahtam** vai ♦ il/elle fume autre chose que du tabac (par ex. de la drogue, des feuilles de thé)

ᐲᒁᓲ **piikweesuu** vai -i ♦ il est broussailleux, elle est broussailleuse; il (un arbre) est fourni, touffu; il (un animal) a une fourrure épaisse, touffue

ᐲᒀᐌᐤ **piikweweu** vai ♦ il/elle a une fourrure épaisse, fournie

ᐲᒀᒋᐱᑌᐤ **piikwechipiteu** vta ♦ il/elle la/le déchire en la/le chiffonnant (étalé, par ex. du papier), en tirant (par ex. du tissu)

ᐲᒀᒋᐱᑕᒻ **piikwechipitam** vti ♦ il/elle le déchire (étalé) en le froissant, le tirant

ᐲᒀᒋᐸᔪ **piikwechipayuu** vai/vii ♦ il/elle est déchiré-e; c'est déchiré (étalé)

ᐲᒀᒋᓀᐤ **piikwechineu** vta [Intérieur] ♦ il/elle la/le déchire à la main (étalé, par ex. un chèque, de la monnaie de papier)

ᐲᒀᒋᓇᒼ **piikwechinam** vti ♦ il/elle le déchire (étalé, par ex. du papier) avec ses mains en le froissant

ᐲᒀᔛᐤ **piikweshweu** vta ♦ il/elle la/le découpe en gros morceaux (par ex. un animal)

ᐲᒀᔕᒻ **piikwesham** vti ♦ il/elle la coupe épaisse (la viande), en gros morceaux (par ex. beaucoup de viande sur un os)

ᐲᒀᔥᑎᒀᓀᐤ **piikweshtikwaaneu** vai ♦ il/elle a les cheveux épais, touffus

ᐲᒀᔥᑎᒀᓀᐸᔪ **piikweshtikwaanepayuu** vai -i ♦ il/elle devient échevelé-e en se secouant la chevelure; il/elle secoue ses cheveux qui s'entremêlent

ᐲᒀᔥᑎᒀᓂᔮᔐᐤ **piikweshtikwaaniyaashuu** vai -i ♦ il/elle est échevelé-e par le vent

ᐲᒀᔮᐤ **piikweyaau** vii ♦ c'est broussailleux, dense, épais

ᐲᒀᔮᑯᓂᑳᐤ **piikweyaakunikaau** vii ♦ la neige est dense, épaisse (et difficile pour la marche)

ᐲᒀᔮᔅᑕᒋᓲ **piikweyaastachisuu** vai -i ♦ il (un arbre) a des branches fournies, touffues

ᐲᑯᐌᐱᐦᐊᒼ **piikuwepiham** vti ♦ il/elle le casse, le brise en le lançant

ᐲᑯᐌᐹᐦᐌᐤ **piikuwepahweu** vta ♦ il/elle la/le brise en la/le lançant

ᐲᑯᐱᑌᐤ **piikupiteu** vta ♦ il/elle la/le déchire

ᐲᑯᐱᑕᒻ **piikupitam** vti ♦ il/elle le déchire

ᐲᑯᐱᐦᒉᐤ **piikupihcheu** vai [Intérieur] ♦ il/elle déchire des choses

ᐲᑯᐳᑖᐤ **piikuputaau** vai+o ♦ il/elle tranche ou le brise avec une scie

ᐲᑯᐳᔦᐤ **piikupuyeu** vta ♦ il/elle la/le brise avec une scie

ᐱᑯᐸᔨ piikupayuu vai/vii -i ♦ il/elle/ça brise, casse; c'est brisé; il/elle est cassé-e

ᐱᑯᑑ piikutuu vii -uu [Côte] ♦ ça pourrit (un arbre)

ᐱᑯᑑᐦᑕᑯ piikutuuhtakuu vai/vii ♦ c'est du bois pourri (par ex. un toboggan, une planche); il/elle/ça a pourri et il/elle/ça s'effrite (un arbre)

ᐱᑯᑑᐦᑕᑿ piikutuuhtakw ni ♦ un morceau de bois pourri

ᐱᑯᑯᓀᐅᐸᔨ piikukunewepayuu vai -i ♦ il/elle a des plaies dans la bouche

ᐱᑯᑲᐦᐊᒻ piikukaham vti ♦ il/elle le brise, le casse avec une hache

ᐱᑯᑲᐦᐌᐤ piikukahweu vta ♦ il/elle la/le brise, casse, défait avec une hache

ᐱᑯᑲᐦᑕᒻ piikukahtam vti ♦ il/elle le brise, le casse (long et rigide) avec les dents

ᐱᑯᒣᐤ piikumeu vta ♦ il/elle la/le brise, rompt avec les dents

ᐱᑯᓀᐤ piikuneu vai ♦ il/elle le brise, le casse, le démonte

ᐱᑯᓇᒻ piikunam vti ♦ il/elle le casse, le brise, le défait avec ses mains

ᐱᑯᓈᑯᓐ piikunaakun vii ♦ ça a l'air brisé

ᐱᑯᓈᑯᓲ piikunaakusuu vai -i ♦ il/elle a l'air, semble ou paraît brisé-e

ᐱᑯᓈᑯᐦᐁᐤ piikunaakuheu vta ♦ il/elle la/le brise et lui donne une mauvaise apparence (par ex. un oiseau)

ᐱᑯᓈᑯᐦᑖᐤ piikunaakuhtaau vai+o ♦ il/elle le brise et ça se voit (par ex. un miroir)

ᐱᑯᓯᓇᐦᐄᒉᐤ piikusinahiicheu vai ♦ il/elle paie ses dettes

ᐱᑯᓯᓇᐦᐄᒉᐦᐁᐤ piikusinahiicheheu vta ♦ il/elle fait un paiement sur la dette de quelqu'un avec l'argent de cette personne

ᐱᑯᓯᓇᐦᐊᒨᐌᐤ piikusinahamuweu vta ♦ il/elle paie ses dettes à quelqu'un

ᐱᑯᔎᐤ piikushweu vta ♦ il/elle la/le découpe

ᐱᑯᔒᒣᐤ piikushimeu vta ♦ il/elle la/le casse, brise en la/le frappant sur quelque chose

ᐱᑯᔒᓐ piikushin vai ♦ il/elle (du pain, de la glace, une oie, etc.) se casse ou se brise en tombant ou en frappant quelque chose

ᐱᑯᔏᒻ piikusham vti ♦ il/elle le découpe

ᐱᑯᔖᐌᐤ piikushaaweu vai ♦ il/elle coupe ou découpe un animal

ᐱᑯᔥᑎᒀᓀᐦᐌᐤ piikushtikwaanehweu vta ♦ il/elle lui brise le crâne en frappant avec quelque chose

ᐱᑯᔥᑯᐌᐤ piikushkuweu vta ♦ il/elle la/le brise en utilisant ses pieds, son poids

ᐱᑯᔥᑲᒻ piikushkam vti ♦ il/elle le brise, le casse avec son corps

ᐱᑯᐦᐄᒉᐤ piikuhiicheu vai ♦ il/elle brise ou casse des choses avec un objet

ᐱᑯᐦᐊᒻ piikuham vti ♦ il/elle le casse, le brise avec un objet

ᐱᑯᐦᐌᐤ piikuhweu vta ♦ il/elle la/le casse, brise en utilisant un objet

ᐱᑯᐦᑎᑖᐤ piikuhtitaau vai+o ♦ il/elle le casse ou le brise en l'échappant

ᐱᑯᐦᑎᓐ piikuhtin vii ♦ ça se brise en tombant

ᐱᑯᐦᑐᐌᔮᐦᑎᒄ piikuhtuweyaahtikw ni -um ♦ un bâton mâché par un castor

ᐱᑯᐦᑕᒻ piikuhtam vti ♦ il/elle le casse, le brise avec ses dents

ᐱᑯᐦᑖᐤ piikuhtaau vai+o ♦ il/elle le brise ou le casse en le frappant sur quelque chose

ᐱᑯᐦᑲᓲ piikuhkasuu vai -u ♦ il/elle est cassé-e ou brisé-e par la chaleur

ᐱᑯᐦᑲᐦᑌᐤ piikuhkahteu vii ♦ c'est brisé par la chaleur

ᐱᑰᑌᐸᔨ piikuutepayuu vai/vii -i ♦ le ballot ou paquet sur son dos se détache

ᐱᑰᑌᔒᓐ piikuuteshin vai ♦ il/elle le brise (canot) en frappant quelque chose

ᐱᑲᓐ piikan vii ♦ l'eau est trouble, agitée, brassée

ᐱᑲᐦᐚᒉᐤ piikahwaacheu na ♦ des espèces de hibou, de chouette

ᐱᑳᑲᒥᔥᑲᒻ piikaakamishkam vti ♦ il/elle remue, agite l'eau en marchant dedans

ᐱᑳᑲᒥᐦᑖᐤ piikaakamihtaau vai+o ♦ il/elle remue ou agite l'eau, fait bouger l'eau

piikaakamuu vii -i ♦ l'eau est trouble, agitée, brassée

piikaakamapayuu vii -i ♦ l'eau est brassée, agitée

piikaakamaham vti ♦ il/elle remue, agite, brasse l'eau avec quelque chose

piikaakamaahan vii ♦ l'eau est agitée par les vagues

piikwaaputeu vii ♦ c'est brisé par le courant

piikwaapukuu vai -u ♦ il/elle est brisé-e par le courant

piikwaapauyeu vta ♦ il/elle la/le brise, détruit avec de l'eau

piikwaapaham vti ♦ il/elle le démonte, le démantèle (par ex. un moteur)

piikwaapaautaau vai+o ♦ il/elle le brise, le détruit avec de l'eau

piikwaakuneshkam vti ♦ il/elle piétine la neige

piikwaaskushimeu vta ♦ il/elle la/le déchire en l'accrochant sur quelque chose

piikwaaskushin vai ♦ il/elle est déchiré-e en accrochant quelque chose

piikwaaskuhtitaau vai+o ♦ il/elle le déchire en l'accrochant sur quelque chose

piikwaaskatimeu vta ♦ il/elle la/le fait se briser par le gel

piikwaaskatin vii ♦ ça brise à cause du gel

piikwaaskatihtaau vai+o ♦ il/elle le fait se briser en gelant

piikwaaskachuu vai -i ♦ il/elle se brise, se casse en gelant

piikwaashuu vai -i ♦ il/elle (par ex. une porte) est défoncé-e ou détruit-e par le vent

piikwaashtitaau vai+o ♦ il/elle le brise, le fait éclater en tirant

piikwaashtimeu vta ♦ il/elle la/le brise, casse en tirant dessus au fusil

piikwaashtin vii ♦ c'est arraché, déchiré par le vent

piikwaahukuu vai -u ♦ il/elle (par ex. la glace) est brisé-e par le vent et les vagues

piikwaahan vii ♦ c'est brisé par le vent et les vagues

piik na [Mistissini] ♦ un pique dans les cartes à jouer

piichiwepahweu vta ♦ il/elle la/le balaie, fait glisser dans quelque chose (par ex. une balle, une rondelle dans un filet)

piichikiishkashiish na dim ♦ une mésange à tête brune

piichinam vti ♦ il/elle remue l'eau, agite l'eau en marchant dedans

piichinaakamuu vii -i [Côte] ♦ l'eau est trouble, agitée, brassée

piichinaakamaahaan vii ♦ l'eau est trouble, agitée ou brassée par les vagues

piichinaakaham vti ♦ il/elle agite l'eau, brasse l'eau avec quelque chose

piichinaashkam vti ♦ il/elle agite l'eau, remue l'eau en marchant dedans

piichiskaateyimeu vta ♦ il/elle s'ennuie d'elle/de lui

piichiskaateyihtamuheu vta ♦ il/elle la/le fait s'ennuyer, se sentir seul-e

piichiskaateyihtamuunaakusuu vai -i ♦ il/elle semble ou a l'air de se sentir seul-e, solitaire, isolé-e

piichiskaateyihtam vti ♦ il/elle est seul-e, solitaire

piichiskaateyihtaakun vii ♦ c'est solitaire, isolé

piichiskaateyihtaakusuu vai -i ♦ il/elle est énervant-e, fatigant-e, ennuyant-e

piichiskaatamuunaakusuu vai -i ♦ il/elle semble ou paraît seul-e ou solitaire

piichiskaachishtaau vai+o ♦ il/elle le fait se sentir seul par son départ, son absence

piichiskaachiheu vta ♦ il/elle l'attriste, lui fait de la peine par son absence

ᐱᒋᐦᑳᓯᓈᑯᓐ piichiskaasinaakun vii ♦ ça a l'air désert, isolé

ᐱᒋᐦᑳᓯᐦᑖᑯᓐ piichiskaasihtaakun vii ♦ ça semble solitaire (par ex. une chanson)

ᐱᒋᐦᑳᓯᐦᑖᑯᓲ piichiskaasihtaakusuu vai -i ♦ il/elle a l'air ou semble seul-e, solitaire

ᐱᒋᐦᑳᑕᒼ piichiskwaatam vti ♦ il/elle dit des potins, raconte des ragots, répand des commérages

ᐱᒋᔐᐧᐁᐤ piichischeweu vai ♦ il (le goût de la viande) est gâté par l'adrénaline produite par l'animal (orignal, caribou) qui a trop couru, s'est fatigué avant de mourir

ᐱᒋᔐᐧᐁᒫᔥᑌᐤ piichischewemaashteu vai ♦ elle (la viande) sent mauvais à cause de l'adrénaline produite par l'animal (orignal, caribou) qui a trop couru, s'est fatigué avant de mourir

ᐱᒋᔐᐸᔫ piichishepayuu vai/vii -i ♦ il/elle/ça fait de la vapeur; il/elle est embué-e; c'est humide

ᐱᒋᔐᑌᐤ piichisheteu vii ♦ il y a de la vapeur, de l'humidité produite par l'eau chaude

ᐱᒋᔐᑖᒨ piichishetaamuu vai -u ♦ son souffle ou son haleine se vaporise

ᐱᒋᔐᑲᒨ piichishekamuu vii -i ♦ la vapeur se condense au-dessus de l'eau

ᐱᒋᔐᔮᑲᒥᑌᐤ piichisheyaakamiteu vii ♦ c'est de la vapeur qui monte de l'eau chaude

ᐱᒋᔐᔮᔥᑎᓐ piichisheyaashtin vii ♦ c'est du brouillard poussé par le vent, de la brume chassée par le vent

ᐱᒋᔐᐦᑲᒨ piichishehkamuu vai -i ♦ c'est de la vapeur qui monte d'un liquide

ᐱᒋᔥᑎᓀᐤ piichishtineu vta ♦ il/elle la/le fait avancer lentement mais sûrement

ᐱᒋᔥᑎᓇᒼ piichishtinam vti ♦ il/elle le déplace lentement, le fait avancer petit à petit

ᐱᒋᔥᑕᐦᐊᒼ piichishtaham vti ♦ il/elle le déplace, le bouge soudainement, le conduit très vite

ᐱᒋᔥᒀᐦᐁᐤ piichishkweuheu vta ♦ il/elle lui fait dire des ragots à son sujet

ᐱᒋᔥᒀᐤ piichishkweu vai ♦ il/elle parle beaucoup, dit des commérages, colporte des ragots ou des potins

ᐱᒋᔥᑲᒼ piichishkam vti [Intérieur] ♦ il/elle remue l'eau, agite l'eau en marchant dedans

ᐱᒋᔥᑳᒋᒣᐤ piichishkaachimeu vta ♦ il/elle l'attriste par ses paroles

ᐱᒋᔥᑳᓱᒣᐤ piichishkaasumeu vta ♦ il/elle l'irrite, la/le fâche par ses paroles

ᐱᒋᔥᒁᑌᐤ piichishkwaateu vta ♦ il/elle fait du commérage sur son dos

ᐱᒋᐦᑖᐤ piichihtaau vai+o ♦ il (un animal) agite ou remue l'eau

ᐱᒣᑲᔥᑌᐤ piimekashteu vii ♦ c'est croche, de travers (étalé)

ᐱᒣᑲᐦᐧᐁᐤ piimekahweu vta ♦ il/elle l'étire et ça gauchit, se tord, devient croche (étalé, par ex. une peau)

ᐱᒣᒋᐱᑌᐤ piimechipiteu vta ♦ il/elle l'étire de travers (une peau de castor)

ᐱᒣᒋᔗᐤ piimechishweu vta ♦ il/elle coupe ou découpe la peau (d'un animal) de travers, croche

ᐱᒥᐱᑌᐤ piimipiteu vta ♦ il/elle la/le tire pour la/le tourner

ᐱᒥᐱᑐᓀᐤ piimipituneu vai ♦ il/elle a un bras tordu

ᐱᒥᐱᑕᒼ piimipitam vti ♦ il/elle le tire pour le tourner

ᐱᒥᐳᑖᐤ piimiputaau vai+o ♦ il/elle le scie de travers, croche

ᐱᒥᐳᔦᐤ piimipuyeu vta ♦ il/elle la/le scie croche, de travers

ᐱᒥᐸᔫ piimipayuu vai/vii -i ♦ il/elle est croche; c'est tordu, de travers

ᐱᒥᐹᑖᔅᑯᐦᐄᑲᓈᐦᑎᒄ piimipaataaskuhiikanaahtikw ni ♦ des bâtons pour essorer ou tordre les peaux

ᐱᒥᐹᑖᔅᑯᐦᐊᒼ piimipaataaskuham vti ♦ il/elle le tord avec une perche

ᐱᒥᐹᑖᔅᑯᐦᐧᐁᐤ piimipaataaskuhweu vta ♦ il/elle la/le tord à l'aide d'une perche (par ex. une peau d'orignal)

ᐱᒥᑐᑯᓀᐤ piimitukuneu vai ♦ il/elle a la hanche déformée

ᐲᒥᑐᓃᐤ piimituneu vai ♦ il/elle a la bouche croche; sa bouche est tordue, déformée

ᐲᒥᑑᓃᐤ piimituuneu vai ♦ il/elle a la bouche croche, tordue, déformée

ᐲᒥᑑᓀᓀᐤ piimituuneneu vta ♦ il/elle a un rictus, se tord la bouche

ᐲᒥᒄᐌᓃᐤ piimikweneu vta ♦ il/elle lui tord le cou

ᐲᒥᑳᐴ piimikaapuu vai/vii-uu ♦ il/elle est croche, tordu-e; c'est croche, tordu

ᐲᒥᑳᐴᐦᑖᐤ piimikaapuuhtaau vai+o ♦ il/elle le dresse ou le pose arqué, courbé, croche; il/elle l'installe de travers

ᐲᒥᑳᑌᐤ piimikaateu vai ♦ il/elle a une jambe croche ou arquée

ᐲᒥᑳᒣᐸᔨᐦᐁᐤ piimikaamepayiheu vta ♦ il/elle la/le fait traverser en diagonale en véhicule

ᐲᒥᑳᒣᐸᔨᐦᑖᐤ piimikaamepayihtaau vai+o ♦ il/elle le fait traverser en diagonale en véhicule

ᐲᒥᑳᒣᐸᔫ piimikaamepayuu vai/vii-i ♦ il/elle/ça traverse en diagonale en véhicule

ᐲᒥᑳᒣᑑᑖᒣᐤ piimikaametuutaameu vta ♦ il/elle la/le fait traverser sur son dos en diagonale

ᐲᒥᑳᒣᑳᐴ piimikaamekapuu vai-i ♦ il/elle est placé-e, installé-e, assis-e de travers ou en angle

ᐲᒥᑳᒣᒋᒣᐤ piimikaamechimeu vai ♦ il/elle traverse le cours d'eau en pagayant ou en nageant en diagonale

ᐲᒥᑳᒣᒧᐦᐁᐤ piimikaamemuheu vta ♦ il/elle l'installe en angle, la/le pose de travers

ᐲᒥᑳᒣᒧᐦᑖᐤ piimikaamemuhtaau vai+o ♦ il/elle le met, le place, l'installe de travers, en angle

ᐲᒥᑳᒣᓀᐤ piimikaameneu vta ♦ il/elle la/le tient de travers, en angle

ᐲᒥᑳᒣᓇᒼ piimikaamenam vti ♦ il/elle le tient de travers, en angle, de biais

ᐲᒥᑳᒣᓯᓇᐦᐊᒼ piimikaamesinaham vti ♦ il/elle dessine une ligne courbe sur quelque chose

ᐲᒥᑳᒣᓲ piimikaamesuu vai-i ♦ il/elle est mis-e de travers, posé-e croche, placé-e en angle

ᐲᒥᑳᒣᔅᑯᐱᒍᐤ piimikaameskupichuu vai-i ♦ il/elle traverse l'étendue de glace en diagonale en déplaçant le camp d'hiver

ᐲᒥᑳᒣᔅᑯᐸᐦᑖᐤ piimikaameskupahtaau vai ♦ il/elle traverse la glace en courant en diagonale

ᐲᒥᑳᒣᔅᑯᐦᑑᑖᒣᐤ piimikaameskuhtuutaameu vta ♦ il/elle lui fait traverser la glace en diagonale sur son dos

ᐲᒥᑳᒣᔅᑯᐦᑖᑖᐤ piimikaameskuhtataau vai+o ♦ il/elle traverse l'étendue de glace en diagonale avec quelque chose

ᐲᒥᑳᒣᔅᑯᐦᑕᐦᐁᐤ piimikaameskuhtaheu vta ♦ il/elle lui fait traverser la glace en diagonale

ᐲᒥᑳᒣᔅᑰ piimikaameskuu vai-u ♦ il/elle traverse la glace en diagonale

ᐲᒥᑳᒣᔐᑲᐦᐊᒼ piimikaameschekaham vti ♦ il/elle traverse la fondrière, le muskeg en diagonale

ᐲᒥᑳᒣᔐᐧᐁᐤ piimikaameshweu vta ♦ il/elle la/le coupe, découpe de travers

ᐲᒥᑳᒣᔕᒼ piimikaamesham vti ♦ il/elle le coupe de travers

ᐲᒥᑳᒣᔥᑌᐤ piimikaameshteu vii ♦ c'est posé de travers, installé en diagonale, mis en angle

ᐲᒥᑳᒣᔥᑖᐤ piimikaameshtaau vai+o ♦ il/elle le pose, le met, l'installe de travers, en angle

ᐲᒥᑳᒣᔥᑯᐌᐤ piimikaameshkuweu vta ♦ il/elle la/le traverse à pied en diagonale

ᐲᒥᑳᒣᔥᑲᒼ piimikaameshkam vti ♦ il/elle le croise en biais, en angle, en diagonale, à pied

ᐲᒥᑳᒣᔨᒋᐱᑌᐤ piimikaameyechipiteu vta ♦ il/elle la/le tire de travers (étalé)

ᐲᒥᑳᒣᔨᒋᐱᑕᒼ piimikaameyechipitam vti ♦ il/elle le tire de travers (étalé)

ᐲᒥᑳᒣᔨᒋᓀᐤ piimikaameyechineu vta ♦ il/elle la/le plie de travers (étalé)

ᐲᒥᑳᒣᔨᒋᓇᒼ piimikaameyechinam vti ♦ il/elle le plie de travers (étalé)

ᐲᒥᑳᒣᔮᐤ piimikaameyaau vii ♦ c'est installé, posé en angle; c'est croche, de travers; ce n'est pas droit

ᐱᒥᑲᔦᐱᐦᑳᑌᐤ
piimikaameyaapihkaateu vta ♦ il/elle l'attache de travers

ᐱᒥᑲᔦᐱᐦᑳᑕᒼ piimikaameyaapihkaatam vti ♦ il/elle l'attache de travers

ᐱᒥᑲᔦᐱᐦᒉᐱᑌᐤ
piimikaameyaapihchepiteu vta ♦ il/elle la/le tire de travers (filiforme)

ᐱᒥᑲᔦᐢᑯᑖᐯᐤ piimikaameyaaskutaapeu vta ♦ il/elle traverse la glace en diagonale, en la/le tirant

ᐱᒥᑲᔦᐢᑯᒧᐦᐁᐤ
piimikaameyaaskumuheu vta ♦ il/elle l'installe, la/le pose de travers (long et rigide)

ᐱᒥᑲᔦᐢᑯᒧᐦᑖᐤ
piimikaameyaaskumuhtaau vai+o ♦ il/elle le dresse, l'installe, le pose de travers, croche, courbé (long et rigide)

ᐱᒥᑲᔦᐢᑯᒨ piimikaameyaaskumuu vai/vii -u ♦ il/elle est installé-e de travers; c'est croche (long et rigide)

ᐱᒥᑲᐁᐤ piimikaameheu vta ♦ il/elle la/le pose, place de travers, en angle

ᐱᒥᑲᐁᐳᑖᐤ piimikaamehutaau vai+o ♦ il/elle l'emporte de l'autre côté en canot, en diagonale

ᐱᒥᑲᐁᐳᔦᐤ piimikaamehuyeu vta ♦ il/elle la/le fait traverser, l'amène en diagonale en canot

ᐱᒥᑲᐁᑌᐤ piimikaamehteu vai ♦ il/elle emporte quelque chose en traversant en diagonale

ᐱᒥᑲᐁᑑᑌᐤ piimikaamehtuuteu vai ♦ il/elle traverse en diagonale en portant quelque chose sur son dos

ᐱᒥᑲᐁᑖᐤ piimikaamehtaau vai+o ♦ il/elle le fait, le place, l'installe, le pose en angle

ᐱᒥᑲᒨᑖᒣᐤ piimikaamuutaameu vta ♦ il/elle la/le fait traverser en diagonale, sur son dos

ᐱᒥᑳᐱᐦᒉᐱᑕᒼ piimikaamaapihchepitam vti ♦ il/elle le tire (filiforme) de travers, tordu

ᐱᒥᑳᐱᐦᒉᓇᒼ piimikaamaapihchenam vti ♦ il/elle le met de travers, le pose tordu (filiforme), sur le biais

ᐱᒥᑳᐱᐦᒉᐢᑖᐤ
piimikaamaapihcheshtaau vai+o ♦ il/elle le place, le met, le pose croche, courbé ou de travers (filiforme, par ex. une ligne, un cordeau)

ᐱᒥᑳᐱᐦᒉᐤ piimikaamaapihcheheu vta ♦ il/elle l'installe de travers, la/le pose croche (filiforme)

ᐱᒥᑳᒼ piimikaam p,lieu ♦ de l'autre côté de la rivière, de l'autre bord, en diagonale; vers la gauche ou vers la droite ▪ ᓄᒼ ᐱᑳᒼ ᒥᓗᐟ ᐅᐊᔅᑲᐦᐟᐃᑲᓐ . Sa maison est de l'autre côté de la rivière.

ᐱᒥᒀᑌᐤ piimikwaateu vta ♦ il/elle la/le coud de travers

ᐱᒥᒀᑕᒼ piimikwaatam vti ♦ il/elle le coud de travers

ᐱᒥᓀᐤ piimineu vta ♦ il/elle l'enroule, l'entortille, la/le tord ou tourne à la main

ᐱᒥᓂᑲᓐ piiminikan ni ♦ une poignée de porte

ᐱᒥᓂᒄ piiminikw ni ♦ une articulation du genou sur la patte d'un orignal ou d'un caribou

ᐱᒥᓇᒼ piiminam vti ♦ il/elle le tord, le tourne, l'essore à la main

ᐱᒥᓲ piimisuu vai -i ♦ il/elle (par ex. un arbre) est tordu-e, déformé-e

ᐱᒥᔅᒋᔐᐤ piimischisheu vai ♦ il/elle a la lèvre tordue ou déformée; sa lèvre est tordue, déformée

ᐱᒥᔑᓐ piimishin vai ♦ il/elle est couché-e ou étendu-e de travers, dans une position inconfortable

ᐱᒥᔐᑌᐤ piimishteneu vta ♦ il/elle la/le tord, l'entortille, l'enroule à la main

ᐱᒥᔐᑕᒼ piimishtenam vti ♦ il/elle le tord, l'entortille, le tourne à la main (par ex. un élastique)

ᐱᒥᐦᐄᒉᐤ piimihiicheu vai ♦ il/elle tourne, visse quelque chose

ᐱᒥᐦᑕᑳᐤ piimihtakaau vii ♦ c'est tordu (bois de chauffage)

ᐱᒥᐦᑕᒋᓲ piimihtachisuu vai -i ♦ il (un arbre) est tordu

ᐱᒥᐦᑖᐤ piimihtaau vai+o ♦ il/elle le fait croche, de travers, tordu

ᐲᒥᐦᑵᐸᔫ piimihkwepayuu vai -i ◆ il/elle a la face tordue; il/elle a un tic facial, il/elle souffre de la maladie de Bell

ᐲᒥᐦᑯᑌᐤ piimihkuteu vta ◆ il/elle la/le taille, sculpte de travers

ᐲᒥᐦᑯᑕᒼ piimihkutam vti ◆ il/elle le taille de travers

ᐲᒪᐴ piimapuu vai -i ◆ il/elle est assis-e ou installé-e de travers, croche

ᐲᒪᑯᑌᐤ piimakuteu vii ◆ c'est croche, suspendu de travers

ᐲᒪᑯᑖᐤ piimakutaau vai+o ◆ il/elle le pend ou suspend de travers ou croche

ᐲᒪᑯᒋᓐ piimakuchin vai ◆ il/elle est pendu-e ou suspendu-e de travers ou croche

ᐲᒪᑯᔦᐤ piimakuyeu vta ◆ il/elle la/le suspend de travers

ᐲᒪᑳᒣᒍᐎᓐ piimakaamechuwin vii ◆ le rapide serpente

ᐲᒪᐦᐄᑲᓐ piimahiikan ni ◆ un tournevis, une clé ou clef, une vis

ᐲᒪᐦᐊᒼ piimaham vti ◆ il/elle le tord, l'entortille, l'enroule

ᐲᒪᐦᐌᐤ piimahweu vta ◆ il/elle l'enroule, la/le tord

ᐲᒫᐤ piimaau vii ◆ c'est tordu

ᐲᒫᐯᑲᓐ piimaapekan vii ◆ c'est tordu, croche (filiforme)

ᐲᒫᐯᑲᔥᑖᐤ piimaapekashtaau vai+o ◆ il/elle le met, le place (filiforme) sur un objet tordu, croche ou de travers

ᐲᒫᐯᑲᐦᐊᒼ piimaapekaham vti ◆ il/elle le tord (filiforme) avec un outil

ᐲᒫᐯᑲᐦᐌᐤ piimaapekahweu vta ◆ il/elle y pose la corde de travers (par ex. une raquette)

ᐲᒫᐯᒋᓲ piimaapechisuu vai -i ◆ il/elle est tordu-e, enroulé-e, croche (filiforme)

ᐲᒫᐱᔅᑲᐦᐊᒼ piimaapiskaham vti ◆ il/elle le frappe et le tord (pierre, métal)

ᐲᒫᐱᔅᑳᐤ piimaapiskaau vii ◆ c'est tordu, torsadé, enroulé (pierre, métal)

ᐲᒫᐱᔅᒋᓲ piimaapischisuu vai -i ◆ il/elle est tordu-e, enroulé-e (pierre, métal)

ᐲᒫᐱᐦᑳᑌᐤ piimaapihkaateu vta ◆ il/elle l'attache de travers, tordu-e, entortillé-e

ᐲᒫᐱᐦᑳᑕᒼ piimaapihkaatam vti ◆ il/elle l'entortille, l'attache de travers

ᐲᒫᐱᐦᒉᐱᑌᐤ piimaapihchepiteu vta ◆ il/elle la/le tire de travers (filiforme)

ᐲᒫᐱᐦᒉᐱᑕᒼ piimaapihchepitam vti ◆ il/elle le tire de travers (filiforme)

ᐲᒫᐱᐦᒉᐸᔫ piimaapihchepayuu vai/vii -i ◆ il/elle est entortillé-e, tordu-e, torsadé-e, vrillé-e; c'est en vrille, en torsade

ᐲᒫᐱᐦᒉᓀᐤ piimaapihcheneu vta ◆ il/elle la/le tord (une corde)

ᐲᒫᐱᐦᒉᓇᒼ piimaapihchenam vti ◆ il/elle le tord, l'entortille à la main (filiforme)

ᐲᒫᐳᑌᐤ piimaaputeu vii ◆ c'est placé de travers, déplacé par l'eau, le courant

ᐲᒫᐳᑰ piimaapukuu vai -u ◆ il/elle est fait-e croche, de travers; il/elle est déplacé-e par l'eau, le courant

ᐲᒫᐴ piimaapuu vai -i ◆ il/elle un oeil croche

ᐲᒫᔅᑯᓐ piimaaskun vii ◆ c'est tordu, torsadé (long et rigide)

ᐲᒫᔅᑯᓲ piimaaskusuu vai -i ◆ il/elle est tordu-e, croche, de travers (long et rigide)

ᐲᒫᔔ piimaashuu vai -i ◆ il/elle est tordu-e par le vent

ᐲᒫᔥᑎᓐ piimaashtin vii ◆ c'est poussé de travers par le vent

ᐲᓂᐳᒋᑲᓐ piinipuchikan ni [Intérieur] ◆ de la sciure, du bran de scie

ᐲᓂᐳᒋᒉᐤ piinipuchicheu vai [Intérieur] ◆ il/elle fait de la sciure de bois

ᐲᓈᐦᑎᑯᐎᑦ piinaahtikuwit ni ◆ un sac de pinces ou d'épingles à linge

ᐲᓈᐦᑎᒄ piinaahtikw ni -um ◆ une pince ou épingle à linge

ᐲᓐ piin ni -im ◆ une épingle de sûreté

ᐲᓷᐸᔫ piiswepayuu vai/vii -i ◆ il/elle/ça bouillonne, pétille, fait des bulles

ᐲᓷᔦᑲᓐ piisweyekan vii ◆ c'est laineux, un tissu laineux, de la flanelle

ᐲᓷᔦᒋᓲ piisweyechisuu vai -i ◆ il est laineux, elle est laineuse

ᐲᓯᑎᐱᔅᑳᐤ piisitipiskaau vii ◆ la nuit est longue

ᐲᓯᑕᑲᐧᐋᒋᓐ piisitakwaachin vii ♦ c'est un long automne

ᐲᓯᒧᐧᐁᔮᐲ piisimuweyaapii ni -m ♦ un arc-en-ciel, un rayon de soleil

ᐲᓯᒨᐦᑳᓐ piisimuhkaan ni ♦ une horloge

ᐲᓯᒨᑖᐦᒡ piisimuutaahch p,lieu ♦ du côté ensoleillé, du côté du soleil, au sud

ᐲᓯᒨᓯᓇᐦᐄᑳᓐ piisimuusinahiikan ni ♦ un calendrier

ᐲᓯᒨᐦᑌᐤ piisimuuhteu na ♦ un champignon

ᐲᓯᒻ piisim na -um ♦ le soleil, un mois

ᐲᓯᓀᐤ piisineu vta ♦ il/elle la/le change (de la monnaie, de l'argent)

ᐲᓯᓯᐤ piisisiiu vai ♦ il/elle est fin-e (granuleux, par ex. du savon)

ᐲᓯᓰᑯᓐ piisisiikun vii ♦ c'est un long printemps

ᐲᓯᔥᑎᑖᐤ piisishtitaau vai+o ♦ il/elle le dilue (par ex. le jus, la sauce)

ᐲᓯᐦᑎᑖᐤ piisihtitaau vai+o ♦ il/elle le casse ou le brise en morceaux en l'échappant

ᐲᓯᐦᑎᓐ piisihtin vii ♦ ça se brise en morceaux, en éclats

ᐲᓴᐦᒥᒡ piisaham vti ♦ il/elle le met en pièces, le casse, le brise en morceaux

ᐲᓴᐦᐁᐧᐤ piisahweu vta ♦ il/elle la/le brise ou casse en morceaux

ᐲᓵᐃᐦᑯᓈᐦᒉᐤ piisaaihkunaahcheu vai ♦ il/elle fait du pain

ᐲᓴᐅᐦᑳᐤ piisaauhkaau vii ♦ c'est fin (granuleux, par ex. du sable)

ᐲᓵᐃᐦᑯᓈᐤ piisaaihkunaau na -naam ♦ du pain

ᐲᓵᐤ piisaau vii ♦ ça a une texture fine

ᐲᓵᑯᐸᔨᐦᑖᐤ piisaakupayihtaau vai+o ♦ il/elle le fait durer longtemps

ᐲᓵᑯᐸᔪ piisaakupayuu vai/vii -i ♦ il/elle/ça dure longtemps

ᐲᓵᑯᓀᐤ piisaakuneu vta ♦ il/elle la/le fait durer longtemps (de la perdrix blanche cuite)

ᐲᓵᑯᓂᒋᐸᔪ piisaakunichipayuu vii ♦ il tombe de très petits flocons de neige

ᐲᓵᑯᓇᒻ piisaakunam vti ♦ il/elle le fait durer longtemps (par ex. du sucre)

ᐲᓵᑯᓐ piisaakun vii ♦ ça dure longtemps

ᐲᓵᑯᓐ piisaakun ni ♦ de très petits flocons de neige

ᐲᓵᑯᓯᐤ piisaakusiiu vai ♦ il (un animal) fournit de la nourriture qui va durer longtemps

ᐲᓵᑯᔥᑯᐧᐁᐤ piisaakushkuweu vta ♦ il/elle la/le fait durer longtemps

ᐲᓵᑯᔥᑲᒻ piisaakushkam vti ♦ il/elle le fait durer longtemps; il/elle prend beaucoup de temps pour en faire le tour (par ex. ligne de piégeage)

ᐲᓵᑯᐦᐄᓄᐧᐁᐤ piisaakuhiinuweu vai ♦ il/elle économise la nourriture en la servant

ᐲᓵᑯᐦᑖᐤ piisaakuhtaau vai+o ♦ il/elle le fait durer longtemps (par ex. nourriture)

ᐲᓵᐦᐊᓐ piisaahan vii -i ♦ il y a de petites vagues

ᐲᐧᓵᐃᐦᑯᓈᐦᒉᓲ piiswaaihkunaahchesuu na ♦ un boulanger, une boulangère

ᐲᐧᓵᑳᓐ piiswaakan vii ♦ il y a de la neige floconneuse

ᐲᔑᐱᐳᓐ piishipipun vii ♦ l'hiver est long

ᐲᔑᓃᐱᓐ piishiniipin vii ♦ l'été est long

ᐲᔑᔥᑌᔔ piishisteshuu vii dim -i ♦ c'est écrit petit

ᐲᔑᔥᑌᐤ piishishteu vii ♦ c'est écrit fin

ᐲᔑᔥᑌᔔ piishishteshuu vii dim -i ♦ c'est écrit petit

ᐲᔑᔥᑖᐤ piishishtaau vai+o ♦ il/elle l'écrit petit

ᐲᔖᑲᓂᔅᒋᓯᓐ piishaakanischisin ni ♦ un mocassin en peau ou en cuir (ancien terme)

ᐲᔖᑲᓇᑯᑉ piishaakanakuhp ni ♦ un manteau de cuir, une robe de cuir

ᐲᔖᑲᓈᔅᑎᔅ piishaakanastis na ♦ une mitaine en peau d'orignal, en cuir

ᐲᔖᑲᓈᐲ piishaakanaapii ni -m ♦ une ficelle, une corde, un cordon de cuir

ᐲᔖᑲᓐ piishaakan na ♦ du cuir, une peau tannée

ᐲᔥᑌᐅᐸᔪ piishteupayuu vai/vii -i ♦ il/elle mousse; ça fait de la mousse

ᐲᔥᑌᐅᑖᐦᑕᒻ piishteutaahtam vti ♦ il/elle bave, a de l'écume aux lèvres

ᐲᔥᑌᐅᒋᐎᓐ piishteuchuwin vii ♦ le courant fait de l'écume

ᐲᔅᑌᐙᑲᒥᒍᐎᐣ piishtewaakamichuwin vii ♦ le courant fait de l'écume dans l'eau

ᐲᔅᑌᐚᒎᐦᑌᐤ piishtewaachuuhteu vii ♦ ça fait de l'écume en bouillant

ᐲᔥᑌᐤ piishteu vii ♦ il y a de l'écume, de la broue (liquide)

ᐲᐦᑳᐱᑌᐤ piishkaapiteu vta ♦ il/elle y fait un plus grand trou, la/le déchire

ᐲᐦᑳᐱᑕᒼ piishkaapitam vti ♦ il/elle le déchire, fait un grand trou dedans

ᐲᐦᑳᔮᐤ piishkaayaau vii ♦ c'est un trou déchiré dans quelque chose

ᐲᐦᑳᔮᐦᑯᑌᐤ piishkaayaahkuteu vii ♦ le trou s'agrandit à mesure que la neige fond

ᐲᔅᒌᔑᑳᐤ piishchiishikaau vii ♦ c'est une longue journée

ᐲᐦᐄᒋᓀᐤ piihiichineu vai ♦ il/elle pèle l'écorce d'un arbre à la main; il/elle écorce un arbre manuellement

ᐲᐦᐄᒼ piihiim p,temps [Intérieur] ♦ avant, avant que, jusqu'à, jusqu'à ce que ▪ ᐲᐦᐄᓛ ᐦ ᐊᐦᒌᓯᑌᐌ ᐁᓐᐁ ᐁᐯᐦᐊᑯᒡᑲ ▪ Ils l'ont attendu jusqu'à midi.

ᐲᐦᐊᒼ piiham p,temps [Côte] ♦ avant, avant que, jusqu'à, jusqu'à ce que ▪ ᐲᐦᐊᓛ ᐦ ᐊᐦᒌᓯᑌᐌ ᐁᓐᐁ ᐁ ᐧᐯᐦᐊᑯᒡᑲ ▪ Ils l'ont attendu jusqu'à midi.

ᐲᐦᐲᐦᒉᐤ piihpiihcheu na-em ♦ un merle d'Amérique *Turdus migratorius*

ᐲᐦᑌ piihte p,lieu ♦ dans, dedans, à l'intérieur ▪ ᐲᐦᑌ ᐊᓂᐦᑌᐦ ᒥᓯᐳᐳᔥ ᐁᔨᔑᑌᐤ ᐁ ᑕᓯᑯᐦ ▪ Il y a du sucre à l'intérieur de la tasse.

ᐲᐦᑌᐧᐁᐤ piihteweu vai ♦ il/elle produit un écho

ᐲᐦᑌᐧᐁᐱᓀᐤ piihtewepineu vta ♦ il/elle la/le lance à l'intérieur, dedans

ᐲᐦᑌᐧᐁᐱᓇᒼ piihtewepinam vti ♦ il/elle le lance à l'intérieur

ᐲᐦᑌᐧᐁᐸᔫ piihtewepayuu vai/vii-i ♦ le bruit qu'il/elle fait arrive clairement de loin; le son que ça fait voyage loin

ᐲᐦᑌᐱᑌᐤ piihtepiteu vta ♦ il/elle la/le tire dedans

ᐲᐦᑌᐱᑕᒼ piihtepitam vti ♦ il/elle le tire dedans

ᐲᐦᑌᐳᐤ piihtepuu vai-i ♦ il/elle s'assoit là où il/elle est visible, où on peut le/la remarquer

ᐲᐦᑌᐸᔨᐦᐁᐤ piihtepayiheu vta ♦ il/elle la/le fait entrer dedans, l'enregistre sur cassette

ᐲᐦᑌᐸᔨᐆ piihtepayihuu vai-u ♦ il/elle rentre ou retourne dans quelque chose

ᐲᐦᑌᐸᔨᐦᑖᐤ piihtepayihtaau vai+o ♦ il/elle l'entre dans, le fait entrer dans; il/elle l'enregistre sur ruban ou bande magnétique

ᐲᐦᑌᐸᔫ piihtepayuu vai/vii-i ♦ il/elle/ça entre dans quelque chose

ᐲᐦᑌᐸᐦᑖᐤ piihtepahtaau vai ♦ il/elle court dedans

ᐲᐦᑌᑕᐦᑯᓀᐤ piihtetahkuneu vta ♦ il/elle tient quelqu'un en entrant, entre en tenant quelqu'un

ᐲᐦᑌᑕᐦᑯᓇᒼ piihtetahkunam vti ♦ il/elle le tient en entrant

ᐲᐦᑌᑕᐦᒋᔥᑯᐌᐤ piihtetahchishkuweu vta ♦ il/elle la/le fait entrer à coups de pied

ᐲᐦᑌᑕᐦᒋᔥᑲᒼ piihtetahchishkam vti ♦ il/elle le rentre à coups de pied

ᐲᐦᑌᑖᒋᒨ piihtetaachimuu vai-u ♦ il/elle rampe ou se traîne dedans

ᐲᐦᑌᒋᔑᓀᐤ piihtechishineu vta ♦ il/elle la/le pousse à l'intérieur avec la main

ᐲᐦᑌᒋᔑᓇᒼ piihtechishinam vti ♦ il/elle le fait entrer, le pousse dedans avec la main

ᐲᐦᑌᒨ piihtemuu vii-u ♦ ça entre ou passe dedans (comme un sentier dans une barrière)

ᐲᐦᑌᔅᒋᐦᑵᔑᐣ piihteschihkweshin vai ♦ il/elle est dans la marmite ou le pot

ᐲᐦᑌᔅᒋᐦᑵᐦᑎᐣ piihteschihkwehtin vii ♦ c'est dans la marmite, le pot

ᐲᐦᑌᔥᑌᐤ piihteshteu vii ♦ c'est posé là où ça se voit, se remarque

ᐲᐦᑌᔥᑯᐌᐤ piihteshkuweu vta ♦ il/elle l'entraîne, la/le traîne à l'intérieur avec ses pieds, la/le fait entrer à l'intérieur en marchant

ᐲᐦᑌᔥᑲᒼ piihteshkam vti ♦ il/elle le fait entrer avec les pieds

ᐲᐦᑌᔮᐱᑯᑎᓲ piihteyaapikutisuu vai-i ♦ il/elle entre la viande découpée d'orignal ou de caribou dans la tente, la maison

ᐲᐦᑌᔮᐸᒣᐤ piihteyaapameu vta ♦ il/elle la/le voit en entier; il/elle jette un coup d'oeil à l'intérieur pour la/le voir; il/elle regarde à l'intérieur

ᐲᐦᑌᔮᐸᑕᒻ piihteyaapahtam vti ♦ il/elle le voit clairement en entier; il/elle jette un coup d'oeil dedans, regarde à l'intérieur

ᐲᐦᑌᔮᑯᓀᐸᔫ piihteyaakunepayuu vii -i ♦ la neige tombe dedans

ᐲᐦᑌᔮᔔ piihteyaashuu vai -i ♦ il/elle est poussé-e dedans par le vent

ᐲᐦᑌᔮᔥᑎᓐ piihteyaashtin vii ♦ c'est poussé à l'intérieur par le vent

ᐲᐦᑌᔮᔥᑐᐧᐁᐤ piihteyaashtuweu ni ♦ un rayon de lumière, un faisceau lumineux

ᐲᐦᑌᐦᐊᒣᐤ piihtehameu vai ♦ il/elle marche avec les pieds en dedans

ᐲᐦᑌᐦᐊᒻ piihteham vti ♦ il/elle le lance à l'intérieur (par ex. du bois de chauffage)

ᐲᐦᑌᐦᔮᐤ piihtehyaau vai ♦ il/elle vole dedans

ᐲᐦᑐᐧᐁᒋᔥᑕᐦᐄᑲᓐ piihtuwechishtahiikan ni ♦ une doublure de vêtement

ᐲᐦᑐᐧᐁᐢᑎᓵᓐ piihtuwestisaan ni [Intérieur] ♦ une doublure de mitaine

ᐲᐦᑐᐧᐁᔥᑳᒋᑲᓐ piihtuweshkaachikan ni [Côte] ♦ des bottes courtes en peau de phoque, des caoutchoucs courts portés sur les mocassins

ᐲᐦᑐᐧᐁᔮᔥᑯᐦᐊᒻ piihtuweyaaskuham vti ♦ il/elle marche le long de la rive, de la rivière à travers les arbres

ᐲᐦᑐᑯᐧᐁᐤ piihtukuweu vta ♦ il/elle va ou entre dans la maison pour la/le voir

ᐲᐦᑐᓈᐧᐁᒋᓵᓐ piihtunaaweschisaan ni ♦ une doublure ou un doublage de mitaine [Côtier]; une mitaine portée dans une autre [Intérieur]

ᐲᐦᑐᐦᐧᐁᔑᒨᓐ piihtuhweshimuun ni ♦ un sac de couchage

ᐲᐦᑑᐧᐁᒋᑎᓐ piihtuuwechitin vii ♦ une couche est ajoutée à l'autre

ᐲᐦᑑᐧᐁᒋᓀᐤ piihtuuwechineu vta ♦ il/elle l'enveloppe d'une autre couche (étalé)

ᐲᐦᑑᐧᐁᒋᓇᒻ piihtuuwechinam vti ♦ il/elle l'entoure, l'enveloppe d'une autre couche (étalé)

ᐲᐦᑑᐧᐁᒋᔥᑕᐦᐊᒻ piihtuuwechishtaham vti ♦ il/elle y pose/coud une doublure

ᐲᐦᑑᐧᐁᒋᔥᑕᐦᐧᐁᐤ piihtuuwechishtahweu vta ♦ il/elle y met/coud une doublure (par ex. des mitaines)

ᐲᐦᑑᐧᐁᒋᔥᑯᐧᐁᐤ piihtuuwechishkuweu vta ♦ il/elle en porte une autre couche (de vêtements)

ᐲᐦᑑᐧᐁᒋᔥᑲᒻ piihtuuwechishkam vti ♦ il/elle porte une autre couche, épaisseur (de vêtements)

ᐲᐦᑑᐧᐁᒋᐦᑎᑖᐤ piihtuuwechihtitaau vai+o ♦ il/elle en ajoute une autre couche

ᐲᐦᑑᐧᐁᔑᒧ piihtuuweshimuu vai -u ♦ il/elle est contenu-e dans une couche (par ex. dans un sac de couchage)

ᐲᐦᑑᐧᐁᔥᑌᐤ piihtuuweshteu vii ♦ c'est à l'intérieur d'autre chose (par ex. une boîte)

ᐲᐦᑑᐧᐁᔨᒣᐤ piihtuuweyimeu vta ♦ il/elle doute que quelqu'un soit capable de faire quelque chose

ᐲᐦᑑᐧᐁᔨᐦᑕᒻ piihtuuweyihtam vti ♦ il/elle doute que ça arrive

ᐲᐦᑑᐧᐁᐦᑖᐤ piihtuuwehtaau vai+o ♦ il/elle le met dans la couverture (par ex. un oreiller)

ᐲᐦᑑᐧᐋᐤ piihtuuwaau vii ♦ c'est en couches; il y en a un-e par-dessus l'autre

ᐲᐦᑑᐧᐋᐢᐱᑌᐤ piihtuuwaaspiteu vta ♦ il/elle l'attache en laçant (par ex. un bébé sur un porte-bébé)

ᐲᐦᑑᐧᐋᐢᐱᑕᒻ piihtuuwaaspitam vti ♦ il/elle enfile une autre couche de vêtements

ᐲᐦᑑᐯᒋᐸᔫ piihtuupechipayuu vai/vii -i ♦ il/elle/ça se fait des ampoules, des cloques

ᐲᐦᑑᐯᒋᓇᒻ piihtuupechinam vti ♦ il/elle se fait une ampoule avec quelque chose qui frotte sur ses mains

ᐲᐦᑑᐯᔮᐤ piihtuupeyaau vai ♦ c'est de l'eau entre des couches de glace

ᐲᐦᑑᐱᑌᐤ piihtuupiteu vta ♦ il/elle l'amincit en pelant une couche

ᐲᐦᑑᐱᑕᒻ piihtuupitam vti ♦ il/elle l'amincit en le pelant, en enlevant une couche

ᐱᐦᑑᐳᑖᐤ piihtuuputaau vai+o ♦ il/elle l'amincit en sciant une couche

ᐱᐦᑑᐳᔫ piihtuupuyeu vta ♦ il/elle l'amincit en sciant une couche

ᐱᐦᑑᐸᒍᔮᓈᓐ piihtuupachuyaanaan ni ♦ une camisole, un tricot ou gilet de corps

ᐱᐦᑑᐸᒍᔮᓐ piihtuupachuyaan ni ♦ une camisole, un tricot ou gilet de corps

ᐱᐦᑑᐸᔨᒋᓰᐤ piihtuupayichiiseu vai ♦ il/elle porte deux paires de pantalon

ᐱᐦᑑᐸᔨᒋᓵᓐ piihtuupayichiisaan na ♦ un caleçon, une culotte, une petite culotte, des bobettes, un boxer, un slip; un sous-vêtement long

ᐱᐦᑑᐹᬯᐤ piihtuupahkweu vai ♦ il/elle couvre le tipi d'une deuxième couverture ou couche

ᐱᐦᑑᐹᬯᓐ piihtuupahkwaan ni ♦ une deuxième toile couvrant quelque chose (par ex. un tipi, une suerie)

ᐱᐦᑑᑏᓈᐤ piihtuutinaau vii ♦ il y a deux sommets de montagne si rapprochés qu'on dirait qu'il n'y en a qu'un

ᐱᐦᑑᑏᓵᓐ piihtuutisaan ni ♦ une paroi interne de gésier d'oie

ᐱᐦᑑᑯᓃᐤ piihtuukuniiu vai ♦ il/elle est recouvert-e d'une autre couche (par ex. une couverture)

ᐱᐦᑑᑯᐦᐯᐤ piihtuukuhpeu vai ♦ il/elle porte deux jupes

ᐱᐦᑑᑯᐦᐯᐤ piihtuukuhpeu vai ♦ il/elle porte une robe par-dessus l'autre

ᐱᐦᑑᑯᐦᐹᓐ piihtuukuhpaan ni ♦ un jupon

ᐱᐦᑑᑲᒫᐤ piihtuukamaau vii ♦ le lac est situé à proximité d'un autre

ᐱᐦᑑᒧᐦᑖᐤ piihtuumuhtaau vai+o ♦ il/elle en étend une autre couche sur

ᐱᐦᑑᓀᐤ piihtuuneu vta ♦ il/elle met une autre couche dedans (animé) à la main

ᐱᐦᑑᓀᐸᔫ piihtuunepayuu vai/vii-i ♦ il/elle/ça fend un peu au milieu (bâton)

ᐱᐦᑑᓇᒻ piihtuunam vti ♦ il/elle met une autre couche dedans à la main; il/elle se fait des ampoules à la main

ᐱᐦᑑᓲ piihtuusuu vai-i ♦ il/elle est en couches, en strates, en feuilles

ᐱᐦᑑᔅᑳᒋᑲᓐ piihtuuskaachikan ni ♦ des sous-vêtements, des dessous (ancien terme)

ᐱᐦᑑᔥᐌᐤ piihtuushweu vta [côte] ♦ il/elle la/le coupe mince; il/elle en découpe une tranche

ᐱᐦᑑᔑᑌᔑᓐ piihtuushiteshin vai ♦ il/elle a une ampoule au pied

ᐱᐦᑑᔕᒻ piihtuusham vti ♦ il/elle l'amincit, le coupe mince, tranche une couche de quelque chose

ᐱᐦᑑᔕᐙᐤ piihtuushaaweu vai ♦ il/elle amincit des peaux en les coupant

ᐱᐦᑑᔥᐱᔑᒧᐃᓐ piihtuushpishimuwin ni ♦ un drap

ᐱᐦᑑᔥᑖᐤ piihtuushtaau vai+o ♦ il/elle le met ou le pose en couches

ᐱᐦᑑᔥᑯᐌᐤ piihtuushkuweu vta ♦ il/elle en porte plusieurs couches; il/elle la/le porte en dessous

ᐱᐦᑑᔥᑲᒻ piihtuushkam vti ♦ il/elle en porte des épaisseurs; il/elle le porte en dessous

ᐱᐦᑑᔥᒀᐦᑌᒼ piihtuushkwaahtem na ♦ une porte extérieure, une contreporte, une avant-porte

ᐱᐦᑑᐦᑎᒡ piihtuuhtich p,lieu ♦ à bord, dans, dedans, à l'intérieur d'un bateau ou d'un canot

ᐱᐦᑑᐦᑕᑳᐤ piihtuuhtakaau vii ♦ c'est en couches (par ex. le grain du bois)

ᐱᐦᑑᐦᑕᒋᓲ piihtuuhtachisuu vai-i ♦ il (un arbre) est étagé

ᐱᐦᑑᐦᑯᑌᐤ piihtuuhkuteu vta ♦ il/elle la/le taille mince

ᐱᐦᑑᐦᑯᑕᒼ piihtuuhkutam vti ♦ il/elle l'amincit en découpant une couche, en taillant une épaisseur

ᐱᐦᑕᑎᓈᔥᑎᓐ piihtatinaashtin vii ♦ c'est une longue étendue d'eau entre des rapides

ᐱᐦᑕᑲᑖᐤ piihtakataau vai+o ♦ il/elle le rentre, l'emporte à l'intérieur

ᐱᐦᑕᑲᒥᒡ piihtakamihch p,lieu ♦ en, dans, dedans, à l'intérieur

ᐱᐦᑕᑲᐦᐁᐤ piihtakaheu vta ♦ il/elle la/le fait entrer, l'amène en dedans

ᐱᐦᑕᑳᒣᔮᐤ piihtakaameyaau vii ♦ le lac est long à traverser

ᐲᑦᖁᑕᐣ piihtahuukun vii ♦ c'est un secteur long à traverser à la pagaie

ᐲᑦᑕᒧᐌᐧ piihtahamuweu vta ♦ il/elle lui donne une cigarette, quelque chose à fumer

ᐲᑦᑕᒼ piihtaham vti ♦ il/elle l'introduit, le met dans quelque chose

ᐲᑦᑕᐌᐧ piihtahweu vta ♦ il/elle la/le met dans quelque chose

ᐲᑦᑖᐱᐢᑲᐦᐄᒉᐅᔮᑲᐣ piihtaapiskahiicheuyaakan ni ♦ un plat à rôtir

ᐲᑦᑖᐱᐢᑲᐦᐄᒉᐅ piihtaapiskahiicheu vai ♦ il/elle fait rôtir de la nourriture

ᐲᑦᑖᐳᒋᑲᐣ piihtaapuchikan ni [Intérieur] ♦ un entonnoir

ᐲᑦᑖᐸᒥᓈᑯᐣ piihtaapaminaakun vii ♦ c'est possible de voir loin

ᐲᑦᑖᐹᐅᑖᐅ piihtaapaautaau vai+o ♦ il/elle verse de l'eau dedans

ᐲᑦᑖᐹᐅᔦᐧ piihtaapaauyeu vta ♦ il/elle la/le remplit d'un liquide

ᐲᑦᑖᐹᐌᐧ piihtaapaaweu vii ♦ l'eau pénètre, entre dans

ᐲᑦᑖᑲᒫᐦᐊᐣ piihtaakamaahan vii ♦ le vent fait pénétrer l'eau dans quelque chose (par ex. un bateau)

ᐲᑦᑖᑳᓲ piihtaakaasuu vai-u ♦ il/elle remplit ou bourre sa pipe

ᐲᑦᑖᒉᐅ piihtaacheu vai ♦ il/elle remplit quelque chose (par ex. un duvet de lit)

ᐲᑦᑖᒎᐃᐧᐣ piihtaachuwin vii ♦ c'est un long rapide

ᐲᑦᑖᒪᑎᓈᐅ piihtaamatinaau vii ♦ c'est une longue montagne à monter, à traverser

ᐲᑦᑖᓯᒀᐅ piihtaasikwaau vii ♦ c'est une grande étendue de glace à traverser

ᐲᑦᑖᓱᐋᐧᑲᐣ piihtaasuwaakan ni ♦ un contenant, un conteneur, un récipient

ᐲᑦᑖᓲ piihtaasuu vai-u ♦ il/elle met des choses dans des boîtes; il/elle remplit des sacs

ᐲᑦᑖᓲᓄᐧᐃᐟ piihtaasuunuwit ni ♦ une armoire, un placard; une tablette, une étagère; un bureau, une commode

ᐲᑦᑖᐢᑫᐧᔮᐅ piihtaaskweyaau vii ♦ c'est une forêt longue à traverser

ᐲᑦᑖᔑᑯᐦᑖᑲᐣ piihtaashikuhtaakan ni ♦ un entonnoir, un siphon (Intérieur)

ᐲᑦᑖᔑᑰ piihtaashikuu vii-uu ♦ l'eau coule dans un contenant

ᐲᑦᑖᔑᑰᐦᑖᐅ piihtaashikuuhtaau vai+o ♦ il/elle remplit un contenant avec de l'eau

ᐲᑦᑖᔑᑳᒣᔮᐅ piihtaashikaameyaau vii ♦ c'est une longue distance en suivant la rive

ᐲᑦᑖᔥᑎᒀᐸᔫ piihtaashtikwepayuu vai/vii -ᐄ [Côte] ♦ il/elle conduit en suivant la rivière; ça suit la rivière

ᐲᑦᑖᔥᑎᒀᔮᐅ piihtaashtikweyaau vii ♦ c'est une longue rivière à parcourir

ᐲᑦᑣᐴ piihtwaaupuu vai-i ♦ il/elle est assis-e là à fumer

ᐲᑦᑣᑳᐴ piihtwaaukaapuu vai-uu ♦ il/elle est debout à fumer

ᐲᑦᑣᐅᐦᑌᐅ piihtwaauhteu vai ♦ il/elle fume en marchant

ᐲᑦᑳᐋᐧᒉᐅ piihtwaawaacheu vai ♦ il/elle fume une marque de cigarettes, de cigares, etc.

ᐲᑦᑳ piihtwaau vai ♦ il/elle fume

ᐲᑦᑳᑐᐌᐧ piihtwaatuweu vta ♦ il/elle fume une certaine marque de tabac

ᐲᑦᑳᔑᐣ piihtwaashin vai ♦ il/elle est couché-e et fume

ᐲᐦᑯᑖᑲᐣ piihkutaakan ni ♦ des copeaux de bois, de la sciure de bois

ᐲᐦᑯᑖᒉᐅ piihkutaacheu vai ♦ il/elle plane du bois

ᐲᐦᒉᐅ piihcheu vai ♦ il/elle va dedans, entre dans

ᐲᐦᒉᒪᑲᓂᐲᓯᒼ piihchemakanipiisim na ♦ décembre

ᐲᐦᒉᒪᑲᓂᑎᐱᐢᑳᐅ piihchemakanitipiskaau vai ♦ c'est la veille de Noël

ᐲᐦᒉᒪᑲᓂᒋᔐᐄᓅ piihchemakanichisheiinuu na -niim [Intérieur] ♦ le Père Noël

ᐲᐦᒉᒪᑲᓂᒋᔐᐄᔨᔫ piihchemakanichisheiiyiyuu na -yiim ♦ le Père Noël

ᐲᐦᒉᒪᑲᐣ piihchemakan vii ♦ ça entre; c'est le jour de Noël

ᐲᐦᒋᐌᐱᓀᐅᐧ piihchiwepineu vta ♦ il/elle la/le jette ou lance dans quelque chose

ᐲᐦᒋᐌᐱᓇᒼ piihchiwepinam vti ♦ il/elle le lance dans quelque chose

ᐄᐦᒋᐱᑐᑖᐲᐊ piihchipimeutaapaan ni
* un camion qui transporte du pétrole

ᐄᐦᒋᐱᒥᐅᑲᒥᒄ piihchipimeukamikw ni
* une station-service, une station d'essence

ᐄᐦᒋᐸᔫ piihchipayuu vai/vii -i * il/elle est libre, desserré-e; c'est mobile, ça bouge

ᐄᐦᒋᑐᓀᖦᑳᑰ piihchituneshkaakuu vta inverse -u * il/elle entre dans sa bouche (par ex. une mouche)

ᐄᐦᒋᑯᓀᐎᐱᑎᐤ piihchikunewepiteu vta
* il/elle la/le jette dans la bouche de quelqu'un

ᐄᐦᒋᑯᓀᐌᓅ piihchikuneweneu vta
* il/elle introduit, met son doigt dans la bouche de quelqu'un

ᐄᐦᒋᑯᓀᐤ piihchikuneu p,lieu * dans, dedans, à l'intérieur de la bouche

ᐄᐦᒋᓵᓈ piihchisinaan ni * un sac à cartouches, une cartouchière

ᐄᐦᒋᓲᑖᐤ piihchisuutaau vai+o * il/elle le met dans quelque chose (par ex. un contenant, un trou)

ᐄᐦᒋᓲᔫ piihchisuuyeu vta * il/elle l'introduit, la/le met dedans (par ex. un contenant, un trou)

ᐄᐦᒋᔅᑲᒥᑳᐤ piihchiskamikaau vii * c'est une longue étendue de terrain à traverser à pied

ᐄᐦᒋᔅᑲᓅᐦᐁᐤ piihchiskanuuheu vta
* il/elle se trouve à proximité du sentier d'un animal pourchassé

ᐄᐦᒋᔅᒀᑎᒫᐤ piihchiskwaatimaau vii
* c'est un long cours d'eau gelé à traverser à pied

ᐄᐦᒋᔅᒀᑕᒻ piihchiskwaatam vti * il/elle crache dedans

ᐄᐦᒋᔅᒉᑳᐤ piihchischekaau vii * c'est un long muskeg, une longue tourbière à traverser

ᐄᐦᒋᔑᒣᐤ piihchishimeu vta * il/elle la/le met dans un contenant

ᐄᐦᒋᔑᒨ piihchishimuu vai -u * il/elle se met dans un contenant

ᐄᐦᒋᔑᓐ piihchishin vai * il/elle est dans quelque chose, à l'intérieur

ᐄᐦᒋᔐᐧᐋᐳᑌᐤ piihchishtuwaaputeu vai -u * il/elle flotte vers l'embouchure de la rivière

ᐄᐦᒋᔐᐧᐋᐳᑖᐤ piihchishtuwaaputaau vai+o -u * il/elle le fait flotter dans l'embouchure de la rivière

ᐄᐦᒋᔐᐧᐋᐳᑰ piihchishtuwaapukuu vai -u
* il/elle flotte dans la rivière

ᐄᐦᒋᔐᐧᐋᖧ piihchishtuwaashuu vai -i
* il/elle navigue vers l'embouchure de la rivière

ᐄᐦᒋᔐᐧᐋᖧᐤ piihchishtuwaashaau vii
* c'est une baie (qui entre dans les terres)

ᐄᐦᒋᔐᐧᐋᔥᑎᓐ piihchishtuwaashtin vii -u
* ça rentre dans l'embouchure de la rivière en flottant, poussé et soufflé par le vent

ᐄᐦᒋᔐᔥᑐ piihchishtuu p,lieu * dans l'embouchure de la rivière ou du fleuve

ᐄᐦᒋᔐᔥᑐᐸᔫ piihchishtuupayuu vai/vii -i
* il/elle/ça entre dans la bouche de la rivière

ᐄᐦᒋᔐᔥᑑᑯᐦᑎᓐ piihchishtuukuhtin vii
* c'est dans l'embouchure de la rivière, du ruisseau, de la baie (par ex. un canot)

ᐄᐦᒋᔐᔥᑑᒋᒣᐤ piihchishtuuchimeu vai
* il/elle pagaie, nage (par ex. un castor) dans l'embouchure de la rivière

ᐄᐦᒋᔐᔥᑑᖦᑲᒻ piihchishtuushkam vti
* il/elle marche jusqu'à l'embouchure de la rivière

ᐄᐦᒋᔐᔥᑑᐦᐳᔫ piihchishtuuhuyeu vta
* il/elle l'amène en pagayant dans une rivière

ᐄᐦᒋᔐᔥᑑᐦᐅᑖᐤ piihchishtuuhuutaau vai+o
* il/elle pagaye dans la rivière avec

ᐄᐦᒋᔐᔥᑑᐦᐊᒻ piihchishtuuham vti * il/elle (ex. un castor) pénètre dans l'embouchure de la rivière à la nage ou en pagayant

ᐄᐦᒋᔐᔥᑑᐦᔮᐤ piihchishtuuhyaau vai
* il/elle vole vers l'embouchure de la rivière

ᐄᐦᒋᔐᔥᑑᐦᔮᒪᑲᓐ piihchishtuuhyaamakan vii * ça vole dans l'embouchure de la rivière (par ex. un avion)

ᐄᐦᒋᔥᑯᐌᐤ piihchishkuweu vta * il/elle est dedans, à l'intérieur

ᐄᐦᒋᔫ piihchiyuu p,lieu * dans, dedans, à l'intérieur, interne (au corps) ■ ᐊᓯᓃᐦ ᐄᐦᒋᔫ ᐁᔅᐱᑌᐧᐋᒡ *Elle sent la douleur dans son corps.*

ᐲᐦᒋᐦᑎᓐ piihchihtin vii ♦ c'est à l'intérieur de quelque chose

ᐲᐦᒋᐦᑑᒉᐢᒑᑰ piihchihtuucheshkaakuu vta inverse -u ♦ il/elle entre dans son oreille (par ex. une mouche)

ᐲᐦᒋᐦᑯᒫᓂᐦᑲᑕᒼ piihchihkumaanihkatam vti ♦ il/elle fait un étui pour un couteau

ᐲᐦᒋᐦᑯᒫᓂᐦᒉᐤ piihchihkumaanihcheu vai ♦ il/elle fabrique un étui à couteau

ᐲᐦᒋᐦᑯᒫᓈᓐ piihchihkumaanaan ni ♦ une gaine ou un étui à couteau

ᐲᐦᒋᐦᑯᒫᓐ piihchihkumaan ni ♦ un couteau de poche, un canif

ᐲᐦᒑᐤ piihchaau vii ♦ c'est une longue distance

ᐲᐦᒡ piihch p,lieu ♦ en ou dans quelque chose, dedans, à l'intérieur ■ ᐊᓯᐅᐦ ᐲᐦᒡ ᒥᒋᐊᐱᐦᒡ ᐊᐧᒡ ᐊ ᒥᒋᒡ. ■ *Mets la nourriture dans le tipi.*

ᐴ

ᐴᐃᐧᐁᐤ puiweu na ♦ un castor d'un an (ancien terme)

ᐴᐃᐧᐁᐡ puiwesh na -im ♦ un castor d'un an

ᐴᐁᐧᔮᐢᑯᐦᑎᓐ puweyaaskuhtin vii ♦ c'est visible à travers les arbres

ᐴᐋᑎᑖᐤ puwatitaau vai+o ♦ il/elle sent qu'il y a de la conjuration contre quelque chose

ᐴᐋᐸᐋᐧᐁᐤ puwaapwaaweu vai ♦ il/elle sent l'eau pénétrer ses vêtements

ᐴᐋᑌᐤ puwaateu vta ♦ il/elle rêve d'elle/de lui

ᐴᐋᑕᒼ puwaatam vti ♦ il/elle en rêve

ᐴᐋᑯᓀᐦᐆᓲ puwaakunehuusuu vai reflex -u ♦ il/elle brosse ou secoue la neige de ses vêtements; il/elle secoue la neige de son corps

ᐴᐋᑯᓀᐦᐁᐧᐤ puwaakunehweu vta ♦ il/elle utilise quelque chose pour balayer la neige des vêtements de quelqu'un

ᐴᐋᑯᓂᑲᐦᐊᒼ puwaakunikaham vti ♦ il/elle en enlève la neige en frappant avec quelque chose

ᐴᐋᑯᓂᒋᐱᑌᐤ puwaakunichipiteu vai [Côte] ♦ il/elle en fait tomber la neige en le secouant (par ex. un arbre)

ᐴᐋᑯᓂᒋᐱᑕᒼ puwaakunichipitam vti [Côte] ♦ il/elle en enlève la neige en secouant (par ex. une toile)

ᐴᐋᑯᓂᒋᐸᔩᐤ puwaakunichipayiheu vta ♦ il/elle en secoue la neige pour la faire tomber (par ex. des branches)

ᐴᐋᑯᓂᒋᐸᔩᑖᐤ puwaakunichipayihtaau vai+o ♦ il/elle en fait tomber la neige en le secouant (par ex. une couverture)

ᐴᐋᒋᒣᐤ puwaachimeu vai ♦ il/elle a de la difficulté à marcher en raquettes dans la neige mouillée

ᐴᐊᒧᐃᐧᓐ puwaamuwin ni ♦ un rêve, un songe

ᐴᐊᒨ puwaamuu vai-u ♦ il/elle rêve

ᐴᐋᐢᑯᔑᓐ puwaaskushin vai ♦ il/elle se tient partiellement caché-e par les arbres (mais encore visible)

ᐴᓀᔑᓐ puneshin vai ♦ il/elle est visible à travers le blizzard, la tempête

ᐴᓀᐦᑎᓐ punehtin vii ♦ c'est visible à travers le blizzard

ᐴᓵᑲᓐ pusaakan ni ♦ un champignon qui pousse sur les troncs d'arbre

ᐴᐢᑖᐢᑯᔑᒣᐤ pustaaskushimeu vta ♦ il/elle la/le pose sur un objet long et rigide (par ex. un tendeur de peau, un manche de hache)

ᐴᐢᑖᐢᑯᐦᑎᐦᑖᐤ pustaaskuhtihtaau vai+o ♦ il/elle le pose ou le fixe sur un manche en bois (par ex. une hache)

ᐴᔑᒣᐤ pushimeu vta ♦ il/elle sent que quelqu'un lui jette un mauvais sort (sans en être certain-e)

ᐴᐢᑎᐢᑲᒧᑎᔦᐤ pushtiskamutiyeu vta [Intérieur] ♦ il/elle l'habille, lui met des vêtements

ᐴᐢᑕᑯᐦᐯᐤ pushtakuhpeu vai ♦ il/elle se met une robe; il/elle enfile une robe

ᐴᐢᑕᓵᒣᐤ pushtasaameu vai ♦ il/elle met des raquettes

ᐴᐢᑕᓵᒥᐦᐁᐧᐤ pushtasaamiheu vta ♦ il/elle lui met des raquettes

ᐴᐢᑕᐢᑎᓭᐤ pushtastiseu vai ♦ il/elle met des mitaines

ᐴᐢᑕᒋᓯᓀᐤ pushtaschisineu vai ♦ il/elle met des souliers

ᐳᴴᑕᑊᕐᓯᓂᴴᐁᐤ pushtaschisiniheu vta
• il/elle lui met des souliers, des chaussures

ᐳᴴᒑᐸᓂᴴᐁᐤ pushtaapaaniheu vta
• il/elle met le harnais au chien

ᐳᴴᑯᴴᐅᐤ pushkushteu vii • il y a une ligne en travers

ᐳᴴᒋᒐᓯᴴᐁᐤ pushchitaasiheu vta
• il/elle lui met des bas, des chaussettes

ᐳᴴᒋᔅᑐᓂᴴᐁᐤ pushchishtutiniheu vta
• il/elle lui met un chapeau

ᐳᴴᒋᔅᑐᓂᴴᐃᓲ pushchishtutinihiisuu vai reflex -u • il/elle met un chapeau

ᐳᴴᒋᔅᑯᐁᐤ pushchishkuweu vta
• il/elle la/le met (par ex. un pantalon)

ᐳᴴᒋᔅᑲᒧᑎᔦᐤ pushchishkamutiyeu vta
• il/elle l'habille, lui met des vêtements

ᐳᴴᒋᔅᑲᒼ pushchishkam vti [Côte]
• il/elle le met (par ex. un vêtement)

ᐳᔦᔮᒧ puyeyimeu vta • il/elle a une vision, une révélation à son sujet par la conjuration; il/elle interprète des signes, des présages à son sujet

ᐳᔦᔨᐦᑕᒼ puyeyihtam vti • il/elle a une vision, une intuition, une idée au sujet de quelque chose en pratiquant la conjuration; il/elle prédit les événements à partir de signes, de présages

ᐳᴴᐄᑲᒣᐤ puhiikameu vta • il/elle l'écorce avec ses dents (par ex. un arbre)

ᐳᴴᐄᑲᐊᒼ puhiikaham vti • il/elle l'écorce, le pèle à la hache (ancien terme)

ᐳᴴᐄᑲᐊᐧᐁᐤ puhiikahweu vta • il/elle l'écorce avec une hache (par ex. un arbre - ancien terme)

ᐳᴴᐄᑲᐊᐦᑕᒼ puhiikahtam vti • il/elle le pèle avec ses dents

ᐳᴴᐋᓯᓈᒼ puhiichinam vti • il/elle l'écorce, en pèle l'écorce à la main

ᐳᴴᒋᓂᑳᑕᐊᒼ puhchinikaataham vti
• il/elle le met (long et rigide) sur son épaule pour porter

ᐳᴴᒋᓂᑳᑕᐊᐧᐁᐤ puhchinikaatahweu vta
• il/elle la/le (long et rigide) met sur son épaule pour porter quelque chose

ᐳᴴᒍᐤ puhchuuteu vai • il/elle met sa charge sur son dos

ᐳᴴᒍᐸᔨᐳ puhchuutepayihuu vai -i
• il/elle met son chargement sur son dos en vitesse

ᐳᴴᒍᑕᐁᐤ puhchuutaheu vta • il/elle la/le charge sur le dos de quelqu'un

ᐳᴴᒍᑖᒣᐤ puhchuutaameu vta • il/elle la/le met sur son dos pour porter quelque chose

ᐳ

ᐳᐳᔮᑲᓐ puupuuyaakan ni • un mot enfantin pour toilette; un petit pot

ᐳᑎᓂᴴᒉᐤ puutinihcheu vai • il/elle fait du pudding ou pouding

ᐳᑎᓇᔅᒋᴴᑳ puutinaschihkw na • un pot de pouding à la vapeur

ᐳᑎᓐ puutin na -im • un pouding cuit à la vapeur, de l'anglais 'pudding'

ᐳᑐᐁᑲᓐ puutuwekan vii • c'est gonflé (étalé)

ᐳᑐᐁᑳᔫ puutuwekaashuu vai -i
• il/elle est boursouflé-e, gonflé-e par le vent

ᐳᑐᐋᐤ puutuwaau vii • c'est gonflé, renflé

ᐳᑐᐋᐯᑲᓐ puutuwaapekan vii • c'est grand, large en diamètre, gonflé (filiforme)

ᐳᑐᐋᐯᒋᓲ puutuwaapechisuu vai -i
• il/elle est gonflé-e (filiforme, par ex. des intestins)

ᐳᑐᐋᐱᔅᑳᐤ puutuwaapiskaau vii • c'est grand, large en diamètre (pierre, métal)

ᐳᑐᐁᑳᴴᑎᓐ puutuuwekaashtin vii
• c'est gonflé par le vent (quelque chose d'étalé)

ᐳᑐᐁᒋᓲ puutuuwechisuu vai -i • il/elle est gonflé-e (étalé)

ᐳᑐᐋᔅᑲᑎᓐ puutuuwaaskatin vii • ça renfle hors d'un contenant (liquide gelé)

ᐳᑐᐋᔅᑲᒍ puutuuwaaskachuu vai -i
• il/elle renfle ou bombe d'un contenant (liquide gelé)

ᐳᔑᐳ **puutuupuu** vai -i ♦ il/elle est en rond, en forme de balle

ᐳᔑᐸᔨ **puutuupayuu** vai/vii -i ♦ il/elle/ça gonfle

ᐳᔑᑕᒥᐦᑲᓀᐤ **puutuutaamihkaneu** vai ♦ il/elle a les joues rondes, potelées; il/elle est joufflu-e

ᐳᔑᑲᒫᐤ **puutuukamaau** vii ♦ c'est un lac rond

ᐳᔑᓱ **puutuusuu** vai -i ♦ il/elle est gonflé-e, gros-se, rond-e

ᐳᔑᓵᒥᐦᑯᐌᐤ **puutuusaamihkuweu** vta ♦ il/elle lui fait des raquettes rondes

ᐳᔑᓵᒥᐦᒉᐤ **puutuusaamihcheu** vai ♦ il/elle fait ou fabrique des raquettes rondes

ᐳᔑᓵᒻ **puutuusaam** na ♦ des raquettes rondes

ᐳᔑᐦᑴᐤ **puutuuhkweu** vai ♦ il/elle est joufflue; il/elle a le visage rond, potelé

ᐳᑕᐃ **puutai** ni -aam [Intérieur] ♦ une bouteille, du français 'bouteille'

ᐳᑖᑌᐤ **puutaateu** vta ♦ il/elle lui souffle dessus, le/la gonfle

ᐳᑖᑕᒻ **puutaatam** vti ♦ il/elle le souffle, lui souffle dessus

ᐳᑖᑕᐦᐄᑲᓐ **puutaatahiikan** vii ♦ c'est une pompe à air

ᐳᑖᑕᐦᐄᒉᐤ **puutaatahiicheu** vai ♦ il/elle remplit quelque chose avec de l'air; il/elle gonfle quelque chose (en utilisant un objet); il/elle arrose, vaporise, pulvérise

ᐳᑖᑕᐦᐌᐤ **puutaatahweu** vta ♦ il/elle la/le gonfle, pompe (par ex. un pneu)

ᐳᑖᒐᑲᓐ **puutaachikan** ni ♦ un cor, un sifflet, un harmonica, un instrument à vent

ᐳᑖᐦᒉᐤ **puutaahcheu** vai ♦ il/elle souffle

ᐳᑖᐦᒉᓲ **puutaahchesuu** na -siim ♦ un ou une corniste, un joueur ou une joueuse d'harmonica, une personne qui souffle dans un instrument de musique

ᐳᑦ **puut** p,temps [Intérieur] ♦ référence future, utilisée avec ekw, kiipa ▪ ᐯᑯ ᓂ ᐌᕐ ·ᐃᕐᒼᐃ·ᐁᕐ ≪ᐧᐅ·ᓗ·ᐁᑦ × ▪ *Je suppose qu'elle arrivera avec les autres.*

ᐳᒋᒉᐤ **puuchicheu** vai ♦ il/elle est pansu-e

ᐳᒣᓯᐤ **puumesiiu** vai ♦ il/elle est fatigué-e d'attendre

ᐳᒣᐦᐁᐤ **puumeheu** vta ♦ il/elle l'attend avec impatience

ᐳᒣᐦᑖᐤ **puumehtaau** vai+o ♦ il/elle est fatigué-e de l'attendre (par ex. l'avion en retard)

ᐳᒥᓀᔑᓐ **puumineshin** vai ♦ il (un ours) est partiellement visible parmi les arbustes au loin

ᐳᒥᐦᒁᐤ **puumihkwaau** vii ♦ c'est rouge clair, rose

ᐳᓀᐌᔑᓐ **puuneweshin** vii ♦ on n'entend plus les pas d'une personne

ᐳᓀᐌᔥᑎᓐ **puuneweshtin** vii ♦ le bruit du vent s'arrête

ᐳᓀᔨᐦᑕᒻ **puuneyihtam** vti ♦ il/elle cesse d'y penser; il/elle le regrette, s'en repent; il/elle change d'opinion sur quelque chose

ᐳᓂᐱᒫᑎᓯᐤ **puunipimaatisiiu** vai ♦ il/elle meurt, littéralement 'arrête de vivre'

ᐳᓂᐸᔨᐦᐁᐤ **puunipayiheu** vta ♦ il/elle l'empêche de faire quelque chose

ᐳᓂᐸᔨᐦᑖᐤ **puunipayihtaau** vai+o ♦ il/elle l'arrête ou l'empêche de faire quelque chose

ᐳᓂᐸᔨ **puunipayuu** vai/vii -i ♦ il/elle/ça arrête de fonctionner

ᐳᓂᓯᓈᐹᑌᐤ **puunisinaapaateu** vta ♦ il/elle l'ancre

ᐳᓂᓯᓈᐹᑕᒻ **puunisinaapaatam** vti ♦ il/elle l'amarre, l'ancre

ᐳᓂᓯᓈᐹᓐ **puunisinaapaan** ni ♦ des pièces d'ancrage pour filet de pêche, faites de bâtons, de pierres

ᐳᓂᓯᓈᐹᓲᐃᓐ **puunisinaapaasuwin** ni ♦ une ancre, un ancrage

ᐳᓂᓯᓈᐹᓲᓂᔮᐱ **puunisinaapaasuuniyaapii** ni -m ♦ une chaîne de mouillage, un câble d'ancre

ᐳᓂᔦᐦᔦᐤ **puuniyehyeu** vai ♦ il/elle (par ex. un chien) cesse ou arrête de respirer

ᐳᓂᐦᐁᐤ **puuniheu** vta ♦ il/elle l'arrête, la/le laisse tomber, ne la/le fait plus

ᐳᓂᐦᑖᐤ **puunihtaau** vai+o ♦ il/elle l'arrête, le cesse; il/elle y met fin

puuniiweu vii ♦ ça se calme; le vent tombe; il cesse de venter

puuniiu vai ♦ il/elle arrête, cesse, abandonne

puunuushaaniheu vta ♦ elle arrête de le/la nourrir au sein; elle la/le sèvre

puunuushaanuu vai ♦ il/elle est sevré-e

puunam vti [Côte] ♦ il/elle alimente le feu (ancien terme)

puunaapatisiiu vai ♦ il/elle arrête de travailler

puunaapameu vta ♦ il/elle n'attend plus sa coopération

puunaapahtam vti ♦ il/elle arrête d'essayer de le faire; il/elle laisse tomber

puunaakuneu vai ♦ il/elle met de la neige dans le bouillon pour figer le gras

puusiwepineu vta ♦ il/elle la/le lance ou jette à bord

puusiwepinam vti ♦ il/elle lance à bord

puusiwepaham vti ♦ il/elle l'embarque, le drague à bord, en utilisant un objet

puusiwepahweu vta ♦ il/elle l'embarque, la/le ramasse pour la/le monter à bord en utilisant quelque chose

puusitishaham vti ♦ il/elle l'envoie à bord d'un véhicule

puusitishahweu vta ♦ il/elle l'envoie en ou sur quelque chose (par ex. un véhicule)

puusikwaashkuhtuu vai -i ♦ il/elle saute dedans

puusichuwin vii ♦ l'eau pénètre dans le canot qui avance

puusiheu vta ♦ il/elle la/le charge, l'embarque dans un canot, sur un toboggan

puusihtaau vai+o ♦ il/elle le charge, l'embarque dans un véhicule (canot, bateau, voiture)

puusihtaasuwin ni ♦ un chargement, une cargaison, du fret; des choses chargées dans un véhicule, un canot

puusihtaasuu vai ♦ il/elle embarque, charge des choses dedans

puusihtaasuutaapaanish na dim ♦ une camionnette, une fourgonnette, un camion léger

puusihtaasuutaapaan na ♦ un camion de transport

puusihtaasuumakan vii ♦ c'est chargé (par ex. le bateau)

puusuu vai -i ♦ il/elle embarque, monte sur un bateau ou dans un véhicule

puusaapwaaweu vai [Côte] ♦ il/elle est tout-e trempe, mouillé-e, détrempé-e par la pluie

puusaahkwaamuu vai [Côte] ♦ il/elle dort profondément, longtemps

puuskusinaham vti ♦ il/elle trace une ligne en travers pour le séparer, le diviser en deux

puuskusinahweu vta ♦ il/elle y dessine une ligne pour la/le diviser en deux

puuskusinaateu vii ♦ il y a une ligne tracée en travers pour le diviser en deux

puuskuhtii na -m [Côte] ♦ cinquante cents, cinquante sous

puuskwaawiiu vai [Côte] ♦ il/elle (un tétras, une perdrix) va dormir sous la neige fraîche; il/elle (un-e enfant) se jette dans la neige molle

puuskwaapisch na [Mistissini] ♦ cinquante cents, cinquante sous

puuskwaakunepayihuu vai -u [Côte] ♦ il/elle (un tétras, une perdrix) va dormir sous la neige fraîche; il/elle (un-e enfant) se jette dans la neige molle

puuschinaaukamikw ni ♦ une habitation faite avec de petits arbres

puuschinaau vai ♦ c'est un petit arbre coupé pour faire un sentier

ᐴᔅᒋᓈᐦᑲᐦᑐᐌᐤ **puuschinaahkahtuweu** vta ♦ il/elle marque l'endroit avec un petit arbre (par ex. une cache de viande)

ᐴᔅᒋᔮᑲᓐ **puuschiyaakan** ni ♦ un récipient, une tasse ou un bol en écorce, pouvant servir à recueillir la sève

ᐴᔒ **puushii** na -m ♦ un chat, de l'anglais 'pussy'

ᐴᔒᔥ **puushiish** na dim ♦ un chaton, un minet, un petit chat

ᐴᔥᑯᐱᑌᐤ **puushkupiteu** vta ♦ il/elle la/le déchire en deux

ᐴᔥᑯᐱᑕᒼ **puushkupitam** vti ♦ il/elle le déchire en deux morceaux

ᐴᔥᑯᐸᔫ **puushkupayuu** vai -i ♦ il/elle a une pièce brisée, détachée; c'est cassé, brisé en deux

ᐴᔥᑯᔇᐤ **puushkushweu** vta ♦ il/elle en coupe un morceau; il/elle la/le coupe en deux

ᐴᔥᑯᔑᓐ **puushkushin** vai ♦ une pièce ou un morceau s'en détache quand il/elle tombe; il/elle tombe et se brise en deux

ᐴᔥᑯᔖᒼ **puushkusham** vti ♦ il/elle le coupe en deux morceaux

ᐴᔥᑯᔥᑯᐌᐤ **puushkushkuweu** vta ♦ il/elle la/le casse, brise en deux avec son poids

ᐴᔥᑯᔥᑲᒼ **puushkushkam** vti ♦ il/elle le brise en deux, le sépare avec son poids

ᐴᔥᑳᐤ **puushkwaau** vii ♦ ça a un morceau cassé; c'est brisé en deux

ᐴᔦᔨᐦᑕᒼ **puuyeyihtam** vti ♦ il/elle sent qu'il y a une conjuration contre quelqu'un (sans en être certain-e)

ᐴᓘᐦᐁᐤ **puuluuheu** vta ♦ il/elle la/le trompe, dupe ou déjoue, de l'anglais 'fool'

ᐴᐦᑎᑖᐅᓀᓀᐤ **puuhtitaauneneu** vta ♦ il/elle met son doigt dans la bouche de quelqu'un

ᐴᐦᑎᑖᐅᓀᓅ **puuhtitaaunenisuu** vai ♦ il/elle se met le doigt dans la bouche

ᐴᐦᑎᓀᐤ **puuhtineu** vta ♦ il/elle introduit sa main serrée, ses doigts serrés à l'intérieur (de quelque chose d'animé)

ᐴᐦᑎᓂᑲᓐ **puuhtinikan** na ♦ un dé, dé à coudre

ᐴᐦᑎᓇᒼ **puuhtinam** vti ♦ il/elle met sa main dedans, met son pied dans un trou accidentellement

ᐴᐦᑕᐴ **puuhtapuu** vai -i ♦ il/elle est assis-e dedans (par ex. un bain, une boîte)

ᐴᐦᑖᐸᒥᓈᑯᓐ **puuhtaapaminaakun** vii ♦ c'est une vue dégagée parce qu'il n'y a pas d'obstacles

ᐴᐦᑖᑲᒥᐸᔨᐦᐁᐤ **puuhtaakamipayiheu** vta ♦ il/elle la/le laisse tomber dans un contenant d'eau

ᐴᐦᑖᑲᒥᐸᔨᐦᑖᐤ **puuhtaakamipayihtaau** vai+o ♦ il/elle le laisser tomber dans un contenant d'eau

ᐴᐦᑖᔥᑎᑴᐤ **puuhtaashtikweu** vai ♦ il/elle marche le long d'une rivière

ᐴᐦᑖᔥᑎᒄᐦᐊᒼ **puuhtaashtikweham** vti ♦ il/elle pagaie dedans (par ex. une rivière, en provenance d'un autre cours d'eau)

ᐴᐦᑖᔥᑎᓐ **puuhtaashtin** vii ♦ le vent souffle dedans

ᐴᐦᒁᐤ **puuhkwaawiiu** vai [Intérieur] ♦ il/elle (un tétras, une perdrix) va dormir sous la neige fraîche; il/elle (un-e enfant) se jette dans la neige molle

ᐴᐦᒋᐸᔨᐦᐁᐤ **puuhchipayiheu** vta ♦ il/elle la/le laisse tomber dedans

ᐴᐦᒋᐸᔨᐦᑖᐤ **puuhchipayihtaau** vai+o ♦ il/elle l'échappe ou le laisse tomber dedans

ᐴᐦᒋᐸᔫ **puuhchipayuu** vai/vii -i ♦ il/elle/ça tombe dedans

ᐴᐦᒋᓲᑖᐤ **puuhchisuutaau** vai+o ♦ il/elle l'insère dans quelque chose

ᐴᐦᒋᓲᔫ **puuhchisuuyeu** vta ♦ il/elle l'introduit, la/le met dans quelque chose avec un ajustement serré

ᐴᐦᒋᔅᑳᒋᑲᓐᐦ **puuhchiskaachikanh** ni pl ♦ des couvre-chaussures en peau de phoque

ᐴᐦᒋᔥᑎᑴᐱᒡᐦᐤ **puuhchishtikwepichuu** vai -i ♦ il/elle déplace le camp d'hiver en passant sur la glace d'une rivière

ᐴᐦᒑᐱᓀᐤ **puuhchaapineu** vta ♦ il/elle lui met le doigt dans l'oeil, lui donne un petit coup à l'oeil

ᐳᎸᒉᐱᓯᑦ **puuhchaapinisuu** vai reflex -u
- il/elle se met le doigt dans l'oeil, se donne un coup à l'oeil

ᐳᎸᒉᐳᎸᐁᐤ **puuhchaapuhweu** vta
- il/elle lui donne un coup dans l'oeil avec quelque chose

ᐸ

ᐸᐯᐳᐣᔉᔫ **papeupiyesweu** vai
- il/elle chante sa chanson pour les oies (outardes)

ᐸᐯᒣᓭᐤ **papeumeseu** vai ♦ il/elle chante sa chanson pour les poissons

ᐸᐯᒥᔅᒀᐤ **papeumiskweu** vai ♦ il/elle chante sa chanson pour le castor

ᐸᐯᐤ **papeweu** p, interjection ♦ bonne chance (dit après un hoquet)

ᐸᐯᐤ **papeweu** vai ♦ il/elle voit un bon signe, présage, augure

ᐸᐯᐁᒪᑲᓐ **papewemakan** vii ♦ ça porte bonheur; c'est de bon augure

ᐸᐯᐁᔨᒣᐤ **papeweyimeu** vta redup
- il/elle interprète un bon présage, le bon augure de quelqu'un

ᐸᐯᐁᔨᐦᑕᒼ **papeweyihtam** vti ♦ il/elle interprète un bon présage

ᐸᐯᑎᑯᐳᐤ **papetikupuu** vai -i ♦ il/elle s'assoit sur ses talons

ᐸᐯᑎᒁᑲᓂᒋᐸᔫ **papetikwaakanichipayuu** vii ♦ la neige devient humide

ᐸᐯᔅᑯᓯᒀᐤ **papeskusikwaau** vii redup ♦ il y a des piles de glace prises ensemble

ᐸᐯᔅᑕᓵᒣᐤ **papestasaameu** vai redup
- il/elle met ses raquettes

ᐸᐲᐋᐦᑎᑲᐦᐄᒉᐤ **papiiwaahtikahiicheu** vai redup [Côte] ♦ il/elle coupe des branches pour s'asseoir dessus avant de faire un feu en hiver

ᐸᐸᑲᑎᓐ **papakatin** vii ♦ c'est couvert d'une glace mince (cours d'eau)

ᐸᐸᑲᔧ **papakasheu** vai ♦ il/elle est très mince (peau, fourrure)

ᐸᐸᑲᔧᔔ **papakasheshuu** vai dim -i
- il/elle est très mince (plus petite peau ou fourrure)

ᐸᐸᑳᐤ **papakaau** vii ♦ c'est mince

ᐸᐸᑳᐱᔅᑳᐤ **papakaapiskaau** vii ♦ c'est mince (pierre, métal)

ᐸᐸᑳᐱᔅᒋᓲ **papakaapischisuu** vai -i
- il/elle est mince (pierre, métal, par ex. une théière)

ᐸᐸᑳᔅᑯᓐ **papakaaskun** vii ♦ c'est mince (long et rigide)

ᐸᐸᑳᔅᑯᓲ **papakaaskusuu** vai -i ♦ il/elle est mince (long et rigide)

ᐸᐸᒉᑲᓐ **papachekan** vii ♦ c'est mince (étalé)

ᐸᐸᒉᒋᓲ **papachechisuu** vai -i ♦ il/elle est mince (étalé, par ex. un pantalon)

ᐸᐸᒋᓯᒀᐤ **papachisikwaau** vii ♦ c'est de la glace mince

ᐸᐸᒋᓰᐤ **papachisiiu** vai ♦ il/elle est mince (par ex. une peau)

ᐸᐸᒋᐰᐤ **papachishweu** vta ♦ il/elle la/le coupe ou tranche mince

ᐸᐸᒋᔕᒼ **papachisham** vti ♦ il/elle l'émince, le coupe mince

ᐸᐸᒋᔥᒉᐤ **papachishchisheu** vai
- il/elle a la lèvre supérieure mince

ᐸᐸᒌᔫᒌᐤ **papachiiyuchiiu** vai [Intérieur]
- l'écorce de l'arbre est très mince

ᐸᐸᒍᐄᓄᐊᒋᐤ **papachuwiinuwachiiu** vai
- il/elle est mince (accroissement, nouvelle pousse d'un arbre)

ᐸᐸᓈᐦᑎᑲᐦᐁᐤ **papanaashtikahweu** vai redup ♦ il/elle (une perdrix, un tétras) mange des aiguilles d'épinette noire tombées sur la neige ou le sol

ᐸᐸᓈᐦᑎᑲᐦᐄᒉᐤ **papanaahtikahiicheu** vai redup ♦ il/elle (un tétras, une perdrix) fait tomber les aiguilles en mangeant dans un conifère

ᐸᐸᐦᒀᔧᐤ **papahkwescheu** vai redup [Côte]
- il/elle coupe des morceaux de mousse gelée

ᐸᐹᐅᔑᒣᐤ **papaaushimeu** vta redup [Côte]
- il/elle court se cacher de quelqu'un

ᐸᐹᐅᐦᐄᒉᐤ **papaauhiicheu** vai redup
- il/elle toque et retoque ■ ᓂᐋᑉ ᒥᔅᐳᓐ ᒌ ᐸᐹᐅᐦᐄᒉᐅᒃ. *Elle a toqué pendant assez longtemps.*

ᐸᐹᐄᒉᐤ **papaawiicheweu** vta redup
- il/elle se promène ou se tient avec elle/lui

ᐸᐹᐋᐹᐦᑎᔦᐤ **papaawaapahtiyeu** vta redup ♦ il/elle lui fait visiter

ᐹᐸᑌᐦᑕᐤ **papaatehtaheu** vta redup
  • il/elle l'amène sur un véhicule (par ex. une motoneige, une motocyclette)

ᐹᐸᑕᐦᑯᓇᒫ **papaatahkunam** vti redup
  • il/elle circule, se promène en le tenant

ᐹᐸᑳᐴ **papaakaapuu** vai redup -i [Intérieur]
  • ses yeux sont enflés ou gonflés

ᐹᐸᑳᐸᒨ **papaakaapamuu** vai redup -u
  • il/elle a les yeux enflés après avoir pleuré

ᐹᐸᑳᔎᔥᑐᐌᐤ **papaakaashuushtuweu** vta redup • il/elle court et se cache d'elle/de lui

ᐹᐸᒋᑲᓵᒣᐤ **papaachikasaameu** vai
  • il/elle marche en raquettes

ᐹᐸᒣᔨᒣᐤ **papaameyimeu** vta redup
  • il/elle pense beaucoup à elle/lui, s'inquiète à son sujet

ᐹᐸᒣᔨᐦᑕᒻ **papaameyihtam** vti redup
  • il/elle s'en préoccupe, s'inquiète à ce sujet

ᐹᐸᒦᐋᐦᑐᒉᐤ **papaamiaahtucheu** vai redup
  • il/elle va d'une maison à l'autre; il/elle se déplace de maison en maison

ᐹᐸᒦᐱᒎ **papaamipichuu** vai redup -i
  • il/elle va ou se déplace d'un camp d'hiver à l'autre

ᐹᐸᒥᐸᐦᑖᐤ **papaamipahtaau** vai redup
  • il/elle court partout

ᐹᐸᒥᑎᒣᐤ **papaamitimeu** vta redup
  • il/elle suit sa piste, la/le suit à la trace

ᐹᐸᒥᑎᔕᐦᐌᐤ **papaamitishahweu** vta redup • il/elle lui court après pour la/le rattraper

ᐹᐸᒥᑎᐦᑌᐤ **papaamitihteu** vai redup
  • il/elle suit les traces de quelqu'un

ᐹᐸᒥᑖᒋᒨ **papaamitaachimuu** vai redup -u
  • il/elle se promène partout en rampant

ᐹᐸᒥᔅᑯᐸᔪ **papaamiskupayuu** vai redup -i
  • il/elle patine partout; il/elle se promène sur la glace

ᐹᐸᒥᔅᑯᐸᔪᐅᑲᒥᒄ **papaamiskupayuukamikw** ni • une aréna, une patinoire couverte

ᐹᐸᒥᐦᔮᐅᐄᓅ **papaamihyaauiinuu** na -niim [Intérieur] • un esprit volant qui entre dans la tente tremblante

ᐹᐸᒥᐦᔮᐅᐄᔨᔫ **papaamihyaauiiyiyuu** na -yiim • un ou une pilote d'avion, un esprit volant (un être qui entre dans la tente tremblante)

ᐹᐸᒥᐦᔮᐅᒋᒧᔥ **papaamihyaauchimush** na • un chien volant (un esprit dans la tente tremblante)

ᐹᐸᒥᐦᔮᓂᑯᒑᔥ **papaamihyaanikuchaash** na dim • un écureuil volant, un polatouche *Glaucomys sabrinus*

ᐹᐸᒦᒋᓲ **papaamiichisuu** vai redup -u
  • il/elle se déplace en mangeant, mange partout

ᐹᐸᒧᐌᐸᐦᓱᐙᑳᓐ **papaamuwepahusuuwaakan** ni • un trotte-bébé

ᐹᐸᒧᐌᔑᓐ **papaamuweshin** vai redup
  • il/elle fait du bruit en marchant; on entend le bruit de ses pas

ᐹᐸᒧᐌᔥᑲᑌᐤ **papaamuweshkateu** vai redup • il/elle a l'estomac qui gronde

ᐹᐸᒧᐌᔮᑯᓀᔑᓐ **papaamuweyaakuneshin** vai redup • il/elle fait du bruit en marchant dans la neige; on entend le bruit de ses pas sur la neige

ᐹᐸᒧᐦᑌᐋᐦᒋᒄ **papaamuhteuaahchikw** na [Côte] • une sorte de phoque qui marche, littéralement 'un phoque qui marche'

ᐹᐸᒧᐦᑌᐤ **papaamuhteu** vai redup • il/elle marche partout

ᐹᐸᒧᐦᑕᑖᐤ **papaamuhtataau** vai+o redup
  • il/elle marche en le portant partout

ᐹᐸᒧᐦᑕᐦᐁᐤ **papaamuhtaheu** vta redup
  • il/elle marche avec elle/lui, l'amène se promener

ᐹᐸᒨᑌᐤ **papaamuuteu** vai redup • il/elle voyage partout; il/elle le porte partout sur son dos (par ex. des pièges)

ᐹᐸᒨᑌᓲ **papaamuutesuu** na • une personne qui voyage avec une charge sur le dos

ᐹᐸᒨᑖᒣᐤ **papaamuutaameu** vta redup
  • il/elle se promène en la/le portant sur son dos

ᐹᐸᒪᐦᐋᒣᐤ **papaamahaameu** vai redup
  • il/elle le suit (par ex. le chemin, la piste)

ᐸᐸᒫᐋᕐᑌᐅ° papaamahaahteu vai redup
 • il/elle suit sa piste, sa trace, le sentier

ᐸᐸᒫᐳᐅ° papaamaaputeu vii redup • ça flotte dans l'eau ▪ **ᐸᐸᒫᐳᐅ° ᐊᐦ ᒥᐦᑎᑦₓ** ▪ Ce bâton flotte par ici.

ᐸᐸᒫᑎᓯᐤ° papaamaatisiiu vai redup
 • c'est un-e vagabond-e

ᐸᐸᒫᑯᓂᒋᐤ° papaamaakunichiiu vai redup
 • il/elle marche sur la neige sans raquettes

ᐸᐸᒫᒋᕐᐴ papaamaachihuu vai redup -u
 • il/elle erre, flâne, se promène sans but, vagabonde

ᐸᐸᒫᔅᐳ papaamaaspuu vai redup -u
 • il/elle marche tout en mangeant

ᐸᐸᒫᔅᑯᕐᐊᒫ papaamaaskuham vti redup
 • il/elle circule, se promène dans le bois

ᐸᐸᒫᔑᑯᐙᐴ papaamaashikuwaapuu vai redup -i • il/elle verse des larmes; ses larmes coulent; il/elle marche en pleurant

ᐸᐸᒫᔑᑯᐙᐸᕐᑕᒻ papaamaashikuwaapahtam vti redup
 • il/elle a des larmes qui coulent sur ses joues; il/elle pleure à chaudes larmes

ᐸᐸᒫᔓ papaamaashuu vai redup -i
 • il/elle navigue partout

ᐸᐸᒫᔥᑎᑖᐤ papaamaashtitaau vai+o redup
 • il/elle le fait voler partout (par ex. un cerf-volant)

ᐸᐸᒫᔥᑎᒣᐤ° papaamaashtimeu vta redup
 • il/elle la/le fait voler (par ex. un cerf-volant)

ᐸᐸᒫᔥᑎᓐ° papaamaashtin vii redup • ça navigue en rond; c'est poussé par le vent

ᐸᐸᒫᕐᑐᐎᐤ° papaamaahtuwiiu vai redup
 • il/elle grimpe partout

ᐸᐸᒫᕐᑐᐎᐸᕐᑖᐤ° papaamaahtuwiipahtaau vai redup
 • il/elle court autour sur une chose longue et rigide (par ex. une souris sur une charpente de tente)

ᐸᐸᒫᕐᑐᐎᑎᔑᒨ papaamaahtuwiitishimuu vai redup -u
 • il/elle court partout en voulant s'échapper (par ex. une souris)

ᐸᐸᒫᕐᑐᐎᑎᔕᐦᐌᐤ° papaamaahtuwiitishahweu vta redup
 • il/elle lui court après en haut et en bas (par ex. des escaliers, un arbre)

ᐸᐸᓂᔕᒻ papaanisham vti redup • il/elle la coupe (la viande) en accordéon pour l'ouvrir et la faire sécher, frire

ᐸᐸᓃᐅᒣᐤ° papaaniiumeu vta redup
 • il/elle se promène en la/le portant sur son dos

ᐸᐸᓇᐦᐊᒻ papaanaham vti redup • il/elle creuse la neige pour mettre le sol à nu

ᐸᐸᓰᕐᑑᑎᕐᒀᒣᐤ° papaasiihtuutihkwaameu vta • il/elle la/le prend sous son bras

ᐸᐸᓰᕐᑑᑎᕐᒑᑕᒻ papaasiihtuutihkwaahtam vti redup
 • il/elle le prend sous son bras

ᐸᐸᔑᒥᒋᓯᑌᐦᑌᐤ papaashimichisitehteu vai redup • il/elle marche avec les pieds tournés vers l'extérieur

ᐸᐸᐦᐁᐤ° papaaheu vta • il/elle met un bordage autour (un filet)

ᐸᐸᐦᐄᑲᓐ papaahiikan na • un bordage de filet

ᐸᐸᕐᑐᐁ papaahtuwe p,lieu redup • un sentier qui tourne en rond; revenir et s'installer près du premier lieu de repos

ᐸᐸᕐᑐᐌᔮᔥᑯᔥᑲᒻ papaahtuweyaashkushkam vti redup
 • il/elle marche sur le côté de la route, au bord de la rivière, près des arbres

ᐸᑌᑎᔅ patetis ni -im • une patate, une pomme de terre, de l'anglais 'potatoes'

ᐸᑎᑯᐌᐤ° patikuweu vai • il (un lièvre) déplace le collet sans se faire prendre

ᐸᑎᒥᔅᑿ patimiskw na • un castor de trois ans

ᐸᑎᓀᐤ° patineu vta • il/elle n'arrive pas à l'agripper, l'attraper

ᐸᑎᓇᒻ patinam vti • il/elle manque de l'attraper, de l'agripper, de l'empoigner, de le saisir

ᐸᑎᔥᑯᐌᐤ° patishkuweu vta • il/elle manque, évite de marcher sur elle/lui

ᐸᑎᔥᑲᒻ patishkam vti • il/elle manque de marcher sur quelque chose

ᐸᑎᐦᐄᒉᐤ° patihiicheu vai • il/elle manque une cible

ᐸᑎᐦᐊᒻ patiham vti ◆ il/elle le manque en tirant, en cognant, en frappant (par ex. une cible, un clou)

ᐸᑐᑎ patute p,lieu ◆ au côté, vers le côté ou le flanc, de côté; mal aligné, décentré, par la bande

ᐸᑐᐳᐤ patutepuu vai -i ◆ il/elle s'assoit à côté de sa chaise; il/elle manque son siège

ᐸᑐᐸᔨᐦᑖᐤ patutepayihtaau vai+o ◆ il/elle quitte la route, sort du chemin

ᐸᑐᐸᔫ patutepayuu vai/vii -i ◆ il/elle/ça s'égare, se perd, sort de la route, s'en va hors cible

ᐸᑐᐸᐦᑖᐤ patutepahtaau vai ◆ il/elle quitte la piste, sort du chemin, va ou se dirige sur le côté

ᐸᑐᔅᑲᓅ patuteskanuu p,lieu ◆ vers le côté de la route, du chemin ou du sentier

ᐸᑐᔥᑲᒻ patuteshkam vti ◆ il/elle se dirige vers le côté de la route, marche au bord du sentier

ᐸᑐᐌᐤ patuhweu vta ◆ il/elle la/le manque en tirant, en frappant

ᐸᑕᑯᔥᑯᐌᐤ patakushkuweu vta ◆ il/elle s'assoit dessus, la/le retient avec son poids

ᐸᑕᑯᔥᑲᒻ patakushkam vti ◆ il/elle s'assoit dessus, le maintient en place avec son poids

ᐸᑕᒣᐤ patameu vta ◆ il/elle la/le manque en essayant de mordre

ᐸᑕᒧᔦᐤ patamuyeu vta ◆ il/elle trouve le piège déclenché et la proie s'est enfuie; il/elle a manqué sa proie de justesse

ᐸᑕᔅᑲᐅᐌᐎᓐ pataskahuwewin ni [Intérieur] ◆ une inoculation

ᐸᑕᐦᐊᒣᐤ patahameu vai ◆ il/elle se trompe de chemin; il/elle sort de la piste, quitte le sentier

ᐸᑕᐦᐊᒻ pataham vti ◆ il/elle manque de le frapper

ᐸᑕᐦᑕᒻ patahtam vti ◆ il/elle le manque en essayant de le mordre

ᐸᑖᒥᔅᒄ pataamiskw p,lieu ◆ en partant du côté du canal ou du chenal

ᐸᑯᑕᒂᐙᓈᐦᑎᒄ pakutakwaawaanaahtikw ni ◆ un bâton servant à suspendre le poisson et la viande à sécher et fumer

ᐸᑯᑕᒂᐙᓐ pakutakwaawaan ni ◆ une claie faite de bâtons de bois pour mettre la viande ou le poisson à sécher et fumer

ᐸᑯᒉᓀᐤ pakucheneu vta ◆ il/elle l'éviscère, la/le vide

ᐸᑯᒉᓂᑲᓐ pakuchenikan ni ◆ une ouverture faite pour vider ou éviscérer un animal

ᐸᑯᒉᓂᒉᐤ pakuchenicheu vai ◆ il/elle vide ou étripe un animal

ᐸᑯᒉᔥᐌᐤ pakucheshweu vta ◆ il/elle l'ouvre pour la/le vider, enlever les intestins

ᐸᑯᒉᔕᒻ pakuchesham vti ◆ il/elle le coupe pour l'ouvrir et en vider le contenu (par ex. un sac)

ᐸᑯᓀᐱᑌᐤ pakunepiteu vta ◆ il/elle déchire un trou dedans

ᐸᑯᓀᐱᑕᒻ pakunepitam vti ◆ il/elle déchire un trou dans quelque chose

ᐸᑯᓀᐸᔫ pakunepayuu vai/vii -i ◆ il/elle/ça fait un trou dedans

ᐸᑯᓀᑲᒋᔐᐸᔫ pakunekachishepayuu vai -i ◆ il/elle se fait un trou derrière (par ex. le fond de culotte)

ᐸᑯᓀᑲᒋᔒᐤ pakunekachishiiu vai ◆ il/elle a un trou derrière (par ex. au fond de culotte)

ᐸᑯᓀᑲᐦᑕᒻ pakunekahtam vti ◆ il/elle le troue en mordant (du bois, un bâton)

ᐸᑯᓀᒣᐤ pakunemeu vta ◆ il/elle fait un trou en mordant dedans

ᐸᑯᓀᓀᐤ pakuneneu vta ◆ il/elle la/le troue à la main

ᐸᑯᓀᓇᒻ pakunenam vti ◆ il/elle le troue, fait un trou dedans à la main (avec emphase sur l'objet)

ᐸᑯᓀᓭᑳᐤ pakunesekaau vii ◆ il y a un trou dans le rocher

ᐸᑯᓀᓯᒀᐤ pakunesikwaau vii ◆ il y a un trou dans la glace

ᐸᑯᓀᓱᐤ pakunesuu vai -i ◆ il/elle a un trou; il y a un trou dedans

ᐸᑯᓀᔅᑲᒦᑳᐤ pakuneskamikaau vii ◆ il y a un trou dans la terre

ᐸᑯᓐᑊᑲᐤ pakuneschekaau vii ♦ il y a une ouverture dans le muskeg, la tourbière

ᐸᑯᓐᔒᑲᐤ pakuneschuukaau vii ♦ il y a un trou dans la boue

ᐸᑯᓀᔥᐌᐤ pakuneshweu vta ♦ il/elle y coupe un trou

ᐸᑯᓀᔕᒼ pakunesham vti ♦ il/elle coupe un trou dedans

ᐸᑯᓀᔥᑕᐦᐊᒼ pakuneshtaham vti ♦ il/elle le troue, fait un trou dedans avec un objet pointu (par ex. une aiguille)

ᐸᑯᓀᔥᑕᐦᐌᐤ pakuneshtahweu vta ♦ il/elle la/le troue avec un objet tranchant

ᐸᑯᓀᔥᑯᐌᐤ pakuneshkuweu vta ♦ il/elle y fait un trou en utilisant son poids, son pied

ᐸᑯᓀᔥᑲᒼ pakuneshkam vti ♦ il/elle le troue, fait un trou dedans avec son poids, son pied

ᐸᑯᓀᔭᑲᓐ pakuneyekan vii ♦ c'est troué (étalé)

ᐸᑯᓀᔭᒋᓀᐤ pakuneyechineu vta ♦ il/elle la/le troue à la main (par ex. une peau)

ᐸᑯᓀᔭᒋᓇᒼ pakuneyechinam vti ♦ il/elle fait un trou dedans à la main (étalé, par ex. du papier)

ᐸᑯᓀᔭᒋᓱ pakuneyechisuu vai -i ♦ il/elle a un trou; il y a un trou dedans (étalé)

ᐸᑯᓀᔮᐅᐦᑲᐦᐊᒼ pakuneyaauhkaham vti ♦ il/elle fait un trou dans le sable avec un instrument

ᐸᑯᓀᔮᐅᐦᑲᐤ pakuneyaauhkaau vii ♦ il y en un trou dans le sable

ᐸᑯᓀᔮᐤ pakuneyaau vii ♦ c'est troué

ᐸᑯᓀᔮᐯᑲᓐ pakuneyaapekan vii ♦ c'est troué (filiforme)

ᐸᑯᓀᔮᐯᒋᓱ pakuneyaapechisuu vai -i ♦ il/elle a un trou; il y a un trou dedans (filiforme)

ᐸᑯᓀᔮᐱᔅᑳᐤ pakuneyaapiskaau vii ♦ c'est troué (métal)

ᐸᑯᓀᔮᐱᔅᒋᓱ pakuneyaapischisuu vai -i ♦ il/elle a un trou; il y a un trou dedans (métal)

ᐸᑯᓀᔮᑯᓀᔥᑲᒼ pakuneyaakuneshkam vti ♦ il/elle fait un trou dans la neige avec son poids, son pied

ᐸᑯᓀᔮᑯᓀᐦᐊᒼ pakuneyaakuneham vti ♦ il/elle fait un trou dans la neige avec un instrument

ᐸᑯᓀᔮᑯᓇᑳᐤ pakuneyaakunakaau vii ♦ il y a un trou dans la neige

ᐸᑯᓀᔮᔅᑯᓐ pakuneyaaskun vii ♦ c'est troué (long et rigide)

ᐸᑯᓀᔮᔅᑯᓱ pakuneyaaskusuu vai -i ♦ il/elle a un trou; il y a un trou dedans (long et rigide)

ᐸᑯᓀᔮᔨᐌᐤ pakuneyaayiweu vai [Intérieur] ♦ il/elle a un trou dans la queue (par ex. un castor)

ᐸᑯᓀᔮᐦᑲᓱ pakuneyaahkasuu vai -i ♦ il/elle a été troué-e par le feu

ᐸᑯᓀᔮᐦᑲᓴᒼ pakuneyaahkasam vti ♦ il/elle brûle un trou dedans

ᐸᑯᓀᔮᐦᑲᐦᑌᐤ pakuneyaahkahteu vii ♦ il y a un trou brûlé dedans

ᐸᑯᓀᐦᐄᑲᓐ pakunehiikan ni ♦ une perceuse, un foret, une mèche (outil)

ᐸᑯᓀᐦᐊᒼ pakuneham vti ♦ il/elle fait un trou dedans, le troue, le perce avec un outil

ᐸᑯᓀᐦᐌᐤ pakunehweu vta ♦ il/elle la/le troue ou perce en utilisant quelque chose

ᐸᑯᓀᐦᑎᓐ pakunehtin vii ♦ ça se troue, se perce en tombant

ᐸᑯᓀᐦᑕᑳᐤ pakunehtakaau vii ♦ c'est troué (bois utile)

ᐸᑯᓀᐦᑕᒋᓱ pakunehtachisuu vai -i ♦ il/elle a un trou; il y a un trou dedans (bois utile, par ex. contreplaqué)

ᐸᑯᓀᐦᑕᒼ pakunehtam vti ♦ il/elle le troue en mordant

ᐸᑯᓀᐦᑖᐤ pakunehtaau vai+o ♦ il/elle fait, perce, laisse un trou dedans

ᐸᑯᓅ pakunuu p,manière ♦ de mémoire, par coeur ■ ᐸᑯᓅ ᐦ ᐃᑐᑕᒄ ■ Elle l'a fait de mémoire.

ᐸᑯᓅᒣᐤ pakunuumeu vta ♦ il/elle parle contre elle/lui dans son dos, colporte des ragots à son sujet

ᐸᑯᓅᔥᑖᐤ pakunuushtaau vai+o ♦ il/elle l'écrit sans regarder

ᐸᑯᓅᐦᐊᒼ pakunuuham vti ♦ il/elle chante sans regarder les mots, chante par coeur

ᐸᑯᓯᐅᓯᓐ **pakushiteshin** vai ♦ il/elle a une ampoule sous le pied

ᐸᑯᓯᐦᐁᐤ **pakushiheu** vta ♦ il/elle attend en silence la distribution de la nourriture

ᐸᑯᓯᐦᑖᐤ **pakushihtwaau** vai ♦ il/elle attend en silence de recevoir sa part de nourriture

ᐸᐦᐅᑯᐤ **pakuhukuu** vai-u ♦ il/elle a des ampoules (par ex. causées par ses bottes), littéralement 'a un trou dans le corps'

ᐸᑲᓱᓐ **pakasun** ni ♦ de la moelle

ᐸᑲᓲ **pakasuu** vai ♦ il/elle brise des os d'animal pour en manger la moelle

ᐸᑳᔐᔨᐦᑕᒻ **pakascheyihtam** vti ♦ il/elle est alerte, éveillé-e, brillant-e

ᐸᑳᔥᑐᐌᐯᐳᐦᐁᐤ **pakashtuwewepuheu** vta ♦ il/elle la/le frappe dans l'eau

ᐸᑳᔥᑐᐌᐌᐸᐦᐊᒻ **pakashtuwewepaham** vti ♦ il/elle l'atteint et ça tombe dans l'eau

ᐸᑳᔥᑐᐌᐱᑌᐤ **pakashtuwepiteu** vta ♦ il/elle la/le tire dans l'eau

ᐸᑳᔥᑐᐌᐱᑕᒻ **pakashtuwepitam** vti ♦ il/elle le tire dans l'eau

ᐸᑳᔥᑐᐌᐱᓀᐤ **pakashtuwepineu** vta ♦ il/elle la/le lance dans l'eau

ᐸᑳᔥᑐᐌᐱᓇᒻ **pakashtuwepinam** vti ♦ il/elle le jette à l'eau

ᐸᑳᔥᑐᐌᐸᔨᐦᐁᐤ **pakashtuwepayiheu** vta ♦ il/elle la/le laisse tomber, l'échappe dans l'eau

ᐸᑳᔥᑐᐌᐸᔨᐦᐆ **pakashtuwepayihuu** vai-u ♦ il/elle se jette à l'eau

ᐸᑳᔥᑐᐌᐸᔨᐦᑖᐤ **pakashtuwepayihtaau** vai+o ♦ il/elle l'échappe ou le laisse tomber dans l'eau

ᐸᑳᔥᑐᐌᐸᔫ **pakashtuwepayuu** vai/vii-i ♦ il/elle/ça tombe dans l'eau

ᐸᑳᔥᑐᐌᐸᐦᑖᐤ **pakashtuwepahtaau** vai ♦ il/elle court et patauge dans l'eau

ᐸᑳᔥᑐᐌᑎᔑᒨ **pakashtuwetishimuu** vai-u ♦ il/elle se sauve dans l'eau

ᐸᑳᔥᑐᐌᑎᔑᓇᒻ **pakashtuwetishinam** vti ♦ il/elle tire, met son canot à l'eau

ᐸᑳᔥᑐᐌᑎᔕᐦᐌᐤ **pakashtuwetishahweu** vta ♦ il/elle la/le poursuit dans l'eau

ᐸᑳᔥᑐᐌᑕᐦᒋᔥᑯᐌᐤ **pakashtuwetahchishkuweu** vta ♦ il/elle lui donne un coup de pied dans l'eau

ᐸᑳᔥᑐᐌᑕᐦᒋᔥᑲᒻ **pakashtuwetahchishkam** vti ♦ il/elle le pousse dans l'eau à coups de pied

ᐸᑳᔥᑐᐌᐦᐊᒻ **pakashtuweham** vti ♦ il/elle le met, le plonge dans l'eau

ᐸᑳᔥᑐᐌᐦᐌᐤ **pakashtuwehweu** vta ♦ il/elle la/le met dans l'eau

ᐸᑳᔥᑐᐌᐦᑌᐤ **pakashtuwehteu** vai ♦ il/elle marche dans l'eau

ᐸᑳᓐ **pakaan** na [Intérieur] ♦ une noix (rarement utilisé, probablement emprunté des Innus)

ᐸᑳᔅᔐᔨᒣᐤ **pakaascheyimeu** vta ♦ il/elle pense être capable de se débrouiller

ᐸᑳᔅᔐᔨᐦᑕᒻ **pakaascheyihtam** vti ♦ il/elle pense être capable de s'en occuper (de la situation), de faire face à quelque chose

ᐸᑳᔅᒋᓯᐤ **pakaaschisiiu** vai ♦ il/elle est capable de prendre ses responsabilités

ᐸᑳᔅᒌᐦᑯᐌᐤ **pakaaschiihkuweu** vta ♦ il/elle est capable de s'occuper de ses enfants

ᐸᑳᔅᒌᐦᑲᒻ **pakaaschiihkam** vti ♦ il/elle est capable d'en venir à bout, de le faire, de s'en charger (par ex. son travail)

ᐸᑳᔅᒌᐦᑳᑎᓱ **pakaaschiihkaatisuu** vai reflex-u ♦ il/elle gagne sa vie; il/elle est autonome, indépendant-e grâce à ses propres efforts

ᐸᑳᔑᒧᐦᐁᐤ **pakaashimuheu** vta ♦ il/elle la/le baigne, lui donne un bain

ᐸᑳᔑᒨ **pakaashimuu** vai-u ♦ il/elle se baigne; il/elle nage

ᐸᑳᔑᒨᐋᐦᑯᓈᐤ **pakaashimuuaaihkunaau** na ♦ un beignet cuit dans l'eau ou dans le bouillon

ᐸᑳᔑᒨᐸᔨᒋᔅ **pakaashimuupayichiis** ni-im ♦ un short de bain, un maillot de bain

ᐸᑳᔑᒨᔮᑲᓐ **pakaashimuuyaakan** ni ♦ une baignoire

ᐸᑳᐦᐁᐤ **pakaaheu** vta ♦ il/elle la/le fait bouillir

ᐸᑳᐦᑖᐤ **pakaahtaau** vai+o ♦ il/elle le fait bouillir pour le cuire

ᐸᐧᑲᒡᑲᒥᑳᒡᐦ pakwaataskamikaahch p,lieu ♦ dans la nature, en milieu sauvage, au fond des bois, en pleine forêt

ᐸᐧᐸᓛ pakwaanam vti ♦ il/elle est capable de marcher sur la croûte de neige gelée

ᐸᐧᐸᔅᐁ° pakwaashuweu vai ♦ c'est un-e ennemi-e (mot biblique)

ᐸᐧᐸ"ᐃᐯ° pakwaahiipeu vai [Côte] ♦ il/elle pose un filet en hiver à travers la glace

ᐸᐧᐸ"ᐃᐸᐊ pakwaahiipaan ni ♦ un trou dans la glace pour poser un filet en hiver

ᐸᐧᐸ"ᐊᐯ° pakwaahapeu vai [Intérieur] ♦ il/elle pose un filet en hiver par un trou dans la glace

ᐸᐧᐸ"ᐊᒻ pakwaaham vti ♦ il/elle coupe un trou dans la glace pour poser un filet

ᐸᒋᑎᔥᑲᒻ pachitishkam vti ♦ il/elle enlève son poids de quelque chose

ᐸᔅᑎᒑᐤ pachistitaau vai+o ♦ il/elle le lâche, l'échappe

ᐸᔅᑎᓀᐤ° pachistineu vta ♦ il/elle la/le relâche, cède, laisse partir; il/elle y renonce

ᐸᔅᑎᓂᒉᐤ pachistinicheu vai ♦ il/elle fait un don ou donne une offrande dans l'église

ᐸᔅᑎᓂᒉᔥᑕᒧᐌᐤ° pachistinicheshtamuweu vta ♦ il/elle la/le dépose pour elle/lui; il/elle fait un don, une offrande à l'église pour elle/lui

ᐸᔅᑎᓇᒻ pachistinam vti ♦ il/elle le relâche, le laisse aller, le laisse partir

ᐸᔅᑎᓐ pachistin vii ♦ ça tombe, chute

ᐸᔅᑐ"ᐅᔫ° pachistuuhuyeu vta ♦ il/elle l'amène ou l'apporte à l'avance en canot, bateau, avion

ᐸᔅᑕᒣᐤ pachistameu vta ♦ il/elle la/le relâche avec ses dents

ᐸᔅᑕ"ᐅᒐᐊᐃ" pachistahutaasuwinh ni pl ♦ des choses transportées à l'avance en canot

ᐸᔅᑕ"ᐅᒐᐤ pachistahutaasuu vai-u ♦ il/elle transporte des choses d'avance en canot

ᐸᔅᑕ"ᐅᔫ° pachistahuyeu vta [Côte] ♦ il/elle l'emmène au-devant en canot, en bateau

ᐸᔅᑕ"ᐊᒻ pachistaham vti ♦ il/elle le met, le place, le dépose avec un instrument (par ex. de la nourriture sur une assiette)

ᐸᔅᑕ"ᐋ° pachistahwaau vai ♦ il/elle pose un filet de pêche

ᐸᔅᑕ"ᑕᒻ pachistahtam vti ♦ il/elle le laisse aller, le relâche avec les dents

ᐸᔅᑖᐱ"ᒉᐤ° pachistaapihchewiiu vai [Côte] ♦ il/elle descend à l'aide d'une corde

ᐸᔅᑖᐱ"ᒉᓄ° pachistaapihcheneu vta [Côte] ♦ il/elle l'abaisse, la/le fait descendre à l'aide d'une corde

ᐸᔅᑖᐱ"ᒉᓇᒻ pachistaapihchenam vti [Côte] ♦ il/elle l'abaisse, le descend avec une corde

ᐸᔅᑲᐦᐄᑲᓈᐳ pachiskahiikanaapuu ni ♦ une injection; un liquide injecté

ᐸᔅᑲᐦᐄᑲᓐ pachiskahiikan ni ♦ une aiguille servant à injecter; un trépan, un fleuret, un outil de forage

ᐸᔅᑲᐦᐄᒉᐤ° pachiskahiicheu vai ♦ il/elle pique quelque chose avec un objet pointu; il/elle fore, perfore, perce

ᐸᔅᑲᐦᐊᒻ pachiskaham vti ♦ il/elle le perce, le transperce avec un objet pointu

ᐸᔅᑲᐦᐊᓵᒣᐤ° pachiskahasaameu vai ♦ il/elle perce des trous dans les cadres de raquettes pour le laçage

ᐸᔅᑲᐦᐁᐤ° pachiskahweu vta ♦ il/elle la/le perce avec un objet pointu; il/elle lui donne une injection

ᐸᒋᔥᒋᔒᑌᔑᓐ pachischishiteshin vai ♦ il/elle marche sur un objet pointu qui lui perce le pied

ᐸᒋᔥᒋᔑᓐ pachischishin vai [Côte] ♦ il/elle est percé-e, transpercé-e

ᐸᒋᔑᒣᐤ° pachishimeu vta ♦ il/elle l'échappe, la/le laisse tomber (par ex. un pantalon)

ᐸᒋᔥᑎᐸᐦᒁᐦᐄᑲᓐ pachishtipahkwehiikanh ni pl ♦ des perches posées sur la toile pour la maintenir en place sur le tipi

ᐸᒋᔥᑎᔑᐅᔑᓐ pachishtishiteshin vai [Intérieur] ♦ il/elle marche sur un objet pointu qui lui perce le pied

ᐸᒋᔥᑎᔦᑲᐦᐄᑲᓐ pachishtiyekahiikan ni ♦ une perche, un bâton, une roche pour maintenir en place une toile ou une bâche

ᐸᒋᔥᑎᔦᑲᐦᐊᒼ pachishtiyekaham vti ♦ il/elle met une perche ou une roche sur la toile pour la maintenir en place

ᐸᒋᔥᑕᐦᐄᑲᓐ pachishtahiikan ni ♦ une perche, un bâton, une roche servant de poids pour maintenir quelque chose en place

ᐸᒋᔥᑕᐦᐊᒼ pachishtaham vti ♦ il/elle met quelque chose dessus pour le maintenir en place

ᐸᒋᔥᑕᐦᐁᐤ pachishtahweu vta ♦ il/elle pose quelque chose dessus pour la/le retenir

ᐸᒋᔥᑦᐙᐃᔦᐤ pachishtwaawiyeu vta ♦ il/elle l'amène ou la/le transporte à l'avance dans un déménagement d'hiver

ᐸᒋᔥᑣᐤ pachishtwaau vai ♦ il/elle emporte ses choses à l'avance avant de déplacer le campement

ᐸᒋᔥᒋᔑᐅᔑᓐ pachishchishiteshin vai [Côte] ♦ il/elle marche sur un objet pointu qui lui perce le pied

ᐸᒋᐦᐅᔦᒨ pachihteyimuu vai -u ♦ il/elle abandonne, abdique, renonce à son libre arbitre; il/elle se rend à ses arguments

ᐸᒋᐦᑎᓂᒉᐤ pachihtinicheu vai ♦ il/elle y met de l'argent; il/elle fait un don

ᐸᒋᐦᑎᓇᒧᐌᐤ pachihtinamuweu vta ♦ il/elle lui donne quelque chose; il/elle lui permet de l'utiliser

ᐸᒎᔮᓐ pachuuyaan ni ♦ une chemise; une étoffe, un chiffon

ᐸᓯᔥᑌᐦᐄᑲᓐ pasistehiikan ni [Intérieur] ♦ un fouet; une courroie, une bande

ᐸᔅᐸᔅᑌᐤ paspasteu vii [Côte] ♦ ça crépite, grésille, fait des étincelles

ᐸᔅᐸᔅᒋᑌᐤ paspaschiteu vii [Intérieur] ♦ ça crépite, grésille, fait des étincelles; le feu fait un bruit de crépitement

ᐸᔅᐸᔔ paspaschuu na -chiim ♦ une gélinotte huppée *Bonasa umbellus*

ᐸᔅᑲᐦᐌᐤ paskahweu vta ♦ il/elle brise la babiche en laçant une raquette

ᐸᔅᒋᑲᐦᐊᒼ paschikaham vti ♦ il/elle le coupe à la hache

ᐸᔅᒋᑲᐦᐌᐤ paschikahweu vta ♦ il/elle la/le coupe à la hache

ᐸᔥᒡ pasch p,quantité ♦ quelque, un peu, quelques-uns, quelques-unes ■ ᒫ ᐸᔥᒡ ᐸᒡ ᐦ ᐳᔨ ᐊᐅᒡ ᐅᒌᐅᔨᒡ. ■ *L'automobile ne peut en prendre que quelques-uns.*

ᐸᔥᑌᐦᐄᑲᓐ pashtehiikan ni [Côte] ♦ un fouet; une courroie, une bande

ᐸᔥᑌᐦᐊᒼ pashteham vti ♦ il/elle le fouette

ᐸᔥᑌᐦᐌᐤ pashtehweu vta ♦ il/elle la/le fouette

ᐸᔥᑯᐯᓴᒼ pashkupesam vti ♦ il/elle le plonge (des pattes, des ailes) dans l'eau chaude pour en enlever la fourrure, les plumes

ᐸᔥᑯᐯᔥᑌᐤ pashkupeshteu vii ♦ la fourrure ou le plumage s'enlève à l'eau chaude

ᐸᔥᑯᐱᑌᐤ pashkupiteu vta ♦ il/elle la/le plume, en enlève le poil (une peau)

ᐸᔥᑯᓀᐤ pashkuneu vta ♦ il/elle la/le plume (par ex. une oie, un canard)

ᐸᔥᑯᓂᒉᐤ pashkunicheu vai ♦ il/elle plume des oies, des canards

ᐸᔥᑯᓇᒼ pashkunam vti ♦ il/elle le plume (par ex. la tête, l'aile)

ᐸᔥᒋᔥᐌᐤ pashchishweu vta ♦ il/elle la/le coupe (filiforme, par ex. une corde, une ceinture, un ruban)

ᐸᔥᒋᔕᒼ pashchisham vti ♦ il/elle le coupe (filiforme)

ᐸᔨᒌᔅ payichiis na -im ♦ un pantalon, une culotte

ᐸᔨᒑᓂᔥ payichaanish na dim ♦ un juvénile, un oisillon

ᐸᔨᔅᑯᐯᒋᐸᔫ payiskupechipayuu vii -i ♦ ça perce, traverse quelque chose (de l'eau)

ᐸᔨᔅᑯᐯᒋᓀᐤ payiskupechineu vta ♦ il/elle la/le brise avec ses mains (un contenant d'eau, par ex. le sac amniotique)

ᐸᔨᔅᑯᐯᒋᓇᒼ payiskupechinam vti ♦ il/elle le casse, le brise avec ses mains (un contenant d'eau)

ᐸᔅᑯᐯᒋᐤ° payiskupechiiu vai ♦ il (le bébé) brise le sac amniotique en naissant; il crève les eaux

ᐸᔅᑯᐯᔥᑌᐤ° payiskupeshteu vii ♦ il y a de l'eau qui passe par un trou dans la glace (par ex. parce que le soleil fait fondre la neige)

ᐸᔅᑯᐳᑖᐤ° payiskuputaau vai+o ♦ il/elle passe à travers en sciant

ᐸᔅᑯᐳᔫ° payiskupuyeu vta ♦ il/elle scie à travers quelque chose

ᐸᔅᑯᐸᔨᐦᐁᐤ° payiskupayiheu vta ♦ il/elle la/le fait se défoncer, se percer en la/le déplaçant

ᐸᔅᑯᐸᔨᐦᑖᐤ° payiskupayihtaau vai+o ♦ il/elle le fait défoncer en le déplaçant

ᐸᔅᑯᐸᔫ payiskupayuu vai/vii -i ♦ il/elle se brise tout-e seul-e; c'est défoncé (par ex. un sac)

ᐸᔅᑯᑎᔦᒋᐤ° payiskutiyechiiu vai ♦ il/elle passe à travers le sac (par ex. une souris qui sort d'un sac)

ᐸᔅᑯᒋᔐᐸᔫ payiskuchischepayuu vii -i [Intérieur] ♦ ça s'ouvre, se défonce, se décroche (par ex. le fond d'une boîte)

ᐸᔅᑯᒋᔖᐌᐸᔫ payiskuchischaawepayuu vii -i [Côte] ♦ ça s'ouvre, se défonce, se décroche (par ex. le fond d'une boîte)

ᐸᔅᑯᓀᐤ° payiskuneu vta ♦ il/elle la/le perce, perfore; il/elle fait un trou dedans avec le poing

ᐸᔅᑯᓇᒼ payiskunam vti ♦ il/elle fait un trou dedans, le perce, le défonce, le perfore en donnant un coup

ᐸᔅᑯᔦᑲᐦᐊᒼ payiskuyekaham vti ♦ il/elle le brise, le défonce (par ex. un sac) en frappant

ᐸᔅᑯᔦᒋᓀᐤ° payiskuyechineu vta ♦ il/elle la/le défonce en mettant sa main dedans (par ex. un sac en papier)

ᐸᔅᑯᔦᒋᓇᒼ payiskuyechinam vti ♦ il/elle passe à travers, le défonce, le brise (par ex. un sac) en mettant la main dedans

ᐸᔅᑯᐦᐊᒼ payiskuham vti ♦ il/elle passe à travers quelque chose, le perce, le défonce, le perfore avec sa main

ᐸᔅᑯᐦᐌᐤ° payiskuhweu vta ♦ il/elle la/le perce, perfore; il/elle fait un trou dedans avec quelque chose

ᐸᐦᑌᔮᔅᑯᑳᐳ payihteyaaskukaapuu vai-uu ♦ c'est un arbre qui surplombe les autres; il est plus haut que les autres

ᐸᓪᐚᒡ palwaach na -im ♦ un insigne, une broche, une rosette, un écusson, des fleurs portées à un mariage, un porte-bonheur pour la chasse au caribou, de l'anglais 'brooch'

ᐸᐦᐳᐌᑲᐦᐊᒼ pahpuwekaham vti redup ♦ il/elle le tape, le frappe (étalé) plusieurs fois avec quelque chose pour le secouer

ᐸᐦᐳᐌᑲᐦᐊᒼ pahpuwekaham vti redup ♦ il/elle le nettoie (étalé) en le battant (par ex. un tapis)

ᐸᐦᐳᐌᑲᐦᐌᐤ° pahpuwekahweu vta redup ♦ il/elle tape dessus à plusieurs reprises avec quelque chose, pour la/le secouer (étalé, par ex. une peau)

ᐸᐦᐳᐌᑲᐦᐌᐤ° pahpuwekahweu vta redup ♦ il/elle la/le nettoie en tapant dessus (étalé)

ᐸᐦᐳᐌᒋᐸᔨᐦᐁᐤ° pahpuwechipayiheu vta redup ♦ il/elle la/le secoue (étalé)

ᐸᐦᐳᐌᒋᐸᔨᐦᑖᐤ° pahpuwechipayihtaau vai+o redup ♦ il/elle le secoue (étalé)

ᐸᐦᐳᐌᒋᓀᐤ° pahpuwechineu vta redup ♦ il/elle tape sur quelque chose à plusieurs reprises avec la main, lui donne des coups (étalé)

ᐸᐦᐳᐌᒋᓇᒼ pahpuwechinam vti redup ♦ il/elle le tape, le frappe (étalé) plusieurs fois de la main, lui donne plusieurs coups avec la main

ᐸᐦᐳᐃᐤ° pahpuwiiu vai redup -u ♦ il (un chien) secoue l'eau de son poil après avoir nagé

ᐸᐦᐳᐙᑯᓀᐦᐆᓲ pahpuwaakunehuusuu vai redup reflex -u ♦ il/elle brosse, enlève ou secoue la neige de ses vêtements (d'un mouvement répété)

ᐸᐦᐳᐙᓂᔅᑲᐦᐌᐤ° pahpuwaaniskahweu vta redup ♦ il/elle en fait tomber la neige (par ex. un arbre)

ᐸᐦᐳᐙᔅᑯᐱᑌᐤ° pahpuwaaskupiteu vta redup ♦ il/elle la/le secoue (long et rigide)

ᐸᐦᐳᐌᐋᔅᑯᐱᑕᒼ pahpuwaaskupitam vti
redup ♦ il/elle le secoue (long et rigide)
ᐸᐦᐳᐌᐋᔅᑯᐦᐊᒼ pahpuwaaskuham vti redup
♦ il/elle frappe, cogne sur quelque chose (long et rigide) plusieurs fois (par ex. pour enlever la neige)
ᐸᐦᐳᐌᐋᔅᑯᐦᐌᐤ pahpuwaaskuhweu vta redup ♦ il/elle tape dessus à plusieurs reprises (long et rigide)
ᐸᐦᐳᐌᐋᔥᑌᐤ pahpuwaashteu vii redup
♦ la lumière perce à travers les arbres, révélant la présence d'un lac ou d'une rivière
ᐸᐦᐳᐌᐋᔥᑎᑖᐤ pahpuwaashtitaau vai+o redup ♦ il/elle laisse le vent secouer ou enlever la poussière de quelque chose
ᐸᐦᐳᐌᐋᔥᑎᒋᔑᒣᐤ pahpuwaashtichishimeu vta redup
♦ il/elle secoue les branches
ᐸᐦᐳᐌᐋᔥᑎᒣᐤ pahpuwaashtimeu vta redup
♦ il/elle laisse le vent en secouer la poussière
ᐸᐦᐳᑯᑎᓯᑯᐦᐊᒼ pahpukutisikuham vti redup ♦ il/elle casse la glace sur un objet gelé au sol
ᐸᐦᐳᑯᑎᓯᑯᐦᐌᐤ pahpukutisikuhweu vta redup ♦ il/elle en fait tomber la glace, en enlève la glace (par ex. un castor)
ᐸᐦᐳᓂᔅᑲᐦᐊᒼ pahpuniskaham vti redup
♦ il/elle en fait tomber la neige en frappant; il/elle enlève la neige en donnant des coups
ᐸᐦᐳᓂᔅᑳᔔ pahpuniskaashuu vai redup -i
♦ le vent fait tomber la neige de l'arbre
ᐸᐦᐳᔨᐦᐌᔑᒣᐤ pahpuyihweshimeu vta redup [Intérieur] ♦ il/elle sèche l'eau sur la peau en la passant sur la neige, l'herbe (du castor seulement)
ᐸᐦᐳᐸᔨᐦᐁᐤ pahpuupayiheu vta redup
♦ il/elle la/le nettoie en la/le secouant
ᐸᐦᐳᐸᔨᐦᑖᐤ pahpuupayihtaau vai+o redup
♦ il/elle le nettoie en le secouant
ᐸᐦᐳᑕᐌᔑᒣᐤ pahpuutaweshimeu vta redup ♦ il/elle sèche l'eau de sa fourrure (d'un animal) en la passant sur la neige, l'herbe
ᐸᐦᐳᓂᔅᑲᐦᐊᒼ pahpuuniskaham vti redup
♦ il/elle enlève, fait tomber la neige des arbres, des branches avec un instrument

ᐸᐦᐳᓂᔅᒋᐱᑌᐤ pahpuunischipiteu vta redup ♦ il/elle en secoue la neige (un objet debout, par ex. un arbre)
ᐸᐦᐳᓂᔅᒋᐱᑕᒼ pahpuunischipitam vti redup
♦ il/elle le secoue pour en faire tomber la neige (un objet debout, par ex. une perche)
ᐸᐦᐳᓂᔅᒋᐦᑖᐤ pahpuunischihtaau vai+o redup ♦ il/elle fait tomber la neige des arbres en bougeant, en passant à côté
ᐸᐦᐳᓂᔥᒋᐦᑖᐤ pahpuunishchihtaau vai+o redup ♦ il/elle fait tomber la neige des arbres en bougeant, en passant à côté
ᐸᐦᐳᓯᑯᐦᐊᒼ pahpuusikuham vti redup
♦ il/elle le déglace, en fait tomber la glace avec un instrument
ᐸᐦᐳᓯᑯᐦᐌᐤ pahpuusikuhweu vta redup
♦ il/elle en fait tomber la glace avec un objet
ᐸᐦᐳᔑᒣᐤ pahpuushimeu vta redup
♦ il/elle la/le secoue pour en enlever la neige
ᐸᐦᐳᐦᓲ pahpuuhuusuu vai redup reflex -u
♦ il/elle brosse, secoue ou enlève quelque chose (neige, poussière) de ses vêtements
ᐸᐦᐳᐦᐊᒼ pahpuuham vti redup ♦ il/elle le brosse, le nettoie en le frappant, le secouant
ᐸᐦᐳᐦᐌᐤ pahpuuhweu vta redup ♦ il/elle en secoue la neige, le sable; il/elle la/le nettoie en tapant dessus
ᐸᐦᐳᐦᑎᑖᐤ pahpuuhtitaau vai+o redup
♦ il/elle le bat sur quelque chose pour enlever le sable, la neige
ᐸᐦᐸᑳᔨᐦᑴᐤ pahpakaayihkweu vai redup ♦ il/elle a les cheveux minces
ᐸᐦᐸᒁᔨᐦᑴᐤ pahpakwaayihkweu vai redup [Côte] ♦ il/elle a les cheveux minces
ᐸᐦᑌᐤ pahteu vta ♦ il/elle en fait flamber le poil, les plumes, les piquants
ᐸᐦᑕᒼ pahtam vti ♦ il/elle flambe les plumes des ailes
ᐸᐦᑖᐅᒥᔅᑴᐤ pahtaaumiskweu vai
♦ il/elle brûle ou flambe le poil d'un castor
ᐸᐦᑖᐅᒥᔅᒄ pahtaaumiskw na ♦ un castor flambé (ancien mot)

ᐸᕐᑖᐅᓈᑯᓐ pahtaaunaakun vii ♦ c'est brun

ᐸᕐᑖᐅᓈᑯᓱᐤ pahtaaunaakusuu vai -i
♦ il/elle paraît brun-e

ᐸᕐᑖᐚᐳᔥ pahtaawaapush na -um ♦ un lièvre dont le poil a été flambé

ᐸᕐᑖᐤ pahtaau na -aam ♦ un castor flambé

ᐸᕐᑖᔨᐍᓴᒻ pahtaayiwesam vti [Intérieur]
♦ il/elle fait chauffer la queue de castor dans le feu pour en peler la peau

ᐸᐦᑵᐱᑌᐤ pahkwepiteu vta ♦ il/elle en déchire ou arrache un morceau

ᐸᐦᑵᐳᑖᐤ pahkweputaau vai+o ♦ il/elle en scie un morceau

ᐸᐦᑵᐳᔦᐤ pahkwepuyeu vta ♦ il/elle en scie un morceau

ᐸᐦᑵᐸᔫ pahkwepayuu vai/vii -i
♦ il/elle/ça se brise, se casse; une pièce en est détachée

ᐸᐦᑵᑖᐅᐦᒋᐸᔫ pahkwetaauhchipayuu vii -i ♦ un morceau de terrain sablonneux se détache

ᐸᐦᑵᑲᕻᒧᐍᐤ pahkwekahamuweu vta
♦ il/elle en tranche, découpe ou coupe un morceau pour elle/lui avec une hache

ᐸᐦᑵᑲᐦᐌᐤ pahkwekahweu vta ♦ il/elle en coupe un morceau à la hache

ᐸᐦᑵᒋᔥᐌᐤ pahkwechishweu vta ♦ il/elle la/le coupe mince (étalé, par ex. une peau); il/elle en découpe une tranche

ᐸᐦᑵᒣᐤ pahkwemeu vta ♦ il/elle en arrache un morceau en mordant (par ex. de la banique)

ᐸᐦᑵᓀᐤ pahkweneu vta ♦ il/elle en casse un morceau à la main

ᐸᐦᑵᓇᒫᒉᐎᓐ pahkwenamaachewin ni
♦ une dîme (religion)

ᐸᐦᑵᓇᒻ pahkwenam vti ♦ il/elle en casse un morceau avec la main

ᐸᐦᑵᓯᑯᐸᔫ pahkwesikupayuu vai/vii -i
♦ un morceau de glace se détache, se brise

ᐸᐦᑵᓯᑯᓇᒻ pahkwesikunam vti ♦ il/elle casse un morceau de glace en marchant

ᐸᐦᑵᓯᑯᔥᑯᐌᐤ pahkwesikushkuweu vta
♦ il/elle casse avec son poids un morceau de glace sur lequel se trouve aussi une autre personne

ᐸᐦᑵᓯᑯᔥᑲᒻ pahkwesikushkam vti
♦ il/elle brise un morceau de glace avec son poids

ᐸᐦᑵᔅᑲᒥᒋᐸᔫ pahkweskamichipayuu vii -i ♦ un morceau de terrain se détache

ᐸᐦᑵᔅᒉᐤ pahkwescheu vai [Côte]
♦ il/elle découpe un morceau de mousse gelée

ᐸᐦᑵᔅᒎᑲᐦᐊᒻ pahkweschuukaham vti
♦ il/elle casse un morceau de boue sèche avec un outil

ᐸᐦᑵᔅᒎᒋᐸᔫ pahkweschuuchipayuu vii -i
♦ ça se brise, se détache (la boue)

ᐸᐦᑵᔅᒎᒋᓀᐤ pahkweschuuchineu vta
♦ il/elle en casse un morceau (à consistance d'argile) à la main

ᐸᐦᑵᔅᒎᒋᓇᒻ pahkweschuuchinam vti
♦ il/elle brise à la main un morceau de quelque chose semblable à de la boue

ᐸᐦᑵᔅᒎᒋᔥᑲᒻ pahkweschuuchishkam vti
♦ il/elle casse un morceau de boue sèche avec son poids

ᐸᐦᑵᔥᐌᐤ pahkweshweu vta ♦ il/elle en coupe une tranche, un morceau

ᐸᐦᑵᔑᑲᓀᐤ pahkweshikaneheu vta
♦ il/elle la/le farine à la main (par ex. du poisson)

ᐸᐦᑵᔑᑲᓀᐦᑖᐤ pahkweshikanehtaau vai+o
♦ il/elle le farine à la main; il/elle y ajoute de la farine

ᐸᐦᑵᔑᑲᓂᒌᔑᑳᐤ
pahkweshikanichiishikaau vii ♦ c'est vendredi, littéralement 'jour de la farine'

ᐸᐦᑵᔑᑲᓅᓀᐤ pahkweshikanuuneu vta
[Intérieur] ♦ il/elle y met de la farine à la main (par ex. du poisson)

ᐸᐦᑵᔑᑲᓅᓇᒻ pahkweshikanuunam vti -m
♦ il/elle y met de la farine (par ex. de la viande)

ᐸᐦᑵᔑᑲᓈᐴ pahkweshikanaapuu ni
♦ du bouillon épaissi avec de la farine

ᐸᐦᑵᔑᑲᓈᐴᒉᐤ
pahkweshikanaapuuhcheu vai ♦ il/elle prépare un bouillon épaissi de farine

ᐸᕁᐧᖱᔑᑲᐣ pahkweshikan na ♦ de la farine, du pain

ᐸᕁᐧᖱᔑᒣᐤ pahkweshimeu vta ♦ il/elle en casse un morceau en l'échappant, en la/le frappant contre quelque chose (par ex. un toboggan)

ᐸᕁᐧᖱᔕᒧᐌᐤ pahkweshamuweu vta ♦ il/elle en tranche un morceau pour elle/lui (par ex. de la banique)

ᐸᕁᐧᖱᓴᒼ pahkwesham vti ♦ il/elle le coupe mince, en tranche une couche; il/elle en coupe un morceau

ᐸᕁᐧᖱᔥᑯᐌᐤ pahkweshkuweu vta ♦ il/elle la/le casse avec son poids/corps/pied

ᐸᕁᐧᖱᔥᑲᒼ pahkweshkam vti ♦ il/elle le casse, le brise avec son poids

ᐸᕁᐧᖱᔦᒋᔗᐌᐤ pahkweyechishweu vta ♦ il/elle en coupe un morceau (par ex. une peau)

ᐸᕁᐧᖱᔮᐅᐦᒋᔥᑲᒼ pahkweyaauhchishkam vti ♦ il/elle brise, casse un morceau de terre sablonneuse avec son poids, en donnant un coup de pied

ᐸᕁᐧᖱᔮᐳᑌᐤ pahkweyaaputeu vii ♦ la terre est ravinée par la crue ou les hautes eaux; le courant arrache un morceau de terre

ᐸᕁᐧᖱᔮᐹᐚᐌᐤ pahkweyaapwaaweu vii [Côte] ♦ l'eau arrache quelque chose; la crue, le courant l'a emporté

ᐸᕁᐧᖱᔮᑯᓂᒋᐸᔫ pahkweyaakunichipayuu vii-i ♦ un morceau de neige se brise, se sépare

ᐸᕁᐧᖱᔮᑯᓂᒋᔥᑲᒼ pahkweyaakunichishkam vti ♦ il/elle casse, brise un bloc de neige en donnant un coup de pied, avec son poids

ᐸᕁᐧᖱᐊᒼ pahkweham vti ♦ il/elle casse, brise un morceau d'un objet avec un outil

ᐸᕁᐧᖱᐌᐤ pahkwehweu vta ♦ il/elle en casse un morceau avec un outil

ᐸᕁᐧᖱᐦᑎᑖᐤ pahkwehtitaau vai+o ♦ il/elle en casse un morceau en l'échappant, en le cognant sur quelque chose

ᐸᕁᐧᖱᐦᑕᒼ pahkwehtam vti ♦ il/elle en prend un morceau en mordant (par ex. un bonbon, du chocolat)

ᐸᕁᐧᖱᐦᑯᑌᐤ pahkwehkuteu vta ♦ il/elle en coupe ou tranche un morceau avec un couteau croche

ᐸᕁᐧᖱᐦᑯᑕᒼ pahkwehkutam vti ♦ il/elle en coupe un morceau avec un couteau croche

ᐸᕁᐧᖱᐦᑲᐦᐊᒼ pahkwehkaham vti ♦ il/elle en coupe un morceau à la hache

ᐸᐦᑯᐯᐅᔑᓯᐣ pahkupeuschisin ni [Intérieur] ♦ une botte cuissarde, des cuissardes, des bottes-pantalon

ᐸᐦᑯᐯᐤ pahkupeu vai ♦ il/elle avance ou patauge dans l'eau

ᐸᐦᑯᐯᑎᓈᐤ pahkupetinaau vii ♦ la montagne tombe à pic dans l'eau

ᐸᐦᑯᐯᔮᐱᔅᑳᐤ pahkupeyaapiskaau vii ♦ le rocher descend tout droit dans l'eau

ᐸᐦᑯᑎᓀᐤ pahkutineu vta ♦ il/elle la/le dégage, décolle à la main (une chose gelée sur quelque chose)

ᐸᐦᑯᑎᓇᒼ pahkutinam vti ♦ il/elle le débloque, le décolle à la main (un objet gelé sur quelque chose)

ᐸᐦᑯᑎᐦᑲᓲ pahkutihkasuu vai-u ♦ il/elle se relâche ou se desserre avec la chaleur

ᐸᐦᑯᑎᐦᑲᐦᑌᐤ pahkutihkahteu vii ♦ ça se desserre à la chaleur, se relâche sous l'effet de la chaleur

ᐸᐦᑯᑕᐌᓴᒼ pahkutawesam vti ♦ il/elle flambe les poils des pattes du castor

ᐸᐦᑯᑕᐦᐊᒼ pahkutaham vti ♦ il/elle le détache, le décolle (par ex. une chose gelée au sol)

ᐸᐦᑯᑕᐦᐌᐤ pahkutahweu vta ♦ il/elle la/le dégage, décolle (une chose collée au sol)

ᐸᐦᑯᑖᐦᑲᑎᓲ pahkutaahkatisuu vai-u ♦ il/elle se détache en séchant

ᐸᐦᑯᑖᐦᑲᑐᑌᐤ pahkutaahkatuteu vii ♦ ça se dégage en séchant

ᐸᐦᑯᒋᐱᑌᐤ pahkuchipiteu vta ♦ il/elle l'arrache (une chose collée); il/elle l'éviscère, la/le vide rapidement

ᐸᐦᑯᒋᐱᑕᒼ pahkuchipitam vti ♦ il/elle l'enlève, l'ôte, le retire (ce qui était collé sur quelque chose)

ᐸᐦᑯᒋᐸᔫ pahkuchipayuu vai/vii-i ♦ il/elle/ça se décolle, se dégage, se déprend

ᐸᐦᑯᓀᐤ pahkuneu vta ♦ il/elle l'écorche, l'écharne

ᐸᐦᑯᓂᒉᑯᐌᐤ pahkunichekuweu vai
♦ il/elle dépouille ou écorche un pékan

ᐸᐦᑯᓂᒋᔥᒁᐤ pahkunichishkweu vai
♦ il/elle dépouille ou écorche un rat musqué

ᐸᐦᑯᓂᒥᔅᒁᐤ pahkunimiskweu vai
♦ il/elle dépouille ou écorche un castor

ᐸᐦᑯᓂᒪᐦᐄᐦᑲᓀᐤ pahkunimahiihkaneu vai ♦ il/elle dépouille ou écorche un loup

ᐸᐦᑯᓂᓂᑯᒑᔓᐌᐤ pahkuninikuchaashuweu vai ♦ il/elle dépouille ou écorche un écureuil

ᐸᐦᑯᓂᓯᐦᑯᓱᐌᐤ pahkunisihkusuweu vai
♦ il/elle dépouille ou écorche une belette, une hermine

ᐸᐦᑯᓂᔅᒁᐤ pahkuniskweu vai [Waswanipi]
♦ il/elle dépouille ou écorche un ours

ᐸᐦᑯᓃᐤ pahkuniiu vai ♦ il/elle a une ampoule; elle (l'écorce d'arbre) se pèle ou s'enlève facilement (le bon temps d'aller chercher des piquets de clôture)

ᐸᐦᑯᓇᒋᑳᔓᐌᐤ pahkunachikaashuweu vai ♦ il/elle dépouille ou écorche un vison

ᐸᐦᑯᓇᒼ pahkunam vti ♦ il/elle l'écorche, lui enlève la peau

ᐸᐦᑯᓇᐦᒉᔓᐌᐤ pahkunahcheshuweu vai
♦ il/elle dépouille ou écorche un renard

ᐸᐦᑯᓈᐱᔑᐌᐤ pahkunaapishiweu vai
♦ il/elle dépouille ou écorche un lynx

ᐸᐦᑯᓈᐱᔥᑖᓄᐌᐤ pahkunaapishtaanuweu vai ♦ il/elle dépouille ou écorche une martre

ᐸᐦᑯᓈᐳᔍᐤ pahkunaapushweu vai
♦ il/elle dépouille ou écorche des lièvres

ᐸᐦᑯᓈᓃᐤ pahkunaaniiu vai/vii redup [Côte]
♦ il/elle/ça pèle ou s'enlève facilement (l'écorce d'un arbre)

ᐸᐦᑯᓈᐦᒋᒁᐤ pahkunaahchikweu vai
♦ il/elle dépouille ou écorche une loutre, un phoque

ᐸᐦᑯᓲ pahkusuu vai-u ♦ il/elle sent la chaleur du feu, du poêle (sans se brûler)

ᐸᐦᑯᐦᐁᐤ pahkuheu vta ♦ il/elle la/le détache, libère

ᐸᐦᑯᐆ pahkuhuu vai-u ♦ il/elle est libre, détaché-e (par ex. de ses liens)

ᐸᐦᑯᐆᑰ pahkuhuukuu vai-u ♦ il/elle bat, palpite, vibre (par ex. le pouls)

ᐸᐦᑯᐦᐊᔐᐤ pahkuhascheu vai [Intérieur]
♦ il/elle coupe un morceau de mousse gelée

ᐸᐦᑯᐦᑌᐦᐅᓐ pahkuhtehun na ♦ une ceinture

ᐸᐦᑯᐦᑌᐆ pahkuhtehuu vai-u ♦ il/elle porte une ceinture

ᐸᐦᑲᑌᐤ pahkateu vii ♦ c'est grillé, roussi, partiellement brûlé

ᐸᐦᑲᓲ pahkasuu vai-u ♦ il/elle est roussi-e, brûlé-e

ᐸᐦᑲᓱᐙᑲᓐ pahkasuwaakan ni ♦ un grille-pain

ᐸᐦᑲᐦ pahkahan vii ♦ ça bat (par ex. le coeur)

ᐸᐦᑳᓂᐱᑌᐤ pahkaanipiteu vta ♦ il/elle les sépare en tirant (par ex. des poissons congelés, des personnes qui se battent)

ᐸᐦᑳᓂᐱᑕᒼ pahkaanipitam vti ♦ il/elle sépare des choses en tirant

ᐸᐦᑳᓂᑳᐳ pahkaanikaapuu vai-uu
♦ il/elle est debout à part

ᐸᐦᑳᓂᒋᐦᒂᒨ pahkaanichihkwaamuu vai-i
♦ il/elle dort à part, tout-e seul-e

ᐸᐦᑳᓂᓯᐤ pahkaanisiiu vai ♦ il/elle est à part; il/elle est séparé-e, seul-e

ᐸᐦᑳᓂᔥᑖᐤ pahkaanishtaau vai+o
♦ il/elle le met à part, à côté, de côté

ᐸᐦᑳᓂᐦᐁᐤ pahkaaniheu vta ♦ il/elle la/le met de côté

ᐸᐦᑳᓂᐦᐅᑖᐤ pahkaanihutaau vai+o
♦ il/elle l'emporte en canot à part

ᐸᐦᑳᓃᑳᐦᑎᓲ pahkaaniikaahtisuu vai-u
♦ il/elle fait quelque chose tout-e seul-e

ᐸᐦᑳᓇᐳ pahkaanapuu vai-i ♦ il/elle est assis-e tout-e seul-e

ᐸᐦᑳᓇᐦᐊᒼ pahkaanaham vti ♦ il/elle le distribue

ᐸᐦᑲᓈᐦᐊᒻ pahkaanaham vti ♦ il/elle sépare des choses avec un outil

ᐸᐦᑲᓈᐦᐌᐤ pahkaanahweu vta ♦ il/elle les sépare avec un outil

ᐸᐦᑳᓈᔅᑲᐦᑎᒣᐤ pahkaanaaskahtimeu vta ♦ il/elle la/le congèle à part, séparément

ᐸᐦᑳᓈᔅᑲᐦᑎᐦᑖᐤ pahkaanaaskahtihtaau vai+o ♦ il/elle le congèle à part (par ex. de la viande de caribou, d'orignal)

ᐸᐦᑳᓈᔑᑰ pahkaanaashikuu vii -uu ♦ ça coule à part, séparément

ᐸᐦᑳᓐ pahkaan p,manière ♦ à part, par soi-même, en soi, isolément; isolé-e, séparé-e, seul-e ■ ᓂᔥ ᐸᐦᑳᓐ ᐊᐃᔨᐤ ■ Elle vit seule.

ᐸᐦᒁᒌᔥ pahkwaachiish na dim ♦ une chauve-souris

ᐸᐦᒀᔨᐌᓴᒻ pahkwaayiwesam vti [Côte] ♦ il/elle fait chauffer la queue du castor au feu pour en peler la peau

ᐸᐦᒋᑰᓂᑲᓐ pahchikuunikan ni ♦ un compte-gouttes, un compte-gouttes oculaire

ᐸᐦᒋᔅᑕᐦᐋᐌᐤ pahchistahaaweu vai ♦ il/elle (par ex. un oiseau) pond des oeufs

ᐸᐦᒋᔑᒧᐦᑳᓲ pahchishimuhkaasuu vai -u ♦ il/elle fait semblant de trébucher sur quelque chose et tomber

ᐸᐦᒋᔑᒨ pahchishimuu vai -u ♦ il (le soleil) se couche; il/elle est tombé-e volontairement ou par exprès

ᐸᐦᒋᔑᓐ pahchishin vai ♦ il/elle tombe

ᐸᐦᒋᔥᑲᕽᑦ pahchishkaham vti ♦ il/elle le fait exploser en tirant dessus

ᐸᐦᒋᔥᑲᐦᐌᐤ pahchishkahweu vta ♦ il/elle la/le fait exploser en tirant dessus (par ex. un oiseau)

ᐹ

ᐹᐅᑎᒣᐤ paautimeu vta [Côte] ♦ il/elle la/le fait sécher au vent (une peau)

ᐹᐅᑎᓐ paautin vii [Côte] ♦ c'est desséché par le vent, le gel

ᐹᐅᑎᐦᑖᐤ paautihtaau vai+o [Côte] ♦ il/elle le fait sécher en le laissant geler au vent

ᐹᐅᒍ paauchuu vai -i [Côte] ♦ il/elle est séché-e par le vent et le froid (par ex. une peau de fourrure)

ᐹᐅᓂᑎᓐ paaunitin vii [Intérieur] ♦ c'est desséché par le vent, le gel

ᐹᐅᓂᑎᐦᑖᐤ paaunitihtaau vai+o [Intérieur] ♦ il/elle le fait sécher en le laissant geler au vent

ᐹᐅᓂᒍ paaunichuu vai -i [Intérieur] ♦ il/elle est séché-e par le vent, le froid (par ex. une peau de fourrure)

ᐹᐅᓃᐤ paauniiu vai ♦ il/elle tombe d'inanition; il/elle s'évanouit, tombe sans connaissance à cause de la faim

ᐹᐅᓈᔥᑲᒍ paaunaashkachuu vai -i [Côte] ♦ il/elle est séché-e par le vent, le froid (par ex. une peau de fourrure)

ᐹᐅᔥᑎᑯᐱᔦᓲ paaushtikupiyesuu na -shiish ♦ un arlequin plongeur Histrionicus histrionicus

ᐹᐅᔥᑎᑰᔒᔥ paaushtikuushiish ni dim ♦ un petit rapide, de petits rapides

ᐹᐱᒍ paapichuu vai redup -i ♦ il/elle revient de son camp en traîneau, l'hiver

ᐹᐱᓯᐯᒋᐸᔨᐦᑖᐤ paapisipechipayihtaau vai+o [Intérieur] ♦ il/elle fait ricocher une roche sur l'eau

ᐹᐱᓯᐯᒋᐸᔳ paapisipechipayuu vai/vii -i ♦ il/elle/ça effleure l'eau, passe au ras de l'eau

ᐹᐱᐦᒋᐯᔥᑖᓐ paapihchipeshtaan vii redup ♦ la pluie commence à peine; il tombe des gouttelettes

ᐹᐱᐦᔮᐤ paapihyaau vai redup ♦ il/elle vient en volant

ᐹᐹᑯᐱᑌᐤ paapakupiteu vta redup ♦ il/elle la/le pèle, l'écorce (par ex. un animal, un arbre)

ᐹᐹᑯᐱᑕᒻ paapakupitam vti redup ♦ il/elle le pèle, l'écorce

ᐹᐹᑯᐸᔳ paapakupayuu vai/vii redup -i ♦ il/elle/ça pèle; ça se détache tout seul

ᐹᐹᑯᒣᐤ paapakumeu vta redup ♦ il/elle gruge l'écorce d'un arbre (un castor)

ᐹᐹᑯᓀᐤ paapakuneu vta redup ♦ il/elle la/le pèle (par ex. une orange)

ᕙᕙᑯᓂᐦᐧᐁᐅ **paapakunehweu** vai redup
[Côte] ♦ il/elle perce des trous dans
les cadres de raquettes

ᕙᕙᑯᓂᔥᑯᔦᐅ **paapakunishkuyeu** vai redup
♦ il/elle pèle l'écorce d'un bouleau;
il/elle écorce un bouleau

ᕙᕙᑯᓇᒻ **paapakunam** vti redup ♦ il/elle
le pèle, l'écorce avec ses mains

ᕙᕙᑯᔐᐱᑌᐅ **paapakushepiteu** vta redup
♦ il/elle l'écorche, l'écorce, la/le pèle

ᕙᕙᑯᔐᔑᓐ **paapakusheshin** vai redup
♦ il/elle s'écorche, s'égratigne,
s'érafle sur une surface rude

ᕙᕙᑯᔑᐧᐁᐅ **paapakushweu** vta redup
♦ il/elle la/le pèle avec un couteau
(par ex. une pomme)

ᕙᕙᑯᔑᑲᓐ **paapakushikan** ni ♦ une
éplucheuse, un éplucheur (par ex. pour
les légumes)

ᕙᕙᑯᔑᓐ **paapakushin** vai redup ♦ il/elle
s'écorche, s'égratigne, s'érafle

ᕙᕙᑯᔕᒻ **paapakusham** vti redup ♦ il/elle
le pèle, l'écorce avec un couteau

ᕙᕙᑯᐦᐄᑲᓐ **paapakuhiikan** ni ♦ un
couteau, un racloir, un grattoir (par ex.
pour la tapisserie)

ᕙᕙᑯᐦᐄᒉᓀᐅ **paapakuhiicheneu** vta
♦ il/elle l'écorce à la main (un arbre)

ᕙᕙᑯᐦᐄᒉᓇᒻ **paapakuhiichenam** vti
♦ il/elle l'écorce, en pèle l'écorce à la
main

ᕙᕙᑯᐦᐄᒉᔅᑲᐦᐊᒻ **paapakuhiicheskaham**
vti ♦ il/elle écorce un arbre, en pèle
l'écorce avec un outil

ᕙᕙᑯᐦᐄᒉᔅᑲᐦᐧᐁᐅ
paapakuhiicheskahweu vta ♦ il/elle
écorce un arbre avec un outil

ᕙᕙᑯᐦᐊᒻ **paapakuham** vti redup ♦ il/elle
le pèle, l'écorce avec quelque chose

ᕙᕙᑯᐦᐧᐁᐅ **paapakuhweu** vta redup
♦ il/elle l'écorce (un arbre) en
utilisant quelque chose (par ex. une
hache)

ᕙᕙᑲᐧᐋᐱᔅᒋᐸᔫ **paapakwaapischipayuu** vii
redup -i ♦ ça pèle, se détache (métal);
quelque chose de métallique pèle

ᕙᕙᔨᐦᐁᐅ **paapayiheu** vta redup ♦ il/elle
arrive en la/le conduisant (par ex. une
motoneige)

ᕙᕙᔨᐦᑖᐅ **paapayihtaau** vai+o redup
♦ il/elle arrive avec; il/elle le vomit

ᕙᕙᔫ **paapayuu** vai redup -i ♦ il/elle vient;
il/elle arrive en conduisant

ᕙᕙᐦᑤᐅ **paapahtwaau** vai redup ♦ il/elle
vient en courant avec

ᕙᕙᐦᒋᑯᐎᓐ **paapahchikuwin** vii redup
♦ ça a une fuite (par ex. une maison)

ᕙᕙᐦᒋᑰ **paapahchikuu** vai redup -uu
♦ il/elle coule, dégoutte, dégouline

ᕙᕙᐦᒋᑰᓀᐅ **paapahchikuuneu** vta redup
♦ il/elle la/le fait égoutter à la main

ᕙᕙᐦᒋᑰᓇᒻ **paapahchikuunam** vti redup
♦ il/elle le fait dégoutter à la main, le
laisse couler goutte à goutte

ᕙᕙᐦᒋᑰᐦᐁᐅ **paapahchikuuheu** vta redup
♦ il/elle la/le fait égoutter

ᕙᕙ **paapaa** na voc ♦ papa! du français
'papa'

ᐹᑎᒫᐦ **paatimaah** p,temps ♦ dans peu de
temps, bientôt, vite; après, plus tard ■
ᐋᐧᑦ ᐹᑎᒫᐦ ᐴᒋ ᒋᔑᔥᓂᑳ ■ *Elle sera ici plus
tard.*

ᐹᑎᒫᐦᐱᓀᐦᐧᐁᐅ **paatimaahpinehweu** vta
♦ il/elle l'atteint (en tirant du fusil),
mais elle/il vole un peu plus loin avant
de tomber

ᐹᑎᔥ **paatish** p,temps ♦ avant, avant que,
jusqu'à plus tard, jusqu'à ce que; pas
avant ■ ᐹᑎᔥ ᒥᔮᐧ ᐊᐦᒉᐦᐸᐅ ᒪ ᑦ
ᐳᑎᐧᖬ ■ *Tu ne peux les emmener avant
qu'ils soient tous là.*

ᐹᑯᒡ **paakuch** p,lieu [Intérieur] ♦ dans la
nature, en milieu sauvage, au fond des
bois, en pleine forêt; une région
reculée ou éloignée ■ ᐹᑯᒡ ᐊᐦᒉᐦ ᐊ
·ᐊᐦᐊᐱᐦ ■ *La cabane se trouve au fond
des bois.*

ᐹᑯᒥᐦᑴᐅ **paakumihkweu** vai ♦ il/elle
crache du sang

ᐹᑯᒧᐎᓐ **paakumuwin** ni ♦ du vomi, un
vomissement, une vomissure

ᐹᑯᒧᑌᐸᔨᐦᐆ **paakumutepayihuu** vai -u
♦ il/elle vomit pour avoir trop bougé
après avoir mangé

ᐹᑯᒧᑌᐸᔫ **paakumutepayuu** vai -i
♦ il/elle vomit à cause du mouvement

ᐹᑯᒧᑌᓀᐅ **paakumuteneu** vta ♦ il/elle
la/le fait vomir avec son doigt

ᐹᑯᒧᑌᔑᓂᑖᐅ **paakumuteschinitaau** vai+o
♦ il/elle le remplit tellement que ça
déborde

206

ᐸᑯᒧᐦᑰᔪ°   paakumuteshkuuyeu vta
  • il/elle lui donne trop à manger et la/le fait vomir
ᐸᑯᒧᐦᑰᔪ   paakumuteshkuuyuu vai -yi
  • il/elle vomit pour avoir trop mangé
ᐸᑯᒍᑕᒻ   paakumututam vti • il/elle le vomit; il/elle vomit sur quelque chose
ᐸᑯᒧᐦᑳᑯ   paakumushkaakuu vai -u • ça le/la fait vomir (par ex. en donnant quelque chose à manger, en lui tombant dessus)
ᐸᑯᒧᐦᑐᐍ°   paakumuhtuweu vta
  • il/elle lui vomit dessus
ᐸᑯᒧᐦᑖᓲ   paakumuhtaasuu vai reflex -u • il vomit sur lui-même, elle vomit sur elle-même
ᐸᑯᐢᑌᒍᐎᓐ   paakustechuwin vii • l'eau est très peu profonde dans les rapides; les rapides sont presque secs
ᐸᑳᒋᐦᑖᐤ   paakachishtaau vai+o • il/elle tasse la neige en marchant dessus
ᐸᑳᒋᐦᑲᒻ   paakachishkam vti • il/elle tasse la neige en passant souvent dessus
ᐸᑳᒑᐴ   paakachaapuu vai -i • il/elle a un oeil enflé; son oeil est enflé
ᐸᑲᓂᒉᐸᔪ   paakanichepayuu vai -i
  • il/elle a les gencives enflées; ses gencives enflent
ᐸᑲᓐ   paakan vii • c'est gonflé, enflé; ça gonfle, enfle
ᐸᑳᐱᑌᐤ°   paakaapiteu vai • il/elle a un abcès dentaire; sa gencive est enflée
ᐸᑳᐴ   paakaapuu vai -i • il/elle a un oeil enflé, boursouflé, tuméfié
ᐸᐠᐚᐤ°   paakwaau vii • c'est peu profond [Côtier], presque sec [Intérieur]
ᐸᐠᐚᐱᔒᒍᐎᓐ   paakwaapischichuwin vii
  • l'eau est très peu profonde dans les rapides; les rapides sont presque secs
ᐹᒋᐐᔨᐦᑿᐸᔪ   paachiwiiyihkwepayuu vai -i • il/elle a une amygdalite, a les amygdales enflées
ᐹᒋᐱᑐᓀᐸᔪ   paachipitunepayuu vai -i
  • il/elle a le bras enflé; son bras enfle
ᐹᒋᐸᔪ   paachipayuu vai/vii -i • il/elle/ça enfle, se gonfle; c'est gonflé
ᐹᒋᑎᐦᒉᐸᔪ   paachitihchepayuu vai -i
  • il/elle a la main enflée; sa main enfle

ᐹᒋᑑᐢᑯᓀᐸᔪ   paachituuskunepayuu vai -i
  • il/elle a le coude enflé; son coude enfle
ᐹᒋᑯᑌᐸᔪ   paachikutepayuu vai -i • son nez enfle; il/elle a le nez enflé
ᐹᒋᑯᔨᐍᐸᔪ   paachikuyiwepayuu vai -i
  • son cou enfle; il/elle a le cou enflé
ᐹᒋᑯᐦᑕᐡᑴᐸᔪ   paachikuhtashkwepayuu vai -i • il/elle a la gorge enflée; sa gorge enfle
ᐹᒋᑳᑌᐸᔪ   paachikaatepayuu vai -i • sa jambe enfle
ᐹᒋᓄᐍᐸᔪ   paachinuwepayuu vai -i
  • il/elle a la joue enflée; sa joue enfle
ᐹᒋᓯᑌᐸᔪ   paachisitepayuu vai -i
  • il/elle a le pied enflé; son pied enfle
ᐹᒋᓲ   paachisuu vai -i • il/elle est enflé-e
ᐹᒋᐢᑐᐍᐸᔪ   paachistuwepayuu vai -i • il/elle a la lèvre supérieure enflée; sa lèvre supérieure enfle
ᐹᒋᐢᑐᓀᐸᔪ   paachistunepayuu vai -i
  • il/elle a la bouche enflée; sa bouche enfle
ᐹᒋᔐᐸᔪ   paachishepayuu vai -i • il/elle a la lèvre enflée; sa lèvre enfle
ᐹᒋᐡᑎᒁᓀᐸᔪ   paachishtikwaanepayuu vai -i • il/elle a la tête enflée; sa tête enfle
ᐹᒋᐡᒋᔐᐤ   paachishchisheu vai • il/elle a la lèvre supérieure enflée; sa lèvre supérieure est enflée
ᐹᒋᐦᐸᓀᐸᔨᐚᐢᐱᓀᐎᓐ
  paachihpanepayiwaaspinewin ni
  • une pneumonie, la maladie des poumons enflés
ᐹᒋᐦᐸᓀᐸᔪ   paachihpanepayuu vai -i
  • il/elle a les poumons enflés; il/elle souffre de pneumonie
ᐹᒋᐦᑑᑲᔦᐸᔪ   paachihtuukayepayuu vai -i
  • il/elle a l'oreille enflée; son oreille enfle
ᐹᒋᐦᑸᐤ°   paachihkweu vai • il/elle a la face enflée ou grosse; sa face enfle
ᐹᒋᐦᑴᐸᔪ   paachihkwepayuu vai -i
  • il/elle a la face enflée; sa face enfle
ᐹᒋᐦᑯᓀᐸᔪ   paachihkunepayuu vai -i
  • il/elle a la cheville enflée; sa cheville enfle

ᐸᒋᐦᒋᑯᓀᐸᔪ paachihchikunepayuu vai -i ♦ il/elle a le genou enflé; son genou enfle

ᐸᓀᐱᑌᐤ paanepiteu vta ♦ il/elle l'étire, l'ouvre

ᐸᓀᐱᑕᒼ paanepitam vti ♦ il/elle l'étend, l'ouvre (par ex. de la mousse)

ᐸᓀᐸᔪ paanepayuu vai/vii -i ♦ il/elle/ça s'ouvre, s'étend, se développe (par ex. un bourgeon qui s'ouvre)

ᐸᓀᔮᔥᑎᓐ paaneyaashtin vii ♦ c'est soulevé par le vent

ᐸᓀᔮᔥᔔ paaneyaashshuu vai ♦ il/elle est soulevé-e, ouvert-e par le vent

ᐸᓂᐸᔪ paanipayuu vai/vii -i ♦ il/elle/ça s'ouvre, s'étend, se développe

ᐸᓂᑮᑲᓱ paanikiikasuu vai reflex ♦ il/elle se fait des crêpes

ᐸᓂᑮᒃ paanikiik na -im ♦ une crêpe, de l'anglais 'pancake'

ᐸᓂᔐᔮᐤ paanischeyaau vii ♦ le tipi est ouvert au sommet

ᐸᓂᔅᒋᐦᒁᔪ paanischihkwaayuu ni -yim / -yuum ♦ une poignée de poêle à frire

ᐸᓂᔥᐌᐤ paanishweu vta ♦ il/elle la/le coupe pour l'ouvrir et la/le faire sécher ou frire (du castor)

ᐸᓂᔕᒼ paanisham vti ♦ il/elle la tranche (la viande) une fois pour l'ouvrir et l'étendre pour le séchage, la friture

ᐸᓂᔖᐌᐤ paanishaaweu vai ♦ il/elle coupe quelque chose pour l'ouvrir (par ex. de la viande, du poisson à sécher ou à frire)

ᐸᓂᔖᐌᐸᔪ paanishaawepayuu vai/vii -i ♦ il/elle/ça s'ouvre, se sépare, se défait (par ex. une boîte)

ᐸᓇᔅᒋᐦᒄ paanaschihkw na ♦ une poêle à frire

ᐸᓇᐦᐊᒼ paanaham vti ♦ il/elle l'ouvre avec un outil (par ex. creuse dans la neige jusqu'au sol)

ᐸᓈᐦᑯᐦᑌᐤ paanaahkuhteu vii ♦ c'est un endroit où la neige a fondu et le sol est exposé

ᐹᔗ paasweu vta ♦ il/elle la/le sèche, fait sécher

ᐹᓯᑰᐦᑰᔖᐚᓐ paasikuuhkuushaawaan na ♦ du bacon

ᐹᓯᒋᒎᐎᓐ paasichichuwin vii ♦ le courant d'eau passe par-dessus (un barrage)

ᐹᓯᒎᐌᐦᔮᐤ paasichuwehyaau vai ♦ il/elle vole au-delà d'un endroit (oiseau)

ᐹᓯᒥᓈᓐᐦ paasiminaanh ni pl ♦ de petits fruits séchés, des baies séchées

ᐹᓯᓄᐚᓐ paasinuwaan ni ♦ de la viande séchée

ᐹᓯᓈᓱᐚᐦᑎᒄ paasinaasuwaahtikw ni ♦ un bâton pour suspendre des choses à sécher dans un tipi

ᐹᓯᓈᓱᓂᔮᐱ paasinaasuniyaapii ni -m ♦ une corde pour étendre le linge à sécher dans un tipi

ᐹᓯᓈᓱ paasinaasuu vai -u ♦ il/elle fait sécher des vêtements mouillés

ᐹᓲ paasuu vai -u ♦ il est sec, elle est sèche (par ex. une peau)

ᐹᓴᒼ paasam vti ♦ il/elle le fait sécher

ᐹᓴᔍ paasascheu vai ♦ il/elle fait sécher de la mousse pour les couches

ᐹᓵᔨᐚᓐ paasaayiwaan ni ♦ une queue de castor fendue et suspendue à sécher

ᐹᓵᐦᑯᒡ paasaahkuch na pl [Côte] ♦ des oeufs de poisson séchés, de la rogue

ᐹᓵᐦᒁᓇᒡ paasaahkwaanach na pl [Intérieur] ♦ des oeufs de poisson séchés, de la rogue

ᐹᔅᐹᔅᑎᒌᐤ paaspaastichiiu vai ♦ il (un chien) se lèche le museau

ᐹᔅᑌᒋᓂᑲᓐ paastechinikan ni ♦ une page

ᐹᔅᑌᒋᓇᒼ paastechinam vti ♦ il/elle tourne la page

ᐹᔅᑎᓯᑯᐸᔪ paastisikupayuu vai/vii -i ♦ il/elle est crevassé-e, craquelé-e, fissuré-e; c'est crevassé, craquelé, fissuré (la glace)

ᐹᔅᑎᓯᑯᔑᒣᐤ paastisikushimeu vta ♦ il/elle la/le fend, casse en la/le frappant sur quelque chose (de la glace)

ᐹᔅᑎᓯᑯᔥᑲᒼ paastisikushkam vti ♦ il/elle la fait craquer, la brise (la glace) avec son poids

ᐹᔅᑎᓯᒁᐤ paastisikwaau vii ♦ c'est une fissure dans la glace

ᐹᔅᑐᓀᐅᔅᒌ paastuneuschii na -m [Intérieur] ◆ l'Amérique

ᐹᔅᑰᓀᓇᒼ paaskuunenam vti ◆ il/elle (par ex. un animal) laisse des traces visibles en marchant dans la neige après une tempête

ᐹᔅᑰᓀᐦᐊᒼ paaskuuneham vti ◆ il/elle laisse des traces visibles en passant en véhicule dans la neige après une tempête

ᐹᔅᑲᑖᐅᐦᑳᔔ paaskataauhkaashuu vai -i ◆ il/elle est dégagé-e du sable par le vent; le vent le dégage du sable

ᐹᔅᑲᑖᐅᐦᑳᔥᑎᓐ paaskataauhkaashtin vii ◆ le sol est découvert par le vent qui souffle

ᐹᔅᑲᑖᔔ paaskataashuu vai -i ◆ il/elle est dégagé-e du sable par le vent (par ex. sa trace)

ᐹᔅᑲᐦᐊᔅᒉᐤ paaskahascheu vai [Intérieur] ◆ il/elle coupe un morceau de mousse gelée (par ex. pour faire des couches, inclut l'enlèvement de la neige)

ᐹᔅᑲᐦᐋᐌᐤ paaskahaaweu vai ◆ il y a des oeufs qui éclosent

ᐹᔅᑳᐅᐦᑳᐹᐌᐤ paaskaauhkaapaaweu vii ◆ c'est découvert par l'eau dans le sable

ᐹᔅᑳᐅᐦᑳᔥᑎᓐ paaskaauhkaashtin vii ◆ ça a été dégagé du sable par le vent

ᐹᔅᑳᑯᓀᔥᑲᒼ paaskaakuneshkam vti ◆ il/elle va refaire le sentier, battre son sentier après une tempête de neige

ᐹᔅᑳᓐ paaskaan p,temps ◆ avant, avant que, jusqu'à, jusqu'à ce que ▪ ᐹᔅᑳᓐ ᒦᓐ ᓃᐱᓃᒉ ᑲᑕ ᐹᐸᔫᕽ ▪ *Elle ne reviendra pas avant l'été prochain.*

ᐹᔅᒋᐱᑌᐤ paaschipiteu vta ◆ il/elle lui retire sa couverture

ᐹᔅᒋᐱᑕᒼ paaschipitam vti ◆ il/elle en enlève le couvercle, en tire la couverture

ᐹᔅᒋᑐᓀᔫ paaschituneyuu vai -u ◆ il/elle ouvre la bouche (mot biblique)

ᐹᔅᒋᓀᐤ paaschineu vta ◆ il/elle la/le découvre

ᐹᔅᒋᓇᒼ paaschinam vti ◆ il/elle le découvre

ᐹᔅᒋᓈᐦᒁᓐ paaschinaahkwaan ni ◆ un lycopode *Lycopodium sp.*

ᐹᔅᒋᔌᐤ paaschisweu vta ◆ il/elle l'abat d'un coup de fusil, lui tire dessus

ᐹᔅᒋᓯᑲᓈᐱᔅᒄ paaschisikanaapiskw ni ◆ un canon d'arme, de fusil

ᐹᔅᒋᓯᑲᓈᐸᒋᐦᑖᐏᓐᐦ paaschisikanaapachihtaawinh ni pl ◆ des munitions (spécialement pour un fusil à chargement par la bouche)

ᐹᔅᒋᓯᑲᓐ paaschisikan ni ◆ une arme, un fusil, un pistolet

ᐹᔅᒋᓯᒉᐤ paaschisicheu vai ◆ il/elle tire

ᐹᔅᒋᓯᒉᔥᑕᒧᐌᐤ paaschisicheshtamuweu vta ◆ il/elle tire du fusil pour elle/lui

ᐹᔅᒋᓴᒼ paaschisam vti ◆ il/elle tire dessus, l'abat

ᐹᔅᒋᔥᑯᐌᐤ paaschishkuweu vta ◆ il/elle la/le découvre avec ses pieds; il/elle la/le persuade

ᐹᔅᒋᔥᑲᒼ paaschishkam vti ◆ il/elle le découvre avec ses pieds

ᐹᔅᒋᐦᑌᓇᒧᐌᐤ paaschihtenamuweu vta ◆ il/elle l'ouvre pour elle/lui (par ex. une porte)

ᐹᔅᒋᐦᑌᓇᒼ paaschihtenam vti ◆ il/elle l'ouvre (par ex. le rabat de la porte du tipi)

ᐹᔅᒋᐦᑵᔗᐤ paaschihkweshweu vta ◆ il/elle la/le coupe accidentellement en l'écorchant et le sang coule sur la fourrure (d'un castor)

ᐹᔅᒋᐦᑵᔑᒣᐤ paaschihkweshimeu vta ◆ il/elle la/le couche avec le visage découvert

ᐹᔅᒋᐦᑵᔫ paaschihkweyuu vai -i ◆ il/elle se découvre la face

ᐹᔅᒋᐦᑵᐦᑎᑖᐤ paaschihkwehtitaau vai+o ◆ il/elle l'ouvre en le cognant sur quelque chose (par ex. une coupure); il/elle le fait se découvrir en l'échappant ou le cognant sur quelque chose

ᐹᔅᒎᓵᐌᐤ paaschuusaaweu vai [Intérieur] ◆ il/elle fait de la confiture de bleuet

ᐹᔅᒎᓵᐚᓂᐦᒉᐤ paaschuusaawaanihcheu vai ◆ il/elle fait de la confiture de bleuet

ᐹᔅᒎᓵᐚᓈᑯᓐ paaschuusaawaanaakun vii ◆ c'est pourpre, mauve

ᐸᔆᒎᐧᐊᓈᑯᓱ paaschuushaawaanaakusuu vai -i
 • il/elle est mauve, pourpre; il est violet, elle est violette

ᐸᔆᒎᐊᐤ paaschuusaawaan ni
[Intérieur] • de la confiture faite maison

ᐸᔑᓇᒧᐌᐤ paashitinamuweu vta
 • il/elle lui passe quelque chose à la main par-dessus quelque chose (par ex. une clôture)

ᐸᔑᑕᐦᐊᒼ paashitaham vti • il/elle passe par-dessus; il/elle va au-delà de quelque chose; il/elle tire au-dessus de quelque chose

ᐸᔑᑕᐦᐌᐤ paashitahweu vta • il/elle fait mieux qu'elle/que lui, la/le surpasse, tire par-dessus elle/lui

ᐸᔑᑖᐤᒡ paashitaauch p,lieu • l'autre côté de la montagne, au-delà de la montagne

ᐸᔑᑖᐤᐦᑲᒼ paashitaauhkaham vti
 • il/elle passe sur une crête et descend de l'autre bord, monte sur une montagne et descend de l'autre côté

ᐸᔑᑰᔨᐦᑕᒼ paashikweyihtam vti
 • il/elle est surexcité-e

ᐸᔑᑯᓈᑯᓐ paashikunaakun vii • ça disparaît de la vue

ᐸᔑᒀᐸᐦᑕᒼ paashikwaapahtam vti
 • il/elle le voit disparaître de vue

ᐸᔑᒀᑎᓐ paashikwaatin vii • le temps est à la tempête; c'est une tempête de neige

ᐸᔥᐸᔥᑌᐤ paashpaashteu na • un pic tridactyle, un pic à dos rayé *Picoides tridactylus*, aussi un pic à dos noir *Picoides arcticus*, un pic mineur *Picoides pubescens*

ᐸᔥᑌᒥᐦᒋᒻ paashteumiichim ni • des aliments séchés

ᐸᔥᑌᔮᔅ paashteuyaas ni -im • de la viande d'orignal ou de caribou séchée

ᐸᔥᑌᐤ paashteu vii • c'est sec

ᐸᔥᑎᐱᑌᐤ paashtipiteu vta • il/elle l'ouvre, la/le fait craquer en tirant

ᐸᔥᑎᐱᑕᒼ paashtipitam vti • il/elle le casse, le fend, le fait craquer en tirant

ᐸᔥᑎᐸᔫ paashtipayuu vai/vii -i
 • il/elle/ça fend, se fissure, se fendille

ᐸᔥᑎᒣᐤ paashtimeu vta • il/elle la/le fait craquer avec ses dents

ᐸᔥᑎᓀᐤ paashtineu vta • il/elle l'ouvre, la/le fait craquer à la main

ᐸᔥᑎᓀᐸᔫ paashtinepayuu vii -i • ça craque, se fissure tout seul (du verre, du bois)

ᐸᔥᑎᓀᐦᐊᒼ paashtineham vti • il/elle le casse, le fend, le fait craquer en cognant (du verre, du bois)

ᐸᔥᑎᓂᑲᓐ paashtinikan ni • un très court portage (où on n'a qu'à tirer le canot)

ᐸᔥᑎᓃᒉᐤ paashtinicheu vai • il/elle fait un court portage sur les rochers

ᐸᔥᑎᓇᒼ paashtinam vti • il/elle le fend, le fait craquer avec ses mains

ᐸᔥᑎᓯᑯᔥᑯᐌᐤ paashtisikushkuweu vta
 • il/elle brise la glace avec son poids

ᐸᔥᑎᓯᑯᐦᐌᐤ paashtisikuhweu vta
 • il/elle brise la glace avec un outil

ᐸᔥᑎᔥᑎᒀᓀᐤ paashtishtikwaaneu vai
[Intérieur] • il/elle a le crâne fendu

ᐸᔥᑎᔥᑎᒀᓀᔑᓐ paashtishtikwaaneshin vai • il/elle s'est fendu le crâne en tombant

ᐸᔥᑎᔥᑯᐌᐤ paashtishkuweu vta
 • il/elle la/le brise avec son poids

ᐸᔥᑎᔥᑲᒼ paashtishkam vti • il/elle le casse, le fend, le fait craquer avec son poids

ᐸᔥᑎᐦᐄᑲᓀᐤ paashtihiikaneu vai -u
 • il/elle casse des os d'un animal pour en retirer la moelle et la manger

ᐸᔥᑎᐦᐄᑲᓂᓲ paashtihiikanisuu vai -u
 • il/elle fend ou casse l'os pour en retirer la moelle

ᐸᔥᑎᐦᑎᑖᐤ paashtihtitaau vai+o • il/elle le fend ou le casse

ᐸᔥᑎᐦᑕᒼ paashtihtam vti • il/elle le casse, le fend, le fait craquer avec les dents

ᐸᔥᑐᓀᐤ paashtuneu na -em [Intérieur]
 • un Américain, une Américaine

ᐸᔥᑕᒋᓐ paashtachin p,lieu • directement par-dessus, juste au-dessus de la montagne, tout droit par-dessus la montagne

ᐸᔥᑕᐦᐄᐯᐤ paashtahiipeu vii • ça déborde

ᐸᐋᔅᑖᐦᐄᑲᓂᓲ **paashtahiikanisuu** vai -u
* il/elle extrait de la moelle osseuse pour la manger

ᐸᐋᔅᑖᐅᑲᐦᐊᒼ **paashtaaukaham** vti
* il/elle marche de l'autre côté de la montagne, de la colline

ᐸᐋᔅᑖᐯᔥᑳᑰ **paashtaapeshkaakuu** vai -u
* il (un liquide) monte dans ses voies nasales et l'étouffe

ᐸᐋᔅᑖᐱᔅᑲᐦᐊᒼ **paashtaapiskaham** vti
* il/elle marche de l'autre côté de la montagne

ᐸᐋᔅᑖᐸᔨᐦᐆ **paashtaapayihuu** vai -u
* il/elle est agité-e et part dans la mauvaise direction

ᐸᐋᔅᑖᐸᐋᐅᑖᐤ **paashtaapaautaau** vai+o
* il/elle le fait déborder, le déverse

ᐸᐋᔅᑖᐸᐋᐌᐤ **paashtaapaaweu** vii
* ça déborde

ᐸᐋᔅᑖᐹᐛᐌᐤ **paashtaapwaaweu** vii
* ça déborde

ᐸᐋᔅᑖᑎᔑᒨ **paashtaatishimuu** vai -u
* il/elle se sauve dans la mauvaise direction dans sa hâte de s'échapper

ᐸᐋᔅᑖᒌᐌᑎᓐ **paashtaachiiwetin** vii
* c'est un vent du nord-ouest

ᐸᐋᔅᑖᒎᓲ **paashtaachuusuu** vai -u
* il/elle déborde en bouillant

ᐸᐋᔅᑖᒎᐦᑌᐤ **paashtaachuuhteu** vii
* ça déborde en bouillant

ᐸᐋᔅᑖᒧᐎᓐ **paashtaamuwin** ni
* un blasphème

ᐸᐋᔅᑖᒧᔖᐌᑎᓐ **paashtaamushaawetin** vii
* c'est un vent qui vient du nord-est

ᐸᐋᔅᑖᒨ **paashtaamuu** vai -u
* il/elle blasphème, exagère

ᐸᐋᔅᑖᒫᑎᓐ **paashtaamatin** p,lieu
* par-dessus ou au-dessus de la montagne, de l'autre côté

ᐸᐋᔅᑖᔅᑯᐸᔫ **paashtaaskupayuu** vai/vii -i
* il/elle est craquelé-e, fendu-e, fendillé-e; c'est craquelé, fendu, fendillé (un bâton)

ᐸᐋᔅᑖᔅᑯᐦᐊᒼ **paashtaaskuham** vti
* il/elle passe, marche par-dessus des troncs d'arbre, des buissons

ᐸᐋᔅᑖᔦᔨᒣᐤ **paashtaayeyimeu** vta
* il/elle est troublé-e (dans ses pensées), profondément peiné-e par elle/lui et peut être distrait-e ou se tromper à cause d'elle/de lui

ᐸᐋᔅᑖᔦᔨᐦᑕᒼ **paashtaayeyihtam** vti
* il/elle est agité-e, très perturbé-e (dans ses pensées) par quelque chose et peut être distrait-e, manquer de mémoire, ou se tromper à cause de cela

ᐸᐋᔅᑖᐦᐅᐎᓐ **paashtaahuwin** ni
* dire quelque chose qui nous portera malheur, une punition ou un châtiment pour ce qu'on a dit

ᐸᐋᔅᑖᐦᐆ **paashtaahuu** vai -u
* il/elle est puni-e d'une certaine façon pour avoir agi de façon cruelle, méchante, blasphématoire

ᐸᐋᔅᑖᐦᑎᒄ **paashtaahtikw** p,lieu
* par-dessus ou au-dessus des arbres, des buissons

ᐸᐋᔅᑖᐦᑐᐄᐤ **paashtaahtuwiiu** vai
* il/elle passe ou grimpe par-dessus

ᐸᐋᔅᑖᐦᑐᐄᑎᔑᓀᐤ **paashtaahtuwiitishineu** vta
* il/elle l'aide de la main à passer de l'autre côté de quelque chose (par ex. un lit, une clôture)

ᐸᐋᔅᑖᐦᑲᑎᓲ **paashtaahkatisuu** vai -u
* il/elle craque en séchant

ᐸᐋᔅᑖᐦᑲᑐᑌᐤ **paashtaahkatuteu** vii
* ça craque en séchant

ᐹᔥᑮ **paashkii** na -m
* une gélinotte huppée *Bonasa umbellus*

ᐹᔥᑮᔥ **paashkiish** na dim -m
* une gélinotte huppée

ᐹᔥᑲᑖᔥᑎᓐ **paashkataashtin** vii
* c'est dégagé par le vent (par ex. un sentier)

ᐹᔥᑲᐦᐋᓲ **paashkahaausuu** vai -u
* elle accouche, enfante (ancien mot)

ᐹᔥᑲᐦᐋᐌᐤ **paashkahaaweu** vai
* il/elle casse les oeufs; il (un oisillon, un poussin) casse la coquille de l'intérieur

ᐹᔥᑲᐦᐌᐤ **paashkahweu** vta
* il/elle la/le frappe et fait exploser (par ex. une capsule)

ᐹᔥᑳᐱᔑᓐ **paashkaapishin** vai [côté]
* il/elle se crève l'oeil en tombant

ᐹᔥᑳᑲᒋᔂ **paashkaakachishuu** vai -i
* sa piste dans la neige est découverte par le vent

ᐹᔥᑳᒉᒪᑯᐦᐌᐤ **paashkaachemakuhweu** vta
* il/elle lui tire dessus et la/le fait éclater (les intestins d'un oiseau)

ᐸᔥᑳ''ᐊᒻ paashkaacheham vti ♦ il/elle le frappe avec quelque chose (rempli de liquide) et le fait éclater, crever

ᐸᔥᑳ''ᐌᐤ paashkaachehweu vta
♦ il/elle la/le frappe avec quelque chose et la/le fait éclater (une chose remplie de liquide)

ᐸᔥᑳᐳ''ᐌᐤ paashkaachaapuhweu vta
♦ il/elle lui tire dans l'oeil et le fait éclater

ᐸᔥᑳᔫ paashkaashuu vai-i ♦ il (le vent) le/la découvre; le vent emporte sa couverture

ᐸᔥᑳᔥᑎᓐ paashkaashtin vii ♦ le vent en fait partir le couvercle

ᐸᔥᒋᐸᔫ paashchipayuu vai/vii -i
♦ il/elle/ça va au-delà, avance plus loin; il/elle/ça tombe par-dessus quelque chose

ᐸᔥᒋᑎᔑᓇᒧᐌᐤ paashchitishinamuweu vta ♦ il/elle lui donne ou passe quelque chose par-dessus autre chose

ᐸᔥᒋᒀᔥᑯᐦᑐᐌᐤ paashchikwaashkuhtuweu vta ♦ il/elle saute par-dessus elle/lui

ᐸᔥᒋᒀᔥᑯᐦᑑ paashchikwaashkuhtuu vai-i ♦ il/elle saute par-dessus

ᐸᔥᒋᔅᑲᓅᔮᔫ paashchiskanuweyaashuu vai-i ♦ sa piste dans la neige est découverte par le vent

ᐹᔨᔅᒋᓀᐤ paayischineu vai/vii [Côté]
♦ il/elle/ça déborde du contenant (un solide, par ex. du poisson, des friandises)

ᐹᔨᔅᒋᓀᐱᑖᐤ paayischinepitaau vai+o
♦ il/elle fait déborder le liquide; il/elle y verse trop de liquide

ᐹᔨᔅᒋᓀᐱᔫ paayischinepiyeu vta
♦ il/elle la/le fait déborder avec du liquide

ᐹᔨᔅᒋᓂᐦᐌᐤ paayischiniheu vta ♦ il/elle la/le fait déborder avec quelque chose

ᐹᔨᔅᒋᓂᐦᑖᐤ paayischinihtaau vai+o
♦ il/elle le remplit trop (de quelque chose)

ᐹ''ᐦᐃᑲᒋᐱᑎᐤ paahiikachipiteu vta
♦ il/elle brise ou disloque ses os à la jointure en les pliant vers l'arrière

ᐹ''ᐦᐃᑲᒋᐱᑕᒻ paahiikachipitam vti
♦ il/elle tire les os de façon à les briser à la jointure, les disloquer

ᐹ''ᐯᐚᐦᒉᐤ paahpewaahcheu vai redup
♦ il (un oiseau) bat des ailes

ᐹ''ᐯᐚᐦᒉᐸᔨᐦᐆ paahpewaahchepayihuu vai redup -u ♦ il (un oiseau) se déplace en battant des ailes

ᐹ''ᐯᐚᐦᒉᐸᐦᑖᐤ paahpewaahchepahtaau vai+o redup ♦ il (un oiseau) bat des ailes en courant

ᐹ''ᐯᔭᑯᓀᐤ paahpeyakuneu vta redup
♦ il/elle les transporte un-e à la fois, un-e par un-e

ᐹ''ᐯᔭᑯᓇᒻ paahpeyakunam vti redup
♦ il/elle les transporte un par un, un à la fois

ᐹ''ᐯᔭᑯᐦᑳᑎᓱᐤ paahpeyakuhkaatisuu vai redup reflex -u ♦ il/elle est tout-e seul-e

ᐹ''ᐯᔭᒀᐤ paahpeyakwaau p,temps redup [Intérieur] ♦ chaque fois, un-e à la fois, un-e après l'autre. ᒫᐦ ᐹ''ᐯᔭᒀᐤ ᒦ ᒋᐸᑦ·ᐃᒡᐠ. Ils ont mangé un après l'autre.

ᐹ''ᐯᔭᒃ paahpeyakw p,quantité redup ♦ un par un, une par une, un à la fois, une à la fois

ᐹ''ᐱᔦᒋᓱ paahpiyechisuu na -slim ♦ une nyctale de Tengmalm, une nyctale boréale, une chouette de Tengmalm *Aegolius funereus*

ᐹ''ᐱᔦᒋᔑᔥ paahpiyechishiish na dim
♦ une jeune chouette

ᐹ''ᐱᐦᐁᐤ paahpiheu vta ♦ il/elle la/le fait rire

ᐹ''ᐱᐦᑫᔫ paahpihkweyuu vai-i ♦ il/elle sourit

ᐹ''ᐱᐦᑳᓲ paahpihkaasuu vai-u ♦ il/elle fait semblant de rire

ᐹ''ᐲᒥᑳᒣᑯᐦᑯᐦᐆᓲ paahpiimikaamekuhkuhuusuu vai redup -u
♦ il/elle fait avancer le canot en zigzag à l'aide d'une perche pour monter les rapides

ᐹ''ᐲᒥᑳᒣᔮᐱᐦᒉᓇᒻ paahpiimikaameyaapihchenam vti redup
♦ il/elle le tresse à la main (filiforme)

ᐹ''ᐲᐦᑐᐌᒋᓇᒻ paahpiihtuwechinam vti redup redup ♦ il/elle le superpose, fait des couches, des épaisseurs (étalé, du papier)

ᐸᐦᐱᐦᑐᐯᒋᐦᑎᓐ paahpiihtuwechihtin vii
redup ♦ c'est en couches, en strates (étalé)

ᐸᐦᐱᐦᑐᐯᔮᔅᑵᔮᐤ paahpiihtuweyaaskweyaau vii redup
♦ les clairières alternent avec les peuplements d'arbres

ᐸᐦᐱᐦᑐᐯᔮᔅᑯᐱᒑᐤ paahpiihtuweyaaskupichuu vai redup -i
♦ il/elle passe de la clairière au bois en déplaçant le camp en hiver

ᐸᐦᐱᐦᑐᐚᐤ paahpiihtuwaau vii redup
♦ c'est stratifié, rubané, en couches

ᐸᐦᐱᐦᑐᔦᒋᓇᒻ paahpiihtuyechinam vti
redup ♦ il/elle le superpose, fait des couches, des épaisseurs (étalé, du tissu)

ᐸᐦᐴ paahpuu vai -i ♦ il/elle rit

ᐸᐦᐸᐅᑐᓀᐦᐄᑲᓐ paahpautunehiikan ni
♦ une guimbarde (instrument de musique)

ᐸᐦᐸᐅᑐᓀᐦᐄᒉᐤ paahpautunehiicheu vai
redup ♦ il/elle joue de la guimbarde (instrument)

ᐸᐦᐸᑕᐦᒻ paahpataham vti ♦ il/elle ne fait que rater sa cible

ᐸᐦᐸᐦᒋᑰᓇᒻ paahpahchikuunam vti
♦ il/elle le laisse couler goutte à goutte

ᐸᐦᐹᐅᐦᐄᒉᐤ paahpaauhiicheu vai redup
♦ il/elle cogne

ᐸᐦᐹᑐᐯᒋᐦᐤ paahpaatuwepichuu vai redup
♦ il/elle tire le toboggan dans une autre direction, en ouvrant sa propre piste alors que les autres suivent une piste visible

ᐸᐦᐹᑐᐯᔥᑲᒻ paahpaatuweshkam vti redup
♦ il/elle fait plusieurs fois l'aller-retour entre le bord de la rivière et le sentier

ᐸᐦᐹᒀᑲᓐ paahpaakwekan vii redup
♦ c'est étroit, mince (étalé)

ᐸᐦᐹᒀᒋᓲ paahpaakwechisuu vai redup -i
♦ il/elle est étroit-e, mince (étalé)

ᐸᐦᐹᑯᐌᐤ paahpaakuweu vai redup
♦ il/elle a la fourrure mince, le poil court; sa fourrure est mince, son poil est court

ᐸᐦᐹᑯᐯᔮᐤ paahpaakuweyaau vii redup
♦ la fourrure est mince

ᐸᐦᐹᑳᔮᐦᑯᐦᑌᐤ paahpaakaayaahkuhteu vii ♦ il y a des parcelles de terrain sans neige au printemps

ᐸᐦᐹᒀᑯᓂᑳᐤ paahpaakwaakunikaau vii redup ♦ la couche de neige est mince

ᐸᐦᐹᒀᓈᒥᔅᒋᒍᐎᓐ paahpaakwaanaamischichuwin vii redup
♦ il n'y a pas beaucoup d'eau dans les rapides; les rapides s'assèchent

ᐸᐦᐹᒀᔨᐦᑴᐤ paahpaakwaayihkweu vai
redup ♦ il/elle a une fine couche de poils, de cheveux

ᐸᐦᐹᒋᐱᔅᑳᐤ paahpaachipiskaau vii redup
♦ c'est une série d'affleurements rocheux arrondis (ignés ou métamorphiques)

ᐸᐦᐹᒋᐱᔅᑳᑲᒫᐤ paahpaachipiskaakamaau vii redup
♦ c'est un lac entouré de rochers plats

ᐸᐦᐹᔒᐴ paahpaashipuu vai redup -u
♦ il/elle mange en vitesse

ᐸᐦᐹᔒᒣᐤ paahpaashimeu vta redup
♦ il/elle la/le presse d'aller plus vite en parlant ou en criant

ᐸᐦᐹᔒᐤ paahpaashiiu vai redup ♦ il/elle se dépêche; il/elle va vite

ᐸᐦᐹᔒᐦᑲᒻ paahpaashiihkam vti redup
♦ il/elle le fait à la hâte, en vitesse, se dépêche de le faire

ᐸᐦᐹᔓᐄᐌᐤ paahpaashuwiiweu vai redup
♦ il est hyperactif, elle est hyperactive

ᐸᐦᐹᔓᔦᐤ paahpaashuuyeu vta redup
♦ il/elle la/le presse d'aller plus vite dans ce qu'il/elle fait

ᐸᐦᐹᐦᑌᐆ paahpaahteusuu vai redup -i
♦ il/elle est tacheté-e, moucheté-e, rousselé-e

ᐸᐦᐹᐦᑌᔛ paahpaahteusheu vai redup
♦ il/elle est tacheté-e, moucheté-e, rousselé-e (la peau); il/elle a des taches

ᐸᐦᐹᐦᑌᔑᑲᔦᐤ paahpaahteushikayeu vai redup ♦ il/elle a des taches de rousseur sur la peau

ᐸᐦᐹᐦᑌᐦᑴᐤ paahpaahteuhkweu vai
redup ♦ il/elle a des taches de rousseur sur la face

ᐸᐦᐹᐦᑌᐚᐤ paahpaahtewaau vii redup
♦ c'est tacheté, moucheté, taché

ᐹᔥᑐᐁᔥᑲᒻ paahtuweshkam vti [Intérieur] ♦ il/elle marche le long de la rivière, à côté de la route

ᐹᐦᒀᐁᐆᖣᐤ paahkweuhkaau vii ♦ c'est de la viande séchée, sans humidité, sans gras

ᐹᐦᒀᑲᓐ paahkwekan vii ♦ c'est sec (étalé, par ex. un tissu)

ᐹᐦᒀᒋᓲ paahkwechisuu vai -i ♦ il est sec, elle est sèche (tissu)

ᐹᐦᑯᐱᓵᐙᓅ paahkupisaawaanuu vii [Intérieur] ♦ c'est une période de temps chaud tard à l'automne, l'été indien

ᐹᐦᑯᐴ paahkupuu vai -i ♦ il/elle est mis-e à sécher (par ex. une peau)

ᐹᐦᑯᐸᔨᐦᑖᐤ paahkupayihtaau vai+o ♦ il/elle le fait sécher dans le séchoir ou la sécheuse; il/elle le sèche

ᐹᐦᑯᐸᔫ paahkupayuu vai/vii -i ♦ il/elle/ça sèche, baisse, diminue, faiblit

ᐹᐦᑯᐸᑎᓀᐤ paahkupaatineu vta ♦ il/elle la/le tord pour la/le faire sécher

ᐹᐦᑯᐸᑎᓇᒻ paahkupaatinam vti ♦ il/elle l'essore, le tord pour le faire sécher

ᐹᐦᑯᑎᓐ paahkutin vii ♦ c'est asséché par le gel

ᐹᐦᑯᑎᐦᒉᓀᐤ paahkutihcheneu vta ♦ il/elle lui sèche les mains

ᐹᐦᑯᑎᐦᒉᐅᓲ paahkutihchehuusuu vai reflex -u ♦ il/elle sèche ses mains; il/elle s'essuie les mains

ᐹᐦᑯᑐᐁᐤ paahkutuweu vai ♦ sa fourrure est sèche

ᐹᐦᑯᑐᐁᔫ paahkutuwesweu vta ♦ il/elle fait sécher sa fourrure (castor) près du feu

ᐹᐦᑯᑐᐁᔑᒣᐤ paahkutuweshimeu vta ♦ il/elle fait sécher sa fourrure (castor) en la passant sur la neige

ᐹᐦᑯᑖᐆᖣᐤ paahkutaauhkaau vii ♦ c'est une crête de sable sec

ᐹᐦᑯᑖᒨᔥᑯᔫ paahkutaamushkuyuu vai -i ♦ il/elle a soif après avoir mangé; il/elle est assoiffé-e après avoir mangé

ᐹᐦᑯᑖᒨᔥᑳᑰ paahkutaamushkaakuu vai -u ♦ ça lui donne soif

ᐹᐦᑯᑖᒨ paahkutaamuu vai -u [Côte] ♦ il/elle a soif, a la bouche sèche

ᐹᐦᑯᑖᐦᑕᒻ paahkutaahtam vti ♦ il/elle a soif, est assoiffé-e

ᐹᐦᑯᑯᑌᐤ paahkukuteu vii ♦ c'est suspendu au sec

ᐹᐦᑯᑯᒋᓐ paahkukuchin vai ♦ il/elle est suspendu-e à sécher

ᐹᐦᑯᑯᓀᐁᐸᔫ paahkukunewepayuu vai -i ♦ il/elle a la bouche sèche; sa bouche est sèche

ᐹᐦᑯᑯᐦᑎᓐ paahkukuhtin vii ♦ c'est mis à sécher (quelque chose qui avait trempé dans l'eau)

ᐹᐦᑯᒋᔅᒉᐅᐌᐤ paahkuchischeuhweu vta ♦ il/elle lui sèche ou essuie le derrière avec quelque chose (par ex. d'un bébé)

ᐹᐦᑯᒋᔅᒉᓀᐤ paahkuchischeneu vta ♦ il/elle lui essuie ou sèche le derrière à la main

ᐹᐦᑯᒋᔅᒉᐅᓲ paahkuchischehuusuu vai reflex -u ♦ il/elle s'essuie ou se sèche le derrière

ᐹᐦᑯᒋᔥᒄ paahkuchishkw na ♦ peut-être un rat surmulot, un surmulot *Rattus norvegicus*, ou un blaireau *Taxidea taxus*, terme relié à 'rat musqué'

ᐹᐦᑯᒎ paahkuchuu vai -i ♦ il/elle est asséché-e par la congélation

ᐹᐦᑯᒑᐤ paahkuchaau vii ♦ il y a des parcelles de terrain sec plus haut

ᐹᐦᑯᓀᐤ paahkuneu vta ♦ il/elle l'essuie, la/le sèche en frottant à la main

ᐹᐦᑯᓂᑲᓐ paahkunikan ni [Côte] ♦ de la poudre

ᐹᐦᑯᓇᒻ paahkunam vti ♦ il/elle le fait sécher en le frottant avec ses mains

ᐹᐦᑯᓯᑌᐅᓲ paahkusitehuusuu vai reflex -u ♦ il/elle s'essuie les pieds pour les sécher; il/elle se sèche les pieds

ᐹᐦᑯᓯᑯᐸᔫ paahkusikupayuu vai/vii -i ♦ il/elle/ça sèche (une mince couche de glace qui couvre quelque chose)

ᐹᐦᑯᓯᒁᐤ paahkusikwaau vii ♦ c'est de la glace sèche

ᐹᐦᑯᓲ paahkusuu vai -i ♦ il est sec, elle est sèche (par ex. de la banique)

ᐹᐦᑯᔅᑲᒥᑳᐤ paahkuskamikaau vii ♦ c'est un terrain sec

ᐸᐦᑯᔑᓈᐤ paahkuschisinaan ni ♦ une botte en peau de phoque, une botte de caoutchouc

ᐸᐦᑯᔑᐣ paahkuschisin ni [Intérieur] ♦ une botte de caoutchouc

ᐸᐦᑯᐦᒡ paahkushenikan ni [Intérieur] ♦ de la poudre

ᐸᐦᑯᔑᐣ paahkushin vai ♦ il/elle est pris-e dans un endroit asséché

ᐸᐦᑯᔥᑌᐤ paahkushteu vii ♦ c'est mis à sécher

ᐸᐦᑯᔥᑯᐅᐤ paahkushkuweu vta ♦ il/elle la/le laisse sécher sur le corps, en la/le portant (un vêtement)

ᐸᐦᑯᔥᑲᒻ paahkushkam vti ♦ il/elle le laisse sécher sur son corps, en le portant (un vêtement)

ᐸᐦᑯᐦᐄᒉᐤ paahkuhiicheu vai ♦ il/elle le fait sécher

ᐸᐦᑯᐦᒻ paahkuham vti ♦ il/elle l'essuie pour le sécher

ᐸᐦᑯᐦᐋᒉᓲ paahkuhaachesuu vai -i ♦ il (un poisson) a des écailles sèches

ᐸᐦᑯᐦᐍᐤ paahkuhweu vta ♦ il/elle l'essuie avec un linge

ᐸᐦᑯᐦᑕᑳᐤ paahkuhtakaau vii ♦ c'est sec (bois utile, par ex. un plancher, un rondin)

ᐸᐦᑯᐦᑕᒄ paahkuhtakw ni -um ♦ du bois sec

ᐸᐦᑯᐦᑕᔥᑴᐤ paahkuhtashkweu vai ♦ il/elle a la gorge sèche

ᐸᐦᑯᐦᒽᐦᐄᓲ paahkuhkwehuusuu vai reflex -u ♦ il/elle s'essuie la face; il/elle sèche sa face

ᐸᐦᑲᒥᓂᑲᐣ paahkaminikan ni ♦ un trou dégagé à la surface de la glace pour détecter l'activité des castors plus tard

ᐸᐦᑲᒥᔥᑲᒻ paahkamishkam vti [Intérieur] ♦ il/elle la brise (la glace) avec son poids

ᐸᐦᑲᒪᐦᒻ paahkamaham vti [Intérieur] ♦ il/elle la brise (la glace) avec un instrument, un bateau

ᐸᐦᑲᐦᐋᒀᐣ paahkahaakwaan ni ♦ un poulet

ᐸᐦᑳᐅᐦᒋᔑᒣᐤ paahkaauhchishimeu vta ♦ il/elle la/le fait se crever en la/le laissant tomber au sol (par ex. un ballon)

ᐸᐦᑳᐯᒋᓀᐤ paahkaapechineu vta ♦ il/elle la/le crève, brise avec la main (contenant d'eau, par ex. le sac amniotique)

ᐸᐦᑳᐱᑌᐤ paahkaapiteu vta ♦ il/elle la/le crève en la/le manipulant; il/elle lui égratigne la peau en grattant

ᐸᐦᑳᐱᑕᒻ paahkaapitam vti ♦ il/elle le crève, le brise en le manipulant

ᐸᐦᑳᐸᔫ paahkaapayuu vai/vii -i ♦ il/elle/ça boursouffle (par ex. la peau qui est coupée)

ᐸᐦᑳᑌᐤ paahkaateu vii ♦ ça explose, éclate

ᐸᐦᑳᑲᒥᐸᔫ paahkaakamipayuu vii -i ♦ une mince couche de glace se brise et il y a de l'eau libre

ᐸᐦᑳᑲᒫᐦᐊᐣ paahkaakamaahan vii ♦ le vent brise la mince couche de glace et il y a de l'eau libre

ᐸᐦᑳᒉᓀᐤ paahkaacheneu vta ♦ il/elle la/le crève, fait éclater à la main (un objet rempli d'air)

ᐸᐦᑳᒉᓇᒻ paahkaachenam vti ♦ il/elle le fait éclater, le fait exploser, le crève avec la main

ᐸᐦᑳᒉᐦᒻ paahkaacheham vti ♦ il/elle le frappe et le crève ou fait éclater (par ex. un ballon) avec quelque chose

ᐸᐦᑳᒉᐦᐍᐤ paahkaachehweu vta ♦ il/elle la/le frappe et fait éclater avec quelque chose

ᐸᐦᑳᓀᐤ paahkaaneu vta ♦ il/elle la/le crève, fait éclater à la main

ᐸᐦᑳᓇᒻ paahkaanam vti ♦ il/elle le fait éclater, le fait exploser, le crève avec la main

ᐸᐦᑳᓯᑯᐦᒻ paahkaasikuham vti ♦ il/elle fait un trou dans la glace

ᐸᐦᑳᓲ paahkaasuu vai -u ♦ il/elle explose, éclate

ᐸᐦᑳᓴᒻ paahkaasam vti ♦ il/elle le fait éclater, le crève, ce qui le fait dégonfler

ᐸᐦᑳᔑᒣᐤ paahkaashimeu vta ♦ il/elle la/le fait tomber et crever ou se briser

ᐸᐦᑳᔑᐣ paahkaashin vai ♦ il/elle est éclaté-e, crevé-e; il/elle se coupe en tombant

ᐹᵁᐦᑳᔅᑖᐦᐊᒻ **paahkaashtaham** vti
 • il/elle le crève, le fait éclater avec un objet pointu
ᐹᵁᐦᑳᔅᑖᐦᐌᐤ **paahkaashtahweu** vta
 • il/elle la/le crève ou fait éclater avec un objet pointu
ᐹᵁᐦᑳᔥᑯᐌᐤ **paahkaashkuweu** vta
 • il/elle la/le crève en utilisant son corps
ᐹᵁᐦᑳᔥᑲᒻ **paahkaashkam** vti • il/elle le crève, le fait éclater avec son poids, ses pieds
ᐹᵁᐦᑳᔮᐱᔑᓐ **paahkaayaapishin** vai
 • il/elle se coupe près de l'oeil en tombant
ᐹᵁᐦᑳᔮᒉᐤ **paahkaayaachuusuu** vai -u
 • il/elle éclate en bouillant
ᐹᵁᐦᑳᔮᒋᓴᒻ **paahkaayaachuusam** vti
 • il/elle le fait crever en bouillant (par ex. un oeuf, un sac de thé)
ᐹᵁᐦᑳᔮᒌᐦᑌᐤ **paahkaayaachuuhteu** vii
 • ça éclate en bouillant
ᐹᵁᐦᑳᐦᐄᑲᓐ **paahkaahiikan** ni • un trou fait dans la glace
ᐹᵁᐦᑳᐦᐊᒻ **paahkaaham** vti • il/elle le troue, fait un trou dedans (la glace, un canot)
ᐹᵁᐦᑳᐦᐌᐤ **paahkaahweu** vta • il/elle lui lance quelque chose qui la/le coupe; il/elle la/le perce, perfore
ᐹᵁᐦᑳᐦᑎᑖᐤ **paahkaahtitaau** vai+o
 [Intérieur] • il/elle le crève, l'ouvre en tombant
ᐹᵁᐦᑳᐤ **paahkwaau** vii • c'est asséché (eau); c'est peu profond [Intérieur]
ᐹᵁᐦᑳᐱᔅᑲᐦᐊᒻ **paahkwaapiskaham** vti
 • il/elle le sèche (pierre, métal)
ᐹᵁᐦᑳᐱᔅᑲᐦᐌᐤ **paahkwaapiskahweu** vta
 • il/elle la/le sèche en utilisant quelque chose (pierre, métal)
ᐹᵁᐦᑳᐱᔅᑳᐤ **paahkwaapiskaau** vii • c'est sec (pierre, métal)
ᐹᵁᐦᑳᐱᔅᒋᓷᐤ **paahkwaapischisweu** vta
 • il/elle la/le fait sécher par la chaleur (pierre, métal)
ᐹᵁᐦᑳᐱᔅᒋᓲ **paahkwaapischisuu** vai -i • il est sec, elle est sèche (pierre, métal)

ᐹᵁᐦᑳᐱᔅᒋᓴᒻ **paahkwaapischisam** vti
 • il/elle le fait sécher (pierre, métal); il/elle le fait cuire et laisse l'eau s'évaporer; il/elle le fait sauter (cuisson)
ᐹᵁᐦᑳᐱᔅᒋᐦᒁᓴᒻ
paahkwaapischihkwesam vti • il/elle laisse l'eau de la bouilloire s'évaporer complètement
ᐹᵁᐦᑳᐱᔥᑳᔳ **paahkwaapishkaashuu** vii
 dim -i • c'est un petit objet de métal sec
ᐹᵁᐦᑳᒍᓷᐤ **paahkwaachuusweu** vta
 • il/elle la/le fait bouillir complètement
ᐹᵁᐦᑳᒍᓲ **paahkwaachuusuu** vai -u
 • il/elle s'évapore
ᐹᵁᐦᑳᒍᓴᒻ **paahkwaachuusam** vti
 • il/elle laisse s'évaporer l'eau complètement
ᐹᵁᐦᑳᒍᐦᑌᐤ **paahkwaachuuhteu** vii • ça se dessèche par ébullition
ᐹᵁᐦᑳᔅᑯᓐ **paahkwaaskun** vii • c'est sec (long et rigide)
ᐹᵁᐦᑳᔅᑯᓲ **paahkwaaskusuu** vai -i • il est sec, elle est sèche (long et rigide)
ᐹᵁᐦᑳᔅᑲᑎᓐ **paahkwaaskatin** vii • c'est desséché par le gel
ᐹᵁᐦᑳᔅᑲᒍ **paahkwaaskachuu** vai -i
 • il/elle est séché-e par le froid
ᐹᵁᐦᑳᔑᑰ **paahkwaashikuu** vii -uu • ça s'assèche
ᐹᵁᐦᑳᔳ **paahkwaashuu** vai -i • il/elle est séché-e par le vent
ᐹᵁᐦᑳᔥᑎᑖᐤ **paahkwaashtitaau** vai+o
 • il/elle le fait sécher au vent
ᐹᵁᐦᑳᔥᑎᒣᐤ **paahkwaashtimeu** vta
 • il/elle la/le fait sécher au vent
ᐹᵁᐦᑳᔥᑎᓐ **paahkwaashtin** vii • c'est asséché par le vent
ᐹᵁᐦᑳᔮᐤ **paahkwaayaau** vii • c'est du temps sec
ᐹᵁᐦᑳᐦᑎᒄ **paahkwaahtikw** ni -um • une perche sèche, un bâton sec
ᐹᵁᐦᑳᐦᒡ **paahkwaahch** p,lieu • à terre, sur la terre ferme

ᐧᐹ

ᐧᐹᐅᐸᔫ pwaaupayuu vii-i ◆ ça traîne lourdement

ᐧᐹᐅᑌᐤ pwaauteu vai ◆ il/elle est lourdement chargé-e; il/elle porte un lourd fardeau

ᐧᐹᐅᑕᐦᐁᐤ pwaautaheu vta ◆ il/elle la/le charge lourdement; il/elle tire un lourd fardeau, une charge pesante

ᐧᐹᐅᑖᐯᐤ pwaautaapeu vai ◆ il/elle tire une charge trop lourde pour lui/elle

ᐧᐹᐅᒣᐤ pwaaumeu vta ◆ il/elle ne réussit pas à lui faire faire ce qu'il/elle veut; il/elle n'arrive pas à la/le faire écouter

ᐧᐹᐅᔥᑎᑰ pwaaushtikuu ni ◆ un rapide

ᐧᐹᐅᐦᐄᒥᓈᓈᐦᑎᒄ pwaauhiiminaanaahtikw ni-im ◆ un cerisier de Virginie *Prunus virginiana* ou cerisier de Pennsylvanie *Prunus pensylvanica*

ᐧᐹᐅᐦᐄᒥᓐᐦ pwaauhiiminh ni ◆ des cerises à grappes, des cerises de Virginie

ᐧᐹᐏᔨᓲ pwaawiyisuu vai reflex -u ◆ il/elle a de la difficulté à porter son propre poids

ᐧᐹᐑᐤ pwaawiiu vai -u ◆ il/elle a de la difficulté à porter un lourd fardeau, une charge pesante

ᐧᐹᒧᔥ pwaamush p,temps ◆ avant ▪ ᐅᑎᓇᒻ ᐧᐹᒧᔥ ᒥᔑᐍ ᐌᐸᓈᑦ᙮ ✧ ᐅᑎᓇᒻ ᐧᐹᒧᔥ ᒥᔑᐍ ᓇᓈᔫᐦᑖᑦ᙮ ▪ *Prends-le avant qu'il le gaspille au complet.* ✧ *Prends-le avant qu'il le gaspille au complet. [Intérieur]*

ᐧᐹᓈᔥᑯᔨᐍᓲ pwaanaashkuyiwesuu vai ◆ il/elle a la queue maigre (par ex. un castor)

ᐧᐹᔥᑐᐑᐤ pwaashtuwiiu vai ◆ il/elle est en retard pour quelque chose

ᐧᐹᔥᑑ pwaashtuu p,temps ◆ tard, trop tard ▪ ᐍᓵ ᐧᐹᔥᑐ ᒋᐯᑖᓐ᙮ ▪ *Tu l'as apporté trop tard.*

ᐧᐹᔥᑑᐯᑲᓐ pwaashtuupekan vii ◆ la marée haute retarde

ᐧᐹᔥᑑᐸᔫ pwaashtuupayuu vii ◆ ça arrive en retard (par ex. un avion, un train)

ᐧᐹᔥᑑᐦᐊᒻ pwaashtuuham vti ◆ il/elle arrive en retard

ᑌ

ᑌᐅᐱᑐᓀᐤ teupituneu vai ◆ il/elle a mal au bras; son bras lui fait mal; il/elle a une douleur au bras

ᑌᐅᑎᑯᓀᐤ teutikuneu vai ◆ il/elle a mal aux hanches; il/elle souffre de la hanche; il/elle a une douleur à la hanche

ᑌᐅᑎᐦᑎᒥᓀᐤ teutihtimineu vai ◆ il/elle a mal à l'épaule; il/elle a une douleur à l'épaule

ᑌᐅᑎᐦᒉᐤ teutihcheu vai ◆ il/elle a mal à la main; sa main lui fait mal; il/elle a la main endolorie

ᑌᐅᑑᐦᑎᓀᐤ teutuuhtineu vai ◆ il/elle a mal aux talons; il/elle a les talons endoloris

ᑌᐅᑯᑌᐤ teukuteu vai ◆ il/elle a mal au nez; il/elle a le nez endolori

ᑌᐅᑯᔨᐍᐤ teukuyiweu vai ◆ il/elle a mal au cou; il/elle a une douleur au cou

ᑌᐅᑲᓀᐤ teukaneu vai ◆ il/elle a mal aux os; il/elle a les os endoloris

ᑌᐅᑲᓂᐦᑎᐦᒉᐤ teukanihtihcheu vai ◆ il/elle a mal aux doigts; il/elle a les doigts endoloris

ᑌᐅᑲᔥᑵᐅᒎ teukashkweuchuu vai ◆ il/elle a les ongles endoloris (les mains nues à cause du froid)

ᑌᐅᑳᑌᐤ teukaateu vai ◆ il/elle a mal aux jambes; ses jambes lui font mal; il/elle a une douleur aux jambes

ᑌᐅᒋᔅᒉᐤ teuchischeu vai ◆ il/elle a mal au derrière

ᑌᐅᒑᐴ teuchaapuu vai-i ◆ il/elle a mal aux yeux; il/elle a un oeil irrité, endolori

ᑌᐅᓯᑌᐤ teusiteu vai ◆ il/elle a mal au pied; son pied lui fait mal; il/elle a une douleur au pied

ᑌᐅᓲ teusuu vai-i ◆ il/elle ressent une douleur; il/elle a mal; il/elle souffre

ᑌᐅᔅᑯᓀᐤ teuskuneu vai ◆ il/elle a mal au foie; il/elle a le foie endolori

ᑐᐪᔑᒋᑲᓂᐤ teushichikaneu vai ♦ il/elle a mal aux orteils; il/elle a les orteils endoloris

ᑐᐪᔥᑎᑲᓂᐤ teushtikwaaneu vai ♦ il/elle a mal à la tête; il/elle a un mal de tête

ᑐᐪᐦᑐᑲᔦᐤ teuhtuukayeu vai ♦ il/elle a mal aux oreilles; ses oreilles lui font mal

ᑐᐪᐦᒋᑯᓂᐤ teuhchikuneu vai ♦ il/elle a mal aux genoux; il/elle a les genoux endoloris

ᑌᐍᐦᐄᑲᓈᐦᑎᒄ tewehiikanaahtikw ni ♦ un pilon de poulet

ᑌᐍᐦᐄᑲᓐ tewehiikan na ♦ un tambour

ᑌᐍᐦᐄᒉᐤ tewehiicheu vai ♦ il/elle joue du tambour; il/elle tambourine sur quelque chose

ᑌᐍᐦᐁᐤ tewehweu vai ♦ il/elle joue du tambour; il/elle tambourine

ᑌᐗᐯᒋᑯᔨᐌᐤ tewaapechikuyiweu vai ♦ il/elle a mal au cou

ᑌᐗᐱᑌᐤ tewaapiteu vai ♦ il/elle a mal aux dents; il/elle a un mal de dents

ᑌᐗᐱᔥᑲᓂᐤ tewaapishkaneu vai ♦ il/elle a mal à la mâchoire; il/elle a une douleur à la mâchoire

ᑌᐗᒋᐱᐢᑯᓂᐤ tewaachipiskuneu vai ♦ il/elle a mal au dos; il/elle a un mal de dos

ᑌᐗᔅᒋᑲᓂᐤ tewaaschikaneu vai ♦ il/elle sent ou ressent une douleur à la poitrine

ᑌᐯᒉᔨᐦᑕᒥᐦᐁᐤ tepecheyihtamiheu vta ♦ il/elle la/le satisfait

ᑌᐯᔨᒨ tepeyimuu vai -u ♦ il/elle est confiant-e

ᑌᐯᔨᐦᑕᒥᐦᐁᐤ tepeyihtamiheu vta ♦ il/elle en a assez

ᑌᐯᔨᐦᑕᒧᐎᓐ tepeyihtamuwin ni ♦ du contentement, de la satisfaction

ᑌᐯᐍᔥᒉᐤ tepewescheu vai ♦ il/elle tire à portée de voix

ᑌᐯᐤ tepeu vai ♦ il/elle appelle

ᑌᐯᒪᑲᓐ tepemakan vii ♦ ça sonne ou résonne fort (par ex. une sirène)

ᑌᐯᒪᑲᐦᑖᐤ tepemakahtaau vai+o ♦ il/elle le fait résonner fort (par ex. un klaxon, une sirène)

ᑌᐱᐸᔫ tepipayuu vii -i ♦ c'est assez pour cela

ᑌᐱᑌᐯᐤ tepitepeu vai redup ♦ il/elle appelle sans arrêt

ᑌᐱᑌᐿᐋᑌᐤ tepitepwaateu vta redup ♦ il/elle l'appelle tout le temps

ᑌᐱᑎᓇᒼ tepitinam vti [Intérieur] ♦ son poids est supporté par la glace, la croûte de neige

ᑌᐱᑳᐴᐦᐁᐤ tepikaapuuheu vta ♦ il/elle a assez d'espace pour la/le monter, mettre debout

ᑌᐱᒉᔨᒥᑎᓲ tepicheyimitisuu vai reflex -u ♦ il/elle pense qu'il/elle mérite; il/elle se considère digne de quelque chose; il/elle croit être capable

ᑌᐱᒉᔨᒧᑐᐌᐤ tepicheyimutuweu vta ♦ il/elle a confiance, pense qu'il/elle peut la/le défaire, battre, vaincre

ᑌᐱᒉᔨᒨ tepicheyimuu vai -u ♦ il/elle pense que c'est assez; il/elle a confiance en quelque chose; il/elle se sent compétent-e, sûr-e, capable

ᑌᐱᒉᔨᐦᑕᒼ tepicheyihtam vti ♦ il/elle pense que c'est assez; il/elle est content-e, confiant-e

ᑌᐱᒉᔨᐦᑖᑯᓐ tepicheyihtaakun vii ♦ c'est valable, digne

ᑌᐱᒉᔨᐦᑖᑯᓲ tepicheyihtaakusuu vai -i ♦ il/elle mérite; il/elle est digne de quelque chose

ᑌᐱᒋᓇᒼ tepichinam vti [Côte] ♦ son poids est supporté par la glace, la croûte de neige

ᑌᐱᒨ tepimeu vta ♦ il/elle lui en dit beaucoup (en jurant ou en la/le critiquant); il/elle exagère, dépasse les bornes dans ses paroles

ᑌᐱᒥᔅᑴᐤ tepimiskweu vai ♦ il/elle est rassasié-e de castor

ᑌᐱᒦᒋᓲ tepimiichisuu vai -u ♦ il/elle a assez à manger

ᑌᐱᒫᑯᓐ tepimaakun vii ♦ ça parfume les lieux; la place est remplie de son odeur

ᑌᐱᒫᑯᓲ tepimaakusuu vai -i ♦ il/elle répand son odeur (par ex. une mouffette); l'endroit est rempli de son odeur

ᑎᐱᒫᐦᐊᒻ **tepimaaham** vti ♦ il/elle a voyagé assez loin en descendant la rivière

ᑎᐱᓅ **tepineu** vta ♦ il/elle l'encercle, en fait le tour; il/elle arrive à tout tenir dans ses bras, ses mains

ᑎᐱᓇᒻ **tepinam** vti ♦ il/elle en fait le tour, l'entoure; il/elle parvient à le tenir tout entier dans ses bras

ᑎᐱᔅᑯᓇᒻ **tepiskunam** vti ♦ son poids est supporté par quelque chose (la glace)

ᑎᐱᔅᑳᒡ **tepiskaach** p,time ♦ la nuit passée, hier soir (forme changée du conjonctif du verbe *tipiskaau*)

ᑎᐱᔅᒋᓅ **tepischineu** vai/vii ♦ il y a assez d'espace pour l'insérer; il y a assez de place pour le mettre

ᑎᐱᔅᒋᓂᑖᐤ **tepischinitaau** vai+o ♦ il/elle a assez d'espace pour ça; il/elle l'entre dans quelque chose

ᑎᐱᔅᒋᓂᐦᐁᐤ **tepischiniheu** vta ♦ il/elle a assez de place pour elle/lui, assez d'espace pour la/le mettre

ᑎᐱᔑᑯᐌᐤ **tepishikuweu** vta ♦ il/elle lui fait (un vêtement); il/elle est ajusté-e

ᑎᐱᔑᑳᑐᐎᒡ **tepishikaatuwich** vai pl recip -u ♦ ils/elles ont de la place

ᑎᐱᔑᓐ **tepishin** vai ♦ il/elle entre dedans (pas un vêtement)

ᑎᐱᔐᑯᔫ **tepishkuyuu** vai -i ♦ il/elle ne se sent pas bien après avoir mangé (surtout un aliment gras); il/elle ressent un malaise

ᑎᐱᔐᑲᒻ **tepishkam** vti ♦ ça lui fait (un vêtement)

ᑎᐱᔮᐦᒡ **tepiyaahch** p,quantité ♦ en autant que, si, assez ▪ ᐅᑎᓛ ᐲᒡ, ᑎᐱᔮᐦᒡ ᒫ ᑰ ᐊᐧᒋᐅᐠ ♦ ᐁᐁᑯ ᑎᐱᔮᐦᒡ ᐁᒥᐃᔮᓐ ᑭᓯᐅᐠ ▪ *Prends-le, en autant que tu le rapportes.* ♦ *Tu m'en as assez donné pour l'instant.*

ᑎᐱᐦᑎᓐ **tepihtin** vii ♦ ça fait; ça s'ajuste

ᑎᐱᐦᑖᑯᓐ **tepihtaakun** vii ♦ c'est audible; ça s'entend partout

ᑎᐱᐦᑖᑯᓱ **tepihtaakusuu** vai -i ♦ il/elle s'entend partout (par ex. au moyen d'un haut-parleur)

ᑎᐱᐦᒁᒨ **tepihkwaamuu** vai -u ♦ il/elle dort assez

ᑎᐴᐅᑕᒻ **tepuweutam** vti ♦ il/elle fait retentir le son de sa voix (par ex. dans une pièce)

ᑎᐴᐅᐦᐁᐤ **tepuweuheu** vta ♦ il/elle la/le fait crier et remplir la pièce du son de sa voix (par ex. en la/le pinçant)

ᑎᐴᐤ **tepuweu** vai ♦ il/elle remplit l'espace du son de sa voix; il/elle appelle

ᑎᐴᑎᓇᒧᐌᐤ **teputinamuweu** vta ♦ il/elle lui en fournit, en donne assez

ᑎᐹᐹᐦᑕᒻ **tepaapahtam** vti ♦ il/elle en voit assez; il/elle voit toute la vue

ᑎᐹᔅᑯᓅ **tepaaskuneu** vta ♦ il/elle l'encercle, en fait le tour (par ex. un arbre)

ᑎᐹᔅᑯᓇᒻ **tepaaskunam** vti ♦ il/elle en fait le tour, l'entoure

ᑎᐹᔥᒌᔑᓐ **tepaashchiishin** vai ♦ il/elle arrive au bon moment

ᑎᐹᔥᒌᔥᑯᐌᐤ **tepaashchiishkuweu** vta ♦ il/elle la/le rencontre par hasard à un certain endroit

ᑎᐺᑌᐤ **tepwaateu** vta ♦ il/elle l'appelle, publie leurs bans

ᑎᐺᑕᒻ **tepwaatam** vti ♦ il/elle l'appelle

ᑎᑎᐯᐅᐦᐊᒻ **tetipeuham** vti ♦ il/elle fait le tour en pagayant jusqu'à l'autre côté de la pointe de terre

ᑎᑎᐯᐌᐤ **tetipeweu** vai ♦ il/elle contourne une pointe de terre à pied (par ex. le long de la rive)

ᑎᑎᐯᐌᐸᔫ **tetipewepayuu** vai -i ♦ il/elle contourne une pointe

ᑎᑎᐯᐌᐸᐦᑖᐤ **tetipewepahtaau** vai ♦ il/elle contourne une pointe en courant

ᑎᑎᐯᐌᐸᐦᑤᐤ **tetipewepahtwaau** vai ♦ il/elle court avec autour d'une pointe de terre

ᑎᑎᐯᐌᔅᑯᐱᒎ **tetipeweskupichuu** vai -i ♦ il/elle contourne une pointe en tirant un toboggan sur la glace, pour déplacer le camp d'hiver

ᑎᑎᐯᐌᐦᐊᒻ **tetipeweham** vti ♦ il/elle en fait le tour en pagayant (une pointe de terre)

ᑎᑎᐯᔮᐅᐦᑲᐦᐊᒻ **tetipeyaauhkaham** vti ♦ il/elle fait le tour, marche autour d'une colline de sable

ᑌᑎᐱᐧᐁᐸᔨᐦᐁᐤ **tetipiwepayiheu** vta ◆ il/elle la/le tire autour de quelque chose en bateau à moteur

ᑌᑎᐱᐧᐁᐸᔨᐦᑖᐤ **tetipiwepayihtaau** vai+o ◆ il/elle le tire autour en conduisant un bateau à moteur

ᑌᑎᐱᐧᐁᔮᓂᒋᐸᔨᐦᐁᐤ **tetipiweyaanichipayiheu** vta ◆ il/elle fait le tour de l'île, contourne l'île avec elle/lui

ᑌᑎᐱᐧᐁᔮᓂᒋᐸᔫ **tetipiweyaanichipayuu** vai -i ◆ il/elle fait le tour de l'île; il/elle contourne l'île en bateau ou avion

ᑌᑎᐱᐧᐁᐦᐊᒼ **tetipiweham** vti ◆ il/elle nage autour de quelque chose (par ex. une île)

ᑌᑎᐱᑖᐯᐤ **tetipitaapeu** vai ◆ il/elle tire un traîneau, un toboggan en cercle

ᑌᑎᐱᐢᑯᐦᑕᐦᐁᐤ **tetipiskuhtaheu** vta ◆ il/elle l'emmène autour d'une pointe sur la glace

ᑌᑎᐱᐢᑰ **tetipiskuu** vai -u ◆ il/elle contourne une pointe de terre en marchant sur la glace

ᑌᑎᐱᔥᑯᐧᐁᐤ **tetipishkuweu** vta ◆ il/elle en fait complètement le tour en marchant

ᑌᑎᐱᔥᑲᒼ **tetipishkam** vti ◆ il/elle en fait le tour, marche à la périphérie de quelque chose

ᑌᑎᐸᒨ **tetipamuu** vii -u ◆ ça contourne un objet, un obstacle (une route)

ᑌᑎᐸᔫ **tetipayuu** vai -i ◆ il/elle contourne quelque chose

ᑌᑎᐸᐦᐅᔦᐤ **tetipahuyeu** vta ◆ il/elle l'amène autour en canot, en pagayant

ᑌᑎᐸᐦᐧᐁᐤ **tetipahweu** vta ◆ il/elle la/le tire autour en conduisant un bateau à moteur; il/elle pagaie autour d'elle/de lui

ᑌᑎᐹᐤ **tetipaau** vii [Côte] ◆ c'est tout autour; ça passe tout autour; il y a un passage autour (par ex. une île)

ᑌᑎᐹᓂᒋᐸᔨᐦᐁᐤ **tetipaanichipayiheu** vta ◆ il/elle la/le tire autour d'une île en conduisant un bateau à moteur

ᑌᑎᐹᔫ **tetipaashuu** vai -i ◆ il/elle navigue tout autour

ᑌᑎᐹᔮᐤ **tetipaayaau** vii ◆ c'est tout autour; ça passe tout autour; il y a un passage autour (par ex. une île)

ᑌᑎᐹᐦᐅᑖᐤ **tetipaahutaau** vai+o ◆ il/elle pagaye pour transporter des choses autour

ᑌᑎᐹᐦᐅᔦᐤ **tetipaahuyeu** vta ◆ il/elle pagaie pour la/le conduire autour

ᑌᑎᐹᐦᐊᒼ **tetipaaham** vti [Intérieur] ◆ il/elle pagaie autour de quelque chose

ᑌᑎᑉ **tetip** p,lieu ◆ autour, tout autour, entourant ▪ ᒥᔨᐧᐁ ᑌᑎᑉ ᒋᑲᒧ ᐅᐲᐧᐄ ᐊᓐᑕ ᑕᐦᑯᐦᒡ ᐊᐢᑎᔨᐦᒡ ▪ *Il y a de la fourrure autour du haut de la mitaine.*

ᑌᑖᐅᐱᑌᐤ **tetaaupiteu** vta ◆ il/elle la/le déchire au milieu

ᑌᑖᐅᐱᑕᒼ **tetaaupitam** vti ◆ il/elle le déchire au milieu

ᑌᑖᐅᐳᑖᐤ **tetaauputaau** vai+o ◆ il/elle le scie en deux, au milieu

ᑌᑖᐅᐳᔦᐤ **tetaaupuyeu** vta ◆ il/elle la/le scie en deux moitiés, au milieu

ᑌᑖᐅᐸᔨᐦᑖᐤ **tetaaupayihtaau** vai+o ◆ il/elle le divise en deux en versant (par ex. du sucre, de l'eau)

ᑌᑖᐅᐸᔫ **tetaaupayuu** vai/vii -i ◆ il/elle/ça se sépare en morceaux égaux, se divise en parties égales, se sépare en plein milieu

ᑌᑖᐅᐧᑖᑐᐧᐃᒡ **tetaauhtwaatuwich** vai pl recip -u ◆ ils/elles se le partagent également

ᑌᑖᐅᑳᒼ **tetaaukaam** p,lieu ◆ loin au large sur l'eau, au milieu du lac

ᑌᑖᐅᒡ **tetaauch** p,lieu ◆ au centre ou au milieu de quelque chose

ᑌᑖᐅᓀᐤ **tetaauneu** vta ◆ il/elle la/le sépare au milieu avec la main

ᑌᑖᐅᓇᒧᐧᐁᐤ **tetaaunamuweu** vta ◆ il/elle la/le partage également avec lui/elle/eux/elles

ᑌᑖᐅᓇᒫᑐᐧᐃᒡ **tetaaunamaatuwich** vai pl recip -u ◆ ils/elles le divisent également entre eux/elles; ils/elles se le partagent en nombre égal

ᑌᑖᐅᐢᒉᒡ **tetaauschech** p,lieu ◆ au milieu de la tourbière, en plein muskeg

ᑌᑖᐅᔥᐧᐁᐤ **tetaaushweu** vta ◆ il/elle la/le divise également en coupant au milieu

ᑌᑖᐅᔕᒧᐧᐁᐤ **tetaaushamuweu** vta ◆ il/elle la/le divise entre eux/elles en coupant au milieu

tetaausham vti ♦ il/elle le divise également en coupant au milieu

tetaaushkuweu vta ♦ il/elle la/le brise en deux au milieu avec son poids, son pied

tetaaushkuteu ni ♦ le centre, le milieu du feu

tetaaushkutepayiheu vta ♦ il/elle la/le tient (par ex. un pot) au-dessus d'une flamme, du centre d'un feu

tetaaushkutekuyeu vta ♦ il/elle la/le suspend au-dessus du centre du feu

tetaaushkam vti ♦ il/elle le brise en deux au milieu avec son poids, son pied

tetaaushkwaach p,lieu ♦ l'endroit dans le tipi en face de la porte, littéralement 'au milieu d'un cercle de poteaux'

tetaauham vti ♦ il/elle le sépare au milieu en frappant avec quelque chose

tetaauhtuweu vta ♦ il/elle la/le partage également entre elles/eux

tetaawechipiteu vta ♦ il/elle la/le déchire au milieu (étalé)

tetaawechipitam vti ♦ il/elle le déchire au milieu (étalé)

tetaawechineu vta ♦ il/elle la/le plie au milieu (étalé)

tetaawechinam vti ♦ il/elle le plie au milieu (étalé)

tekumeu vta ♦ il/elle la/le respire, l'inhale et ça le/la fait tousser, s'étouffer (par ex. de la farine)

tekusimipeu vai ♦ il/elle s'étouffe en buvant

tekusimuu vai-u ♦ il/elle s'étouffe avec un liquide

tekuhtam vti ♦ il/elle le respire (par ex. des plumes) et ça le/la fait tousser, s'étouffer

tekashiheu vta ♦ il/elle la/le termine, complète

tekashihtaau vai+o ♦ il/elle le termine, le complète

tekash p,manière ♦ complètement, entièrement, à fond, minutieusement, parfaitement ■ ᒥᔪᐤ ᑎᑲᔥ ᐦ ᐸᔅᑎᒋᒄ. ■ *Elle l'a nettoyé à fond.*

tekalep na -im [Mistissini] ♦ une crêpe, du français 'des crêpes'

tekahtaham vti ♦ il/elle l'ajuste complètement dedans, le fait entrer en entier dans quelque chose

tekahchishkam vti ♦ son pied entre dedans jusqu'au bout

techischipayuu vai/vii -i ♦ c'est à peine suffisant; il/elle/ça suffit à peine

teshipitaakan ni ♦ une plateforme pour l'entreposage ou pour une cache dans un campement

teyimaau vai ♦ il/elle joue aux cartes

teyimaan na ♦ une carte à jouer

tehutaau vai+o ♦ il/elle atterrit avec

tehumakan vii ♦ ça atterrit (par ex. un avion)

tehumakahtaau vai+o ♦ il/elle le fait atterrir

tehuyeu vta ♦ il/elle atterrit avec elle/lui (en avion); il/elle atterrit là où elle/il se trouve

tehuu vai-u ♦ il/elle atterrit

tehteu na ♦ une grenouille verte

tehteskaau vii ♦ c'est un secteur où il y a beaucoup de grenouilles vertes

tehteschiskaau vii ♦ c'est une forêt de pins dégarnis à la base

tehteschiskw na ♦ un pin avec des branches seulement dans sa partie supérieure, à son sommet

tehtineu vta ♦ il/elle la/le porte sur une civière

tehtinikan ni ♦ une civière ou un brancard pour transporter un patient

tehtinam vti ♦ il/elle le porte sur un brancard, une civière

tehtapuwinichimaau na ♦ un président, une présidente, litt. 'chaise-patron' (calque de l'anglais *chairperson*)

ᑌᐦᑕᐳᐧᐃᐊ tehtapuwin ni ♦ une chaise, un siège, un fauteuil

ᑌᐦᑕᐳᐚᑲᐊ tehtapuwaakan ni ♦ un chose qui sert de siège

ᑌᐦᑕᐴ tehtapuu vai-i ♦ il/elle est assis-e sur une surface

ᑌᐦᑕᑯᑌᐤ tehtakuteu vii ♦ c'est posé au-dessus d'une cache

ᑌᐦᑕᑯᑖᐤ tehtakutaau vai+o ♦ il/elle le met en haut de la cache

ᑌᐦᑕᑯᓯᐤ tehtakusiiu vai ♦ il/elle grimpe au sommet d'un endroit élevé (par ex. un toit, une cache)

ᑌᐦᑕᑯᔦᐤ tehtakuyeu vta ♦ il/elle l'installe, la/le pose par-dessus la cache

ᑌᐦᑕᔥᑌᐤ tehtashteu vii ♦ c'est placé sur une surface

ᑌᐦᑕᔥᑖᐤ tehtashtaau vai+o ♦ il/elle l'installe, le pose, le met sur quelque chose

ᑌᐦᑕᐦᐁᐤ tehtaheu vta ♦ il/elle la/le pose par-dessus quelque chose

ᑌᐦᑕᐦᐄᑲᐊ tehtahiikan ni ♦ une fondation, des fondations, un sol support, un sol porteur; une cale, un bardeau à cointer, une contreplanche

ᑌᐦᑕᐦᒽ tehtaham vti ♦ il/elle installe une plateforme basse en dessous (pour le garder au sec)

ᑌᐦᑕᐦᐌᐤ tehtahweu vta ♦ il/elle construit un plateforme basse sous quelque chose (pour la garder au sec)

ᑌᐦᑖᐱᔅᑲᐴ tehtaapiskapuu vai-i ♦ il/elle est assis-e au sommet des rochers

ᑌᐦᑖᐱᔅᒋᑳᐴ tehtaapischikaapuu vai-uu ♦ il/elle est debout au sommet des rochers

ᑌᐦᑖᐱᔥ tehtaapisch p,lieu ♦ sur les roches, au-dessus des rochers

ᑌᐦᑖᔅᑯᐸᔫ tehtaaskupayuu vai/vii-i ♦ il/elle/ça bouge, tombe sur le bois

ᑌᐦᑖᔅᑯᑳᐴ tehtaaskukaapuu vai-uu ♦ il/elle est debout sur le bois

ᑌᐦᑖᔅᑯᔑᓐ tehtaaskushin vai-i ♦ il/elle est posé-e, installé-e, étendu-e sur un objet en bois

ᑌᐦᑖᔅᑯᔥᑖᐤ tehtaaskushtaau vai+o ♦ il/elle charge du bois dessus (par ex. un toboggan)

ᑌᐦᑖᔅᑯᐦᐄᑲᐊ tehtaaskuhiikan ni ♦ une plateforme basse servant à garder les choses au sec (dans un canot, sur la neige ou la boue, dans une tente ou un tipi)

ᑌᐦᒋᑳᐴ tehchikaapuu vai-uu ♦ il/elle est debout sur une chaise, un siège, un banc

ᑌᐦᒋᔅᒄ tehchiskw p,lieu ♦ à la surface, dessus la glace

ᑌᐦᒋᔑᐊ tehchishin vai-i ♦ il/elle est posé-e, installé-e, étendu-e sur un objet

ᑎ

ᑎᐯᒋᓀᐤ tipechineu vta ♦ il/elle la/le mesure (étalé) en la/le posant sur quelque chose

ᑎᐯᒋᓇᒻ tipechinam vti ♦ il/elle le mesure (étalé) en le comparant à quelque chose

ᑎᐯᔨᒣᐤ tipeyimeu vta ♦ il/elle la/le possède; il/elle en est le/la propriétaire; il/elle la/le contrôle, gouverne

ᑎᐯᔨᒥᑎᓱᐧᐃᐊ tipeyimitisuwin ni ♦ autonomie gouvernementale

ᑎᐯᔨᒥᑎᓲ tipeyimitisuu vai reflex -u ♦ il/elle est son propre maître; il/elle est libre, autonome, indépendant-e

ᑎᐯᐃᐦᑕᒧᐧᐃᐊ tipeyihtamuwin ni ♦ de l'autorité, du pouvoir, de la compétence

ᑎᐯᐃᐦᑕᒧᐦᐁᐤ tipeyihtamuheu vta ♦ il/elle lui donne, cède, remet, confie quelque chose

ᑎᐯᐃᐦᑕᒽ tipeyihtam vti ♦ il/elle le détient, le possède, le gouverne

ᑎᐯᐃᐦᑖᑯᐊ tipeyihtaakun vii ♦ c'est à sa place; c'est la propriété de; ça appartient à

ᑎᐯᐃᐦᑖᑯᓲ tipeyihtaakusuu vai-i ♦ il/elle est à sa place; il/elle a le droit d'être là

ᑎᐯᐃᐦᒋᒉᐧᐃᐊ tipeyihchichewin ni ♦ un organisme dirigeant, des instances dirigeantes, un corps administratif

ᑎᐯᔑᐦᒋᒉᓲ tipeyihchichesuu vai ♦ il est directeur ou administrateur, elle est directrice ou administratrice; c'est un-e gouverneur-e

ᑎᐯᔑᐦᒋᒉᓲ tipeyihchichesuu ni -slim ♦ un gouvernement, des pouvoirs publics

ᑎᐱᐸᔫ tipipayuu vii -i ♦ c'est rempli, satisfait, réalisé, effectué

ᑎᐱᑎᔗᐃᒡ tipitishuwich vai pl -i ♦ il y en a assez

ᑎᐱᑯᔅᑳᑌᐅ tipikuskaateu vta ♦ il/elle la/le mesure en faisant de grands pas

ᑎᐱᑯᔅᑳᑕᒼ tipikuskaatam vti ♦ il/elle le mesure en faisant de grands pas

ᑎᐱᓀᐅ tipineu vta ♦ il/elle la/le mesure avec des longueurs de bras (par ex. un filet)

ᑎᐱᓀᐸᔨᐦᐁᐅ tipinepayiheu vta ♦ il/elle la/le mesure, rationne pour que ça dure (par ex. de la farine, quelque chose d'animé)

ᑎᐱᓀᐸᔨᐦᑖᐤ tipinepayihtaau vai+o ♦ il/elle le mesure, le rationne pour qu'il en reste

ᑎᐱᓀᔓᒧᐌᐅ tipineshamuweu vta ♦ il/elle la/le divise, sépare entre elles/eux en coupant

ᑎᐱᓀᔨᐦᑕᒧᐃᓐ tipineyihtamuwin ni ♦ s'assurer qu'il y en a assez, qu'il n'en manque pas

ᑎᐱᓂᔅᑳᑌᐅ tipiniskaateu vta ♦ il/elle la/le mesure au bout de ses bras (filiforme, par ex. un filet)

ᑎᐱᓂᔅᑳᑕᒼ tipiniskaatam vti ♦ il/elle le mesure avec des longueurs de bras

ᑎᐱᓂᔕᐦᑕᒼ tipinischaahtam vti ♦ il/elle le mesure avec la main, avec des largeurs de main

ᑎᐱᓅᐚᐤ tipinuwaau vii ♦ c'est abrité; c'est un abri

ᑎᐱᓅᐚᔥᑯᔑᒨ tipinuwaashkushimuu vai -u ♦ il/elle se réfugie parmi les arbres; il/elle s'abrite dans les arbres

ᑎᐱᓅᔑᒧᐃᓐ tipinuushimuwin ni ♦ un abri contre la tempête, la face abritée, le côté sous le vent

ᑎᐱᓅᔑᒨ tipinuushimuu vai -u ♦ il/elle s'abrite, se protège du froid

ᑎᐱᓅᔥᑯᐌᐅ tipinuushkuweu vta ♦ il/elle l'abrite, lui sert d'abri

ᑎᐱᓅᔥᑲᒼ tipinuushkam vti ♦ il/elle l'abrite, lui sert d'abri

ᑎᐱᓅᐦᐄᑲᓐ tipinuuhiikan ni ♦ un abri construit par quelqu'un

ᑎᐱᓅᐦᐊᒼ tipinuuham vti ♦ il/elle l'abrite, monte un abri contre le vent, le froid

ᑎᐱᓇᒼ tipinam vti ♦ il/elle le mesure (étalé) avec des longueurs de bras; il/elle le tient contre quelque chose, le compare à quelque chose pour le mesurer

ᑎᐱᓯᐱᔫᓐ tipisipiiun vii ♦ c'est de la neige qui souffle au ras du sol

ᑎᐱᓯᑖᒣᐅ tipisitaameu vta ♦ il/elle la/le mesure en mettant un pied devant l'autre (par ex. un traîneau)

ᑎᐱᓯᑖᐦᑕᒼ tipisitaahtam vti ♦ il/elle le mesure (par ex. un plancher) en mettant un pied devant l'autre

ᑎᐱᓯᓇᐦᐄᒉᐤ tipisinahiicheu vai ♦ il/elle fait un inventaire écrit; il/elle tient les comptes

ᑎᐱᓯᓇᐦᐊᒼ tipisinaham vti ♦ il/elle en fait un inventaire écrit

ᑎᐱᓯᓇᐦᐁᐤ tipisinahweu vta ♦ il/elle en fait l'inventaire par écrit, en dresse un inventaire écrit

ᑎᐱᓯᐦᐁᐤ tipisiheu vta ♦ il/elle l'esquive, se baisse pour l'éviter (par ex. un coup de poing)

ᑎᐱᓯᐦᑖᐤ tipisihtaau vai+o ♦ il/elle l'esquive

ᑎᐱᓰᐤ tipisiiu vai ♦ il/elle baisse la tête, se penche, plonge, esquive

ᑎᐱᔅᑳᐅᐱᔦᔒᔥ tipiskaaupiyeshiish na dim ♦ un engoulevent d'Amérique *Chordeiles minor*

ᑎᐱᔅᑳᐅᐲᓯᒼ tipiskaaupiisim na ♦ la lune, littéralement 'le soleil de nuit'

ᑎᐱᔅᑳᐤ tipiskaau vii ♦ c'est la nuit

ᑎᐱᔅᑳᒉ tipiskaache p,time ♦ cette nuit, littéralement 'quand il fera nuit' (forme du conjonctif du verbe *tipiskaau*)

ᑎᐱᔅᒋᐲᓯᒼ tipischipiisim na ♦ la lune (mot rare)

ᑎᐱᔒᐱᐆ tipishipiiushuu vii dim -i ♦ c'est de la poudrerie basse, de la chasse-neige basse

ᑎᐱᔑᒣᐅ tipishimeu vta ♦ il/elle compare la taille de deux choses

tipishiish p,lieu ◆ bas, en bas ■ ᐁᐅᔅ ᑎᐱᔑᒼ ᑭᑐᒡᐦᑖₓ ■ *Mets-le en bas.*

tipishkutapuu vai -i [Côte]
◆ il/elle est perpendiculaire à quelque chose, à angle droit, directement en face de quelque chose

tipishkutahkuyeu vii [Côte]
◆ les flammes montent tout droit

tipishkutaapihteu vii [Côte]
◆ la fumée monte tout droit

tipishkutaashteu vii [Côte]
◆ la lumière brille droit vers le haut

tipishkuchikaapuu vai/vii -uu [Côte] ◆ il/elle/ça se tient debout

tipishkuchikaapuuheu vta [Côte] ◆ il/elle la/le dresse, pose debout

tipishkuchikaapuuhtaau vai+o [Côte] ◆ il/elle le dresse, le met debout, le monte

tipishkuchineu vta [Côte]
◆ il/elle la/le dresse, met debout avec la main

tipishkuchinam vti [Côte]
◆ il/elle le redresse de la main, le met droit, vertical

tipishkuchishweu vta [Côte]
◆ il/elle la/le coupe directement en travers, à angle droit

tipishkuchisham vti [Côte]
◆ il/elle le coupe en travers, à angle droit

tipishkuchishteu vii [Côte]
◆ c'est installé, posé, placé à l'endroit

tipishkuchishtaau vai+o [Côte] ◆ il/elle le dresse, le monte, le met debout

tipishkuchiheu vta [Côte]
◆ il/elle la/le met debout, droit-e

tipishkuch p,lieu [Côte]
◆ directement à l'opposé, en face, devant, en avant; dessus, par-dessus

tipishkuutapuu vai -i [Intérieur]
◆ il/elle est perpendiculaire à quelque chose, directement en face de quelque chose

tipishkuutahkuyeu vii [Intérieur] ◆ les flammes montent tout droit

tipishkuutaapihteu vii [Intérieur] ◆ la fumée monte tout droit

tipishkuutaashteu vii [Intérieur] ◆ la lumière brille droit vers le haut

tipishkuuchikaapuu vai/vii -uu [Intérieur] ◆ il/elle/ça se dresse, se met debout

tipishkuuchikaapuuheu vta [Intérieur] ◆ il/elle la/le dresse, met debout

tipishkuuchikaapuuhtaau vai+o [Intérieur] ◆ il/elle le dresse, le met debout, le monte

tipishkuuchineu vta [Intérieur] ◆ il/elle la/le dresse, met debout avec la main

tipishkuuchinam vti [Intérieur] ◆ il/elle le dresse, le met debout avec la main

tipishkuuchishweu vta [Intérieur] ◆ il/elle la/le coupe tout droit, à angle droit

tipishkuuchisham vti [Intérieur] ◆ il/elle le coupe en travers, à angle droit

tipishkuuchishteu vii [Intérieur] ◆ c'est placé, posé à l'endroit

tipishkuuchishtaau vai+o [Intérieur] ◆ il/elle le monte, le dresse, le met debout

tipishkuuchiheu vta [Intérieur] ◆ il/elle la/le met debout

tipishkuuch p,lieu [Intérieur]
◆ directement à l'opposé, en face, devant, en avant; dessus, par-dessus

tipishkamuchiishikaau vii
◆ c'est un anniversaire de naissance

tipishkam vti ◆ il/elle a un festin, une fête d'anniversaire; il/elle célèbre son anniversaire

tipiyaaweu vta ◆ il/elle en atteint la limite (par ex. le quota de castors); il/elle en a obtenu assez, acquis suffisamment

tipiyaau vai ◆ il/elle atteint sa limite; il/elle obtient une quantité suffisante de ce qui est nécessaire

ᑎᐯᐦᑎᑖᐤ tipihtitaau vai+o ♦ il/elle compare la taille de deux choses, elle est égale

ᑎᐱᐧᐁ tipiiwe p,manière ♦ le sien ou la sienne propre, en propre, à lui, à elle, personnel-le ▪ ᐃ ᑎᐱᐧᐁ ᐊᓄᒡ ᐅᒋᒫᐦ ▪ C'est son propre canot.

ᑎᐱᐧᐁᐅᓰᐤ tipiiweusiiu vai ♦ il/elle est le/la propriétaire

ᑎᐸᒋᒣᐤ tipachimeu vta ♦ il/elle la/le compte, l'ajoute, l'additionne

ᑎᐸᒋᐦᑕᒧᐧᐁᐤ tipachihtamuweu vta ♦ il/elle la/le compte, l'ajoute, l'additionne pour elle/lui

ᑎᐸᒋᐦᑕᒻ tipachihtam vti ♦ il/elle le compte, l'additionne

ᑎᐸᒋᐦᑖᓲ tipachihtaasuu vai -u ♦ il/elle fait ou dresse l'inventaire; il/elle inventorie, compte les choses

ᑎᐸᐦᐄᐱᓰᒧᐋᓐ tipahiipiisimwaan ni ♦ un cadran solaire; un bâton planté au centre d'un cercle tracé dans la neige, l'ombre du bâton est marquée pour référence future

ᑎᐸᐦᐄᑲᓈᐦᑎᒄ tipahiikanaahtikw ni ♦ un bâton à mesurer

ᑎᐸᐦᐄᑲᓐ tipahiikan ni ♦ un mille, un gallon

ᑎᐸᐦᐄᒉᐤ tipahiicheu vai [Intérieur] ♦ il/elle paie ou paye; il/elle fait un levé, une enquête ou un sondage

ᑎᐸᐦᐄᒉᐦᑕᒧᐧᐁᐤ tipahiicheshtamuweu vta ♦ il/elle la/le paie pour lui/elle

ᑎᐸᐦᐄᒉᐦᑕᒫᒉᐤ tipahiicheshtamaacheu vai ♦ il/elle paie ou paye la dette d'un autre

ᑎᐸᐦᐄᔫᑎᓈᓐ tipahiiyuutinaan ni ♦ une manche à air ou à vent, un indicateur de la vitesse du vent

ᑎᐸᐦᐊᒧᐧᐁᐤ tipahamuweu vta ♦ il/elle la/le paie pour ça

ᑎᐸᐦᐊᒧᐦᑎᔦᐤ tipahamuhtiyeu vta ♦ il/elle lui fait payer, lui demande de payer quelque chose

ᑎᐸᐦᐊᒫᑌᐤ tipahamaateu vta ♦ il/elle la/le mesure avec de grands pas; il/elle l'arpente, la/le mesure au pas

ᑎᐸᐦᐊᒫᑕᒻ tipahamaatam vti ♦ il/elle le mesure en faisant de grands pas; il/elle l'arpente

ᑎᐸᐦᐊᒫᑯᓰᐃᐧᓐ tipahamaakusiiwin ni ♦ un paiement, un salaire, un traitement, des gages, une rémunération; une récompense

ᑎᐸᐦᐊᒫᒉᐦᑕᒫᒉᐤ tipahamaacheshtamaacheu vai ♦ il/elle fait un paiement pour quelqu'un d'autre; il/elle le rembourse

ᑎᐸᐦᐊᒻ tipaham vti ♦ il/elle le paie, le paye; il/elle le mesure

ᑎᐸᐦᐊᔅᒉᐤ tipahascheu vai ♦ il/elle mesure le terrain; il/elle arpente

ᑎᐸᐦᐊᔅᒉᓲ tipahaschesuu vai ♦ il est arpenteur géomètre, elle est arpenteuse géomètre

ᑎᐸᐦᐧᐁᐤ tipahweu vta ♦ il/elle paie pour quelque chose (d'animé); il/elle la/le mesure

ᑎᐹᐯᑲᐦᐄᑲᓐ tipaapekahiikan ni ♦ une livre de poids

ᑎᐹᐯᑲᐦᐄᒉᐤ tipaapekahiicheu vai ♦ il/elle le mesure avec une ligne

ᑎᐹᐯᑲᐦᐊᒻ tipaapekaham vti ♦ il/elle le mesure, le pèse

ᑎᐹᐯᔥᑯᑖᐤ tipaapeshkutaau vai+o ♦ il/elle le pèse

ᑎᐹᐯᔥᑯᒋᑲᓐ tipaapeshkuchikan ni ♦ une balance pour peser

ᑎᐹᐯᔥᑯᔦᐤ tipaapeshkuyeu vta [Intérieur] ♦ il/elle la/le pèse, soupèse

ᑎᐹᐯᔥᑯᔨᓲ tipaapeshkuyisuu vai reflex -u ♦ il/elle se pèse

ᑎᐹᐸᒣᐤ tipaapameu vta ♦ il/elle la/le mesure du regard; il/elle la/le regarde, l'inspecte de la tête aux pieds

ᑎᐹᐸᐦᑕᒻ tipaapahtam vti ♦ il/elle le mesure à l'oeil, à vue; il/elle y jette un coup d'oeil

ᑎᐹᐹᑌᐤ tipaapaateu vta ♦ il/elle la/le mesure avec un ruban à mesurer

ᑎᐹᐹᑕᒻ tipaapaatam vti ♦ il/elle le mesure avec un ruban à mesurer

ᑎᐹᐹᒋᑲᓂᔮᐲ tipaapaachikaniyaapii ni -m ♦ un galon, un ruban à mesurer en toile ou en métal; une ligne de mesure

ᑎᐹᐹᒋᑲᓐ tipaapaachikan ni ♦ une chose qui sert à prendre les mesures, un ruban à mesurer, un galon

ᑎᐹᐹᓐ tipaapaan ni ♦ une ligne, une corde ou ficelle à mesurer

ᐸᑐᑕᒼ tipaatutam vti ♦ il/elle en parle, le dit

ᐸᕆᒍᐃᓐ tipaachimuwin ni ♦ une histoire, un conte; les nouvelles, les informations

ᐸᕆᒧᔥᑐᐌᐤ tipaachimushtuweu vta ♦ il/elle lui raconte une histoire, lui dit les nouvelles

ᐸᕆᒨ tipaachimuu vai -u ♦ il/elle raconte une histoire; il/elle donne des nouvelles de quelqu'un, à propos d'un événement

ᐸᕆᒨᓯᓇᐦᐄᑲᓐ tipaachimuusinahiikan ni ♦ un livre d'histoires ou de contes; un journal

ᐸᓂᒫᑐᐃᐧᒡ tipaanimaatuwich vai pl recip -u ♦ ils/elles se le partagent ou divisent entre eux/elles

ᐸᓂᓯᐤ tipaanisiiu vai ♦ il/elle est distinct-e, séparé-e, à part

ᐸᓂᔥᑖᐤ tipaanishtaau vai+o ♦ il/elle le met à part, le sépare

ᐸᓂᖹᐤ tipaaniheu vta ♦ il/elle la/le met à part, de côté

ᐸᓂᖵᑐᐃᐧᒡ tipaanihiituwich vai pl recip -u ♦ ils/elles se démobilisent; ils/elles se séparent

ᐸᓂᖵᓲ tipaanihiisuu vai reflex ♦ il/elle se sépare des autres; il/elle se met à part

ᐸᓇᒧᐌᐤ tipaanamuweu vta ♦ il/elle la/le partage entre elles/eux

ᐸᓐ tipaan p,manière ♦ à part, par soi-même, en soi, séparément, isolément; isolé-e, séparé-e, seul-e ♦ ᐸᓐ ᐯᒋ ᓂᒧᔅᐲ ᕐᑖᐦᒡ *Il va aller chasser tout seul ce printemps.*

ᐸᔅᑯᓀᐤ tipaaskuneu vta ♦ il/elle la/le juge; il/elle la/le mesure avec un ruban, une règle

ᐸᔅᑯᓂᑎᐦᒑᑐ tipaaskunitihchaateu vta ♦ il/elle la/le mesure à la main

ᐸᔅᑯᓂᑎᐦᒑᑕᒼ tipaaskunitihchaatam vti ♦ il/elle le mesure avec sa main

ᐸᔅᑯᓂᑲᓂᔮᐲ tipaaskunikaniyaapii ni -m ♦ un galon, un ruban à mesurer en toile ou en métal; une ligne, une corde ou ficelle à mesurer

ᐸᔅᑯᓂᑲᓈᐦᑎᒄ tipaaskunikanaahtikw ni ♦ une règle à mesurer

ᐸᔅᑯᓂᑲᓐ tipaaskunikan ni ♦ une verge à mesurer

ᐸᔅᑯᓂᒉᐅᑲᒥᒄ tipaaskunicheukamikw ni ♦ un palais de justice, un tribunal, une cour

ᐸᔅᑯᓂᒉᐃᐧᓐ tipaaskunichewin ni ♦ un procès; le tribunal, la cour

ᐸᔅᑯᓂᒉᐤ tipaaskunicheu vai ♦ il/elle tient une séance de la cour; il/elle préside un procès; il/elle mesure

ᐸᔅᑯᓂᒉᓲ tipaaskunichesuu vai -u ♦ il/elle est juge; c'est un-e juge

ᐸᔅᑯᓂᒉᓲᑲᒥᒄ tipaaskunichesuukamikw ni ♦ la cour de Justice

ᐸᔅᑯᓂᒉᔒᔥ tipaaskunicheshiish na dim [Intérieur] ♦ une chenille

ᐸᔅᑯᓇᒼ tipaaskunam vti ♦ il/elle le juge, l'évalue; il/elle le mesure avec un ruban à mesurer, une règle

ᐸᔅᑯᐦᐄᑲᓈᐦᑎᒄ tipaaskuhiikanaahtikw ni [Côte] ♦ une règle, une toise, un bâton pour mesurer; une règle de trente-six pouces ou une verge

ᑎᑎᐦᐱᔥᑕᐦᐊᒼ titihpishtaham vti redup ♦ il/elle en fait le bord, en coud l'ourlet

ᑎᑎᐦᐱᔥᑕᐦᐌᐤ titihpishtahweu vta redup ♦ il/elle en fait le bord, en coud l'ourlet (par ex. un pantalon)

ᑲᔥᑌᓀᐤ tikaashteneu vta ♦ il/elle l'avertit de sa présence sans faire exprès, par inadvertance, par mégarde

ᑲᔥᑌᔑᒣᐤ tikaashteshimeu vta ♦ il/elle fait de l'ombre sur elle/lui

ᑲᔥᑌᔑᓐ tikaashteshin vai ♦ il/elle projette une ombre; c'est son ombre; il/elle est la vedette d'un film, une étoile du cinéma

ᑲᔥᑌᐦᐌᐤ tikaashtehweu vta ♦ il/elle fait de l'ombre, projette une ombre sur elle/lui

ᑲᔥᑌᐦᑎᑖᐤ tikaashtehtitaau vai+o ♦ il/elle jette une ombre dessus; il/elle lui fait ombrage, lui fait de l'ombre

ᑲᔥᑌᐦᑎᓐ tikaashtehtin vii ♦ ça jette une ombre; c'est une ombre

ᑲᔥᑌᐦᒋᑲᓐ tikaashtehchikan ni ♦ un écran de cinéma

ᑎᒋᔅᒋᓂᐤ tichischineu vta ♦ il/elle l'échappe sans faire exprès

ᑎᒋᔅᒋᓇᒻ tichischinam vti ♦ il/elle l'échappe sans faire exprès

ᑎᒥᑲᓐ timikan vii ♦ c'est de l'eau qui monte, à cause de la pluie ou de la neige

ᑎᒥᒄᐚᐳᐌᐦᐊᒻ timikwaapuweham vti ♦ il/elle fait déborder l'eau dans le pot

ᑎᒥᔮᑯᓂᑳᐤ timiyaakunikaau vii ♦ c'est de la neige profonde

ᑎᒥᔮᑲᒫᐤ timiyaakamaau vii ♦ c'est une étendue d'eau profonde

ᑎᒧᒄᐚᐳᐌᐸᔫ timukwaapuwepayuu vii-i ♦ c'est de l'eau qui monte

ᑎᒪᑲᐦᐄᑲᓐ timakahiikan ni [côte] ♦ un procédé qui est d'effrayer le poisson vers le filet pour l'attraper

ᑎᐦᑎᐯᑲᐦᐄᑲᓐ tihtipeukahiikan ni ♦ de la broderie ornant le haut du mocassin

ᑎᐦᑎᐱᐌᐳᐠᐦᐆᓲᐚᑲᓐ tihtipiwepuhuusuwaakan na ♦ une bicyclette

ᑎᐦᑎᐱᑌᐤ tihtipiteu vta ♦ il/elle l'enroule en tirant

ᑎᐦᑎᐱᑕᒻ tihtipitam vti ♦ il/elle le roule en tirant

ᑎᐦᑎᐱᒀᑌᐤ tihtipikwaateu vta ♦ il/elle y coud un bordage, une bordure

ᑎᐦᑎᐱᓀᐤ tihtipineu vta ♦ il/elle la/le roule plusieurs fois; il/elle remonte ses manches

ᑎᐦᑎᐱᓂᒀᓐ tihtipinikwaan ni ♦ une bande de fourrure de lapin portée autour du poignet pour la chaleur, des poignets de fourrure

ᑎᐦᑎᐱᓂᐦᑖᐤ tihtipinihtaau vai+o ♦ il/elle l'enroule (par ex. un fil)

ᑎᐦᑎᐱᓇᒻ tihtipinam vti ♦ il/elle l'enroule

ᑎᐦᑎᐱᓈᐲᐦᑳᑌᐤ tihtipinaapihkaateu vta ♦ il/elle l'attache en l'enveloppant, l'enroulant

ᑎᐦᑎᐱᓈᐲᐦᑳᑕᒻ tihtipinaapihkaatam vti ♦ il/elle attache quelque chose en l'enroulant, en l'enveloppant

ᑎᐦᑎᐱᓈᐲᐦᒉᓇᒻ tihtipinaapihchenam vti ♦ il/elle l'enroule, le roule en balle (filiforme)

ᑎᐦᑎᐱᓈᐲᐦᒉᔑᒣᐤ tihtipinaapihcheshimeu vta ♦ il/elle l'enroule en balle (filiforme)

ᑎᐦᑎᐱᓈᐲᐦᒉᐦᑖᐤ tihtipinaapihchehtaau vai+o ♦ il/elle l'enroule (filiforme)

ᑎᐦᑎᐱᓈᔅᑯᐸᔨᐆ tihtipinaaskupayihuu vai-u ♦ il (un lièvre) s'enroule autour des bâtons du collet

ᑎᐦᑎᐱᓈᔅᑯᐦᑎᑖᐤ tihtipinaaskuhtitaau vai+o ♦ il/elle l'enroule autour d'un objet en bois

ᑎᐦᑎᐱᓈᔅᑯᐦᒋᑲᓐ tihtipinaaskuhchikan ni ♦ une bobine vide pour le fil

ᑎᐦᑎᐱᓈᔥᑯᔑᒣᐤ tihtipinaashkushimeu vta ♦ il/elle l'enroule autour d'un objet en bois

ᑎᐦᑎᐱᔥᑯᐌᐤ tihtipishkuweu vta ♦ il/elle l'enroule, la/le roule avec le pied

ᑎᐦᑎᐱᔥᑲᒻ tihtipishkam vti ♦ il/elle le roule avec ses pieds

ᑎᐦᑎᐸᔨᐦᐁᐤ tihtipayiheu vta ♦ il/elle la/le fait rouler (par ex. un pneu)

ᑎᐦᑎᐸᔨᐆ tihtipayihuu vai-u ♦ il/elle roule, fait des tonneaux

ᑎᐦᑎᐸᔨᐦᑖᐤ tihtipayihtaau vai+o ♦ il/elle le fait rouler

ᑎᐦᑎᐸ᧚ tihtipayuu vai/vii-i ♦ il/elle/ça roule

ᑎᐦᑎᐸᐦᐱᑌᐤ tihtipahpiteu vta ♦ il/elle l'attache

ᑎᐦᑎᐸᐦᐱᑕᒻ tihtipahpitam vti ♦ il/elle l'attache, le lie

ᑎᐦᑎᐹᐲᐦᑳᑌᐤ tihtipaapihkaateu vta ♦ il/elle enroule la corde autour pour l'attacher

ᑎᐦᑎᐹᐲᐦᑳᑕᒻ tihtipaapihkaatam vti ♦ il/elle enroule la corde autour pour l'attacher

ᑎᐦᑎᐹᐲᐦᒉᓂᑲᓐ tihtipaapihchenikan ni ♦ un demi-cercle de cuir autour du trou pour le pied dans les raquettes

ᑎᐦᑎᐹᐲᐦᒉᔑᒣᐤ tihtipaapihcheshimeu vta ♦ il/elle l'enroule en balle

ᑎᐦᑎᐹᔐᐤ tihtipaashuu vai-i ♦ il/elle est gonflé-e et enroulé-e

ᑎᐦᑎᐹᔥᑎᓐ tihtipaashtin vii ♦ c'est poussé et enroulé par le vent

ᑎᐦᑎᓈᑲᓐ tihtinaakan ni ♦ un berceau en planches, une planche porte-bébé

ᑎᐦᑎᐢᑳᐱᐦᒉᑎᐦᑖᐤ tihtiskaapihchetihtaau vai+o ◆ il/elle le déroule en s'éloignant avec

ᑎᐦᑎᐢᑳᐱᐦᒉᑕᐦᐁᐤ tihtiskaapihchetaheu vta ◆ il/elle la/le déroule en s'éloignant avec

ᑎᐦᑎᐢᑳᐱᐦᒉᔥᑯᐌᐤ tihtiskaapihcheshkuweu vta ◆ il/elle la/le déroule avec le pied accidentellement

ᑎᐦᑎᐢᑳᐱᐦᒉᔥᑲᒼ tihtiskaapihcheshkam vti ◆ il/elle le déroule accidentellement avec le pied

ᑎᐦᑳᐱᐢᒋᓴᒼ tihkaapischisam vti ◆ il/elle fait fondre du métal

ᑎᐦᑳᐹᐅᑖᐤ tihkaapaautaau vai+o ◆ il/elle le dissout

ᑎᐦᑳᐹᐌᐤ tihkaapaaweu vai/vii ◆ il/elle/ça se dissout

ᑎᐦᑳᑲᓲ tihkaakasuu vai -u ◆ elle fond (par ex. la neige ou la glace sur un traîneau, une planche)

ᑎᐦᑳᐢᑯᓲ tihkaaskusuu vai -u ◆ il/elle fond (par ex. de la neige, de la glace)

ᑎᐦᒋᐸᔫ tihchipayuu vai/vii -i ◆ il/elle/ça fond

ᑎᐦᒋᑌᐤ tihchiteu vii ◆ ça fond

ᑎᐦᒋᓷᐤ tihchisweu vta ◆ il/elle la/le fait fondre

ᑎᐦᒋᓲ tihchisuu vai -u ◆ il/elle fond (par ex. du beurre)

ᑎᐦᒋᓴᒼ tihchisam vti ◆ il/elle le fait fondre

ᑎᐦᒋᐢᑌᐤ tihchisteu vii ◆ ça fond (par ex. du métal)

ᑏ

ᑏ tii na -m ◆ du thé, de l'anglais 'tea'

ᑏᐅᐢᒋᐦᒄ tiiuschihkw na ◆ une bouilloire

ᑏᐌᐦᒡ tiiwehch p,temps ◆ immédiatement, d'emblée, tout de suite, aussitôt, sans délai ▪ ᑏᐌᐦᒡ ᒌ ᑕᑯᔑᓐ× ▪ *Elle est arrivée tout de suite.*

ᑏᐐᐦᑵᔮᔥ tiiwiihkweyaash ni dim ◆ des sachets de thé

ᑏᑆᐟ tiipwaat ni -im ◆ une théière, de l'anglais 'teapot'

ᑏᑯᒡ tiikuch p,manière ◆ au lieu de, à la place, plutôt ▪ ᐐ ᑏᑯᒡ ᒌ ᐃᑐᐦᑌᐤ× ▪ *Il est allé à la place de l'autre.*

ᑏᔻᐴᐦᑳᑌᐤ tiiywaapuuhkaateu vta ◆ il/elle fait du thé pour elle/lui

ᑏᔻᐴᐦᑳᓲ tiiywaapuuhkaasuu vai reflex -u ◆ il/elle se fait du thé; il/elle se prépare une tasse de thé

ᑏᔻᐴᐦᒉᐚᒉᐤ tiiywaapuuhchewaacheu vai ◆ il/elle s'en sert pour faire du thé

ᑏᔻᐴᐦᒉᐤ tiiywaapuuhcheu vai ◆ il/elle fait ou prépare du thé

ᑐ

ᑐᐌᑲᓐ tuwekan ni [Waswanipi] ◆ un moteur hors-bord, un hors-bord

ᑐᐌᐦᑲᒎ tuwehkachuu ni -uum [Intérieur] ◆ un hélicoptère

ᑑ

ᑑᐐᔥᑐᐌᐤ tuuwiishtuweu vta [Intérieur] ◆ il/elle lui fait de la place, de l'espace

ᑑᐐᔥᑖᓲ tuuwiishtaasuu vai ◆ il/elle fait de la place, dégage les choses pour libérer de l'espace

ᑑᐐᔥᑯᐌᐤ tuuwiishkuweu vta ◆ il/elle lui laisse la voie libre, la/le laisse passer en se tassant de côté

ᑑᐐᔥᑲᒼ tuuwiishkam vti ◆ il/elle dégage l'espace, libère le chemin pour quelque chose en se tassant de côté

ᑑᐗᑎᓈᐤ tuuwatinaau vii ◆ c'est un passage, une ouverture entre les montagnes

ᑑᐗᑖᐅᐦᑳᐤ tuuwataauhkaau vii ◆ c'est une étendue de terrain sec

ᑑᐗᑲᐦᑕᒼ tuuwakahtam vti ◆ il (un lièvre) mâche une ouverture dans les buissons, un endroit broussailleux

ᑑᐗᐢᒎᑳᐤ tuuwaschuukaau vii ◆ c'est un espace libre boueux

ᑑᐙᐅᐦᑳᐤ tuuwaauhkaau vii ◆ c'est une étendue de sable à découvert

ᑑᐚᐤ **tuuwaau** vii ♦ c'est un espace libre; il y a de la place

ᑑᐚᐱᔅᑳᐤ **tuuwaapiskaau** vii ♦ c'est une ouverture entre les rochers

ᑑᐚᐱᔅᒋᓂᒉᐤ **tuuwaapischinicheu** vai ♦ il/elle fait une ouverture dans la roche, dans les rochers (par ex. un déversoir)

ᑑᐚᐱᔅᒋᓇᒼ **tuuwaapischinam** vti ♦ il/elle le dégage (une pierre, par ex. dans la construction d'un déversoir)

ᑑᐚᐳᑯᐤ **tuuwaapukuu** vai -u ♦ il/elle (un glacier, de la glace flottante) a un trou dedans

ᑑᐚᑯᓀᔥᑯᐌᐤ **tuuwaakuneshkuweu** vta ♦ il/elle fait une ouverture dans la neige, défonce la neige en marchant

ᑑᐚᑯᓀᔥᑲᒼ **tuuwaakuneshkam** vti ♦ il/elle fait une ouverture dans la neige, défonce la neige en marchant; il/elle l'ouvre, le tape (le sentier) après une tempête de neige

ᑑᐚᑯᓀᔮᐤ **tuuwaakuneyaau** vii ♦ c'est une parcelle de terrain dénudée de neige

ᑑᐚᑯᓀᐦᐊᒼ **tuuwaakuneham** vti ♦ il/elle le trace (un sentier), l'ouvre (une piste) en utilisant quelque chose, après une chute de neige épaisse

ᑑᐚᑯᓂᑳᐤ **tuuwaakunikaau** vii ♦ c'est une ouverture couverte de neige

ᑑᐚᑯᓂᒋᐸᔫ **tuuwaakunichipayuu** vii -i ♦ il y a une ouverture dans la neige

ᑑᐚᓂᑳᐤ **tuuwaanikaau** vii ♦ c'est un passage entre les îles

ᑑᐚᔅᑵᔮᐤ **tuuwaaskweyaau** vii ♦ c'est une ouverture entre les arbres, une clairière

ᑑᐚᔅᑯᐦᐄᑲᓐ **tuuwaaskuhiikan** ni ♦ une ligne droite coupée dans la forêt par des arpenteurs ou prospecteurs

ᑑᐯᔮᐤ **tuupeyaau** vii ♦ c'est une étendue d'eau libre sur un lac, une rivière

ᑑᐲᔥ **tuupiish** ni -im [Mistissini] ♦ un bus, un autocar, un autobus, du français 'autobus'

ᑑᐸᔫ **tuupayuu** vai/vii -i ♦ il/elle a du temps libre; ça s'ouvre, libère un espace

ᑑᒣᒋᓀᐤ **tuumechineu** vta ♦ il/elle la/le graisse (étalé)

ᑑᒣᒋᓇᒼ **tuumechinam** vti ♦ il/elle le graisse (étalé)

ᑑᒥᑎᐦᒉᐤ **tuumitihcheu** vai ♦ il/elle a les mains graisseuses

ᑑᒥᑎᐦᒉᓀᐤ **tuumitihcheneu** vta ♦ il/elle lui applique de l'huile, de la crème ou de la graisse sur les mains, lui fait une onction sur les mains

ᑑᒥᑎᐦᒉᓂᓲ **tuumitihchenisuu** vai reflex -u ♦ il/elle se graisse les mains, s'applique de la crème, s'enduit d'un onguent

ᑑᒥᑲᐦᑎᒀᓀᐤ **tuumikahtikweneu** vta ♦ il/elle l'oint, lui fait une onction sur le front, la/le bénit par une onction sur le front

ᑑᒥᒁᐦᑯᓀᐧᐤ **tuumikwaahkuneweu** vai ♦ il/elle a le menton graisseux

ᑑᒥᒑᐦᑯᐌᓇᒼ **tuumichaahkuwenam** vti ♦ il/elle offre de la graisse à l'esprit (en la frottant sur le crâne d'un ours)

ᑑᒥᓀᐤ **tuumineu** vta ♦ il/elle l'huile, la/le graisse

ᑑᒥᓂᑲᓐ **tuuminikan** ni ♦ un onguent, de la vaseline

ᑑᒥᓇᒼ **tuuminam** vti ♦ il/elle le graisse

ᑑᒥᓯᑌᐤ **tuumisiteu** vai ♦ il/elle a de la graisse ou un onguent sur les pieds

ᑑᒥᓯᑌᓀᐤ **tuumisiteneu** vta ♦ il/elle lui fait une onction sur les pieds

ᑑᒥᔅᑯᐎᓐ **tuumiskuwin** ni ♦ de l'huile à cheveux, un tonique capillaire

ᑑᒥᔅᑰ **tuumiskuu** vai -uu ♦ il/elle se met de l'huile à cheveux sur la chevelure

ᑑᒥᔅᑰᓀᐤ **tuumiskuuneu** vta ♦ il/elle lui applique de la graisse ou de l'huile sur la tête, lui met une crème sur les cheveux

ᑑᒥᔅᑰᓇᒼ **tuumiskuunam** vti ♦ il/elle le graisse (le crâne, les cheveux)

ᑑᒥᐦᐁᐤ **tuumiheu** vta ♦ il/elle lui ajoute de la graisse, du gras; il/elle l'huile, la/le graisse; il/elle la fait grasse, riche (de la banique)

ᑑᒥᐦᑖᐤ **tuumihtaau** vai+o ♦ il/elle y ajoute de la graisse, du lard

ᑑᒥᐦᑴᓀᐤ **tuumihkweneu** vta ♦ il/elle lui graisse la face

ᑐᒥᐦᖃᓱᔾ **tuumihkwenisuu** vai reflex -u
 ♦ il/elle s'applique de la graisse sur la face

ᑐᒫᐤ **tuumaau** vii ♦ c'est graisseux

ᑐᒫᐱᔅᒋᓂᑲᓐ **tuumaapischinikan** ni ♦ de l'huile d'arme

ᑐᒫᐱᔅᒋᓇᒻ **tuumaapischinam** vti ♦ il/elle le graisse (pierre, métal)

ᑐᒫᐱᐦᒉᓀᐤ **tuumaapihcheneu** vta
 ♦ il/elle la/le graisse (filiforme)

ᑐᒫᐱᐦᒉᓇᒻ **tuumaapihchenam** vti
 ♦ il/elle le graisse (filiforme)

ᑐᒫᔅᑯᓐ **tuumaaskun** vii ♦ c'est graissé, huilé (long et rigide)

ᑐᓯᒀᐤ **tuusikwaau** vii ♦ c'est un espace libre entre les glaces flottant sur l'eau

ᑑᔅᑐᐱᓱ **tuustuupisuu** vai -u ♦ il/elle est tremblant-e, branlant-e, flexible

ᑑᔅᑐᐹᒋᐸᔪ **tuustuupaachipayuu** vii
 ♦ c'est flexible; ça plie facilement (par ex. un arbre, un bâton, un cadre de raquettes)

ᑑᔅᑐᐹᔅᑯᓐ **tuustuupaaskun** vii ♦ c'est tremblant, branlant (long et rigide)

ᑑᔅᑐᐹᔅᑯᓱᔾ **tuustuupaaskusuu** vai -i
 ♦ il/elle est tremblant-e, branlant-e, flexible (long et rigide)

ᑐᔅᑖᓱ **tuustaasuu** vai -u ♦ il/elle libère un espace en rangeant ou dégageant des choses

ᑐᔅᑯᐦᐌᐤ **tuuskuhweu** vta ♦ il/elle la/le pousse du coude

ᑐᔥᑌᐤ **tuushteu** vii ♦ c'est une semaine

ᑐᔥᑑᐸᐤ **tuushtuupaau** vii ♦ c'est branlant, tremblant; ça gigote

ᑐᔥᑯᐯᔮᐤ **tuushkupeyaau** vii ♦ c'est une zone d'eau libre de glace sur une rivière

ᑑᐦᐁᐤ **tuuheu** vai ♦ il/elle joue à la balle ou au ballon

ᑑᐦᐁᔅᒃ **tuuhesk** na -im ♦ un pluvier à collier, un pluvier semipalmé *Charadrius semipalmatus* (voir aussi *chuuhesk*)

ᑑᐦᐄᑲᓐ **tuuhiikan** ni ♦ une ligne coupée dans les bois (par ex. une piste, un sentier, une ligne de piégeage), elle n'est pas droite

ᑑᐦᐋᓐ **tuuhaan** na ♦ une balle, un ballon

ᑑᐦᑐᐱᓯ **tuuhtuupisii** ni -m ♦ le jeu du bouton sur la ficelle

ᑑᐦᑐᐱᓰᐦᑳᓐ **tuuhtuupisiihkaan** na ♦ le timbre d'un jouet de bâton sur corde

ᑑᐦᑲᑐ **tuuhkatuu** vai ♦ il/elle n'a pas de dents en avant (ancien terme)

ᑑᐦᑲᒋᔒᐤ **tuuhkachishiiu** vai ♦ il/elle montre son derrière nu

ᑑᐦᑲᒋᔒᔥᑐᐌᐤ **tuuhkachishiishtuweu** vta
 ♦ il/elle lui montre son derrière nu

ᑑᐦᑲᒣᐤ **tuuhkameu** vta ♦ il (un castor) gruge une ouverture dans quelque chose

ᑑᐦᑲᔨᑎᐦᒉᐸᔨᐦᐆ **tuuhkayitihchepayihuu** vai -u ♦ il/elle s'écarte les doigts

ᑑᐦᑲᔨᔑᒋᑲᓀᐸᔨᐦᐆ **tuuhkayishichikanepayihuu** vai [Intérieur] ♦ il/elle écarte les orteils

ᑑᐦᑲᐦᐄᑲᓐ **tuuhkahiikan** ni ♦ une ligne coupée dans la forêt, de la coupe de ligne

ᑑᐦᑲᐦᐄᒉᐤ **tuuhkahiicheu** vai ♦ il/elle coupe de la ligne avec une hache dans le bois; il/elle débroussaille, fait du débroussaillage

ᑑᐦᑲᐦᐊᒻ **tuuhkaham** vti ♦ il/elle l'élargit, en coupant à la hache

ᑑᐦᑲᐦᐌᐤ **tuuhkahweu** vta ♦ il/elle l'élargit (une raquette avec une grande ouverture dans le cadre)

ᑑᐦᑲᐦᑕᒻ **tuuhkahtam** vti ♦ il (un castor) gruge une ouverture à travers quelque chose (long et rigide)

ᑑᐦᑳᐯᑲᐦᐄᑲᓈᐦᑎᒃᐤ **tuuhkaapekahiikanaahtikw** ni ♦ un bâton pour garder ouvert le trou des orteils en tressant les raquettes

ᑑᐦᑳᐯᑲᐦᐊᒻ **tuuhkaapekaham** vti
 ♦ il/elle fait une ouverture dedans (filiforme, par ex. la boucle d'un collet)

ᑑᐦᑳᐱᑌᐤ **tuuhkaapiteu** vai ♦ il/elle n'a pas de dents en avant; il y a un espace entre ses dents

ᑑᐦᑳᐱᓀᐤ **tuuhkaapineu** vta ♦ il/elle lui ouvre les yeux

ᑑᐦᑳᐱᐦᒉᓀᐤ **tuuhkaapihcheneu** vta
 ♦ il/elle en tient une boucle ouverte

ᑑᐦᑳᐱᐦᒉᓇᒻ **tuuhkaapihchenam** vti
 ♦ il/elle en tient une boucle ouverte

ᑑᐦᑳᐴ **tuuhkaapuu** vai -uu ♦ il/elle ouvre les yeux

ᑑᐦᑳᔅᑯᐦᐊᒻ **tuuhkaaskuham** vti ♦ il/elle l'élargit avec un bâton

ᑑᐦᑳᔅᑯᐦᐧᐁᐤ tuuhkaaskuhweu vta
  • il/elle l'ouvre, l'élargit à l'aide d'un bâton
ᑑᐦᒋᐱᑌᐤ tuuhchipiteu vta • il/elle l'ouvre en écartant les côtés (par ex. un cadre de raquette)
ᑑᐦᒋᐱᑕᒥ tuuhchipitam vti • il/elle l'ouvre en l'écartant (par ex. un sac)
ᑑᐦᒋᐸᔫ tuuhchipayuu vai/vii-i • il/elle/ça s'ouvre en s'écartant
ᑑᐦᒋᔑᒋᑲᓀᐸᔨᐦᐤ tuuhchishichikanepayihuu vai [Côte]
  • il/elle écarte les orteils

ᑕ

ᑕᐱᔮᑲᓐ tapiyaakan ni • une baignoire, un bain, un bac à laver, une cuve à lessive
ᑕᐱᐦᑎᓰᐤ tapihtisiiu vai • il est bas, elle est basse
ᑕᐱᐦᑎᔅᑲᒥᑳᐤ tapihtiskamikaau vii • le terrain est bas
ᑕᐱᐦᑎᐦᖠᐙᑌᐤ tapihtihaawaateu vii
  • ça a un plafond bas (une maison); ça a une pente faible (un tipi)
ᑕᐱᐦᑐᐧᐁᐤ tapihtuweu vai • il/elle parle doucement, à voix basse
ᑕᐱᐦᑕᑯᒋᓐ tapihtakuchin vai • il/elle vole bas, reste bas
ᑕᐱᐦᑖᐤ tapihtaau vii • c'est bas
ᑕᐸᐦᑌᔨᒧ tapahteyimuu vai-u • il/elle est humble
ᑕᑉ tap ni-im • une baignoire, un bain, un bac à laver, une cuve à lessive, de l'anglais 'tub'
ᑖᑕᒀᓯᒎ tatakwaasichuu vai redup-i [Côte]
  • il/elle a les pieds froids
ᑖᑕᒀᔥᒉᐅᒎ tatakwaascheuchuu vai redup-i [Côte] • il/elle a les mains froides
ᑕᑯᐸᔫ takupayuu vai/vii-i • ils/elles se rejoignent; c'est joint ensemble (par ex. les pièces d'un cadre de raquette avant et arrière)
ᑕᑯᑳᐳ takukaapuu vai-uu • il/elle se tient avec le groupe; il/elle joint le groupe qui est debout

ᑕᑯᑳᐳᐦᐁᐤ takukaapuuheu vta • il/elle la/le dresse, met debout avec les autres
ᑕᑯᑳᐳᐦᑖᐤ takukaapuuhtaau vai+o
  • il/elle le dresse ou le met debout avec les autres
ᑕᑯᒋᔐᔥᑯᐧᐁᐤ takuchischeshkuweu vta
  • il/elle marche sur la main de quelqu'un
ᑕᑯᓯᑌᐧᐁᐤ takusitehweu vta • il/elle l'échappe sur son pied
ᑕᑯᔑᑌᔥᑯᐧᐁᐤ takushiteshkuweu vta
  • il/elle marche sur le pied de quelqu'un
ᑕᑯᔑᓐ takushin vai • il/elle arrive
ᑕᑯᐦᐁᐤ takuheu vta • il/elle l'ajoute à ce qu'il/elle a déjà ou a donné
ᑕᑯᐦᐊᒻ takuham vti • il/elle y met quelque chose, le coince (par ex. le doigt dans la porte); il/elle l'aplatit, l'écrase, le presse avec quelque chose (par ex. pour réduire en poudre de la viande séchée, du poisson séché)
ᑕᑯᐦᑖᐤ takuhtaau vai+o • il/elle l'ajoute à ce qu'il/elle a déjà
ᑕᑯᐦᑯᒫᓐ takuhkumaan ni [Mistissini]
  • des ciseaux
ᑕᑯᐦᑲᔧᐤ takuhkasweu vta • il/elle la/le soude
ᑕᑯᐦᑲᓴᒻ takuhkasam vti • il/elle le soude
ᑕᑯᐦᑲᓵᐧᐁᓲ takuhkasaawesuu na -siim
  • un soudeur, une soudeuse
ᑕᑯᐦᑲᓵᐙᓐ takuhkasaawaan ni • une soudure, une chose soudée
ᑕᑲᔧᐤ takasweu vta • il/elle la/le fait cuire
ᑕᑲᓲ takasuu vai-u • il/elle est cuit-e
ᑕᑲᓴᒻ takasam vti • il/elle le fait cuire
ᑕᑲᔥᑌᐤ takashteu vii • c'est cuit
ᑖᒀᑳᐦᒡ takwaakahch p,temps • l'automne passé, l'automne dernier
ᑖᒀᒋᓐ takwaachin vii • c'est l'automne
ᑖᒀᒋᐦᑖᐅᑲᒥᒄ takwaachistaaukamikw ni
  • une cabane bâtie à l'automne de l'année
ᑖᒀᒋᐦᑖᐤ takwaachistaau vai+o • il/elle passe l'automne à un certain endroit
ᑖᒀᒋᔮᐤ takwaachishuu vai-i • il/elle passe l'automne à un certain endroit

tachiiweyaashuu vai -i ♦ il/elle est refroidi-e, rafraîchi-e par l'air

tachiiweyaashtepayiheu vta ♦ il/elle la/le refroidit en la/le secouant dans l'air

tamihchineu vta ♦ il/elle l'emballe, la/le bourre, tasse, entasse

tamihchinam vti ♦ il/elle l'emballe (des effets)

tamihchiiu vai ♦ il/elle emballe ses affaires, fait ses paquets, prépare ses bagages

tasipineu vta ♦ il/elle la/le déboutonne, décroche

tasipinam vti ♦ il/elle le déboutonne, le détache

tasipishtenikan ni ♦ une détente d'arme à feu

tasipaaskunitam vti [Intérieur] ♦ il/elle lui tire dessus avec une fronde, un lance-pierre

tasipaaskunikan ni ♦ une fronde, un lance-pierre [Intérieur]; une fronde faite d'un bâton plat pour lancer une pierre sur une cible [Côtier]

tasipaaskunicheheu vta [Intérieur] ♦ il/elle l'aide à tirer avec une fronde

tasipaaskunamuweu vta [Intérieur] ♦ il/elle tire dessus avec une fronde, un lance-pierre

tasuuteu vii ♦ c'est pris dans un piège (autre chose qu'un animal); c'est pris, coincé sous un arbre tombé

tasuutaau vai+o ♦ il/elle le piège, l'attrape

tasuusuu vai -u ♦ il/elle est pris-e dans un piège; il/elle est piégé-e

tasuuyeu vta ♦ il/elle fait la trappe (par ex. du castor)

taswaaskusuu vai -i ♦ il/elle est droit-e, raide (long et rigide)

tastachiskweyuu vai -i ♦ il/elle lève la tête un peu

tastasaapameu vta ♦ il/elle lève les yeux pour la/le voir; il/elle la/le regarde en levant la tête

tastasaapahtam vti ♦ il/elle lève la tête pour le voir

taskamepayuu vai -i ♦ il/elle coupe à travers en véhicule

taskamemuu vii -u ♦ le sentier continue droit devant

taskamipayiheu vta ♦ il/elle l'emmène de l'autre côté, la/le fait traverser directement, en véhicule

taskamipayihtaau vai+o ♦ il/elle l'emporte directement de l'autre côté de la rivière en canot

taskamipayuu vai/vii -i ♦ il/elle traverse en véhicule; ça traverse en droite ligne

taskamipahtaau vai ♦ il/elle traverse en courant

taskamikaasipayihtaau vai+o ♦ il/elle l'emporte (en bateau) en traversant une étendue d'eau

taskamikaasipahtaau vai ♦ il/elle traverse en courant dans l'eau (peu profonde)

taskamikaasitaheu vta ♦ il/elle l'emmène de l'autre côté, la/le fait traverser en marchant dans l'eau

taskamikaasihtataau vai+o ♦ il/elle l'emporte en traversant l'eau à pied

taskamiskupichuu vai -i ♦ il/elle traverse l'étendue de glace en déplaçant le camp d'hiver

taskamiskupayuu vai ♦ il/elle traverse en motoneige

taskamiskupahtaau vai ♦ il/elle traverse sur la glace en courant

taskamiskutaheu vta ♦ il/elle l'emmène de l'autre côté, lui fait traverser la glace

taskamiskutaapeu vai ♦ il/elle traverse directement en tirant un toboggan

taskamiskutaapaateu vta ♦ il/elle la/le tire sur le toboggan droit devant

taskamiskuhteu vai ♦ il/elle traverse la glace à pied

ᑕᔅᑲᒥᔅᑯᐦᑕᑖᐤ taskamiskuhtataau vai+o ◆ il/elle le porte en traversant la glace

ᑕᔅᑲᒥᔅᑰ taskamiskuu vai -u ◆ il/elle traverse (en marchant sur la glace)

ᑕᔅᑲᒥᔅᑰᑌᐤ taskamiskuuteu vai ◆ il/elle traverse directement sur la glace en portant des choses sur son dos

ᑕᔅᑲᒥᔅᑰᑖᒣᐤ taskamiskuutaameu vta ◆ il/elle traverse l'étendue de glace en la/le portant sur le dos

ᑕᔅᑲᒥᔥᑲᒼ taskamishkam vti ◆ il/elle coupe à travers, à pied

ᑕᔅᑲᒥᐦᔮᐤ taskamihyaau vai ◆ il/elle traverse le cours d'eau en volant

ᑕᔅᑲᒧᐧᐋᔄᐧᐁᐤ taskamuwaashaaweu vai ◆ il/elle traverse d'un côté à l'autre à pied; il/elle marche d'un endroit à l'autre

ᑕᔅᑲᒧᐦᑌᐤ taskamuhteu vai ◆ il/elle traverse à pied

ᑕᔅᑲᒧᐦᑕᑖᐤ taskamuhtataau vai+o ◆ il/elle l'emporte de l'autre côté

ᑕᔅᑲᒧᐦᑕᐦᐁᐤ taskamuhtaheu vta ◆ il/elle l'emmène de l'autre côté, la/le fait traverser

ᑕᔅᑲᒪᔅᒉᑲᐦᐊᒼ taskamaschekaham vti ◆ il/elle traverse le muskeg à pied

ᑕᔅᑲᒪᔅᒉᒋᔥᑖᐹᑌᐤ taskamaschechishtaapaateu vta ◆ il/elle traverse le muskeg en la/le tirant

ᑕᔅᑲᒪᔅᒉᐦᑕᑖᐤ taskamaschehtataau vai+o ◆ il/elle traverse le muskeg avec quelque chose

ᑕᔅᑲᒪᔅᒉᐦᑕᐦᐁᐤ taskamaschehtaheu vta ◆ il/elle lui fait traverser le muskeg d'un côté à l'autre

ᑕᔅᑲᒪᔅᒉᐦᒋᐱᒍ taskamaschehchipichuu vai -i ◆ il/elle traverse le muskeg en déplaçant le camp d'hiver

ᑕᔅᑲᒪᔅᒉᐦᒋᐸᔨᐦᐁᐤ taskamaschehchipayiheu vta ◆ il/elle lui fait traverser le muskeg en véhicule

ᑕᔅᑲᒪᔅᒉᐦᒋᐸᔨᐦᑖᐤ taskamaschehchipayihtaau vai+o ◆ il/elle l'emporte en traversant le muskeg en véhicule

ᑕᔅᑲᒪᔅᒉᐦᒋᐸᔫ taskamaschehchipayuu vai -i ◆ il/elle traverse directement le muskeg en véhicule

ᑕᔅᑲᒪᔅᒉᐦᒋᐸᐦᑖᐤ taskamaschehchipahtaau vai ◆ il/elle traverse le muskeg en courant

ᑕᔅᑲᒪᔅᒉᐦᒋᔥᑖᐯᐤ taskamaschehchishtaapeu vai ◆ il/elle traverse le muskeg en tirant quelque chose

ᑕᔅᑲᒪᐦᐅᑖᐤ taskamahutaau vai+o ◆ il/elle l'emporte en traversant en canot, en avion

ᑕᔅᑲᒪᐦᐅᔦᐤ taskamahuyeu vta ◆ il/elle la/le fait traverser en pagayant, en avion

ᑕᔅᑲᒪᐦᐊᒼ taskamaham vti ◆ il/elle traverse en pagayant

ᑕᔅᑲᒫᐯᑲᐴ taskamaapekapuu vai -uu ◆ il/elle posé-e tout-e droit-e (filiforme)

ᑕᔅᑲᒫᐯᑲᒧᐦᐁᐤ taskamaapekamuheu vta ◆ il/elle l'installe tout droit (filiforme)

ᑕᔅᑲᒫᐯᑲᒧᐦᑖᐤ taskamaapekamuhtaau vai+o ◆ il/elle l'installe tout droit, le pose d'un bord à l'autre (filiforme)

ᑕᔅᑲᒫᐯᑲᒨ taskamaapekamuu vai/vii -u ◆ il/elle est étiré-e; c'est étiré d'un bord à l'autre (filiforme)

ᑕᔅᑲᒫᐯᑲᔥᑌᐤ taskamaapekashteu vii ◆ c'est placé ou posé directement en travers (filiforme)

ᑕᔅᑲᒫᐯᑲᔥᑖᐤ taskamaapekashtaau vai+o ◆ il/elle le place en travers, le pose d'un bord à l'autre (filiforme)

ᑕᔅᑲᒫᐯᑲᐦᐁᐤ taskamaapekaheu vta ◆ il/elle la/le place/enfile tout droit (filiforme)

ᑕᔅᑲᒫᐱᔅᑲᒧᐦᑖᐤ taskamaapiskamuhtaau vai+o ◆ il/elle l'installe droit devant (pierre, métal)

ᑕᔅᑲᒫᐱᔅᑲᒨ taskamaapiskamuu vai/vii -u ◆ il/elle est installé-e droit devant (pierre, métal)

ᑕᔅᑲᒫᑕᑳᓲ taskamaatakaasuu vai -i ◆ il/elle traverse en marchant dans l'eau

ᑕᔅᑲᒫᔅᑯᒧᐦᑖᐤ taskamaaskumuhtaau vai+o ◆ il/elle l'installe droit devant (long et rigide)

ᑕᔅᑲᒫᔅᑯᔑᓐ taskamaaskushin vai ◆ il/elle est étendu-e droit devant (long et rigide)

ᑕᐢᑲᒫᐢᑯᔥᑖᐤ taskamaaskushtaau vai+o ◆ il/elle le place droit devant (long et rigide)

ᑕᐢᑲᒫᐢᑯᐦᐁᐤ taskamaaskuheu vta ◆ il/elle la/le pose droit devant (long et rigide)

ᑕᐢᑲᒫᐢᑯᐦᑎᓐ taskamaaskuhtin vii ◆ c'est allongé droit devant (long et rigide, par ex. un arbre sur la route)

ᑕᐢᑲᒻ taskam p,lieu ◆ en ligne droite, droit devant, en face, directement de l'autre côté d'une étendue d'eau

ᑕᐢᒋᓵᐸᐦᑕᒻ taschisaapahtam vti ◆ il/elle regarde en haut, lève les yeux sur quelque chose

ᑕ·ᔐᑲᐱᐦᑌᐤ tashwekapihteu vta ◆ il/elle l'étire en tirant avec une corde

ᑕ·ᔐᑲᒧᐦᐁᐤ tashwekamuheu vai ◆ il/elle le suspend pour l'étaler (étalé, par ex. une peau d'orignal)

ᑕ·ᔐᑲᒧᐦᑖᐤ tashwekamuhtaau vai+o ◆ il/elle le suspend pour l'étaler (étalé)

ᑕ·ᔐᑲᔥᑖᐤ tashwekashtaau vai+o ◆ il/elle l'étale, l'aplatit (étalé)

ᑕ·ᔐᑲᐦᐁᐤ tashwekaheu vta ◆ il/elle la/le redresse, l'étend, l'aplatit, l'aplanit (étalé)

ᑕ·ᔐᑲᐦᐊᒻ tashwekaham vti ◆ il/elle le monte, le dresse (étalé, par ex. une tente)

ᑕ·ᔐᑲᐦᐱᑕᒻ tashwekahpitam vti ◆ il/elle l'étire avec une corde

ᑕ·ᔐᒋᐱᑌᐤ tashwechipiteu vta ◆ il/elle l'étend, la/le déplie en tirant (étalé)

ᑕ·ᔐᒋᐱᑕᒻ tashwechipitam vti ◆ il/elle le déplie (étalé) en tirant

ᑕ·ᔐᒋᐸᔨᐦᐁᐤ tashwechipayiheu vta ◆ il/elle la/le secoue (étalé, un objet qui était plié)

ᑕ·ᔐᒋᐸᔨᐦᑖᐤ tashwechipayihtaau vai+o ◆ il/elle le secoue (étalé, par ex. une chose qui était pliée)

ᑕ·ᔐᒋᐸᔫ tashwechipayuu vai/vii -i ◆ il/elle se redresse, s'aplanit, s'étend tout-e seul-e; ça se redresse, s'aplanit, s'étend tout seul (étalé)

ᑕ·ᔐᒋᓀᐤ tashwechineu vta ◆ il/elle la/le déplie, déploie (étalé)

ᑕ·ᔐᒋᓇᒻ tashwechinam vti ◆ il/elle le déplie (étalé)

ᑕ·ᔐᔪᑳᐢᑯᐦᐊᒻ tashweyukaaskuham vti ◆ il/elle l'étire sur des bâtons

ᑕ·ᔐᔪᑳᐢᑯᐦ·ᐁᐤ tashweyukaaskuhweu vta ◆ il/elle l'étire, l'étend sur des bâtons

ᑕ·ᔐᔫᓂᑯᒑᔥ tashweyuunikuchaash na dim -im ◆ un écureuil volant, un polatouche *Glaucomys sabrinus*

ᑕᔑᐱᔥᑌᓇᒻ tashipishtenam vti ◆ il/elle déclenche la gâchette accidentellement

ᑕᔑᐳᓂᐦᑖᐤ tashipunihtaau vai+o ◆ il/elle reste tout l'hiver au même endroit; il/elle passe l'hiver à un endroit

ᑕᔑᐴ tashipuu vai -u ◆ il/elle reste près de sa proie et la mange

ᑕᔑᑳᐴᔥᑐ·ᐁᐤ tashikaapuushtuweu vta ◆ il/elle se tient debout à ses côtés un long moment

ᑕᔑᔑᓐ tashishin vai ◆ il/elle est enterré-e là dans la tombe

ᑕᔓ·ᐁᒋᓇᒻ tashuwechinam vti ◆ il/elle le lisse, le défroisse à la main (du papier, du tissu)

ᑕᔓ·ᐄᐤ tashuwiiu vai ◆ il/elle s'étire, s'allonge

ᑕᔓᐱᑌᐤ tashupiteu vta ◆ il/elle la/le redresse, déplie; il/elle l'étire

ᑕᔓᐱᑎᐦᑖᑲᓂᔮᐲ tashupitihtaakaniyaapii ni -m [Intérieur] ◆ une corde servant à étirer la peau d'orignal sur le cadre

ᑕᔓᐱᑎᐦᑖᑲᓈᐦᑎᒄ tashupitihtaakanaahtikw ni [Intérieur] ◆ un cadre servant à étirer la peau d'orignal

ᑕᔓᐱᑐᓀᔫ tashupituneyuu vai -i ◆ il/elle s'allonge ou se déplie le bras

ᑕᔓᐱᑕᒻ tashupitam vti ◆ il/elle le tire pour le redresser, l'étirer

ᑕᔓᐸᔫ tashupayuu vii -i ◆ ça se déplie, se défroisse, reprend sa forme originale

ᑕᔓᑌᔥᑲᓀᐤ tashuteshkaneu vai ◆ il a des cornes droites; ses bois sont droits

ᑕᔓᑳᐴ tashukaapuu vai -uu ◆ il/elle se lève ou se redresse après avoir été courbé-e

ᑕᔓᑳᑌᔑᓐ tashukaateshin vai ◆ il/elle est étendu-e et s'allonge ou se déplie la jambe

ᑕᔓᑳᑌᔫ tashukaateyuu vai -i ◆ il/elle allonge ou déplie sa jambe

ᑕᔪᓂᐤ tashuneu vta ♦ il/elle l'étend, la/le déplie de la main (un objet qui était plié)

ᑕᔪᓇᒼ tashunam vti ♦ il/elle le déplie, le redresse à la main (un objet plié)

ᑕᔪᔑᒣᐤ tashushimeu vta ♦ il/elle l'étend, l'étale, la/le dépose, déplie

ᑕᔪᐦᐊᒼ tashuham vti ♦ il/elle le lisse, l'aplanit, le défroisse (un tissu froissé)

ᑕᔪᐦᐌᐤ tashuhweu vta ♦ il/elle l'aplatit, l'aplanit, la/le lisse

ᑕᔪᐦᑖᐤ tashuhtaau vai+o ♦ il/elle le redresse, l'allonge ou le déplie

ᑕᔫ tashuu vai-u ♦ il/elle se redresse; il/elle s'étire après avoir été courbé-e

ᑖᔖᐤ tashwaau vii ♦ c'est redressé après avoir été plié

ᑖᔖᐯᑲᒧᐦᐁᐤ tashwaapekamuheu vta ♦ il/elle la/le déroule, démêle (filiforme)

ᑖᔖᐯᑲᒧᐦᑖᐤ tashwaapekamuhtaau vai+o ♦ il/elle l'étend en ligne droite (filiforme)

ᑖᔖᐯᑲᔥᑌᐤ tashwaapekashteu vii ♦ c'est étendu droit sur toute sa longueur (filiforme)

ᑖᔖᐯᑲᔥᑖᐤ tashwaapekashtaau vai+o ♦ il/elle le démêle, le redresse, le met droit (filiforme)

ᑖᔖᐯᑲᐦᐊᒼ tashwaapekaham vti ♦ il/elle le redresse, le lisse (filiforme, un objet plié) avec un outil (par ex. lisser une corde raidie avec un couteau)

ᑖᔖᐯᑲᐦᐌᐤ tashwaapekahweu vta ♦ il/elle la/le déroule, démêle (filiforme, par ex. un intestin d'orignal)

ᑖᔖᐱᔅᑲᐦᐊᒼ tashwaapiskaham vti ♦ il/elle l'étend (pierre, métal) tout droit avec un outil

ᑖᔖᐱᔅᑲᐦᐌᐤ tashwaapiskahweu vta ♦ il/elle l'étend, l'étale (pierre, métal) avec un outil

ᑖᔖᐱᔑᓀᐤ tashwaapischineu vta ♦ il/elle l'étend, l'étale à la main (pierre, métal)

ᑖᔖᐱᔑᓇᒼ tashwaapischinam vti ♦ il/elle l'étend (pierre, métal) tout droit avec la main

ᑖᔖᑯᔨᐌᐸᔨᐦᐆ tashwaakuyiwepayihuu vai-u ♦ il/elle s'étire le cou

ᑖᔖᒋᐸᔫ tashwaachipayuu vai/vii-i ♦ il/elle se redresse tout-e seul-e; ça se dégauchit tout seul (long et rigide)

ᑖᔖᔅᑯᓇᒼ tashwaaskunam vti ♦ il/elle le redresse (long et rigide) avec ses mains

ᑖᔖᔅᑯᓐ tashwaaskun vii ♦ c'est droit, raide (long et rigide)

ᑖᔖᔅᑯᔑᒣᐤ tashwaaskushimeu vta ♦ il/elle l'étend, la/le pose droit-e, sur toute sa longueur (long et rigide)

ᑖᔖᔅᑯᔑᓐ tashwaaskushin vai ♦ il/elle est étendu-e en ligne droite sur toute sa longueur (long et rigide)

ᑖᔖᔅᑯᐦᐊᒼ tashwaaskuham vti ♦ il/elle le redresse (long et rigide) avec un instrument

ᑖᔖᔅᑯᐦᐌᐤ tashwaaskuhweu vta ♦ il/elle l'étire avec quelque chose (long et rigide)

ᑖᔖᐦᑴᐤ tashwaahkweu vai ♦ elle (la courbe avant de la raquette, du toboggan) est rabattue

ᑖᔖᐦᑴᐸᔫ tashwaahkwepayuu vai-i ♦ elle (la courbe avant de la raquette, du toboggan) se rabat toute seule

ᑖᔖᐦᑴᓀᐤ tashwaahkweneu vta ♦ il/elle redresse la courbe, l'aplatit, l'aplanit à la main (une raquette, un toboggan)

ᑖᔖᐦᑴᔥᑯᐌᐤ tashwaahkweshkuweu vta ♦ il/elle en redresse la courbe avec le poids de son corps (une raquette, un toboggan)

ᑖᔖᐦᑳᐹᐌᐤ tashwaahkwaapaaweu vai ♦ elle (la courbe avant de la raquette) se rabat quand elle est mouillée

ᑕᔥᑲᒥᔑᓐ tashkamishin vai ♦ il/elle est étendu-e en travers, d'un côté à l'autre

ᑕᔥᑲᒪᔥᑌᐤ tashkamashteu vii ♦ c'est placé directement en travers; c'est écrit d'un côté à l'autre

ᑕᔥᑲᒪᔥᑖᐤ tashkamashtaau vai+o ♦ il/elle le met en travers; il/elle écrit d'un côté à l'autre

tahtakupayuu vai/vii -i
 • il/elle/ça s'égalise, se nivelle, s'aplanit

tahtakutinaau vii • le sommet de la montagne est plat

tahtakutaauhkaham vti
 • il/elle égalise, aplanit le sable avec un instrument

tahtakutaauhkaau vii • le sommet de la crête de sable est plat

tahtakuskamikaau vii
 • c'est un terrain plat, égal

tahtakushkuweu vta
 • il/elle l'égalise, l'aplanit, la/le nivelle avec le pied

tahtakushkam vti • il/elle l'égalise, l'aplanit avec son pied

tahtakuham vti • il/elle l'égalise, l'aplanit avec un outil

tahtakwaauchinam vti
 • il/elle l'égalise, l'aplanit (le sable) avec ses mains

tahtakwaau vai • il/elle est plat-e et égal-e

tahtakwaakunekaham vti
 • il/elle égalise, aplanit la neige (dure) à coups de hache

tahtakwaakunehiicheu vai • il/elle égalise ou aplatit la neige avec un instrument (pelle)

tahtakwaakuneham vti
 • il/elle égalise, aplanit la neige avec un instrument

tahtakwaakunichishkam vti • il/elle égalise, aplanit la neige avec le pied (en marchant dessus)

tahkwekan vii • c'est court (étalé)

tahkwechisuu vai -i • il/elle est court-e (étalé)

tahkupituneu vta • il/elle a les bras courts

tahkupitaausuu vai -u • il/elle a un nouveau bébé (ancien terme)

tahkuputaau vai+o • il/elle le scie court

tahkupuyeu vta • il/elle la/le raccourcit en sciant

tahkutihchehuusuu vai reflex -u • il/elle se cogne les doigts; il/elle se coince les doigts dans une porte

tahkutihchehweu vta
 • il/elle lui écrase la main avec quelque chose

tahkutaauhkaham vti
 • il/elle monte sur la berge

tahkutaauhchikamaau vii
 • le lac est au sommet de la montagne

tahkutaachipiskun p,lieu
 • sur son dos, en haut de son dos

tahkutaachuwineham vti
 • il/elle remonte la rivière jusqu'au début du rapide

tahkutaachuwin ni • le début du rapide; le nom d'un lieu près de Waskaganish

tahkutaameu vta • il/elle l'a dans la bouche

tahkutaamichiweu vai
 • il/elle grimpe ou monte au sommet de la montagne

tahkutaamatin ni • un sommet de montagne

tahkutaanich p,lieu • dans l'île, sur l'île

tahkutaahtuwiiu vai • il/elle grimpe ou monte sur quelque chose

tahkutaahtam vti • il/elle l'a dans la bouche

tahkukuscheu vai • elle est trop courte (partie du pied de la raquette)

tahkukaapuu vai -uu • il/elle est court-e

tahkukaateu vai • il/elle a les jambes courtes

tahkuchikwaashkuhtuu vai -i • il/elle saute sur quelque chose

tahkumeu vta • il/elle la/le tient entre ses dents

tahkumikuu vta inverse -u • il/elle la/le bloque et la/le retient (par ex. la glace)

tahkumuchikan ni • un étau, des pinces, une clé ou clef

tahkumuyeu vta • il/elle l'attrape et la/le retient (par ex. un piège)

tahkuneu vta • il/elle la/le tient ensemble, la/le tient

ᑕᑯᓂᑲᓐ tahkunikan ni ♦ une poignée, un manche, une anse

ᑕᑯᓇᑵᔭᐤ tahkunakweyaau vii ♦ ça a des manches courtes

ᑕᑯᓇᒧᐌᐤ tahkunamuweu vta ♦ il/elle la/le tient pour lui/elle

ᑕᑯᓇᒼ tahkunam vti ♦ il/elle le tient ensemble

ᑕᑯᓈᐅᓱᐤ tahkunaausuu vai-u ♦ il/elle tient un bébé

ᑕᑯᓯᑌᐦᐆᓱᐤ tahkusitehuusuu vai reflex -u ♦ il/elle se fait écraser le pied par un objet pesant

ᑕᑯᓯᒑᐍᓱᐤ tahkusitaawesuu vai-i ♦ elle est trop courte (partie du pied de la raquette)

ᑕᑯᓯᒁᐤ tahkusikwaau vii ♦ c'est une courte étendue de glace

ᑕᑯᓱᐤ tahkusuu vai-i ♦ il/elle est court-e

ᑕᑯᔅᑳᑌᐤ tahkuskaateu vta ♦ il/elle lui marche dessus

ᑕᑯᔅᑳᑕᒼ tahkuskaatam vti ♦ il/elle marche sur quelque chose

ᑕᑯᔅᑳᒋᑲᓐ tahkuskaachikan ni ♦ une pédale

ᑕᑯᔥᒉᐤ tahkuscheu vai ♦ il/elle fait un pas, marche

ᑕᑯᐦᐁᐤ tahkuheu vta ♦ il/elle la/le raccourcit

ᑕᑯᐦᐄᑳᓂᔥ tahkuhiikaanish na [Intérieur] ♦ un conseiller de bande, une conseillère de bande

ᑕᑯᐦᐄᑲᓈᐦᑎᒄ tahkuhiikanaahtikw ni ♦ une barre de gouvernail, un aviron de gouverne; une perche pour diriger le bateau

ᑕᑯᐦᐄᑲᓐ tahkuhiikan ni ♦ une barre ou roue de gouvernail, un volant; un aviron de gouverne

ᑕᑯᐦᐊᒣᐤ tahkuhameu vai ♦ il/elle fait de petits pas

ᑕᑯᐦᐊᒧᐌᐤ tahkuhamuweu vta ♦ il/elle la/le manoeuvre pour elle/lui

ᑕᑯᐦᐊᒧᐙᑲᓐ tahkuhamuwaakan ni ♦ une barre, un gouvernail, une barre de gouvernail

ᑕᑯᐦᐊᒧᐙᐦᑎᒄ tahkuhamuwaahtikw ni ♦ une pagaie ou un aviron de gouverne ou de manoeuvre, une poignée ou un manche de guidage

ᑕᑯᐦᐊᒨᓱᐤ tahkuhamuusuu na -siim ♦ un barreur, une barreuse

ᑕᑯᐦᐊᒼ tahkuham vti ♦ il/elle le dirige

ᑕᑯᐦᐌᐤ tahkuhweu vta ♦ il/elle met un objet (pesant) sur elle/lui, la/le bloque, coince

ᑕᑯᐦᑕᒼ tahkuhtam vti ♦ il/elle le tient entre ses dents

ᑕᑯᐦᑕᐦᐁᐤ tahkuhtaheu vta ♦ il/elle la/le lève et pose sur quelque chose

ᑕᑯᐦᑖᐅᐦᒡ tahkuhtaauhch p,lieu ♦ sur la berge ou la rive, en haut du talus

ᑕᑯᐦᑖᐤ tahkuhtaau vai+o ♦ il/elle l'écourte

ᑕᑯᐦᑖᒋᐎᓐ tahkuhtaachuwin p,lieu ♦ au-dessus des rapides, en haut des rapides, en amont des rapides

ᑕᑯᐦᑯᑖᐤ tahkuhkutaau vai+o ♦ il/elle le découpe ou sculpte court

ᑕᑯᐦᒋᐸᔫ tahkuhchipayuu vai/vii -i ♦ il/elle/ça monte dessus, embarque sur quelque chose

ᑕᑯᐦᒋᑳᐴ tahkuhchikaapuu vai -uu ♦ il/elle est debout sur quelque chose; il/elle se tient au sommet de quelque chose

ᑕᑯᐦᒋᑳᐴᔥᑐᐌᐤ tahkuhchikaapuushtuweu vta ♦ il/elle se tient au-dessus d'elle/de lui

ᑕᑯᐦᒋᑳᐴᔥᑕᒼ tahkuhchikaapuushtam vti ♦ il/elle se tient debout sur quelque chose

ᑕᑯᐦᒋᔑᓐ tahkuhchishin vai ♦ il/elle est étendu-e, allongé-e ou étiré-e sur quelque chose

ᑕᑯᐦᒋᔥᑌᐤ tahkuhchishteu vii ♦ ça se pose sur quelque chose

ᑕᑯᐦᒋᔥᑖᐤ tahkuhchishtaau vai+o ♦ il/elle le lève et le met dessus; il/elle le soulève et le pose sur quelque chose

ᑕᑯᐦᒡ tahkuhch p,lieu ♦ sur une surface, dessus, en dessus, par-dessus

ᑕᑳᐴ tahkapuu vai-i ♦ il (un pain) est laissé à refroidir

ᑕᑲᒣᐤ tahkameu vta ♦ il/elle la/le poignarde, transperce, harponne

ᑕᑲᔥᑌᐤ tahkashteu vii ♦ ça refroidit en restant là

ᑕᵁᑲᕽᒐᒻ **tahkahtam** vti ♦ il/elle le harponne, le perce, le transperce, le poignarde

ᑕᵁᑲᐦᒉᐅ **tahkahcheu** vai ♦ il/elle y donne des coups (par ex. avec un pic à glace)

ᑕᵁᑲᐦᒋᑲᓐ **tahkahchikan** ni ♦ un harpon, un dard

ᑕᵁᑲᐅᐦᑳᐅ **tahkaauhkaau** vii ♦ c'est du sable froid; ce sont des cendres refroidies

ᑕᵁᑳᐅ **tahkaau** vii ♦ c'est froid au toucher

ᑕᵁᑳᐱᔅᑳᐅ **tahkaapiskaau** vii ♦ c'est du métal froid

ᑕᵁᑳᐱᔅᒋᓲ **tahkaapischisuu** vai-i ♦ c'est du métal froid, de la pierre froide

ᑕᵁᑳᐱᐦᒉᓇᒧᐌᐤ **tahkaapihchenamuweu** vta ♦ il/elle lui téléphone

ᑕᵁᑳᐸᓐ **tahkaapan** vii ♦ c'est un matin frais, froid

ᑕᵁᑳᐹᐅᔦᐤ **tahkaapaauyeu** vta ♦ il/elle la/le refroidit en y versant de l'eau froide

ᑕᵁᑳᐹᐌᐤ **tahkaapaaweu** vii ♦ ça refroidit dans l'eau

ᑕᵁᑳᒋᐱᔅᑯᓀᐅᒐᐤ **tahkaachipiskuneuchuu** vai-i ♦ il/elle a un frisson dans le dos

ᑕᵁᑳᔑᐤ **tahkaashuu** vai-i ♦ il/elle tombe malade en prenant froid à cause du vent

ᑕᵁᑳᔥᑎᒄ **tahkaashtikw** p,lieu ♦ tout au long de la rivière

ᑕᵁᑳᔥᑎᒨ **tahkaashtimuu** vai ♦ il/elle a froid à cause du vent et tombe malade; il/elle est rafraîchi-e par la brise

ᑕᵁᑳᔥᑎᓐ **tahkaashtin** vii ♦ c'est refroidi par le vent

ᑕᵁᑳᔦᔨᐦᑖᑯᓐ **tahkaayeyihtaakun** vii ♦ ça semble froid dehors

ᑕᵁᑳᔮᐅ **tahkaayaau** vii ♦ c'est froid dehors

ᑕᕽᑳᐅ **tahkwaau** vii ♦ c'est court

ᑕᕽᑳᐯᑲᓐ **tahkwaapekan** vii ♦ c'est court (filiforme)

ᑕᕽᑳᐯᒋᓲ **tahkwaapechisuu** vai-i ♦ il/elle est court-e (filiforme)

ᑕᕽᑳᐱᔅᑳᐅ **tahkwaapiskaau** vii ♦ c'est un objet métallique court

ᑕᕽᑳᐱᔅᒋᓲ **tahkwaapischisuu** vai-i ♦ il/elle est court-e (métal)

ᑕᕽᑳᑯᔨᐌᐤ **tahkwaakuyiweu** vai ♦ il/elle a le cou court

ᑕᕽᑳᔅᑫᔮᐅ **tahkwaaskweyaau** vii ♦ il y a des arbres courts

ᑕᕽᑳᔅᑯᑲᔑᒫᓐ **tahkwaaskukashimaan** ni ♦ un laçage qui attache les deux pièces du cadre au haut des longues raquettes (ancien terme)

ᑕᕽᑳᔅᑯᓐ **tahkwaaskun** vii ♦ c'est court (long et rigide, en position horizontale)

ᑕᕽᑳᔅᑯᓲ **tahkwaaskusuu** vai-i ♦ il/elle est court-e (long et rigide, en position horizontale)

ᑕᕽᑳᔨᐌᐤ **tahkwaayiweu** vai ♦ il/elle a la queue courte

ᑕᕽᑳᔨᒀᐤ **tahkwaayikweu** vai ♦ il/elle a les cheveux courts

ᑕᐦᒉᔨᐦᑖᑯᓐ **tahcheyihtaakun** vii ♦ il fait frais

ᑕᐦᒋᐯᑲᓐ **tahchipekan** vii ♦ c'est froid à cause d'une couverture mouillée

ᑕᐦᒋᐯᒋᓲ **tahchipechisuu** vai-u ♦ il/elle a froid à cause de ses vêtements mouillés

ᑕᐦᒋᐯᔮᐅ **tahchipeyaau** vii ♦ c'est frais parce que c'est mouillé dehors

ᑕᐦᒋᐹᔫ **tahchipayuu** vii-i ♦ ça se refroidit (par ex. dans la pièce)

ᑕᐦᒋᑖᑯᔑᐤ **tahchitaakushuu** vii ♦ c'est une soirée fraîche, froide

ᑕᐦᒋᑲᒥᓲ **tahchikamisuu** vai-i ♦ il (du lait) est froid

ᑕᐦᒋᑲᒥᔥᑌᐤ **tahchikamishteu** vii ♦ ça refroidit en restant là (un liquide)

ᑕᐦᒋᑲᒥᔥᑖᐤ **tahchikamishtaau** vai+o ♦ il/elle le laisse refroidir (liquide)

ᑕᐦᒋᑲᒨ **tahchikamuu** vai ♦ c'est un liquide froid

ᑕᐦᒋᑲᒫᐴ **tahchikamaapuu** ni ♦ de l'eau froide

ᑕᐦᒋᓀᐤ **tahchineu** vta ♦ il/elle lui donne froid en la/le touchant avec des mains froides

ᑕᐦᒋᓅᐌᒍ **tahchinuweuchuu** vai ♦ ses joues sont froides

ᑕᐦᒋᓲ **tahchisuu** vai-i ♦ il/elle est froid-e au toucher

ᑕᐦᒋᔥᑎᒀᓀᐤ **tahchishtikwaaneu** vai ♦ sa tête est froide; il/elle a la tête froide

ᑖᐦᒋᔥᑯᐌᐤ **tahchishkuweu** vta ♦ il/elle lui donne un coup de pied

ᑖᐦᒋᔥᑲᒻ **tahchishkam** vti ♦ il/elle lui donne des coups de pied

ᑖᐦᒋᔥᑳᒉᐤ **tahchishkaacheu** vai ♦ il/elle donne un coup de pied

ᑖᐦᒌᐌᐤ **tahchiiweu** vii ♦ c'est un vent froid

ᑖᐦᒌᐌᐸᔫ **tahchiiwepayuu** vii -i ♦ le vent froid entre

ᑖᐦᒌᐌᔮᔥᑎᑖᐤ **tahchiiweyaashtitaau** vai+o ♦ il/elle le refroidit en le tenant à l'air; il/elle laisse entrer l'air pour le refroidir

ᑖᐦᒌᐌᔮᔥᑎᒣᐤ **tahchiiweyaashtimeu** vta ♦ il/elle laisse entrer l'air pour la/le rafraîchir

ᑖᐦᒌᐌᔮᔥᑎᒥᓱ **tahchiiweyaashtimisuu** vai reflex -u ♦ il/elle se rafraîchit en se promenant en véhicule pour prendre l'air

ᑖᐦᒌᐌᔮᔥᑎᒧ **tahchiiweyaashtimuu** vai -u ♦ il/elle se rafraîchit

ᑖᐦᒌᐌᔮᔥᑎᓐ **tahchiiweyaashtin** vii ♦ c'est refroidi par l'air

ᑖ

ᑖᐃᔅᑊ **taaisp** p,question,temps ♦ quand, à quel moment ▪ ᑖᐃᔅᑊ ᑏᐦ ᒋ ᓂᒋᐛᐱᒡᐦ ▪ *Quand nous reverrons-nous?*

ᑖᐃᔥᐱᔥ **taaishpish** p,temps ♦ quand, lorsque, au moment de, lors de ▪ ᑕᓐᐲᔥ ᐅᒋᐙᐱᒫᑦ ᓲᔮᓐᐦ ▪ *Quand veux-tu avoir l'argent?*

ᑖᐅᐱᑐᓀᐦᐌᐤ **taaupitunehweu** vta ♦ il/elle la/le frappe au bras

ᑖᐅᐸᔨᔥᑐᐌᐤ **taaupayishtuweu** vta ♦ il/elle tombe sur elle/lui, la/le surprend, la/le trouve ou rencontre par hasard

ᑖᐅᐹᔫ **taaupayuu** vai/vii -i ♦ il/elle/ça survole directement

ᑖᐅᑎᐦᒉᐦᐌᐤ **taautihchehweu** vta ♦ il/elle la/le frappe à la main (accidentellement)

ᑖᐅᑐᓀᓅ **taautuneneu** vta ♦ il/elle tient sa bouche ouverte

ᑖᐅᑐᓀᔫ **taautuneyuu** vai -i ♦ il/elle a la bouche ouverte

ᑖᐅᑐᓀᐦᒁᒨ **taautunehkwaamuu** vai -u ♦ il/elle dort la bouche ouverte

ᑖᐅᑐ **taautuu** vai -i ♦ il/elle ouvre la bouche; il/elle s'ouvre la bouche

ᑖᐅᑳᑌᐦᐌᐤ **taaukaatehweu** vta ♦ il/elle la/le frappe à la jambe (accidentellement)

ᑖᐅᒌᐌᑎᓅᐦᑖᐦᒡ **taauchiiwetinuuhtaahch** p,lieu ♦ nord-ouest

ᑖᐅᒌᐌᑎᓐ **taauchiiwetin** p,lieu ♦ un vent franc nord

ᑖᐅᒑᐳᐦᐌᐤ **taauchaapuhweu** vta ♦ il/elle la/le frappe directement à l'oeil

ᑖᐅᒡ **taauch** p,lieu ♦ au large des côtes, en mer, en zone marine

ᑖᐅᓅ **taauneu** vta ♦ il/elle la/le gagne dans un tirage

ᑖᐅᓂᑰ **taaunikuu** vta inverse -u ♦ elles (des oies) volent directement au-dessus d'elle/de lui

ᑖᐅᓂᑲᓐ **taaunikan** ni ♦ un prix de tirage

ᑖᐅᓇᒻ **taaunam** vti ♦ il/elle le gagne dans un tirage

ᑖᐅᓯᑌᐦᐌᐤ **taausitehweu** vta ♦ il/elle la/le frappe au pied

ᑖᐅᔐᒋᒨ **taauschechimuu** vii -u ♦ ça traverse le marécage, la tourbière (un sentier, un chemin)

ᑖᐅᔐᒡ **taauschech** p,lieu ♦ au milieu ou au centre de la tourbière, du muskeg

ᑖᐅᔑᒣᐤ **taaushimeu** vta ♦ il/elle la/le fait se frapper contre quelque chose

ᑖᐅᔑᓐ **taaushin** vai ♦ il/elle se cogne ou se frappe sur quelque chose

ᑖᐅᔖᐗᓅᑖᐦᒡ **taaushaawanuutaahch** p,lieu ♦ sud-est

ᑖᐅᔥᑎᒃᐙᓀᔑᓐ **taaushtikwaaneshin** vai ♦ il/elle se cogne ou se frappe la tête sur quelque chose

ᑖᐅᔥᑎᒃᐙᓀᐦᐌᐤ **taaushtikwaanehweu** vta ♦ il/elle la/le frappe à la tête (accidentellement)

ᑖᐅᔥᑯᐌᐤ **taaushkuweu** vta ♦ il/elle tombe sur elle/lui, la/le surprend, la/le trouve ou rencontre par hasard

ᑖᐅᔥᑯᑌᐌᑯᑖᐤ taaushkutewekutaau vai+o ◆ il/elle le pend ou suspend au-dessus du feu (par ex. un seau, de la viande)

ᑖᐅᔥᑲᒻ taaushkam vti ◆ il/elle tombe dessus par hasard, le rencontre par hasard; il/elle se cogne dessus

ᑖᐅᔥᒁᐦᐨ taaushkwaahch p,lieu ◆ directement devant la porte, en face de la porte

ᑖᐅᐦᐊᒻ taauham vti ◆ il/elle le fait frapper par quelque chose

ᑖᐅᐦᐌᐤ taauhweu vta ◆ il/elle la/le fait frapper par quelque chose

ᑖᐅᐦᑎᑖᐤ taauhtitaau vai+o ◆ il/elle cogne une partie de son corps sur quelque chose (par ex. il se cogne la main)

ᑖᐙᐯᒋᑯᔨᐌᐦᐌᐤ taawaapechikuyiwehweu vta ◆ il/elle la/le frappe au cou (accidentellement)

ᑖᐙᐳᑰ taawaapukuu vai -u ◆ il/elle frappe quelque chose en flottant

ᑖᐙᒋᐱᐢᑯᓀᐦᐌᐤ taawaachipiskunehweu vta ◆ il/elle la/le frappe au dos (accidentellement)

ᑖᐙᒋᐱᐢᑯᓐ taawaachipiskun p,lieu ◆ au milieu ou au centre du dos

ᑖᐙᐢᑯᐦᐊᒻ taawaaskuham vti ◆ il/elle entre en collision, le frappe (long et rigide, par ex. une perche) avec quelque chose (par ex. une motoneige)

ᑖᐙᐢᑯᐦᐌᐤ taawaaskuhweu vta ◆ il/elle la/le frappe (long et rigide, par ex. un arbre) avec quelque chose (par ex. heurter avec une motoneige)

ᑖᐻᐅᒉᔨᒣᐤ taapeucheyimeu vta ◆ il/elle a confiance en elle/lui, lui fait confiance

ᑖᐻᐅᒉᔨᐦᑕᒧᐎᓐ taapweucheyihtamuwin ni ◆ une croyance, une opinion, une conviction

ᑖᐻᐅᒉᔨᐦᑕᒻ taapeucheyihtam vti ◆ il/elle a confiance en quelque chose

ᑖᐻᐅᒉᔨᐦᑖᑯᓐ taapeucheyihtaakun vii ◆ c'est crédible, plausible, vraisemblable

ᑖᐻᐅᒉᔨᐦᑖᑯᓲ taapeucheyihtaakusuu vai -i ◆ il/elle est digne de foi, crédible

ᑖᐻᐎᓐ taapwewin ni ◆ une vérité ou la vérité, de la véracité

ᑖᐻᐤ taapeu vai ◆ il/elle dit la vérité

ᑖᐻᔦᔨᐦᑕᒧᐎᓐ taapeyeyihtamuwin ni ◆ une croyance, de la foi, une conviction; une vérité ou la vérité

ᑖᐻᔦᔨᐦᑕᒧᐎᓐ taapweyeyihtamuwin ni ◆ de la foi, de la confiance

ᑖᐻᐦ taapeh p,interjection ◆ vraiment, réellement, c'est vrai ▪ ᑖᐻᐦ ᒥᔒᐤ ᐊᓐ ᒌᒪᓐ᙮ ▪ *C'est vraiment un gros bateau, ce bateau est vraiment gros.*

ᑖᐱᐱᑕᒻ taapipitam vti ◆ il/elle le fait entrer en tirant (en parlant du mécanisme de rechargement d'un fusil)

ᑖᐱᐸᔫ taapipayuu vai/vii -i ◆ il/elle/ça va au même endroit, entre en place, s'ajuste

ᑖᐱᑐᐙᐤ taapituwaau vii ◆ c'est plat

ᑖᐱᑐᐙᐦᑎᑳᐤ taapituwaahtikaau vii ◆ le plancher de branches est lisse, aplani

ᑖᐱᑑ taapituu p,manière ◆ également, pareillement, tout aussi, au même niveau, au même degré, à égalité ▪ ᑖᐱᑑ ᒌ ᐃᔥᐱᔥ ᓂᐱᐦᐁᐅᒡ ᐊᒥᐢᑯᐦ ᐯᐳᓃᒡ᙮ ▪ *Ils ont tué le même nombre de castors cet hiver.*

ᑖᐱᑑᐱᑌᐤ taapituupiteu vta ◆ il/elle la/le pose uniformément en tirant; il/elle la/le retire, tire ou ramène vers l'arrière de façon égale

ᑖᐱᑑᐱᑕᒻ taapituupitam vti ◆ il/elle l'arrange, le met droit en tirant ; il/elle le retire, le ramène vers l'arrière de façon égale

ᑖᐱᑑᐴ taapituupuu vai -i ◆ il/elle est calé-e, ajusté-e, aligné-e, fixé-e, réglé-e, nivelé-e

ᑖᐱᑑᐸᔨᐦᐆ taapituupayihuu vai -u ◆ il/elle se redresse, se met droit-e

ᑖᐱᑑᐸᔫ taapituupayuu vai/vii -i ◆ il/elle se nivelle tout-e seul-e; ça s'aplanit tout seul

ᑖᐱᑑᑖᐅᐦᑳᐤ taapituutaauhkaau vii ◆ le sommet de l'esker est plat

ᑖᐱᑑᓲ taapituusuu vai ◆ il/elle est au niveau; il/elle est nivelé-e

ᑖᐱᑑᐢᑲᒥᑳᐤ taapituuskamikaau vii ◆ c'est un terrain plat

ᑖᐱᑑᔥᑌᐤ taapituushteu vii ◆ c'est installé de niveau, à l'horizontale

ᑖᐱᑑᔥᑖᐤ taapituushtaau vai+o ◆ il/elle le met au niveau, le nivelle

ᑖᐱᑑᕘ taapituuheu vta ♦ il/elle la/le nivelle, l'égalise

ᑖᐱᑑᑳᐤ taapituuhtakaau vii ♦ c'est un plancher plat, de niveau

ᑖᐱᑴ taapikweu vai ♦ il/elle pose des collets sur un sentier de piégeage

ᑖᐱᑯᓀᐤ taapikuneu vta ♦ il/elle la/le rassemble, ramasse sur sa main (par ex. les boucles de filet, pour passer une corde à travers); il/elle pose la ligne de support sur le filet

ᑖᐱᑯᐊᔦᐤ taapikuhuyeu vta ♦ il/elle l'attrape (une perdrix, un tétras) avec un collet posé sur une perche

ᑖᐱᑯᐦᐊᒼ taapikuham vti ♦ il/elle fait un noeud coulant dessus avec quelque chose; il/elle passe un fil dans le trou d'une aiguille, enfile une aiguille

ᑖᐱᑯᐦᐌᐤ taapikuhweu vta ♦ il/elle fait un noeud dessus en utilisant quelque chose, les bouts de fils

ᑖᐱᑳ taapikaa p,évaluative ♦ bien sûr, bien entendu, évidemment ▪ ᑖᐱᑳ ᐊᔥ ᑲᑖ ᐋ ᓂᑳᐯᔥᑦ ♦ ᑖᐱᑳ ᐁᔥᑲ ᓂᑲ ᐯᑖᐦ ▪ *Évidemment, il veut être le premier.* ♦ *Bien sûr que je l'apporterai plus tard.*

ᑖᐱᒧᐦᐁᐤ taapimuheu vta ♦ il/elle la/le monte, l'ajuste, l'emboîte ensemble

ᑖᐱᒧᐦᑖᐤ taapimuhtaau vai+o ♦ il/elle l'assemble, l'emboîte

ᑖᐱᓯᑯᓀᐤ taapisikuneu vta ♦ il/elle passe son doigt, sa main dans un anneau, une boucle

ᑖᐱᓯᑯᓇᒼ taapisikunam vti ♦ il/elle passe son doigt dans un anneau, sa main dans une boucle (par ex. une corde)

ᑖᐱᓯᑯᐦᐊᒼ taapisikuham vti ♦ il/elle l'enfile à travers quelque chose, fait passer le fil dans le trou d'une aiguille

ᑖᐱᓯᑯᐦᐌᐤ taapisikuhweu vta ♦ il/elle l'enfile sur quelque chose (des perles), il/elle enfile un poisson sur un bâton par les ouïes

ᑖᐱᓯᑯᐦᑎᑖᐤ taapisikuhtitaau vai+o ♦ il/elle l'accroche, l'attache, l'attelle

ᑖᐱᓯᓇᐦᐊᒼ taapisinaham vti ♦ il/elle le copie, en trace le contour

ᑖᐱᓯᓇᐦᐌᐤ taapisinahweu vta ♦ il/elle en trace le contour, la silhouette

ᑖᐱᔥᒉᐱᓱᐎᓐ taapischehpisuwin na ♦ une bague, un anneau, un jonc

ᑖᐱᔥᒉᐱᓲᓂᑎᐦᒌᔥ taapischehpisuunitihchiis ni ♦ l'annulaire

ᑖᐱᔖᐦᐅᓐ taapishehun na ♦ une boucle d'oreille, un pendant d'oreille

ᑖᐱᔖᐌᐤ taapishweu vta ♦ il/elle la/le coupe ou découpe en suivant le patron

ᑖᐱᔑᒣᐤ taapishimeu vta ♦ il/elle la/le monte, l'ajuste, l'emboîte ensemble ou dans quelque chose (par ex. un poêle)

ᑖᐱᔑᓐ taapishin vai ♦ il/elle s'emboîte dedans, entre ou rentre dedans (par ex. une pièce dans l'autre)

ᑖᐱᔑᓐ taapisham vti ♦ il/elle le coupe, le découpe en suivant un patron

ᑖᐱᔕᐦᐌᐤ taapishahweu vta ♦ il/elle l'accroche, l'attache, l'attelle (par ex. un chien)

ᑖᐱᔑᑑᐌᐤ taapishtuweu vta ♦ il/elle lui retourne, rapporte quelque chose (un objet emprunté)

ᑖᐱᔑᑖᐤ taapishtaau vai+o ♦ il/elle le remet ou le retourne (un objet emprunté)

ᑖᐱᔥᑯᐌᐤ taapishkuweu vta ♦ il/elle la/le porte (autour du cou)

ᑖᐱᔥᑯᑌᔨᐦᑕᒼ taapishkuteyihtam vti ♦ il/elle a les mêmes sentiments pour les deux

ᑖᐱᔥᑯᒡ taapishkuch p,manière ♦ pareil, pareille, même (taille ou grandeur), même quantité ou nombre, quantité égale, nombre égal; de la même manière ou façon

ᑖᐱᔥᑯᓀᔨᒣᐤ taapishkuneyimeu vta ♦ il/elle éprouve les mêmes sentiments pour les deux

ᑖᐱᔥᑯᓀᔨᐦᑕᒼ taapishkuneyihtam vti ♦ il/elle a le même sentiment pour deux choses

ᑖᐱᔥᑯᓐ taapishkun p,quantité ♦ les deux, ensemble, même, identique, pareil, pareille ▪ ᑖᐱᔥᑯᓐ ᐅᔑᐦᐋᑕᐤᔥ ♦ ᑖᐱᔥᑯᓐ ᐃ ᑕᑯᔑᓅᒡ ▪ *Ils sont pareils.* ♦ *Ils sont arrivés à la même heure.*

ᑖᐱᔥᑳᒼ taapishkam vti ♦ il/elle le porte (autour du cou)

ᑖᐱᛑᑳᓐ **taapishkaakan** na ♦ un cache-col, un cache-cou, un foulard, une écharpe, un fichu; une cravate

ᑖᐱᛑᑳᐦᒉᐤ **taapishkaahcheu** vai ♦ il/elle porte un foulard, une cravate

ᑖᐱᛑᑳᐦᒋᑯᔨᐌᐱᓱᐎᓐ **taapishkaahchikuyiwepisuwin** na ♦ un cache-col, un cache-cou, un foulard, une écharpe, un fichu

ᑖᐱᐦᑎᑖᐤ **taapihtitaau** vai+o ♦ il/elle l'assemble; il/elle l'emboîte ou l'insère dans quelque chose (par ex. un tuyau de cheminée)

ᑖᐱᐦᑎᓐ **taapihtin** vii ♦ ça s'ajuste dedans comme dans un casse-tête (par ex. une pièce dans une autre)

ᑖᐱᐦᑖᑲᓐ **taapihtaakan** ni ♦ un casse-tête

ᑖᐱᐦᒋᑲᓐ **taapihchikan** ni ♦ un casse-tête

ᑖᐲᑌᐤ **taapiiteu** vai [Côte] ♦ il/elle le répète, le redit, le dit plusieurs fois

ᑖᐲᑌᐤ **taapiitweu** vai [Intérieur] ♦ il/elle le répète, le redit, le dit encore une fois

ᑖᐳᐌᐤ **taapuweu** vai ♦ il/elle répète ce qui a été dit

ᑖᐳᒉᐤ **taapucheu** vai ♦ il/elle utilise le même campement

ᑖᐳᐦᐌᔥᑯᐌᐤ **taapuhweshkuweu** vta ♦ il/elle entre, se glisse dedans (par ex. un pantalon, quelque chose d'animé)

ᑖᐳᐦᐌᔥᑲᒻ **taapuhweshkam** vti ♦ il/elle se glisse dedans (par ex. un manteau, une pantoufle)

ᑖᐳᐦᐌᔥᑳᒋᑲᓐ **taapuhweshkaachikan** ni pl ♦ une pantoufle, une chaussette, un chausson, une savate

ᑖᐸᒀᐤ **taapakweu** vai ♦ il/elle remet les collets en place

ᑖᐸᐦᐋᒋᐚᓐ **taapahaachiwaan** ni ♦ un bilboquet esquimau

ᑖᐹ **taapaa** p,négative ♦ non, ne pas ▪ ᑖᐹ ᐃᐦᒉᐧ *Elle n'est pas ici.*

ᑖᐹᒍᓴᒻ **taapaachuusam** vti ♦ il/elle le fait bouillir encore, de nouveau

ᑖᐹᐦᑯᔑᒣᐤ **taapaashkushimeu** vta ♦ il/elle s'embobine, s'enroule sur quelque chose (d'animé, une bobine)

ᑖᐹᐦᑯᐦᑕᑖᐤ **taapaashkuhtataau** vai+o ♦ il/elle s'enroule dessus (par ex. un moulinet)

ᑖᑎᔮᑲᓈᔅᑿ **taatiyaakanaaskw** na ♦ un traîneau, une luge

ᑖᑐᐱᑌᐤ **taatupiteu** vta ♦ il/elle la/le fend ou déchire pour l'ouvrir

ᑖᑐᐱᑕᒻ **taatupitam** vti ♦ il/elle le déchire, le fend

ᑖᑐᓀᐤ **taatuneu** vta ♦ il/elle la/le fend, l'ouvre à la main (une chose en forme de sac)

ᑖᑐᓇᒻ **taatunam** vti ♦ il/elle le fend, l'ouvre avec sa main (un objet en forme de sac)

ᑖᑐᓭᓀᑳᐤ **taatusenekaau** vii ♦ une roche fissurée

ᑖᑐᐻᐤ **taatushweu** vta ♦ il/elle la/le fend, l'ouvre avec des ciseaux, un couteau

ᑖᑐᔥ **taatusham** vti ♦ il/elle l'ouvre, le fend avec des ciseaux, un couteau

ᑖᑐᔥᑯᐌᐤ **taatushkuweu** vta ♦ il/elle la/le fait fendre ou craquer (par ex. une couture quand le vêtement est trop petit)

ᑖᑐᔥᑲᒻ **taatushkam** vti ♦ il/elle le rompt (par ex. la couture d'un vêtement trop petit)

ᑖᑐᔦᑲᐦᐋᒻ **taatuyekaham** vti ♦ il/elle le fend en le frappant accidentellement (étalé, par ex. une tente, une toile)

ᑖᑐᔦᑲᐦᐌᐤ **taatuyekahweu** vai ♦ il/elle le fend ou l'ouvre avec un couteau (par ex. un castor)

ᑖᑐᐦᐊᒻ **taatuham** vti ♦ il/elle le fend, le déchire avec quelque chose

ᑖᑐᐦᐌᐤ **taatuhweu** vta ♦ il/elle la/le fend pour l'ouvrir avec quelque chose

ᑖᑖᔑᓯᑯᐸᔫ **taataaschisikupayuu** vai/vii redup -i ♦ il/elle/ça casse, craque, se rompt à plusieurs endroits, dans plusieurs directions (la glace)

ᑖᒋᐳᐚᐯᐤ **taachipuwaapeu** na -em ♦ un garçon grassouillet

ᑖᒋᒀᐦᐌᐤ **taachikweuheu** vta ♦ il/elle la/le fait crier, hurler

ᑖᒋᒀᐤ **taachikweu** vai ♦ il/elle crie ou hurle

ᑖᒋᑲᑌᐅ taachikwaateu vta ♦ il/elle hurle après elle/lui; il/elle lui crie après

ᑖᒌᐹᐹ taachiipaapaa na -m ♦ Dieu (langage enfantin)

ᑖᒌᔥ taachiish na ♦ Dieu, Jésus (langage enfantin)

ᑖᓂᑌᐦ taaniteh p,question,lieu ♦ où; comment ▪ ᑖᓂᑌᐦ ᐱ ᐃᐦᑐᐅᒡ ♦ ᑖᓂᑌᐦ ᐧᐁᑉᕆ ᑉ ᐃᐦᒋᔅᒡ ᐊᓂᑌᐦ ▫ *Où est-il allé? ♦ Comment est-elle arrivée jusque là?*

ᑖᓂᑕᐦᒡᐧᑖᐅ taanitahtwaau p,quantité ♦ combien de fois ▪ ᑖᓂᑕᐦᒡᐧᑖᐅ ᐱ ᒋᑐᑎᐦᒃ ▫ *Combien de fois est-il venu ici?*

ᑖᓂᑕᐦᑦ taanitaht p,quantité ♦ combien ▪ ᑖᓂᑕᐦᑦ ᓂᐦᐳ ᐱ ᓂᒄᐋᒡᒡ ▫ *Combien d'oies a-t-il tuées?*

ᑖᓂᒡᐦ taanit-h p,question,lieu ♦ où ▪ ᑖᓂᒡᐦ ᐧᐋᕆᒡ ▫ *Où habite-t-elle?*

ᑖᓂᒋ taanichii pro,question ♦ quels, quelles, lesquels, lesquelles (animé pluriel), où, à quelle place, à quel endroit (voir *taan*) ▪ ᑖᓂᒋ ᓂᒡᔑᒡᐤ ♦ ᑖᓂᒋ ᐧᐋᐊᑎᒋᑐ ▫ *Lesquelles sont mes raquettes? Où sont-elles? ♦ Lesquels veux-tu?*

ᑖᓂᒋᒡ taanichiich pro,question ♦ quels, quelles, lesquels, lesquelles (animé pluriel), où, à quelle place, à quel endroit (voir *taan*) ▪ ᑖᓂᒋᒡ ᓂᒡᔑᒡᐤ ♦ ᑖᓂᒋᒡ ᐧᐋᐊᑎᒋᑐ ▫ *Lesquelles sont mes raquettes? Où sont-elles? ♦ Lesquels veux-tu?*

ᑖᓂᓱᔮᐦᐱᒡ taanisuyaahpich p,interjection ♦ à quoi ça sert, ça ne sert à rien (+ verbe au conjonctif) ▪ ᑖᓂᓱᔮᐦᐱᒡ ᐊᒡ ᐯᐧᐋᔨᒡ ▫ *À quoi ça sert de l'attendre?*

ᑖᓂᔥᐱᔥ taanishpish p,quantité ♦ combien, quelle quantité ▪ ᑖᓂᔥᐱᔥ ᐧᐅᑎᐯᓕᒡ ᓂᑐᐦᒡ ▫ *Combien d'argent veux-tu?*

ᑖᓂᔥᐱᔥ taanishpish p,temps [Intérieur] ♦ quand, lorsque, au moment de, lors de ▪ ᑖᓂᔥᐱᔥ ᐧᐅᑎᐯᓕᒡ ᓐᑕᐦᐅᒡ ▫ *Quand veux-tu avoir l'argent?*

ᑖᓂᔫ taaniyuu pro,question ♦ quel, quelle, lequel, laquelle, où (inanimé obviatif, voir *taan*) ▪ ᑖᓂᔫ ᐅᑎᐋᑲᒡ ♦ ᑖᓂᔫ ᐧᐅᑎᐯᐦᒡ ♦ ᑖᓂᔫ ᐅᒪᔅᒋᔑᒡ ▫ *Quelle est sa voiture? ♦ Lequel est-ce qu'il veut? ♦ Où est son soulier?*

ᑖᓂᔫᐦ taaniyuuh pro,question ♦ quel, quelle, lequel, laquelle, où (animé obviatif); quels, quelles, lesquels, lesquelles, où (animé obviatif, inanimé, voir *taan*) ▪ ᑖᓂᔫᐦ ᐅᑎᐋᑲᒡ ♦ ᑖᓂᔫ ᐧᐅᑎᐯᐦᒡ ♦ ᑖᓂᔫᐦ ᐅᒪᔅᒋᔑᒡ ▫ *Quelles sont ses voitures? ♦ Lesquelles veut-il? ♦ Où sont ses souliers?*

ᑖᓂᐦᐄᐦ taanihiih pro,question ♦ quels, quelles, lesquels, lesquelles, où (inanimé pluriel, voir *taan*) ▪ ᑖᓂᐦᐄᐦ ᓂᑎᐋᑲᒡ ♦ ᑖᓂᐦᐄᐦ ᐧᐅᑎᐯᐦᒡ ♦ ᑖᓂᐦᐄᐦ ᓂᒪᔅᒋᔑᒡ ▫ *Lesquels sont mes voitures? ♦ Lesquels veux-tu? ♦ Où sont mes souliers?*

ᑖᓃᒉ taaniiche pro,question,dubitatif ♦ je me demande quel, quelle, lequel, laquelle ▪ ᑖᓃᒉ ᐁᐧᑳ ᐅᒡᕆᒡ ♦ ᑖᓃᒉ ᐊᐤ ᐧᐅᑎᐯᐦᒡ ▫ *Je me demande quel est son repas. ♦ Je me demande lequel tu veux.*

ᑖᓃᒉᓂᒡ taaniichenich pro,question,dubitatif ♦ je me demande quels, quelles, lesquels, lesquelles (voir *taaniiche*) ▪ ᑖᓃᒉᓂᒡ ᒡ ᒡᔅᒡᒡ ▫ *Je me demande lesquelles sont tes raquettes.*

ᑖᓃᒉᓂᐦᐄ taaniichenihii pro,question,dubitatif ♦ je me demande quels, quelles, lesquels, lesquelles (voir *taaniiche*) ▪ ᑖᓃᒉᓂᐦᐄ ᒡ ᒪᔅᒋᔑᒡ ▫ *Je me demande lesquels sont tes souliers.*

ᑖᓃᒉᓐᐦ taaniichenh pro,question,dubitatif ♦ je me demande quel, quelle, lequel, laquelle (obviatif animé), quels, quelles, lesquels, lesquelles (animé ou inanimé) (see *taaniiche*) ▪ ᑖᓃᒉᓐ ᒡ ᒪᔅᒋᔑᒡ ♦ ᑖᓃᒉᓐ ᐅᑎᐋᑲᒡ ▫ *Je me demande quels sont tes souliers. ♦ Je me demande lesquelles sont ses raquettes.*

ᑖ taan pro,question ♦ quel, quelle, lequel, laquelle, où ▪ ᑖ ᐁᐧᑳ ᒡ ᐅᑎᐋᒡ ♦ ᑖ ᐊᐤ ᐧᐅᑎᐯᐦᒡ ♦ ᑖ ᓂᒪᔅᒋᔑᒡ ♦ ᑖ ᑉ ᐃᑐᐦᒡ ▫ *Quelle est ta voiture? ♦ Lequel veux-tu? ♦ Où est mon soulier? ♦ Qu'est-ce que tu as dit?*

ᑖᔅᑎᐦᑎᒋᐸᔫ taastihtichipayuu vai/vii -i ♦ il/elle/ça craque, fend, se fendille (bois utile)

ᑖᔅᑯᒥᔒᔥ taaskumishiish p,lieu dim ♦ à une courte distance, pas très loin sur la glace

ᑖᔅᑯᒻ taaskum p,lieu ♦ au large, au loin sur la glace

ᑖᔅᑳᐱᔅᑳᐅ taaskaapiskaau vii ♦ c'est fendu (pierre, métal)

ᑖᔅᑳᐱᔑᓲ taaskaapischisuu vai-i ♦ il/elle est séparé-e, fendu-e (pierre, métal)

ᑖᔅᑳᐱᐦᒉᐱᑌᐤ taaskaapihchepiteu vta ♦ il/elle la/le déchire en deux (filiforme)

ᑖᔅᑳᐱᐦᒉᐱᑕᒼ taaskaapihchepitam vti ♦ il/elle le déchire en deux (filiforme)

ᑖᔅᑳᒎᐦᑌᐤ taaskaachuuhteu vii ♦ ça fend en bouillant

ᑖᔅᑳᔅᑲᑎᓐ taaskaaskatin vii ♦ c'est fendu par le gel

ᑖᔅᒋᐱᑌᐤ taaschipiteu vta ♦ il/elle la/le déchire en deux

ᑖᔅᒋᐱᑕᒼ taaschipitam vti ♦ il/elle le déchire en deux

ᑖᔅᒋᐳᑖᐤ taaschiputaau vai+o ♦ il/elle le fend en sciant

ᑖᔅᒋᐳᔨᐤ taaschipuyeu vta ♦ il/elle la/le fend, sépare en sciant

ᑖᔅᒋᐸᔫ taaschipayuu vai/vii-i ♦ il/elle se fend tout-e seul-e; ça fend tout seul, spontanément

ᑖᔅᒋᑲᓲ taaschikasuu vai-i ♦ il/elle est séparé-e, fendu-e par la chaleur

ᑖᔅᒋᑲᐦᐊᒼ taaschikaham vti ♦ il/elle le fend (avec une hache)

ᑖᔅᒋᑲᐦᑌᐤ taaschikahteu vii ♦ ça se fend; c'est fendillé ou fissuré à cause de la chaleur

ᑖᔅᒋᓀᐤ taaschineu vta ♦ il/elle la/le fend, sépare à la main

ᑖᔅᒋᓂᑲᓐ taaschinikan ni ♦ une carte volante, une carte frimée, une carte blanche dans un jeu de cartes

ᑖᔅᒋᓇᒼ taaschinam vti ♦ il/elle le divise, le fend avec ses mains

ᑖᔅᒋᓭᑳᐤ taaschisekaau vii ♦ c'est une fente, une crevasse dans le rocher

ᑖᔅᒋᓯᑯᐸᔫ taaschisikupayuu vai/vii-i ♦ il/elle/ça casse, fend, se sépare (la glace)

ᑖᔅᒋᓯᑯᒍᐎᓐ taaschisikuchuwin vii ♦ le courant fait une fente dans la glace

ᑖᔅᒋᓯᒁᐤ taaschisikwaau vii ♦ c'est une fente, une crevasse dans la glace

ᑖᔅᒋᓲ taaschisuu vai-i ♦ il/elle est fendu-e

ᑖᔅᒋᔐᐤ taaschishweu vta ♦ il/elle la/le fend, sépare avec un couteau

ᑖᔅᒋᔑᒣᐤ taaschishimeu vta ♦ il/elle la/le fend en la/le lançant par terre

ᑖᔅᒋᔕᒼ taaschisham vti ♦ il/elle le coupe, le tranche avec un couteau

ᑖᔅᒋᔥᑯᐌᐤ taaschishkuweu vta ♦ il/elle la/le fend en utilisant son pied, son poids

ᑖᔅᒋᔥᑲᒼ taaschishkam vti ♦ il/elle la/le casse, le fend avec son pied, son poids

ᑖᔅᒋᐦᑎᑖᐤ taaschihtitaau vai+o ♦ il/elle le fend ou le casse en le jetant par terre

ᑖᔅᒋᐦᑕᑳᐤ taaschihtakaau vii ♦ c'est fendu, fendillé (bois utile)

ᑖᔕᐦᐄᑲᓐ taashahiikan ni ♦ un instrument pour aiguiser, affiler ou affûter, un aiguisoir, un affûteur

ᑖᔕᐦᐊᒧᐌᐤ taashahamuweu vta ♦ il/elle l'aiguise pour elle/lui

ᑖᔕᐦᐊᒼ taashaham vti ♦ il/elle l'aiguise

ᑖᔥᑎᑳᒌᐤ taashtikaachiiu vai ♦ il/elle est réticent-e à faire quelque chose; il/elle hésite à agir; il/elle ne veut pas faire l'effort de faire quelque chose

ᑖᔥᑎᑳᒌᑌᐤ taashtikaachiiteu vai ♦ il/elle demande quelque chose qui est très difficile à faire

ᑖᔥᑎᑳᔅᑖᑯᓲ taashtikaastaakusuu vai-i ♦ il/elle hésite à faire ce qui est demandé; il/elle est réticent-e à faire ce qu'on demande

ᑖᔥᑕᑳᑌᐤ taashtakaateu vta ♦ il/elle est indifférent-e, ne se soucie pas d'elle/de lui

ᑖᔥᑕᑳᑌᔨᒣᐤ taashtakaateyimeu vta ♦ il/elle se sent opposé-e à elle/lui; il/elle lui résiste mentalement

ᑖᔥᑕᑳᑌᔨᐦᑕᒼ taashtakaateyihtam vti ♦ il/elle s'y oppose; il/elle y résiste (mentalement)

ᑖᔥᑕᑳᑕᒼ taashtakaatam vti ♦ il/elle est indifférent-e à ce sujet; il/elle s'en fout, s'en fiche

ᑖᔥᑖᐳᐦᐁᐤ taashtaapuheu vta ♦ il/elle insère l'aiguille vers le haut et le bas en passant par les petits trous, pour lacer une raquette

ᑖᔥᑖᐸᐦᐋᒣᐤ taashtaapahaameu vta [Intérieur] ♦ il/elle le/la suit en marchant sur ses traces

ᑖᔑᕓᐊᒧᐌᐤ **taashkuwehamuweu** vta
  ◆ il/elle lui sépare les cheveux
ᑖᔑᕓᐊᒫᐤ **taashkuwehamaau** vai
  ◆ il/elle sépare ses cheveux; il/elle se fait une raie dans les cheveux
ᑖᔥᑲᒣᐤ **taashkameu** vta ◆ il/elle la/le fend, sépare avec ses dents
ᑖᔥᑳᐦᐄᒉᐤ **taashkahiicheu** vai ◆ il/elle fend du bois
ᑖᔥᑳᐦᐊᒼ **taashkaham** vti ◆ il/elle le fend (du bois)
ᑖᔥᑳᐦᐌᐤ **taashkahweu** vta ◆ il/elle la/le fend, sépare
ᑖᔥᑳᐦᑕᒼ **taashkahtam** vti ◆ il/elle le casse, le fend avec ses dents
ᑖᔥᑳᐤ **taashkaau** vii ◆ c'est fendu
ᑖᔥᑳᒑᐤ **taashkaachuusuu** vai ◆ il/elle fend en bouillant
ᑖᔥᑳᔅᑲᑎᓐ **taashkaaskatin** vii -i ◆ c'est fendu par le gel
ᑖᔥᑳᔥᑳᒑᐤ **taashkaashkachuu** vai -i
  ◆ il/elle est fendu-e par le gel
ᑖᔥᑳᐦᑲᑎᓲ **taashkaahkatisuu** vai -u
  ◆ il/elle est fendu-e par la chaleur
ᑖᔥᑳᐦᑲᑐᑌᐤ **taashkaahkatuteu** vii ◆ c'est fendu par la chaleur (bois utile, un rondin, une maison)
ᑖᔥᒄ **taashkw** na [Côte] ◆ une bécassine *Capella gallinago*
ᑖᔥᒋᐳᒉᓰᐤ **taashchipuchesiiu** vai ◆ c'est un-e exploitant-e de scierie
ᑖᔥᒋᐳᒉᓱ **taashchipuchesuu** vai ◆ il/elle fait fonctionner une scierie
ᑖᔥᒋᐳᒋᑲᓐ **taashchipuchikan** ni ◆ une scierie, un moulin à bois, un moulin à scie, une usine de bois de sciage
ᑖᔥᒋᑲᐦᐌᐤ **taashchikahweu** vta ◆ il/elle la/le fend (avec une hache)
ᑖᐦᑕᐦᑯᔅᑳᑌᐤ **taahtahkuskaateu** vta
  ◆ il/elle la/le piétine, la/le foule ou presse du pied
ᑖᐦᑕᐦᑯᔅᑳᑕᒼ **taahtahkuskaatam** vti
  ◆ il/elle passe dessus, le piétine
ᑖᐦᑕᐦᒋᔥᑯᐌᐤ **taahtahchishkuweu** vta redup
  ◆ il/elle lui donne plusieurs coups de pied
ᑖᐦᑕᐦᒋᔥᑲᒼ **taahtahchishkam** vti redup
  ◆ il/elle lui donne plusieurs coups de pied

ᑖᐦᑖᐳᑯᔥᒉᐤ **taahtaapukuscheu** vai
  ◆ il/elle insère la barre transversale dedans (une raquette, quelque chose d'animé)
ᑖᐦᑖᐸᔫ **taahtaapayuu** vai/vii redup -i
  ◆ il/elle/ça tombe en place
ᑖᐦᑖᐸᐦᐊᒫᑌᐤ **taahtaapahamaateu** vai
  ◆ il/elle marche dans ses traces
ᑖᐦᑖᐸᐦᐊᒣᐤ **taahtaapahaameu** vai
  ◆ il/elle marche dans les traces d'une autre personne
ᑖᐦᑖᑳᐱᐦᒉᔥᑲᒼ **taahtaakaapihcheshkam** vti ◆ la corde du tobogan est lâche autour des épaules (parce que la charge est légère et ne tire pas sur la corde)
ᑖᐦᑖᑳᐦᐱᐦᒉᔥᑯᐌᐤ
taahtaakaahpihcheshkuweu vta
  ◆ il/elle tire légèrement sur elle/lui (une charge de toboggan)
ᑖᐦᑲᐙᓈᐦᑎᒄ **taahkawaanaahtikw** ni
  ◆ un repère placé dans l'eau à travers la glace; lorsqu'il bouge, il indique la présence d'un castor
ᑖᐦᑲᐦᐌᐤ **taahkahweu** vta ◆ il/elle la/le touche à l'aide d'un outil, un instrument
ᑖᐦᑳᐱᔑᓀᐤ **taahkaapischineu** vta
  ◆ il/elle la/le touche (pierre, métal, par ex. un poêle)
ᑖᐦᑳᐱᔑᓇᒼ **taahkaapischinam** vti
  ◆ il/elle le brûle en touchant une surface chaude (par ex. le tuyau de poêle)
ᑖᐦᑳᐱᔑᔑᓐ **taahkaapischishin** vai
  ◆ il/elle brûle en touchant accidentellement le poêle
ᑖᐦᑳᐱᔑᐦᑎᓐ **taahkaapischihtin** vii ◆ ça brûle en touchant accidentellement le poêle
ᑖᐦᑳᐱᐦᒉᓂᑲᓐ **taahkaapihchenikan** ni
  ◆ un téléphone
ᑖᐦᑳᐱᐦᒉᓂᒉᐤ **taahkaapihchenicheu** vai
  ◆ il/elle fait un appel téléphonique; il/elle téléphone
ᑖᐦᑳᐱᐦᒉᓂᒧᐌᐤ **taahkaapihchenimuweu** vta ◆ il/elle lui téléphone, l'appelle au téléphone
ᑖᐦᑳᒋᐱᔅᑯᓀᐤᒑᐤ
taahkaachipiskuneuchuu vai -i ◆ il/elle sent une surface froide sur son dos

ᑖᕆᐯᕆᔑᓐ taahchipechishin vai ◆ il/elle touche l'eau en atterrissant

ᑖᕆᐯᕆᐦᑎᓐ taahchipechihtin vii ◆ ça touche l'eau en atterrissant, ça amerrit

ᑖᕆᐳᕐᔦᐁᐅ taahchipuheu vta ◆ il/elle l'engraisse

ᑖᕆᐳᐤ taahchipuu vai -u ◆ il est gras, elle est grasse

ᑖᕆᓀᐤ taahchineu vta ◆ il/elle la/le touche

ᑖᕆᓄᐁᐴᒡ taahchinuweuchuu vai
◆ ses joues sont très froides, rouges, presque gelées; il/elle a les joues roses à cause du froid

ᑖᕆᓇᒥ taahchinam vti ◆ il/elle le touche

ᑖᕆᔅᒑᐤ taahchistaau vai+o ◆ il/elle le place pour pouvoir le toucher

ᑖᕆᔑᒣᐤ taahchishimeu vai ◆ il/elle le place de manière à le toucher

ᑖᕆᔑᓐ taahchishin vai ◆ il/elle touche

ᑖᕆᔥᖴᐴᒡ taahchishkweuchuu vai
◆ il/elle a la face froide à cause d'une température très froide

ᑖᕆᔥᑲᒥ taahchishkam vti ◆ il/elle le touche avec son corps

ᑖᕆᔥᑳᑐᐃᒡ taahchishkaatuwich vai pl recip -u ◆ ils se touchent en étant assis, couchés ensemble; elles se touchent en étant assises, couchées ensemble

ᑖᕆᕆᐦᑎᓐ taahchihtin vii ◆ ça touche quelque chose

ᑖᕆᕆᐦᑯᓀᐴᒡ taahchihkuneuchuu vai
◆ ses genoux sont froids; il/elle a les genoux froids

ᑖ

ᑖᐯᑎᐤ twaapiteu vai ◆ il/elle brise la glace, la croûte de neige, en passant

ᑖᐸᔫ twaapayuu vii -i ◆ la glace défonce

ᑖᑯᓀᐸᔫ twaakunepayuu vai/vii -i
◆ il/elle/ça s'enfonce dans la neige

ᑖᑯᓀᔑᓐ twaakuneshin vai ◆ il/elle s'enfonce dans la neige

ᑖᑯᓀᐦᐊᒻ twaakuneham vti ◆ il/elle passe dans la neige en utilisant quelque chose

ᑖᔅᑯᐯᐦᑳᒻ twaaskupekaham vti
◆ il/elle passe à travers, brise une mince couche de glace, en utilisant quelque chose

ᑖᔅᑯᐯᕆᔑᓐ twaaskupechishin vai
◆ il/elle brise la mince couche supérieure de glace et passe dans l'eau dessous

ᑖᔅᑯᐯᔮᐤ twaaskupeyaau vii ◆ il y a une mince couche de glace sur l'eau par-dessus la glace épaisse, qui peut se briser

ᑖᔑᒣᐤ twaashimeu vta ◆ il/elle lui fait briser ou défoncer la glace

ᑖᔑᓐ twaashin vai ◆ il/elle passe à travers la glace; il/elle brise la glace

ᑖᐦᐄᑲᓐ twaahiikan ni ◆ un trou dans la glace pour lever les filets

ᑖᐦᐄᒉᐤ twaahiicheu vai ◆ il/elle fait un trou dans la glace; il/elle perce la glace

ᑖᐦᐊᒧᐁᐤ twaahamuweu vta ◆ il/elle perce la glace, fait un trou dans la glace pour elle/lui

ᑖᐦᐊᒻ twaaham vti ◆ il/elle brise la glace avec quelque chose

ᑖᐦᑎᑖᐤ twaahtitaau vai+o ◆ il/elle lui fait briser la glace, lui fait défoncer la glace

ᑖᐦᑎᓐ twaahtin vii ◆ ça passe à travers, défonce la glace

ᖀ

ᖁᐦᖀᐦᒃᐤ kehkehkw na ◆ un autour des palombes *Accipiter gentilis* (voir aussi *chehchehkw*)

ᐧᖀ

ᐧᖀᐃᐦ kweih p,interjection ◆ allô, salut, bonjour ▪ ᐧᖀᐃᐦ ᐃᔥ ᐊᐅ ᒫᓅᕁ ▪ *Dis bonjour au visiteur.*

·ᑫᑎᐱ·ᐁᐱᓃᐤ kwetipiwepineu vta
• il/elle la/le renverse complètement avec la main

·ᑫᑎᐱ·ᐁᐸᒥ kwetipiwepinam vti
• il/elle le fait basculer, le retourne complètement avec la main

·ᑫᑎᐱ·ᐁᐹ"ᐊᒻ kwetipiwepaham vti
• il/elle le fait basculer, le retourne avec force, en utilisant quelque chose

·ᑫᑎᐱ·ᐁᐹ"·ᐁᐤ kwetipiwepahweu vta
• il/elle la/le renverse complètement, avec force, en utilisant quelque chose

·ᑫᑎᐱᐸᔨ"ᑖᐤ kwetipipayihtaau vai+o
• il/elle le renverse (liquide) complètement

·ᑫᑎᐱᐸᔫ kwetipipayuu vai/vii -i
• il/elle/ça bascule, se renverse complètement

·ᑫᑎᐱᑦᐙᓲ kwetipitwaasuu vai reflex -u
• il/elle renverse quelque chose complètement sur lui-même ou elle-même

·ᑫᑎᐱᓃᐤ kwetipineu vta • il/elle la/le renverse complètement (du lait)

·ᑫᑎᐱᓇᒻ kwetipinam vti • il/elle le retourne complètement (par ex. un canot pour en vider l'eau)

·ᑫᑎᐱᔑᐦᒀᐤ kwetipischihkweu vai
• il/elle renverse un chaudron, un seau complètement; il/elle rompt ses fiançailles

·ᑫᑎᐱᔑᒣᐤ kwetipishimeu vta • il/elle la/le renverse complètement pour en faire tomber des choses

·ᑫᑎᐱᔥᑌᐤ kwetipishteu vii • c'est posé, installé complètement à l'envers

·ᑫᑎᐱᔥᑖᐤ kwetipishtaau vai+o • il/elle le renverse complètement, le retourne, le met à l'envers

·ᑫᑎᐱᔥᑾᐤ kwetipishkuweu vta
• il/elle la/le renverse complètement avec son corps

·ᑫᑎᐱᔥᑲᒻ kwetipishkam vti • il/elle le renverse complètement avec son corps, son pied (pour les gens de la Côte, il y a un liquide dedans; pour les gens de l'Intérieur, il n'y a rien dedans)

·ᑫᑎᐱ"ᐁᐤ kwetipiheu vta • il/elle la/le tourne à l'envers, retourne complètement

·ᑫᑎᐱ"ᑎᑖᐤ kwetipihtitaau vai+o • il/elle le renverse complètement et en fait tomber les choses; il/elle en renverse le contenu

·ᑫᑎᐱ"ᑎᒌᐤ kwetipihtichiiu vai • il/elle se renverse complètement alors qu'il/elle est dans quelque chose (par ex. une boîte)

·ᑫᑎᐲᐤ kwetipiiu vai • il/elle chavire, renverse (en canot), se retourne complètement

·ᑫᑎᐸᔨ"ᐁᐤ kwetipayiheu vta • il/elle la/le renverse complètement (un liquide)

·ᑫᑎᐸᔨ"ᐴ kwetipayihuu vai -u • il/elle est couché-e et se retourne complètement

·ᑫᑎᐸᔫ kwetipayuu vai/vii -i • il/elle/ça roule, se retourne ou se renverse complètement

·ᑫᑎᐸ"ᐊᒻ kwetipaham vti • il/elle le renverse complètement, le fait chavirer

·ᑫᑎᐸ"·ᐁᐤ kwetipahweu vta • il/elle la/le dérange, retourne complètement

·ᑫᒎ kwechuu ni -uum • un pénis

·ᑫᔅᑌᔅᑲᓅ kwesteskanuu p,lieu • de l'autre côté de la route ou du chemin

·ᑫᔅᑌ" kwesteh p,lieu • de l'autre côté, dans l'autre direction ■ ·ᑫᔅᑌ" ᐃ ᐊᔨ x ♦ ᓅ" ·ᑫᔅᑌ" ᐃ"ᑐ"x ■ Elle était assise de l'autre côté. ♦ Va dans l'autre direction.

·ᑫᔅᑌᐦᒉ kwestehche p,lieu • de l'autre côté

·ᑫᔅᑌᐦᒉᔅᑲᒥᐦᒡ kwestehcheskamihch p,lieu
• de l'autre côté du monde ou de la terre

·ᑫᔅᑲᐴ kweskapuu vai -i • il/elle est assis-e et se tourne ou retourne

·ᑫᔅᑲᑳᐴ kweskakaapuu vai -uu [Côte]
• il/elle est debout et se retourne

·ᑫᔅᑲᑳᒣᐸᔫ kweskakaamepayuu vai -i
• il/elle traverse de l'autre côté (ex. de la route, de la rivière) en véhicule

·ᑫᔅᑲᑳᒣᐦᐊᒻ kweskakaameham vti
• il/elle change de côté, de direction en pagayant

·ᑫᔅᑲᑳᒻ kweskakaam p,lieu • de l'autre côté de l'eau

•ᖴᔅᑲᓄᐁᐸᔾ kweskanuwepayuu vai -i
 • il/elle change de côté en conduisant sur la route, traverse de l'autre côté de la route
•ᖴᔅᑲᑽ kweskaham vti • il/elle le retourne avec un ustensile en le faisant cuire (par ex. un œuf)
•ᖴᔅᑲᐌᐤ kweskahweu vta • il/elle la/le retourne avec quelque chose durant la cuisson (par ex. du poisson)
•ᖴᔅᑳᐱᐦᒉᑽ kweskaapihcheham vti
 • il/elle le fait tourner, tournoyer
•ᖴᔅᑳᐱᐦᒉᐘᐤ kweskaapihchehweu vta
 • il/elle la/le tourne à l'autre bout (filiforme)
•ᖴᔅᑳᐱᐦᒉᐦᑖᐤ kweskaapihchehtihtaau vai+o • il/elle le tourne (filiforme) à l'autre bout
•ᖴᔅᑳᐳᑎᓀᐤ kweskaaputineu vta
 • il/elle la/le tourne à l'envers
•ᖴᔅᑳᐳᑎᓇᑦ kweskaaputinam vti
 • il/elle le tourne à l'envers
•ᖴᔅᑳᐳᑕᑽ kweskaaputaham vti
 • il/elle le retourne (par ex. un tracteur qui retourne la terre)
•ᖴᔅᑳᐳᑕᐘᐤ kweskaaputahweu vta
 • il/elle la/le tourne à l'envers (par ex. les intestins d'ours, d'orignal)
•ᖴᔅᑳᐳᒋᐱᑌᐤ kweskaapuchipiteu vta
 • il/elle la/le tire à l'envers
•ᖴᔅᑳᐳᒋᐱᑕᑦ kweskaapuchipitam vti
 • il/elle le tire pour le tourner à l'envers, le retourner
•ᖴᔅᑳᐳᒋᓲ kweskaapuchisuu vai -i
 • il/elle est tourné-e à l'envers, inversé-e
•ᖴᔅᑳᐳᒋᔥᑯᐌᐤ kweskaapuchishkuweu vta • il/elle la/le porte à l'envers
•ᖴᔅᑳᐳᒋᔥᑲᑦ kweskaapuchishkam vti
 • il/elle le porte à l'envers
•ᖴᔅᑳᐳᒋᐤ kweskaapuchiu vai • il/elle fait une pirouette, une culbute
•ᖴᔅᑳᐳᒑᐤ kweskaapuchaau vii • c'est tourné à l'envers
•ᖴᔅᑳᑎᓯᐄᓅ kweskaatisiiuiinuu na -niim [Intérieur] • un chrétien converti, une chrétienne convertie
•ᖴᔅᑳᑎᓰᐎᓐ kweskaatisiiwin ni • une conversion
•ᖴᔅᑳᑎᓰᐤ kweskaatisiiu vai • il/elle s'est converti-e à une religion

•ᖴᔅᑳᔅᑯᐳᔦᐤ kweskaaskupuyeu vai
 • il/elle change de côté en pagayant
•ᖴᔅᑳᔅᑯᐸᔨᐦᐁᐤ kweskaaskupayiheu vta
 • il/elle la/le change de côté (long et rigide, par ex. une perche)
•ᖴᔅᑳᔅᑯᐸᔨᐦᑖᐤ kweskaaskupayihtaau vai+o • il/elle le change de côté (long et rigide)
•ᖴᔅᑳᔅᑯᐸᔾ kweskaaskupayuu vii -i • ça tourne tout seul (long et rigide)
•ᖴᔅᑳᔅᑯᓀᐤ kweskaaskuneu vta • il/elle la/le retourne (long et rigide)
•ᖴᔅᑳᔅᑯᓇᑦ kweskaaskunam vti • il/elle le tourne, le retourne (long et rigide)
•ᖴᔅᑳᔮᐤ kweskaayaau vii • c'est un changement de saison
•ᖴᒉᐌᐦᐅᐤ kweschewehuu vai -u • il/elle pagaie d'une rivière ou d'un lac à l'autre
•ᖴᒉᔨᒣᐤ kwescheyimeu vta • il/elle change d'opinion à son sujet
•ᖴᒉᔨᐦᑕᒥᐦᐁᐤ kwescheyihtamiheu vta
 • il/elle la/le fait changer d'idée en la/le faisant réfléchir
•ᖴᒉᔨᐦᑕᑦ kwescheyihtam vti • il/elle change d'idée à propos de quelque chose
•ᖴᒋᐱᒫᑎᓰᐎᓐ kweschipimaatisiiwin ni
 • une vie transformée, une transformation, un grand changement, une conversion
•ᖴᒋᐴ kweschipuu vai -i • il/elle est assis-e et se retourne
•ᖴᒋᐸᔨᐦᐁᐤ kweschipayiheu vta
 • il/elle la/le retourne, tourne de l'autre côté
•ᖴᒋᐸᔨᐦᐆ kweschipayihuu vai -u
 • il/elle tourne soudainement, fait un virage brusque
•ᖴᒋᐸᔾ kweschipayuu vai/vii -i • il/elle tourne ou se tourne tout-e seul-e; ça se retourne tout seul
•ᖴᒋᑳᐴ kweschikaapuu vai -uu • il/elle est debout et se retourne
•ᖴᒋᑳᐴᔥᑐᐌᐤ kweschikaapuushtuweu vta • il/elle se tourne pour lui faire face, debout

•ᑫᔅᒋᑲᐳᐦᑖᐅ kweschikaapuuhtaau vai+o
  ♦ il/elle le tourne ou retourne (tente, cabane, maison) pour faire face à une autre direction ▪ •ᑫᔅᒋᑲᐳᐦᑖᐅ ᐊᓂᒌ ᒥᒂᒥᒡₓ ▪ *Il tourne la tente.*

•ᑫᔅᒋᒋᔑᑳᐤ kweschichiishikaau vii ♦ le temps change durant la journée

•ᑫᔅᒋᓀᐤ kweschineu vta ♦ il/elle la/le retourne (par ex. de la banique)

•ᑫᔅᒋᓇᒧᐌᐤ kweschinamuweu vta
  ♦ il/elle la/le tourne pour elle/lui

•ᑫᔅᒋᓇᒼ kweschinam vti ♦ il/elle le tourne, le retourne

•ᑫᔅᒋᓈᑯᓐ kweschinaakun vii ♦ son apparence est changée, transformée

•ᑫᔅᒋᓈᑯᓱᐤ kweschinaakusuu vai-i ♦ son apparence est changée; il/elle a changé d'apparence, s'est transformé-e

•ᑫᔅᒋᓈᑯᐦᐃᑎᓱᐤ kweschinaakuhiitisuu vai reflex-u ♦ il/elle change d'apparence, se déguise (par ex. à l'Halloween)

•ᑫᔅᒋᓈᑯᐦᑖᐅ kweschinaakuhtaau vai+o
  ♦ il/elle change d'apparence, se transforme

•ᑫᔅᒋᔅᑵᔫ kweschiskweyuu vai-i ♦ il/elle tourne la tête

•ᑫᔅᒋᔅᓅ kweschnuu p,lieu ♦ de l'autre côté de la route ou du chemin

•ᑫᔅᒋᔑᒣᐤ kweschishimeu vta ♦ il/elle la/le retourne (en position couchée)

•ᑫᔅᒋᔑᒧᑐᐌᐤ kweschishimutuweu vta
  ♦ il/elle se tourne pour lui faire face dans le lit

•ᑫᔅᒋᔑᒧᑕᒼ kweschishimutam vti ♦ il/elle se tourne face à quelque chose dans le lit

•ᑫᔅᒋᔑᓐ kweschishin vai ♦ il/elle est couché-e et se retourne

•ᑫᔅᒋᔥᑕᐦᐊᒼ kweschishtaham vti ♦ il/elle le coud dans le sens opposé

•ᑫᔅᒋᔥᑕᐦᐌᐤ kweschishtahweu vta
  ♦ il/elle la/le coud dans le sens opposé

•ᑫᔅᒋᔨᒨ kweschiyimuu vai-i ♦ il/elle a le don (surnaturel) de s'exprimer dans des langues inconnues; il/elle change de langue

•ᑫᔅᒋᐦᑖᑯᓐ kweschihtaakun vii ♦ ça change de son

•ᑫᔅᒋᐦᑖᑯᓱᐤ kweschihtaakusuu vai-i
  ♦ il/elle change de voix, masque sa voix

•ᑫᔅᒌᐌᐤ kweschiiweu vii ♦ ça change de direction (le vent); le vent tourne

•ᑫᔅᒌᐤ kweschiiu vai ♦ il/elle s'en détourne, se tourne de l'autre côté (par ex. un bébé qui se tourne la tête vers le bas)

•ᑫᔅᒌᐱᓐ kweschiipin p,manière ♦ son tour, à tour de rôle, chacun son tour ▪ ᒌ ᐊ •ᑫᔅᒌᐱᓐ ᑕᒼ ᓂᒥᑕᐦᒻᐅᔾₓ ▪ *Laisse-lui son tour de prendre la tête.*

•ᑫᔅᒡ kwesch p,manière ♦ c'est ton tour, à tour de rôle, chacun son tour ▪ ∇ᑯ ᓃ •ᑫᔅᒡ ᐊᓂᒌ ᐊᐱᒻₓ ▪ *C'est ton tour de t'asseoir là.*

•ᑫᔥᑳᐳᒋᐸᔨᐦᐁᐤ kweshkaapuchipayiheu vta ♦ il/elle la/le fait tomber vers l'avant

•ᑫᔥᑳᐳᒋᐸᔨᐦᑖᐅ kweshkaapuchipayihtaau vai+o ♦ il/elle le renverse, le retourne, le culbute, le bascule

•ᑫᔥᑳᐳᒋᐸᔫ kweshkaapuchipayuu vai/vii-i ♦ il/elle/ça bascule par devant; c'est retourné, rabattu (par ex. une manche)

•ᑫᔥᒁᓂᒋᐸᔨᐦᐤ kweshkwaanichipayihuu vai-u ♦ il/elle fait une culbute avant

•ᑫᐦᒡ kwehch p,interjection ♦ viens ici (utilisé uniquement pour appeler les chiens)

ᑭ

ᑭᒋᓐ kichin ni-im ♦ une cuisine, de l'anglais 'kitchen'

ᑮ

ᑮᐹ kiipaa p,affirmative ♦ oui, bien sûr, bien entendu, certainement ▪ ᑮᐹ ᑲ •ᐊᐸᒫᒡₓ, ᑮᐹ ᒌᐱ ᑎ •ᐅᒋᔥᒍᑉₓ ▪ *Bien sûr que je l'ai vu.* ❖ *Certainement, je vais t'aider encore.*

ᑭᔾ kiiya p ♦ en effet, vraiment, à n'en pas douter, à vrai dire, en réalité, alors ■ ∇ᑯ" ᑭᔾ ᓭᵃ ᑫ ᓂᑐᒋᓯᔾ"ᵡ ■ *Alors, nous sommes retournés manger.*

ᑯ

ᑯᓐᒫᐅᔫ° kuitimaausiiu vai ♦ il/elle est dans le besoin, il/elle est indigent-e; il est nécessiteux, elle est nécessiteuse

ᑯᓐᒫ·ᐃᵃ kuitimaawin ni ♦ un besoin, un manque, une nécessité, de la pauvreté, de la misère, du dénuement

ᑯᐃᐅᑌ° kuituiteu vai ♦ il/elle ne sait pas quoi dire, reste bouche bée, ne trouve pas les mots pour le dire

ᑯᐃᐅᑌᔨᒣ° kuituiteyimeu vta ♦ il/elle n'est pas certain-e du lieu où se trouve quelqu'un

ᑯᐃᑐ·∇ᔾᒣ° kuituweyimeu vta ♦ il/elle ne réussit pas à la/le trouver; il/elle la/le cherche en vain

ᑯᐃᑐ·∇ᔾ"ᑕᒧ·ᐃᵃ kuituweyihtamuwin ni ♦ une hésitation, un doute, de l'incertitude

ᑯᐃᑐ·∇ᔾ"ᑕᒻ kuituweyihtam vti ♦ il/elle essaie de le trouver en vain, de le faire sans y parvenir

ᑯᐃᑐ·ᐊᐸᒣ° kuituwaapameu vta ♦ il/elle la/le cherche en vain; il/elle n'arrive pas à la/le trouver

ᑯᐃᑐ·ᐊᐸ"ᑕᒻ kuituwaapahtam vti ♦ il/elle le cherche sans le trouver

ᑯᐃᑑᐳ kuituupuu vai-i ♦ il/elle ne peut trouver une place pour s'asseoir

ᑯᐃᑑᑳᐳ kuituukaapuu vai-uu ♦ il/elle ne peut trouver une place pour se tenir debout

ᑯᐃᑑᒦᒋᓲ kuituumiichisuu vai-u ♦ il/elle ne sait pas quoi manger

ᑯᐃᑑᓀ° kuituuneu vta ♦ il/elle ne peut la/le trouver à tâtons, ne réussit pas à la/le trouver; il/elle la/le cherche en vain

ᑯᐃᑑᓇᒻ kuituunam vti ♦ il/elle ne peut le trouver à tâtons, le cherche sans le trouver

ᑯᐃᑑᓈᑯᵃ kuituunaakun vii ♦ son apparence n'a pas de sens

ᑯᐃᑑᓈᑯᓲ kuituunaakusuu vai-i ♦ ses actions sont insensées

ᑯᐃᑑᔑᒣ° kuituushimeu vta ♦ il/elle n'a pas assez d'espace pour la/le déposer

ᑯᐃᑑᔑᵃ kuituushin vai ♦ il/elle n'arrive pas à trouver un endroit pour s'étendre, ne trouve pas de place pour se coucher

ᑯᐃᑑᔑᑖ° kuituushtaau vai+o ♦ il/elle ne peut trouver un endroit où le mettre, n'arrive pas à trouver une place pour le poser

ᑯᐃᑑᔑᑯᐌ° kuituushkuweu vta ♦ il/elle ne sait pas de quel côté passer

ᑯᐃᑯᐸᔨᐦᐁ° kuikupayiheu vta ♦ il/elle l'échappe hors de (la poche)

ᑯᐃᑯᐸᔨᐦᑖ° kuikupayihtaau vai+o ♦ il/elle l'échappe de quelque chose (par ex. une poche)

ᑯᐃᑯᑖᐅ"ᒋᐸᔪ kuikutaauhchipayuu vii-i ♦ le sable tombe dedans

ᑯᐃᑯᓀ° kuikuneu vta ♦ il/elle la/le pousse, la/le vide en mettant la main dedans

ᑯᐃᑯᓀ° kuikuneu na ♦ un oiseau (surtout vu dans les bois, semblable au pic-bois)

ᑯᐃᑯᓇᒻ kuikunam vti ♦ il/elle le pousse, le vide en mettant sa main dedans

ᑯᐃᑯᓈᓲ kuikunaasuu vai-u ♦ il/elle décharge, déballe, débarque des choses

ᑯᐃᑯᔑᒣ° kuikushimeu vta ♦ il/elle la/le vide d'un sac

ᑯᐃᑯ"ᐊᒻ kuikuham vti ♦ il/elle le pousse dehors, le fait sortir à l'aide d'un outil

ᑯᐃᑯ"ᐋᒉ° kuikuhaacheu na ♦ un carcajou, un glouton *Gulo gulo*

ᑯᐃᑯ"ᐋᒉᔑᔥ kuikuhaacheshiish na dim ♦ un jeune carcajou, un jeune glouton *Gulo gulo*

ᑯᐃᑯ"·∇° kuikuhweu vta ♦ il/elle la/le pousse, la/le vide à l'aide d'un outil

ᑯᐃᑯ"ᐦᑖ° kuikuhtitaau vai+o ♦ il/elle le vide complètement (par ex. un sac)

ᑯ·ᑲᐅ"ᒋᐸᔪ kuikwaauhchipayuu vii-i ♦ le sable tombe hors du contenant

ᑯᐃᐧᑳᐧᑯᐦᐋᒻ kuikwaaskuham vti ♦ il/elle utilise un objet (long et rigide) pour le sortir de quelque chose

ᑯᐃᐧᑳᐧᑯᐦᐁᐤ kuikwaaskuhweu vta ♦ il/elle utilise quelque chose (long et rigide) pour la/le sortir de quelque chose

ᑯᐃᔥᑎᑳᒣᔐᐦᒋᐸᐦᑖᐤ kuistikaameschehchipahtaau vai ♦ il/elle court partout dans la tourbière

ᑯᐃᔅᐧᑫᑲᓐ kuiskwekan vii ♦ c'est droit (étalé)

ᑯᐃᔅᐧᑫᒋᓱ kuiskwechisuu vai -i ♦ il/elle est droit-e (étalé)

ᑯᐃᔅᑯᐃᕽᑐᐎᓐ kuiskuiiyihtuwin ni ♦ une justification

ᑯᐃᔅᑯᐃᐦᑑ kuiskuiihtuu vai -i ♦ il/elle est honnête

ᑯᐃᔅᑯᐁᕽᑖᑯᓐ kuiskuweyihtaakun vii ♦ c'est juste, raisonnable, honnête

ᑯᐃᔅᑯᐁᕽᑖᑯᓱ kuiskuweyihtaakusuu vai -i ♦ il/elle est juste, raisonnable, honnête

ᑯᐃᔅᑯᐁᔮᐤ kuiskuweyaau vii ♦ la berge de la rivière est droite; le rivage est droit

ᑯᐃᔅᑯᐳᑖᐤ kuiskuputaau vai+o ♦ il/elle le scie bien droit, en ligne droite

ᑯᐃᔅᑯᐳᔦᐤ kuiskupuyeu vta ♦ il/elle la/le scie droit-e

ᑯᐃᔅᑯᐳ kuiskupuu vai ♦ il/elle est assis-e ou posé-e droit-e

ᑯᐃᔅᑯᐸᔫ kuiskupayuu vai/vii -i ♦ il/elle/ça va droit, en droite ligne

ᑯᐃᔅᑯᑌᐦᐁᐤ kuiskuteheu vai ♦ il/elle a bon coeur, il est bon, elle est bonne

ᑯᐃᔅᑯᑎᓈᐦᔮᑎᓐ kuiskutinaashtin vii ♦ la rivière est droite

ᑯᐃᔅᑯᑖᑎᓰᐎᓐ kuiskutaatisiiwin ni ♦ de la droiture morale

ᑯᐃᔅᑯᑖᑎᓰᐤ kuiskutaatisiiu vai ♦ il/elle vit de façon vertueuse; il/elle a une grande droiture morale

ᑯᐃᔅᑯᑯᑌᐤ kuiskukuteu vii ♦ c'est fixé, accroché, suspendu droit; ça tombe droit

ᑯᐃᔅᑯᑯᑖᐤ kuiskukutaau vai+o ♦ il/elle l'accroche, le pend ou suspend bien droit

ᑯᐃᔅᑯᑯᒋᓐ kuiskukuchin vai ♦ il/elle est accroché-e, pendu-e ou suspendu-e bien droit; il/elle tombe droit

ᑯᐃᔅᑯᑯᔫ kuiskukuyeu vta ♦ il/elle la/le suspend tout droit

ᑯᐃᔅᑯᑳᐳ kuiskukaapuu vai -uu ♦ il/elle se tient droit-e debout

ᑯᐃᔅᑯᑳᐳᐦᐁᐤ kuiskukaapuuheu vta ♦ il/elle la/le redresse, pose droit-e

ᑯᐃᔅᑯᑳᐳᐦᑖᐤ kuiskukaapuuhtaau vai+o ♦ il/elle le pose ou l'installe bien droit; il/elle le met en ligne droite

ᑯᐃᔅᑯᑳᒣᔮᐤ kuiskukaameyaau vii ♦ la rivière est droite

ᑯᐃᔅᑯᑯᐧᑳᑌᐤ kuiskukwaateu vta ♦ il/elle la/le coud en droite ligne

ᑯᐃᔅᑯᑯᐧᑳᑕᒻ kuiskukwaatam vti ♦ il/elle le coud droit

ᑯᐃᔅᑯᒍᐎᓐ kuiskuchuwin vii ♦ l'eau coule tout droit

ᑯᐃᔅᑯᒧᐦᐁᐤ kuiskumuheu vta ♦ il/elle la/le pose dessus ou dedans correctement; il/elle l'aligne

ᑯᐃᔅᑯᒧᐦᑖᐤ kuiskumuhtaau vai+o ♦ il/elle le place, le pose ou l'installe dessus; il/elle l'ajuste, l'aligne

ᑯᐃᔅᑯᒨ kuiskumuu vii -u ♦ le sentier est droit

ᑯᐃᔅᑯᓈᑯᓐ kuiskunaakun vii ♦ ça semble exact, correct, droit

ᑯᐃᔅᑯᓈᑯᓱ kuiskunaakusuu vai -i ♦ il/elle a l'air correct, semble adéquat, paraît bien

ᑯᐃᔅᑯᓐ kuiskun vii ♦ c'est exact, droit

ᑯᐃᔅᑯᓯᓇᐦᐄᒉᐤ kuiskusinahiicheu vai ♦ il/elle écrit sur une ligne droite

ᑯᐃᔅᑯᓯᓇᐦᐊᒻ kuiskusinaham vti ♦ il/elle l'écrit en ligne droite

ᑯᐃᔅᑯᓯᓈᑌᐤ kuiskusinaateu vii ♦ c'est écrit en ligne droite; c'est bien écrit

ᑯᐃᔅᑯᓯᓈᓱ kuiskusinaasuu vai -u ♦ il/elle est écrit-e en ligne droite; c'est bien écrit

ᑯᐃᔅᑯᓱ kuiskusuu vai -i ♦ il/elle est droit-e

ᑯᐃᔅᑯᐅᐧᐁᐤ kuiskushweu vta ♦ il/elle la/le coupe droit-e

ᑯᐃᔅᑯᔑᐹᑕᒻ kuiskushipaatam na ♦ une macreuse noire, une macreuse à bec jaune *Melanitta nigra*

ᑯᐃᑦᑯᔒᓂ **kuiskushin** vai ♦ il/elle est étendu-e, couché-e droit; il/elle est droit-e, aligné-e, en ligne droite

ᑯᐃᑦᑯᔑᐦᐄᐅᑐᑕᒻ **kuiskushiiututam** vti ♦ il/elle le siffle

ᑯᐃᑦᑯᓴᒻ **kuiskusham** vti ♦ il/elle le coupe droit

ᑯᐃᑦᑯᔖᐦᑕᒻ **kuiskushtaham** vti ♦ il/elle le coud dessus en ligne droite

ᑯᐃᑦᑯᔖᐦᑕᐅ **kuiskushtahweu** vta ♦ il/elle la/le coud dessus en ligne droite

ᑯᐃᑦᑯᔖᑖᐤ **kuiskushtaau** vai+o ♦ il/elle le pose, le dépose, l'installe, le met bien droit ou en ligne droite, le trace droit, l'aligne

ᑯᐃᑦᑯᐦᔮᐤ **kuiskuheu** vta ♦ il/elle la/le redresse

ᑯᐃᑦᑯᐦᑌᐤ **kuiskuhteu** vai ♦ il/elle marche droit ou en ligne droite

ᑯᐃᑦᑯᐦᑎᓐ **kuiskuhtin** vii ♦ c'est étendu droit

ᑯᐃᑦᑯᐦᑕᑳᐤ **kuiskuhtakaau** vii ♦ c'est droit (bois utile)

ᑯᐃᑦᑯᐦᑕᒋᓲ **kuiskuhtachisuu** vai-i ♦ il (du bois utile, non traité) est droit

ᑯᐃᑦᑯᐦᑖᐤ **kuiskuhtaau** vai+o ♦ il/elle le fait droit, le dresse, le redresse, le dégauchit, l'aligne

ᑯᐃᑦᑯᐦᑯᑌᐤ **kuiskuhkuteu** vta ♦ il/elle la/le sculpte ou taille droit-e

ᑯᐃᑦᑯᐦᑯᑕᒻ **kuiskuhkutam** vti ♦ il/elle le taille, le sculpte droit

ᑯᐃᑦᑯᐦᑯᑖᒉᐤ **kuiskuhkutaacheu** vai ♦ il/elle le taille, le découpe ou le sculpte bien droit

ᑯᐃᔅᑳᐤ **kuiskwaau** vii ♦ c'est droit

ᑯᐃᔅᑳᐯᑲᒧᐎᐦ **kuiskwaapekamuwich** vai pl -u ♦ ils/elles volent en ligne droite; ils sont alignés, elles sont alignées; ils sont posés ou installés en ligne droite; elles sont posées ou installées en ligne droite

ᑯᐃᔅᑳᐯᑲᒧᐦᐁᐤ **kuiskwaapekamuheu** vta ♦ il/elle la/le met, pose, installe en droite ligne au-dessus du sol (filiforme)

ᑯᐃᔅᑳᐯᑲᒧᐦᑖᐤ **kuiskwaapekamuhtaau** vai+o ♦ il/elle le pose ou le met (filiforme) droit, au-dessus du sol

ᑯᐃᔅᑳᐯᑲᒨ **kuiskwaapekamuu** vai/vii ♦ il/elle est installé-e droit-e, c'est posé droit (filiforme)

ᑯᐃᔅᑳᐯᑲᓐ **kuiskwaapekan** vii ♦ c'est droit (filiforme)

ᑯᐃᔅᑳᐯᑲᔥᑖᐤ **kuiskwaapekashtaau** vai+o ♦ il/elle l'installe en ligne droite, l'aligne

ᑯᐃᔅᑳᐯᑲᐁᐤ **kuiskwaapekaheu** vta ♦ il/elle la/le pose en droite ligne sur le sol (filiforme)

ᑯᐃᔅᑳᐯᒋᓀᐤ **kuiskwaapechineu** vta ♦ il/elle la/le tient dessus tout droit (filiforme)

ᑯᐃᔅᑳᐯᒋᓇᒻ **kuiskwaapechinam** vti ♦ il/elle le tient droit (filiforme)

ᑯᐃᔅᑳᐯᒋᓲ **kuiskwaapechisuu** vai -i ♦ il/elle est droit-e (filiforme)

ᑯᐃᔅᑳᐯᒋᔒᐤ **kuiskwaapechishweu** vta ♦ il/elle la/le coupe en lanières droites, en cordons droits

ᑯᐃᔅᑳᐯᒋᓴᒻ **kuiskwaapechisham** vti ♦ il/elle le coupe en fils, cordons droits, ficelles droites

ᑯᐃᔅᑳᐯᒋᔖᐅᐤ **kuiskwaapechishaaweu** vai ♦ il/elle coupe la babiche en lanières droites

ᑯᐃᔅᑳᐱᔅᑲᐦᐊᒻ **kuiskwaapiskaham** vti ♦ il/elle le redresse (pierre, métal) avec un outil

ᑯᐃᔅᑳᐱᔅᑲᐦᐁᐤ **kuiskwaapiskahweu** vta ♦ il/elle la/le redresse avec un outil (pierre, métal)

ᑯᐃᔅᑳᐱᔅᑳᐤ **kuiskwaapiskaau** vii ♦ c'est droit (pierre, métal)

ᑯᐃᔅᑳᐱᔅᒋᐱᑌᐤ **kuiskwaapischipiteu** vta ♦ il/elle la/le tire tout droit (pierre, métal)

ᑯᐃᔅᑳᐱᔅᒋᐱᑕᒻ **kuiskwaapischipitam** vti ♦ il/elle tire pour le redresser (pierre, métal)

ᑯᐃᔅᑳᐱᔅᒋᓀᐤ **kuiskwaapischineu** vta ♦ il/elle la/le redresse à la main (pierre, métal)

ᑯᐃᔅᑳᐱᔅᒋᓇᒻ **kuiskwaapischinam** vti ♦ il/elle le redresse à la main (pierre, métal)

ᑯᐃᔅᑳᐱᔅᒋᓲ **kuiskwaapischisuu** vai -i ♦ il/elle est droit-e (pierre, métal)

ᑯᐃᔅᑳᐱᐦᑌᐤ **kuiskwaapihteu** vii ♦ la fumée monte tout droit

ᑯᐃᔅᑲᐱᐦᑳᑌᐆ **kuiskwaapihkaateu** vta
- il/elle l'attache droit-e, bien, de la bonne façon

ᑯᐃᔅᑲᐱᐦᑳᑕᒼ **kuiskwaapihkaatam** vti
- il/elle l'attache bien droit

ᑯᐃᔅᑲᐱᐦᒉᐱᑌᐆ **kuiskwaapihchepiteu** vta
- il/elle la/le tire tout droit (filiforme)

ᑯᐃᔅᑲᐱᐦᒉᐱᑕᒼ **kuiskwaapihchepitam** vti
- il/elle le tire droit (filiforme)

ᑯᐃᔅᑲᐱᐦᒉᐸᔨᐦᐁᐆ **kuiskwaapihchepayiheu** vta
- il/elle la/le fait rester droit-e (filiforme)

ᑯᐃᔅᑲᐱᐦᒉᐸᔨᐦᑖᐆ **kuiskwaapihchepayihtaau** vai+o
- il/elle le fait rester droit (filiforme)

ᑯᐃᔅᑲᐱᐦᒉᐸᔪᐤ **kuiskwaapihchepayuu** vai/vii -i
- il/elle/ça se redresse (filiforme)

ᑯᐃᔅᑲᐱᐦᒉᓀᐆ **kuiskwaapihcheneu** vta
- il/elle la/le tient, lève, tend tout droit (filiforme)

ᑯᐃᔅᑲᐱᐦᒉᓇᒼ **kuiskwaapihchenam** vti
- il/elle le tient en haut, bien droit (filiforme)

ᑯᐃᔅᑳᑎᒦᐤ **kuiskwaatimiiu** vii
- le canal ou chenal est droit

ᑯᐃᔅᑳᔅᑯᓐ **kuiskwaaskun** vii
- c'est droit (long et rigide)

ᑯᐃᔅᑳᔅᑯᓲ **kuiskwaaskusuu** vai -i
- il/elle est droit-e (long et rigide)

ᑯᐃᔅᑳᔅᑯᔑᒣᐆ **kuiskwaaskushimeu** vta
- il/elle l'étend tout droit

ᑯᐃᔅᑳᔅᑯᔥᑌᐤ **kuiskwaaskushteu** vii
- c'est placé droit (long et rigide)

ᑯᐃᔅᑳᔅᑯᔥᑖᐆ **kuiskwaaskushtaau** vai+o
- il/elle le pose ou le place droit (long et rigide)

ᑯᐃᔅᑳᔅᑯᐦᐁᐆ **kuiskwaaskuheu** vta
- il/elle la/le pose droit-e (long et rigide)

ᑯᐃᔅᑳᔅᑯᐦᑎᑖᐆ **kuiskwaaskuhtitaau** vai+o
- il/elle le pose, le dépose, le met, l'installe droit ou en ligne droite (long et rigide)

ᑯᐃᔅᑿ **kuiskw** p,manière
- correct-e, exact-e, juste, droit-e ■ ᓇᒐ ᑯᐃᔅᑿ ᐃᔑᓈᑯᓐₓ *Ça n'a pas l'air correct.*

ᑯᐃᔥᑎᑳᒣᐳᐧᐃᒡ **kuiskwaapuwich** vai pl -i
- ils/elles sont assis-es autour, près du bord, à la périphérie

ᑯᐃᔥᑎᑳᒣᐸᔨᐦᐁᐆ **kuishtikaamepayiheu** vta
- il/elle la/le conduit tout autour

ᑯᐃᔥᑎᑳᒣᐸᔨᐦᑖᐆ **kuishtikaamepayihtaau** vai+o
- il/elle le conduit à la périphérie, conduit autour

ᑯᐃᔥᑎᑳᒣᐸᔪᐤ **kuishtikaamepayuu** vai/vii -i
- il/elle/ça fait le tour du tipi, comme un bol de nourriture passé à la ronde

ᑯᐃᔥᑎᑳᒣᐸᐦᑖᐆ **kuishtikaamepahtaau** vai
- il/elle court sur le pourtour, à la périphérie

ᑯᐃᔥᑎᑳᒣᔅᑯᐱᒑᐤ **kuishtikaameskupichuu** vai -i
- il/elle fait le tour du lac sur la glace pour déplacer ou déménager le camp d'hiver

ᑯᐃᔥᑎᑳᒣᔅᑯᐸᔪᐤ **kuishtikaameskupayuu** vai -i
- il/elle circule sur la glace autour du lac

ᑯᐃᔥᑎᑳᒣᔅᑯᐸᐦᑖᐆ **kuishtikaameskupahtaau** vai
- il/elle court autour du lac sur la glace

ᑯᐃᔥᑎᑳᒣᔅᑰ **kuishtikaameskuu** vai -u
- il/elle fait le tour du lac sur la glace

ᑯᐃᔥᑎᑳᒣᔐᑲᐦᐊᒼ **kuishtikaameschekaham** vti
- il/elle marche tout autour du muskeg, du marécage

ᑯᐃᔥᑎᑳᒣᔐᒋᐱᒑᐤ **kuishtikaameschechipichuu** vai -i
- il/elle fait le tour de la tourbière pour déplacer le camp d'hiver

ᑯᐃᔥᑎᑳᒣᔐᒋᐸᔪᐤ **kuishtikaameschechipayuu** vai -i
- il/elle circule autour de la tourbière ou du muskeg

ᑯᐃᔥᑎᑳᒣᔥᑌᐤᐦ **kuishtikaameshteuh** vii pl
- les choses sont posées tout autour, installées à la périphérie

ᑯᐃᔥᑎᑳᒣᔥᑖᐆ **kuishtikaameshtaau** vai+o
- il/elle le met ou place à la périphérie, autour, au pourtour

ᑯᐃᔥᑎᑳᒣᔥᑯᐌᐆ **kuishtikaameshkuweu** vta
- il/elle marche en cercle autour d'elle/de lui, à une certaine distance

ᑯᐃᔥᑎᑳᒣᔥᑲᒼ **kuishtikaameshkam** vti
- il/elle marche autour d'un endroit

ᑯᐃᔥᑎᑳᒣᔮᐅᐦᑳᐤ **kuishtikaameyaauhkaau** vii
- il y a du sable tout autour

ᑯᐃᔥᑎᑳᒣᔮᐅ kuishtikaameyaau vii
• c'est possible de faire le tour du lac à pied; on peut marcher autour du lac

ᑯᐃᔥᑎᑳᒣᔮᐱᔅᑳᐅ kuishtikaameyaapiskaau vii • il y a des rochers tout autour; l'endroit est entouré de rochers

ᑯᐃᔥᑎᑳᒣᔮᑎᑳᓯᐸᐦᑖᐅ kuishtikaameyaatikaasipahtaau vai
• il/elle court au bord de l'eau, à la périphérie

ᑯᐃᔥᑎᑳᒣᔮᑎᑳᓲ kuishtikaameyaatikaasuu vai-i • il/elle (par ex. un orignal) marche dans l'eau au bord du lac

ᑯᐃᔥᑎᑳᒣᔮᔅᑯᐦᐊᒻ kuishtikaameyaaskuham vti • il/elle marche vers une autre rangée d'arbres

ᑯᐃᔥᑎᑳᒣᐦᐁᐅ kuishtikaameheu vta
• il/elle les installe tout autour

ᑯᐃᔥᑎᑳᒣᐦᐅᑐᐌᐅ kuishtikaamehutuweu vta • il/elle l'emporte tout autour pour elle/lui, en pagayant, en nageant

ᑯᐃᔥᑎᑳᒣᐦᐅᑖᐅ kuishtikaamehutaau vai+o • il/elle l'emporte en pagayant sur le bord; il/elle le conduit à la périphérie

ᑯᐃᔥᑎᑳᒣᐦᐅᔦᐅ kuishtikaamehuyeu vta
• il/elle l'emmène autour du lac en pagayant, en nageant

ᑯᐃᔥᑎᑳᒣᐦᐊᒻ kuishtikaameham vti
• il/elle pagaie autour du lac

ᑯᐃᔥᑎᑳᒣᐦᑕᐦᐁᐅ kuishtikaamehtaheu vta
• il/elle lui fait faire le tour de la tente, à l'intérieur

ᑯᐃᔥᑎᑳᒣᐦᑖᐅ kuishtikaamehtaau vai+o
• il/elle marche ou tourne en rond dans le tipi, le lac

ᑯᐃᔥᑎᑳᒫᑎᑳᓲ kuishtikaamaatikaasuu vai-i • il/elle marche près du bord, à la périphérie dans l'eau

ᑯᐃᔥᑎᑳᒫᓂᑲᐦᐊᒻ kuishtikaamaanikaham vti • il (un castor) nage autour d'une île

ᑯᐃᔥᑎᑳᒫᓂᒋᔥᑲᒻ kuishtikaamaanichishkam vti • il/elle fait le tour d'une île en marchant, marche autour d'une île

ᑯᐃᔥᑎᑳᒻ kuishtikaam p,lieu • autour, sur le pourtour, à la périphérie

ᑯᐃᔥᑯᔒᐅᓂᑲᒨ kuishkushiiunikamuu vai-u • il/elle siffle un air, une mélodie

ᑯᐃᔥᑯᔒᐌᐅ kuishkushiiweu vii • le vent siffle

ᑯᐃᔥᑯᔒᒣᐅ kuishkushiimeu vta • il/elle la/le siffle

ᑯᐃᔥᑯᔒᒪᑲᓐ kuishkushiimakan vii • ça siffle

ᑯᐃᔥᑯᔔᐃᓐ kuishkushuwin ni • un sifflet, un coup de sifflet

ᑯᐃᔥᑯᔔ kuishkushuu vai • il/elle siffle

ᑰᐦᑯᓐ kuiihkun vii • c'est un tremblement de terre

ᑯᐌᐱᓀᐅ kuwepineu vta • il/elle la/le retourne, renverse, jette par terre

ᑯᐌᐱᓇᒻ kuwepinam vti • il/elle le jette par terre (ce qui était debout)

ᑯᐌᐱᔥᑯᐌᐅ kuwepishkuweu vta
• il/elle la/le renverse en passant à côté

ᑯᐌᐱᔥᑲᒻ kuwepishkam vti • il/elle le renverse en le frôlant

ᑯᐌᔨᒧᐦᐁᐅ kuweyimuheu vta • il/elle la/le fait mourir de peine

ᑯᐌᔨᒨ kuweyimuu vai-u • il/elle meurt de chagrin après la mort de quelqu'un

ᑯᐛᐳᑌᐅ kuwaaputeu vii • c'est balayé, entraîné par le courant

ᑯᐛᐳᑯᐅ kuwaapukuu vai-u • il/elle est renversé-e, emporté-e par le courant

ᑯᐛᑯᓀᐅ kuwaakuneu vai/vii • il/elle/ça tombe à cause du poids de la neige

ᑯᐛᔎ kuwaashuu vai-i • il (un arbre) est abattu par le vent

ᑯᐛᔥᑎᓐ kuwaashtin vii • c'est abattu, renversé

ᑯᐛᐦᑲᓲ kuwaahkasuu vai-u • il/elle (un arbre) brûle complètement

ᑯᐛᐦᑲᐦᑌᐅ kuwaahkahteu vii • ça se consume, brûle complètement; le feu baisse

ᑯᐯᒃ kupek ni • le Québec

ᑯᑎᐯᐅᐦᐊᒻ kutipeuham vti • il/elle pagaie pour contourner la pointe de terre

ᑯᑎᐯᐌᐅ kutipeweu vai • il/elle marche dans le bois vers une pointe de terre

ᑯᑎᐯᐧᐁᐸᔾ kutipewepayuu vai -i
 • il/elle se rend de l'autre côté d'une pointe de terre en véhicule, contourne la pointe de terre en conduisant

ᑯᑎᐯᐧᐁ"ᐊᒻ kutipeweham vti • il/elle fait le tour, passe de l'autre côté (d'une pointe de terre)

ᑯᑎᐯᐤ kutipeu p,lieu • autour ou de l'autre côté d'une pointe de terre ▪ ᐊᓂᒼ" ᑯᑎᐯᐤ ᐦ ᐊᐦᒐᓐ ᐅᒌᒡᓚᐤₓ ▪ *Il doit avoir laissé son canot de l'autre côté de la pointe.*

ᑯᑎᐯᔮᐤ kutipeyaau vii • c'est très humide, mouillé; l'herbe est humide, toutes les plantes sont mouillées après la pluie ▪ ᓄᐃᒼ ᑯᑎᐯᔮᐤ, ᐁᐹ ᐱᑎᒐ ᓂᑐᐸᒡᒍ" ᐦ"ᒋᒢ"ₓ ▪ *Tout est encore très mouillé dans la forêt, alors attends de t'y promener!*

ᑯᑎᑯᐱᑌᐤ kutikupiteu vta • il/elle la/le disloque, détache en tirant (comme en luttant)

ᑯᑎᑯᐱᑕᒼ kutikupitam vti • il/elle le disjoint, le disloque en tirant

ᑯᑎᑯᐸᔾ kutikupayuu vai/vii -i • il/elle est disloqué-e, disjoint-e, déjointé-e, détaché-e; c'est disloqué, disjoint, déjointé, détaché

ᑯᑎᑯᓀᐤ kutikuneu vta • il/elle la/le disjoint, disloque de la main

ᑯᑎᑯᓃᐤ kutikuniiu vai • il/elle passe la nuit loin du camp

ᑯᑎᑯᓇᐴ kutikunapuu vai-i [Intérieur] • il/elle passe la nuit dans un abri de branches, à côté d'un feu

ᑯᑎᑯᓇᒻ kutikunam vti • il/elle le disjoint, le disloque (à la main)

ᑯᑎᑯᔐᐧᐁᔔ kutikuscheweshweu vta • il/elle la/le découpe au niveau des ligaments de la jointure

ᑯᑎᑯᔐᐧᐁᓴᒻ kutikuschewesham vti • il/elle le découpe en coupant les ligaments des joints

ᑯᑎᑯᔐᐸᔾ kutikuschepayuu vai-i • ses genoux fléchissent constamment sous lui/elle

ᑯᑎᑯᔔ kutikushweu vta • il/elle la/le découpe aux jointures

ᑯᑎᑯᓴᒻ kutikusham vti • il/elle le découpe au niveau du joint

ᑯᑎᑯᐦᑎᐦᑎᒥᓀᔑᓐ kutikuhtihtimineshin vai • il/elle a une épaule disloquée

ᑯᑎᑯᐦᑯᓀᐧᐄᐤ kutikuhkunewiiu vai • il/elle s'est foulé la cheville

ᑯᑎᑯᐦᒋᑯᓀᐸᔾ kutikuhchikunepayuu vai-i [Côté] • il/elle se disloque un genou; ses genoux fléchissent sous lui/elle

ᑯᑎᓀᐤ kutineu vta • il/elle la/le palpe, l'essaie en touchant avec la main

ᑯᑎᓇᒻ kutinam vti • il/elle le palpe, le tâte, le touche; il/elle l'essaie en touchant

ᑯᑎᔐᐧᐁᐤ kutishweu vta • il/elle l'essaie en coupant

ᑯᑎᓴᒻ kutisham vti • il/elle le teste, le vérifie en coupant

ᑯᑐᐧᐁᐤ kutuweu vai • il/elle fait un feu, allume un feu

ᑯᑐᐧᐁ"ᑳᑐᐧᐁᐤ kutuwehkatuweu vta • il/elle fait un feu pour la/le réchauffer

ᑯᑐᐧᐁ"ᑳᑕᒻ kutuwehkatam vti • il/elle fait du feu pour le chauffer, le réchauffer

ᑯᑐᐋᑰᓇᐴ kutuwaakunapuu vai-i [Côté] • il/elle passe la nuit dans un abri de branches, à côté d'un feu

ᑯᑐᐋᑲᓂᐦᒉᐤ kutuwaakanihcheu vai • il/elle fait un écran ou coupe-vent pour protéger un feu de camp extérieur

ᑯᑐᐋᑲᓐ kutuwaakan ni • un endroit où on a fait un feu à l'extérieur

ᑯᑐᐋᑲᓐ kutuwaakan ni [Intérieur] • un vagin

ᑯᑑᑌᐤ kutuuteu vai • il/elle allume un feu à l'extérieur pour quelqu'un d'autre

ᑯᑑᓱᐧᐃᓐ kutuusuwin ni • un feu de camp

ᑯᑑᓱ kutuusuu vai-u • il/elle allume un feu de camp et mange à l'extérieur durant un déplacement

ᑯᑕᐱᐯᐱᔥᑯᐧᐁᐤ kutapiwepishkuweu vta • il/elle la/le renverse avec son poids

ᑯᑕᐱᐯᐱᔥᑲᒻ kutapiwepishkam vti • il/elle le renverse avec son poids

ᑯᑕᐱᐯᐸᐦᐊᒻ kutapiwepaham vti • il/elle le renverse d'un geste large

ᑯᑕᐱᐯᐸᐦᐧᐁᐤ kutapiwepahweu vta • il/elle la/le renverse d'un geste

ᑯᑕᐱᐸᔫ kutapipayuu vai -i ◆ il/elle renverse, chavire

ᑯᑕᐱᓀᐤ kutapineu vta ◆ il/elle la/le verse (un liquide); il/elle la/le renverse, retourne, fait chavirer

ᑯᑕᐱᓇᒧᐍᐤ kutapinamuweu vta ◆ il/elle la/le verse pour quelqu'un; il/elle le retourne pour quelqu'un (un canot)

ᑯᑕᐱᓇᒻ kutapinam vti ◆ il/elle le verse (un liquide); il/elle le renverse, le fait basculer, le fait chavirer

ᑯᑕᐱᔅᑵᔫ kutapiskweyuu vai -i ◆ il/elle tourne ou penche la tête de côté

ᑯᑕᐱᔅᒋᑵᐤ kutapischikweu vai ◆ il (un chaudron) penche, bascule

ᑯᑕᐱᔑᒣᐤ kutapishimeu vta ◆ il/elle la/le répand accidentellement; il/elle la/le fait basculer en motoneige

ᑯᑕᐱᔑᓐ kutapishin vai ◆ il/elle tombe par terre

ᑯᑕᐱᔥᑌᐤ kutapishteu vii ◆ c'est renversé

ᑯᑕᐱᔥᑯᐍᐤ kutapishkuweu vta ◆ il/elle la/le fait basculer en canot; il/elle la/le renverse

ᑯᑕᐱᔥᑲᒻ kutapishkam vti ◆ il/elle le renverse; il/elle fait chavirer le canot

ᑯᑕᐱᐦᑎᑖᐤ kutapihtitaau vai+o ◆ il/elle le renverse ou déverse accidentellement, le répand sans faire exprès

ᑯᑕᐱᐦᑎᓐ kutapihtin vii ◆ ça tombe et se répand

ᑯᑕᐲᐤ kutapiiu vai ◆ il/elle renverse ou se renverse, chavire, bascule

ᑯᑕᐸᐦᐊᒻ kutapaham vti ◆ il/elle le fait tomber, le renverse avec quelque chose (par ex. de l'eau dans un verre)

ᑯᑕᐸᐦᐍᐤ kutapahweu vta ◆ il/elle la/le renverse avec quelque chose (par ex. un verre de lait)

ᑯᑕᐹᔔ kutapaashuu vai -i ◆ il/elle est renversé-e par le vent

ᑯᑕᐹᔥᑎᓐ kutapaashtin vii ◆ c'est renversé, abattu

ᑯᑕᑲᒡ kutakach pro,alternatif ◆ autres, d'autres (voir *kutak*)

ᑯᑕᒃ kutak pro,alternatif ◆ autre, un-e autre (animé ou inanimé, voir *kutak*)

ᑯᑕᒃᐦ kutakh pro,alternatif ◆ un-e autre (obviatif animé), autres, d'autres (obviatif ou non-obviatif animé; obviatif inanimé) (voir *kutak*) ▪ ᒘᓐ ᒌ ᐚᐸᒣᐤ ᑯᑕᒃᐦ ᐊᐍᔫᐦ᙮ ◆ ᒘᓐ ᒌ ᐚᐸᐦᑕᒻ ᑯᑕᒃᐦ ᒉᒁᔫᐦ᙮ ▪ *Jean a vu une autre personne.* ◆ *Jean a vu d'autres choses.*

ᑯᑕᒋᔫ kutachiyuu pro,alternatif ◆ autre, un-e autre (inanimé obviatif, voir *kutak*)

ᑯᑕᒡ kutach pro,alternatif ◆ autre, un-e autre (inanimé, voir *kutak*)

ᑯᑕᒥᔅᑵᐤ kutamiskweu vai ◆ il/elle goûte le castor, a le goût du castor

ᑯᑕᒧᐦᐁᐤ kutamuheu vta ◆ il/elle essaie de la/le poser dessus, de l'ajuster dedans

ᑯᑕᒧᐦᐍᐤ kutamuhweu vta ◆ il/elle essaie de l'ajuster dessus, dedans

ᑯᑕᒧᐦᑖᐤ kutamuhtaau vai+o ◆ il/elle essaie de l'ajuster dessus ou dedans

ᑯᑕᔅᒉᐤ kutascheu vai ◆ il/elle vérifie si l'oie est grasse

ᑯᑕᐦᐊᒻ kutaham vti ◆ il/elle en vérifie la force, la solidité (par ex. un fil) avec quelque chose

ᑯᑕᐦᐋᔥᑵᐤ kutahaashkweu vai ◆ il/elle se pratique à viser une cible, essaie d'atteindre la cible

ᑯᑕᐦᐋᔥᒁᑌᐤ kutahaashkwaateu vta ◆ il/elle essaie de viser ou d'atteindre une cible

ᑯᑕᐦᐋᔥᒁᑕᒻ kutahaashkwaatam vti ◆ il/elle essaie de viser, d'atteindre la cible

ᑯᑖᐅᐯᑲᐦᐄᑲᓐ kutaaupekahiikan ni ◆ un débouchoir à ventouse

ᑯᑖᐅᐯᒋᓀᐤ kutaaupechineu vta ◆ il/elle la/le pousse sous l'eau

ᑯᑖᐅᐯᒋᓇᒻ kutaaupechinam vti ◆ il/elle le pousse sous l'eau

ᑯᑖᐅᐸᔫ kutaaupayuu vai/vii -i ◆ il/elle/ça s'enfonce dans quelque chose

ᑯᑖᐅᓀᐤ kutaauneu vta ◆ il/elle la/le pousse dans quelque chose

ᑯᑖᐅᓇᒻ kutaaunam vti ◆ il/elle le pousse dessous

ᑯᑖᐅᔅᑲᒥᒋᓀᐤ kutaauskamichineu vta ◆ il/elle la/le met dans le sol, la mousse, avec la main

ᑯᑕᐅᵇᑭᒥᓇᒻ kutaauskamichinam vti
* il/elle met quelque chose dans le sol ou la mousse avec la main

ᑯᑕᐅᔒᒉᐸᔨᐤ kutaauschuuchipayuu vai/vii -i
* il/elle/ça s'enfonce dans la boue

ᑯᑕᐅᔒᒉᓀᐤ kutaauschuuchineu vta
* il/elle la/le pousse dans la boue, avec la main

ᑯᑕᐅᔒᒉᓇᒻ kutaauschuuchinam vti
* il/elle le pousse dans la boue avec la main

ᑯᑕᐅᐦᐊᒼ kutaauham vti * il/elle cogne dessus pour le faire entrer, pénétrer

ᑯᑕᐅᐦᐌᐤ kutaauhweu vta * il/elle frappe dessus pour la/le faire entrer

ᑯᑖᐎᐤ kutaawiiu vai * il/elle passe dessous

ᑯᑖᐙᐅᐦᒋᐸᔨᐤ kutaawaauhchipayuu vai/vii -i * il/elle/ça s'enfonce dans le sable

ᑯᑖᐙᐅᐦᒋᓀᐤ kutaawaauhchineu vta
* il/elle la/le met dans le sable

ᑯᑖᐙᐅᐦᒋᓇᒧᐌᐤ kutaawaauhchinamuweu vta * il/elle la/le met dans le sable pour elle/lui

ᑯᑖᐙᐅᐦᒋᓇᒻ kutaawaauhchinam vti
* il/elle le met, l'enfonce dans le sable

ᑯᑖᐙᐱᔅᑫᐤ kutaawaapiskweu vai
* il/elle pousse l'aiguille sous la raquette en laçant

ᑯᑖᐙᑯᓀᐸᔨᐤ kutaawaakunepayuu vai/vii -i
* il/elle/ça s'enfonce profondément dans la neige

ᑯᑖᐙᑯᓀᓀᐤ kutaawaakuneneu vta
* il/elle l'enfouit profondément dans la neige avec la main

ᑯᑖᐙᑯᓀᓇᒻ kutaawaakunenam vti
* il/elle le met, le plante profondément dans la neige avec la main

ᑯᑖᐙᑯᓀᔥᑯᐌᐤ kutaawaakuneshkuweu vta * il/elle l'enfonce dans la neige avec le pied

ᑯᑖᐙᑯᓀᔥᑲᒼ kutaawaakuneshkam vti
* il/elle le fait entrer, pénétrer dans la neige avec le pied

ᑯᑖᐙᑯᓀᐦᐊᒼ kutaawaakuneham vti
* il/elle l'enfonce dans la neige en utilisant un objet

ᑯᑖᐙᑯᓀᐦᐌᐤ kutaawaakunehweu vta
* il/elle la/le fait s'enfoncer dans la neige en utilisant quelque chose

ᑯᑖᐙᑯᓂᒌᐤ kutaawaakunichiiu vai
* il/elle s'enfonce dans la neige

ᑯᑖᐙᔅᑯᐸᐦᐁᐤ kutaawaaskupaheu vta
* il/elle court dans la forêt en la/le portant

ᑯᑖᐙᔅᑯᐸᐦᑖᐤ kutaawaaskupahtaau vai
* il/elle court dans la forêt, dans les bois

ᑯᑖᐙᔅᑯᐸᐦᑣᐤ kutaawaaskupahtwaau vai
* il/elle court dans la forêt ou le bois en le portant

ᑯᑖᐙᔑᑰ kutaawaashikuu vii -uu * ça se vide, se draine, s'égoutte dans quelque chose

ᑯᑖᑎᒧᐌᐦᐊᒻ kutaatimuweham vti
* il/elle vérifie la profondeur de l'eau avec un bâton

ᑯᑦᑯᓀᐤ kutaaskuneu vta * il/elle en mesure la longueur (par ex. un arbre, une perche)

ᑯᑦᑯᓇᒼ kutaaskunam vti * il/elle le teste, le vérifie, l'essaie (par ex. un bâton)

ᑯᑦᑯᐦᐊᒼ kutaaskuham vti * il/elle essaie de l'ensoupler, d'enlever les racines de poil d'une peau

ᑯᑦᑯᐦᐌᐤ kutaaskuhweu vta * il/elle essaie de l'ensoupler, d'enlever les racines de poil d'une peau

ᑯᑦᔑᑲᓀᔥᐌᐤ kutaaschikaneshweu vta
* il/elle l'ouvre en tranchant au niveau du bréchet

ᑯᑖᓱᒥᑎᓄᐌᐚᐤ kutwaasumitinuwewaau p,quantité
* soixante fois

ᑯᑖᓱᒥᑎᓄᐌᐅᐦ kutwaasumitinuweuh vii
pl [Côte] * il y a soixante choses

ᑯᑖᓱᒥᑎᓄᐎᓐᐦ kutwaasumitinuwinh vii
pl [Intérieur] * il y a soixante choses

ᑯᑖᓱᒥᑎᓅ kutwaasumitinuu p,nombre
* soixante

ᑯᑖᔾᐅᒥᑖᐦᑐᒥᑎᓄᐌᐚᐤ kutwaaswaaumitaahtumitinuwewaau p,quantité * six cents fois

ᑯᑖᔾᐅᒥᑖᐦᑐᒥᑎᓅ kutwaaswaaumitaahtumitinuu p,nombre
* six cents

ᑯᑖᔾᐚᐤ kutwaaswaau p,quantité * six fois

257

ᑯᑖᔓᔕᑉ kutwaashushaap p,nombre ◆ seize

ᑯᒋᐳᐌᐤ kuchipuweu vta ◆ il/elle la/le goûte

ᑯᒋᐸᔨᐦᐁᐤ kuchipayiheu vta ◆ il/elle l'essaie

ᑯᒋᐸᔨᐦᑖᐤ kuchipayihtaau vai+o ◆ il/elle l'essaie

ᑯᒋᔥᑎᐯᔨᒣᐤ kuchishtipeyimeu vta ◆ il/elle l'essaie pour voir sa force, sa résistance

ᑯᒋᔥᑎᐯᔨᐦᑕᒻ kuchishtipeyihtam vti ◆ il/elle en teste, essaie, vérifie la force

ᑯᒋᔥᑕᒻ kuchishtam vti ◆ il/elle le goûte

ᑯᒋᔥᑖᐤ kuchishtaau vai+o ◆ il/elle l'essaie

ᑯᒋᔥᑯᐌᐤ kuchishkuweu vta ◆ il/elle l'essaie (par ex. un pantalon)

ᑯᒋᔥᑯᔮᐲ kuchishkuyaapii ni-m [Côte] ◆ un tuyau de poêle

ᑯᒋᔥᑲᒻ kuchishkam vti ◆ il/elle l'essaie (un vêtement)

ᑯᒋᐦᐁᐤ kuchiheu vta ◆ il/elle essaie de faire quelque chose avec elle/lui; il/elle essaie de lui faire quelque chose (par ex. une motoneige) ▪ ᑯᒋᐦᐁᐤ ᒉ ᒌ ᐊᓲᒪᑦ ▪ *il/elle essaie de la/le nourrir.*

ᑯᒋᐦᑑᑕᒻ kuchihtuutam vti ◆ il/elle essaie de le faire

ᑯᓯᑴᐌᔑᓐ kusikweweshin vai ◆ il/elle semble lourd-e, pesant-e, encombrant-e

ᑯᓯᑴᑲᓐ kusikwekan vii ◆ c'est lourd, pesant (étalé)

ᑯᓯᑴᒋᓲ kusikwechisuu vai-i ◆ il/elle est lourd-e, pesant-e (étalé)

ᑯᓯᑴᔨᒣᐤ kusikweyimeu vta ◆ il/elle la/le trouve pesant-e

ᑯᓯᑴᔨᒧᑐᐌᐤ kusikweyimutuweu vta ◆ il/elle l'attaque (un animal)

ᑯᓯᑴᔨᒧᑕᒻ kusikweyimutam vti ◆ il/elle l'attaque

ᑯᓯᑴᔨᒨ kusikweyimuu vai-u ◆ il/elle attaque

ᑯᓯᑴᔨᐦᑕᒻ kusikweyihtam vti ◆ il/elle est déprimé-e; il/elle a le coeur lourd

ᑯᓯᑯᐸᔫ kusikupayuu vai/vii-i ◆ il/elle devient lourd-e; ça pèse de plus en plus

ᑯᓯᑯᑑ kusikutuu vai-i ◆ il/elle est pesant-e, lourd-e

ᑯᓯᑯᑖᐹᓀᐤ kusikutaapaaneu vai ◆ il/elle a un lourd chargement de traîneau

ᑯᓯᑯᑖᐹᓈᔅᑴᐤ kusikutaapaanaaskweu vai ◆ il/elle a un traîneau lourdement chargé

ᑯᓯᑯᑖᐹᓐ kusikutaapaan ni ◆ un traîneau lourdement chargé

ᑯᓯᑯᒪᐦᒋᐦᐆ kusikumahchihuu vai-u ◆ il/elle se sent lourd-e, déprimé-e, abattu-e, découragé-e; il/elle a le coeur gros

ᑯᓯᑯᒪᐦᒋᐦᑖᐤ kusikumahchihtaau vai+o ◆ il/elle le trouve lourd; il/elle le considère comme un fardeau

ᑯᓯᑯᓐ kusikun vii ◆ c'est lourd, pesant

ᑯᓯᑯᔥᑳᐅᔔ kusikushkaaushuu vai-i ◆ il/elle a mal au dos à force de porter une charge pesante, un lourd fardeau

ᑯᓯᑯᐦᑖᐤ kusikuhtaau vai+o ◆ il/elle l'alourdit

ᑯᓯᑰᑌᐤ kusikuuteu vai ◆ il/elle a une lourde charge sur le dos

ᑯᓯᒁᐯᑲᓐ kusikwaapekan vii ◆ c'est lourd, pesant (filiforme)

ᑯᓯᒁᐯᒋᓲ kusikwaapechisuu vai-i ◆ il/elle est lourd-e, pesant-e (filiforme)

ᑯᓯᒁᐱᔅᑳᐤ kusikwaapiskaau vii ◆ c'est lourd, pesant (pierre, métal)

ᑯᓯᒁᐱᔅᒋᓲ kusikwaapischisuu vai-i ◆ il/elle est lourd-e, pesant-e (pierre, métal)

ᑯᓯᒁᐳᐌᔮᐤ kusikwaapuweyaau vii ◆ c'est un lourd contenant d'eau

ᑯᓯᒁᐧᐚᐌᐤ kusikwaapwaaweu vii ◆ c'est alourdi par l'eau, gonflé d'eau

ᑯᓯᒁᔅᑯᓐ kusikwaaskun vii ◆ c'est lourd, pesant (long et rigide)

ᑯᓯᒁᔅᑯᓲ kusikwaaskusuu vai-i ◆ il/elle est lourd-e, pesant-e (long et rigide)

ᑯᓭᐯᐤ kusaapeu vii ◆ ça coule dans l'eau

ᑯᓭᐯᐸᔨᐦᐁᐤ kusaapepayiheu vta ◆ il/elle la/le met sous l'eau d'un mouvement

ᑯᓭᐯᐸᔨᐦᑖᐤ kusaapepayihtaau vai+o ◆ il/elle le met ou le plonge dans l'eau, d'un mouvement

ᑯᐢᐯᐸᔨ **kusaapepayuu** vai/vii -i ♦ il/elle plonge tout-e seul-e dans l'eau; ça plonge sous l'eau tout seul

ᑯᐢᐯᓯᐱᑌᐤ **kusaapechipiteu** vta ♦ il/elle la/le tire sous l'eau

ᑯᐢᐯᓯᐱᑕᒼ **kusaapechipitam** vti ♦ il/elle le tire sous l'eau, le fait couler

ᑯᐢᐯᓯᔑᒣᐤ **kusaapechishimeu** vta ♦ il/elle la/le lance pour la/le faire couler dans l'eau

ᑯᐢᐯᓯᔥᑯᐌᐤ **kusaapechishkuweu** vta ♦ il/elle la/le fait couler sous l'eau avec son poids, son pied

ᑯᐢᐯᓯᔥᑲᒼ **kusaapechishkam** vti ♦ il/elle le fait couler sous l'eau avec son poids, son pied

ᑯᐢᐯᓯᐦᑎᑖᐤ **kusaapechihtitaau** vai+o ♦ il/elle le jette ou le lance pour le faire couler dans l'eau

ᑯᐢᐯᓀᐤ **kusaapeneu** vta ♦ il/elle la/le pousse sous l'eau

ᑯᐢᐯᓇᒼ **kusaapenam** vti ♦ il/elle le pousse sous l'eau

ᑯᐢᐯᔮᐦᐆᑌᐤ **kusaapeyaahuuteu** vii ♦ c'est coulé, englouti par les vagues

ᑯᐢᐯᔮᐦᐆᑯᐤ **kusaapeyaahuukuu** vai -u ♦ il/elle est englouti-e par les vagues

ᑯᐢᐯᔮᐦᐋᐣ **kusaapeyaahaan** vii ♦ c'est coulé par les vagues; ça sombre, s'enfonce dans l'eau

ᑯᐢᐯᐦᐋᒼ **kusaapeham** vti ♦ il/elle le coule, le fait couler

ᑯᐢᐯᐦᐌᐤ **kusaapehweu** vta ♦ il/elle la/le fait couler

ᑯᐢᐸᐦᑕᒼ **kusaapahtam** vti ♦ il/elle fait une cérémonie dans la tente tremblante

ᑯᐢᐸᐦᒋᑲᐣ **kusaapahchikan** ni ♦ une tente tremblante

ᑯᐢᐱᐱᒍ **kuspipichuu** vai -i ♦ il/elle va ou se rend à l'intérieur des terres pour monter ou préparer le camp d'hiver

ᑯᐢᐱᐸᐦᑖᐤ **kuspipahtaau** vai ♦ il/elle monte la berge en courant

ᑯᐢᐱᓀᔨᐦᑕᒼ **kuspineyihtam** vti ♦ il/elle en a peur, le redoute, le craint

ᑯᐢᐱᓈᑎᑯᐣ **kuspinaatikun** vii ♦ ça fait peur; c'est dangereux, risqué

ᑯᐢᐱᐆᔦᐤ **kuspihuyeu** vta ♦ il/elle lui fait remonter la rivière, l'amène vers l'intérieur des terres en canot

ᑯᐢᐱᐦᑎᑖᐤ **kuspihtitaau** vai+o ♦ il/elle le monte du rivage ou l'emporte sur la terre ferme

ᑯᐢᐱᐦᑕᐦᐁᐤ **kuspihtaheu** vta ♦ il/elle l'amène du rivage vers l'intérieur des terres; il l'emmène dans le bois pour l'hiver

ᑯᐢᐴ **kuspuu** vai -i ♦ il/elle monte du rivage vers l'intérieur, dans les bois; il/elle va passer l'hiver dans le bois

ᑯᐢᐸᓃᐤ **kuspaniiu** vai ♦ il/elle a peur d'un événement possible, appréhende ou craint quelque chose

ᑯᐢᐸᓃᔥᑐᐌᐤ **kuspaniishtuweu** vta ♦ il/elle a peur que ce qu'elle/il pourrait faire

ᑯᐢᐸᓃᔥᑕᒼ **kuspaniishtam** vti ♦ il/elle a peur de ce qu'il pourrait faire; il/elle en a peur, le craint, le redoute

ᑯᐢᐸᐆᑖᐤ **kuspahuutaau** vai+o ♦ il/elle remonte la rivière avec, l'emporte à l'intérieur des terres en canot

ᑯᐢᐸᐦᐋᒼ **kuspaham** vti ♦ il/elle remonte la rivière, va vers l'intérieur des terres en canot

ᑯᐢᐹᒪᑎᓄᐌᐦᑕᐦᐁᐤ **kuspaamatinuwehtaheu** vta [Côte] ♦ il/elle l'emmène en haut de la montagne, lui fait monter la montagne

ᑯᐢᐹᒪᒋᐌᐦᑕᐦᐁᐤ **kuspaamachiwehtaheu** vta ♦ il/elle lui fait monter une montagne

ᑯᐢᐹᐢᑯᐦᐋᒼ **kuspaaskuham** vti ♦ il/elle marche vers le boisé

ᑯᐢᐹᐦᑐᐄᐤ **kuspaahtuwiiu** vai ♦ il/elle grimpe, monte à l'étage

ᑯᐢᐹᐦᑐᐄᐦᑎᑖᐤ **kuspaahtuwiihtitaau** vai+o ♦ il/elle l'emporte en haut; il/elle monte à l'étage avec

ᑯᐢᐹᐦᑐᐄᐦᑕᐦᐁᐤ **kuspaahtuwiihtaheu** vta ♦ il/elle l'amène en haut, lui fait grimper ou monter les marches

ᑯᐢᑖᓯᓄᐌᐤ **kustaasinuweu** vta ♦ il/elle a peur de la/le voir

ᑯᐢᑖᓯᓇᒼ **kustaasinam** vti ♦ il/elle a peur de le voir; il/elle est terrifié-e à sa vue

ᑯᐢᑖᓯᓈᑯᐣ **kustaasinaakun** vii ♦ ça a l'air effrayant

ᑯᔅᑖᓯᓈᑯᓲ kustaasinaakusuu vai -i ◆ il/elle est effrayant-e, épouvantable; il/elle fait peur à voir

ᑯᔅᑖᓯᐦᑖᑯᓐ kustaasihtaakun vii ◆ ça fait un bruit effrayant

ᑯᔅᑖᓯᐦᑖᑯᓲ kustaasihtaakusuu vai -i ◆ il/elle fait un bruit effrayant, fait peur à entendre, semble épouvantable

ᑯᔅᑯᐚᑌᔨᐦᑖᑯᓐ kuskuwaateyihtaakun vii ◆ ça a l'air tranquille, calme; ça semble paisible, immobile

ᑯᔅᑯᐚᑌᔨᐦᑖᑯᓲ kuskuwaateyihtaakusuu vai -i ◆ il/elle semble ou paraît calme, tranquille, paisible, immobile

ᑯᔅᑯᓈᐲ kuskunaapii ni -m ◆ une ligne à pêche, un hameçon posé sous la glace

ᑯᔅᑯᔅ kuskus ni ◆ une barre transversale à la base du cadre de raquette

ᑯᔅᑯᔅᑳᐦᑎᒄ kuskuskaahtikw ni ◆ du bois pour la barre transversale des raquettes

ᑯᔅᑯᔅᒁᐤ kuskuskwaau vii ◆ c'est versant, chavirant (un canot)

ᑯᔅᑯᔅᒉᐸᔨᐦᑖᐤ kuskuschepayihtaau vai+o [Côte] ◆ il/elle le (par ex. un canot) fait bouger, le déplace d'un mouvement

ᑯᔅᑯᔅᒡ kuskusch ni [Mistissini] ◆ une barre transversale à la base du cadre de raquette

ᑯᔅᑳᓅ kuskaanuu ni ◆ un endroit pour pêcher sur la glace, un endroit où installer les hameçons sous la glace

ᑯᔅᒁᐙᑎᓰᐤ kuskwaawaatisiiu vai ◆ il/elle est de nature tranquille, il/elle est calme de nature

ᑯᔅᒁᐙᑕᐴ kuskwaawaatapuu vai -i ◆ il/elle reste tranquille, calme, paisible; il/elle est assis-e tranquille

ᑯᔅᒁᐙᒋᑳᐴ kuskwaawaachikaapuu vai -uu ◆ il/elle est immobile, reste sans bouger

ᑯᔅᒉᐤ kuscheu vai ◆ il/elle pose des hameçons (en hiver)

ᑯᔅᒉᔫ kuscheyuu ni ◆ un appât, une esche, une amorce

ᑯᔅᒉᔮᐦᑲᐦᑕᒼ kuscheyaahkahtam vti ◆ il/elle y met un appât, un leurre, une amorce; il/elle l'appâte, l'amorce (par ex. un hameçon, un piège)

ᑯᔖᐍᑯᑌᐤ kushaawekuteu vai ◆ il/elle pend, pendille, se balance

ᑯᔖᐍᑯᒋᓐ kushaawekuchin vii ◆ ça pendille, balance

ᑯᔖᐍᔮᐱᐦᑳᑌᐤ kushaaweyaapihkaateu vta ◆ il/elle la/le laisse pendre au bout d'une corde

ᑯᔖᐍᔮᐱᐦᑳᑌᐤ kushaaweyaapihkaateu vai ◆ il/elle pend, pendille, se balance, est suspendu-e par une corde ou ficelle

ᑯᔖᐍᔮᐱᐦᑳᑕᒼ kushaaweyaapihkaatam vti [Côte] ◆ il/elle le pend, le suspend à l'aide d'une corde

ᑯᔖᐍᐦᐱᑌᐤ kushaawehpiteu vta ◆ il/elle la/le suspend à une corde

ᑯᔖᐍᐦᐱᑕᒼ kushaawehpitam vti ◆ il/elle le pend, le suspend à une corde

ᑯᔥᑌᐤ kushteu vta ◆ il/elle en a peur

ᑯᔥᑕᒧᐌᐤ kushtamuweu vta ◆ il/elle a peur pour elle/lui

ᑯᔥᑖᑌᔨᐦᑖᑯᓲ kushtaateyihtaakusuu vai -i ◆ il/elle agit de façon dangereuse

ᑯᔥᑖᑎᑯᓐ kushtaatikun vii ◆ c'est dangereux

ᑯᔥᑖᑎᑯᓰᐤ kushtaatikusiiu vai ◆ il est dangereux, elle est dangereuse; c'est une personne dangereuse

ᑯᔥᑖᑎᑯᓰᐦᑳᓲ kushtaatikusiihkaasuu vai -u ◆ il/elle fait semblant d'être dangereux/dangereuse

ᑯᔥᑖᒋᒣᐤ kushtaachimeu vta ◆ il/elle la/le terrifie par ses paroles

ᑯᔥᑖᒋᐦᐁᐤ kushtaachiheu vta ◆ il/elle l'effraie, lui fait peur

ᑯᔥᑖᒋᐦᑯᔔ kushtaachihkushuu vai -i ◆ il/elle fait un cauchemar

ᑯᔥᑖᒌᐅᓈᑯᓐ kushtaachiiunaakun vii ◆ ça a l'air effrayant; c'est hideux

ᑯᔥᑖᒌᐅᓈᑯᓲ kushtaachiiunaakusuu vai -i ◆ il/elle est très laid-e; il/elle fait peur à voir; il est hideux, elle est hideuse

ᑯᔥᑖᒍᐎᓐ kushtaachuwin ni ◆ de la peur, de l'effroi, de la terreur, de l'épouvante, de la panique

ᑯᔥᑖᒎ kushtaachuu vai -i ◆ il/elle a peur; il/elle est effrayé-e

ᑯᔥᑵᐌᑌᐤ kushkweweteu vii ◆ c'est un coup de feu qui fait sursauter

ᑯᔅᑴᐌᓱ° **kushkweweswéu** vta ♦ il/elle surprend une personne, fait sursauter quelqu'un en tirant du fusil

ᑯᔅᑴᐌᓱ **kushkwewesuu** vai -u ♦ il/elle sursaute en entendant un coup de fusil

ᑯᔅᑫᔨᒣᐤ **kushkweyimeu** vta ♦ il/elle pense beaucoup à elle/lui

ᑯᔅᑫᔨᐦᑕᒼ **kushkweyihtam** vti ♦ il/elle est plongé-e dans ses pensées; il/elle y pense beaucoup, y réfléchit profondément

ᑯᔥᑯᐸᔫ **kushkupayuu** vai-i ♦ il/elle s'éveille ou se réveille; il/elle est en état de choc

ᑯᔥᑯᒣᐤ **kushkumeu** vta ♦ il/elle la/le fait sursauter en parlant, en criant

ᑯᔥᑯᓀᐤ **kushkuneu** vta ♦ il/elle la/le réveille avec sa main

ᑯᔥᑯᔥ **kushkush** ni ♦ une petite barre transversale au haut de la raquette

ᑯᔥᑯᔥᑯᐌᐤ **kushkushkuweu** vta ♦ il/elle l'agite, la/le brasse ou remue avec son poids

ᑯᔥᑯᔥᑯᐱᑌᐤ **kushkushkupiteu** vta ♦ il/elle l'agite, la/le brasse ou remue en tirant

ᑯᔥᑯᔥᑯᐱᑕᒼ **kushkushkupitam** vti ♦ il/elle le secoue, l'agite en tirant

ᑯᔥᑯᔥᑯᐸᔫ **kushkushkupayuu** vai/vii -i ♦ il/elle/ça tremble

ᑯᔥᑯᔥᑲᒼ **kushkushkam** vti ♦ il/elle le secoue, l'agite (avec son poids)

ᑯᔥᑯᐦᐁᐤ **kushkuheu** vta ♦ il/elle la/le fait sursauter

ᑯᔥᑯᐦᑖᑯᓐ **kushkuhtaakun** vii ♦ c'est un bruit surprenant, qui fait sursauter

ᑯᔥᑯᐦᑖᑯᓱ **kushkuhtaakusuu** vai -i ♦ il/elle surprend ou fait sursauter quelqu'un par ses paroles

ᑯᔥᑰᔫ° **kushkuuyeu** vta ♦ il/elle la/le fait sursauter en faisant du bruit

ᑯᐦᐁᐤ **kuheu** vta ♦ il/elle l'avale (par ex. un sou)

ᑯᐦᑕᒼ **kuhtam** vti ♦ il/elle l'avale; il (un poisson) mord à l'hameçon

ᑯᐦᑯᑌᐦᐄᑲᓈᐦᑎᒄ **kuhkutehiikanaahtikw** ni ♦ un bâton qui maintient le cadre de raquette ouvert durant le séchage

ᑯᐦᑯᓀᐤ **kuhkuneu** vta ♦ il/elle la/le pousse de la main

ᑯᐦᑯᓇᒼ **kuhkunam** vti ♦ il/elle le pousse de la main

ᑯᐦᑯᓱ **kuhkusuu** vai reflex -u [Intérieur] ♦ il/elle manoeuvre un canot avec une perche, surtout dans les rapides

ᑯᐦᑯᓱ **kuhkusuu** vai -i ♦ la raquette a une certaine largeur, est trop large, trop étroite (ancien terme)

ᑯᐦᑯᔥᑯᐌᐤ **kuhkushkuweu** vta ♦ il/elle la/le pousse avec son corps

ᑯᐦᑯᔥᑲᒼ **kuhkushkam** vti ♦ il/elle le pousse avec son corps

ᑯᐦᑯᐦᐊᒼ **kuhkuham** vti ♦ il/elle le pousse avec quelque chose

ᑯᐦᑯᐦᐌᐤ **kuhkuhweu** vta ♦ il/elle la/le pousse avec quelque chose

ᑯᐦᒀᐦᑯᓱ **kuhkwaahkusuu** vai reflex -u [Côte] ♦ il/elle manoeuvre un canot en se poussant avec une perche, surtout dans les rapides

ᑯᐦᒋᐸᔨᐦᐁᐤ **kuhchipayiheu** vta ♦ il/elle l'engloutit, l'engouffre

ᑯᐦᒋᐸᔨᐦᑖᐤ **kuhchipayihtaau** vai+o ♦ il/elle l'avale d'un coup, l'engloutit

ᑯᐦᒋᔅᑵᔫ **kuhchiskweyuu** vai -i ♦ il/elle avale

ᑰ

ᑰᐌᐸᐦᐊᒼ **kuuwepaham** vti ♦ il/elle le renverse, le fait tomber en utilisant quelque chose

ᑰᐌᐸᐦᐌᐤ **kuuwepahweu** vta ♦ il/elle la/le renverse, fait tomber en utilisant quelque chose

ᑰᐘᑲᒣᐤ **kuuwakameu** vta ♦ il/elle la/le fait tomber (en grugeant l'arbre)

ᑰᐘᑲᐦᐌᐤ **kuuwakahweu** vta ♦ il/elle l'abat, la/le fait tomber (un arbre)

ᑯᐱᑌᐤ **kuupiteu** vta ♦ il/elle l'entraîne, la/le tire

ᑯᐱᑕᒼ **kuupitam** vti ♦ il/elle le baisse, l'abaisse, le retourne

ᑰᐳᑖᐤ **kuuputaau** vai+o ♦ il/elle le scie

ᑰᐳᔫ **kuupuyeu** vta ♦ il/elle la/le scie

ᑰᐸᔨᐆ **kuupayihuu** vai -u ♦ il/elle est debout et se jette par terre

ᑰᐸᔨᐤ **kuupayuu** vai/vii -i ♦ il/elle/ça tombe par terre

ᑰᑎᒣᐤ **kuutimeu** vta ♦ il/elle la/le laisse geler presqu'à mort

ᑰᑲᒣᒄ **kuukamekw** na ♦ une truite grise, un touladi *Salvelinus namaycush* (mot ancien)

ᑰᑲᒣᔥ **kuukamesh** na dim ♦ une truite grise, un touladi *Salvelinus namaycush*

ᑰᑲᒪᐦᐄᑲᓐ **kuukamahiikan** ni [Intérieur] ♦ une action d'effrayer les poissons, leur faire peur pour les faire entrer dans un filet

ᑰᑲᐦᐊᒼ **kuukaham** vti ♦ il/elle le coupe

ᑰᑲᐦᐧᐁᐤ **kuukahweu** vta ♦ il/elle la/le coupe, l'abat (un arbre)

ᑰᑲᐦᑕᒼ **kuukahtam** vti ♦ il (un castor) le fait tomber en le grugeant

ᑰᒉᐋᐦᐆᑯᐤ **kuuchiiaahuukuu** vai ♦ il (le vent) la/le fait plonger dans l'eau

ᑰᒉᐋᐦᐊᓐ **kuuchiiaahan** vii ♦ le vent le fait plonger sous l'eau (un canot)

ᑰᒌᐤ **kuuchiiu** vai ♦ il/elle plonge dans l'eau

ᑰᒉᐸᔨᐦᐆ **kuuchiipayihuu** vai -u ♦ il/elle plonge soudainement

ᑰᒌᐦᑕᐤ **kuuchiihutaau** vai+o -u ♦ il/elle plonge avec

ᑰᒌᐦᑎᑐᐧᐁᐤ **kuuchiihtituweu** vai -u ♦ il/elle plonge pour elle/lui, pour l'attraper

ᑰᒌᐦᑎᑕᒼ **kuuchiihtitam** vti ♦ il/elle plonge pour l'avoir

ᑰᒎ **kuuchuu** vai -i ♦ il/elle gèle à mort

ᑰᓀᐤ **kuuneu** vta ♦ il/elle la/le pousse, fait tomber (par ex. un arbre), la/le débarque, descend (par ex. un poêle)

ᑰᓂᑑᐦᐊᓐ **kuunituuhaan** na ♦ une boule de neige

ᑰᓂᑲᒥᒄ **kuunikamikw** ni ♦ un abri de neige

ᑰᓃᔅᑳᔮᐤ **kuuniiskaayaau** vii ♦ la neige tombe des branches quand la température se réchauffe

ᑰᓃᔅᒋᓇᒼ **kuuniischinam** vti ♦ il/elle fait des traces dans la neige par temps doux à l'automne ou au printemps; il (un castor) bâtit sa hutte à l'automne avec un mélange de neige, de boue et de bâtons

ᑰᓃᔥᑎᐦᒉᐤ **kuuniishtihcheu** vai ♦ il (un castor) isole sa hutte avec de la neige mélangée à de la boue et des bâtons

ᑰᓅᐊᔅᑎᒋᓲ **kuunuwaastichisuu** vai -i ♦ il/elle (par ex. un arbre) est enneigé-e, couvert-e par la neige

ᑰᓅᐋᔅᑯᓐ **kuunuwaaskun** vii ♦ il y a de la neige dessus (long et rigide); c'est enneigé

ᑰᓅᐋᔅᑯᓲ **kuunuwaaskusuu** vai -i ♦ il/elle est enneigé-e (long et rigide)

ᑰᓅᔅᑲᒥᑳᐤ **kuunuskamikaau** vii ♦ le sol est couvert de neige

ᑰᓅ **kuunuu** vai/vii ♦ il/elle/ça a de la neige dessus; c'est enneigé, couvert de neige

ᑰᓅᓯᑯᓲ **kuunuusikusuu** vai/vii ♦ il y a de la glace et de la neige glacée sur quelque chose

ᑰᓅᓯᒁᐤ **kuunuusikwaau** vii ♦ il y a de la neige sur la glace

ᑰᓅᔔᐧᐁᐤ **kuunuushkuweu** vta ♦ il/elle fait tomber la neige de ses vêtements sur elle/lui/ça

ᑰᓅᔥᑲᒼ **kuunuushkam** vti ♦ il/elle y met de la neige

ᑰᓅᐦᐁᐤ **kuunuuheu** vta ♦ il/elle lui met de la neige dessus, l'enneige

ᑰᓅᐦᑕᐤ **kuunuuhtaau** vai+o ♦ il/elle l'enneige, le couvre de neige

ᑰᓇᐸᐦᐊᓐ **kuunapahan** vii ♦ il y a de la neige fondante sous la glace lorsqu'on pose des filets ou des lignes à pêche en hiver

ᑰᓇᒼ **kuunam** vti ♦ il/elle le fait tomber avec la main

ᑰᓈᐯᐤ **kuunaapeu** na -em ♦ un bonhomme de neige

ᑰᓈᐴ **kuunaapuu** ni ♦ de l'eau de neige

ᑰᓐ **kuun** na ♦ de la neige

ᑰᓯᒼ **kuusim** nad ♦ ton petit-enfant

ᑰᔑᒧᐦᑳᓲ **kuushimunihkaasuu** vai -u ♦ il/elle fait son lit

ᑰᔑᒧ **kuushimuu** vai -u ♦ il/elle va se coucher

ᑰᔑᒨᓂᐦᑯᐧᐁᐤ **kuushimuunihkuweu** vta ♦ il/elle fait le lit pour elle/lui

ᑰᔑᓐ **kuushin** vai [Côte] ♦ il tombe de lui-même ou tout seul, elle tombe d'elle-même ou toute seule

ᑰᔥᑰᔥᒉᐸᔨᐦᐁᐤ kuushkuushchepayiheu vta ◆ il/elle la/le balance en canot

ᑰᔥᑰᔥᒉᐸᔨᐦᑖᐤ kuushkuushchepayihtaau vai+o ◆ il/elle le (par ex. un canot) secoue, le balance, le fait balancer, le bouge, le déplace d'un bord à l'autre

ᑰᐦᐄᑲᓐ kuuhiikan na ◆ un arbre abattu, bûché

ᑰᐦᐄᒉᐤ kuuhiicheu vai ◆ il/elle bûche, abat ou coupe des arbres

ᑰᐦᐄᒥᓈᓈᐦᑎᒄ kuuhiiminaanaahtikw ni ◆ un cerisier de Virginie *Prunus virginiana*, ou cerisier de Pennsylvanie *Prunus pensylvanica*

ᑰᐦᐄᒥᓈᓐᐦ kuuhiiminaanh ni pl [Intérieur] ◆ des cerises à grappes, des cerises de Virginie, des cerises de Pennsylvanie (en panicules)

ᑰᐦᐄᒥᓐᐦ kuuhiiminh ni pl [Côte] ◆ des cerises à grappes, des cerises de Virginie

ᑰᐦᐆ kuuhuu vai -u ◆ il/elle est brûlé-e (langage enfantin)

ᑰᐦᐊᒻ kuuham vti ◆ il/elle le renverse, le fait tomber

ᑰᐦᐋᔅᑵᐤ kuuhaaskweu vai ◆ il/elle bûche, abat, coupe des arbres

ᑰᐦᐌᐤ kuuhweu vta ◆ il/elle la/le coupe, l'abat (un arbre)

ᑰᐦᐸᓀᔨᒨ kuuhpaneyimuu vai -u [Côte] ◆ il est triste, malheureux, elle est triste, malheureuse; il/elle a des idées noires; il/elle ne se sent pas bien parce que quelque chose le/la préoccupe

ᑰᐦᐹᑌᔨᒧᐦᐁᐤ kuuhpaateyimuheu vta ◆ il/elle la rend malheureuse, le rend malheureux, lui fait des misères

ᑰᐦᐹᑌᔨᒨ kuuhpaateyimuu vai -u ◆ il est triste, malheureux, elle est triste, malheureuse; il/elle a des idées noires; il/elle se sent mal parce que quelque chose le/la préoccupe

ᑰᐦᐹᑎᓰᐏᓐ kuuhpaatisiiwin ni ◆ de la misère, une souffrance

ᑰᐦᐹᒋᐦᐁᐤ kuuhpaachiheu vta ◆ il/elle la rend malheureuse, le rend malheureux, lui fait des misères

ᑰᐦᐹᓀᐤ kuuhpaaneu na -em [Mistissini] ◆ un domestique, un servant; un pion dans un jeu de dames

ᑰᐦᐹᓀᔅᑵᐤ kuuhpaaneskweu na -em [Intérieur] ◆ une servante, une domestique, une auxiliaire, une aide

ᑰᐦᐹᓀᐦᐁᐤ kuuhpaaneheu vta [Intérieur] ◆ il/elle s'en sert comme servant-e, assistant-e

ᑰᐦᐹᐦᑎᓰᐤ kuuhpaahtisiiu vai ◆ il/elle est malheureux/malheureuse parce qu'il/elle est toujours malade

ᑰᐦᑖᐑ kuuhtaawii nad ◆ ton père

ᑰᐦᑯᒥᓈᔥ kuuhkuminaash na dim -im ◆ une vieille dame

ᑰᐦᑯᒥᔅ kuuhkumis nad ◆ ton oncle (le frère de ton père, le mari de la soeur de ta mère), ton beau-père (le mari de ta mère qui n'est pas ton père)

ᑰᐦᑯᒻ kuuhkum nad ◆ ta grand-mère

ᑰᐦᑯᔔ kuuhkushuu vai -i ◆ il/elle s'endort, tombe endormi-e

ᑰᐦᑰᔓᐱᒦ kuuhkuushupimii ni -m ◆ du lard, du gras ou de la graisse de porc, de cochon

ᑰᐦᑰᔓᐙᒻ kuuhkuushupwaam ni ◆ un jambon (patte)

ᑰᐦᑰᔓᑕᐦᒋᔒ kuuhkuushutahchishii na -m ◆ une saucisse, un saucisson

ᑰᐦᑰᔓᔑᑲᐃ kuuhkuushushikai na -aam ◆ de la peau de cochon, du cuir de porc

ᑰᐦᑰᔓᐦᑕᒄ kuuhkuushuhtakw ni ◆ un baril de lard

ᑰᐦᑰᔔᔮᔅ kuuhkuushuuyaas ni ◆ de la viande de porc, une côtelette de porc

ᑰᐦᑰᔥ kuuhkuush na -im ◆ un cochon, un porc

ᑰᐦᑲᑌᐏᓐ kuuhkatewin ni ◆ une famine

ᑰᐦᑲᑌᐤ kuuhkateu vai ◆ il/elle est affamé-e, meurt de faim

ᑰᐦᑲᑎᐦᐁᐤ kuuhkatiheu vta ◆ il/elle l'affame, ne lui donne pas à manger

ᑰᐦᑲᑎᐦᐄᓲ kuuhkatihiisuu vai reflex -u ◆ il/elle s'abstient de manger, il/elle jeûne

ᑰᐦᑲᓵᐌᐤ kuuhkasaaweu vai ◆ il/elle perd connaissance, s'évanouit, tombe ivre mort-e (par ex. pour avoir trop bu)

k

kaushimuu vai-u ♦ il/elle est debout et se jette par terre

kaushin vai [Intérieur] ♦ il tombe de lui-même ou tout seul, elle tombe d'elle-même ou toute seule

kaushkuweu vta ♦ il/elle la/le fait tomber avec son corps

kaushkam vti ♦ il/elle le fait tomber avec son corps

kapeunaan ni ♦ un campement de voyage en été

kapeshuwin ni [Intérieur] ♦ un endroit pour camper, un campement, un campement d'hiver

kapeshuunaan ni ♦ un campement habituel, un campement d'hiver

kapataau vai+o ♦ il/elle transporte des choses durant le portage

kapataakan na ♦ un portage

kapat ni-im ♦ une armoire, un placard, une tablette, une étagère, de l'anglais 'cupboard'

kapaawepineu vta ♦ il/elle la/le jette hors du bateau

kapaawepinam vti ♦ il/elle le jette hors du bateau

kapaau vai ♦ il/elle débarque d'un bateau, d'une automobile, d'un avion, d'un autobus

kapaapahtaau vai ♦ il/elle accoste, débarque rapidement, en vitesse

kapaayaahukuu vai-u ♦ il/elle est forcé-e d'accoster à cause de vents forts

katikunimuus na-um [Intérieur] ♦ un orignal de deux ans *Alces alces*

katune na ♦ le nom du hibou dans l'histoire traditionnelle

kata préverbe ♦ indicateur du futur utilisé avec la troisième personne de verbes indépendants

kataashtipiminuweu vai ♦ il/elle prépare vite le repas, cuisine rapidement

kataashtipisinahiicheu vai ♦ il/elle écrit vite

kataashtipisinahiichemakan vii ♦ ça écrit, imprime vite

kataashtipishkamaau vai ♦ il/elle est vite debout, se lève rapidement; il/elle se met en marche sans tarder

kataashtipiiwin ni [Intérieur] ♦ une action rapide, la présence d'esprit, l'agilité

kataashtipiiu vai ♦ il/elle fait les choses aisément, facilement, rapidement; il/elle est adroit-e

kataashtipiimakan vii ♦ ça fonctionne rapidement, travaille vite

kataashtipuweu vai ♦ il/elle parle vite

kataashtipatenuweu vai ♦ il/elle prépare vite le repas, cuisine rapidement

kataashtipayihuu vai-u ♦ il/elle se déplace rapidement, marche vite

kakweteyimeu vta redup ♦ il/elle pense faire quelque chose à son sujet

kakweteyihtam vti redup ♦ il/elle réfléchit à quelque chose, se décide à le faire

kakweteyihmutuweu vta redup ♦ il/elle y pense, réfléchit à ce qu'il/elle va lui faire

kakwetimeu vta redup ♦ il/elle essaie de la/le manger en entier

kakwetihtam vti redup ♦ il/elle essaie de tout manger en vitesse

kakwetaham vti redup ♦ il/elle le teste, le vérifie avec un outil

kakwetahweu vta redup ♦ il/elle l'essaie avec un outil

kakwechimeu vta redup ♦ il/elle lui demande

kakwechiskatahuutuwich vai pl redup recip -u [Côte] ♦ ils/elles se font la course en canot, en motoneige

ᑲᐧᒋᔅᒉᒨ **kakwechischemuu** vai redup -u
   ◆ il/elle s'informe à propos de quelque chose, demande au sujet de quelque chose

ᑲᐧᒋᐦᐁᐤ **kakwechiheu** vta redup [Côte]
   ◆ il/elle l'essaie

ᑲᐧᒋᐦᐄᐧᐃᐧᐃᓐ **kakwechihiiwewin** ni
   ◆ une tentation

ᑲᐧᒋᐦᐄᐧᐃᓲ **kakwechihiiwesuu** na -siim
   ◆ le Tentateur

ᑲᐧᒋᐦᑖᐤ **kakwechihtaau** vai+o redup
   ◆ il/elle le pratique, continue d'essayer, persévère

ᑲᑯᐄᑎᒫᐃᐧᓐ **kakuitimaawin** ni ◆ un besoin, un manque, de la nécessité, de la pauvreté, de la misère, du dénuement

ᑲᑳᒋᐃᑎᓲ **kakachiitisuu** vai -i [Côte]
   ◆ il/elle a les muscles endoloris après avoir travaillé trop fort, fait trop d'exercice

ᑲᑳᓂᑎᐦᒉᐤ **kakaanitihcheu** vai redup [Côte]
   ◆ il/elle a de longues mains

ᑲᑳᓅᐱᑑᓀᐤ **kakaanupituuneu** vai redup
   ◆ il/elle a les bras longs

ᑲᑳᓄᑎᐦᒉᐤ **kakaanutihcheu** vai redup
   [Intérieur] ◆ il/elle a de longues mains

ᑲᑳᓄᑲᔥᑴᐤ **kakaanukashkweu** vai redup
   ◆ il/elle les ongles longs

ᑲᑳᓄᑳᑌᐤ **kakaanukaateu** vai redup
   ◆ il/elle a de longues jambes

ᑲᑳᓄᓯᑌᐤ **kakaanusiteu** vai redup ◆ il/elle a de grands pieds

ᑲᑳᓅᑐᑳᔦᐤ **kakaanuhtuukayeu** vai redup
   ◆ il/elle a de longues oreilles

ᑲᑳᓐᐋᔅᑯᑎᐦᒉᐤ **kakaanwaaskutihcheu** vai redup [Côte] ◆ il/elle a de longs doigts

ᑲᑳᓐᐋᔨᐦᑴᐤ **kakaanwaayihkweu** vai redup
   ◆ il/elle a les cheveux longs

ᑲᒉᐹᑎᓰᐤ **kachepaatisiiu** vai redup ◆ il/elle ne sait pas quoi faire, comment le faire, il/elle est incapable

ᑲᒉᒋᐦᒣᐦᐁᐤ **kachechihmeheu** vta redup [Côte] ◆ il/elle lui enlève ses raquettes

ᑲᒉᒣᔨᒄᐁᐤ **kachemeyikweu** vai [Côte]
   ◆ il/elle a le nez retroussé ou camus

ᑲᒉᒣᔨᑯᒣᐤ **kachemeyikumeu** vai [Côte]
   ◆ il/elle a le nez retroussé ou camus

ᑲᒉᒥᐱᑌᐤ **kachemipiteu** vta redup ◆ il/elle la/le tire et ça brise morceau par morceau

ᑲᒉᒥᐱᑕᒻ **kachemipitam** vti redup ◆ il/elle le tire et ça brise morceau par morceau

ᑲᒉᒧᑎᒄᐁᐤ **kachemutikweu** vai redup
   ◆ il/elle vole souvent le gibier dans les collets

ᑲᒉᒧᑎᒨᐤ **kachemutimuweu** vta redup
   ◆ il/elle lui vole toujours des choses

ᑲᒉᒧᑑ **kachemutuu** vai -i ◆ il/elle vole, passe son temps à voler

ᑲᒉᔅᑴᐤ **kacheskweu** vai redup ◆ il/elle prêche, est en train de prêcher, donne ou fait un sermon

ᑲᒉᔅᒉᔨᐦᑕᒻ **kachescheyihtam** vti redup
   ◆ il/elle a l'air de tout savoir (péjoratif)

ᑲᒉᔅᒋᒣᐤ **kacheschimeu** vta redup ◆ il/elle lui donne des conseils, des directives; il/elle lui fait un sermon

ᑲᒉᔅᒋᒨᐤ **kacheschimuweu** vai redup
   ◆ il/elle prêche, conseille ou donne des conseils, des instructions

ᑲᒉᔨᐱᒣᐤ **kacheyipimeu** vta redup ◆ il/elle la/le presse d'aller plus vite, de se dépêcher dans ce qu'elle/il fait

ᑲᒉᔨᐱᐦᑳᐦᑎᓲ **kacheyipiihkaahtisuu** vai redup reflex -u ◆ il/elle se hâte, se presse, se dépêche à se préparer

ᑲᒉᐦᑖᐅᓀᐤ **kachehtaauneu** vta redup
   ◆ il/elle la/le tient habilement

ᑲᒉᐦᑖᐅᓄᐧᐁᐤ **kachehtaaunuweu** vta redup
   ◆ il/elle trouve qu'une personne semble habile

ᑲᒉᐦᑖᐅᓇᒻ **kachehtaaunam** vti redup
   ◆ il/elle le tient adroitement

ᑲᒉᐦᑖᐁᐤ **kachehtaaweu** vai redup ◆ il/elle s'exprime avec sagesse ou sagement, parle d'expérience

ᑲᒉᐦᑖᐁᔨᐦᑕᒻ **kachehtaaweyihtam** vti redup
   ◆ il/elle est sage, intelligent-e, averti-e, alerte

ᑲᒉᐦᑖᐁᔨᐦᑖᒧᐃᐧᓐ **kachehtaaweyihtaamuwin** ni ◆ de la sagesse

ᑲᒉᐦᑖᐁᐦᑳᓲ **kachehtaawehkaasuu** vai redup -u ◆ il/elle prétend parler avec sagesse

ᑲᒌᑐᓲ kachiitusuu vai -i ◆ il/elle est raide pour avoir été assis-e longtemps, avoir trop couru ou marché

ᑲᒌᑳᐌᐤ kachiikaaweu vai ◆ sa voix se fait entendre fortement au-dessus des autres; on entend sa voix forte qui enterre les autres

ᑲᒌᐦᒉᐳᑖᐤ kachiihcheputaau vai+o redup ◆ il/elle le scie, le lime carré

ᑲᒌᐦᒉᐳᔦᐤ kachiihchepuyeu vta redup ◆ il/elle la/le scie ou lime carré-e

ᑲᒌᐦᒉᑲᐦᐊᒻ kachiihchekaham vti redup ◆ il/elle l'équarrit avec un outil

ᑲᒌᐦᒉᑲᐦᐌᐤ kachiihchekahweu vta redup ◆ il/elle la/le coupe en carrés

ᑲᒌᐦᒉᓲ kachiihchesuu vai -i ◆ il/elle a un coin

ᑲᒌᐦᒉᔅᑲᒥᑲᐦᐊᒻ kachiihcheskamikaham vti redup ◆ il/elle découpe un carré de mousse à la hache

ᑲᒌᐦᒉᔗᐤ kachiihcheshweu vta redup ◆ il/elle la/le découpe en carrés

ᑲᒌᐦᒉᔕᒻ kachiihchesham vti redup ◆ il/elle le découpe en carrés

ᑲᒌᐦᒉᔦᑲᓐ kachiihcheyekan vii redup ◆ c'est carré (étalé)

ᑲᒌᐦᒉᔦᒋᐱᑌᐤ kachiihcheyechipiteu vta redup ◆ il/elle la/le déchire en carrés (étalé)

ᑲᒌᐦᒉᔦᒋᓲ kachiihcheyechisuu vai redup -i ◆ il/elle est carré-e (étalé)

ᑲᒌᐦᒉᔦᒋᔗᐤ kachiihcheyechishweu vta redup ◆ il/elle la/le coupe carré-e (étalé)

ᑲᒌᐦᒉᔦᒋᔕᒻ kachiihcheyechisham vti redup ◆ il/elle le coupe, le découpe en carré (étalé)

ᑲᒌᐦᒉᔮᐤ kachiihcheyaau vii redup ◆ c'est carré

ᑲᒌᐦᒉᔮᐯᑲᓐ kachiihcheyaapekan vii redup ◆ c'est carré (filiforme)

ᑲᒌᐦᒉᔮᐱᔅᑳᐤ kachiihcheyaapiskaau vii redup ◆ c'est carré (métal)

ᑲᒌᐦᒉᔮᐱᔅᒋᓲ kachiihcheyaapischisuu vai redup -i ◆ il/elle est carré-e (pierre, métal)

ᑲᒌᐦᒉᔮᐱᔅᒋᔗᐤ kachiihcheyaapischishweu vta redup ◆ il/elle la/le coupe carré-e (métal)

ᑲᒌᐦᒉᔮᐱᔅᒋᔕᒻ kachiihcheyaapischisham vti redup ◆ il/elle le coupe, le découpe en carré (pierre, métal)

ᑲᒌᐦᒉᔮᐱᐦᒉᓲ kachiihcheyaapihchesuu vai redup -i ◆ il/elle est carré-e (filiforme)

ᑲᒌᐦᒉᔮᔅᑯᓐ kachiihcheyaaskun vii redup ◆ c'est équarri (long et rigide)

ᑲᒌᐦᒉᔮᔅᑯᓲ kachiihcheyaaskusuu vai redup -i ◆ il/elle est équarri-e, coupé-e carré-e (long et rigide)

ᑲᒌᐦᒉᐦᐁᐤ kachiihcheheu vta redup ◆ il/elle lui donne une forme carrée

ᑲᒌᐦᒉᐦᑕᑳᐤ kachiihchehtakaau vii redup ◆ ça a des coins carrés (bois utile)

ᑲᒌᐦᒉᐦᑖᐤ kachiihchehtaau vai+o redup ◆ il/elle le fait en carré, lui donne une forme carrée

ᑲᒑᔥᑎᐲᐎᓐ kachaashtipiiwin ni [Côte] ◆ une action rapide, la présence d'esprit, l'agilité

ᑲᒫ kamaa p ◆ j'espère, j'aimerais ▪ ᑲᒪ ᒦᓐ ᐱᒥᔥᑳᔮᓐ× ▪ *J'aimerais faire un autre voyage en canot.*

ᑲᓄᔅᑳᑖᐅᓲ kanuskaataausuu vai -u [Intérieur] ◆ elle attend un bébé, elle est enceinte (ancien terme)

ᑲᓅᔥᒁᐦᑐᐌᓲ kanuushkwaahtuwesuu na -siim ◆ un gardien, une gardienne, une portier, une portière

ᑲᓇᐌᔨᒣᐤ kanaweyimeu vta ◆ il/elle en prend soin

ᑲᓇᐌᔨᒫᐅᓲ kanaweyimaausuu vai -u ◆ il/elle garde les enfants, fait du gardiennage d'enfants; elle est enceinte, elle attend un bébé [Intérieur]

ᑲᓇᐌᔨᒫᐅᓲᑲᒥᒄ kanaweyimaausuukamikw ni ◆ une garderie

ᑲᓇᐌᔨᐦᑕᒧᐌᐤ kanaweyihtamuweu vta ◆ il/elle la/le garde pour elle/lui

ᑲᓇᐌᔨᐦᑕᒫᓲ kanaweyihtamaasuu vai reflex -u ◆ il/elle le garde pour lui/elle-même

ᑲᓇᐌᔨᐦᑕᒻ kanaweyihtam vti ◆ il/elle le garde

ᑲᓇᐌᔨᐦᑖᑯᓐ kanaweyihtaakun vii ◆ c'est à conserver, préserver; il faut en prendre soin

ᑲᓇ·ᐁᔨᐦᑖᑯᓱᔨ **kanaweyihtaakusuu** vai -i
• il/elle doit être gardé-e, soignée; il faut en prendre soin, s'en occuper, veiller sur lui ou elle

ᑲᓇ·ᐋᐯᒋᓀᐅ **kanawaapechineu** vta
• il/elle lui donne un peu de nourriture pour le/la garder vivant-e

ᑲᓇ·ᐋᐳᒉᐅ **kanawaapucheu** vai • il/elle s'occupe du campement, de la maison; l'entretient

ᑲᓇ·ᐋᐳ **kanawaapuu** vai -i • il/elle regarde ou surveille, est en train de regarder ou surveiller

ᑲᓇ·ᐋᐸᒣᐅ **kanawaapameu** vta • il/elle surveille quelqu'un

ᑲᓇ·ᐋᐸᐦᑕᒼ **kanawaapahtam** vti • il/elle le surveille

ᑲᓇ·ᐋᑎᒁᐅ **kanawaatikweu** vai • il/elle garde les buts

ᑲᓇ·ᐋᑕᒀᓱᔨ **kanawaatakwesuu** na -siim
• un gardien de buts

ᑲᓇ·ᐋᒋᔥ **kanawaachiish** p,temps dim
• une ration de nourriture, manger modérément une quantité déterminée de nourriture ▪ ᐊᒋ·ᐃ ᑲᓇ·ᐋᒋᔥ ᓂᑦᑭᕁᔦᐧ. *J'ai préparé les rations de nourriture.*

ᑲᓇ·ᐋᒡ **kanawaach** p,temps • une ration de nourriture, manger modérément une quantité déterminée de nourriture ▪ ᐊᒋ·ᐃ ᑲᓇ·ᐋᒡ ᓂᑦᑭᕁᔦᐧ. ▪ *J'ai préparé les rations de nourriture.*

ᑲᓇ·ᐋᔥᐁᐅᑲᒥᒄ **kanawaasheukamikw** ni [Intérieur] • une garderie

ᑲᓇ·ᐋᔥᐁᐅ **kanawaasheu** vai [Intérieur]
• il/elle garde les enfants, fait du gardiennage d'enfants

ᑲᓇᔅᑳᑖᐅᓱᔨ **kanaskaataausuu** vai -u [Côte]
• elle attend un bébé, elle est enceinte (ancien terme)

ᑲᔅᑕᐦᑕᒥᓀᐅ **kastahtaminehweu** vta [Côte] • il/elle lui brise l'os de l'aile avec quelque chose

ᑲᔅᑲᑎᒧᔥᒋᒄ **kaskatimuschihkw** na • une marmite de cuivre (ancien terme)

ᑲᔅᑲᑎᓂᐲᓯᒼ **kaskatinipiisim** na
• novembre, littéralement 'le mois de la prise des glaces'

ᑲᔅᑲᑎᓇᒼ **kaskatinam** vti • il/elle le casse net

ᑲᔅᑲᑎᓈᐅ **kaskatinaau** vii • c'est une montagne avec une haute falaise escarpée, abrupte

ᑲᔅᑲᑎᓐ **kaskatin** vii • ça gèle (de l'eau); c'est la prise des glaces

ᑲᔅᑲᒋᐸᔨᐦᐁᐅ **kaskachipayiheu** vta
• il/elle la/le brise ou casse en la/le déplaçant

ᑲᔅᑲᒋᐸᔨᐦᑖᐅ **kaskachipayihtaau** vai+o
• il/elle le brise ou casse en le déplaçant ou le bougeant

ᑲᔅᑲᒑᒧᐋᐅ **kaskachaamuwaau** vii
• c'est étouffant (dans une pièce, un bâtiment ou un contenant)

ᑲᔅᑲᒑᒧᐦᐊᒼ **kaskachaamuham** vti
• il/elle laisse l'air de la pièce se vicier

ᑲᔅᑲᒣᒧᐦᑖᐅ **kaskamemuhtaau** vai+o
• il/elle ouvre un sentier pour faire un raccourci

ᑲᔅᑲᒣᒨ **kaskamemuu** vii -u • c'est un raccourci

ᑲᔅᑲᒣᐦᐊᒣᐅ **kaskamehameu** vai • il/elle prend un raccourci

ᑲᔅᑲᓈᐅᑳᐋᐦᐊᓐ **kaskanaaukaahan** vii
• c'est un motif laissé sur le sable par l'action des vagues

ᑲᔅᑲᓐ **kaskan** na • une vague

ᑲᔅᑲᔅᒉᐦᑕᒄ **kaskaschehtakw** na • du bois pourri (utilisé pour fumer les peaux)

ᑳᔥᒉᐅ **kascheweu** vai • il/elle prend un raccourci en passant par une pointe

ᑳᔥᒉᐱᒡ **kaschewepichuu** vai -i • il/elle se rend à un autre cours d'eau en déménageant le campement d'hiver

ᑳᔥᒉᐅᔥᑖᐅ **kascheweshtaau** vai+o
• il/elle portage d'une rivière à l'autre

ᑳᔥᒉᐅᔥᑖᑲᓐ **kascheweshtaakan** ni • un portage d'une rivière à l'autre

ᑳᔥᒉᐅᔥᑲᒼ **kascheweshkam** vti • il/elle le traverse à pied

ᑳᔥᒉᐅᐦ **kaschewehuu** vai -u • il/elle pagaie d'une rivière ou d'un lac à l'autre; il/elle prend un raccourci

ᑳᔥᒉᐅᐸᔪ **kaschewehpayuu** vai -i
• il/elle passe en véhicule d'une rivière, d'un lac à l'autre

ᑳᔥᒉᐋᓈᓐ **kaschewaanaan** ni • un raccourci par une pointe de terre

ᑲᔅᒉᔨᐦᑕᒥᐁᐤ **kascheyihtamiheu** vta
♦ il/elle la/le fâche, frustre en ne tenant pas parole, en la/le faisant attendre

ᑲᔅᒉᔨᐦᑕᒧᐃᓐ **kascheyihtamuwin** ni [Côte]
♦ une irritation

ᑲᔅᒉᔨᐦᑕᒻ **kascheyihtam** vti ♦ il/elle est fâché-e, irrité-e

ᑲᔅᐱᐹᐦᒌᐦᑎᓐ **kaschipahchihtin** vii
♦ c'est une chute d'eau haute et escarpée; ce sont de grandes chutes

ᑲᔅᑎᐅᐦᒉᔎᐤ **kaschiteuhcheshuu** na -iim
♦ un renard noir

ᑲᔅᑎᐤ **kaschiteu** vii ♦ c'est cuit jusqu'à tendreté

ᑲᔅᒋᑕᐦᑕᐦᑯᓀᐦᐁᐤ **kaschitahtahkunehweu** vta [Intérieur]
♦ il/elle tire sur un oiseau et lui brise l'épaule

ᑲᔅᒋᑕᐦᑕᐦᑯᓀᐦᐁᐤ **kaschitahtahkunehweu** vta [Côte]
♦ il/elle tire sur un oiseau et lui casse la partie principale de l'aile

ᑲᔅᒋᒄᐦᐋᐤ **kaschikwehwaau** na ♦ de l'écorce pour fabriquer des récipients, le revêtement du tipi autrefois

ᑲᔅᒋᒄᐦᐋᐊᓂᐟ **kaschikwehwaanuwit** ni
♦ un panier d'écorce, un panier en écorce

ᑲᔅᒋᒀᑎᐤ **kaschikwaateu** vta ♦ il/elle la/le coud

ᑲᔅᒋᒀᑕᒧᐁᐤ **kaschikwaatamuweu** vta
♦ il/elle la/le coud pour elle/lui

ᑲᔅᒋᒀᑕᒻ **kaschikwaatam** vti ♦ il/elle le coud

ᑲᔅᒋᒀᓱᓂᔮᐱ **kaschikwaasuniyaapii** na -m ♦ du fil

ᑲᔅᒋᒀᓱᓈᐱᔅᑯ **kaschikwaasunaapiskw** na ♦ un dé à coudre

ᑲᔅᒋᒀᓱᓐ **kaschikwaasun** ni ♦ la couture

ᑲᔅᒋᒀᓲ **kaschikwaasuu** vai -u ♦ il/elle coud, fait de la couture

ᑲᔅᒋᒀᓲᓄᐃᐧᑦ **kaschikwaasuunuwit** ni
♦ un panier à couture, une boîte

ᑲᔅᒋᓭᑳᐤ **kaschisekaau** vii ♦ c'est une haute falaise rocheuse escarpée

ᑲᔅᒋᓭᒍᐃᓐ **kaschisechuwin** vii ♦ c'est un chute haute et à pic

ᑲᔅᒋᔅᐌᐤ **kaschisweu** vta ♦ il/elle la/le fait cuire jusqu'à tendreté

ᑲᔅᒋᓯᐤ **kaschisiiu** vai ♦ il/elle est pourri-e

ᑲᔅᒋᓲᒣᐤ **kaschisumeu** vta ♦ il/elle est capable de la/le persuader

ᑲᔅᒋᓲ **kaschisuu** vai -i ♦ il/elle est cuit-e jusqu'à tendreté

ᑲᔅᒋᓴᒧᐁᐤ **kaschisamuweu** vta ♦ il/elle la/le cuit jusqu'à tendreté pour elle/lui

ᑲᔅᒋᓴᒻ **kaschisam** vti ♦ il/elle le fait cuire jusqu'à tendreté

ᑲᔅᒋᓵᐌᐤ **kaschisaaweu** vta ♦ il/elle fait cuire quelque chose jusqu'à tendreté

ᑲᔅᒋᐦᐁᐤ **kaschiheu** vta ♦ il/elle est capable, la/le fait bien

ᑲᔅᒋᐦᐅᐃᓐ **kaschihuwin** ni ♦ une capacité, un pouvoir

ᑲᔅᒋᐦᐆ **kaschihuu** vai-u ♦ il/elle est capable, intelligent-e; il/elle fait un très bon travail

ᑲᔅᒋᐦᐆᒪᑲᓐ **kaschihuumakan** vii ♦ c'est capable

ᑲᔅᒋᐦᑕᒧᐁᐤ **kaschihtamuweu** vta
♦ il/elle la/le gagne pour elle/lui

ᑲᔅᒋᐦᑕᒫᓲ **kaschihtamaasuu** vai reflex -u
♦ il/elle le gagne pour lui/elle-même

ᑲᔅᒋᐦᑕᐦᑕᒥᓀᐦᐁᐤ **kaschihtahtaminehweu** vta [Intérieur]
♦ il/elle lui brise l'os de l'aile avec quelque chose

ᑲᔅᒋᐦᑖᐤ **kaschihtaau** vai+o ♦ il/elle est capable, intelligent-e dans sa façon de le faire

ᑲᔅᒋᐦᑖᓲ **kaschihtaasuu** vai -u ♦ il/elle gagne

ᑲᔅᒋᐦᑤᓲ **kaschihtwaasuu** vai reflex -u [Intérieur] ♦ il/elle le gagne pour lui/elle-même

ᑲᔥᑯᐃᓐ **kashkuwin** vii ♦ c'est brumeux

ᑲᔥᑯᐃᓐ **kashkuuwin** na ♦ un nuage

ᑲᔥᑰᓇᐯᔥᑖᓐ **kashkuunapeshtaan** vii
♦ c'est de la brume mêlée de pluie, de la bruine

ᑲᔥᑰᓈᐸᓐ **kashkuunaapan** vii ♦ c'est un matin brumeux, une matinée brumeuse

ᑲᔥᑰᓐ **kashkuun** vii ♦ c'est brumeux

ᑲᔥᑲᑖᒨ **kashkataamuu** vai -u ♦ il/elle suffoque, est étouffé-e, ne peut respirer sous les couvertures

ᑲᔥᑲᒋᐱᑎᐤ **kashkachipiteu** vta ♦ il/elle la/le tire pour que ça casse nettement

ᑲᔥᑲᒋᐱᑕᒼ kashkachipitam vti ◆ il/elle le tire pour le casser net

ᑲᔥᑲᒋᐸᔫ kashkachipayuu vai/vii -i ◆ il/elle/ça craque et se casse (flexible)

ᑲᔥᑲᒋᐧᔐᐤ kashkachishweu vta ◆ il/elle la/le coupe nettement

ᑲᔥᑲᒋᔕᒼ kashkachisham vti ◆ il/elle le coupe nettement

ᑲᔥᑲᒣᔥᑲᒼ kashkameshkam vti ◆ il/elle prend un raccourci, en marchant

ᑲᔥᑲᒥᑰ kashkamikuu vai -u ◆ il/elle (par ex. un élastique) est serré-e sur lui/elle et laisse une marque, une coupure

ᑲᔥᑲᓂᒌᔥ kashkanichiish na dim ◆ un lagopède alpin, un lagopède des rochers *Lagopus mutus*

ᑲᔥᑲᓐ kashkan vii ◆ c'est pourri (du tissu) parce que c'est toujours humide

ᑲᔥᑳᑎᒦᐤ kashkaatimiiu vii ◆ la rivière est profonde, le lac est profond à partir de la rive

ᑲᔥᑳᒉᐦᐧᐁᐤ kashkaachehweu vta ◆ il/elle tire sur un oiseau qui tombe avec le bout de l'aile cassé

ᑲᔥᑳᔥᒉᐤ kashkaashcheu vii ◆ le feu brûle jusqu'aux tisons

ᑲᔥᒉᔥᑲᐧᔐᐦᐧᐁᐤ kashcheshkashwehweu vta [Côte] ◆ il/elle tire sur un oiseau et lui brise le bout de l'aile

ᑲᔦᐅᑎᑯᑌᐤ kayeutikuteu vii ◆ ça vole sur place; ça fait du vol stationnaire

ᑲᔦᐅᑕᐴ kayeutapuu vai -i ◆ il/elle reste en place, est assis-e immobile

ᑲᔦᐅᑕᑯᒋᓐ kayeutakuchin vai ◆ il/elle plane ou voltige dans les airs, au même endroit

ᑲᔦᐅᑕᑯᒨ kayeutakumuu vai -u ◆ il/elle flotte sur place

ᑲᔦᐅᑕᑯᐦᑎᓐ kayeutakuhtin vii ◆ ça flotte sur place; ça n'avance pas

ᑲᔦᐅᒋᑳᐴ kayeuchikaapuu vai ◆ il/elle se tient debout immobile, reste debout sans bouger

ᑲᔦᐅᒋᐦᔑᓐ kayeuchihshin vai -i ◆ il/elle est couché-e ou étendu-e immobile

ᑲᔦᐅᐨ kayeuch p,lieu ◆ au même endroit ou à la même place, sans bouger ▪ ᑲᔦᐅᐨ ᐃᐦᑕᑯᓐ ᐊᓐ ᒉᐧᑳᓐ᙮ ▪ *Cette chose est toujours au même endroit, elle n'a pas bougé.*

ᑲᔦᐦ kayeh p ◆ et, aussi, de plus, en plus, en outre, également ▪ ᓂᑳᐧᐄ ᑲᔦᐦ ᓅᐦᑯᒼ ᑲᑕ ᒦᒋᓱᐧᐃᐨ᙮ ▪ *Ma mère et ma grand-mère vont aussi manger.*

ᑲᔭᐹ kayapaa p,affirmative [Mistissini] ◆ oui, bien sûr, bien entendu, certainement ▪ ᑲᔭᐹ ᑲ ᐧᐊᐸᒪᒃ᙮ ✧ ᑲᔭᐹ ᒌᓐ ᒉ ᐧᐄᒋᐦᐄᑖᓐ᙮ ▪ *Bien sûr que je l'ai vu.* ✧ *Certainement, je vais t'aider encore.*

ᑲᐧᓛᑲᓯᐧᐄᐦᐧᑫᔮᐤ kalwaakasiwiihkweyaau ni -aam ◆ un sac de jute

ᑲᐧᓛᑲᓱᐧᐃᐟ kalwaakasuwit ni ◆ un sac de jute

ᑲᐧᓛᑲᐢ kalwaakas ni -im ◆ de la jute, de la toile de jute, de la grosse toile

ᑲᐦᒋᑌᐅᐦᒉᔔ kahchiteuhcheshuu na -iim ◆ un renard noir

ᑲᐦᒋᐢᑌᐤ kahchisteu ni -em ◆ du charbon de bois

ᑳ

ᑳ kaa préverbe ◆ indicateur du passé, indicateur d'une proposition relative (utilisé avec des verbes au conjonctif)

ᑳᐃᔑᓂᐢᒉᔨᐟ kaaishinischeyit nap ◆ un chef d'orchestre, une chef d'orchestre

ᑳᐅᑕᐦᐅᓱᐧᐋᑳᓅᐦᐨ kaautahusuwaakaanuuhch nip [Intérieur] ◆ un magnétophone à bande, un enregistreur magnétique

ᑳᐅᑕᐦᐋᑯᓀᐦᐄᒉᐸᔨᐨ kaautahaakunehiichepayich nip -payim ◆ une souffleuse

ᑳᐅᒋᐧᑳᑕᐦᐄᒉᐟ kaauchikwaatahiichet nap [Waswanipi] ◆ un éléphant

ᑳᐅᒌᐧᐁᐤ kaauchiiweu vai ◆ il/elle suit sa propre piste ou ses propres traces pour retourner ou rentrer à la maison

ᑳᐅᒑᐤ kaauchaau vai ◆ c'est de la neige rugueuse

ᑳᐅᒡ **kaaum** p,manière [Mistissini] ♦ en retour, redonné-e, rendu-e, retourné-e ▪ ᒄᐊ ᑳᐅᒡ ᑭ ᒥᔮᑯ ᐅᒋ·ᐸᓛᒡₓ ▪ *On lui a rendu ses effets.*

ᑳᐅᓯ·ᑳᐤ **kaausikwaau** vii ♦ c'est de la glace rugueuse

ᑳᐅᓲ **kaausuu** vai-i ♦ il est rude ou rugueux au toucher, elle est rude ou rugueuse au toucher

ᑳᐅᓵ·ᐊᐱᔲᑦᒡᒡᒋᒡ **kaausaawaapiskushit** nap dim ♦ du cuivre, un sou

ᑳᐅᔥᑎᒋᐯᐸᐦᑖᑦ **kaaustichipepahtaat** nap ♦ une motomarine

ᑳᐅᔥᑎᐦᒑᓂᒋᐸᐦᑖᑦ **kaaustihtaakunichipahtaat** na ♦ une motoneige

ᑳᐅᔫ° **kaausheu** vai ♦ il/elle a la peau rugueuse

ᑳᐅᔦᔮᐤ **kaausheyaau** vii ♦ ça a une peau rugueuse

ᑳᐅᐦᑌᐸᔨᒡ **kaauhtepayich** nip -payim ♦ des sels de fruits, un médicament pétillant ou effervescent, litt. 'ce qui pétille'

ᑳᐅᐦᑕᑳᐤ **kaauhtakaau** vii ♦ c'est un plancher rugueux

ᑳᐅᐦᑕᒋᓲ **kaauhtachisuu** vai-i ♦ ce sont des planches rugueuses

ᑳᐋᔥᑐᐌᐦᐄᒉᐸᔨᒡ **kaaaashtuwehiichepayich** nip -payim ♦ un extincteur d'incendie

ᑳ·ᐌᐱᓈᓲᑦ **kaawepinaasuut** na ♦ un éboueur

ᑳ·ᐌᐸᐦᑳᑯᓀᐸᔨᒡ **kaawepahaakunepayich** nip -payim [Intérieur] ♦ un chasse-neige, une déneigeuse

ᑳ·ᐌᐸᐦᑳᑯᓀᑦ **kaawepahaakunet** nap ♦ un conducteur, une conductrice de chasse-neige, de déneigeuse; une personne qui pellette la neige

ᑳ·ᐌᐸᐦᑳᑯᓀᐦᐄᒉᐸᔨᒡ **kaawepahaakunehiichepayich** nip -payim [Côte] ♦ un chasse-neige, une déneigeuse

ᑳ·ᐌᑲᓐ **kaawekan** vii ♦ c'est rude ou rugueux (étalé)

ᑳ·ᐌᒋᓲ **kaawechisuu** vai-i ♦ il/elle est rugueux/rugueuse (étalé)

ᑳ·ᐄᓂᓵᓅᒡ **kaawiinisinaanuuch** nip ♦ une maladie vénérienne, une maladie transmise sexuellement, une MTS

ᑳ·ᐋᐤ **kaawaau** vii ♦ c'est rude ou rugueux au toucher

ᑳ·ᐋᐱᔅᑳᐤ **kaawaapiskaau** vii ♦ c'est rugueux (métal)

ᑳ·ᐋᐱᔅᒋᓲ **kaawaapischisuu** vai-i ♦ il est rugueux, elle est rugueuse (métal)

ᑳ·ᐋᐹᐯᑲᔒᒡ **kaawaapaapekashich** nip ♦ une ficelle blanche

ᑳ·ᐋᓭᔮᐱᔅᑳᒡ **kaawaaseyaapiskaach** ni ♦ un verre, une bouteille ou une tasse en verre transparent clair et brillant

ᑳ·ᐋᔅᑯᓐ **kaawaaskun** vii ♦ c'est rugueux (long et rigide)

ᑳ·ᐋᔅᑯᓲ **kaawaaskusuu** vai-i ♦ il est rugueux, elle est rugueuse (long et rigide)

ᑳ·ᐋᐦᑎᑳᐤ **kaawaahtikaau** vii ♦ les aiguilles des branches sont pointues

ᑳᐤ **kaau** p,manière ♦ en retour, redonné-e, rendu-e, retourné-e ▪ ᒄᐊ ᑳᐤ ᑭ ᒥᔮᑯ ᐅᒋ·ᐸᓛᒡₓ ▪ *On lui a rendu ses effets.*

ᑳᐯᐯᔒᐌᑦ **kaapepeshiiwet** nap ♦ un zèbre

ᑳᐯᔭᑯᑐᓀᔮᒡ **kaapeyakutuneyaach** nip ♦ un canon monotube, un fusil à un canon

ᑳᐯᔭᑯᑦ **kaapeyakut** na ♦ une veuve, un veuf

ᑳᐯᔭᒄᐋᔅᑯᒡ **kaapeyakwaaskuch** nip [Intérieur] ♦ un canon monotube, un fusil à un canon

ᑳᐯᐦᐯᔥᑌᒡ **kaapehpeshtech** nip ♦ du papier ligné, du papier réglé

ᑳᐱᐯᔖᔨᐌᑦ **kaapipeshaayiwet** nap ♦ un raton laveur

ᑳᐱᐸᒥᐦᐄᓅᐌᑦ **kaapipamihiinuwet** nap ♦ une serveuse, un serveur

ᑳᐱᐹᒥᐦᔮᑦ **kaapipaamihyaat** na [Côte] ♦ un ou une pilote

ᑳᐱᒄᐯᐸᑖᑲᓄᐎᒡ **kaapikwepataakanuwich** ni [Côte] ♦ un tissu lainé, du tissu pour couverture, du duffle, une couverture en duffle, une couverture de la Baie d'Hudson (ancien terme)

ᑳᐱᒥᐹᔩᒡ **kaapimipayich** nip [Côte] ♦ un moteur de hors-bord

ᑳᐱᒥᔥᑳᒪᑲᐦᒡ **kaapimishkaamakahch** nip [Mistissini] ♦ un moteur hors-bord, un hors-bord

ᑳᐱᒥᐕᑦ **kaapimihyaat** na [Intérieur] ♦ un ou une pilote

ᑳᐱᒥᐕᒪᑲᐦᒡ **kaapimihyaamakahch** nip ♦ un avion, un aéroplane

ᑳᐱᔒᓵᒡ **kaapischishaach** nip -chaam ♦ une pièce, une chambre, une salle

ᑳᐱᐦᔐᒋᑖᓲᑦ **kaapihyechitaasuut** na ♦ un-e concierge

ᑳᐱᒥᐹᑕᐦᐄᒉᐹᔨᐦᒡ **kaapimipaatahiichepayihch** nip ♦ une essoreuse de machine à laver

ᑳᐲᔖᐱᓰᐦᔑᑣᐅ **kaapiishaapischihshitwaau** ni ♦ des sous, de la petite monnaie

ᑳᐲᔥᑌᐴᔨᔑᒡ **kaapiishteupayishich** nip -shim ♦ de la bière

ᑳᐲᕚᐱᔅᑯᔑᑣᐅ **kaapiiywaapiskushitwaau** nap pl ♦ des sous, de la petite monnaie

ᑳᐲᐦᑌᐸᔨᐦᑖᑲᓅᒡ **kaapiihtepayihtaakanuuch** nip [Côte] ♦ un magnétophone à bande, un enregistreur magnétique

ᑳᐲᐦᑐᒑᒨᑦ **kaapiihtuchaamuut** na [Intérieur] ♦ une tarte, de l'anglais 'jam' (de la confiture)

ᑳᐲᐦᑐᒦᓂᔐᐦ **kaapiihtumiinishuut** na ♦ une tarte

ᑳᐲᐦᑐᐤᐁᔑᒧᓈᓅᒡ **kaapiihtuhweshimunaanuuch** nip ♦ un sac de couchage

ᑳᐲᐦᑣᑖᑲᓅᒡ **kaapiihtwaataakanuuch** nip ♦ de la marijuana, du cannabis, du hachisch, litt. 'ce qui se fume'

ᑳᐴᑖᑖᑲᓄᐧᐃᒡ **kaapuutaataakanuwich** nip ♦ un ballon; un harmonica

ᑳᐹᐹᒫᔑᑰᑦ **kaapapaamaashikuut** na ♦ un niveau de charpentier

ᑳᐹᐹᓂᐦᑳᐦᒉᑦ **kaapapaanihkwaahchet** na ♦ une sorte de hibou, de chouette

ᑳᐸᔨᐦᑌᔮᔅᑯᓯᑦ **kaapayihteyaaskusit** nap ♦ un arbre qui dépasse, qui se remarque

ᑳᐸᓚᑲᔅᑴᐤ **kaapalakaskweu** na -em [Mistissini] ♦ un cheval

ᑳᐹᒥᒑᑦ **kaapaamichaat** nip [Côte] ♦ un tissu écossais plissé, un tissu plissé à carreaux

ᑳᐹᓯᒉᐸᔨᐦᒡ **kaapaasichepayihch** nip [Mistissini] ♦ un séchoir, une sécheuse à linge

ᑳᐹᔥᑌᐦᐄᒉᐸᔨᒡ **kaapaashtehiichepayich** nip -payim [Intérieur] ♦ un séchoir, une sécheuse à linge

ᑳᐹᐦᑯᑕᐌᐦᐄᒉᐸᔨᒡ **kaapaahkutawehiichepayich** nip -payim [Côte] ♦ un séchoir à cheveux, un sèche-cheveux

ᑳᐹᐦᑯᓰᑦ **kaapaahkusit** na ♦ du lait en poudre

ᑳᐹᐦᑯᐦᐄᒉᐸᔨᒡ **kaapaahkuhiichepayich** nip -payim [Côte] ♦ un séchoir, une sécheuse à linge

ᑳᑎᐯᔨᐦᑖᐦᒃ **kaatipeyihtahk** nap ♦ un directeur, une directrice, un dirigeant, une dirigeante, un instigateur, une instigatrice, un contremaître, une contremaîtresse

ᑳᑎᓀᐤ **kaatineu** vta ♦ il/elle la/le cache en la/le tenant (par ex. derrière son dos)

ᑳᑎᓂᒡ **kaatinich** p,lieu ♦ dans une cachette, dans un endroit caché ou dissimulé ■ ᐊᓂᑌ ᑳᑎᓂᒡ ᐊᔥᒌ× ■ *Mets-le dans un endroit caché.*

ᑳᑎᓇᒻ **kaatinam** vti ♦ il/elle le cache avec la main

ᑳᑎᐦᑎᐸᔨᑦ **kaatihtipayit** nip ♦ un pneu

ᑳᑕᔂᑲᔥᑌᒡ **kaatashwekashtech** nip -em ♦ un revêtement de sol, un couvre-plancher, un linoléum; de la toile cirée

ᑳᑕᐦᑯᑯᒋᐦᒡ **kaatahkukuchihk** nip ♦ février, ancien terme, littéralement 'ça coupe court'

ᑳᑕᐦᑯᓯᑖᐲᓯᒻ **kaatahkusitapiisim** na ♦ février, littéralement 'le mois court'

ᑳᑕᐦᑳᒋᑲᐸᑦ **kaatahkaachikapat** ni ♦ un réfrigérateur, un frigo

ᑳᑕᐦᑳᒡ **kaatahkaach** nap [Intérieur] ♦ de la crème glacée

ᑳᑕᐦᒋᓯᑦ **kaatahchisit** na [Côte] ♦ de la crème glacée

ᑳᑖᐤ **kaataau** vai+o ♦ il/elle le cache ■ ᑳᑖᐤ ᐊᓄᐦ ᒥᓯᓇᐦᐄᑲᓂᔨᐤ× ■ *Il cache le livre.*

ᑳᑕᐹᕽᑳᑲᓄᐧᐃᒡ **kaataapishkaakanuwich** nip ♦ un collier

ᑳᑖᓱᐃᓐ **kaataasuwin** ni ♦ un jeu de mains où on cache un objet, les autres devinent qui l'a

ᑳᑯᒥᓈᐦᑎᒄ **kaakuminaahtikw** ni pl -im ♦ un gadellier lacustre *Ribes lacustre*, litt. 'un arbuste de baies de porc-épic'

ᑳᑯᒥᓐ **kaakuminh** ni pl ♦ des gadelles, des groseilles noires, litt. 'des baies de porc-épic'

ᑳᑯᔐᓰᐅᔨᒧᐃᓐ **kaakuschesiiuayimuwin** ni [Mistissini] ♦ la langue française, le français

ᑳᑯᔐᔒᐅᔥᑎᐤ **kaakuscheshiiushteu** vii [Mistissini] ♦ c'est écrit en français

ᑳᑯᔐᔒᐅᔥᑖᐤ **kaakuscheshiiushtaau** vai+o [Mistissini] ♦ il/elle écrit en français

ᑳᑯᔐᔓ **kaakuscheshuu** vai [Mistissini] ♦ il/elle est français-e, c'est un Français, c'est une Française

ᑳᑯᔐᐅᒋᓇᒻ **kaakusheuchinam** vti ♦ il/elle alimente le feu avec du bois, met plus de bois dans le feu pour l'empêcher de s'éteindre

ᑳᑯᔥ **kaakush** na dim ♦ un jeune porc-épic *Erethizon dorsatum*

ᑳᑯᔑᐲᒦ **kaakuushipimii** ni -m [Mistissini] ♦ de la graisse d'ours

ᑳᑯᔓᔮᓐ **kaakuushuuyaan** na [Mistissini] ♦ une peau d'ours

ᑳᑯᔥ **kaakuush** na dim [Mistissini] ♦ un ours

ᑳᑳᐦᒌᐌᐸᔨᒡ **kaakakaahchiiwepayich** nip -payim [Côte] ♦ un ascenseur, un élévateur

ᑳᑲᒀᓐᐙᐦᒀᐅᐦ **kaakakwaanwaahkwaauh** nip pl ♦ des cuissardes

ᑳᑲᒉᒋᐺᒣᔮᐦᒀᐅᐦ **kaakachechipwameyaahkwaauh** nip pl ♦ des cuissardes

ᑳᑲᓄᐙᐳᒉᑦ **kaakanuwaapuchet** nap ♦ un directeur ou une directrice par intérim, un ou une concierge

ᑳᑲᓇᐌᔨᐦᑖᕽ **kaakanaweyihtahk** nap ♦ un ou une concierge, un préposé ou une préposée à l'entretien

ᑳᑲᔑᒀᓱᐸᔨᒡ **kaakaschikwaasuupayich** nip -payim ♦ une machine à coudre

ᑳᑲᔑᐦᑖᑦ **kaakaschihtaat** nap ♦ un héros, une héroïne, un champion, une championne, un gagnant, une gagnante

ᑳᑲᔥᑲᐦᐄᒉᑦ **kaakashkahiichet** nap ♦ une niveleuse, une machine qui égalise le niveau de la route en grattant la neige, litt. 'celle qui gratte'

ᑳᑲᔦᐦ **kaakayeh** p,manière ♦ aussi, également, de plus, en plus, en outre (emphase) ▪ ᑳᑲᔦᐦ ᒉᕽᐯ ᐋᐃᓗ ᑎᑎᔕᑎᓈᐦ. *Je pensais qu'ils étaient tous à toi aussi.*

ᑳᑳᐙᒡ **kaakaawaach** ni ♦ un tampon rugueux pour récurer

ᑳᑳᔉᔥᑖᑐᓈᓄᐧᐃᒡ **kaakaashuushtaatunaanuwich** nip ♦ un jeu de cachette, de cache-cache

ᑳᑳᐦᒌᐌᔮᐱᒉᐸᔨᒡ **kaakaahchiiweyaapichepayich** nip -payim [Intérieur] ♦ un ascenseur, un élévateur

ᑳᒀᐲᑌᐸᔨᐦᒡ **kaakwaapitepayihch** nip ♦ un avion à réaction, litt. 'ce qui vole en produisant de la fumée'

ᑳᒀᔥᒀᒀᐸᐦᑖᑦ **kaakwaashkwaakwepahtaat** nap ♦ un kangourou

ᑳᒀᔫ **kaakwaayuu** ni ♦ une queue de porc-épic

ᑳᒄ **kaakw** na ♦ un porc-épic *Erethizon dorsatum*

ᑳᒉᑎᐦᒄ **kaachetihkw** na ♦ un embryon extra-utérin de caribou

ᑳᒌᐴ **kaachipuu** vai-u ♦ il/elle mange quelque chose en cachette, cache de la nourriture

ᑳᒋᐸᔨᐦᐁᐤ **kaachipayiheu** vta ♦ il/elle la/le cache vite, rapidement

ᑳᒋᐸᔨᐦᑖᐤ **kaachipayihtaau** vai+o ♦ il/elle le cache bien vite, le dissimule rapidement ou en vitesse

ᑳᒋᐸᐦᐙᑲᓅᑦ **kaachipahwaakanuut** nap [Côte] ♦ un prisonnier, un détenu

ᑳᒋᒉ **kaachiche** p,temps ♦ toujours, pour toujours, sans cesse, continuellement, à tout jamais ▪ ᓇᒪ ᑳᒋᒉ ᐆᑌ ᑭᑳ ᐃ ᐋᔭᓐ. *Tu ne peux rester ici pour toujours.*

ᑳᒋᒉᐸᒄ **kaachichepakw** ni ♦ un lédon du Labrador, du thé du Labrador *Ledum groenlandicum*

ᑲᒋᒉᐢᐧ **kaachichemiskw** na ◆ un foetus logé hors de l'utérus d'un castor, extra-utérin

ᑲᒋᔦᐹᔥ **kaachicheyaapuush** na ◆ un embryon extra-utérin de la hase (femelle du lièvre), de la lapine

ᑲᒋᒋᐸᐧᐊᒣᔮᐦᐧᑳᐤ **kaachichipwaameyaahkwaau** ni [Côte] ◆ une botte cuissarde, une botte haute; des bottes-pantalon

ᑲᒋᒡ **kaachich** p,temps ◆ toujours, sans cesse, continuellement, à tout jamais ∎ ᐁᐧᑯ ᑲᒋᒡ ᐅᑕ ᐃᐦᑖᐤ. ∎ *Elle restera toujours ici.*

ᑲᒋᓄᑯᑌᑦ **kaachinukutet** nap [Waskaganish] ◆ un éléphant

ᑳᒋᓈᐧᐸᒋᔑᑖᐤ **kaachinwaapechishitwaau** nap pl ◆ du spaghetti

ᑲᒋᓈᐧᐊᒋᐅᑖᐹᓐ **kaachinwaachiutaapaan** ni ◆ un autobus, un bus, un autocar

ᑲᒋᐢᐸᐦᐄᒉᐸᔨᒡ **kaachispahiichepayich** nip ◆ un mixer, un batteur-mélangeur, un pétrin mécanique

ᑲᒋᐢᑖᐹᐅᒋᔮᑲᓀᐸᔨᒡ **kaachistaapauchiyaakanepayich** nip-payim ◆ un lave-vaisselle automatique

ᑲᒋᐢᑖᐸᐧᐋᐅᒉᐸᔨᐦᒡ **kaachistaapwaauchepayihch** nip ◆ une machine à laver, une laveuse automatique

ᑲᒋᔑᐸᔨᑦ **kaachishipayit** nap ◆ une moto

ᑲᒋᐦᑳᐢᑌᐦᑎᐦᒡ **kaachihkaashtehtihch** nip ◆ un film

ᑲᒋᐊᐧᑎᑯᐸᔨᑦ **kaachiiwaatikupayit** nap ◆ une boussole

ᑳᒋᐱᒥᓄᐧᐁᒪᑲᐦᒡ **kaachiipiminuwemakahch** nid ◆ un four à micro-ondes, un micro-onde

ᑲᒋᑐᓲ **kaachiitusuu** vai -i [Intérieur] ◆ il/elle a les muscles endoloris pour avoir trop travaillé ou fait de l'exercice

ᑲᒋᑑᐢᐧ **kaachiituuskw** na [Mistissini] ◆ un éléphant, un monstre qui mange les parents de Chahkaapesh dans la légende

ᑲᒌᑯᐢᐱᓈᓅᐦᒋᐲᓯᒼ **kaachiikuspinaanuuhchipiisim** na [Mistissini] ◆ août, le mois d'août

ᑲᒋᒋᐦᐁᐤ **kaachiichiheu** vta ◆ il/elle la/le réconforte

ᑲᒋᒋᐦᐄᐧᐁᐃᐧᓐ **kaachiichihiiwewin** ni ◆ du confort, de la commodité

ᑲᒋᒋᐦᐄᐧᐁᐤ **kaachiichihiiweu** vai ◆ il/elle réconforte

ᑲᒋᒋᐦᐄᑎᓱ **kaachiichihiitisuu** vai reflex -u ◆ il/elle se réconforte

ᑳᒋᓂᑲᐧᓈᐊᐢᑎᐦᒡ **kaachiinikwaanaashtihch** nip ◆ une éolienne, un moulin à vent

ᑲᒌᐢᒋᐳᒉᐸᔨᒡ **kaachiishchipuchepayich** nip -payim ◆ une scie à chaîne, une scie mécanique, une tronçonneuse

ᑲᒌᐦᒉᔦᒋᐱᑕᒼ **kaachiihcheyechipitam** vti ◆ il/elle le déchire en carrés (étalé)

ᑲᒌᐦᒌᑯᒫᑲᓅᑦ **kaachiihchiikumaakanuut** nap ◆ du maïs en épis (mot rare)

ᑳᒥᐦᑯᔐᐸᔨᓈᓅᒡ **kaamihkushepayinaanuuch** nip [Côte] ◆ de la rougeole

ᑳᒥᐦᑯᔖᓅᐦᒡ **kaamihkushaanuuhch** nip [Intérieur] ◆ de la rougeole

ᑲᒧᔐᐢᑲᑌᔑᒧᑦ **kaamusheshkateshimut** na ◆ une danseuse topless, une danseuse nue, une strip-teaseuse

ᑲᒧᔐᐢᑲᑌᔑᒧᓈᓄᐃᐧᒡ **kaamusheshkateshimunaanuwich** na ◆ une danse topless, un strip-tease

ᑲᒨᓂᐦᐄᒉᑦ **kaamuunihiichet** nap ◆ une excavatrice, un excavateur; une pelle; un terrassier, une terrassière

ᑲᒨᓈᐅᐦᑲᐦᐄᒉᐸᔨᒡ **kaamuunaauhkahiichepayich** nip -payim ◆ une pelle rétrocaveuse, un godet rétro

ᑲᒨᓈᐅᐦᑲᐦᐄᒉᑦ **kaamuunaauhkahiichet** nap ◆ un conducteur ou une conductrice de pelle rétrocaveuse

ᑳᒪᓯᓈᐧᐋᐢᑌᐸᔨᑦ **kaamasinawaashtepayit** nip ◆ une télévision

ᑳᒪᓯᓈᐧᐋᐢᑌᐸᔨᒡ **kaamasinawaashtepayich** nip -payim ◆ une télévision

ᑳᒪᓯᓈᐱᐢᑲᐦᐄᒉᐸᔨᒡ **kaamasinaapiskahiichepayich** nip -payim ◆ une caméra de cinéma, une caméra cinématographique

ᑳᒪᐢᑰᐧᐋᒋᐱᐢᑯᓀᑦ **kaamaskuuwaachipiskunet** nap ◆ une tortue

ᑳᒫᒥᒋᐹᒣᑦ **kaamaamichipwaamet** nap [Intérieur] ◆ un véhicule à quatre roues, un quatre-roues

ᑳᒫᒫᐦᑖᐅᔥᑎᒀᓀᑦ **kaamaamaahtaaushtikwaanet** na [Côte] ◆ un canard colvert *Anas platyrhynchos*, un canard noir *Anas rubripes*

ᑳᒫᐦᒑᓂᑲᐦᐆᑎᓈᓄᐎᑦ **kaamaahchaanikahuutinaanuwit** nip ◆ un jeu de poursuite

ᑳᓀᐅᑳᑌᑦ **kaaneukaatet** nap ◆ un quatre-roues, un véhicule à quatre roues

ᑳᓂᐯᔥᑳᒉᒀᐅᐦ **kaanipeshkaachekwaauh** nip pl ◆ des somnifères, des pilules pour dormir

ᑳᓂᐯᐃᐧᐁᒀᐅᐦ **kaanipehuwekwaauh** nip pl ◆ des somnifères, des pilules pour dormir (ancien terme)

ᑳᓂᐲ **kaanipii** ni -m ◆ une toile moustiquaire, un ou une moustiquaire, un grillage, de l'anglais 'canopy'

ᑳᓂᑲᒨᒪᑲᐦᒡ **kaanikamuumakahch** nip ◆ un tourne-disque, un électrophone

ᑳᓂᒌ **kaanichii** ni -m ◆ un chandail, un gilet, un pull-over, un tricot

ᑳᓂᔥᑐᑳᑌᑦ **kaanishtukaatet** nap ◆ un trois-roues, un véhicule à trois roues, un tricycle

ᑳᓃᐤ **kaaniiu** vai [Intérieur] ◆ il/elle gagne ou reçoit un salaire; il/elle gagne, remporte la victoire

ᑳᓃᔓᑳᑌᑦ **kaaniishukaatet** nap ◆ un deux-roues, une moto

ᑳᓃᐦᑖᐦᑕᐎᐹᔨᒡ **kaaniihtaahtawiipayich** nip -payim ◆ un escalier mécanique, un escalier roulant

ᑳᓅᑯᐦᑖᑲᓅᐦᒀᐅᐦ **kaanuukuhtaakanuuhkwaauh** nip pl ◆ des articles exposés, un étalage

ᑳᓇᓇᒀᑲᓯᒫᒉᐸᔨᒡ **kaananakwekasimaachepayich** nip [Côte] ◆ un fer à friser

ᑳᓇᓇᒀᔮᐦᑲᓴᒫᒉᐸᔨᒡ **kaananakweyaahkasamaachepayich** nip [Intérieur] ◆ un fer à friser

ᑳᓇᐦᐋᐅᔥᑖᓲᑦ **kaanahaaushtaasuut** na ◆ une femme de ménage, un technicien ou une technicienne de surface

ᑳᓈᔅᐱᑌᑲᐦᐄᑲᓅᑦ **kaanaaspitekahiikanuut** nip [Côte] ◆ une robe ou une jupe plissée

ᑳᓯᓂᑯᐱᑖᑲᓅᒡ **kaasinikupitaakanuuch** nip -im ◆ un fusil de chasse à pompe ou à coulisse

ᑳᓯᓂᒀᐯᑲᐦᐄᑲᓅᒡ **kaasinikwaapekahiikanuuch** nip ◆ un violon

ᑳᓯᓰᐤ **kaasisiiu** vai ◆ il/elle est pointu-e, aiguisé-e, tranchant-e, effilé-e

ᑳᓰᐯᑲᐦᐄᑲᓐ **kaasiipekahiikan** ni ◆ un torchon à vaisselle, un linge à vaisselle

ᑳᓰᐱᔅᒋᐸᔨᒡ **kaasiipischipayich** nip -payim ◆ une chose élastique, extensible, qui s'étire

ᑳᓰᐱᔥᑌᐸᔨᒡ **kaasiipishtepayich** nip -payim ◆ une fronde, un lance-pierre; un élastique

ᑳᓰᑎᐦᒉᐤ **kaasiitihcheu** vai ◆ il/elle s'essuie les mains; il/elle essuie ses mains

ᑳᓰᑎᐦᒉᓀᐤ **kaasiitihcheneu** vta ◆ il/elle essuie les mains d'une personne

ᑳᓰᑎᐦᒉᓂᑲᓐ **kaasiitihchenikan** ni ◆ une serviette en papier

ᑳᓰᑎᐦᐊᓀᐅᐃᓐ **kaasiitihanehuwin** ni ◆ une serviette de table

ᑳᓰᑐᓀᐅᐃᓐ **kaasiitunehuwin** ni [Intérieur] ◆ une serviette de table, un essuie-bouche

ᑳᓰᓀᐤ **kaasiineu** vta ◆ il/elle l'essuie

ᑳᓰᓂᑲᓐ **kaasiinikan** ni ◆ un torchon, un linge à vaisselle pour sécher, essuyer la vaisselle

ᑳᓰᓂᔮᑲᓀᐤ **kaasiiniyaakaneu** vai ◆ il/elle lave la vaisselle

ᑳᓰᓇᒻ **kaasiinam** vti ◆ il/elle l'essuie

ᑳᓰᓯᓇᐦᐄᑲᓐ **kaasiisinahiikan** ni ◆ une gomme à effacer, un effaceur

ᑳᓰᓯᓇᐦᐄᒉᐤ **kaasiisinahiicheu** vai ◆ il/elle efface l'écriture, l'essuie ou le nettoie

ᑳᓰᓯᓇᐦᐊᒻ **kaasiisinaham** vti ◆ il/elle l'efface, l'essuie

ᑳᓰᓯᓇᐦᐁᐤ **kaasiisinahweu** vta ◆ il/elle l'efface, l'essuie; il/elle enlève son nom de la liste

ᑳᓰᔅᑲᒥᒋᓀᐤ **kaasiiskamichineu** vta ◆ il/elle l'essuie avec de la mousse

ᑳᔅᑭᒋᓇᒻ kaasiiskamichinam vti
  ♦ il/elle l'essuie avec de la mousse
ᑳᔑᔥᑯᐌᐤ kaasiishkuweu vta ♦ il/elle l'efface, l'essuie avec le pied, le corps
ᑳᔑᔥᑲᒻ kaasiishkam vti ♦ il/elle l'efface, l'essuie avec son pied
ᑳᔒᔮᐱᔅᑲᐦᐊᒻ kaasiiyaapiskaham vti
  ♦ il/elle le sèche en l'essuyant (métal)
ᑳᔒᐦᐄᑲᓐ kaasiihiikan ni ♦ un chiffon, un torchon, un effaceur, une gomme à effacer
ᑳᔒᐦᐊᒻ kaasiiham vti ♦ il/elle l'essuie avec quelque chose
ᑳᔒᐦᐌᐤ kaasiihweu vta ♦ il/elle l'essuie avec quelque chose
ᑳᔒᐦᑎᑖᐤ kaasiihtitaau vai+o ♦ il/elle l'essuie, le frotte sur quelque chose pour le faire partir
ᑳᔒᐦᑕᑭᑎᐦᐄᑲᓐ kaasiihtakatihiikan ni
  ♦ un chiffon, un torchon pour laver le plancher
ᑳᔒᐦᑴᓲᑉ kaasiihkweusuup na -im ♦ du savon pour les mains
ᑳᔒᐦᑴᐤ kaasiihkweu vai ♦ il/elle se lave le visage, s'essuie la face
ᑳᔒᐦᑴᐎᐦᐅᓐ kaasiihkwehun ni ♦ un chiffon pour s'essuyer la face, une serviette
ᑳᔒᐦᑳᓂᔥ kaasiihkwaanish ni dim ♦ une débarbouillette, un carré-éponge, un gant de toilette
ᑳᔒᐦᑳᓂᔮᑲᓐ kaasiihkwaaniyaakan ni
  ♦ un évier, un lavabo
ᑳᔒᐦᑳᓐ kaasiihkwaan ni [Côte] ♦ une serviette de toilette, une débarbouillette
ᑳᓲ kaasuu vai -u ♦ il/elle se cache
ᑳᔅ kaas ni -im ♦ de l'essence, de l'anglais 'gas'
ᑳᔅᐱᓰᐤ kaaspisiiu vai ♦ il/elle (une branche, une cuillère de plastique) se casse facilement; il/elle est cassant-e, fragile
ᑳᔅᐱᔑᓐ kaaspishin vai ♦ il/elle (par ex. une branche) se casse, se brise ou se détache facilement lorsqu'il/elle est gelé-e, froid-e, cassant-e

ᑳᔅᐱᐦᑎᐦᑲᑎᓐ kaaspihtihkatin vii ♦ c'est (du bois) tellement gelé que c'est cassant (et facile à fendre)
ᑳᔅᐱᐦᑕᑳᐤ kaaspihtakaau vii ♦ ça casse ou fend facilement quand c'est froid ou gelé (bois utile)
ᑳᔅᐱᐦᑕᒋᓲ kaaspihtachisuu vai -i ♦ il/elle (du bois utile, une bûche) se fend facilement lorsqu'il/elle est froid-e, gelé-e, cassant-e
ᑳᔅᐸᑎᓐ kaaspatin vii ♦ c'est fragile, cassant quand c'est froid; ça casse facilement quand c'est gelé
ᑳᔅᐸᓐ kaaspan vii ♦ c'est fragile, cassant; ça casse facilement
ᑳᔅᑲᑐᐌᐤ kaaskatuweu vai ♦ il/elle porte malheur au chasseur en mangeant une certaine partie d'animal (par ex. : si un chien mange des os de castor, le trappeur ne pourra plus prendre de castor)
ᑳᔅᑲᑖᑖᑯᔥ kaaskataataakush na dim ♦ un petit lézard
ᑳᔅᑲᑖᑖᒄ kaaskataataakw na ♦ un lézard, une scinque, une salamandre, un triton
ᑳᔅᑲᒣᐤ kaaskameu vta ♦ il/elle lui porte malheur en mangeant ce qu'il ne faut pas (par ex. un chien qui mange des os de castor signifie que le trappeur ne pourra plus attraper des castors)
ᑳᔅᑳᐦᐄᒉᐳᓈᓐ kaaskahiichepunaan na [Mistissini] ♦ du poisson cuit avec les écailles, sur un bâton près du feu
ᑳᔅᑳᔅᒋᐱᑌᐤ kaaskaaschipiteu vta
  ♦ il/elle l'égratigne, la/le gratte avec ses ongles
ᑳᔅᑳᔅᒋᐱᑕᒻ kaaskaaschipitam vti ♦ il/elle le gratte avec ses ongles
ᑳᔅᑳᔅᒋᐦᑲᓲ kaaskaaschihkasuu vai redup -u
  ♦ il/elle est cuit-e jusqu'à être croustillant-e
ᑳᔅᒉᑲᐦᐄᑲᓐ kaaschekahiikan ni ♦ un grattoir, un écharnoir, un outil pour gratter le gras et le sang du côté chair des peaux après l'enlèvement de la viande
ᑳᔅᒋᐱᑌᐤ kaaschipiteu vta ♦ il/elle la/le gratte
ᑳᔅᒋᐱᑕᒻ kaaschipitam vti ♦ il/elle le gratte

ᑳᔅᐱᐦᖁ° **kaaschipihcheu** vai ♦ il/elle gratte ou se gratte

ᑳᔅᐸᑌᐤ° **kaaschipaateu** vta ♦ il/elle la/le rase

ᑳᔅᐸᑕᒼ **kaaschipaatam** vti ♦ il/elle le rase

ᑳᔅᐸᑕᐦᐄᑲᓐ **kaaschipaatahiikan** ni [Côte] ♦ un écharnoir, un outil pour gratter le gras et le sang du côté chair des peaux après l'enlèvement de la viande (la peau est étirée mais non gelée)

ᑳᔅᐸᓲᓐ **kaaschipaasun** ni ♦ un rasoir, un rasoir à lames

ᑳᔅᐸᓲ **kaaschipaasuu** vai -u ♦ il/elle rase ou se rase

ᑳᔅᒋᓈᐤ° **kaaschinaau** vai ♦ il (un poisson) est ouvert par le dos, fendu le long du dos

ᑳᔑᑲᔥᒁ° **kaashikashkweu** vai ♦ il/elle a des ongles très coupants, des griffes très pointues

ᑳᔑᑳᒡ **kaashikaach** p,time ♦ durant le jour, la journée (forme changée du conjonctif du verbe *chiishikaau*)

ᑳᔑᒃ **kaashik** na -im ♦ une personne avide, rapace, cupide, gourmande, vorace

ᑳᔑᒧᐌᑦ **kaashimuwet** na ♦ un agent, une agente d'aide sociale

ᑳᔑᒨ **kaashimuu** vai -u ♦ il/elle pleure tout le temps, n'arrête pas de pleurer

ᑳᔑᒨᔫ° **kaashimuusheu** vai ♦ son bébé pleure tout le temps, n'arrête pas de pleurer

ᑳᔑᐦᑖᐤ **kaashihtaau** vai+o ♦ il/elle l'aiguise, l'affile

ᑳᔑᐦᑲᑌᐤ° **kaashihkateu** vai ♦ il/elle a toujours faim, est toujours affamé-e

ᑳᔑᐌᐤ° **kaashiiweu** vii ♦ le vent fait baisser la température, entraîne un refroidissement

ᑳᔑᐋᑲᒥᔑᒡ **kaashiiwaakamishich** nip -shiim ♦ une boisson gazeuse, sucrée

ᑳᔑᐯᔫᒋᐸᔨᑦ **kaashiipeyuuchipayit** nap ♦ une paire de collants; une paire de bas nylon; des collants

ᑳᔒᔑᑌᔑᒧᐎᓐ **kaashiishiteshimuwin** ni ♦ un tapis

ᑳᔒᔑᑌᔑᒨ **kaashiishiteshimuu** vai ♦ il/elle s'essuie les pieds sur quelque chose

ᑳᔒᔒᐱᑯᑑᒡ **kaashiishiipikutuuch** nip ♦ un fusil à platine à silex

ᑳᔐᐅᓰᐤ° **kaashuteusiiu** vai ♦ il/elle est pointu-e, aiguisé-e, tranchant-e, piquant-e, acéré-e, effilé-e, aigu-e

ᑳᔐᐤᐋ° **kaashutewaau** vii ♦ c'est tranchant, aigu, acéré, pointu, piquant

ᑳᔔᒋᔥᑖᔐᐸᔨᒡ **kaashuuchishtaachepayich** nip -payim ♦ une prise d'incendie, une borne-fontaine, une prise d'eau d'incendie

ᑳᔔᔥᑐᐌᐤ° **kaashuushtuweu** vta ♦ il/elle se cache d'elle/de lui

ᑳᔔᔥᑕᒼ **kaashuushtam** vti ♦ il/elle se cache de quelque chose

ᑳᔖᐤ° **kaashaau** vii ♦ c'est tranchant, aigu, acéré, pointu

ᑳᔖᐱᑌᐤ° **kaashaapiteu** vai ♦ il/elle a les dents tranchantes, pointues, acérées

ᑳᔖᐱᔅᑳᐤ° **kaashaapiskaau** vii ♦ c'est tranchant, aigu, acéré, pointu (pierre, métal)

ᑳᔖᐹᐛᐦᒉᑦ **kaashaapwaapahchet** na ♦ un technicien, une technicienne en radiologie

ᑳᔖᐹᐛᔥᑌᔦᑲᐦᒡ **kaashaapwaashteyekahch** nip ♦ du plastique, une matière plastique

ᑳᔖᐹᐛᔥᑌᔮᐱᔅᑳᒋᒥᓂᐦᒁᑲᓐ **kaashaapwaashteyaapiskaachiminihkwaakan** na ♦ un verre

ᑳᔖᐹᐛᔥᑌᔮᐱᔅᑳᒡ **kaashaapwaashteyaapiskaach** ni [Intérieur] ♦ un verre transparent et brillant; une bouteille ou une tasse transparente et brillante

ᑳᔖᔖᐅᐱᐦᒉᑦ **kaashaashaaupihchet** nap ♦ un ou une physiothérapeute

ᑳᔥᑑᔥᑑᐸᔨᒡ **kaashtuushtuupayich** nip -payim ♦ du jello, de la gelée

ᑳᔥᑲᐦᐄᑲᓐ **kaashkahiikan** ni ♦ un râteau

ᑳᔥᑲᐦᐄᒉᐤ **kaashkahiicheu** vai ♦ il/elle racle, gratte, ratisse, attise

ᑳᔥᑲᐦᐊᒼ **kaashkaham** vti ♦ il/elle le gratte, racle avec quelque chose

ᑳᔥᑲᐦᐌᐤ° **kaashkahweu** vta ♦ il/elle la/le gratte, l'écorche avec quelque chose

ᑳᔥᑳᔥᑲᐦᐊᒼ **kaashkaashkaham** vti redup ♦ il/elle le gratte, le racle plusieurs fois

ᑳᐡᑳᐡᑲᐦ·ᐧᐁᐤ kaashkaashkahweu vta
 • il/elle l'écorche, la/le gratte, racle

ᑳᐡᒋᐳᓂᔑᐣ kaashchipituneshin vai
 • ses bras sont égratignés

ᑳᐡᒋᑳᑌᔑᐣ kaashchikaateshin vai • ses jambes sont égratignées

ᑳᐡᒋᔑᑌᔑᐣ kaashchishiteshin vai • ses pieds sont égratignés

ᑳᐡᒋᔑᒣᐤ kaashchishimeu vta • il/elle la/le gratte, l'égratigne par son mouvement

ᑳᐡᒋᐦ·ᑫᔑᐣ kaashchihkweshin vai • sa face est égratignée

ᑳᔦᐤ kaayeu vta • il/elle cache un-e autre

ᑲᔨᐢᒃᐧᐋᐦ·ᑐ·ᐃ·ᐸᔨᐦ kaayiskwaahtuwiipayich nip -payim • un escalier roulant, un escalier mécanique

ᑲᔫᑎᓂᐦᐄᒉᐸᔨᐦ kaayuutinihiichepayich nip • un ventilateur

ᑲᔭᒥᐦᐁᒪᑲᐦᐨ kaayamihemakahch nip [Côte] • un tourne-disque, un électrophone (ancien terme)

ᑲᔮᒦᒪᑲᐦᐨ kaayamiimakahch nip [Intérieur] • une radio, un appareil radio

ᑳᓘ kaaluu na -m [Mistissini] • une carte à jouer, un permis de conduire, une carte médicale, du français 'carreaux'

ᑳᓘᐦᒉᐤ kaaluuhcheu vai [Mistissini]
 • il/elle joue aux cartes

ᑳᐦᑎᐱᓯᓀᑳᐤ kaahtipisinekaau vii • c'est une corniche sur la montagne

ᑳᐦᑎᐱᓲ kaahtipisuu vai • il/elle a un bord, un rebord, une saillie (pierre)

ᑳᐦᑎᐱᐢᑲᒥᑳᐤ kaahtipiskamikaau vii
 • c'est un fond rocheux, une barre rocheuse

ᑳᐦᑎᐱᐦᑕᑳᐤ kaahtipihtakaau vii • c'est une saillie dans le plancher

ᑳᐦᑎᐹᐅᐦᑳᐤ kaahtipaauhkaau vii • c'est une corniche, un rebord en haut d'un banc de sable

ᑳᐦᑎᐹᐤ kaahtipaau vii • c'est une corniche sur un rocher, le rebord du rocher

ᑳᐦᑎᐹᐱᐢᑳᐤ kaahtipaapiskaau vii • c'est une corniche sur un rocher, le rebord du rocher

ᑳᐦᑎᐦᐱᐦᑖᐤ kaahtihpihtaau vai+o • il/elle fait ou fabrique une étagère, un rebord

ᑳᐦ·ᐠᐌᔨᒣᐤ kaahkweyimeu vta • il est jaloux d'elle/de lui; elle est jalouse de lui/d'elle

ᑳᐦ·ᐠᐍᔨᐦᑕᒼ kaahkweyihtam vti • il en est jaloux, elle en est jalouse

ᑳᐦᑲᐯᔫ kaahkapepayuu vai -i • il/elle tombe les jambes écartées

ᑳᐦᑲᐯᐸᐦᑖᐤ kaahkapepahtaau vai
 • il/elle court les jambes écartées

ᑳᐦᑲᐯᑳᐳ kaahkapekaapuu vai -uu
 • il/elle est debout les jambes écartées

ᑳᐦᑲᐯᓀᐤ kaahkapeneu vta • il/elle l'ouvre, l'écarte de la main

ᑳᐦᑲᐯᓇᒼ kaahkapenam vti • il/elle l'ouvre, l'étale avec la main

ᑳᐦᑲᐯᔑᐣ kaahkapeshin vai • il/elle est couché-e ou étendu-e les jambes écartées

ᑳᐦᑲᐯᐦᑌᐤ kaahkapehteu vai • il/elle marche les jambes écartées

ᑳᐦᑲᔮᐦᑫᐤ kaahkayaahkweu na • un chaboisseau à quatre cornes *Myoxocephalus quadricorni*

ᑳᐦᑳᒌᒥᓈᐦᑎᒄ kaahkaachiiminaahtikw ni pl -um • un genévrier commun, du genièvre *Juniperus communis*

ᑳᐦᑳᒌᒥᓐ kaahkaachiiminh ni pl • des baies de genévrier, litt. 'les fruits du corbeau'

ᑳᐦᑳᒌᔥ kaahkaachiiship na -im • un cormoran à aigrettes *Phalacrocorax auritus*

ᑳᐦᑳᒌᔥ kaahkaachiish na dim -iimish • un jeune grand corbeau *Corvus corax*

ᑳᐦᑳᒡ kaahkaachuu na iim • un grand corbeau *Corvus corax*

ᑳᐦᑳᐦᒌᐌᐤ kaahkaahchiiweu vai redup
 • il/elle va et vient, marche en zigzag, se déplace de long en large

ᑳᐦᑳᐦᒌᐌᐸᔨᐦᐁᐤ
kaahkaahchiiwepayiheu vta redup
 • il/elle la/le remue, brasse

ᑳᐦᑳᐦᒌᐌᐸᔨᐦᐆ kaahkaahchiiwepayihuu vai redup -u • il/elle va et vient, se déplace en zigzag ou de long en large

ᑳᐦᑳᐦᒌᐌᑳᐳ kaahkaahchiiwekaapuu vai redup • il/elle va et vient, se déplace en zigzag ou de long en large, à partir du lieu où il/elle se tient

ᑳᑳᐦᒌᐌᔑᒨ kaahkaahchiiweshimuu vai redup -u ♦ il/elle danse d'un côté à l'autre

ᑳᑳᐦᒌᐌᐦᑌᐤ kaahkaahchiiwehteu vai redup ♦ il/elle va et vient, marche de long en large

ᑳᐦᒋᑌᐤ kaahchiteu vii ♦ c'est un peu sec

ᑳᐦᒋᓴᒼ kaahchisam vti ♦ il/elle fait sécher la viande légèrement

ᑳᐦᒋᔥᑎᓀᐤ kaahchishtineu vta ♦ il/elle l'attrape

ᑳᐦᒋᔥᑎᓇᒼ kaahchishtinam vti ♦ il/elle l'attrape

ᑳᐦᒋᔥᑖᐦᐊᒼ kaahchishtaham vti ♦ il/elle y fait une coche, une entaille; il/elle le frappe légèrement, y touche à peine

ᑳᐦᒋᔥᑖᐦᐌᐤ kaahchishtahweu vta ♦ il/elle l'effleure, la/le touche ou frappe à peine

ᑳᐦᒎᔮᓐ kaahchuuyaan ni ♦ une peau séchée d'orignal ou de caribou

ᑳ

ᑳᐱᑯᐌᐤ kwaapikuweu vta ♦ il/elle va chercher, prendre de l'eau pour elle/lui

ᑳᐱᑳᑲᓈᐦᑎᒄ kwaapikaakanaahtikw ni ♦ un joug, une palanche

ᑳᐱᑳᓇᔒᒄ kwaapikaanaschihkw ni ♦ un seau à eau ou seau d'eau

ᑳᐱᒉᐤ kwaapicheu vai ♦ il/elle porte de l'eau

ᑳᐱᒉᑎᔑᐦᐌᐤ kwaapichetishihweu vta ♦ il/elle l'envoie chercher de l'eau

ᑳᐱᒉᔥᑕᒨᐌᐤ kwaapicheshtamuweu vta ♦ il/elle va chercher de l'eau pour elle/lui

ᑳᐱᓀᐤ kwaapineu vta ♦ il/elle en ramasse une poignée (de farine)

ᑳᐱᓇᒼ kwaapinam vti ♦ il/elle en ramasse une poignée

ᑳᐱᔃᐤ kwaapisweu vta ♦ il/elle la/le fume, fait fumer (une peau)

ᑳᐱᓰᒉᐤ kwaapisicheu vai ♦ il/elle fume des peaux

ᑳᐱᓲ kwaapisuu vai -u ♦ il/elle est affecté-e par la fumée; elle (une peau) est fumée

ᑳᐱᓴᒼ kwaapisam vti ♦ il/elle le fume

ᑳᐱᓵᐌᐤ kwaapisaaweu vai ♦ il/elle fait de la fumée (pour tanner une peau)

ᑳᐱᐦᑌᐅᒫᑯᓐ kwaapihteumaakun vii ♦ ça sent la fumée

ᑳᐱᐦᑌᐅᒫᑯᓲ kwaapihteumaakusuu vai -i ♦ il/elle sent la fumée

ᑳᐱᐦᑌᐤ kwaapihteu vii ♦ ça fume; c'est fumé

ᑳᐱᐦᑌᓇᒼ kwaapihtenam vti ♦ il/elle le fait fumer

ᑳᐱᐦᑐᐌᐤ kwaapihtuweu vai ♦ il/elle (par ex. un poêle) fume, fait de la fumée

ᑳᐹᐦᐄᐹᓐ kwaapahiipaan ni ♦ une écope, une louche

ᑳᐹᐦᐄᑲᓐ kwaapahiikan ni ♦ une écope, une louche, un outil servant à écoper l'eau

ᑳᐹᐦᐄᒉᐤ kwaapahiicheu vai ♦ il/elle attrape, ramasse le poisson avec une épuisette

ᑳᐹᐦᐊᒨᐌᐤ kwaapahamuweu vta ♦ il/elle vide, écope l'eau pour elle/lui

ᑳᐹᐦᐊᒼ kwaapaham vti ♦ il/elle écope l'eau, puise de l'eau

ᑳᐹᐦᐌᐤ kwaapahweu vta ♦ il/elle la/le vide avec quelque chose

ᑳᐹᐦᐋᓐ kwaapahwaan na ♦ une balance, un filet à poissons

ᑳᑯᐹᔫ kwaakupayuu vai/vii -i ♦ il/elle/ça se couvre de moisi; il/elle/ça moisit

ᑳᑯᒥᓂᑲᓐ kwaakuminikan na ♦ de la neige mise dans du bouillon fait avec des os d'orignal, de caribou pour figer la graisse

ᑳᑯᔑᓐ kwaakushin vai ♦ elle (de la viande, de la nourriture) est moisie

ᑳᑯᐦᑎᓐ kwaakuhtin vii ♦ c'est moisi (de la nourriture)

ᑳᒀᔨᒋᓀᐤ kwaakwaayichineu vta redup [Intérieur] ♦ il/elle la/le chatouille

ᑳᒀᔨᒋᓯᑌᓀᐤ kwaakwaayichisiteneu vta redup [Intérieur] ♦ il/elle lui chatouille les pieds

ᑳᒀᔨᒋᓲ kwaakwaayichisuu vai redup -i [Intérieur] ♦ il est chatouilleux, elle est chatouilleuse

ᑳᓱᐌᐱᓀᐤ kwaasuwepineu vta ♦ il/elle la/le lance du canot sur le rivage

ᑳᔾᐁᐱᓂᒼ kwaasuwepinam vti ♦ il/elle le lance du canot à la rive

ᑳᔅᑲᑎᓐ kwaaskatin vii ♦ c'est gelé sur quelque chose

ᑳᔥᑎᓐᐦ kwaashtinh ni pl ♦ des herbes vertes dans l'eau qui s'accrochent aux filets

ᑳᔑᒡ kwaasht p,manière ♦ faire quelque chose de son mieux, au meilleur de ses capacités; de toutes ses forces

ᑳᔥᐦᐁᐱᑌᐤ kwaashkwepiteu vta ♦ il/elle bouge ou déplace quelque chose et la fait rebondir, basculer ou se renverser

ᑳᔥᐦᐁᐱᑕᒼ kwaashkwepitam vti ♦ il/elle le bouge et le fait sauter, bondir, rebondir

ᑳᔥᐦᐁᐸᔫ kwaashkwepayuu vai -i ♦ il/elle se réveille en sursaut; il/elle bondit ou rebondit dans les airs

ᑳᔥᐦᐁᑯᒋᓐ kwaashkwekuchin vai ♦ il/elle rebondit

ᑳᔥᐦᐁᔑᓐ kwaashkweshin vai ♦ il/elle bondit ou rebondit

ᑳᔥᐦᐁᔥᑲᒨᐤ kwaashkweshkamuweu vta ♦ il/elle la/le fait rebondir avec son pied ou son corps (sans faire exprès)

ᑳᔥᐦᐁᔮᐱᐦᒉᐱᑕᒼ kwaashkweyaapihchepitam vti ♦ il/elle le tire et le fait bondir, rebondir (filiforme)

ᑳᔥᐦᐁᔮᒎᐦᑌᐤ kwaashkweyaachuuhteu vii ♦ ça bouillonne; ça bout à gros bouillons

ᑳᔥᐦᐁᐦᐊᒼ kwaashkweham vti ♦ il/elle l'atteint et le fait s'envoler, rebondir

ᑳᔥᐦᐁᐦᐁᐤ kwaashkwehweu vta ♦ il/elle tire dessus et la/le fait s'envoler

ᑳᔥᐦᐁᐦᑎᓐ kwaashkwehtin vii ♦ ça bondit ou rebondit; ça part en faisant des bonds

ᑳᔥᑯᐦᑐᐁᐤ kwaashkuhtuweu vta ♦ il/elle saute ou se jette sur un-e autre

ᑳᔥᑯᐦᑑ kwaashkuhtuu vai -i ♦ il/elle saute

ᑳᔥᑯᐦᑕᒼ kwaashkuhtam vti ♦ il/elle saute sur quelque chose

ᑳᔥᑳᔥᑎᑯᐦᑕᒼ kwaashkwaashtikuhtam vti redup ♦ il/elle le boit à grand bruit; il/elle en prend de grandes gorgées en faisant du bruit

ᑳᔥᑳᔥᐦᐁᐸᔨᐦᐆ kwaashkwaashkwepayihuu vai redup -u ♦ il/elle saute, sautille, bondit, fait des bonds

ᑳᔥᑳᔥᐦᐁᐸᔨᐦᐆᐙᑲᓐ kwaashkwaashkwepayihuuwaakan ni redup ♦ un jolly jumper, un exerciseur pour bébé

ᑳᔥᑳᔥᐦᐁᔮᐱᐦᒉᐱᑌᐤ kwaashkwaashkweyaapihchepiteu vta redup ♦ il/elle la/le tire et fait bondir (filiforme)

ᑳᔥᑳᔥᐦᐁᔮᒎᓲ kwaashkwaashkweyaachuusuu vai redup -u ♦ il/elle (par ex. un dumpling) tressaute, sautille en bouillant

ᑳᔥᑳᔥᑯᑕᐦᐄᐯᐤ kwaashkwaashkutahiipeu na ♦ l'artère principale du coeur, l'aorte

ᑳᔥᑳᔥᑯᒋᔒᔥ kwaashkwaashkuchishiish na dim ♦ une sauterelle

ᑳᐦᑎᑯᒋᓐ kwaahtikuchin vai ♦ il/elle boite

ᑳᐦᑯᑌᓇᒼ kwaahkutenam vti ♦ il/elle alimente le feu et fait beaucoup de chaleur

ᑳᐦᑳᐱᔒᔥ kwaahkwaapishiish na dim ♦ un papillon, un papillon nocturne, un papillon de nuit

ᒉ

ᒉ che préverbe ♦ indicateur du futur, utilisé avec des verbes au conjonctif

ᒉᒥᔅ ᐯᐃ ᓇᔅᑯᒨᐃᓐ cheimis pei naskumuwin ni ♦ la Convention de la Baie James

ᒉᔥᐱᔥ cheishpish p,temps ♦ aussi longtemps que, pendant que ∎ ᐁᐧᑖᒡ ᒉ ᐃᐦᒌᔮᓐ ᒉᔥᐱᔥ ᐧᑳ ᒋᐸᓂᓈᓂᐧᑳᒡ Je vais rester ici pendant que tu seras parti.

ᒉᑖᐦᐊᒼ chetaham vti ♦ il/elle le sort, le retire (par ex. la charge d'un fusil)

ᒉᒉᐱᔑᓅ chetaapischineu vta [Côte] ♦ il/elle l'enlève, la/le retire d'un piège en métal

ᒉᒉᐱᔑᓇᒨᐁᐤ chetaapischinamuweu vta [Côte] ♦ il/elle la/le retire du piège en métal pour quelqu'un

ᓀᑯᐁᓂᒌ **chekuwenichii** pro,question,indéfini
   ◆ qui, qui est-ce, quels ou quelles, lesquels ou lesquelles (animé, voir *check awen*) ▪ ᓀᑯᐁᓂᒌ ᐊᓂᒌ ᐯ ᒋᑐᔥᑊᐦᐤᐟ ❖ ᐊᔨᐃ ᓂᔅᒋᑐᒫᐧᐟ ᓀᑯᐁᓂᒌ ᐊᓂᒌ ᐯ ᐧᐋᒐᒫᐯᐦᐟ ▪ *Qui est venu? ❖ Je ne sais pas qui j'ai vu.*

ᓀᑯᐁᐊ **chekuwen** pro,question,indéfini
   ◆ qui, qui est-ce, quelle personne (voir aussi *check awen*) ▪ ᓀᑯᐁᐊ ᐊᐦ ᐯ ᒋᑐᔥᐦᐤᐟ ❖ ᐊᔨᐃ ᓂᔅᒋᑐᒫᐯᐤ ᓀᑯᐁᐊ ᐊᐦ ᐧᐋᒐᒫᐯᐦᐟ ▪ *Qui est venu? ❖ Je ne sais pas qui j'ai vu.*

ᓀᑯᔮᐊ **chekuyaan** p,quantité ◆ quelle sorte de peau ou de fourrure est-ce? ▪ ᓀᑯᔮᐊ ᐅᐦ ▪ *Quelle sorte de peau est-ce?*

ᓀᑲᐟ **chekat** ni -im ◆ un long manteau, un paletot, un pardessus, une pelisse, une vareuse, de l'anglais 'jacket'

ᓀᑲᐟ **chekaat** p,manière ◆ presque ▪ ᓀᑲᐟ ᐊᔨᐃ ᓃᐦᒋ ᐊᐸ"ᑌᐊᐦ ▪ *J'ai presque manqué le voyage.*

ᓀᐧᐋᒉ **chekwaache** pro,question,dubitatif
   ◆ qu'est-ce que c'est, qu'est-ce que ça peut être, je me demande ce que c'est ▪ ᓀᐧᐋᒉ ᐯ ᐊᔅᐋᑎᐦᐤ ❖ ᓀᐧᐋᒉ ᐊᐦ ᐯ ᐯᒐᒫᐊ ▪ *Qu'est-ce que ça peut bien être? ❖ Qu'est-ce que tu peux bien apporter? Je me demande ce que tu apportes.*

ᓀᐧᐋᒉᓂᐦᐄᐦ **chekwaachenihiih** pro,question,dubitatif ◆ qu'est-ce qu'ils sont (inanimé), je me demande ce qu'ils sont (voir *checkwaache*) ▪ ᓀᐧᐋᒉᓂᐦᐄᐦ ᐯ ᐊᔅᐋᑎᐦᐤᐦᐤ ❖ ᓀᐧᐋᒉᓂᐦᐄᐦ ᐊᐦ ᐯ ᐯᒐᒫᐊ ▪ *Qu'est-ce qu'ils peuvent bien être? ❖ Que sont ces choses que tu apportes? Je me demande quelles choses tu apportes.*

ᓀᐧᐋᒉᐊᐦ **chekwaachenh** pro,question,dubitatif
   ◆ qu'est-ce qu'ils sont (inanimé), je me demande ce qu'ils sont (voir *checkwaache*) ▪ ᓀᐧᐋᒉᐊᐦ ᐯ ᐊᔅᐋᑎᐦᐤᐦᐤ ❖ ᓀᐧᐋᒉᐊᐦ ᐊᐦ ᐯ ᐯᒐᒫᐊ ▪ *Qu'est-ce qu'ils peuvent bien être (inanimé)? ❖ Que sont ces choses que tu apportes? Je me demande quelles choses tu apportes.*

ᓀᐧᐋᓂᔥᒌᔥ **chekwaanishchiish** ni pej -im ◆ de vieilles choses, de vieux vêtements

ᓀᐧᐋᓂᐦᐄᐦ **chekwaanihiih** pro,question,indéfini [Eastmain] ◆ que, quoi, qu'est-ce, quelles choses (voir *checkwaan*) ▪ ᓀᐧᐋᓂᐦᐄᐦ ᐯ ᐅᑎᓂᒣᑕᐦᐤ ▪ *Qu'est-ce qu'ils ont acheté?*

ᓀᐧᐋᓃᒉ **chekwaaniiche** pro,question,dubitatif
   ◆ qu'est-ce que c'est, qu'est-ce que ça peut être, je me demande ce que c'est (moins utilisé) (voir *checkwaache*) ▪ ᓀᐧᐋᓃᒉ ᐯ ᐊᔅᐋᑎᐦᐤ ❖ ᓀᐧᐋᓃᒉ ᐊᐦ ᐯ ᐯᒐᒫᐊ ▪ *Qu'est-ce que ça peut bien être? ❖ Qu'est-ce que tu peux bien apporter? Je me demande ce que tu apportes.*

ᓀᐧᐋᐊ **chekwaan** ni -im ◆ une chose, quelque chose

ᓀᐧᐋᐊ **chekwaan** pro,question,indéfini ◆ que, quoi, qu'est-ce

ᓀᐧᐋᔨᒉ **chekwaayiche** pro,question,dubitatif
   ◆ qu'est-ce que c'est, qu'est-ce que ça peut être, je me demande ce que c'est (voir *checkwaache*) ▪ ᓀᐧᐋᔨᒉ ᐯ ᐊᔅᐋᑎᐦᒣᑕᐦᐤ ❖ ᓀᐧᐋᔨᒉ ᐊᐦ ᐯ ᐯᒐᒫᐊ ▪ *Qu'est-ce que ça peut bien être? ❖ Qu'est-ce qu'elle peut bien apporter? Je me demande ce qu'il apporte.*

ᓀᐧᐋᔨᒉᓂᐦᐄᐦ **chekwaayichenihiih** pro,question,dubitatif ◆ qu'est-ce qu'ils sont (inanimé), je me demande ce qu'ils sont (inanimé, voir *checkwaache*) ▪ ᓀᐧᐋᔨᒉᓂᐦᐄᐦ ᐯ ᐊᔅᐋᑎᐦᐤᐦᐤ ❖ ᓀᐧᐋᔨᒉᓂᐦᐄᐦ ᐊᐦ ᐯ ᐯᒐᒫᐊ ▪ *Qu'est-ce que ça peut bien être? ❖ Que peuvent bien être les choses qu'il apporte? Je me demande quelles choses elle apporte.*

ᓀᐧᐋᔨᒉᐊᐦ **chekwaayichenh** pro,question,dubitatif ◆ qu'est-ce qu'ils sont (inanimé), je me demande ce qu'ils sont (inanimé, voir *checkwaache*) ▪ ᓀᐧᐋᔨᒉᐊᐦ ᐯ ᐊᔅᐋᑎᐦᐤᐦᐤ ❖ ᓀᐧᐋᔨᒉᐊᐦ ᐊᐦ ᐯ ᐯᒐᒫᐊ ▪ *Qu'est-ce que ça peut bien être? ❖ Que peuvent bien être les choses qu'il apporte? Je me demande quelles choses elle apporte.*

ᓀᐧᐋᔫ **chekwaayuu** pro,question,indéfini
   ◆ que, quoi, qu'est-ce (voir *checkwaan*) ▪ ᓀᐧᐋᔫ ᐊᔮ ᐯ ᒥᒋᓱ ▪ *Qu'est-ce qu'elle mange?*

ᓀᐧᐋᔳᐦ **chekwaayuuh** pro,question,indéfini
   ◆ que, quoi, qu'est-ce, quelles choses (voir *checkwaan*) ▪ ᓀᐧᐋᔳᐦ ᐯ ᐅᑎᓂᒣᑕᐦᐤ ▪ *Qu'est-ce qu'ils ont acheté?*

ᓀᐧ **chekw** p,temps ◆ puis, finalement, enfin, en fin de compte, au bout du compte, en dernier lieu ▪ ᐯ ᒋᑐᐁᐊ, ᓀᐧ ᐯ ᐊᔔᑊᔫᐊ ▪ *Je jouais, puis finalement je me suis fatigué.*

ᓀᐧ **chekw** p,question ◆ quel, quelle, lequel, laquelle ▪ ᓀᐧ ᐃᔥᑴ ᐅ ▪ *Quelle est cette femme?*

ᒋᒋᑯᐱᑌᐤ **chechikupiteu** vta ♦ il/elle la/le retire, l'enlève

ᒋᒋᑯᐱᑕᒻ **chechikupitam** vti ♦ il/elle l'enlève, le retire (un vêtement)

ᒋᒋᑯᓀᐤ **chechikuneu** vta ♦ il/elle les enlève, les retire (par ex. des mitaines)

ᒋᒋᑯᓇᒻ **chechikunam** vti ♦ il/elle l'enlève, le retire (par ex. un vêtement, un piège)

ᒋᒋᑯᓴᒣᐤ **chechikusaameu** vai ♦ il/elle enlève ou retire ses raquettes

ᒋᒋᑯᓴᒣᓀᐤ **chechikusaameneu** vta ♦ il/elle lui enlève ses raquettes avec la main

ᒋᒋᒃᐚᔅᑯᓀᐤ **chechikwaaskuneu** vta ♦ il/elle l'enlève, la/le retire (par ex. une peau du cerceau)

ᒋᒋᒃᐚᔅᑯᓇᒻ **chechikwaaskunam** vti ♦ il/elle le retire, l'enlève (par ex. la peau de fourrure sur un étendeur)

ᒋᒋᔅᐱᒋᓈᑲᓀᓇᒻ **chechispichinaakanenam** vti ♦ il/elle enlève l'étui à fusil, retire le fourreau du fusil

ᒋᒋᔅᒋᐹᔫ **chechischipayuu** vai/vii -i ♦ il/elle se débrouille avec le peu qu'il/elle a; c'est à peine suffisant, c'est tout juste assez

ᒋᒋᔥ **chechisch** p,manière [Côte] ♦ à peine, de justesse, tout juste ▪ ᒋᒋᔥ ᒥ ᐃᔅᐸᔨ ᐊᓂᑦ ᐯ ᐊᔅᐱᔥ ᐋᐸᒋ ᓂᐱᒃᔪ ♦ ᒋᒋᔥ ᓂᒥ ᐃᔅᐸᔭ ᐯ ᐁᔂ ᐊᔭᔨᐊ ▪ *Il en a eu tout juste assez (il a presque manqué de vivres dans le bois).* ♦ *J'avais à peine suffisamment pour moi.*

ᒋᒋᔐᐹᐎᐤ **chechishepaawiiu** vai ♦ il/elle commence tôt le matin

ᒋᒋᔐᐹᐗᓂᔥᑳᐤ **chechishepaawanishkaau** vai ♦ il/elle se lève tôt le matin

ᒋᒋᔐᐹᐸᔫ **chechishepaapayuu** vai -i ♦ il/elle va ou part tôt le matin en véhicule

ᒋᒋᔐᐹᓃᐤ **chechishepaaniiu** vai ♦ il/elle prend ou mange son déjeuner (Canada), petit déjeuner (France)

ᒋᒋᔐᐹᓃᐦᒄ **chechishepaaniihkweu** vai ♦ il/elle déjeune, prend ou mange son déjeuner (Canada) petit déjeuner (France)

ᒋᒋᔐᐹᔭᐅᑯᐦᑉ **chechishepaayaaukuhp** ni ♦ une robe d'intérieur, une robe-tablier

ᒋᒋᔐᐹᔭᐅᒦᒋᒻ **chechishepaayaaumiichim** ni ♦ des aliments pour déjeuner ou petit déjeuner (ex. : du gruau, des oeufs, des céréales)

ᒋᒋᔐᐹᔭᐅᔅᒋᓯᓐ **chechishepaayaauschisin** ni ♦ une pantoufle, un chausson, une chaussette, une savate

ᒋᒋᔐᐹᔭᐤ **chechishepaayaau** vii ♦ c'est le matin

ᒋᒋᔐᐹᔭᐊᒉ **chechishepaayaache** p,time ♦ demain matin, dans la matinée (forme du conjonctif du verbe *chechishepaayaau*)

ᒋᒋᔐᐹᐦᑌᐤ **chechishepaahteu** vai ♦ il/elle entre ou arrive à pied tôt le matin

ᒋᒋᔐᑉ **chechishep** p,temps ♦ ce matin ▪ ᒉᐤ ᒥ ᒫᒉᐊ ᒋᒋᔐᑉ ᙾ *L'aurore était si belle ce matin.*

ᒋᒋᔥᑎᐦᐄᐸᓀᐤ **chechishtihiipeneu** vai [Côte] ♦ il/elle l'enlève ou le retire du filet (poisson)

ᒋᒋᔥᒑᐹᓀᔥᑲᒻ **chechishtaapaaneshkam** vti ♦ il/elle s'enlève la corde du toboggan

ᒉᒣᑳ **chemekaa** p,affirmative [Intérieur] ♦ oui, certainement, sûrement, indéniablement, bien sûr, ce n'est pas étonnant ▪ ᒉᒣᑳ ᓂᑉ ᑕᔪᔭ ♦ ᒉᒣᑳ ᐁᒻᒐᐤ ▪ *Certainement que j'y serai.* ♦ *Bien sûr, elle a suivi le groupe.*

ᒉᒫᓂᒻ **chemaanim** p,affirmative [Côte] ♦ oui, certainement, sûrement, bien sûr, ce n'est pas étonnant ▪ ᒉᒫᓂᒻ ᓂᑉ ᑕᔪᔭ ♦ ᒉᒫᓂᒻ ᐊᑦᒋ ᐁᑉ ᓂᑉ ᒥᒐᓯᔭ ▪ *Bien sûr que j'y serai.* ♦ *Ce n'est pas étonnant qu'elle soit malade, parce qu'elle ne mange pas assez.*

ᒉᔅᐴ **chespuu** vai -uu [Côte] ♦ il/elle mange avec appétit, voracement, avidement

ᒉᔅᑎᓈᑎᔥᑌᐤ **chestinaatishteu** vii ♦ c'est installé solidement, posé fermement

ᒉᔅᑎᓈᔅᑐᐌᐤ **chestinaastuweu** vta ♦ il/elle est certain-e que c'est ce que quelqu'un a dit

ᒋᔅᑎᓈᔅᑕᒻ **chestinaastam** vti ◆ il/elle est sûr-e, certain-e de ce qu'il/elle a entendu

ᒋᔅᑕᓵᒣᓂᐤ **chestasaameneu** vta ◆ il/elle lui enlève ses raquettes

ᒋᔅᒑᐱᔑᓂᐤ **chestaapischineu** vta ◆ il/elle l'enlève, la/le retire d'un piège en métal

ᒋᔅᒑᐱᔑᓇᒧᐌᐤ **chestaapischinamuweu** vta ◆ il/elle l'enlève, la/le retire du piège en métal pour quelqu'un

ᒋᔅᑯᐌᐤ **cheskuweu** vta ◆ il/elle la/le prend sur le fait, prend en flagrant délit

ᒋᔅᑯ **cheskuu** vai -uu [Intérieur] ◆ il/elle mange avec appétit, voracement, avidement

ᒋᔅᑳᑦ **cheskat** p,temps ◆ souvent, fréquemment, à plusieurs reprises ■ ᒋᔅᑳᑦ ᒫᐦ ᒑᑐᔦ ᐳᑎᒥ Elle vient souvent ici.

ᒋᔅᑲᒧᐌᐤ **cheskamuweu** vta ◆ il/elle est arrivé-e durant le repas et l'a aidé-e à finir le repas

ᒋᔅᑲᒻ **cheskam** vti ◆ il/elle arrive à temps pour quelque chose (par ex. l'ouverture d'un magasin)

ᒋᔅᒋᔥᑯᐌᐤ **cheschishkuweu** vta ◆ il/elle la/le rattrape à pied juste à temps

ᒋᔅᒋᔥᑲᒻ **cheschishkam** vti ◆ il/elle arrive à temps pour quelque chose en marchant (par ex. à une réunion)

ᒋᔫᐙᑦ **cheshuwaat** p,évaluative ◆ au moins, heureusement que ■ ᒋᔫᐙᒡ ᒋ ·ᐃᒡᐸᒀ ·ᐁ"ᒋ ᒡ ᒑᒍ"ᵇ Heureusement qu'elle a eu de l'aide.

ᒋᔫᐙᑦ **cheshuwaat** p,manière ◆ heureusement, par bonheur

ᒋᔥᑎᑐᐙᐸᒣᐤ **cheshtituwaapameu** vta ◆ il/elle l'aperçoit tout à coup

ᒋᔥᑎᑐᐙᐸᐦᑕᒻ **cheshtituwaapahtam** vti ◆ il/elle l'aperçoit

ᒋᔥᑎᓅ **cheshtinuu** p,temps ◆ à temps, pendant qu'il est temps, tant que, alors que, tandis que ■ ᒋᔥᑎᓅ ᒫᑉ ᒥᒑᐦ ᒦᒋᔅᵇ ◆ ᒋᔥᑎᓅ ᒫᑉ ᒡ ᒦᒋᔑᐦ Tu devrais manger pendant qu'il est temps. ◆ Mange pendant qu'il est temps.

ᒋᔥᑎᓅᔑᒋᔥᑕᒻ **cheshtinuushichishtam** vti ◆ il/elle entend ce qui se dit (sans le vouloir)

ᒋᔥᑎᓇᒻ **cheshtinam** vti ◆ il/elle l'attrape juste à temps (par ex. un avion)

ᒋᔥᑎᓈᑌᔨᒣᐤ **cheshtinaateyimeu** vta ◆ il/elle est sûr-e, certain-e à propos d'elle/de lui

ᒋᔥᑎᓈᑌᔨᐦᑕᒧᐎᓐ **cheshtinaateyihtamuwin** ni ◆ une certitude; une chose sûre, certaine

ᒋᔥᑎᓈᑌᔨᐦᑕᒻ **cheshtinaateyihtam** vti ◆ il/elle en est sûr-e, certain-e

ᒋᔥᑎᓈᑌᔨᐦᑖᑯᓐ **cheshtinaateyihtaakun** vii ◆ c'est sûr, certain, sérieux, fiable

ᒋᔥᑎᓈᑌᔨᐦᑖᑯᓲ **cheshtinaateyihtaakusuu** vai -i ◆ il/elle est fiable, digne de confiance, sûr-e

ᒋᔥᑎᓈᑎᓐ **cheshtinaatin** vii ◆ c'est solide, fixé solidement (par ex. une marche)

ᒋᔥᑎᓈᑎᓯᐤ **cheshtinaatisiiu** vai ◆ il/elle est ferme au toucher

ᒋᔥᑎᓈᑕᐴ **cheshtinaatapuu** vai -i ◆ il/elle est bien assis-e, solidement ou en sécurité

ᒋᔥᑎᓈᒋᑳᐴ **cheshtinaachikaapuu** vai -uu ◆ il/elle demeure ferme, se tient ou reste solidement debout

ᒋᔥᑎᓈᔥ **cheshtinaash** p,évaluative ◆ pour sûr, sûrement, probablement, certainement ■ ᒋᔥᑎᓈᔥ ᐊᒍ ᐳᐦᒋ ᒥᒋᔅᵇ ᒦᒎᵇ Elle n'a probablement pas trouvé de baies.

ᒋᔥᑎᓈᐦᐅᐎᓐ **cheshtinaahuwin** ni ◆ de la certitude

ᒋᔥᑎᓈᐦᐅ **cheshtinaahuu** vai -u ◆ il/elle est certain-e, sûr-e

ᒋᔥᑎᓈᐦᐆᒫᑲᓐ **cheshtinaahuumakan** vii ◆ c'est considéré comme sûr et certain

ᒋᔥᑎᐦᐄᐯᓂᐤ **cheshtihiipeneu** vai [Intérieur] ◆ il/elle l'enlève ou le retire du filet (poisson)

ᒋᔥᑎᐦᑕᒻ **cheshtihtam** vti ◆ il/elle arrive à temps pour manger

ᒋᔐᐙᐸᐦᑕᒻ **cheshtuwaapahtam** vti ◆ il/elle l'aperçoit à peine

ᒋᔐᐦᐌᐤ **cheshtuhweu** vta ◆ il/elle l'attrape, l'abat en un instant

ᒋᔥᒋᓅᓯᒋᐦᐁᐤ **cheshchinuusichiheu** vta ◆ il/elle l'a entendu-e par hasard (ancien terme)

ᒉᐢᓓᔅᑐᐧᐁᐤ cheshchinuustuweu vta
 ◆ il/elle l'entend parler sans faire exprès
ᒉᐢᓓᔅᑕᒼ cheshchinuustam vti ◆ il/elle l'entend par hasard, sans le vouloir
ᒉᐦᒉᒫᐢᑳᒋᔒᐤ chehchemaashkachishiiu vai redup ◆ il/elle porte une jupe ou robe très courte
ᒉᐦᒉᐦᒁ chehchehkw na ◆ un autour, un autour des palombes *Accipiter gentilis*

ᒋ

ᒋᐯᑲᒧᐦᐁᐤ chipekamuheu vta ◆ il/elle la/le met comme une barrière (étalé)
ᒋᐯᑲᒧᐦᑖᐤ chipekamuhtaau vai+o ◆ il/elle l'installe (étalé) comme barrière
ᒋᐯᔨᒁᐤ chipeyikweu vai ◆ son nez est congestionné, bouché
ᒋᐱᑲᐦᒉᐤ chipikahcheu vai ◆ il/elle est constipé-e
ᒋᐱᑳᐳᐤ chipikaapuu vai -uu ◆ il/elle bloque le chemin
ᒋᐱᑲᓅ chipiskanuu p,lieu ◆ au blocage d'une route, d'un chemin, d'un sentier
ᒋᐱᔑᓐ chipishin vai ◆ il/elle s'étend pour bloquer le chemin ou la voie
ᒋᐱᔥᑯᐧᐁᐤ chipishkuweu vta ◆ il/elle lui bloque le chemin
ᒋᐱᔥᑯᔦᐤ chipishkuyeu vta ◆ il/elle la/le fait s'étouffer sur quelque chose
ᒋᐱᔥᑯᔨᐯᐤ chipishkuyipeu vai ◆ il/elle a du liquide qui lui bloque la gorge
ᒋᐱᔥᑯᔨᐦᐄᐯᐤ chipishkuyihiipeu vai [Intérieur] ◆ il/elle est bloqué-e, bouché-e (par ex. cours d'eau, rivière, évier)
ᒋᐱᔥᑯᔫ chipishkuyuu vai -i ◆ il/elle s'étouffe sur une chose bloquée dans sa gorge
ᒋᐱᔥᑯᐦᐄᐯᐤ chipishkuhiipeu vai [Côte] ◆ il/elle est bloqué-e, bouché-e (par ex. cours d'eau, rivière, évier)
ᒋᐱᔥᑲᒼ chipishkam vti ◆ il/elle bloque le chemin, le passage
ᒋᐱᔥᑳᐦᒉᐤ chipishkaahcheu vai ◆ il/elle bloque le chemin

ᒋᐱᔥᒁᐦᑐᐧᐁᐳᐤ chipishkwaahtuwepuu vai -i ◆ il/elle est assis-e et bloque l'entrée ou la porte
ᒋᐱᔥᒁᐦᑐᐧᐁᑳᐳᐤ chipishkwaahtuwekaapuu vai -uu ◆ il/elle est debout dans l'entrée, se tient dans la porte, bloque la sortie
ᒋᐱᔥᒁᐦᑐᐧᐁᔑᓐ chipishkwaahtuweshin vai -i ◆ il/elle est étendu-e et bloque l'entrée
ᒋᐱᔥᒁᐦᑐᐧᐁᔥᑖᐤ chipishkwaahtuweshtaau vai+o ◆ il/elle le met dans l'entrée (pour bloquer le passage)
ᒋᐱᔥᒁᐦᒡ chipishkwaahch p,lieu ◆ à l'entrée, à la porte, sur le seuil
ᒋᐱᐦᑌᐧᐃᓐ chipihtewin ni ◆ de la surdité
ᒋᐱᐦᑌᐤ chipihteu vai ◆ son ouïe est bloquée
ᒋᐱᐦᑌᐸᔫ chipihtepayuu vii -i ◆ son ouïe se bouche
ᒋᐱᐦᑎᓀᐤ chipihtineu vta ◆ il/elle arrête son mouvement de la main
ᒋᐱᐦᑎᓇᒼ chipihtinam vti ◆ il/elle l'immobilise, l'arrête de bouger avec la main
ᒋᐱᐦᑐᐧᐁᐅᐦᖍᓱᐤ chipihtuweuhaausuu vai -u ◆ il/elle arrête les pleurs du bébé
ᒋᐱᐦᑐᐧᐁᐤ chipihtuweu vai ◆ il/elle arrête de pleurer, de parler
ᒋᐱᐦᑐᐧᐁᐦᐁᐤ chipihtuweheu vta ◆ il/elle l'arrête ou l'empêche de pleurer
ᒋᐱᐦᑕᑳᐤ chipihtakaau vii ◆ c'est bloqué par une planche
ᒋᐱᐦᑖᔒᑯᐤ chipihtaashikuu vii -uu ◆ ça arrête de saigner, de couler (par ex. de l'eau)
ᒋᐱᐦᒁᑖᐤ chipihkwetaau vai+o [Côte] ◆ il/elle le garde chargé (fusil)
ᒋᐱᐦᒁᔮᐤ chipihkweyaau vii [Côte] ◆ c'est chargé (un fusil)
ᒋᐱᐦᒋᐱᐦᒋᐸᔫ chipihchipihchipayuu vai/vii redup -i ◆ il/elle/ça arrête et repart plusieurs fois
ᒋᐱᐦᒋᐸᔨᐦᐁᐤ chipihchipayiheu vta ◆ il/elle l'empêche de remuer
ᒋᐱᐦᒋᐸᔨᐦᑖᐤ chipihchipayihtaau vai+o ◆ il/elle l'arrête, l'empêche de bouger

ᒋᐯᐦᒋᐸᔪ **chipihchipayuu** vai/vii -i
• il/elle s'arrête tout-e seul-e; ça cesse; il/elle cesse de respirer, rend son dernier soupir

ᒋᐯᐦᒋᑰᓐ **chipihchikuun** vii [Intérieur]
• ça arrête de saigner, de couler (par ex. de l'eau)

ᒋᐯᐦᒋᑳᐴ **chipihchikaapuu** vai -uu
• il/elle s'arrête de marcher, s'immobilise

ᒋᐯᐦᒋᓇᒻ **chipihchinam** vti • il/elle l'arrête avec sa main

ᒋᐯᐦᒋᐦᐁᐤ **chipihchiheu** vta • il/elle l'arrête (par ex. une motoneige, en voiture)

ᒋᐯᐦᒋᐦᑖᐤ **chipihchihtaau** vai+o • il/elle l'arrête, l'éteint (machine)

ᒋᐯᐦᒋᐤ **chipihchiiu** vai • il/elle arrête, s'arrête, s'éteint, cesse (de fonctionner, de marcher, de bouger, de courir)

ᒋᐳᐱᑌᐤ **chipupiteu** vta • il/elle la/le ferme avec une fermeture éclair

ᒋᐳᐱᑕᒻ **chipupitam** vti • il/elle tire la fermeture éclair

ᒋᐳᐱᒋᑲᓐ **chipupichikan** ni • une fermeture éclair, une fermeture à glissière

ᒋᐳᑎᔕᐦᐁᐤ **chiputishahweu** vta
• il/elle fait exprès de lui bloquer le chemin

ᒋᐳᑐᓀᐤ **chiputuneneu** vta • il/elle lui couvre, ferme la bouche avec la main

ᒋᐳᑐᓀᓂᓲ **chiputunenisuu** vai reflex -u
• il/elle se couvre la bouche avec la main

ᒋᐳᑐᓀᔮᐳᐦᑳᓱᓐ **chiputuneyaapuhkaasun** ni • une écharpe, un foulard, un cache-nez, litt. 'un couvre-bouche'

ᒋᐳᑐᓀᔮᐱᐦᑳᓲ **chiputuneyaapihkaasuu** vai -u • il/elle attache quelque chose pour fermer ou couvrir sa bouche (par ex. un masque chirurgical)

ᒋᐳᑐᓀᐦᐁᐤ **chiputunehweu** vta • il/elle lui ferme la bouche; il/elle empêche quelqu'un de parler en lui couvrant la bouche

ᒋᐳᑐᓀᐦᐱᓲ **chiputunehpisuu** vai reflex
• il/elle attache quelque chose pour se couvrir la bouche

ᒋᐳᑐᓀᐦᐱᓲᓐ **chiputunehpisun** ni • un masque

ᒋᐳᑖᒥᓀᐤ **chiputaamineu** vta • il/elle l'étrangle, l'étouffe

ᒋᐳᑖᒥᔥᑯᐁᐤ **chiputaamishkuweu** vta
• il/elle l'étouffe avec son corps

ᒋᐳᑖᒨ **chiputaamuu** vai -u • il/elle suffoque

ᒋᐳᑖᒫᐱᐦᑳᓲ **chiputaamaapihkaasuu** vai -u
• il/elle s'étrangle, est étranglé-e par un objet filiforme

ᒋᐳᑖᒫᑯᓀᐤ **chiputaamaakuneu** vai
• il/elle est étouffé-e, suffoqué-e par la neige

ᒋᐳᑖᒫᔓ **chiputaamaashuu** vai -i • le vent lui coupe le souffle

ᒋᐳᑖᒫᐦᑲᓯᐁᐤ **chiputaamaahkasweu** vta
• il/elle l'asphyxie avec un feu

ᒋᐳᑖᒫᐦᑲᓲ **chiputaamaahkasuu** vai
• il/elle suffoque ou meurt d'asphyxie dans un incendie ou un feu

ᒋᐳᑖᐦᑕᒻ **chiputaahtam** vti • il/elle suffoque

ᒋᐳᒀᑌᐤ **chipukwaateu** vta • il/elle la/le ferme en cousant

ᒋᐳᒀᑕᒻ **chipukwaatam** vti • il/elle le ferme en cousant, avec une couture

ᒋᐳᒡ **chipuchuu** vai -i • il/elle mange de la graisse et ça lui fige dans la gorge

ᒋᐳᓀᐤ **chipuneu** vta • il/elle le/la tient fermé-e; il/elle le/la restreint en lui bloquant le chemin

ᒋᐳᓇᒻ **chipunam** vti • il/elle le tient fermé

ᒋᐳᓯᑯᒢᐃᓐ **chipusikuchuwin** vii • c'est un embâcle

ᒋᐳᓯᑯᒣᐤ **chipusikumeu** vai/vii • il/elle est bloqué-e par la glace; c'est bloqué par la glace

ᒋᐳᓯᒀᐤ **chipusikwaau** vii • c'est bloqué par la glace (une rivière)

ᒋᐳᓲ **chipusuu** vai -i • il/elle est bouché-e ou bloqué-e (par ex. un tuyau)

ᒋᐳᓴᑳᐌᔑᓐ **chipusakaaweshin** vai
• il/elle est bloqué-e par des buissons, des broussailles

ᒋᐳᓴᑳᐤ **chipusakaau** vii • c'est bloqué par des broussailles, des arbustes

ᒋᐴᔅᒋᐧᐁᐤ chipuschuweu vii ♦ c'est bouché ou bloqué par de la boue

ᒋᐴᔅᒌᑖᐤ chipuschuutaau vai+o ♦ il/elle le bloque ou bouche avec de la boue

ᒋᐴᔅᒌᒋᓀᐤ chipuschuuchineu vta ♦ il/elle la/le bouche de la main avec de la boue

ᒋᐴᔅᒌᒋᓇᒻ chipuschuuchinam vti ♦ il/elle le bloque avec de la boue en utilisant ses mains

ᒋᐴᔅᒍᐦᐁᐤ chipuschuuheu vta ♦ il/elle la/le bouche avec de la boue

ᒋᐳᔑᓐ chipushin vai ♦ il/elle bloque quelque chose, il/elle est pris-e, bloqué-e ou coincé-e (par ex. dans un trou)

ᒋᐳᔥᑕᐦᐊᒻ chipushtaham vti ♦ il/elle le ferme en cousant, avec une couture (par ex. une fente, une ouverture)

ᒋᐳᔥᑕᐦᐁᐤ chipushtahweu vta ♦ il/elle la/le ferme en cousant (un pantalon)

ᒋᐳᐦᑎᓐ chipuhtin vii ♦ c'est bloqué par quelque chose

ᒋᐳᐦᑖᑕᒧᐋᔅᐱᓀᐎᓐ chipuhtaatamuaaspinewin ni ♦ de l'asthme

ᒋᐸᐦ chipah préverbe ♦ devrais, devrait; voudrais, voudrait (utilisé seulement avec la deuxième ou troisième personne de verbes indépendants)

ᒋᐸᐦᐄᑲᓐ chipahiikan ni ♦ un couvercle, un capuchon, un bouchon

ᒋᐸᐦᐄᒉᐸᔫ chipahiichepayuu vai/vii -i ♦ il/elle/ça ferme; c'est fermé par quelque chose

ᒋᐸᐦᐅᐧᐁᓲ chipahuwesuu na -siim [Côte] ♦ un policier

ᒋᐸᐦᐅᐧᐁᓲᑖᐹᓐ chipahuwesuutaapaan ni [Côte] ♦ une voiture de police, une auto-patrouille

ᒋᐸᐦᐅᐧᐁᓲᑲᒥᒄ chipahuwesuukamikw ni ♦ un poste de police

ᒋᐸᐦᐅᑑᑲᒥᒄ chipahutuukamikw ni ♦ une prison

ᒋᐸᐦᐊᒧᐁᐤ chipahamuweu vta ♦ il/elle la/le ferme pour elle/lui

ᒋᐸᐦᐊᒻ chipaham vti ♦ il/elle le ferme

ᒋᐸᐦᖄᐹᐧᓐ chipahaapwaan ni ♦ de la bourre de cartouche

ᒋᐸᐦᐁᐤ chipahweu vta ♦ il/elle la/le ferme; il/elle la/le referme sur elle/lui; il/elle la/le met en prison

ᒋᐸᐦᐋᑲᓐ chipahwaakan na ♦ un prisonnier, une prisonnière, un détenu, une détenue

ᒋᐸᐦᒋᐸᐦᐄᐸᔫ chipahchipahiipayuu vai/vii redup -i ♦ il/elle/ça ouvre et ferme, comme un soufflet

ᒋᐹᐯᑲᒧᐦᐁᐤ chipaapekamuheu vta ♦ il/elle s'en sert comme barrière, fermé-e (filiforme)

ᒋᐹᐯᑲᒧᐦᑖᐤ chipaapekamuhtaau vai+o ♦ il/elle le tient fermé (filiforme), comme une barrière

ᒋᐹᐱᔅᑲᐦᐊᒻ chipaapiskaham vti ♦ il/elle le ferme avec un verrou, le verrouille

ᒋᐹᔅᑯᒧᐦᐁᐤ chipaaskumuheu vta ♦ il/elle l'utilise comme une barricade (long et rigide)

ᒋᐹᔅᑯᒧᐦᑖᐤ chipaaskumuhtaau vai+o ♦ il/elle s'en sert (long et rigide) comme barricade

ᒋᐹᔅᑯᐦᐄᑲᓐ chipaaskuhiikan ni ♦ une planche servant à fermer une ouverture; une porte, un portillon, une barrière; une barre transversale ou horizontale

ᒋᐧᐹᐦᑴᐤ chipwaauhkweu vii ♦ c'est bloqué ou bouché par du sable

ᒋᐧᐹᐦᑳᐦᐊᓐ chipwaauhkaahan vii ♦ c'est bloqué par du sable entraîné par les vagues

ᒋᐧᐹᐤ chipwaau vii ♦ c'est fermé, bloqué

ᒋᐧᐹᐱᓀᐤ chipwaapineu vta ♦ il/elle lui ferme les yeux avec la main

ᒋᐧᐹᐱᔅᑳᐤ chipwaapiskaau vii ♦ c'est bloqué par des rochers

ᒋᐧᐹᐱᔥᑲᔥᑌᐤ chipwaapishkashteu vii ♦ il y a un rocher qui bloque le chemin

ᒋᐧᐹᐱᐦᑳᑌᐤ chipwaapihkaateu vta ♦ il/elle la/le ferme en l'attachant

ᒋᐧᐹᐱᐦᑳᑕᒻ chipwaapihkaatam vti ♦ il/elle le ferme en l'attachant

ᒋᐧᐹᐱᐦᒉᓲ chipwaapihchesuu vai -i ♦ il/elle est bloqué-e, bouché-e (tubulaire, par ex. un boyau)

ᒋᐧᐹᐴ chipwaapuu vai ♦ il/elle a les yeux étroits, bridés, à moitié fermés

ᒋᐹᑯᓄ **chipwaakuneu** vai/vii ♦ il/elle est bloqué-e par la neige; c'est bloqué par la neige

ᒋᐹᑲᓱ **chipwaakasuu** vai-u ♦ il est prisonnier, elle est prisonnière, il/elle est bloqué-e par les flammes

ᒋᐹᔅᐱᑌᐤ **chipwaaspiteu** vta ♦ il/elle la/le ferme en laçant

ᒋᐹᔅᐱᑕᒼ **chipwaaspitam** vti ♦ il/elle le ferme en le laçant

ᒋᐹᔅᐱᑖᑲᓐ **chipwaaspitaakan** ni ♦ une fermeture, un bordage fermant le haut d'un sac fait de peau de patte de caribou

ᒋᐹᔅᐱᒋᑲᓐ **chipwaaspichikan** ni ♦ une corde, un cordon, une ficelle pour fermer un sac

ᒋᐹᔅᑯᔥᑕᐦᐄᑲᓈᐦᑎᒄ **chipwaaskushtahiikanaahtikw** ni [Côte] ♦ une broche, une brochette

ᒋᐹᔅᑯᔥᑕᐦᐌᐤ **chipwaaskushtahweu** vta [Côte] ♦ il/elle ferme l'ouverture avec une brochette (un animal, un oiseau à rôtir)

ᒋᐹᔅᑯᐦᐄᑲᓈᐦᑎᒄ **chipwaaskuhiikanaahtikw** ni ♦ un bâton qui sert à fermer la porte d'une tente

ᒋᐹᔅᑯᐦᐊᒼ **chipwaaskuham** vti ♦ il/elle le bloque avec un objet long et rigide

ᒋᐹᔅᑯᐦᐌᐤ **chipwaaskuhweu** vta ♦ il/elle la/le bloque avec quelque chose de long et rigide

ᒋᐹᔥᑯᔥᑕᐦᐄᑲᓈᐦᑎᒄ **chipwaashkushtahiikanaahtikw** ni ♦ une broche de bois qui ferme la cavité abdominale d'un animal ou d'un oiseau pendant la cuisson

ᒋᐹᐦᔫᑰ **chipwaahuukuu** vai-u ♦ il/elle est retenu-e, retardé-e par des vents forts

ᒋᐹᐦᑲᑎᓱ **chipwaahkatisuu** vai-u ♦ il/elle sèche jusqu'à se refermer (par ex. une peau)

ᒋᑐᔅ **chituus** nad ♦ ta tante (la soeur de ta mère, la femme du frère de ton père), ta belle-mère (la femme de ton père qui n'est pas ta mère)

ᒋᑐᔑᒥᔅᑴᒴ **chituushimiskwem** nad ♦ ta nièce, ta belle-fille

ᒋᑐᔑᒼ **chituushim** nad ♦ ton neveu, ton beau-fils

ᒋᑖᓂᔅ **chitaanis** nad ♦ ta fille

ᒋᑯᔅ **chikus** nad ♦ ton fils

ᒋᑰᐙᑌᐤ **chikuuwateu** vai ♦ il/elle est assis-e avec son sac sur le dos

ᒋᑰᐯᔑᓐ **chikuupeshin** vai ♦ il/elle s'allonge avec des vêtements mouillés

ᒋᑰᔖᓄ **chikuushaaneu** na ♦ un orignal femelle gravide qui se déplace encore avec le petit de l'année précédente

ᒋᑲ **chika** préverbe ♦ indicateur du futur pour la deuxième ou troisième personne de verbes indépendants

ᒋᑲᒧᐙᑯᓀᔑᓐ **chikamuwaakuneshin** vai ♦ il/elle est pris-e dans la neige

ᒋᑲᒧᐙᑯᓀᐦᑎᓐ **chikamuwaakunehtin** vii ♦ c'est pris dans la neige

ᒋᑲᒧᐯᒋᔑᓐ **chikamupechishin** vai ♦ il/elle est coincé-e dans la neige fondue

ᒋᑲᒧᐯᒋᔑᓐ **chikamupechishin** vai ♦ il/elle est pris-e dans la neige fondante sur la glace

ᒋᑲᒧᔔᐌᐤ **chikamuschuweu** vai ♦ il/elle est pris-e ou enlisé-e dans la boue

ᒋᑲᒧᔑᓐ **chikamushin** vai ♦ il/elle est pris-e (par ex. dans la neige)

ᒋᑲᒧᔥᑯᐯᒋᔑᓐ **chikamushkupechishin** vai [Intérieur] ♦ il/elle est coincé-e sur la glace dans la neige fondue

ᒋᑲᒧᐦᐁᐤ **chikamuheu** vta ♦ il/elle la/le colle dessus

ᒋᑲᒧᐦᑎᓐ **chikamuhtin** vii ♦ c'est pris (par ex. dans la neige)

ᒋᑲᒧᐦᑖᐤ **chikamuhtaau** vai+o ♦ il/elle le pose ou colle dessus

ᒋᑲᒧ **chikamuu** vai/vii-u ♦ il/elle est accroché-e, collé-e dessus; c'est accroché, collé dessus

ᒋᑳᒫᑯᓀᔑᓐ **chikamwaakuneshin** vai ♦ il/elle est pris-e dans la neige

ᒋᑲᓵᒣᐤ **chikasaameu** vai ♦ il/elle porte des raquettes

ᒋᑲᔅᒋᐴ **chikaschipuu** vai-u ♦ il/elle mange de la viande crue

ᒋᑲᔅᒋᑌᓄᐌᐤ **chikaschitenuweu** vai [Côte] ♦ il/elle ne cuit pas suffisamment la nourriture, ne fait pas assez cuire les aliments

ᑭᑲᔅᑎᑐ chikaschituu vai -u ♦ il/elle est cru-e

ᑭᑲᔅᑎᓄᐁᐤ chikaschinuweu vai ♦ il/elle ne cuit pas suffisamment la nourriture, ne fait pas assez cuire les aliments

ᑭᑲᔅᒋᓯᓀᐤ chikaschisineu vai ♦ il/elle porte ou a mis ses souliers, ses mocassins

ᑭᑲᔅᒋᓯᓀᔑᐣ chikaschisineshin vai ♦ il/elle est étendu-e ou couché-e avec ses souliers ou chaussures

ᑭᑲᔅᒋᓯᓀᐦᑾᒨ chikaschisinehkwaamuu vai -u ♦ il/elle dort avec ses souliers ou chaussures

ᑭᑲᔥᑐᑎᓀᐤ chikashtutineu vai ♦ il/elle porte son chapeau, sa casquette

ᑭᑲᔥᑲᐦᐄᓄᐁᐤ chikashkahiinuweu vta ♦ il/elle distribue de la viande crue

ᑭᑲᔥᑳᐤ chikashkaau vii ♦ c'est cru

ᑭᑲᔥᑳᔅᑲᐣ chikashkaaskun vii ♦ c'est un bâton vert

ᑭᑲᔥᑳᔅᑯᓱ chikashkaaskusuu vai -i ♦ c'est un bâton ou un arbre vert

ᑭᑲᔥᑳᐦᑎᐠ chikashkaahtikw ni -um ♦ du bois vert

ᑭᑲᐦᐊᒉᐤ chikahacheu vai ♦ il (un poisson) a encore ses écailles, n'a pas encore été écaillé

ᑭᑲᐦᐊᒫᐳᐃᐣ chikahamaapuwin ni ♦ une fourchette, une fourche

ᑭᑲᐦᐊᒼ chikaham vti ♦ il/elle le pique

ᑭᑲᐦᐌᐤ chikahweu vta ♦ il/elle la/le pique; il/elle joue au billard

ᑭᑲᐦᑫᐹᔪ chikahkwepayuu vai -i ♦ il/elle tombe la tête la première

ᑭᑳᐧᐃ chikaawii nad [Intérieur] ♦ ta mère

ᑭᑳᑯᓀᐤ chikaakuneu vai ♦ il/elle entre couvert-e de neige

ᑭᑳᓯᑯᓱ chikaasikusuu vai -i ♦ il/elle s'amincit (glace), rétrécit

ᑭᑳᓯᒃᐚᐤ chikaasikwaau vii ♦ ça rétrécit (la glace)

ᑭᑳᓱ chikaasuu vai -i ♦ il/elle s'amincit, rétrécit

ᑭᑳᔮᐤ chikaayaau vii ♦ ça rétrécit

ᑭᑳᔮᐱᔅᑳᐤ chikaayaapiskaau vii ♦ c'est un passage dans un rocher

ᑭᑳᔮᔅᑯᔨᐌᐤ chikaayaaskuyiweu vai ♦ il/elle a la taille fine

ᑭᑳᐦᑯᓀᐤ chikaahkuneu vai ♦ il/elle a une écharde

ᑭᑳᐦᑯᓂᑎᐦᒑᐣ chikaahkunitihchaan ni ♦ le rétrécissement du poignet

ᑭᑳᐦᑯᐣ chikaahkun ni ♦ le rétrécissement de la cheville

ᒋᒋᐱᐦᑫᑖᐤ chichipihkwetaau vai+o [Intérieur] ♦ il/elle le garde chargé (fusil)

ᒋᒋᐱᐦᑫᔮᐤ chichipihkweyaau vii [Intérieur] ♦ c'est chargé (un fusil)

ᒋᒋᓀᐤ chichineu vta [Côte] ♦ il/elle court vers elle/lui

ᒋᒋᓄᐁᐤ chichinuweu vta [Intérieur] ♦ il/elle court vers elle/lui

ᒋᒋᓯᒨ chichisimuu vai ♦ il/elle boit à même l'eau de la rivière, du ruisseau ou du lac, sans prendre une tasse

ᒋᒋᓵᐅᐦᐊᒼ chichisaauham vti ♦ il/elle le cloue

ᒋᒋᔑᐣ chichishin vai ♦ il/elle tombe et se blesse sur quelque chose ou est transpercé-e par quelque chose

ᒋᒋᔥᑯᐌᐤ chichishkuweu vta ♦ il/elle la/le porte

ᒋᒋᔥᑲᒧᑎᔦᐤ chichishkamutiyeu vta [Intérieur] ♦ il/elle la/le met sur quelqu'un

ᒋᒋᔥᑲᒼ chichishkam vti ♦ il/elle le porte

ᒋᒋᐦᑖᐅᐸᔪ chichihtaaupayuu vai/vii -i [Intérieur] ♦ il/elle/ça pénètre, s'enfonce dans (par ex. de la boue)

ᒋᒋᐦᑖᐅᔥᒎᒋᐸᔪ chichihtaauschuuchipayuu vai/vii -i [Intérieur] ♦ il/elle/ça s'enfonce dans la boue

ᒋᒑᒣᐤ chichaameu vta ♦ il/elle la/le salit avec de la merde (par ex. un pantalon)

ᒋᒑᐦᑕᒼ chichaahtam vti ♦ il/elle le salit avec de la merde, des excréments

ᒋᒣᑲᐣ chimekan vii ♦ c'est coupé (étalé)

ᒋᒣᒋᐱᑌᐤ chimechipiteu vta ♦ il/elle en déchire un morceau (étalé)

ᒋᒣᒋᐱᑕᒼ chimechipitam vti ♦ il/elle en déchire un morceau (étalé)

ᒋᒣᒋᐸᔪ chimechipayuu vai/vii -i ♦ il/elle/ça se déchire (étalé)

ᒋᒣᒋᓱ chimechisuu vai -i ♦ il/elle est coupé-e (étalé)

ᑎᒣᔨᐊᐤ chimeyikweu vai [Intérieur]
 • il/elle a le nez retroussé ou camus
ᑎᒣᔨᑯᒣᐤ chimeyikumeu vai [Intérieur]
 • il/elle a le nez retroussé ou camus
ᒋᒥᐱᑌᐤ chimipiteu vta • il/elle la/le déchire
ᒋᒥᐱᑐᓀᐤ chimipituneu vai • il/elle a un bras amputé ou coupé
ᒋᒥᐱᑐᓀᐦᑰ chimipitunehukuu vai
 • il/elle a eu un bras coupé ou amputé par un instrument
ᒋᒥᐱᑐᓀᐦᐌᐤ chimipitunehweu vta
 • il/elle coupe le bras de quelqu'un avec un instrument, une machine
ᒋᒥᐱᑕᒨᔦᐤ chimipitamuyeu vta • il/elle (un animal) s'est échappé-e de son piège, en y laissant une patte
ᒋᒥᐱᑕᒻ chimipitam vti • il/elle l'arrache, il (un animal) s'arrache une patte prise dans un piège
ᒋᒥᐳᑖᐤ chimiputaau vai+o • il/elle le scie, coupe à la scie
ᒋᒥᐳᑖᑲᓈᐦᑎᒄ chimiputaakanaahtikw ni
 • un chevalet de sciage
ᒋᒥᐳᒋᑲᓐ chimipuchikan ni • une pièce de bois sciée
ᒋᒥᐳᔦᐤ chimipuyeu vta • il/elle la/le scie
ᒋᒥᑌᐤ chimiteu vii • c'est dressé, érigé, monté
ᒋᒥᑌᔮᐱᐦᑌᐤ chimiteyaapihteu vii • la fumée monte tout droit
ᒋᒥᑌᐦᑯᔦᐤ chimitehkuyeu vii • les flammes montent tout droit
ᒋᒥᑎᐦᒉᐤ chimitihcheu vai • il/elle a un doigt amputé, coupé
ᒋᒥᑖᐤ chimitaau vai+o • il/elle l'installe, le monte ou dresse (par ex. une tente)
ᒋᒥᑖᓐ chimitaan vii • il cesse de pleuvoir; la pluie s'arrête ▪ ᐊᓐ ᒋᒥᑖᓐ
ᒋᒥᑲᕽ chimikaham vti • il/elle le tranche, le fend
ᒋᒥᑲᐦᐌᐤ chimikahweu vta • il/elle la/le coupe, fait tomber (long et rigide)
ᒋᒥᑲᐦᑎᒄᐌᐦᐊᒫᐤ chimikahtikwehamaau vai • il/elle se raccourcit la frange ou le toupet
ᒋᒥᑳᑌᐤ chimikaateu vai • il/elle a une jambe amputée ou coupée
ᒋᒥᑳᑌᐸᔫ chimikaatepayuu vai-i
 • il/elle a une jambe déchirée (par ex. pantalon)
ᒋᒥᑳᑌᔥᐌᐤ chimikaateshweu vta • il/elle coupe la jambe de quelqu'un, coupe la jambe d'un pantalon trop court
ᒋᒥᒣᐤ chimimeu vta • il/elle l'arrache en mordant
ᒋᒥᓀᐤ chimineu vta • il/elle en brise un morceau avec la main
ᒋᒥᓂᐢᑲᑑᐦᑕᒄ chiminiskatuuhtakw ni
 • un arbre sec, cassé; une souche d'arbre
ᒋᒥᓂᔥᒋᐸᔫ chiminischipayuu vii-i
 • c'est un arbre sec et cassé
ᒋᒥᓇᒻ chiminam vti • il/elle en casse un morceau à la main
ᒋᒥᓯᑯᔑᒣᐤ chimisikushimeu vta • il/elle s'en fait briser un morceau par la glace
ᒋᒥᓯᑯᐦᑎᑖᐤ chimisikuhtitaau vai+o
 • il/elle s'en fait briser un morceau par la glace ▪ ᓐ ᒋᒥᓯᑯᐦᑎᑖᐤ ᐅᒻᐹ ᑳ ᐊ ᐚᐦᐸᐦᒃ ▪ Il a brisé un morceau de son ciseau à glace quand il a essayé de creuser un trou dans la glace.
ᒋᒥᓲ chimisuu vai-i • il/elle s'élève, est debout ou dressé-e (arbre)
ᒋᒥᓵᐦᐁᐤ chimisaaheu vta • il/elle lui essuie le derrière
ᒋᒥᓵᐦᐊᓐ chimisaahun ni • du papier de toilette, du papier hygiénique; ce qui sert à s'essuyer le derrière
ᒋᒥᓵᐦᐆ chimisaahuu vai-u • il/elle s'essuie le derrière
ᒋᒥᓵᐦᑎᔦᔑᒨ chimisaahtiyeshimuu vai-u
 • il (un chien) s'essuie le derrière sur quelque chose
ᒋᒥᔅ chimis nad • ta soeur aînée
ᒋᒥᔅᐳᑖᓐ chimisputaan vii • il cesse de neiger; la neige arrête de tomber
ᒋᒥᔥᐌᐤ chimishweu vta • il/elle la/le coupe court
ᒋᒥᔑᑳᒉᐤ chimishikaacheu vai • il/elle coupe des choses avec
ᒋᒥᔕᒧᐌᐤ chimishamuweu vta • il/elle en coupe un morceau pour elle/lui
ᒋᒥᔕᒻ chimisham vti • il/elle le tranche complètement
ᒋᒥᔥᑎᒀᓀᐤ chimishtikwaaneu vai • sa tête est coupée

ᒋᒻᐲᑲᐧᓀᔑᐧ chimishtikwaaneshweu vta ♦ il/elle lui coupe la tête

ᒋᒻᔥᑎᓐ chimishtin vii ♦ il arrête de venter; le vent se calme

ᒋᒥᔦᐤ chimiyeu vta ♦ il/elle le/la met debout, met en place, dresse

ᒋᒥᔨᐧᐁᐤ chimiyiweu vai ♦ la partie inférieure de son corps est amputée

ᒋᒥᐦᐄᑲᓐ chimihiikan ni ♦ une entaille dans un arbre, un billot; des marques d'abattage

ᒋᒥᐦᐄᔅᑲᓐ chimihiiskaan ni-im ♦ une souche, la base d'un arbre

ᒋᒥᐦᐊᒫᐤ chimihamaau vai ♦ il/elle se coupe les cheveux courts

ᒋᒥᐦᑕᒼ chimihtam vti ♦ il/elle le mord, l'arrache avec les dents

ᒋᒦᐧᐁᐤ chimiiweu vii ♦ le vent se calme; il arrête de venter

ᒋᒧᐄᓅᒋᔑᔥ chimuwineuchishiish na dim ♦ une grive à dos olive *Catharus ustulatus*, une grive solitaire *Catharus guttatus*

ᒋᒧᐃᓂᐱᔦᔑᔥ chimuwinipiyeshiish na dim ♦ une sorte de paruline, littéralement 'l'oiseau de pluie'

ᒋᒧᐃᓂᐸᔨᒌᔅ chimuwinipayichiis na ♦ des pantalons de pluie

ᒋᒧᐃᓂᐸᔫ chimuwinipayuu vii-i ♦ c'est une pluie soudaine; il commence à pleuvoir tout d'un coup

ᒋᒧᐃᓂᔓ chimuwinishuu vai-i ♦ il/elle est surpris-e par la pluie, pris-e sous la pluie

ᒋᒧᐃᓇᑯᐦᑉ chimuwinakuhp ni ♦ un imperméable, un imper, un manteau de pluie, un ciré, un froc

ᒋᒧᐃᓇᔥᑐᑎᓐ chimuwinashtutin ni ♦ un chapeau de pluie, un suroît

ᒋᒧᐃᓈᐴ chimuwinaapuu ni ♦ de l'eau de pluie, de l'eau pluviale

ᒋᒧᐃᓐ chimuwin vii ♦ c'est pluvieux; il pleut

ᒋᒧᑎᑴᐤ chimutikweu vai ♦ il/elle vole le gibier dans les collets

ᒋᒧᑎᔅᒃ chimutisk na ♦ un voleur, une voleuse

ᒋᒧᑑ chimutuu vai-i ♦ il/elle vole

ᒋᒧᑑᐃᓐᐦ chimutuuwinh ni pl ♦ des biens volés

ᒋᒧᑕᒧᐧᐁᐤ chimutamuweu vta ♦ il/elle lui vole quelque chose

ᒋᒧᑕᐦᐁᐤ chimutaheu vta ♦ il/elle vole d'une personne pour quelqu'un d'autre

ᒋᒧᑕᐦᐄᐯᐤ chimutahiipeu vai ♦ il/elle vole le poisson dans les filets

ᒋᒧᑲᐦᐄᑲᓐ chimukahiikan ni ♦ attraper des poissons en les effrayant pour les faire entrer dans un filet

ᒋᒧᒋᐯᐤ chimuchipeu vai ♦ il/elle vole un verre d'alcool

ᒋᒧᔅᒋᓲ chimuschisuu vai-i ♦ il/elle est détrempé-e, trempé-e, mouillé-e

ᒋᒧᔥᒎᑳᐤ chimuschuukaau vii ♦ c'est un endroit boueux

ᒋᒧᔔᒻ chimushum nad ♦ ton grand-père

ᒋᒧᔥᑳᐤ chimushkaau vii ♦ c'est mouillé, trempé, détrempé

ᒋᒧᔥᑳᐹᐧᐁᐤ chimushkaapwaaweu vii ♦ c'est complètement mouillé, trempé

ᒋᒨᒋᐯᐤ chimuuchipeu vai ♦ il/elle prend un verre en cachette, vole de l'alcool

ᒋᒪᐦᐊᒼ chimaham vti ♦ il/elle le coupe (par ex. du bois)

ᒋᒪᐦᐋᑎᑴᔮᐤ chimahaatikweyaau vii ♦ c'est une zone de coupe à blanc

ᒋᒪᐦᐋᐦᑎᑴᐤ chimahaahtikweu vai ♦ il/elle coupe des perches

ᒋᒫᐤ chimaau vii ♦ c'est amputé, coupé court

ᒋᒫᐯᑲᓐ chimaapekan vii ♦ c'est coupé (filiforme)

ᒋᒫᐯᒋᓲ chimaapechisuu vai-i ♦ il/elle est coupé-e (filiforme)

ᒋᒫᐱᔅᑳᐤ chimaapiskaau vii ♦ c'est coupé court (métal)

ᒋᒫᐱᔅᒋᓲ chimaapischisuu vai-i ♦ il/elle est coupé-e (métal) trop court

ᒋᒫᐳᑌᐤ chimaaputeu vii ♦ c'est brisé ou arraché et entraîné par l'eau

ᒋᒫᔅᑴᔮᐤ chimaaskweyaau vii ♦ c'est un secteur où les arbres semblent avoir été coupés

ᒋᒫᔅᑯᓐ chimaaskun vii ♦ c'est coupé (long et rigide)

ᒋᒫᔅᑯᓲ chimaaskusuu vai-i ♦ il/elle est coupé-e (long et rigide)

ᒋᒫᔨᐧᐁᐤ chimaayiweu vai ♦ il/elle a une queue coupée, écourtée

ᒋᒫᐦᐋᔅᑫᐎ **chimaahaaskweu** vai ♦ il/elle coupe des perches et écorce les branches (pour faire un barrage de castor)

ᒋᒫᐦᒀᔓᐎ **chimaahkweshweu** vta ♦ il/elle en coupe la tête (une raquette, un toboggan)

ᒋᓅᔥ **chineush** p,tempo ♦ pour longtemps, pendant un long moment (aussi neush) ▪ ᒋᓅᔥ ᓂᑉ ᕞᐋᓈᐦᒡ ▪ *Nous l'avons attendue longtemps.*

ᒋᓀᐱᑯᔑᑲᐃ **chinepikushikai** na ♦ une peau de serpent

ᒋᓀᐱᑯᔥ **chinepikush** na dim ♦ un vers, un petit serpent

ᒋᓀᐱᒄ **chinepikw** na -um ♦ un serpent

ᒋᓐᐌᑲᑯᑌᐤ **chinwekakuteu** vta ♦ il/elle la/le suspend en longueur (étalé)

ᒋᓐᐌᑲᑯᑖᐤ **chinwekakutaau** vai+o ♦ il/elle le pend, suspend (étalé) en longueur

ᒋᓐᐌᑲᓐ **chinwekan** vii ♦ c'est long (étalé)

ᒋᓐᐌᒋᓲ **chinwechisuu** vai -i ♦ il/elle est long/longue (étalé)

ᒋᓃᒋᐦᐄᑯᒡ **chiniichihiikuch** nad ♦ tes parents

ᒋᓄᐱᑐᓀᐤ **chinupituneu** vai ♦ il/elle a les bras longs

ᒋᓄᐳᑖᐤ **chinuputaau** vai ♦ il/elle le scie long ou en longueur

ᒋᓄᐸᔨᐦᐁᐤ **chinupayiheu** vta ♦ il/elle l'allonge

ᒋᓄᐸᔨᐦᑖᐤ **chinupayihtaau** vai+o ♦ il/elle l'allonge

ᒋᓄᐸᔫ **chinupayuu** vii -i ♦ ça allonge

ᒋᓄᑎᐦᒉᐤ **chinutihcheu** vai ♦ il/elle a les mains longues

ᒋᓄᑎᐦᒌᑲᓀᐤ **chinutihchiikaneu** vai ♦ il/elle a un long doigt

ᒋᓄᑯᑌᐤ **chinukuteu** vai ♦ il/elle a un long bec, a le nez long

ᒋᓄᑯᑖᐤ **chinukutaau** vai+o ♦ il/elle le pend, suspend en longueur

ᒋᓄᑯᒋᓐ **chinukuchin** vai ♦ il/elle est pendu-e, suspendu-e en longueur

ᒋᓄᑯᔦᐤ **chinukuyeu** vta ♦ il/elle la/le laisse pendre (par ex. un pantalon)

ᒋᓄᑲᒫᐤ **chinukamaau** vii ♦ c'est un long lac

ᒋᓄᑲᔐᐤ **chinukasheu** vai ♦ il/elle a de longues griffes, des ongles longs

ᒋᓄᑲᐦᐊᒻ **chinukaham** vti ♦ il/elle le coupe long (du bois)

ᒋᓄᑲᐦᐌᐤ **chinukahweu** vta ♦ il/elle la/le coupe en longueur

ᒋᓄᑳᐴ **chinukaapuu** vai -uu ♦ il/elle est grand-e

ᒋᓄᑳᑌᐤ **chinukaateu** vai ♦ il/elle a les longues jambes

ᒋᓄᓯᑌᐤ **chinusiteu** vai ♦ il/elle a le pied long

ᒋᓄᓯᑯᓲ **chinusikusuu** vai -i ♦ il est long, elle est longue (glace)

ᒋᓄᓯᒁᐤ **chinusikwaau** vii ♦ c'est une longue lisière de glace

ᒋᓄᓲ **chinusuu** vai -i ♦ il (par ex. poisson) est long, elle est longue

ᒋᓄᔐᐤ **chinusheu** na ♦ un grand brochet *Esox lucius*, littéralement 'un poisson long'

ᒋᓄᔐᔥ **chinushesh** na dim -im / -iim ♦ un jeune brochet *Esox lucius*

ᒋᓅᔨᐌᐤ **chinuyiweu** vai ♦ il/elle a le corps long

ᒋᓅᔨᐦᔨᑎᐦᒋᒉᐤ **chinuyihyitihchicheu** vai ♦ il/elle a de longs doigts, a les doigts longs

ᒋᓅᐌᐤ **chinuheu** vta ♦ il/elle lui donne une certaine longueur; il/elle l'allonge

ᒋᓅᐦᑑᑲᔦᐤ **chinuhtuukayeu** vai ♦ il/elle a de longues oreilles

ᒋᓅᐦᑑᒉᐤ **chinuhtuucheu** vai ♦ il/elle a de longues oreilles

ᒋᓅᐦᑕᑲᐦᐊᒻ **chinuhtakaham** vti ♦ il/elle le coupe long, le fend en longueur

ᒋᓅᐦᑕᑳᐤ **chinuhtakaau** vii ♦ c'est un long bout de bois

ᒋᓅᐦᑖᐤ **chinuhtaau** vai+o ♦ il/elle l'allonge

ᒋᓈᐦᐋᑲᓂᔅᒄ **chinahaakaniskwem** nad ♦ ta bru ou belle-fille

ᒋᓈᐦᐋᒋᒻ **chinahaachim** nad ♦ ton gendre ou beau-fils

ᒋᓈᐯᒻ **chinaapem** nad ♦ ton mari, époux ou conjoint

ᒋᓛᐅᑲᓀᐤ **chinwaaukaneu** vai ♦ il/elle a une longue colonne vertébrale

ᒋᓈᐅᑲᓀᑖᐤ chinwaaukanehtaau vai+o
 • il/elle le fait trop long (bois, par ex. pignon du toit)
ᒋᓈᐤ chinwaau vii • c'est long
ᒋᓈᐯᑲᐣ chinwaapekan vii • c'est long (filiforme)
ᒋᓈᐯᒋᑯᑌᐤ chinwaapechikuteu vai
 • il/elle a le nez long
ᒋᓈᐯᒋᓀᐤ chinwaapechineu vta
 • il/elle l'allonge (filiforme)
ᒋᓈᐯᒋᓇᒻ chinwaapechinam vti
 • il/elle l'allonge (filiforme), le fait long (par ex. un long discours)
ᒋᓈᐯᒋᓲ chinwaapechisuu vai-i • il/elle est long/longue (filiforme)
ᒋᓈᐯᒋᐦᒁᐤ chinwaapechihkweu vai
 • il/elle a la face longue
ᒋᓈᐱᑌᐤ chinwaapiteu vai • il/elle a les dents longues
ᒋᓈᐱᒥᓈᑲᐣ chinwaapiminaakun vii
 • c'est possible de voir au loin le long de la route
ᒋᓈᐱᔅᑳᐤ chinwaapiskaau vii • c'est long (métal)
ᒋᓈᐱᔅᒋᓲ chinwaapischisuu vai-i • il est long, elle est longue (métal)
ᒋᓈᑯᔨᐌᐤ chinwaakuyiweu vai • il/elle a un long cou
ᒋᓈᒋᐱᔅᑯᓀᐤ chinwaachipiskuneu vai
 • il/elle a le dos long
ᒋᓈᓂᑳᐤ chinwaanikaau vii • l'île est longue
ᒋᓈᔅᑲᐣ chinwaaskun vii • c'est long (long et rigide)
ᒋᓈᔅᑯᓲ chinwaaskusuu vai-i • il est long, elle est longue; il/elle est grande (arbre)
ᒋᓈᔅᑯᔥᑐᐌᐤ chinwaaskushtuweu vai
 • il/elle a une longue barbe
ᒋᓈᔅᑯᐦᐁᐤ chinwaaskuheu vta • il/elle lui donne une certaine longueur (long et rigide)
ᒋᓈᔅᑯᐦᑖᐤ chinwaaskuhtaau vai+o
 • il/elle l'allonge (long et rigide)
ᒋᓈᔓ chinwaashuu vii dim -i • c'est plutôt long
ᒋᓈᔨᐌᐤ chinwaayiweu vai • il/elle a une longue queue
ᒋᓈᔨᐦᑴᐤ chinwaayihkweu vai • il/elle a les cheveux longs

ᒋᓛᐦᒉᐤ chinwaahcheu vai • il/elle a de grandes ailes, de longues plumes sur les ailes
ᒋᓭᐚᑎᓰᐎᐣ chisewaatisiiwin ni • de la bienveillance, de la pitié, de l'indulgence, de la miséricorde, de la grâce, de la générosité
ᒋᓭᐚᑎᓰᐤ chisewaatisiiu vai • il est gentil, bon, aimable, affectueux, tendre, accommodant, gracieux, bienveillant, clément, miséricordieux; elle est gentille, bonne, aimable, affectueuse, tendre, accommodante, gracieuse, bienveillante, clémente, miséricordieuse
ᒋᓭᐚᑐᒉᐤ chisewaatutaacheu vai
 • il/elle fait preuve d'humilité dans ses actions; il/elle montre de la bienveillance envers les autres
ᒋᓭᒥᔅᒄ chisemiskw na • un castor adulte *Castor canadensis*
ᒋᓭᓰᓃᐅᐹᔅᒋᑲᐣ chisesiniiupaaschisikan ni • une carabine 30-30
ᒋᓭᓰᐲ chisesiipii ni-m • une grande rivière, le village de Chisasibi
ᒋᓭᓰᐲᐄᓅ chisesiipiiiinuu na -niim [Intérieur] • un Indien ou une Indienne de Chisasibi
ᒋᓭᓰᐲᐅᐄᔨᔫ chisesiipiiuiiyiyuu na -yiim
 • un Indien ou une Indienne de Chisasibi
ᒋᓯᐹᔅᑯᓂᑲᐣ chisipaaskunikan ni • une baguette plate et flexible servant à lancer un projectile (une pièce de saule) sur une cible (une plume plantée dans une berce laineuse)
ᒋᓯᐹᔅᑯᓂᒉᐤ chisipaaskunicheu vai
 • il/elle lance un projectile sur une cible à l'aide d'un bâton plat et flexible
ᒋᓯᑯᔅ chisikus nad • ta tante (la femme du frère de ta mère, la soeur de ton père), ta belle-mère (la mère de ton mari ou de ta femme)
ᒋᓯᓂᐯᔮᐤ chisinipeyaau vii • c'est un temps froid et pluvieux
ᒋᓯᓃᐌᐤ chisiniiweu vii • c'est un vent froid
ᒋᓯᓈᐤ chisinaau vii • c'est une température froide; il fait froid

ᒋᒋᓱᐤ **chisisweu** vta ♦ il/elle la/le réchauffe

ᒋᒋᓴᒧᐌᐤ **chisisamuweu** vta ♦ il/elle la/le réchauffe pour elle/lui

ᒋᒋᓴᒼ **chisisam** vti ♦ il/elle le chauffe, le réchauffe

ᒋᒋᔮᐅᐦᒋᓀᐤ **chisiyaauhchineu** vta ♦ il/elle la/le nettoie avec du sable, un abrasif

ᒋᒋᔮᐅᐦᒋᓇᒼ **chisiyaauhchinam** vti ♦ il/elle le nettoie avec du sable, un abrasif

ᒋᒋᔮᐱᐢᑲᔨᑲᓐ **chisiyaapiskahiikan** ni ♦ un tampon métallique pour récurer les pots, nettoyer les fusils

ᒋᒋᔮᐸᐅᒋᐸᔨᐦᐁᐤ **chisiyaapaauchipayiheu** vai ♦ il/elle le rince (par ex. un pantalon)

ᒋᒋᔮᐸᐅᒋᐸᔨᐦᑖᐤ **chisiyaapaauchipayihtaau** vai+o ♦ il/elle le rince (par ex. un vêtement)

ᒋᒋᔮᐸᐅᔪᐤ **chisiyaapaauyeu** vta ♦ il/elle la/le rince

ᒋᒋᔮᐹᐌᐤ **chisiyaapaaweu** vii ♦ c'est en train d'être rincé

ᒋᒋᔮᐳᐙᐌᐤ **chisiyaapwaaweu** vii ♦ c'est lavé, rincé (par ex. une voiture)

ᒋᒋᐯᒋᓀᐤ **chisiipechineu** vta ♦ il/elle la/le nettoie avec un liquide, lui fait sa toilette à l'éponge

ᒋᒋᐯᒋᓇᒼ **chisiipechinam** vti ♦ il/elle l'essuie avec un linge mouillé

ᒋᒋᐱᒍ **chisiipichuu** vai -i ♦ ses traces sont gelées dur (par ex. d'un orignal, caribou)

ᒋᒋᐳᐌᓯᑯᐸᔪ **chisiipuwesikupayuu** vii -i ♦ des blocs de glace frottent les uns sur les autres avec un bruit grinçant

ᒋᒋᐸᔪ **chisiipayuu** vai/vii -i ♦ il/elle/ça disparaît, s'efface en frottant

ᒋᒋᐹᔅᒃ **chisiipaaskw** na ♦ un arbre courbé, ployé, incliné qui frotte sur un autre arbre sous l'effet du vent

ᒋᒌᑳᐳᐙᔪᐤ **chisiikaapwaauyeu** vta ♦ il/elle la/le lave complètement (par ex. une peau)

ᒋᒋᓀᐤ **chisiineu** vta ♦ il/elle la/le nettoie en l'essuyant

ᒋᒋᓇᒼ **chisiinam** vti ♦ il/elle l'essuie, le nettoie

ᒋᒌᔮᐳᑌᐦᐆᓲᓐ **chisiiyaapitehusun** ni ♦ une brosse à dents

ᒋᒌᔮᐸᐅᑖᐤ **chisiiyaapaautaau** vai+o ♦ il/elle le rince

ᒋᒌᔮᔅᐦᑎᒣᐤ **chisiiyaashtimeu** vta ♦ il/elle l'aère

ᒋᒌᐦᐄᑲᓐ **chisiihiikan** ni ♦ une brosse pour tableau noir

ᒋᒌᐦᑴᓀᐤ **chisiihkweneu** vta ♦ il/elle lui nettoie la face avec un linge mouillé

ᒋᒌᐦᑴᔮᐳᐙᐅᑖᐤ **chisiihkweyaapwaautaau** vai+o ♦ il/elle le lave pour enlever le sang

ᒋᒌᐦᑴᔮᐳᐙᔪᐤ **chisiihkweyaapwaauyeu** vta ♦ il/elle en nettoie le sang (par ex. une peau)

ᒋᓱᐙᓲ **chisuwaasuu** vai -i ♦ il/elle est fâché-e, en colère

ᒋᓱᓯᐤ **chisusiiu** vai ♦ il/elle est capable, fort-e

ᒋᓱ **chisuu** vai -u ♦ il/elle a chaud

ᒋᓲᓯᐆᓈᑯᓱᐤ **chisuusiiunaakusuu** vai -i ♦ il/elle semble avoir la force et l'énergie pour faire quelque chose

ᒋᓲᓯᐌᔨᒣᐤ **chisuusiiweyimeu** vta ♦ il/elle pense qu'une autre personne a la force et l'énergie pour faire quelque chose

ᒋᓲᓯᐤ **chisuusiiu** vai ♦ il/elle a beaucoup de force et d'énergie

ᒋᓵᐱᔅᒋᑌᐤ **chisaapischiteu** vii ♦ c'est très chaud (métal)

ᒋᓵᐱᔅᒋᓲ **chisaapischisuu** vai -u ♦ il/elle est très chaud-e (poêle, fournaise)

ᒋᓵᐱᔅᒋᓵᐙᓐ **chisaapischisaawaan** na ♦ un poêle, un fourneau, un four, une fournaise

ᒋᓴᑲᒥᓴᒼ **chisaakamisam** vti ♦ il/elle le chauffe, le fait réchauffer (un liquide)

ᒋᓵᒋᒣᐤ **chisaachimeu** vta ♦ il/elle l'arrête; il/elle la/le retient en lui parlant

ᒋᔅ **chis** nad ♦ ton oncle (le frère de ta mère, le mari de la soeur de ton père), ton beau-père (le père de ton mari ou de ta femme)

ᒋᔅᐯᐌᐤ **chispeweu** vai ♦ il/elle prend parti pour quelqu'un, se met du côté d'une personne, défend quelqu'un

ᒋᔖᐧᐋᐳᔾ chispewaausuu vai ♦ il/elle défend ses enfants

ᒋᔖᐧᐋᑌᐤ chispewaateu vta ♦ il/elle la/le défend

ᒋᔖᐧᐋᑎᓱᔾ chispewaatisuu vai reflex -u ♦ il/elle se défend

ᒋᔖᐧᐋᑖᐅᓱᔾ chispewaataausuu vai ♦ il/elle défend ses enfants

ᒋᔥᐯᐤ chispeu p,évaluative ♦ c'est une perte, c'est du gaspillage ■ ᒋᔥᐯᐤ ᐊᓂ ᒥᒋᒻ ᑳ ᐧᐁᐱᓂᒫᒄ ■ *Quel gaspillage, toute cette nourriture que vous jetez!*

ᒋᔥᐱᓅ chispineu vta ♦ il/elle la/le mélange à la main (par ex. de la pâte)

ᒋᔥᐱᓇᒻ chispinam vti ♦ il/elle le mêle, le mélange avec ses mains

ᒋᔥᐸᑭᓐ chispakatin vii ♦ c'est gelé sur une bonne épaisseur (par ex. la glace sur une rivière)

ᒋᔥᐸᑲᒧᐦᑖᐤ chispakamuhtaau vai+o ♦ il/elle en met épais

ᒋᔥᐸᑲᒨ chispakamuu vai/vii -u ♦ il y en a épais; il/elle est étalé-e; c'est étendu ou étalé en couche épaisse

ᒋᔥᐸᑲᔐᐤ chispakasheu vai ♦ il/elle a la peau épaisse, une peau épaisse (après l'écorchage)

ᒋᔥᐸᑲᔐᐤ chispakasheu vai ♦ la peau est épaisse

ᒋᔥᐸᑲᐦᐅᐤ chispakahuu vai -u ♦ il/elle porte plusieurs couches

ᒋᔥᐸᑳᐤ chispakaau vii ♦ c'est épais

ᒋᔥᐸᑳᐯᑲᓐ chispakaapekan vii ♦ c'est épais (filiforme)

ᒋᔥᐸᑳᐯᒋᓱᔾ chispakaapechisuu vai -i ♦ il est épais, elle est épaisse (filiforme)

ᒋᔥᐸᑳᐱᔅᑳᐤ chispakaapiskaau vii ♦ c'est épais (pierre, métal)

ᒋᔥᐸᑳᐱᔅᒋᓱᔾ chispakaapischisuu vai -i ♦ il est épais, elle est épaisse (métal, pierre)

ᒋᔥᐸᑳᑯᓂᑳᐤ chispakaakunikaau vii ♦ c'est de la neige épaisse

ᒋᔥᐸᑳᔅᑯᓐ chispakaaskun vii ♦ c'est épais (long et rigide)

ᒋᔥᐸᑳᔅᑯᓱᔾ chispakaaskusuu vai -i ♦ il est épais, elle est épaisse (long et rigide)

ᒋᔥᐸᑳᔅᑲᑎᓐ chispakaaskatin vii ♦ c'est gelé sur une bonne épaisseur

ᒋᔥᐸᑳᔅᑲᒎ chispakaaskachuu vai -i ♦ il/elle est gelé-e sur une grande épaisseur

ᒋᔥᐸᑳᕁᐧᑫᐤ chispakaayihkweu vai ♦ il/elle a les cheveux épais

ᒋᔥᐸᒉᑲᓐ chispachekan vii ♦ c'est épais (étalé)

ᒋᔥᐸᒉᒋᓱᔾ chispachechisuu vai -i ♦ il est épais, elle est épaisse (étalé)

ᒋᔥᐸᒋᐳᑖᐤ chispachiputaau vai+o ♦ il/elle le scie épais

ᒋᔥᐸᒋᐳᔦᐤ chispachipuyeu vta ♦ il/elle la/le scie épais

ᒋᔥᐸᒋᒫᒥᔑᔕᒼ chispachimaamiishaham vti ♦ il/elle lui fait un rapiéçage épais, lui pose une pièce épaisse (par ex. couche par-dessus couche)

ᒋᔥᐸᒋᒫᒥᔑᔕᐤ chispachimaamiishahweu vta ♦ il/elle y pose une pièce épaisse (par ex. couche par-dessus couche)

ᒋᔥᐸᒋᓅ chispachineu vta ♦ il/elle lui donne une forme épaisse à la main (par ex. de la banique)

ᒋᔥᐸᒋᓰᑌᐤ chispachisiteu vai ♦ il/elle a les pieds épais

ᒋᔥᐸᒋᓯᑯᓱᔾ chispachisikusuu vai -i ♦ il/elle est épaissi-e par la glace

ᒋᔥᐸᒋᓯᒀᐤ chispachisikwaau vii ♦ c'est épaissi avec de la glace

ᒋᔥᐸᒋᓱᔾ chispachisuu vai -i ♦ il est épais, elle est épaisse

ᒋᔥᐸᒋᔐᐤ chispachishweu vta ♦ il/elle la/le coupe épais (par ex. du castor)

ᒋᔥᐸᒋᔑᑲᔦᐤ chispachishikayeu vai ♦ il/elle a la peau épaisse

ᒋᔥᐸᒋᔑᒨᐤ chispachishimuweu vta ♦ il/elle la/le coupe épais pour elle/lui

ᒋᔥᐸᒋᔑᔕᒼ chispachisham vti ♦ il/elle le coupe épais

ᒋᔥᐸᒋᔥᑯᐧᐁᐤ chispachishkuweu vta ♦ il/elle en porte plusieurs couches (par ex. des bas, des chaussettes)

ᒋᔥᐸᒋᔥᑲᒼ chispachishkam vti ♦ il/elle en porte plusieurs épaisseurs

ᒋᔥᐸᒋᔥᒉᐤ chispachishchisheu vai ♦ il/elle a la lèvre supérieure épaisse

ᒋᔥᐸᒋᐦᐁᐤ chispachiheu vta ♦ il/elle l'épaissit, lui donne de l'épaisseur

chispachihtitaau vai+o
 • il/elle lui met ou applique plusieurs épaisseurs ou couches
chispachihtaau vai+o • il/elle le fait épais
chispanitamuweu vai
 • il/elle défend une des personnes qui se bagarrent, il/elle saute dans la mêlée
chistewepayuu vai/vii -i
 • il/elle/ça fait un son de crécelle, un son grinçant, un cliquetis
chisteweyaapiteshin vai
 • ses dents claquent
chistes nad • ton frère aîné
chistimiheu vta • il/elle la/le maltraite
chistimihiiweu vai • il/elle provoque de la misère, cause des souffrances, est coupable de mauvais traitements
chistimihiisuu vai reflex -u
 • il/elle aime faire pitié, se met dans la misère
chistimachihuu vai -u • il/elle ne se sent pas bien, n'a le goût de rien faire; se sent paresseux/paresseuse
chistimaatisiiu vai • il/elle est pauvre, indigent-e, misérable, pitoyable, il est piteux, elle est piteuse
chistimaakan vii • c'est pauvre, délabré, sans valeur, en ruine; ça ne vaut rien; les temps sont durs
chistimaacheyimeu vta
 • il/elle lui vient en aide, la/le prend en pitié; il/elle est charitable avec elle/lui
chistimaacheyimisuwin ni • de l'apitoiement sur soi-même, sur son propre sort
chistimaacheyimuweu vai
 • il/elle montre de la compassion, éprouve de la pitié pour quelqu'un
chistimaacheyimuu vai -u
 • il/elle pense qu'il/elle est pauvre, il/elle se plaint de sa pauvreté; il/elle est humble
chistimaacheyihtaakun vii
 • c'est pitoyable; ça fait pitié

chistimaacheyihtaakusuu vai -i • il/elle fait pitié, s'attire la pitié, est pitoyable; il/elle est aimable
chistimaacheyihchichewin ni • de la compassion, de la pitié
chistimaacheyihchicheu vai • il/elle a de la compassion, éprouve de la pitié, montre de l'indulgence
chistimaacheyihchichesuu na -siim • une personne humaine, empreinte de compassion, généreuse
chistimaachinuweu vta
 • il/elle a de la compassion ou de la pitié pour elle/lui
chistimaachinaapeu na -em
 • un veuf, littéralement 'un pauvre homme' (mention de la Bible)
chistimaachinaakun vii
 • ça fait pitié; ça a l'air pauvre
chistimaachinaakusuu vai -i
 • il/elle a l'air pauvre et pitoyable, il/elle fait pitié, il/elle est piteux/piteuse; il/elle est mignon/mignonne
chistimaachinaacheu vai
 • il/elle a de la compassion
chistimaachisiiskweeu vai
 • elle est une femme pauvre, c'est une pauvre femme
chistimaachistuweu vta
 • il/elle l'écoute avec pitié; il/elle est ému-e en entendant son histoire
chistimaachiskweu na -em
 • une pauvre femme, une veuve depuis peu
chistisiiu vai • il/elle est magnifique, important-e
chistuteu vta • il/elle la/le gronde, réprimande
chistuheu vta • il/elle l'appelle en utilisant son propre son (par ex. un orignal, des oiseaux)
chistuhiimuuseu vai • il/elle appelle l'orignal
chistuhiimuuswaakan ni
 • un cornet d'appel de l'orignal

ᒋᔅᑐᔮᔑᓄ chistuhiischeu vai ♦ il/elle appelle les oies, les bernaches du Canada

ᒋᔅᑐᐦᑌᐤ chistuhteu vai ♦ il/elle part, s'en va, se met en route, prend la route

ᒋᔅᑐᐦᑖᑖᐤ chistuhtataau vai+o ♦ il/elle part avec, l'emporte

ᒋᔅᑐᐦᑖᐦᐁᐤ chistuhtaheu vta ♦ il/elle s'éloigne en marchant avec elle/lui

ᒋᔅᑐᐦᒉᐤ chistuhcheu vai ♦ il/elle joue d'un instrument de musique, joue de la musique

ᒋᔅᑐᐦᒉᓲ chistuhchesuu na ♦ un musicien, une musicienne; un-e guitariste; un-e violoniste

ᒋᔅᑑ chistuu vai-i ♦ il/elle fait du bruit ou un son, appelle (par ex. un oiseau, un orignal)

ᒋᔅᑑᐹᐚᓈᔅᒄ chistuupwaanaaskw ni ♦ une baguette en fourche, un bâtonnet fourchu servant à faire rôtir le poisson

ᒋᔅᑑᒪᑲᓐ chistuumakan vii [Côte] ♦ ça fait un bruit, un son

ᒋᔅᑕᒧᔥᑲᒻ chistamushkam vti ♦ il/elle tasse, durcit la neige en passant souvent dessus

ᒋᔅᑕᐦᐊᒧᐌᐤ chistahamuweu vta ♦ il/elle la/le réprimande en parlant

ᒋᔅᑕᐦᐊᒫᐅᓲ chistahamaausuu vai ♦ il/elle réprimande les enfants en leur parlant, après qu'ils aient mal agi

ᒋᔅᑕᐦᐊᒫᒉᐎᓐ chistahamaachewin ni ♦ de la discipline

ᒋᔅᒑᐤᐦᐊᒻ chistaauham vti ♦ il/elle le cloue, le fait pénétrer

ᒋᔅᒑᐤ chistaau vai+o ♦ il/elle le mange en entier, au complet

ᒋᔅᒑᒎᐎᓐ chistaachuwin vii ♦ c'est là où le courant est le plus fort; c'est un courant principal

ᒋᔅᒑᓀᐤ chistaaneu vta ♦ il/elle la/le trempe, plonge à la main

ᒋᔅᒑᓇᒻ chistaanam vti ♦ il/elle le trempe, le plonge avec sa main

ᒋᔅᒑᔍ chistaashuu vai-i ♦ il/elle part en bateau, met les voiles, vogue vers le large, prend le large

ᒋᔅᒑᔥᑎᒣᐤ chistaashtimeu vta ♦ il/elle part avec en voilier avec lui/elle

ᒋᔅᒑᔥᑎᓐ chistaashtin vii ♦ ça s'éloigne sur l'eau

ᒋᔅᒑᔥᑎᐦᑖᐤ chistaashtihtaau vai+o ♦ il/elle fait partir le bateau, le fait voguer, met les voiles

ᒋᔅᑯᑕᒧᐌᐤ chiskutamuweu vta ♦ il/elle lui enseigne

ᒋᔅᑯᑕᒫᑑᐱᔑᔖᐤ chiskutamaatuupischishaau vii ♦ c'est une salle de classe

ᒋᔅᑯᑕᒫᑐᑲᒥᒄ chiskutamaatuukamikw ni ♦ une école

ᒋᔅᑯᑕᒫᑯᓰᐎᓐ chiskutamaakusiiwin ni ♦ une leçon

ᒋᔅᑯᑕᒫᒉᐅᑲᒥᒄ chiskutamaacheukamikw ni ♦ une école, un édifice pour l'enseignement

ᒋᔅᑯᑕᒫᒉᐅᒋᒫᐤ chiskutamaacheuchimaau na ♦ un principal, une principale, un chef d'établissement, un proviseur

ᒋᔅᑯᑕᒫᒉᐅᒋᒫᔥ chiskutamaacheuchimaash na ♦ un vice-principal, une vice-principale

ᒋᔅᑯᑕᒫᒉᐅᓯᓇᐦᐄᑲᓐ chiskutamaacheusinahiikan ni ♦ un brevet d'enseignement

ᒋᔅᑯᑕᒫᒉᐎᓐ chiskutamaachewin ni ♦ un enseignement, de l'instruction, une commission scolaire

ᒋᔅᑯᑕᒫᒉᐤ chiskutamaacheu vai ♦ il/elle enseigne

ᒋᔅᑯᑕᒫᒉᓲ chiskutamaachesuu na -siim ♦ un enseignant, une enseignante, un professeur, une professeure, un maître

ᒋᔅᑯᑕᒫᒉᓲᑲᒥᒄ chiskutamaachesuukamikw ni ♦ un appartement ou une maison d'enseignant-e, de professeur-e

ᒋᔅᑯᑕᒫᓲ chiskutamaasuu vai reflex -u ♦ il apprend par lui-même, elle apprend par elle-même

ᒋᔅᑰᓲ chiskuusuu vai-u [Côte] ♦ il/elle a des côtés (traîneau)

ᒋᔅᑲᒥᐚᔖᐌᐤ chiskamiwaashaaweu vai ♦ il/elle marche sur la baie gelée, traverse la baie gelée à pied

ᒋᔅᑲᒪᐦᐊᒻ chiskamaham vti ♦ il/elle prend un raccourci en traversant l'eau

ᒋᐢᑲᔥᑖᐤ chiskashtaau vai+o ◆ il/elle le met de côté, le garde en réserve, l'entrepose

ᒋᐢᑲᐦᐁᐤ chiskaheu vta ◆ il/elle l'entrepose, la/le range

ᒋᐢᑲᐦᐄᑲᓐ chiskahiikan ni ◆ un repère indiquant l'emplacement d'un camp

ᒋᐢᒉᔨᒣᐤ chischeyimeu vta ◆ il/elle la/le connaît

ᒋᐢᒉᔨᐦᑕᒥᐦᐁᐤ chischeyihtamiheu vta ◆ il/elle l'informe, lui fait savoir quelque chose

ᒋᐢᒉᔨᐦᑕᒧᐎᓐ chischeyihtamuwin ni ◆ une information, une connaissance

ᒋᐢᒉᔨᐦᑕᒼ chischeyihtam vti ◆ il/elle le sait

ᒋᐢᒉᔨᐦᑖᑯᓐ chischeyihtaakun vii ◆ c'est connu

ᒋᐢᒉᔨᐦᑖᑯᓲ chischeyihtaakusuu vai -i ◆ il/elle est connu-e ou reconnu-e

ᒋᐢᒉᔨᐦᑖᑯᐦᐁᐤ chischeyihtaakuheu vta ◆ il/elle la/le fait connaître

ᒋᐢᒉᔨᐦᑖᑯᐦᐄᓲ chischeyihtaakuhiisuu vai reflex -u ◆ il/elle se fait connaître, se présente

ᒋᐢᒉᔨᐦᑖᑯᐦᐆ chischeyihtaakuhuu vai -u ◆ il/elle voulait faire savoir qu'il/elle avait été là

ᒋᐢᒉᔨᐦᑖᑯᐦᑖᐤ chischeyihtaakuhtaau vai+o ◆ il/elle le fait savoir

ᒋᐢᒋᓄᐙᐴ chischinuwaapuu vai -i ◆ il/elle apprend à le faire en observant

ᒋᐢᒋᓄᐙᐸᒣᐤ chischinuwaapameu vta ◆ il/elle l'imite, la/le copie; il/elle suit son exemple

ᒋᐢᒋᓄᐙᐸᐦᑎᔦᐤ chischinuwaapahtiyeu vta ◆ il/elle lui donne l'exemple

ᒋᐢᒋᓄᐙᐸᐦᑕᒼ chischinuwaapahtam vti ◆ il/elle l'imite, suit son exemple; il/elle copie le travail d'un autre

ᒋᐢᒋᓄᐙᑎᐦᒉᔫ chischinuwaatihcheyuu vai -i ◆ il/elle fait des signes de la main

ᒋᐢᒋᓄᐙᒋᓯᓇᐦᐄᑲᓐ chischinuwaachisinahiikan ni ◆ une copie d'un livre original

ᒋᐢᒋᓄᐙᒋᓯᓇᐦᐊᒼ chischinuwaachisinaham vti ◆ il/elle marque, fait une marque sur quelque chose

ᒋᐢᒋᓄᐙᒋᐧᔐᐤ chischinuwaachishweu vta ◆ il/elle la/le circoncit; il/elle coupe une marque sur elle/lui

ᒋᐢᒋᓄᐙᒋᔕᒼ chischinuwaachisham vti ◆ il/elle coupe une marque sur quelque chose

ᒋᐢᒋᓄᐙᒋᐦᐁᐤ chischinuwaachiheu vta ◆ il/elle lui pose une étiquette, la/le marque

ᒋᐢᒋᓄᐙᒋᐦᑕᒧᐌᐤ chischinuwaachihtamuweu vta ◆ il/elle lui donne l'exemple, lui montre comment faire; il/elle la/le marque pour elle/lui

ᒋᐢᒋᓄᐙᒋᐦᑖᐤ chischinuwaachihtaau vai+o ◆ il/elle le marque, l'étiquette, lui appose une étiquette

ᒋᐢᒋᓄᐙᒋᐦᒋᑲᓐ chischinuwaachihchikan ni ◆ un repère, une marque, un marqueur, une balise, un phare; la hausse, le cran de mire, la mire arrière d'une carabine

ᒋᐢᒋᓄᐙᓯᓈᑯᓐ chischinuwaasinaakun vii ◆ ça sert de signal; ça donne un signe; c'est un signal

ᒋᐢᒋᓄᐙᓯᓈᑯᓲ chischinuwaasinaakusuu vai -i ◆ il/elle sert de signe ou signal, il/elle fait un signe, donne un signal

ᒋᐢᒋᓄᐙᐦᐄᒉᐎᓐ chischinuwaahiichewin ni ◆ une prophétie (mot biblique)

ᒋᐢᒋᓄᐙᐦᐄᒉᐤ chischinuwaahiicheu vai ◆ il/elle dit l'avenir, prophétise, fait des prophéties

ᒋᐢᒋᓄᐦᐊᒧᐌᐤ chischinuhamuweu vta ◆ il/elle lui enseigne (ancien terme)

ᒋᐢᒋᓄᐦᐊᒧᐙᑲᓐ chischinuhamuwaakan na ◆ un ou une disciple

ᒋᐢᒋᓄᐦᐊᒫᒉᐅᑲᒥᒄ chischinuhamaacheukamikw ni [Intérieur] ◆ une école (ancien terme)

ᒋᐢᒋᓄᐦᐊᒫᒉᐤ chischinuhamaacheu vai ◆ il/elle enseigne

ᒋᐢᒋᓄᐦᐊᒫᒉᓲ chischinuhamaachesuu na -siim ◆ un professeur, une professeure, un enseignant, une enseignante, un maître

ᒋᐢᒋᓄᐦᐊᒫᓲ chischinuhamaasuu vai reflex -u ◆ il apprend par lui-même, elle apprend par elle-même (ancien terme)

ᒋᔅᒋᓄᐦᒑᐦᐁᐤ chischinuhtaheu vta
 • il/elle la/le dirige, guide, mène
ᒋᔅᒋᓄᐦᒑᐦᐄᐧᐁᐤ chischinuhtahiiweu vai
 • il/elle guide, mène, dirige
ᒋᔅᒋᓲ chischisuu vai • il/elle se souvient
ᒋᔅᒋᓲᐸᔨᐤ chischisuupayuu vai -i • il/elle se souvient, se rappelle, ça lui traverse l'esprit
ᒋᔅᒋᓲᒣᐤ chischisuumeu vta • il/elle lui rappelle
ᒋᔅᒋᓵᐸᒣᐤ chischisaapameu vta • il/elle lui jette un regard, un coup d'oeil
ᒋᔅᒋᓵᐸᐦᑕᒻ chischisaapahtam vti
 • il/elle lève les yeux sur quelque chose, regarde quelque chose en l'air, jette un coup d'oeil vers le haut
ᒋᔐᐃᔥᒀᔥ chisheishkwesh na dim [Intérieur] • un rougegorge, terme utilisé dans les légendes, littéralement 'une vieille femme'
ᒋᔐᐄᓅ chisheiinuu vai -u [Intérieur] • il est vieux, elle est vieille, c'est une personne âgée, c'est un aîné ou une aînée
ᒋᔐᐄᓅ chisheiinuu na -niim [Intérieur]
 • une personne âgée, un vieux, une vieille, un aîné, une aînée
ᒋᔐᐄᓅᐌᔨᐦᑕᒻ chisheiinuuweyihtam vti [Intérieur] • il/elle pense comme un adulte
ᒋᔐᐄᓅᐌᔨᐦᑖᑯᓲ chisheiinuuweyihtaakusuu vai -i [Intérieur] • il/elle a l'air mature, vieux/vieille pour son âge
ᒋᔐᐄᓅᐙᑎᓰᐎᓐ chisheiinuuwaatisiiwin ni [Intérieur] • du vieillissement
ᒋᔐᐄᓅᐙᔅᐱᓀᐎᓐ chisheiinuuwaaspinewin ni [Intérieur] • de l'arthrite, litt. 'la maladie des personnes âgées'
ᒋᔐᐄᓅᒪᑲᓐ chisheiinuumakan vii [Intérieur] • c'est vieux
ᒋᔐᐄᓅᓈᑯᓐ chisheiinuunaakun vii [Intérieur] • ça a l'air vieux
ᒋᔐᐄᓅᓈᑯᓲ chisheiinuunaakusuu vai -i [Intérieur] • il/elle a l'air vieux/vieille
ᒋᔐᐄᓅᓈᑯᐦᐄᓲ chisheiinuunaakuhiisuu vai reflex -u [Intérieur] • il/elle s'arrange pour avoir l'air vieux/vieille

ᒋᔐᐄᓅᔐᓕᔮᐤ chisheiinuushuuliyaau na -aam [Intérieur] • une pension de vieillesse, une pension de sécurité de la vieillesse
ᒋᔐᐄᔨᔫ chisheiiyiyuu vai -i [Côte] • il est vieux, elle est vieille, c'est une personne âgée, c'est un aîné ou une aînée
ᒋᔐᐄᔨᔫ chisheiiyiyuu na -yiim [Côte]
 • une personne âgée, un vieux, vieille, un aîné, une aînée
ᒋᔐᐄᔨᔫᐌᔨᐦᑕᒻ chisheiiyiyuuweyihtam vti [Côte] • il/elle pense comme un adulte
ᒋᔐᐄᔨᔫᐌᔨᐦᑖᑯᓲ chisheiiyiyuuweyihtaakusuu vai -i [Côte]
 • il/elle a l'air mature, vieux/vieille pour son âge
ᒋᔐᐄᔨᔫᐙᑎᓰᐎᓐ chisheiiyiyuuwaatisiiwin ni [Côte] • du vieillissement
ᒋᔐᐄᔨᔫᐙᔅᐱᓀᐎᓐ chisheiiyiyuuwaaspinewin ni [Côte]
 • de l'arthrite, litt. 'la maladie des personnes âgées'
ᒋᔐᐄᔨᔫᒪᑲᓐ chisheiiyiyuumakan vii [Côte] • c'est vieux
ᒋᔐᐄᔨᔫᓈᑯᓐ chisheiiyiyuunaakun vii [Côte] • ça semble vieux
ᒋᔐᐄᔨᔫᓈᑯᓲ chisheiiyiyuunaakusuu vai -i [Côte] • il/elle a l'air vieux/vieille
ᒋᔐᐄᔨᔫᓈᑯᐦᐄᓲ chisheiiyiyuunaakuhiisuu vai reflex -u [Côte] • il/elle s'arrange pour avoir l'air vieux/vieille
ᒋᔐᐄᔨᔫᔐᔮᓐ chisheiiyiyuushuuyaan na -im [Côte] • une pension de vieillesse, une pension de sécurité de la vieillesse
ᒋᔔᒋᒫᐙᐳᐎᓐ chisheuchimaauapuwin ni • un trône
ᒋᔔᒋᒫᐙᐸᒋᐦᖖᒡ chisheuchimaauaapachihaakan na
 • un agent ou une agente des Affaires indiennes, un ou une fonctionnaire
ᒋᔔᒋᒫᐅᑌᐦᑕᐳᐎᓐ chisheuchimaautehtapuwin ni [Côte]
 • un trône

ᒋᔐᐅᒋᒫᑯᐦᐹᓀᐤ
chisheuchimaaukuuhpaaneu na -em
[Mistissini] ♦ un agent ou une agente des Affaires indiennes, un ou une fonctionnaire

ᒋᔐᐅᒋᒫᐅᔥᑐᑎᓐ
chisheuchimaaushtutin ni ♦ une couronne

ᒋᔐᐅᒋᒫᐤ **chisheuchimaau** vai ♦ il/elle est dirigeant-e, c'est une personne qui a de l'autorité

ᒋᔐᐅᒋᒫᐤ **chisheuchimaau** na -maam ♦ un gouvernement

ᒋᔐᐅᒋᒫᔥ **chisheuchimaash** na dim -iim ♦ un prince

ᒋᔐᐅᒋᒫᔥᑴᔥ **chisheuchimaashkwesh** na dim -iim ♦ une princesse

ᒋᔐᐅᒋᒫᐦᑳᓐ **chisheuchimaahkaan** na -im ♦ un grand chef ▪ ᐊᐤᐁ ᐴᒡ ᐃᔨᐤ ᒋᔐᐅᒋᒫᐦᑳᓐ? ▪ Qui est le chef national?

ᒋᔐᐋᓂᔅᑯᑖᐹᓐ **chisheaaniskutaapaan** na [Intérieur] ♦ un arrière-arrière-grand-parent, un trisaïeul

ᒋᔐᐲᐚᓐ **chishepiiwaanh** nid pl ♦ des grandes plumes extérieures d'un oiseau

ᒋᔐᐲᓯᒻ **chishepiisim** na ♦ janvier ou février (ancien terme)

ᒋᔐᑎᐯᔨᐦᒋᒉᓲ **chishetipeyihchichesuu** na -siim ♦ le gouvernement fédéral

ᒋᔐᒌᒫᓐ **chishechiimaan** ni -im ♦ un gros bateau, un navire, un vaisseau

ᒋᔐᒥᑖᐦᑐᒥᑎᓅ **chishemitaahtumitinuu** p,nombre ♦ mille, un millier

ᒋᔐᒥᔅᒄ **chishemiskw** na ♦ un vieux castor

ᒋᔐᒨᔅ **chishemuus** na -um ♦ un orignal adulte *Alces alces*

ᒋᔐᒪᓂᑐᐤ **chishemanituu** na -tuum ♦ Dieu

ᒋᔐᓈᐯᐤ **chishenaapeu** na -em ♦ un adulte

ᒋᔐᓰᓂ **chishesinii** ni -m ♦ une cartouche, une balle de gros calibre (30-30)

ᒋᔐᔨᒥᐦᐁᐅᒌᔑᑳᐤ
chisheyimiheuchiishikaau vii ♦ c'est Pâques

ᒋᔐᔨᓃᐦᑲᑕᒻ **chisheyiniihkatam** vti [Intérieur] ♦ il/elle est la personne la plus âgée du campement; il est le doyen, elle est la doyenne du camp

ᒋᔐᔨᓄᐁᔨᐦᑖᑯᓲ **chisheyinuweyihtaakusuu** vai -i [Intérieur] ♦ il/elle a l'air mature, vieux/vieille pour son âge

ᒋᔐᔨᐆᐁᔨᐦᑖᑯᓲ **chisheyiyuweyihtaakusuu** vai -i [Côte] ♦ il/elle a l'air mature, vieux/vieille pour son âge

ᒋᔐᔨᔫᒪᑲᓐ **chisheyiyuumakan** vii [Côte] ♦ c'est vieux

ᒋᔐᔨᐦᑲᑕᒻ **chisheyihkatam** vti [Côte] ♦ il/elle est la personne la plus âgée du campement; il est le doyen, elle est la doyenne du camp

ᒋᔐᔮᑯᐲᒦ **chisheyaakupimii** ni -m [Coastal / Waswanipi] ♦ de la graisse d'ours

ᒋᔐᔮᑯᔥ **chisheyaakush** na dim ♦ un jeune ours, un ourson *Ursus americanus*

ᒋᔐᔮᑯᔮᓐ **chisheyaakuyaan** na [Côte] ♦ une peau d'ours

ᒋᔐᔮᑯᔮᔅ **chisheyaakuyaas** ni ♦ de la viande d'ours

ᒋᔐᔮᒄ **chisheyaakw** na [Coastal / Waswanipi] ♦ un ours *Ursus americanus*

ᒋᔥᐌᐧᐁᐤ **chishweweu** vai ♦ il/elle parle ou discute fort, appelle à voix forte

ᒋᔥᐌᐧᐁᐸᔫ **chishwewepayuu** vii -i ♦ ça fait un bruit très fort; ça fait beaucoup de bruit

ᒋᔥᐌᐧᐁᑖᐸᓈᔅᑴᔑᓐ
chishwewetaapanaaskweshin vii ♦ le bruit qu'il/elle fait en tirant le toboggan est fort

ᒋᔥᐌᐧᐁᑲᐦᐄᒉᐤ **chishwewekahiicheu** vai ♦ il/elle fait du bruit en coupant du bois

ᒋᔥᐌᐧᐁᑲᐦᐊᒻ **chishwewekaham** vti ♦ il/elle le coupe, le fend avec beaucoup de bruit

ᒋᔥᐌᐧᐁᑲᐦᐧᐁᐤ **chishwewekahweu** vta ♦ il/elle la/le coupe bruyamment

ᒋᔥᐌᐧᐁᒍᐃᓐ **chishwewechuwin** vii ♦ le bruit des rapides est assourdissant

ᒋᔥᐌᐧᐁᒣᐤ **chishwewemeu** vta ♦ il/elle la/le mâche en faisant du bruit

ᒋᔥᐌᐧᐁᒪᑲᓐ **chishwewemakan** vii ♦ c'est fort (bruit)

ᒋᔥᐌᐧᐁᒪᑲᐦᑖᐤ **chishwewemakahtaau** vai+o ♦ il/elle le fait résonner bruyamment

ᒋᐧᐁᔑᐧ chishweweshin vai ◆ il/elle fait beaucoup de bruit en marchant, en tombant

ᒋᐧᐁᔑᐦᑕ chishweweshtin vii ◆ le vent hurle fort

ᒋᐧᐁᔦᒋᒥᐤ chishweweyaachimeu vai ◆ il/elle fait beaucoup de bruit en marchant en raquettes

ᒋᐧᐁᔦᐦᑯᔑᐧ chishweweyaaskushin vai ◆ il (un tissu) fait du bruit en effleurant ou frôlant les broussailles

ᒋᐧᐁᔦᐦᑯᐦᑕ chishweweyaaskuhtin vii ◆ ça fait du bruit en frôlant les broussailles (un tissu)

ᒋᐧᐁᔦᐦᑕ chishweweyaashtin vii ◆ ça fait beaucoup de bruit quand le vent souffle dessus

ᒋᐧᐁᐦᐊᒻ chishweweham vti ◆ il/elle fait beaucoup de bruit en le frappant

ᒋᐧᐁᐦᐧᐁᐤ chishwewehweu vta ◆ il/elle fait beaucoup de bruit en le frappant (par ex. un tambour)

ᒋᐧᐁᐦᑕ chishwewehtin vii ◆ ça tombe en faisant un grand bruit; ça résonne fort

ᒋᐧᐁᐦᑕᒻ chishwewehtam vti ◆ il/elle le mâche en faisant du bruit

ᒋᐧᐁᐦᑖᐤ chishwewehtaau vai+o ◆ il/elle fait beaucoup de bruit avec

ᒋᐧᐁᐦᒀᒨ chishwewehkwaamuu vai-u ◆ il/elle ronfle bruyamment

ᒋᐧᐊᑐᑐᐧᐁᐤ chishwewaatutuweu vta ◆ il/elle lui montre de l'affection, de la bienveillance

ᒋᔑᐧᐃᐤ chishiwiiu vai ◆ il/elle travaille vite, avec impatience

ᒋᔑᐱᓯᒀᐤ chishipisikwaau vii ◆ c'est la fin de la glace

ᒋᔑᐸᔨᐦᐁᐤ chishipayiheu vta ◆ il/elle la/le conduit rapidement

ᒋᔑᐸᔨᐦᑖᐤ chishipayihtaau vai+o ◆ il/elle le conduit vite, il/elle va vite

ᒋᔑᐸᔫ chishipayuu vai/vii-i ◆ il/elle/ça va vite; il/elle est rapide; c'est vite, rapide

ᒋᔑᐹᐤ chishipaau vii ◆ ça n'a pas de manche; il manque la poignée

ᒋᔑᑌᐅᓂᑯᓰᐤ chishiteunikusiiu vai ◆ il est fiévreux, elle est fiévreuse, fébrile, chaud-e au toucher

ᒋᔑᑌᐅᔅᒋᔑᓐ chishiteuschisin ni ◆ des sandales

ᒋᔑᑌᐅᐦᐋᒫᐤ chishiteuhamaau vai ◆ il/elle mange ses aliments chauds, aime manger chaud

ᒋᔑᑌᐙᔅᐱᓀᐎᓐ chishitewaaspinewin ni ◆ de la fièvre

ᒋᔑᑌᐙᔅᐱᓀᐤ chishitewaaspineu vai ◆ il/elle a de la fièvre

ᒋᔑᑌᐤ chishiteu vii ◆ c'est chaud

ᒋᔑᒑᒧᐃᐧᐁᐤ chishitaamuiiweu vii ◆ c'est une température humide

ᒋᔑᒑᒧᑌᐤ chishitaamuteu vii ◆ c'est humide, malsain dans la pièce

ᒋᔑᑳᐱᐦᐁᐤ chishikaapiheu vta ◆ il/elle l'attache à quelque chose (par ex. un chien)

ᒋᔑᑳᐱᐦᑳᑌᐤ chishikaapihkaateu vta ◆ il/elle l'attache à quelque chose qui ne bouge pas

ᒋᔑᑳᐱᐦᑳᓱᐎᓐ chishikaapihkaasuwin ni ◆ une ficelle, une corde, une laisse

ᒋᔑᑳᐱᐦᑳᓲ chishikaapihkaasuu vai-u ◆ il/elle est attaché-e à quelque chose

ᒋᔑᒍᐎᓐ chishichuwin vii ◆ c'est un courant rapide

ᒋᔑᔮᔒ chishiyaashuu vai-i ◆ il/elle vogue ou navigue vite

ᒋᔑᔮᐦᑕ chishiyaashtin vii ◆ ça navigue vite

ᒋᔑᐦᑯᔔ chishihkushuu vai-i ◆ il/elle a sommeil; il/elle s'endort; il/elle est somnolent-e, endormi-e

ᒋᔒᐎᐤ chishiiwiiu vai ◆ il/elle est occupé-e à le faire

ᒋᔒᐸᐦᑖᐤ chishiipahtaau vai ◆ il/elle court vite

ᒋᔒᑎᔑᐦᐧᐁᐤ chishiitishihweu vta ◆ il/elle l'envoie rapidement

ᒋᔒᒣᐤ chishiimeu vta ◆ il/elle la/le fâche en lui parlant

ᒋᔒᒨ chishiimuu vai-u ◆ il/elle parle avec colère

ᒋᔒᒻ chishiim nad dim ◆ ton jeune frère ou frère cadet, ta jeune sœur ou sœur cadette

ᒋᔒᔮᐦᑎᑯᐸᔫ chishiiyaahtikupayuu vii-i ◆ l'eau est poussée avec force (par le vent, le courant)

ᒋᔫᑉ·ᐧᒉᐤ chishiihkweu vai -uu ♦ il/elle perd du liquide, saigne rapidement

ᒋᔫᑉᑯ·ᐁᐤ chishiihkuweu vta ♦ il/elle est occupé-e avec elle/lui

ᒋᔫᑉᑲᒼ chishiihkam vti ♦ il/elle s'occupe de quelque chose, est occupé-e à quelque chose

ᒋᔅ·ᐁᔨᒣᐤ chishuweyimeu vta ♦ il/elle est décidé-e à l'avoir, à la/le tuer (un animal)

ᒋᔅ·ᐁᔨᒥᑎᓲ chishuweyimitisuu vai reflex -u ♦ il/elle persiste jusqu'à la réussite, est déterminé-e à faire quelque chose ou se rendre quelque part

ᒋᔅ·ᐁᔨᑕᒼ chishuweyihtam vti ♦ il/elle est décidé-e, déterminé-e à le faire

ᒋᔅ·ᐋᐯᐤ chishuwaapeu na -em ♦ un homme capable

ᒋᔫ·ᐃᔫ chishuuwiiu vai ♦ il/elle est fâché-e parce qu'il/elle a trop de travail

ᒋᔫ·ᐋᐸᒨ chishuuwaapamuu vai -u ♦ il/elle est fâché-e de ce qu'il/elle voit

ᒋᔫ·ᐋᑉᐁᐤ chishuuwaaheu vta ♦ il/elle la/le met en colère

ᒋᔫᑲᓇ·ᐋᐸᒣᐤ chishuukanawaapameu vta ♦ il/elle la/le regarde avec colère

ᒋᔫᑲᓲ chishuukasuu vai -u ♦ il/elle est de mauvaise humeur parce qu'il/elle a trop chaud

ᒋᔫᓀᐤ chishuuneu vta ♦ il/elle la/le met en colère en l'agrippant comme pour se battre avec elle/lui

ᒋᔫᔅᑲᑌᐤ chishuuskateu vai ♦ il/elle est fâché-e ou en colère parce que quelqu'un marche trop vite

ᒋᔫᔑᓐ chishuushin vai ♦ il/elle est fâché-e parce qu'il/elle est tombé-e; il/elle reste fâché-e par terre

ᒋᔫᔥᑲᑌᐤ chishuushkateu vai ♦ il/elle a mal au ventre, a un mal de ventre

ᒋᔫᐦᐄᑲᓂᔥ chishuuhiikanish p,manière dim ♦ être fâché, excédé par une autre personne (langage enfantin)

ᒋᔫᐦᐌᐤ chishuuhweu vta ♦ il/elle la/le met en colère en la/le surpassant dans quelque chose

ᒋᔫᐦᑌᐤ chishuuhteu vai ♦ il/elle est de mauvaise humeur pour avoir trop marché

ᒋᔫᐦᑯᔅᔫ chishuuhkushuu vai -i ♦ il/elle est de mauvaise humeur parce qu'il/elle a sommeil, s'endort, est fatigué-e

ᒋᔫᐦᑲᑌᐤ chishuuhkateu vai ♦ il/elle est de mauvaise humeur parce qu'il/elle a faim

ᒋᔖᐱᒋᓵ·ᐋᓂᑯᑎᔥᑯᐃ chishaapischisaawaanikutishkui ni [Intérieur] ♦ un tuyau de poêle

ᒋᔖᔥᑌᐤ chishaashteu vii ♦ c'est ensoleillé

ᒋᔥᑌᒫᐅᒫᑯᓐ chishtemaaumaakun vii ♦ ça sent le tabac

ᒋᔥᑌᒫᐅᒫᑯᓲ chishtemaaumaakusuu vai -i ♦ il/elle sent le tabac

ᒋᔥᑌᒫᐅᒫᓵ·ᐁᐤ chishtemaaumaasaaweu vai ♦ il/elle sent le tabac brûlé

ᒋᔥᑌᒫᐅᒫᔥᑌᐤ chishtemaaumaashteu vii ♦ ça sent le tabac brûlé

ᒋᔥᑌᒫᐃᔮᑲᓐ chishtemaawiyaakan ni ♦ un cendrier

ᒋᔥᑌᒫ·ᐋᑉᐴ chishtemaawaapuu ni ♦ de l'eau de trempage du tabac

ᒋᔥᑌᒫᐤ chishtemaau na -maam ♦ du tabac

ᒋᔥᑌᔨᒣᐤ chishteyimeu vta ♦ il/elle l'estime, la/le respecte, considère, glorifie; il/elle en pense le plus grand bien

ᒋᔥᑌᔨᒥᑎᓲ chishteyimitisuu vai reflex -u ♦ il est fier, orgueilleux; elle est fière, orgueilleuse

ᒋᔥᑌᔨᒨ chishteyimuu vai -u ♦ il/elle est snob, il est prétentieux, elle est prétentieuse

ᒋᔥᑌᔨᑕᒧᐃᓐ chishteyihtamuwin ni ♦ du respect

ᒋᔥᑌᔨᑕᒼ chishteyihtam vti ♦ il/elle l'estime, le glorifie, le respecte

ᒋᔥᑌᔨᑖᑯᓐ chishteyihtaakun vai -i ♦ il/elle mérite d'être honoré-e, glorifié-e, respecté-e

ᒋᔥᑌᔨᑖᑯᓲ chishteyihtaakusuu vai -i ♦ il/elle mérite d'être honoré-e, glorifié-e, respecté-e; il/elle est excellent-e, estimable

ᒋᔥᑌᔨᑖᑯᐁᐤ chishteyihtaakuheu vta ♦ il/elle l'exalte, la/le vante, glorifie; il/elle chante ses louanges

chishteyihtaakuhtaau vai
• il/elle le rend digne d'admiration ▪ ᓄᐁᐧᐃᐧ ᕑ ᒋᔐᔨᐦᑖᑰᐦᑖᐅ ᐅᒋᒫᓯᓈᐦᐃᑲᓐᒥ. ▪ *Elle a rendu la Bible digne d'admiration (par la façon dont elle parle).*

chishteyihcheu vai • il est respectueux, elle est respectueuse

chishtikuham vti • il/elle l'écrase, le pile, le brasse pour le mélanger

chishtikuhweu vta • il/elle la/le pile, mélange

chistinaach p • je vous prie de..., veuillez...

chishtuwiiukamikw ni [Intérieur] • un hangar, un entrepôt ou une remise de fabrique de canots

chishtuwiiu vai [Intérieur] • il/elle fabrique ou construit un canot

chishtuhiikanaahtikw ni • un des trois principaux poteaux servant à l'ossature du tipi

chishtuhkanaahtikw ni • un des deux poteaux verticaux formant l'entrée de porte du tipi

chishtuhkan na • une entrée, une porte de tipi

chishtuhchikaniyaapii na -m • une corde pour instrument de musique, guitare, violon

chishtuhchikanahchaapii na -m • un archet de violon

chishtuhchikan ni • un instrument de musique (guitare, violon)

chishtuuch p,lieu • au milieu, au centre, entre ▪ ᒋᔑᑎᒡ ᐊᓂᒄ ᐊᐦᒃ. ▪ *Pose-le au milieu.*

chishtuuminewaatim vii [Côte] • c'est une rivière à deux effluents, deux branches

chishtuuhiikan ni • là où les perches ou poteaux sont attachés ensemble (dans un tipi, une tente)

chishtakaamikw ni • un continent, la terre ferme

chishtamuu vii -u • c'est un sentier battu, une piste damée, tassée

chishtamaauchiishikaau vii [Côte] • c'est un jour spécial

chishtamaaweyimeu vta
• il/elle la/le respecte

chishtamaaweyihtamuwin ni • du respect

chishtamaaweyihtam vti
• il/elle le respecte

chishtamaaweyihtaakun vii • c'est respecté, estimé

chishtamaaweyihtaakusuu vai -i
• il/elle est respecté-e

chishtamwaakuneshkam vti • la neige est tassée quand on marche beaucoup dessus

chishtaauwanishkweshin vai • il/elle est étendu-e avec la tête plus basse que le corps

chishtaapatin vii • c'est très utile

chishtaapatisiiu vai • il/elle est très utile, utilisable

chishtaapachiheu vta
• il/elle l'utilise beaucoup

chishtaapachihuwinh ni pl • des possessions; des choses, des vêtements, des meubles utiles

chishtaapachihtaau vai+o
• il/elle en fait grand usage; il/elle s'en sert beaucoup ou l'utilise souvent

chishtaapaauchikuneweu vai • il/elle se rince la bouche

chishtaapwaautihcheu vai • il/elle se lave les mains

chishtaapwaautaau vai+o
• il/elle le lave

chishtaapwaauchepayihtaau vai+o
• il/elle lave à la machine

chishtaapwaauchipayihtaau vai+o
• il/elle le lave à la machine

chishtaapwaauchikamikweu vai
• il/elle lave le plancher

chishtaapwaauchikanitakw ni • une planche à laver

ᒋᔥᑖᐴᒑᓂᓲᑉ **chishtaapwaauchikanisuup** ni ◆ de la lessive, du savon pour laver le linge

ᒋᔥᑖᐴᒑᓂᔮᐲ **chishtaapwaauchikaniyaapii** ni -m ◆ une corde à linge

ᒋᔥᑖᐴᒑᓈᐦᑎᒄ **chishtaapwaauchikanaahtikw** ni ◆ un poteau ou une perche pour corde à linge

ᒋᔥᑖᐴᒑᒃᐦ **chishtaapwaauchikanh** ni pl ◆ du lavage, de la lessive

ᒋᔥᑖᐴᒋᓰᑎᐤ **chishtaapwaauchisiteu** vai ◆ il/elle se lave les pieds

ᒋᔥᑖᐴᒋᔮᑲᓀᐤ **chishtaapwaauchiyaakaneu** vai ◆ il/elle lave la vaisselle

ᒋᔥᑖᐹᔦᐤ **chishtaapwaauyeu** vta ◆ il/elle la/le lave

ᒋᔥᑖᐹᔨᐤ **chishtaapwaauyuu** vai -i ◆ il/elle lave

ᒋᔥᑖᐹᔮᑲᓐ **chishtaapwaauyaakan** ni ◆ un lavabo, un évier

ᒋᔥᑖᐹᐃᓯᓱ **chishtaapwaawiyisuu** vai reflex -u ◆ il/elle se lave ou se nettoie; il/elle se lisse les plumes sans arrêt

ᒋᔥᒑᑲᓈᐦᑎᒄ **chishtaakanaahtikw** ni ◆ un pieu, une perche, un bâton servant à bloquer une rivière pour attraper le castor

ᒋᔥᒑᑲᐦ **chishtaakanh** ni pl ◆ des pieux ou bâtons plantés dans un ruisseau pour bloquer le chemin du castor

ᒋᔥᒑᒋᐤ **chishtaacheu** vai ◆ il/elle enferme ou emprisonne un castor pour l'empêcher de s'échapper

ᒋᔥᒑᐦᑎᒄ **chishtaastikw** ni ◆ une rivière principale avec des affluents, des ruisseaux tributaires

ᒋᔨᑲᒋᔒᐤ **chiyikachishiiu** vai [Côte] ◆ son derrière lui pique; il/elle a le derrière ou l'anus qui lui démange

ᒋᔨᑲᒋᔒᒥᓐᐦ **chiyikachishiiminh** ni pl ◆ des fruits d'églantier, des cynorhodons *Rosa acicularis sp. ou blanda*, litt. 'les fruits du derrière qui pique' en français 'gratte-cul'

ᒋᔨᑲᒋᔓ **chiyikachishuu** vai -i [Intérieur] ◆ son derrière lui pique; il/elle a le derrière ou l'anus qui lui démange

ᒋᔨᑲᔐᐤ **chiyikasheu** vai ◆ il/elle a la gale ou la grattelle

ᒋᔨᑲᔖᓐ **chiyikashaan** ni ◆ de la gale, de la rogne, de la gratelle

ᒋᔨᑳᐱᑌᐤ **chiyikaapiteu** vai ◆ il/elle fait ses dents, il/elle a des dents qui percent

ᒋᔨᒉᐃᒀ **chiyicheikweu** vai ◆ sa narine lui pique; il/elle a la narine qui lui démange

ᒋᔨᒋᑳᑌᐤ **chiyichikaateu** vai ◆ sa jambe lui pique; il/elle a la jambe qui lui démange

ᒋᔨᒋᓰᑎᐤ **chiyichisiteu** vai ◆ son pied lui pique; il/elle a le pied qui lui démange

ᒋᔨᒋᓱ **chiyichisuu** vai ◆ ça lui pique; il/elle a des démangeaisons

ᒋᔨᒋᔥᑎᒃᒑᓀᐤ **chiyichishtikwaaneu** vai ◆ sa tête lui pique; le cuir chevelu lui démange

ᒋᔨᒋᐦᑑᑲᔦᐤ **chiyichihtuukayeu** vai ◆ son oreille lui pique; il/elle a l'oreille qui lui démange

ᒋᔨᒋᐦᑑᒉᐤ **chiyichihtuucheu** vai ◆ une oreille lui pique; il/elle a une oreille qui lui démange (ancien terme)

ᒋᔮᒣᐳ **chiyaameupuu** vai -i ◆ il/elle est assis-e tranquille, calme

ᒋᔮᒣᐅᑎᐱᔅᑳᐤ **chiyaameutipiskaau** vii ◆ c'est une nuit calme, paisible ■ ᐋᓅᒡ ᒋᔮᒣᐅᑎᐱᔅᑳᐦ ■ *C'est une nuit très calme.*

ᒋᔮᒣᐅᑳᐴ **chiyaameukaapuu** vai -uu ◆ il/elle se tient debout tranquille, calmement

ᒋᔮᒣᐅᓈᑯᓐ **chiyaameunaakun** vii ◆ ça paraît tranquille, calme, paisible

ᒋᔮᒣᐅᓈᑯᓱ **chiyaameunaakusuu** vai -i ◆ il/elle a l'air tranquille, paraît calme, semble paisible

ᒋᔮᒣᐅᓰᐤ **chiyaameusiiu** vai ◆ il/elle est calme; c'est une personne tranquille

ᒋᔮᒣᐅᔑᓐ **chiyaameushin** vai ◆ il/elle est couché-e tranquille

ᒋᔮᒣᐌᔮᐤ **chiyaameweyaau** vii ◆ le temps est calme

ᒋᔮᒣᔨᐦᑕᒧᐃᓐ **chiyaameyihtamuwin** ni ◆ la paix

ᒋᔮᒣᔨᐦᑕᒻ **chiyaameyihtam** vti ◆ il/elle a l'esprit en paix; il/elle est serein-e, en paix

ᖹᔨᒉᐦᑖᑯᓐ **chiyaameyihtaakun** vii
 • c'est silencieux, calme, paisible, tranquille

ᖹᔨᒉᐦᑖᑯᓱ **chiyaameyihtaakusuu** vai -i
 • il/elle est paisible, calme, tranquille

ᖹᒥᑳᐳ **chiyaamikaapuu** vai -uu • il/elle se tient debout ou est debout tranquille

ᖹᒫᑎᓰᔫ **chiyaamaatisiiu** vai • il/elle est tranquille, calme, paisible, pacifique

ᖹᒻ **chiyaam** p,manière
 • silencieusement, sans bruit, en silence; discrètement, calmement, tranquillement ▪ ᖹᒻ ᐊᐱᐦ᙮ ▪ *Reste assis tranquille.*

ᖹᔥᑯᔥ **chiyaashkush** na dim • une sterne, une petite mouette

ᖹᔥᒄ **chiyaashkw** na • une mouette

ᖹᐦᐁᐤ **chiyaaheu** vta • il/elle finit, termine avant elle/lui

ᒋᐧᔮᒣᐤ **chiywaameu** vta [Côte] • il/elle la/le trompe avec ses paroles

ᒋᐧᔮᐦᐁᐤ **chiywaaheu** vta [Côte] • il/elle la/le trompe; il/elle ne fait pas ce qu'il/elle a dit qu'il/elle ferait

ᒋᐦᐄᐸᔪ **chihiipayuu** vai/vii -i [Intérieur]
 • il/elle glisse en bas

ᒋᐦᐄᓀᐤ **chihiineu** vta [Intérieur] • il/elle le/la trouve glissant-e, ne peut l'empoigner

ᒋᐦᐄᓇᒻ **chihiinam** vti [Intérieur] • il/elle le trouve glissant, ne peut le saisir, l'empoigner, s'y agripper

ᒋᐦᐄᓯᑯᔑᓐ **chihiisikushin** vai • il/elle glisse sur de la glace

ᒋᐦᐄᔥᒍᒋᔑᓐ **chihiischuuchishin** vai
 • il/elle glisse dans la boue

ᒋᐦᐄᔑᓐ **chihiishin** vai • il/elle glisse sur la glace

ᒋᐦᐋᐤ **chihaau** vai/vii [Intérieur] • il/elle est glissant-e; c'est glissant

ᒋᐦᐋᒋᒣᐤ **chihaachimeu** • ses pieds glissent sur les raquettes glacées

ᒋᐦᑎᒥᑲᓀᐤ **chihtimikaneu** vai • il est paresseux, elle est paresseuse

ᒋᐦᑎᒥᑲᓐ **chihtimikan** na • un paresseux, une paresseuse, inspiré de l'anglais 'lazy bone' littéralement 'un os paresseux'

ᒋᐦᑎᒥᑳᐳ **chihtimikaapuu** vai -uu • il/elle reste debout à rien faire; il/elle est inoccupé-e, oisif/oisive; il/elle est fatigué-e d'être debout

ᒋᐦᑎᒦᔥᑕᒨᐤ **chihtimiishtamuweu** vta [Côte] • il/elle se sent indolent-e pour une personne qui travaille très fort

ᒋᐦᑎᒦᐦᑳᓲ **chihtimiihkaasuu** vai reflex -u
 • il est trop paresseux pour prendre soin de lui-même; elle est trop paresseuse pour prendre soin d'elle-même

ᒋᐦᑎᒨᐧᔦᒣᐤ **chihtimuweyimeu** vta
 • il/elle pense qu'il est paresseux, qu'elle est paresseuse

ᒋᐦᑎᒧᐎᓐ **chihtimuwin** ni • de l'inactivité, de la paresse

ᒋᐦᑎᒨ **chihtimuu** vai • il est paresseux; elle est paresseuse

ᒋᐦᑖᐳᔫ **chihtaaupayuu** vai/vii -i [Côte]
 • il/elle/ça pénètre, s'enfonce dans (par ex. la boue)

ᒋᐦᑖᔥᒍᒋᐸᔫ **chihtaauschuuchipayuu** vai/vii -i [Côte] • il/elle/ça s'enfonce dans la boue

ᒋᐦᑖᐐᔫ **chihtaawiiu** vai • il/elle s'enfonce ou coule dans l'eau

ᒋᐦᑖᐧᐋᑯᓀᐸᔫ **chihtaawaakunepayuu** vai/vii -i [Côte] • il/elle/ça s'enfonce dans la neige

ᒋᐦᑖᐧᐋᑯᓀᓀᐤ **chihtaawaakuneneu** vta
 [Côte] • il/elle la/le met dans la neige avec la main

ᒋᐦᑖᐧᐋᑯᓀᓇᒻ **chihtaawaakunenam** vti
 [Côte] • il/elle le met dans la neige à la main

ᒋᐦᑖᐯᒋᐱᑌᐤ **chihtaapechipiteu** vta
 • il/elle la/le plonge, tire dans l'eau (par ex. une peau d'orignal)

ᒋᐦᑖᐯᒋᐱᑕᒻ **chihtaapechipitam** vti
 • il/elle le plonge, le tire dans l'eau (par ex. un vêtement)

ᒋᐦᑖᒋᒨ **chihtaachimuu** vai -u • il/elle débute son histoire, commence à raconter son histoire

ᒋᐦᑖᒧᐦᑳᓲ **chihtaamuhkaasuu** vai reflex -u
   ♦ il/elle fait fuir ou partir le gibier par ses actions ▪ ᓂ ᐧᐃ ᐸᔅᒋᔾᐧᓀᐤ ᐊᓂᑫ ᐱᐁᐤ, ᐁᑯᐦ ᑲ ᐅᐦᒋᐦᑳ ᓂ ᒋᐦᑖᒧᐦᑳᔾ. ▪ *Il voulait tirer sur une perdrix blanche, mais l'a fait partir en toussant.*

ᒋᐦᑖᒧᐦᒉᐤ **chihtaamuhcheu** vai ♦ il/elle fait fuir ou dérange le gibier avec quelque chose en chassant

ᒋᐦᑲᑕᐦᒻ **chihkataham** vti ♦ il (un oiseau) le picore, le picote, lui donne des coups de becs

ᒋᐦᑲᑕᐦᐧᐁᐤ **chihkatahweu** vta ♦ il/elle lui donne des coups de bec (un oiseau)

ᒋᐦᑲᒋᔑᐦᐋᐸᓂᔥ **chihkachishihaapaanish** ni dim ♦ un petit bâton placé sous la boucle du collet

ᒋᐦᑳᐋᐧᐋᑌᔨᒨ **chihkaawaateyimuu** vai-u
   ♦ il/elle se sent chez lui ou chez elle, à l'aise, confortable (plus commun à la forme négative)

ᒋᐦᑳᐱᓀᐤ **chihkaapineu** vta ♦ il/elle lui donne un coup dans l'oeil

ᒋᐦᑳᑌᔨᒣᐤ **chihkaateyimeu** vta [Côte]
   ♦ il/elle en pense le plus grand bien; il/elle a beaucoup de respect, de considération pour elle/lui

ᒋᐦᑳᑌᔨᒥᑎᓲ **chihkaateyimitisuu** vai reflex -u [Côte] ♦ il est orgueilleux, elle est orgueilleuse; il/elle en mène large

ᒋᐦᑳᑌᔨᐦᑕᒻ **chihkaateyihtam** vti [Côte]
   ♦ il/elle en pense le plus grand bien, le respecte, l'estime beaucoup

ᒋᐦᑳᑌᔨᐦᑖᑯᓐ **chihkaateyihtaakun** vii [Côte] ♦ c'est apprécié, considéré; on en pense beaucoup de bien; on l'estime beaucoup

ᒋᐦᑳᔥᑌᐤ **chihkaashteu** vii ♦ ça brille avec éclat; ça éclaire; le soleil brille

ᒋᐦᒉᐤ **chihcheu** vai ♦ il/elle se salit avec de la merde

ᒋᐦᒋᐅᒋᒫᐅᐧᐃᓐ **chihchiuchimaauwin** ni
   ♦ un royaume

ᒋᐦᒋᐅᒋᒫᐅᐳᐧᐃᓐ **chihchiuchimaaupuwin** ni ♦ un trône (ancien terme)

ᒋᐦᒋᐅᒋᒫᐅᑌᐦᑕᐳᐧᐃᓐ **chihchiuchimaautehtapuwin** ni ♦ un trône de roi

ᒋᐦᒋᐅᒋᒫᐧᐃᓐ **chihchiuchimaawin** ni
   ♦ un trône (mot biblique)

ᒋᐦᒋᐅᒋᒫᐤ **chihchiuchimaau** na -maam
   ♦ un roi

ᒋᐦᒋᐅᒋᒫᔅᑫᐤ **chihchiuchimaaskweu** na -em ♦ une reine

ᒋᐦᒋᐧᐁ **chihchiwe** p,manière ♦ vraiment, réellement, pour vrai ▪ ᐋᔨᒻ ᒋᐦᒋᐧᐁ ᐧᐁ ᐊᑎᓲᒥᑦ ᐧᐋᑫ ▪ *Cela a l'air tellement vrai.*

ᒋᐦᒋᐧᐁᔦᔨᒥᑎᓲ **chihchiweyeyimitisuu** vai reflex -u ♦ il est fier de lui-même, orgueilleux, a une haute opinion de lui-même; elle est fière d'elle-même, orgueilleuse, a une haute opinion d'elle-même

ᒋᐦᒋᐱᒍ **chihchipichuu** vai -i ♦ il/elle s'en va ailleurs, part vers un autre campement, un autre endroit

ᒋᐦᒋᐸᔨᐦᐁᐤ **chihchipayiheu** vta ♦ il/elle la/le fait démarrer; il/elle l'amène ou l'emporte avec lui/elle; il/elle va avec elle/lui en véhicule

ᒋᐦᒋᐸᔨᐦᐆ **chihchipayihuu** vai -u ♦ il/elle bouge, change de position (par ex. un bébé qui apprend à ramper)

ᒋᐦᒋᐸᔨᐦᑖᐤ **chihchipayihtaau** vai+o
   ♦ il/elle le fait démarrer (moteur), le prend, part avec

ᒋᐦᒋᐸᔫ **chihchipayuu** vai/vii -i ♦ c'est lundi; il/elle/ça part, démarre

ᒋᐦᒋᐸᔫ **chihchipayuu** vii ♦ c'est lundi, ça commence

ᒋᐦᒋᐸᐦᐁᐤ **chihchipaheu** vta ♦ il/elle s'enfuit avec elle/lui

ᒋᐦᒋᐸᐦᑖᐤ **chihchipahtaau** vai ♦ il/elle part ou se sauve en courant

ᒋᐦᒋᐸᐦᑖᐤ **chihchipahtwaau** vai ♦ il/elle part en courant avec ou se sauve avec

ᒋᐦᒋᑎᔕᒻ **chihchitishaham** vti
   ♦ il/elle l'envoie au loin

ᒋᐦᒋᑎᔕᐦᐧᐁᐤ **chihchitishahweu** vta
   ♦ il/elle l'envoie au loin

ᒋᐦᒋᑖᐋᐧᐋᑯᓀᐸᔫ **chihchitaawaakunepayuu** vai/vii -i [Intérieur] ♦ il/elle/ça s'enfonce dans la neige

ᒋᐦᒋᑖᐋᐧᐋᑯᓀᓀᐤ **chihchitaawaakuneneu** vta [Intérieur] ♦ il/elle la/le met dans la neige avec la main

ᒋᐦᒋᑖᐋᐧᐋᑯᓀᓐ **chihchitaawaakunenam** vti [Intérieur] ♦ il/elle le met dans la neige avec la main

ᑦᒉᑲᓭᔅᐊ chihchikasheshin vai ♦ ses ongles d'orteil lui font mal à force de frotter sur la barre des raquettes

ᑦᒉᑲᔪ chihchikayuu na [Intérieur] ♦ un carouge à épaulettes *Agelaius phoeniceus*, un quiscale rouilleux *Euphagus carolinus*

ᑦᒉᑲᓗ chihchikaluu na [Côte] ♦ un carouge à épaulettes *Agelaius phoeniceus*, un quiscale rouilleux *Euphagus carolinus*

ᑦᒉᒉᑌᐤ chihchichimeu vai ♦ il/elle commence à pagayer pour s'éloigner

ᑦᒉᒌᔑᑳᐤ chihchichiishikaau vii [Intérieur] ♦ c'est un jour spécial

ᑦᒉᒌᔑᒄ chihchichiishikw ni -um ♦ le paradis, le ciel

ᑦᒉᒪᓯᓇᐦᐃᑲᓐ chihchimasinahiikan ni ♦ la Bible

ᑦᒉᓄᐤ chihchineu vta ♦ il/elle lui donne un coup avec la main

ᑦᒉᓄᐌᐤ chihchinuweu vai ♦ il/elle commence à cuisiner, à préparer la nourriture

ᑦᒉᓇᒻ chihchinam vti ♦ il/elle lui donne un coup de la main

ᑦᒉᐦᐁᐤ chihchiheu vta ♦ il/elle la/le commence, débute

ᑦᒉᐦᑖᐤ chihchihtaau vai+o ♦ il/elle le débute, commence à le faire

ᑦᒉᐦᑲᔥᑌᐤ chihchihkashteu vii ♦ il y a des points dessus

ᑦᒉᐦᑲᔥᑖᐤ chihchihkashtaau vai+o ♦ il/elle fait des marques ou des points dessus

ᑦᒉᐦᑳᑯᓀᐤ chihchihkaakuneu vai ♦ il/elle brasse la neige en la faisant fondre dans un seau

ᑦᒋᐤ chihchiu vai ♦ il/elle débute ou commence quelque chose, entreprend de faire quelque chose

ᑦᒋᑌᐎᓐ chihchiitwewin ni ♦ un voeu, un serment

ᑦᒋᑌᐤ chihchiitweu vai ♦ il/elle promet, fait un voeu, jure, prête serment

ᑦᒍᑖᐤ chihchuutaau vai+o ♦ il/elle l'emporte

ᑦᒍᔦᐤ chihchuuyeu vta ♦ il/elle l'emmène

ᒌ

ᒌ chii pro.personnel ♦ toi (singulier, s'écrit aussi chiiya dans la correspondance), toi-même, le tien ou la tienne

ᒌ chii préverbe ♦ indicateur d'un verbe au passé

ᒌ chii préverbe ♦ est capable, peut

ᒌᔥᒂ chiiishkwaa p,temps ♦ après, terminé ▪ ᒋ ᓅᑖᒋᐦᐋᓐ ᒌᔥᒂ ᐊᐸᑎᓰᔮᐤ▪ *Je viendrai t'aider après avoir terminé mon travail.*

ᒌᐳᔪ chiiupayuu vai/vii -i ♦ il/elle est desserré-e; c'est lâche, desserré

ᒌᐳᑌᐤ chiiuteu vai [Intérieur] ♦ il/elle visite

ᒌᐳᑌᑖᐦᐁᐤ chiiutetaheu vai [Intérieur] ♦ il/elle l'emmène en visite, lui fait faire une visite

ᒌᐳᑕᒣᐤ chiiutameu vta [Intérieur] ♦ il/elle la/le visite

ᒌᐳᔐᔨᒣᐤ chiiusheyimeu vta ♦ il/elle est mélancolique sans elle/lui (par ex. s'ennuyer de l'être aimé)

ᒌᐳᔐᔨᐦᑕᒻ chiiusheyihtam vti ♦ il/elle est triste, mélancolique (par ex. s'ennuie d'un être aimé)

ᒌᐳᔖᓂᔥ chiiushaanish na dim -m ♦ un orphelin, une orpheline

ᒌᐳᔖᓅ chiiushaannu vai ♦ il/elle est orphelin-e

ᒌᐦᐆᐦᐃᔑᓐ chiiuhiishin vai ♦ il/elle s'ajuste sans serrer

ᒌᐦᐆᐦᐄᔑᑯᐌᐤ chiiuhiishkuweu vta ♦ il/elle le/la porte desserré-e

ᒌᐦᐆᐦᐄᔥᑲᒻ chiiuhiishkam vti ♦ il/elle le porte desserré, flottant

ᒌᐌᐎᐤ chiiwewiiu ♦ il/elle fait demi-tour, ou volte-face pour retourner

ᒌᐌᐤ chiiweu vai ♦ il/elle s'en va à la maison, il va chez lui, elle va chez elle

ᒌᐌᐱᒍ chiiwepichuu vai -i ♦ il/elle retourne, déplace le camp d'hiver

ᒌᐌᐱᔥᑐᐌᐤ chiiwepishtuweu vta ♦ il/elle se tourne vers elle/lui (position assise)

ᒋᐁᐱᔥᑕᒼ chiiwepishtam vti ♦ il/elle se tourne, se retourne dans sa direction, en position assise

ᒋᐁᐸᔨᐦᐆ chiiwepayihuu vai-u ♦ il/elle fait demi-tour pour retourner, fait volte-face

ᒋᐁᐸᔫ chiiwepayuu vai/vii-i ♦ il/elle rentre à la maison en conduisant; ça s'en retourne

ᒋᐁᐸᐦᐁᐤ chiiwepaheu vta ♦ il/elle revient en courant avec elle/lui

ᒋᐁᐸᐦᑣᐤ chiiwepahtwaau vai ♦ il/elle s'en retourne en courant avec

ᒋᐁᑎᓂᐹᔫ chiiwetinipayuu vii-i ♦ le vent tourne au Nord

ᒋᐁᑎᓂᓲ chiiwetinisuu na ♦ le vent du Nord, l'Esprit du vent du Nord

ᒋᐁᑎᓂᔑᔥ chiiwetinishiish ni dim ♦ un vent léger du Nord, une légère brise du Nord

ᒋᐁᑎᓄᔥᑎᒀᓐ chiiwetinushtikwaan na-im [Intérieur] ♦ un balai de sorcière, une touffe de brindilles sur une branche résultant d'une maladie de l'arbre

ᒋᐁᑎᓄᐦᑖᒥᔅᑐᔅ chiiwetinuhtaaumistus na-um ♦ un boeuf musqué

ᒋᐁᑎᓄᐦᑖᒥᔅᑐᔥ chiiwetinuhtaaumistush na dim ♦ un jeune boeuf musqué (un veau)

ᒋᐁᑎᓅᑖᐆᓅ chiiwetinuutaauiinuu na-niim [Intérieur] ♦ l'homme du Nord

ᒋᐁᑎᓅᑖᐆᐃᔨᔫ chiiwetinuutaauiiyiyuu na-yiim [Côte] ♦ l'homme du Nord

ᒋᐁᑎᓅᑖᐦᒡ chiiwetinuutaahch p,lieu ♦ au nord, vers le nord, le côté nord

ᒋᐁᑎᓇᒐᐦᑯᔥ chiiwetinachahkush na dim ♦ l'étoile du Nord, l'étoile polaire

ᒋᐁᑎᓈᔥᒄ chiiwetinaaskw na ♦ un balai de sorcière, une touffe de brindilles sur une branche résultant d'une maladie de l'arbre

ᒋᐁᑎᓐ chiiwetin vii ♦ c'est un vent du Nord

ᒋᐁᑎᔕᐦᐊᒼ chiiwetishaham vti ♦ il/elle le retourne, le renvoie

ᒋᐁᑎᔕᐦᐁᐤ chiiwetishahweu vta ♦ il/elle l'envoie, la/le retourne à la maison

ᒋᐁᑳᐴ chiiwekaapuu vai-uu ♦ il/elle fait demi-tour, fait volte-face, retourne en arrière

ᒋᐁᑳᐴᔥᑐᐌᐤ chiiwekaapuushtuweu vta ♦ il/elle se tourne dans la direction de l'autre, debout

ᒋᐁᑳᐴᔥᑕᒼ chiiwekaapuushtam vti ♦ il/elle se tourne, se retourne dans sa direction, debout

ᒋᐁᒋᔗᐚᔒᔥᑐᐌᐤ chiiwechishuwaashiishtuweu vta ♦ il/elle est fâché-e contre elle/lui

ᒋᐁᒋᐦᑖᐯᐤ chiiwechihtaapeu vai ♦ il/elle le tire vers la maison, le ramène

ᒋᐁᒋᐦᑖᐹᑌᐤ chiiwechihtaapaateu vta ♦ il/elle la/le ramène à la maison

ᒋᐁᒍᐃᓐ chiiwechuwin vii ♦ la marée baisse

ᒋᐁᒥᔅᑯᐌᐤ chiiwemiskuweu vta ♦ il/elle la/le retrouve

ᒋᐁᒥᔫ chiiwemiyeu vta ♦ il/elle la/le rend, lui retourne

ᒋᐁᓅ chiiweneu vta ♦ il/elle la/le tourne dans l'autre direction avec la main; il/elle la/le retourne

ᒋᐁᓇᒼ chiiwenam vti ♦ il/elle le tourne dans l'autre direction avec ses mains; il/elle le retourne

ᒋᐁᔅᒑᐤ chiiwescheu vai ♦ il/elle retourne ou revient chez lui ou chez elle, à son lieu de naissance, après une longue absence

ᒋᐁᔥᑯᐌᐤ chiiweshkuweu vta ♦ il/elle la/le renvoie avec le corps, les pieds

ᒋᐁᔥᑲᒼ chiiweshkam vti ♦ il/elle le retourne avec le corps, le pied

ᒋᐁᔮᐴᑐᐌᐤ chiiweyaaputuweu vta ♦ il/elle rapporte de la nourriture pour quelqu'un d'autre

ᒋᐁᔮᒧᐦᑳᓲ chiiweyaamuhkaasuu vai-u ♦ il/elle fait revenir le gibier vers lui ou elle

ᒋᐁᔮᒧᐦᒑᐤ chiiweyaamuhcheu vai-u ♦ il/elle fait revenir le gibier sur ses pas

ᒋᐁᔮᔅᐴ chiiweyaaspuu vai-u ♦ il/elle sort du festin en mangeant quelque chose

ᒋᐁᐦᑖᐤ chiiwehutaau vai+o ♦ il/elle le rapporte, le retourne, en pagayant

ᒌᐌᐳᔫ chiiwehuyeu vta ♦ il/elle la/le ramène, retourne en pagayant

ᒌᐌᐳ chiiwehuu vai-u ♦ il/elle retourne en pagayant

ᒌᐌᑖᑖᐤ chiiwehtataau vai+o ♦ il/elle l'apporte ou l'emporte à la maison, chez lui ou chez elle

ᒌᐌᑕᐦᐁᐤ chiiwehtaheu vta ♦ il/elle la/le ramène à la maison

ᒌᐌᒑᓲ chiiwehtwaasuu vai-u ♦ il/elle apporte de la nourriture du festin pour la manger plus tard

ᒌᐌᔮᐤ chiiwehyaau vai ♦ il/elle retourne ou rentre en volant ▪ ᐁ ᑕᐸᑯᓈᐦ ᒌᐌᔮᐤ ᐌᐧᐌᐤₓ ▪ *En automne, l'oie bleue s'en retourne (en volant).*

ᒌᐋᐤ chiiwaau pro,personnel ♦ vous (pluriel), vous autres, vous tous, vous-mêmes, le/la vôtre, les vôtres

ᒌᐋᑯᓀᐱᑕᒼ chiiwaakunepitam vti ♦ il (un poisson, un castor) déplace le bâton, fait bouger la ligne dans le trou sur la glace et la neige tombe dedans

ᒌᐯᐦᐁᔥ chiipehesh na dim ♦ une nyctale boréale, une chouette de Tengmalm; une chouette limard, une petite nyctale

ᒌᐱᑎᐴ chiipitipuu vai ♦ il/elle se redresse assis-e, s'assoit droit-e

ᒌᐱᑎᓀᐤ chiipitineu vta ♦ il/elle la/le tient en posture droite

ᒌᐱᑎᓇᒼ chiipitinam vti ♦ il/elle le tient debout

ᒌᐱᑕᐦᐁᔅᒋᐦᒁᓐ chiipitaheschihkwaan ni ♦ un bâton sur lequel on suspend une théière au-dessus d'un feu

ᒌᐱᑕᐦᐋᐹᓐ chiipitahaapaan ni ♦ des bâtons qui tiennent un collet ouvert

ᒌᐱᑖᑯᔨᐌᐴ chiipitaakuyiwepuu vai ♦ il/elle s'étire le cou

ᒌᐱᑖᔅᑯᐦᐄᑲᓈᐦᑎᒄ chiipitaaskuhiikanaahtikw ni-m ♦ un bâton ou pieu où on fixe un oiseau mort comme leurre

ᒌᐱᑖᔅᑯᐦᐄᑲᓐ chiipitaaskuhiikan ni ♦ un oiseau mort fixé à un bâton pour servir de leurre

ᒌᐱᑖᔅᑯᐦᐄᒉᐤ chiipitaaskuhiicheu vai ♦ il/elle utilise un oiseau mort (par ex. une oie morte), dressé sur un bâton comme appelant ou appeau

ᒌᐱᒋᐸᔫ chiipichipayuu vai-i ♦ il/elle tombe, est renversé-e

ᒌᐱᒋᑳᐴᐦᑖᐤ chiipichikaapuuhtaau vai+o ♦ il/elle plante un bâton dans la terre pour le faire tenir debout

ᒌᐱᒋᔑᒣᐤ chiipichishimeu vta ♦ il/elle la/le renverse (un objet qui est debout, par ex. une horloge de parquet)

ᒌᐱᒋᔥᑯᐌᐤ chiipichishkuweu vta ♦ il/elle la/le renverse (par ex. un morceau de glace, une personne assise)

ᒌᐱᒋᔥᑲᒼ chiipichishkam vti ♦ il/elle le renverse (quelque chose qui est debout, par ex. une chaise)

ᒌᐱᒋᐦᑎᑖᐤ chiipichihtitaau vai+o ♦ il/elle le fait tomber, le renverse (quelque chose qui est debout)

ᒌᐱᒋᐦᑖᐤ chiipichihtaau vai+o ♦ il/elle le plante dans le sol pour le faire tenir debout

ᒌᔨᐱᒄ chiyipichuu vai ♦ il/elle grandit vite

ᒌᐱᓀᐤ chiipineu vta ♦ il/elle l'use rapidement

ᒌᐱᓂᓯᐤ chiipinisiiu vai ♦ il/elle use ses vêtements rapidement

ᒌᐱᓂᐦᑖᐅᒋᓐ chiipinihtaauchin vii ♦ ça pousse vite

ᒌᐱᓂᐦᑖᐅᒍ chiipinihtaauchuu vai-i ♦ il/elle grandit vite

ᒌᐱᓇᒼ chiipinam vti ♦ il/elle le finit rapidement

ᒌᐱᐦᐁᐤ chiipiheu vta ♦ il/elle use ses vêtements rapidement

ᒌᐱᐦᑖᐤ chiipihtaau vai+o ♦ il/elle l'use (vêtement) rapidement

ᒌᐲᐤ chiipiiu vai ♦ il/elle le fait rapidement

ᒌᐳᓲ chiipusuu vai-i ♦ il/elle est effilé-e

ᒌᐳᐦᐁᐤ chiipuheu vta ♦ il/elle l'effile

ᒌᐳᐦᐊᒼ chiipuham vti ♦ il/elle l'effile avec un outil

ᒌᐳᐦᐌᐤ chiipuhweu vta ♦ il/elle l'effile avec un outil

ᒌᐳᐦᑖᐤ chiipuhtaau vai+o ♦ il/elle l'amincit, l'affile, le taille en pointe

ᒌᐸᐃ chiipai na -aam / -aaim ♦ un fantôme, un esprit

ᓰᐸᑌᓄᐌᐤ **chiipatenuweu** vai ♦ il/elle fait la cuisine rapidement

ᓰᐸᔨᑲᒥᒄ **chiipayikamikw** ni ♦ un cimetière

ᓰᐸᔨᑲᓐ **chiipayikan** ni ♦ un os particulier dans le bras de l'ours

ᓰᐸᔨᑲᓐʰ **chiipayikanh** ni pl ♦ un squelette, les os du squelette

ᓰᐸᔨᒥᔥᑎᑯᐃᑦ **chiipayimishtikuwit** ni ♦ un cercueil

ᓰᐸᔨᔐᑌᐤ **chiipayishkuteu** ni ♦ un feu-follet, vu la nuit après une mort, un décès

ᓰᐸᔨᐦᐁᔥ **chiipayihesh** na ♦ une sorte de hibou, de chouette

ᓰᐹᔨᑲᒥᒄ **chiipaayikamikw** ni ♦ un cimetière

ᓰᐹᐦᑲᓲ **chiipaahkasuu** vai ♦ il/elle fond, brûle rapidement

ᓰᐧᐸᐤ **chiipwaau** vii ♦ c'est effilé

ᓰᑎᒧʰ **chiitimus** nad ♦ ton beau-frère ou ta belle-soeur, ton cousin croisé ou ta cousine croisée (une personne du sexe opposé au tien qui est la descendante du frère de ta mère ou de la soeur de ton père)

ᒌᑐᐌᑲᓐ **chiituwekan** vii ♦ c'est raide, rigide (étalé)

ᒌᑐᐌᒋᓲ **chiituwechisuu** vai -i ♦ il/elle est raide (étalé)

ᒌᑐᐌᒋᐦᑖᐤ **chiituwechihtaau** vai+o ♦ il/elle l'amidonne, l'empèse (étalé)

ᒌᑐᐚᐤ **chiituwaau** vii ♦ c'est raide, rigide

ᒌᑐᐚᐯᑲᓐ **chiituwaapekan** vii ♦ c'est raide, rigide (filiforme)

ᒌᑐᐚᐯᒋᓲ **chiituwaapechisuu** vai -i ♦ il/elle est raide (filiforme)

ᒌᑐᐚᐱᐦᑳᑌᐤ **chiituwaapihkaateu** vta ♦ il/elle la/le raidit en l'attachant

ᒌᑐᐚᐱᐦᑳᑕᒼ **chiituwaapihkaatam** vti ♦ il/elle le raidit, le renforce en l'attachant

ᒌᑐᐚᔅᑯᐸᔫ **chiituwaaskupayuu** vai -i ♦ il/elle se raidit

ᒌᑐᐚᔅᑯᓐ **chiituwaaskun** vii ♦ c'est raide (long et rigide)

ᒌᑐᐚᔅᑯᓲ **chiituwaaskusuu** vai -i ♦ il/elle est raide (long et rigide)

ᒌᑐᐚᔅᑯᔨᐌᐦᐆᓱᐎᓐ **chiituwaaskuyiwehuusuwin** ni ♦ un corset

ᒌᑐᐚᐦᑲᑎᓲ **chiituwaahkatisuu** vai -u ♦ il/elle raidit en séchant

ᒌᑐᐚᐦᑲᑐᑌᐤ **chiituwaahkatuteu** vii ♦ ça raidit en séchant

ᒌᑑᑯᔨᐌᐤ **chiituukuyiweu** vai ♦ il/elle a le cou raide

ᒌᑑᑲᓀᐦᐳᐌᐤ **chiituukanehpuweu** vta [Côte] ♦ il/elle la/le mange sans séparer les os (un oiseau)

ᒌᑑᓲ **chiituusuu** vai -i ♦ il/elle est raide

ᒌᑑᐦᐄᑲᓂᑳᑦ **chiituuhiikanikaat** ni ♦ l'os de la patte arrière droite de certains caribous mâles est fendu sur la longueur, on en retire la moelle qui est mangée par les hommes plus âgés uniquement, et l'os est rattaché et conservé

ᒌᑑᐦᑖᐤ **chiituuhtaau** vai+o ♦ il/elle le raidit

ᒌᑰ **chiikuu** p,quantité ♦ en plus, y compris ∎ ᒌᑰ ᐯᔥ ᒥᓐ ᐊᓂᒌ ᒥᐳᐦᓴ,ˣ ∎ *En plus, donnez-moi aussi les bonbons!*

ᒌᑰᐚᐴᐦᒉᐤ **chiikuuwaapuuhcheu** vai ♦ il/elle ajoute de l'eau à sa boisson pour la diluer, l'affaiblir

ᒌᑰᐯᒋᐤ **chiikuupechiiu** vii ♦ c'est de la neige mélangée avec de la pluie

ᒌᑰᓀᐤ **chiikuuneu** vta ♦ il/elle la/le mélange avec autre chose

ᒌᑰᓇᒼ **chiikuunam** vti ♦ il/elle le mêle, le mélange à autre chose

ᒌᑰᔅᑎᓂᑖᐤ **chiikuustinitaau** vai+o ♦ il/elle le mélange dans un contenant ou récipient (par ex. en préparant les paquets)

ᒌᑰᔥᑎᑖᐤ **chiikuushtitaau** vai+o ♦ il/elle le mélange (liquide) avec un autre liquide

ᒌᑰᐤ **chiikuuheu** vta ♦ il/elle la/le mélange avec autre chose

ᒌᑰᐦᑖᐤ **chiikuuhtaau** vai+o ♦ il/elle le mélange avec autre chose

ᒌᑳᐦᐄᑲᓈᐱᔅᒄ **chiikahiikanaapiskw** ni [Côte] ♦ une lame de hache

ᒌᑳᐦᐄᑲᓈᐦᑎᒄ **chiikahiikanaahtikw** ni ♦ un manche de hache

ᒌᑳᐦᐄᑲᓐ **chiikahiikan** ni [Côte] ♦ une hache

ᑳᐦᐄᒉᐤ chiikahiicheu vai ♦ il/elle tranche ou coupe

ᑳᐦᐄᒉᔒᔥ chiikahiicheshiish na dim ♦ un phlébotome, une mouche des sables

ᑳᐦᐊᒻ chiikaham vti ♦ il/elle le tranche, coupe, fend

ᑳᐦᐌᐤ chiikahweu vta ♦ il/elle la/le coupe, découpe

ᑳᐦᒡ chiikahch p,lieu [Côte] ♦ à proximité, près, proche du bord intérieur ▪ ᑳᐦᒡ ᐊᔮᑦ ᐊᓲᒡ ᓂᐸᑳᒡₓ ▪ Mets les couvertures près du bord intérieur (de la tente).

ᑳᐌᔑᒣᐤ chiikaaweshimeu vta ♦ il/elle use le tissage du pied des raquettes au niveau du cadre

ᑳᐌᔑᓐ chiikaaweshin vai ♦ il/elle use la fixation des raquettes à force de marcher

ᒌᒉᐤ chiicheu vai ♦ il/elle est guéri-e (par ex. d'une plaie)

ᒌᒉᓯᑲᓐ chiichesikan ni ♦ un onguent, une pommade, un baume

ᒌᒋᓈᐦᑯᔥ chiichinaahkush na dim ♦ une lente (un oeuf de pou)

ᒌᒋᓲ chiichisuu vai -i [Côte] ♦ il est chatouilleux, elle est chatouilleuse

ᒌᒋᔅᑴᐤ chiichiskweu nad ♦ ta femme, ton épouse

ᒌᒋᔖᓐ chiichishaan nad ♦ ton frère ou ta soeur, ton cousin ou ta cousine parallèle (le fils ou la fille du frère de ton père ou de la soeur de ta mère)

ᒌᒋᐄᓅ chiichiinuu nad [Intérieur] ♦ ton frère ou ta soeur, ton cousin ou ta cousine parallèle (le fils ou la fille du frère de ton père ou de la soeur de ta mère)

ᒌᒌᔥ chiichiish na dim -im ♦ un bébé

ᒌᒋᔩᔫ chiichiiyiyuu nad [Côte] ♦ ton frère ou ta soeur, ton cousin ou ta cousine parallèle (le fils ou la fille du frère de ton père ou de la soeur de ta mère)

ᒌᒉᐤ chiimeu vta ♦ il/elle va avec elle/lui, l'accompagne en canot

ᒌᒥᓐ chiimine p,quantité ♦ beaucoup, plusieurs, un grand nombre de (terme plus ancien, moins utilisé que mihchet); il/elle en prend beaucoup mais n'utilise pas tout ▪ ᐋᑦᒨ ᒌᒥᓐ ᐧᐋᒋᒫᒡₓ ▪ Apporte beaucoup de bois de chauffage, au cas où.

ᒌᒧᑎᓐ chiimuutin vii ♦ c'est secret, obscur; c'est une magouille, une manigance

ᒌᒧᑎᓯᐤ chiimuutisiiu vai ♦ il est secret, elle est secrète; il/elle est dissimulé-e, rusé-e, sournois-e

ᒌᒧᒋᔨᒨ chiimuuchiyimuu vai ♦ il/elle parle en secret, chuchote, murmure

ᒌᒨᒡ chiimuuch p,manière ♦ en secret, secrètement, en cachette ▪ ᐋᓴᒻ ᒌᒨᒡ ᐊᔨᒫᒃₓ ▪ Il lui parle en secret.

ᒌᒨᓵᐴ chiimuusaapuu vai -i ♦ il/elle espionne

ᒌᒨᓵᐸᒣᐤ chiimuusaapameu vta ♦ il/elle lui jette un regard

ᒌᒨᓵᐸᐦᑕᒻ chiimuusaapahtam vti ♦ il/elle le regarde sans se faire voir

ᒌᒫᓂᑲᓐ chiimaanikan ni [Côte] ♦ les trois premières côtes et une partie de la colonne vertébrale de l'orignal, du caribou, coupées en forme de canot

ᒌᒫᓂᒋᒫᐤ chiimaanichimaau na -maam ♦ un ou une capitaine de bateau

ᒌᒫᓐ chiimaan ni -im ♦ un bateau, une barge; un canot [Waswanipi]

ᒌᓀᑲᓐ chiinekan vii ♦ ça pointe; c'est pointu, effilé (étalé)

ᒌᓀᒋᓲ chiinechisuu vai -i ♦ il/elle est pointu-e (étalé)

ᒌᓂᐧᐋᔕᐦᐋᐤ chiiniwaashahaau vii ♦ c'est une baie en pointe

ᒌᓂᐳᑖᐤ chiiniputaau vai+o ♦ il/elle l'affile, le lime ou le scie en pointe

ᒌᓂᐳᔦᐤ chiinipuyeu vta ♦ il/elle la/le lime, scie en pointe

ᒌᓂᑖᐤᐦᑳᐤ chiinitaauhkaau vii ♦ c'est une crête pointue

ᒌᓂᑯᑌᐤ chiinikuteu vai ♦ il/elle a le nez pointu

ᒌᓂᑲᐦᐊᒻ chiinikaham vti ♦ il/elle y coupe, taille une pointe avec une hache

ᒌᓂᑲᐦᐌᐤ chiinikahweu vta ♦ il/elle y coupe une pointe avec une hache

ᕀᓂᐧᑲᓂᐁᐸᐦᐆᓲ **chiinikwaaniwepahuusuu** vai reflex -u
* il/elle se fait tourner, tournoyer, virevolter

ᕀᓂᐧᑲᓂᐁᐸᐦᐊᒼ **chiinikwaaniwepaham** vti ♦ il/elle le balaie en cercle, le fait tourner en rond

ᕀᓂᐧᑲᓂᐁᐸᐦᐌᐤ **chiinikwaaniwepahweu** vta ♦ il/elle la/le balaie en rond

ᕀᓂᐧᑲᓂᐁᐹᔔ **chiinikwaaniwepaashuu** vai -i ♦ le vent le fait tourner en rond, tournoyer

ᕀᓂᐧᑲᓂᐁᐹᔥᑎᓐ **chiinikwaaniwepaashtin** vii ♦ ça tourbillonne, tournoie à cause du vent; le vent le fait tournoyer, tourbillonner

ᕀᓂᐧᑲᓂᐱᑌᐤ **chiinikwaanipiteu** vta ♦ il/elle la/le tire en rond

ᕀᓂᐧᑲᓂᐱᑕᒼ **chiinikwaanipitam** vti ♦ il/elle le tire autour

ᕀᓂᐧᑲᓂᐸᔨᐦᐁᐤ **chiinikwaanipayiheu** vta ♦ il/elle la/le conduit en rond (par ex. un attelage de chiens, une motoneige); il/elle fait tourner un partenaire en dansant

ᕀᓂᐧᑲᓂᐸᔨᐦᐆ **chiinikwaanipayihuu** vai -u ♦ il/elle tourne en rond, virevolte

ᕀᓂᐧᑲᓂᐸᔨᐦᑖᐤ **chiinikwaanipayihtaau** vai+o ♦ il/elle le balance; le fait tourner, tournoyer, tourbillonner, virevolter

ᕀᓂᐧᑲᓂᐸᔫ **chiinikwaanipayuu** vai/vii -i ♦ il/elle/ça tourne, tournoie, pivote, tourbillonne

ᕀᓂᐧᑲᓂᐸᐦᑖᐤ **chiinikwaanipahtaau** vai ♦ il/elle court en rond, court tout autour, fait le tour en courant

ᕀᓂᐧᑲᓂᑎᔑᒨ **chiinikwaanitishimuu** vai ♦ il/elle s'enfuit en cercle d'une personne qui est à ses trousses

ᕀᓂᐧᑲᓂᑎᔕᐦᐊᒼ **chiinikwaanitishaham** vti ♦ il/elle le poursuit, pourchasse autour de quelque chose

ᕀᓂᐧᑲᓂᑎᔕᐦᐌᐤ **chiinikwaanitishahweu** vta ♦ il/elle la/le poursuit autour de quelque chose

ᕀᓂᐧᑲᓂᑖᐯᐤ **chiinikwaanitaapeu** vai ♦ il/elle en fait le tour en tirant

ᕀᓂᐧᑲᓂᑖᐹᑌᐤ **chiinikwaanitaapaateu** vta ♦ il/elle contourne quelque chose en la/le tirant

ᕀᓂᐧᑲᓂᑯᒑᐤ **chiinikwaanikuchaau** vai [Côte] ♦ il/elle tourne, virevolte, fait des pirouettes

ᕀᓂᐧᑲᓂᑳᐴ **chiinikwaanikaapuu** vai -uu ♦ il/elle se retourne debout

ᕀᓂᐧᑲᓂᒍᐎᓐ **chiinikwaanichuwin** vii ♦ c'est un remous, un tourbillon; le courant tourbillonne

ᕀᓂᐧᑲᓂᓀᐤ **chiinikwaanineu** vta ♦ il/elle la/le fait tourner ou tournoyer à la main

ᕀᓂᐧᑲᓂᓯᓇᐦᐊᒼ **chiinikwaanisinaham** vti ♦ il/elle dessine un cercle autour de quelque chose

ᕀᓂᐧᑲᓂᓯᓇᐦᐌᐤ **chiinikwaanisinahweu** vta ♦ il/elle trace un cercle autour d'elle/de lui

ᕀᓂᐧᑲᓂᔑᒨ **chiinikwaanishimuu** vai ♦ il/elle danse autour, en cercle

ᕀᓂᐧᑲᓂᔑᓐ **chiinikwaanishin** vai ♦ il/elle est frisé-e, bouclé-e

ᕀᓂᐧᑲᓂᔥᑯᐌᐤ **chiinikwaanishkuweu** vta ♦ il/elle marche en rond autour d'elle/de lui

ᕀᓂᐧᑲᓂᔥᑲᒼ **chiinikwaanishkam** vti ♦ il/elle marche en cercle autour de quelque chose

ᕀᓂᐧᑲᓂᔮᐱᐦᒉᐱᑌᐤ **chiinikwaaniyaapihchepiteu** vta [Côte] ♦ il/elle la/le fait tourner ou tournoyer avec une corde (par ex. un castor qui cuit suspendu à une corde)

ᕀᓂᐧᑲᓂᔮᐱᐦᒉᐱᑕᒼ **chiinikwaaniyaapihchepitam** vti [Côte] ♦ il/elle le fait tourner, tournoyer avec une corde

ᕀᓂᐧᑲᓂᔮᐱᐦᒉᐦᐌᐤ **chiinikwaaniyaapihchehweu** vta ♦ il/elle la/le fait tourner ou tournoyer avec une corde pour la cuisson à côté d'un feu ou du poêle (par ex. un castor, une oie)

ᕀᓂᐧᑲᓂᔮᔥᑎᓐ **chiinikwaaniyaashtin** vii ♦ ça tourne, pivote; ça tournoie à cause du vent

ᕀᓂᐧᑲᓂᐦᐌᐤ **chiinikwaanihweu** vta ♦ il/elle en fait le tour en conduisant (en cercle)

ᒋᓂᑲᓅ**ᐤ** chiinikwanihteu vai
  • il/elle marche autour de quelque chose, tourne autour; il/elle fait un tour (par ex. aiguille d'horloge)

ᒋᓂᑲᓂᑎᓐ chiinikwaanihtin vii • c'est en bobine, en rouleau; c'est embobiné, enroulé

ᒋᓂᑲᓂᐦᑯᑌᐤ chiinikwaanihkuteu vta
  • il/elle sculpte tout autour (par ex. un arbre)

ᒋᓂᑲᓂᐦᑯᑕᒻ chiinikwaanihkutam vti
  • il/elle le taille, sculpte tout autour

ᒋᓂᑲᓂᐦᔮᐤ chiinikwaanihyaau vai
  • il/elle vole en rond, en tournoyant

ᒋᓂᑲᓂᐦᔮᒪᑲᓐ chiinikwaanihyaamakan vii • ça vole en rond (un avion, un hélicoptère)

ᒋᓂᑳᓄᑯᒋᓐ chiinikwaanukuchin vai
  • il/elle (par ex. un canard) tournoie dans l'air après avoir été atteint, tombe en vrille

ᒋᓂᑲᓇᒻ chiinikwaanam vti • il/elle le fait tourner, tournoyer avec ses mains

ᒋᓂᑳᓇᐱᐦᒉᐱᑌᐤ chiinikwaanaapihchepiteu vta
  [Intérieur] • il/elle la/le fait tourner ou tournoyer avec une corde (par ex. un castor qui cuit suspendu à une corde)

ᒋᓂᑳᓇᐱᐦᒉᐱᑕᒻ chiinikwaanaapihchepitam vti
  [Intérieur] • il/elle le fait tourner, pivoter avec une corde

ᒋᓂᑳᓇᐱᐦᒉᐦᐊᒻ chiinikwaanaapihcheham vti • il/elle le fait tourner au bout d'une corde

ᒋᓂᑳᓇᐱᐦᒉᐦᐌᐤ chiinikwaanaapihchehweu vta • il/elle le/la tourne, suspendu-e avec une corde

ᒋᓂᑳᓈᔅᑯᐦᐊᒻ chiinikwaanaaskuham vti
  • il/elle le fait tourner avec un bâton

ᒋᓂᑳᓈᔅᑯᐦᐌᐤ chiinikwaanaaskuhweu vta • il/elle la/le fait tourner ou tournoyer avec un bâton

ᒋᓂᑳᓈᔓᐃᒡ chiinikwaanaashuwich vai
  pl -i • ils (nuages) sont poussés en rond par le vent

ᒋᓂᑳᓈᔥᑌᐱᑌᐤ chiinikwaanaashtepiteu vta • il/elle la/le fait tourner ou tournoyer dans l'air

ᒋᓂᑳᓈᔥᑌᐱᑕᒻ chiinikwaanaashtepitam vti • il/elle le fait tourner, tournoyer dans l'air

ᒋᓂᑳᓈᔥᑌᐸᔫ chiinikwaanaashtepayuu vai/vii -i • il/elle/ça tourne, pivote, tournoie dans les airs

ᒋᓂᑳᓈᔥᑌᐦᐊᒻ chiinikwaanaashteham vti • il/elle fait tourner, tournoyer quelque chose dans l'air, avec quelque chose qui tord les cordes de support

ᒋᓂᑳᓈᔥᑌᐦᐌᐤ chiinikwaanaashtehweu vta • il/elle la/le fait tourner ou tournoyer en l'air, alors les cordes sont tordues

ᒋᓂᑳᐦᑯᓀᐌᐤ chiinikwaahkuneweu vai
  • il/elle a un menton pointu

ᒋᓂᓲ chiinisuu vai -i • il/elle est pointu-e

ᒋᓂᔐᐤ chiinishweu vta • il/elle la/le coupe en pointe

ᒋᓂᓯᒣᐤ chiinishimeu vta • il/elle la/le frotte en pointe

ᒋᓂᓴᒻ chiinisham vti • il/elle le coupe en pointe

ᒋᓂᔥᑎᑳᓀᐤ chiinishtikwaaneu vai
  • il/elle a la tête pointue

ᒋᓂᔥᑐᐌᔮᐱᑯᔒᔥ chiinishtuweyaapikushiish na dim • une musaraigne cendrée *Sorex cinereus*, littéralement 'une souris au nez pointu'

ᒋᓂᔥᒉᐤ chiinishcheu vai • il/elle a la lèvre supérieure pointue

ᒋᓂᐦᐁᐤ chiiniheu vta • il/elle la/le fait pointu-e

ᒋᓂᐦᑎᑖᐤ chiinihtitaau vai+o • il/elle le frotte pour l'affiler, l'aiguiser en pointe

ᒋᓂᐦᑕᑳᐤ chiinihtakaau vii • c'est pointu, effilé, en pointe (bois utile)

ᒋᓂᐦᑕᒋᓲ chiinihtachisuu vai -i • il/elle est pointu-e (bois utile)

ᒋᓂᐦᑯᑌᐤ chiinihkuteu vta • il/elle la/le taille, l'aiguise en pointe avec un outil (par ex. un crayon)

ᒋᓂᐦᑯᑕᒻ chiinihkutam vti • il/elle le taille en pointe (long et rigide)

ᒌᓈᐤ chiinaau vii • ça pointe; c'est pointu, effilé

ᒌᓈᐯᑲᒣᐤ chiinaapekameu vta • il/elle l'effile avec ses dents (filiforme, par ex. un fil)

ᓰᓈᐯᑲᓐ chiinaapekan vii ♦ c'est pointu, effilé, en pointe (filiforme)

ᓰᓈᐯʰᑕᒫ chiinaapekahtam vti ♦ il/elle le rend pointu (filiforme) avec ses dents

ᓰᓈᐯᒋᓲ chiinaapechisuu vai -i ♦ il/elle est pointu-e (filiforme)

ᓰᓈᐱᑌᐤ chiinaapiteu vai ♦ il/elle a des dents pointues, tranchantes, acérées

ᓰᓈᐸᔅᑲᒫ chiinaapiskaham vti ♦ il/elle y met une pointe (pierre, métal)

ᓰᓈᐸᔅᑲʰᐍᐤ chiinaapiskahweu vta ♦ il/elle y pose une pointe (pierre, métal)

ᓰᓈᐸᔅᑳᐤ chiinaapiskaau vii ♦ c'est pointu, effilé, en pointe (pierre, métal)

ᓰᓈᐸᔅᒋᐳᑖᐤ chiinaapischiputaau vai+o ♦ il/elle le scie, l'affile, l'aiguise (métal, pierre) en pointe

ᓰᓈᐸᔅᒋᐳᔫ chiinaapischipuyeu vta ♦ il/elle la/le lime, scie en pointe (pierre, métal)

ᓰᓈᐸᔅᒋᓲ chiinaapischisuu vai -i ♦ il/elle est pointu-e (pierre, métal)

ᓰᓈᐸᔅᒋᔑᒣᐤ chiinaapischishimeu vta ♦ il/elle l'effile en frottant (pierre, métal)

ᓰᓈᐸᔅᒋʰᑖᐤ chiinaapischihtaau vai+o ♦ il/elle le frotte (métal, pierre) pour en affiler ou aiguiser la pointe

ᓰᓈᐱʰᑲᓅ chiinaapishkaneu vai ♦ il/elle a le menton pointu

ᓰᓈᔅᑯᐳᑖᐤ chiinaaskuputaau vai+o ♦ il/elle l'affile, le lime ou scie en pointe

ᓰᓈᔅᑯᐳᔫ chiinaaskupuyeu vta ♦ il/elle la/le lime, scie en pointe (long et rigide)

ᓰᓈᔅᑲᓐ chiinaaskun vii ♦ ça pointe; c'est pointu, effilé (long et rigide)

ᓰᓈᔅᑯᓲ chiinaaskusuu vai -i ♦ il/elle est pointu-e (long et rigide)

ᓰᓈᔅᑯᔑᒣᐤ chiinaaskushimeu vta ♦ il/elle l'effile en la/le frottant (long et rigide)

ᓰᓈᔅᑯʰᑎᑖᐤ chiinaaskuhtitaau vai+o ♦ il/elle le frotte ou lime (long et rigide) pour en affiler la pointe

ᓰᓈᔅᑯʰᑯᑌᐤ chiinaaskuhkuteu vta ♦ il/elle la/le découpe en pointe

ᓰᓈᔅᑯʰᑯᑕᒫ chiinaaskuhkutam vti ♦ il/elle le taille en pointe

ᓰᓈᔅᑯʰᑲᒫ chiinaaskuhkaham vti ♦ il/elle y taille une pointe (long et rigide)

ᓰᓈᔅᑯʰᑲʰᐍᐤ chiinaaskuhkahweu vta ♦ il/elle coupe une pointe dessus (long et rigide)

ᓰᓈʰᑾᐤ chiinaahkweu vai ♦ il/elle (un toboggan, une raquette) a le devant pointu

ᒌᓵᐙᓯᓅᐤ chiisaawaasinuweu vta ♦ il/elle cherche une marque distinctive sur elle/lui

ᒌᓵᐙᓯᓇᒫ chiisaawaasinam vti ♦ il/elle cherche une marque distinctive dessus

ᒌᓵᐙᓯᓈᑯᓐ chiisaawaasinaakun vii ♦ c'est marqué pour qu'on le reconnaisse

ᒌᓵᐙᓯᓈᑯᓲ chiisaawaasinaakusuu vai -i ♦ il/elle est marqué-e afin d'être distingué-e, identifié-e, différencié-e des autres

ᒌᓵᐙᓯᓈᑯʰᐍᐤ chiisaawaasinaakuheu vta ♦ il/elle la/le marque pour pouvoir la/le distinguer, reconnaître, différencier

ᒌᓵᐙᓯᓈᑯʰᑖᐤ chiisaawaasinaakuhtaau vai+o ♦ il/elle le marque pour pouvoir l'identifier, le distinguer ou différencier des autres

ᒌᓵᐙᓵᐸᒣᐤ chiisaawaasaapameu vta ♦ il/elle cherche une marque distinctive sur elle/lui

ᒌᓵᐙᓵᐸʰᑕᒫ chiisaawaasaapahtam vti ♦ il/elle cherche une marque distinctive dessus

ᒌᔅᑖᔅᑯʰᐍᐤ chiistaaskuhweu vta ♦ il/elle tape dessus, la/le martèle; il/elle la/le crucifie

ᒌᔅᑖᔅᑯʰᑕᒫ chiistaaskuhtam vti ♦ il/elle le martèle, le fait entrer à coups de marteau, lui tape dessus

ᒌᔅᑖᔅᑯʰᒉᐤ chiistaaskuhcheu vai ♦ il/elle le cloue

ᒌᔅᑖᔅᒁᓂᔥ chiistaaskwaanish ni ♦ une punaise, un petit clou

ᒌᔅᑖᔅᒁᓐ chiistaaskwaan ni ♦ un clou (à utiliser avec un marteau)

ᒋᔅᑲᑖᐅʰᑳᐤ chiiskataauhkaau vii ♦ la rivière a des rives de sable escarpées

ᒋᔅᑲᒥᑳᐤ **chiiskaskamikaau** vii ♦ c'est un paysage de falaises

ᒋᑳᐦᐆᑯ **chiiskahuukuu** vta inverse -u ♦ il/elle lui donne un coup (par ex. de bâton)

ᒋᑳᐦᐊᒼ **chiiskaham** vti ♦ il/elle lui donne un coup

ᒋᑳᐦᐍᐤ **chiiskahweu** vta ♦ il/elle lui donne un coup avec un objet

ᒋᔅᑳᐱᑐᓂᔅᑳᐤ **chiiskaapituniskaau** vii [Côte] ♦ la rivière a des berges escarpées

ᒋᔅᑳᐱᔅᑳᐤ **chiiskaapiskaau** vii ♦ c'est une falaise abrupte, raide, escarpée, à pic

ᒋᔅᑳᐱᔅᑳᑲᒫᐤ **chiiskaapiskaakamaau** vii ♦ c'est un lac entouré de falaises rocheuses

ᒋᔅᑳᐱᔥᒉᒍᐎᓐ **chiiskaapischechuwin** vii ♦ c'est une chute escarpée, une cascade abrupte

ᒋᔅᑳᐱᔥᒋᒍᐎᓐ **chiiskaapischichuwin** vii ♦ c'est un courant, ce sont des rapides passant sur un rocher élevé; c'est un courant qui tombe raide

ᒋᔐᐱᓱᐎᓐ **chiischepisuwin** ni ♦ une jarretière, une jarretelle

ᒋᔑᐱᑌᐤ **chiischipiteu** vta ♦ il/elle la/le pince très fort

ᒋᔑᐳᑖᐤ **chiischiputaau** vai+o ♦ il/elle le scie, coupe à la scie

ᒋᔑᐳᔦᐤ **chiischipuyeu** vta ♦ il/elle la/le scie

ᒋᔑᒥᐱᑐᓀᐤ **chiischimipituneu** vai ♦ il/elle a un bras engourdi, son bras est engourdi

ᒋᔑᒥᐸᔫ **chiischimipayuu** vai -i ♦ sa circulation est coupée, bloquée momentanément

ᒋᔑᒥᑎᐦᒉᐤ **chiischimitihcheu** vai ♦ il/elle a une main engourdie, sa main est engourdie

ᒋᔑᒥᓂᓲ **chiischiminisuu** na -shiish [Côte] ♦ un martin-pêcheur d'Amérique

ᒋᔑᒥᓯᑎᐳᐤ **chiischimisitepuu** vai -i ♦ il/elle a les pieds engourdis à force d'être assis-e

ᒋᔑᒥᓲ **chiischimisuu** vai -i ♦ il/elle se sent engourdi-e

ᒋᔑᒥᔥᑲᒼ **chiischimishkam** vti ♦ son membre est engourdi parce qu'il/elle est couché-e dessus; il/elle l'engourdit en se couchant dessus

ᒋᔑᒦᐐᐸᔫ **chiischimiiwepayuu** vai -i ♦ il/elle tremble, frissonne, a des frissons

ᒋᔑᓯᑲᑎᓈᐤ **chiischisekatinaau** vii ♦ c'est une falaise de montagne

ᒋᔑᓯᑳᐤ **chiischisekaau** vii ♦ c'est un falaise abrupte, escarpée, raide, à pic

ᒋᔑᓯᑳᐱᔅᑳᐤ **chiischisekaapiskaau** vii ♦ c'est une falaise rocheuse

ᒋᔑᓯᑳᑲᒫᐤ **chiischisekaakamaau** vii ♦ la falaise tombe à pic dans le lac

ᒋᔑᓯᑳᐦᒡ **chiischisekaahch** p,lieu ♦ sur la falaise

ᒋᔑᓯᒁᐤ **chiischisikwaau** vii ♦ c'est une falaise de glace

ᒋᔅᒋᔑᓂᑲᓐ **chischischinikan** na ♦ une souris (pour l'ordinateur)

ᒋᐦᐁᔅᑴᐤ **chisheiskweu** na ♦ une fille adulte

ᒋᐦᔮᐯᐤ **chisheyaapeu** na ♦ un garçon adulte

ᒋᔑ **chiishi** préverbe ♦ fini, terminé (action terminée)

ᒋᔑᐯᑲᓐ **chiishipekan** vii ♦ la marée a fini de monter

ᒋᔑᐯᒥᒌᐤ **chiishipemichiiu** vai ♦ il/elle est en fleurs, en pleine floraison (par ex. un arbre feuillu)

ᒋᔑᐯᒪᑲᓐ **chiishipemakan** vii ♦ tout est en fleurs durant l'été; c'est en pleine floraison

ᒋᔑᐱᑌᐤ **chiishipiteu** vta ♦ il/elle la/le fait glisser dans un noeud en tirant

ᒋᔑᐱᑕᒼ **chiishipitam** vti ♦ il/elle le fait glisser dans une boucle en tirant

ᒋᔑᐸᑲᓐ **chiishipakan** vii ♦ tout est en fleurs

ᒋᔑᐸᔫ **chiishipayuu** vii -i ♦ c'est fini, terminé

ᒋᔑᑌᓅᐍᐤ **chiishitenuuweu** vai ♦ il/elle a fini de cuisiner, de préparer la nourriture

ᒋᔑᑲᔄᐤ **chiishikasweu** vta ♦ il/elle a fini de la/le faire cuire

ᒌᔑᑳᐊᒥ **chiishikaham** vti ◆ il/elle finit de le fendre (par ex. une corde de bois)

ᒌᔑᑳᐅᐲᓯᒻ **chiishikaaupiisim** na ◆ le soleil

ᒌᔑᑳᐅᒐᐦᑯᔥ **chiishikaauchahkush** na dim ◆ l'étoile du matin

ᒌᔑᑳᐤ **chiishikaau** vii ◆ il fait jour; c'est le jour

ᒌᔑᑳᔥᑌᐤ **chiishikaashteu** vii ◆ il y a un clair de lune

ᒌᔑᑳᔥᑌᑎᐱᔅᑳᐤ **chiishikaashtetipiskaau** vii ◆ c'est une nuit éclairée par la lune

ᒌᔑᑳᐦᐄᐦᑕᒻ **chiishikaahiihtam** vti [Intérieur] ◆ il/elle finit de pelleter la neige

ᒌᔑᒄᐋᑌᐤ **chiishikwaateu** vta ◆ il/elle finit de la/le coudre (par ex. une mitaine, un pantalon)

ᒌᔑᒄᐋᑕᒻ **chiishikwaatam** vti ◆ il/elle finit de le coudre

ᒌᔑᒄ **chiishikw** ni -um ◆ le ciel

ᒌᔑᓀᐤ **chiishineu** vta ◆ il/elle tanne une peau

ᒌᔑᓂᒉᐤ **chiishinicheu** vai ◆ il/elle tanne ou apprête une peau

ᒌᔑᓇᒻ **chiishinam** vti ◆ il/elle le tanne

ᒌᔑᐦᐁᐤ **chiishiheu** vta ◆ il/elle la/le termine, finit

ᒌᔑᐦᐁᐤ **chiishiheu** vta ◆ il/elle la/le trompe, dupe ou déjoue

ᒌᔑᐦᑖᐤ **chiishihtaau** vai+o ◆ il/elle le termine, le finit

ᒌᔑᐦᑲᓲ **chiishihkasuu** vai -u ◆ il/elle est bien cuit-e

ᒌᔑᐦᑲᐦᑌᐤ **chiishihkahteu** vii ◆ c'est bien cuit

ᒌᔑᐄᐦᑯᐌᐤ **chiishiihkuweu** vta [Intérieur] ◆ il/elle la/le paie

ᒌᔑᐄᐦᑲᒧᐌᐤ **chiishiihkamuweu** vta [Intérieur] ◆ il/elle la/le paie pour elle/lui

ᒌᔑᐄᐦᑲᒻ **chiishiihkam** vti [Intérieur] ◆ il/elle paie ou paye pour quelque chose

ᒌᔑᐄᐦᑳᓲ **chiishiihkaasuu** vai -u [Intérieur] ◆ il/elle paie ou paye

ᒌᔓᐋᐤ **chiishuwaau** vii ◆ c'est chaud (un vêtement) ◆ ᓂᐊᑉ ᒌᔓᐤ ᐋ ᓂᒥᓱᓕᒡx ◾ Mon chandail est très chaud.

ᒌᔓᐋᑲᒥᑌᐙᐴ **chiishuwaakamitewaapuu** ni ◆ de l'eau chaude

ᒌᔓᐋᑲᒥᑌᐤ **chiishuwaakamiteu** vii ◆ c'est chaud (un liquide)

ᒌᔓᐋᔅᐱᓲ **chiishuwaaspisuu** vai -u ◆ il/elle s'habille chaudement, porte des vêtements chauds

ᒌᔓᐋᔮᐤ **chiishuwaayaau** vii ◆ c'est un redoux en hiver, une vague de chaleur hivernale

ᒌᔓᐋᔮᓂᐸᔫ **chiishuwaayaanipayuu** vii ◆ le temps commence à se radoucir, à devenir plus doux

ᒌᔓᐯᓀᔨᐦᑖᑯᓐ **chiishupeneyihtaakun** vii [Côte] ◆ ça a l'air d'une douce journée d'hiver; on dirait qu'il fait doux

ᒌᔓᐯᓈᐤ **chiishupenaau** vii ◆ c'est un redoux, une vague de chaleur

ᒌᔔᐤ **chiishuuwiiu** vai ◆ il/elle se réchauffe en s'activant

ᒌᔓᐋᑯᓀᐤ **chiishuuwaakuneu** vai ◆ il/elle est réchauffé-e par la couverture ou le manteau de neige; il/elle est protégé-e du froid par la neige

ᒌᔓᐋᑲᒥᓴᒻ **chiishuuwaakamisam** vti ◆ il/elle le chauffe, réchauffe (un liquide)

ᒌᔓᐋᑲᒥᔥᑖᐤ **chiishuuwaakamishtaau** vai+o ◆ il/elle le met à chauffer, le fait réchauffer (liquide)

ᒌᔔᐱᑌᐤ **chiishuupiteu** vii ◆ ça se réchauffe (une maison)

ᒌᔔᐱᓴᒻ **chiishuupisam** vti ◆ il/elle conserve la chaleur du tipi en gardant le feu allumé jour et nuit

ᒌᔔᐸᔨᐦᐤ **chiishuupayihuu** vai ◆ il/elle se réchauffe en bougeant

ᒌᔔᑌᐴᓯᐎᓐᐦ **chiishuutehuusuwinh** ni pl ◆ des oreillères, des cache-oreilles, des protecteurs d'oreilles

ᒌᔔᑌᐦᐱᓲ **chiishuutehpisuu** vai ◆ il/elle enveloppe la tête d'un foulard chaud pour protéger les oreilles du froid

ᒌᔔᑯᓃᐤ **chiishuukuniiu** vai ◆ il/elle reste au chaud, garde sa chaleur en se couvrant

ᒌᔔᑯᓇᐦᐊᒻ **chiishuukunaham** vti ◆ il/elle le garde au chaud en le couvrant

ᑳᔖᑯᓈᐌᐤ chiishuukunahweu vta
• il/elle la/le garde au chaud en la/le recouvrant

ᑳᔖᓁᐤ chiishuuneu vta • il/elle la/le réchauffe avec les mains; il/elle l'enveloppe dans quelque chose de chaud

ᑳᔖᓂᑎᓱᐤ chiishuunitisuu vai reflex -u
• il/elle garde sa chaleur, reste au chaud en s'enveloppant

ᑳᔖᓇᒻ chiishuunam vti • il/elle le réchauffe avec ses mains, l'enveloppe dans quelque chose de chaud

ᑳᔖᓈᑯᓲ chiishuunaakusuu vai • il/elle a l'air d'être habillé-e chaudement

ᑳᔖᓲ chiishuusuu vai -i • il/elle est chaud-e (par ex. un vêtement); il/elle garde sa chaleur

ᑳᔖᔑᓐ chiishuushin vai • il/elle est couché-e sous une chaude couverture

ᑳᔖᔥᑎᒀᓀᐱᓲ chiishuushtikwaanepisuu vai • il/elle s'enveloppe la tête avec quelque chose pour la garder au chaud

ᑳᔖᔥᑯᐌᐤ chiishuushkuweu vta • il/elle la/le tient au chaud avec son corps

ᑳᔖᔥᑲᒻ chiishuushkam vti • il/elle le garde au chaud avec son corps

ᑳᔖᔥᑳᑯᐌᐤ chiishuushkaakuweu vta
• il/elle la/le tient au chaud avec son corps

ᑳᔖᔪᒉᔑᓐ chiishuuyechishin vai • il/elle est allongé-e et enveloppé-e dans ce qui est étalé pour rester au chaud (par ex. une couverture)

ᑳᔖᐎᐤ chiishuuheu vta • il/elle l'habille chaudement

ᑳᔖᐄᓱ chiishuuhiisuu vai reflex -u
• il/elle s'habille chaudement

ᑳᔖᐅᐤ chiishuuhuu vai -u • il/elle s'habille chaudement, porte des vêtements chauds

ᑳᔑᐊᕐᑳᒻ chiishawaachikaham vti
• il/elle coupe une marque dessus

ᑳᔑᐌᐤ chiishaaweu vai [Côte] • il/elle coupe ou gratte les derniers morceaux de viande d'un os

ᑳᔑᐊᑖᒻ chiishaawaatam vti [Côte]
• il/elle coupe les derniers petits morceaux de viande d'un os

ᑳᔑᐊᕐᑳᐌᐤ chiishaawaachikahweu vta
• il/elle coupe une marque dessus

ᑳᔑᐊᕐᑳᐌᐤ chiishaawaachikwaateu vta
• il/elle coud une marque, une étiquette dessus

ᑳᔑᐊᕐᑳᑕᒻ chiishaawaachikwaatam vti
• il/elle y coud une marque, une étiquette

ᑳᔑᐊᕐᒋᓇᐦᐊᒻ chiishaawaachisinaham vti • il/elle fait une marque, écrit une étiquette sur quelque chose

ᑳᔑᐊᕐᒋᓇᐦᐌᐤ chiishaawaachisinahweu vta • il/elle écrit une marque, une étiquette dessus

ᑳᔑᐊᕐᒋᔕᒻ chiishaawaachisham vti
• il/elle le marque en le coupant

ᑳᔑᐊᕐᒋᐦᐁᐤ chiishaawaachiheu vta
• il/elle la/le marque

ᑳᔑᐊᕐᒋᐦᑖᐤ chiishaawaachihtaau vai+o
• il/elle le marque, lui fait une marque

ᑳᔑᐊᓐ chiishaawaan ni [Côte] • les derniers morceaux de viande grattés d'un os

ᑳᔑᐁᐤ chiishaapeu na -em • un homme adulte

ᑳᔑᑎᓐ chiishaatin vii • c'est préfabriqué, prêt-à-porter

ᑳᔑᑎᓯᔾ chiishaatisiiu vai • il/elle est préfabriqué-e, industrialisé-e; c'est un plat cuisiné, préparé à l'avance

ᑳᔑᑕᑲᓲ chiishaatakasuu vai -u • il/elle est déjà cuit-e; il/elle a été préparé-e à l'avance

ᑳᔑᒋᑌᓄᐌᐤ chiishaachitenuweu vai
• il/elle fait la cuisine ou prépare le repas à l'avance

ᑳᔑᒋᑌᓅᑌᐤ chiishaachitenuuteu vta
• il/elle cuisine à l'avance pour elle/lui

ᑳᔑᒋᑌᓅᓱ chiishaachitenuusuu vai reflex
• il/elle prépare le repas ou cuisine à l'avance pour soi-même

ᑳᔑᒋᒧ chiishaachimuu vai -u • il/elle termine son histoire, finit de raconter son histoire

ᑳᔑ chiishaach p,temps • tout de suite, aussitôt, immédiatement, sans délai, action faite avant une autre ▪ ∇ᑦ ᑳᔑ ∇ᒡ. ▪ *Apporte-le tout de suite.*

ᑳᔑᔅᑯᐦᐄᒉᐤ chiishaaskuhiicheu vai [Côte]
• il/elle finit d'enlever les racines de poil d'une peau

ᒌᔥᐳᑌᔮᐳᐧᐁᐤ chiishputeyaapuweu vai
• il/elle boit beaucoup de liquide ou se remplit de liquide et se sent gonflé-e

ᒌᔥᐳᐦᐁᐤ chiishpuheu vta • il/elle la/le remplit de nourriture

ᒌᔥᐳᐦᐄᐧᐁᐤ chiishpuhiiweu vai • il/elle le fait manger à sa faim; il/elle est bourratif/bourrative ou lourd-e

ᒌᔥᐳᐦᐊᒼ chiishpuham vti • ça prédit une bonne pêche (une bosse sur l'os dorsal d'un brochet)

ᒌᔥᐳ chiishpuu vai-u • il/elle est pleine, rassasié-e; il/elle a mangé jusqu'à satiété

ᒌᔥᐳᑯᓀᐧᐁᔥᑯᔫ chiishpuukuneweshkuyuu vai-i • sa bouche est pleine; il/elle a la bouche pleine

ᒌᔥᑌᑲᐦᐄᑲᓐ chiishtekahiikan ni • des perches le long des côtés d'une tente; un piquet, un poteau

ᒌᔥᑌᑲᐦᐊᒼ chiishtekaham vti • il/elle plante des poteaux, des perches sur les côtés d'une tente

ᒌᔥᑎᓀᐤ chiishtineu vta • il/elle la/le pince

ᒌᔥᑎᓀᓲ chiishtinesuu vai reflex -u • il/elle se pince

ᒌᔥᑎᓂᐸᔫ chiishtinipayuu vii • un orage éclate soudain

ᒌᔥᑎᓇᒼ chiishtinam vti • il/elle le pince

ᒌᔥᑎᓐ chiishtin vii [Côte] • un orage s'abat

ᒌᔥᑕᐹᐸᒣᐤ chiishtapaapameu vta • il/elle la/le remarque immédiatement

ᒌᔥᑕᐹᐸᐦᑕᒼ chiishtapaapahtam vti • il/elle le remarque immédiatement, tout de suite

ᒌᔥᑕᑊ chiishtap p,temps • rapidement, soudainement, vite, en vitesse ▪ ᐋᔮᒨ ᒌᔥᑕᑊ ᐋᐦᑯᔑᐤ ▪ Il est soudainement tombé malade.

ᒌᔥᑕᐦᐄᐸᑯᐦᑎᓐ chiishtahiipekuhtin vii • le devant du canot est enfoncé dans l'eau

ᒌᔥᑕᐦᐄᐹᓈᐦᑎᒄ chiishtahiipaanaahtikw ni • une perche ou un bâton fixé à chaque extrémité d'un filet à poissons; un bâton qui maintient un piège en place (Intérieur)

ᒌᔥᑕᐦᐄᐹᓐ chiishtahiipaan ni [Côte] • une perche ou un bâton fixé au milieu d'un filet à poissons, parfois des poissons vivants y sont attachés pour les garder en vie plus longtemps

ᒌᔥᑕᐦᐄᑲᓐ chiishtahiikan ni • un outil pour percer, une alêne, un poinçon; une grosse fourchette ou fourche

ᒌᔥᑕᐦᐄᔥᑯᔫᐧᐋᑲᓐ chiishtahiishkushuwaakan ni • une fourche à foin

ᒌᔥᑕᐦᐊᒣᓵᓐ chiishtahamesaan na • du poisson cuit sur un bâton

ᒌᔥᑕᐦᐊᒫᐳᐧᐃᓐ chiishtahamaapuwin ni [Intérieur] • une fourchette, une fourche

ᒌᔥᑕᐦᐊᒼ chiishtaham vti • il/elle le pique; il/elle fait rôtir de la viande sur un bâton

ᒌᔥᑕᐦᐋᐃᐦᑯᓈᐧᐋᓐ chiishtahaaihkunaawaan na • du bannock, de la banique sur un bâton

ᒌᔥᑕᐦᐋᐳᐧᐋᓐ chiishtahaapwaan na • de la viande cuite sur un bâton

ᒌᔥᑕᐦᐋᑲᓈᐳᔥ chiishtahaakanaapush na • un lièvre cuit sur un bâton

ᒌᔥᑕᐦᐁᐤ chiishtahweu vta • il/elle la/le pique, perce

ᒌᔥᑖᐤ chiishtaau nad • ta belle-soeur (si tu es une femme), ton beau-frère (si tu es un homme), ton cousin croisé ou ta cousine croisée (une personne du même sexe que toi qui est la descendante du frère de ta mère ou de la soeur de ton père)

ᒌᔥᑖᐯᑲᐦᐄᑲᓐ chiishtaapekahiikan ni [Côte] • un bâton qui maintient un piège en place au sol

ᒌᔥᑾᐅᑲᒥᒄ chiishkweukamikw ni • un hôpital psychiatrique, un hôpital pour malades mentaux

ᒌᔥᑾᐋᒉᐤ chiishkwewaacheu vai • il/elle s'amuse avec

ᒌᔥᑾ chiishkweu vai • il est fou, elle est folle

ᐱᔥ·ᑫᐯᐤ chiishkwepeu vai ♦ il/elle est saoul-e, ivre, enivré-e, en état d'ébriété

ᐱᔥ·ᑫᐯᔥᑳᑯᐤ chiishkwepeshkaakuu vta inverse -u ♦ il/elle la/le rend fou (un liquide); il/elle est affecté-e par l'alcool

ᐱᔥ·ᑫᐯᒃᑳᓲ chiishkwepehkaasuu vai -u ♦ il/elle prétend ou fait semblant d'être saoul-e, ivre, enivré-e, en état d'ébriété

ᐱᔥ·ᑫᐸᔨᐆ chiishkwepayihuu vai ♦ il/elle se sent perdu-e, désorienté-e à force de s'agiter

ᐱᔥ·ᑫᐸᔫ chiishkwepayuu vai -i ♦ il/elle est étourdi-e par le mouvement, il/elle a le mal des transports

ᐱᔥ·ᑫᐸᐦᐁᐤ chiishkwepaheu vta ♦ il/elle la/le saoule

ᐱᔥ·ᑫᑳᓲ chiishkwekasuu vai -i ♦ il/elle est étourdi-e, désorienté-e pour avoir trop fumé

ᐱᔥ·ᑫᒣᐤ chiishkwemeu vta ♦ il/elle la/le perturbe, dérange en faisant du bruit, en parlant

ᐱᔥ·ᑫᓈᑯᓐ chiishkwenaakun vii ♦ ça a l'air fou

ᐱᔥ·ᑫᓈᑯᓲ chiishkwenaakusuu vai -i ♦ il a l'air fou, elle a l'air folle

ᐱᔥ·ᑫᓯᓇᐦᐄᒉᐤ chiishkwesinahiicheu vai ♦ il/elle écrit illisiblement, tout croche

ᐱᔥ·ᑫᓯᓈᑌᐤ chiishkwesinaateu vii ♦ c'est illisible, dessiné de façon incompréhensible

ᐱᔥ·ᑫᓯᓈᓲ chiishkwesinaasuu vai -u ♦ il/elle est écrit-e ou dessiné-e de manière illisible ou incompréhensible

ᐱᔥ·ᑫᔑᒣᐤ chiishkweshimeu vta ♦ il/elle l'assomme en la/le frappant, en la/le laissant tomber

ᐱᔥ·ᑫᔑᓐ chiishkweshin vai ♦ il/elle tombe sur quelque chose et s'évanouit, perd conscience, tombe sans connaissance

ᐱᔥ·ᑫᔑᐤ chiishkweshuu vai -i ♦ il/elle fait le fou ou la folle, agit de manière ridicule ou idiote

ᐱᔥ·ᑫᔥᑌᐤ chiishkweshteu vii ♦ c'est illisible; ça n'a pas de sens; c'est mal posé, mal écrit, mal arrangé

ᐱᔥ·ᑫᔥᑖᐤ chiishkweshtaau vai+o ♦ il/elle l'écrit, l'arrange, le place ou dispose de façon bizarre, excentrique ou inattendue

ᐱᔥ·ᑫᔥᑖᓲ chiishkweshtaasuu vai ♦ il/elle arrange, place ou dispose les choses de façon bizarre, excentrique ou inattendue

ᐱᔥ·ᑫᔥᑯᐌᐤ chiishkweshkuweu vta ♦ il/elle se cogne contre elle/lui et la/le renverse

ᐱᔥ·ᑫᔦᔨᐦᑕᒥᐦᐁᐤ chiishkweyeyihtamiheu vta ♦ il/elle le/la désoriente, perturbe

ᐱᔥ·ᑫᔦᔨᐦᑕᒼ chiishkweyeyihtam vti ♦ il/elle est préoccupé-e, tracassé-e par quelque chose; il/elle a l'esprit embrouillé, confus

ᐱᔥ·ᑫᔦᔨᐦᑖᑯᓐ chiishkweyeyihtaakun vii ♦ c'est embrouillé, bruyant

ᐱᔥ·ᑫᔦᔨᐦᑖᑯᓲ chiishkweyeyihtaakusuu vai -i ♦ il/elle est bruyant-e, provoque la confusion chez les autres

ᐱᔥ·ᑫᔮᐸᒧᐎᓐ chiishkweyaapamuwin ni ♦ un vertige, un étourdissement

ᐱᔥ·ᑫᔮᐸᒨ chiishkweyaapamuu vai -u ♦ il/elle est étourdi-e, a des étourdissements

ᐱᔥ·ᑫᔮᐸᒨᓈᑯᓐ chiishkweyaapamuunaakun vii ♦ c'est étourdissant à regarder (par ex. des couleurs brillantes)

ᐱᔥ·ᑫᔮᐸᐦᑕᒼ chiishkweyaapahtam vti ♦ il/elle est étourdi-e; sa vision est trouble et ça l'étourdit

ᐱᔥ·ᑫᔮᑎᓰᐤ chiishkweyaatisiiu vai ♦ il/elle fait le fou ou la folle, agit de manière ridicule ou idiote

ᐱᔥ·ᑫᔮᔅᐱᓀᐤ chiishkweyaaspineu vai ♦ il est fou, elle est folle suite à sa maladie

ᐱᔥ·ᑫᔮᐦᐆᑰ chiishkweyaahuukuu vai ♦ il/elle attrape le mal des transports, a le mal du mouvement

ᐱᔥ·ᑫᐦᐁᐤ chiishkweheu vta ♦ il/elle la/le perturbe, déconcerte; il/elle le/la rend bruyant-e; il/elle l'organise, la/le dispose de manière insensée

ᐱᔥ·ᑫᐦᐌᐤ chiishkwehweu vta ♦ il/elle lui fait perdre conscience avec un coup sur la tête

ᕒᐎᐧᒃᐌᑖᑯᓐ chiishkwehtaakun vii ♦ ça fait un drôle de bruit, un bruit bizarre

ᕒᐎᐧᒃᐌᑖᑯᓱ chiishkwehtaakusuu vai-u ♦ il/elle dit n'importe quoi, ce qu'il/elle dit est absurde, idiot, ridicule

ᕒᐎᐧᒃᐁᑲᔕᐤ chiishkwehkashuu vai-u ♦ il/elle se sent perdu-e, désorienté-e parce qu'il/elle manque de sommeil

ᕒᐎᐧᒃᐁᑲᓐ chiishkwehkaan na -im [Côte] ♦ un clown, un bouffon

ᕒᐎᐧᒃᐁᑲᓲ chiishkwehkaasuu vai -u ♦ il/elle fait le fou ou la folle, fait semblant d'être fou ou folle; agit de manière ridicule, idiote, absurde

ᕒᐅᑲᑎᓈᐤ chiishkatinaau vii ♦ c'est une falaise de montagne

ᕒᐅᑳᑖᐅᐦᑳᐤ chiishkataauhkaau vii ♦ c'est une rive de sable escarpée

ᕒᐅᑳᑲᒫᐤ chiishkaakamaau vii ♦ c'est un lac bordé de falaises

ᕒᐅᑳᔨᐚᐤ chiishkaayiwaau vii ♦ c'est de l'eau profonde; l'eau devient profonde subitement

ᕒᐅᑳᔪᐯᔮᐤ chiishkaayupeyaau vii ♦ l'eau est profonde

ᕒᐅᑳᔮᑎᒥᐤ chiishkaayaatimiiu vii ♦ la falaise plonge profondément, abruptement dans l'eau

ᕒᐌᔨᔥᑯᔪ chiishcheyishkuyuu vai -i ♦ il/elle se sent étouffé-e par un morceau de nourriture dans la gorge

ᕒᐌᔨᔥᑳᑯ chiishcheyishkaaku vta inverse -u ♦ c'est coincé dans son oesophage, sa gorge (par ex. un morceau de nourriture)

ᕒᐊᐱᑕᒻ chiishchipitam vti ♦ il/elle le pince très fort

ᕒᐊᐱᔖ chiishchipishiish na [Intérieur] ♦ une sarcelle d'hiver, une sarcelle à ailes vertes *Anas crecca*

ᕒᐊᐱᔥ chiishchipish na [Côte] ♦ une sarcelle d'hiver, une sarcelle à ailes vertes *Anas crecca*

ᕒᐱᐳᑳᓐ chiishchipuchikan ni ♦ une scie à bûches, une scie de charpentier

ᕒᓭᑳᑲᒫᐤ chiishchisekaakamaau vii [Côte] ♦ c'est un lac aux berges escarpées

ᕒᐅᔑᑌᔑᓐ chiishchishiteshin vai ♦ son pied lui fait mal à force de frotter sur la neige durcie sur la raquette

ᕒᐅᔑᒥᐤ chiishchishimeu vta ♦ il/elle la/le pousse sur quelque chose de pointu

ᕒᐅᔑᔑᓐ chiishchishin vai ♦ il/elle se couche sur quelque chose de pointu ou protubérant

ᕒᐅᐦᑯᓂᔮᐱ chiishchihkuniyaapii ni -m [Côte] ♦ des lacets de mocassins

ᒌᔮᓅ chiiyaanuu pro,personnel ♦ nous (vous et moi), nous autres, le/la nôtre, les nôtres, nous-mêmes ■ ᒌᔮ ᒌᒃ ᐃᑐᐦᑖᓈᓂᐤ ■ *Nous nous en allons là-bas.*

ᒌᐦᐄᐸᔪ chiihiipayuu vai/vii -i [Côte] ♦ il/elle/ça glisse par terre

ᒌᐦᐄᑯ chiihiikuu vai ♦ il/elle (un animal, un oiseau) se sauve, s'échappe, s'envole avant qu'il/elle puisse le/la tuer

ᒌᐦᐄᓀᐤ chiihiineu vta [Côte] ♦ il/elle le/la trouve glissant-e, ne peut l'empoigner

ᒌᐦᐄᓇᒻ chiihiinam vti [Côte] ♦ il/elle le trouve glissant, ne peut le saisir, l'empoigner, s'y agripper

ᒌᐦᐄᓐ chiihiin vii [Intérieur] ♦ ça fonctionne (par ex. ce n'est pas brisé, ça marche bien)

ᒌᐦᐊᓐ chiihan vii [Côte] ♦ ça fonctionne (par ex. ce n'est pas brisé, ça marche bien)

ᒌᐦᐋᐤ chiihaau vai/vii [Côte] ♦ c'est glissant; il/elle est glissant-e

ᒌᐦᑐᐌ chiihtuwe p,manière ♦ soudainement, subitement, tout à coup (par ex. l'orignal est apparu soudainement)

ᒌᐦᑐ chiihtuu vai -i ♦ il/elle fonctionne, ça marche (par ex. une motoneige que l'on croyait en panne, mais qui ne l'est pas) ■ ᒌᐦᑐ ᐋ ᐃᔑᒋᐦᑳ, ᒉᐦ ᐊᐎᔪᐱᔨ ᐦ ᐅᓂᐧᕓᐦᒋᑕᕒᒃ ■ *L'horloge fonctionne, il fallait de nouvelles piles.*

ᒌᐦᑳᑖᐅᐦᒡ chiihkataauhch p,lieu ♦ à proximité, proche ou près d'un banc de sable

ᒌᐦᑲᔅᒉᒡ chiihkaschech p,lieu ♦ à proximité, proche ou près d'un muskeg, d'une tourbière ou d'un marécage

ᒌᐦᑲᐦᒡ chiihkahch p,lieu [Intérieur] ◆ à proximité, proche ou près du bord intérieur (par ex. d'une tente), le bord où on pose la tête ▪ ᒌᐦᑲᐦᒡ ᒋᒪᑌᐤ ᐊᓐ ᒥᔥᑎᒄ ▪ *La perche est proche du bord intérieur.*

ᒌᐦᑳᐌᐤ chiihkaaweu vai ◆ il/elle s'entend clairement à une certaine distance; il/elle fait un bruit, un son clair au loin

ᒌᐦᑳᐌᐸᔨᐦᐁᐤ chiihkaawepayiheu vta ◆ il/elle fait beaucoup de bruit en l'utilisant (par ex. une motoneige)

ᒌᐦᑳᐌᐸᔨᐦᑖᐤ chiihkaawepayihtaau vai+o ◆ il/elle s'en sert pour faire du bruit, fait un son avec

ᒌᐦᑳᐌᐸᔫ chiihkaawepayuu vai/vii -i ◆ le son ou le bruit qu'il/elle fait arrive clairement

ᒌᐦᑳᐌᑕᒻ chiihkaawetam vti ◆ il/elle monte le ton, fait un bruit fort avec sa voix

ᒌᐦᑳᐌᒪᑲᓐ chiihkaawemakan vii ◆ ça fait un son clair (par ex. un cloche)

ᒌᐦᑳᐌᔑᓐ chiihkaaweshin vai ◆ il/elle marche bruyamment, en faisant du bruit

ᒌᐦᑳᐌᐦᑎᓐ chiihkaawehtin vii ◆ ça fait du bruit

ᒌᐦᑳᐌᐦᑐᐌᐤ chiihkaawehtuweu vai ◆ il/elle mange bruyamment, en faisant du bruit

ᒌᐦᑳᐱᐢᒡ chiihkaapisch p,lieu ◆ à proximité, proche ou près d'un rocher

ᒌᐦᑳᒪᒋᐢᑌᐌᔮᐤ chiihkaamachisteweyaau vii ◆ c'est une vue dégagée d'une pointe de terre

ᒌᐦᑳᒫᑯᓐ chiihkaamaakun vii ◆ ça sent fort; c'est une odeur forte

ᒌᐦᑳᒫᑯᓲ chiihkaamaakusuu vai -i ◆ il/elle sent fort, sent beaucoup

ᒌᐦᑳᓄᐌᐤ chiihkaanuweu vta ◆ il/elle la/le voit et choisit clairement dans un groupe

ᒌᐦᑳᓇᒻ chiihkaanam vti ◆ il/elle le voit et le choisit, le désigne clairement dans un groupe

ᒌᐦᑳᓈᑯᓐ chiihkaanaakun vii ◆ c'est en pleine vue, très visible

ᒌᐦᑳᓈᑯᓲ chiihkaanaakusuu vai -i ◆ il/elle est clairement visible, à la vue de tous

ᒌᐦᑳᓈᑯᐦᐁᐤ chiihkaanaakuheu vta ◆ il/elle la/le fait facilement, très visiblement

ᒌᐦᑳᐢᑯᐴ chiihkaaskupuu vai -i ◆ il/elle est assis-e près d'un mur ou d'un arbre

ᒌᐦᑳᐢᑯᑎᓐ chiihkaaskutin vii ◆ ça se trouve au bord de quelque chose, une rivière parallèle à un autre cours d'eau

ᒌᐦᑳᐢᑯᑳᐴ chiihkaaskukaapuu vai -uu ◆ il/elle est debout près d'un mur, se tient près d'un arbre

ᒌᐦᑳᐢᒄ chiihkaaskw p,lieu ◆ à proximité, proche ou près d'un mur, d'un arbre

ᒌᐦᑳᔥᑯᒋᒫᑕᒻ chiihkaashkuchimaatam vti ◆ il/elle pagaie près de la rive, dans de l'eau à la surface de la glace (au printemps)

ᒌᐦᑳᔦᔨᒣᐤ chiihkaayeyimeu vta ◆ il/elle la/le connaît bien

ᒌᐦᑳᔦᔨᐦᑕᒻ chiihkaayeyihtam vti ◆ il/elle le connaît bien

ᒌᐦᑳᔦᔨᐦᑖᑯᓐ chiihkaayeyihtaakun vii ◆ c'est bien connu, fameux, célèbre

ᒌᐦᑳᔦᔨᐦᑖᑯᓲ chiihkaayeyihtaakusuu vai -i ◆ il/elle est bien connu-e, renommé-e, célèbre

ᒌᐦᑳᔮᔥᑌᓇᒻ chiihkaayaashtenam vti ◆ il/elle augmente la lumière de la lampe, allume une lumière brillante

ᒌᐦᑳᔮᔥᑌᐦᐊᒻ chiihkaayaashteham vti ◆ il/elle projette une lumière brillante en avançant (par ex. une motoneige)

ᒌᐦᑳᔮᔥᑐᐌᐤ chiihkaayaashtuweu vai ◆ il/elle est très brillant-e, il/elle brille fort (par ex. la lune)

ᒌᐦᑳᐦᑐᐌᐤ chiihkaahtuweu vta ◆ il/elle l'entend clairement

ᒌᐦᑳᐦᑐᐌᐦᐄᒉᐤ chiihkaahtuwehiicheu vai ◆ il/elle coupe les branches d'un arbre avec un outil

ᒌᐦᑳᐦᑐᐌᐦᐊᒻ chiihkaahtuweham vti ◆ il/elle en coupe, casse, dégage les branches avec quelque chose

ᒌᐦᑳᐦᑐᐌᐦᐌᐤ chiihkaahtuwehweu vta ◆ il/elle coupe, brise les branches d'un arbre avec quelque chose

ᑳᐦᒉᑕᓐ chiihkaahtaakun vii ♦ le son est clair

ᒋᐦᑳᐦᑖᑯᓲ chiihkaahtaakusuu vai -i ♦ il/elle s'entend bien, on l'entend clairement (par ex. avec un microphone)

ᒋᐦᒉᓲ chiihchesuu vai -i ♦ il/elle est carré-e

ᒋᐦᒉᔥᐌᐤ chiihcheshweu vta ♦ il/elle la/le coupe en carré

ᒋᐦᒉᔕᒻ chiihchesham vti ♦ il/elle le coupe en carré

ᒋᐦᒉᔮᐤ chiihcheyaau vii ♦ c'est un coin

ᒋᐦᒉᐦᑕᑳᐤ chiihchehtakaau vii ♦ ça a un coin (bois utile)

ᒋᐦᒉᐦᑕᒋᓲ chiihchehtachisuu vai -i ♦ il/elle a un coin (bois utile)

ᒋᐦᒋᑖᕽ chiihchitahch p,lieu ♦ à proximité, proche ou près du mur

ᒋᐦᒋᑖᐅᕽ chiihchitaauhch p,lieu ♦ à proximité, proche ou près d'un banc de sable

ᒋᐦᒋᑳᒣᔅᑯᐱᒑ chiihchikaameskupichuu vai -i ♦ il/elle suit le rivage de près en déménageant le campement d'hiver

ᒋᐦᒋᑳᒣᐦᐊᒻ chiihchikaameham vti ♦ il/elle longe la rive, suit la rive de près en canot, en nageant

ᒋᐦᒋᑳᒻ chiihchikaam p,lieu ♦ à proximité, très proche ou très près du rivage, au bord du rivage

ᒋᐦᒋᒡ chiihchich p,lieu ♦ à proximité, très proche ou très près, au bord

ᒋᐦᒋᓱᐯᒡ chiihchisupech p,lieu ♦ sur l'eau à proximité, proche ou près du rivage ou de la rive

ᒋᐦᒋᔥᑯᑌᐌᑳᐴ chiihchishkutewekaapuu vai-uu ♦ il/elle est debout près du feu

ᒋᐦᒋᔥᑯᑌᐤ chiihchishkuteu p,lieu ♦ à proximité, proche ou près du feu

ᒋᐦᒌᐱᑎᐦᑎᒥᓀᐤ chiihchiipitihtimineu ♦ il/elle a des spasmes à l'épaule

ᒋᐦᒌᐱᑎᐦᒉᐤ chiihchiipitihcheu vai ♦ il/elle a des spasmes à la main

ᒋᐦᒌᐱᑐᓀᐤ chiihchiipituneu vai ♦ il/elle a des spasmes au bras

ᒋᐦᒌᐱᑑᓀᐤ chiihchiipituuneu vai ♦ il/elle a des spasmes à la lèvre, a un tic à la lèvre

ᒋᐦᒌᐱᑳᑌᐤ chiihchiipikaateu vai ♦ il/elle a des spasmes à la jambe

ᒋᐦᒌᐱᒃᐚᐦᑲᓀᐌᐤ chiihchiipikwaahkaneweu vai ♦ son menton tremble; il/elle a des spasmes au menton, a un tic au menton

ᒋᐦᒌᐱᒋᑯᓀᐤ chiihchiipichikuneu vai ♦ il/elle a des spasmes au genou

ᒋᐦᒌᐱᓲ chiihchiipisuu vai -i ♦ il/elle a des spasmes au corps

ᒋᐦᒌᐱᔥᒋᔐᐤ chiihchiipishchisheu vai ♦ il/elle a des spasmes ou un tic à la lèvre supérieure

ᒋᐦᒌᐱᐦᑴᐸᔫ chiihchiipihkwepayuu vai ♦ il/elle a des spasmes ou un tic à la face

ᒋᐦᒌᐹᐴ chiihchiipaapuu vai -i ♦ sa paupière clignote, il/elle a un spasme ou un tic à l'oeil

ᒋᐦᒌᑎᓯᑌᓀᐤ chiihchiitisiteneu vta [Côte] ♦ il/elle lui chatouille les pieds

ᒋᐦᒌᑯᒣᐤ chiihchiikumeu vta ♦ il/elle la/le ronge

ᒋᐦᒌᑯᔕᒻ chiihchiikusham vti ♦ il/elle coupe la viande d'un os

ᒋᐦᒌᑯᐦᐊᒫᐤ chiihchiikuhamaau vai ♦ il/elle a les cheveux coupés très courts (presque au cuir chevelu)

ᒋᐦᒌᑯᐦᑕᒻ chiihchiikuhtam vti ♦ il/elle le ronge; il/elle gruge un os

ᒋᐦᒌᑯᐦᑯᓀᐤ chiihchiikuhkuneu vai ♦ il/elle gratte ou ronge la viande d'un os fraîchement cuit

ᒋᐦᒌᑳᒉᓀᐤ chiihchiikacheneu vta [Côte] ♦ il/elle la/le chatouille

ᒋᐦᒌᑳᐦᐆ chiihchiikahuu vai ♦ il/elle se gratte avec sa patte arrière (chien)

ᒋᐦᒌᑳᐚᔨᐌᐤ chiihchiikwaayiweu vai ♦ il/elle a la queue pelée

ᒋᐦᒌᒄ chiihchiikw na -um ♦ une verrue

ᒋᐦᒌᔑᓂᒉᐤ chiihchiishinicheu vai ♦ il/elle ramasse ce qui traîne sur les branches dans le tipi

ᒎ

ᒎᐄᓅ chuuiinuu na -niim [Intérieur] ♦ un Juif, une Juive, de l'anglais 'Jew'

ᒎᐄᔨᔫ chuuiiyiyuu na -yiim [Côte] ◆ un Juif, une Juive, de l'anglais 'Jew'

ᒎᒎ chuuchuu ni -m ◆ une bouteille de bébé, un biberon

ᒎᒎᒥᐦᐁᐤ chuuchuumiheu vta ◆ il/elle la/le pompe

ᒎᒎᒥᐦᑖᐤ chuuchuumihtaau vai+o ◆ il/elle le pompe

ᒎᒎᔑᒧᐍᔮᐲ chuuchuushimuweyaapii ni [Côte] ◆ une brassière, un soutien de gorge

ᒍᒍᔑᓈᐳᐃ chuuchuushinaapui na -uum ◆ du lait

ᒎᒎᔑᓈᐴ chuuchuushinaapuu vai uu ◆ il y a du lait dedans, dessus (se dit de quelque chose d'animé)

ᒎᒎᔑᓈᐴ chuuchuushinaapuu vii uu [Côte] ◆ il y a du lait dedans, dessus

ᒎᒎᔑᓈᐴᓐ chuuchuushinaapuun vii [Intérieur] ◆ il y a du lait dedans, dessus

ᒎᒎᔥ chuuchuush ni dim -im ◆ un mamelon, une tétine (langage enfantin)

ᒎᐦᐁᔅᑭᔥ chuuheskish na dim ◆ un pluvier semipalmé *Charadrius semipalmatus*

ᒎᐦᐁᔅᒃ chuuhesk na -im ◆ un pluvier semipalmé *Charadrius semipalmatus*

ᒎᐦᒎᔥᒋᔒᔥ chuuhchuushchishiish na dim ◆ une paruline des ruisseaux *Seiurus noveboracensis*

ᒐ

ᒐᑯᐙᔑᓐᐦ chakuwaashinh vii pl ◆ il y a quelques choses, peu de choses

ᒐᑯᐙᔓᐎᒡ chakuwaashuwich vai pl -i ◆ il y en a peu, ils/elles sont rares, il n'y en a pas beaucoup

ᒐᑯᐙᔂᐤ chakuwaashwaau p,temps ◆ parfois, quelquefois, à quelques reprises

ᒐᐦᑳᐯᔥ chahkaapesh na dim ◆ un garçon qui vit sur la lune, un personnage de légende

ᒑ

ᒑᐹᓂᔥ chaapaanish na dim ◆ un arrière-petit-enfant, une arrière-petite-enfant

ᒑᐹᓐ chaapaan na -im [Côte] ◆ un arrière-grand-parent, une arrière-grand-parente

ᒑᐦ chaah p,interjection ◆ tu pues! (langage enfantin emprunté avec les bébés)

ᒑᐦᑵᐅᓵᒻ chaahkweusaam na [Côte] ◆ une longue raquette pointue

ᒑᐦᑯᐦᐍᐅᓵᒻ chaahkuhweusaam na [Côte] ◆ une longue raquette pointue

ᒑᐦᑲᔥᑵᐤ chaahkashkweu vai ◆ le poids du filet fait monter les flotteurs

ᒑᐦᑲᔥᑯᐍᐤ chaahkashkuweu vta ◆ il/elle en lève une partie avec le pied

ᒑᐦᑲᔥᑲᒻ chaahkashkam vti ◆ il/elle en lève ou soulève une partie avec son pied

ᒑᐦᑲᐦᐄᐯᐤ chaahkahiipeu vii ◆ ça lève (par ex. un canot) parce qu'un bout est coincé, abaissé par un poids

ᒑᐦᑲᐦᐍᐅᓵᒻ chaahkahweusaam na [Intérieur] ◆ une longue raquette pointue

ᒑᐦᑳᐱᑌᐤ chaahkaapiteu vai ◆ il/elle a des dents saillantes, proclives

ᒑᐦᑳᔅᑵᐴ chaahkaaskwepuu vai -i ◆ il/elle est assis-e et se lève ou soulève la tête

ᒑᐦᑳᔅᑵᐸᔨᐦᐆ chaahkaaskwepayihuu vai -u ◆ il/elle est étendu-e et se lève ou soulève la tête

ᒑᐦᑳᔅᑵᐸᔫ chaahkaaskwepayuu vai/vii -i ◆ il/elle/ça lève à un bout, à une extrémité

ᒑᐦᑳᔅᑵᓀᐤ chaahkaaskweneu vta ◆ il/elle lui soulève la tête

ᒑᐦᑳᔅᑵᔑᓐ chaahkaaskweshin vai ◆ il/elle est étendu-e ou couché-e avec la tête levée ou soulevée

ᒑᐦᑳᔅᑵᔫ chaahkaaskweyuu vai -i ◆ il/elle se lève ou soulève la tête

ᒑᐦᑳᔥᑵᔑᒣᐤ chaahkaashkweshimeu vta ◆ il/elle l'étend avec la tête soulevée

ᒌᐦᑳᔥᑯᔥᑯᐌᐤ chaahkaashkushkuweu vta
 • il/elle en lève un bout en appuyant sur l'autre bout (long et rigide)
ᒌᐦᑳᔥᑯᔥᑲᒼ chaahkaashkushkam vti
 • il/elle soulève l'autre bout en posant le pied dessus (long et rigide)
ᒌᐦᑳᔩᐍᐸᔫ chaahkaayiwepayuu vai -i
 • sa queue se courbe ou recourbe vers le haut
ᒌᐦᒋᔒᒉᐤ chaahchishchisheu vai
 • il/elle a la lèvre supérieure retroussée
ᒌᐦᒌᒌ chaahchaahchii ni -m • un arbre debout très calciné, une souche brûlée

ᒣ

ᒣᐃ mei ni • de la merde, des excréments, des selles, des matières fécales
ᒣᑕᐌᐅᔅᒋᐃ metaweuaschii ni -m • un terrain de jeu, de récréation
ᒣᑕᐌᐅᑲᒥᒄ metaweukamikw ni • une salle de spectacles, une salle de récréation
ᒣᑕᐌᐎᓐ metawewin ni • un jeu, un match, une partie, une rencontre, une joute
ᒣᑕᐌᐤ metaweu vai • il/elle joue
ᒣᑕᐌᑯᐦᑖᒉᐤ metawekuhtaacheu vai
 • il/elle sculpte, découpe ou taille un jouet
ᒣᑕᐌᒣᐤ metawemeu vta • il/elle joue avec elle/lui
ᒣᑕᐌᓲ metawesuu na -siim • une personne qui pratique un sport
ᒣᑕᐌᔔ metaweshuu vai dim -i • il/elle (un-e enfant) joue
ᒣᑕᐌᔨᐦᑑ metaweyihtuu vai -i • il/elle s'amuse
ᒣᑕᐌᐦᐁᐤ metaweheu vta • il/elle les fait jouer; il/elle organise des activités sportives pour elles/eux
ᒣᑕᐌᐦᐄᐌᐤ metawehiiweu vai • il/elle organise des activités sportives, récréatives

ᒣᑕᐌᐦᐄᐌᓲ metawehiiwesuu na -siim
 • un animateur, une animatrice, un organisateur, une organisatrice de sports, de jeux récréatifs
ᒣᑕᐌᐦᑳᓲ metawehkaasuu vai -u • il/elle fait semblant de jouer
ᒣᑕᐗᐊᑲᓂᐦᒉᐤ metawaakanihcheu vai
 • il/elle fabrique des jouets
ᒣᑕᐗᐊᑲᓐ metawaakan ni • un jouet
ᒣᑕᐗᐊᒉᐤ metawaacheu vai • il/elle joue avec
ᒣᖁᔒᓅ mekweshiinuu p,lieu • en pleine foule, au milieu d'une foule
ᒣᑴᔮᓂᒡ mekweyaanich p,lieu • au centre ou au milieu de l'île
ᒣᑴᔮᐦᑎᒃᐤ mekweyaahtikwh p,lieu • en pleine forêt, dans les bois, entre les arbres
ᒣᑯᔥᑳ mekushkaa p • peut-être ▪ ᒣᑯᔥᑳ ᐎᐯᒡ ᐄᐱᑦ ᐯᒋ ᑯᑕᒉᐠ ▪ Peut-être qu'il peut venir plus tôt.
ᒣᑳᐯᔮᐤ mekwaapeyaau vii • le niveau d'eau est à sa hauteur normale; c'est la marée haute
ᒣᑳᐱᐳᓐ mekwaapipun vii • c'est le milieu de l'hiver
ᒣᑳᐳᓐᐦ mekwaapunh p,temps • au milieu de l'hiver, en plein hiver, durant l'hiver
ᒣᑳᑎᐱᔅᑳᐤᐦ mekwaatipiskaauh p,temps
 • durant la nuit, en pleine nuit
ᒣᑳᑎᒀᒋᓐ mekwaatikwaachin vii
 • c'est le milieu de l'automne
ᒣᑳᑎᒀᒋᓐᐦ mekwaatikwaachinh p,temps
 • au milieu de l'automne
ᒣᑳᒌᔑᑳᐤ mekwaachiishikaau vii • c'est le milieu du jour
ᒣᑳᒌᔑᑳᐤᐦ mekwaachiishikaauh p,temps
 • durant le jour, pendant la journée, en plein jour
ᒣᑳᒡ mekwaach p,temps • durant, entre-temps, pendant que, alors que, tandis que ▪ ᐋ ᐎᒋ ᐋᔮᑦ ᒣᑳᒡ ᐋ ᐊᔭᒥᐋᓈᓂᐎᒡ ▪ Il est arrivé durant le service religieux.
ᒣᑳᓃᐱᓂᐲᓯᒼ mekwaaniipinipiisim na
 [Intérieur] • juillet, le mois du milieu de l'été
ᒣᑳᓃᐱᓐ mekwaaniipin vii • c'est le milieu de l'été
ᒣᑳᓃᐱᓐᐦ mekwaaniipinh p,temps • au milieu de l'été, en plein été

ᒣᒃᐛᑕᐊ mekwaasiikun vii ♦ c'est le milieu du printemps

ᒣᒃᐛᑕᐊᐦ mekwaasiikunh p,temps ♦ au milieu du printemps

ᒣᒃᐧᐃᐊ mekwaashin vai ♦ il/elle rentre; il/elle arrive au bon moment, au moment du repas

ᒣᒃᐧᐊᔅᐧᑫᐁᐧ mekwaashkuweu vta ♦ il/elle va droit là où elle/il se trouve (le gibier)

ᒣᒃᐛᐦᑲᓂᔓ mekwaahkanishuu vai-i [Côte] ♦ il/elle émerge à marée basse; il/elle reste à sec, hors de l'eau (par ex. en canot)

ᒣᒃᐛᐦᑲᐊ mekwaahkan vii ♦ la marée est à son plus bas

ᒣᒋᒧᐧᐊᒋᐦᐁᐁᐧ mechimuwaachiheu vta ♦ il/elle la/le coince dans quelque chose

ᒣᒋᒧᐧᐊᒋᐦᐆ mechimuwaachihuu vai-u ♦ il/elle reste bloqué-e, coincé-e, accroché-e, immobilisé-e dans quelque chose, en quelque part

ᒣᒋᒧᐧᐊᒋᐦᑖᐤ mechimuwaachihtaau vai+o ♦ il/elle l'introduit, l'entre, le met dans quelque chose et c'est bloqué, coincé, immobilisé

ᒣᒨ memeu vai redup ♦ il/elle dort (langage enfantin)

ᒣᒣᐱᑌᐁᐧ memepiteu vta redup ♦ il/elle la/le met dans un hamac pour la/le bercer

ᒣᒣᐱᓱᓂᔮᐱ memepisuniyaapii ni-m ♦ une corde ou un cordon de hamac

ᒣᒣᐱᓱᐣ memepisun ni ♦ une balançoire, un hamac

ᒣᒣᐱᓲ memepisuu vai redup -u ♦ il/elle balance, se balance, s'élance

ᒣᒣᐱᐦᒉᐱᑌᐁᐧ memepihchepiteu vta redup ♦ il/elle la/le balance à la main

ᒣᒣᐱᐦᒉᓀᐁᐧ memepihcheneu vta redup ♦ il/elle la/le balance dans un hamac en tirant une corde

ᒣᒣᑐᓂᓀᐁᐧ memetunineu vta redup ♦ il/elle la/le tâte de la main

ᒣᒣᑐᓂᓇᒼ memetuninam vti redup ♦ il/elle le tâte, le palpe

ᒣᒣᑴᔫ memekweshuu na-iim ♦ des êtres mythiques semblables aux singes ou gorilles

ᒣᒣᑴᔫᒥᒋᒼ memekweshuumiichim ni ♦ une banane

ᒣᒣᓄᐦᐁᐁᐧ memenuheu vta redup ♦ il/elle lui chante une berceuse (en balançant le hamac)

ᒣᒣᐦᒌᑌᐤ memehchiiteu vai redup ♦ il/elle dit beaucoup de choses; il/elle lui dit des méchancetés, des mots durs ou blessants

ᒣᒣᐦᒌᔑᐦᐆ memehchiishihuu vai-u ♦ il/elle est habillé-e, déguisé-e (par ex. pour l'Halloween)

ᒣᒣᐦᒌᔑᐦᐆᓈᓅᒌᔑᑳᐅ memehchiishihuunaanuuchiishikaau vii ♦ c'est l'Halloween

ᒣᒣᐦᒌᐦᑑ memehchiihtuu vai redup -i ♦ il/elle trouve beaucoup de choses à faire, fait beaucoup de choses différentes

ᒣᒣᐦᐨ memehch p,manière ♦ de plusieurs façons, de diverses manières ▪ ᐋᐦᒡᐁᐧ ᒣᒣᐦᐨ ᐃᐦᑑᑖᑯᓂ ▪ Il y a plusieurs façons de le faire.

ᒣᓂᔅᑳᑎᐦᒄ meniskaatihkw ni-um ♦ une clôture

ᒣᓂᔅᑳᓈᔅᒋᓀᐁᐧ meniskaanaaschineu vta ♦ il/elle l'entoure d'une clôture

ᒣᓂᔅᑳᓈᔅᒋᓇᒼ meniskaanaaschinam vti ♦ il/elle le clôture, l'entoure d'une clôture

ᒣᓂᔅᑳᓈᐦᑎᑯᐦᑲᑐᐁᐧᐤ meniskaanaahtikuhkatuweu vta ♦ il/elle la/le clôture, l'entoure d'une clôture

ᒣᓂᔅᑳᓈᐦᑎᑯᐦᑲᐦᑕᒼ meniskaanaahtikuhkahtam vti ♦ il/elle installe une clôture autour de quelque chose

ᒣᓂᔅᑳᓈᐦᑎᑰᐊ meniskaanaahtikuun vii [Intérieur] ♦ c'est clôturé

ᒣᓂᔅᑳᓈᐦᑎᒃᐛᐦᑎᒃ meniskaanaahtikwaahtikw ni-um ♦ un piquet ou poteau de clôture

ᒣᓂᔅᑳᓈᐦᑎᒃ meniskaanaahtikw ni-um ♦ un piquet ou poteau de clôture

ᒣᔅᑎᓂᓲ mestinisuu vai reflex -u ♦ il/elle use toutes ses choses (par ex. ses affaires, son argent); il/elle se ruine, s'épuise

ᒣᔅᑎᔅᑯᔫ mestiskuyeu vai ♦ il/elle a tué tous les castors dans une hutte

mestaaskushimeu vta
* il/elle l'use complètement

mestaaskuhtitaau vai+o
* il/elle l'use, en l'accrochant aux buissons et brindilles

meskanuu ni -naam * un sentier, une piste, un chemin, une voie, un passage, une route

meskanaau ni -aam * un sentier, une piste, un chemin, une voie, un passage, une route

meskanaahkuweu vta
* il/elle ouvre un sentier pour elle/lui

meskanaahkahtam vti
* il/elle fait un sentier, une piste pour quelque chose

meskanaahkaasuu vai -u
* il/elle s'ouvre un sentier, se fait une piste

meskanaahcheu vai * il/elle fait un chemin, une route; ouvre un sentier, trace une piste

meshekuutuushkam vti -u [Intérieur] * il/elle porte une épaisseur de linge

meshikutuushin vai * il/elle sent le plancher ou le sol quand il/elle se couche parce qu'il n'y a pas assez de rembourrage ou remplissage, pas de matelas épais

meshikumichiishikaauh p,temps * chaque jour, tous les jours, quotidiennement

meshikumaapihcheshkam vti * il y en a un (lièvre) pris dans chaque collet

meshikum p,quantité * chaque fois, toutes les fois ∎ ᓕᔅᑯᒻ ᐃᔅᑯᐹᐄ ᐋᑲᓂᔪᒡₓ ∎ *Elle travaille tous les jours.*

meshtitaauhchipayuu vii -i
* la berge de sable s'érode

meshtimeu vta * il/elle la/le mange en entier

meshtineu vta * il/elle les prend tous/toutes; il/elle les donne tous/toutes

meshtinipiiwiih ni pl -m
* des plumules, du duvet d'oiseau

meshtinipiiwaanh ni [Côte]
* des plumules, du duvet d'oiseau

meshtinamuweu vta
* il/elle lui donne au complet; il/elle la/le prend en entier

meshtinamaasuu vai * il/elle le donne au complet sans en garder pour lui/elle-même

meshtinam vti * il/elle le prend au complet, en entier; il/elle le donne au complet, en entier

meshtishkuweu vta * il/elle l'use complètement, l'utilise en entier

meshtishkam vti * il/elle l'use complètement

meshtihtam vti * il/elle mange tout, le mange au complet

meshtahiipeu vai * il/elle l'utilise au complet (liquide, eau), prend tout

meshtaapwaautaau vai+o
* il/elle l'a lavé au complet

meshtaapwaauyeu vta
* il/elle l'utilise complètement dans le lavage (par ex. du savon)

meshtaachuusuu vai -u * il bout jusqu'à ce qu'il soit sec, elle bout jusqu'à ce qu'elle soit sèche

meshtaachuuhteu vii * ça s'évapore en bouillant

meshtaashuu vai -i * il/elle s'envole au complet; c'est complètement emporté par le vent

meshtaashtin vii * tout s'envole au vent

meshtaahkasweu vta * il/elle la/le brûle au complet

meshtaahkasam vti * il/elle le brûle au complet (par ex. du bois de chauffage)

meshtaahkahteu vii * c'est tout brûlé, calciné

meshtaahkahtepayuu vii
* la neige fraîche est fondante (au début de l'automne et au printemps)

meyichikush na -im / -iim * une chèvre

meyaaucheyimeu vta
* il/elle pense qu'elle/il l'a bien mérité

ᒣᔭᐅᔨᐦᑖᒻ meyaaucheyihtam vti
 ◆ il/elle pense que c'est aussi bien que quelque chose ne se soit pas produit; c'est bien fait

ᒣᔮ° meyaau p,interjection ◆ c'est bien fait, il/elle l'a mérité ▪ ▽ᑯᵂ ᒣᔮ° ▽ ᑊ ᐊᑭᐦᒋᐦ·ᐊᑲ·ᓐ ▪ Il a bien mérité qu'on le laisse derrière.

ᒣᔮᑾᓐ meyaakwaan ni ◆ des excréments, du crottin en boulettes (d'orignal, de caribou, de lièvre, de lapin)

ᒣᐦᑖᑯᔔ mehtaakushuu vai-i ◆ il est grincheux, grognon parce qu'il manque de sommeil; elle est grincheuse, grognonne parce qu'elle manque de sommeil; il/elle est de mauvaise humeur, se plaint de ne pas avoir assez dormi

ᒣᐦᑖᔅᐴ mehtaaspuu vai ◆ il/elle n'a pas eu assez à manger (voulait manger plus de bonne nourriture) ▪ ᑊ ᒣᐦᑖᔅᐳᖅ ▪ Elle n'a pas eu assez à manger.

ᒣᐦᒋᐱᒣᔮᐦᑲᓱ mehchipimeyaahkasuu vai-u ◆ il/elle (un moteur, une motoneige) manque d'essence, tombe en panne d'essence

ᒣᐦᒋᐱᒣᔮᐦᑲᐦᑌᐅ° mehchipimeyaahkahteu vii ◆ ça manque d'essence

ᒣᐦᒋᐱᒥᓲ mehchipimisuu vai-u [Intérieur] ◆ il/elle (un poêle, une fournaise) manque de combustible, d'essence

ᒣᐦᒋᐸᔨᐦᐁᐤ mehchipayiheu vta ◆ il/elle l'utilise en entier, la/le consomme au complet, la/le diminue, en manque

ᒣᐦᒋᐸᔨᐦᑖᐤ mehchipayihtaau vai+o ◆ il/elle l'utilise au complet, l'achève

ᒣᐦᒋᐸᔫ mehchipayuu vai/vii-i ◆ il/elle est diminué-e; c'est épuisé; il n'en reste plus; il y en a moins

ᒣᐦᒋᐸᐦᑯᓱ mehchipahkusuu vai-u ◆ il/elle utilise toutes les cartouches de fusil

ᒣᐦᒋᓯᓀᔮᐦᑲᓱ mehchisineyaahkasuu vai-u ◆ il/elle utilise toutes les balles de fusil

ᒣᐦᒋᐦᐁᐤ° mehchiheu vta ◆ il/elle l'utilise complètement, la/le finit, les attrape tous (par ex. les castors d'une hutte)

ᒣᐦᒋᐦᑖᐤ mehchihtaau vai+o ◆ il/elle l'use, l'achève, achève de l'user

ᒣᐦᒋᐦᑴᐤ mehchihkwekuu vai-u [Intérieur] ◆ il/elle perd beaucoup de sang, meurt au bout de son sang (par ex. durant une fausse-couche), meurt d'une hémorragie

ᒣᐦᒋᐦᑵᐦᐆᑰ mehchihkwehuukuu vai-u [Côte] ◆ il/elle meurt d'une hémorragie (par ex. durant une fausse-couche)

ᒣᐦᒋᐦᑵᐦᐌᐤ° mehchihkwehweu vta ◆ il/elle la/le tue en la/le saignant (par ex. une vache); ça la/le tue en suçant le sang (par ex. un vampire)

·ᒧ

·ᒧᔅᒑᓰᒫᑯᓱ mwestaasimaakusuu vai-i ◆ son odeur est dérangeante; sa senteur est irritante

·ᒧᔅᒑᔅᑖᑯᓱ mwestaastaakusuu vai-i ◆ il est ennuyant, fatigant à écouter; elle est ennuyante, fatigante à écouter

·ᒧᔥᑎᓀᐤ° mweshtineu vta ◆ il/elle arrive trop tard pour l'attraper; il/elle manque de l'attraper

·ᒧᔥᑎᓇᒻ mweshtinam vti ◆ il/elle arrive trop tard pour le prendre (par ex. un avion), le manque de peu

·ᒧᔥᑎᔥᑯᐌᐤ° mweshtishkuweu vta ◆ il/elle la/le manque parce qu'elle/il est déjà parti-e

·ᒧᔥᑎᔥᑲᒻ mweshtishkam vti ◆ il/elle le manque parce que c'est déjà fini, en étant en retard

·ᒧᔥᑕᐦᐄᒉᐤ mweshtahiicheu vai ◆ il/elle manque sa cible de peu, de justesse

·ᒧᔥᑕᐦᐊᒻ mweshtaham vti ◆ il/elle manque la cible de près, avec quelque chose (par ex. un fusil, un bâton)

·ᒧᔥᑕᐦᐌᐤ° mweshtahweu vta ◆ il/elle la/le manque de peu en essayant de l'atteindre (une cible), en utilisant quelque chose (par ex. un fusil, un bâton)

·ᒧᔐᑖᑌᐤ° mweshtaateu vta [Intérieur] ◆ il/elle s'ennuie d'elle/de lui; il/elle lui manque

- **mweshtaateyimeu** vta [Intérieur] ♦ il/elle s'ennuie d'elle/de lui; il/elle lui manque
- **mweshtaateyihtaakun** vii ♦ c'est fatigant; ça donne un sentiment de solitude
- **mweshtaateyihtaakusuu** vai-i ♦ il/elle fait des choses irritantes, fatigantes, dérangeantes; il/elle est fatigant-e, dérangeant-e, énervant-e
- **mweshtaatam** vti [Intérieur] ♦ il/elle s'ennuie de quelque chose; quelque chose lui manque
- **mweshtaasinuweu** vta ♦ il/elle en a assez de la/le voir; il/elle la/le fatigue
- **mweshtaasinam** vti ♦ il/elle en a marre, en assez de le voir; c'est fatiguant pour elle/lui
- **mweshtaasinaakun** vii [Intérieur] ♦ on se sent solitaire en le regardant
- **mweshtaasinaakusuu** vai-i ♦ il/elle est ennuyant-e, fatigant-e à regarder
- **mweshtaastuweu** vta ♦ il/elle trouve son bruit énervant; il/elle est importuné-e par son bruit
- **mweshtaastaakun** vii ♦ c'est fatigant, énervant à écouter
- **mweshtaastaakusuu** vai ♦ il/elle est ennuyant-e, fatigant-e à écouter; sa conversation est énervante
- **mweshtaastaakuhtaau** vai+o ♦ il/elle fait des bruits irritants avec ça
- **mweshchishin** vai ♦ il/elle le manque en arrivant trop tard
- **mweshchishkuweu** vta ♦ il/elle la/le manque avec son pied (par ex. en donnant un coup de pied)
- **mweshchishkam** vti ♦ il/elle le manque avec le pied (par ex. en donnant un coup de pied)
- **mwehch** p,manière ♦ tout comme, justement, juste à ce moment, exactement le/la même, comme tel ▪ *Il est entré justement quand ça finissait.*

- **mipwaam** nid ♦ une cuisse
- **miteinii** nid ♦ une langue (voir aussi *miteyii*)
- **miteuu** vai-i ♦ il/elle se sert d'un mauvais pouvoir spirituel, conjure, fait appel aux mauvais esprits
- **mitewin** ni ♦ le chamanisme ou shamanisme, la conjuration
- **mitewaatisiiu** vai ♦ il/elle pratique la conjuration
- **miteu** na-em ♦ un conjureux, une conjureuse; un conjurateur, une conjuratrice
- **miteyikum** nad ♦ une narine
- **miteyii** nid [Côte] ♦ une langue (ancien terme)
- **mitelii** nid ♦ une langue (du cri de Moose, voir aussi *miteyii* et *miteinii*)
- **mitehii** nid ♦ un coeur
- **mitehiiumihkuyaapii** nid [Intérieur] ♦ une veine, litt. 'vaisseau sanguin du coeur' (filiforme)
- **mitehiiyaapii** nid ♦ une artère
- **mitehtakusuu** nad ♦ un rein, un rognon
- **mitehkahtuweu** vta ♦ il/elle lui jette un mauvais sort
- **mitehkahtam** vti ♦ il/elle jette un sort, une malédiction sur quelque chose
- **mititihkw** nad ♦ une rotule
- **mitimeu** vai ♦ il/elle suit un chemin, un sentier
- **mitimepahtaau** vai ♦ il/elle suit le chemin, le sentier, la route en courant
- **mitimeshin** vai ♦ il/elle est étendu-e le long de quelque chose
- **mitimehtin** vii ♦ c'est étendu le long de quelque chose
- **mitishuu** nad ♦ une testicule
- **mitiyikan** nad ♦ une omoplate
- **mitihp** nid ♦ un cerveau, une cervelle, un encéphale
- **mitihteu** vta ♦ il/elle suit sa trace

ᒥᑎᑎᒥᓂᑲᓐ mitihtiminikan nid ♦ un os du bras supérieur, un humérus, un os d'épaule

ᒥᑎᑎᒥᓐ mitihtimin nid ♦ une épaule

ᒥᑎᑎᒨᓷᐤ mitihtimuusweu vta [Intérieur] ♦ il/elle suit la piste de l'orignal

ᒥᑎᑕᒃᐚᑲᓐ mitihtakwaakan nid ♦ une colonne vertébrale

ᒥᑎᐦᑯᐃ mitihkui nid ♦ une aisselle, un creux axillaire

ᒥᑎᒋ mitihchii nid ♦ une main

ᒥᑐᑲᓐ mitukan nid ♦ une articulation de hanche

ᒥᑐᓀᔨᐦᒋᑲᓐ mituneyihchikan ni ♦ de l'intelligence, de la mémoire, l'esprit

ᒥᑐᓂᓯᐤ mitunisiiu vai ♦ il est complet, parfait, exact; elle est complète, parfaite, exacte

ᒥᑐᓂᔮᐲ mituniyaapii ni-m ♦ des lanières de cuir sur la raquette, du trou des orteils jusqu'à la barre transversale

ᒥᑐᓂᔮᐲᒉᐤ mituniyaapiicheu vai ♦ il/elle passe les lanières de cuir du trou des orteils à la barre transversale de la raquette

ᒥᑐᓈᐤ mitunaau vii ♦ c'est complet, parfait; c'est un terrain aplani, un plancher lisse

ᒥᑐᓐ mitun p,quantité ♦ complètement, entièrement, en entier, totalement, en totalité ▪ ᓃᔥ ᒥᑐᓐ ᒥᔥᐱᓈᑎᑯᔥ ▪ *Elle est totalement guérie maintenant.*

ᒥᑑᓐ mituun nid ♦ une bouche

ᒥᑑᔅᑯᓂᑲᓐ mituuskunikan nid ♦ un os d'avant-bras

ᒥᑑᔅᑯᓐ mituuskun nid ♦ un coude

ᒥᑑᑎᓐ mituuhtin nid ♦ un talon

ᒥᑌᐃ mitai nid ♦ un estomac

ᒥᑖᐯᔮᐱᔅᑳᐤ mitaapeyaapiskaau vii ♦ le rocher s'étend jusqu'au bord de l'eau

ᒥᑖᐱᔥᑲᓐ mitaapishkan nid ♦ un os de la mâchoire

ᒥᑖᒥᐦᑲᓐ mitaamihkan nid ♦ une pommette, un os zygomatique

ᒥᑖᓯᐱᔨᐚᐱᔅᒄ mitaasipiywaapiskw ni-um [Côte] ♦ une aiguille à tricoter

ᒥᑖᓯᔖᐳᓂᑲᓐ mitaasishaapunikan ni ♦ une aiguille à repriser, à ravauder

ᒥᑖᓯᔮᐱᔅᒄ mitaasiyaapiskw ni-um [Intérieur] ♦ une aiguille à tricoter

ᒥᑖᓯᔮᐲ mitaasiyaapii ni-m ♦ de la laine

ᒥᑖᓯᔮᐲᐤ mitaasiyaapiiu vai/vii ♦ c'est en laine; il est laineux, elle est laineuse

ᒥᑖᓯᐦᒉᐤ mitaasihcheu vai ♦ il/elle fait ou tricote des bas, des chaussettes

ᒥᑖᓴ mitaasa nid pl [Intérieur] ♦ une paire de bas, de chaussettes

ᒥᑖᔅ mitaas nid ♦ un bas, une chaussette, un chausson, une socquette

ᒥᑖᔥᑕᒥᐦᒄ mitaashtamihkw nid ♦ une face, une figure, un visage

ᒥᑖᑎᓐ mitaahtinh vii pl ♦ il y a dix choses

ᒥᑖᑎᓲᐃᒡ mitaahtishuwich vai pl -i [Côte] ♦ ils/elles sont dix, il y en a dix (personnes)

ᒥᑖᑐᐃᒡ mitaahtuwich vai pl -u ♦ ils/elles sont dix, il y en a dix

ᒥᑖᑐᐄᒡ mitaahtuwiich p,quantité ♦ il y a dix différentes sortes ou espèces, différents endroits, dix façons ou manières ▪ ᒥᑖᑐᐄᒡ ᐃᔮᑯᒡ ᐊᑏᐦ ᓵᑯᐦᒡ ᓵᑯᐦᐲᑯᐦᒡ ▪ *Il y a 10 différentes espèces de poissons dans ce lac.*

ᒥᑖᑐᒥᓅ mitaahtumitinuu p,nombre ♦ cent, centaine

ᒥᑖᑐᒥᑐᓅᐌᑎ mitaahtumitunuwehtii na ♦ cent dollars

ᒥᑖᑐᑎ mitaahtuhtii p, quantité ♦ dix dollars

ᒥᑖᐦᑦᐚᐅᒋᔐᒥᑖᑐᒥᓄᐌᐚᐤ mitaahtwaauchishemitaahtumitinuwewaau p,quantité [Côte] ♦ dix mille fois

ᒥᑖᐦᑦᐚᐅᒋᔐᒥᑖᑐᒥᓄᐚᐤ mitaahtwaauchishemitaahtumitinuwaau p,quantité [Intérieur] ♦ dix mille fois

ᒥᑖᐦᑦᐚᐅᒋᔐᒥᑖᑐᒥᓅ mitaahtwaauchishemitaahtumitinuu p,nombre ♦ dix mille

ᒥᑖᐦᑦᐚᐤ mitaahtwaau p,quantité ♦ dix fois ▪ ᓃᔥ ᒥᑖᐦᑦᐚᐤ ᑭ ᐸᐸᒋ ᐅᒡ ᐘᔅᐘᓂᐱᐦᒡ ▪ *Il est allé à Waswanipi 10 fois.*

ᒥᑖᑦ mitaaht p,nombre ♦ dix, dizaine

ᒥᑯᔥᑳᑌᔨᒣᐤ mikushkaateyimeu vta ♦ il/elle déconcerté-e parce que quelqu'un l'embête, l'inquiète

ᒥᑯᔥᑳᑌᔨᐦᑕᒼ mikushkaateyihtam vti ♦ il/elle se sent désorienté-e, déconcerté-e, confus-e parce que quelque chose le/la préoccupe

ᒥᑯᔥᑳᒋᑌᐦᐁᐎᓐ mikushkaachitehewin ni ♦ de la tension, du stress, un effort cardiaque

ᒥᑯᔥᑳᒋᒣᐤ mikushkaachimeu vta ♦ il/elle la/le dérange en lui parlant

ᒥᑯᔥᑳᒋᐦᐁᐤ mikushkaachiheu vta ♦ il/elle l'ennuie, la/le fatigue

ᒥᑯᔥᑳᒋᐦᑖᐤ mikushkaachihtaau vai+o ♦ il/elle s'en occupe; il/elle le touche, joue avec quelque chose qu'il/elle ne devrait pas; il est curieux, elle est curieuse de quelque chose

ᒥᑯᔫ mikuyuu nid ♦ un cou

ᒥᑯᔫᒉᑲᓐ mikuyuuchekan nid ♦ un os du cou

ᒥᑯᐦᑕᔥᑯᐃ mikuhtashkui nid ♦ une gorge

ᒥᑯᐦᑕᔥᑯᔮᐲ mikuhtashkuyaapii nid ♦ un oesophage

ᒥᑯᐦᑖᑲᓐ mikuhtaakan nid ♦ une trachée

ᒥᒂᐦᑯᓀᐤ mikwaahkuneu nad ♦ un menton

ᒥᒉᔥᑎᔮᐲ micheshtiyaapii nid ♦ un tendon, un ligament (blanc, dans les muscles)

ᒥᒋᒑᔅᑲᐃ michichaaskai nid ♦ une aine

ᒥᒋᒣᑲᐦᐄᑲᓐ michimekahiikan ni ♦ une agrafeuse, une brocheuse, un pistolet agrafeur

ᒥᒋᒣᑲᐦᐊᒼ michimekaham vti ♦ il/elle broche, attache le papier

ᒥᒋᒥᐯᒋᔑᓐ michimipechishin vai ♦ il/elle (par ex. une motoneige) est pris-e dans la neige molle sur la glace

ᒥᒋᒥᐸᔫ michimipayuu vai/vii -i ♦ il/elle reste pris-e, collé-e en position; ça ne se défait pas facilement; ça ne s'enlève pas

ᒥᒋᒥᒣᐤ michimimeu vta ♦ il/elle la/le retient avec ses dents

ᒥᒋᒥᓀᐤ michimineu vta ♦ il/elle l'empêche de faire quelque chose, en utilisant ses mains

ᒥᒋᒥᓇᒼ michiminam vti ♦ il/elle le retient, l'empêche avec la main de faire quelque chose

ᒥᒋᒥᔥᑯᐍᐤ michimishkuweu vta ♦ il/elle la/le retient avec son pied, son corps

ᒥᒋᒥᔥᑲᒼ michimishkam vti ♦ il/elle le retient avec ses pieds, son corps

ᒥᒋᒥᐦᐊᒼ michimiham vti ♦ il/elle l'attache, l'assujettit avec quelque chose

ᒥᒋᒥᐦᑕᒼ michimihtam vti ♦ il/elle le retient avec ses dents

ᒥᒋᒥᐦᑖᐤ michimihtaau vai+o ♦ il/elle l'attache, l'assujettit

ᒥᒋᒦᐤ michimiiu vai ♦ il/elle se retient, se cramponne, s'accroche, s'agrippe, se colle, s'attache

ᒥᒋᒦᒪᑲᓐ michimiimakan vii ♦ ça adhère; ça tient bien

ᒥᒋᒧᐍᐦᐄᑲᓐ michimuwehiikan ni ♦ une épingle, une broche à cheveux; une barrette, une attache

ᒥᒋᒧᔑᒣᐤ michimushimeu vta ♦ il/elle la/le fait se coincer, s'embourber, s'enliser (par ex. un tracteur)

ᒥᒋᒧᔑᓐ michimushin vai ♦ il/elle est pris-e, coincé-e, bloqué-e, embourbé-e, enlisé-e dans une certaine position

ᒥᒋᒧᐦᐌᐤ michimuhweu vta ♦ il/elle la/le fixe avec quelque chose (par ex. un clou)

ᒥᒋᒧᐦᑎᑖᐤ michimuhtitaau vai+o ♦ il/elle le fait s'embourber, se coincer, s'enliser, se bloquer

ᒥᒋᒧᐦᑎᓐ michimuhtin vii ♦ c'est pris, coincé dans une position

ᒥᒋᒫᐯᑲᐦᐄᑲᓐ michimaapekahiikan ni ♦ un bâton, un pieu, un piquet pour maintenir ou arrimer un piège en place

ᒥᒋᒫᐱᔅᑯᐦᐌᐤ michimaapiskuhweu vta ♦ il/elle l'attache avec du métal (par ex. des menottes)

ᒥᒋᒫᐱᔅᑲᐦᐊᒼ michimaapiskaham vti ♦ il/elle l'attache, l'amarre, l'assujettit avec un objet métallique

ᒥᒋᒫᐱᐦᑳᑌᐤ michimaapihkaateu vta ♦ il/elle la/le retient en l'attachant

ᒥᒋᒫᐱᐦᑳᑕᒼ michimaapihkaatam vti ♦ il/elle le retient en l'attachant

ᒥᒋᒫᐱᐦᒉᓀᐤ michimaapihcheneu vta ♦ il/elle la/le retient avec la main (filiforme)

ᒥᒋᐱᐦᓀᒻ **michimaapihchenam** vti
  ◆ il/elle le retient (filiforme) avec ses mains
ᒥᒋᔅᑯᓀᐤ **michimaaskuneu** vta ◆ il/elle l'affermit, la/le tient fermement (long et rigide)
ᒥᒋᔅᑯᓇᒻ **michimaaskunam** vti ◆ il/elle le tient fermement (long et rigide)
ᒥᒋᔅᑾᒻ **michimaaskuham** vti ◆ il/elle l'assujettit, le maintient, le cale (long et rigide) en utilisant quelque chose
ᒥᒋᔅᑾᐌᐤ **michimaaskuhweu** vta
  ◆ il/elle l'affermit, la/le raffermit en utilisant quelque chose
ᒥᒋᓯᒧᑐᐌᐤ **michisimutuweu** vta ◆ il/elle jappe après elle/lui
ᒥᒋᓯᒧᑕᒻ **michisimutam** vti ◆ il/elle jappe, aboie après une chose inconnue
ᒥᒋᓯᒨ **michisimuu** vai -u ◆ il/elle jappe
ᒥᒋᓲ **michisuu** na -shlish ◆ un pygargue à tête blanche, un aigle à tête blanche *Haliaeetus leucocephalus*
ᒥᒋᔂᒋᔥᑐᓐ **michisuuwachishtun** ni
  ◆ un nid d'aigle
ᒥᒋᓲᐲᓯᒻ **michisuupiisim** na ◆ mars
ᒥᒋᔅᑌᐤ **michisteu** vta ◆ il/elle lui jappe après
ᒥᒋᔅᑕᒻ **michistam** vti ◆ il jappe, aboie après quelque chose
ᒥᒋᔥ **michisch** nid ◆ un rectum, un anus
ᒥᒋᔑᔥ **michishiish** na dim ◆ un jeune aigle à tête blanche, un jeune pygargue à tête blanche
ᒥᒋᔥᑴᑎᐦᒌᔥ **michishkwetihchiish** nid
  ◆ un auriculaire, le petit doigt
ᒥᒋᐦᒋᓐ **michihchin** ni ◆ un pouce
ᒥᒉᓐ **michun** p,quantité ◆ complètement, entièrement, en entier, du tout, en tout (voir aussi *mitum*), totalement, en totalité ▪ ᐊᒐ ᒥᒉᐊ ᓃᐸ ᐃᔨᔅᑲᒡᐠ ▪ *Il n'en reste rien du tout.*
ᒥᒎᒋᔑᒥᔭᐲ **michuuchuushimiyaapii** ni -m
  ◆ une brassière, un soutien-gorge
ᒥᓀᓰᐤ **minesiiu** vai ◆ il/elle est très pauvre, misérable; il/elle vit dans l'indigence, le besoin, la misère, la pauvreté, le dénuement
ᒥᓀᔮᑎᒦᐤ **mineyaatimiiu** vii ◆ c'est le seul endroit où l'eau est profonde

ᒥᓄᔥ **minikush** na ◆ une minute, de l'anglais ou du français 'minute'
ᒥᓂᔅᑳᐤ **miniskaau** vii ◆ c'est un carton, un paquet
ᒥᓂᔥᑌᐤ **minishteu** vii ◆ c'est un tas de bois de chauffage
ᒥᓂᔥᑎᑯᒋᐎᓐ **minishtikuchuwin** vii ◆ le courant coule des deux côtés d'une île
ᒥᓂᔥᑎᑯᓯᒃᐚᐤ **minishtikusikwaau** vii
  ◆ c'est une plaque de glace, une île de glace
ᒥᓂᔥᑎᑯᔅᒎᑳᐤ **minishtikuschuukaau** vii
  ◆ c'est une île de boue
ᒥᓂᔥᑎᑯᐦᑯᐹᐤ **minishtikuhkupaau** vii
  ◆ c'est un bouquet de saules
ᒥᓂᔥᑎᒀᐱᔅᒄ **minishtikwaapiskw** ni
  ◆ une île rocheuse, un gros rocher sortant de l'eau
ᒥᓂᔥᑎᒀᑯᓂᑳᐤ **minishtikwaakunikaau** vii
  ◆ c'est un tas de neige semblable à une île
ᒥᓂᔥᑎᒀᑲᒫᐤ **minishtikwaakamaau** vii
  ◆ c'est un lac plein d'îles
ᒥᓂᔥᑎᒀᔅᑴᔮᐤ **minishtikwaaskweyaau** vii ◆ c'est un groupe d'arbres isolé, qui ressemble à une île
ᒥᓂᔥᑎᒄ **minishtikw** ni ◆ une île
ᒥᓂᔥᑳᐤ **minishkaau** vii [côte] ◆ il y a beaucoup de buttes ressemblant à des îles (par ex. des algues exposées à marée basse)
ᒥᓂᐦᐁᐤ **miniheu** vta ◆ il/elle lui donne une boisson, quelque chose à boire
ᒥᓂᐦᐄᐌᐤ **minihiiweu** vai ◆ il/elle sert des boissons, quelque chose à boire
ᒥᓂᐦᒀᐴ **minihkweupuu** vai -i ◆ il/elle s'assoit pour boire
ᒥᓂᐦᒀᐎᓐ **minihkwewin** ni ◆ de l'ivresse, de l'ébriété
ᒥᓂᐦᒀᐚᒉᐤ **minihkwewaacheu** vai
  ◆ il/elle s'en sert pour boire
ᒥᓂᐦᒀᐤ **minihkweu** vai ◆ il/elle boit
ᒥᓂᐦᒀᒪᑲᓐ **minihkwemakan** vii ◆ ça boit (par ex. un hors-bord); ça prend de l'eau pour se refroidir
ᒥᓂᐦᒀᓲ **minihkwesuu** na -siim ◆ un ivrogne, un soûlon, un soûlard, un poivrot, un alcoolique
ᒥᓂᐦᒀᑕᒻ **minihkwaatutam** vti ◆ il/elle le boit

ᒥᓂᐦᒃᑲᓐ minihkwaakanish na dim ♦ une petite tasse, un petit verre ▪ ᒥᵈ ᐌᑯᓈ ᒥᓂᐦᒃᑲᓐˣ

ᒥᓂᐦᒃᑲᓐ minihkwaakan na ♦ une tasse, un verre ▪ ᒥᵈ ᐌᑯᓈ ᒥᓂᐦᒃᑲᓐˣ

ᒥᓂᐦᒃᑲᓅ minihkwaakaanuu vai -uu ♦ il/elle peut servir de tasse; on peut s'en servir pour boire

ᒥᓂᐦᒉᐤ minihkwaacheu vai ♦ il/elle s'en est servi pour boire

ᒧᐦᑲᓀᐤ minuhkaaneu vta ♦ il/elle la/le prend comme esclave

ᒧᐦᑲᓈᓐ minuhkaanaan na ♦ un ou une esclave

ᒥᓈᐦᐄᑯᔅᑳᐤ minahiikuskaau vii ♦ c'est un boisé d'épinettes blanches

ᒥᓈᐦᐄᑯᐦᑕᒄ minahiikuhtakw na ♦ une épinette blanche sèche, encore debout; épinette blanche pour bois de chauffage, bois de feu, bois à brûler

ᒥᓈᐦᐄᒁᔥᑦ minahiikwaasht na ♦ une branche d'épinette blanche

ᒥᓈᐦᐄᒄ minahiikw na -um ♦ une épinette blanche *Picea glauca*

ᒥᓈᐅᐦᑳᐤ minaauhkaau vii ♦ c'est un banc de sable, une barre sableuse

ᒥᓈᐱᔅᒄ minaapiskw ni ♦ une île rocheuse

ᒥᓈᐱᔥᑯᔥ minaapishkush ni dim ♦ un îlot rocheux

ᒥᓈᑎᒦᐤ minaatimiiu vii ♦ c'est un endroit où l'eau est profonde

ᒥᓈᑯᓂᑳᐤ minaakunikaau vii ♦ c'est une flaque de neige

ᒥᓈᑲᓐ minaakan ni [Mistissini] ♦ un gallon

ᒥᓈᒋᔥᑐᐌᐤ minaachishtuweu vta ♦ il/elle lui en donne une petite ration ou portion

ᒥᓈᒋᐦᐁᐤ minaachiheu vta ♦ il/elle l'économise, la/le garde ou conserve (par ex. de l'argent)

ᒥᓈᒋᐦᑖᐤ minaachihtaau vai+o ♦ il/elle l'économise, le gère

ᒥᓈᔅᑵᔮᐤ minaaskweyaau vii ♦ c'est un bocage, un bosquet d'arbres

ᒥᓈᔅᑯᑎᓈᐤ minaaskutinaau vii ♦ c'est une montagne boisée

ᒥᐋᐦᐆ minaahuu vai -u ♦ il/elle ramasse des choses (par ex. petits fruits, branches)

ᒥᐋᐦᑎᑳᐤ minaahtikaau vii ♦ c'est un endroit couvert de branchage

ᒥᓯᐌ misiwe p,quantité ♦ tout, toute, tous, toutes ▪ ᒥᓯᐌ ᐅᑕ ᐌᐋᑦᔫ ᐊᑳᐅᒄˣ ▪ *Il vont tous venir demain.*

ᒥᓯᐌᐸᑳᐦᐁᐤ misiwepakaaheu vta [Côte] ♦ il/elle la/le fait bouillir et cuire en entier (un oiseau, un petit animal)

ᒥᓯᐌᐸᔨᐦᐁᐤ misiwepayiheu vta ♦ il/elle l'avale tout rond, en entier

ᒥᓯᐌᐸᔨᐦᑖᐤ misiwepayihtaau vai+o ♦ il/elle l'avale tout rond

ᒥᓯᐌᓲ misiwesuu vai -i ♦ c'est complet, tout est là (par ex. morceaux de castor)

ᒥᓯᐌᔦᑲᓐ misiweyekan vii ♦ c'est tout là; c'est entier (étalé)

ᒥᓯᐌᔦᒋᓲ misiweyechisuu vai -i ♦ il est complet, entier; elle est complète, entière (étalé-e par ex. une peau d'orignal complète)

ᒥᓯᐌᔮᐤ misiweyaau vii ♦ c'est tout là; c'est entier

ᒥᓯᐌᔮᒎᓲᐤ misiweyaachuusweu vta ♦ il/elle la/le fait bouillir en entier

ᒥᓯᐌᔮᒎᓴᒻ misiweyaachuusam vti ♦ il/elle le fait bouillir en entier

ᒥᓯᐸᑳᐦᐁᐤ misipakaaheu vta [Intérieur] ♦ il/elle la/le fait bouillir et cuire en entier (un oiseau, un petit animal)

ᒥᓯᑎᔮᐲ misitiyaapii na -m ♦ le tissage du pied d'une raquette

ᒥᓯᑎᔮᐲᒪᒄ misitiyaapiimahkw na ♦ une aiguille à tresser la babiche épaisse de raquette

ᒥᓯᑦ misit nid ♦ un pied

ᒥᓯᑲᓐ misikan vii ♦ c'est de la pluie verglaçante

ᒥᓯᑳᑎᐦᑉ misikaatihp nid ♦ un sommet ou vertex de tête

ᒥᓯᑳᑯᓐ misikaakun nid ♦ l'arrière ou le creux du genou

ᒥᓯᒋᐦᑎᐦᐁᐤ misichihtiheu vta ♦ il/elle l'agrandit

ᒥᓯᒋᐦᑐ misichihtuu vai -i ♦ il est gros, elle est grosse ▪ ᐅᐋ ᒥᓯᒋᐦᑐ ᐊᵃ ᐊᐃᐦᑖᵒˣ ▪ *C'est un gros gâteau.*

misichiin ni [Côte] ♦ une blouse, un chemisier

misisikwaau vii ♦ c'est une grande lisière glacée

misisaahkw na [Intérieur] ♦ une mouche à orignal, à cheval, à chevreuil; un taon

misihte p,lieu ♦ partout ▪ ᒌᔥ ᒥᔑᐦᑌ ᒃᐳᒐ ▪ *C'est déjà collé partout.*

misihtepiteu vta ♦ il/elle les répand, étale, disperse autour

misihtepitam vti ♦ il/elle les disperse, les répand, les étale

misihtepuwich vai pl -i ♦ ils sont répandus, éparpillés, dispersés; elles sont répandues, éparpillées, dispersées

misihtepayiheu vta ♦ il/elle répand, éparpille des choses tout autour avec la main

misihtepayihtaau vai+o ♦ il/elle le laisse savoir à tous, le diffuse; il/elle le répand, l'éparpille, le disperse

misihtepayuu vai/vii -i ♦ il/elle/ça se répand à tout le monde; c'est dispersé, disséminé (par ex. des nouvelles, des racontars)

misihteneu vta ♦ il/elle les étale, disperse à la main

misihtenam vti ♦ il/elle l'étend, l'étale à la main

misihteskamihch p,lieu ♦ dans le monde entier, partout sur la terre

misihteshteu vii ♦ c'est étendu, déployé

misihteshtaau vai+o ♦ il/elle le répand, le disperse, l'éparpille

misihteshkuweu vta ♦ il/elle l'étend; il/elle laisse des traces partout

misihteshkam vti ♦ il/elle l'étend, l'étale, en laisse des traces partout

misihteyaashteu vii ♦ ça se répand (lumière)

misihteyaahkahteu vii ♦ le feu s'étend (forêt)

misihteheu vta [Intérieur] ♦ il/elle les étale, disperse tout autour

misihkusinaaham vti ♦ il/elle fait une trace, l'étale en écrivant, en coloriant

misihkusinaahweu vta ♦ il/elle l'étale, l'entache en écrivant, en coloriant

misihkushtaau vai+o ♦ il/elle le salit ou le tache en dessinant; il/elle fait une traînée d'encre

misihkushkuweu vta ♦ il/elle l'étale avec le pied

misihkushkam vti ♦ il/elle l'étale avec son pied (laisse des traces, de la saleté, etc.)

misihkuheu vta [Côte] ♦ il/elle l'étale, l'entache

misihkuham vti ♦ il/elle l'étale avec quelque chose

misihkuhweu vta ♦ il/elle l'étale, l'entache avec quelque chose

misihkuhtaau vai+o ♦ il/elle le salit, le marque, le macule, l'entache

misuwaayichekan nid ♦ un coccyx, un croupion, une queue osseuse, un pygostyle

misuuheu vta ♦ il/elle la/le traite de façon à ce que la personne ou l'animal en aie assez et essaie de l'éviter (par ex. l'animal apprend à reconnaître un piège)

misaahtikukamikw ni ♦ une cabane en bois rond, en rondins

mispitun nid ♦ un bras

mispichekan nid ♦ une côte

mispiskun nid ♦ un dos

mispun vii ♦ il neige

mistisikw na -um ♦ un grand harle, un grand bec-scie *Mergus merganser*

mistisuu na -slim ♦ un oiseau de type vautour

mistihkan na [Intérieur] ♦ une peau de caribou avec le poil

mistihkayaan na [Côte] ♦ une peau de caribou avec le poil, souvent utilisée comme matelas

mistuwekuteu vii ♦ c'est accroché, pendu, suspendu ici et là

mistuwekutaau vai+o ♦ il/elle accroche, pend, suspend quelque chose ici et là

mistuwekuyeu vta ♦ il/elle l'accroche, la/le pend ou suspend ici et là

mistuwekuhtin vii ♦ ça flotte un peu partout, ici et là

mistuwekuhchin vai ♦ il/elle flotte ici et là

mistuwekan vii ♦ c'est entier (étalé)

mistuwaau vii ♦ c'est en une pièce; c'est entier

mistusikwaau vii ♦ c'est un seul morceau de glace

mistusuwiyaas ni -im ♦ du boeuf, du rosbif, du rôti de boeuf, litt. 'de la viande de vache'

mistusukamikw ni ♦ une grange, une shed, un abri pour les vaches

mistusuyaan na ♦ une peau de vache, du cuir de vache

mistus na -um ♦ une vache

mistuuwaakamihkwepayuu vii -i ♦ son sang coagule

mistuusuu vai -i ♦ il/elle est en une pièce, il est entier, elle est entière

mistapaashikwaatin vii ♦ il y a un ouragan

mistachisuu vai -i ♦ c'est du gros bois, c'est un gros morceau de bois

mistamekw na ♦ terme général pour une grosse baleine de couleur foncée

mistasinii ni -m ♦ la communauté de Mistissini, autrefois Poste de Mistassini, litt. 'le gros rocher'

mistaapeu na -em ♦ un esprit qui apparaît dans les légendes, dans la tente tremblante, avec lequel les chasseurs sont familiers, littéralement 'un grand homme'

mistaapush na -um ♦ un lièvre arctique

mistaasuu na ♦ une tornade, un tourbillon de vent

mistaaspisuuyaan ni ♦ une poche ou un sac pour bébé, un sac de mousse (utilisé uniquement durant les déplacements, les voyages)

miskuweu vta ♦ il/elle la/le trouve

miskuwepanaasuuneu vai [Intérieur] ♦ il/elle trouve quelque chose dans les déchets, au dépotoir

miskuwepahiikaneu vai [Côte] ♦ il/elle trouve quelque chose dans les déchets, au dépotoir

miskuwaasumeu vta ♦ il/elle lui rappelle quelque chose

miskuwaahtamuweu vta ♦ il/elle lui rappelle en disant quelque chose

miskut nid ♦ un nez

miskumiskweu vai ♦ il/elle trouve des castors dans la hutte

miskumihtaan vii ♦ il tombe de gros grêlons

miskumiiutaan vii ♦ c'est un tempête de grêle; il grêle

miskuneu vta ♦ il/elle la/le trouve en cherchant à tâtons

miskunam vti ♦ il/elle le trouve en cherchant à tâtons

miskun nid ♦ un foie

miskawaaheu vta ♦ il/elle la/le trouve, découvre

miskawaahtaau vai+o ♦ il/elle le trouve, le découvre

miskam vti ♦ il/elle le trouve

miskahtikw nid ♦ le front; le tissage avant de la raquette

miskahchiheu vta ♦ il/elle la/le vole; il/elle se bat pour lui enlever quelque chose

miskaateyitamiheu vta ♦ il/elle est surpris-e par elle/lui

miskaatikan nid -im ♦ un os de la jambe inférieure, un tibia

miskaat nid ♦ une jambe

miskaaschikanichekan nid ♦ un sternum

miskaaschikan nid ♦ une poitrine, un thorax

ᒥᔅᒋᔫ mischisii nid [Intérieur] ◆ une lèvre supérieure

ᒥᔅᒌᔑᑯᐧᓇ mischiishikukan nid ◆ une arcade sourcilière

ᒥᔅᒌᔑᑯᓂᑐᑦᑯᔨᓐ mischiishikunituhkuyin na ◆ un ou une ophtalmologiste, un ou une ophtalmologue, un ou une oculiste

ᒥᔅᒌᔑᒄ mischiishikw nid ◆ un oeil

ᒥᔅᒌᐦ mischiih nad ◆ une lèvre supérieure

ᒥᔅᒑᐦᒄ mischaahkw na [Côte] ◆ une mouche à orignal, à cheval, à chevreuil; un taon

ᒥᔑᐋᑲᓅ mishiwaakanuu vai-u ◆ il/elle est blessé-e, a une blessure

ᒥᔑᑰᑰᔥ mishikuuhkuush na ◆ un éléphant (ancien terme)

ᒥᔑᑳᐃ mishikai nad ◆ une peau

ᒥᔑᑳᔅᑲᑖᑖᐦᒄ mishikaaskataataahkw na -um ◆ un crocodile

ᒥᔑᒋᑎᓈᑯᓐ mishichitinaakun vii ◆ ça paraît grand; ça a l'air gros

ᒥᔑᒋᑲᓐᐦ mishichikanh nid pl ◆ des orteils (tous ensemble), des doigts de pied; son pied arrière (animé, par ex. du lièvre)

ᒥᔑᒌᒫᓐ mishichiimaan ni -im ◆ un bateau, un navire, un vaisseau

ᒥᔑᒣᔨᐦᑕᒼ mishimeyihtam vti ◆ il/elle pleure quelqu'un, est en deuil

ᒥᔑᒧᐦᑯᒫᓂᔒ mishimuhkumaanischii na -m [Côte] ◆ l'Amérique

ᒥᔑᒧᐦᑯᒫᓐ mishimuhkumaan na [Côte] ◆ un Américain, une Américaine

ᒥᔑᔑᑊ mishiship na -im ◆ un eider commun, un eider ordinaire, un eider à duvet *Somateria mollissima*

ᒥᔑᐦᑯᓐ mishihkun nid ◆ un gros orteil

ᒥᔑᐦᔫ mishihyeu na -em ◆ une dinde, un dindon

ᒥᔓᐋᒡ mishuwaach p ◆ pourtant, malgré tout, néanmoins, toutefois, cependant, de toute façon, quand même ▪ ᒥᔓᐋᒡ ᒫ ᑯ ᐁᒡ ᒥᐦᒡᐤ ᐅᒪᔮᐦᐃᑲᓐᐦ×. *Toutefois, son livre lui sera retourné.*

ᒥᔓ mishuu p ◆ si, au cas où, en cas de, en tout cas ▪ ᐊᒐᐃ ᐸᒡ ᐦ ᐧᐋᒡᔫ ᒥᔓ ᐁᐤ ᐧᐊᐧᔫᐦᐆ×. *Il ne pourra le voir si vous ne lui apportez pas bientôt.*

ᒥᔓᑲᓐ mishuukan nid ◆ un bas de dos, un derrière

ᒥᔕᑳᐤ mishakaau vai ◆ il/elle arrive en canot

ᒥᔕᑳᒣᐸᔫ mishakaamepayuu vai -i ◆ il/elle atteint l'autre côté d'un cours d'eau, traverse un plan d'eau en véhicule

ᒥᔕᑳᒣᐦᐊᒼ mishakaameham vti ◆ il/elle atteint l'autre côté d'un plan d'eau en nageant, en pagayant

ᒥᔕᑳᒣᐦᔮᐅᐱᓰᒼ mishakaamehyaaupiisim na [Côte] ◆ août

ᒥᔕᑳᒣᐦᔮᐤ mishakaamehyaau vai ◆ il/elle vole à partir de l'autre côté, de l'Intérieur jusqu'à la côte

ᒥᔕᑳᔅᑯᐱᒎ mishakaaskupichuu vai -i ◆ il/elle traverse une étendue glacée, atteint l'autre côté d'une étendue de glace en déménageant le camp d'hiver

ᒥᔖᐤ mishaau vii ◆ c'est gros

ᒥᔗᐋᑲᓂᐦᑳᑌᐤ mishwaakanihkaateu vta ◆ il/elle la/le blesse

ᒥᔗᐋᑲᓂᐦᒉᐤ mishwaakanihcheu vai ◆ il/elle le blesse

ᒥᔗᐋᑲᓐ mishwaakan na ◆ un être blessé

ᒥᔥᑎᑫᒥᐦᒀᓐ mishtikwemihkwaan na ◆ une cuillère en bois, une cuiller en bois

ᒥᔥᑎᑯᐧᐃᑦ mishtikuwit ni ◆ une boîte de bois, un coffre, une malle

ᒥᔥᑎᑯᐧᐊᓇᐦᐄᑲᓐ mishtikuwanahiikan ni ◆ un piège de bois, un assommoir

ᒥᔥᑎᑯᐱᒎ mishtikupichuu na -chiim ◆ de la gomme d'épinette

ᒥᔥᑎᑯᑲᒥᒄ mishtikukamikw ni ◆ un tipi en bois (des rondins fendus recouverts de mousse), une cabane de bois

ᒥᔥᑎᑯᓈᐯᐅᒋᒫᐤ mistikunaapeuchimaau na ◆ un-e chef de chantier de construction de maisons

ᒥᔥᑎᑯᓈᐯᐅᐦᑯᑖᑲᓐ mishtikunaapeuhkutaakan ni ◆ un rabot de charpentier

ᒥᔥᑎᑯᓈᐯᐤ mishtikunaapeu na -em ◆ un charpentier, une charpentière, littéralement 'un homme de bois'

ᒥᔥᑎᑯᓈᐯᔥ mishtikunaapesh na dim ◆ un frère, un religieux, littéralement 'un petit homme de bois'

ᒥᔥᑎᑯᔅᑳᐱᔦᔒᔥ mishtikuskaaupiyeshiish na dim ♦ un quiscale rouilleux *Euphagus carolinus*

ᒥᔥᑎᑯᔅᑳᐤ mishtikuskaau vii ♦ il y a beaucoup d'arbres; c'est une forêt

ᒥᔥᑎᑯᔅᒋᓯᓐ mishtikuschisin ni ♦ un soulier de cuir bouilli

ᒥᔥᑎᑯᐦᑳᓐ mishtikuhkaan ni -im ♦ un poteau porte-drapeau, un mât de drapeau; un poteau de bois pour accrocher des objets religieux; un mât de navire

ᒥᔥᑎᑯᐦᔦᐤ mishtikuhyeu na -em ♦ un tétras du Canada, un tétras des savanes *Canachites canadensis*

ᒥᔥᑎᑯᐦᔦᔥ mishtikuhyesh na dim ♦ un jeune tétras du Canada, un jeune tétras des savanes

ᒥᔥᑎᑰ mishtikuu vai ♦ il/elle est en bois

ᒥᔥᑎᑰᓐ mishtikuun vii ♦ c'est fait en bois

ᒥᔥᑎᒀᓂᐲᐅᓱᑉ mishtikwaanipiiwiisuup na -im [Côte] ♦ un shampooing, un shampoing

ᒥᔥᑎᒀᓂᐲᐅᐃᐦ mishtikwaanipiiwiih nid pl [Côte] ♦ un cheveu de tête, une chevelure

ᒥᔥᑎᒀᓂᑐᐦᑯᔨᓐ mishtikwaanituhkuyin ni -im ♦ une aspirine, litt. 'un médicament pour la tête'

ᒥᔥᑎᒀᓂᑳᓐ mishtikwaanikan nid ♦ un crâne

ᒥᔥᑎᒀᓂᔮᐲᓱᑉ mishtikwaaniyaapiisuup na -im [Intérieur] ♦ un shampooing, un shampoing

ᒥᔥᑎᒀᓂᔮᐲᐦ mishtikwaaniyaapiih nid pl [Intérieur] ♦ un cheveu de tête, une chevelure

ᒥᔥᑎᒀᓐ mishtikwaan nid ♦ une tête

ᒥᔥᑎᒀᔅᒀᓂᑳᐤ mishtikwaaskwaanikaau vii ♦ c'est une île boisée, couverte d'arbres

ᒥᔥᑎᒄ mishtikw ni -m ♦ un bâton, une baguette

ᒥᔥᑎᒄ mishtikw na -m ♦ un arbre

ᒥᔥᑎᓈᑯᓐ mishtinaakun vii -i [Intérieur] ♦ ça a l'air grand; ça semble gros

ᒥᔥᑎᓈᑯᓱ mishtinaakusuu vai -i [Intérieur] ♦ il/elle a l'air ou semble gros ou grosse

ᒥᔥᑕᑎᒼ mishtatim na ♦ un lion

ᒥᔥᑕᒦᒁᒡ mishtamiikwehch p,interjection ♦ merci beaucoup ■ ᒥᔥᑕᒦᒁᒡ ᑎᑎᑦ ᓂᑳᐧ. ■ *Ma mère vous fait dire merci beaucoup.*

ᒥᔥᑕᐦᐄ mishtahii p,quantité ♦ très, beaucoup, tellement ■ ᒥᔥᑕᐦᐄ ᑭ ᐅᑎᓀᐤ ᑦᕆᔾ. ■ *Elle a pris beaucoup de nourriture.*

ᒥᔥᑖᐱᑦ mishtaapit ni [Côte] ♦ une molaire

ᒥᔥᑖᐸᒣᒄ mishtaapamekw na ♦ une baleine, peut-être une baleine boréale *Balaena mysticetus*

ᒥᔥᑯᐐᐎᓐ mishkuwiiwinh ni ♦ de la force

ᒥᔥᑰᑎᐦᒉᐅᒎ mishkuutihcheuchuu vai -i ♦ il/elle a une main gelée

ᒥᔥᑰᑯᑌᐅᒎ mishkuukuteuchuu vai -i ♦ il/elle a le nez gelé

ᒥᔥᑰᓅᐌᐅᒎ mishkuunuuweuchuu vai -i ♦ il/elle a la joue gelée

ᒥᔥᑰᓰᑌᐅᒎ mishkuusiteuchuu vai -i ♦ il/elle a le pied gelé

ᒥᔥᑰᐦᑑᑲᔦᐅᒎ mishkuuhtuukayeuchuu vai -i ♦ il/elle a une oreille gelée

ᒥᔥᑰᐦᑵᐅᒎ mishkuuhkweuchuu vai -i ♦ il/elle a la face gelée

ᒥᔥᑲᑌ mishkatai nid ♦ le devant du corps (la poitrine et l'abdomen)

ᒥᔥᑲᔒ mishkashii nid ♦ un ongle de doigt ou d'orteil; une griffe d'animal

ᒥᔥᑲᐦᐄᓅᐌᐤ mishkashkahiinuweu vta [Intérieur] ♦ il/elle distribue de la viande crue

ᒥᔥᑲᐦᑳᐤ mishkashkaau vii ♦ c'est saignant (cuisson de la viande)

ᒥᔥᑲᐦᒋᑐ mishkashchituu vii ♦ c'est saignant (cuisson de la viande)

ᒥᔦᔨᒣᐤ miyeyimeu vta ♦ il/elle l'aime bien

ᒥᔦᔨᒧᐎᓐ miyeyimuwin ni ♦ une sensation de confort, le bonheur, la joie

ᒥᔦᔨᒧᐦᐁᐤ miyeyimuheu vta ♦ il/elle la/le met à l'aise

ᒥᔦᔨᒨ miyeyimuu vai -u ♦ il/elle est confortable, il/elle se sent à l'aise

ᒥᔦᔨᒨᒪᑲᓐ **miyeyimuumakan** vii ♦ c'est à un bon endroit, un emplacement convenable, sécuritaire (par ex. un bateau qu'on préfère laisser au campement plutôt qu'au village)

ᒥᔦᔨᐦᑕᒥᐦᐁᐤ **miyeyihtamiheu** vta ♦ il/elle fait son bonheur, la/le contente

ᒥᔦᔨᐦᑕᒥᐦᐄᓱ **miyeyihtamihiisuu** vai reflex -u ♦ il/elle s'amuse; il est heureux, content; elle est heureuse, contente

ᒥᔦᔨᐦᑕᒧᐃᓐ **miyeyihtamuwin** ni ♦ le bonheur

ᒥᔦᔨᐦᑕᒼ **miyeyihtam** vti ♦ il/elle aime quelque chose; il/elle est content-e; il est heureux, elle est heureuse

ᒥᔦᔨᐦᑖᑯᓐ **miyeyihtaakun** vii ♦ c'est amusant, drôle, plaisant

ᒥᔦᔨᐦᑖᑯᓯᔨᐦᑳᓲ **miyeyihtaakusiyihkaasuu** vai-u ♦ il/elle fait semblant d'être aimable; il/elle prend un air sympathique

ᒥᔦᔨᐦᑖᑯᓲ **miyeyihtaakusuu** vai-i ♦ il/elle est gentil-le, aimable, agréable; c'est une personne sympathique; il/elle est amusant-e, comique

ᒥᐌᑲᓐ **miywekan** vii ♦ c'est beau, bon (étalé)

ᒥᐌᒋᓲ **miywechisuu** vai-i ♦ il est beau, bon; elle est belle, bonne (étalé)

ᒥᔨᑖᑎᓯᐤ **miyuitaatisiiu** vai ♦ il/elle est honnête, a bon caractère

ᒥᔭᔨᒨᒣᐤ **miyuayimuumeu** vta ♦ il/elle dit du bien d'elle/de lui, la/le recommande

ᒥᔫᐌᔮᐤ **miyuweyaau** vii ♦ la fourrure est belle

ᒥᔪᐯᔮᐤ **miyupeyaau** vii ♦ c'est beau sur l'eau (peut aussi se dire après la débâcle); la marée est à la bonne hauteur

ᒥᔪᐱᒪᑎᓯᐅᑲᒥᒄ **miyupimatisiiukamikw** ni ♦ un centre de santé

ᒥᔪᐱᒫᑎᓯᐃᐧᓐ **miyupimaatisiiwin** ni ♦ la santé

ᒥᔪᐱᒫᑎᓯᐤ **miyupimaatisiu** vai ♦ il/elle est en bonne santé, a une solide constitution, est sain-e; il/elle récupère, se remet d'une maladie

ᒥᔪᐳᑌᐤ **miyuputeu** vii ♦ c'est bien scié

ᒥᔪᐴ **miyupuu** vai-i ♦ il/elle s'assoit ou est assis-e confortablement; il/elle est bien installé-e

ᒥᔪᐸᔫ **miyupayuu** vai/vii-i ♦ il/elle/ça va bien, fonctionne bien

ᒥᔪᑎᐱᔅᑳᐤ **miyutipiskaau** vii ♦ c'est une belle nuit

ᒥᔪᑎᓈᐤ **miyutinaau** vii ♦ c'est une belle montagne

ᒥᔪᑐᑌᒥᒣᐤ **miyututemimeu** vta ♦ il/elle est en bons termes avec elle/lui; il/elle est ami-e avec elle/lui

ᒥᔪᑑᑐᐌᐤ **miyutuutuweu** vta ♦ il/elle est aimable avec elle/lui, fait preuve de bonté, de charité envers quelqu'un

ᒥᔪᑑᑖᒉᐤ **miyutuutaacheu** vai ♦ il/elle traite bien les gens, les traite avec gentillesse

ᒥᔪᑖᐅᐦᑳᐤ **miyutaauhkaau** vii ♦ c'est un beau terrain sablonneux couvert de végétation

ᒥᔪᑖᑯᓲ **miyutaakushuu** vii ♦ c'est une belle soirée

ᒥᔪᑖᒨ **miyutaamuu** vai-u ♦ il/elle respire bien, librement, sans contrainte

ᒥᔪᑖᔥᑕᒥᐦᒀᐤ **miyutaashtamihkweu** vai ♦ il/elle a un joli visage, une belle face

ᒥᔪᑳᐤ **miyukaau** vii ♦ c'est mou, doux

ᒥᔪᑳᑯᓂᑳᐤ **miyukaakunikaau** vii ♦ la neige est molle; c'est de la neige molle

ᒥᔪᒀᑌᐤ **miyukwaateu** vta ♦ il/elle la/le coud bien

ᒥᔪᒀᑕᒼ **miyukwaatam** vti ♦ il/elle le coud bien

ᒥᔪᒀᓲ **miyukwaasuu** vai-u ♦ il/elle coud bien

ᒥᔪᒋᒣᐤ **miyuchimeu** vta ♦ il/elle la/le bénit (mot biblique)

ᒥᔪᒋᒨᐌᐃᓐ **miyuchimuwewin** ni ♦ une bénédiction (mot biblique)

ᒥᔪᒌᔑᑳᐤ **miyuchiishikaau** vii ♦ c'est une belle journée; il fait beau

ᒥᔪᒣᔅ **miyumes** na-im ♦ un poisson blanc, un grand corégone, un corégone de lac (taille moyenne, plus petit que l'atihkamekw) *Coregonus dupeaformis*

ᒥᔪᒥᓂᑳᐤ **miyuminikaau** vii ♦ c'est un bon petit fruit, une baie mûre

miyuminichisuu vai -i ◆ c'est un bon fruit mûr, une baie délicieuse

miyumiichisuu vai -u ◆ il/elle mange bien

miyumuhtaau vai+o ◆ il/elle fait un bon sentier, une bonne piste

miyumuu vii -u ◆ c'est un bon chemin, un beau sentier

miyumachiheu vai ◆ quelqu'un le rend heureux; quelqu'un la rend heureuse; quelqu'un lui fait du bien

miyumachihuu vai -u ◆ il/elle se sent bien

miyumachihtaau vai+o ◆ il/elle en ressent les bienfaits (par ex. massage)

miyumaakun vii ◆ ça sent bon

miyumaakusuu vai -i ◆ il/elle sent bon, a un parfum agréable

miyumaakuheu vta ◆ il/elle lui donne une bonne odeur

miyumaakuhiisuu vai reflex -u ◆ il/elle se donne une bonne senteur, un parfum agréable

miyumaakuhtaau vai+o ◆ il/elle lui donne une bonne odeur, un parfum agréable

miyumaasaaweu vii ◆ sa cuisine sent bon

miyumaashteu vii ◆ la cuisine sent bon

miyunikun vii ◆ c'est bon, facile à utiliser; c'est bon pour marcher, une bonne surface; c'est agréable au toucher

miyunikusiiu vai ◆ il/elle est facile à manoeuvrer ou à utiliser; il/elle est agréable au toucher

miyunuweu vta ◆ il/elle aime son apparence

miyunam vti ◆ il lui est facile de marcher sur la neige; la neige est assez dure pour qu'il/elle marche dessus

miyunaakun vii ◆ c'est beau

miyunaakusuu vai -i ◆ il/elle est joli-e; il/elle a l'air bien (par ex. après une maladie)

miyunaakuheu vta ◆ il/elle lui donne une belle apparence; il/elle la/le décore

miyunaakuhiisuu vai reflex -u ◆ il se fait beau, se rend attrayant; elle se fait belle, se rend attrayante

miyunaakuhtaau vai+o ◆ il/elle lui donne une belle apparence

miyusikusuu vai -i ◆ elle (la glace) est bonne, propre

miyusikwaau vii ◆ c'est une bonne glace lisse pour voyager

miyusuu vai -i ◆ il est bon, beau; elle est bonne, belle (par ex. une peau d'animal)

miyuspukun vii ◆ ça goûte bon; ça a bon goût

miyuspukusuu vai -i ◆ il/elle a bon goût; ça goûte bon

miyustaasuu vai -u ◆ il/elle met de l'ordre, fait le ménage; il/elle rend les choses jolies

miyuskweu vai ◆ elle est jolie, c'est une jolie femme

miyuskamikaau vii ◆ c'est un beau coin de pays, un endroit magnifique, une belle région

miyuskamuu vii -i ◆ c'est le printemps, le temps de la fonte des neiges

miyuschuukaau vii ◆ c'est de la boue molle, visqueuse

miyushimeu vta ◆ il/elle l'étend confortablement, l'installe bien

miyushin vai ◆ il/elle est étendu-e ou couché-e confortablement

miyushuu vai -i ◆ il est bon, gentil, joli; elle est bonne, gentille, jolie (s'utilise uniquement pour les personnes)

miyushtimuu vai -uu ◆ c'est un bon chien, un beau chien

miyushtaau vai+o ◆ il/elle le met, place ou dispose joliment

miyushkweushuu vai -i ◆ elle est jolie, c'est une jolie fille

miyushkuweu vta ◆ il/elle lui va bien

ᒥᔫᔥᑲᒼ miyushkam vti ◆ ça va bien avec quelque chose; c'est bien ajusté

ᒥᔰᐁᐤ miyuheu vta ◆ il/elle la/le fait bien; il/elle lui donne une belle apparence

ᒥᔰᑐᐁᐤ miyuhtuweu vta ◆ il/elle en aime le son

ᒥᔰᑕᒼ miyuhtam vti ◆ il/elle trouve que ça s'écoute bien; il/elle aime l'écouter, en aime le son

ᒥᔰᑖᐤ miyuhtaau vai+o ◆ il/elle le fait bien, lui donne une belle apparence

ᒥᔰᐦᑖᑯᓐ miyuhtaakun vii ◆ c'est bon à entendre; ce sont de bonnes nouvelles

ᒥᔰᐦᑖᑯᓲ miyuhtaakusuu vai-i ◆ il/elle semble ou paraît aimable, agréable, gentil-le

ᒥᔰᐦᒑᐛᔦᐃᒣᐤ miyuhtwaaweyimeu vta ◆ il/elle pense qu'elle/il est aimable, gentil-le

ᒥᔰᐦᒑᐤ miyuhtwaau vai ◆ il/elle a bon caractère, un bon tempérament; il/elle est patient-e, gentil-le, aimable

ᒥᔰᐦᖁᓈᑯᓲ miyuhkweunaakusuu vai-i ◆ son visage montre qu'il/elle est content-e

ᒥᔰᐦᑯᐁᐤ miyuhkuweu vta ◆ il/elle s'en occupe bien, nettoie bien un animal

ᒥᔰᐦᑲᒼ miyuhkam vti ◆ il/elle le traite bien

ᒥᔰᐦᑲᓲ miyuhkasuu vai-u ◆ il/elle se sent bien après avoir bu; il/elle est bien cuit-e

ᒥᔰᐦᑲᓴᒼ miyuhkasam vti ◆ il/elle le cuit bien, le fait bien cuire

ᒥᔰᐦᒀᒨ miyuhkwaamuu vai-u ◆ il/elle dort bien

ᒥᔫ miyuu nid ◆ un corps

ᒥᔮᐅᐃᔥ miyaauiish p,lieu dim ◆ un peu plus loin, passé ce point ◼ ᒥᔮᐅ ᐃᑐᐦᒼ. ◼ *Va un peu plus loin.*

ᒥᔮᐅᐸᔦᐤ miyaaupayiheu vta ◆ il/elle la/le conduit plus loin que la destination

ᒥᔮᐅᐸᔨᐦᑖᐤ miyaaupayihtaau vai+o ◆ il/elle passe tout droit, arrive trop tard

ᒥᔮᐅᐸᔫ miyaaupayuu vai/vii-i ◆ il/elle/ça passe, va au-delà de

ᒥᔮᐅᔖᔥ miyaaushiish p,lieu dim ◆ un peu plus loin, passé ce point ◼ ᒥᔮᐅᔖᔥ ᔫᐦᐸ ᐃᑐᐦᒼ. ◼ *Va un peu plus loin.*

ᒥᔮᐅᐦᐊᒼ miyaauham vti ◆ il/elle passe à côté de quelque chose (par ex. un véhicule)

ᒥᔮᐅᐦᐁᐤ miyaauhweu vta ◆ il/elle la/le dépasse en véhicule

ᒥᔮᐋᔔ miyaawaashuu vai-i ◆ il/elle est poussé ou emporté par le vent

ᒥᔮᐋᔥᑎᓐ miyaawaashtin vii ◆ ça passe emporté par le vent

ᒥᔮᐹᐦᑯᓐ miyaapaahkun ni ◆ de l'usnée barbue, un lichen semblable à des poils pendant des arbres *Usnea sp.* ou *Usnea barbata* (utile pour allumer un feu)

ᒥᔮᑯᓐ miyaakun vii ◆ ça sent; ça dégage une odeur

ᒥᔮᑯᓲ miyaakusuu vai-i ◆ il/elle sent, dégage une odeur

ᒥᔮᒣᐤ miyaameu vta ◆ il/elle la/le sent, renifle

ᒥᔮᓇᒄ miyaanakw p,interjection ◆ Seigneur! mon Dieu! (exclamation, expression de surprise quand quelqu'un fait quelque chose qu'on attendait pas de lui) ◼ ᒥᔮᓈᒄ, ᐧᐋᐱ ᑭ ᒥᔻᔥᒋᐦ ᑳ ᐅᒋᔥᒼᐦᐠ. ◼ *Mon Dieu! Mais il était tellement heureux à sa fête!*

ᒥᔮᓇᒼ miyaanam vti ◆ il/elle laisse des traces fraîches sur le sol (pas de neige)

ᒥᔮᓲ miyaasuu vai-u [Intérieur] ◆ il/elle sent le brûlé

ᒥᔮᔥᑌᐤ miyaashteu vii ◆ il y a une senteur ou odeur de brûlé

ᒥᔮᔥᑯᐁᐤ miyaashkuweu vta ◆ il/elle la/le dépasse à pied

ᒥᔮᔥᑲᒼ miyaashkam vti ◆ il/elle le passe, le dépasse à pied

ᒥᔮᐦᑕᒼ miyaahtam vti ◆ il/elle le sent

ᒥᔮᐦᑲᑌᐤ miyaahkateu vii-u ◆ ça sent le brûlé

ᒥᔮᐦᑲᑑ miyaahkatuu na-tuum ◆ une lotte, une loche *Lota lota*

ᒥᔮᐦᑲᓲ miyaahkasuu vai-u [Côte] ◆ il/elle sent le brûlé

ᒥᔮᐦᒉᐤ miyaahcheu vai ◆ il/elle sent quelque chose

ᒥᔮᐦᒋᑲᓐ miyaahchikan ni ◆ une senteur, une odeur aromatique

ᒥᔪᐅᵁᐦᑳᐤ miywaauhkaau vii ♦ c'est du beau sable

ᒥᔪᐋᐤ miywaau vii ♦ c'est bon ▪ ᐅᐧᑦ ᒥᔪᐋᐤ ᐊᵃ ᓰᓚᵘ ᑭ ᑯ ᐊᒄᐸᑖᒋᑲᐅᐃᔥ Le canot est encore bon.

ᒥᔪᐋᐯᔫ miywaapeushuu vai dim -i ♦ il est beau; c'est un beau jeune homme

ᒥᔪᐋᐯᑲᓐ miywaapekan vii ♦ c'est bon (filiforme)

ᒥᔪᐋᐯᒋᓲ miywaapechisuu vai -i ♦ il/elle est bon-ne (filiforme)

ᒥᔪᐋᐱᑌᐤ miywaapiteu vai ♦ il/elle a de belles dents

ᒥᔪᐋᐱᔅᑳᐤ miywaapiskaau vii ♦ c'est beau, bon (pierre, métal)

ᒥᔪᐋᐱᔅᒋᓲ miywaapischisuu vai -i ♦ il est beau, bon; elle est belle, bonne (métal, pierre)

ᒥᔪᐋᐱᐦᒉᓀᐤ miywaapihcheneu vta ♦ il/elle l'arrange, la/le démêle (filiforme)

ᒥᔪᐋᐱᐦᒉᓇᒻ miywaapihchenam vti ♦ il/elle l'arrange, le démêle (filiforme)

ᒥᔪᐋᐸᑎᓰᐤ miywaapatisiiu vai ♦ il/elle travaille bien

ᒥᔪᐋᐸᑕᓐ miywaapatan vii ♦ ça fonctionne bien; c'est utile

ᒥᔪᐋᐸᒋᐦᐁᐤ miywaapachiheu vta ♦ il/elle la/le trouve utile

ᒥᔪᐋᐸᒋᐦᐆᐃᓐ miywaapachihuwinh ni pl [Côte] ♦ des possessions; des choses, des vêtements, des meubles utiles

ᒥᔪᐋᐸᒋᐦᑖᐃᓐ miywaapachihtaawin ni ♦ un bonne chose, une chose utile

ᒥᔪᐋᐸᒋᐦᑖᐤ miywaapachihtaau vai+o ♦ il/elle le trouve utile

ᒥᔪᐋᐸᒣᐅᓰᐤ miywaapameusiiu vai ♦ il/elle change de personnalité (et porte malheur : ancien terme, utilisé uniquement dans un sens négatif)

ᒥᔪᐋᐸᒣᐤ miywaapameu vta ♦ il/elle la/le regarde favorablement, la/le favorise

ᒥᔪᐋᐸᓐ miywaapan vii ♦ c'est une belle aube, un matin clair

ᒥᔪᐋᐸᐦᑌᐤ miywaapahteu vii ♦ ça tire bien (par ex. une cheminée); la fumée monte bien

ᒥᔪᐋᐳᐋᐅᒉᐤ miywaapwaaucheu vai ♦ il/elle fait bien le lavage

ᒥᔪᐋᑎᓰᐤ miywaatisiiu vai ♦ il/elle se sent mieux après avoir été malade

ᒥᔪᐋᑐᑕᒻ miywaatutam vti ♦ il/elle en parle en bien, en dit du bien; il/elle le félicite, le recommande

ᒥᔪᐋᑕᒧᐃᓐ miywaatamuwin ni ♦ une réjouissance, la jubilation

ᒥᔪᐋᑕᒻ miywaatam vti ♦ il/elle se réjouit de quelque chose

ᒥᔪᐋᑲᒨ miywaakamuu vii ♦ l'eau est propre, claire, bonne à boire, potable

ᒥᔪᐋᒋᒣᐤ miywaachimeu vta ♦ il/elle en parle en bien, dit du bien d'elle/de lui, la/le recommande

ᒥᔪᐋᒋᒥᑎᓲ miywaachimitisuu vai reflex -u ♦ il/elle parle de manière à faire bonne impression

ᒥᔪᐋᒋᒧᐃᓐ miywaachimuwin ni ♦ la bonne nouvelle (mot biblique)

ᒥᔪᐋᒋᒧᔥᑐᐌᐤ miywaachimushtuweu vta ♦ il/elle lui dit ou donne de bonnes nouvelles

ᒥᔪᐋᒋᒨ miywaachimuu vai -u ♦ il/elle apporte ou donne de bonnes nouvelles

ᒥᔪᐋᒥᔅᑳᐤ miywaamiskaau vii ♦ le fond du lac est beau

ᒥᔪᐋᒥᔅᑳᑲᒫᐤ miywaamiskaakamaau vii ♦ le lac a un beau fond

ᒥᔪᐋᔂ miywaashuu vii dim -i ♦ c'est beau, joli; c'est beau à voir ▪ ᓂᐊᐧ ᒥᔪᐋᔂ ᐊᵃ ᓖᕐᐊᐦᐋᐸᕐᵡ ▪ ᓂᐊᐧ ᒥᔪᐋᔂ ᑎᒑᐊᒡᵡ C'est un bon livre. ♦ Ta robe est jolie.

ᒥᔮᐦᑎᑯᐌᐤ miywaahtikuweu vai ♦ il/elle a une belle fourrure

ᒥᔮᐦᑎᑯᔅᑳᐤ miywaahtikuskaau vii ♦ il y a beaucoup de bon bois

ᒥᐦᐸᓐ mihpan ni ♦ un poumon

ᒥᐦᑎᑳᓐ mihtikaan ni ♦ un tas de bois de chauffage à la verticale, en forme de cône

ᒥᐦᑎᔫ mihtiiu vii ♦ c'est du bois mort

ᒥᐦᑐᐃ mihtui nad -im ♦ un os pointu fixé à un bâton pour harponner le poisson

ᒥᐦᑐᐌᐤ mihtuweu vai ♦ il/elle se plaint de la quantité reçue (nourriture, argent)

ᒥᐦᑐᑳᓐ mihtukaan ni ♦ une maison ou cabane de bois, une hutte

ᒥᐳᓄᐦᑖᐅ **mihtunehtaau** vai+o ◆ il/elle se défoule dessus (par ex. frapper le mur)

ᒥᐦᑑᑎᐦᒉᐤ **mihtuutihcheu** vai ◆ il/elle construit un radeau

ᒥᐦᑑᒡ **mihtuut** ni ◆ un radeau

ᒥᐦᑑᑲᐃ **mihtuukai** nid ◆ une oreille

ᒥᐦᑑᒣᐤ **mihtuumeu** vta ◆ il/elle exprime son insatisfaction envers ce qu'il/elle obtient d'elle/de lui

ᒥᐦᑑᓄᐦᐁᐤ **mihtuuneheu** vta ◆ il/elle se défoule sur quelqu'un d'autre

ᒥᐦᑖᑌᐤ **mihtaateu** vta ◆ il/elle regrette son absence, s'ennuie d'elle/de lui

ᒥᐦᑖᑌᔨᒣᐤ **mihtaateyimeu** vta ◆ il/elle a des regrets pour elle/lui

ᒥᐦᑖᑌᔨᐦᑕᒼ **mihtaateyihtam** vti ◆ il/elle le regrette, le déplore

ᒥᐦᑖᑕᒼ **mihtaatam** vti ◆ il/elle s'ennuie de quelque chose (ce qui est absent), le regrette; quelque chose lui manque ▪ ᒥᐦᒑᑕᒼ ᐊᓄᒡ ᐅᑎᒑᐸᓂ ᒃ ᑎᔅᒃ ▪ *Il/elle regrette de lui avoir donné son jouet.*

ᒥᐦᑖᒥᓐ **mihtaamin** na ◆ un gros ours noir

ᒥᐦᑖᔫ **mihtaayuu** na ◆ de la neige accumulée sur les branches

ᒥᐦᒡ **miht** ni -im ◆ du bois de chauffage, du bois à brûler

ᒥᐦᒀᐯᔫ **mihkwepayuu** vai -i ◆ il/elle rougit

ᒥᐦᒀᑲᓐ **mihkwekan** vii ◆ c'est rouge, un tissu rouge (étalé)

ᒥᐦᒀᒋᓲ **mihkwechisuu** vai -i ◆ il/elle est rouge (étalé)

ᒥᐦᑯᐸᔫ **mihkupayuu** vai/vii -i ◆ il/elle/ça rougit

ᒥᐦᑯᑐᓀᓲ **mihkutunenisuu** vai -u ◆ elle se met du rouge à lèvres

ᒥᐦᑯᑐᓀᐦᐅᓱᐎᓐ **mihkutunehusuwin** ni ◆ un bâton de rouge à lèvres, du rouge à lèvres

ᒥᐦᑯᑯᐦᑌᐅᒎ **mihkukuhteuchuu** vai -i ◆ il/elle a le nez rouge à cause du froid

ᒥᐦᑯᑯᐦᒁᐅᒎ **mihkukuhkweuchuu** vai -i ◆ sa face est rouge à cause du froid

ᒥᐦᑯᑯᐦᒀᐤ **mihkukuhkweu** vai ◆ il/elle a la face rouge

ᒥᐦᑯᑯᐦᒀᑲᓲ **mihkukuhkwekasuu** vai -u ◆ la face lui rougit à cause de la chaleur du feu, du poêle

ᒥᐦᑯᑲᔐᐦᐅᓐ **mihkukashehun** ni ◆ du vernis à ongles

ᒥᐦᑯᑲᐦᔐᓂᓲ **mihkukahshenisuu** vai reflex -u ◆ il/elle se met du vernis à ongles

ᒥᐦᑯᒋᑳᔥ **mihkuchikaash** na dim -im ◆ un meunier rouge, une carpe soldat, un aspirant à long nez *Catostomus catostomus* (voir aussi *mihkwaashe*u)

ᒥᐦᑯᒣᐲ **mihkumepii** na -m ◆ un meunier rouge, une carpe soldat, un aspirant à long nez *Catostomus catostomus*

ᒥᐦᑯᓀᐤ **mihkuneu** vta ◆ il/elle la/le rougit à la main (par ex. en étendant quelque chose dessus)

ᒥᐦᑯᓂᑎᐦᒌ **mihkunitihchii** ni -m ◆ un poignet, un attache-poignet

ᒥᐦᑯᓄᐌᓂᓱᐎᓐ **mihkunuwenisuwin** ni ◆ du fard, du rouge à joues

ᒥᐦᑯᓄᐌᓲ **mihkunuwenisuu** vai -u ◆ elle se met du rouge sur les joues

ᒥᐦᑯᓇᒼ **mihkunam** vti ◆ il/elle le rougit avec ses mains (en étendant quelque chose)

ᒥᐦᑯᓐ **mihkun** nid ◆ une cheville

ᒥᐦᑯᓯᓈᑌᐤ **mihkusinaateu** vii ◆ c'est écrit, coloré en rouge

ᒥᐦᑯᓯᓈᓲ **mihkusinaasuu** vai -u ◆ il/elle est coloré-e, écrit-e en rouge

ᒥᐦᑯᓲ **mihkusuu** vai -i ◆ il/elle est rouge

ᒥᐦᑯᔅᑲᒥᒄ **mihkuskamikw** ni ◆ de la mousse de sphaigne rougeâtre (qui provoque une éruption cutanée chez les bébés) *Sphagnum capillifolium*, sphaigne grêle

ᒥᐦᑯᔐᐤ **mihkusheu** vai ◆ il/elle a la rougeole

ᒥᐦᑯᔐᐸᔫ **mihkushepayuu** vai -i ◆ sa peau rougit; il/elle a une éruption cutanée

ᒥᐦᑯᔐᐸᔫ **mihkushepayuu** vai -i [Côte] ◆ il/elle a la rougeole

ᒥᐦᑯᔔ **mihkushuu** vai dim -i ◆ il/elle est rose

ᒥᐦᑯᔥᑌᐤ **mihkushteu** vii ◆ c'est écrit en rouge

ᒥᐦᑯᔥᑎᒀᓀᐤ **mihkushtikwaaneu** vai ◆ il/elle a les cheveux roux

ᒥᐦᑯᔥᑖᐤ mihkushtaau vai+o ♦ il/elle l'écrit en rouge
ᒥᐦᑯᔥᒍᒋᓱ mihkushchuuchisuu vai -i ♦ il/elle est rouge (semblable à de la boue)
ᒥᐦᑯᔮᐲ mihkuyaapii ni -m ♦ une veine
ᒥᐦᑯᐦᐁᐤ mihkuheu vta ♦ il/elle la/le fait ou colore en rouge
ᒥᐦᑯᐦᐆ mihkuhuu vai -u ♦ il/elle est habillé–e en rouge
ᒥᐦᑯᐦᐋᔂᐤ mihkuhaashaau na [Intérieur] ♦ un meunier rouge, une carpe soldat, un aspirant à long nez, se trouve seulement dans les eaux intérieures
ᒥᐦᑯᐦᑵᐸᔪ mihkuhkwepayuu vai -i ♦ il/elle rougit
ᒥᐦᑯᐦᑯᑵᔮᑲᓱ mihkuhkukweyaakasuu vai -i ♦ sa face est rouge à cause d'un coup de soleil, de la chaleur
ᒥᐦᑰᐦᐁᐤ mihkuuheu vta [Intérieur] ♦ il/elle met du sang sur elle/lui
ᒥᐦᑰᐦᑖᐤ mihkuuhtaau vai+o [Intérieur] ♦ il/elle l'arrose de sang
ᒥᐦᒁᐅᑖᑯᔔ mihkwaautaakushuu vii -i ♦ c'est un ciel rouge le soir, après le coucher du soleil
ᒥᐦᒁᐅᔅᒁᐤ mihkwaauskwaau vii ♦ c'est un ciel ou un nuage rouge
ᒥᐦᒁᐅᐦᑳᐤ mihkwaauhkaau vii ♦ c'est du sable rouge
ᒥᐦᒁᐤ mihkwaau vii ♦ c'est rouge
ᒥᐦᒁᐯᑲᓐ mihkwaapekan vii ♦ c'est rouge (filiforme)
ᒥᐦᒁᐯᒋᓱ mihkwaapechisuu vai -i ♦ il/elle est rouge (filiforme)
ᒥᐦᒁᐯᒥᑯᔅᑳᐤ mihkwaapemikuskaau vii ♦ c'est une zone de cornouillers
ᒥᐦᒁᐯᒥᒄ mihkwaapemikw ni ♦ un cornouiller stolonifère *Cornus stolonifera*
ᒥᐦᒁᐱᔅᑳᐤ mihkwaapiskaau vii ♦ c'est rouge (pierre, métal)
ᒥᐦᒁᐱᔅᒋᓱ mihkwaapischisuu vai -i ♦ il/elle est rouge (pierre, métal, par ex. un poêle chaud)
ᒥᐦᒁᐴ mihkwaapuu ni ♦ de l'eau sanguinolente, eau souillée de sang (par les déchets de poisson)
ᒥᐦᒁᐸᓐ mihkwaapan vii ♦ c'est un ciel rouge à l'aube, à l'aurore
ᒥᐦᒁᑌᐅᔑᑉ mihkwaateuship na -im ♦ un canard d'Amérique, un canard siffleur d'Amérique *Anas americana*
ᒥᐦᒁᑖᑯᓱ mihkwaataakusuu vai -i ♦ il/elle est rouge à cause du soleil
ᒥᐦᒁᑖᑯᔔ mihkwaataakushuu vii -i ♦ c'est un coucher de soleil rouge
ᒥᐦᒁᑲᒨ mihkwaakamuu vii -i ♦ c'est rouge (liquide)
ᒥᐦᒁᓈᐦᑎᒄ mihkwaanaahtikw ni [Côte] ♦ un bord intérieur, une partie du canot
ᒥᐦᒁᔅᐱᓱ mihkwaaspisuu vai -u ♦ il/elle est habillé–e en rouge, porte du rouge
ᒥᐦᒁᔅᑯᓐ mihkwaaskun vii ♦ c'est rouge (long et rigide)
ᒥᐦᒁᔅᑯᓐ mihkwaaskun vii ♦ c'est un ciel rouge
ᒥᐦᒁᔅᑯᓱ mihkwaaskusuu vai -i ♦ il/elle est rouge (long et rigide)
ᒥᐦᒁᔅᒋᑲᓀᐤ mihkwaaschikaneu vai ♦ il/elle a la poitrine rouge
ᒥᐦᒁᔔ mihkwaashuu vii dim -i ♦ c'est rouge pâle, rose
ᒥᐦᒁᔥᑌᐤ mihkwaashteu vii ♦ c'est une lumière rouge
ᒥᐦᒁᐦᑲᓱ mihkwaahkasuu vai -i ♦ il/elle est rouge à cause de la chaleur, du soleil
ᒥᐦᒄ mihkw ni ♦ du sang
ᒥᐦᒉᑵᑲᓐᐦ mihchetwekanh vii pl ♦ il y a beaucoup de choses (étalé, par ex. des draps, du papier)
ᒥᐦᒉᑵᒋᓱᐧᐃᒡ mihchetwechisuwich vai pl -i ♦ il y en a beaucoup ou plusieurs; ils sont nombreux, abondants; elles sont nombreuses, abondantes (étalé)
ᒥᐦᒉᑎᓐᐦ mihchetinh vii pl [Intérieur] ♦ il y a beaucoup de choses
ᒥᐦᒉᑐ mihchetu p,quantité ♦ plusieurs, une grande quantité, un grand nombre, il y en a beaucoup, ils sont nombreux; c'est abondant ▪ ᒥᐦᒉᑐ ᐙᔅᑳᐦᐄᑲᓐᐦ ᑲᑕ ᐅᔑᐦᑖᑲᓅ ᓃᐱᐦᒉ ▪ *Un grand nombre de maisons seront construites cet été.*
ᒥᐦᒉᑐᐧᐃᒡ mihchetuwich vai pl -i ♦ il y en a beaucoup ou plusieurs; ils sont nombreux, abondants; elles sont nombreuses, abondantes

ᒥᐦᒉᑐᐧᐃᒡ mihchetuwiich p,manière ◆ de plusieurs façons ou manières ▪ ᒥᐦᒉᑐᐧᐃᒡ ᒃᐹ ᐦ ᐃᐦᑑᓐᐦ_x ▪ *Tu peux le faire de plusieurs façons.*

ᒥᐦᒉᑐᑲᒫᐅᐦ mihchetukamaauh vii pl ◆ il y a beaucoup de lacs

ᒥᐦᒉᑕᑎᓈᐅᐦ mihchetatinaauh vii pl ◆ il y a beaucoup de montagnes

ᒥᐦᒉᑢᐋᐤ mihchetwaau p,quantité
◆ plusieurs fois, souvent, à plusieurs reprises ▪ ᒥᐦᒉᑢᐋᐤ ᓂᔥ ᐦ ᑯᒋᐦᑢᐤ_x ▪ *Elle l'a essayé plusieurs fois.*

ᒥᐦᒉᑢᐋᐯᑲᒧᐧᐃᒡ mihchetwaapekamuwich vai pl -u ◆ il y en a plusieurs tendu-e-s (filiforme)

ᒥᐦᒉᑢᐋᐯᑲᒧᓐᐦ mihchetwaapekamunh vii pl [Intérieur] ◆ beaucoup sont pendus, suspendus, accrochés ou pendues, suspendues, accrochées (filiforme)

ᒥᐦᒉᑢᐋᐯᑲᒧᐦᒑᐤ mihchetwaapekamuhtaau vai+o ◆ il/elle en tend plusieurs (filiforme, par ex. des cordes à linge)

ᒥᐦᒉᑢᐋᐯᑲᒨᐦ mihchetwaapekamuuh vii pl [Côte] ◆ il y en a plusieurs (filiforme)

ᒥᐦᒉᑢᐋᐯᑲᓐᐦ mihchetwaapekanh vii pl
◆ il y a beaucoup de choses (filiforme)

ᒥᐦᒉᑢᐋᐯᒋᓱᐧᐃᒡ mihchetwaapechisuwich vai pl -i ◆ il y en a beaucoup ou plusieurs; ils sont nombreux, abondants; elles sont nombreuses, abondantes (filiforme)

ᒥᐦᒉᑢᐋᐱᔅᑳᐅᐦ mihchetwaapiskaauh vii pl
◆ il y a beaucoup de choses (pierre, métal)

ᒥᐦᒉᑢᐋᐱᔅᒋᓱᐧᐃᒡ mihchetwaapischisuwich vai pl -i ◆ il y en a beaucoup ou plusieurs; ils sont nombreux, abondants; elles sont nombreuses, abondantes (métal, pierre)

ᒥᐦᒉᑤᔅᑯᓐᐦ mihchetwaaskunh vii pl ◆ il y a beaucoup de choses (long et rigide, par ex. des perches)

ᒥᐦᒉᑤᔅᑯᓱᐧᐃᒡ mihchetwaaskusuwich vai pl -i ◆ il y en a beaucoup ou plusieurs; ils sont nombreux, abondants; elles sont nombreuses, abondantes (long et rigide, par ex. des arbres, planches, crayons)

ᒥᐦᒉᓐᐦ mihchenh vii pl [Côte] ◆ il y en a beaucoup; il y a beaucoup de choses ▪ ᒋᔥ ᒨᐤ ᒥᐦᒉᓐᐦ ᓰᓈᐦ_x ▪ *Il y a beaucoup de bateaux maintenant.*

ᒥᐦᒋᐳ mihchipuu vai -u ◆ il/elle reçoit une grosse portion de nourriture

ᒥᐦᒋᑯᓐ mihchikun nid ◆ un genou

ᒥᐦᒋᓯᑯᓱ mihchisikusuu vai -i ◆ c'est un gros bloc de glace

ᒥᐦᒋᓯᒃᐋᐤ mihchisikwaau vii ◆ c'est un gros morceau de glace

ᒥᐦᒋᔥᑌᐤ mihchisteu vta ◆ il/elle l'écharne (une peau)

ᒥᐦᒋᐦᑯᓐ mihchihkun na ◆ un écharnoir, un grattoir fait d'un os pour nettoyer les peaux

ᒥᐦᒌᐌᓱ mihchiiwesuu vai -i ◆ il/elle est désolé-e, se repent, regrette

ᒥᐦᒌᐌᔨᐦᑕᒧᐌᐤ mihchiiweyihtamuweu vta ◆ il/elle a de la peine pour elle/lui

ᒥᐦᒌᐌᔨᐦᑕᒧᐧᐃᓐ mihchiiweyihtamuwin ni
◆ un regret, le repentir

ᒥᐦᒌᐌᔨᐦᑕᒻ mihchiiweyihtam vti
◆ il/elle le regrette, se repent de quelque chose

ᒥᐦᒌᐤ mihchiiu vai ◆ il/elle écharne une peau, enlève la viande

ᒥᐦᒑᐯᑲᓐ mihchaapekan vii ◆ c'est épais (filiforme)

ᒥᐦᒑᐯᒋᓱ mihchaapechisuu vai -i ◆ il est épais, gros; elle est épaisse, grosse (filiforme)

ᒥᐦᒑᐱᔅᑳᐤ mihchaapiskaau vii ◆ c'est grand, gros (pierre, métal)

ᒥᐦᒑᐱᔅᒋᓱ mihchaapischisuu vai -i ◆ il est ample, grand, gros; elle est ample, grande, grosse (métal, pierre)

ᒥᐦᒑᑲᒨ mihchaakamuu vii ◆ il y a beaucoup d'eau; l'eau est profonde

ᒥᐦᒑᔅᑯᑳᑌᐤ mihchaaskukaateu vai
◆ il/elle a de grosses jambes

ᒥᐦᒑᔅᑯᓐ mihchaaskun vii ◆ c'est grand, gros (long et rigide)

ᒥᐦᒑᔅᑯᓱ mihchaaskusuu vai -i ◆ il est grand, gros; elle est grande, grosse (long et rigide, par ex. un arbre)

ᒥᐦᒑᔅᑯᔨᐌᐤ mihchaaskuyiweu vai
◆ il/elle a une large poitrine ou un grand tour de taille

ᒥᐦᒑᔅᑯᔨᐍᔮᐤ mihchaaskuyiweyaau vii
* ça a un large diamètre

ᒦ

ᒦᐍᐃᐣ miiwewin ni * un cadeau, un présent

ᒦᐍᐤ miiweu vai * il/elle donne des choses, fait des dons

ᒦᐍᔥᑯᐍᐤ miiweshkuweu vta * il/elle prend la place de quelqu'un sans permission

ᒦᐍᔥᑲᒼ miiweshkam vti * il/elle prend sa place

ᒦᐍᐦᐁᐤ miiweheu vta * il/elle l'éloigne par ses actions (par ex. de la méchanceté)

ᒦᐏᑎᔮᐲ miiwitiyaapii nid * une courroie, la sangle d'un sac

ᒦᐏᐟ miiwit nid * une valise, une mallette; un contenant, un conteneur, une boîte

ᒦᐱᑎᐦᑳᓂᒉᓲ miipitihkaanichesuu vai
* il/elle est denturologiste, il/elle fait des dentiers

ᒦᐱᑎᐦᑳᓐᐦ miipitihkaanh ni pl * de fausses dents, des dentiers

ᒦᐱᑖᐴ miipitaapuu ni * un médicament pour le mal de dent

ᒦᐱᐟ miipit-h nid pl * des dents

ᒦᕐᑐᐦᑕᒃ miitusuhtakw na * du bois de peuplier sec

ᒦᕐᐢ miitus na * un peuplier baumier (*Populus balsamifera*); un peuplier faux-tremble, un tremble *Populus tremuloides*

ᒦᕐᔅᑳᐤ miituskaau vii * c'est un boisé de peupliers

ᒦᑕᑲᐃ miitakai nid * un pénis

ᒦᒑᐦᑫᑎᐣ miitaakwetin vii * ça commence à geler sur les bords du rivage

ᒦᒑᐦᑫᓀᐤ miitaakweneu vta * il/elle l'écarte, la/le pousse de côté avec la main

ᒦᒑᐦᑫᓇᒼ miitaakwenam vti * il/elle le pousse à côté, de côté avec la main

ᒦᐦᑴᐦᐨ miikwehch p,interjection * merci ▪ ᒦᐦᑴᐦᐨ ᓂᑳᐎᔾ *Ma mère dit "merci".*

ᒦᑯᓈᑯᐃ miikunaakui ni -kuum * un contenant ou récipient en écorce de bouleau pour recueillir la sève de bouleau, la graisse d'ours

ᒦᑯᐣ miikun na * une plume d'aile

ᒦᑯᓰᐎᐣ miikusiiwin nid * un cadeau, un don, un présent

ᒦᒋᐚᐦᑉ miichiwaahp ni * un tipi

ᒦᒋᐸᔫ miichipayuu vai -i * il/elle chie ou défèque sans le vouloir, sans faire exprès; il/elle perd ses selles spontanément

ᒦᒋᑎᓲ miichitisuu vai reflex -u [Intérieur]
* il/elle chie dans son pantalon

ᒦᒋᒫᐦᑎᑯᐦᒉᐤ miichimaahtikuhcheu vai
* il/elle place un appât sur un bâton pour le castor

ᒦᒋᒫᐦᑎᒄ miichimaahtikw ni -im * des branches servant de nourriture au castor

ᒦᒋᒼ miichim ni * de la nourriture, un aliment

ᒦᒋᓱᐎᓈᐦᑎᑯᔥ miichisuwinaahtikush ni dim * une table de bout, une petite table, un meuble d'appui

ᒦᒋᓱᐦᐁᐤ miichisuheu vta * il/elle la/le fait manger

ᒦᒋᓲ miichisuu vai -u * il/elle mange

ᒦᒋᓲᑲᒥᒄ miichisuukamikw ni * un restaurant, une salle à manger

ᒦᒋᓲᓈᐦᑎᑴᒋᐣ miichisuunaahtikwechin ni * une nappe

ᒦᒋᓲᓈᐦᑎᑯᔥ miichisuunaahtikush ni dim
* une table de bout, une petite table, un meuble d'appui

ᒦᒋᓲᓈᐦᑎᒄ miichisuunaahtikw ni * une table

ᒦᒋᔅ miichis na -im * une perle de verre

ᒦᒋᔅᑎᑲᓲ miichistikasuu vai reflex -u
* il/elle chie dans son pantalon

ᒦᒋᔥᑕᐦᐄᑲᐣ miichishtahiikan ni * du perlage, de la broderie perlée, des motifs perlés

ᒦᒋᐦᑯᔒᔥ miichihkushiish na dim * une hirondelle des sables, hirondelle de rivage *Riparia riparia*, une hirondelle bicolore *Iridoprocne bicolor*

miichihkuleshiish na dim [Côte]
 ♦ une hirondelle des sables, hirondelle de rivage *Riparia riparia*, une hirondelle bicolore *Iridoprocne bicolor*

miichuu vai -i ♦ il/elle le mange

miimuwehchisuu vai -i ♦ il/elle est humide (granuleux)

miimuwaauhkaau vii ♦ c'est humide (granuleux)

miimuwaau vii ♦ c'est humide

miimuwaakunikaau vii
 ♦ c'est de la neige humide

miimuwaakunichisuu vai -i
 ♦ c'est de la neige humide

miimukachisheu vai ♦ il/elle a le derrière humide

miimusiteu vai ♦ il/elle a les pieds humides

miimusikwaau vii ♦ c'est de la glace humide

miimusiiu vai ♦ il/elle est humide

miimuhtakaau vii ♦ c'est humide (bois utile)

miimuhtachisuu vai -i ♦ il/elle (en bois) est humide

miinishaaaihkunaau na -naam ♦ un gâteau aux petits fruits, aux baies

miinishach na -im [Côte] ♦ des petits fruits, des baies

miinishaapuu ni ♦ de la confiture, du vin, du jus de fruit

miinishaahtikw ni -um [Côte]
 ♦ un arbuste fruitier, une branche d'arbuste fruitier

miinishh ni pl ♦ de petits fruits, des baies

miinuwaatisiiu vai ♦ il/elle est guéri-e

miinuwaatasiiukamikw ni
 ♦ un centre de santé, un lieu de cure

miinuwaachiheu vta
 ♦ il/elle la/le guérit

miinuwaachihiiwewin ni ♦ une guérison

miinuwaachihiiweu vai
 ♦ il/elle guérit, va mieux

miinuwaachihiiwesuu na -siim ♦ un guérisseur, une guérisseuse

miinuwaaskuham vti
 ♦ il/elle le met droit, le dresse en utilisant un bâton comme appui; il/elle le dirige avec un bâton

miinupiteu vta ♦ il/elle l'amène, la/le tire dans la bonne direction

miinupitam vti ♦ il/elle le tire dans la bonne direction

miinupayuu vii -i [Côte] ♦ la température s'adoucit après du temps froid

miinuneu vta ♦ il/elle l'arrange, la/le redresse à la main

miinuniipin vii [Côte] ♦ c'est l'été indien, du temps chaud suivant une période de gel à l'automne

miinunam vti ♦ il/elle le redresse à la main

miinuham vti ♦ il/elle le mène, le dirige dans la bonne direction

miinuhweu vta ♦ il/elle la/le dirige dans la bonne direction

miinuush na dim -im [Mistissini] ♦ un chat, du français 'minou'

miinaahtikw ni -um [Intérieur]
 ♦ un arbuste fruitier

miinwaapischineu vta
 ♦ il/elle la/le redresse (métal), replie ou recourbe à la main

miinwaapischinam vti
 ♦ il/elle le redresse à la main (pierre, métal)

miinwaaskuhweu vta
 ♦ il/elle la/le monte ou dresse en utilisant un bâton comme support

miin p,quantité ♦ encore, une autre fois, plus ▪ *miin bc ⊃∩ȧḃȯ ᒀ ᖏ ᐊ<∩ᒡᒃ*
 ▪ *On va le reprendre encore une fois au travail.*

miisichisiiu vai ♦ il/elle est riche

miisiiukamikw ni ♦ des toilettes, des cabinets, des latrines, une fosse d'aisance, une bécosse, une toilette extérieure

miisiiwaapuu ni ♦ un laxatif, litt. 'du liquide à merde'

miisiiu vai ♦ il/elle va à la selle, chie, fait caca

miiskuham vti ♦ il/elle l'atteint, le touche (une cible)

ᒥᔅᑯᐦᑎᓐ miiskuhtin vii ♦ c'est aligné avec un autre objet dans le champs de vision

ᒥᐦᑿᐱᓐ miiskwaapin nid ♦ une sangle frontale, une bretelle ou courroie de portage, un collier de charge

ᒦᔔᐃ miishui na -uiim ♦ un jaseur d'Amérique, un jaseur des cèdres *Bombycilla cedrorum*

ᒦᔑᐅᐤ miishuteu vta ♦ il/elle la/le frappe (par ex. une cible)

ᒦᔕᐦᐊᒼ miishaham vti ♦ il/elle le rapièce, y pose une pièce, lui fait une retouche

ᒦᔕᐦᐋᔅᐱᑌᐤ miishahaaspiteu vta ♦ il/elle ravaude un filet

ᒦᔕᐦᐌᐤ miishahweu vai ♦ il/elle pose une pièce dessus, la/le rapièce, raccommode

ᒦᔖᐳᓈᓐ miishaapunaan nid ♦ un cil

ᒦᔥᑐᐌᐤ miishtuweu vai ♦ il/elle a une barbe, une moustache

ᒦᔥᑐᐙᑲᓐ miishtuwaakan na ♦ des moustaches, une barbe

ᒦᔥᑐᐙᓐ miishtuwaan ni [Intérieur] ♦ un barbu

ᒦᔥᑯᑎᓀᐤ miishkutineu vta ♦ il/elle l'échange pour un-e autre de la main

ᒦᔥᑯᑎᓇᒼ miishkutinam vti ♦ il/elle le change, l'échange, le remplace à la main

ᒦᔥᑯᑎᔥᑯᐌᐤ miishkutishkuweu vta ♦ il/elle la/le remplace (par ex. au travail)

ᒦᔥᑯᑎᔥᑲᒼ miishkutishkam vti ♦ il/elle le change, l'échange pour un autre (par ex. un vêtement)

ᒦᔥᑯᑑᓇᒧᐌᐤ miishkutuunamuweu vta ♦ il/elle l'échange contre elle/lui, la/le change pour elle/lui

ᒦᔥᑯᑑᓇᒼ miishkutuunam vti ♦ il/elle le remplace par un autre, l'échange, le change pour un autre à la main

ᒦᔥᑯᑕᐱᔥᑐᐌᐤ miishkutapiishtuweu vta ♦ il/elle s'assoit à la place de quelqu'un; il/elle change de place avec elle/lui

ᒦᔥᑯᑕᔥᑖᐤ miishkutashtaau vai+o ♦ il/elle le change, l'échange ou le remplace par un autre (à la main) alors que c'est sur quelque chose (par ex. une étagère)

ᒦᔥᑯᑖᔅᐱᑌᐤ miishkutaaspiteu vta ♦ il/elle change les vêtements de quelqu'un

ᒦᔥᑯᑖᔅᐱᓲ miishkutaaspisuu vai -u ♦ il/elle se change, change de vêtements

ᒦᔥᑯᒋᐸᔫ miishkuchipayuu vai/vii -i ♦ il/elle/ça change de place avec quelque chose; il/elle/ça prend sa place

ᒦᔥᑯᒋᑳᐴᔥᑐᐌᐤ miishkuchikaapuushtuweu vta ♦ il/elle se tient à la place d'un-e autre; il/elle change de place avec elle/lui, debout

ᒦᔥᑯᒋᑳᐴᐦᐁᐤ miishkuchikaapuuheu vta ♦ il/elle en pose un-e autre à sa place (par ex. un poêle)

ᒦᔥᑯᒋᔑᓐ miishkuchishin vai ♦ il/elle s'étend ou se couche ailleurs

ᒦᔥᑯᒋᔥᑖᓲ miishkuchishtaasuu vai -u ♦ il/elle réorganise les choses

ᒦᔥᑯᒋᔥᑯᐌᐤ miishkuchishkuweu vta ♦ il/elle prend sa place

ᒦᔥᑯᒡ miishkuch p,manière ♦ en échange, en retour ▪ ᒦᔥᑯᒡ ᑯᑕᐦ ᓂᐸ ᒥᔮᒃ *Je lui en donnerai un autre en échange.*

ᒦᔥᑯᔑᓐ miishkushin vai ♦ il/elle est aligné-e avec un autre objet dans sa ligne de vue

ᒦᔫ miiyeu vta ♦ il/elle la/le lui donne

ᒦᔨ miiyi ni ♦ du pus d'une infection

ᒦᔨᔫ miiyiyuu vii ♦ il y a du pus dedans (par ex. une main, un genou)

ᒦᔨᔫᐙᐱᑌᐤ miiyiyuuwaapiteu vai ♦ il/elle a un abcès à la gencive, une infection dans la bouche

ᒦᔨᔫᐙᐱᐟ miiyiyuuwaapit ni ♦ un abcès gingival, une parulie

ᒦᔪᒋᓰᐤ miiyuchisiiu vai ♦ il est doux, moelleux, pourri; elle est douce, moelleuse, pourrie

ᒦᔪᒋᐦᑕᒄ miiyuchihtakw ni ♦ un bâton pourri, mou

ᒦᔫᑖᒨ miiyuutaamuu vai ♦ il/elle a la tuberculose, a une infection des poumons

ᒦᔨᒃᑲᑌᐤ miiyuuhkateu vii ♦ c'est infecté, plein de pus

ᒦᔮᓇᒻ miiyaanam vti ♦ il/elle laisse une piste fraîche, des traces fraîches dans la neige

ᒦᐦᒀᑎᓰᐤ miihkwaatisiiu vai ♦ il/elle est fort-e et en santé ▪ ᐊᓂᐦ ᐁᐅᐦ ᑲ ᒦᐦᒀᑎᓰᒋᒡ. ▪ Ceux-là sont encore forts et en santé.

ᒦᐦᒀᒡ miihkwaach p,quantité ♦ à peine, presque pas, presque rien, tout juste (doit être utilisé avec la négative) ▪ ᐊᔨᐤ ᒦᐦᒀᒡ ᑎᐸᐤ ᐊᔮᐤ. ▪ Elle n'a presque rien.

ᒧ

ᒧᐚᐅᐦᒁᐤ muwaauhkweu vai ♦ il/elle (un tétras, une perdrix) mange du sable

ᒧᐙᐳ muwaapuu vai -i ♦ il/elle va chercher des provisions

ᒧᐙᐦᒀᒉᓲ muwaahkwaachesuu na ♦ un petit esturgeon, à peine éclos, littéralement 'un mangeur d'oeufs de poisson crus'

ᒧᑯᔔᑳᒋᐦᐁᐤ mukushkaachiheu vta ♦ il/elle l'ennuie, l'embête

ᒧᑯᔔᑳᒋᐦᑖᐤ mukushkaachihtaau vai+o ♦ il/elle l'ennuie, le dérange

ᒧᑳᐦᐆᓲ mukuhuusuu na -shiish ♦ un grand héron *Ardea herodias*, aussi un bihoreau gris, un bihoreau à couronne noire, un héron bihoreau *Nycticorax nycticorax*

ᒧᑳᐦᐆᔑᔥ mukuhuushiish na dim ♦ un jeune héron

ᒧᐘᑳᓀᐳ mukwaakunepuu vai -i ♦ il/elle fait une bosse recouverte de neige

ᒧᐘᑳᓀᔥᑌᐤ mukwaakuneshteu vii ♦ ça fait un monticule quand c'est couvert de neige

ᒧᒥᔅᑯᐦᐄᐧᐁᐤ mumiskuhiiweu vai ♦ il/elle fournit du castor pour nourrir les gens

ᒧᓵᓰᑳᓯᐦᑖᐤ musaasikaasihtataau vai+o ♦ il/elle le tire de la berge en marchant dans l'eau

ᒧᓵᓰᑳᓯᐦᑕᐦᐁᐤ musaasikaasihtaheu vta ♦ il/elle la/le retire de la rive en marchant dans l'eau

ᒧᓵᓰᐦᔮᐤ musaasihyaau vai ♦ il/elle s'envole vers l'eau

ᒧᓵᓲ musaasuu vai -i ♦ il/elle marche du rivage vers l'eau

ᒧᓵᔅᑯᐱᒑ musaaskupichuu vai -i ♦ il/elle passe ou s'éloigne sur la glace, en déménageant le camp d'hiver

ᒧᓵᔅᑯᐸᔫ musaaskupayuu vai/vii -i ♦ il/elle/ça passe sur la glace en véhicule

ᒧᓵᔅᑯᐸᐦᑖᐤ musaaskupahtaau vai ♦ il/elle court ou se sauve sur la glace

ᒧᓵᔅᑯᑑᑌᐤ musaaskutuuteu vai ♦ il/elle le porte sur son dos sur la glace

ᒧᓵᔅᑯᑖᐯᐤ musaaskutaapeu vai ♦ il/elle tire un toboggan sur la glace vive

ᒧᓵᔅᑯᑖᐹᑌᐤ musaaskutaapaateu vta ♦ il/elle la/le tire sur la glace (sur un toboggan)

ᒧᓵᔅᑯᐦᑕᑖᐤ musaaskuhtataau vai+o ♦ il/elle le sort sur la glace

ᒧᓵᔅᑯᐦᑕᐦᐁᐤ musaaskuhtaheu vta ♦ il/elle la/le sort sur la glace

ᒧᓵᔅᑯ musaaskuu vai -u ♦ il/elle s'éloigne du rivage sur la glace

ᒧᓵᔅᑰᑑᑖᒣᐤ musaaskuutuutaameu vta ♦ il/elle la/le porte sur le dos sur la glace

ᒧᔥᑎᓂᔅᑳᑌᐤ mustiniskaateu vta ♦ il/elle la/le tue avec ses mains seulement

ᒧᔥᑎᔅᑲᒥᐦᒡ mustiskamihch p,lieu ♦ directement au sol, sur le sol, à plat sur le sol, par terre

ᒧᔅᒑᐱᔅᑳᐤ mustaapiskaau vii ♦ c'est nu, dénudé (minéral, par ex. un rocher, une lame sans manche)

ᒧᔅᑳᐅᐦᑳᔔ muskaauhkaashuu vai -i ♦ il/elle est découvert du sable par le vent

ᒧᔅᑳᐅᐦᑳᔥᑎᓐ muskaauhkaashtin vii ♦ c'est dénudé, découvert de la neige par le vent

ᒧᔅᒌᐧᐁᓲ muschiiwesuu vai -i ♦ il/elle se fâche encore après s'être calmé-e

ᒧᔑ **mushe** p,manière ♦ libre, nu-e, dénudé-e, dépouillé-e, découvert-e, à découvert ▪ ᒧᔑ ᐊᓐᒉ" ᐊᓓ ᒫᐦᑭₓ ▪ *Installe la tente en terrain découvert.*

ᒧᔑᐯᔮᐤ° **mushepeyaau** vii ♦ c'est libre de glace; c'est une zone d'eau libre

ᒧᔑᐱᑌᐤ° **mushepiteu** vta ♦ il/elle lui enlève sa couverture, la/le découvre ou dénude

ᒧᔑᐱᑎᓲ **mushepitisuu** vai reflex -u ♦ il/elle se découvre, repousse sa couverture

ᒧᔑᐱᑕᒼ **mushepitam** vti ♦ il/elle en enlève le couvert ou la couverture, le dénude, le découvre, le met à découvert

ᒧᔑᐘ·ᒣᐤ° **mushepwaameu** vai ♦ il/elle a les cuisses nues

ᒧᔑᑯᓃᐱᑌᐤ° **mushekuniipiteu** vta ♦ il/elle lui enlève sa couverture durant son sommeil

ᒧᔑᑯᔨᐌᐤ° **mushekuyiweu** vai ♦ il/elle a le cou découvert, dégarni, dégagé, nu

ᒧᔑᑲᒋᔒᐤ° **mushekachishiiu** vai ♦ il/elle a le "derrière à l'air", le postérieur nu; il/elle n'a pas de culotte

ᒧᔑᑳᑌᐤ° **mushekaateu** vai ♦ il/elle a les jambes nues

ᒧᔑᑳᑌᐦᐁᐤ° **mushekaateheu** vta ♦ il/elle découvre ses jambes

ᒧᔑᓀᐤ° **musheneu** vta ♦ il/elle la/le porte sans la/le couvrir (par ex. de la banique)

ᒧᔑᓇᒼ **mushenam** vti ♦ il/elle le porte à découvert (par ex. une assiette de nourriture)

ᒧᔑᔑᓐ **musheshin** vai ♦ il/elle est étendu-e ou couché-e nu-e, exposé-e, découvert-e

ᒧᔑᔥᑌᐤ° **mushshteu** vii ♦ c'est placé à découvert; c'est étendu exposé, nu, dénudé

ᒧᔑᔥᑎᒃᐙᓀᐤ° **musheshtikwaaneu** vai ♦ il/elle a la tête nue, découverte

ᒧᔑᔥᑎᒃᐙᓀᔑᓐ **musheshtikwaaneshin** vai ♦ il/elle est étendu-e ou couché-e la tête nue

ᒧᔑᔥᑯᐌᐤ° **musheshkuweu** vta ♦ il/elle la/le découvre avec le pied, le corps

ᒧᔑᔥᑳᑌᐎᐤ° **musheshkatewiiu** vai ♦ il/elle est nu-e, déshabillé-e

ᒧᔑᔥᑳᑌᐤ° **musheshkateu** vai ♦ il/elle est nu-e, déshabillé-e

ᒧᔑᔥᑳᑌᐱᑌᐤ° **musheshkatepiteu** vta ♦ il/elle lui arrache ses vêtements, la/le viole

ᒧᔑᔥᑳᑌᐱᑎᓲ **musheshkatepitisuu** vai reflex -u ♦ il/elle retire ses vêtements, se déshabille, se découvre, se dénude

ᒧᔑᔥᑳᑌᐳ **musheshkatepuu** vai -i ♦ il est assis tout nu, déshabillé; elle est assise toute nue, déshabillée

ᒧᔑᔥᑳᑌᐸᐦᑖᐤ **musheshkatepahtaau** vai ♦ il court tout nu, elle court toute nue

ᒧᔑᔥᑳᑌᓀᐤ° **musheshkateneu** vta ♦ il/elle la/le déshabille

ᒧᔑᔥᑳᑌᔑᓐ **musheshkateshin** vai -i ♦ il est étendu ou couché tout nu, déshabillé, sans vêtements; elle est étendue ou couchée toute nue, déshabillée, sans vêtements

ᒧᔑᔥᑳᑌᐦᑌᐤ° **musheshkatehteu** vai ♦ il/elle marche tout-e nu-e, déshabillé-e, sans vêtements

ᒧᔑᔥᑲᒼ **musheshkam** vti ♦ il/elle le découvre avec ses pieds

ᒧᔑᔮᐱᔅᒋᓇᒼ **musheyaapischinam** vti ♦ il/elle le tient dans ses mains nues (métal, par ex. un fusil sans étui)

ᒧᔑᔮᑯᓀᐦᐊᒼ **musheyaakuneham** vti ♦ il/elle en enlève la neige, en balaie la neige, le dégage de la neige

ᒧᔑᔮᑯᓀᐦᐌᐤ° **musheyaakunehweu** vta ♦ il/elle lui enlève de la neige

ᒧᔑᔮᓂᑳᐤ° **musheyaanikaau** vii ♦ c'est une île nue, sans arbres

ᒧᔑᔮᔅᑯᐱᑐᓀᐤ **musheyaaskupituneu** vai ♦ il/elle les bras nus (par ex. porte des manches courtes)

ᒧᔑᔮᔅᒋᑲᓀᐤ **musheyaaschikaneu** vai ♦ il/elle a la poitrine à l'air, nue, dénudée

ᒧᔑᔮᔥᐱᔅᑳᐤ **musheyaashpiskaau** vii ♦ c'est dénudé, nu (pierre, métal)

ᒧᔑᔮᔥᑎᓐ **musheyaashtin** vii ♦ c'est dénudé, découvert par le vent

ᒧᔑᐦᑎᓐ **mushehtin** vii ♦ c'est étendu à découvert, exposé, nu

ᒧᔑᐦᑲᒨ **mushehkamuu** vii ♦ il y a de l'eau libre

ᒧᔐᕽᐲᒡ mushehkwaamuu vai -u ◆ il/elle passe la nuit à la belle étoile; il/elle dort dehors sans tente, juste un abri de branches

ᒧᔓᐚ mushuwaau vii ◆ c'est stérile, dénudé

ᒧᔓᐚᔅᑫᔮ mushuwaaskweyaau vii ◆ c'est une clairière dans la forêt (une aire d'alimentation pour l'orignal)

ᒧᓅᑖᐦᑳ mushuutaauhkaau vii ◆ c'est un espace dégagé du sable

ᒧᓅᓯᑳ mushuusikwaau vii ◆ c'est une flaque de glace nue; c'est de la glace nue

ᒧᓔᒉᑳ mushuuschekaau vii ◆ c'est une tourbière dénudée, un muskeg dénudé

ᒧᔖᐅᔅᒉᑲᐦᐊᒻ mushaauschekaham vti ◆ il/elle s'avance, entre dans le muskeg

ᒧᔖᐅᔅᒉᒋᐳᔽ mushaauschechipichuu vai -i ◆ il/elle va ou passe dans le muskeg, la fondrière, la tourbière, en déménageant le camp d'hiver

ᒧᔖᐅᔅᒉᒋᐸᔫ mushaauschechipayuu vai/vii -i ◆ il/elle/ça passe dans le muskeg

ᒧᔖᐅᔅᒉᒋᐸᐦᑖᐤ mushaauschechipahtaau vai ◆ il/elle court dans le muskeg, la fondrière, la tourbière

ᒧᔖᐅᐦᐊᒻ mushaauham vti ◆ il/elle s'éloigne de la rive en pagayant, en nageant, ou en bateau

ᒧᔖᐌᐸᔨᐦᐁᐤ mushaawepayiheu vta ◆ il/elle la/le retire du rivage, en utilisant quelque chose (par ex. un canot)

ᒧᔖᐌᐸᔨᐦᑖᐤ mushaawepayihtaau vai+o ◆ il/elle met le cap au large, l'éloigne du rivage, le dirige vers le large

ᒧᔖᐌᐸᔾ mushaawepayuu vai/vii -i ◆ il/elle/ça part du rivage

ᒧᔖᐌᐸᐦᐊᒻ mushaawepaham vti ◆ il/elle le pousse du rivage avec un instrument (par ex. une pagaie, une rame)

ᒧᔖᐌᐸᐦᐌᐤ mushaawepahweu vta ◆ il/elle la/le pousse du rivage

ᒧᔖᐌᑎᓐ mushaawetin vii ◆ c'est une brise de terre

ᒧᔖᐌᑎᔑᓇᒻ mushaawetishinam vti ◆ il/elle le pousse du rivage avec la main

ᒧᔖᐌᔮᐳᑌᐤ mushaaweyaaputeu vii ◆ c'est emporté par le courant, la marée

ᒧᔖᐌᔮᐳᑯᐤ mushaaweyaapukuu vai -u ◆ il/elle s'éloigne du rivage en flottant avec le courant, la marée; il/elle est emporté-e au large par le courant, la marée

ᒧᔖᐌᔮᑎᑳᓲ mushaaweyaatikaasuu vai -i ◆ il/elle s'avance dans l'eau, marche dans l'eau à partir du rivage

ᒧᔖᐌᐦᔮᐅᐲᓯᒻ mushaawehyaaupiisim na [Côte] ◆ juin

ᒧᔖᐌᐦᔮᐤ mushaawehyaau vai ◆ il (un oiseau) survole l'eau, migre

ᒧᔖᐦᐆᑐᐌᐤ mushaahuutuweu vta ◆ il/elle lui apporte quelque chose du rivage, en pagayant

ᒧᔖᐦᐆᑖᐤ mushaahuutaau vai+o ◆ il/elle s'éloigne du rivage avec quelque chose, en pagayant

ᒧᔖᐦᐆᔦᐤ mushaahuuyeu vta ◆ il/elle l'amène (une personne), l'emporte (une chose) du rivage, en pagayant

ᒧᔥᑌᐸᒋᔅᑕᐦᐚᐤ mushtepachistahwaau vai [Côte] ◆ il/elle tend un filet le long du rivage à marée basse

ᒧᔥᑌᓀᔨᒣᐤ mushteneyimeu vta ◆ il/elle a très hâte de la/le voir; il/elle la/le désire

ᒧᔥᑌᓀᔨᐦᑕᒻ mushteneyihtam vti ◆ il/elle le désire, en a très envie

ᒧᔥᑌᓀᔨᐦᑖᑯᓐ mushteneyihtaakun vii ◆ c'est désirable; ça suscite le désir

ᒧᔥᑌᓀᔨᐦᑖᑯᓲ mushteneyihtaakusuu vai -i ◆ il/elle est désirable, attirant-e; il/elle suscite le désir

ᒧᔥᑌᓄᐌᐤ mushtenuweu vta ◆ il/elle est attiré-e par elle/lui

ᒧᔥᑌᓇᒻ mushtenam vti ◆ il/elle est attiré-e par quelque chose

ᒧᔥᑌᓈᑕᐦᐄᐯᐤ mushtenaatahiipeu vai ◆ il/elle vérifie ou visite le filet tendu sur la côte à marée basse

ᒧᔥᑌᓈᑯᓐ mushtenaakun vii ◆ c'est attrayant

ᒧᔥᑌᓈᑯᓲ mushtenaakusuu vai -i ◆ il/elle est attrayant-e, séduisant-e

ᒧᔥᑎᑕᓐ mushtitan vii ♦ c'est un lac gelé sans neige

ᒧᔥᑎᓀᐤ mushtineu vta ♦ il/elle l'attrape avec la main (par ex. une souris vivante); il/elle l'obtient gratuitement [Mistissini]

ᒧᔥᑎᓇᒼ mushtinam vti ♦ il/elle l'obtient gratuitement, gratis [Mistissini]

ᒧᔥᑎᓯᒄᐚ mushtisikwaau vii ♦ c'est de la glace nue

ᒧᔥᑎᐦᑕᑲᐳ mushtihtakapuu vai -i ♦ il/elle s'assoit sur le plancher nu, par terre

ᒧᔥᑎᐦᑕᒋᐳ mushtihtachipuu vai ♦ il/elle est assis-e sur le plancher

ᒧᔥᑎᐦᑕᒋᔑᒣᐤ mushtihtachishimeu vta ♦ il/elle l'étend sur le plancher nu

ᒧᔥᑎᐦᑕᒡ mushtihtach p,lieu ♦ au plancher, sur le sol, par terre

ᒧᔥᑕᑖᐅᐦᑳᐤ mushtataauhkaau vii ♦ c'est du sable nu

ᒧᔥᑕᑖᓈᐅᐦᑳᐤ mushtataanaauhkaau vii ♦ c'est du sable pur; il n'y a que du sable (par ex. un tipi qui ne contient que du sable)

ᒧᔥᑕᑲᓂᒉᐤ mushtakanicheu vai ♦ il/elle n'a pas de dents, est édenté-e; ses gencives sont dégarnies

ᒧᔥᑕᐦᑕᒼ mushtahtam vti ♦ il/elle le mange pur; il/elle ne mange rien d'autre (par ex. mange de la confiture toute seule)

ᒧᔥᑕᐦᑕᒼ mushtahtam vti ♦ il/elle le mange sans rien mettre dessus, sans tartinade

ᒧᔥᑖᐅᐦᑳᐤ mushtaauhkaau vii ♦ c'est pur (granuleux)

ᒧᔥᑖᐅᐦᒋᐳ mushtaauhchipuu vai -u ♦ il/elle mange un aliment sec et poudreux (par ex. de la farine, du lait en poudre) sans le mélanger

ᒧᔥᑖᐅᐦᒋᓲ mushtaauhchisuu vai ♦ il/elle (granulaire) est pur-e, non mélangé-e (par ex. de la farine sans ajout)

ᒧᔥᑖᐅᐦᒡ mushtaauhch p,manière ♦ juste, seulement, uniquement, purement, simplement (par ex. seulement de la farine sans levure) ▪ ᒧᔥᑖᐅᐦ ᒌ ᐊᓅᒡ ᐸᐦᒀᔒᑳᓐ᙮ ▪ *Mets seulement de la farine.*

ᒧᔥᑖᐱᔑᓲ mushtaapischisuu vai -i ♦ c'est une lame sans manche, sans poignée

ᒧᔥᑖᑯᓀᐳ mushtaakunepuu vai -i ♦ il/elle est assis-e directement sur la neige

ᒧᔥᑖᑯᓀᑖᐯᐤ mushtaakunetaapeu vai ♦ il/elle le fait glisser ou le traîne sur la neige

ᒧᔥᑖᑯᓀᔑᒣᐤ mushtaakuneshimeu vta ♦ il/elle la/le traîne dans la neige

ᒧᔥᑖᑯᓀᔑᓐ mushtaakuneshin vai ♦ il/elle est couché-e ou étendu-e directement sur la neige

ᒧᔥᑖᑯᓀᐦᑖᐤ mushtaakunehtaau vai+o ♦ il/elle le fait glisser ou le traîne dans la neige

ᒧᔥᑖᑲᒥᒣᐤ mushtaakamimeu vta ♦ il/elle la/le boit pur-e; il/elle boit une boisson pure, non diluée

ᒧᔥᑖᑲᒥᐦᑕᒼ mushtaakamihtam vti ♦ il/elle le boit pur, un liquide non dilué

ᒧᔥᑖᑲᒨ mushtaakamuu ni ♦ c'est une boisson non diluée (de l'essence pure) FRANCE to FIX

ᒧᔥᑖᓈᔥᑎᒋᓇᒼ mushtaanaashtichinam vti ♦ il/elle dénude le plancher (par ex. enlève et jette toutes les branches et aiguilles du plancher)

ᒧᔥᑖᓈᔥᑎᒡ mushtaanaashtich p,lieu ♦ directement sur les branches

ᒧᔥᑖᓈᔥᑎᐦᒋᐳ mushtaanaashtihchipuu vai ♦ il/elle est assis-e directement sur les branches

ᒧᔥᑖᓈᔥᑎᐦᒋᔑᓐ mushtaanaashtihchishin vai ♦ il/elle est posé-e ou étendu-e directement sur les branches

ᒧᔥᑖᔅᑯᓲ mushtaaskusuu vai ♦ c'est un cadre de raquette vide, sans laçage

ᒧᔨᓯᐤ muyisiiu vai ♦ il/elle sait d'avance que quelque chose va arriver; il/elle prédit un événement

ᒨᔮᒥᐸᔨᐦᐁᐤ muyaamipayiheu vta ♦ il/elle la/le règle pour que ce soit exact, correct (par ex. une horloge)

ᒨᔮᒥᐸᔨᐦᑖᐤ muyaamipayihtaau vai+o ♦ il/elle le place, pose ou dispose bien, de manière correcte, exacte

ᒨᔮᒥᐹᔫ **muyaamipayuu** vai -i ◆ il/elle est exact-e, précis-e, correct-e; c'est bien ajusté

ᒨᔮᒪᐦᐊᒻ **muyaamaham** vti ◆ il/elle est exact-e, précis-e, correct-e; il/elle le corrige

ᒨᔮᒪᐦᐁᐤ **muyaamahweu** vta ◆ il/elle est correct-e, exact-e à son sujet; il/elle la/le corrige

ᒨᔮᒻ **muyaam** p,manière ◆ exactement pareil-le, le/la même, correct-e, exact-e, juste ▪ ᐋ"ᐊᐤ ᒨᔮᒻ ᐃ"ᐱᓯᔾᐤ. ▪ *C'est exactement la bonne taille.*

ᒨ

ᒨᐁᐤ **muuweu** vta ◆ il/elle la/le mange

ᒨᐋᐃ"ᑯᓈᐁᐤ **muuwaaihkunaaweu** vai ◆ il/elle mange de la banique

ᒨᐋᐯᐤ **muuwaapeu** vai ◆ il (un chien) gruge et mange son harnais

ᒨᐊᐳᔥᐁᐤ **muuwaapushweu** vai ◆ il/elle mange du lapin, du lièvre

ᒨᐊᑎᐦᑫᐤ **muuwaatihkweu** vai ◆ il/elle mange du caribou

ᒨᐊᑯᓀᐤ **muuwaakuneu** vai ◆ il/elle mange de la neige

ᒨᐋᔅᑫᐤ **muuwaaskweu** vai [Intérieur] ◆ il/elle mange de la viande d'ours

ᒨᐋᔒᐤ **muuwaascheu** vai ◆ il/elle mange de l'oie (de l'outarde)

ᒨᐋᔒᐯᐤ **muuwaashipeu** vai ◆ il/elle mange du canard

ᒨᐊᐦᑫᐤ **muuwaahkweu** vai ◆ il/elle mange des oeufs de poisson

ᒨᐊᐦᒀᒉᐤ **muuwaahkwaacheu** vai ◆ il/elle mange des oeufs de poisson crus

ᒨᐱᒣᐤ **muupimeu** vai ◆ il/elle mange de la graisse ou du gras

ᒨᐱᒣᐦᐁᐤ **muupimeheu** vta ◆ il/elle lui fait manger de la graisse

ᒨᑎᐦᑌᐤ **muutihteu** vta [Côte] ◆ il/elle la/le visite

ᒨᑖᑕᐅᐦᑳᐤ **muutaatauhkaau** vii ◆ c'est un ruisseau avec de hautes berges sablonneuses

ᒨᑖᔦᑲᓐ **muutaayekan** vii ◆ c'est large, grand (étalé, par ex. de la toile)

ᒨᑖᔮᐤ **muutaayaau** vii ◆ c'est profond (par ex. un trou, un bol)

ᒨᑖᔮᔥᑎᒄᐁᔮᐤ **muutaayaashtikweyaau** vii ◆ c'est une rivière profonde, un ruisseau profond

ᒨᑖᔮᐦᑲᑎᔅᐁᐤ **muutaayaahkatisweu** vta ◆ il/elle la/le fait sécher sur une bonne épaisseur

ᒨᑖᔮᐦᑲᑎᓲ **muutaayaahkatisuu** vai -u ◆ il est assez sec, elle est assez sèche (par ex. peau d'orignal)

ᒨᑖᔮᐦᑲᑎᓴᒻ **muutaayaahkatisam** vti ◆ il/elle le fait sécher à fond (par ex. du poisson fumé)

ᒨᑖᔮᐦᑲᑐᑌᐤ **muutaayaahkatuteu** vii ◆ c'est séché assez profondément (par ex. de la viande)

ᒨᑖᐦᑎᓐ **muutaahtin** vii ◆ c'est profond (une rivière, un ruisseau)

ᒨᑳᒀᐤ **muukaakweu** vai ◆ il/elle mange du porc-épic

ᒨᒋᑲᓐ **muuchikan** vii ◆ il y a du plaisir; c'est plaisant

ᒨᒋᑲᐦᑖᐤ **muuchikahtaau** vai ◆ il/elle a du plaisir, s'amuse

ᒨᒋᑲᐦᑖᑳᓲ **muuchikahtaakaasuu** vai -u ◆ il/elle fait semblant de s'amuser, d'avoir du plaisir

ᒨᒋᑳᔅᐳ **muuchikaaspuu** vai -u ◆ il/elle aime ce qu'il/elle mange

ᒨᒋᒉᔨᐦᑕᒧᐃᓐ **muuchicheyihtamuwin** ni ◆ de la joie

ᒨᒋᒉᔨᐦᑕᒻ **muuchicheyihtam** vti ◆ il/elle jubile, se réjouit, est enchanté-e, ravi-e

ᒨᒋᒉᔨᐦᑖᑯᓲ **muuchicheyihtaakusuu** vai -i ◆ il/elle est drôle, comique; c'est une personne amusante

ᒨᒋᒋᐦᐁᐤ **muuchichiheu** vta [Intérieur] ◆ il/elle l'amuse

ᒨᒋᔐᔮᒀᐤ **muuchisheyaakweu** vai [Côte] ◆ il/elle mange de l'ours

ᒨᒋᔔᐁᐤ **muuchishuweu** vai [Côte] ◆ il/elle visite

ᒨᒋᔔᒣᐤ **muuchishumeu** vai [Côte] ◆ il/elle lui rend visite

ᒨᒋᐦᐄᐁᐤ **muuchihiiweu** vai ◆ il/elle amuse les autres, leur donne de la joie, du plaisir

ᒍᓕᐦᑳᐦᐁᐤ muuchihkaheu vta [Côte]
* il/elle l'amuse

ᒍᒣᓭᐤ muumeseu vai ♦ il/elle mange du poisson

ᒍᒦᓀᐤ muumineu vai ♦ il/elle mange des baies, de petits fruits

ᒍᒦᔅᑴᐤ muumiskweu vai ♦ il/elle mange du castor

ᒍᓂᑖᐦᑳᐦᐄᒉᐤ muunitaauhkahiicheu vai
* il/elle creuse dans le sable avec quelque chose

ᒍᓂᑖᐦᑳᐦᐊᒻ muunitaauhkaham vti
* il/elle le déterre, le déloge du gravier, du sable pierreux avec un outil

ᒍᓂᑖᐦᑳᐦᐌᐤ muunitaauhkahweu vta
* il/elle la/le déterre du gravier, du sable pierreux avec un outil

ᒍᓂᒉᐱᐦᒎᐌᐸᔫ muunichepihchuwepayuu vai/vii -i
* il/elle/ça dessouche, déracine; il/elle est déraciné-e; c'est dessouché

ᒍᓂᒉᐱᐦᒎᐌᐦᐊᒻ muunichepihchuweham vti ♦ il/elle l'arrache, le déracine, le déterre

ᒍᓂᔅᑲᒥᒋᓀᐤ muuniskamichineu vta
* il/elle la/le déterre du sol, la/le dégage de la mousse avec ses mains

ᒍᓂᔅᑲᒥᒋᓇᒻ muuniskamichinam vti
* il/elle le déterre, le déloge à la main du sol, de la mousse

ᒍᓂᐦᐄᐹᓐ muunihiipaan ni ♦ un puits

ᒍᓂᐦᐄᑳᒉᐤ muunihiikaacheu vai+o
* il/elle s'en sert pour creuser

ᒍᓂᐦᐄᒉᐤ muunihiicheu vai ♦ il/elle creuse

ᒍᓂᐦᐄᔔᔮᓀᐤ muunihiishuuyaaneu vai [Côte] ♦ il/elle creuse pour extraire des métaux précieux (par ex. dans une mine)

ᒍᓂᐦᐄᔔᔮᓀᓲ muunihiishuuyaanesuu na -siim [Côte] ♦ un mineur, une mineuse

ᒍᓂᐦᐊᒻ muuniham vti ♦ il/elle le déterre, le déloge avec un outil

ᒍᓂᐦᐋᐱᑖᓐ muunihaapitaan ni [Intérieur] ♦ une sucette, une suce, une tétine

ᒍᓂᐦᐌᐤ muunihweu vta ♦ il/elle la/le creuse, déterre avec un outil

ᒍᓈᐤᐦᑳᐦᐄᒉᐤ muunaauhkahiicheu vai
* il/elle déterre des choses

ᒍᓈᐤᐦᑳᐦᐊᒻ muunaauhkaham vti
* il/elle le déterre, le déloge du sable avec un outil

ᒍᓈᐤᐦᑳᐦᐌᐤ muunaauhkahweu vta
* il/elle creuse pour la/le sortir du sable

ᒍᓈᐤᐦᒋᓀᐤ muunaauhchineu vta
* il/elle la/le dégage du sable à la main

ᒍᓈᐤᐦᒋᓇᒻ muunaauhchinam vti
* il/elle le déterre, le déloge à la main du sable

ᒍᓈᑯᓀᐦᐊᒻ muunaakuneham vti
* il/elle le sort, le tire de la neige avec un outil

ᒍᓈᑯᓀᐦᐌᐤ muunaakunehweu vta
* il/elle la/le dégage de la neige, avec un outil

ᒍᓈᑯᓂᒋᓀᐤ muunaakunichineu vta
* il/elle la/le dégage de la neige à la main

ᒍᓰᑌᐤ muusiteu vai ♦ il/elle mange des pieds (par ex. du castor)

ᒍᓲᑌᐦᐄ muusuutehii na -m ♦ un coeur d'orignal

ᒍᓱᐱᒦ muusupimii na -m ♦ de la graisse d'orignal

ᒍᓱᑕᒋᔒ muusutachishii na -m ♦ un intestin d'orignal

ᒍᓱᓃ muusunii ni ♦ le village ou la communauté de Moosonee

ᒍᓱᔥ muusush na dim -um ♦ un jeune orignal *Alces alces*

ᒍᓱᔮᓀᔅᑎᔅ muusuyaanestis na ♦ une mitaine en peau d'orignal

ᒍᓱᔮᓀᔅᒋᓯᓐ muusuyaaneschisinh ni
* des mocassins en peau d'orignal

ᒍᓱᔮᓂᔮᐲ muusuyaaniyaapii ni -m ♦ une lanière de peau d'orignal

ᒍᓱᔮᓈᐦᑎᒄ muusuyaanaahtikw ni ♦ une perche sur laquelle on suspend une peau d'orignal pour l'étirer

ᒍᓱᔮᓐ muusuyaan na ♦ de la peau ou du cuir d'orignal

ᒍᓱᔮᔅ muusuyaas ni -im ♦ de la viande d'orignal

ᒍᓲᒥᓇᒡ muusuuminach na pl -im ♦ les fruits de la viorne trilobée, du pimbina

ᒨᓱᒥᓈᐦᑎᒄ **muusuuminaahtikw** ni ◆ une viorne trilobée, une boule-de-neige, une viorne comestible, le pimbina *Viburnum edule* ou *Viburnum trilobum*

ᒨᔅ **muus** na -um ◆ un orignal *Alces alces*

ᒨᔥᑌᐤ **muusteu** vii ◆ c'est un feu de forêt

ᒨᔥᑎᐦᑌᓇᒨᐍᐤ **muustihtenamuweu** vta [Côte] ◆ il/elle fait de la fumée pour attirer son attention

ᒨᔥᑎᐦᑌᓇᒻ **muustihtenam** vti ◆ il/elle fait de la fumée pour attirer l'attention

ᒨᔅᑯᐧᐃᐤ **muuskuwiiu** vai ◆ il/elle pleure de frustration parce qu'il/elle ne peut faire quelque chose

ᒨᔅᑯᐚᑌᐤ **muuskuwaateu** vta ◆ il/elle pleure après elle/lui

ᒨᔅᑯᐚᑕᒻ **muuskuwaatam** vti ◆ il/elle pleure parce qu'on lui a enlevé quelque chose

ᒨᔅᑯᐚᓱ **muuskuwaasuu** vai-i ◆ il/elle pleure en pensant à quelqu'un

ᒨᔅᑯᒣᐤ **muuskumeu** vta ◆ il/elle la/le fait pleurer (en la/le grondant, en lui parlant)

ᒨᔅᑯᐦᐁᐤ **muuskuheu** vta ◆ il/elle la/le fait pleurer en la/le frappant

ᒨᔅᑰᒎ **muuskuuchuu** vai-i ◆ il/elle pleure à cause du froid

ᒨᔅᑰᐦᑲᑌᐤ **muuskuuhkateu** vai ◆ il/elle pleure à cause de la faim

ᒨᔅᑰᐦᑲᓱ **muuskuuhkasuu** vai-u ◆ il/elle pleure à cause de la chaleur

ᒨᔅᑲᔥᑖᐤ **muuskashtaau** vai+o ◆ il/elle le sort de quelque chose et l'installe

ᒨᔅᑲᐦᐁᐤ **muuskaheu** vta ◆ il/elle la/le sort de quelque chose et l'installe quelque part

ᒨᔅᑲᐦᐄᐯᐤ **muuskahiipeu** vai/vii ◆ il/elle/ça flotte à la surface de l'eau

ᒨᔅᑳᐅᐦᑲᐦᐊᒻ **muuskaauhkaham** vti ◆ il/elle le déterre, le déloge du sol, du sable avec un outil

ᒨᔅᑳᐅᐦᑲᐦᐍᐤ **muuskaauhkahweu** vta ◆ il/elle la/le déterre du gravier, du sable, avec un outil

ᒨᔅᑳᐅᐦᒋᓀᐤ **muuskaauhchineu** vta ◆ il/elle la/le déterre du sable avec la main

ᒨᔅᑳᐅᐦᒋᓇᒻ **muuskaauhchinam** vti ◆ il/elle le déterre, le sort du sable à la main

ᒨᔅᑳᐅᐦᒋᔥᑯᐍᐤ **muuskaauhchishkuweu** vta ◆ il/elle la/le déterre du sable avec le pied

ᒨᔅᑳᐅᐦᒋᔥᑲᒻ **muuskaauhchishkam** vti ◆ il/elle le déterre, le déloge du sable avec le pied

ᒨᔅᑳᐱᔅᑴᐤ **muuskaapiskweu** vai ◆ il/elle pousse l'aiguille en tissant une raquette

ᒨᔅᑳᐸᐦᑌᐤ **muuskaapahteu** vii ◆ la fumée monte quand on allume un feu

ᒨᔅᑳᑯᓀᐦᐊᒻ **muuskaakuneham** vti ◆ il/elle le sort, le tire, le déloge de la neige

ᒨᔅᑳᑯᓀᐦᐍᐤ **muuskaakunehweu** vta ◆ il/elle la/le sort de la neige

ᒨᔅᑳᐦᑯᔔ **muuskaahkushuu** vai-i ◆ il/elle pleure parce qu'il/elle n'a pas assez dormi, a été réveillé-e trop tôt

ᒨᔅᒀᐱᑌᐤ **muuskwaapiteu** vai ◆ il/elle pleure à cause d'un mal de dent

ᒨᔅᒋᐯᐸᔫ **muuschipepayuu** vai/vii-i ◆ il/elle/ça sort de l'eau, émerge, fait surface

ᒨᔅᒋᐯᒋᐸᔫ **muuschipechipayuu** vai/vii-i ◆ il/elle/ça émerge, sort de l'eau

ᒨᔅᒋᐯᒋᓀᐤ **muuschipechineu** vta ◆ il/elle la/le sort de l'eau

ᒨᔅᒋᐯᒋᓇᒻ **muuschipechinam** vti ◆ il/elle le tire, le retire de l'eau

ᒨᔅᒋᐯᒋᔥᑯᐍᐤ **muuschipechishkuweu** vta ◆ il/elle la/le fait sortir de l'eau avec le pied

ᒨᔅᒋᐯᒋᔥᑲᒻ **muuschipechishkam** vti ◆ il/elle le fait émerger, sortir de l'eau avec le pied

ᒨᔅᒋᐯᓀᐤ **muuschipeneu** vta ◆ il/elle la/le monte à la surface

ᒨᔅᒋᐱᑌᐤ **muuschipiteu** vta ◆ il/elle la/le tire hors de quelque chose (par ex. un trou)

ᒨᔅᒋᐱᑕᒻ **muuschipitam** vti ◆ il/elle le tire, le sort de quelque chose (par ex. d'un trou)

ᒨᔅᒋᐸᔨᐦᐁᐤ **muuschipayiheu** vta ◆ il/elle la/le fait monter à la surface

ᒧᔅᐸᔩᑖᐅ muuschipayihtaau vai+o
 • il/elle le fait remonter, l'amène à la surface
ᒧᔅᐸᔪ muuschipayuu vai/vii -i
 • il/elle/ça fait surface
ᒧᔅᒋᒋᐋᐳ muuschichiwinaapuu ni
 • de l'eau de source
ᒧᔅᒋᒋᔑᓀᐤ muuschichishineu vta
 • il/elle la/le traîne hors de quelque chose
ᒧᔅᒋᒋᔑᓇᒫ muuschichishinam vti
 • il/elle le traîne hors de quelque chose
ᒧᔅᒋᒍᐃᓂᐯᒄ muuschichuwinipekw ni
 • une source d'eau
ᒧᔅᒋᒍᐃᓐ muuschichuwin vii • ça s'écoule, comme l'eau d'une source
ᒧᔅᒋᓀᐤ muuschineu vta • il/elle la/le sort de quelque chose
ᒧᔅᒋᓇᒫ muuschinam vti • il/elle l'ôte, le sort de quelque chose
ᒧᔅᒋᔅᑲᒥᑲᐋᒫ muuschiskamikaham vti
 • il/elle l'arrache, le déloge de la mousse avec un outil
ᒧᔅᒋᔅᑲᒥᑲᐌᐤ muuschiskamikahweu vta
 • il/elle la/le dégage de la mousse, avec un outil
ᒧᔅᒋᔑᑯᐌᐤ muuschishkuweu vta
 • il/elle la/le fait sortir, émerger, avec le pied
ᒧᔅᒋᔑᑲᒻ muuschishkam vti • il/elle le fait sortir, émerger avec ses pieds
ᒧᔅᒋᐦᑌᓇᒧᐌᐤ muuschihtenamuweu vta [Intérieur] • il/elle fait de la fumée pour attirer son attention
ᒧᔅᒌᐤ muuschiiu vai • il/elle sort de quelque chose
ᒧᔑᐦᐁᐤ muushiheu vta • il/elle sent sa présence
ᒧᔑᐦᐅᐃᓐ muushihuwin ni • une sensation physique
ᒧᔑᐦᐆ muushihuu vai -u • il/elle ressent de la douleur, de l'angoisse; il/elle a une sensation; elle éprouve les douleurs de l'accouchement
ᒧᔑᔥᑐᐌᐤ muushiishtuweu vta [Côte]
 • il/elle la/le bat
ᒧᔑᔥᑕᒻ muushiishtam vti [Côte] • il/elle le bat, le frappe
ᒧᔖᑲᒥᓲ muushaakamisuu vai -i • il/elle est liquide; c'est liquide

ᒧᔖᑲᒫᐤ muushaakamaau vii • c'est liquide
ᒧᔥ muush p,temps • toujours, en permanence ▪ ᒫᔥ ᐃᑦᑰ ᐁ ᒡᑕᒃᐊᑊᔆᔅ • ᒫᔥ ᐃᑦᑰ ᐊᐌᐸ ᐁ ᑎᑲᔔᐸᔥ ▪ Elle est toujours à l'école. • Il arrive toujours de bonne heure le matin.
ᒧᔥᑎᒀᓀᐤ muushtikwaaneu vai • il/elle mange la tête
ᒧᔥᑲᒦ muushkamii ni -m • du bouillon, un consommé
ᒧᔥᑲᒦᒉᐤ muushkamiihcheu vai • il/elle prépare un bouillon
ᒧᔥᒌᔥᑐᐌᐤ muushchiishtuweu vta [Côte]
 • il/elle se défoule sur elle/lui; il/elle la/le bat (ancien terme)
ᒧᔥᒌᔥᑕᒻ muushchiishtam vti [Côte]
 • il/elle le bat, le frappe (ancien terme)
ᒨᓕᔮᐤ muuliyaau ni • Montréal
ᒨᐁᐤ muuheu vta • il/elle la/le fait pleurer
ᒨᐦᑌᐤ muuhteu na • un termite, une fourmi blanche
ᒨᐦᑯᐯᓲ muuhkupesuu na -siim • un bulldozer, un bouteur, un bélier-niveleur
ᒨᐦᑯᑌᐤ muuhkuteu vta • il/elle la/le taille, sculpte
ᒨᐦᑯᑖᑲᓈᐱᔅᒄ muuhkutaakanaapiskw ni
 • une lame incurvée, une lame de couteau croche
ᒨᐦᑯᑖᑲᓈᐦᑎᒄ muuhkutaakanaahtikw ni
 • un manche de couteau croche
ᒨᐦᑯᑖᑲᓐ muuhkutaakan ni • un couteau croche, un couteau à lame incurvée
ᒨᐦᑯᑖᒉᐅᑲᒥᒄ muuhkutaacheukamikw ni
 • une cabane ou shed pour dépecer le gibier
ᒨᐦᑯᑖᒉᐤ muuhkutaacheu vai • il/elle sculpte, découpe, taille
ᒨᐦᑯᒫᓂᔥ muuhkumaanish ni dim • un couteau de poche, un petit couteau, un canif
ᒨᐦᑯᒫᓅᐃᑦ muuhkumaanuwit ni • un étui à couteau ou à coutellerie, une gaine de couteau
ᒨᐦᑯᒫᓈᐱᔅᒄ muuhkumaanaapiskw ni
 • une lame de couteau

ᒧᐦᑯᒫᓈᐦᑎᒄ muuhkumaanaahtikw ni
* une poignée ou un manche de couteau

ᒧᐦᑯᒫᓐ muuhkumaan ni * un couteau, un poignard, une lame

ᒧᐦᑳᒋᔐᑳᐳ muuhkachishekaapuu vai -uu [Intérieur] * il/elle est debout penché-e, le derrière sorti

ᒧᐦᑳᒋᔐᔑᓐ muuhkachisheshin vai [Intérieur] * il/elle est étendu-e ou couché-e avec le derrière sorti

ᒧᐦᑳᒋᔩᐤ muuhkachishiiu vai [Intérieur]
* il/elle se penche le derrière sorti

ᒧᐦᑳᒋᔩᔥᑐᐌᐤ muuhkachishiishtuweu vta [Intérieur] * il/elle se penche avec le derrière pointé vers quelqu'un

ᒧᐦᑳᒋᐤ muuhkachiiu vai [Intérieur]
* il/elle se penche le derrière sorti

ᒧᐦᑳᐱᑌᐤ muuhkaapiteu vai * il/elle a les dents saillantes, proclives; ses dents sortent, dépassent de la bouche

ᒧᐦᑳᔅᑲᑎᓐ muuhkaaskatin vii * son fond est renflé parce qu'il contient un liquide gelé (par ex. un sceau)

ᒧᐦᑳᔅᑲᒡ muuhkaaskachuu vai -i * il/elle se gonfle ou renfle quand le liquide gèle (glace)

ᒧᐦᑳᐦᑲᑎᓲ muuhkaahkatisuu vai -u
* il/elle gonfle ou renfle en séchant

ᒧᐦᑳᐦᑲᑐᑌᐤ muuhkaahkatuteu vii * ça renfle en séchant

ᒧᐦᒋᑕᑯᐦᑎᓐ muuhchitakuhtin vii * c'est déséquilibré (un canot) parce qu'il y a trop de poids à l'avant

ᒧᐦᒋᑳᒋᔐᑳᐳ muuhchikachishekaapuu vai -uu [Côte] * il/elle est debout penché-e avec le derrière nu sorti

ᒧᐦᒋᑳᒋᔐᔑᓐ muuhchikachisheshin vai
* il/elle s'allonge avec le derrière sorti

ᒧᐦᒋᑳᒋᔩᐤ muuhchikachishiiu vai [Côte]
* il/elle se penche en se sortant le derrière ou postérieur

ᒧᐦᒋᑳᒋᔩᔥᑐᐌᐤ muuhchikachishiishtuweu vta [Côte]
* il/elle se penche avec le derrière pointé vers quelqu'un

ᒧᐦᒋᒋᐌᐱᓀᐤ muuhchichiwepineu vta
* il/elle la/le pousse et fait tomber en avant

ᒧᐦᒋᒋᐸᔪ muuhchichipayuu vai/vii -i
* il/elle/ça tombe en avant

ᒧᐦᒋᒋᑳᐳ muuhchichikaapuu vai -uu
* il/elle est debout penché-e avec le derrière sorti

ᒧᐦᒋᒋᔑᓐ muuhchichishin vai * il/elle tombe avec le derrière sorti

ᒧᐦᒋᒋᐤ muuhchichiiu vai [Intérieur]
* il/elle se penche en se sortant le derrière ou postérieur

ᒧᐦᔦᐌᐤ muuhyeweu vai * il/elle mange du lagopède, du tétras, de la gélinotte, de la "perdrix" (le mot perdrix n'est pas exact mais est largement utilisé dans le Nord du Québec)

L

ᒫᑌᐅᔂ mateushuu vai -i * il/elle a un pouvoir spirituel limité

ᒫᑕᐌᐃᐌᐤ matweiiweu vii * le bruit du vent se fait entendre

ᒫᑕᐌᐌᒍᐎᓐ matwewechuwin vii * on entend le bruit d'un courant d'eau rapide

ᒫᑕᐌᐌᔥᑎᓐ matweweshtin vii * on entend le vent hurler

ᒫᑕᐌᐌᔭᑲᒫᐦᐊᓐ matweweyaakamaahan vii * on entend au loin le bruit des vagues sur les brisants

ᒫᑕᐌᐌᔭᔑᑰ matweweyaashikuu vii -uu [Côte] * on entend le bruit de l'eau qui coule doucement (par ex. du robinet, dans un ruisseau)

ᒫᑕᐌᐌᔭᔑᑰᓐ matweweyaashikuun vii [Intérieur] * on entend le bruit de l'eau qui coule doucement (par ex. du robinet, dans un ruisseau)

ᒫᑕᐌᑌᐤ matweteu vii * on entend un coup de fusil au loin

ᒫᑕᐌᒋᒧᐎᓐ matwechimuwin vii * il y a un bruit de pluie; on entend la pluie

ᒫᑕᐌᒋᐦᑑ matwechihtuu vai -u * il/elle est entendu-e, audible, il/elle s'entend

ᒫᑕᐌᒥᔅᐳᓐ matwemispun vii * on entend le bruit de la neige qui tombe (par ex. sur le tuyau de poêle)

ᒫᐅᒉᔖ **matwemaatuu** vai -u ♦ on l'entend pleurer, ses pleurs se font entendre

ᒫᐅᓂᑐᐙᐦᔫ **matwenituwaaheu** vta ♦ il/elle se fait entendre en allant la/le voir

ᒫᐅᓂᑐᐙᐦᑖᐤ **matwenituwaahtaau** vai+o ♦ il/elle fait du bruit en allant le vérifier, en faisant quelque chose

ᒫᐅᓯᑯᐹᔫ **matwesikupayuu** vii ♦ il y a un son de glace qui craque; on entend craquer la glace

ᒫᐅᓯᒉᐤ **matwesicheu** vai ♦ ses coups de feu se font entendre au loin, on entend ses coups de fusil de loin

ᒫᐅᔑᓐ **matweshin** vai ♦ il/elle fait un bruit, s'entend de loin (par ex. un claquement de porte, un réveille-matin)

ᒫᐅᔥᑎᓐ **matweshtin** vii ♦ on entend le bruit de la tempête dehors

ᒫᐅᔮᐱᔅᑲᐦᐄᒉᐤ **matweyaapiskahiicheu** vai ♦ on entend de loin le bruit qu'il/elle fait avec un objet métallique

ᒫᐅᔮᔅᑲᑎᓐ **matweyaaskatin** vii ♦ ça fait un bruit de craquement à cause du froid

ᒫᐅᔮᔅᑳᒡᐤ **matweyaaskaachuu** vai -i ♦ il/elle crisse, fait un bruit de crissement à cause du froid

ᒫᐅᔮᐦᐊᓐ **matweyaahan** vii ♦ on entend les vagues qui déferlent

ᒫᐅᐦᐊᒻ **matweham** vti ♦ il/elle fait un son de loin, en frappant

ᒫᐅᐦᐁᐤ **matweheu** vta ♦ il/elle la/le fait résonner de loin, en frappant

ᒫᐅᐦᑎᑖᐤ **matwehtitaau** vai+o ♦ il/elle sonne une cloche, déclenche une sonnerie, fait du bruit avec, produit un son

ᒫᐅᐦᑎᓐ **matwehtin** vii ♦ ça sonne, fait un bruit; c'est audible; on l'entend

ᒫᐅᐦᑖᑲᓐ **matwehtaakan** ni ♦ une sonnette

ᒫᐅᐦᑯᔫ **matwehkuyeu** vii ♦ le feu fait un bruit de crépitement

ᒫᐅᐦᑳᑐᐌᐤ **matwehkahtuweu** vta ♦ il/elle fait du bruit en mangeant quelque chose

ᒫᐅᐦᑾᒨ **matwehkwaamuu** vai -u ♦ il/elle ronfle, fait du bruit en dormant

ᒫᐅᐦᒋᑲᓐ **matwehchikan** ni ♦ une cloche, une sonnerie, une sonnette, un grelot

ᒪᑎᓂᓵᐌᐤ **matinisaaweu** vai ♦ il/elle fait de la scapulomancie

ᒪᑐᑎᓲ **matutisuu** vai -u ♦ il/elle prend un bain de vapeur

ᒪᑐᑎᓵᓂᑲᒥᒄ **matutisaanikamikw** ni ♦ une cabane bâtie avec des perches recourbées ou fléchies, un wigwam

ᒪᑐᑎᓵᓈᐦᑎᒄ **matutisaanaahtikw** na ♦ des perches courbées ou pliées pour la structure d'une hutte, d'un wigwam

ᒪᑐᑎᓵᓐ **matutisaan** ni ♦ une suerie, une cabane à suer

ᒪᑐᑯᐦᑉ **matukuhp** ni [Côte] ♦ un campement, le site d'un camp

ᒪᑐᔥᑌᐅᐱᓀᐤ **matushtewepineu** vta [Intérieur] ♦ il/elle la/le jette dans le feu

ᒪᑐᔥᑌᐅᐱᓇᒻ **matushtewepinam** vti [Intérieur] ♦ il/elle le jette dans le feu

ᒪᑐᔥᑌᐸᔫ **matushtepayuu** vai/vii -i [Intérieur] ♦ il/elle/ça tombe dans le feu

ᒪᑐᔥᑌᐦᐊᒫᐤ **matushtehamaau** vai [Intérieur] ♦ il/elle fait une offrande (de viande, de gras) en la mettant dans le feu, il/elle fait une offrande par le feu

ᒪᑐᔥᑌᐦᐊᒻ **matushteham** vti [Intérieur] ♦ il/elle le met dans le feu

ᒪᑐᔥᑌᐦᐁᐤ **matushteheweu** vta [Intérieur] ♦ il/elle la/le met dans le feu

ᒪᑐᐦᑳᓐ **matuhkaan** ni ♦ un campement abandonné (ancien terme)

ᒪᑖᐅᐦᐊᒨ **mataauhamuu** vai ♦ il/elle est la personne qui a descendu la rivière en pagayant

ᒪᑖᐅᐦᐊᒻ **mataauham** vti ♦ il/elle descend la rivière en pagayant vers la baie

ᒪᑖᐯᐤ **mataapeu** vai ♦ il/elle sort du bois et arrive à une étendue d'eau, de glace, la fin du portage

ᒫᑖᐯᐱᒡ **mataapepichuu** vai -i ♦ il/elle atteint l'eau, arrive au lac, au rivage en déménageant le camp en hiver

ᒫᑖᐯᐸᔪ **mataapepayuu** vai -i ♦ il/elle arrive à une étendue d'eau; il/elle atteint la glace en véhicule ou en avion

ᒫᑖᐯᐸᐦᑖᐤ **mataapepahtaau** vai ♦ il/elle arrive du bois en courant vers l'eau, le rivage; il/elle arrive en courant du portage

ᒫᑖᐯᔅᑖᐤ **mataapestaau** vai+o ♦ il/elle portage vers le rivage en utilisant une courroie ou sangle frontale

ᒫᑖᐯᔅᑖᑲᓐ **mataapestaakan** ni ♦ une fin de portage

ᒫᑖᐯᔐᑳᐤ **mataapeschekaau** vii ♦ la tourbière s'étend jusqu'au bord de l'eau

ᒫᑖᐯᐦᑕᑖᐤ **mataapehtataau** vai+o ♦ il/elle arrive à l'eau avec, l'apporte ou l'emporte au bord de l'eau

ᒫᑖᐯᐦᑕᐦᐁᐤ **mataapehtaheu** vta ♦ il/elle arrive jusqu'à l'eau avec elle/lui

ᒫᑖᐯᐦᔮᐤ **mataapehyaau** vai ♦ il/elle arrive en vol sur une étendue d'eau, de glace

ᒪᑯᔐᐤ **makusheu** vai ♦ il/elle festoie, prend part à un festin

ᒪᑯᔐᒌᔑᑲᓂᐲᓯᒼ **makushechiishikanipiisim** na ♦ janvier (Côtier), décembre (ancien terme)

ᒪᑯᔐᒌᔑᑲᓂᐦᑖᐤ **makushechiishikanihtaau** vai+o [Intérieur] ♦ il/elle fête ou célèbre Noël

ᒪᑯᔐᒌᔑᑳᐤ **makushechiishikaau** vai ♦ c'est Noël [Intérieur]; c'est le Jour de l'An [Côtier]

ᒪᑯᔐᐦᐁᐤ **makusheheu** vta ♦ il/elle donne un festin pour elle/lui

ᒪᑯᔐᐦᐄᐌᐤ **makushehiiweu** vai ♦ il/elle donne un festin

ᒪᑯᔖᓅ **makushaanuu** vii,impersonnel ♦ il y a un festin

ᒪᑯᔖᓐ **makushaan** ni ♦ de la nourriture pour un festin

ᒪᒃᐦᑌᓲ **makahteusuu** vai -u ♦ il/elle est noir-e, c'est un Noir, c'est une Noire (ancien terme rare)

ᒪᒃᐦᑌᓲ **makahteusuu** vai -u ♦ il/elle est noir-e (ancien terme rare), c'est un Noir ou une Noire

ᒪᒃᐦᒉᒉᐤ **makahchechuu** vai -u [Waswanipi] ♦ il/elle est noir-e, c'est un Noir, c'est une Noire (ancien terme rare)

ᒪᒃᐦᐋᐦᐄᐳ **makaahiipuu** vai ♦ il/elle dégage la neige du sol à la pelle; il/elle pellette la neige jusqu'à la terre nue, là où une habitation sera installée

ᒪᒃᐦᐋᐦᐄᑲᓐ **makaahiikan** na ♦ une pelle à neige en bois sculpté

ᒪᒃᐦᐋᐦᐄᐦᑕᒼ **makaahiihtam** vti ♦ il/elle pellette la neige dehors

ᒪᒉᑲᓐ **machekan** vii ♦ c'est mauvais, sale (étalé)

ᒪᒉᒋᓲ **machechisuu** vai -i ♦ il/elle est mauvais-e, sale (étalé)

ᒪᒉᔨᒣᐤ **macheyimeu** vta ♦ il/elle la/le déteste

ᒪᒉᔨᐦᑕᒼ **macheyihtam** vti ♦ il/elle le déteste; il/elle est triste, mécontent-e

ᒪᒉᔨᐦᑖᑯᓐ **macheyihtaakun** vii ♦ c'est déplaisant

ᒪᒉᔨᐦᑖᑯᓲ **macheyihtaakusuu** vai -i ♦ il/elle est déplaisant-e, désagréable

ᒪᒋᐊᔨᒨᑕᒼ **machiayimuutam** vti ♦ il/elle parle en mal de quelque chose, en dit du mal

ᒪᒋᐊᔨᒨᒣᐤ **machiayimuumeu** vta ♦ il/elle parle en mal d'elle/de lui

ᒪᒋᐌᓅ **machiwenuu** vai ♦ il/elle est méchant-e, c'est une mauvaise personne

ᒪᒋᐌᓐ **machiwen** na ♦ une personne mauvaise, méchante

ᒪᒋᐌᔮᐤ **machiweyaau** vii ♦ c'est de la mauvaise fourrure

ᒪᒋᐙᔒᐤ **machiwaashiiu** vai ♦ c'est un ou une enfant difficile

ᒪᒋᐱᑌᐤ **machipiteu** vta ♦ il/elle la/le détourne du droit chemin, l'envoie dans la mauvaise direction

ᒪᒋᐱᑯᓅᒣᐤ **machipikunuumeu** vta ♦ il/elle parle contre elle/lui, dit des commérages, colporte des ragots dans son dos

ᒪᒋᐱᒥ **machipimii** ni -m [Intérieur] ♦ de l'essence, du gaz

ᒪᒋᐹᐦᒤ machipiihtwaau vai ♦ il/elle fume de la marijuana, des drogues

ᒪᒋᐸᑯ machipakuu vai -u ♦ il/elle est couvert-e d'herbe ou de feuilles mortes

ᒪᒋᐸᔫ machipayuu vai/vii -i ♦ il/elle/ça va mal

ᒪᒋᑌᐦᐁᐤ machiteheu vai ♦ il/elle est timide

ᒪᒋᑐᓀᐤ machituneu vai ♦ il/elle dit des jurons ou de gros mots; il est grossier, elle est grossière

ᒪᒋᑐᓀᒨ machitunemuu vai -u ♦ il/elle parle toujours mal, dit des jurons ou de gros mots; il est grossier, elle est grossière

ᒪᒋᑑᑐᐌᐤ machituutuweu vta ♦ il/elle lui fait du mal, du tort

ᒪᒋᑑᑕᒧᐃᓐ machituutamuwin ni ♦ un mauvais dessein, un péché, l'immoralité, une mauvaise action

ᒪᒋᑑᑕᒻ machituutam vti ♦ il/elle lui fait du mal, du tort

ᒪᒋᑲᒫᐤ machikamaau vii ♦ c'est un mauvais lac pour voyager, un endroit difficile

ᒪᒋᒀᓱ machikwaasuu vai -u ♦ il/elle coud mal; il/elle ne sait pas coudre

ᒪᒋᒋᔐᐃᐦᒀᔥ machichisheishkwesh na ♦ une vieille femme méchante, une sorcière

ᒪᒋᒌᔑᑲᓂᔒᐤ machichiishikanishuu vai -i ♦ il/elle retarde son voyage à cause de la mauvaise température

ᒪᒋᒌᔑᑳᐤ machichiishikaau vii ♦ c'est une mauvaise température; le temps est mauvais; il fait mauvais

ᒪᒋᒌᔓᐌᐤ machichiishuweu vai ♦ il/elle dit des jurons ou de gros mots; il est grossier, elle est grossière; il/elle donne de mauvais ordres

ᒪᒋᒌᔓᐙᑌᐤ machichiishuwaateu vta ♦ il/elle l'injurie, lui lance des gros mots, des insultes; il/elle parle en mal d'elle/de lui

ᒪᒋᒌᐦᑾᐹᔫ machichiihkwepayuu vai/vii -i ♦ il/elle est mal froncé-e; c'est mal froncé (comme les plis dans des mocassins)

ᒪᒋᒌᐦᑾᐦᑖᐤ machichiihkwehtaau vai+o ♦ il/elle le fronce mal (par ex. mocassin), fait une fronce inégale

ᒪᒋᒥᓐᐦ machiminh ni pl ♦ des baies ou de petits fruits toxiques, à ne pas manger

ᒪᒋᒨ machimuu vii -u ♦ c'est une mauvaise route

ᒪᒋᒨ machimuu vai/vii -u ♦ il/elle est mal ajusté-e sur lui/elle; ça ne lui va pas

ᒪᒋᒪᓂᑑ machimanituu na ♦ un diable, un démon, un mauvais esprit

ᒪᒋᒪᐦᑯᔓᐦ machimashkushuuh ni pl -iim ♦ des herbes, des herbages naturels

ᒪᒋᒫᑯᓐ machimaakun vii ♦ ça sent mauvais; ça pue

ᒪᒋᒫᑯᓱ machimaakusuu vai -i ♦ il/elle sent mauvais

ᒪᒋᒫᒥᑐᓀᔨᐦᑕᒻ machimaamituneyihtam vti ♦ il/elle en pense du mal, a des mauvaises pensées au sujet de quelque chose

ᒪᒋᓂᑐᐌᔨᐦᑕᒧᐃᓐ machinituweyihtamuwin ni ♦ de la luxure, un désir charnel, une mauvaise pensée

ᒪᒋᓄᐌᐤ machinuweu vta ♦ il/elle n'aime pas son apparence

ᒪᒋᓇᒻ machinam vti ♦ il/elle déteste son apparence, n'aime pas l'air qu'il a

ᒪᒋᓈᐯᐤ machinaapeu vai ♦ il est mauvais, c'est un méchant homme

ᒪᒋᓈᐯᔒᐤ machinaapeshiiu vai -u ♦ c'est un mauvais garçon

ᒪᒋᓈᐯᔥ machinaapesh na dim -im ♦ un mauvais garçon, un chenapan

ᒪᒋᓈᑯᓐ machinaakun vii ♦ ça semble laid

ᒪᒋᓈᑯᓱ machinaakusuu vai -i ♦ il/elle a mauvaise apparence; il/elle paraît laid-e

ᒪᒋᓈᑯᐦᐁᐤ machinaakuheu vta ♦ il/elle lui donne une mauvaise apparence

ᒪᒋᓈᑯᐦᑖᐤ machinaakuhtaau vai+o ♦ il/elle lui donne mauvaise apparence

ᒪᒋᓐ machin vii ♦ c'est laid

ᒪᒋᓯᑯᓱ machisikusuu vai -i ♦ elle (la glace) est mauvaise, rugueuse

ᒪᒋᓯᐠᑲᐤ machisikwaau vii ♦ c'est de la mauvaise glace

ᒪᒋᓲ machisuu vai -i ♦ il/elle est laid-e

ᒪᒋᐢᐸᑯᐣ machispakun vii ♦ ça goûte mauvais

ᒪᒋᐢᐸᑯᓲ machispakusuu vai -i ♦ il/elle a mauvais goût, goûte mauvais

ᒪᒋᐢᑴᐤ machiskweu na -em ♦ une mauvaise femme, une femme méchante, laide

ᒪᒋᐢᑴᓯᔫ machiskweshiyuu vai -u ♦ elle est méchante, c'est une mauvaise fille

ᒪᒋᐢᑳᐯᐤ machiskaapeu na ♦ argot pour un pet (terme grossier)

ᒪᒋᔑᒣᐤ machishimeu vta ♦ il/elle l'étend, la/le couche dans une position inconfortable

ᒪᒋᔑᐣ machishin vai ♦ il/elle n'est pas confortable; il/elle est installé-e ou couché-e inconfortablement; ça attrape la poussière

ᒪᒋᔥᑌᐱᓀᐤ machishtewepineu vta [Côte] ♦ il/elle la/le jette dans le feu

ᒪᒋᔥᑌᐱᓇᒼ machishtewepinam vti [Côte] ♦ il/elle le jette dans le feu

ᒪᒋᔥᑌᐹᐦᐹᒋᐱᐢᑳᐤ machishtewepaahpaachipiskaau vii ♦ c'est une pointe rocheuse

ᒪᒋᔥᑌᑖᐦᑳᐤ machishtetaauhkaau vii ♦ c'est une haute crête de sable

ᒪᒋᔥᑌᑯᑌᐤ machishtewekuteu vii ♦ ça pend ou ça tombe en pointe

ᒪᒋᔥᑌᑲᒫᐤ machishtewekamaau vii ♦ c'est une pointe de terre sur le lac

ᒪᒋᔥᑌᒥᓇᐦᐄᑯᐢᑳᐤ machishteweminahiikuskaau vii ♦ c'est une pointe de terre couverte d'épinettes blanches

ᒪᒋᔥᑌᒥᑐᐢᑳᐤ machishtewemiituskaau vii ♦ c'est une pointe de terre couverte de peupliers

ᒪᒋᔥᑌᓃᐱᓯᐢᑳᐤ machisteweniipisiiskaau vii ♦ c'est une pointe de terre avec des saules

ᒪᒋᔥᑌᓯᐠᑲᐤ machishtewesikwaau vii ♦ c'est une pointe de glace

ᒪᒋᔥᑌᐢᑲᒥᑳᐤ machishteweskamikaau vii ♦ c'est une pointe de terre

ᒪᒋᔥᑌᔥᒎᑳᐤ machishteweschuukaau vii ♦ c'est une pointe de terre boueuse

ᒪᒋᔥᑌᐍᐦᑰᔮᐤ machishteweshkushuukaau vii ♦ c'est une pointe de terre herbeuse

ᒪᒋᔥᑌᐧᐯᔮᐦᑳᐤ machishteweyaauhkaau vii ♦ c'est une pointe de terre sablonneuse

ᒪᒋᔥᑌᐧᐯᔮᐤ machishteweyaau vii ♦ c'est une pointe de terre, un cap

ᒪᒋᔥᑌᐧᐯᔮᐱᐢᑳᐤ machishteweyaapiskaau vii ♦ c'est une pointe rocheuse, une pointe couverte de pierres

ᒪᒋᔥᑌᐧᐯᔮᑯᓂᑳᐤ machishteweyaakunikaau vii ♦ c'est une pointe couverte de neige

ᒪᒋᔥᑌᐧᐯᔮᐢᑴᔮᐤ machishteweyaaskweyaau vii ♦ les arbres s'élèvent sur la pointe; c'est une pointe de terre boisée

ᒪᒋᔥᑌᐦᑯᐹᐤ machishtewehkupaau vii ♦ c'est une pointe de saules

ᒪᒋᔥᑌᐤ machishteu vii ♦ c'est mal écrit, mal placé

ᒪᒋᔥᑌᐸᔫ machishtepayuu vai/vii -i [Côte] ♦ il/elle/ça tombe dans le feu

ᒪᒋᔥᑌᐦᐊᒫᐤ machishtehamaau vai [Côte] ♦ il/elle fait une offrande (de viande, de gras) en la mettant dans le feu, il/elle fait une offrande par le feu

ᒪᒋᔥᑌᐦᐊᒫᒉᐎᐣ machishtehamaachewin ni ♦ une offrande par le feu, un sacrifice, un holocauste

ᒪᒋᔥᑌᐦᐊᒼ machishteham vti ♦ il/elle le met dans le feu

ᒪᒋᔥᑌᐦᐍᐤ machishtehweu vta [Côte] ♦ il/elle la/le met dans le feu

ᒪᒋᔥᑖᐤ machishtaau vai+o ♦ il/elle le salit, le place mal; il/elle écrit mal

ᒪᒋᐢᑴᔑᐤ machishkweshiiu vai ♦ c'est une mauvaise fille

ᒪᒋᐢᑯᑌᐤ machishkuteu ni ♦ l'enfer, litt. 'le mauvais feu'

ᒪᒋᔨᒥᐦᐁᐤ machiyimiheu vta ♦ il/elle lui lance des jurons, lui dit des gros mots

ᒪᒋᔨᐦᑑ machiyihtuu vai -i ♦ il/elle fait de mauvaises choses, agit mal

ᒪᒋᔮᔨᐍᔮᐤ machiyaayiweyaau vii ♦ le rivage est rocailleux, accidenté

ᒪᒋᐦᐁᐤ machiheu vta ♦ il/elle la/le pose mal, met mal, fait mal; il/elle la/le salit

ᒪᒋᐦᐆ **machihuu** vai -u ♦ il/elle est débraillé-e, s'habille mal

ᒪᒋᐦᑖᐤ **machihtaau** vai+o ♦ il/elle le fait mal, le salit en le faisant

ᒪᒋᐦᑤᐃᓐ **machihtwaawin** ni ♦ une mauvaise nature, la méchanceté, la cruauté, la malice, le péché

ᒪᒋᐦᑤᐤ **machihtwaau** vai ♦ il/elle est de mauvaise humeur, en colère; il est grincheux, grognon, bourru, impoli, insolent, maussade; elle est grincheuse, grognonne, bourrue, impolie, insolente, maussade

ᒪᒋᐦᒄᐯᔨᐦᐆ **machihkwepayihuu** vai -u ♦ il/elle fait une grimace par exprès, délibérément

ᒪᒋᐦᒄᐯᔪ **machihkwepayuu** vai -i ♦ il/elle fait une grimace sans le savoir

ᒪᒋᐦᒄᐁᔨᔥᑐᐌᐤ **machihkweyishtuweu** vta ♦ il/elle lui fait une grimace

ᒪᒋᐦᒄᐁᔨᔥᑕᒻ **machihkweyishtam** vti ♦ il/elle lui fait une grimace

ᒪᒋᐦᒄᐁᔫ **machihkweyuu** vai -i ♦ il/elle fait une grimace malgré lui/elle

ᒪᒋᐦᑯᐌᐤ **machihkuweu** vai ♦ l'arbre est tordu, le bois a un mauvais grain, il est difficile à sculpter, tailler ou découper

ᒪᒋᐦᒑᐦᒄ **machihchaahkw** na ♦ un démon, un mauvais esprit

ᒪᒍᓂᔥ **machunish** ni -im [Mistissini] ♦ du tissu, de l'étoffe

ᒪᒑᐯᐤ **machaapeu** na ♦ un homme laid, un laideron

ᒪᒑᐴ **machaapuu** ni -um ♦ de l'eau sale

ᒪᒑᐴᒋᐦᒄ **machaapuuschihkw** ni ♦ un seau de ménage, un seau hygiénique, une chaudière de chambre, un seau de toilette

ᒪᒑᐸᒋᐦᐁᐤ **machaapachiheu** vta ♦ il/elle l'utilise mal, en fait un mauvais usage

ᒪᒑᐸᒋᐦᑖᐤ **machaapachihtaau** vai+o ♦ il/elle l'utilise mal; il/elle en fait un mauvais usage

ᒪᒑᐸᒣᐤ **machaapameu** vta ♦ il/elle la/le désapprouve en la/le voyant

ᒪᒑᐸᐦᑕᒻ **machaapahtam** vti ♦ il/elle est en désaccord avec quelque chose, désapprouve ce qu'il/elle voit

ᒪᒑᑐᑕᒻ **machaatutam** vti ♦ il/elle donne de mauvaises nouvelles sur quelque chose

ᒪᒑᑯᓀᔮᔥᑎᓐ **machaakuneyaashtin** vii ♦ il y a de grands bancs de neige formés par le vent, la poudrerie

ᒪᒑᑯᓂᑳᐤ **machaakunikaau** vii ♦ la neige rend les déplacements difficiles; la neige est mauvaise pour voyager

ᒪᒑᑲᒋᔥᑎᓐ **machaakachishtin** vii ♦ la surface de la neige est inégale après une tempête de vent

ᒪᒑᑲᒨ **machaakamuu** vii -i ♦ c'est de l'eau contaminée, un liquide sale

ᒪᒑᒋᒣᐤ **machaachimeu** vta ♦ il/elle la/le maudit; il/elle dit des mensonges à son sujet

ᒪᒑᒋᒨ **machaachimuu** vai ♦ il/elle apporte ou donne de mauvaises nouvelles

ᒪᒑᒥᔅᑳᐤ **machaamiskaau** vii ♦ le fond du lac est mauvais

ᒪᒑᔅᐱᓀᐤ **machaaspineu** vai ♦ il/elle a une maladie grave (habituellement incurable)

ᒪᒑᔅᑯᓲ **machaaskusuu** vai -i ♦ il (un arbre) est déformé, inutile

ᒪᒑᐦᑯᓰᐎᓐ **machaahkusiiwin** ni ♦ le SIDA

ᒪᒣᑐᓀᐤ **mametuneu** vta redup ♦ il/elle la/le tâte avec ses mains

ᒪᒣᑐᓂᔥᑲᒻ **mametunishkam** vti redup ♦ il/elle marche à tâtons; il/elle tâtonne avec ses pieds dans le noir

ᒪᒣᑐᓇᒻ **mametunam** vti ♦ il/elle en palpe, en tâte la forme avec ses mains

ᒪᒣᑕᐌᔨᐦᑑ **mametaweyihtuu** vai redup ♦ il/elle fait semblant de jouer

ᒪᒣᓂᐯᔥᑖᓐ **mamenipeshtaan** vii ♦ il y a des averses intermittentes

ᒪᒣᓂᐳᐎᒡ **mamenipuwich** vai pl redup -i ♦ il y en a un peu partout; ils sont posés, elles sont posées ici et là

ᒪᒣᓂᑯᔅᑯᓐ **mamenikuskun** vii [côte] ♦ il y a quelques nuages épars

ᒪᒣᓂᑯᐦᒋᓐ **mamenikuhchin** vii ♦ il y a des morceaux épars qui flottent (par ex. de glace)

ᒪᒣᓂᑳᐴᐎᒡ **mamenikaapuuwich** vai pl redup -uu ♦ ils/elles sont debout ici et là, en groupes un peu partout

ᒪᓂᑲᐳᐦᑖᐤ **mamenikaapuuhtaau** vai+o redup ♦ il/elle les pose, les installe, les met debout ici et là, un peu partout

ᒪᓂᔅᐳᑖᐊ **mamenisputaan** vii ♦ il neige par-ci par-là

ᒪᓂᔅᑯᐊ **meneniskun** vii redup [Intérieur] ♦ il y a quelques nuages épars

ᒪᓂᔥᑌᐦ **mamenishteuh** vii pl redup ♦ il y en a ici et là; ils sont placés un peu partout

ᒪᓂᔥᑖᐤ **mamenishtaau** vai+o redup ♦ il/elle les installe ici et là, les pose un peu partout, en met à plusieurs endroits

ᒪᓂᐦᐁᐤ **mameniheu** vta redup ♦ il/elle les pose ici et là

ᒪᓂᐦᑯᐹᐤ **mamenihkupaau** vii redup ♦ il y a des bouquets de saules épars, des touffes de saules ici et là

ᒪᓃᐌᐤ **mameniiweu** vii redup ♦ le vent souffle ici et là

ᒪᓅᐦᑖᐊ **mamenuuhtaan** vii redup ♦ il y a des averses dispersées; la pluie est intermittente

ᒪᓈᑎᒦᐤ **mamenaatimiiu** vii ♦ il y a des endroits où l'eau est profonde ici et là

ᒪᓈᓂᔫ **mamenaaniyuu** vai redup -i ♦ il/elle est capable de faire quelque chose avec très peu de pratique ou d'expérience

ᒪᓈᔅᑴᔮᐤ **mamenaaskweyaau** vii redup ♦ il y a des touffes d'arbres ici et là

ᒪᓈᐦᑲᓲᐃᐧ **mamenaahkasuwich** vai pl redup -u ♦ il y a des arbres imbrûlés ou intacts ici et là, un peu partout

ᒪᐁ **mamen** p,lieu redup ♦ ici et là, à divers endroits, un peu partout ▪ ᐁᐧᐃ ᒪᐁ ᐊᐟ ᒌᐊᐦ *Il y a encore de la neige ici et là.*

ᒪᓷᐌᔨᐦᑕᒼ **mamesuuweyihtam** vti ♦ il/elle se met à pleurer en voyant un être aimé qu'il/elle n'a pas vu depuis longtemps

ᒪᑯᐱᑌᐤ **mamikupiteu** vta redup ♦ il/elle la/le brasse avec de petites secousses

ᒪᑯᐱᑕᒼ **mamikupitam** vti redup ♦ il/elle l'agite, le brasse avec de petites secousses

ᒪᑯᓀᐤ **mamikuneu** vta redup ♦ il/elle la/le frotte dans ses mains (par ex. une peau d'orignal pour l'assouplir), la/le lave à la main

ᒪᑯᓇᒼ **mamikunam** vti redup [Intérieur] ♦ il/elle le frotte dans sa main (pour l'assouplir), le lave à la main

ᒪᒥᔑᒣᐤ **mamishimeu** vta redup ♦ il/elle raconte des choses sur elle/lui; il/elle la/le dénonce

ᒪᒥᔑᐦᐁᐤ **mamishiheu** vta redup ♦ il/elle lui cause des problèmes par ses actions

ᒪᒥᐦᑌᔨᒣᐤ **mamihteyimeu** vta redup ♦ il est fier d'elle/de lui, elle est fière de lui/d'elle

ᒪᒥᐦᑎᓰᐤ **mamihtisiiu** vai redup [Intérieur] ♦ il/elle s'en vante; il en est fier, orgueilleux; elle en est fière, orgueilleuse

ᒪᒥᐦᑯᓄᐌᐹᔫ **mamihkunuwepayuu** vai redup -i ♦ ils/elles ont les joues roses

ᒪᒥᐦᒋᐸᔨᐦᐤ **mamihchipayihuu** vai redup ♦ il/elle prend des allures de macho en marchant

ᒪᒥᐦᒋᓰᐙᒉᐤ **mamihchisiiwaacheu** vai redup ♦ il s'en montre fier, orgueilleux; elle s'en montre fière, orgueilleuse; il/elle l'étale, en met plein la vue, fait de l'épate ou de l'esbroufe

ᒪᒥᐦᒋᓰᐤ **mamihchisiiu** vai redup [Côte] ♦ il en est fier, orgueilleux; elle en est fière, orgueilleuse; c'est un crâneur, c'est une crâneuse

ᒪᒥᐦᒋᐦᐁᐤ **mamihchiheu** vta redup ♦ il/elle le rend fier, la rend fière

ᒪᒥᐦᒋᐦᐄᐌᐤ **mamihchihiiweu** vai redup ♦ il/elle est très capable; il/elle fait très bien les choses et les gens sont fiers de lui ou d'elle; il/elle fait honneur aux autres

ᒪᒥᐦᒋᐦᐄᐌᒥᑯᓰᐃᐧᐊ **mamihchihiiwemikusiiwin** ni ♦ des félicitations

ᒪᒦᐌᓰᐤ **mamiiwesiiu** vai ♦ il/elle exprime une grande joie, beaucoup de bonheur à propos de quelque chose

ᒪᒦᐙᓲᒣᐤ **mamiiwaasumeu** vta redup ♦ il/elle lui exprime son grand bonheur

Lᑭᒥᐧᑳᒋᓯᐅ mamiihkwaachisiiu vai
 ♦ il/elle retrouve la santé, se remet, récupère ses forces, se rétablit après une maladie ■ ᐆᔨ ᐋᔥᒡᒥ ᐊᒡᒥ Lᑭᒥᐧᑳᒋᓯᐆᒃ ■ *Elle est en train de se remettre.*
Lᒎᔅᒋᒍᐎᓐ mamuuschichuwin vii redup
 ♦ ça fait des bulles; ça bouillonne (liquide) ici et là
ᒫᒫᐧᑯᐦᐄᒉᐅ mamatwesikuhiicheu vai redup ♦ on l'entend donner des coups de marteau dans la glace; il/elle fait du bruit en cognant dans la glace
ᒫᒫᐧᑯᐦᐊᒻ mamatwesikuham vti redup
 ♦ il/elle frappe la glace avec un ciseau, et ça s'entend
ᒫᒫᐧᔥᑲᒉᒥᐅ mamatweshkachemeu vai redup ♦ il/elle fait du bruit en mâchant sa gomme
ᒫᒫᐧᔦᐋᐱᔅᑲᐦᐊᒻ mamatweyaapiskaham vti redup ♦ il/elle cogne dessus, le frappe et on entend un bruit métallique
ᒫᒫᐧᐦᐄᒉᐅ mamatwehiicheu vai redup
 ♦ il/elle cogne du marteau bruyamment; on l'entend donner des coups de marteau
ᒫᒫᐧᐦᐊᒻ mamatweham vti redup ♦ il/elle le frappe pour le faire entendre
ᒫᒫᐧᐦᐁᐤ mamatwehweu vta redup
 ♦ il/elle tape dessus pour qu'on puisse l'entendre
ᒫᒪᒉᔨᒥᐅ mamacheyimeu vta redup
 ♦ il/elle l'envie
ᒫᒪᒉᔨᐦᑕᒻ mamacheyihtam vti redup ♦ il est jaloux, elle est jalouse
ᒫᒪᒋᓯᑳᐤ mamachisikwaau vii redup
 ♦ c'est de la mauvaise glace, raboteuse par endroits
ᒫᒪᒋᐦᑵᐸᔨᐦᐅ mamachihkwepayihuu vai redup -u ♦ il/elle grimace (par ex. de douleur)
ᒫᒪᒌᐦᑵᔨᔥᑐᐌᐤ mamachiihkweyishtuweu vta redup ♦ il/elle lui fait des grimaces comiques; il/elle prend des expressions amusantes pour elle/lui
ᒫᒪᒌᐦᑵᔨᔫ mamachiihkweyiyuu vai redup -yi ♦ il/elle fait de drôles de mimiques, des grimaces comiques; il/elle prend des expressions amusantes
ᒫᒪᓃᐤ mamaniiu vai [Intérieur] ♦ il/elle se prépare pour le travail, le voyage
ᒫᒪᓈᔥᑌᐤ mamanaashteu vai redup
 ♦ il/elle ramasse des branches
ᒫᒫᐦᑲᒑᐴ mamahkachaapuu vai redup -i
 ♦ il/elle a de grands yeux
ᒫᒫᐦᒋᑎᐦᒉᐤ mamahchitihcheu vai redup
 ♦ il/elle a de grosses ou grandes mains
ᒫᒫᒁᔨᐦᑕᒻ mamaakweyihtam vti redup
 ♦ il/elle exagère, en fait une montagne
ᒫᒫᑯᐹᑎᓀᐤ mamaakupaatineu vta redup
 ♦ il/elle la/le presse dans l'eau plusieurs fois, la/le rince dans l'eau de lavage (par ex. un pantalon)
ᒫᒫᑯᐹᑎᓇᒻ mamaakupaatinam vti redup
 ♦ il/elle le presse dans l'eau plusieurs fois, le foule (par ex. un vêtement) dans l'eau de lavage
ᒫᒫᒋᐦᑵᔨᔥᑐᐌᐤ mamaachiihkweyishtuweu vta redup [Côte] ♦ il/elle lui fait des grimaces comiques
ᒫᒫᒋᐦᑵᔨᔫ mamaachiihkweyiyuu vai redup -yi [Côte] ♦ il/elle fait de drôles de mimiques, des grimaces comiques; il/elle prend des expressions amusantes
ᒫᐦᑯᑖᑯᓱ mamaahkutaakusuu vai redup -i ♦ il/elle se plaint tout le temps; c'est un plaignard ou une plaignarde
ᒫᐦᒋᑳᐱᔅᑯᐦᐌᐤ mamaahchikwaapiskuhweu vta redup ♦ il/elle la/le menotte
ᒫᐦᒋᑳᐱᔅᑲᐦᐄᑲᓐ mamaahchikwaapiskahiikanh ni pl
 ♦ des menottes
ᒫᐦᒋᑳᐱᔅᑲᐦᐊᒻ mamaahchikwaapiskaham vti redup
 ♦ il/elle le met autour avec un outil (métal, par ex. une chaîne)
ᒫᐦᒋᑳᐱᔅᑲᐦᐌᐤ mamaahchikwaapiskahweu vta redup ♦ il/elle lui passe les menottes
ᒪᓀᐅᓰᐤ maneusiiu vai ♦ il/elle est rare, difficile à trouver
ᒪᓀᐎᓐ manewin vii ♦ c'est rare
ᒪᓀᐤ maneu vta ♦ il/elle l'enlève à la main
ᒪᓂᐧᐸᐦᐊᒻ maniwepaham vti ♦ il/elle le balaie, le brosse; il/elle l'enlève avec un balai, une brosse

ᒪᓂᐯᐸᐦᐍᐤ **maniwepahweu** vta
 • il/elle la/le balaie, brosse
ᒪᓂᐱᑌᐤ **manipiteu** vta • il/elle la/le retire
ᒪᓂᐱᑐᓀᐦᐍᐤ **manipituneshweu** vta
 • il/elle lui coupe ou ampute le bras
ᒪᓂᐱᑕᒼ **manipitam** vti • il/elle l'ôte, l'enlève, le retire d'une chose à laquelle c'est attaché
ᒪᓂᐸᔫ **manipayuu** vai/vii -i • il/elle/ça s'enlève, se détache
ᒪᓂᑎᓰᐎᔐᐧᐤ **manitisiiweshweu** vta
 • il/elle en retire le gésier
ᒪᓂᑑ **manituu** na -tuum [Intérieur] • un monstre marin
ᒪᓂᑑᐦᑳᓐ **manituuhkaan** na -im • une idole, une image, une statue religieuse
ᒪᓂᑕᒋᔐᓀᐤ **manitachisheneu** vta
 • il/elle en retire les intestins
ᒪᓂᑕᒥᔐᐦᐄᒉᐤ **manitamischehiicheu** vai
 • il/elle gratte, écharne une peau
ᒪᓂᑕᒥᔐᐦᐍᐤ **manitamischehweu** vta
 • il/elle l'écharne avec un outil (une peau)
ᒪᓂᑕᐦᑕᐦᑯᓀᔐᐧᐤ **manitahtahkuneshweu** vta • il/elle coupe les ailes pour les enlever
ᒪᓂᑫᐤ **manikweu** vai • il/elle retire ou enlève les collets
ᒪᓂᑯᑌᐦᐍᐤ **manikutehweu** vta • il/elle lui casse le bec pour l'enlever
ᒪᓂᑯᓀᐱᑌᐤ **manikunepiteu** vta • il/elle enlève les plumes de l'aile
ᒪᓂᑯᔨᐍᔐᐧᐤ **manikuyiweshweu** vta
 • il/elle lui tranche le cou (pour enlever la tête)
ᒪᓂᑰᐯᐤ **manikuupeu** vai • il/elle ramasse des branches de saule
ᒪᓂᑲᓀᔐᐧᐤ **manikaneshweu** vta • il/elle sépare la viande des os
ᒪᓂᑲᓀᔕᒼ **manikanesham** vti • il/elle désosse, enlève la viande des os
ᒪᓂᑲᐦᑴᔖᐙᓐ **manikashkweshaawaan** ni • un coupe-ongles
ᒪᓂᑲᐦᐊᒼ **manikaham** vti • il/elle le coupe, le tranche
ᒪᓂᑲᐦᐍᐤ **manikahweu** vta • il/elle la/le tranche, coupe (à la hache)

ᒪᓂᑳᑌᔐᐧᐤ **manikaateshweu** vta • il/elle lui coupe la patte, lui ampute une jambe
ᒪᓂᒎᔔᐙᑲᒧ **manichuushuwaakamuu** vii -i • il y a des insectes dans l'eau
ᒪᓂᒎᔔ **manichuushuu** vai/vii -uu
 • il/elle/ça a des vers
ᒪᓂᒎᔥ **manichuush** na dim -im • un insecte
ᒪᓂᓯᑯᐦᐍᐤ **manisikuhweu** vta • il/elle donne des coups pour en enlever la glace
ᒪᓂᔐᐧᐤ **manishweu** vta • il/elle lui ampute un membre, la/le coupe
ᒪᓂᔑᒉᐤ **manishicheu** vai • c'est un moissonneur, c'est une moissonneuse
ᒪᓂᔑᓈᐍᔐᐧᐤ **manishinaaweshweu** vai
 • il/elle enlève ou retire le castoréum, le rognon de castor
ᒪᓂᔑᐦᐄᒉᐤ **manishihiicheu** vai • il/elle dérange une bande d'oies en train de se nourrir depuis un certain temps, puis s'assoit et attend leur retour
ᒪᓂᔑᐦᐍᐤ **manishiihweu** vta • il/elle les dérange (des oies) pendant qu'elles s'alimentent, puis s'assoit et attend leur retour
ᒪᓂᔕᒼ **manisham** vti • il/elle en coupe un morceau
ᒪᓂᔥᑎᒁᓀᔐᐧᐤ **manishtikwaaneshweu** vta • il/elle en coupe la tête
ᒪᓂᔥᑎᒁᓀᐦᑲᓲ **manishtikwaanehkasuu** vai • il (un castor) est tellement cuit que la tête se détache
ᒪᓂᔥᑯᔨᐍᐤ **manishkuyiweu** vai • il/elle pèle, retire, enlève l'écorce du bouleau
ᒪᓂᐦᐸᓀᔐᐧᐤ **manihpaneshweu** vta
 • il/elle lui enlève le foie
ᒪᓃᐤ **maniiu** vai [Côte] • il/elle se prépare à aller travailler, à partir en voyage
ᒪᓅᑌᐤ **manuuteu** vai • ses bois (orignal, caribou) tombent
ᒪᓇᐱᔑᐅᔫ **manapishuiyeu** vai • il/elle ramasse des perches pour le tipi
ᒪᓇᒼ **manam** vti • il/elle l'ôte, l'enlève, le retire à la main
ᒪᓇᐦᐄᐄᐎᑯᐯᐤ **manahiiwiikupeu** vai
 • il/elle ramasse de l'écorce de saule pour faire de la corde

ᒪᓇᐦᐄᐯᐤ manahiipeu vai ◆ il/elle retire ou remonte le filet

ᒪᓇᐦᐄᐱᒣᐤ manahiipimeu vai ◆ il/elle écume le gras

ᒪᓇᐦᐄᐱᒫᑕᒼ manahiipimaatam vti ◆ il/elle en écume le gras

ᒪᓇᐦᐄᔔᐌᐤ manahiischuweu vai ◆ il/elle ramasse de la gomme des arbres

ᒪᓇᐦᐊᒼ manaham vti ◆ il/elle l'ôte, l'enlève, le retire avec un outil

ᒪᓇᐦᐌᐤ manahweu vta ◆ il/elle l'enlève avec un outil

ᒫᓈᐌᐤ manaaweu vai ◆ il/elle ramasse des oeufs

ᒫᓈᐘᓐ manaawaan ni ◆ un endroit où on ramasse des oeufs

ᒫᓈᐱᑌᐱᑌᐤ manaapitepiteu vta ◆ il/elle lui arrache une dent

ᒫᓈᐱᑌᐱᐦᒉᐤ manaapitepihcheu vai ◆ il/elle arrache des dents

ᒫᓈᐱᑌᐱᐦᒉᓲ manaapitepihchesuu na-sIim ◆ un ou une dentiste

ᒫᓈᐱᐦᒉᐱᑌᐤ manaapihchepiteu vta ◆ il/elle la/le retire (filiforme)

ᒫᓈᐱᐦᒉᐱᑕᒼ manaapihchepitam vti ◆ il/elle l'enlève, le retire (filiforme)

ᒫᓈᐱᐦᒉᓀᐤ manaapihcheneu vta ◆ il/elle l'enlève à la main (filiforme)

ᒫᓈᐱᐦᒉᓇᒼ manaapihchenam vti ◆ il/elle l'ôte, l'enlève, le retire (filiforme) avec les mains

ᒫᓈᐱᐦᒉᔱᐌᐤ manaapihcheshweu vta ◆ il/elle la/le coupe (filiforme)

ᒫᓈᐸᐅᔦᐤ manaapauyeu vta ◆ il/elle l'enlève avec de l'eau

ᒫᓈᐸᐅᑖᐤ manaapaautaau vai+o ◆ il/elle l'enlève avec de l'eau

ᒫᓈᑲᒥᐦᑴᓀᐤ manaakamihkweneu vta ◆ il/elle en tire du sang, lui fait une prise de sang (par ex. un test sanguin)

ᒫᓈᑲᒥᐦᑴᓇᒼ manaakamihkwenam vti ◆ il/elle en extrait le sang, le vide de son sang

ᒫᓈᒋᒣᐤ manaachimeu ◆ il/elle fait attention à ce qu'il/elle lui dit

ᒫᓈᒋᐦᐁᐤ manaachiheu vta ◆ il/elle la/le ménage, l'utilise avec précaution

ᒫᓈᒋᐦᑖᐤ manaachihtaau vai+o ◆ il/elle l'épargne, l'utilise avec précaution

ᒫᓈᔅᐱᑌᐤ manaaspiteu vta ◆ il/elle la/le déshabille, lui enlève ses vêtements

ᒫᓈᔅᐱᓲ manaaspisuu vai-u ◆ il/elle se déshabille

ᒫᓈᐦᐆ manaahuu vai-u ◆ il/elle prend quelque chose pour lui/elle-même, une chose qui a été jetée

ᒫᓈᐦᐆᑐᐌᐤ manaahuutuweu vta ◆ il/elle la/le prend pour s'en servir

ᒫᓈᐦᐆᑕᒼ manaahuutam vti ◆ il/elle le prend pour s'en servir

ᒫᓈᐦᑯᐦᑌᐤ manaahkuhteu vii ◆ les traces disparaissent dans la neige fondante

ᒪᓯᓇᐚᔥᑌᓯᓇᐦᐄᒉᐸᔨᐦᑖᓲ masinawaashtesinahiichepayihtaasuu na ◆ un programmeur, une programmeuse (d'ordinateurs)

ᒪᓯᓇᔥᑎᐦᐄᑲᓂᔑᓯᓐ masinashtihiikanischisin ni ◆ un mocassin de cuir brodé

ᒪᓯᓇᔥᑎᐦᐄᑲᓈᔅᑎᔅ masinashtihiikanastis na ◆ une mitaine brodée en peau, en cuir

ᒪᓯᓇᔥᑎᐦᐄᒉᐤ masinashtihiicheu vai ◆ il/elle brode, fait de la broderie

ᒪᓯᓇᔥᑕᐦᐄᑲᓐ masinashtahiikan ni ◆ de la broderie

ᒪᓯᓇᐦᐁᒋᓈᓄᐎᑦ masinahechinwaanuwit ni ◆ du carton, une boîte en carton

ᒪᓯᓇᐦᐁᒋᓈᓐ masinahechinwaan ni-im ◆ du papier

ᒪᓯᓇᐦᐄᑲᓂᔥ masinahiikanish ni dim ◆ un livret, un petit livre

ᒪᓯᓇᐦᐄᑲᓂᐦᒉᐘᒉᐤ masinahiikanihchewaacheu vai ◆ il/elle en fait un livre

ᒪᓯᓇᐦᐄᑲᓂᐦᒉᐤ masinahiikanihcheu vai ◆ il/elle imprime des livres, produit des livres

ᒪᓯᓇᐦᐄᑲᓂᐦᒉᓲ masinahiikanihchesuu vai-i ◆ il/elle imprime, produit des livres; c'est un imprimeur, une imprimeuse

ᒪᓯᓇᐦᐄᑲᓈᐴ masinahiikanaapuu ni ◆ de l'encre

ᒪᓯᓇᐦᐄᑲᓈᐦᑎᑯᐎᑦ masinahiikanaahtikuwit ni ◆ un porte-crayons, un étui à crayons

ᒪᓯᓈᐦᐄᑲᓈᐦᑎᒄ **masinahiikanaahtikw** na
 ◆ un crayon, un stylo
ᒪᓯᓈᐦᐄᑲᓐ **masinahiikan** ni ◆ une lettre, un livre
ᒪᓯᓈᐦᐄᑳᒉᐤ **masinahiikaacheu** vai
 ◆ il/elle écrit avec, s'en sert pour écrire
ᒪᓯᓈᐦᐃᒉᐅᑲᒥᒄ **masinahiicheukamikw** ni
 ◆ un bureau
ᒪᓯᓈᐦᐃᒉᐅᓯᓈᐦᐄᑲᓐ **masinahiicheusinahiikan** ni ◆ un cahier d'exercices
ᒪᓯᓈᐦᐃᒉᐤ **masinahiicheu** vai ◆ il/elle écrit
ᒪᓯᓈᐦᐃᒉᐸᔨᐦᒑᐤ **masinahiichepayihtaau** vai+o ◆ il/elle le dactylographie, le tape à la machine
ᒪᓯᓈᐦᐃᒉᐸᔨᐦᒑᓲ **masinahiichepayihtaasuu** na -siim ◆ un ou une dactylo, un ou une dactylographe
ᒪᓯᓈᐦᐃᒉᐸᔫ **masinahiichepayuu** vai -i
 ◆ il/elle accumule des dettes qu'il/elle ne peut payer, il/elle fait faillite
ᒪᓯᓈᐦᐃᒉᔥᑕᒧᐌᐤ **masinahiicheshtamuweu** vta ◆ il/elle l'écrit pour elle/lui
ᒪᓯᓈᐦᐅᓲ **masinahuusuu** vai reflex -u
 ◆ il/elle signe son nom
ᒪᓯᓈᐦᐊᒧᐌᐤ **masinahamuweu** vta
 ◆ il/elle lui écrit
ᒪᓯᓈᐦᐊᒫᑐᐃᓐ **masinahamatuwin** ni
 ◆ un message, une lettre
ᒪᓯᓈᐦᐊᒻ **masinaham** vti ◆ il/elle l'écrit
ᒪᓯᓈᐱᔅᑲᐦᐄᑲᓂᐦᑳᓐ **masinaapiskahiikanihkaan** ni ◆ une carte-éclair, une image
ᒪᓯᓈᐱᔅᑲᐦᐄᑲᓐ **masinaapiskahiikan** ni
 ◆ une caméra, un appareil-photo; une photo, une image
ᒪᓯᓈᐱᔅᑲᐦᐄᒉᐤ **masinaapiskahiicheu** vai
 ◆ il/elle prend des photos
ᒪᓯᓈᐱᔅᑲᐦᐄᒉᐸᔨᐦᒑᐤ **masinaapiskahiichepayihtaau** vai+o
 ◆ il/elle le filme; il/elle en fait un film
ᒪᓯᓈᐱᔅᑲᐦᐄᒉᐸᔫ **masinaapiskahiichepayuu** vii -i ◆ ça filme
ᒪᓯᓈᐱᔅᑲᐦᐄᒉᓲ **masinaapiskahiichesuu** na -siim ◆ un ou une photographe

ᒪᓯᓈᐱᔅᑲᐦᐄᒉᔥᑕᒧᐌᐤ **masinaapiskahiicheshtamuweu** vta
 ◆ il/elle prend une photo pour elle/lui
ᒪᓯᓈᐱᔅᑲᐦᐊᒻ **masinaapiskaham** vti
 ◆ il/elle en prend une photo; il/elle le photographie
ᒪᓯᓈᐱᔅᑲᐦᐌᐤ **masinaapiskahweu** vta
 ◆ il/elle prend une photo d'elle/de lui
ᒪᓯᓈᑌᐤ **masinaateu** vii ◆ il y a de l'écriture dessus
ᒪᓯᓈᓲ **masinaasuu** vai-u ◆ il/elle est écrit-e sur quelque chose, son nom est inscrit sur quelque chose; il/elle est enregistré-e
ᒪᓯᓈᐦᐋᐯᐤ **masinaahaapeu** vai ◆ il/elle fait un dessin ou motif en tressant des raquettes
ᒫᓵᓂᔑᓐ **masaanishin** vai ◆ il/elle tombe dans les orties
ᒫᓵᓈᐦᑎᒄ **masaanaahtikw** ni ◆ une grande ortie, une ortie dioïque *Urtica dioica*
ᒫᓵᓐ **masaan** ni ◆ une grande ortie, une ortie dioïque *Urtica dioica*
ᒪᔅᑯᐱᒦ **maskupimii** na -m ◆ de la graisse d'ours, du gras d'ours
ᒪᔅᑯᑕᒋᔒ **maskutachishii** na -m ◆ les entrailles, les intestins, les tripes de l'ours
ᒪᔅᑯᑲᓐ **maskukan** ni -im ◆ un os d'ours
ᒪᔅᑯᒥᑖᓐ **maskumitaan** vii ◆ il tombe de la grêle, du grésil
ᒪᔅᑯᒥᓈᓈᐦᑎᒄ **maskuminaanaahtikw** ni -um ◆ un sorbier d'Amérique, le cormier, le maska; une branche de sorbier
ᒪᔅᑯᒥᓂᐦ **maskuminh** ni pl ◆ les fruits du sorbier d'Amérique, du cormier, du maska; des baies de sorbier
ᒪᔅᑯᒥᔒ **maskumishii** ni -m ◆ un sorbier monticole, sorbier de montagne, sorbier plaisant, *Sorbus decora* ou sorbier d'Amérique, cormier *Sorbus americana*
ᒪᔅᑯᒦ **maskumii** na -m ◆ de la glace
ᒪᔅᑯᒦᐅᑲᐸᑦ **maskumiiukapat** ni ◆ un congélateur
ᒪᔅᑯᒦᐅᑲᒥᒄ **maskumiiukamikw** ni ◆ un dépôt de glace
ᒪᔅᑯᒦᐙᐴ **maskumiiwaapuu** ni ◆ de la glace fondue

ᒪᔅᑯᒦᐚᑲᒧ **maskumiiwaakamuu** vii -i ♦ il y a de la glace dans l'eau

ᒪᔅᑯᒥᐤ **maskumiiu** vai/vii ♦ il/elle est glacé-e; c'est glacé

ᒪᔅᑯᔥ **maskush** na dim [Waswanipi] ♦ un ourson, un jeune ours *Ursus americanus*, mot rarement utilisé

ᒪᔅᑯᔮᓐ **maskuyaan** na [Waswanipi] ♦ une peau d'ours

ᒪᔅᑯᔮᔅ **maskuyaas** na -im [Waswanipi] ♦ de la viande d'ours

ᒪᔅᑯʺᑳᓐ **maskuhkaan** na -im ♦ un ourson en peluche, un nounours

ᒪᔅᑰᓂᑯᓯᐤ **maskuunikusiiu** vai ♦ il/elle semble solide, fort-e, résistant-e au toucher

ᒪᔅᑲᑌʸʰᑕᒼ **maskateyihtam** vti ♦ il/elle est étonné-e, stupéfait-e, ébahi-e

ᒪᔅᑲᒣᐤ **maskameu** vta ♦ il/elle lui enlève quelque chose qui lui appartient

ᒪᔅᑲʰᑐᐍᐃᓕᔨᔫ **maskahtuweuiiyiyuu** na -yiim ♦ un voleur, une voleuse

ᒪᔅᑲʰᑐᐍᐎᓐ **maskahtuwewin** ni ♦ un vol

ᒪᔅᑲʰᑐᐍᐤ **maskahtuweu** vai ♦ il/elle prend, vole, s'empare de quelque chose

ᒪᔅᑳᑌʸᒣᐤ **maskaateyimeu** vta ♦ il/elle est ébahi-e par elle/lui

ᒪᔅᑳᑌʸʰᑕᒥʰᐁᐤ **maskaateyihtamiheu** vta ♦ il/elle la/le surprend

ᒪᔅᑳᑌʸʰᑕᒼ **maskaateyihtam** vti ♦ il/elle en est étonné-e, ébahi-e, émerveillé-e; il/elle rêve tout éveillé-e

ᒪᔅᑳᑌʸʰᑖᑯᓐ **maskaateyihtaakun** vii ♦ c'est surprenant, étonnant, incroyable

ᒪᔅᑳᑌʸʰᑖᑯᓲ **maskaateyihtaakusuu** vai -i ♦ il/elle est surprenant-e, étonnant-e

ᒪᔅᑳᑎᑯᓐ **maskaatikun** vii ♦ c'est étrange, bizarre

ᒪᔅᑳᑎᑯᓯᐤ **maskaatikusiiu** vai ♦ il/elle est étrange, bizarre, agit étrangement ou bizarrement

ᒪᔅᑳᑕᒧᐎᓐ **maskaatamuwin** ni ♦ de la surprise, de la stupéfaction, de la stupeur, de l'ébahissement

ᒪᔅᑳᑕᒼ **maskaatam** vti ♦ il/elle en est surpris-e

ᒪᔅᑳᒡ **maskaach** p,interjection ♦ c'est incroyable, étonnant, renversant, je n'en reviens pas ■ ᒌᐌ ᒧᐁᒼ ᒪᔅᑳᒡ ᐊᐁ ᑲ ᐃᔅᐯᓕʰᒄₓ ■ *C'est vraiment incroyable ce qui s'est passé.*

ᒪᔅᑳᓯᓅᐍᐤ **maskaasinuweu** vta ♦ il/elle la/le regarde avec étonnement, stupeur, stupéfaction; il/elle la/le dévisage, regarde fixement

ᒪᔅᑳᓯᓇᒼ **maskaasinam** vti ♦ il/elle le regarde avec étonnement, le fixe du regard, le regarde fixement

ᒪᔅᑳᓯᓈᑯᓐ **maskaasinaakun** vii ♦ ça semble sensationnel, fantastique, étonnant

ᒪᔅᑳᓯᓈᑯᓲ **maskaasinaakusuu** vai -i ♦ il/elle semble étonnant-e, a l'air extraordinaire

ᒪᔅᒄ **maskw** na [Waswanipi] ♦ un ours *Ursus americanus*, mot rarement utilisé (voir aussi *kaakus* [Mistissini], *chisheyaakw* [Côtier])

ᒪᔒᒉᑯᒦᓈʰᑎᒄ **maschekuminaanaahtikw** ni ♦ une airelle rouge, l'airelle canneberge, l'atocas *Vaccinum oxycoccus*

ᒪᔒᒉᑯᒥᓈʰ **maschekuminaanh** ni pl ♦ des airelles, des atocas, des airelles canneberges *Vaccinium oxycoccus*

ᒪᔒᒉᑯᒥᓈʰᑎᒄ **maschekuminaahtikw** ni pl ♦ une l'airelle rouge, de la canneberge, de l'atoca *Vaccinum oxycoccus*

ᒪᔒᑯᔅᑲᒥᑳᐤ **maschekuskamikaau** vii ♦ c'est un terrain marécageux; il y un muskeg, une tourbière

ᒪᔒᑯʰᑎᓐ **maschekuhtin** vii ♦ la rivière traverse un muskeg, une tourbière

ᒪᔒᑯ **maschekuu** vii [Côte] ♦ c'est marécageux

ᒪᔒᑯᓐ **maschekuun** vii -uu [Intérieur] ♦ c'est marécageux

ᒪᔒᑲᐴ **maschekwaapuu** ni ♦ de l'eau de tourbière

ᒪᔒᒀᑲᒥᔒᔥ **maschekwaakamishiish** ni dim ♦ un lac, un étang dans la tourbière ou le muskeg

ᒪᔒᒀᑲᒫᐤ **maschekwaakamaau** vii ♦ il y a un lac dans le muskeg, la tourbière

ᒪᔒᒀᔅᑵᔮᐤ **maschekwaaskweyaau** vii ♦ c'est une zone d'arbres rabougris dans le muskeg, la tourbière

ᒪᔅᒉᒃ **maschekw** ni ♦ une tourbière, un muskeg, un marais, un bogue

ᒪᔅᒋᓯᓂᔥᒌᔥ **maschisinishchiish** na pej ♦ une ancienne petite amie, un ancien petit ami, littéralement 'une vieille savate'

ᒪᔅᒋᓯᓂᔮᐱ **maschisiniyaapii** ni -m ♦ un lacet ou cordon de soulier

ᒪᔅᒋᓯᓐ **maschisin** ni ♦ une chaussure, un soulier, une botte, un mocassin

ᒪᔥᑌᐅᔦᔮᐤ **mashteueyaau** ni ♦ Pointe-Bleue (autrefois Piyekwaakamii), Mashteuiatsh

ᒪᔥᑑ **mashtuu** p,temps ♦ depuis la dernière fois, depuis peu, jusqu'à récemment, peu après ▪ ᒪᔥᑑ ᓃ ᐯᔥᐅᑲᐸᓐ ᑲ ᐃᔮᓐ ᐯᒪᑌᔮᓐx ▪ *On dirait qu'il a marché peu après que j'aie marché.*

ᒪᔥᑯᐋᐃᐦᑯᓈᐤ **mashkuaaihkunaau** na -naam ♦ un biscuit de pilote, un biscuit dur

ᒪᔥᑯᐋᐤ **mashkuwaau** vii ♦ c'est dur, solide, fort

ᒪᔥᑯᐋᐱᔅᑳᐤ **mashkuwaapiskaau** vii ♦ c'est dur (pierre, métal)

ᒪᔥᑯᐋᐱᔅᒃ **mashkuwaapiskw** ni -um ♦ un métal dur

ᒪᔥᑯᐋᐱᔅᒋᓱ **mashkuwaapischisuu** vai -i ♦ il/elle est dur-e, résistant-e (pierre, métal)

ᒪᔥᑯᐋᑎᓯᐤ **mashkuwaatisiiu** vai ♦ il/elle est en santé, sain-e, bien portant-e; il/elle a une forte constitution

ᒪᔥᑯᐋᑯᓂᑳᐤ **mashkuwaakunikaau** vii ♦ c'est de la neige dure

ᒪᔥᑯᐋᑲᒨ **mashkuwaakamuu** vii -i ♦ c'est un liquide fort, une boisson forte, une liqueur forte

ᒪᔥᑯᐋᒥᔅᑳᐤ **mashkuwaamiskaau** vii ♦ le fond du lac est dur

ᒪᔥᑯᐋᔅᑯᓐ **mashkuwaaskun** vii ♦ c'est dur (long et rigide)

ᒪᔥᑯᐋᔅᑯᓱ **mashkuwaaskusuu** vai -i ♦ il/elle est dur-e, résistant-e (long et rigide)

ᒪᔥᑯᐋᔅᑲᑎᓐ **mashkuwaaskatin** vii ♦ c'est gelé dur

ᒪᔥᑯᐋᔅᑲᒎ **mashkuwaaskachuu** vai -i ♦ il/elle est gelé-e dur, bien gelé-e

ᒪᔥᑯᐋᐦᑎᒃ **mashkuwaahtikw** ni -um ♦ un bois dur, un bois franc, un feuillu

ᒪᔥᑯᐋᐦᑲᑎᓱ **mashkuwaahkatisuu** vai -u ♦ il/elle durcit en séchant

ᒪᔥᑯᐋᐦᑲᑐᑌᐤ **mashkuwaahkatuteu** vii ♦ ça durcit en séchant

ᒪᔥᑯᔑᐅᑲᒥᒃ **mashkushiiukamikw** ni ♦ une grange, un fenil, une remise, un cabanon, une shed

ᒪᔥᑯᔑᐅᔅᑲᒥᑳᐤ **mashkushiiuskamikaau** vii ♦ c'est un terrain herbeux

ᒪᔥᑯᔑᐅᔥᑐᑎᓐ **mashkushiiushtutin** ni ♦ un chapeau de paille

ᒪᔥᑯᔑᐤ **mashkushiiu** vii ♦ c'est couvert d'herbe

ᒪᔥᑯᔑᐦᑳᓂᐦᒉᐤ **mashkushiihkaanihcheu** vai ♦ il/elle fait des meules de foin

ᒪᔥᑯᔑᐦᑳᓐ **mashkushiihkaan** ni ♦ une meule de foin

ᒪᔥᑯᔆ **mashkushuuh** ni -iim ♦ de l'herbe, des légumes

ᒪᔥᑰᐤ **mashkuuwiiu** vai ♦ il/elle est fort-e, puissant-e

ᒪᔥᑰᐱᒫᑎᓯᐤ **mashkuupimaatisiiu** vai ♦ il/elle est en santé, sain-e, bien portant-e, valide, physiquement apte; il/elle a une forte constitution

ᒪᔥᑰᑌᐤ **mashkuuteheu** vai ♦ il/elle a le coeur dur, c'est un ou une sans-coeur

ᒪᔥᑰᑎᒣᐤ **mashkuutimeu** vta ♦ il/elle la/le fait congeler

ᒪᔥᑰᑎᓅᐱᓯᒻ **mashkuutinupiisim** na ♦ novembre

ᒪᔥᑰᑎᓐ **mashkuutin** vii ♦ c'est gelé

ᒪᔥᑰᑎᔅᑲᒥᑲᑎᓐ **mashkuutiskamikatin** vii ♦ c'est de la terre gelée

ᒪᔥᑰᑎᐦᑖᐤ **mashkuutihtaau** vai+o ♦ il/elle le gèle, le congèle

ᒪᔥᑰᑖᐅᐦᑳᐤ **mashkuutaauhkaau** vii ♦ c'est du gravier dur

ᒪᔥᑰᑳᐴ **mashkuukaapuu** vai -uu ♦ il/elle tient bon ou ferme, se tient fermement, solidement debout

ᒪᔥᑰᒎ **mashkuuchuu** vai -i ♦ il/elle est gelé-e

ᒪᔥᑰᒪᐦᒋᐆ **mashkuumahchihuu** vai -u ♦ il/elle se sent mieux, a pris des forces (par ex. après une maladie)

ᒪᔥᑰᓂᑯᓐ mashkuunikun vii ♦ ça semble solide, fort, résistant au toucher

ᒪᔥᑰᓈᑯᓐ mashkuunaakun vii ♦ ça a l'air fort, dur, solide

ᒪᔥᑰᓈᑯᓲ mashkuunaakusuu vai -i ♦ il/elle a l'air solide, semble fort-e, paraît dur-e

ᒪᔥᑰᓯᒁᐤ mashkuusikwaau vii ♦ c'est de la glace solide

ᒪᔥᑰᓰᐎᓐ mashkuusiiwin ni ♦ de la dureté, fermeté, résistance, force, puissance

ᒪᔥᑰᓰᐤ mashkuusiiu vai ♦ il/elle est fort-e, solide

ᒪᔥᑰᓰᒪᑲᓐ mashkuusiimakan vii ♦ c'est fort, solide (par ex. ça peut porter un poids lourd, une machine)

ᒪᔥᑰᓲ mashkuusuu vai -i ♦ il/elle est dur-e, résistant-e

ᒪᔥᑰᐢᑲᒥᑳᐤ mashkuuskamikaau vii ♦ c'est de la mousse ou de la terre dure

ᒪᔥᑰᐢᒉᑲᑎᓐ mashkuuschekatin vii ♦ le muskeg est gelé dur; la tourbière est complètement gelée

ᒪᔥᑰᐢᒎᑳᐤ mashkuuschuukaau vii ♦ c'est de la boue durcie

ᒪᔥᑰᔥᑌᐤ mashkuushteu vii ♦ c'est posé fermement, fixé solidement

ᒪᔥᑰᔥᑎᒁᓀᐤ mashkuushtikwaaneu vai ♦ il/elle est têtu-e, entêté-e (n'écoute pas les conseils)

ᒪᔥᑰᔥᑖᐤ mashkuushtaau vai+o ♦ il/elle le place, le pose, l'installe fermement, solidement

ᒪᔥᑰᐦᐁᐤ mashkuuheu vta ♦ il/elle la/le solidifie, durcit, renforce

ᒪᔥᑰᐦᑖᐤ mashkuuhtaau vai+o ♦ il/elle le durcit, le renforce, le fortifie, le consolide

ᒪᐦᐄᑯᒣᐤ mahiikumeu vta ♦ il/elle lui porte malchance ou malheur en parlant ainsi (ancien terme)

ᒪᐦᐄᑯᒥᑎᓲ mahiikumitisuu vai reflex -u ♦ il/elle s'attire la malchance, le malheur, le mauvais sort par ses paroles (ancien terme)

ᒪᐦᐄᐦᑲᓂᑖᔥᑎᒥᒄ mahiihkanitaashtimikw na ♦ un coyote, littéralement 'une face de loup'

ᒪᐦᐄᐦᑲᓂᔥ mahiihkanish na dim ♦ un jeune loup, un louveteau, un coyote

ᒪᐦᐄᐦᑲᓄᔮᓐ mahiihkanuyaan ni ♦ une peau de loup

ᒪᐦᐄᐦᑲᓐ mahiihkan na ♦ un loup

ᒪᐦᑌᔨᒣᐤ mahteyimeu vta ♦ il/elle s'aperçoit qu'elle/il l'aide; il/elle est conscient-e de quelque chose à son sujet

ᒪᐦᑌᔨᒥᓲ mahteyimisuu vai reflex ♦ il/elle est conscient-e de ce qu'il/elle fait

ᒪᐦᑌᔨᐦᑕᒻ mahteyihtam vti ♦ il/elle est conscient-e de ses effets (ancien terme)

ᒪᐦᑖᒥᓐ mahtaamin na ♦ un grain de maïs

ᒪᐦᑲᐴ mahkapuu vai -i ♦ il/elle est assis-e et prend beaucoup de place, d'espace

ᒪᐦᑲᑌᐅᐢᒄ mahkateuskw na ♦ un ours noir *Ursus americanus*, ancien mot

ᒪᐦᑲᑌᐚᐤ mahkatewaau vii ♦ c'est noir (rarement utilisé)

ᒪᐦᑲᑌᐤ mahkateu vai [Intérieur] ♦ il/elle a un gros ventre, une grosse bedaine

ᒪᐦᑲᑌᔑᑉ mahkateship na -im ♦ un canard colvert *Anas platyrhynchos*, un canard noir *Anas rubripes*

ᒪᐦᑲᑎᓈᐤ mahkatinaau vii ♦ c'est une grosse montagne

ᒪᐦᑲᑎᔦᐤ mahkatiyeu vai [Côte] ♦ il/elle a un gros ventre, une grosse bedaine

ᒪᐦᑲᑳᐴ mahkakaapuu vai -i ♦ il/elle est debout et prend beaucoup de place, d'espace

ᒪᐦᑲᐢᒎᓀᐤ mahkaschuuneu vai ♦ il/elle a un gros nez ou museau

ᒪᐦᑲᔥᑌᐤ mahkashteu vii ♦ ça prend de la place; ça occupe beaucoup d'espace

ᒪᐦᑲᐦᑯᔦᓇᒻ mahkahkuyenam vti ♦ il/elle fait jaillir des flammes en ajoutant du combustible

ᒪᐦᑳᐅᑳᐤ mahkaaukaau vii ♦ il y a des granules à gros grains

ᒪᐦᑳᓂᑳᐤ mahkaanikaau vii ♦ c'est une grande île

ᒪᐦᑳᔨᐍᐤ mahkaayiweu vai ♦ il/elle a une grosse queue

ᒪᐦᒉᔒᐤ mahcheshiiu vai ♦ elle a ses menstruations, elle est menstruée

ᒫᒋᔒᔥ **mahcheshiish** na dim ♦ un renardeau, un jeune renard *Vulpes vulpes*

ᒫᒋᔒᐤ **mahcheshuu** na -iim ♦ un renard *Vulpes vulpes*

ᒫᒋᔔᐅᒫᑰᓐ **mahcheshuuumaakun** vii ♦ ça sent le renard

ᒫᒋᔔᐅᒫᑯᓲ **mahcheshuuumaakusuu** vai -i ♦ il/elle sent le renard

ᒫᒋᔔᔮᓐ **mahcheshuuyaan** ni ♦ une peau ou fourrure de renard

ᒫᒡᐱᐯᒥᒋᐤ **mahchipemichiiu** vai ♦ il (du bois, un arbre) a des anneaux épais; c'est du bois à texture forte

ᒫᒡᐸᑯᔅᑳᐤ **mahchipakuskaau** vii ♦ il y a un gros tas d'herbes, de feuilles, de branches mortes

ᒫᒡᑎᑎᒡᒉᐤ **mahchitihcheu** vai [Intérieur] ♦ il/elle a une grosse main

ᒫᒡᒋᑯᑌᐤ **mahchikuteu** vai ♦ il/elle a un gros nez, museau, bec

ᒫᒡᒥᓂᑳᐤ **mahchiminikaau** vii ♦ c'est une grosse baie

ᒫᒡᒥᓂᒋᓲ **mahchiminichisuu** vai -i ♦ c'est une grosse baie

ᒫᒡᒋᔥᑎᒀᔮᐤ **mahchishtikweyaau** vii ♦ c'est une grande rivière, une large rivière

ᒫᒡᒋᔥᑎᒀᓀᐤ **mahchishtikwaaneu** vai ♦ il/elle a une grosse tête

ᒫᒡᒋᔥᑳᒻ **mahchishkam** vti ♦ il/elle fait de grandes traces

ᒫᒌᐧᔮᐤ **mahchiiweyaau** vii ♦ c'est un grand tunnel, un large tunnel

ᒫ

ᒫᐅᒋᐁᐤ **maauchiheu** vta ♦ il/elle la/le ramasse

ᒫᐅᒋᐅᐃᒡ **maauchihuwich** vai pl -u ♦ ils/elles (par ex. les oies) se rassemblent, s'accumulent

ᒫᐅᒋᐆᒫᑲᓐᐦ **maauchihuumakanh** vii pl ♦ ça recueille, rassemble, accumule

ᒫᐅᒋᑕᒧᐁᐤ **maauchihtamuweu** vta ♦ il/elle la/le garde, conserve pour quelqu'un

ᒫᐅᒋᑕᒫᓲ **maauchihtamaasuu** vai reflex -u ♦ il/elle le garde ou conserve pour lui/elle-même

ᒫᐅᒋᑖᐤ **maauchihtaau** vai+o ♦ il/elle le ramasse, le rassemble, le conserve

ᒫᐅᒌ **maauchii** pro,dém [Intérieur] ♦ les voici! voici ceux-ci, celles-ci (animé, accompagné d'un geste de la main ou en pointant les lèvres) (voir *maau*)

ᒫᐅᒌᒡ **maauchiich** pro,dém [Intérieur] ♦ les voici! voici ceux-ci, celles-ci (animé, accompagné d'un geste de la main ou en pointant les lèvres) (voir *maau*)

ᒫᐅᒡ **maauch** p,manière ♦ la plupart, la plus grande partie, meilleur-e (comparatif) ▪ ᐃ ᒫᐅᒡ ᒧᔥᑎᐃ ᑭ ᐊᔪᕽ *Elle en a eu la plus grande partie.*

ᒫᐅᓯᑯᓀᐤ **maausikuneu** vta ♦ il/elle en tient, récolte plusieurs ensemble

ᒫᐅᓯᑯᓇᒻ **maausikunam** vti ♦ il/elle les tient, les ramasse ensemble, les assemble

ᒫᐅᓯᑯᒉᒡ **maausikuhteuch** vai pl ♦ ils/elles marchent en groupe, ensemble

ᒫᐅᓯᒁᐱᒃᑳᑌᐤ **maausikwaapihkaateu** vta ♦ il/elle les attache ensemble

ᒫᐅᓯᒁᐱᒃᑳᑕᒻ **maausikwaapihkaatam** vti ♦ il/elle les attache ensemble

ᒫᐅᓯᒃᐙᔅᒉᐅᒋᓇᒻ **maausikwaascheuchinam** vti ♦ il/elle empile, rassemble les tisons pour le feu

ᒫᐅᓲ **maausuu** vai -u [Intérieur] ♦ il/elle ramasse des fruits, des baies

ᒫᐅᔫ **maauyuu** pro,dém [Intérieur] ♦ le/la voici! voici celui-ci, voici celle-ci, voici (inanimé, accompagné d'un geste de la main ou en pointant les lèvres) (voir *maau*)

ᒫᐅᔫᐦ **maauyuuh** pro,dém [Intérieur] ♦ le/la voici! voici celui-ci, voici celle-ci, (obviatif animé) les voici! voici ceux-ci, celles-ci (animé ou inanimé) (accompagné d'un geste de la main ou en pointant les lèvres) (voir *maau*)

ᒫᐴᐦᐄᐦ **maauhiih** pro,dém [Eastmain]
* les voici! voici ceux-ci, voici celles-ci (inanimé, accompagné d'un geste de la main ou en pointant les lèvres) (voir *maau*)

ᒫᐴᐦᑐᓀᐤ **maauhtuneu** vta [Côte]
* il/elle la/le ramasse, récolte à la main

ᒫᐴᐦᑐᓇᒻ **maauhtunam** vti [Côte]
* il/elle le rassemble, le ramasse à la main

ᒫᐴᐦᑕᐐᐅᑲᒥᒃᐤ **maauhtawiiukamikw** ni
* un lieu de rassemblement (dans un bâtiment)

ᒨ **maau** pro,dém [Intérieur] * le/la voici! voici celui-ci, voici celle-ci, voici (animé ou inanimé, accompagné d'un geste de la main ou en pointant les lèvres) (voir *maau*) ■ ᒨ ᒥᓯᕐᔨᐋᐦ ᑳ ·ᐃᓂᑖᕐᔮᐦₓ ■ *C'est ton soulier que tu avais perdu.*

ᒫᐱᓲ **maapisuu** vai-u [Côte] * il/elle prend l'odeur de la fumée

ᒫᑌᐤ **maateu** vta * il/elle la/le fait lever ou partir par sa voix sans faire exprès (par ex. un animal, un oiseau)

ᒫᑎᑲᒫᓐᐦ **maatikamaanh** p,interjection
* montre-moi! laisse voir! voyons voir ■ ᒫᑎᑲᒫᓐᐦ ᓂᐸ ·ᐋᐸᐦᑌᐦᐋᐤ ᐋᐦₓ ■ *OK, laisse-moi voir ça.*

ᒫᑎᒃ **maatik** p,interjection * montre-moi! laisse voir! voyons voir ■ ᒫᑎᒃ ·ᐋᐸᐦᑎ ᒎᓐᐦ ∇ ᐋᐦᒌᕐₓ ■ *Montre-moi où il est.*

ᒫᑎᒪᒋᐦᐆ **maatimachihuu** vai-u * elle ressent les contractions; les douleurs intermittentes sont commencées

ᒫᑎᒪᒋᐦᑖᐤ **maatimachihtaau** vai+o
* il/elle commence à en sentir les effets

ᒫᑎᓂᐍᒌᔑᑳᐤ **maatiniwechiishikaau** vii [Côte] * c'est samedi

ᒫᑎᓂᐍᓀᐤ **maatiniweneu** vta * il/elle la/le distribue à la main

ᒫᑎᓂᐍᓇᒻ **maatiniwenam** vti * il/elle le distribue à la main

ᒫᑎᓂᐍᔐᐤ **maatiniwesheu** vta
* il/elle la/le découpe en morceaux à servir

ᒫᑎᓂᐍᔕᒻ **maatiniwesham** vti * il/elle le coupe en morceaux à servir

ᒫᑎᓂᐍᔥᑖᐤ **maatiniweshtaau** vai+o
* il/elle le distribue et le dispose (par ex. nourriture)

ᒫᑎᓂᐌᔮᐳᐌᐤ **maatiniweyaapuweu** vai
* il/elle sert des boissons, quelque chose à boire

ᒫᑎᓂᐍᐦᐁᐤ **maatiniweheu** vta * il/elle la/le distribue et dispose

ᒫᑎᓂᒫᒉᐤ **maatinimaacheu** vai * il/elle distribue

ᒫᑎᓅᐌᐤ **maatinuweu** vai * il/elle sert la nourriture; il/elle passe ou donne les cartes

ᒫᑎᓇᒨᐌᐤ **maatinamuweu** vta * il/elle la/le partage avec elle/lui (par ex. des jouets)

ᒫᑎᓇᒫᒉᐎᓐ **maatinamaachewin** ni * un partage

ᒫᑎᔥᐌᓂᑐᐦᑯᔨᓐ **maatishweunituhkuyin** na [Intérieur] * un chirurgien, une chirurgienne

ᒫᑎᔥᐌᐤ **maatishweu** vta * il/elle la/le coupe

ᒫᑎᔑᒉᓂᑐᐦᑯᔨᓐ **maatishicheunituhkuyin** na [Côte] * un chirurgien, une chirurgienne

ᒫᑎᔓᐌᐤ **maatishuweu** vai * il/elle opère, fait une opération chirurgicale

ᒫᑎᔑᓲ **maatishusuu** vai reflex-u * il/elle se coupe

ᒫᑎᔕᒻ **maatisham** vti * il/elle le coupe

ᒫᑎᐦᐱᓀᐤ **maatihpineu** vai * il/elle commence à sentir ou ressentir la douleur (par ex. douleurs de l'accouchement)

ᒫᑐᐃᓐ **maatuwin** ni * des pleurs

ᒫᑑᑐᐌᐤ **maatutuweu** vta * il/elle pleure en pensant à elle/lui

ᒫᑐᑕᒻ **maatutam** vti * il/elle pleure pour ça

ᒫᑐᐦᑖᐤ **maatuhtaau** vai * il/elle fait semblant de pleurer (ancien terme)

ᒫᑐᐦᑳᓲ **maatuhkaasuu** vai-u * il/elle fait semblant de pleurer

ᒫᑐ **maatuu** vai-u * il/elle pleure

ᒫᑐᓐ **maatuun** vii * il fait très froid

ᒫᑖᓕᑦ **maatalet** ni * une blouse portée par les femmes

ᒫᑖᐦᐃᑲᓐ **maatahiikan** ni ♦ un écharnoir ou grattoir pour le côté chair d'une peau gelée

ᒫᑖᐦᐄᒉᐤ **maatahiicheu** vai ♦ il/elle gratte une peau

ᒫᑖᐦᐌᐤ **maatahweu** vta ♦ il/elle la gratte (une peau)

ᒫᑖᐱᑳᐴ **maataapukaapuu** vai -uu ♦ il/elle se tient debout à côté

ᒫᑖᐳᐦᑌᐅᒡ **maataapuhteuch** vai pl ♦ ils/elles marchent côte à côte

ᒫᑖᑯᓲ **maataakusuu** vai-u ♦ elle (la neige) commence à fondre au printemps

ᒫᑖᒣᐤ **maataameu** vai ♦ il/elle arrive au chemin, atteint le sentier ou la route

ᒫᑖᒣᐸᔫ **maataamepayuu** vii -i ♦ ça rejoint le sentier principal

ᒫᑖᒣᒨ **maataamemuu** vii -u ♦ c'est la jonction de deux sentiers, l'intersection de deux pistes

ᒫᑖᒣᔥᑎᒁᐤ **maataameshtikwaau** vii ♦ c'est la jonction de deux rivières

ᒫᒑᔥᑎᑴᐦᑎᓐ **maataashtikwehtin** ni [Intérieur] ♦ un affluent, un tributaire, qui se joint à la rivière principale

ᒫᑖᐦᐁᐤ **maataaheu** vta ♦ il/elle la/le suit à la trace

ᒫᑖᐦᑏᔫ **maataahtiiyuu** vai -uu ♦ il/elle trouve des traces ou une piste d'orignal, de caribou

ᒫᖀᔨᒨ **maakweyimuu** vai-u ♦ il/elle se sent découragé-e ou démoralisé-e à l'avance, abattu-e, déprimé-e

ᒫᖀᔨᐦᑕᒼ **maakweyihtam** vti ♦ il/elle se sent découragé-e, démoralisé-e, déprimé-e à propos de quelque chose à l'avance

ᒫᑯᐸᔫ **maakupayuu** vai/vii -i ♦ il/elle/ça se comprime

ᒫᑯᒎᒎᔑᒣᐦᐱᓱᐎᓐ **maakuchuuchuushimehpisuwin** ni [Intérieur] ♦ une brassière, un soutien-gorge

ᒫᑯᒣᐤ **maakumeu** vta ♦ il/elle la/le mord

ᒫᑯᒨᒋᑲᓐ **maakumuuchikan** ni ♦ une pince ou des pinces, une clé ou clef, une pince-étau

ᒫᑯᓀᐤ **maakuneu** vta ♦ il/elle l'attrape, la/le met en prison

ᒫᑯᓀᒋᐤ **maakunicheu** vai ♦ il/elle serre, agrippe ou empoigne comme pour se battre

ᒫᑯᓀᐸᔨᐦᑖᐤ **maakunichepayihtaau** vai+o ♦ il/elle serre le poing, ferme le poing

ᒫᑯᓀᒋᔫ **maakunicheyuu** vai -i ♦ il/elle serre le poing

ᒫᑯᓂᒧᐌᐤ **maakunimuweu** vta ♦ il/elle l'attrape pour quelqu'un

ᒫᑯᓄᐌᓱᑖᐹᓐ **maakunuwesutaapaan** ni [Intérieur] ♦ une voiture de police, une auto-patrouille

ᒫᑯᓄᐌᓲ **maakunuwesuu** vai [Intérieur] ♦ il/elle est agent-e de police, c'est un policier, c'est une policière

ᒫᑯᓄᐌᓱᑲᒥᒄ **maakunuwesuukamikw** ni [Intérieur] ♦ le poste de police

ᒫᑯᓇᐌᓱᑲᒥᒄ **maakunawesuukamikw** ni [Intérieur] ♦ un poste de police

ᒫᑯᓇᒼ **maakunam** vti ♦ il/elle le saisit, l'empoigne, l'agrippe

ᒫᑯᔥᑯᐌᐤ **maakushkuweu** vta ♦ il/elle pèse dessus avec son poids

ᒫᑯᔥᑲᒼ **maakushkam** vti ♦ il/elle s'appuie dessus, pèse dessus avec son poids

ᒫᑯᐦᐁᐤ **maakuheu** vta ♦ il/elle gagne contre elle/lui dans une bataille, une dispute

ᒫᑯᐦᐃᑲᓐ **maakuhiikan** ni ♦ un poids pour comprimer des objets

ᒫᑯᐦᐄᒉᐤ **maakuhiicheu** vai ♦ il/elle comprime des contenants, des paquets

ᒫᑯᐦᐊᒼ **maakuham** vti ♦ il/elle le comprime avec un outil

ᒫᑯᐦᐌᐤ **maakuhweu** vta ♦ il/elle la/le comprime avec un outil

ᒫᑯᐦᑕᒨᒋᑲᓐ **maakuhtamuuchikan** ni [Intérieur] ♦ une pince, des pinces

ᒫᑯᐦᑕᒼ **maakuhtam** vti ♦ il/elle le mord

ᒫᑯᐦᒉᐤ **maakuhcheu** vai ♦ il/elle mord

ᒫᑯᐦᒋᑲᓐ **maakuhchikan** ni [Côte] ♦ une pince, des pinces

ᒫᒁᐱᔥᒋᑲᓀᐅᑎᓐ **maakwaapischikaneutin** vii -i ♦ les dents du piège sont gelées ensemble

ᒫᑲᐢᒋᑲᓀᐅᒍ
maakwaapischikaneuchuu vai -i [Côte]
* il/elle claque des dents à cause du froid

ᒫᑲᐢᒋᑲᓀᔨᐤ maakwaapischikaneyuu vai -i [Côte] * il/elle grince des dents

ᒪᑊ maak p * à ce moment-là, dans ce temps-là, puis, dès lors, alors, ensuite; ainsi, de cette façon; ou, ou bien ▪ ᒫᑐᒋ ᐊᓗᐦᑌ ᒪᑊ ᒣᐞ ᑐᑲᐯᔑ ᐸᐟ ᐊᐸᐟᔮᐤ. ▪ *Il doit commencer à travailler cette semaine ou la semaine prochaine.*

ᒪᒋᐸᔫ maachipayuu vai/vii -i * il/elle/ça commence, s'étend ou se répand à partir d'un point d'origine

ᒪᒋᐢᑎᓐ maachishtin vii * la glace commence à descendre la rivière; c'est la débâcle

ᒪᒋᐡᑰᒋᐡ maachishkuuchish na dim * une petite grenouille brune, une rainette crucifère

ᒪᒋᐦᐁᐤ maachiheu vta * il/elle persuade quelqu'un de changer en donnant l'exemple

ᒪᒌᐤ maachiiu vai * il/elle part, s'en va

ᒪᒌᐸᔫ maachiipayuu vai/vii -i * il/elle/ça part en véhicule; il/elle/ça démarre

ᒪᒌᐸᐦᑖᐤ maachiipahtaau vai * il/elle se sauve en vitesse; il/elle court pour s'échapper

ᒪᒌᐢ maachiis na -im * une allumette, de l'anglais 'match'

ᒪᒌᐦᑯᐌᐤ maachiihkuweu vta * il/elle la/le commence

ᒪᒌᐦᑲᒼ maachiihkam vti * il/elle commence à le faire

ᒫᒥᑐᓀᔨᒣᐤ maamituneyimeu vta redup * il/elle pense à elle/lui, réfléchit à son sujet, se demande ce qu'elle/il fait

ᒫᒥᑐᓀᔨᐦᑕᒧᐃᓐ maamituneyihtamuwin ni * une méditation, une pensée

ᒫᒥᑐᓀᔨᐦᑕᒼ maamituneyihtam vti redup * il/elle y réfléchit, y pense

ᒫᒥᑐᓀᔨᐦᒋᑲᓐ maamituneyihchikan ni * l'esprit, l'intelligence, la raison, la faculté de penser

ᒫᒥᑖᐦᑐᒥᑎᓅ maamitaahtumitinuu p,quantité redup * cent chaque, cent chacun-e, cent pour un-e

ᒫᒥᑖᐦᑦ maamitaaht p,quantité redup * dix chaque, dix chacun-e, dix pour un-e

ᒫᒥᔑᐤ maamishiiu vai redup * il/elle espère quelque chose; il/elle a de l'espoir ou est confiant-e que quelque chose va se passer

ᒫᒥᔒᑐᑐᐌᐤ maamishiitutuweu vta redup * il/elle compte sur elle/lui

ᒫᒥᔒᑐᑕᒧᐃᓐ maamishiitutamuwin ni * de l'espoir, de l'espérance

ᒫᒥᔒᑕᒼ maamishiitutam vti redup * il/elle espère quelque chose, met tous ses espoirs dans quelque chose

ᒫᒥᐦᑖᑯᒨ maamihtaakumuu vai redup * il/elle se vante

ᒫᒥᐦᑖᑯᓯᐤ maamihtaakusiiu vai redup [Côte] * il/elle agit avec orgueil, de manière à se vanter

ᒫᒥᐦᒋᒣᐤ maamihchimeu vta redup * il/elle fait son éloge

ᒫᒥᐦᒋᒥᑯᓯᐤ maamihchimikusiiu vai redup * il/elle est digne d'éloge, méritoire

ᒫᒥᐦᒋᒥᓲ maamihchimisuu vai redup reflex -u * il/elle se vante, se glorifie

ᒫᒥᐦᒋᒥᐦᑕᒼ maamihchimihtam vti redup * il/elle en fait l'éloge, le loue, le glorifie

ᒫᒥᐦᒋᒨ maamihchimuu vai redup -u * il/elle se vante, se glorifie, s'en fait accroire

ᒫᒦᓄᐱᑌᐤ maamiinupiteu vta redup * il/elle ne cesse de la/le tirer pour la/le remettre en ligne (par ex. un traîneau)

ᒫᒦᓄᐱᑕᒼ maamiinupitam vti redup * il/elle le tire constamment en arrière, ne cesse de le ramener en ligne

ᒫᒦᓄᒣᐤ maamiinumeu vta redup * il/elle la/le corrige en parlant

ᒫᒦᓯᐤ maamiisiiu vai redup * il/elle a la diarrhée

ᒫᒦᔕᐦᐄᒉᐤ maamiishahiicheu vai redup * il/elle pose des pièces; il/elle rapièce

ᒫᒦᔕᐦᐊᒼ maamiishaham vti redup * il/elle le rapièce, lui pose une pièce, le répare

ᒫᒦᔕᐦᐊᐌᐤ maamiishahweu vta redup * il/elle la/le rapièce

ᒫᒦᐡᑯᑎᓀᐤ maamiishkutineu vta redup * il/elle la/le change plusieurs fois

ᒫᒥᔥᑯᑎᓇᒼ **maamiishkutinam** vti redup
 ♦ il/elle le change plusieurs fois

ᒫᒥᔥᑯᑑᓅ° **maamiishkutuuneu** vta redup
 ♦ il/elle ne cesse de l'échanger, en échange plusieurs à la fois

ᒫᒥᔥᑯᑑᓇᒼ **maamiishkutuunam** vti redup
 ♦ il/elle l'échange constamment, l'échange plusieurs fois

ᒫᒥᔥᑯᑑᔅᑲᑐᐧᐃᒡ **maamiishkutuuskatuwich** vai pl recip -u ♦ ils/elles changent souvent de place

ᒫᒥᔥᑯᑖᔅᐱᓲ **maamiishkutaaspisuu** vai redup -u ♦ il/elle change souvent de vêtements

ᒫᒥᔥᑯᒡ **maamiishkuch** p, manière redup
 ♦ plutôt, au lieu de, un-e à la place de l'autre, chacun-e son tour, à tour de rôle ▪ ᒫᒥᔥᑯᒡ ᓃᒥᐧᐊᒡᐦ. ▪ *Ils dansent à tour de rôle.*

ᒫᒨᐧᐃᔨᒡ **maamuwiiuch** vai pl ♦ ils/elles se rassemblent, se réunissent

ᒫᒨᐧᐋᐱᐦᑳᑌᐤ° **maamuwaapihkaateu** vta
 ♦ il/elle l'attache ensemble

ᒫᒨᐧᐋᐱᐦᑳᑌᐤᐦ **maamuwaapihkaateuh** vii pl ♦ des choses sont attachées ensemble

ᒫᒨᐧᐋᐱᐦᑳᑕᒼ **maamuwaapihkaatam** vti
 ♦ il/elle l'attache ensemble

ᒫᒨᐧᐋᐱᐦᑳᓱᐧᐃᒡ **maamuwaapihkaasuwich** vai pl -u ♦ ils sont attachés ensemble, elles sont attachées ensemble

ᒫᒨᐋᔥᑯᔑᒣᐤ° **maamuwaashkushimeu** vta
 ♦ il/elle les étend ensemble (long et rigide)

ᒫᒨᐋᔥᑯᔥᑖᐤ° **maamuwaashkushtaau** vai
 ♦ il/elle pose ou dispose des choses longues et rigides ensemble

ᒫᒨ **maamuu** p, manière ♦ tous ensemble ▪ ᒋᕐᐋᐤ ᒫᒨ ᑳ ᐃᐦᑐᒋᒡᐦ. ▪ *Ils l'ont fait ensemble.*

ᒫᒨᐳᐧᐃᒡ **maamuupuwich** vai pl -i ♦ ils sont assis ensemble, elles sont assises ensemble

ᒫᒨᐳᑖᐤ° **maamuuputaau** vai+o ♦ il/elle scie des choses ensemble

ᒫᒨᐳᔨᐤ° **maamuupuyeu** vta ♦ il/elle les scie ensemble

ᒫᒨᐸᔨᐦᐅᐧᐃᒡ **maamuupayihuwich** vai pl -u
 ♦ ils/elles se mêlent, se mélangent ensemble

ᒫᒨᐸᔨᐦᑖᐤ° **maamuupayihtaau** vai+o
 ♦ il/elle les mêle, les mélange ensemble

ᒫᒨᐸᐦᑖᐧᐃᒡ **maamuupahtaawich** vai pl
 ♦ ils/elles courent ensemble

ᒫᒨᑯᑌᐤᐦ **maamuukuteuh** vii pl ♦ ils/elles sont accroché-e-s, suspendu-e-s ensemble

ᒫᒨᑯᑖᐤ° **maamuukutaau** vai+o ♦ il/elle accroche, pend ou suspend des choses ensemble

ᒫᒨᑯᒋᓄᒡ **maamuukuchinuch** vai pl ♦ ils sont pendus, suspendus ensemble; elles sont pendues, suspendues ensemble

ᒫᒨᑯᔨᐤ° **maamuukuyeu** vta ♦ il/elle les suspend ensemble

ᒫᒨᑳᐴᐦᐁᐤ° **maamuukaapuuheu** vta
 ♦ il/elle les met debout ensemble

ᒫᒨᑳᐴᐦᑖᐤ° **maamuukaapuuhtaau** vai+o
 ♦ il/elle les met, installe, dresse ou pose debout ensemble; il/elle les fait tenir debout ensemble

ᒫᒨᐧᑳᑌᐤ° **maamuukwaateu** vta ♦ il/elle les coud ensemble

ᒫᒨᐧᑳᑕᒼ **maamuukwaatam** vti ♦ il/elle coud des choses ensemble

ᒫᒨᓀᐤ° **maamuuneu** vta ♦ il/elle la/le tient ensemble

ᒫᒨᓇᒼ **maamuunam** vti ♦ il/elle le tient tout ensemble

ᒫᒨᓯᓇᐦᐊᒼ **maamuusinaham** vti ♦ il/elle l'écrit tout ensemble

ᒫᒨᔥᒋᐱᑌᐤ° **maamuuschipiteu** vta
 ♦ il/elle la/le ramasse en vitesse, les ramasse ensemble (des papiers)

ᒫᒨᔥᒋᐱᑕᒼ **maamuuschipitam** vti ♦ il/elle le rassemble, le ramasse rapidement

ᒫᒨᔥᒋᓀᐤ° **maamuuschineu** vta ♦ il/elle la/le ramasse au complet avec ses doigts

ᒫᒨᔥᒋᓇᒼ **maamuuschinam** vti ♦ il/elle le ramasse au complet avec ses doigts

ᒫᒨᔔᐤ° **maamuushweu** vta ♦ il/elle les coupe ensemble

ᒫᒨᔑᒣᐤ° **maamuushimeu** vta ♦ il/elle les étend ensemble

ᒫᒨᓵᒼ **maamuusham** vti ♦ il/elle coupe des choses ensemble

ᒫᒧᔥᑎᐤ **maamuushteu** vii ♦ c'est écrit ensemble

ᒫᒧᔥᑌᐆ **maamuushteuh** vii pl ♦ des choses sont placées ou posées ensemble

ᒫᒧᔥᑖᐤ **maamuushtaau** vai+o ♦ il/elle les rassemble, met tout cela ensemble

ᒫᒧᔥᑲᒣᐤ **maamuushkameu** vta ♦ il/elle en mange les miettes, les restes

ᒫᒧᔥᑲᐦᐃᒥᓈᑌᐤ **maamuushkahiiminaateu** vta ♦ il/elle en enlève les morceaux de fruits (par ex. du gâteau, de la banique), en rassemble les fruits

ᒫᒧᔥᑲᐦᑕᒻ **maamuushkahtam** vti ♦ il/elle ramasse et mange les restes, les miettes de quelque chose

ᒫᒨᐦᐁᐤ **maamuuheu** vta ♦ il/elle les met ensemble

ᒫᒨᐦᑌᐅᒡ **maamuuhteuch** vai pl ♦ ils/elles marchent ensemble

ᒫᒨᐦᑎᑖᐤ **maamuuhtitaau** vai+o ♦ il/elle met des choses ensemble, rassemble des choses

ᒫᒨᐦᑲᑌᐅᒡ **maamuuhkateuch** vai pl ♦ ils/elles ont tous faim en même temps

ᒫᒨᐦᑲᒧᒡ **maamuuhkamuch** vti pl ♦ ils/elles sont tous/toutes ensemble dans un canot

ᒫᒪᔅᑳᑌᔨᒣᐤ **maamaskaateyimeu** vta redup ♦ il/elle la/le trouve étrange, étonnant-e, surprenant-e

ᒫᒪᔅᑳᑌᔨᐦᑕᒻ **maamaskaateyihtam** vti redup ♦ il/elle le considère surprenant, étrange, bizarre, étonnant, sensationnel

ᒫᒪᔅᑳᑌᔨᐦᑖᑯᓲ **maamaskaateyihtaakusuu** vai redup -i ♦ il/elle est étrange, formidable, surprenant-e; il est merveilleux, elle est merveilleuse

ᒫᒪᔅᑳᒡ **maamaskaach** p,interjection redup ♦ je n'en reviens pas, c'est vraiment étonnant, incroyable (voir *maskaach*) ▪ ᒫᒪᔅᑳᒡ ᐃᐅᐦᒋᒫᐦᐁᐤ ᐊᐅᒡ ᐅᐸᔨᕒᐸᐦ ᑭ ·ᒐᐋᕐᒡᒡᔅₓ ▪ *Il n'en revient pas comment il a brisé son propre fusil.*

ᒫᒪᔅᑳᓯᐦᑐᐍᐤ **maamaskaasihtuweu** vta redup ♦ il/elle est surpris-e, étonné-e d'entendre ce qu'elle/il dit

ᒫᒪᔅᑳᐦᑌᐤ **maamaskaahteu** vta redup ♦ il/elle est surpris-e, étonné-e par elle/lui

ᒫᒪᔅᑳᐦᑕᒻ **maamaskaahtam** vti redup ♦ il/elle est surpris-e, étonné-e par quelque chose

ᒫᒪᐦᑲᔥᑌᐤ **maamahkashteu** vii redup ♦ c'est écrit en grosses lettres

ᒫᒪᐦᑲᔥᑖᐤ **maamahkashtaau** vai+o redup ♦ il/elle l'écrit gros, en grosses lettres

ᒫᒪᐦᑳᐅᐦᑳᐤ **maamahkaauhkaau** vii redup ♦ c'est granuleux (par ex. du sable, du sucre)

ᒫᒪᐦᑳᐱᑌᐤ **maamahkaapiteu** vai redup ♦ il/elle a de grandes dents

ᒫᒪᐦᑳᑯᓂᒋᐸᔫ **maamahkaakunichipayuu** vii redup -i ♦ il tombe de gros flocons de neige

ᒫᒪᐦᑳᔅᑴᔮᐤ **maamahkaaskweyaau** vii redup ♦ c'est un secteur couvert de grands arbres

ᒫᒪᐦᑳᐦᐊᓐ **maamahkaahan** vii redup ♦ il y a de grosses vagues

ᒫᒪᐦᒋᑳᑌᐤ **maamahchikaateu** vai redup [Côte] ♦ il/elle a de grosses jambes

ᒫᒪᐦᒋᓯᑌᐤ **maamahchisiteu** vai redup ♦ il/elle a de gros pieds

ᒫᒪᐦᒑᔅᑯᑳᑌᐤ **maamahchaaskukaateu** vai redup ♦ il/elle a de grosses jambes

ᒫᒫᑎᐤ **maamaatweu** vai redup ♦ il/elle gémit

ᒫᒫᑦᐍᐱᓀᐤ **maamaatwehpineu** vai redup ♦ il/elle gémit de douleur

ᒫᒫᑎᔥᐌᐤ **maamaatishweu** vta redup ♦ il/elle la/le coupe en morceaux

ᒫᒫᑎᔥᐊᒻ **maamaatisham** vti redup ♦ il/elle le coupe en morceaux

ᒫᒫᑎᔥᑲᑌᐙᔅᐱᓀᐎᓐ **maamaatishkatewaaspinewin** ni ♦ une diarrhée

ᒫᒫᑯᒣᐤ **maamaakumeu** vta redup ♦ il/elle la/le mâche

ᒫᒫᑯᒥᔥᒄᐁᐤ **maamaakumischuweu** vai redup ♦ il/elle mâche de la gomme

ᒫᒫᑯᓀᐤ **maamaakuneu** vta redup ♦ il/elle l'abaisse, la/le pétrit, moule

ᒫᒫᑯᓂᒉᐤ **maamaakunicheu** vai redup ♦ il/elle pétrit

ᒫᒫᑯᓇᒻ **maamaakunam** vti redup ♦ il/elle le moule, le modèle à la main

ᒫᒃᐎᑦᒃ maamaakuhtam vti redup ◆ il/elle le mâche

ᒫᐸᑯᓂᔅᑯᐁᐧ maamaakwaakuneshkuweu vta redup
◆ il/elle presse ou tasse fortement la neige dessus

ᒫᐸᑯᓂᔅᑲᒻ maamaakwaakuneshkam vti redup ◆ il/elle tasse bien la neige sur quelque chose

ᒫᒋᔥᑲᑌᐤ maamaachishkateu vai redup
◆ il/elle a des crampes intestinales; il/elle souffre de crampes d'estomac, de coliques

ᒫᓰᐤ maamaasiiu vai redup [Intérieur]
◆ il/elle va vite, fait les choses superficiellement, de façon bâclée, négligente, à la va-vite

ᒫᔒᐤ maamaaschiiu vai redup [Côte]
◆ il/elle va vite, fait les choses superficiellement, de façon bâclée, négligente, à la va-vite

ᒫᔑᓈᑯᓐ maamaashinaakun vii redup
◆ ça semble peu solide, peu sûr, branlant, fait à la hâte

ᒫᔑᓈᑯᐁᐧ maamaashinaakuheu vta redup ◆ il/elle la/le fait de façon négligée

ᒫᔑᓈᑯᐦᑖᐤ maamaashinaakuhtaau vai+o redup ◆ il/elle le fait vite, de manière superficielle

ᒫᔑᐦᐁᐤ maamaashiheu vta redup
◆ il/elle la/le fait incorrectement

ᒫᔑᐦᐅᐤ maamaashihuu vai redup -u
◆ il/elle ne s'habille pas en fonction de la température

ᒫᔑᐦᑲᒻ maamaashiihkam vti redup
◆ il/elle le fait superficiellement, à la hâte

ᒫᔥ maamaash p,manière redup
◆ superficiellement; hâtivement, en hâte, à la hâte, précipitamment, à la va-vite, sans soin, n'importe comment
■ ᐁᑳᐃ ᒫᔥ ᐃᔑᑦᒋᐦ ■ Ne le fais pas à la hâte.

ᒫᔥᑐᐁᐧ maamaashtuweu vai redup
◆ il/elle ne nettoie pas les os complètement en mangeant, ne gruge pas toute la viande sur les os

ᒫᔥᑖᐤ maamaashtaau vai+o redup
◆ il/elle le fait mal, de manière négligente, sans faire attention

ᒫᐦᒑᐸᑭᐸᔫ maamaahtawaakamipayuu vii redup -i
◆ l'eau tourbillonne dans les rapides

ᒫᐦᑖᐅᐄᔨᐦᑑ maamaahtaauiiyihtuu vai redup -i ◆ il/elle est magicien-ne; il/elle fait des tours de magie

ᒫᐦᑖᐅᐱᑌᐤ maamaahtaaupiteu vta redup
◆ il/elle la/le brode

ᒫᐦᑖᐅᐱᑕᒻ maamaahtaaupitam vti redup
◆ il/elle le brode

ᒫᐦᑖᐅᐱᐦᒋᑲᓂᔮᐲ maamaahtaaupihchikaniyaapii na -m
◆ du fil à broder

ᒫᐦᑖᐅᑲᐦᑐᐁᐧ maamaahtaaukahtuweu vta redup ◆ il/elle mordille différents motifs dessus (par ex. de l'écorce de bouleau)

ᒫᐦᑖᐅᑲᐦᑐᐋᐧᓐ maamaahtaaukahtuwaan ni ◆ des dessins faits en mordillant une écorce de bouleau; des motifs mordelés

ᒫᐦᑖᐅᑲᐦᑕᒻ maamaahtaaukahtam vti redup ◆ il/elle mord, mordille des dessins dessus (écorce de bouleau)

ᒫᐦᑖᐅᒫᑯᓐ maamaahtaaumaakun vii redup ◆ ça a une drôle de senteur, une odeur étrange

ᒫᐦᑖᐅᒫᑯᓲ maamaahtaaumaakusuu vai redup -i ◆ il/elle a un odeur étrange, bizarre, il/elle sent drôle

ᒫᐦᑖᐅᓈᑯᒋᑲᓐᐦ maamaahtaaunaakuchikanh ni pl ◆ des décorations, des ornements

ᒫᐦᑖᐅᓈᑯᓐ maamaahtaaunaakun vii redup ◆ c'est décoré, orné, panaché, bigarré, bariolé de plusieurs couleurs; ça a plusieurs formes, parties

ᒫᐦᑖᐅᓈᑯᓲ maamaahtaaunaakusuu vai redup -i ◆ il/elle est décoré-e, orné-e, panaché-e, bigarré-e, bariolé-e de plusieurs couleurs; il/elle a plusieurs formes, parties

ᒫᐦᑖᐅᓰᐤ maamaahtaausiiu vai redup
◆ il/elle fait des miracles

ᒫᐦᑖᐅᔂᐤ maamaahtaaushweu vta redup
◆ il/elle la/le découpe en motifs

ᒫᐦᑖᐅᔓᒻ maamaahtaausham vti redup
◆ il/elle le découpe en suivant un patron

ᒫᒫᐦᑖᐅᔥᑖᐅ maamaahtaaushtaau vai+o redup ♦ il/elle le dispose ou le place de manière fantaisiste

ᒫᒫᐦᑖᐅᐦᐁᐅ maamaahtaauheu vta redup ♦ il/elle la/le fait de manière fantaisiste (par ex. une raquette)

ᒫᒫᐦᑖᐅᐦᑯᑌᐅ maamaahtaauhkuteu vta redup ♦ il/elle taille des motifs fantaisistes dessus

ᒫᒫᐦᑖᐅᐦᑯᑕᒻ maamaahtaauhkutam vti redup ♦ il/elle taille, sculpte des dessins de fantaisie sur quelque chose

ᒫᒫᐦᑖᐅᐦᑯᑖᒉᐅ maamaahtaauhkutaacheu vai redup ♦ il/elle sculpte, découpe ou taille des motifs ou modèles fantaisistes

ᒫᒫᐦᑖᐌᒋᓀᐅ maamaahtaawechineu vta redup ♦ il/elle la/le plie de manière fantaisiste, décorative (étalé)

ᒫᒫᐦᑖᐌᒋᓇᒻ maamaahtaawechinam vti redup ♦ il/elle le plie (étalé) de manière fantaisiste, décorative

ᒫᒫᐦᑖᐌᒋᔒᐌᐅ maamaahtaawechishweu vta redup ♦ il/elle la/le coupe de manière fantaisiste, décorative (étalé)

ᒫᒫᐦᑖᐌᒋᓴᒻ maamaahtaawechisham vti redup ♦ il/elle le coupe (étalé) de manière fantaisiste, décorative

ᒫᒫᐦᑖᐙᐱᐦᒉᓂᒉᐅ maamaahtaawaapihchenicheu vai redup ♦ il/elle fait des jeux de ficelles

ᒫᒫᐦᑖᐙᐱᐦᒉᓇᒻ maamaahtaawaapihchenam vti redup ♦ il/elle en fait des jeux de ficelles

ᒫᒫᐦᑖᐙᑎᓰᐤ maamaahtaawaatisiiu vai redup ♦ c'est un faiseur de miracles, c'est une faiseuse de miracles; il/elle vit en faisant de la magie

ᒫᒫᐦᒋᑯᐸᔫ maamaahchikupayuu vai redup ♦ il/elle ne devrait pas trop se reposer après avoir beaucoup marché, ou il/elle ne sera pas capable de bouger; il/elle ne devrait pas trop manger après ne pas avoir mangé de friandises depuis longtemps [Côtier]

ᒫᒫᐦᒋᑯᓀᐅ maamaahchikuneu vta redup ♦ il/elle l'arrête, la/le retient de la main

ᒫᒫᐦᒋᑯᓇᒻ maamaahchikunam vti redup ♦ il/elle le détient, le retient, le contient, le restreint avec la main

ᒫᒫᐦᒋᒀᐱᐦᑳᑌᐅ maamaahchikwaapihkaateu vta redup ♦ il/elle l'attache

ᒫᒫᐦᒋᒀᐱᐦᑳᑕᒻ maamaahchikwaapihkaatam vti redup ♦ il/elle l'attache

ᒫᓀ maane pro,dém [Intérieur] ♦ le/la voilà là-bas! tout là-bas il y a celui-là, celle-là, cela (inanimé, accompagné d'un geste de la main ou en pointant les lèvres) (voir *maane*)

ᒫᓀᒌ maanechii pro,dém [Intérieur] ♦ les voilà là-bas! tout là-bas il y a ceux-là, celles-là (animé, accompagné d'un geste de la main ou en pointant les lèvres) (voir *maanaah*)

ᒫᓀᒌᒡ maanechiich pro,dém [Intérieur] ♦ les voilà là-bas! tout là-bas il y a ceux-là, celles-là (animé, accompagné d'un geste de la main ou en pointant les lèvres) (voir *maanaah*)

ᒫᓀᔫ maaneyuu pro,dém [Intérieur] ♦ le/la voilà là-bas! tout là-bas il y a celui-là, celle-là, cela (obviatif inanimé, accompagné d'un geste de la main ou en pointant les lèvres) (voir *maane*)

ᒫᓀᔫᐦ maaneyuuh pro,dém [Intérieur] ♦ le/la voilà là-bas! tout là-bas il y a celui-là, celle-là (obviatif animé); les voilà là-bas! tout là-bas il y a ceux-là, celles-là (obviatif animé ou inanimé) (accompagné d'un geste de la main ou en pointant les lèvres) (voir *maanaah* ou *maane*)

ᒫᓀᐦᐄᐦ maanehiih pro,dém [Intérieur] ♦ les voilà là-bas! tout là-bas il y a ceux-là, celles-là (inanimé, accompagné d'un geste de la main ou en pointant les lèvres) (voir *maane*)

ᒫᓂᑌᐅᓈᑯᓐ maaniteunaakun vii ♦ ça semble inconnu, étrange, bizarre

ᒫᓂᑌᐅᓈᑯᓱ maaniteunaakusuu vai-i ♦ il/elle semble inconnu-e, paraît étrange; il a l'air d'un étranger, elle a l'air d'une étrangère

ᒫᓂᑌᐦᑖᑯᓱ maaniteuhtaakusuu vai-i ♦ il parle comme un étranger, elle parle comme une étrangère

ᒪᓂᐧᐁᔨᒥᐤ **maaniteweyimeu** vta ♦ il se sent différent, étranger; elle se sent différente, étrangère; il/elle agit de manière différente

ᒪᓂᐧᐁᔨᐦᑖᑯᓐ **maaniteweyihtaakun** vii ♦ c'est étrange, inconnu (par ex. la température, une machine)

ᒪᓂᐧᐁᔨᐦᑖᑯᓲ **maaniteweyihtaakusuu** vai -i ♦ il/elle est inconnu-e, étrange; c'est un étranger, une étrangère

ᒪᓂᐤ **maaniteu** na -em ♦ un étranger, une étrangère; un visiteur, une visiteuse

ᒪᓂᐅᔅᑳᐤ **maaniteskaau** vii ♦ il y a beaucoup d'étrangers, de visiteurs, de touristes

ᒪᓂᐦᑳᓲ **maanitehkaasuu** vai -u ♦ il/elle prétend être un étranger, une étrangère

ᒪᓂᒌ **maanichii** pro,dém [Intérieur] ♦ les voilà! voilà ceux-là, celles-là (animé, accompagné d'un geste de la main ou en pointant les lèvres) (voir *maan*)

ᒪᓂᒌᒡ **maanichiich** pro,dém [Intérieur] ♦ les voilà! voilà ceux-là, celles-là (animé, accompagné d'un geste de la main ou en pointant les lèvres) (voir *maan*)

ᒪᓂᔐᐧᒋᓂᔑᐅᑲᒥᐤ **maanishchaanishiiukamikw** ni ♦ une étable, un abri

ᒪᓂᔐᐧᒋᓂᔑᐧᐃᔨᔫ **maanishchaanishiiwiyiyuu** na -yiim ♦ un berger, une bergère

ᒪᓂᔐᐧᒋᓂᔑᐧᔮᓐ **maanishchaanishuuyaan** na ♦ une peau de mouton, une peau d'agneau

ᒪᓂᔐᐧᒋᓂᔥ **maanishchaanish** na dim ♦ un agneau, un mouton

ᒪᓂᔫ **maaniyuu** pro,dém [Intérieur] ♦ le/la voilà! voilà celui-là, voilà celle-là, voilà (obviatif inanimé, voir *maan*)

ᒪᓂᔫᐦ **maaniyuuh** pro,dém [Intérieur] ♦ le/la voilà! voilà celui-là, voilà celle-là (obviatif animé) les voilà! voilà ceux-là, celles-là (animé ou inanimé) (accompagné d'un geste de la main ou en pointant les lèvres) (voir *maan*)

ᒪᓃᐦ **maanihiih** pro,dém [Eastmain] ♦ les voilà! voilà ceux-là, celles-là (inanimé, accompagné d'un geste de la main ou en pointant les lèvres) (voir *maan*)

ᒫᓃᐦᑲᒻ **maaniihkam** vti ♦ il/elle commence à monter le campement, la tente, le tipi

ᒪᓄᑯᐧᐁᐤ **maanukuweu** vta ♦ il/elle installe ou monte la tente pour elle/lui

ᒪᓄᑳᓲ **maanukaasuu** vai reflex -u ♦ il/elle se fait ou se bâtit un abri

ᒪᓄᒉᐤ **maanucheu** vai ♦ il/elle monte la tente avec, s'en sert pour dresser la tente

ᒫᓈᐦ **maanaah** pro,dém [Intérieur] ♦ le/la voilà là-bas! tout là-bas il y a celui-là, celle-là (animé, accompagné d'un geste de la main ou en pointant les lèvres) (voir *maanaah*) ▪ ᒫᓈᐦ ᓂᒥᔅ ᑲ ᐯᐦᑖᐸᐦᒃ ▪ *Voilà là-bas ma soeur que j'attendais.*

ᒫᓐ **maan** pro,dém [Intérieur] ♦ le/la voilà! voilà celui-là, voilà celle-là, voilà (animé ou inanimé, accompagné d'un geste de la main ou en pointant les lèvres) (voir *maan*) ▪ ᒫ ᓂᑳᐧᐃ ♦ ᒫ ᓂ ᓂᕐᒨᒥᔅᒃ ▪ *Voilà ma mère.* ♦ *Voilà ma tasse.*

ᒫᓐᐦ **maanh** p,manière ♦ habituellement, généralement, d'habitude, ordinairement, d'ordinaire, à l'ordinaire ▪ ᒋᑎᔥᐯ ᒫᓐᐦ ᐅᑖ ▪ *Il vient ici d'habitude.*

ᒫᓰᒋᐃᓐ **maasichewin** na ♦ une lutte, une bagarre, une querelle, un combat

ᒫᓰᒉᐤ **maasicheu** vai ♦ il/elle se bat, lutte, combat, se querelle

ᒫᓰᒉᓲ **maasichesuu** na -siim ♦ un lutteur, une lutteuse

ᒫᓰᒣᑯᔅ **maasimekus** na dim ♦ un petit omble de fontaine, une petite truite mouchetée

ᒫᓰᒣᑯᔥ **maasimekush** na dim ♦ un petit omble de fontaine, une petite truite mouchetée *Salvelinus fontinalis*

ᒫᓰᒣᒄ **maasimekw** na ♦ un omble de fontaine, une truite mouchetée, une truite de ruisseau, une truite saumonée *Salvelinus fontinalis*

maastaakusuu vai -i ♦ il/elle pleure en recevant de mauvaises nouvelles

maaskweu vai ♦ il/elle est rauque, enroué-e

maaskan vii ♦ ça a une difformité; c'est un handicap (uniquement en parlant d'une partie du corps humain)

maaskasheu vai ♦ il/elle a une cicatrice

maaskaau vii ♦ ça a une cicatrice, une difformité (uniquement en parlant d'une partie de corps animal)

maaskaapekan vii ♦ c'est déformé (filiforme)

maaskaapechisuu vai -i ♦ il/elle est déformé-e (filiforme)

maaskaapiskaau vii ♦ c'est déformé (pierre, métal)

maaskaapischisuu vai -i ♦ il/elle est déformé-e (pierre, métal)

maaskaaskun vii ♦ c'est déformé (long et rigide)

maaskaaskusuu vai -i ♦ il/elle est déformé-e (long et rigide)

maaschekan vii ♦ c'est déformé (étalé)

maaschechisuu vai -i ♦ il/elle est déformé-e (étalé)

maascheyihtaakun vii ♦ c'est gentil, joli

maascheyihtaakusuu vai -i ♦ il/elle est joli-e, gentil-le

maaschipituneu vai ♦ il/elle a un bras difforme, est atteint-e d'une infirmité au bras, souffre d'un handicap au bras

maaschipimaatisiiwin ni ♦ une incapacité, une invalidité, un handicap physique

maaschipimaatisiiu vai ♦ il/elle est physiquement handicapé-e; c'est un ou une invalide, un handicapé physique, une handicapée physique

maaschipayuu vai -i ♦ il/elle boite parce qu'il/elle est handicapé-e de naissance

maaschitihcheu vai ♦ il/elle a une main difforme, est atteint-e d'une infirmité à la main, souffre d'un handicap à la main

maaschikaateu vai ♦ il/elle a une jambe difforme, est atteint-e d'une infirmité à la jambe, souffre d'un handicap à la jambe

maaschikaataan ni ♦ une jambe boiteuse

maaschinihtaauchuwin ni ♦ une difformité, une malformation

maaschinihtaauchuu vai -i ♦ il/elle est difforme, handicapé-e de naissance

maaschinuweu vta ♦ il/elle le/la trouve joli-e

maaschinam vti ♦ il/elle trouve ça joli

maaschinaakun vii ♦ ça a l'air joli, gentil

maaschinaakusuu vai -i ♦ il/elle est joli-e, semble gentil-le

maaschinaakuheu vta ♦ il/elle lui donne une belle apparence

maaschinaakuhtaau vai+o ♦ il/elle le fait joli, lui donne une belle apparence

maaschisuu vai -i ♦ il/elle est physiquement handicapé-e; c'est un ou une invalide, un handicapé physique, une handicapée physique, un boiteux, une boiteuse

maaschishkachaanish na dim ♦ une jeune pie-grièche boréale, une jeune pie-grièche grise *Lanius excubitor*

maaschishkachaan na -im ♦ une pie-grièche boréale, une pie-grièche grise *Lanius excubitor*

maaschiiskaasht na ♦ une branche de thuya, une branche de cèdre

maaschiiskwaasht na ♦ une branche de cèdre

maaschiisk na -im ♦ un thuya occidental, un thuya de l'Est *Thuja occidentalis* (le terme 'cèdre' est à éviter)

maaschiischiskanikaau vii ♦ l'île est couverte de cèdres (thuyas)

ᒪᐢᐦᐢᑳᐅ **maaschiischiskaau** vii ♦ il y a beaucoup de cèdres (thuyas); c'est une cédrière

ᒪᐢᐦᐢᐦᑕᒄ **maaschiischihtakw** na -um ♦ du bois de cèdre

ᒪᔑᒧᐢᑐᐌᐤ **maashimushtuweu** vta [Côte] ♦ il/elle lui donne de mauvaises nouvelles

ᒪᔑᒨ **maashimuu** vai -u [Côte] ♦ il/elle annonce un décès, la mort de quelqu'un

ᒪᔑᐦᐁᐤ **maashiheu** vta ♦ il/elle lutte, se bagarre avec elle/lui

ᒪᔑᐦᑖᐤ **maashihtaau** vai+o ♦ il/elle le combat, se bat ou se débat contre, lutte contre

ᒪᔔᒡ **maashkuch** p ♦ peut-être ▪ ᒪᔔᒡ ᐁᐧᑦ ᑫ ᑲᑦ ᒋᔥᐊᔅₓ ▪ *Elle reviendra peut-être plus tard.*

ᒪᔥᒋᓈᑯᔔ **maashchinaakushuu** vai dim -i ♦ il/elle est joli-e

ᒫᔦᔩᒣᐤ **maayeyimeu** vta ♦ il/elle l'insulte, lui manque de respect

ᒫᔦᔩᐦᑕᒼ **maayeyihtam** vti ♦ il/elle l'insulte, s'en moque, le ridiculise

ᒫᔦᔩᐦᑖᑯᓐ **maayeyihtaakun** vii ♦ c'est ridiculisé; on s'en moque

ᒫᔦᔩᐦᑖᑯᓲ **maayeyihtaakusuu** vai -i ♦ il/elle est ridiculisé-e, raillé-e, nargué-e

ᒫᔦᔩᐦᒉᐤ **maayeyihcheu** vai ♦ il/elle manque de respect; il est irrespectueux, insultant, insolent; elle est irrespectueuse, insultante, insolente

ᒫᔨᓰᐤ **maayisiiu** vai ♦ il/elle est avare, pingre, ladre, radin-e

ᒫᔮᑎᓐ **maayaatin** vii ♦ c'est mauvais, sinistre, infâme

ᒫᔮᑎᓰᐃᐧᓐ **maayaatisiiwin** ni ♦ le mal, la méchanceté

ᒫᔮᑎᓰᐤ **maayaatisiiu** vai ♦ il/elle est méchant-e, mauvais-e, sinistre, ignoble, infâme

ᒫᔮᒋᒣᐤ **maayaachimeu** vta ♦ il/elle raconte des choses à son sujet

ᒫᔮᒋᒧᐢᑐᐌᐤ **maayaachimustuweu** vta ♦ il/elle lui dit des commérages

ᒫᔮᒋᒨ **maayaachimuu** vai -u ♦ il/elle jase, dit des commérages sur quelqu'un

ᒫᔮᓯᓄᐌᐤ **maayaasinuweu** vta ♦ il/elle a une vision, l'apparition de quelqu'un qui prédit la mort

ᒫᔮᓯᓇᒼ **maayaasinam** vti ♦ il/elle a une vision, voit une apparition qui prédit la mort

ᒫ **maah** p,interjection ♦ écoute ▪ ᒪ", ᓂᐯᒋᐋᔫ ᓂᕽₓ ▪ *Écoute, j'entends une oie.*

ᒪ" **maah** p,emphatique ♦ alors (mot utilisé à la suite d'un autre mot pour donner poliment un ordre) ▪ ᐯᒡ" ᒪ" ᐊᑫ ᐊᐦᑯᒡₓ ▪ *Alors, apporte ce seau.*

ᒫᐦᐁᐤ **maaheu** vta ♦ il/elle la/le fait s'enfuir en faisant un bruit par inadvertance, sans faire exprès (par ex. un animal, un oiseau)

ᒫᐦᐄᐱᒎ **maahiipichuu** vai -i ♦ il/elle descend la rivière pour déménager le camp d'hiver, déménage le camp d'hiver en aval

ᒫᐦᐄᐳᑖᐤ **maahiiputaau** vai+o ♦ il/elle le fait flotter en descendant la rivière (par ex. des rondins)

ᒫᐦᐄᐳᔦᐤ **maahiipuyeu** vta ♦ il/elle la/le fait flotter vers l'aval (par ex. un arbre)

ᒫᐦᐄᐸᔩᐦᐁᐤ **maahiipayiheu** vta ♦ il/elle lui fait descendre la rivière, en véhicule

ᒫᐦᐄᐸᔩᐦᑖᐤ **maahiipayihtaau** vai+o ♦ il/elle l'apporte en suivant la rivière en véhicule, l'emporte en véhicule le long de la rivière, le transporte en descendant la rivière en bateau

ᒫᐦᐄᐸᔫ **maahiipayuu** vai/vii -i ♦ il/elle/ça descend la rivière en véhicule; ça descend la rivière

ᒫᐦᐄᐸᐦᑖᐤ **maahiipahtaau** vai ♦ il/elle s'en va en courant vers l'aval de la rivière, dans le sens du courant

ᒫᐦᐄᑎᔕᐦᐊᒼ **maahiitishaham** vti ♦ il/elle l'envoie vers le bas de la rivière, en aval

ᒫᐦᐄᑎᔕᐦᐌᐤ **maahiitishahweu** vta ♦ il/elle l'envoie en aval

ᒫᐦᐄᑑᑖᒣᐤ **maahiituutaameu** vta ♦ il/elle marche vers l'aval en la/le portant sur son dos

ᒫᐦᐄᑑᑖᒧᐌᐤ **maahiituutaamuweu** vta ♦ il/elle la/le porte en aval sur le dos pour quelqu'un

ᒫᐦᐃᑲᓅ **maahiikanuu** vii -u ♦ c'est faisable; on peut s'y engager (une rivière); les gens peuvent descendre la rivière

ᒫᐦᐄᔅᑯᐱᒎ **maahiiskupichuu** vai -i ♦ il/elle déplace le camp d'hiver en descendant la rivière sur la glace

ᒫᐦᐄᔅᑯᐸᐦᑖᐤ **maahiiskupahtaau** vai ♦ il/elle descend la rivière en courant sur la glace

ᒫᐦᐄᔅᑯᑐᑖᒣᐤ **maahiiskututaameu** vta ♦ il/elle descend la rivière sur la glace, en la/le portant sur le dos

ᒫᐦᐄᔅᑯᑖᐯᐤ **maahiiskutaapeu** vai ♦ il/elle descend la rivière en tirant quelque chose sur la glace

ᒫᐦᐄᔅᑯᑖᐹᑌᐤ **maahiiskutaapaateu** vta ♦ il/elle l'amène en aval en la/le tirant sur la glace

ᒫᐦᐄᔅᑯᑯᐦᑎᑖᐤ **maahiiskukuhtitaau** vai+o ♦ il/elle met le canot à l'eau avec l'avant ou la proue pointant vers l'aval de la rivière; il/elle met le canot à l'eau dans le sens du courant

ᒫᐦᐄᔅᑯᐦᑌᐤ **maahiiskuhteu** vai ♦ il/elle descend la rivière en marchant sur la glace

ᒫᐦᐄᔅᑯᐦᑕᑖᐤ **maahiiskuhtataau** vai+o ♦ il/elle l'apporte ou l'emporte en aval sur la glace

ᒫᐦᐄᔅᑯᐦᑕᐦᐁᐤ **maahiiskuhtaheu** vta ♦ il/elle lui fait descendre la rivière sur la glace

ᒫᐦᐄᔅᑰ **maahiiskuu** vai -u ♦ il/elle descend la rivière sur la glace

ᒫᐦᐄᔑᑳᒣᐤ **maahiishikaameu** vai ♦ il/elle descend la rivière en marchant le long du rivage

ᒫᐦᐄᔥᑲᒻ **maahiishkam** vti ♦ il/elle descend la rivière en marchant

ᒫᐦᐅᑖᐤ **maahutaau** vai+o ♦ il/elle le prend et descend la rivière en canot avec

ᒫᐦᐆᔪᐤ **maahuyeu** vta ♦ il/elle l'amène en aval en canot

ᒫᐦᐆᔪᒍᐁᐤ **maahuutuweu** vta ♦ il/elle descend la rivière en canot, en emportant quelque chose pour elle/lui

ᒫᐦᐊᒻ **maaham** vti ♦ il/elle descend la rivière en bateau, en canot

ᒫᐦᐋᐱᐦᒉᓇᒻ **maahaapihchenam** vti ♦ il/elle le fait flotter avec un câble (par ex. un canot) pour descendre la rivière, en marchant le long de la rive

ᒫᐦᖈᐳᑌᐤ **maahaaputeu** vai ♦ il/elle dérive; il/elle s'en va à la dérive; il/elle est emporté-e ou poussé-e par le courant; il/elle descend la rivière à la dérive

ᒫᐦᖈᐳᑖᐤ **maahaaputaau** vai+o ♦ il/elle le fait dériver, le pousse, l'entraîne dans le courant de la rivière

ᒫᐦᖈᐳᑰ **maahaapukuu** vai -u ♦ il/elle dérive; il/elle s'en va à la dérive; il/elle est emporté-e ou poussé-e par le courant; il/elle descend la rivière à la dérive

ᒫᐦᖈᔂ **maahaashuu** vai -i ♦ il/elle vogue ou navigue dans la direction du courant; il/elle descend la rivière

ᒫᐦᖈᔥᑎᓐ **maahaashtin** vii ♦ ça navigue; ça descend la rivière poussé par le vent

ᒫᐦᑎᑯᐸᔪᐤ **maahtikupayuu** vai/vii -i ♦ il/elle/ça va sur, au-dessus de quelque chose

ᒫᐦᑎᑯᓂᑯᐤ **maahtikunikuu** vta inverse -u [Mistissini] ♦ il/elle la/le retient, l'empêche (par ex. une tempête, une maladie)

ᒫᐦᑎᑯᔥᑯᐍᐤ **maahtikushkuweu** vta ♦ il/elle met son poids ou ses pieds sur elle/lui

ᒫᐦᑎᑯᔥᑲᒻ **maahtikushkam** vti ♦ il/elle met le poids de son corps sur quelque chose

ᒫᐦᑎᑯᐦᑰ **maahtikuhukuu** vai -u ♦ il y a un poids dessus

ᒫᐦᑎᑯᐦᐆᑌᐤ **maahtikuhuuteu** vii ♦ il y a du poids dessus et on ne peut le bouger

ᒫᐦᑎᑯᐦᐊᒻ **maahtikuham** vti ♦ il/elle met un poids dessus

ᒫᐦᑎᑯᐦᐍᐤ **maahtikuhweu** vta ♦ il/elle met un poids dessus

ᒫᐦᑮ **maahkii** ni -m ♦ une tente, de l'anglais 'marquee'

ᒫᐦᑮᔐᒉᓐ **maahkiiyechin** ni ♦ de la toile pour tente

ᒫᐦᑮᔮᔅᑯᓂᑲᓐ **maahkiiyaaskunikan** ni ♦ une ossature ou structure de tente

Lᵖᵝ"∩ᵈ **maahkiiyaahtikw** ni -um ♦ des perches ou poteaux supportant le faîtage ou faîte d'une tente

Lᵖ"ᵖ"ꓶ° **maahkiihcheu** vai ♦ il/elle monte ou dresse une tente

L"ᑯ∧∪° **maahkupiteu** vii ♦ c'est attaché

L"ᑯ∧∪° **maahkupiteu** vta ♦ il/elle l'attache

L"ᑯ∧∩ᒍ **maahkupitisuu** vai reflex -u ♦ il/elle s'attache

L"ᑯ∧∩"ꓶ"∧ᒉ·ᐃᵃ **maahkupitihchehpisuwin** ni ♦ un bandage ou pansement pour la main

L"ᑯ∧Cᴸ **maahkupitam** vti ♦ il/elle l'attache

L"ᑯ∧ᒥbᵃ **maahkupichikan** ni ♦ un emballage; un lien, une attache, un cordon; une gaze en rouleau

L"ᑯ∧ᒍ **maahkupisuu** vai -u ♦ il/elle est attaché-e, retenu-e, immobilisé-e

L"ᑯ∧ᑉ"ꓶ° **maahkupihcheu** vai ♦ il/elle attache, amarre, enveloppe

L"ᑯ∧ᑉ"ꓶ<ᒍ **maahkupihchepayuu** vai/vii -i ♦ il/elle/ça se noue, s'attache avec des noeuds

L"ᒥꓷᓩᓂᵑ **maahchituushaanish** vai ♦ le dernier né d'une famille ■ ▽▷ᵈ ▷ ᓂL"ᒥꓷᓩᓂᵑₓ. *C'est mon dernier né.*

L"ᒥᑊ **maahchich** p,temps [Côte] ♦ la dernière fois ■ ▽▷ᵈ L"ᒥᑊ ꓶ ᐧᐊ<ᒣᑕᶜₐₓ. *C'est la dernière fois que je te vois.*

L"ᒥᔅCᐃ **maahchishtai** p,manière [Intérieur] ♦ en dernier, le dernier, la dernière; à la fin, enfin ■ ᐧᐃ L"ᒥᔅCᐃ ᑊ ᐯ"ᒥ ᐧᐃ"ꓶ°ₓ. *Elle est arrivée en dernier.*

L"ᒥᔅCᐃᒥᓩbᵃ **maahchishtaichishkaan** vii [Intérieur] ♦ c'est samedi

L"ᴵᴸ **maahch** p,temps [Côte] ♦ en dernier, le dernier, la dernière ■ ᐧᐃ L"ᴵᴸ ᐃ"ᑦᶜ°ₓ. *Il est le dernier.*

ᐧL

ᐧLᐅᑊ **mwaauchii** pro,dém [Côte] ♦ les voici! voici ceux-ci, celles-ci (animé, accompagné d'un geste de la main ou en pointant les lèvres) (voir *maau*) ■ ᐧLᐅᑊ ᓂᒐᴸ ᑊ ᐧᐃᓂ"ᐃᐧᑊᵃₓ. ■ *Les voici, ce sont mes bas que j'avais perdus.*

ᐧLᐅᑊᴸ **mwaauchiich** pro,dém [Côte] ♦ les voici! voici ceux-ci, celles-ci (animé, accompagné d'un geste de la main ou en pointant les lèvres) (voir *maau*) ■ ᐧLᐅᑊ ᓂᒐᴸ ᑊ ᐧᐃᓂ"ᐃᐧᑊᵃₓ. ■ *Ce sont les bas que j'ai perdus.*

ᐧLᐅᒍ **mwaauyuu** pro,dém ♦ le/la voici! voici celui-ci, voici celle-ci, voici (inanimé, accompagné d'un geste de la main ou en pointant les lèvres) (voir *maau*)

ᐧLᐅᒍ" **mwaauyuuh** pro,dém [Côte] ♦ le/la voici! voici celui-ci, celle-ci, (obviatif animé) les voici! voici ceux-ci, celles-ci (animé ou inanimé) (accompagné d'un geste de la main ou en pointant les lèvres) (voir *maau*)

ᐧLᐅ"ᐃ" **mwaauhiih** pro,dém [Côte] ♦ les voici! voici ceux-ci, voici celles-ci (inanimé, accompagné d'un geste de la main ou en pointant les lèvres) (voir *maau*)

ᐧL° **mwaau** pro,dém [Côte] ♦ le/la voici! voici celui-ci, voici celle-ci, voici (animé ou inanimé, accompagné d'un geste de la main ou en pointant les lèvres) (voir *maau*) ■ ᐧL° ᓂLᒐ"ᐃbᵃ ᑊ ᐧᐊᓂᑕᵇᵃₓ. ■ *Le voici, c'est le livre que j'avais perdu.*

ᐧLᑯ∧ᒉᴸ **mwaakupiisim** na [Intérieur] ♦ mai

ᐧLᑯᔈ **mwaakush** na dim ♦ un bébé plongeon, un jeune huard ou huart

ᐧLᑯᵈ **mwaakw** na ♦ un plongeon huard, un huard ou huart à collier *Gavia immer*

ᐧLᓄ **mwaane** pro,dém [Côte] ♦ le/la voilà là-bas! tout là-bas il y a celui-là, celle-là, cela, ça (inanimé, accompagné d'un geste de la main ou en pointant les lèvres) (voir *maane*)

ᒫᓄᒌ mwaanechii pro,dém [Côte] ♦ les voilà là-bas! tout là-bas il y a ceux-là, celles-là (animé, accompagné d'un geste de la main ou en pointant les lèvres) (voir *maanaah*) ■ ᒫᓄᒌ ᐊᓄᒡ ᐋᕙᔅᒃ ᐋᓅᒋᐊᐸᒫᑦᒑᐦ ■ *Les voilà là-bas ces garçons qu'ils cherchaient.*

ᒫᓄᒌᒡ mwaanechiich pro,dém ♦ les voilà là-bas! tout là-bas il y a ceux-là, celles-là (animé, accompagné d'un geste de la main ou en pointant les lèvres) (voir *maanaah*) ■ ᒫᓄᒌᒡ ᐊᓄᒡ ᐋᕙᔅᒃ ᐋᓅᒋᐊᐸᒫᑦᒑᐦ ■ *Les voilà là-bas ces garçons, ceux qu'ils cherchaient.*

ᒫᓄᔾ mwaaneyuu pro,dém [Côte] ♦ le/la voilà là-bas! tout là-bas il y a celui-là, celle-là (obviatif inanimé, accompagné d'un geste de la main ou en pointant les lèvres) (voir *maane*)

ᒫᓄᔾᐦ mwaaneyuuh pro,dém [Côte] ♦ le/la voilà là-bas! tout là-bas il y a celui-là, celle-là (obviatif animé); les voilà là-bas! tout là-bas il y a ceux-là, celles-là (obviatif animé ou inanimé) (accompagné d'un geste de la main ou en pointant les lèvres) (voir *maanaah* ou *maane*)

ᒫᓄᐦᐃᐦ mwaanehiih pro,dém ♦ les voilà là-bas! tout là-bas il y a ceux-là, celles-là (inanimé, accompagné d'un geste de la main ou en pointant les lèvres) (voir *maane*)

ᒫᓄᒌ mwaanichii pro,dém [Intérieur] ♦ les voilà! voilà ceux-là, celles-là (animé, accompagné d'un geste de la main ou en pointant les lèvres) (voir *maan*)

ᒫᓄᒌᒡ mwaanichiich pro,dém [Côte] ♦ les voilà! voilà ceux-là, celles-là (animé, accompagné d'un geste de la main ou en pointant les lèvres) (voir *maan*)

ᒫᓄᔾ mwaaniyuu pro,dém [Côte] ♦ le/la voilà! voilà celui-là, voilà celle-là, voilà (obviatif inanimé, accompagné d'un geste de la main ou en pointant les lèvres) (voir *maan*)

ᒫᓄᔾᐦ mwaaniyuuh pro,dém [Côte] ♦ le/la voilà! voilà celui-là, voilà celle-là (obviatif animé) les voilà! voilà ceux-là, celles-là (animé ou inanimé) (accompagné d'un geste de la main ou en pointant les lèvres) (voir *maan*)

ᒫᓂᐦᐃᐦ mwaanihiih pro,dém [Côte] ♦ les voilà! voilà ceux-là, celles-là (inanimé, accompagné d'un geste de la main ou en pointant les lèvres) (voir *maan*)

ᒫᓈᐦ mwaanaah pro,dém [Côte] ♦ le/la voilà là-bas! tout là-bas il y a celui-là, celle-là (animé, accompagné d'un geste de la main ou en pointant les lèvres) (voir *maanaah*) ■ ᒫᓈᐦ ᓂᒥᔅ ᒃ ᐯᐦᐋᒃᐧ ■ *Voilà là-bas, c'est ma soeur que j'attendais.*

ᒫᓐ mwaan pro,dém [Côte] ♦ le/la voilà! voilà celui-là, voilà celle-là, voilà (animé ou inanimé, accompagné d'un geste de la main ou en pointant les lèvres) (voir *maan*) ■ ᒫᓐ ᓂᑳᐧ ■ ᒫᓐ ᓂᒥᐦᓂᑳᑉᐹᐧ ■ *C'est ma mère. ♦ Celle-là est ma tasse.*

ᓄ

ᓄ ne pro,dém [Côte] ♦ celui-là là-bas, celle-là là-bas, cela, ça, ce, cet, cette (inanimé, voir *ne*)

ᓄᐅᐧᐃᒡ neuwich vai pl -u ♦ il y en a quatre, ils/elles sont quatre

ᓄᐅᐧᐃᓐᐦ neuwinh vii pl ♦ il y en a quatre

ᓄᐅᐱᐳᓐᐦ neupipunh p,temps ♦ quatre années, quatre ans

ᓄᐅᐱᐦᑳᓐ neupihkaan ni ♦ une tresse, une natte à quatre brins ou mèches

ᓄᐅᐲᓯᒻᐦ neupiisimh p,temps ♦ quatre mois

ᓄᐅᐳᐧᐃᒡ neupuwich vai pl -i ♦ il y en a quatre assis-es

ᓄᐅᐳᓂᓰᒫᑲᓐ neupunesiimakan vii ♦ ça a quatre ans

ᓄᐅᐳᓀᓱᐧ neupunesuu vai -i ♦ il/elle a quatre ans

ᓄᐅᐸᐦᐄᑐᐧᐃᒡ neupahiituwich vai pl recip -u ♦ ils courent en meute, en groupes de quatre

ᓀᐅᒉᐧ neutenuu p,quantité ♦ quatre familles

ᓀᐅᒉᓯᐅᒡ neutesiiuch vai pl ♦ il y a quatre familles dans un camp, une habitation

ᓀᐅᒉᓱᒡ neutesuuch p,quantité [Intérieur] ♦ quatre boîtes ou cartons

ᓀᐅᑎᐱᔅᑳᐅᐦ neutipiskaauh p,temps ♦ quatre nuits

ᓀᐅᑎᐹ"ᐦᐃᑲᐦ neutipahiikan p,quantité ♦ quatre milles, quatre gallons

ᓀᐅᑎᐹᐯᔥᑯᒋᑲᓀᓲ neutipaapeshkuchikanesuu vai -i ♦ il/elle pèse quatre livres

ᓀᐅᑎᐹᐯᔥᑯᒋᑲᓀᔮᐤ neutipaapeshkuchikaneyaau vii ♦ ça pèse quatre livres

ᓀᐅᑎᐹᐯᔥᑯᒋᑲᓐ neutipaapeshkuchikan p,quantité ♦ quatre livres

ᓀᐅᑎᐹᔅᑯᓂᑲᓐ neutipaaskunikan p,quantité ♦ quatre verges de tissu

ᓀᐅᑎᐦᑕᒥᔫᑌᓱᒡ neutihtamiyuuteusuuch p,quantité ♦ quatre boîtes, paquets, cartons (par ex. de cigarettes)

ᓀᐅᑏᔦᓲ neutiiyesuu vai ♦ il/elle coûte quatre dollars

ᓀᐅᑏᔮᐤ neutiiyaau vai ♦ il/elle coûte quatre dollars

ᓀᐅᑑᔥᑌᐦ neutuushteuh p,temps ♦ quatre semaines

ᓀᐅᑕᒋᓱᐃᒡ neutachisuwich p,quantité [Intérieur] ♦ quatre canots remplis de passagers

ᓀᐅᑕᒡ neutach p,quantité ♦ quatre canots

ᓀᐅᑕᓱᐃᒡ neutasuwich p,quantité [Côte] ♦ quatre canots remplis de passagers

ᓀᐅᑲᒥᒋᓱᐃᒡ neukamichisuwich p,quantité ♦ quatre tipis dans un camp

ᓀᐅᑲᒥᒡ neukamich p,quantité ♦ quatre tipis

ᓀᐅᑲᒫᐅᐦ neukamaauh vii pl ♦ il y a quatre lacs

ᓀᐅᑳᐳᐦᑖᐤ neukaapuhtaau vai+o ♦ il/elle en met ou place quatre debout, en position verticale

ᓀᐅᑳᐴᐃᒡ neukaapuuwich vai pl -uu ♦ il y en a quatre debout

ᓀᐅᑳᑌᐤ neukaateu vai ♦ il/elle a quatre pattes

ᓀᐅᒀᐱᑳᑲᓐᐦ neukwaapikaakanh p,quantité ♦ quatre seaux d'eau

ᓀᐅᒀᐱᓂᑲᓐ neukwaapinikan p,quantité ♦ quatre poignées ramassées

ᓀᐅᒌᔑᑳᐤ neuchiishikaau vii ♦ c'est jeudi, le quatrième jour

ᓀᐅᒌᔑᑳᐅᐦ neuchiishikaauh vii pl ♦ c'est quatre jours

ᓀᐅᒥᒋᐦᒋᓐ neumichihchin p,quantité ♦ quatre pouces

ᓀᐅᒥᓂᑯᔥᐦ neuminikushh p,temps ♦ quatre minutes

ᓀᐅᒥᓂᔅᑳᐤ neuminiskaau p,quantité ♦ quatre paquets ou cartons

ᓀᐅᒥᓂᔥᑌᐤ neuminishteu p,quantité ♦ quatre cordes de bois fendu

ᓀᐅᒥᓂᐦᒁᑲᓐ neuminihkwaakan p,quantité ♦ quatre tasses

ᓀᐅᒥᓯᑦ neumisit p,quantité ♦ quatre pieds

ᓀᐅᒥᐦᑎᑳᓐ neumihtikaan p,quantité [Côte] ♦ quatre piles verticales de bûches ou bois de chauffage

ᓀᐅᒦᐎᑦ neumiiwit p,quantité ♦ quatre paquets, boîtes, emballages, colis

ᓀᐅᒫᑎᔑᑲᓐ neumaatishikan p,quantité ♦ quatre tranches

ᓀᐅᓈᔥ neunasch p,quantité ♦ quatre longueurs de bras doubles

ᓀᐅᔅᑲᑎᔦᒌ neuskatiyechii p,quantité ♦ quatre paquets ou cartons (par ex. de cigarettes)

ᓀᐅᐧᔧ neushweu vta ♦ il/elle la/le coupe en quatre

ᓀᐅᓵᒻ neusham vti ♦ il/elle le coupe en quatre

ᓀᐅᔖᐳᐛᐤ neushaapwaau p,quantité ♦ quatorze fois

ᓀᐅᔖᑉ neushaap p,nombre ♦ quatorze

ᓀᐅᔥᑎᒄᐸᔫᐦ neushtikwepayuuh vii pl -i ♦ il y a quatre rivières qui coulent ensemble

ᓀᐅᔥᑎᒀᐅᐦ neushtikwaauh p,quantité ♦ quatre rivières

ᓀᐅᔥᑑ neushtuu p,quantité ♦ quatre huttes de castors

ᓀᐅᐦᔫ neuheu vta ♦ il/elle la/le divise en quatre

ᓄᐨᐦᐋᔾ neuhaashuu vai ♦ il/elle (un bébé) se berce en écoutant une mélodie, une berceuse

ᓄᐨᐅᐳᐤ neuhteuch vai pl ♦ ils/elles sont quatre à marcher ensemble, il y en a quatre qui marchent ensemble

ᓄᐨᑎᐦ neuhtich p,quantité ♦ quatre bûches ou morceaux de bois de chauffage

ᓄᐨᑎᐤ neuhtii p,quantité ♦ quatre piastres ou dollars

ᓄᐨᑕᑳᐅᐦ neuhtakaauh p,quantité
♦ quatre morceaux de bois

ᓄᐨᒑᐤ neuhtaau vai+o ♦ il/elle le divise ou le partage en quatre

ᓂᐌᑲᓐᐦ newekanh vii pl ♦ il y a quatre choses (étalé)

ᓂᐌᑲᔥᑌᐅᐦ newekashteuh vii pl ♦ il y a quatre draps étendus là

ᓂᐌᑲᔥᒑᐤ newekashtaau vai+o ♦ il/elle pose ou installe quatre panneaux de contreplaqué

ᓂᐌᒋᓀᐤ newechineu vta ♦ il/elle en tient quatre (étalé)

ᓂᐌᒋᓇᒧ newechinam vti ♦ il/elle en tient quatre (étalé)

ᓂᐌᒋᓱᐎᐨ newechisuwich vai pl -i ♦ il y en a quatre (étalé)

ᓂᐌᒋᔥᑕᐦᐊᒧ newechishtaham vti
♦ il/elle en coud quatre ensemble (étalé, du tissu)

ᓂᐌᒋᔥᑯᐌᐤ newechishkuweu vta
♦ il/elle en porte quatre épaisseurs

ᓂᐌᒋᔥᑲᒧ newechishkam vti ♦ il/elle en porte quatre couches

ᓂᐌᐨ newech p,quantité ♦ quatre feuilles ou draps (par ex. papier, couvertures)

ᓂᐌᒥᐦᒃᐙᓂᔥ newemihkwaanish p,quantité
♦ quatre cuillerées à thé

ᓂᐌᒥᐦᒃᐙᓐ newemihkwaan p,quantité
♦ quatre cuillerées

ᓂᐌᔅᒋᐦᒄ neweschihkw p,quantité
♦ quatre seaux de liquide (par ex. graisse d'ours)

ᓂᐎᐨ newiich p,manière ♦ quatre différentes façons, places ou endroits, sortes, tailles ou grandeurs ■ ᒫᐦᑎ ᓂᐎᐨ ᐊᑎᐦᑐᒡ ᒫᐦᑎ ᓂᐎᐨ ᐊᔑᒑᑐᓂᒑ ᐊᓅᒡ ■ *Peut-être qu'ils habitent à quatre endroits différents.* ♦ *Il y a peut-être quatre sortes différentes.*

ᓂᐛᐅᒋᔐᒥᑖᐦᑐᒥᓄᐤ newaauchishemitaahtumitinuu p,nombre
♦ quatre mille

ᓂᐛᐅᒌᓂᒃᐛᓂᐦᑌᐅᐦ newaauchiinikwaanihteuh p,temps [Côte]
♦ quatre heures

ᓂᐛᐅᒥᑖᐦᑐᒥᓄᐤ newaaumitaahtumitinuu p,nombre
♦ quatre cents

ᓂᐛᐤ newaau p,quantité ♦ quatre fois

ᓂᐛᐯᐎᐨ newaapeuwich vai pl ♦ il y a quatre hommes, ils sont quatre hommes

ᓂᐛᐯᑲᐳᐎᐨ newaapekapuwich vai pl -i
♦ il y en a quatre placés, placées (filiforme)

ᓂᐛᐯᑲᒧᐎᐨ newaapekamuwich vai pl -u
♦ il y en a quatre lignes

ᓂᐛᐯᑲᒧᓐᐦ newaapekamunh vii pl [Intérieur] ♦ il y en a quatre (filiforme)

ᓂᐛᐯᑲᒨᐦ newaapekamuuh vii pl [Côte]
♦ il y en a quatre (filiforme)

ᓂᐛᐯᑲᓐᐦ newaapekanh vii pl ♦ il y en a quatre (filiforme)

ᓂᐛᐯᑲᔥᑌᐅᐦ newaapekashteuh vii pl
♦ il y en quatre posés là, posées là

ᓂᐛᐯᑲᔥᒑᐤ newaapekashtaau vai+o
♦ il/elle en place quatre (filiforme)

ᓂᐛᐯᑲᐦᐁᐤ newaapekaheu vta ♦ il/elle en place quatre (filiforme)

ᓂᐛᐯᒋᓱᐎᐨ newaapechisuwich vai pl -i
♦ il y en a quatre, ils/elles sont quatre (filiforme)

ᓂᐛᐯᐨ newaapech p,quantité ♦ quatre choses (filiformes)

ᓂᐛᐱᔅᑲᒧᐦᒑᐤ newaapiskamuhtaau vai+o
♦ il/elle en met ou pose quatre dessus (pierre, métal, par ex. clous, vis)

ᓂᐛᐱᔅᑲᒨᐦ newaapiskamuuh vii pl ♦ il y a quatre choses dessus (pierre, métal)

ᓂᐛᐱᔅᑳᐅᐦ newaapiskaauh vii pl ♦ il y en a quatre (pierre, métal)

ᓂᐛᐱᔅᒋᓱᐎᐨ newaapischisuwich vai pl -i
♦ il y en a quatre (pierre, métal)

ᓂᐛᐱᔥ newaapisch p,quantité ♦ quatre morceaux ou pièces de métal, de pierre; quatre piastres ou dollars

ᓀᐋᐱᐦᑲᑌᐦ **newaapihkaateuh** vii pl ♦ il y en a quatre attachés ensemble, attachées ensemble

ᓀᐋᐱᐦᑳᑕᒻ **newaapihkaatam** vti ♦ il/elle attache quatre choses ensemble

ᓀᐋᐱᐦᑳᓱᐎᒡ **newaapihkaasuwich** vai pl -u ♦ il y en a quatre attachés ou liés ensemble, attachées ou liées ensemble

ᓀᐋᐱᐦᒉᔑᒣᐤ **newaapihcheshimeu** vta ♦ il/elle en étend quatre

ᓀᐋᐱᐦᒉᔑᓄᒡ **newaapihcheshinuch** vai pl ♦ ils sont étendus ou couchés en groupe de quatre; elles sont étendues ou couchées en groupe de quatre

ᓀᐋᒋᓱᐁᐤ **newaachusweu** vta ♦ il/elle en fait bouillir quatre

ᓀᐋᒋᓴᒻ **newaachusam** vti ♦ il/elle fait bouillir quatre choses

ᓀᐋᔅᑯᑳᐴᐦᐁᐤ **newaaskukaapuuheu** vta ♦ il/elle en dresse quatre (long et rigide)

ᓀᐋᔅᑯᑳᐴᐦᑖᐤ **newaaskukaapuuhtaau** vai+o ♦ il/elle pose, dresse ou plante quatre choses (long et rigide)

ᓀᐋᔅᑯᓐᐦ **newaaskunh** vii pl ♦ il y a quatre choses (long et rigide)

ᓀᐋᔅᑯᓱᐎᒡ **newaaskusuwich** vai pl -i ♦ il y en a quatre (long et rigide)

ᓀᐋᐦᑎᒄ **newaahtikw** p,quantité ♦ quatre bâtons, quatre morceaux de bois

ᓀᐤ **neu** p,nombre ♦ quatre

ᓀᑌᐦ **neteh** pro,dém,lieu ♦ au loin là-bas

ᓀᑎᓈᐤ **netinaau** vii ♦ c'est une montagne qui s'avance en pointe

ᓀᑕᐅᐦᑳᐤ **netaauhkaau** vii [Côte] ♦ c'est une pointe de terre

ᓀᑦᐦ **net-h** pro,dém,lieu ♦ là, y, là-bas

ᓀᑲ **nekaa** nad voc ♦ maman!

ᓀᑲᓰᐤ **nekaasiiu** vai -u ♦ il est anxieux, ambitieux, veut être le premier; elle est anxieuse, ambitieuse, veut être la première

ᓀᒌ **nechii** pro,dém [Côte] ♦ ceux-là là-bas, celles-là là-bas, ces (animé, voir *naa*

ᓀᒌᒡ **nechiich** pro,dém ♦ ceux-là là-bas, celles-là là-bas, ces (animé, voir *naa*

ᓀᒥᑎᓅ **nemitinuu** p,nombre ♦ quarante

ᓀᒥᔅᑳ **nemiskaa** ni ♦ le village ou la communauté de Nemaska

ᓀᒧᑐᐌᐤ **nemutuweu** vta ♦ il/elle grogne après elle/lui (un chien)

ᓀᒧᑕᒻ **nemutam** vti ♦ il/elle grogne, gronde après quelque chose

ᓀᒨ **nemuu** vai ♦ il/elle grogne

ᓀᒪᐦᐊᒡ **nemaham** vti ♦ il/elle brandit le poing contre quelque chose (une fois)

ᓀᒪᐦᐌᐤ **nemahweu** vta ♦ il/elle lui brandit le poing une fois

ᓀᓯᒃᐋᐤ **nesikwaau** vii ♦ c'est une pointe de terre entourée de glace

ᓀᓲ **nesuu** vai ♦ il/elle a une pointe, une projection

ᓀᔅᑲᒥᑳᐤ **neskamikaau** vii ♦ c'est une pointe de terre

ᓀᔅᒎᑳᐤ **neschuukaau** vii ♦ c'est une pointe de terre boueuse

ᓀᔥᑌᔨᒧᐦᐁᐤ **neshteyimuheu** vta ♦ il/elle la/le chatouille jusqu'à l'épuisement

ᓀᔥᑌᔨᒨ **neshteyimuu** vai -u ♦ il/elle meurt de chagrin, le coeur brisé

ᓀᔥᑌᔨᐦᑕᒻ **neshteyihtam** vti ♦ il/elle en meurt de chagrin

ᓀᔥᑎᑌᐦᓀᐤ **neshtiteheneu** vta ♦ il/elle lui fait peur, lui inspire de la peur

ᓀᔥᑕᐦᐌᐤ **neshtahweu** vta [Côte] ♦ il/elle la/le tue d'un coup, sur-le-champ

ᓀᔥᑖᒣᔨᒣᐤ **neshtaameyimeu** vta ♦ il est furieux contre elle/lui, elle est furieuse contre lui/elle

ᓀᔥᑖᒣᔨᐦᑕᒻ **neshtaameyihtam** vti ♦ il est furieux, fâché; elle est furieuse, fâchée contre quelque chose

ᓀᔥᑖᒥᐸᔫ **neshtaamipayuu** vai/vii -i ♦ il y a un problème, un dérangement grave, de l'agitation à une réunion, une fête (par ex. une bagarre entre personnes saoules)

ᓀᔥᑤᒦᐤ **neshtwaamiiu** vai ♦ il (un poisson) est faible après le frai

ᓀᔥᑦ **nesht** p ♦ ou [Côtier]; et [Intérieur] (l'Intérieur utilise nesht mikw pour 'ou') ■ ᒫᕆ ᓀᔥᑦ ᑌᓯ ᑲ ᐱᒋᐌᐅᒡ ■ *Mary et/ou Daisy iront avec elle.*

ᓂᐦᑯᔔᑳᐤ neshkushuukaau vii ♦ c'est une pointe de terre couverte d'herbe

ᓂᔦᑲᓐ neyekan vii [Côte] ♦ c'est une pointe au bord de quelque chose d'étalé

ᓂᔨᒋᑳᑌᐤ neyechikwaateu vta [Côte] ♦ il/elle la/le coud en pointe

ᓂᔨᒋᑳᑕᒻ neyechikwaatam vti [Intérieur] ♦ il/elle le coud en pointe

ᓂᔪ neyuu pro,dém [Côte] ♦ celui-là là-bas, celle-là là-bas, ce, cet, cette, c', ça (inanimé obviatif, voir *ne*)

ᓂᔪᐤᒡ neyuuuch p,lieu ♦ au milieu, à mi-chemin, à mi-distance

ᓂᔫᑖᐦᑳᐤ neyuutaauhkaau vii [Intérieur] ♦ c'est une pointe de terre

ᓂᔫᑖᐯᒡ neyuutaapech p,lieu ♦ au milieu, à mi-longueur (d'un objet filiforme)

ᓂᔫᑖᒫᑎᓐ neyuutaamatin p,lieu ♦ vers le milieu, environ à mi-chemin vers le haut de la montagne

ᓂᔫᑖᔥᑎᑯ neyuutaashtikw p,lieu ♦ à mi-distance le long d'une rivière

ᓂᔫᑖᐦᑎᑯ neyuutaahtikw p,lieu ♦ au milieu d'une bille, d'un billot, d'un rondin

ᓂᔫᒋᑲᒫᐤ neyuuchikamaau p,lieu ♦ au milieu du lac

ᓂᔫᔅᑭᒥᒡ neyuuskamihch p,lieu ♦ dans la mousse, en pleine tourbière

ᓂᔫᐦ neyuuh pro,dém [Côte] ♦ ceux-là là-bas, celles-là là-bas, ces (obviatif animé ou inanimé); celui-là là-bas, celle-là là-bas, ce, cet, cette (obviatif animé) (voir *naa* ou *ne*)

ᓂᔮᐤᐦᑳᐤ neyaauhkaau vii ♦ c'est une pointe de terre sablonneuse

ᓂᔮᐤ neyaau vii ♦ c'est une pointe; ça a une pointe; c'est une saillie sur quelque chose

ᓂᔮᐱᔅᑳᐤ neyaapiskaau vii ♦ c'est une pointe rocheuse

ᓂᔮᔅᒁᔮᐤ neyaaskweyaau vii ♦ c'est une pointe de terre boisée

ᓂᐦᐄᐦ nehiih pro,dém [Eastmain] ♦ ceux-là là-bas, celles-là là-bas, ces...-là là-bas (inanimé, voir *ne*)

ᓂᐦᒋᑳᐤ nehtakaau vii ♦ ça a une pointe, une saillie (bois utile, par ex. un mur)

ᓂᐦᑯᐹᐤ nehkupaau vii ♦ c'est une pointe de terre couverte de saules

ᓂᐦᑳᒋᐸᔪ nehkaachipayuu vai/vii -i ♦ ça lui arrive lentement, avec hésitation (par ex. à une personne mourante)

ᓂᐦᑳᒋᐦᐁᐤ nehkaachiheu vta ♦ il/elle la/le maltraite, brutalise (une fois)

ᓂᐦᑳᒋᐦᑖᐤ nehkaachihtaau vai+o ♦ il/elle le maltraite, le néglige, ne s'en occupe pas

ᓂ

ᓂᐯᐸᔨᒌᔅ nipeupayichiis na -im ♦ un pyjama

ᓂᐯᐅᑯᓇᐦᐄᑲᓐ nipeukunahiikan na [Intérieur] ♦ un couvre-lit, une catalogne, un couvre-pieds, une douillette

ᓂᐯᐅᑲᒥᒄ nipeukamikw ni ♦ une chambre à coucher, un hôtel

ᓂᐯᐅᔥᑑᑎᓐ nipeushtuutin ni ♦ un bonnet de nuit

ᓂᐯᐅᔮᓐ nipeuyaan ni ♦ une robe de nuit, une chemise de nuit, une jaquette, une nuisette

ᓂᐯᐎᓐ nipewin ni ♦ un lit, une couchette

ᓂᐯᔅᐌᐤ nipesweu vta ♦ il/elle l'anesthésie, l'endort avec un anesthésique

ᓂᐯᓯᑲᓐ nipesikan ni ♦ un anesthésique

ᓂᐯᔥᑳᑯᐤ nipeshkaakuu vta inverse -u ♦ ça la/le fait dormir (par ex. un médicament)

ᓂᐲ nipii ni -m ♦ de l'eau

ᓂᐲᐅᑎᐦᒉᐤ nipiiutihcheu vai ♦ il/elle a les mains mouillées, trempées

ᓂᐲᐅᓀᐤ nipiiuneu vta ♦ il/elle la/le mouille de la main

ᓂᐲᐅᓇᒻ nipiiunam vti ♦ il/elle le mouille à la main

ᓂᐲᐅᓯᒁᐤ nipiiusikwaau vii ♦ il y a de l'eau sur la glace

ᓂᐲᐅᔅᑲᒥᑳᐤ nipiiuskamikaau vii ♦ c'est un terrain humide, de la terre humide

ᓂᐲᐅᔅᒋᒄ nipiiuschihkw na ♦ un récipient d'eau, un contenant d'eau

ᓂᐱᐅᔥᑯᐌᐤ nipiiushkuweu vta ♦ il/elle la/le mouille avec le corps, le pied

ᓂᐱᐅᖴᑲᒻ nipiiushkam vti ♦ il/elle le mouille avec le corps, le pied

ᓂᐱᐅᐦᐁᐤ nipiiuheu vta ♦ il/elle la/le mouille

ᓂᐱᐅᐦᐄᓱ nipiiuhiisuu vai reflex -u ♦ il/elle se mouille, se trempe

ᓂᐱᐅᐦᐆ nipiiuhuu vai -u ♦ il/elle se mouille, se trempe

ᓂᐱᐅᐦᑖᑳᐤ nipiiuhtakaau vii ♦ c'est mouillé, détrempé (bois utile, par ex. un plancher)

ᓂᐱᐅᐦᑖᐤ nipiiuhtaau vai+o ♦ il/elle le mouille, le trempe

ᓂᐱᐃᐧᓐ nipiiwin vii ♦ c'est mouillé, détrempé

ᓂᐱᐤ nipiiu vai ♦ il/elle est mouillé-e, trempé-e

ᓂᐱᒪᑲᓐ nipiimakan vii ♦ c'est en train de mourir; c'est mourant, paralysé

ᓂᐱᐦᑲᐦᑕᒻ nipiihkahtam vti ♦ il/elle y ajoute de l'eau

ᓂᐸᐦ nipah préverbe ♦ devrais, pourrais (utilisé seulement avec la première personne de verbes indépendants)

ᓂᐸᐦᐁᐤ nipaheu vta ♦ il/elle la/le tue

ᓂᐸᐦᐄᐌᐎᓐ nipahiiwewin ni ♦ un meurtre, un homicide, causer la mort volontairement ou accidentellement

ᓂᐸᐦᐄᐌᐤ nipahiiweu vai ♦ il/elle tue, assassine

ᓂᐸᐦᐄᐌᒪᑲᓐ nipahiiwemakan vii ♦ ça tue, fait mourir

ᓂᐸᐦᐄᐌᓲ nipahiiwesuu vai ♦ c'est un tueur, un meurtrier, un assassin; c'est une tueuse, une meurtrière, une assassine

ᓂᐸᐦᐄᑎᓱᐎᓐ nipahiitisuwin ni [Côte] ♦ un suicide

ᓂᐸᐦᐄᑎᓱ nipahiitisuu vai reflex -u ♦ il/elle se tue (accidentellement ou volontairement); il/elle se suicide

ᓂᐸᐦᐄᒉᓀᐤ nipahiicheneu vta ♦ il/elle la/le tue en la/le manipulant trop (un petit animal, un oiseau)

ᓂᐸᐦᐄᒥᔅᒷᐤ nipahiimiskweu vii ♦ c'est facile pour lui/elle de tuer un castor

ᓂᐸᐦᐄᓱᐎᓐ nipahiisuwin ni [Intérieur] ♦ un suicide

ᓂᐸᐦᐄᔑᒣᐤ nipahiishimeu vta ♦ il/elle la/le tue dans une bagarre, en véhicule, dans un accident

ᓂᐸᐦᐄᔑᓐ nipahiishin vai ♦ il/elle meurt, se tue en tombant

ᓂᐸᐦᐄᔥᑯᐌᐤ nipahiishkuweu vta ♦ il/elle la/le tue par la pression du pied, du corps

ᓂᐸᐦᖬᐹᐌᐤ nipahaapaaweu vai ♦ il/elle meurt noyé-e

ᓂᐸᐦᖬᐳᐋᐌᐤ nipahaapwaaweu vai ♦ il/elle meurt en se noyant, meurt par noyade

ᓂᐸᐦᑐᐌᐤ nipahtuweu vta ♦ il/elle la/le tue pour elle/lui (par ex. une oie pour quelqu'un)

ᓂᐸᐦᑕᒧᐌᐤ nipahtamuweu vta ♦ il/elle la/le tue pour elle/lui, à sa place

ᓂᐸᐦᑖᐤ nipahtaau vai+o ♦ il/elle le tue

ᓂᐸᐦᒋᑳᒉᐤ nipahchikaacheu vai ♦ il/elle tue avec ça; il/elle s'en sert pour tuer

ᓂᐹᐤ nipaau vai ♦ il/elle dort

ᓂᐹᑲᓄᐎᑦ nipaakanuwit ni ♦ un sac de couchage, un lit-sac

ᓂᐹᑲᓐ nipaakan ni ♦ une couverture, une couverte, un sac de couchage, un lit-sac

ᓂᐹᒋᓈᑯᐦᑖᐤ nipaachinaakuhtaau vai+o ♦ il/elle le fait mal, de manière incorrecte; il/elle ne le fait pas bien ▪ ᐆᐦ ᓂᐹᒋᓈᑯᐦᑖᐤ ᐋᐅᒡ ᓂ·ᑳᔦ ᑲ ᐃᐦᑐᒋᒃₓ ▪ Ce travail est mal fait.

ᓂᐹᒡ nipaach p,manière ♦ mal, incorrectement, inexactement, à tort, de façon erronée ▪ ᐆᐦ ᐅᐱ ᓂᐹᒡ ᐃᐦᑐᒉᑲᓅ ᐋᐋ ᐋᑭᑎᐋᖬₓ ▪ Ce travail est mal fait.

ᓂᐹᔓ nipaashuu vai dim -i ♦ il/elle somnole, dort un petit moment, cogne des clous (familier)

ᓂᐹᐦᐄᐌᐤ nipaahiiweu vai ♦ il/elle met quelqu'un au lit

ᓂᐹᐦᑳᓲ nipaahkaasuu vai -u ♦ il/elle fait semblant de dormir

ᓂᐳᐋᐱᐦᒉᓀᐤ nipwaapihcheneu vta ♦ il/elle la/le double, replie, plie en deux (filiforme)

ᓂᐳᐋᐱᐦᒉᓇᒻ nipwaapihchenam vti ♦ il/elle le double, le replie (filiforme)

ᓂᑎᒥᐦᒡ nitimihch p,lieu ♦ amont, en amont, à contre-courant

nituwesweu vta ♦ il/elle tire un coup de fusil pour attirer son attention

nituwescheu vai ♦ il/elle tire un coup de fusil pour attirer l'attention

nituweyimeu vta ♦ il/elle la/le veut

nituweyihtamuwin ni ♦ un voeu, la volonté ou le désir de faire quelque chose

nituweyihtam vti ♦ il/elle le veut

nituweyihtaakun vii ♦ c'est désiré, voulu

nituweyihtaakusuu vai -i ♦ il/elle est voulu-e, désirable

nituwii p,manière [Côte] ♦ tout-e, un ou une quelconque, n'importe quel-le, n'importe lequel ou laquelle; n'importe quoi, quelque chose, quoi que ce soit; n'importe où, quelque part; nulle part; dans le bois ou la forêt ■ ▽ᑲᐃ ᓂᑐᐃ ᐊᐦᐃ ᐊᐸ ᐊᑦᐊᐟ. ■ *Ne laisse pas ce seau n'importe où.*

nituwiin p,manière [Intérieur] ♦ tout-e, un ou une quelconque, n'importe quel-le, n'importe lequel ou laquelle; n'importe où, quelque part; nulle part; dans le bois ou la forêt ■ ▽ᑲᐃ ᓂᑐᐃᐊ ᐊᐦᐃ ᐊᐸ ᐊᑦᐊᐟ ♦ ᓄᐊᐸ ᒋᐁ ᓂᐃᐊ ᔑ ᐊᐦᐅ ᐊᐅᐟ ᑲ ᐊᐦᐁᐟ. ■ *Ne laisse pas ce seau n'importe où. ♦ Il l'a fait n'importe comment (alors ça n'a pas marché)*

nituwaaweu vai ♦ il/elle va ramasser des oeufs

nituwaaweham vti ♦ il/elle va chercher des oeufs en canot

nituwaapameu vta ♦ il/elle va la/le voir

nituwaapahtam vti ♦ il/elle va le voir

nituwaakamineu vai ♦ il/elle fouille sous l'eau et le tire hors de l'eau

nituwaach p,évaluative ♦ il faut que, il est nécessaire de, c'est aussi bien ■ ▽ᑦᵈ ᓂᑐᐊᐧ ᔅᵈ ᓴᑲ ᔑᐊᐳᐊᐠ. *Je suis peut-être aussi bien de retourner à l'école.*

nituwaasinuweu vta ♦ il/elle l'examine du regard

nituwaascheu vai ♦ il/elle est à la chasse l'oie (la bernache, l'outarde)

nituwaaschepayuu vai -i ♦ il/elle part en véhicule à la chasse à l'oie (la bernache, l'outarde)

nituwaaheu vta ♦ il/elle l'examine, lui fait un examen médical

nituwaahtaau vai+o ♦ il/elle le vérifie

nitupayiyuusuu na -slim [Côte] ♦ un soldat

nitupayuu vai -i ♦ il/elle est soldat, militaire; il/elle va s'enrôler dans l'armée

nitutamuweu vta ♦ il/elle lui demande quelque chose

nitutamaauchihtamuweu vta [Côte] ♦ il/elle demande quelque chose pour quelqu'un d'autre

nitutamaau vai ♦ il/elle le demande

nitutamaacheu vai ♦ il/elle plaide, supplie, sollicite

nitutamaashtamuweu vta [Intérieur] ♦ il/elle demande quelque chose pour quelqu'un d'autre

nitumeu vta ♦ il/elle l'invite

nituminaapewemeu vta ♦ elle demande un homme en mariage

nitumiskweweu vta [Mistissini] ♦ il demande une femme en mariage

nitumiskwewemeu vta ♦ il va lui demander sa fille en mariage

nitumiskweweshtimuweu vta ♦ il/elle demande à quelqu'un pour elle (par ex. pour la fille de quelqu'un en mariage)

nitumanishkuyeu vai ♦ il/elle va écorcer du bouleau, peler de l'écorce de bouleau

nitunehweu vta ♦ il/elle la/le cherche pour se battre, discuter ou se disputer avec elle/lui

nitusinahiicheusinahiikan ni [Côte] ♦ un catalogue

nitusinahiicheu vai ♦ il/elle passe une commande postale

ᓂᑐᓯᓇᐦᒧᐧᐁᐤ **nitusinahamuweu** vta
 • il/elle la/le commande par la poste pour elle/lui

ᓂᑐᓯᓇᐦᒪ **nitusinaham** vti • il/elle le commande par courrier

ᓂᑐᓯᓇᐦᐧᐁᐤ **nitusinahweu** vta • il/elle la/le commande par la poste

ᓂᑐᔅᑳᐲᐦᒋᑲᓐ **nituskaapihchikan** ni [Mistassini] • un guidon ou une mire avant de fusil

ᓂᑐᐦᑐᐧᐁᐤ **nituhtuweu** vta • il/elle l'écoute

ᓂᑐᐦᑕᒼ **nituhtam** vti • il/elle l'écoute

ᓂᑐᐦᑯᓐ **nituhkun** vii • c'est un remède

ᓂᑐᐦᑯᓰᐤ **nituhkusiiu** vai • il/elle sert de remède

ᓂᑐᐦᑯᔨᓂᑲᒥᒄ **nituhkuyinikamikw** ni • une clinique, un hôpital

ᓂᑐᐦᑯᔨᓂᒫᑯᓐ **nituhkuyinimaakun** vii • ça sent le médicament

ᓂᑐᐦᑯᔨᓂᒫᑯᓲ **nituhkuyinimaakusuu** vai-i • il/elle sent le remède ou le médicament

ᓂᑐᐦᑯᔨᓂᔅᒀᐅᑲᒥᒄ **nituhkuyiniskweukamikw** ni • une infirmerie, un poste de soins infirmiers, le poste d'infirmières

ᓂᑐᐦᑯᔨᓂᔅᒀᐤ **nituhkuyiniskweu** na -em • une infirmière

ᓂᑐᐦᑯᔨᓂᐦᒉᐤ **nituhkuyinihcheu** vai • il/elle prépare un remède, un médicament; il/elle pense que c'est un remède

ᓂᑐᐦᑯᔨᓅ **nituhkuyinuu** vai -u • il/elle est médecin, docteur

ᓂᑐᐦᑯᔨᓈᐯᐤ **nituhkuyinaapeu** na • un infirmier

ᓂᑐᐦᑯᔨᓐ **nituhkuyin** na -im • un praticien, une praticienne, un médecin praticien, un médecin praticienne

ᓂᑐᐦᑯᔨᓐ **nituhkuyin** ni -im • un médicament, une médication; la médecine

ᓂᑐᐦᑯᐦᐁᐤ **nituhkuheu** vta • il/elle la/le soigne, traite, guérit

ᓂᑐᐦᑯᐦᑖᐤ **nituhkuhtaau** vai+o • il/elle le guérit

ᓂᑐᐦᒉᒨ **nituhchemuu** vai-u • il/elle invite, envoie une invitation

ᓂᑐᐦᒋᑲᓐ **nituhchikan** ni • un thermomètre intérieur/extérieur

ᓂᑑ **nituu** préverbe • aller faire quelque chose

ᓂᑑᐅᒣᐤ **nituuumeu** vta • il/elle l'examine (par ex. avec un stéthoscope, prendre la température)

ᓂᑑᐧᐄᐋᑌᐤ **nituuwiiwaateu** vta [Côte] • il/elle lui donne un morceau de viande spécial pour la chance

ᓂᑑᐋᐴᐧᔐᐤ **nituuwaapushweu** vai • il/elle chasse le lièvre

ᓂᑑᐋᔥᒉᐸᔫ **nituuwaaschepayuu** vai • il/elle va à la chasse à l'oie (la bernache, l'outarde); il/elle fait un voyage de chasse à l'oie

ᓂᑑᐋᔥᒉᔥᑲᒼ **nituuwaascheshkam** vti • il/elle va chasser l'oie à pied

ᓂᑑᐱᒌᐧᐁᐤ **nituupichiiweu** vai [Côte] • il/elle va chercher de la gomme d'épinette

ᓂᑑᐸᔨᐦᑲᐦᑐᐧᐁᐤ **nituupayihkahtuweu** vta • il/elle lui fait la guerre

ᓂᑑᑎᐯᔨᒣᐤ **nituutipeyimeu** vta • il/elle vérifie combien il y en a, mesure la quantité

ᓂᑑᑎᐦᒀᐤ **nituutihkweu** vai • il/elle va à la chasse au caribou

ᓂᑑᑕᒫᒉᔥᑕᒧᐧᐁᐤ **nituutamaacheshtamuweu** vta • il/elle plaide en sa faveur

ᓂᑑᑕᒫᒉᔥᑕᒫᒉᐤ **nituutamaacheshtamaacheu** vai • il/elle plaide pour quelqu'un

ᓂᑑᒋᔅᒉᔨᒣᐤ **nituuchischeyimeu** vta • il/elle va s'informer à son sujet; il/elle la/le vérifie (par ex. la température)

ᓂᑑᒋᔅᒉᔨᐦᑕᒼ **nituuchischeyihtam** vti • il/elle l'examine, le vérifie, y jette un coup d'œil

ᓂᑑᒣᓭᐤ **nituumeseu** vai • il/elle va à la pêche, va pêcher

ᓂᑑᒣᓭᐦᐊᒼ **nituumeseham** vti • il/elle va à la pêche, va pêcher en bateau

ᓂᑑᒥᓇᐦᐆ **nituuminahuu** vai -u • il/elle va ramasser des choses (par ex. des branches, des bâtons)

ᓂᑑᒥᓲ **nituumisuu** vai reflex -u • il/elle prend sa propre température

ᓂᑑᒥᔅᑴᐤ nituumiskweu vai ◆ il/elle chasse le castor

ᓂᑑᒥᔅᑴᐱᒎ nituumiskwepichuu vai -i ◆ il/elle fait la reconnaissance du secteur en hiver pour dénombrer les huttes de castors

ᓂᑑᒥᔅᑴᒋᒣᐤ nituumiskwechimeu vai ◆ il/elle fait la reconnaissance du secteur pour dénombrer les huttes de castors

ᓂᑑᒥᔅᑯᓀᐤ nituumiskuneu vta ◆ il/elle l'examine en la/le palpant

ᓂᑑᒥᔅᑯᓇᒻ nituumiskunam vti ◆ il/elle l'examine en palpant

ᓂᑑᒥᔪᑎᓃᐍᐤ nituumiyutiniiweu vai ◆ il/elle espère qu'il y aura du vent

ᓂᑑᒨᔂᐤ nituumuusweu vai ◆ il/elle va à la chasse à l'orignal

ᓂᑑᒪᑎᓲ nituumatisuu na ◆ lorsqu'un animal ou une personne s'attend à quelque chose, attend quelqu'un, pressent un événement, une présence inconnue

ᓂᑑᓂᒋᔥᑯᐍᐤ nituunichishkuweu vta ◆ il/elle va à sa rencontre avant son arrivée

ᓂᑑᓂᒋᔥᑲᒻ nituunichishkam vti ◆ il/elle va à sa rencontre avant son arrivée

ᓂᑑᓂᒣᐦᑖᐤ nituunimehtaau vai+o ◆ il/elle va voir le piège à castor pour voir s'il y a des signes d'activité autour

ᓂᑑᓂᒥᔅᑴᐤ nituunimiskweu vai ◆ il/elle sonde autour pour trouver le castor

ᓂᑑᓵᒫᐦᑎᑴᐤ nituusaamaahtikweu vai ◆ il/elle va chercher du bois pour les cadres de raquettes

ᓂᑑᔅ nituus nad ◆ ma tante (la soeur de ma mère, la femme du frère de mon père), ma belle-mère (la femme de mon père qui n'est pas ma mère)

ᓂᑑᔅᒍᐍᐤ nituuschuweu vai ◆ il/elle va chercher de la gomme sur un arbre

ᓂᑑᔑᒥᔅᑵᒻ nituushimiskwem nad ◆ ma nièce, ma belle-fille

ᓂᑑᔑᒻ nituushim nad ◆ mon neveu, mon beau-fils

ᓂᑑᔔᔮᓈᑌᐤ nituushuuyaanaateu vai ◆ il/elle va lui quêter ou quémander de l'argent, lui demander l'aumône

ᓂᑑᔔᔮᓈᑕᒻ nituushuuyaanaatam vti [Côte] ◆ il/elle cherche de l'argent dans quelque chose

ᓂᑑᔔᓕᔮᐙᑌᐤ nituushuuliyaawaateu vta [Intérieur] ◆ il/elle la/le supplie pour de l'argent

ᓂᑑᔫᓀᐤ nituuyuuneu vai ◆ il/elle fait la trappe des animaux à fourrure

ᓂᑑᔫᓀᓲ nituuyuunesuu na ◆ un chasseur de fourrure

ᓂᑑᐦᐁᐤ nituuheu vta ◆ il/elle la/le chasse, pourchasse

ᓂᑑᐦᐅᑐᑕᒻ nituuhututam vti ◆ il/elle chasse quelque chose

ᓂᑑᐦᐅᑯᐦᑉ nituuhukuhp ni ◆ un parka de chasse blanc

ᓂᑑᐦᐅᑳᓲ nituuhukaasuu vai -u ◆ il/elle prétend aller à la chasse, fait semblant d'aller chasser

ᓂᑑᐦᐆ nituuhuu vai -u ◆ il/elle chasse

ᓂᑑᐦᐆᑳᓲ nituuhuukaasuu vai -u ◆ il/elle prétend chasser, fait semblant de chasser

ᓂᑑᐦᐆᒋᒫᐤ nituuhuuchimaau na -maam ◆ un maître de trappe, un chef de camp de chasse

ᓂᑑᐦᐆᓲ nituuhuusuu na -siim ◆ un chasseur, une chasseuse

ᓂᑑᐦᔦᐍᐤ nituuhyeweu vai ◆ il/elle chasse la perdrix (le tétras, la gélinotte)

ᓂᑕᒥᒄ nitamikw p,lieu [Intérieur] ◆ partout, n'importe où; en quelque part ▪ ᒥᒄ ᓂᑕᒥᒄ ᓇᑲᑌᐤ ᐅᑕ ᐅᑕᐙᔒᒻᐦˣ ▪ *Elle laisse son enfant n'importe où.*

ᓂᑕᐦᐄᐅᑌᐤ nitahiiuteu vai ◆ il/elle remonte la rivière en portant des choses sur son dos

ᓂᑕᐦᐄᐅᑖᒣᐤ nitahiiutaameu vta ◆ il/elle remonte la rivière en la/le portant sur son dos

ᓂᑕᐦᐄᐸᔨᐦᐁᐤ nitahiipayiheu vta ◆ il/elle lui fait remonter la rivière en canot à moteur

ᓂᑕᐦᐄᐸᔨᐦᑖᐤ nitahiipayihtaau vai+o ◆ il/elle l'emporte en amont en bateau à moteur

ᓂᑕᐦᐄᐸᔫ nitahiipayuu vai/vii -i ◆ il/elle/ça monte ou remonte la rivière

ᓂᑎᐦᐄᐸᐦᑖᐤ nitahiipahtaau vai ♦ il/elle remonte la rivière en courant

ᓂᑎᐦᐃᑯᐦᑯᓲ nitahiikuhkusuu vai -u
♦ il/elle remonte la rivière à l'aide d'une perche

ᓂᑎᐦᐄᔅᑯᐱᒍ nitahiiskupichuu vai -i
♦ il/elle remonte la rivière sur la glace en déplaçant le camp d'hiver

ᓂᑎᐦᐄᔅᑯᐸᐦᑖᐤ nitahiiskupahtaau vai
♦ il/elle remonte la rivière en courant sur la glace

ᓂᑎᐦᐄᔅᑯᑐᑖᒣᐤ nitahiiskututaameu vta
♦ il/elle remonte la rivière sur la glace en la/le portant sur son dos

ᓂᑎᐦᐄᔅᑯᑖᐯᐤ nitahiiskutaapeu vai
♦ il/elle remonte la rivière sur la glace en tirant une charge

ᓂᑎᐦᐄᔅᑯᑖᐹᑌᐤ nitahiiskutaapaateu vta
♦ il/elle remonte la rivière en la/le tirant sur la glace

ᓂᑎᐦᐄᔅᑯᐦᑌᐤ nitahiiskuhteu vai ♦ il/elle remonte la rivière en marchant sur la glace

ᓂᑎᐦᐄᔅᑯᐦᑕᑖᐤ nitahiiskuhtataau vai+o
♦ il/elle remonte la rivière à pied sur la glace en le portant

ᓂᑎᐦᐄᔅᑯᐦᑕᐦᐁᐤ nitahiiskuhtaheu vta
♦ il/elle lui fait remonter la rivière en marchant sur la glace

ᓂᑎᐦᐄᔅᑰ nitahiiskuu vai -u ♦ il/elle remonte la rivière sur la glace

ᓂᑎᐦᐄᔅᑰᑌᐤ nitahiiskuuteu vai ♦ il/elle remonte la rivière sur la glace en le portant sur son dos

ᓂᑎᐦᐄᔅᑰᑖᒣᐤ nitahiiskuutaameu vai
♦ il/elle remonte la rivière sur la glace en portant quelqu'un sur son dos

ᓂᑎᐦᐄᔥᑲᒼ nitahiishkam vti ♦ il/elle remonte la rivière en marchant le long de la rive

ᓂᑎᐦᐄᔮᑎᑳᓯᐸᐦᑖᐤ nitahiiyaatikaasipahtaau vai ♦ il/elle remonte la rivière en courant dans l'eau

ᓂᑎᐦᐄᔮᑎᑳᓯᑎᐦᑖᐤ nitahiiyaatikaasitihtaau vai+o ♦ il/elle le (par ex. un canot) mène en amont en marchant dans l'eau

ᓂᑎᐦᐄᔮᑎᑳᓯᑕᐦᐁᐤ nitahiiyaatikaasitaheu vta ♦ il/elle lui fait remonter la rivière en marchant dans l'eau

ᓂᑎᐦᐄᔮᑎᑳᓲ nitahiiyaatikaasuu vai -i
♦ il/elle remonte la rivière en marchant dans l'eau

ᓂᑎᐦᐄᐦᐅᑖᐤ nitahiihutaau vai+o ♦ il/elle le (canot) mène en amont en pagayant, pour le laisser là

ᓂᑎᐦᐄᐦᐆᔦᐤ nitahiihuyeu vta ♦ il/elle remonte la rivière en canot avec elle/lui

ᓂᑎᐦᐊᒼ nitaham vti ♦ il/elle remonte la rivière en pagayant

ᓂᑎᐦᖅᓲ nitahaashuu vai -i ♦ il/elle remonte la rivière en bateau

ᓂᑖᒥᐯᑯᐦᒡ nitaamipekuhch p,lieu ♦ sous l'eau, sous marin, subaquatique

ᓂᑖᒥᐯᑰᐄᓅ nitaamipekuuiinuu na -niim [Intérieur] ♦ un plongeur, un homme-grenouille

ᓂᑖᒥᐯᑰᐄᔨᔫ nitaamipekuuiiyiyuu na -yiim [Côte] ♦ un plongeur, un homme-grenouille

ᓂᑖᒥᐯᑰᔅᑴᐤ nitaamipekuuskweu na -em ♦ une sirène

ᓂᑖᒥᓯᑯᐦᐊᒼ nitaamisikuham vti [Côte] ♦ il/elle le pousse sous la glace

ᓂᑖᒥᓯᑯᐦᐌᐤ nitaamisikuhweu vta [Côte] ♦ il/elle la/le pousse sous la glace

ᓂᑖᒥᓱᔥᑕᒧᐌᐤ nitaamisushtamuweu vta ♦ il/elle ramasse des baies, des petits fruits pour elle/lui

ᓂᑖᒥᓲ nitaamisuu vai -u ♦ il/elle cueille ou ramasse de petits fruits, des baies

ᓂᑖᒥᔅᑲᒥᒄ nitaamiskamikw ni ♦ un sous-sol, un soubassement

ᓂᑖᒥᔅᑲᒥᐦᒡ nitaamiskamihch p,lieu ♦ sous terre, souterrain, sous-sol

ᓂᑖᒥᔦᒡ nitaamiyech p,lieu ♦ sous les couvertures

ᓂᑖᒥᐦᒡ nitaamihch p,lieu ♦ sous, dessous, en dessous, au-dessous de ■ ᓂᑖᒥᐦᒡ ᐊᔮᐤ ᒥᔅᑭᓰᓐ\ₓ ■ *Ton soulier est en dessous.*

ᓂᑖᒫᑯᓂᐦᒡ nitaamaakunihch p,lieu ♦ sous la neige

ᓂᑖᒫᐦᑎᒄ nitaamaahtikw p,lieu ♦ sous les buissons, les branches ou les broussailles; en plein bois, en pleine forêt, au fond des bois

ᓂᑖᓂᔅ nitaanis nad ♦ ma fille

ᓂᑖᐦ nitaah p,interjection ◆ montre-le moi, laisse-moi voir ▪ ᓂᑖᐦ! ᐯᑖᐦ ᒫ, ᓂᑲ ᐙᐸᐦᑌᓐ ▪ *Voyons voir! Laisse-moi y jeter un coup d'oeil.*

ᓂᑖᐱᓲ nitwaapisuu vai -u ◆ il/elle cherche en reniflant

ᓂᑖᐸᐦᒋᑲᓂᔥ nitwaapahchikanish ni ◆ un ordinateur portable

ᓂᑖᐸᐦᒋᑲᓐ nitwaapahchikan ni ◆ un ordinateur

ᓂᑯᑎᓲ nikutisuu vai -u ◆ il/elle va récupérer sa proie là où elle a été tuée

ᓂᑯᑖᔅ nikutwaas p,nombre [Intérieur] ◆ six

ᓂᑯᑖᔥᒡ nikutwaashch p,nombre ◆ six (voir aussi *kutwaashch*)

ᓂᑯᒑᔑᔥ nikuchaashish na dim [Côte] ◆ un jeune écureuil *Tamiasciurus hudsonicus* (voir aussi *anikuchaash* pour l'Intérieur)

ᓂᑯᒑᔫᔮᓐ nikuchaashuuyaan na ◆ une peau d'écureuil

ᓂᑯᒑᔥ nikuchaash na dim -im [Côte] ◆ un écureuil roux *Tamiasciurus hudsonicus* (voir aussi *anikuchaash* pour l'Intérieur)

ᓂᑯᒑᔥ ᓂᑖᔥᑯᔥᑖᐹᑖᑲᓄᐤ nikuchaash nitwaashkushtwaapwaataakanuu ni ◆ une façon de choisir qui mangera le coeur d'un écureuil rôti, l'utilisation d'éclats de bois comme brochettes

ᓂᑯᔅ nikus nad ◆ mon fils

ᓂᑯᐦᑌᐤ nikuhteu vai ◆ il/elle fend ou coupe du bois

ᓂᑲ nika préverbe ◆ indicateur du futur utilisé avec la première personne de verbes à l'indépendant

ᓂᑲᒧᐎᓐ nikamuwin ni ◆ une chanson, un chant

ᓂᑲᒧᐦᐁᐤ nikamuheu vta ◆ il/elle chante à son sujet

ᓂᑲᒧᐦᑖᐤ nikamuhtaau vai+o ◆ il/elle le chante

ᓂᑲᒧᐦᑳᓲ nikamuhkaasuu vai -u ◆ il/elle fait semblant de chanter

ᓂᑲᒨ nikamuu vai -u ◆ il/elle chante

ᓂᑲᒨᓯᓇᐦᐄᑲᓐ nikamuusinahiikan ni ◆ un livre de cantiques, de chansons, un hymnaire

ᓂᑲᒨᔥᑐᐍᐤ nikamuushtuweu vta ◆ il/elle chante pour elle/lui

ᓂᑲᒨᔥᑕᒼ nikamuushtam vti ◆ il/elle chante pour quelque chose

ᓂᑲᒨᔮᑲᓐ nikamuuyaakan ni ◆ un disque

ᓂᑲᓲ nikasuu vai -u [Intérieur] ◆ il/elle jeûne, ne mange pas

ᓂᑳᐑ nikaawii nad [Intérieur] ◆ ma mère

ᓂᑳᐑᐸᓐ nikaawiipan nad [Intérieur] ◆ ma défunte mère, feu ma mère (ancien terme)

ᓂᑳᐑᔑᐸᓐ nikaawiishipan nad [Côte] ◆ ma défunte mère, feu ma mère (ancien terme)

ᓂᒉᒥᔥ nichemish na dim ◆ mon petit chien, mon pitou

ᓂᒋᑯᐃᔅᑯᓐ nichikuiskun vii ◆ il y a des nuages qui semblent s'entrechoquer

ᓂᒋᑯᒥᓈᓈᐦᑎᒄ nichikuminaanaahtikw ni ◆ une espèce de bleuetier, l'airelle gazonnante *Vaccinium caespitosum*

ᓂᒋᑯᒥᓐᐦ nichikuminh ni pl ◆ des bleuets de forme oblongue, peut-être de l'airelle gazonnante *Vaccinium caespitosum*; l'airelle myrtille; le bleuet du Canada, le gaylussaccia *Gaylussacia sp.*; l'airelle des marécages *Vaccinium uliginosum L.*

ᓂᒋᑯᓂᐑᓅ nichikuniwiinuu na -niim [Intérieur] ◆ une personne de Nichigun; un Indien, une Indienne

ᓂᒋᑯᓂᐑᔨᔫ nichikuniwiiyiyuu na -yiim [Côte] ◆ une personne de Nichigun, un Indien, une Indienne

ᓂᒋᑯᔥ nichikush na dim ◆ une jeune loutre de rivière *Lutra canadensis*

ᓂᒋᑯᔮᓐ nichikuyaan na ◆ une peau de loutre

ᓂᒋᑰ nichikuu vai -uu ◆ il/elle danse avec un mouvement de va-et-vient, fait la danse de la loutre

ᓂᒋᒄ nichikw na ◆ une loutre de rivière *Lutra canadensis*

ᓂᒥᑕᐦᐄᒉᐚᐦᑎᒄ nimitahiichewaahtikw na ◆ un arbre sur lequel un orignal ou un caribou a frotté ses bois

ᓂᒥᑕᐦᐊᒼ nimitaham vti ◆ il est en rut et frotte ses bois sur quelque chose

ᓂᒥᑖᐍᐸᔫ nimitaawepayuu vii -i ◆ la berge tombe dans la rivière

ᓂᒥᑖᐌᔮᔅᑯᐦᐊᒥ nimitaaweyaaskuham vti
 • il/elle marche du bois jusqu'à la berge de la rivière, du lac

ᓂᒥᑖᐤ nimitaau p,lieu • sur la berge, au bord de la rivière ou du lac • ᐋᑎᒻ ᓂᒥᑖᐤ ᐊᔨᐳᓈᒄ *Le bateau est très près de la berge.*

ᓂᒥᑖᓯᐸᔫ nimitaasipayuu vai/vii -i
 • il/elle/ça glisse, tombe en bas de la berge de la rivière, en bas des escaliers

ᓂᒥᑖᓯᐸᐦᑖᐤ nimitaasipahtaau vai
 • il/elle descend en courant au rivage ou à la rive

ᓂᒥᔅ nimis nad • ma soeur aînée

ᓂᒥᔅᒋᐯᑯᐦᒋᓐ nimischipekuhchin vai • le liquide de sa vésicule biliaire (par ex. animal mort, castor) commence à s'écouler dans le corps resté dans l'eau trop longtemps

ᓂᒥᔅᒋᓀᐤ nimischineu vta • il/elle la/le pince, resserre, comprime, presse

ᓂᒥᔅᒋᓇᒻ nimischinam vti • il/elle le comprime, le presse, le tord

ᓂᒥᔅᒌᐅᔥᑯᑌᔮᐱ nimischiiushkuteuyaapii ni -m • un fil électrique

ᓂᒥᔅᒌᐅᔥᑯᑌᐤ nimischiiushkuteu ni -em • de l'électricité, de l'énergie ou du pouvoir électrique

ᓂᒥᔅᒌᔅᑳᐤ nimischiiskaau vii • c'est un orage

ᓂᒥᔅᒎᒡ nimischuuch na pl • les coups de tonnerre

ᓂᒥᔥᑲᑌᐤ nimishkateu vai • il/elle (un bébé) recrache un peu

ᓂᒥᔥᑲᑌᐦᑐᐌᐤ nimishkatehtuweu vta
 • il/elle (un bébé) régurgite sur elle/lui

ᓂᒧᐦᒥᐸᓐ nimushumipanh nad • mon défunt grand-père, feu mon grand-père (ancien terme)

ᓂᒧᔇᒻ nimushum nad • mon grand-père

ᓃᒋᐦᐄᑯᒡ niniichihiikuch nad • mes parents

ᓂᓇᐦᐋᑲᓂᔅᑵᒻ ninahaakaniskwem nad
 • ma bru, ma belle-fille

ᓂᓇᐦᐋᒋᒻ ninahaachim nad • mon gendre, mon beau-fils

ᓂᓈᐯᒻ ninaapem nad • mon mari, époux ou conjoint

ᓂᓯᑐᐌᔨᒥᐤ nisituweyimeu vta • il/elle la/le comprend, reconnaît

ᓂᓯᑐᐌᔨᐦᑕᒻ nisituweyihtam vti • il/elle le comprend, le saisit, le reconnaît

ᓂᓯᑐᑌᐦᐁᐤ nisituteheu vai • il/elle a le courage de le faire

ᓂᓯᑐᒪᒋᐦᑖᐤ nisitumachihtaau vai+o
 • il/elle le reconnaît au toucher, en reconnaît la sensation

ᓂᓯᑐᒪᐦᒋᐦᐆ nisitumahchihuu vai -u
 • il/elle a une sensation, ressent quelque chose (ressent la faim, la maladie)

ᓂᓯᑐᓲ nisitusuu vai -i • il/elle sent son corps; il/elle éprouve une sensation

ᓂᓯᑐᔅᐱᑕᒻ nisituspitam vti • il/elle le reconnaît au goût

ᓂᓯᑐᔅᐳᐌᐤ nisituspuweu vta • il/elle la/le reconnaît à son goût

ᓂᓯᑐᔅᐸᑯᓲ nisituspakusuu vai -i • il/elle a un goût, une saveur riche

ᓂᓯᑐᐦᑐᐌᐤ nisituhtuweu vta • il/elle la/le comprend; il/elle reconnaît sa voix

ᓂᓯᑐᐦᑕᒻ nisituhtam vti • il/elle le comprend

ᓂᓯᑐᐦᑖᑯᓐ nisituhtaakun vii • le son est reconnaissable; on reconnaît le bruit

ᓂᓯᑐᐦᑖᑯᓲ nisituhtaakusuu vai -i • sa voix est reconnaissable

ᓂᓯᑐᐦᑯᐌᐤ nisituhkuweu vai • il (un poisson) a un goût riche et savoureux

ᓂᓯᑑᐊᓂᐦᑌᐤ nisituuwanihteu vta [Côte]
 • il/elle connaît, reconnaît ses traces, sa piste

ᓂᓯᑑᓂᐦᑌᐤ nisituunihteu vta [Intérieur]
 • il/elle connaît, reconnaît ses traces

ᓂᓯᑑᓄᐌᐤ nisituunuweu vta • il/elle la/le reconnaît

ᓂᓯᑑᓇᒻ nisituunam vti • il/elle le reconnaît, le comprend; il/elle peut le lire

ᓂᓯᑑᓈᑯᓐ nisituunaakun vii • c'est reconnaissable

ᓂᓯᑑᓈᑯᓲ nisituunaakusuu vai -i • il/elle est identifiable, reconnaissable

ᓂᓯᑑᓰᐤ nisituusiiu vai • il/elle une saveur, un goût, un arôme riche

ᓂᓯᑖᐤ **nisitwaau** vii ♦ ça a une riche saveur

ᓂᓯᑖᑲᒥᐦᐁᐤ **nisitwaakamiheu** vta ♦ il/elle lui donne un goût riche (une boisson au lait)

ᓂᓯᑖᑲᒥᐦᑖᐤ **nisitwaakamihtaau** vai+o ♦ il/elle prépare une riche boisson, donne un goût riche à la boisson

ᓂᓯᑖᑲᒨ **nisitwaakamuu** vai-u ♦ c'est une boisson riche (par ex. un bouillon)

ᓂᓯᑯᔅ **nisikus** nad ♦ ma belle-mère (la femme du père de mon mari ou de ma femme), ma tante (la soeur de mon père ou la femme du frère de ma mère)

ᓂᐦᐋᐎᐤ **nisaawiiu** vai [côte] ♦ il/elle prépare ses choses pour partir dans le bois

ᓂᔅ **nis** nad ♦ mon beau-père (le père de mon époux ou épouse), mon oncle (relation de sexe opposé à celui de mon parent- le frère de ma mère, le mari de la soeur de mon père)

ᓂᔅᐱᑐᐤ **nispituweu** vta ♦ il/elle lui ressemble, l'imite

ᓂᔅᐱᑕᒼ **nispitam** vti ♦ il/elle ressemble à quelque chose

ᓂᔅᐱᑖᑐᐎᓐ **nispitaatuwin** ni ♦ une ressemblance, une similitude

ᓂᔅᑌᔅ **nistes** nad ♦ mon frère aîné

ᓂᔅᖀᐦᐋᐎᑎᓐ **niskwechiiwetin** vii ♦ un fort vent du nord se met soudain à souffler

ᓂᔅᑯᐁ **niskuwe** p,manière ♦ en passant, de passage, sur le chemin, en route ▪ ᓂᔅᑯᐁ ᑲᒋᔅᐱᐦᑕᒧᒡ ᐋᑕ ᐅᑕᔅᑑᖽ ▪ *Elle ramassera son manteau en passant.*

ᓂᔅᑯᐁᓅ **niskuweneu** p,manière ♦ en passant, de passage, sur le chemin, en route; ramasser en passant ▪ ᒋᒃ ᐯᒋ ᓂᔅᑯᐁᓅ ᐋᓄᑦ ᐅᑖᐅᔑᒻᒥᖽ ▪ *Elle prendra son enfant en passant.*

ᓂᔅᑯᐁᓇᒼ **niskuwenam** vti ♦ il/elle le ramasse en passant, en chemin ▪ ᒋᒃ ᐯᒋ ᓂᔅᑯᐁᓇᒼ ᐋᓄᑦ ᒦᐦᒑᑐᓂᒡ ▪ *Elle va ramasser la chaise en passant.*

ᓂᔅᑯᐁᔑᓐ **niskuweshin** vai ♦ il/elle le frôle, l'effleure en passant; il/elle se joint à un groupe au passage [Intérieur]

ᓂᔅᑯᐁᐦᐁᐤ **niskuwehweu** vta ♦ il/elle la/le frôle, l'effleure en passant; il/elle se joint à elle/lui en passant [Intérieur]

ᓂᔅᑯᐁᐦᑎᑖᐤ **niskuwehtitaau** vai+o ♦ il/elle le tient et le heurte contre quelque chose en passant

ᓂᔅᑯᐁᐦᑎᓐ **niskuwehtin** vii ♦ ça frôle le côté en passant; ça (par ex. une voiture) se joint aux autres qui le dépassent [Intérieur]

ᓂᔅᑯᑎᓐ **niskutin** vii ♦ c'est glacé; c'est du verglas

ᓂᔅᑯᑎᔒ **niskutishuu** vii-i ♦ c'est un peu gelé

ᓂᔅᑯᒍ **niskuchuu** vai-i ♦ il/elle glacé-e, couvert-e de glace

ᓂᔅᑰ **niskuu** vai-u ♦ il/elle résiste

ᓂᔅᑰᔥᑐᐁᐤ **niskuushtuweu** vta ♦ il/elle lui résiste, se défend contre elle/lui

ᓂᔅᑰᔥᑕᒧᐁᐤ **niskuushtamuweu** vta ♦ il/elle se bat avec quelqu'un pour elle/lui; il/elle la/le défend contre quelqu'un

ᓂᔅᑰᔥᑕᒼ **niskuushtam** vti ♦ il/elle se débat, se démène contre quelque chose; il/elle travaille fort pour arriver à quelque chose

ᓂᔅᑰᔥᑖᑐᐎᓐ **niskuushtaatuwin** ni ♦ de la résistance, endurance, ténacité

ᓂᔅᑲᒣᔥᑌᑯᐎᑦ **niskameshtekuwit** ni ♦ un contenant rempli de viande d'oie séchée, fumée

ᓂᔅᑲᒣᔥᑌᒄ **niskameshtekw** ni-um ♦ de la viande d'oie séchée, fumée

ᓂᔅᑲᒦᒋᒼ **niskamiichim** ni ♦ de la viande d'oie

ᓂᔅᑲᔥ **niskash** na dim [côte] ♦ un oison, une petite oie, une petite bernache

ᓂᔅᑳᐴ **niskaapuu** ni ♦ du jus de cuisson ou bouillon d'oie

ᓂᔅᒃ **nisk** na-schim ♦ une bernache du Canada *Branta canadensis*

ᓂᔅᒋᐱᒦ **nischipimii** ni-m ♦ du gras ou de la graisse d'oie

ᓂᔅᒋᐲᓯᒻ **nischipiisim** na [côte] ♦ avril

ᓂᔅᒋᑲᓂᔥᑯᔔ **nischikanishkushuu** ni ♦ un roseau

ᓂᔅᒋᒣᔥᑌᑯᐦᒉᐤ **nischimeshtekuhcheu** vai ♦ il/elle prépare l'oie en la désossant pour la fumer et la sécher

ᓂᔅᒋᒥᓈᐋᑎᒃᐤ **nischiminaanaahtikw** ni
  * une espèce d'arbuste de bleuets; l'airelle myrtille, le bleuet du Canada

ᓂᔅᒋᒥᓈᑎᒃᐤ **nischiminaahtikw** ni * une espèce d'arbuste de bleuets; l'airelle myrtille, le bleuet du Canada

ᓂᔅᒋᒥᓐ **nischiminh** ni pl * une espèce de bleuets, l'airelle des marécages *Vaccinium uliginosum L.*; l'airelle myrtille; le bleuet du Canada, le gaylussaccia *Gaylussacia sp.*, litt. 'les fruits des oies'

ᓂᔅᒋᔥ **nischish** na dim * un oison, une petite bernache

ᓂᔅᒋᐦᑳᓐ **nischihkaan** na * un appelant, un appeau d'oie

ᓂᔑᐴ **nishipeu** vai * il/elle tombe ivre-mort

ᓂᔑᑌᐦᐁᐤ **nishiteheu** vai * il/elle éprouve un malaise à la poitrine (par ex. pour avoir trop mangé de gras ou à cause de la chaleur)

ᓂᔑᑑᔐᐤ **nishituusheu** vai * il/elle élève bien ses enfants, de la bonne façon

ᓂᔒᒻ **nishiim** nad * mon jeune frère, mon frère cadet; ma jeune soeur, ma soeur cadette

ᓂᔓᓈᑎᓐ **nishuunaatin** vii * c'est complètement détruit, anéanti

ᓂᔓᓈᑎᓯᐤ **nishuunaatisiiu** vai * il est complètement gâté-e, pourri-e, corrompu-e, malhonnête, détruit-e

ᓂᔓᓈᒋᒣᐤ **nishuunaachimeu** vta
  * il/elle la/le détruit, condamne par ses paroles

ᓂᔓᓈᒋᒧᐌᐤ **nishuunaachimuweu** vta
  * il/elle discrédite, détruit complètement les gens par ses paroles

ᓂᔓᓈᒋᔥᑕᒧᐌᐤ **nishuunaachishtamuweu** vta * il/elle gâche les choses pour elle/lui

ᓂᔓᓈᒋᔥᑲᒻ **nishuunaachishkam** vti
  * il/elle l'abîme avec le pied, le corps

ᓂᔓᓈᒋᐦᐁᐤ **nishuunaachiheu** vta
  * il/elle la/le détruit

ᓂᔓᓈᒋᐦᐄᐌᐎᓐ **nishuunaachihiiwewin** ni * de la destruction

ᓂᔓᓈᒋᐦᐄᐌᐤ **nishuunaachihiiweu** vai
  * il est destructeur, elle est destructrice

ᓂᔓᓈᒋᐦᐆ **nishuunaachihuu** vai -u
  * il/elle se détruit par sa façon de vivre

ᓂᔓᓈᒋᐦᑖᐤ **nishuunaachihtaau** vai+o
  * il/elle le détruit, le ruine définitivement

ᓂᔥᑌᔨᐦᑕᒥᐦᐁᐤ **nishteyihtamiheu** vta
  * il/elle la/le remplit de joie, de peine; il/elle l'émeut profondément

ᓂᔥᑌᔨᐦᑕᒻ **nishteyihtam** vti * il/elle est submergé-e par ses émotions, est accablé-e de peine, est au comble de la joie

ᓂᔥᑘᑲᓐ **nishtwekan** vii * il y en a trois (étalé)

ᓂᔥᑘᒋᓀᐤ **nishtwechineu** vta * il/elle en ramasse trois (étalé)

ᓂᔥᑘᒋᓇᒻ **nishtwechinam** vti * il/elle en ramasse trois (étalé)

ᓂᔥᑘᒋᓱᐎᒡ **nishtwechisuwich** vai pl -i
  * il y en a trois, ils/elles sont trois (étalé)

ᓂᔥᑘᒋᔑᒣᐤ **nishtwechishimeu** vta
  * il/elle en met ou utilise trois couches

ᓂᔥᑘᒋᔥᑯᐌᐤ **nishtwechishkuweu** vta
  * il/elle s'en met trois épaisseurs

ᓂᔥᑘᒋᔥᑲᒻ **nishtwechishkam** vti
  * il/elle s'en met trois épaisseurs, trois couches

ᓂᔥᑘᒋᐦᑎᑖᐤ **nishtwechihtitaau** vai+o
  * il/elle en met, place, pose, dispose trois couches (étalé)

ᓂᔥᑘᒡ **nishtwech** p,quantité * trois choses (en toile ou en tissu)

ᓂᔥᑎᓐ **nishtinh** vii pl * il y en a trois

ᓂᔥᑐ **nishtu** p,nombre * trois

ᓂᔥᑐᐁᒥᐦᒁᓐ **nishtuemihkwaan** p,quantité
  * trois cuillerées

ᓂᔥᑐᐃᔳ **nishtuiyuu** p,quantité [Côte]
  * trois paires

ᓂᔥᑐᐃᓅ **nishtuiinuu** p,quantité [Intérieur]
  * trois paires

ᓂᔥᑐᐌᒋᓇᒻ **nishtuwechinam** vti
  * il/elle le ramasse, le rassemble à trois places (étalé)

ᓂᔥᑐᐎᒡ **nishtuwich** p,quantité * trois d'entre eux

ᓂᔥᑐᐧᐄᓐ **nishtuwiich** p,manière ♦ trois manières, trois façons ■ ᓂᔥᑐᐧᐄᓐ ᐊᔒ ᐧᐃᐧᐄᓈᓱ ᐊᓂ ᐧᐋᑊ"ᐃᓂᐦ× ■ *Tu as trois façons de sortir de cette maison.*

ᓂᔥᑐᐧᐋᐤ **nishtuwaau** vii ♦ c'est la rencontre de trois ruisseaux

ᓂᔥᑐᐧᐋᔅᑲᑎᓐ **nishtuwaaskatin** vii ♦ c'est gelé ensemble (par ex. de la viande)

ᓂᔥᑐᐧᐋᔥᑲᒍᐧᐄᓐ **nishtuwaashkachuwich** vai pl -i ♦ il y en a trois gelés ou gelées ensemble

ᓂᔥᑐᐯᔭᑰ **nishtupeyakuu** vai -u ♦ il y en a trois dans un-e

ᓂᔥᑐᐱᐳᓐ" **nishtupipunh** p,temps ♦ trois années, trois ans

ᓂᔥᑐᐱᑖᐤ **nishtupitaau** vai+o ♦ il/elle attrape trois poissons dans le filet

ᓂᔥᑐᐱᐦ"ᑲᓐ **nishtupihkaan** ni ♦ une tresse ou natte à trois brins ou mèches

ᓂᔥᑐᐳᐧᐃᓐ **nishtupuwich** vai pl -i ♦ il y en a trois assis-es

ᓂᔥᑐᐳᓀᓰᒪᑲᓐ **nishtupunesiimakan** vii ♦ c'est âgé de trois ans; ça a trois ans

ᓂᔥᑐᐳᓀᓲ **nishtupunesuu** vai -i ♦ il/elle a trois ans

ᓂᔥᑐᑌᐅᓰᐅᒡᓐ **nishtuteusiiuch** vai pl ♦ il y a trois familles

ᓂᔥᑐᑎᐱᓂᔅᑳᓐ **nishtutipiniskaan** p,quantité ♦ trois longueurs de bras

ᓂᔥᑐᑎᐱᔅ"ᑴᐤ **nishtutipiskweu** vai ♦ il/elle reste dehors, au loin pendant trois nuits

ᓂᔥᑐᑎᐸ"ᐦᐄᑲᓐ **nishtutipahiikan** p,quantité ♦ trois milles, trois gallons; trois heures [Intérieur]

ᓂᔥᑐᑎᐹᐯᔥᑯᒋᑲᓀᓲ **nishtutipaapeshkuchikanesuu** vai -i ♦ il/elle pèse trois livres

ᓂᔥᑐᑎᐹᐯᔥᑯᒋᑲᓀᔮᐤ **nishtutipaapeshkuchikaneyaau** vii ♦ ça pèse trois livres

ᓂᔥᑐᑎᐹᐯᔥᑯᒋᑲᓐ **nishtutipaapeshkuchikan** p,quantité ♦ trois livres

ᓂᔥᑐᑎᐹᔅᑯᓂᑲᓐ **nishtutipaaskunikan** p,quantité ♦ trois verges de tissu, d'étoffe

ᓂᔥᑐᑎᓈᐤ" **nishtutinaauh** vii pl ♦ il y a trois montagnes

ᓂᔥᑐᑖᐯᐤ° **nishtutaapeu** vta ♦ il/elle en traîne ou tire trois (par ex. des castors)

ᓂᔥᑐᑲᒥᐨ **nishtukamich** p,quantité ♦ trois maisons ou tentes

ᓂᔥᑐᑲᒫᐤ" **nishtukamaauh** vii pl ♦ il y a trois lacs

ᓂᔥᑐᑳᑌᔮᐤ **nishtukaateyaau** vii ♦ ça a trois pattes

ᓂᔥᑐᒀᐱᓂᑲᓐ **nishtukwaapinikan** p,quantité ♦ trois poignées ramassées

ᓂᔥᑐᒌᓂᒀᓂᐦᑌᐤ" **nishtuchiinikwaanihteuh** p,temps [Côte] ♦ trois heures

ᓂᔥᑐᒌᔑᑳᐤ" **nishtuchiishikaauh** p,temps ♦ trois jours

ᓂᔥᑐᒌᐦᒉᐦᐁᔮᐤ **nishtuchiihcheheyaau** vii ♦ c'est un triangle

ᓂᔥᑐᒡ **nishtuch** na ♦ un péteux, un personnage imaginaire qui parle lorsque quelqu'un pète

ᓂᔥᑐᒥᑎᓅ **nishtumitinuu** p,nombre ♦ trente

ᓂᔥᑐᒥᒋ"ᐦᒋᓐ **nishtumichihchin** p,quantité ♦ trois pouces

ᓂᔥᑐᒥᓀᔥᑖᐤ° **nishtumineshtaau** vai+o ♦ il/elle le ramasse et l'empile (par ex. du bois) à trois endroits

ᓂᔥᑐᒥᓂᐦᒀᑲᓐ **nishtuminihkwaakan** p,quantité ♦ trois tasses

ᓂᔥᑐᒥᓯᐟ **nishtumisit** p,quantité ♦ trois pieds

ᓂᔥᑐᒫᑎᔑᑲᓐ **nishtumaatishikan** p,quantité ♦ trois tranches

ᓂᔥᑐᓇᔥ **nishtunasch** p,quantité ♦ trois poignées

ᓂᔥᑐᓯᓇᑲᓐ" **nishtusinakanh** p,quantité ♦ trois brassées

ᓂᔥᑐᔑᑳᑯᔮᓐ **nishtushikaakuyaan** na ♦ soixante-quinze cents, trois vingt-cinq cents, littéralement 'trois peaux de mouffette'

ᓂᔥᑐᔕᒼ **nishtusham** vti ♦ il/elle le coupe en trois

ᓂᔥᑐᔖᑉ **nishtushaap** p,nombre ♦ treize

ᓂᔥᑐ"ᐁᐤ° **nishtuheu** vta ♦ il/elle la/le divise ou sépare en trois

ᓂᔥᑐ"ᑌᐅᒡᓐ **nishtuhteuch** vai pl ♦ ils/elles marchent en groupe de trois

ᓂᔍᐦᑎᒡ nishtuhtich p,quantité ♦ trois morceaux de bois, trois bûches

ᓂᔍᐦᑖᐤ nishtuhtaau vai+o ♦ il/elle le divise ou partage en trois

ᓂᔍᐁᐤ nishtuuwiiu vai ♦ il/elle rencontre des gens, a une réunion, va à une rencontre

ᓂᔍᐁᐋᓄ nishtuuwiinaanuu vii,impersonnel ♦ il y a une réunion

ᓂᔍᐊᐳᒋᓇᒼ nishtuuwaauchinam vti ♦ il/elle entasse du sable à la main

ᓂᔍᐊᐱᐦᑳᑌᐦ nishtuuwaapihkaateuh vii pl ♦ il y a des choses attachées ensemble

ᓂᔍᐊᐱᐦᒉᓇᒼ nishtuuwaapihchenam vti ♦ il/elle l'assemble, le rassemble, le regroupe, le ramasse (filiforme)

ᓂᔍᐊᐱᐦᒉᓯᒥᐤ nishtuuwaapihcheshimeu vta ♦ il/elle les empile (filiforme)

ᓂᔍᐊᐱᐦᒉᐦᑎᑖᐤ nishtuuwaapihchehtitaau vai+o ♦ il/elle empile des choses (filiforme)

ᓂᔍᐋᑯᓀᓇᒼ nishtuuwaakunenam vti ♦ il/elle empile, entasse la neige avec ses mains

ᓂᔍᐋᔅᑯᔥᑖᐤ nishtuuwaaskushtaau vai ♦ il/elle l'empile (long et rigide)

ᓂᔍᐋᔐᐅᒋᓇᒼ nishtuuwaascheuchinam vti ♦ il/elle met les bouts de bois imbrûlés dans le feu

ᓂᔍᐋᔔ nishtuuwaashuu vai-i ♦ il/elle est accumulé-e, amoncelé-e par le vent

ᓂᔍᐋᔥᑎᓐ nishtuuwaashtin vii ♦ c'est amassé, amoncelé, rassemblé par le vent

ᓂᔍᐱᑌᐤ nishtuupiteu vta ♦ il/elle les rassemble ou regroupe en tirant

ᓂᔍᐱᑕᒼ nishtuupitam vti ♦ il/elle l'assemble, le rassemble en tirant

ᓂᔍᑌᐤ nishtuuteu vai ♦ il/elle en porte trois (par ex. castors, loutres, renards) sur son dos

ᓂᔍᒣᐤ nishtuumeu vta ♦ il/elle la/le ramasse ou cueille dans sa bouche

ᓂᔍᓀᐤ nishtuuneu vta ♦ il/elle les rassemble, ramasse à la main

ᓂᔍᓇᒼ nishtuunam vti ♦ il/elle l'assemble, le rassemble à la main

ᓂᔍᔥᑕᐦᐊᒼ nishtuushtaham vti ♦ il/elle le coud ensemble

ᓂᔍᔥᑕᐦᐁᐤ nishtuushtahweu vta ♦ il/elle la/le coud ensemble

ᓂᔍᔥᑖᐤ nishtuushtaau vai+o ♦ il/elle ramasse, empile des choses (par ex. des déchets)

ᓂᔍᔥᑯᐁᐤ nishtuushkuweu vta ♦ il/elle les rassemble ou regroupe avec le pied

ᓂᔍᔥᑲᒼ nishtuushkam vti ♦ il/elle les assemble, les rassemble avec ses pieds

ᓂᔍᐦᐁᐤ nishtuuheu vta ♦ il/elle la/le met ensemble, les assemble avec un outil

ᓂᔍᐦᐊᒼ nishtuuham vti ♦ il/elle ramasse, assemble des choses avec un outil

ᓂᔍᐦᐁᐤ nishtuuhweu vta ♦ il/elle les assemble, rassemble avec un outil

ᓂᔍᐦᑕᒼ nishtuuhtam vti ♦ il/elle le mâche, le mord ensemble

ᓂᔍᐦᑖᐤ nishtuuhtaau vai+o ♦ il/elle le rassemble, l'accumule, le ramasse, l'amasse

ᓂᔍᐦᑲᒧᒡ nishtuuhkamuch vti pl ♦ ils/elles sont trois dans un canot; il y en a trois qui le font ensemble

ᓂᔥᑕᐦᐊᒼ nishtaham vti ♦ il/elle remonte les rapides, le courant, en pagayant

ᓂᔥᑕᐦᐋᐱᐦᒉᐱᑕᒼ nishtahaapihchepitam vti ♦ il/elle lui fait remonter les rapides avec une corde (un canot)

ᓂᔥᑕᐦᐋᐱᐦᒉᐱᒉᐤ nishtahaapihchepicheu vai ♦ il/elle tire un canot avec un câble pour monter les rapides

ᓂᔥᑕᐦᐋᐱᐦᒉᓂᑲᓂᔮᐱ nishtahaapihchenikaniyaapii ni -m ♦ une corde ou un câble servant à tirer le canot en amont

ᓂᔥᑕᐦᐋᑕᑳᓲ nishtahaatakaasuu vai-i ♦ il/elle remonte le courant en marchant dans l'eau

ᓂᔥᑕᐦᐋᑲᓈᐦᑎᒄ nishtahaakanaahtikw ni ♦ une perche pour aider le canot à remonter les rapides

ᓂᔥᑕᐦᐋᒍᓀᐤ nishtahaachuneu vai ♦ il (un poisson) monte les rapides

ᓂᔅᑕᐦᐋᔅᑯᐦᐋᓪ **nishtahaaskuham** vti
* il/elle remonte les rapides, le courant, en poussant sur une perche

ᓂᔅᑖᐹᐅᐌᐤ **nishtaapaauweu** vai
* il/elle se noie

ᓂᔅᑖᐹᐅᔫ **nishtaapaauyeu** vta ◆ il/elle la/le noie

ᓂᔅᑖᐙᐌᐤ **nishtaapwaaweu** vai
* il/elle se noie

ᓂᔅᑖᐙᔫ **nishtaapwaayeu** vta ◆ il/elle la/le noie

ᓂᔼᑖᐅᒋᔐᒥᑖᐦᑐᒥᑎᓄᐌᐙ **nishtwaauchishemitaahtumitinuwewaau** p,quantité [Côte] ◆ trois mille fois

ᓂᔼᑖᐅᒋᔐᒥᑖᐦᑐᒥᑎᓄᐙ **nishtwaauchishemitaahtumitinuwaau** p,quantité [Intérieur] ◆ trois mille fois

ᓂᔼᑖᐅᒋᔐᒥᑖᐦᑐᒥᑎᓅ **nishtwaauchishemitaahtumitinuu** p,nombre ◆ trois mille

ᓂᔼᑖᐅᒥᑖᐦᑐᒥᑎᓅ **nishtwaaumitaahtumitinuu** p,nombre
* trois cents

ᓂᔼᑖᐤ **nishtwaau** p,quantité ◆ trois fois

ᓂᔼᑖᐯᐅᐃᒡ **nishtwaapeuwich** vai pl
* ils sont trois hommes ou frères, il y a trois hommes ou frères

ᓂᔼᑖᐯᑲᓐᐦ **nishtwaapekanh** vii pl ◆ il y a trois choses (filiforme)

ᓂᔼᑖᐯᑲᔥᑖᐤ **nishtwaapekashtaau** vai+o
* il/elle met, place, pose, dispose trois choses (long et rigide)

ᓂᔼᑖᐯᑲᐦᐁᐤ **nishtwaapekaheu** vta
* il/elle en place ou pose trois (filiforme)

ᓂᔼᑖᐯᒋᓱᐃᒡ **nishtwaapechisuwich** vai pl -i ◆ ils/elles sont trois, il y en a trois (filiforme)

ᓂᔼᑖᐯᒡ **nishtwaapech** p,quantité ◆ trois choses (filiformes)

ᓂᔼᑖᐱᔅᑲᐦᐁᐤ **nishtwaapiskaheu** vta
* il/elle pose trois choses ensemble (pierre, métal)

ᓂᔼᑖᐱᔅᑳᐦ **nishtwaapiskaauh** vii pl ◆ il y a trois (pierre, métal)

ᓂᔼᑖᐱᔅᒋᓱᐃᒡ **nishtwaapischisuwich** vai pl -i ◆ ils/elles sont trois, il y en a trois (pierre, métal)

ᓂᔼᑖᐱᔅᒡ **nishtwaapisch** p,quantité [Intérieur] ◆ trois piastres ou dollars

ᓂᔼᑖᐱᔥᑳᔥᑖᐤ **nishtwaapishkashtaau** vai+o ◆ il/elle met, place, pose, dispose trois choses ensemble (pierre, métal)

ᓂᔼᑖᐱᐦᑳᑌᐤ **nishtwaapihkaateu** vta
* il/elle en attache trois ensemble

ᓂᔼᑖᐱᐦᑳᑌᐅᐦ **nishtwaapihkaateuh** vii pl
* il y a trois choses attachées ensemble

ᓂᔼᑖᐱᐦᑳᑕᒼ **nishtwaapihkaatam** vti
* il/elle attache trois choses ensemble

ᓂᔼᑖᔅᑯᑳᐴᐦᐁᐤ **nishtwaaskukaapuuheu** vta ◆ il/elle en pose trois debout (long et rigide)

ᓂᔼᑖᔅᑯᑳᐴᐦᑖᐤ **nishtwaaskukaapuuhtaau** vai+o
* il/elle met, place, pose, dispose trois choses debout (long et rigide)

ᓂᔼᑖᔅᑯᓐᐦ **nishtwaaskunh** vii pl ◆ il y en a trois (long et rigide)

ᓂᔼᑖᔅᑯᓱᐃᒡ **nishtwaaskusuwich** vai pl -i
* ils/elles sont trois, il y en a trois (long et rigide)

ᓂᔼᑖᐦᑎᒃ **nishtwaahtikw** p,quantité
* trois choses (long et rigide)

ᓂᔦᔥᑑᔥᑲᒼ **niyeshtuushkam** vti -u [Côte]
* il/elle porte une épaisseur de linge

ᓂᔨᒥᐸᔫ **niyimipayuu** vai/vii -i [Intérieur]
* il/elle/ça avance, voyage contre le vent

ᓂᔨᒥᔥᑲᒼ **niyimishkam** vti [Intérieur]
* il/elle avance contre le vent

ᓂᔨᒪᑯᒋᓐ **niyimakuchin** vai [Intérieur]
* il/elle vole contre le vent, face au vent

ᓂᔨᒼ **niyim** p,lieu [Intérieur] ◆ contre le vent, du côté du vent

ᓂᔫᒣᐤ **niyumeu** vta ◆ il/elle la/le porte sur le dos

ᓂᔫᒫᐅᓱᐤ **niyumaausuu** vai -u ◆ il/elle porte un enfant sur son dos

ᓂᔭᒣᔨᐦᑖᑯᓱᐤ **niyameyihtaakusuu** vai -i [Intérieur] ◆ il/elle est faible, a un caractère faible

ᓂᔭᒥᓈᑯᓐ **niyaminaakun** vii [Intérieur]
* ça paraît faible, petit

ᓂᔭᒥᓈᑯᓱᐤ **niyaminaakusuu** vai [Intérieur]
* il/elle est petit-e (par ex. un bébé prématuré), semble faible

niyaminaakuheu vta
[Intérieur] ♦ il/elle la/le fait mal (par ex. une raquette)

niyaminaakuhtaau vai+o
[Intérieur] ♦ il/elle le fait mal (par ex. sculpture, couture); il/elle fait un travail pitoyable

niyamisiiu vai [Intérieur]
♦ il/elle est faible

niyamisiihkaasuu vai -u
[Intérieur] ♦ il/elle prétend ou fait semblant d'être faible

niyaakanh p,temps ♦ en avance, à l'avance, avant l'événement, avant le temps, auparavant ▪ ᓂᔭᑲᓐ ᒨᒋ ᒥᔅᑲᒧᐊᑕ ᐁ ᑲ ᐃᑎᓯᔮᓐx ▪ *Je n'en ai rien su auparavant.*

niyaanitam p,lieu ♦ là même, en plein là, exactement là, à cet endroit précis; place, lieu ▪ ᐁᐧᑎᒡ ᓂᔮᓂᑕᒥᒡ ᐁᓐᑐᑕᒃx ▪ *C'est exactement là.*

niyaanikutehch p,temps ♦ parfois, quelquefois, de temps à autre, occasionnellement ▪ ᓂᔮᓂᑯᑎᐦᒡ ᓂᑕ ᐅᑎᐸᐌᐟ ᓇᒣᔅᔈx ▪ *Parfois, ils n'attrapent pas de poisson.*

niyaanikutun p,temps [Côte] ♦ parfois, quelquefois, de temps à autre, occasionnellement ▪ ᓂᔮᓂᑯᑐᓐ ᒥᑦ ᓂᑦ ᐃᐦᒑᑦ ᓂᔒᒨx ▪ *Parfois, il n'y avait que moi et mes jeunes frères et soeurs à la maison.*

niyaanaaneupihkaan ni ♦ une tresse ou natte de huit brins ou mèches, un tressage ou tissage

niyaanaaneumitinuu p,nombre ♦ quatre-vingts

niyaanaaneushaap p,nombre ♦ dix-huit

niyaanaanewaaumitaahtumitinuu p,nombre ♦ huit cents

niyaanaaneu p,nombre ♦ huit

niyaayinin vii [Intérieur] ♦ il y en a cinq

niyaayinishaap p,nombre [Intérieur] ♦ quinze

niyaayinuwich vai pl -i [Intérieur] ♦ ils/elles sont cinq; il y en a cinq

niyaayinumitinuu p,nombre [Intérieur] ♦ cinquante

niyaayinumitinuuchishemitaahtumitinuwaau p,quantité [Intérieur] ♦ cinquante mille fois

niyaayinumitinuuchishemitaahtumitinuu p,nombre [Intérieur] ♦ cinquante mille

niyaayinwaauchishemitaahtumitinuwaau p,quantité [Intérieur] ♦ cinq mille fois

niyaayinwaauchishemitaahtumitinuu p,nombre [Intérieur] ♦ cinq mille

niyaayinwaaumitaahtumitinuu p,nombre [Intérieur] ♦ cinq cents

niyaayinwaaumitaahtumitinuuchishemitaahtumitinuwaau p,quantité [Intérieur] ♦ cinq cent mille fois

niyaayinwaaumitaahtumitinuuchishemitaahtumitinuu p,nombre [Intérieur] ♦ cinq cent mille

niyaayinwaapisch p,quantité [Intérieur] ♦ cinq dollar

niyaayinwaashaapwaauchishemitaahtumitinuwewaau p,quantité [Intérieur] ♦ quinze mille fois

niyaayinwaashaapwaauchishemitaahtumitinuu p,nombre [Intérieur] ♦ quinze mille

niyaayin p,nombre [Intérieur] ♦ cinq

niyaayu p,nombre [Côte] ♦ cinq

niyaayuwich vai pl -i [Côte] ♦ ils/elles sont cinq; il y en a cinq

niyaayumitinuu p,nombre [Côte] ♦ cinquante

niyaayumitinuuwehtii p,quantité [Côte] ♦ cinquante dollar

niyaayumitinuuchishemitaahtumitinuwewaau p,quantité [Côte] ♦ cinquante mille fois

niyaayumitinuuchishemitaahtumitinuu p,nombre [Côte] ♦ cinquante mille

ᓂᔮᔫᔕᐋᐳᐱᓰᒉᒫᑐᒥᓄᐫᐋᵒ
niyaayushaapwaauchishemitaahtumiti
nuwewaau p,quantité [Côte] ♦ quinze
mille fois

ᓂᔮᔫᔕᐋᐳᐱᓰᒉᒫᑐᒥᓅ
niyaayushaapwaauchishemitaahtumiti
nuu p,nombre [Côte] ♦ quinze mille

ᓂᔮᔫᔕᐋᑉ niyaayushaap p,nombre [Côte]
♦ quinze

ᓂᔮᔫᐦᑏ niyaayuhtii p,quantité [Côte]
♦ cinq dollar

ᓂᔮᔨᐧᐋᐳᐱᓰᒉᒫᑐᒥᓄᐫᐋᵒ
niyaaywaauchishemitaahtumitinuwew
aau p,quantité [Côte] ♦ cinq mille fois

ᓂᔮᔨᐧᐋᐳᐱᓰᒉᒫᑐᒥᓅ
niyaaywaauchishemitaahtumitinuu
p,nombre [Côte] ♦ cinq mille

ᓂᔮᔨᐧᐋᒥᒉᒫᑐᒥᓅ
niyaaywaaumitaahtumitinuu p,nombre
[Côte] ♦ cinq cents

ᓂᔮᔨᐧᐋᒥᒉᒫᑐᒥᓅᒋᔐᒥᑕᒫᑐᒥᓄᐫᐋᵒ
niyaaywaaumitaahtumitinuuchishemita
ahtumitinuwewaau p,quantité [Côte]
♦ cinq cent mille fois

ᓂᔮᔨᐧᐋᒥᒉᒫᑐᒥᓅᒋᔐᒥᑕ
niyaaywaaumitaahtumitinuuchishemita
ahtumitinuu p,nombre [Côte] ♦ cinq cent
mille

ᓂᔮᔨᐧᐋᵒ niyaaywaau p,quantité [Côte]
♦ cinq fois

ᓂᐦᐁᑳᒋᐸᔫ nihekaachipayuu vai/vii -i
♦ il/elle/ça tombe avec force

ᓂᐦᐁᔨᒣᐤ niheyimeu vta ♦ il/elle
s'entend bien avec elle/lui

ᓂᐦᐁᔨᐦᑕᒧᐎᓐ niheyihtamuwin ni ♦ une
satisfaction

ᓂᐦᐁᔨᐦᑕᒼ niheyihtam vti ♦ il/elle est
d'accord, consentent-e; il/elle veut
bien le faire

ᓂᐦᐄᐧᐃᓂᔥ nihiiuwinisch ni ♦ une
main droite

ᓂᐦᐄᐅᑳᑦ nihiiukaat ni ♦ une jambe
droite

ᓂᐦᐄᐅᓂᑎᐦᒌ nihiiunitihchii ni ♦ une
main droite

ᓂᐦᐄᐅᓂᐦᒡ nihiiunihch p,lieu ♦ le côté
droit, du côté droit, sur le côté droit, à
droite ▪ ᓂᐦᐄᐅᓂᒡ ᐊᑐᐦ ᐊᒡ▪ ▪ Mets-
le du côté droit.

ᓂᐦᐄᐧᐁᐤ nihiiweu vii ♦ c'est un vent
favorable, un bon vent qui vient de la
bonne direction

ᓂᐦᐄᐧᐁᐳᐦᐧᐁᐤ nihiiwepuhweu vta
♦ il/elle la/le met en ordre, l'arrange,
l'ordonne

ᓂᐦᐄᐧᐁᐸᐦᐊᒻ nihiiwepaham vti ♦ il/elle
le met en ordre; il/elle le martèle pour
lui donner une forme

ᓂᐦᐄᐧᐁᓈᑯᓲ nihiiwenaakusuu vai-i [Côte]
♦ il a l'air content, heureux; elle a
l'air contente, heureuse

ᓂᐦᐄᐧᐁᓲ nihiiwesuu vai-i ♦ il/elle est
satisfait-e dans l'âme; il/elle est
content-e

ᓂᐦᐄᐧᐁᔑᓐ nihiiweshin vai ♦ il/elle est
étendu-e avec la fourrure dans le bon
sens

ᓂᐦᐄᐧᐁᐦᐁᐤ nihiiweheu vta ♦ il/elle lui
plaît, lui fait plaisir

ᓂᐦᐄᐧᐄᐤ nihiiwiiu vai ♦ il/elle a
l'habitude de faire quelque chose

ᓂᐦᐄᐤ nihiiu vai ♦ il est droitier, elle est
droitière

ᓂᐦᐄᐸᔨᐦᐁᐤ nihiipayiheu vta ♦ il/elle
l'aide à la/le faire fonctionner

ᓂᐦᐄᐸᔨᐦᑖᐤ nihiipayihtaau vai+o ♦ il/elle
aide à le faire marcher

ᓂᐦᐄᐸᔫ nihiipayuu vai/vii -i ♦ il/elle/ça
aide, assiste; il/elle/ça fonctionne bien,
adéquatement

ᓂᐦᐄᒪᐦᑕᒼ nihiimahtam vti ♦ il/elle (par
ex. un castor) repère facilement
l'odeur humaine

ᓂᐦᐄᓄᐤ nihiinuweu vta ♦ il/elle
l'admire (son aspect, sa structure)

ᓂᐦᐄᓇᑴᐤ nihiinakweu vai ♦ il/elle pose
un collet, remet un collet en place

ᓂᐦᐄᓇᒻ nihiinam vti ♦ il/elle l'admire;
il/elle pose, remet un collet

ᓂᐦᐄᔑᓐ nihiishin vai ♦ il/elle est
exactement droit-e; il/elle est étendu-
e, allongé-e, couché-e correctement,
comme il faut

ᓂᐦᐄᔥᑎᓐ nihiishtin vii ♦ c'est un bon
vent, un vent juste assez fort

ᓂᐦᐄᔥᑯᐧᐁᐤ nihiishkuweu vta ♦ il/elle lui
fait parfaitement (un pantalon); inversé
'c'est l'homme idéal pour elle'

ᓂᐦᐄᔥᑲᒻ nihiishkam vti ♦ il/elle le pose bien, l'ajuste parfaitement, de la bonne façon

ᓂᐦᐄᔥᑳᑐᐧᐃᒡ nihiishkaatuwich vai pl recip -u ♦ ils/elles se conviennent, correspondent ou concordent parfaitement; ils sont bien appariés, assortis; elles sont bien appariées, assorties; ils/elles vont de pair

ᓂᐦᐄᐦᑎᓐ nihiihtin vii ♦ c'est bien ajusté; ça fait très bien; c'est exact, correct

ᓂᐦᐄᐦᑕᒻ nihiihtam vti ♦ il/elle écoute, entend bien; il/elle est obéissant-e

ᓂᐦᐄᐦᑯᐌᐤ nihiihkuweu vta ♦ il/elle l'enterre

ᓂᐦᐄᐦᑲᒻ nihiihkam vti ♦ il/elle l'enterre

ᓂᐦᐄᐦᑲᓲ nihiihkasuu vai ♦ il/elle se prépare à hiberner

ᓂᐦᐄᐦᑳᒨᐌᐤ nihiihkaamuweu vta ♦ il/elle l'enterre pour elle/lui

ᓂᐦᐊᐱᐁᐤ nihapiheu vta ♦ il/elle l'assoit

ᓂᐦᐊᐱᔥᑕᒻ nihapiishtam vti ♦ il/elle s'assoit à côté de quelque chose

ᓂᐦᐊᐴ nihapuu vai -i ♦ il/elle entre en hibernation, s'installe, se place

ᓂᐦᐊᑯᐦᑎᓐ nihakuhtin vii ♦ c'est ancré; ça jette l'ancre (un bateau)

ᓂᐦᐋᐅᓀᐤ nihaauneu vta ♦ il/elle la/le plie bien, la/le prépare pour son bagage

ᓂᐦᐋᐅᓇᒻ nihaaunam vti ♦ il/elle le plie bien; il/elle prépare ses choses, son bagage

ᓂᐦᐋᐅᓈᓲ nihaaunaasuu vai -u ♦ il/elle prépare ses choses, fait ses bagages avec soin, de manière ordonnée

ᓂᐦᐋᐅᓰᐤ nihaausiiu vai ♦ il/elle occupe peu d'espace, ne prend pas beaucoup de place; il/elle est petit-e; son chargement est petit, bien compact

ᓂᐦᐋᐅᔥᑖᐤ nihaaushtaau vai+o ♦ il/elle range les choses, met de l'ordre dans ses affaires

ᓂᐦᐋᐅᔥᑖᓲ nihaaushtaasuu vai -u ♦ il/elle ramasse, nettoie, met de l'ordre, range

ᓂᐦᐋᐅᐦᐁᐤ nihaauheu vta ♦ il/elle les arrange, les met en ordre

ᓂᐦᐋᐌᒋᓀᐤ nihaawechineu vta ♦ il/elle la/le plie avec soin

ᓂᐦᐋᐌᒋᓇᒻ nihaawechinam vti ♦ il/elle le plie bien, avec soin

ᓂᐦᐋᐧᐃᐤ nihaawiiu vai ♦ il/elle range les choses, met de l'ordre; il/elle a un chargement bien ordonné, bien fait

ᓂᐦᐋᐧᐄᐦᑯᐌᐤ nihaawiihkuweu vta ♦ il/elle prépare le corps pour l'enterrement

ᓂᐦᐋᐙᐤ nihaawaau vii ♦ c'est petit; ça ne prend pas beaucoup d'espace

ᓂᐦᐋᐚᐱᐦᑳᑌᐤ nihaawaapihkaateu vta ♦ il/elle l'arrange en l'attachant avec soin

ᓂᐦᐋᐚᐱᐦᑳᑕᒻ nihaawaapihkaatam vti ♦ il/elle l'arrange en l'attachant bien

ᓂᐦᐋᐚᐱᐦᒉᓀᐤ nihaawaapihcheneu vta ♦ il/elle l'arrange avec soin (filiforme), la/le met en ordre

ᓂᐦᐋᐚᐱᐦᒉᓇᒻ nihaawaapihchenam vti ♦ il/elle l'arrange bien (filiforme), le met en ordre

ᓂᐦᐋᐚᔥᑎᒋᓀᐤ nihaawaastichineu vai ♦ il/elle lisse ou aplanit les branches à la main là où elles dépassent

ᓂᐦᐋᐚᔅᑯᔥᑖᐤ nihaawaaskushtaau vai+o ♦ il/elle l'empile avec soin, de manière ordonnée, proprement (long et rigide)

ᓂᐦᐋᐚᔅᑯᐦᐊᒻ nihaawaaskuham vti ♦ il/elle se sert d'un bâton pour bien entasser les choses

ᓂᐦᐋᐚᔅᑯᐦᐌᐤ nihaawaaskuhweu vta ♦ il/elle utilise un bâton pour les empiler avec soin, de manière ordonnée

ᓂᐦᐋᐤ nihaau p,manière ♦ exactement, précisément, justement; convenablement, correctement, comme il faut; de manière ordonnée, avec ordre, méthodiquement, de façon disciplinée ■ ᓂᐦᐋᐤ ᐁᐧᑖ ᑌᐱᐳᓈᓰᐦᒡ. *C'est exactement le jour de mon anniversaire.*

ᓂᐦᐋᐴ nihaapuu vai -i ♦ il/elle voit bien, clairement

ᓂᐦᐋᐸᒣᐤ nihaapameu vta ♦ il/elle en a une bonne vue, la/le voit bien

ᓂᐦᐋᐸᐦᑕᒻ nihaapahtam vti ♦ il/elle a une bonne vue, voit bien

ᓂᐦᐋᑎᓯᐤ **nihaatisiiu** vai ♦ il/elle est satisfait-e

ᓂᐦᐋᑯᓀᔑᒣᐤ **nihaakuneshimeu** vta ♦ il/elle la/le passe sur la neige pour lisser la fourrure (de castor)

ᓂᐦᐋᑯᓀᔑᓐ **nihaakuneshin** vai ♦ il (un castor) est étendu avec la fourrure dans le bon sens

ᓂᐦᐋᑲᑕᒨ **nihaakatamuu** vai ♦ il/elle se racle la gorge, s'éclaircit la voix

ᓂᐦᐋᒋᒣᐤ **nihaachimeu** vta ♦ il/elle est d'accord avec elle/lui

ᓂᐦᐋᓯᐤ **nihaasiiu** vai ♦ il/elle est très alerte, vigilant-e, éveillé-e, conscient-e

ᓂᐦᐋᔅᑖᓱ **nihaastwaasuu** vai-u ♦ il/elle amasse, entasse, emmagasine des choses pour plus tard

ᓂᐦᐋᔅᑯᐸᔪ **nihaaskupayuu** vai/vii-i ♦ il/elle est parfaitement ajusté-e; ça entre bien (long et rigide)

ᓂᐦᐋᔅᑯᔨᐤ **nihaaskuyiweu** vai ♦ il est beau, bien fait, bien proportionné; elle est belle, bien faite, bien proportionnée

ᓂᐦᑐᐚᑲᓐ **nihtuwaakan** ni ♦ un barbillon, l'ardillon d'un harpon

ᓂᐦᑖᐅᑌᓄᐌᐤ **nihtaautenuweu** vai ♦ il/elle cuisine bien; c'est un bon cuisinier, une bonne cuisinière

ᓂᐦᑖᐅᑐᐚᐳ **nihtaautuwaapuu** vai-i [Côte] ♦ il/elle (par ex. un conjurateur) est capable de voir l'avenir, très loin (ancien terme)

ᓂᐦᑖᐅᒀᓲ **nihtaaukwaasuu** vai ♦ il/elle coud très bien, sait coudre

ᓂᐦᑖᐅᒋᒣᐤ **nihtaauchimeu** vai ♦ il/elle nage bien; il est bon nageur, elle est bonne nageuse

ᓂᐦᑖᐅᒋᓀᐤ **nihtaauchineu** vta ♦ il/elle l'élève

ᓂᐦᑖᐅᒋᓈᓲ **nihtaauchinaausuu** vai-u ♦ il/elle élève des enfants

ᓂᐦᑖᐅᒋᓐ **nihtaauchin** vii ♦ ça pousse, croît, grandit

ᓂᐦᑖᐅᒋᐦᐁᐤ **nihtaauchiheu** vta ♦ il/elle la/le cultive, fait pousser

ᓂᐦᑖᐅᒋᐦᑕᒨᐌᐤ **nihtaauchihtamuweu** vta ♦ il/elle la/le fait pousser pour elle/lui

ᓂᐦᑖᐅᒋᐦᑕᒫᓲ **nihtaauchihtamaasuu** vai reflex-u ♦ il/elle le cultive pour son propre usage

ᓂᐦᑖᐅᒋᐦᑖᐤ **nihtaauchihtaau** vai+o ♦ il/elle le fait pousser, le cultive

ᓂᐦᑖᐅᒋᐦᒋᑲᓐ **nihtaauchihchikan** ni ♦ un jardin, une plante, quelque chose qui pousse

ᓂᐦᑖᐅᒉᐤ **nihtaauchuu** vai-i ♦ il/elle grandit, croît

ᓂᐦᑖᐅᒥᓇᐦᐅ **nihtaauminahuu** vai-u ♦ c'est un excellent chasseur, une excellente chasseuse

ᓂᐦᑖᐅᓄᐌᐤ **nihtaaunuweu** vai ♦ il/elle sait que l'autre est capable, compétent, fait bien les choses malgré son (jeune) âge

ᓂᐦᑖᐅᓄᐌᐤ **nihtaaunuweu** vai ♦ il/elle cuisine bien, fait bien la cuisine

ᓂᐦᑖᐅᓱᐦᑴᐦᐊᒻ **nihtaausuuhkweham** vti ♦ il/elle trouve facilement les tunnels de castors sous la glace en écoutant

ᓂᐦᑖᐅᓵᒧᐦᑌᐤ **nihtaausaamuhteu** vai ♦ il/elle (un-e enfant) marche bien en raquettes

ᓂᐦᑖᐅᐦᐁᐤ **nihtaauheu** vta ♦ il/elle est capable de la/le faire, fabriquer (par ex. des raquettes)

ᓂᐦᑖᐅᐦᐊᒻ **nihtaauham** vti ♦ il/elle sait bien pagayer

ᓂᐦᑖᐅᐦᑌᐤ **nihtaauhteu** vai ♦ il/elle marche bien (par ex. un bébé qui a appris à marcher)

ᓂᐦᑖᐅᐦᑖᐤ **nihtaauhtaau** vai+o ♦ il/elle est capable de bien le faire (par ex. une table)

ᓂᐦᑖᐅᐦᒋᒉᐤ **nihtaauhchicheu** vai ♦ il/elle cultive, fait pousser des choses

ᓂᐦᑖᐅᐅᔐᐤ **nihtaauusheu** vai ♦ elle est capable de porter ou d'avoir des enfants, d'enfanter

ᓂᐦᑖᐤ **nihtaaweu** vai ♦ il/elle commence à apprendre à parler; il/elle (un bébé) est capable de parler maintenant

ᓂᐦᑖᐚᒋᒨ **nihtaawaachimuu** vai-u ♦ il/elle raconte bien les histoires; c'est un bon conteur, une bonne conteuse

ᓂᑖᓂᐱᑖᐤ **nihtaanipihtaau** vai+o ♦ il devient bon chasseur en grandissant, c'est un chasseur habile; elle devient bonne chasseuse avec l'âge, c'est une chasseuse habile

ᓂᑊᒋᑳᐅ **nihchikaau** vii ♦ on en voit le contour, la silhouette

ᓂᑊᒋᒋᓈᑯᓐ **nihchichinaakun** vii -i ♦ on en voit le contour, la silhouette

ᓂᑊᒋᒋᓈᑯᓱᐤ **nihchichinaakusuu** vai -i ♦ sa silhouette est visible; on en voit le contour ou la silhouette

ᓂᑊᒋᒋᓱᐤ **nihchichisuu** vai -i ♦ sa silhouette est visible; on en voit le contour ou la silhouette

ᓂᑊᒋᒨᔅ **nihchimuus** na -um ♦ un orignal stérile

ᓂᑊᒋᓈᑰᓅ **nihchinaakuuneu** vai [Intérieur] ♦ il/elle met des mocassins

ᓂᑊᒋᓈᑰᓂᓱᐤ **nihchinaakuunisuu** vai -u ♦ il/elle met ses mocassins

ᓂᑊᒋᓈᑰᓅ **nihchinaakuunuu** vai [Intérieur] ♦ il/elle les met (mocassins)

ᓃ

ᓃ **nii** pro,personnel ♦ je, moi, moi-même, le mien, la mienne

ᓃᐯᐱᔥᑐᐌᐤ **niipepishtuweu** vta ♦ il/elle reste avec elle/lui toute la nuit

ᓃᐯᑉ **niipepuu** vai -i ♦ il/elle reste réveillé-e tard la nuit

ᓃᐯᒁᐋᓐ **niipekwewin** ni ♦ un souper (Canada), un dîner (France), un repas du soir

ᓃᐯᐦᒁᐤ **niipehkweu** vai ♦ il/elle mange le repas du soir

ᓃᐱᑌ **niipite** p,manière ♦ en ligne, en rang, en rangée, en file, à la queue, aligné-e ▪ ᒋᔖᒡ ᐊᐦᑯᑊ ᓃᐱᑌₓ ▪ *Mets-les debout en rangée.*

ᓃᐱᑌᑉᐧᐃᒡ **niipitepuwich** vai pl -i ♦ ils/elles sont en rang; ils/elles sont assis-es en rangée

ᓃᐱᑌᑯᑌᐦ **niipitekuteuh** vii pl ♦ des choses sont pendues ou suspendues en rangée

ᓃᐱᑌᑯᑖᐤ **niipitekutaau** vai+o ♦ il/elle accroche ou suspend des choses en rang ou en rangée

ᓃᐱᑌᑯᒋᓅᒡ **niipitekuchinuch** vai pl ♦ ils sont accrochés ou suspendus en rang ou en rangée; elles sont accrochées ou suspendues en rang ou en rangée

ᓃᐱᑌᑯᔦᐤ **niipitekuyeu** vta ♦ il/elle les suspend en rangée, les accroche en rang

ᓃᐱᑌᑳᑉᐧᐃᒡ **niipitekaapuuwich** vai pl -uu ♦ ils/elles sont debout en ligne; ils sont alignés, elles sont alignées

ᓃᐱᑌᑳᑉᐦᐁᐤ **niipitekaapuuheu** vta ♦ il/elle les aligne, met en ligne, place en rangée

ᓃᐱᑌᑳᑉᐦᑖᐤ **niipitekaapuuhtaau** vai+o ♦ il/elle les met, pose ou place en ligne, en rang ou en rangée; il/elle les aligne

ᓃᐱᑌᔑᒨ **niipiteshimeu** vta ♦ il/elle les étend en ligne, en rangée

ᓃᐱᑌᔑᓅᒡ **niipiteshinuch** vai pl ♦ ils sont étendus ou couchés en ligne; elles sont étendues ou couchées en ligne

ᓃᐱᑌᔑᑖᐤ **niipiteshtaau** vai+o ♦ il/elle les met, les pose en ligne; il/elle les aligne

ᓃᐱᑌᔑᑯᐌᐤ **niipiteshkuweu** vta ♦ il/elle en passe une rangée

ᓃᐱᑌᔑᑳᒻ **niipiteshkam** vti ♦ il/elle passe, dépasse la rangée

ᓃᐱᑌᔮᐯᑲᒧᐧᐃᒡ **niipiteyaapekamuwich** vai pl -u ♦ elles (oies, outardes) volent en ligne, en formation

ᓃᐱᑌᔮᐱᐦᑳᑌᐤ **niipiteyaapihkaateu** vta ♦ il/elle les enfile en ligne

ᓃᐱᑌᔮᐱᐦᑳᑌᐦ **niipiteyaapihkaateuh** vii pl ♦ ils sont attachés en ligne, elles sont attachées en ligne sur la même corde, ficelle

ᓃᐱᑌᔮᐱᐦᑳᑕᒻ **niipiteyaapihkaatam** vti ♦ il/elle les attache l'un après l'autre avec la même ficelle ou corde

ᓃᐱᑌᔮᔅᑯᐦᐄᑲᓈᐦᑎᒄ **niipiteyaaskuhiikanaahtikw** ni ♦ un bâton ou une perche pour étendre du poisson, de la viande à sécher au-dessus du feu

ᓃᐱᕒᔅᑯᐊᒻ niipiteyaaskuham vti
* il/elle enligne, embroche des choses sur un bâton

ᓃᐱᕒᔅᑯᐧᔨᐤ niipiteyaaskuhweu vta
* il/elle les aligne, met en ligne sur un bâton

ᓃᐱᑌᐦᐁᐤ niipiteheu vta * il/elle l'aligne, la/le met en ligne

ᓃᐱᑌᐦᐅᒡ niipitehteuch vai pl
* ils/elles marchent en ligne

ᓃᐱᓂᐱᔦᓲ niipinipiyesuu na -shiish * un gros oiseau d'été, un oiseau migrateur en été

ᓃᐱᓂᐱᔦᔒᔥ niipinipiyeshiish na dim
* un petit oiseau d'été, un petit oiseau migrateur en été

ᓃᐱᓂᓰᐤ niipinisiiu vai * il/elle a sa fourrure ou son pelage d'été

ᓃᐱᓂᓲ niipinisuu vai * il/elle a son pelage ou sa fourrure d'été (par ex. un lièvre)

ᓃᐱᓂᔅᑲᒥᑳᐤ niipiniskamikaau vii * c'est un sol d'été (dégagé de la neige)

ᓃᐱᓂᔅᒋᓐ niipinischisin ni * des sandales d'été

ᓃᐱᓂᔑᐤ niipinisheu vai * c'est une peau ou fourrure d'été

ᓃᐱᓂᔔᐃᓐ niipinishuwin ni * un endroit où passer l'été, un campement d'été

ᓃᐱᓂᐦᐆ niipinihuu vai -u * il/elle est habillé-e pour l'été, porte des vêtements d'été

ᓃᐱᓂᐦᒡ niipinihch p,temps * l'été dernier

ᓃᐱᓇᐌᓰᔅ niipinawesiis na * un animal né en été

ᓃᐱᓇᑯᐦᑉ niipinakuhp ni * une robe d'été

ᓃᐱᓈᐴᔥ niipinaapush na -um * un lièvre avec son pelage d'été, un lapin en été

ᓃᐱᓈᒉᒃᐧ niipinaachikw na * une loutre en été

ᓃᐱᓈᒧᔅᒌᐤ niipinaamuschiiu vii * c'est un endroit où le sol [Intérieur] ou l'eau [Côtier] ne gèle jamais

ᓃᐱᓈᒧᔒᐤ niipinaamushiiu vii [Intérieur]
* c'est un endroit où l'eau ne gèle jamais

ᓃᐱᓈᔅᐱᓲ niipinaaspisuu vai -u * il/elle s'habille pour l'été

ᓃᐱᓈᐦᑯᐦᑌᐤ niipinaahkuhteu vii * c'est un sol nu après la fonte des neiges

ᓃᐱᓐ niipin vii * c'est l'été

ᓃᐱᓯᔮᐦᑎᒃᐧ niipisiyaahtikw ni -um * une branche de saule

ᓃᐱᓯᐅᑲᐦᒌ niipisiiukahchii ni -m * un support ou crochet fait de bois de saule pour suspendre une bouilloire d'une barre au-dessus du feu

ᓃᐱᓰᐦ niipisiih ni -m * des saules (terme général) Salix sp.

ᓃᐱᔅᑯᐱᒧᐦᑌᐤ niipiskupimuhteu vai
* il/elle marche ou avance à genoux

ᓃᐱᔅᑯᐴ niipiskupuu vai -i * il/elle est à genoux

ᓃᐱᔅᑯᑎᔑᓀᐤ niipiskutishineu vta
* il/elle la/le fait s'agenouiller, la/le met à genoux

ᓃᐱᔅᑰ niipiskuu vai -u * il/elle est à genoux, agenouillé-e

ᓃᐱᔅᑳᐤ niipiskaau vii * c'est un boisé de saules, une saulaie

ᓃᐱᔐᔮᐱᐦᑳᑌᐤ niipisheyaapihkaateu vta
* il/elle l'enfile en ligne

ᓃᐱᔐᔮᐱᐦᑳᑕᒻ niipisheyaapihkaatam vti
* il/elle l'enfile en ligne

ᓃᐱᔐᐦᐁᐤ niipishehweu vta * il/elle les enfile (des perles); il/elle enfile les poissons sur un bâton

ᓃᐱᐦᑲᒨ niipihkamuu vii -i * c'est de l'eau qui reste libre quand le reste est gelé

ᓃᐲᔒᐸᒄ niipiishipakw ni [Intérieur]
* du tabac en feuilles

ᓃᐲᔒᐦᑳᓐ niipiishihkaan ni [Côte] * une fleur artificielle

ᓃᐲᔓ niipiishuu vai -uu [Côte] * il/elle a des fleurs; il/elle est fleuri-e

ᓃᐲᔔᐦᑌᐤ niipiishuushteu vii [Côte]
* c'est fleuri

ᓃᐲᔖᐴ niipiishaapuu ni * de la tisane, de la tisane d'herbage

ᓃᐲᔥ niipiish ni -im * une feuille [Intérieur], une fleur

ᓃᐴᐛᔅᒉᐅᒋᓇᒻ niipuwaascheuchinam vti * il/elle met du bois dans le feu et les flammes s'embrasent

ᓃᐳᕹᔫ niipuwaascheu vai [Côte] ♦ il (le soleil) a un trait vertical au-dessus

ᓃᐳ niipuu vai -uu ♦ il/elle est sur pied, debout; il/elle se marie [Intérieur]

ᓃᐳᑖᐱᔑᒉᐱᓱᐃᐧᐣ niipuutaapichischehpisuwin ni [Intérieur] ♦ une alliance, un anneau

ᓃᐳᑯᐦᑊ niipuukuhp ni [Intérieur] ♦ une robe de mariage, une robe de mariée, une robe de noces, une robe nuptiale

ᓃᐳᓈᓅ niipuunaanuu vii,impersonnel [Intérieur] ♦ il y a un mariage

ᓃᐳᔥᑕᒧᐧᐁᐤ niipuushtamuweu vta ♦ il/elle se tient en place pour elle/lui

ᓃᐳᔥᑕᒻ niipuushtam vti ♦ il/elle le supporte, le tolère, l'endure; il/elle se tient à côté de quelque chose

ᓃᐳᐦᐁᐤ niipuuheu vta [Intérieur] ♦ il/elle la/le dresse, met debout; il/elle les marie (un couple)

ᓃᐳᐦᑳᓲ niipuuhkaasuu vai -u ♦ il/elle fait semblant d'être marié-e; il/elle prétend qu'il/elle va se marier

ᓃᐹᐋᐸᑎᓰᐤ niipaaaapatisiiu vai ♦ il/elle travaille la nuit

ᓃᐹᐋᔥᑌᓂᒫᑲᐣ niipaawaashtenimaakan ni ♦ une veilleuse, une bougie-veilleuse, une lumière de nuit

ᓃᐹᐱᐧᔥᑐᐧᐁᐤ niipaapiishtuweu vta ♦ il/elle reste debout toute la nuit avec elle/lui, pour elle/lui

ᓃᐹᐸᔫ niipaapayuu vai -i ♦ il/elle conduit la nuit

ᓃᐹᑎᐱᐢᑳᐅᐦ niipaatipiskaauh p,temps ♦ pendant ou durant la nuit, dans la nuit

ᓃᐹᑯᑐᐧᐁᐤ niipaakutuweu vai -u ♦ il/elle nourrit le feu toute la nuit

ᓃᐹᑯᑐᐧᐁᐦᑲᐦᑕᐧᐁᐤ niipaakutuwehkahtaweu vta ♦ il/elle fait un feu la nuit pour elle/lui

ᓃᐹᑯᑑᑌᐤ niipaakutuuteu vai -u ♦ il lui fait un feu la nuit

ᓃᐹᒀᓲ niipaakwaasuu vai -u ♦ il/elle coud, fait de la couture durant la nuit

ᓃᐹᒦᒋᓲ niipaamiichisuu vai -u ♦ il/elle mange durant la nuit

ᓃᐹᔥᑳᐤ niipaashkaau vai ♦ il/elle marche, circule, se promène la nuit (ancien terme)

ᓃᐹᐦᐆ niipaahuu vai -u ♦ il/elle voyage en bateau la nuit

ᓃᐹᐦᑌᐤ niipaahteu vai ♦ il/elle marche la nuit; la nuit le/la surprend sur la route

ᓃᑎᒧᐢ niitimus nad ♦ mon beau-frère, ma belle-soeur, mon cousin croisé ou ma cousine croisée (une personne du sexe opposé au mien qui est la descendante du frère de ma mère ou de la soeur de mon père)

ᓃᑲᐦᐊᒼ niikaham vti ♦ il/elle le détend, le relâche; il/elle diminue la tension de quelque chose, la pression sur quelque chose

ᓃᑲᐦᐧᐁᐤ niikahweu vta ♦ il/elle la/le relâche; il/elle diminue la tension ou pression sur elle/lui

ᓃᑳᐱᐦᑳᑌᐤ niikaapihkaateu vta ♦ il/elle lui desserre ses liens

ᓃᑳᐱᐦᑳᑕᒼ niikaapihkaatam vti ♦ il/elle en détend les liens, relâche les attaches

ᓃᑳᐱᐦᒉᐱᑌᐤ niikaapihchepiteu vta ♦ il/elle relâche sa prise en tirant sur elle/lui

ᓃᑳᐱᐦᒉᐱᑕᒼ niikaapihchepitam vti ♦ il/elle relâche sa prise en tirant sur quelque chose (filiforme)

ᓃᑳᐱᐦᒉᐸᔫ niikaapihchepayuu vai/vii -i ♦ il/elle/ça se relâche, se desserre (filiforme)

ᓃᑳᐱᐦᒉᓀᐤ niikaapihcheneu vta ♦ il/elle la/le desserre (filiforme)

ᓃᑳᐱᐦᒉᓇᒼ niikaapihchenam vti ♦ il/elle le détend, le relâche (filiforme)

ᓃᑳᐱᐦᒉᔥᑯᐧᐁᐤ niikaapihcheshkuweu vta ♦ il/elle la/le relâche en utilisant son corps, son pied (filiforme)

ᓃᑳᐱᐦᒉᔥᑲᒼ niikaapihcheshkam vti ♦ il/elle le relâche avec son corps, son pied

ᓃᑳᒎᓲ niikaachuusuu vai ♦ il/elle arrête de bouillir quand on le retire du feu

ᓃᑳᒍᐦᑌᐤ niikaachuuhteu vii ♦ ça cesse de bouillir quand on l'enlève du feu

ᓃᑳᓀᔨᒥᑎᓲ **niikaaneyimitisuu** vai reflex -u
  ◆ il pense qu'il est supérieur, il se croit le meilleur, le plus important, le premier, le meneur; elle pense qu'elle est supérieure, elle se croit la meilleure, la plus importante, la première, la meneuse

ᓃᑳᓀᔨᒨ **niikaaneyimuu** vai -u ◆ il/elle se donne des airs supérieurs

ᓃᑳᓀᔨᐦᑖᑯᓲ **niikaaneyihtaakusuu** vai -i
  ◆ il est supérieur, le meilleur, le plus important, le premier, le meneur; elle est supérieure, la meilleure, la plus importante, la première, la meneuse

ᓃᑳᓂᐯᐸᐦᐆᓲ **niikaaniwepahuusuu** vai reflex -u ◆ il/elle se pousse en avant

ᓃᑳᓂᐯᐸᐦᐊᒼ **niikaaniwepaham** vti
  ◆ il/elle le pousse, le balaie, le glisse en avant

ᓃᑳᓂᐯᐸᐦᐍᐤ **niikaaniwepahweu** vta
  ◆ il/elle la/le pousse, balaie devant

ᓃᑳᓂᐑᐦᑕᒨᐍᐤ **niikaaniwiihtamuweu** vta
  ◆ il/elle lui dit à l'avance, le/la prépare pour de l'information supplémentaire

ᓃᑳᓂᐑᐦᑕᒫᒉᐎᓐ **niikaaniwiihtamaachewin** ni ◆ une prophétie

ᓃᑳᓂᐚᐸᒣᐤ **niikaaniwaapameu** vta
  ◆ il/elle le sait d'avance, le présage

ᓃᑳᓂᐚᐸᐦᑕᒧᐎᓐ **niikaaniwaapahtamuwin** ni ◆ de la prévoyance, de la clairvoyance, de la prévision

ᓃᑳᓂᐚᐸᐦᑕᒼ **niikaaniwaapahtam** vti
  ◆ il/elle le présage, le prévoit

ᓃᑳᓂᐸᔫ **niikaanipayuu** vai/vii -i
  ◆ il/elle/ça va devant, conduit en avant

ᓃᑳᓂᐸᐦᑖᐤ **niikaanipahtaau** vai ◆ il/elle court en avant ou devant

ᓃᑳᓃᑎᔑᐌᐤ **niikaanitishiweu** vta
  ◆ il/elle l'envoie devant

ᓃᑳᓂᒋᔐᔨᒣᐤ **niikaanichischeyimeu** vta
  ◆ il/elle le sait d'avance à son sujet

ᓃᑳᓂᒋᔐᔨᐦᑕᒼ **niikaanichischeyihtam** vti
  ◆ il/elle le présage, le sait d'avance

ᓃᑳᓂᔥᑯᐍᐤ **niikaanishkuweu** vta
  ◆ il/elle est leur leader; il est le meneur, elle est la meneuse (équipe, groupe)

ᓃᑳᓂᔥᑲᒼ **niikaanishkam** vti ◆ il/elle est le leader, le chef, le meneur, la meneuse

ᓃᑳᓂᐦᑌᐤ **niikaanihteu** vai ◆ il/elle marche en avant, en premier, devant, en tête

ᓃᑳᓂᐦᑌᓱ **niikaanihtesuu** na ◆ un chien entraîné pour mener un attelage (spécialement s'il n'y a pas de piste), un chien de tête

ᓃᑳᓂᐦᑖᐦᐁᐤ **niikaanihtaheu** vta ◆ il/elle la/le mène, l'amène en avant

ᓃᑳᓃᐦᒡ **niikaanihch** p,temps ◆ à l'avenir, dans le futur, à venir ■ ᒉᐦ ᐁᔔ ᐸᑯᓭᓕᒪᐤ ᐊᐱᐤ ᓃᑳᓃᐦᒡx ◆ *Qu'est-ce que tu espères pour l'avenir?*

ᓃᑳᓂᐦᔮᐤ **niikaanihyaau** vai ◆ il/elle vole en avant, en première position, en position de tête

ᓃᑳᓃᐤ **niikaaniu** vai ◆ il est le premier, elle est la première; il/elle est en avant ou devant

ᓃᑳᓇᐴ **niikaanapuu** vai -i ◆ il/elle est devant; il/elle est assis-e en avant

ᓃᑳᓐ **niikaan** p,lieu ◆ devant, en avant, en tête, en premier ■ ᒼᐊ ᓃᑳᓐ ᐃᐦᒉᐤ ᐋᐱ ■ *Elle est déjà en avant.*

ᓃᒋᐸᔫ **niichipayuu** vii -i ◆ ça baisse en intensité; c'est moins intense (par ex. une température très froide qui s'adoucit)

ᓃᒋᑳᑲᒥᑌᐤ **niichikaakamiteu** vii ◆ le liquide bouillant refroidit quand on le retire du feu

ᓃᒋᓀᐤ **niichineu** vta ◆ il/elle lâche prise sur elle/lui

ᓃᒋᓇᒼ **niichinam** vti ◆ il/elle le lâche, le relâche, le libère

ᓃᒋᔥᒀᐤ **niichiskweu** nad ◆ ma femme, mon épouse, ma conjointe

ᓃᒋᔖᓐ **niichishaan** nad ◆ mon frère ou ma soeur, mon cousin ou ma cousine parallèle (le fils ou la fille du frère de mon père ou de la soeur de ma mère)

ᓃᒌᓅ **niichiinuu** nad [Intérieur] ◆ mon frère, ma soeur, mon cousin ou ma cousine parallèle

ᓃᒋᔩᔫ **niichiiyiyuu** nad [Côte] ◆ mon frère, ma soeur, mon cousin ou ma cousine parallèle

ᓃᕆᑲᒧᐦᑖᐤ niimekamuhtaau vai+o
 ◆ il/elle la monte (tente) juste au-dessus du sol
ᓃᕆᑲᒧ niimekamuu vai/vii -u ◆ il/elle/ça ne touche pas le sol tout à fait (étalé)
ᓃᒥᐹᔅᒋᑲᓀᐤ niimipaaschikaneu vai
 ◆ il/elle emporte un fusil
ᓃᒥᑖᐹᓈᔅᒄ niimitaapaanaaskweu vai
 ◆ il/elle prend un traîneau, un toboggan avec lui/elle
ᓃᒥᑯᒋᓐ niimikuchin vai ◆ il/elle est suspendu-e sans vraiment toucher
ᓃᒥᒌᑲᐦᐄᑲᓀᐤ niimichiikahiikaneu vai [Côte] ◆ il/elle emporte une hache avec lui/elle
ᓃᒥᓀᐤ niimineu vta ◆ il/elle la/le soutient, tient debout ou en haut
ᓃᒥᓂᒧᐌᐤ niiminimuweu vai ◆ il/elle la/le tient pour elle/lui; il/elle lui tend quelque chose
ᓃᒥᓇᒻ niiminam vti ◆ il/elle le tient en haut, le soutient
ᓃᒥᓯᑖᔅᒄ niimisitaaskweu vai [Intérieur] ◆ il/elle emporte une hache
ᓃᒥᓵᒣᐤ niimisaameu vai ◆ il/elle emporte des raquettes
ᓃᒥᐦᐁᐤ niimiheu vta ◆ il/elle la/le fait danser
ᓃᒥᐦᐄᐌᐤ niimihiiweu vai ◆ il/elle fait une danse
ᓃᒦᔥᑐᐌᐤ niimiishtuweu vta ◆ il/elle danse en l'honneur de quelqu'un
ᓃᒦᔥᑕᒧᐌᐤ niimiishtamuweu vta
 ◆ il/elle danse à sa place
ᓃᒦᔥᑕᒻ niimiishtam vti ◆ il/elle danse en l'honneur de quelque chose
ᓃᒨ niimuu vai -i ◆ il/elle danse
ᓃᒨᑖᓐ niimuutaan ni ◆ un sac à dos pour la chasse, une gibecière
ᓃᒨᓐ niimuun ni ◆ un endroit où les tétras à queue fine se rassemblent et dansent
ᓃᒪᑯᑌᐤ niimakuteu vii ◆ ça pend sans vraiment toucher le plancher, le sol
ᓃᒪᑯᑖᐤ niimakutaau vai+o ◆ il/elle l'accroche, le suspend juste au-dessus du plancher, du sol
ᓃᒪᑯᔦᐤ niimakuyeu vta ◆ il/elle l'accroche, la/le pend juste au-dessus, sans que ça touche le plancher, le sol

ᓃᒫᐅᐎᓐ niimaauwin ni ◆ un dîner (Canada), un déjeuner (France), un repas du midi; un lunch
ᓃᒫᐅᓂᐦᑯᐌᐤ niimaaunihkuweu vta
 ◆ il/elle lui prépare de la nourriture à manger durant le voyage
ᓃᒫᐅᓂᐦᒉᐤ niimaaunihcheu vai ◆ il/elle prépare des lunchs
ᓃᒫᐅᓄᐎᑦ niimaaunuwit ni ◆ un sac-repas, une musette, un sac à lunch
ᓃᒫᐤ niimaau vai ◆ il/elle emporte un lunch, de la nourriture pour le voyage
ᓃᒫᐹᓐ niimaapaan ni ◆ un cordon de serrage cérémonial
ᓃᒫᑯᐦᑌᐤ niimaakuhteu vii ◆ il y a de l'espace en dessous parce que la neige a fondu
ᓃᒫᑲᐦᑌᐤ niimaakahteu vii ◆ il y a de l'espace en dessous parce que c'est brûlé
ᓃᒫᔅᑯᔑᓐ niimaaskushin vai ◆ il/elle est étendu-e ou couché-e sans vraiment toucher quelque chose
ᓃᒫᔅᑯᐦᐊᒻ niimaaskuham vti ◆ il/elle le tient en haut, le soutient avec un bâton
ᓃᒫᔅᑯᐦᐌᐤ niimaaskuhweu vta ◆ il/elle la/le soutient, tient en haut ou debout avec un bâton
ᓃᒫᔅᑯᐦᑎᓐ niimaaskuhtin vii ◆ c'est allongé sans vraiment toucher (long et rigide)
ᓃᒫᐦᐁᐤ niimaaheu vta ◆ il/elle lui prépare un lunch (Canada), une gamelle (France)
ᓃᔖᓱᒥᑎᓅ niiswaasumitinuu p,nombre
 ◆ soixante-dix
ᓃᔖᔖᐅᒥᑖᐦᑐᒥᑎᓅ niiswaaswaaumitaahtumitinuu p,nombre
 ◆ sept cents
ᓃᔖᔖᐤ niiswaaswaau p,quantité ◆ sept fois
ᓃᔖᔅᑯᑳᐴᐦᐁᐤ niiswaaskukaapuuheu vta
 ◆ il/elle en dresse deux côte à côte (long et rigide)
ᓃᔖᔅᑯᑳᐴᐦᑖᐤ niiswaaskukaapuuhtaau vai+o ◆ il/elle met, pose, installe deux choses côte à côte (long et rigide)
ᓃᔖᔅᑯᒧᐎᒡ niiswaaskumuwich vai pl -u
 ◆ il y en a deux côte à côte (long et rigide)

ᓂ·ᐦᔅᑯᒻᐹ" niiswaaskumunh vii pl
[Intérieur] ♦ il y en a deux côte à côte (long et rigide)

ᓂ·ᐦᔅᑯᒻᐦᐁᐤ niiswaaskumuheu vta
♦ il/elle en met deux ensemble (long et rigide)

ᓂ·ᐦᔅᑯᒻᐦᑖᐤ niiswaaskumuhtaau vai+o
♦ il/elle met deux choses ensemble (long et rigide)

ᓂ·ᐦᔅᑯᒻ" niiswaaskumuuh vii pl [Côte]
♦ il y en a deux côte à côte (long et rigide)

ᓂ·ᐦᔅᑯᐊ" niiswaaskunh vii pl ♦ il y en a deux (long et rigide)

ᓂ·ᐦᔅᑯᓯᐧᐃᒡ niiswaaskusuwich vai pl -i
♦ il y en a deux (long et rigide)

ᓂ·ᐦᔐᑊ niiswaashaap p,nombre [Intérieur]
♦ dix-sept

ᓂ·ᐦᔐᒡ niiswaashch p,nombre ♦ sept

ᓂᔅᒋᓀᐤ niischineu vta ♦ il/elle l'humecte, la/le mouille légèrement

ᓂᔅᒋᓇᒻ niischinam vti ♦ il/elle le mouille, l'humecte

ᓂᔅᒋᓲ niischisuu vai -i ♦ il/elle est humide

ᓂ·ᔥᐌᑲᑯᔦᐤ niishwekakuyeu vta ♦ il/elle en suspend deux (étalé)

ᓂ·ᔥᐌᑲᒧᐦᐁᐤ niishwekamuheu vta
♦ il/elle en monte deux (étalé)

ᓂ·ᔥᐌᑲᒧᐦᑖᐤ niishwekamuhtaau vai+o
♦ il/elle met, monte, dresse deux choses (étalé)

ᓂ·ᔥᐌᑲᓐ" niishwekanh vii pl ♦ il y en a deux (étalé)

ᓂ·ᔥᐌᑳᐦᐱᑌᐤ niishwekahpiteu vta
♦ il/elle en étire deux (étalé)

ᓂ·ᔥᐌᑳᐦᐱᑕᒻ niishwekahpitam vti ♦ il/elle en étire deux (étalé)

ᓂ·ᔥᐌᒋᑯᑖᐤ niishwechikutaau vai+o
♦ il/elle en pend ou suspend deux (étalé)

ᓂ·ᔥᐌᒋᓀᐤ niishwechineu vta ♦ il/elle en plie deux (étalé)

ᓂ·ᔥᐌᒋᓇᒻ niishwechinam vti ♦ il/elle tient deux choses (étalé)

ᓂ·ᔥᐌᒋᓱᐃᒡ niishwechisuwich vai pl -i
♦ ils/elles sont deux; il y en a deux (étalé)

ᓂ·ᔥᐌᒋᔥᑯᐌᐤ niishwechishkuweu vta
♦ il/elle en pose ou met deux couches

ᓂ·ᔥᐌᒋᔥᑲᒻ niishwechishkam vti ♦ il/elle en met, en porte deux couches

ᓂ·ᔥᐌᒡ niishwech p,quantité ♦ deux choses en toile ou tissu

ᓂ·ᔥᐁᔅᒋᐦᒄ niishweschihkw p,quantité
♦ deux contenants pleins

ᓂᔑᓐ" niishinh vii pl ♦ il y en a deux

ᓂᔓ niishu p,nombre ♦ deux

ᓂᔔᑌᓄᑳᐴᐃᒡ niishuutenukaapuuwich vai pl -uu ♦ ils (deux couples) se marient

ᓂᔓᐃᑌᐤ niishuwiteu vai ♦ il/elle porte deux sacs sur son dos

ᓂᔓᐃᒡ niishuwich vai pl -i ♦ ils/elles sont deux, il y en a deux

ᓂᔓᐄᒡ niishuwiich p,manière ♦ à deux places, en deux endroits; deux façons, deux manières; deux sortes, deux genres, deux espèces ■ ᓂᔓᐃᒡ ᐴᒋᐦᐋᑯᒡ ᐆᒡ ᐃᔨᔨᐅᒡᐦ ♦ ᓂᔓᐃᒡ ᐱᑳᐦᑌᐤ ᐅ"ᒋᑖ·ᐊᐦ ■ Les gens arriveront de deux endroits différents. ♦ La chaise est brisée à deux places.

ᓂᔑᐱᐳᓐ" niishupipunh p,temps ♦ deux ans, deux années

ᓂᔑᐴᐃᒡ niishupuwich vai pl -i ♦ il y en a deux assis-es, deux sont assis-es

ᓂᔑᐳᓀᓰᒫᑲᓐ niishupunesiimakan vii
♦ ça a deux ans

ᓂᔑᐳᓀᓲ niishupunesuu vai -i ♦ il/elle a deux ans

ᓂᔑᐸᔨᐃᒡ niishupayuwich vai pl -i ♦ les deux conduisent en utilisant différents moyens de transport

ᓂᔔᑌᐅᓯᔫᒡ niishuteusiiuch vai pl
♦ elles sont deux familles à vivre ensemble dans un camp; il y a deux familles qui vivent ensemble dans une maison

ᓂᔓᑌᐤ niishuteu vai ♦ il/elle en porte deux (par ex. castors, loutres, renards) sur son dos

ᓂᔓᑎᐱᓂᔅᑳᓐ niishutipiniskaan p,quantité
♦ deux longueurs de bras

ᓂᔓᑎᐱᔅᑴᐤ niishutipiskweu vai ♦ il/elle reste dehors pendant deux nuits, passe deux nuits à l'extérieur

ᓃᔑᑎᐱᔅᑳᐅᐦ niishutipiskaauh p,temps
- deux nuits

ᓃᔑᑎᐸᐦᐄᑲᓐ niishutipahiikan p,quantité
- deux milles, deux gallons

ᓃᔑᑎᐹᐯᔥᑯᒋᑲᓀᓲ niishutipaapeshkuchikanesuu vai -i
- il/elle pèse deux livres

ᓃᔑᑎᐹᐯᔥᑯᒋᑲᓀᔮᐤ niishutipaapeshkuchikaneyaau vii ♦ ça pèse deux livres

ᓃᔑᑎᐹᐯᔥᑯᒋᑲᓐ niishutipaapeshkuchikan p,quantité
- deux livres

ᓃᔑᑎᐹᔅᑯᓂᑲᓐ niishutipaaskunikan p,quantité ♦ deux verges de tissu ou d'étoffe

ᓃᔑᑎᓈᐅᐦ niishutinaauh vii pl ♦ il y a deux montagnes

ᓃᔑᑑᓀᐧᔮᐤ niishutuuneweyaau vii
- ça a deux bouches; c'est un fusil à deux canons

ᓃᔑᑑᔥᑌᐅᐦ niishutuushteuh p,temps
- deux semaines

ᓃᔑᑕᒋᓱᐎᒡ niishutachisuwich vai pl -i
- ils/elles voyagent dans deux canots

ᓃᔑᑕᐦᑯᓂᑲᓐᐦ niishutahkunikanh p,quantité ♦ deux brassées

ᓃᔑᑖᐯᐤ niishutaapeu vai ♦ il/elle en tire deux

ᓃᔑᑯᑖᐤ niishukutaau vai+o ♦ il/elle accroche, pend ou suspend deux choses

ᓃᔑᑯᔫ niishukuyeu vta ♦ il/elle en suspend deux

ᓃᔑᑯᐦᑎᑖᐤ niishukuhtitaau vai+o
- il/elle met deux choses dans l'eau

ᓃᔑᑯᐦᒋᒣᐤ niishukuhchimeu vta
- il/elle en met ou plonge deux dans l'eau

ᓃᔑᑲᒥᒋᓱᐎᒡ niishukamichisuwich vai pl -i ♦ il y a deux tipis dans un camp

ᓃᔑᑲᒫᐅᐦ niishukamaauh vii pl ♦ il y a deux lacs

ᓃᔑᑲᔥᑵᐤ niishukashkweu vai ♦ il/elle a deux onglons

ᓃᔑᑳᐴ niishukaapuu vai -uu [Côte]
- il/elle se marie

ᓃᔑᑳᐴᑖᐱᒉᐦᐱᓱᐎᓐ niishukaapuutaapichehpisuwin na [Côte]
- une alliance, un jonc, un anneau de mariage

ᓃᔑᑳᐴᑯᐦᑉ niishukaapuukuhp ni ♦ une robe de mariage, une robe de mariée, une robe de noces

ᓃᔑᑳᐴᓈᓅ niishukaapuunaanuu vii,impersonnel [Côte] ♦ il y a un mariage

ᓃᔑᑳᐴᐦᑖᐤ niishukaapuuhtaau vai+o
- il/elle en monte, en dresse deux (par ex. tipis, tentes)

ᓃᔑᑳᐴᐦᑳᓲ niishukaapuuhkaasuu vai -u [Côte] ♦ il/elle prétend se marier, fait semblant de se marier

ᓃᔑᑳᑌᔮᐤ niishukaateyaau vii ♦ ça a deux pattes

ᓃᔑᑴᐄᐱᑳᑲᓇᔅᒋᐦᑯ niishukwaapikaakanaschihkw p,quantité
- deux seaux pleins

ᓃᔑᑴᐄᐱᓂᑲᓐ niishukwaapinikan p,quantité
- deux poignées ramassées

ᓃᔑᒋᐦᑿᒧᐎᒡ niishuchihkwaamuwich vai pl -u ♦ ils/elles sont deux à dormir ensemble; les deux dorment ensemble

ᓃᔑᒌᔑᑳᐤ niishuchiishikaau vii ♦ c'est mardi

ᓃᔑᒌᔑᑳᐅᐦ niishuchiishikaauh vii pl
- c'est deux jours de temps

ᓃᔑᒣᐤ niishumeu vta ♦ il/elle en mange deux (par ex. des poissons)

ᓃᔑᒥᒋᐦᒋᓐ niishumichihchin p,quantité
- deux pouces

ᓃᔑᒥᓀᔥᑌᐅᐦ niishumineshteuh vii pl
- il y a deux piles de bois

ᓃᔑᒥᓂᑳᐅᐦ niishuminikaauh vii pl ♦ il y a deux petits fruits, deux baies

ᓃᔑᒥᓂᒋᓱᐎᒡ niishuminichisuwich vai pl -i ♦ il y a deux fruits ou baies

ᓃᔑᒥᓂᒡ niishuminich p,quantité ♦ deux petits fruits, deux baies

ᓃᔑᒥᓂᔅᑳᐤ niishuminiskaau p,quantité
- deux boîtes, deux cartons (par ex. de cigarettes)

ᓃᔑᒥᓂᔥᑌᐤ niishuminishteu p,quantité pl
- deux cordes de bois

ᓃᔑᒥᓯᑦ niishumisit p,quantité ♦ deux pieds

ᓃᔑᒥᐦᑎᑳᓐ niishumihtikaan p,quantité
- deux tas verticaux ou piles verticales de bois de chauffage

ᓃᔑᒫᑎᔑᑲᓐ niishumaatishikan p,quantité
- deux tranches

ᓃᔓᓂᔐᔪᐤ niishunischeyuu vai -i ◆ il/elle prend ses deux mains, se sert des deux mains pour faire quelque chose

ᓃᔓᓇᒻ niishunam vti ◆ il/elle en tient deux ensemble

ᓃᔓᓇᔅᒡ niishunasch p,quantité ◆ deux poignées

ᓃᔑᓯᓂᑲᓐᐦ niishusinikanh p,quantité ◆ deux brassées de quelque chose

ᓃᔑᓯᓂᔐᐤ niishusinischeu vai ◆ il/elle prend ses deux mains, se sert des deux mains pour faire quelque chose

ᓃᔓᓴᑲᐦᐋᒉᔮᐤ niishusaakahaacheyaau vai ◆ il y a deux ouvertures dans le tunnel de castor

ᓃᔓᔅᑴᐌᐤ niishuskweweu vai ◆ il a deux épouses, deux femmes; il est bigame

ᓃᔓᔅᑲᑎᔦᒌ niishuskatiyechii p,quantité [Côte] ◆ deux boîtes, deux cartons de quelque chose

ᓃᔓᔅᒋᓀᓲ niishuschinesuu vai -i ◆ il y a deux paires de mocassins découpés, non cousus

ᓃᔓᔅᒋᓯᓐᐦ niishuschisinh p,quantité ◆ deux paires de mocassins découpés (non cousus), deux paires de chaussures

ᓃᔓᐌᐤ niishushweu vta ◆ il/elle la/le coupe en deux

ᓃᔓᔕᒻ niishusham vti ◆ il/elle le coupe en deux

ᓃᔓᔖᑉ niishushaap p,nombre ◆ douze

ᓃᔓᐦᑌᐤ niishushteu vii ◆ il y a deux choses posées (là)

ᓃᔓᐦᑎᑴᔮᐤ niishushtikweyaau vii ◆ il y a deux rivières reliées

ᓃᔓᐦᑎᒀᐅᐦ niishushtikwaauh vii pl ◆ il y a deux rivières

ᓃᔓᐦᐁᐤ niishuheu vta ◆ il/elle la/le divise ou sépare en deux

ᓃᔓᐦᐊᒻ niishuham vti ◆ il/elle en atteint deux, en tire deux d'un coup

ᓃᔓᐦᑌᐤᒡ niishuhteuch vai pl ◆ ils/elles sont deux à marcher ensemble, il y en a deux qui marchent ensemble

ᓃᔓᐦᑎᒋᓱᐃᒡ niishuhtichisuwich vai pl -i ◆ ils/elles utilisent deux canots ou voyagent dans deux canots; il y a deux canots pleins de passagers

ᓃᔓᐦᑎᒡ niishuhtich p,quantité ◆ deux bûches ou morceaux de bois de chauffage

ᓃᔓᐦᑎᐦ niishuhtii p,quantité ◆ deux dollars ou piastres

ᓃᔓᐦᑕᑳᐅᐦ niishuhtakaauh vii pl ◆ il y a deux morceaux de bois de chauffage

ᓃᔓᐦᑖᐤ niishuhtaau vai+o ◆ il/elle le divise ou le sépare en deux

ᓃᔑᐆᑌᐤ niishuuteu vai ◆ il/elle porte deux choses sur son dos

ᓃᔑᐆᓀᐤ niishuuneu vta ◆ il/elle en tient deux à la fois, deux ensemble

ᓃᔑᐆᐦᐌᐤ niishuuhweu vta ◆ il/elle en tire, atteint deux d'un coup (par ex. des oiseaux)

ᓃᔕᐦᑐᐌᐸᔫ niishaahtuwepayuu vai/vii -i ◆ il/elle/ça glisse en bas de quelque chose (par ex. un escalier, une échelle)

ᓃᔕᐦᑐᐐᐤ niishaahtuwiiu vai ◆ il/elle descend (un escalier, une échelle)

ᓃᔕᐦᑐᐐᐦᑕᑖᐤ niishaahtuwiihtataau vai+o ◆ il/elle le descend, l'emporte en bas

ᓃᔕᐦᑐᐐᐦᑕᐦᐁᐤ niishaahtuwiihtaheu vta ◆ il/elle l'emmène en bas, la/le fait descendre

ᓃᔥᐧᐋᐅᒋᔐᒥᑖᐦᑐᒥᑎᓄᐌᐧᐋᐤ niishwaauchishemitaahtumitinuwewaau p,quantité [Côte] ◆ deux mille fois

ᓃᔥᐧᐋᐅᒋᔐᒥᑖᐦᑐᒥᑎᓄᐧᐋᐤ niishwaauchishemitaahtumitinuwaau p,quantité [Intérieur] ◆ deux mille fois

ᓃᔥᐧᐋᐅᒋᔐᒥᑖᐦᑐᒥᑎᓅ niishwaauchishemitaahtumitinuu p,nombre ◆ deux mille

ᓃᔥᐧᐋᐅᒥᑖᐦᑐᒥᑎᓅ niishwaaumitaahtumitinuu p,nombre ◆ deux cents

ᓃᔥᐧᐋᐤ niishwaau p,quantité ◆ deux fois

ᓃᔥᐧᐋᐯᐅᐃᒡ niishwaapeuwich vai pl ◆ ce sont deux garçons, hommes, mâles

ᓃᔥᐧᐋᐯᑲᒧᐃᒡ niishwaapekamuwich vai pl -u ◆ il y en a deux tendus/tendues (filiforme) côte à côte

ᓃᔥᐧᐋᐯᑲᒧᓐᐦ niishwaapekamunh vii pl [Intérieur] ◆ il y en a deux (filiforme) tendues côte à côte

ᓂᐢᐷᐸᑲᒧᐦᐁᐤ niishwaapekamuheu vta
* il/elle les place (filiforme, ex. des filets de pêche) côte à côte

ᓂᐢᐷᐸᑲᒨᐦ niishwaapekamuuh vii pl [Côte]
* il y en a deux (filiforme) tendues côte à côte (filiforme)

ᓂᐢᐷᐸᑲᐣ niishwaapekan vii ◆ c'est une corde double

ᓂᐢᐷᐸᑲᔥᑌᐤ niishwaapekashteuh vii pl
* il y a deux choses placées, installées (filiforme)

ᓂᐢᐷᐸᑲᔥᑖᐤ niishwaapekashtaau vai+o
* il/elle met, pose, dispose, place deux choses (filiforme)

ᓂᐢᐷᐸᑲᐦᐁᐤ niishwaapekaheu vta
* il/elle en met ou pose deux (filiforme)

ᓂᐢᐷᐯᒋᐱᑌᐤ niishwaapechipiteu vta
* il/elle la/le double (filiforme, par ex. un câble, un filin); il/elle la/le tire avec deux cordes

ᓂᐢᐷᐯᒋᐱᑕᒼ niishwaapechipitam vti
* il/elle en utilise deux (filiforme)

ᓂᐢᐷᐯᒋᓀᐤ niishwaapechineu vta
* il/elle en utilise deux (filiforme)

ᓂᐢᐷᐯᒋᓇᒼ niishwaapechinam vti
* il/elle le double, le replie, le plie en deux (filiforme, par ex. une corde, un cordon)

ᓂᐢᐷᐯᒋᓱᐧᐃᒡ niishwaapechisuwich vai pl -i ◆ il y a deux cordes

ᓂᐢᐸᐢᑲᒧᐦᐁᐤ niishwaapiskamuheu vta
* il/elle en pose deux côte à côte, ensemble (pierre, métal)

ᓂᐢᐸᐢᑲᒧᐦᑖᐤ niishwaapiskamuhtaau vai+o ◆ il/elle le double, le redouble (pierre, métal)

ᓂᐢᐸᐢᑲᒨ niishwaapiskamuu vii -u
* c'est double (pierre, métal)

ᓂᐢᐸᐢᑲᔥᑖᐤ niishwaapiskashtaau vai+o
* il/elle met, pose, dispose, place deux choses (pierre, métal)

ᓂᐢᐸᐢᑲᐦᐁᐤ niishwaapiskaheu vta
* il/elle en place deux (pierre, métal)

ᓂᐢᐸᐢᑳᐤ niishwaapiskaauh vii pl ◆ il y en a deux (pierre, métal)

ᓂᐢᐸᐢᒋᑎᕽ niishwaapischitinh vii pl
* il y en a deux côte à côte (métal)

ᓂᐢᐸᐢᒋᓀᐤ niishwaapischineu vta
* il/elle les tient dans ses mains (par ex. deux cuillères)

ᓂᐢᐸᐢᒋᓇᒼ niishwaapischinam vti
* il/elle en a deux, en tient deux (métal, par ex. deux couteaux, deux pièges) dans les mains

ᓂᐢᐸᐢᒋᓱᐧᐃᒡ niishwaapischisuwich vai pl -i ◆ ils/elles sont doubles; il y en a deux (pierre, métal)

ᓂᐢᐸᐢᒋᔥᑯᐌᐤ niishwaapischishkuweu vta ◆ il/elle en porte deux (pierre, métal)

ᓂᐢᐸᐢᒋᔥᑲᒼ niishwaapischishkam vti
* il/elle en porte deux (pierre, métal)

ᓂᐢᐸᐢᒡ niishwaapisch p,quantité ◆ deux choses en métal, en pierre, deux piastres ou dollars [Intérieur]

ᓂᐢᐸᐦᑳᑌᐤ niishwaapihkaateu vta
* il/elle en attache deux ensemble

ᓂᐢᐸᐦᑳᑌᐤ niishwaapihkaateuh vii pl
* il y a deux choses attachées ensemble

ᓂᐢᐸᐦᑳᑕᒼ niishwaapihkaatam vti
* il/elle attache deux choses ensemble

ᓂᐢᐸᐦᑳᓱᐧᐃᒡ niishwaapihkaasuwich vai pl -u ◆ ils sont deux attachés ensemble, elles sont deux attachées ensemble; il y en a deux attachés ensemble, il y en a deux attachées ensemble

ᓂᐢᐸᐦᒉᔥᑲᒼ niishwaapihcheshkam vai
* il/elle en porte deux (filiforme, par ex. colliers)

ᓂᐢᐸᐦᒉᔮᐤ niishwaapihcheyaau vii
* c'est une double corde

ᓂᐢᐚᒋᓂᑳᓂᑌᐤ niishwaachinikwaaniteuh vii pl [Côte]
* ils/elles font le tour deux fois; ça prend deux heures (quand utilisé au conjonctif)

ᓂᐢᐚᐢᑲᑎᕽ niishwaaskatinh vii pl ◆ il y a deux choses gelées ensemble

ᓂᐢᐚᔖᑊ niishwaashaap p,nombre ◆ dix-sept

ᓂᐢᐚᐦᑯᔑᓄᒡ niishwaashkushinuch vai pl
* ils sont deux couchés ou étendus ensemble, elles sont deux couchées ou étendues ensemble; il y en a deux couchés ou étendus ensemble, il y en a deux couchées ou étendues ensemble

ᓃᐧᔖᔥᑲᒍᐧᐃᒡ niishwaashkachuwich vai pl -i ◆ ils/elles sont deux gelé-e-s ensemble; il y en a deux gelé-e-s ensemble

ᓃᐧᔖᔥᒡ niishwaashch p,nombre ◆ sept

ᓃᐧᔖᐦᑎᒄ niishwaahtikw p,quantité ◆ deux choses longues et rigides

ᓃᔥᑎᓄᐧᐁᐧᐋᐅᒋᔐᒥᑖᐦᑐᒥᑎᓄᐧᐁᐧᐋᐤ niishtinuwewaauchishemitaahtumitinuwewaau p,quantité [Côte] ◆ vingt mille fois

ᓃᔥᑎᓄᐧᐁᐧᐋᐅᒋᔐᒥᑖᐦᑐᒥᑎᓅ niishtinuwewaauchishemitaahtumitinuu p,nombre [Côte] ◆ vingt mille

ᓃᔥᑎᓄᐧᐋᐅᒋᔐᒥᑖᐦᑐᒥᑎᓄᐧᐋᐤ niishtinuwaauchishemitaahtumitinuwaau p,quantité [Intérieur] ◆ vingt mille fois

ᓃᔥᑎᓄᐧᐋᐅᒋᔐᒥᑖᐦᑐᒥᑎᓅ niishtinuwaauchishemitaahtumitinuu p,nombre [Intérieur] ◆ vingt mille

ᓃᔥᑎᓅ niishtinuu p,nombre ◆ vingt

ᓃᔥᑎᓅᐧᐁᐦᑏ niishtinuuwehtii ◆ vingt dollar

ᓃᔥᑐᑑᔥᑌᐤᐦ niishtutuushteuh p,temps ◆ trois semaines

ᓃᔥᑕᒥᔑᓐ niishtamishin na ◆ en premier, première place, la première personne à arriver

ᓃᔥᑕᒨᔖᓐ niishtamuushaan na ◆ un premier né

ᓃᔥᑕᒼ niishtam p,manière ◆ d'abord, tout d'abord, en premier ▪ ᓃᔥᑖᒼ ᑲᑕ ᑕᑯᓐ ᐊᓐ. ▪ *Cela devrait partir en premier.*

ᓃᔥᑖᐤ niishtaau nad ◆ ma belle-soeur (si je suis une femme), mon beau-frère,(si je suis une femme) mon cousin croisé ou ma cousine croisée (une personne du même sexe que moi qui est la descendante du frère de ma mère ou de la soeur de mon père)

ᓃᔥᑖᒥᑯᔅᑯᓵᐦᑎᒄ niishtaamikuskusaahtikw ni [Intérieur] ◆ du bois pour la barre transversale des raquettes

ᓃᔥᑖᒥᑯᔅᑯᔅ niishtaamikuskus ni ◆ une barre transversale plus épaisse à l'avant des raquettes

ᓃᔥᑖᒥᑳᑦ niishtaamikaat ni ◆ une patte avant d'un orignal ou caribou

ᓃᔥᑖᒥᐦᒡ niishtaamihch p,temps [Côte] ◆ à l'avenir, dans le futur, à venir ▪ ᐁ ᐄᔑ ᑲᑕ ᐃᔅᐸᔫ ᒉᒀᓐ ᐊᓂᑌᐦ ᓃᔥᑖᒥᐦᒡ. ▪ *Je me demande ce qui va se passer dans le futur.*

ᓃᔥᑖᒧᔥᑳᒉᐤ niishtaamushkaacheu ni ◆ une partie du cuir ou de la peau qui couvrait la patte avant

ᓃᔥᑖᒧᐦᐊᒼ niishtaamuham vti ◆ il/elle tire devant quelque chose et le manque

ᓃᔥᑖᒧᐦᐧᐁᐤ niishtaamuhweu vta ◆ il/elle tire devant elle/lui et la/le manque

ᓃᔥᑖᒧᐦᑕᒄ niishtaamuhtakw ni ◆ une étrave, une proue ou l'avant d'un bateau ou canot

ᓃᔥᑖᒧᐦᒉᐤ niishtaamuhcheu vai ◆ il/elle pagaye en avant du canot

ᓃᔥᑖᒧᐦᒉᓲ niishtaamuhchesuu vai ◆ il/elle pagaye assis-e en avant du canot; c'est un rameur, une rameuse de proue

ᓃᔥᑲᑎᔮᐹᐧᐁᐤ niishkatiyaapaaweu vai ◆ il (un chien) a la fourrure très mouillée

ᓃᔥᑳᐤ niishkaau vii ◆ c'est humide, un peu mouillé; c'est visqueux (par ex. de la viande)

ᓃᔮᓐ niiyaan pro,personnel ◆ nous (moi et elle/lui/eux), nous-mêmes, le/la nôtre, les nôtres

ᓃᐦᐄᐸᔨᐦᑖᐤ niihiipayihtaau vai+o ◆ il/elle aide à le faire marcher, le corrige, l'ajuste

ᓃᐦᑌᑲᐦᐊᒼ niihtekaham vti ◆ il/elle l'abaisse, la ramène, la rabat (une voile)

ᓃᐦᑌᑲᐦᐧᐁᐤ niihtekahweu vta ◆ il/elle la/le fait tomber, en frappant (étalé)

ᓃᐦᑎᑕᒋᐧᐁᐸᔫ niihtitachiwepayuu vai -i ◆ il/elle tombe de la berge

ᓃᐦᑎᑖᐅᐦᒋᐸᔫ niihtitaauhchipayuu vii -i ◆ ça tombe de la berge

ᓃᐦᑎᒋᐧᐁᐅᑖᐅᐦᑲᐦᐊᒼ niihtichiweutaauhkaham vti [Côte] ◆ il/elle descend une colline en marchant

ᓃᐦᑎᒋᐧᐁᐤ niihtichiweu vai ◆ il/elle descend en marchant

ᓃᐦᑎᒋᐯᓅ **niihtichiwepaneu** vta
 • il/elle la/le lance ou jette en bas de l'escalier

ᓃᐦᑎᒋᐯᓇᒻ **niihtichiwepanam** vti
 • il/elle le jette en bas des escaliers

ᓃᐦᑎᒋᐯᔫ **niihtichiwepayuu** vai-i
 • il/elle descend la colline en conduisant

ᓃᐦᑎᒋᐯᐦᐧᐁᐤ **niihtichiwepahweu** vta
 • il/elle la/le fait tomber en bas

ᓃᐦᑎᒋᐯᐦᑖᐤ **niihtichiwepahtaau** vai
 • il/elle descend en courant

ᓃᐦᑎᒋᔮᐤ **niihtichiweyaau** vii • c'est une pente qui descend

ᓃᐦᑎᒋᔮᑯᓀᐹᔫ **niihtichiweyaakunepayuu** vai/vii -i
 • il/elle/ça descend d'un banc de neige; c'est une avalanche

ᓃᐦᑎᒋᐍᐦᑖᐤ **niihtichiwehtaheu** vta
 • il/elle la/le porte, l'amène (une personne), l'apporte (une chose) en bas

ᓃᐦᑎᒍᒋᐎᓐ **niihtichuwechuwin** vii
 • ça coule et tombe d'une falaise, de rochers

ᓃᐦᑎᓀᐤ **niihtineu** vta • il/elle l'abaisse, la/le baisse ou descend à la main

ᓃᐦᑎᓂᑰ **niihtinikuu** vai Inverse -u • il/elle se fait descendre d'en haut

ᓃᐦᑎᓂᑲᓐ **niihtinikan** ni • la partie ronde d'une détente, du déclencheur d'un piège

ᓃᐦᑎᓇᒻ **niihtinam** vti • il/elle l'abaisse, le baisse, le descend à la main

ᓃᐦᑎᔅᑴᐦᐧᐁᐤ **niihtiskwehweu** vta
 • il/elle lui fait tomber la tête

ᓃᐦᑎᔥᑖᐤ **niihtishtaau** vai+o [Intérieur]
 • il/elle le descend, l'abaisse, le dépose

ᓃᐦᑕᑲᒥᐦᑴᔫ **niihtakamihkwepayuu** vai-i • il/elle souffre d'hypotension artérielle; sa pression ou sa tension est basse

ᓃᐦᑕᒋᐍᐦᑕᑖᐤ **niihtachiwehtataau** vai+o
 • il/elle l'emmène en bas, descend avec

ᓃᐦᑕᒋᔑᓀᐤ **niihtachishineu** vta • il/elle l'aide à descendre ■ ᓃᐦᑕᒋᓅ ᐊᐧᔖ ᐊᐧᐋᔑᒻx ■ *Il/elle aide l'enfant à descendre.*

ᓃᐦᑕᒎᐋᓈᓐ **niihtachuwaanaan** ni • une échelle, une descente, des marches (pour descendre)

ᓃᐦᑕᐦᐊᒻ **niihtaham** vti • il/elle le renverse, le jette par terre en le frappant; il/elle est renversé-e par quelque chose

ᓃᐦᑕᐦᐧᐁᐤ **niihtahweu** vta • il/elle la/le renverse ou fait tomber

ᓃᐦᑖᐯᒋᓂᒉᐤ **niihtaapechinicheu** vai
 • il/elle fait descendre quelque chose avec une corde

ᓃᐦᑖᐯᒋᓇᒻ **niihtaapechinam** vti • il/elle l'abaisse, le baisse, le descend avec une corde

ᓃᐦᑖᐱᐦᒉᐱᑎᐤ **niihtaapihchepiteu** vta
 • il/elle l'abaisse, la/le baisse, tire vers le bas (filiforme)

ᓃᐦᑖᐱᐦᒉᐱᑕᒻ **niihtaapihchepitam** vti
 • il/elle le baisse, le descend, le ramène (filiforme)

ᓃᐦᑖᐱᐦᒉᐱᒋᑲᓐ **niihtaapihchepichikan** ni
 • une ligne ou un câble pour descendre quelque chose, ou mettre quelque chose à l'eau

ᓃᐦᑖᐱᐦᒉᓀᐤ **niihtaapihcheneu** vta
 • il/elle la/le descend avec une corde

ᓃᐦᑖᐱᐦᒉᓇᒻ **niihtaapihchenam** vti
 • il/elle l'abaisse, le baisse, le descend (filiforme)

ᓃᐦᑖᑯᓀᔥᑲᒻ **niihtaakuneshkam** vti
 • il/elle piétine, tasse la neige

ᓃᐦᑖᑯᓀᐦᐊᒻ **niihtaakuneham** vti • il/elle fait baisser le niveau de la neige

ᓃᐦᑖᒎᐎᓐ **niihtaachuwin** p,lieu • en bas des rapides, en aval des rapides, passé les rapides

ᓃᐦᑖᒎᓀᔫ **niihtaachuunepayuu** vai -i
 • il/elle conduit vers le bas des rapides

ᓃᐦᑖᒎᓀᔥᑲᒻ **niihtaachuuneshkam** vti
 • il/elle marche jusqu'en bas des rapides

ᓃᐦᑖᒎᓀᐦᐊᒻ **niihtaachuuneham** vti
 • il/elle atteint les derniers rapides, en descendant la rivière

ᓃᐦᑖᒥᔅᑳᐤ **niihtaamiskaau** vii • c'est une baisse soudaine dans le chenal

ᓃᐦᑖᒥᔅᒋᔫ **niihtaamischipayuu** vai/vii -i
 • il/elle/ça tombe dans le canal (de la rivière, du lac)

ᓃᐦᑖᑎᓐᐤ **niihtaamatin** ni ♦ au pied ou au bas d'une montagne, la base d'une montagne

ᓃᐦᑖᒐᐧᐁᐤ **niihtaamachuweu** vai ♦ il/elle descend de la montagne

ᓃᐦᑖᔖᐤ **niihtaashuu** vai -i ♦ il/elle est abattu-e ou jeté-e par terre par le vent ▪ ᓃᐦᑖᔖᐤ ᐊᐸ ᐸᔐᐦ ᐸ ᐊᑦᐊᒐᐧ *Les pantalons que tu avais suspendus ont été jetés par terre par le vent.*

ᓃᐦᑖᔑᐟᓐ **niihtaashtin** vii ♦ c'est rabattu, renversé, jeté par terre ▪ ᓃᐦᑖᔑᐟᓐ ᐊᐸ ᐸᒐᐦ ᐸ ᐊᑦᐊᐸᐧ ▪ *Le chandail que tu as suspendu a été jeté par terre par le vent.*

ᓃᐦᑖᐦᑐᐧᐄᐤ **niihtaahtuwiiu** vai ♦ il/elle descend

ᓃᐦᑖᐦᑐᐧᐄᐸᔫ **niihtaahtuwiipayuu** vai/vii -i ♦ il/elle/ça descend (par ex. des marches)

ᓃᐦᑖᐦᑐᐧᐄᐦᑕᑖᐤ **niihtaahtuwiihtataau** vai+o ♦ il/elle le descend, l'emporte en bas

ᓃᐦᑖᐦᑐᐧᐄᐦᑕᐦᐁᐤ **niihtaahtuwiihtaheu** vta ♦ il/elle la/le porte en bas

ᓃᐦᑖᐦᒡ **niihtaahch** p,lieu ♦ en dessous de, au-dessous de, ci-dessous, en bas ▪ ᐧᐋᐦ ᓃᐦᑖᐦᒡ ᐄᒐᑦᐊ ᐊᐸ ᐸᐸᐧᒐ ▪ *Le placard est trop bas.*

ᓃᐦᒋᐧᐁᐤ **niihchiweu** vai [Intérieur] ♦ il/elle descend la colline en marchant

ᓃᐦᒋᐧᐁᐱᓀᐤ **niihchiwepineu** vta ♦ il/elle la/le jette par terre, en bas

ᓃᐦᒋᐧᐁᐱᓇᒻ **niihchiwepinam** vti ♦ il/elle le jette par terre

ᓃᐦᒋᐧᐁᐸᐦᐊᒻ **niihchiwepaham** vti ♦ il/elle le renverse, le jette par terre d'une certaine hauteur

ᓃᐦᒋᐧᐁᐸᐦᐧᐁᐤ **niihchiwepahweu** vta ♦ il/elle la/le renverse, fait tomber

ᓃᐦᒋᐱᑌᐤ **niihchipiteu** vta ♦ il/elle la/le baisse

ᓃᐦᒋᐱᑕᒻ **niihchipitam** vti ♦ il/elle le descend d'une certaine hauteur

ᓃᐦᒋᐸᔨᐦᐆ **niihchipayihuu** vai -u ♦ il/elle se jette par terre

ᓃᐦᒋᐸᔫ **niihchipayuu** vai/vii -i ♦ il/elle/ça tombe en bas

ᓃᐦᒋᑲᒣᐤ **niihchikameu** vta ♦ il (un castor) la/le fait tomber en rongeant (par ex. un arbre)

ᓃᐦᒋᑳᐴ **niihchikaapuu** vai -uu ♦ il/elle est debout en bas; il/elle se tient au niveau inférieur

ᓃᐦᒋᒀᔥᐦᑯᑑ **niihchikwaashhkutuu** vai -i ♦ il/elle saute en bas

ᓃᐦᒋᔥᑌᐧᐊᐦᐆ **niihchishtwehuu** vai -u ♦ il (un oiseau) se pose au sol

ᓃᐦᒋᔥᑖᐤ **niihchishtaau** vai+o [Côté] ♦ il/elle le descend, l'abaisse, le dépose

ᓃᐦᒋᔥᑯᐧᐁᐤ **niihchishkuweu** vta ♦ il/elle la/le renverse en la/le bousculant ou heurtant accidentellement

ᓃᐦᒋᔥᑲᒻ **niihchishkam** vti ♦ il/elle le renverse, le jette par terre en le bousculant, en se cognant dessus

ᓅ

ᓄᐧᐃᒡ **nuwich** p,manière ♦ bien, très, beaucoup (particule emphatique) ▪ ᓄᐧᐃᒡ ᒥᔓᐧᐊᒡ ᑎᕐᐟ ᐊᐸ ᐸᐅᐦᐅᐤ ▪ *Il a beaucoup de bois coupé.*

ᓄᐊᒌᐤ **nuwachiiu** vai ♦ il/elle s'arrête pour manger pendant le voyage

ᓅ

ᓅᐊᑎᐦᒄ **nuuwatihkweu** vai ♦ il/elle chasse, poursuit le caribou

ᓅᑎᒥᐤ **nuutimeu** vta ♦ il/elle la/le mord alors qu'elle/il bouge

ᓅᑎᒥᒋᓇᒻ **nuutimechinam** vti ♦ il/elle le froisse, le chiffonne (étalé, par ex. du papier) en boule

ᓅᑎᒥᓀᐤ **nuutimineu** vta ♦ il/elle en fait un tas rond, lui donne une forme arrondie à la main

ᓅᑎᒥᓲ **nuutimisuu** vai -i ♦ il/elle est rond-e, arrondi-e, a une forme ronde

ᓅᑎᒥᔥᑎᒀᓀᐤ **nuutimishtikwaaneu** vai ♦ il/elle a la tête ronde

ᓅᑎᒥᐦᐁᐤ **nuutimiheu** vta ♦ il/elle la/le froisse en boule (étalé)

ᓅᑎᒥᐦᑕᑳᐤ **nuutimihtakaau** vii ♦ c'est un morceau de bois rond

ᓅᑎᒥᐦᑖᐤ **nuutimihtaau** vai+o ♦ il/elle lui donne une forme ronde, arrondie

ᓅᑎᒥᐦᑰᒄ **nuutimihkuukw** ni -um ♦ une aiguille arrondie

ᓅᑎᒥᐦᒋᔥᒉᐤ **nuutimihchischeu** vai ♦ il/elle a un derrière rond

ᓅᑎᒦᐌᓲ **nuutimiiwesuu** na -shiish ♦ un cisco, un corégone *Coregonus artedii*

ᓅᑎᒦᐌᔒᔥ **nuutimiiweshiish** na dim ♦ une queue à tache noire, un baveux *Notropis hudsonius*; un méné émeraude, un méné vert *Notropis atherinoides*

ᓅᑎᒦᐤ **nuutimiiu** vai ♦ il/elle se roule en balle

ᓅᑎᒪᑎᓈᐤ **nuutimatinaau** vii ♦ c'est une montagne ronde

ᓅᑎᒫᐤ **nuutimaau** vii ♦ c'est une forme ronde, arrondie ■ ᓅᐛᒥᒫᐤ ᐊᐃ ᐊᒋᔥ ᐃᐦᒡₓ ■ *C'est une hutte de castors très ronde.*

ᓅᑎᒫᐯᑲᓐ **nuutimaapekan** vii ♦ c'est rond (filiforme)

ᓅᑎᒫᐯᒋᓲ **nuutimaapechisuu** vai -i ♦ il/elle est rond-e, arrondi-e (filiforme)

ᓅᑎᒫᐱᔅᑳᐤ **nuutimaapiskaau** vii ♦ c'est arrondi (pierre, métal)

ᓅᑎᒫᐱᔅᒋᓲ **nuutimaapischisuu** vai -i ♦ il/elle est rond-e, arrondi-e (pierre, métal)

ᓅᑎᒫᔅᑯᓐ **nuutimaaskun** vii ♦ c'est rond (long et rigide)

ᓅᑎᒫᔅᑯᓲ **nuutimaaskusuu** vai -i ♦ il/elle est rond-e, arrondi-e (long et rigide)

ᓅᑎᒫᔅᑯᔦᐌᔮᐤ **nuutimaaskuyeweyaau** vii ♦ c'est cylindrique, en forme de cylindre

ᓅᑎᒫᐦᑎᒄ **nuutimaahtikw** na ♦ une bille ronde

ᓅᑎᓀᐤ **nuutineu** vta ♦ il/elle l'attrape à la main (une balle)

ᓅᑎᓇᒻ **nuutinam** vti ♦ il/elle l'attrape avec la main

ᓅᑎᐦᐯᐤ **nuutihpeu** vai ♦ il/elle mange de la cervelle

ᓅᑎᐦᑕᒻ **nuutihtam** vti ♦ il/elle mord quelque chose en mouvement

ᓅᑎᐦᑯᒣᐤ **nuutihkumeu** vai ♦ il/elle épouille, enlève les poux

ᓅᑎᐦᑯᒫᑌᐤ **nuutihkumaateu** vai ♦ il/elle l'épouille, lui enlève ses poux

ᓅᑕᒣᓭᐤ **nuutameseu** vai ♦ il/elle pêche

ᓅᑕᒣᓭᓲ **nuutamesesuu** vai ♦ il est pêcheur, elle est pêcheuse (au filet)

ᓅᑕᒥᔅᑵᐤ **nuutamiskweu** vai ♦ il/elle tue des castors

ᓅᑕᓯᓀᓲ **nuutasinesuu** na -siim ♦ un prospecteur, une prospectrice; un mineur, une mineuse [Intérieur]

ᓅᑕᐦᐄᒉᐤ **nuutahiicheu** vai ♦ il/elle tire sur une cible mobile, une cible en mouvement

ᓅᑕᐦᐊᒻ **nuutaham** vti ♦ il/elle tire sur quelque chose qui bouge

ᓅᑕᐦᐌᐤ **nuutahweu** vta ♦ il/elle lui tire dessus alors qu'elle/il bouge

ᓅᑖᐱᑌᓲ **nuutaapitesuu** na -siim ♦ un ou une hygiéniste dentaire

ᓅᑖᒦᐌᐤ **nuutaamiiweu** vai [Intérieur] ♦ il/elle pêche des poissons en train de frayer

ᓅᑖᔉᐤ **nuutaascheu** vai ♦ il/elle tire sur des oies (outardes)

ᓅᑖᔑᒫᐦᑴᐤ **nuutaashimwaakweu** vai ♦ il/elle tue des huards à gorge rousse

ᓅᑖᐦᑎᑴᑖᐹᓐ **nuutaahtikweutaapaan** ni ♦ un camion forestier, un grumier

ᓅᑖᐦᑎᑴᐤ **nuutaahtikweu** vai ♦ il/elle travaille dans le bois, bûche du bois, fait de la coupe de bois

ᓅᑖᐦᑎᑵᓲ **nuutaahtikwesuu** na -siim ♦ un bûcheron, une bûcheronne, un ouvrier forestier

ᓅᑖᐦᒋᑴᐤ **nuutaahchikweu** vai ♦ il/elle tue des loutres, des phoques

ᓅᑖᐦᒋᔅᑯᐌᐤ **nuutaahchiskuweu** vai ♦ il/elle tue des tétras ou gélinottes à queue fine

ᓅᑯᓂᑎᑯᓲ **nuukunitikusuu** vai -u ♦ sa trace est visible

ᓅᑯᓐ **nuukun** vii ♦ c'est visible

ᓅᑯᓲ **nuukusuu** vai -i ♦ il/elle est visible

ᓅᑯᔒᔥᑐᐌᐤ **nuukushiishtuweu** vta ♦ il/elle se révèle ou se montre à elle/lui, lui apparaît

ᓅᑯᐦᐁᐤ **nuukuheu** vta ♦ il/elle la/le montre, révèle

ᓅᑯᐦᒑᐤ **nuukuhtaau** vai+o ♦ il/elle le révèle, le montre

ᓅᑯᐦᒑᑲᓐ **nuukuhtaakan** ni ♦ un objet ou article en montre, en vitrine, exposé

ᓅᒋᐊᒑᐦᒁᑕᒽ **nuuchiwachishkwaatam** vti ♦ il/elle chasse le rat musqué à cet endroit (un lac, une rivière)

ᓅᒋᐋᔥᑌᓂᒫᑲᓂᔮᐲᐌᓲ **nuuchiwaashtenimaakaniyaapiiwesuu** vai ♦ il est électricien, elle est électricienne

ᓅᒋᐱᑌᐤ **nuuchipiteu** vta [côte] ♦ il/elle l'agrippe, l'attrape en passant

ᓅᒋᐱᑕᒽ **nuuchipitam** vti [côte] ♦ il/elle l'agrippe, l'empoigne, le saisit au passage

ᓅᒋᐹᐦᒑᐤ **nuuchipahtwaau** vai ♦ il/elle court pour l'attraper au vol

ᓅᒋᐹᐴᐦᑎᑯᐌᐤ **nuuchipaaushtikuweu** vai ♦ il/elle passe les rapides

ᓅᒋᑲᒌᐙᑌᐤ **nuuchikachiiwaateu** vta ♦ il/elle nettoie le tuyau de pipe

ᓅᒋᒋᔅᑴᓲ **nuuchichiskwesuu** na -shiish ♦ un busard des marais, un busard St-Martin *Circus cyaneus*

ᓅᒋᒥᔥᑎᑯᐦᔦᐤ **nuuchimishtikuhyeweu** vai ♦ il/elle chasse la "perdrix" (le tétras, la gélinotte)

ᓅᒋᒦᒋᒣᐤ **nuuchimiichimeu** vai ♦ il/elle travaille avec de la nourriture

ᓅᒋᒦᒋᓭᐤ **nuuchimiichiseu** vai ♦ il/elle travaille avec des perles

ᓅᒋᒪᓯᓇᐦᐄᑲᓀᐅᑲᒥᒄ **nuuchimasinahiikaneukamikw** ni ♦ une bibliothèque

ᓅᒋᒪᓯᓇᐦᐄᑲᓀᓲ **nuuchimasinahiikanesuu** na -siim ♦ un ou une bibliothécaire

ᓅᒋᒪᓯᓇᐦᐄᐦᒉᐅᑲᒥᑯᒋᒫᐤ **nuuchimasinahiicheukamikuchimaau** na -maam ♦ un maître de poste, une maîtresse de poste

ᓅᒋᓇᒣᐌᐤ **nuuchinameweu** vai ♦ il/elle attrape des esturgeons

ᓅᒋᓇᒣᐌᓲ **nuuchinamewesuu** vai -i ♦ il est pêcheur d'esturgeon, elle est pêcheuse d'esturgeon

ᓅᒋᔥᑎᒷᐤ **nuuchistimweu** vai ♦ il/elle travaille avec des chiens

ᓅᒋᔥᑯᑐᐌᓰᐤ **nuuchishkutuwesiiu** vai ♦ il/elle surveille les feux de forêt

ᓅᒋᔥᑯᑐᐌᓲ **nuuchishkutuwesuu** na -siim ♦ un-e surveillant-e de feux de forêt

ᓅᒋᔥᑯᑐᐌᓲᒋᒫᐤ **nuuchishkutuwesuuchimaau** na -aam ♦ un-e surveillant-e en chef de feux de forêt

ᓅᒋᔥᑯᔑᐙᑲᓐ **nuuchishkushuwaakan** ni ♦ une faucheuse, une faux

ᓅᒋᐦᔦᐤ **nuuchiheu** vta ♦ il/elle est après elle/lui; il/elle lui court après, s'amuse avec elle/lui

ᓅᒋᐦᐄᓈᐯᐎᐤ **nuuchihiinaapeweu** vai ♦ elle court après les hommes

ᓅᒋᐦᐄᓲ **nuuchihiisuu** vai reflex -u ♦ il/elle se masturbe

ᓅᒋᐦᐄᔅᑫᐌᐤ **nuuchihiiskweweu** vta ♦ il court après les femmes, c'est un coureur de jupons

ᓅᒋᐦᑖᐤ **nuuchihtaau** vai+o ♦ il/elle le poursuit, s'en occupe, s'amuse avec

ᓅᒋᐤ **nuuchiu** vai ♦ il/elle se retient ou s'empêche de tomber en s'agrippant à quelque chose

ᓅᒌᔥᑐᐌᐤ **nuuchiishtuweu** vta ♦ il/elle lui fait la révérence, la/le salue; il/elle se prosterne devant elle/lui pour l'adorer

ᓅᒨᓲ **nuumuusweu** vai ♦ il/elle chasse, poursuit un orignal

ᓅᒻ **nuum** p,lieu ♦ une partie du chemin; un brouillon écrit ■ ᐁᔥᒀ ᓅᒻ ᐊᒍᒐᐦᑖᐦᒄ ♦ *Du moment que tu le portes une partie du chemin.*

ᓅᓈᑕᒽ **nuunaatam** vti ♦ il/elle (un bébé) le suce (le sein)

ᓅᓈᒋᑲᓐ **nuunaachikan** ni ♦ une tétine de biberon, de bouteille de bébé

ᓅᓈᒋᒉᐤ **nuunaachicheu** vai ♦ il/elle suce ou tète (le sein)

ᓅᓈᒣᐤ **nuunaameu** vta ♦ il/elle la/le suce (le sein)

ᓅᓭᒥᔅᒄ **nuusemiskw** na ♦ un castor femelle

ᓅᓭᒨᔓᔥ **nuusemuusush** na dim ♦ une jeune femelle orignal

ᓅᓭᒨᔥ **nuusemuus** na -um [côte] ♦ un orignal femelle

ᓅᓯᒻ **nuusim** nad ♦ mon petit-enfant

ᓅᓱᐙᐸᒣᐤ **nuusuwaapameu** vta ♦ il/elle la/le suit des yeux

ᓅᓱᓀᐃᒉᐤ nuusunehiicheu vai ♦ il/elle suit, poursuit quelqu'un

ᓅᓱᓀᐆᑌᐤ nuusunehuuteu vii ♦ c'est poursuivi (par ex. un bateau)

ᓅᓱᓀᐊᒻ nuusuneham vti ♦ il/elle le pourchasse, le poursuit

ᓅᓱᓀᐌᐤ nuusunehweu vta ♦ il/elle la/le poursuit

ᓅᓲᐌᐸᔥᑯᐌᐤ nuusuuwepashkuweu vta ♦ il/elle lui donne un coup de pied quand elle/il passe (une balle, un ballon)

ᓅᓲᐌᐸᔥᑲᒻ nuusuuwepashkam vti ♦ il/elle lui donne un coup de pied au passage

ᓅᓲᐌᐸᐊᒻ nuusuuwepaham vti ♦ il/elle le frappe à toute volée au passage

ᓅᓲᐙᐸᐦᑕᒻ nuusuuwaapahtam vti ♦ il/elle le suit des yeux

ᓅᓲᐱᑌᐤ nuusuupiteu vta ♦ il/elle la/le tire en arrière quand elle/il passe à côté

ᓅᓲᐸᔨᔥᑐᐌᐤ nuusuupayishtuweu vta ♦ il/elle lui court après pour la/le rattraper

ᓅᓲᐸᔨᔥᑕᒻ nuusuupayishtam vti ♦ il/elle court après quelque chose, le poursuit (pour le rattraper)

ᓅᓲᐸᐦᑕᒻ nuusuupahtam vti ♦ il/elle le tire, le ramène en arrière au passage

ᓅᓲᐹᔅᒋᔥᐌᐤ nuusuupaaschisweu vta ♦ il/elle lui tire dessus quand elle/il s'enfuit, s'envole

ᓅᓲᑌᑊᐚᑌᐤ nuusuutepwaateu vta ♦ il/elle l'appelle

ᓅᓲᑲᒋᔒᐤ nuusuukachishiiu vai ♦ il/elle tire sur l'animal qui s'enfuit ou s'envole

ᓅᔅᒋᓇᒻ nuuschinam vti ♦ il/elle l'allonge, l'agrandit (par ex. un tipi)

ᓅᔐᐋᐦᒋᒄ nuusheaahchikw na [Intérieur] ♦ une loutre femelle *Lutra lutra*; un phoque marin femelle *Phoca vitulina*

ᓅᔐᑎᐦᒄ nuushetihkw na -um ♦ un caribou femelle

ᓅᔐᔥᑎᒼ nuusheshtim na ♦ une chienne

ᓅᔐᔮᐳᔥ nuusheyaapush na ♦ une hase, une lapine

ᓅᔐᔮᐦᒋᒄ nuusheyaahchikw na ♦ une femelle phoque

ᓅᔐᐸᔨᔭᐤ nuushehyeu na -em ♦ une perdrix femelle, un tétras femelle, un lagopède femelle

ᓅᔒᐦᒀᑯᐌᐤ nuushuushkuweu vta ♦ il/elle la/le suit

ᓅᔒᐦᒀᒻ nuushuushkam vti ♦ il/elle le suit

ᓅᔖᓂᑐᑐᐌᐤ nuushaanitutuweu vta ♦ il/elle la/le suce (le sein)

ᓅᔖᓂᑐᑕᒻ nuushaanitutam vti [Côté] ♦ il/elle suce à quelque chose (une bouteille)

ᓅᔖᓂᐊᐤ nuushaaniheu vta ♦ il/elle l'allaite, la/le nourrit au sein

ᓅᔖᓅ nuushaanuu vai ♦ il/elle (un bébé) est allaité-e, nourri-e au sein; il/elle tète le sein

ᓅᔖᓇᐋᐅᓲ nuushaanahaausuu vai -u ♦ elle allaite son bébé, nourrit son bébé au sein

ᓅᔖᓈᑐᑕᒻ nuushaanaatutam vti [Intérieur] ♦ il/elle suce à quelque chose (une bouteille)

ᓅᐦᐊᒻ nuuham vti ♦ il/elle le pourchasse, le poursuit en véhicule

ᓅᐦᑌᐸᔨᐊᐤ nuuhtepayiheu vta ♦ il/elle la/le fait mal; il/elle n'en fait pas assez

ᓅᐦᑌᐸᔨᐦᑖᐤ nuuhtepayihtaau vai+o ♦ il/elle le rate, le manque

ᓅᐦᑌᐸᔫ nuuhtepayuu vai/vii -i ♦ il/elle/ça n'atteint pas; c'est trop court

ᓅᐦᑌᑖᐦᑕᒻ nuuhtetaahtam vti ♦ il/elle manque de souffle, est essoufflé-e

ᓅᐦᑌᑯᐦᒋᓐ nuuhtekuhchin vai ♦ il/elle essaie de traverser à la nage mais n'y arrive pas, n'atteint pas l'autre rive

ᓅᐦᑌᑳᒣᐸᔫ nuuhtekaamepayuu vai ♦ il/elle essaie de sauter par-dessus un petit ruisseau mais n'y arrive pas

ᓅᐦᑌᒋᒣᐤ nuuhtechimeu vai ♦ il/elle ne se rend pas, manque son coup, n'y arrive pas, ne l'atteint pas (en pagayant, en nageant)

ᓅᐦᑌᓲ nuuhtesuu vai -i ♦ il/elle est maladroit-e, gauche

ᓅᐦᑌᔑᓐ nuuhteshin vai ♦ il/elle ne l'atteint pas, le manque, n'y arrive pas; il/elle manque de force

ᓅᐦᑌᔅᑯᐧᐁᐤ **nuuhteshkuweu** vta [Intérieur] ♦ il/elle s'arrête juste avant l'endroit où elle/il se trouve

ᓅᐦᑌᔥᑲᒼ **nuuhteshkam** vti [Intérieur] ♦ il/elle arrête avant quelque chose

ᓅᐦᑌᔦᔨᐦᑕᒼ **nuuhteyeyihtam** vti ♦ il/elle pense qu'il n'y en a pas assez, qu'il en manque ▪ ᓅᐦᑌᔦᔨᐦᑕᒼ ᐁᔥᑲᒼ ᐊᔮᐨ ᒦᒋᒥ. ▪ *Elle pense qu'il n'y a pas assez de nourriture.*

ᓅᐦᑌᔮᐹᒀᐧᐁᐤ **nuuhteyaapaakweu** vai ♦ il/elle est assoiffé-e, a soif avant d'arriver à destination

ᓅᐦᑌᔮᐹᒀᐋᑐᑕᒼ **nuuhteyaapaakwaatutam** vti ♦ il/elle a soif de quelque chose

ᓅᐦᑌᐦᐊᒼ **nuuhteham** vti ♦ il/elle tire devant quelque chose, n'atteint pas quelque chose en tirant

ᓅᐦᑌᐦᐧᐁᐤ **nuuhtehweu** vta ♦ il/elle ne tire pas assez loin pour la/le toucher

ᓅᐦᑌᐦᑲᑌᐤ **nuuhtehkateu** vai ♦ il/elle a faim, est affamé-e

ᓅᐦᑌᐦᑲᑌᑐᐧᐁᐤ **nuuhtehkatetuweu** vta ♦ il/elle a faim de quelque chose, désire manger quelque chose (d'animé)

ᓅᐦᑌᐦᑲᑌᑕᒼ **nuuhtehkatetam** vti ♦ il/elle a faim de quelque chose, en a envie

ᓅᐦᑖ **nuuhtaa** nad voc ♦ papa!

ᓅᐦᑖᐐ **nuuhtaawii** nad ♦ mon père

ᓅᐦᑖᐐᔑᐸᓐᐦ **nuuhtaawiishipanh** nad ♦ mon défunt père, feu mon père (ancien terme)

ᓅᐦᑖᐳᐧᐁᐤ **nuuhtaapuweu** vai ♦ il/elle plonge une cuillère de bois ou une tasse dans le bouillon pour l'écumer

ᓅᐦᑖᐳᐋᓐ **nuuhtaapuwaan** ni ♦ une tasse pour écumer le bouillon

ᓅᐦᑖᐳᓂᔔ **nuuhtaapunishuu** vai-i ♦ il/elle est pris là par l'arrivée de l'hiver, après son départ

ᓅᐦᑖᑯᓐ **nuuhtaakun** vii ♦ ça fait un bruit

ᓅᐦᑖᑯᓲ **nuuhtaakusuu** vai-i ♦ il/elle fait un bruit

ᓅᐦᑖᑯᐦᐁᐤ **nuuhtaakuheu** vta ♦ il/elle lui fait faire un bruit

ᓅᐦᑖᑯᐦᑖᐤ **nuuhtaakuhtaau** vai+o ♦ il/elle lui fait faire un bruit

ᓅᐦᑖᓯᒨ **nuuhtaasimuu** vai-u ♦ il/elle ne boit pas assez; il/elle manque de liquide à boire ▪ ᑭ ᓅᐦᑖᓯᒧᒃ ▪ *Elle n'a pas eu assez à boire.*

ᓅᐦᑖᔅᐴ **nuuhtaaspuu** vai-u ♦ il/elle n'a pas assez à manger (de très bonne nourriture); il/elle désire plus de nourriture ▪ ᑭ ᓅᐦᑖᔅᐴᒃ ▪ *Il n'a pas eu assez à manger.*

ᓅᐦᑖᔥ **nuuhtaash** p,temps [Intérieur] ♦ avant, pas assez, manquant, moins de, sauf, en dessous de ▪ ᐊᐧᓈᔥ ᓅᐦᑖᔥ ᑕᑯ ᐊᔨᒑᓂ ᐊᑯ ᐊᐧᐋᔑᒻ. ▪ *Cette femme pourrait avoir son bébé avant le temps.*

ᓅᐦᑖᔥᑯᐧᐁᐤ **nuuhtaashkuweu** vta [Côte] ♦ il/elle s'arrête juste avant l'endroit où elle/il se trouve

ᓅᐦᑖᔥᑯᔫ **nuuhtaashkuyuu** vai-yi ♦ il/elle n'a pas eu une portion suffisante (de très bonne nourriture) ▪ ᑭ ᓅᐦᑖᔥᑯᔫᒃ ▪ *Elle n'a pas eu assez à manger.*

ᓅᐦᑖᔥᑲᒼ **nuuhtaashkam** vti [Côte] ♦ il/elle s'arrête juste avant

ᓅᐦᑖᐦᐊᒼ **nuuhtaaham** vti [Côte] ♦ il/elle en manque (par ex. pas assez d'argent pour payer)

ᓅᐦᑦ **nuuht** p,manière ♦ pas assez, à court, en moins, moins de, sauf, en dessous de, pas loin de, presque; incomplet, incomplète ▪ ᓅᐦᑦ ᑭ ᐸᓯᒋᑳᓅ ᐊᓂ ᒣᔅᑲᓄ ᑲ ᐅᔥᒋᑳᑌᒃ. ▪ *Le chemin en construction est resté incomplet.*

ᓅᐦᑯᒥᐸᓐᐦ **nuuhkumipanh** nad ♦ ma défunte grand-mère, feu ma grand-mère (ancien terme)

ᓅᐦᑯᒥᔅ **nuuhkumis** nad ♦ mon oncle (relation du même sexe que celui de mon parent- le frère de mon père, le mari de la soeur de ma mère), mon beau-père (le mari de ma mère)

ᓅᐦᑯᒻ **nuuhkum** nad ♦ ma grand-mère

ᓅᐦᑳᑌᐤ **nuuhkwaateu** vta ♦ il/elle (un chien) la/le lèche

ᓅᐦᑳᑕᒼ **nuuhkwaatam** vti ♦ il (un chien) le lèche

ᓅᐦᒀᒋᒉᐤ **nuuhkwaachicheu** vai ♦ il (un chien) lèche des choses

ᓅᐦᒋᒦᐃᐄᓅ nuuhchimiiuiinuu na -niim
[Intérieur] ♦ un chasseur, une
chasseuse de l'Intérieur; un trappeur,
une trappeuse de l'Intérieur; un
piégeur, une piégeuse de l'Intérieur,
une personne de l'Intérieur

ᓅᐦᒋᒦᐃᐄᔨᔫ nuuhchimiiuiiyiyuu na -yiim
[Côte] ♦ un chasseur, une chasseuse
de l'Intérieur; un trappeur, une
trappeuse de l'Intérieur; un piégeur,
une piégeuse de l'Intérieur, une
personne de l'Intérieur

ᓅᐦᒋᒦᐃᐅᐱᔐᓲ nuuhchimiiupiyesuu na -shiish ♦ un oiseau de l'Intérieur

ᓅᐦᒋᒦᐃᐅᑖᐦᒡ nuuhchimiiutaahch p,lieu
♦ vers l'intérieur des terres, vers le
bois ou la forêt

ᓅᐦᒋᒦᐃᐅᒫᑯᓐ nuuhchimiiumaakun vii
♦ ça sent le bois

ᓅᐦᒋᒦᐃᐅᒫᑯᓱ nuuhchimiiumaakusuu vai-i
♦ il/elle sent la forêt, le bois

ᓅᐦᒋᒦᐃᐅᓂᑐᐦᑯᔨᓐ nuuhchimiiunituhkuyin ni -im ♦ un
médicament naturel, la médecine
traditionnelle, la médecine de brousse

ᓅᐦᒋᒦᐃᐅᓇᒣᔅ nuuhchimiiunames na -im
♦ un poisson de l'Intérieur, d'eau
douce

ᓅᐦᒋᒦᐃᐅᓈᑯᓐ nuuhchimiiunaakun vii
♦ ça ressemble à quelque chose qui vient du bois, de l'Intérieur

ᓅᐦᒋᒦᐃᐅᓈᑯᓱ nuuhchimiiunaakusuu vai-i
♦ il/elle ressemble à quelqu'un de l'Intérieur, du bois

ᓅᐦᒋᒦᐃᔅᑴᐤ nuuhchimiiskweu na -em
♦ une femme de l'Intérieur

ᓅᐦᒋᒦᐦᒡ nuuhchimiihch p,lieu ♦ dans le bois, dans la forêt, à l'intérieur des terres

ᓅᐦᒋᔅᑯᐌᐤ nuuhchiskuweu vta ♦ il/elle devient trop grand-e pour quelque chose (par ex. un pantalon)

ᓅᐦᒋᔥᑲᒻ nuuhchishkam vti ♦ il/elle devient trop grand-e pour quelque chose

ᓇ

ᓇᐅᒋᐱᑌᐤ nauchipiteu vta [Intérieur]
♦ il/elle l'attrape, l'agrippe en passant

ᓇᐅᒋᐸᑕᒼ nauchipitam vti [Intérieur]
♦ il/elle l'attrape, l'agrippe, le saisit au passage

ᓇᐌᐎᐤ nawewiiu vai ♦ il/elle se penche ou se courbe en avant

ᓇᐌᐳ nawepuu vai -i ♦ il/elle est assise courbée, penchée en avant

ᓇᐌᐸᔨᐦᐆ nawepayihuu vai-u ♦ il/elle se penche, se courbe en avant

ᓇᐌᐸᔪ nawepayuu vai/vii -i ♦ il/elle/ça oscille, se balance, se penche en avant

ᓇᐌᐸᐦᑖᐤ nawepahtaau vai ♦ il/elle court penché-e ou courbé-e en avant

ᓇᐌᑯᑌᐤ nawekuteu vii ♦ ça pend en avant; c'est incliné vers l'avant

ᓇᐌᑯᒋᓐ nawekuchin vai ♦ il/elle pend incliné-e ou penché-e en avant

ᓇᐌᑳᐴ nawekaapuu vai-uu ♦ il/elle est debout penché-e ou courbée en avant

ᓇᐌᑳᐴᐦᐁᐤ nawekaapuuheu vta
♦ il/elle la/le dresse en position inclinée en avant

ᓇᐌᑳᐴᐦᑖᐤ nawekaapuuhtaau vai+o
♦ il/elle le met ou le pose debout penché ou courbé en avant

ᓇᐌᒧᐦᑖᐤ nawemuhtaau vai+o ♦ il/elle le pose ou le met debout en position inclinée ou courbée

ᓇᐌᓯᑯᓱ nawesikusuu vai-i ♦ elle (la glace) est penchée

ᓇᐌᔅᑴᔪ naweskweyuu vai-i ♦ il/elle penche la tête en avant

ᓇᐌᔑᓐ naweshin vai ♦ il/elle est ployé-e ou courbé-e en avant

ᓇᐌᔮᑯᓀᐤ naweyaakuneu na ♦ un petit arbre plié ou ployé sous le poids de la neige

ᓇᐌᔮᑲᒧᐃ naweyaakamui na ♦ un arbre plié ou ployé sous le poids de la neige

ᓇᐌᔮᔅᑯᒧᐦᑖᐤ naweyaaskumuhtaau vai+o
♦ il/elle la pose ou plante (perche) courbée ou penchée en avant

ᓇᐯᔅᑯᒨ **naweyaaskumuu** vii -u ♦ c'est installé ou posé courbé vers l'avant

ᓇᐯᔅᑯᓀᐤ **naweyaaskuneu** vta
 ♦ il/elle la/le tient en position penchée, inclinée en avant

ᓇᐯᔅᑯᓇᒻ **naweyaaskunam** vti
 ♦ il/elle le tient penché ou incliné en avant

ᓇᐯᔅᑯᔑᓐ **naweyaaskushin** vai ♦ il (un arbre) est courbé, penché

ᓇᐯᔅᑯᐊᒻ **naweyaaskuham** vti
 ♦ il/elle le tient penché ou incliné en avant avec quelque chose

ᓇᐯᔅᑯᐊᐌᐤ **naweyaaskuhweu** vta
 ♦ il/elle la/le tient en position inclinée en utilisant un outil, un instrument

ᓇᐯᔅᑯᐊᑎᓐ **naweyaaskuhtin** vii ♦ c'est debout penché en avant (une perche)

ᓇᐯᔑᐤ **naweyaashuu** vai -i ♦ il (un arbre) est courbé, plié par le vent

ᓇᐯᔥᑯᔑᓐ **naweyaashkushin** vai
 ♦ il/elle est debout incliné-e en avant (long et rigide)

ᓇᐌᐦᑌᐤ **nawehteu** vai ♦ il/elle marche courbé-e ou penché-e en avant

ᓇᐯᑦ **napet** p,temps ♦ expression signifiant qu'un événement survient à un mauvais moment ▪ ᓇᐯᑦ ᓛ ᐱᔐᑦᒃ ᓅᔥ ᐁᑳ ᓂᐋᐸᒋᐦᒃ ▪ *Malheureusement, il l'a apporté quand je n'en avais plus besoin.*

ᓇᐯᑲᔥᑌᐤ **napekashteu** vii ♦ c'est placé plié en deux

ᓇᐯᑲᔥᑖᐤ **napekashtaau** vai+o ♦ il/elle le place, le pose plié en deux ou replié (étalé)

ᓇᐯᑲᐁᐤ **napekaheu** vta ♦ il/elle la/le pose plié-e en deux (étalé)

ᓇᐯᑲᐊᒻ **napekaham** vti ♦ il/elle le bat, le frappe plié en deux (étalé)

ᓇᐯᑲᐊᐌᐤ **napekahweu** vta ♦ il/elle la/le frappe alors que c'est plié en deux (étalé)

ᓇᐯᒋᐸᔫ **napechipayuu** vai/vii -i
 ♦ il/elle/ça se replie, se plie en deux

ᓇᐯᒋᑯᑌᐤ **napechikuteu** vii ♦ ça pend plié en deux

ᓇᐯᒋᑯᑖᐤ **napechikutaau** vai+o ♦ il/elle le suspend plié en deux, replié

ᓇᐯᒋᑯᒋᓐ **napechikuchin** vai ♦ il/elle est suspendu-e plié-e en deux, replié-e

ᓇᐯᒋᑯᔦᐤ **napechikuyeu** vta ♦ il/elle la/le suspend plié-e en deux

ᓇᐯᒋᑲᐴ **napechikapuu** vai -i ♦ il/elle est placé-e, plié-e en deux

ᓇᐯᒋᓀᐤ **napechineu** vta ♦ il/elle la/le plie en deux (étalé)

ᓇᐯᒋᓇᒻ **napechinam** vti ♦ il/elle le replie, le plie en deux (étalé)

ᓇᐯᒋᔧ **napechishweu** vta ♦ il/elle la/le coupe plié-e en deux

ᓇᐯᒋᔑᒥᐤ **napechishimeu** vta ♦ il/elle la/le replie

ᓇᐯᒋᔕᒻ **napechisham** vti ♦ il/elle le coupe replié, plié en deux

ᓇᐯᒋᔥᑕᐊᒻ **napechishtaham** vti
 ♦ il/elle le coud replié, plié en deux

ᓇᐯᒋᔥᑕᐊᐌᐤ **napechishtahweu** vta
 ♦ il/elle la/le coud plié-e en deux

ᓇᐳᑲᔥᑕᐦᑕᑯᓀᐊᐌᐤ **napukastahtakunehweu** vta [Côté]
 ♦ il/elle lui casse les deux ailes avec quelque chose

ᓇᐳᑲᔑᐦᑕᐦᑕᑯᓀᐊᐌᐤ **napukaschihtahtakunehweu** vta [Intérieur] ♦ il/elle lui casse les deux ailes avec quelque chose

ᓇᐳᑳᑌᐱᑌᐤ **napukaatehpiteu** vta
 ♦ il/elle lui attache les pattes ensemble, l'attrape par les pattes dans le collet (par ex. un lièvre)

ᓇᐳᓀᐤ **napuneu** vta ♦ il/elle la/le plie en deux

ᓇᐳᓇᒻ **napunam** vti ♦ il/elle le plie en deux, le replie

ᓇᐸᑌ **napate** p,lieu ♦ d'un côté, sur un côté

ᓇᐸᑌᐱᑐᓀᐤ **napatepituneu** vai ♦ il/elle n'a qu'un bras

ᓇᐸᑌᐳᑖᐤ **napateputaau** vai+o ♦ il/elle le lime ou le scie d'un côté

ᓇᐸᑌᐳᔦᐤ **napatepuyeu** vai ♦ il/elle le lime ou le scie d'un côté

ᓇᐸᑌᑎᐦᒉᐤ **napatetihcheu** vai ♦ il/elle n'a qu'une main

ᓇᐸᑌᑎᐦᒉᐴ **napatetihchepuu** vai
 ♦ il/elle mange d'une seule main

ᓇᐸᑌᑖᓭᐤ **napatetaaseu** vai ♦ il/elle n'a qu'un bas, ne porte qu'un seul bas (Canada) ou une seule chaussette (Europe)

ᓇᐸᑌᑯᑌᐤ **napatekuteu** vii ♦ ça pend d'un côté

ᓇᐸᑌᑳᑌᐤ **napatekaateu** vai ♦ il/elle n'a qu'une jambe

ᓇᐸᑌᑳᒻ **napatekaam** p,lieu ♦ d'un côté du tipi, du lac, de la rivière

ᓇᐸᑌᒑᑉᐤ **napatechaapuu** vai [Côte] ♦ il/elle n'a qu'un oeil

ᓇᐸᑌᒣᐤ **napatemeu** vai ♦ il/elle en mange un côté, une moitié (par ex. oie, banique)

ᓇᐸᑌᓲ **napatesuu** p,quantité ♦ la moitié, demi, demie (animé, par ex. lune, banique), un-e d'une paire (par ex. raquettes) ▪ ᓅᒡ ᓇᐸᑌᔅ ᑎᐱᔅᑳᐱᓯᒻᐤ ❖ ᓇᐸᑌᔅ ᓂᒋᔅᑖᓐ ▪ *C'est la demi-lune maintenant.* ♦ *Je n'ai qu'une seule de mes deux raquettes, je n'ai qu'une seule raquette.*

ᓇᐸᑌᔅᑲᓅ **napateskanuu** p,lieu ♦ un côté de la route ou du chemin

ᓇᐸᑌᔅᒋᓭᐤ **napateschiseu** vai ♦ il/elle n'a qu'une mitaine, ne porte qu'une seule mitaine

ᓇᐸᑌᔅᒋᓯᓀᐤ **napateschisineu** vai ♦ il/elle n'a qu'un soulier, ne porte qu'un seul soulier

ᓇᐸᑌᔥᑲᓀᐤ **napateshkaneu** vai [Côte] ♦ il a un seul bois; il a des bois d'un seul côté

ᓇᐸᑌᔩᒋᓲ **napateyechisuu** vai-u ♦ c'est un côté, la moitié d'une peau

ᓇᐸᑌᔫᐌᔔᐤ **napateyuweshweu** vta ♦ il/elle en coupe un côté (par ex. une oie, un animal)

ᓇᐸᑌᔫᐌᔑᑲᓐ **napateyuweshikan** ni ♦ un côté coupé d'une oie, une moitié coupée d'un animal

ᓇᐸᑌᔫ **napateyuu** p,lieu ♦ d'un côté du corps (humain ou animal)

ᓇᐸᑌᔮᐤ **napateyaau** vii ♦ c'est la moitié, un d'une paire (par ex. un soulier)

ᓇᐸᑌᔮᐳᐤ **napateyaapuu** vai-i [Intérieur] ♦ il/elle n'a qu'un oeil; il/elle est borgne

ᓇᐸᑌᔮᐹᐤᐌᐤ **napateyaapaauweu** vai ♦ il/elle est mouillé-e, trempé-e ou humide d'un côté

ᓇᐸᑌᔮᐹᐅᑖᐤ **napateyaapaautaau** vai+o ♦ il/elle le mouille ou le trempe d'un côté

ᓇᐸᑌᔮᐺᐌᐤ **napateyaapwaaweu** vai ♦ il/elle est mouillé-e, trempé-e ou humide d'un côté

ᓇᐸᑌᔮᐺᑖᐤ **napateyaapwaataau** vai+o ♦ il/elle le mouille ou le trempe d'un côté

ᓇᐸᑌᔮᑯᓀᐤ **napateyaakuneu** vai ♦ il/elle (par ex. un arbre) a un côté enneigé ou couvert de neige

ᓇᐸᑌᔮᔔ **napateyaashuu** vai-i ♦ il/elle vogue ou navigue d'un côté; la moitié s'envole au vent

ᓇᐸᑌᔮᔥᑎᓐ **napateyaashtin** vii ♦ ça vogue d'un côté; la moitié est partie au vent

ᓇᐸᑌᔮᔥᑰᑌᐤ **napateyaashkuuteu** vai [Waswanipi] ♦ il n'a qu'un bois, il a des bois d'un seul côté

ᓇᐸᑌᔮᐦᑲᑎᓲ **napateyaahkatisuu** vai ♦ il/elle sèche d'un côté (par ex. une peau)

ᓇᐸᑌᔮᐦᑲᑐᑌᐤ **napateyaahkatuteu** vii ♦ ça sèche d'un côté (par ex. de la viande séchée)

ᓇᐸᑌᔮᐦᑲᓲ **napateyaahkasuu** vai-u ♦ il/elle est à moitié brûlé-e ou calciné-e, brûlé-e d'un côté

ᓇᐸᑌᔮᐦᑲᐦᑌᐤ **napateyaahkahteu** vii ♦ c'est à moitié brûlé, brûlé d'un côté

ᓇᐸᑌᐦᐊᒫᐤ **napatehamaau** vai ♦ il/elle a les cheveux coupés d'un côté

ᓇᐸᑲᒋᓲ **napakachisuu** na -siim ♦ une laquaiche argentée, une laquaiche aux yeux d'or *Hiodon sp.*

ᓇᐸᑲᐦᐊᒻ **napakaham** vti ♦ il/elle l'aplatit (par ex. une boîte) avec quelque chose

ᓇᐸᑲᐦᐌᐤ **napakahweu** vta ♦ il/elle l'aplatit avec quelque chose (par ex. la banique)

ᓇᐸᑳᐤ **napakaau** vii ♦ c'est plat

ᓇᐸᑳᐱᔅᑳᐤ **napakaapiskaau** vii ♦ c'est plat (pierre, métal)

ᓇᐸᑳᐱᔅᑳᔫ **napakaapiskaashuu** vii dim -i ♦ c'est une petite pierre plate

ᓇᐹᑲᐱᔅᐲᑖᐤ **napakaapischiputaau** vai+o ♦ il/elle le lime ou le scie bien lisse ou plat (pierre, métal)

ᓇᐹᑲᐱᔅᕈ **napakaapischisuu** vai -i ♦ il/elle est plat-e, lisse (pierre, métal)

ᓇᐹᐱ"ᑲᑕᒼ **napakaapihkaatam** vti ♦ il/elle l'attache à plat avec une corde

ᓇᐹᔅᑯᓇ **napakaaskun** vii ♦ c'est plat (long et rigide)

ᓇᐹᔅᑯᓱ **napakaaskusuu** vai -i ♦ il/elle est plat-e, lisse (long et rigide)

ᓇᐹᔅᑯᑖᐤ **napakaaskuhtaau** vai+o ♦ il/elle le taille, découpe ou sculpte bien plat ou lisse

ᓇᐹᑳᑎᒃ **napakaahtikw** na ♦ une planche

ᓇᐸᒋᐳᑖᐤ **napachiputaau** vai+o ♦ il/elle le lime, le scie bien plat

ᓇᐸᒋᐳᔫ **napachipuyeu** vai ♦ il/elle le lime, le scie bien plat (par ex. une cuillère)

ᓇᐸᒋᑯᑌᐤ **napachikuteu** vai ♦ il/elle a un nez plat

ᓇᐸᒋᑲᐦᐊᒼ **napachikaham** vti ♦ il/elle le fend à plat

ᓇᐸᒋᑲᐦᐌᐤ **napachikahweu** vta ♦ il/elle la/le coupe à plat

ᓇᐸᒋᓀᐤ **napachineu** vta ♦ il/elle l'aplatit de la main

ᓇᐸᒋᓇᒼ **napachinam** vti ♦ il/elle l'aplatit à la main

ᓇᐸᒋᓱ **napachisuu** vai -i ♦ il/elle est plat-e

ᓇᐸᒋᐦᐁᐤ **napachiheu** vta ♦ il/elle l'aplatit

ᓇᐸᒋᐦᑕᑯᐦᑲᐦᑕᒼ **napachihtakuhkahtam** vti ♦ il/elle fait un plancher pour quelque chose

ᓇᐸᒋᐦᑕᑯ **napachihtakuu** vii -u ♦ ça a un plancher de bois

ᓇᐸᒋᐦᑕᒄ **napachihtakw** na -um ♦ une planche de bois

ᓇᐸᒋᐦᑖᐤ **napachihtaau** vai+o ♦ il/elle l'aplatit, le fait plat

ᓇᐸᒋᐦᑖᐹᓈᔅᒄ **napachihtaapaanaaskw** na ♦ un toboggan ou traîneau plat

ᓇᐸᒋᐦᑯᑌᐤ **napachihkuteu** vta ♦ il/elle la/le taille à plat avec un couteau croche

ᓇᐸᒋᐦᑯᑌᐤ **napachihkuteu** vai ♦ il/elle taille, découpe ou sculpte quelque chose de plat avec un couteau croche

ᓇᐸᒋᐦᑯᑕᒼ **napachihkutam** vti ♦ il/elle le taille plat avec un couteau croche

ᓇᐻᐱᐦᑳᑌᐤ **napwaapihkaateu** vta ♦ il/elle l'attache plié-e en deux

ᓇᐻᐱᐦᑳᑕᒼ **napwaapihkaatam** vti ♦ il/elle l'attache replié, plié en deux

ᓇᐻᐱᐦᒉᐱᑌᐤ **napwaapihchepiteu** vta ♦ il/elle la/le tire en double, plie en deux, replie (filiforme)

ᓇᐻᐱᐦᒉᐱᑕᒼ **napwaapihchepitam** vti ♦ il/elle le tire en double, le replie, le plie en deux (filiforme)

ᓇᐻᐱᐦᒉᓀᐤ **napwaapihcheneu** vta ♦ il/elle la/le plie en deux (filiforme)

ᓇᐻᐱᐦᒉᓇᒼ **napwaapihchenam** vti ♦ il/elle le replie, le plie en deux (filiforme)

ᓇᐻᔅᑯᐦᐊᒼ **napwaaskuham** vti ♦ il/elle l'épingle replié, plié en deux

ᓇᐻᔅᑯᐦᐌᐤ **napwaaskuhweu** vta ♦ il/elle l'épingle alors que c'est plié en deux

ᓇᑲᑌᐤ **nakateu** vta ♦ il/elle l'abandonne, la/le laisse derrière

ᓇᑲᑕᒧᐌᐤ **nakatamuweu** vta ♦ il/elle la/le laisse derrière avec ou pour elle/lui

ᓇᑲᑕᒼ **nakatam** vti ♦ il/elle l'abandonne, le laisse derrière, le délaisse, le quitte; il/elle y renonce

ᓇᑲᑕᐦᐆᐌᐤ **nakatahuuweu** vta ♦ il/elle laisse des gens derrière

ᓇᑲᑕᐦᐊᒧᐌᐤ **nakatahamuweu** vta ♦ il/elle la/le laisse derrière pour elle/lui en véhicule

ᓇᑲᑕᐦᐊᒼ **nakataham** vti ♦ il/elle le laisse (en véhicule)

ᓇᑲᑕᐦᐌᐤ **nakatahweu** vta ♦ il/elle la/le laisse en véhicule

ᓇᑲᒋᐱᒋᐦᔫᐌᐤ **nakachipichiishtuweu** vta ♦ il/elle la/le laisse derrière pour passer l'hiver ailleurs

ᓇᑲᔨᒥᐦᐁᐅ nakayamiheu vta ◆ il/elle est la seule personne à pouvoir faire fonctionner quelque chose, manoeuvrer une machine

ᓇᑲᔨᒥᐦᑖᐤ nakayamihtaau vai+o ◆ il/elle est la seule personne capable de faire fonctionner une certaine chose, une machine

ᓇᑲᔮᐎᐤ nakayaawiiu vai ◆ il/elle est habitué-e, a l'habitude

ᓇᑲᔮᔨᒣᐅ nakayaayeyimeu vta ◆ il/elle est habitué-e à elle/lui

ᓇᑲᔮᔨᐦᑕᒻ nakayaayeyihtam vti ◆ il/elle est habitué-e à quelque chose

ᓇᑲᐦᐅᑐᐃᒡ nakahutuwich vai pl recip -u ◆ ils/elles se rencontrent en passant en véhicule

ᓇᑲᐦᐅᑑᒫᑲᓐᐦ nakahutuumakanh vii pl ◆ des choses se rapprochent pour se rejoindre

ᓇᑲᐦᐊᒻ nakaham vti ◆ il/elle le rencontre en conduisant; il/elle utilise une pagaie pour tenir le canot à l'écart des rochers; il/elle freine, appuie sur les freins

ᓇᑲᐦᐌᐤ nakahweu vta ◆ il/elle la/le rencontre sur son chemin, en conduisant

ᓇᑳᐌᐱᓀᐤ nakaawepineu vta ◆ il/elle la/le jette derrière (d'où il/elle vient)

ᓇᑳᐎᐤ nakaawiiu vai ◆ il/elle arrête de marcher; il/elle remet à plus tard ce qu'il/elle voulait faire; il/elle reporte le déplacement prévu

ᓇᑳᐚᔥᑕᐦᐊᒧᐌᐤ nakaawaashtahamuweu vta ◆ il/elle lui signale, fait signe d'arrêter avec la main

ᓇᑳᐚᔥᑕᐦᐊᒻ nakaawaashtaham vti ◆ il/elle lui signale, lui fait signe d'arrêter avec la main

ᓇᑳᐯᐦᐊᓂᐸᔫ nakaapehanipayuu vii -i ◆ le vent tourne soudainement à l'Ouest

ᓇᑳᐯᐦᐊᓂᒡ nakaapehanihch p,lieu ◆ du côté ouest, à l'ouest

ᓇᑳᐯᐦᐊᓅᑖᐦᒡ nakaapehanuutaahch p,lieu ◆ c'est le côté ouest, c'est l'ouest

ᓇᑳᐯᐦᐊᓐ nakaapehan vii ◆ c'est un vent de l'Ouest

ᓇᑳᐱᑌᐤ nakaapiteu vta ◆ il/elle la/le tire et retient en passant

ᓇᑳᐱᑕᒻ nakaapitam vti ◆ il/elle le tire et le retient au passage

ᓇᑳᐱᐦᑳᑌᐤ nakaapihkaateu vta ◆ il/elle l'arrête, la/le retient en l'attachant

ᓇᑳᐱᐦᑳᑕᒻ nakaapihkaatam vti ◆ il/elle l'arrête, le retient en l'attachant

ᓇᑳᐸᔨᐦᐁᐤ nakaapayiheu vta ◆ il/elle l'arrête dans son mouvement

ᓇᑳᐸᔨᐦᑖᐤ nakaapayihtaau vai+o ◆ il/elle l'arrête en plein mouvement

ᓇᑳᐸᔫ nakaapayuu vai/vii -i ◆ il/elle s'arrête tout-e seul-e; ça s'arrête, s'immobilise tout seul

ᓇᑳᓀᐤ nakaaneu vta ◆ il/elle arrête ses mouvements de la main, en étant devant

ᓇᑳᓇᒻ nakaanam vti ◆ il/elle arrête ses mouvements avec ses mains devant

ᓇᑳᔥᑯᐌᐤ nakaashkuweu vta ◆ il/elle lui bloque le chemin avec son corps, par exprès

ᓇᑳᔥᑲᒻ nakaashkam vti ◆ il/elle fait exprès de le bloquer avec son corps

ᓇᑳᔮᐱᐦᒉᓀᐤ nakaayaapihcheneu vta ◆ il/elle l'arrête avec la main (filiforme)

ᓇᑳᔮᑯᓀᔑᒣᐤ nakaayaakuneshimeu vta ◆ il/elle l'arrête, l'immobilise en la/le traînant dans la neige

ᓇᑳᔮᑯᓀᔑᒨ nakaayaakuneshimuu vai -u ◆ il/elle arrête quelque chose en se traînant dans la neige

ᓇᑳᔮᑯᓀᔑᓐ nakaayaakuneshin vai ◆ il/elle est freiné-e, retenu-e par la neige

ᓇᑳᔮᑯᓀᐦᐊᒻ nakaayaakuneham vti ◆ il/elle l'arrête en le calant avec la neige, en tassant de la neige contre

ᓇᑳᔮᑯᓀᐦᐌᐤ nakaayaakunehweu vta ◆ il/elle l'arrête, l'immobilise avec de la neige

ᓇᑳᔮᑯᓀᐦᑎᓐ nakaayaakunehtin vii ◆ c'est retenu en traînant dans la neige

ᓇᑳᔮᑯᓀᐦᑕᑖᐤ nakaayaakunehtataau vai+o ◆ il/elle le fait arrêter en freinant dans la neige

ᓇᑳᔮᔅᑯᔨᓐ nakaayaaskushin vai ♦ il/elle est freiné-e, retenu-e par un objet long et rigide

ᓇᑳᔮᔅᑯᐦᐊᒼ nakaayaaskuham vti ♦ il/elle le retient en mettant un objet long et rigide contre

ᓇᑳᔮᔅᑯᐦᐌᐤ nakaayaaskuhweu vta ♦ il/elle la/le retient avec un objet long et rigide

ᓇᑳᔮᔅᑯᐦᑎᓐ nakaayaaskuhtin vii ♦ c'est entravé, retenu par quelque chose de long et rigide

ᓇᑳᔮᔓ nakaayaashuu vai-i ♦ il/elle est repoussé-e, retenu-e par le vent

ᓇᑳᔮᔥᑎᓐ nakaayaashtin vii ♦ c'est entravé, retenu par le vent

ᓇᑳᐦᐄᑲᓐ nakaahiikan ni ♦ une fascine, une bourdigue, un barrage pour prendre du poisson

ᓇᑳᐦᐊᒼ nakaaham vti [Intérieur] ♦ il/elle refuse l'offre, rejette l'offre de quelque chose; il/elle le bloque (par ex. un déversement), le retient, l'arrête avec un instrument, en mettant quelque chose contre

ᓇᑳᐦᐌᐤ nakaahweu vta ♦ il/elle l'arrête, l'immobilise (en mettant quelque chose contre elle/lui)

ᓇᑳᐦᑌᐤ nakaahteu vai ♦ il/elle s'arrête de marcher, s'immobilise

ᓇᒂᑌᐤ nakwaateu vta ♦ il/elle la/le prend au collet; c'est pris au collet

ᓇᒂᑎᓱ nakwaatisuu vai reflex -u ♦ il se prend au collet, s'étrangle tout seul; elle se prend au collet, s'étrangle toute seule

ᓇᒂᑕᒫᐤ nakwaatamaau vai ♦ il/elle attrape ou prend beaucoup de lièvres au collet

ᓇᒂᑕᐅᑖᐤ nakwaatahuutaau vai+o ♦ il/elle l'attrape avec un collet au bout d'une longue perche

ᓇᒂᑕᐅᔦᐤ nakwaatahuuyeu vta ♦ il/elle la/le prend avec un collet sur une perche (par ex. un tétras, une perdrix)

ᓇᒂᑕᐅᔮᐱᐦᒉᓇᒼ nakwaatahuuyaapihchenam vti ♦ il/elle en fait un noeud coulant (filiforme) pour un collet

ᓇᒂᑖᐦᐊᒼ nakwaataham vti ♦ il/elle l'attrape dans un collet; il/elle l'attrape au collet (un collet posé sur une perche que la personne tient à la main)

ᓇᒂᑖᑲᓐ nakwaataakan na ♦ un animal attrapé au collet

ᓇᒁᑲᓂᔮᐱ nakwaakaniyaapii ni -m [Intérieur] ♦ du filin ou de la broche à collet

ᓇᒁᑲᓂᐦᑯᐌᐤ nakwaakanihkuweu vta ♦ il/elle pose un collet pour une autre personne

ᓇᒁᑲᓂᐦᒉᐤ nakwaakanihcheu vai [Intérieur] ♦ il/elle prépare des collets

ᓇᒁᑲᓈᔅᒄ nakwaakanaaskw na [Intérieur] ♦ un collet y a été posé autrefois mais l'endroit ne sert plus

ᓇᒁᑲᓈᐦᑎᒄ nakwaakanaahtikw na [Intérieur] ♦ un bâton sur lequel on vient de poser un collet

ᓇᒁᑲᓐ nakwaakan ni [Intérieur] ♦ un collet, un piège

ᓇᒀᓂᔮᐱ nakwaaniyaapii ni-m [Côte] ♦ du filin ou de la broche à collet

ᓇᒀᓂᐦᒉᐤ nakwaanihcheu vai [Côte] ♦ il/elle prépare des collets

ᓇᒀᓐ nakwaan ni [Côte] ♦ un collet, un piège

ᓇᒀᓱ nakwaasuu vai-u ♦ il/elle est pris-e dans un collet

ᓇᒋᐱᑌᐤ nachipiteu vta ♦ il/elle l'arrête de bouger en tirant

ᓇᒋᐱᑕᒼ nachipitam vti ♦ il/elle l'empêche de bouger en tirant

ᓇᒋᐸᔫ nachipayuu vai/vii -i ♦ il/elle/ça arrête de bouger, s'immobilise

ᓇᒋᑯᐌᐤ nachikuweu vta ♦ il/elle la/le rencontre

ᓇᒋᑳᐴ nachikaapuu vai -uu ♦ il/elle arrête de marcher et se tient debout

ᓇᒋᒦᐤ nachimeu vta ♦ il/elle l'arrête de bouger en parlant

ᓇᒋᓀᐤ nachineu vta ♦ il/elle la/le retient de la main

ᓇᒋᓇᒼ nachinam vti ♦ il/elle le retient de la main

ᓇᒋᔥᑯᐌᐤ nachishkuweu vta ♦ il/elle va à sa rencontre à pied

ᓇᒋᔥᑲᒻ **nachishkam** vti ♦ il/elle le rencontre en chemin, en marchant

ᓇᒋᔥᑳᑐᐅᐃᒡ **nachishkaatuwich** vai pl recip -u ♦ ils/elles se rencontrent

ᓇᒋᔥᑳᑑᒪᑲᓐᐦ **nachishkaatuumakanh** vii pl ♦ ils se rencontrent en chemin

ᓇᒌᐤ **nachiiu** vai ♦ il/elle interrompt son geste, s'arrête avant de faire quelque chose

ᓇᒣᐅᒣᔥᑌᐠ **nameumeshtekw** ni -um ♦ de l'esturgeon fumé

ᓇᒣᐅᔥ **nameush** na dim ♦ un jeune esturgeon *Acipenser fulvescens*

ᓇᒣᐙᐳ **namewaapuu** ni ♦ du bouillon ou fumet d'esturgeon

ᓇᒣᐤ **nameu** na -em ♦ un esturgeon *Acipenser fulvescens*

ᓇᒣᐲ **namepii** na -m ♦ un meunier noir, une carpe noire *Catostomus catostomus*

ᓇᒣᑯᔥ **namekush** na dim -im ♦ un touladi, une truite grise *Salvelinus namaycush*

ᓇᒣᓯᐱᒦ **namesipimii** ni -m ♦ de l'huile de foie de morue

ᓇᒣᓯᐘᓈᔅᒄ **namesipwaanaaskw** ni ♦ une baguette ou un bâton fendu pour rôtir le poisson

ᓇᒣᓯᒣᔥᑌᐠ **namesimeshtekw** ni -um ♦ du poisson fumé

ᓇᒣᓴᐦᐄᐲ **namesahiipii** na -m [Côte] ♦ un filet de pêche

ᓇᒣᓴᐦᐱ **namesahapii** na -m [Intérieur] ♦ un filet de pêche

ᓇᒣᓵᐳ **namesaapuu** ni ♦ du bouillon ou fumet de poisson

ᓇᒣᔅ **names** na -im ♦ un poisson

ᓇᒣᔅᑯᐃ **nameskui** ni -ulim ♦ une vessie d'esturgeon, le sac aérien, la vessie gazeuse (bouillie, le liquide sert à vernir le treillis des raquettes pour que la neige ne colle pas)

ᓇᒣᔅᑳᐤ **nameskaau** vii ♦ il y a beaucoup de poissons

ᓇᒣᔅᒌᔑᑳᐤ **nameschiishikaau** vii [Intérieur] ♦ c'est vendredi, littéralement 'jour du poisson'

ᓇᒣᔑᔥ **nameshiish** na ♦ un ligament trouvé sous la langue d'un ours abattu, que l'on donne à un aîné ou une aînée

ᓇᒣᔥᑌᑯᐃᑦ **nameshtekuwit** ni ♦ un contenant rempli de poisson fumé

ᓇᒣᔥᑌᑯᐦᒉᐤ **nameshtekuhcheu** vai ♦ il/elle prépare du poisson ou du gibier fumé et séché

ᓇᒣᔥᑌᒄ **nameshtekw** ni -um ♦ une carcasse fumée de poisson ou d'oiseau

ᓇᒣᔥᑲᒻ **nameshkam** vti ♦ il/elle laisse des traces, des signes, des signaux en marchant

ᓇᒣᔮᔅᑯᐦᑐᐌᐤ **nameyaaskuhtuweu** vai ♦ l'animal a laissé des traces sur les arbustes où il s'est nourri

ᓇᒣᐦᐁᐤ **nameheu** vta ♦ il/elle trouve ses traces

ᓇᒣᐦᑖᐤ **namehtaau** vai+o ♦ il/elle laisse des signes ou traces de sa présence, de son passage

ᓇᒥᔪᑌᐦ **namiyeuteh** p,negative ♦ pas de cette façon ou manière ■ ᓇᒥᔪᑌᐦ ᐁᐧᓈᑯᒡ ᐊᐦ ᐊᔅᒄ ■ *La raquette n'a pas l'air correcte.*

ᓇᒥᔪ **namiyeu** p,négative ♦ ce n'est pas ■ ᓇᒥᔪ ᐁ ᐅᒡᑎᒣ ᐊᓂᒡ ■ *Ce n'est pas son soulier.*

ᓇᒧᐃ **namui** p,négative ♦ non, ne pas ■ ᓇᒧᐃ ᓂᐁ ᒋᒋᔭᐠ ■ *Je ne veux pas manger.*

ᓇᒧᐃ ᓂᐦᑖ **namui nihtaa** p,temps ♦ jamais ■ ᓇᒧᐃ ᓂᐦᑖ ᐅᑎ ᐯᔭᑯᓈᐤ ■ *Il n'était jamais seul.*

ᓇᒧᐙᒡ **namuwaach** p,négative [Intérieur] ♦ non, pas du tout ■ ᓇᒧᐙᒡ ᐅᑎ ᐊᔨᐤ ᐊᓂᑦ ᐸ ᓂᑐᐁᔨᒋᑎᒻᒉᒡ ■ *Il n'avait pas du tout ce que je voulais.*

ᓇᒪ **nama** p,négative ♦ non, ne pas

ᓇᒪᐦᑎᓂᑎᐦᒌ **namahtinitihchii** ni ♦ une main gauche

ᓇᒪᐦᑎᓂᑳᑦ **namahtinikaat** ni ♦ une jambe gauche

ᓇᒪᐦᑎᓂᓯᑦ **namahtinisit** ni ♦ un pied gauche

ᓇᒪᐦᑎᓂᐦᐨ **namahtinihch** p,lieu ♦ à la gauche, à gauche

ᓇᒪᐦᑕᔫ **namahtayuu** ni ♦ le côté gauche du corps

ᓇᒪᐦᒋᐱᑐᓐ **namahchipitun** ni ♦ un bras gauche

ᓇᒪᐦᒋᑳᑦ **namahchikaat** ni [Intérieur] ♦ une jambe gauche

ᓇᒪᐦᒌᐤ **namahchiiu** vai ♦ il est gaucher, elle est gauchère; il/elle se sert de sa main gauche

ᓇᓀᑳᓰᐤ nanekaasiiu vai redup ♦ il devient vraiment inquiet, impatient, anxieux; elle devient vraiment inquiète, impatiente, anxieuse

ᓇᓀᒪᐦᐄᒉᐤ nanemahiicheu vai redup
♦ il/elle brandit ou agite son poing

ᓇᓀᒪᐦᐆᐁᐤ nanemahuweu vta redup
♦ il/elle lui brandit le poing au visage; il/elle la menace du poing

ᓇᓀᒪᐦᐊᒼ nanemaham vti redup ♦ il/elle brandit le poing contre quelque chose

ᓇᓀᒪᐦᐌᐤ nanemahweu vta redup
♦ il/elle la menace du poing

ᓇᓀᐦᐯᒥᐳ nanehpemipuu vai -i ♦ il/elle s'assoit là où on peut le/la remarquer

ᓇᓀᐦᐯᒥᑳᐳ nanehpemikaapuu vai -uu
♦ il/elle se distingue, se singularise; il/elle est évident-e, visible, remarquable

ᓇᓀᐦᐯᒥᓀᐤ nanehpemineu vta ♦ il/elle la/le tient prêt-e

ᓇᓀᐦᐯᒥᓇᒼ nanehpeminam vti ♦ il/elle le tient prêt

ᓇᓀᐦᐯᒥᔥᑌᐤ nanehpemishteu vii
♦ c'est prêt, installé

ᓇᓀᐦᐯᒥᔥᑖᐤ nanehpemishtaau vai+o
♦ il/elle le dispose, l'installe, le prépare, le met en place

ᓇᓀᐦᐯᒥᐦᐁᐤ nanehpemiheu vta ♦ il/elle la/le prépare

ᓇᓀᐦᐯᒥᐦᐄᓱ nanehpemihiisuu vai reflex -u
♦ il/elle s'assoit de manière à se faire voir ou remarquer

ᓇᓀᐦᐯᒥᐤ nanehpemiiu vai ♦ il/elle se tient prêt-e

ᓇᓀᐦᑳᑌᔨᒣᐤ nanehkaateyimeu vta
♦ il/elle en a pitié à cause de ses souffrances

ᓇᓀᐦᑳᑌᔨᐦᑕᒼ nanehkaateyihtam vti
♦ il/elle en souffre

ᓇᓀᐦᑳᑎᓰᐤ nanehkaatisiiu vai ♦ il est souffreteux, maladif; elle est souffreteuse, maladive; il/elle souffre continuellement

ᓇᓀᐦᑳᑖᔅᐱᓀᐤ nanehkaataaspineu vai
♦ il/elle est toujours malade, a toujours une maladie quelconque

ᓇᓀᐦᑳᒋᐸᔫ nanehkaachipayuu vai/vii -i
♦ il/elle/ça brise tout le temps

ᓇᓀᐦᑳᒋᐦᐁᐤ nanehkaachiheu vta
♦ il/elle la/le maltraite souvent

ᓇᓀᐦᑳᒋᐦᐄᐌᐤ nanehkaachihiiweu vai
♦ il/elle opprime les gens

ᓇᓀᐦᑳᒋᐦᐄᐌᓱ nanehkaachihiiwesuu na -siim ♦ un oppresseur, une oppresseure

ᓇᓀᐦᑳᒡ nanehkaach p,temps
♦ graduellement, peu à peu, progressivement, par degré ▪ ᒫᒃ ᓇᓀᐦᑳᒡ ᐯᒋ ᒥᔨᑯ ᐅᒦᒋᒻᕁ Il va recevoir sa nourriture graduellement.

ᓇᓂᒀᓀᒋᓀᐤ nanikwaanechineu vta redup
♦ il/elle la/le froisse ou plisse de la main

ᓇᓂᒀᓀᒋᓱ nanikwaanechisuu vai redup
♦ il/elle est ridé-e, froissé-e, fripé-e

ᓇᓂᒉᔨᐦᑕᒼ nanicheyihtam vti redup
♦ il/elle pense que c'est inutile, que ce n'est pas nécessaire

ᓇᓂᐦᐄᐦᑐᐌᐤ nanihiihtuweu vta redup
♦ il/elle lui obéit

ᓇᓂᐦᐄᐦᑕᒧᐎᓐ nanihiihtamuwin ni
♦ l'obéissance

ᓇᓂᐦᐄᐦᑕᒼ nanihiihtam vti redup ♦ il/elle obéit

ᓇᓂᐦᒉᔨᐦᑕᒥᐦᐁᐤ nanihcheyihtamiheu vta redup ♦ il/elle l'inquiète beaucoup, lui cause de l'anxiété

ᓇᓂᐦᒉᔨᐦᑕᒼ nanihcheyihtam vti redup
♦ il/elle est affligé-e, peiné-e, bouleversé-e, en détresse

ᓇᓂᐦᒋᐳ nanihchipuu vai redup -u ♦ il/elle mange en vitesse, vite, rapidement pour pouvoir faire autre chose

ᓇᓂᐦᒌᐤ nanihchiiu vai redup ♦ il/elle a peur que quelque chose lui arrive; il/elle craint un malheur

ᓇᓂᐦᒌᐤ nanihchiiu vai redup ♦ il est anxieux, inquiet, angoissé parce qu'il prévoit un malheur; elle est anxieuse, inquiète, angoissée en pensant à ce qui pourrait arriver

ᓇᓂᐦᒌᔥᑐᐌᐤ nanihchiishtuweu vta redup
♦ il/elle a peur de ce qu'elle/il va faire

ᓇᓂᐦᒌᔥᑕᒼ nanihchiishtam vti redup
♦ il/elle en a peur, le craint, l'appréhende, le redoute

ᓇᓅᑎᒣᐤ nanuutimeu vai ♦ il/elle marche sans raquettes dans la neige

ᓇᓇᑕᔨᒣᐤ nanatayimeu vta redup ♦ il/elle lui ment

ᓇᓇᑕᔨᔅ **nanatayis** na ♦ un menteur, une menteuse

ᓇᓇᑕᔨᔨᐤ **nanatayiyuu** vai redup -i ♦ il/elle ment, dit des mensonges

ᓇᓇᑕᔨᔮᒋᒥᐤ **nanatayiyaachimeu** vta redup ♦ il/elle raconte des histoires fausses, des mensonges sur elle/lui

ᓇᓇᑕᔨᔮᒋᒨ **nanatayiyaachimuu** vai redup -u ♦ il/elle dit des mensonges ou des faussetés, raconte de fausses histoires

ᓇᓇᒁᔥᑎᒁᓀᐤ **nanakweshtikwaaneu** vai redup ♦ il/elle frise, a les cheveux frisés

ᓇᓇᒃᐧᐁᔮᐦᑲᓲᒧᐌᐤ **nanakweyaahkasamuweu** vta redup [Intérieur] ♦ il/elle frise ses cheveux pour elle/lui

ᓇᓇᒃᐧᐁᔮᐦᑲᓵᒫᐤ **nanakweyaahkasamaau** vai redup [Intérieur] ♦ il/elle se frise les cheveux

ᓇᓇᒁᐦᑲᓲᒧᐌᐤ **nanakwehkasamuweu** vta redup [Côte] ♦ il/elle frise ses cheveux pour elle/lui

ᓇᓇᒁᐦᑲᓵᒫᐤ **nanakwehkasamaau** vai redup [Côte] ♦ il/elle se frise les cheveux

ᓇᓇᑳᐌᐸᔥᑲᒻ **nanakaawepashkam** vti redup ♦ il/elle le retient, l'empêche d'avancer avec son pied

ᓇᓇᑳᐌᐸᐦᐊᒻ **nanakaawepaham** vti redup ♦ il/elle le retient, l'empêche d'avancer en le frappant avec quelque chose

ᓇᓇᑳᐧᐄᐤ **nanakaawiiu** vai redup ♦ il/elle se retient; il/elle résiste

ᓇᓇᑳᐧᐄᔥᑐᐌᐤ **nanakaawiishtuweu** vta redup ♦ il/elle se retient; il/elle lui résiste (peut-être en raison de la peur, de la timidité)

ᓇᓇᑳᐧᐄᔥᑕᒻ **nanakaawiishtam** vti redup ♦ il/elle reste en arrière, se retient; il/elle résiste (peut-être à cause de la peur)

ᓇᓇᑳᓀᐤ **nanakaaneu** vta redup ♦ il/elle la/le garde, retient de la main

ᓇᓇᑳᔥᑯᐌᐤ **nanakaashkuweu** vta redup ♦ il/elle la/le retient avec son corps

ᓇᓇᑳᔥᑲᒻ **nanakaashkam** vti redup ♦ il/elle le retient, l'empêche d'avancer avec son corps

ᓇᓇᒁᓀᒋᐸᔫ **nanakwaanechipayuu** vai/vii redup -i ♦ il/elle/ça se ride

ᓇᓇᒁᓀᒋᓀᐤ **nanakwaanechineu** vta redup ♦ il/elle la/le froisse, plisse

ᓇᓇᒁᓀᒋᓇᒻ **nanakwaanechinam** vti redup ♦ il/elle le froisse, le plisse

ᓇᓇᒁᓀᒋᔥᑯᐌᐤ **nanakwaanechishkuweu** vta redup ♦ il/elle la/le froisse ou plisse en s'assoyant dessus (par ex. un pantalon)

ᓇᓇᒁᓀᒋᔥᑲᒻ **nanakwaanechishkam** vti redup ♦ il/elle le froisse, le plisse en s'asseyant dessus

ᓇᓇᒥᐸᔫ **nanamipayuu** vai/vii redup -i ♦ il/elle/ça tremble

ᓇᓇᒥᒑ **nanamichuu** vai redup -i ♦ il/elle frissonne ou grelotte de froid

ᓇᓇᒫᐱᔥᑲᓀᐅᒑ **nanamaapishkaneuchuu** vai redup -i ♦ il/elle claque des dents à cause du froid; sa mâchoire tremble de froid

ᓇᓇᒫᓯᐱᓀᐎᓐ **nanamaaspinewin** ni ♦ une paralysie cérébrale, un tremblement

ᓇᓇᐦᐋᐧᐄᐦᑯᐌᐤ **nanahaawiihkuweu** vta redup ♦ il/elle prend soin d'elle/de lui, répond à ses besoins

ᓇᓈᐅᒦᒋᓲ **nanaaumiichisuu** vai ♦ il/elle mange un petit peu

ᓇᓈᐅᐦᒁᒨ **nanaauhkwaamuu** vai ♦ il/elle dort un court moment

ᓇᓈᐤ **nanaau** p,manière ♦ commencer quelque chose et terminer plus tard, faire quelque chose pour plus tard (par ex. couper la viande pour la cuire plus tard) ▪ ᓇᓈᐤ ᒥᒃ ᒧᐧᓈᐤ ᓂᐧᐃᔮᔅᑎᒻ ▪ *Je vais couper la viande maintenant (pour la cuire plus tard).*

ᓇᓈᐯᐅᐴ **nanaapeupuu** vai redup -i ♦ elle s'assoit comme un homme (les genoux écartés)

ᓇᓈᐯᐅᒨ **nanaapeumuu** vai redup -u ♦ il/elle parle avec audace, effrontément, hardiment

ᓇᓈᐯᐅᔫ **nanaapeushuu** vai redup -i ♦ il/elle agit en macho, se montre dur-e; il/elle a un comportement audacieux, hardi, intrépide

ᓇᓈᐯᐧᐋᒋᒣᐤ **nanaapewaachimeu** vta redup ♦ il/elle dit qu'elle/il est qualifié-e, compétent-e; il/elle est impressionné-e par ses capacités

ᓇᓈᐯᐦᑳᓲ **nanaapehkaasuu** vai redup -u ♦ elle agit comme un homme; elle est capable de faire des tâches d'homme

ᓇᓈᑐᐦᑯᒣᐤ **nanaatuhkumeu** vta redup ♦ il/elle l'agace, la/le taquine par ses paroles

ᓇᓈᑐᐦᑯᓯᐤ **nanaatuhkusiiu** vai redup ♦ il/elle taquine, agace

ᓇᓈᑐᐦᑯᐦᐁᐤ **nanaatuhkuheu** vta redup ♦ il/elle l'agace, la/le taquine

ᓇᓈᑦᐋᔮᔥᑌᐤ **nanaatwaayaashteu** vai redup [Intérieur] ♦ il/elle casse des branches à la main

ᓇᓈᑦᐋᔮᔥᑎᒋᓀᐤ **nanaatwaayaashtichineu** vai redup ♦ il/elle casse des branches à la main

ᓇᓈᑲᑐᐁᔨᒣᐤ **nanaakatuweyimeu** vta redup ♦ il/elle l'observe, la/le surveille de près

ᓇᓈᑲᑐᐁᔨᐦᑕᒼ **nanaakatuweyihtam** vti redup ♦ il/elle l'observe, le surveille de près

ᓇᓈᑲᑐᐋᐸᒣᐤ **nanaakatuwaapameu** vta redup ♦ il/elle garde l'oeil sur elle/lui, la/le surveille, l'observe

ᓇᓈᑲᑐᐋᐸᐦᑕᒼ **nanaakatuwaapahtam** vti redup ♦ il/elle l'a à l'oeil, le garde à l'oeil, le surveille

ᓇᓈᑲᓯᓄᐁᐤ **nanaakasinuweu** vta redup ♦ il/elle fait attention à son apparence, à sa façon de faire les choses

ᓇᓈᑲᓯᓇᒼ **nanaakasinam** vti redup ♦ il/elle fait attention à son apparence

ᓇᓈᒥᐢᑲᒥᒋᐸᔫ **nanaamiskamichipayuu** vii redup -i ♦ ça vibre, ça brasse, ça tremble (par ex. la terre)

ᓇᓈᒥᐦᐆ **nanaamihuu** vta ♦ il/elle en mange tellement (animé) qu'il/elle ne peut plus jamais en manger parce que ça le/la rend malade

ᓇᓈᓂᔑᐸᔫ **nanaanishipayuu** vai/vii redup -i ♦ il/elle/ça se brise en mille morceaux

ᓇᓈᓂᔑᓀᐤ **nanaanishineu** vta redup ♦ il/elle la/le démonte, met en pièces

ᓇᓈᓂᔑᓇᒼ **nanaanishinam** vti redup ♦ il/elle le démonte, le démantèle, le met en pièces

ᓇᓈᓂᔥ **nanaanish** p,lieu redup dim ♦ dans toutes les directions, partout ■ ᓇᓈᓂᔥ ᒫ ᐃᐦᑳᐤ ᓂᑎᐯᓕᒫᐧ■ *Mes choses sont éparpillées partout, ne sont pas organisées.*

ᓇᓈᓂᔥᑳᔥᑎᓐ **nanaanishkaashtin** vii redup ♦ ça éclate en morceaux

ᓇᓈᐢᐱᑐᐁᐤ **nanaaspituweu** vta redup ♦ il/elle imite ses gestes

ᓇᓈᐢᐱᑐᐦᑐᐁᐤ **nanaaspituhtuweu** vta redup ♦ il/elle imite ses paroles, sa voix

ᓇᓈᐢᐱᑐᐦᑕᒼ **nanaaspituhtam** vti redup ♦ il/elle imite quelqu'un en chantant, chante comme quelqu'un d'autre

ᓇᓈᐢᐱᑐᐦᑖᒉᓲ **nanaaspituhtaachesuu** na-siim ♦ une mimique

ᓇᓈᐢᐹᑎᓂᔐᓲ **nanaaspaatinischesuu** na [Intérieur] ♦ un condylure étoilé *Condylura cristata*

ᓇᓈᐢᑯᒣᐤ **nanaaskumeu** vta redup ♦ il/elle la/le remercie; il/elle lui est reconnaissant-e

ᓇᓈᐢᑯᒧᐁᔨᒣᐤ **nanaaskumuweyimeu** vta redup ♦ il/elle ressent de la gratitude à son endroit

ᓇᓈᐢᑯᒧᐁᔨᐦᑕᒧᐧᐃᓐ **nanaaskumuweyihtamuwin** ni ♦ de la gratitude, de la reconnaissance

ᓇᓈᐢᑯᒧᐧᐃᓐ **nanaaskumuwin** ni ♦ de la gratitude, de la reconnaissance, un remerciement

ᓇᓈᐢᑯᒧ **nanaaskumuu** vai redup -u ♦ il/elle remercie, est reconnaissant-e

ᓇᓈᐢᑯᒧᐹᒋᐢᑎᓂᒉᐧᐃᓐ **nanaaskumuupachistinichewin** ni ♦ une offrande en signe de remerciement, de gratitude ou de reconnaissance

ᓇᓈᐢᑯᒨᒌᔑᑳᐤ **nanaaskumuuchiishikaau** vii redup ♦ c'est l'Action de grâce

ᓇᓈᐢᑯᒨᔥᑕᒧᐁᐤ **nanaaskumuushtamuweu** vai redup -u ♦ il/elle est reconnaissant-e, remercie, exprime sa reconnaissance en son nom

ᓇᓈᔥᑫᐅᔑᐦᐁᐤ **nanaashkweushiheu** vta redup ♦ il/elle lui répond (avec insolence)

ᓇᓈᔥᑫᐅᔑᐦᑖᐤ **nanaashkweushihtwaau** vai redup ♦ il/elle répond

ᓇᓛᔨᐌᔨᒣᐤ **nanaayiweyimeu** vta redup [Intérieur] ♦ il/elle se désespère en pensant à elle/lui

ᓇᓈᔫᐙᔔ **nanaayuuwaashuu** vai redup -i [Intérieur] ♦ il/elle est détruit-e par le vent

ᓇᓈᔫᐙᔥᑎᓐ **nanaayuuwaashtin** vii redup [Intérieur] ♦ c'est endommagé, détruit par le vent

ᓇᓈᔫᑳᐴᓐ **nanaayuukaapuun** vii redup [Intérieur] ♦ c'est délabré parce que c'est debout depuis trop longtemps (par ex. une vieille tente)

ᓇᓈᔫᔥᑌᐤ **nanaayuushteu** vii redup [Intérieur] ♦ c'est gâté, perdu parce que c'est resté là trop longtemps (par ex. de la nourriture)

ᓇᓈᔫᐦᐁᐤ **nanaayuuheu** vta redup [Intérieur] ♦ il/elle la/le gâche, gâte

ᓇᓈᔫᐦᑖᐤ **nanaayuuhtaau** vai+o redup [Intérieur] ♦ il/elle le gâche, l'abîme, le gâte

ᓇᓈᐦᑌᐤ **nanaahteu** vai/vii redup ♦ il y a de l'air chaud qui sort de la glace, seulement au printemps (autour de mai), ce qui peut provoquer l'image double d'une personne sur la glace

ᓇᓈᐦᑌᐸᔫ **nanaahtepayuu** vai/vii redup -i ♦ il y a de l'air chaud qui sort de la neige, de la glace au début du printemps (autour de mai)

ᓇᓈᐦᑯ **nanaahkuu** p,manière redup ♦ divers-e, différent-e, différemment, plusieurs ▪ ᔫᐦ ᓇᓈᐦᑯ ᐃᔑᓈᑯᒡ ᐊᐦ ᒥᐦᒃ ᐯ ᐅᔥᑦᒑᒡ ▪ *Brode différents motifs sur les bas.*

ᓇᓈᐦᑯᐃᑖᐸᑎᓰᓲ **nanaahkuuitaapatisiisuu** na -siim ♦ un ouvrier, une ouvrière d'entretien, un homme à tout faire

ᓇᓈᐦᑰᐙᑎᓰᐤ **nanaahkuuwaatisiiu** vai redup ♦ il/elle (par ex. conjurateur) prend différentes formes ou apparences

ᓇᓈᐦᑰᓈᑯᓐ **nanaahkuunaakun** vii redup ♦ ça a de nombreuses couleurs, plusieurs différentes parties ou apparences

ᓇᓈᐦᑰᓈᑯᓲ **nanaahkuunaakusuu** vai redup -i ♦ il/elle a plusieurs couleurs, plusieurs parties ou pièces différentes, des aspects variés, différentes apparences

ᓇᓈᐦᑰᓈᑯᐦᑖᐤ **nanaahkuunaakuhtaau** vai+o redup ♦ il/elle le fait en plusieurs couleurs, plusieurs parties ou pièces différentes; il/elle lui donne des aspects variés, différentes apparences

ᓇᔅᐹᒋᓈᑯᓐ **naspaachinaakun** vii ♦ ça a l'air faux, manqué, erroné, incorrect

ᓇᔅᐹᒋᓈᑯᓲ **naspaachinaakusuu** vai -i ♦ il paraît faux, elle semble fausse; il/elle n'a pas l'air vrai-e

ᓇᔅᐹᒋᐤ **naspaachiiu** vai [Mistissini] ♦ il est gaucher, elle est gauchère; il/elle se sert de sa main gauche

ᓇᔅᐹᒡ **naspaach** p,manière ♦ mal, de la mauvaise manière, incorrectement, faux; gauche ▪ ᓇᔅᐹᒡ ᐃᑎᔥᑫ ᐅᒫᔅᑳᔭ ▪ *Elle a mal mis ses souliers.*

ᓇᔅᑯᐌᐦᐊᒧᐌᐤ **naskuwehamuweu** vta ♦ il/elle entonne le chant après elle/lui

ᓇᔅᑯᐌᐦᐊᒫᑐᐎᒡ **naskuwehamaatuwich** vai pl recip -u ♦ ils/elles entonnent des chants responsoriaux

ᓇᔅᑯᐌᐦᐊᒫᒉᐤ **naskuwehamaacheu** vai ♦ il/elle chante des répons, des psaumes responsoriaux

ᓇᔅᑯᐌᐦᐊᒻ **naskuweham** vti ♦ il/elle chante sur une musique; il/elle l'accompagne de la voix

ᓇᔅᑯᒣᐤ **naskumeu** vta ♦ il/elle la/le remercie

ᓇᔅᑯᒥᑐᐎᒡ **naskumituwich** vai pl recip -u ♦ ils/elles sont d'accord, s'entendent sur quelque chose

ᓇᔅᑯᒥᑐᐎᓐ **naskumituwin** ni ♦ une entente, un accord, une convention entre deux personnes

ᓇᔅᑯᒥᑐᑐᐌᐤ **naskumitutuweu** vta ♦ il/elle lui donne son consentement

ᓇᔅᑯᒧᐎᓐ **naskumuwin** ni ♦ une entente, un accord, une convention, une promesse, un serment, un voeu

ᐊᐢᑯᒨ **naskumuu** vai -u ♦ il/elle consent, accepte; il/elle est reconnaissant-e

ᓇᏏᖅᐳᔑᐦᐁᐤ **nashkweushiheu** vai
♦ il/elle lui répond

ᓇᏏᖅᐳᔑᐦᐄᐌᐤ **nashkweushihiiweu** vai
♦ il/elle répond aux questions

ᓇᏏᖅᐳᔑᐦᑕᒨᐌᐤ
nashkweushihtamuweu vta ♦ il/elle répond pour elle/lui

ᓇᏏᖅᐳᔑᐦᑖᐎᓐ **nashkweushihtwaawin** ni ♦ une réponse

ᓇᏏᖅᐳᔑᐦᒗ **nashkweushihtwaau** vai
♦ il/elle le répond

ᓇᏏᖅᐳᏏᐦᑖᐎᓐ **nashkweushtwaawin** ni
♦ une réponse

ᓇᐦᐃᐃᑐᐌᔑᒣᐤ **nahiituweshimeu** vta [Intérieur] ♦ il/elle la/le lisse pour que la fourrure soit bien placée (du castor)

ᓇᐦᐋᐅᐸᔪ **nahaaupayuu** vai/vii -i
♦ il/elle/ça reprend sa forme

ᓇᐦᐋᑲᓂᔅᑴᒥᒫᐤ **nahaakaniskwemimaau** nad ♦ une belle-fille, une bru

ᓇᐦᐋᒋᔎ **nahaachishiiu** vai [Intérieur]
♦ il/elle fait des travaux pour le maître de trappe dans le bois

ᓇᐦᑲᐦᐄᐯᐸᔪ **nahkahiipepayuu** vii -i
♦ l'eau arrête quand elle atteint un certain niveau

ᓈ

ᓈ **naa** pro,dém ♦ celui-là là-bas, celle-là là-bas, ce, cet, cette, voilà...là-bas (animé, voir *naa*)) ▪ ᒫᒡᓀᐟ ᓈ ▪ *Voilà, c'est Marguerite là-bas.*

ᓈᐤᔥ **naaush** p,temps [Côte] ♦ à peine, guère, tout juste, de justesse, presque ▪ ᓃᔥ ᓈᐤᔥ ᓈᑕᑦ ▪ *C'est à peine visible.*

ᓈᐯᐸᔨᐅ **naapeupayihuu** vai -u
♦ il/elle marche d'un pas décidé; elle marche comme un homme

ᓈᐯᐅᑯᑖᐤ **naapeukutaau** vai+o ♦ il/elle est étendu-e les jambes croisées et les mains derrière la tête (comme un homme)

ᓈᐯᐅᒉᔨᒥᓲ **naapeucheyimisuu** vai reflex -u
♦ elle pense qu'elle peut faire les choses comme un homme

ᓈᐯᐅᒉᔨᐦᑖᑯᓐ **naapeucheyihtaakun** vii
♦ ça semble masculin, mâle

ᓈᐯᐅᒉᔨᐦᑖᑯᓲ **naapeucheyihtaakusuu** vai -i ♦ elle semble ou paraît masculine, a l'air d'un homme

ᓈᐯᒦᒋᒻ **naapeumiichim** ni ♦ de la nourriture pour les hommes (par ex. la tête, les pattes de castor), ancien terme pour un ours mâle tué

ᓈᐯᐅᓈᑯᓐ **naapeunaakun** vii ♦ ça a l'air mâle, masculin

ᓈᐯᐅᓈᑯᓲ **naapeunaakusuu** vai -i
♦ il/elle paraît viril-e; elle a l'air d'un homme, elle est masculine

ᓈᐯᐅᐦᑖᑯᓲ **naapeuhtaakusuu** vai -i
♦ il/elle a la voix basse; sa voix ressemble à celle d'un homme

ᓈᐯᐤ **naapeuu** vai -u ♦ c'est un homme

ᓈᐯᐋᒋᒥᓲ **naapewaachimisuu** vai reflex -u
♦ il/elle se vante; elle dit qu'elle est aussi capable qu'un homme

ᓈᐯᐋᔅᐱᓲ **naapewaaspisuu** vai -u ♦ elle s'habille comme un homme, porte des vêtements d'homme

ᓈᐯᐤ **naapeu** na -em ♦ un homme

ᓈᐯᑏᒃ **naapetihkw** na -um ♦ un caribou mâle

ᓈᐯᒥᔅᑯᔥ **naapemiskush** na dim ♦ un jeune castor mâle

ᓈᐯᒥᔅᒃ **naapemiskw** na ♦ un castor mâle

ᓈᐯᒨᔥ **naapemuus** na -um ♦ un orignal mâle

ᓈᐯᔒ **naapeshiiu** vai -u ♦ c'est un garçon

ᓈᐯᔥ **naapesh** na dim -im ♦ un garçon

ᓈᐯᔥᑎᒼ **naapeshtim** na ♦ un chien

ᓈᐯᐦᑳᓲ **naapehkaasuu** vai -u ♦ il agit en homme (par ex. un garçon)

ᓈᐯᐦᔦᐤ **naapehyeu** na -em ♦ un tétras mâle, un lagopède mâle

ᓈᐱᐦᒡ **naapihch** p,time ♦ l'été passé, l'été dernier (forme du conjonctif du verbe *niipin*)

ᓈᑌᐤ **naateu** vta ♦ il/elle va vers elle/lui

ᓈᑎᐱᔥᑐᐌᐤ **naatipishtuweu** vta ♦ il/elle va s'asseoir près d'elle/de lui

ᓈᑎᐱᔥᑕᒻ **naatipishtam** vti ♦ il/elle va s'asseoir près de quelque chose

ᓈᑎᑳᓲ **naatikaasuu** vai -i ♦ il/elle pisse, fait pipi (ancien terme, expression utilisée uniquement pour les femmes)

ᓈᑎᓀᐤ **naatineu** vta ♦ il/elle les met ensemble

ᓈᑎᓂᒉᐤ **naatinicheu** vai ♦ il/elle va chercher un canot pour le porter sur ses épaules

ᓈᑎᓇᒼ **naatinam** vti ♦ il/elle l'assemble, le met ensemble

ᓈᑎᓯᓈᐦᐄᒉᐅᓯᓈᐦᐄᑳᓐ **naatisinahiicheusinahiikan** ni [Mistissini] ♦ un catalogue

ᓈᑎᔅᒉᐤ **naatischeu** vai ♦ il/elle va ramasser de la mousse

ᓈᑏᔫ **naatiiyuu** vai -u [Côte] ♦ il/elle va chasser le gros gibier (orignal, caribou)

ᓈᑐᐌᐤ **naatuweu** na -em ♦ un Iroquois, une Iroquoise, un Indien, une Indienne d'une autre tribu

ᓈᑐᑖᐤ **naatutaau** vai+o ♦ il/elle retourne chercher le canot où il avait été laissé l'automne passé

ᓈᑖᐴ **naatapuu** vai -i ♦ il/elle va s'asseoir tout près, à proximité

ᓈᑕᒁᐤ **naatakweu** vai ♦ il/elle vérifie ou lève ses collets

ᓈᑕᑳᒣᐱᑌᐤ **naatakaamepiteu** vta ♦ il/elle la/le tire, traîne vers le rivage

ᓈᑕᑳᒣᐱᑕᒼ **naatakaamepitam** vti ♦ il/elle le tire au rivage

ᓈᑕᑳᒣᐸᔨᐦᐁᐤ **naatakaamepayiheu** vta ♦ il/elle l'amène au rivage en véhicule

ᓈᑕᑳᒣᐸᔨᐦᑖᐤ **naatakaamepayihtaau** vai+o ♦ il/elle l'apporte au rivage en véhicule depuis l'eau

ᓈᑕᑳᒣᐸᔫ **naatakaamepayuu** vai/vii -i ♦ il/elle/ça se dirige vers la côte, le rivage

ᓈᑕᑳᒣᐸᐦᑖᐤ **naatakaamepahtaau** vai ♦ il/elle remonte les battures, vers la rive

ᓈᑕᑳᒣᑑᑌᐤ **naatakaametuuteu** vai ♦ il/elle le porte ou transporte sur son dos jusqu'au rivage

ᓈᑕᑳᒣᑑᑖᒣᐤ **naatakaametuutaameu** vta ♦ il/elle la/le porte au rivage sur son dos

ᓈᑕᑳᒣᒎᐃᓐ **naatakaamechuwin** vii ♦ c'est un courant du large

ᓈᑕᑳᒣᔅᒉᑲᐦᐊᒼ **naatakaameschekaham** vti ♦ il/elle accoste, débarque là où se trouve le muskeg

ᓈᑕᑳᒣᔐᑌᐤ **naatakaameshteu** vii ♦ c'est placé, installé, posé vers le rivage ou la côte

ᓈᑕᑳᒣᔮᐅᐦᑳᐤ **naatakaameyaauhkaau** vii ♦ c'est une pointe de sable qui rejoint presque la rive opposée

ᓈᑕᑳᒣᔮᑎᑳᓯᐸᐦᑖᐤ **naatakaameyaatikaasipahtaau** vai ♦ il/elle arrive au bord, accoste sur la berge, monte sur la rive

ᓈᑕᑳᒣᔮᑎᑳᓯᑕᐦᐁᐤ **naatakaameyaatikaasitaheu** vta ♦ il/elle l'amène au rivage en marchant dans l'eau

ᓈᑕᑳᒣᔮᑎᑳᓯᐦᑎᑖᐤ **naatakaameyaatikaasihtitaau** vai+o ♦ il/elle l'amène au rivage en marchant dans l'eau

ᓈᑕᑳᒣᔮᑎᑳᓲ **naatakaameyaatikaasuu** vai -i ♦ il/elle marche dans l'eau jusqu'au rivage

ᓈᑕᑳᒣᔮᔅᑯᐦᐊᒼ **naatakaameyaaskuham** vti ♦ il/elle débarque, accoste là où il y a des buissons; il/elle le pousse sur la rive avec un bâton, une perche

ᓈᑕᑳᒣᔮᔑᐦᑎᑖᐤ **naatakaameyaashihtitaau** vai+o ♦ il/elle le dirige vers la berge; il/elle navigue vers le rivage

ᓈᑕᑳᒣᔮᔔ **naatakaameyaashuu** vai -i ♦ il/elle souffle vers la rive, la berge, le rivage

ᓈᑕᑳᒣᔮᔥᑎᑖᐤ **naatakaameyaashtitaau** vai+o ♦ il/elle le dirige vers la berge ou la rive; il/elle navigue vers le rivage

ᓈᑕᑳᒣᔮᔥᑎᓐ **naatakaameyaashtin** vii ♦ ça souffle vers le rivage

ᓈᑕᑳᒣᔮᐦᐊᓐ **naatakaameyaahan** vii ♦ c'est poussé vers la terre, le rivage

ᓈᑕᑳᒣᐦᐁᐤ **naatakaameheu** vta ♦ il/elle la/le prend et tourne vers le rivage

ᓈᑕᑳᒣᐦᐆᔫ **naatakaamehuyeu** vta ♦ il/elle l'amène au rivage en pagayant

ᓈᑕᑳᒣᐊᓪ **naatakaameham** vti ♦ il/elle pagaie vers la rive

ᓈᑕᑳᒣᑐᑌᐅ **naatakaamehtutaameu** vta ♦ il/elle la/le porte au rivage sur son dos

ᓈᑕᑳᒣᑕᑖᐤ **naatakaamehtataau** vai+o ♦ il/elle l'amène au rivage à pied

ᓈᑕᑳᒣᑕᐅ **naatakaamehtaheu** vta ♦ il/elle l'amène au rivage en marchant

ᓈᑕᑳᒫᐊᓐ **naatakaamaahan** vii ♦ ça souffle en direction de la terre, du rivage, de la rive

ᓈᑕᑳᒻ **naatakaam** p,lieu ♦ vers la terre, la côte, la berge; à terre, à la côte, au rivage

ᓈᑕᑳᓯᐱᒋᐤ **naatakaasipichuu** vai -i ♦ il/elle marche vers la rive en déplaçant le camp d'hiver

ᓈᑕᑳᓯᐸᔨᑖᐤ **naatakaasipayihtaau** vai+o ♦ il/elle le conduit, le dirige vers la rive, au rivage, à la berge

ᓈᑕᑳᓯᐸᔫ **naatakaasipayuu** vai/vii -i ♦ il/elle/ça accoste, arrive au rivage

ᓈᑕᑳᓯᐸᑖᐤ **naatakaasipahtaau** vai ♦ il/elle accoste en courant

ᓈᑕᑳᓲ **naatakaasuu** vai -i ♦ il/elle marche jusqu'au rivage

ᓈᑕᑳᓲᑌᐅ **naatakaasuuteu** vai ♦ il/elle porte des choses sur son dos jusqu'au rivage, en marchant dans l'eau

ᓈᑕᑳᓲᑖᒣᐅ **naatakaasuutaameu** vta ♦ il/elle la/le porte au rivage sur son dos

ᓈᑕᑳᔅᑯᐱᒋᐤ **naatakaaskupichuu** vai -i ♦ il/elle arrive au rivage en déplaçant le camp d'hiver sur la glace

ᓈᑕᑳᔅᑯᐸᑖᐤ **naatakaaskupahtaau** vai ♦ il/elle arrive au rivage sur la glace

ᓈᑕᑳᔅᑯᑖᐯᐤ **naatakaaskutaapeu** vai ♦ il/elle tire des choses au rivage sur la glace

ᓈᑕᑳᔅᑯᑖᒣᐅ **naatakaaskutaameu** vta ♦ il/elle la/le porte au rivage sur son dos, sur la glace

ᓈᑕᑳᔅᑯᑌᐅ **naatakaaskuhteu** vai ♦ il/elle marche sur la glace jusqu'au rivage

ᓈᑕᑳᔅᑯᑕᑖᐤ **naatakaaskuhtataau** vai+o ♦ il/elle l'apporte ou le mène au rivage en marchant sur la glace

ᓈᑕᑳᔅᑯᑕᐅ **naatakaaskuhtaheu** vta ♦ il/elle l'amène au rivage en marchant sur la glace

ᓈᑕᑳᔅᑰ **naatakaaskuu** vai -u ♦ il/elle marche sur la glace jusqu'au rivage

ᓈᑕᑳᔅᑰᑌᐤ **naatakaaskuuteu** vai ♦ il/elle le porte sur son dos jusqu'au rivage sur la glace

ᓈᑕᑳᔅᑰᑖᐹᑌᐤ **naatakaaskuutaapaateu** vta ♦ il/elle la/le tire au rivage sur la glace

ᓈᑕᒧᐌᐤ **naatamuweu** vta ♦ il/elle la/le défend; il/elle se met de son côté

ᓈᑕᒫᒉᐤ **naatamaacheu** vai ♦ il/elle défend

ᓈᑕᒼ **naatam** vti ♦ il/elle y va, passe de ce côté ■ ᓅᒡ ᓈᑕᒼ ᐊᐅᒡ ᒦᒋᒥᒡ. ■ *Il/elle passe maintenant à la nourriture.*

ᓈᑕᐃᐱᐤ **naatahiipeu** vai ♦ il/elle lève ou vérifie le filet

ᓈᑕᐊᒼ **naataham** vti ♦ il/elle va le chercher (en voyageant avec quelque chose)

ᓈᑕᐋᐌᐤ **naatahaaweu** vai ♦ il/elle va en canot ramasser des oeufs

ᓈᑕᐋᑯᓀᐤ **naatahaakuneu** vta ♦ il/elle va chercher de la neige pour avoir de l'eau

ᓈᑕᐋᒥᓲ **naatahaamisuu** vai -u ♦ il/elle va en canot chercher des baies, de petits fruits

ᓈᑕᐅᐌᐤ **naatahweu** vta ♦ il/elle va la/le chercher en véhicule

ᓈᑖᐅᒃᐊᒼ **naataauhkaham** vti ♦ il/elle marche vers et grimpe sur la crête de sable

ᓈᑖᔅᑎᒋᑲᓐ **naataastichikan** ni [Intérieur] ♦ un affût, une cache pour chasser à l'avant d'un canot

ᓈᑖᔅᑯᐊᒼ **naataaskuham** vti [Intérieur] ♦ il/elle marche vers les arbres, le bois

ᓈᑖᔑᒧᑐᐌᐤ **naataashimutuweu** vta ♦ il/elle lui crie de venir l'aider

ᓈᑖᔥᑌᐤ **naataashteu** vai ♦ il/elle va ramasser des branches

ᓈᑖᔥᑌᔥᑕᒧᐌᐤ **naataashteshtamuweu** vta [Côte] ♦ il/elle ramasse des branches pour quelqu'un

ᓈᑖᔥᑌᐦᐊᒼ naataashteham vti ♦ il/elle va ramasser des branches en bateau, en canot

ᓈᑖᔥᑕᒧᐌᐤ naataashtamuweu vta ♦ il/elle ramasse des branches pour elle/lui

ᓈᑖᐌᐸᐦᐊᒼ naatwaawepaham vti ♦ il/elle le casse en forçant, avec un coup rapide

ᓈᑖᐌᐸᐦᐌᐤ naatwaawepahweu vta ♦ il/elle la/le casse ou brise avec force

ᓈᑖᐯᒋᓂᓱᐤ naatwaapechinisuu vai-u ♦ il (un castor) brise l'écoulement de l'eau, fait monter le niveau de l'eau en construisant de plus petits barrages en aval du premier

ᓈᑖᐯᒋᓇᒼ naatwaapechinam vti ♦ il (un castor) brise le courant de l'eau, fait monter le niveau de l'eau (en construisant une deuxième barrage plus petit en aval du premier)

ᓈᑖᐯᔮᐤ naatwaapeyaau vii ♦ c'est une étendue d'eau entre deux rapides

ᓈᑖᐱᑌᐤ naatwaapiteu vta ♦ il/elle la/le casse en tirant et pliant

ᓈᑖᐱᑎᓀᐦᐆᓱᐤ naatwaapitinehuusuu vai reflex -u ♦ il/elle se casse le bras en frappant quelque chose

ᓈᑖᐱᑐᓀᔑᒣᐤ naatwaapituneshimeu vta ♦ il/elle lui casse le bras en frappant ou poussant

ᓈᑖᐱᑐᓀᔑᓐ naatwaapituneshin vai ♦ il/elle se brise ou se casse le bras en tombant

ᓈᑖᐱᑕᒼ naatwaapitam vti ♦ il/elle le brise, le casse en tirant et pliant

ᓈᑖᐸᔫ naatwaapayuu vai/vii -i ♦ il/elle/ça se brise en deux

ᓈᑖᑇᒣᔑᒣᐤ naatwaapwaameshimeu vta ♦ il/elle lui brise la cuisse en frappant ou poussant

ᓈᑖᑇᒣᔑᓐ naatwaapwaameshin vai ♦ il/elle se brise la cuisse en tombant

ᓈᑖᑇᒣᐦᐆᓱᐤ naatwaapwaamehuusuu vai reflex -u ♦ il/elle se brise ou se fracture la cuisse en frappant quelque chose

ᓈᑖᑯᑌᔑᒣᐤ naatwaakuteshimeu vta ♦ il/elle lui casse ou brise le nez, en frappant ou poussant

ᓈᑖᑯᑌᔑᓐ naatwaakuteshin vai ♦ il/elle s'est brisé ou cassé le nez en tombant

ᓈᑖᑯᑌᐦᐆᓱᐤ naatwaakutehuusuu vai reflex -u ♦ il/elle se casse le nez en se frappant sur quelque chose, en tombant

ᓈᑖᑯᔨᐌᓀᐤ naatwaakuyiweneu vta ♦ il/elle lui casse ou brise le cou avec les mains

ᓈᑖᑯᔨᐌᔑᒣᐤ naatwaakuyiweshimeu vta ♦ il/elle lui brise le cou en l'échappant, la/le frappant

ᓈᑖᑯᔨᐌᔑᓐ naatwaakuyiweshin vai ♦ il/elle s'est cassé ou fracturé le cou en tombant

ᓈᑖᑳᒣᐤ naatwaakameu vta ♦ il/elle l'abat en la/le rongeant (par ex. un arbre)

ᓈᑖᑳᐦᐄᒉᐤ naatwaakahiicheu vai ♦ il/elle coupe, tranche, fend des choses en deux

ᓈᑖᑳᐦᐊᒼ naatwaakaham vti ♦ il/elle le fend, le coupe, le tranche en deux à la hache

ᓈᑖᑳᐦᐌᐤ naatwaakahweu vta ♦ il/elle la/le coupe ou bûche avec une hache

ᓈᑖᑳᐦᑕᒼ naatwaakahtam vti ♦ il/elle le coupe en le rongeant, le grugeant

ᓈᑖᑳᑌᐸᔫ naatwaakaatepayuu vai -i ♦ il/elle se brise la jambe

ᓈᑖᑳᑌᓀᐤ naatwaakaateneu vta ♦ il/elle lui casse la patte avec la main

ᓈᑖᑳᑌᓇᒼ naatwaakaatenam vti ♦ il/elle en brise la patte à la main (par ex. une table)

ᓈᑖᑳᑌᔑᒣᐤ naatwaakaateshimeu vta ♦ il/elle lui brise la jambe ou la patte en l'échappant, la/le frappant

ᓈᑖᑳᑌᐦᐌᐤ naatwaakaatehweu vta ♦ il/elle lui casse la jambe avec quelque chose

ᓈᑖᓀᐤ naatwaaneu vta ♦ il/elle la/le casse ou brise (à la main)

ᓈᑖᓂᔥᒋᐸᔫ naatwaanischipayuu vai -i ♦ il casse, se brise au sommet (arbre)

ᓈᑖᓇᒼ naatwaanam vti ♦ il/elle le casse, le brise à la main

ᓈᐦᑖᓯᑲᓀᔑᒣᐤ
naatwaasichikaneshimeu vta ♦ il/elle lui casse les orteils, en échappant quelque chose

ᓈᐦᑖᓯᑲᓀᔑᓐ naatwaasichikaneshin vai
♦ il/elle se casse les orteils en tombant

ᓈᐦᑖᓯᑲᓀᐦᐆᓲ
naatwaasichikanehuusuu vai reflex -u
♦ il/elle se brise ou se casse les orteils en frappant quelque chose ou en échappant quelque chose dessus

ᓈᐦᑖᔥᐱᑫᑲᓀᔑᓐ naatwaaspichekaneshin vai ♦ il/elle se fracture des côtes en tombant

ᓈᐦᑖᔥᐱᒉᔑᓐ naatwaaspicheshin vai
♦ il/elle se fracture une côte en tombant

ᓈᐦᑖᔅᒋᓈᑲᓐ naatwaaschinaakan ni ♦ un enclos pour la trappe du castor

ᓈᐦᑖᔥᐌᐤ naatwaashweu vta ♦ il/elle la/le coupe en deux (long et rigide)

ᓈᐦᑖᔑᒣᐤ naatwaashimeu vta ♦ il/elle la/le brise ou casse en la/le lançant ou frappant contre quelque chose

ᓈᐦᑖᔑᓐ naatwaashin vai ♦ il/elle se brise en tombant (long et rigide)

ᓈᐦᑖᓴᒻ naatwaasham vti ♦ il/elle le coupe en deux (long et rigide)

ᓈᐦᑖᔥᑯᐌᐤ naatwaashkuweu vta
♦ il/elle la/le casse avec son poids (long et rigide)

ᓈᐦᑖᔥᑲᒻ naatwaashkam vti ♦ il/elle le casse (long et rigide) avec son poids

ᓈᐦᑖᔮᐃᐌᓄᐤ naatwaayiweneu vta
♦ il/elle casse ou brise la poignée d'une poêle, la queue d'un animal avec la main

ᓈᐦᑖᔮᐃᐌᔥᑯᐌᐤ naatwaayiweshkuweu vta
♦ il/elle casse ou brise la poignée d'une poêle, la queue d'un animal avec le pied, le poids de son corps

ᓈᐦᑖᔮᐃᐌᐦᐆᓲ naatwaayiwehuusuu vai reflex -u ♦ il/elle se casse ou se brise la queue

ᓈᐦᑖᔮᐱᑌᔑᓐ naatwaayaapiteshin vai
♦ il/elle se casse une dent en tombant

ᓈᐦᑖᔮᐱᑌᐦᐌᐤ naatwaayaapitehweu vta
♦ il/elle casse sa dent

ᓈᐦᑖᔮᐱᔥᑲᓀᔑᒣᐤ
naatwaayaapishkaneshimeu vta
♦ il/elle lui casse la mâchoire en l'échappant, en la/le frappant contre quelque chose

ᓈᐦᑖᔮᐱᔥᑲᓀᐦᐆᓲ
naatwaayaapishkanehuusuu vai reflex -u
♦ il/elle se fracture, se casse ou se brise la mâchoire

ᓈᐦᑖᔮᒋᐱᔅᑯᓀᔑᒣᐤ
naatwaayaachipiskuneshimeu vta
♦ il/elle lui casse ou brise le dos en l'échappant, en la/le frappant

ᓈᐦᑖᔮᒋᐱᔅᑯᓀᔑᓐ
naatwaayaachipiskuneshin vai ♦ il/elle se fracture le dos en tombant

ᓈᐦᑖᔮᒥᐦᑲᓀᔑᒣᐤ
naatwaayaamihkaneshimeu vta
♦ il/elle lui brise l'os de la joue en l'échappant, en la/le frappant contre quelque chose

ᓈᐦᑖᔮᒥᐦᑲᓀᔑᓐ naatwaayaamihkaneshin vai ♦ il/elle se fracture l'os de la pommette (os zygomatique) en tombant ou en se frappant

ᓈᐦᑖᔮᒥᐦᑲᓀᐦᐆᓲ
naatwaayaamihkanehuusuu vai reflex -u
♦ il/elle se casse l'os de la pommette (os zygomatique)

ᓈᐦᑖᔮᔔ naatwaayaashuu vai -i ♦ il/elle casse à cause du vent

ᓈᐦᑖᔮᔥᑎᒋᓀᐤ naatwaayaashtichineu vta
♦ il/elle en casse une branche (d'un arbre)

ᓈᐦᑖᔮᔥᑎᓐ naatwaayaashtin vii ♦ ça brise à cause de la force du vent

ᓈᐦᑖᔮᐦᑲᓲ naatwaayaahkasuu vai -u
♦ il/elle se sépare en deux sous l'effet du feu

ᓈᐦᑖᔮᐦᑲᐦᑌᐤ naatwaayaahkahteu vii
♦ ça se consume, se détache en brûlant

ᓈᐦᑖᐋᒪ naatwaaham vti ♦ il/elle le casse, le brise en deux avec un outil

ᓈᐦᑖᐦᐌᐤ naatwaahweu vta ♦ il/elle la/le brise ou casse en deux avec quelque chose

ᓈᐦᑖᐦᑎᑖᐤ naatwaahtitaau vai+o ♦ il/elle le brise ou le casse (en le lançant, en le frappant avec quelque chose)

ᓈᒋ **naache** p,temps ♦ un peu plus tard, un peu après ▪ ᓈᒋ ᒫᓐ ᐁᐹ ᑳ ᐱ ᑎᑯᔑᐦᒃ ▪ *D'habitude, il arrivait un peu plus tard.*

ᓈᒋᔒᔥ **naacheshiish** p,temps dim ♦ un peu plus tard, un peu après ▪ ᒄ ᓈᒋᔒᔥ ᒫᓐ ᐁᐹ ᐅᑎᑯᔑᐦᒃ ▪ *Il arrive toujours un peu plus tard.*

ᓈᒋᐘᓂᐦᐄᒑᐤ **naachiwanihiicheu** vai ♦ il/elle va lever les pièges

ᓈᒋᐯᐦᐊᒻ **naachipeham** vti ♦ il/elle va chercher de l'eau, va chercher de la boisson en véhicule

ᓈᒋᐱᑌᐤ **naachipiteu** vta ♦ il/elle la/le tire vers lui/elle

ᓈᒋᐱᑕᒻ **naachipitam** vti ♦ il/elle le tire à lui/elle

ᓈᒋᐸᔨᐦᑖᐤ **naachipayihtaau** vai+o ♦ il/elle va le chercher en véhicule

ᓈᒋᐸᐦᐁᐤ **naachipaheu** vta ♦ il/elle va la/le chercher

ᓈᒋᐸᐦᑖᐤ **naachipahtaau** vai ♦ il/elle y monte en courant

ᓈᒋᐸᐦᑣᐤ **naachipahtwaau** vai ♦ il/elle court pour aller le chercher; il/elle va le prendre [Intérieur]

ᓈᒋᑎᔑᒣᐤ **naachitishimeu** vta [Intérieur] ♦ il/elle se réfugie, se sauve vers elle/lui (à cause d'un danger)

ᓈᒋᑎᔑᒧᔥᑐᐌᐤ **naachitishimushtuweu** vta ♦ il/elle se réfugie, se sauve vers elle/lui (à cause d'un danger)

ᓈᒋᑎᔑᒧᔥᑕᒻ **naachitishimushtam** vti ♦ il/elle s'enfuit vers quelque chose, court s'y réfugier en cas de danger

ᓈᒋᑎᔑᐦᑕᒻ **naachitishihtam** vti [Intérieur] ♦ il/elle s'enfuit vers quelque chose, court s'y réfugier (en cas de danger)

ᓈᒋᑯᓀᐤ **naachikuneu** vai ♦ il/elle va chercher de la neige pour la faire fondre (ancien terme)

ᓈᒋᑯᔥᒉᐤ **naachikuscheu** vai ♦ il/elle va lever ses hameçons en hiver

ᓈᒋᑳᐴ **naachikaapuu** vai -uu ♦ il/elle va se tenir à proximité

ᓈᒋᑳᐴᔥᑐᐌᐤ **naachikaapuushtuweu** vta ♦ il/elle va se tenir debout près d'elle/de lui

ᓈᒋᑳᐴᔥᑕᒻ **naachikaapuushtam** vti ♦ il/elle va se mettre debout à côté de quelque chose

ᓈᒋᒦᒋᒣᐤ **naachimiichimeu** vai ♦ il/elle va chercher de la nourriture

ᓈᒋᒪᓯᓈᐦᐄᒉᐅᑲᒥᒄ **naachimasinahiicheukamikw** ni ♦ un bureau de poste, la poste

ᓈᒋᓂᑳᑎᐦᐄᒉᐤ **naachinikaatihiicheu** vai ♦ il/elle va chercher du bois, le ramène sur son épaule

ᓈᒋᔅᑴᐌᐤ **naachiskweweu** vta ♦ il se faufile ou se glisse jusqu'à une femme

ᓈᒋᔅᑴᐋᑌᐤ **naachiskwewaateu** vta ♦ il se faufile, se glisse à l'intérieur pour coucher avec une femme

ᓈᒋᔑᓐ **naachishin** vai ♦ il/elle va s'étendre ou se coucher à proximité, tout près

ᓈᒋᔥᑖᐦᒋᑰ **naachishtahchikuu** vai ♦ il/elle va chercher ses choses dans la cache

ᓈᒋᔥᑖᐯᐤ **naachishtaapeu** vai ♦ il/elle le charrie, le transporte en traîneau

ᓈᒋᔥᑖᐴᐌᐤ **naachishtaapuweu** vta ♦ il/elle la/le tire pour elle/lui (du bois)

ᓈᒋᔥᑖᐹᑌᐤ **naachishtaapaateu** vta ♦ il/elle l'amène, la/le tire dedans

ᓈᒋᔥᑖᒋᒨᔥᑐᐌᐤ **naachishtaachimuushtuweu** vta ♦ il/elle s'en approche à pas de loup; il/elle rampe jusqu'à elle/lui

ᓈᒋᔥᑖᒋᒨᔥᑕᒻ **naachishtaachimuushtam** vti ♦ il/elle s'approche de quelque chose à pas de loup; il/elle rampe, se traîne jusqu'à quelque chose

ᓈᒋᔨᒥᐦᐋᐤ **naachiyimihaau** vai [Intérieur] ♦ il/elle va à l'église

ᓈᒌᐅᔥᑐᐌᐤ **naachiiushtuweu** vta ♦ il/elle s'en approche à pas de loup (comme un chasseur qui s'approche du gibier, d'un oiseau)

ᓈᒌᐅᔥᑕᒻ **naachiiushtam** vti ♦ il/elle s'approche de quelque chose à pas de loup, en rampant

ᓈᒌᐅᔥᑖᒉᐤ **naachiiushtaacheu** vai ♦ il/elle s'approche des oiseaux ou du gibier à pas de loup

ᓈᒍᐌᐤ **naachuweu** na -em [Intérieur] ♦ un Iroquois, une Iroquoise

ᓈᒥᔅᑴᔨᔥᑐᐌᐤ **naamiskweyishtuweu** vta ♦ il/elle lui fait un signe de tête affirmatif

ᓈᒥᐢᑵᔨᐤ **naamiskweyuu** vai -i ♦ il/elle hoche de la tête, fait un signe de la tête

ᓈᒨᓂᐸᔨᐦᐤ **naamuunipayihuu** vai -i ♦ il/elle avance ou se déplace vent derrière

ᓈᒨᓂᐸᔨᐤ **naamuunipayuu** vii -i ♦ ça part dans le vent

ᓈᒨᓂᔥᑲᒼ **naamuunishkam** vti ♦ il/elle marche avec le vent dans le dos

ᓈᒨᓂᐦᑌᐤ **naamuunihteu** vai ♦ il/elle avance ou marche vent derrière; il/elle a le vent derrière

ᓈᒨᓂᐦᔮᐤ **naamuunihyaau** vai ♦ il/elle vole vent derrière

ᓈᒨᓇᐌᐹᐦᐄᒉᐤ **naamuunawepahiicheu** vai ♦ il/elle tire sur des oiseaux qui volent vent derrière

ᓈᒨᓈᐤ **naamuunaau** vii ♦ c'est un vent favorable, un bon vent

ᓈᒨᓈᔥᑎᑖᐤ **naamuunaashtitaau** vai+o ♦ il/elle le manoeuvre ou le pilote vent derrière

ᓈᒨᓐ **naamuun** p,lieu ♦ sous le vent, le côté sous le vent ▪ ᓈᒨᓐ ᐊᑑᐦᐅᐊᒃ ᐊᓂᐦ ᒎᔮᐦ ▪ *Les orignaux marchent sous le vent.*

ᓈᓀᐅᑎᐸᐦᐄᑲᓐ **naaneutipahiikan** p,quantité redup ♦ à chaque quatre milles; quatre gallons [Mistissini]

ᓈᓀᐅᑎᐸᐦᐄᑲᓐᐦ **naaneutipahiikanh** p,temps redup [Intérieur] ♦ à chaque période de quatre heures, à toutes les quatre heures

ᓈᓀᐚᐅᒌᓃᑿᓃᐦᑎᐤᐦ **naanewaauchiinikwaanihteuh** p,temps [Côte] ♦ à chaque période de quatre heures, à toutes les quatre heures

ᓈᓀᐤ **naaneu** p,quantité redup ♦ par quatre

ᓈᓂᐹᐅᓂᔨᐤ **naanipaauniyuu** vai redup -i [Intérieur] ♦ il/elle bâille

ᓈᓂᐹᔨᐌᐤ **naanipaayiweu** vai redup ♦ il/elle bâille

ᓈᓂᐹᔨᐌᐸᔨᐤ **naanipaayiwepayuu** vai redup -i ♦ il/elle n'arrête pas de bâiller, bâille sans cesse

ᓈᓂᐹᔨᐤ **naanipaayuu** vai redup -i [Côte] ♦ il/elle bâille

ᓈᓂᑎᒫᑎᓈᐤ **naanitimatinaau** vii redup ♦ c'est une chaîne de montagnes continue

ᓈᓂᑐᐌᔨᒣᐤ **naanituweyimeu** vta redup ♦ il/elle la/le cherche

ᓈᓂᑐᐌᔨᐦᑕᒼ **naanituweyihtam** vti redup ♦ il/elle le cherche, le recherche

ᓈᓂᑐᐌᔨᐦᒉᐤ **naanituweyihcheu** vai redup ♦ il/elle cherche quelque chose qui n'est plus là

ᓈᓂᑐᐚᐅᑲᐦᐊᒼ **naanituwaaukaham** vti redup ♦ il/elle le cherche dans le sable avec un objet (par ex. une pelle)

ᓈᓂᑐᐚᐅᐦᒋᓇᒼ **naanituwaauhchinam** vti redup ♦ il/elle le cherche à tâtons dans le sable

ᓈᓂᑐᐚᐅᐦᒋᔥᑲᒼ **naanituwaauhchishkam** vti redup ♦ il/elle le cherche en tâtant le sable avec le pied

ᓈᓂᑐᐚᐳᔐᐤ **naanituwaapusheu** vai redup ♦ il/elle va à la chasse au lièvre

ᓈᓂᑐᐚᐴ **naanituwaapuu** vai redup -i ♦ il/elle regarde autour

ᓈᓂᑐᐚᐸᒣᐤ **naanituwaapameu** vta redup ♦ il/elle la/le cherche

ᓈᓂᑐᐚᐸᐦᑌᐤ **naanituwaapahteu** vta redup ♦ il/elle cherche sa piste, ses traces

ᓈᓂᑐᐚᐸᐦᑕᒼ **naanituwaapahtam** vti redup ♦ il/elle le cherche

ᓈᓂᑐᐚᑯᓀᔥᑲᒼ **naanituwaakuneshkam** vti redup ♦ il/elle cherche quelque chose dans la neige avec le pied

ᓈᓂᑐᐚᑯᓀᐦᐊᒼ **naanituwaakuneham** vti redup ♦ il/elle le cherche dans la neige avec un instrument (par ex. une pelle)

ᓈᓂᑐᐚᐦᐁᐤ **naanituwaaheu** vta redup ♦ il/elle (médecin) lui fait un examen, l'examine

ᓈᓂᑐᐚᐦᐄᒉᐤ **naanituwaahiicheu** vai redup ♦ il/elle chasse le gros gibier (ancien terme, pour l'orignal, le caribou)

ᓈᓂᑐᐸᔨᔥᑐᐌᐤ **naanitupayishtuweu** vta redup ♦ il/elle court partout à sa recherche

ᓈᓂᑐᑯᓀᐌᐱᑌᐤ **naanitukunewepiteu** vta redup ♦ il/elle fouille rapidement la bouche de quelqu'un avec ses doigts

ᓈᓂᑐᑯᓀᐌᓀᐤ **naanitukuneweneu** vta redup ♦ il/elle fouille la bouche de quelqu'un avec ses doigts

ᓈᓂᑐᒫᑦᑕᒻ **naanitumaahtam** vti redup
 • il/elle le cherche en reniflant, en suivant l'odeur

ᓈᓂᑐᒫᐦᒉᐤ **naanitumaahcheu** vai redup
 • il/elle renifle, cherche l'odeur, essaie de détecter une senteur

ᓈᓂᑐᓀᐤ **naanituneu** vta redup • il/elle la/le cherche à tâtons

ᓈᓂᑐᓂᒉᐤ **naanitunicheu** vai redup
 • il/elle cherche, recherche

ᓈᓂᑐᓂᒉᓀᐤ **naanituicheneu** vta redup
 • il/elle le cherche avec ses doigts (un pou)

ᓈᓂᑐᓇᒻ **naanitunam** vti redup • il/elle le cherche à tâtons

ᓈᓂᑐ **naanituu** p [Eastmain] • peut-être ▪ ᓈᓂᑐ ᐊᒌ ᒉᒃ ᐅᑦᒉ ᒋᑕᔨᐤ ᐊᓄᐦᒡₓ ▪ *Il ne viendra peut-être pas aujourd'hui.*

ᓈᓂᑐ **naanituu** préverbe redup • aller faire quelque chose

ᓈᓂᑐᐌᐸᐦᐄᑲᓀᐤ **naanituuwepahiikaneu** vai • il/elle cherche dans le dépotoir ou fouille les déchets (pour trouver quelque chose d'utile)

ᓈᓂᑐᐯᐤ **naanituupeu** vta redup • il/elle va chercher quelque chose à boire

ᓈᓂᑐᐱᒌᐌᐤ **naanituupichiiweu** vai redup [Côte] • il/elle cherche de la gomme sur les arbres

ᓈᓂᑐᐱᔥᑐᐦᐌᐤ **naanituupishtuhweu** vta redup • il/elle essaie de l'atteindre, de tirer sur une cible

ᓈᓂᑐᐱᔥᑕᐦᐊᒻ **naanituupishtaham** vti redup • il/elle essaie de toucher, d'atteindre la cible

ᓈᓂᑐᐳᐌᐤ **naanituupuweu** vta redup
 • il/elle va lui demander quelque chose à boire

ᓈᓂᑐᑎᐦᒄ **naanituutihkweu** vai redup
 • il/elle chasse le caribou

ᓈᓂᑐᑎᐦᒉᓀᐤ **naanituutihcheneu** vta redup
 • il/elle la/le cherche avec ses mains, à tâtons

ᓈᓂᑐᑎᐦᒋᒑᒣᐤ **naanituutihchichaameu** vta redup • il/elle la/le cherche avec ses mains, à tâtons

ᓈᓂᑐᑎᐦᒋᒑᐦᑕᒻ **naanituutihchichaahtam** vti redup • il/elle le cherche à tâtons, en palpant

ᓈᓂᑐᑲᔅᑲᔅᒉᐦᑕᒄ **naanituukaskaschehtakweu** vai redup [Intérieur] • il/elle va chercher du bois pourri pour fumer des peaux

ᓈᓂᑐᑲᔅᒉᐦᑕᒄ **naanituukaschehtakweu** vai redup [Côte] • il/elle va chercher du bois pourri pour fumer des peaux

ᓈᓂᑑᒥᔅᒄ **naanituumiskweu** vai redup
 • il/elle va chercher des huttes de castors

ᓈᓂᑑᒦᒋᓱ **naanituumiichisuu** vai redup -u
 • il/elle cherche de la nourriture, quelque chose à manger

ᓈᓂᑑᒥᔅᑯᓀᐤ **naanituumiiskuneu** vta redup
 • il/elle la/le cherche à tâtons

ᓈᓂᑑᒥᔅᑯᓇᒻ **naanituumiiskunam** vti redup
 • il/elle le cherche à tâtons

ᓈᓂᑑᒥᔅᑯᐦᐊᒻ **naanituumiiskuham** vti redup
 • il/elle vise et essaie de toucher, d'atteindre la cible

ᓈᓂᑑᒨᓱ **naanituumuuseu** vai redup
 • il/elle va chasser l'orignal, va à la chasse à l'orignal

ᓈᓂᑑᓇᒣᐌᐤ **naanituunamehweu** vta redup • il/elle cherche un signe, des traces d'elle/de lui

ᓈᓂᑑᓵᒫᐦᑎᒄ **naanituusaamaahtikweu** vai redup • il/elle va chercher un arbre (par ex. mélèze) pour du bois à faire des cadres de raquettes

ᓈᓂᑑᔅᑯᐦᐋᐤ **naanituuskuhaau** vai redup [Intérieur] • il/elle chasse l'ours

ᓈᓂᑑᔅᑯᐦᐙᐤ **naanituuskuhwaau** vai redup [Côte] • il/elle chasse l'ours

ᓈᓂᑑᔑᒎᐌᐤ **naanituuschuuweu** vai redup [Intérieur] • il/elle cherche de la gomme sur les arbres

ᓈᓂᑑᔦᐌᐤ **naanituuyehweu** vai redup
 • il/elle chasse la perdrix, le tétras, la gélinotte

ᓈᓂᑕᒻ **naanitam** p,lieu • exactement là, exactement où ▪ ᐁᐤᑦ ᓈᓂᑕᒻ ᐅᑉᒉᑉ ᐅᑕᐦᐅᑉₓ ▪ *Il a laissé son manteau exactement là.*

ᓈᓂᑯᑦᐙᔥᒡ **naanikutwaashch** p,quantité redup • par six, six chaque, six chacun-e, un paquet ou groupe de six

ᓈᓂᑳᔥᑯᐌᐤ **naanikaashkuweu** vta redup
 • il/elle fait exprès de lui bloquer le chemin, avec son corps

ᓈᓂᔥᑯᐌᐤ naanichishkuweu vta redup
 ♦ il/elle lui bloque le chemin; il/elle est dans son chemin sans faire exprès

ᓈᓂᓱᓇᒥ naanisunam vti ♦ il/elle le poursuit, le pourchasse, lui donne la chasse

ᓈᓂᔑᐱᑌᐤ naanishipiteu vta redup
 ♦ il/elle la/le démonte, sépare, met en morceaux

ᓈᓂᔑᐱᑕᒥ naanishipitam vti redup
 ♦ il/elle le déchire en morceaux, le sépare

ᓈᓂᔑᓀᐤ naanishineu vta ♦ il/elle la/le démonte, met en pièces ou en morceaux (par ex. une bicyclette)

ᓈᓂᔑᓇᒥ naanishinam vti redup [Côte]
 ♦ il/elle le déchire en morceaux, le sépare (par ex. le duffle d'un mocassin)

ᓈᓂᔥᑐ naanishtu p,quantité redup ♦ par trois, trois chaque, trois chacun-e, un paquet ou groupe de trois

ᓈᓂᔮᔨᓐ naaniyaayin p,quantité redup [Intérieur] ♦ par cinq

ᓈᓃᐳ naaniipuu vai redup -uu ♦ il/elle reste là, traîne

ᓈᓃᐹᐦᑌᐤ naaniipaahteu vai redup
 ♦ il/elle rentre tard la nuit, se promène durant la nuit

ᓈᓃᔐᒥᑌᐤ naaniishuchimeu vta redup
 ♦ il/elle les compte par deux

ᓈᓃᔐᒥᑕᒥ naaniishuchihtam vti redup
 ♦ il/elle les compte par deux

ᓈᓃᔐᐦᑌᐤᒡ naaniishuhteuch vai pl redup
 ♦ ils/elles marchent deux par deux

ᓈᓅᒋᐦᐁᐤ naanuuchiheu vta redup
 ♦ il/elle flirte avec elle/lui, la/le courtise

ᓈᓅᒋᐦᐄᐌᐤ naanuuchihiiweu vai redup
 ♦ il/elle courtise, fait la cour

ᓈᓅᒋᐦᐄᑐᐃᒡ naanuuchihiituwich vai pl recip -u ♦ ils se courtisent

ᓈᓅᓱᐙᐸᒣᐤ naanuusuwaapameu vta
 ♦ il/elle la/le surveille lorsqu'elle/il part ou passe

ᓈᓅᓱᐙᐸᐦᑕᒥ naanuusuwaapahtam vti
 ♦ il/elle le garde à l'oeil, le surveille au passage

ᓈᓅᓱᓀᐦᑐᐃᒡ naanuusunehutuwich vai pl recip -u ♦ ils se courent après

ᓈᓅᓱᓀᐦᐊᒻ naanuusuneham vti redup
 ♦ il/elle le suit partout

ᓈᓅᓱᓀᐦᐌᐤ naanuusunehweu vta redup
 ♦ il/elle la/le suit partout

ᓈᓅᓱᓅᐌᐤ naanuusunuweu vai
 ♦ il/elle lui court après; il/elle poursuit un animal

ᓈᓅᓱᓇᒥ naanuusunam vti redup ♦ il/elle l'attrape, l'agrippe au passage

ᓈᓅᔐᔥᑯᐌᐤ naanuushuushkuweu vta redup ♦ il/elle la/le suit partout

ᓈᓅᔐᔥᑲᒻ naanuushuushkam vti redup
 ♦ il/elle le suit tout le temps

ᓈᓈᐤ naanaau vai redup ♦ il/elle mange (langage enfantin)

ᓈᓈᑌᐤ naanaateu vta redup ♦ il/elle va d'un endroit à l'autre pour la/le voir

ᓈᓈᑎᐱᔥᑐᐌᐤ naanaatipishtuweu vta redup ♦ il/elle se rapproche peu à peu de l'endroit où elle/il est

ᓈᓈᑎᐱᔥᑕᒻ naanaatipishtam vti redup
 ♦ il/elle se rapproche, s'approche de plus en plus de l'endroit où se trouve quelque chose

ᓈᓈᑖᒥᔥᒄ naanaataamiskw na ♦ un castor rarement vu, avec de longues dents incluses, un corps allongé et un museau pointu

ᓈᓈᑤᐯᒋᓇᒧᒡ naanaatwaapechinamuch vti pl redup ♦ ils (castors) construisent des barrages rapprochés

ᓈᓈᑤᔮᔅᑯᐦᐄᒉᐤ naanaatwaayaaskuhiicheu vai redup ♦ il (un orignal) se sert de ses bois pour dégager l'endroit où il passera une partie de l'automne

ᓈᓈᑤᔮᔅᑯᐦᑐᐌᐤ naanaatwaayaaskuhtuweu vai redup ♦ il (un orignal) se nourrit là où il va passer une partie de l'automne

ᓈᓈᑲᑎᓰᐤ naanaakatisiiu vai redup
 ♦ il/elle va observer, faire le guet, guetter

ᓈᓈᑲᒋᐦᐁᐤ naanaakachiheu vta redup
 ♦ il/elle l'espionne, l'observe, la/le remarque; il/elle lui fait attention

ᓈᓈᑲᒋᐦᑖᐤ naanaakachihtaau vai+o redup
 ♦ il/elle épie, note, prend note, remarque, y porte attention

ᓈᓇᑲᓯᑎᑐᐧᐁᐤ naanaakasichihtuweu vta redup ♦ il/elle écoute attentivement ce qu'elle/il dit

ᓈᓇᑲᓯᑎᑕᒼ naanaakasichihtam vti redup ♦ il/elle écoute attentivement ce qui se dit

ᓈᓈᒉ naanaache p,temps ♦ plus tard, dans un moment, bientôt, tantôt ▪ ᓈᓈᒉ ᐁᐧᕐᐊ ᐹᒋ ᑕᑯᔑᐣᐠ ▪ *Il arrivera plus tard.*

ᓈᓈᒉᔑᔥ naanaacheshiish p,temps redup dim ♦ un peu plus tard, un peu après ▪ ᓈᓈᒉᔑᔥ ᐁᑦ ᒉ ᒫᑰᓯᐨ ▪ *Il va arriver un peu plus tard.*

ᓈᓈᒪᐸᔨᐦᐁᐤ naanaamipayiheu vta redup ♦ il/elle la/le fait rebondir

ᓈᓈᒪᐸᔨᐦᐅᐤ naanaamipayihuu vai redup -u ♦ il/elle rebondit, sautille

ᓈᓈᒪᐸᔨᐦᑖᐤ naanaamipayihtaau vai+o redup ♦ il/elle le fait rebondir

ᓈᓈᒪᐸᔫ naanaamipayuu vai/vii redup -i ♦ il/elle/ça bondit, rebondit

ᓈᓈᒥᒋᒼ naanaamichiim p,manière redup ♦ par degrés, petit à petit, de plus en plus ou de moins en moins ▪ ᓈᓈᒥᒼ ᐊᑎᑦ ᕐᐦᐊ ᐧᐊᑊᐦᐁᐱᐦᒃ ▪ *Il y a de plus en plus de maisons.*

ᓈᓈᒥᔅᑴᔑᐣ naanaamiskweshin vai redup ♦ sa tête est secouée durant le déplacement, le voyage

ᓈᓈᒥᔅᑴᔑᐦᑐᐧᐁᐤ naanaamiskweyishtuweu vta redup ♦ il/elle lui fait un signe affirmatif de la tête, fait oui de la tête

ᓈᓈᒥᔅᑴᐦᑌᐤ naanaamiskwehteu vai redup ♦ il/elle marche en secouant la tête

ᓈᓈᒥᔑᐣ naanaamishin vai redup ♦ il/elle bondit, sautille; il/elle est secoué-e

ᓈᓈᒥᔥᑯᐧᐁᐤ naanaamishkuweu vta redup ♦ il/elle la/le fait bondir, rebondir

ᓈᓈᒥᔥᑲᒼ naanaamishkam vti redup ♦ il/elle le fait bondir, rebondir

ᓈᓈᒥᐦᐧᐁᐤ naanaamihweu vta redup ♦ il/elle la/le fait rebondir

ᓈᓈᒥᐦᑎᐣ naanaamihtin vii redup ♦ ça rebondit en étant tiré

ᓈᓈᒧᐦᑌᐤ naanaamuhteu vai redup ♦ il/elle marche d'un pas élastique, comme sur des ressorts

ᓈᓈᐦᑌᐸᔫ naanaahtepayuu vii redup -i ♦ l'air tremblotte dans la chaleur

ᓈᓯᐯᐤ naasipeu vai ♦ il/elle va au bord de l'eau, au rivage, à la rive, à la berge

ᓈᓯᐯᐱᑌᐤ naasipepiteu vta ♦ il/elle la/le tire au rivage

ᓈᓯᐯᐱᑕᒼ naasipepitam vti ♦ il/elle le tire avec lui/elle jusqu'à la rive

ᓈᓯᐯᐱᒍ naasipepichuu vai -i ♦ il/elle déplace ou déménage le camp d'hiver vers la côte

ᓈᓯᐯᐸᔫ naasipepayuu vai/vii -i ♦ il/elle/ça va en ville, descend au rivage

ᓈᓯᐯᐸᐦᑖᐤ naasipepahtaau vai ♦ il/elle court jusqu'au rivage, jusqu'à la rive ou la berge

ᓈᓯᐯᑎᒥᐦᒡ naasipetimihch p,lieu ♦ au bord du lac, sur la rive ou rivage, sur la berge du fleuve

ᓈᓯᐯᑎᔑᒣᐤ naasipetishimeu vta ♦ il/elle s'enfuit d'elle/de lui, en direction du rivage

ᓈᓯᐯᑎᔑᒨ naasipetishimuu vai -u ♦ il/elle s'enfuit ou se sauve vers le rivage, la rive, la berge ou le bord de l'eau

ᓈᓯᐯᑎᔕᐦᐧᐁᐤ naasipetishahweu vta ♦ il/elle l'envoie au rivage

ᓈᓯᐯᑑᑌᐤ naasipetuuteu vai ♦ il/elle le porte sur son dos jusqu'au rivage ou bord de l'eau

ᓈᓯᐯᑑᑖᒣᐤ naasipetuutaameu vta ♦ il/elle l'amène au rivage sur son dos

ᓈᓯᐯᒧᐦᑖᐤ naasipemuhtaau vai+o ♦ il/elle fait un sentier ou trace une piste jusqu'au rivage, jusqu'à l'eau

ᓈᓯᐯᒨ naasipemuu vii -u [Côte] ♦ ça mène au rivage, au bord de l'eau (un sentier)

ᓈᓯᐯᔅᑖᑲᐣ naasipestaakan ni ♦ un portage qui se rend jusqu'à l'eau, jusqu'au rivage

ᓈᓯᐯᔑᒨ naasipeshimuu vii -u ♦ ça mène au rivage, au bord de l'eau (un sentier)

ᓈᓯᐯᐦᑕᑖᐤ naasipehtataau vai+o ♦ il/elle l'emporte ou l'apporte au rivage, à la rive, au bord de l'eau

ᓈᓯᐯᐦᑕᐦᐁᐤ naasipehtaheu vta ♦ il/elle l'amène au rivage, à la ville

ᓈᓯᐯᐦᑖᐅ naasipehtaau vai+o ♦ il/elle l'emporte ou l'apporte vers le rivage, la rive, le bord de l'eau

ᓈᓯᐯᔮᐅ naasipehyaau vai ♦ il/elle vole vers une étendue d'eau depuis l'intérieur des terres

ᓈᓯᐯᔮᐦᑑᒉᐅ naasipehyaahtuucheu vai ♦ il/elle déplace ou déménage le camp vers le rivage, le bord de l'eau

ᓈᔅᐱᑌᑲᐦᐊᒻ naaspitekaham vti ♦ il/elle le plisse

ᓈᔅᐱᑌᑲᐦᐧᐁᐤ naaspitekahweu vta ♦ il/elle la/le plisse

ᓈᔅᐱᑌᒋᐸᔨᐤ naaspitechipayuu vai/vii -i ♦ il/elle/ça se plisse

ᓈᔅᐱᑎᓀᐤ naaspitineu vta ♦ il/elle la/le garde pour de bon, ne la/le rend pas (par ex. une cuillère)

ᓈᔅᐱᑎᓇᒻ naaspitinam vti ♦ il/elle le garde en permanence, le prend pour de bon, ne le rend pas

ᓈᔅᐱᑎᔒᓐ naaspitishin vai -u ♦ il/elle tombe et meurt, tombe raide mort-e

ᓈᔅᐱᑎᐦᒁᒨ naaspitihkwaamuu vai -u ♦ il/elle meurt dans son sommeil

ᓈᔅᐱᑐᐦᑐᐧᐁᐤ naaspituhtuweu vta ♦ il/elle imite sa façon de parler

ᓈᔅᐱᑕᒑᐦᑕᒻ naaspitataahtam vti [Intérieur] ♦ il/elle perd son souffle, se fait couper le souffle

ᓈᔅᐱᑕᒧᐦᑖᐅ naaspitamuhtaau vai+o ♦ il/elle le fixe, l'assujettit de façon permanente

ᓈᔅᐱᑕᐦᐧᐁᐤ naaspitahweu vta ♦ il/elle la/le tue instantanément, d'un coup

ᓈᔅᐱᑕᐹᐦᐄᑲᓐ naaspitaapahiikan na ♦ un verrou, une serrure, une barrure, un cadenas

ᓈᔅᐱᑕᐹᐸᐦᐊᒻ naaspitaapaham vti [Côte] ♦ il/elle le ferme à clef, le verrouille

ᓈᔅᐱᑕᐹᐸᐦᐧᐁᐤ naaspitaapahweu vta ♦ il/elle l'enferme

ᓈᔅᐱᑖᑎᒧᐧᐁᐸᔨᐤ naaspitaatimuwepayuu vii -i ♦ ça coule au fond pour de bon, définitivement

ᓈᔅᐱᑖᒥᐸᔨᔫ naaspitaamipayiyuu vai ♦ il/elle cesse de respirer, perd le souffle temporairement, s'étouffe (par ex. à cause d'une quinte de toux)

ᓈᔅᐱᑖᐦᐱᓂᑌᐤ naaspitaahpiniteu vta ♦ il/elle la/le tue en exagérant (par ex. en battant un chien trop fort)

ᓈᔅᐱᑖᐦᑕᒻ naaspitaahtam vti [Côte] ♦ il/elle perd son souffle, se fait couper le souffle

ᓈᔅᐱᒋᐸᔫ naaspichipayuu vai/vii -i ♦ il/elle est complètement fini-e, terminé-e; c'est fini, terminé; il/elle/ça plie et ne déplie pas; sa respiration s'arrête

ᓈᔅᐱᒋᐸᐦᑖᐅ naaspichipahtaau vai ♦ il/elle est coincé-e ou bloqué-e (par ex. régulateur d'une motoneige); il/elle n'arrête pas de fonctionner

ᓈᔅᐱᒌᐆᓈᑎᓐ naaspichiiunaatin vii [Côte] ♦ c'est complètement et définitivement détruit, anéanti pour toujours

ᓈᔅᐱᒌᐤ naaspichiiu vai ♦ il/elle part et ne revient pas, part définitivement, pour toujours

ᓈᔅᐱᓂᑌᐤ naaspiniteu vta [Intérieur] ♦ il/elle la/le poursuit, pourchasse

ᓈᔅᐱᓂᑕᒻ naaspinitam vti [Intérieur] ♦ il/elle le poursuit, le pourchasse

ᓈᔅᐹᑎᓂᔅᒉᓲ naaspaatinischesuu na [Côte] ♦ un condylure étoilé *Condylura cristata*

ᓈᔅᑲᓇᐦᐄᒉᐤ naaskanahiicheu vai ♦ il/elle coupe des branches d'arbres abattus pour faire un plancher [Côte]; il/elle construit un abri d'hiver en plantant des branches autour de la tente [Intérieur]

ᓈᔅᑲᓐ naaskan na ♦ une membrure de canot ou canoé

ᓈᔅᒉᐤ naascheu vai ♦ il/elle met ou pose des branches par terre

ᓈᔥᑏᔥ naashtiish p,manière dim [Intérieur] ♦ du tout ▪ ᐊᒐ ᓈᔥᑏᔥ ᓂᐸ ᐴᑕᔾ ▪ On ne voit rien du tout.

ᓈᔥᑕᔨᒡ naashtayich p,manière ♦ du tout, pas du tout (toujours utilisé dans la négative), absolument pas ▪ ᐊᒐ ᓈᔥᑕᔨᒡ ᓂᐸ ᐴᑕᔾ ▪ On ne voit rien du tout.

ᓈᔥᑖᐯ naashtaape p,manière ♦ bien, beaucoup, très, énormément, grandement, tellement ▪ ᓈᔥᑖᐯ ᒥᔼ ᐸᒋᑎᓈᐤ ▪ Il y a tellement de travail ici.

ȧᴺᴸ naashch p,manière ◆ bien, très, beaucoup, énormément ■ ȧᴺᴸ ᔆᒥᵛᵛ▽° ᐅᵈᴸᵛₓ ■ *Elle aime beaucoup sa grand-mère.*

·ȧ

·ȧ nwaa pro,dém ◆ celui-là là-bas, celle-là là-bas, ce, cet, cette, voilà...là-bas (animé, voir *naa*)

ᔆ

ᔆᑯᑲ<ᔨ sekusikupayuu vai/vii -i
◆ il/elle/ça glisse sous la glace

ᔆᑯ·ᑭ>ᑯ sekusikwaapukuu vai-u
◆ il/elle flotte directement sous la glace

ᔆᑯᑯ sekusikw p,lieu ◆ sous la glace, en dessous de la glace

ᔆᑫᐱᔆᵇ° sekwaapiskaau vii ◆ c'est une fissure dans le rocher

ᔆᑫᐱᔆᒥ<ᔨ sekwaapischipayuu vai/vii -i
◆ il/elle/ça tombe sous les rochers

ᔆᑫᐱᔆᴺᴸ sekwaapisch p,lieu ◆ sous les roches, en dessous des rochers

ᔆᑫᔅᑯᔑᒥ° sekwaaskushimeu vta
◆ il/elle la/le glisse derrière un poteau de tente (par ex. une peau)

ᔆᑫᔅᑯᵛᑎᑖ° sekwaaskuhtitaau vai+o
◆ il/elle le glisse dedans derrière un poteau de tente

ᔆᑫᔅᑯᵛᑎᵃ sekwaaskuhtin vii ◆ ça tombe, glisse derrière, sous un poteau de tente

ᔆᒥ<·ᒢ° sechipatwaau vai ◆ il/elle a des tresses ou porte des tresses

ᔆᒥ<·ᒢᓴᵈᵛ▽° sechipatwaanihkuweu vta ◆ il/elle tresse les cheveux de quelqu'un

ᔆᒥ<·ᒢᵃᵛ sechipatwaanh ni pl ◆ des tresses, des nattes

ᔆᒥᔆ° sechimeu vta ◆ il/elle l'effraie, lui fait peur avec sa voix

ᔆᒥᒥᑯ sechimikuu vta inverse -u ◆ il/elle l'effraie (le son de la voix ou le bruit)

ᔆᒥ·▽ᐱᵛ° sechisiiweyimeu vta ◆ il/elle est effrayé-e, a peur en pensant à elle/lui

ᔆᒥ·▽ᐱᵛᑕᴸ sechisiiweyihtam vti
◆ il/elle en a peur rien que d'y penser

ᔆᒥ·ᐃᵃ sechisuwin ni ◆ de la frayeur, de l'effroi, de la terreur, de l'épouvante

ᔆᒥᔨ sechisuu vai -i ◆ il/elle a peur; il/elle est terrifié-e ou effrayé-e

ᔆᒥᔆᑲ sechiskaakuu vai -uu [Intérieur]
◆ il/elle est facilement effrayé-e par la présence de quelqu'un

ᔆᒥᵛᵛ▽° sechiheu vta ◆ il/elle lui fait peur, l'effraie

ᔆᒥᵛᵛȦᔨ sechihiisuu vai reflex -u ◆ il/elle est effrayé-e par ce qu'il/elle a fait

ᔆᒥᵛᵛĊᔨ sechihtaakusuu vai -i ◆ il/elle semble terrifié-e, effrayé-e, apeuré-e

ᔆᒥᵛᵛ·ᖴᑯᔨ sechihkwenaakusuu vai -i
◆ il/elle a une expression de peur ou de frayeur sur le visage

ᔆᒥᵛᵛᑲ sechihkaakuu vai -uu ◆ il/elle est facilement effrayé-e par la présence de quelqu'un

ᔆᔆᑲᵛᐊᴸ seskaham vti ◆ il/elle dirige le canot vers le rivage

ᔆᔆᑳᒍ·ᐃᵃ seskaachuwin p,lieu ◆ au commencement ou en haut des rapides, remonter le courant, vers l'amont

ᔆᔆᑳᔅᑯᑲ<ᔨ seskaaskupayuu vai -i ◆ il/elle entre dans le bois, se dirige vers la forêt

ᔆᔆᑳᔅᑯᵛ◁ᴸ seskaaskuham vti ◆ il/elle part dans les bois

ᔆᔆᑳᔅᑯᵛ▽ᐱᓂ° seskaaskuhwepineu vta
◆ il/elle la/le jette ou lance dans les buissons

ᔆᔆᑳᔅᑯᵛ▽ᐱᓇᴸ seskaaskuhwepinam vti
◆ il/elle le lance dans le bois

ᔆᔆᑳᔅᑯᵛᐱᑕᴸ seskaaskuhpitam vti
◆ il/elle le tire dans les buissons

ᔆᔆᑳᔅᑯᵛ<ᵛĊ° seskaaskuhpahtaau vai
◆ il/elle entre en courant dans le bois

ᔆᔆᑳᔅᑯᵛĊ° seskaaskuhtaau vai+o ◆ il/elle s'en va ou part dans le bois avec

ᔆᔆᑳᔅᑯᵛᑯᒥ° seskaaskuhkuchimeu vta
◆ il/elle en trempe un bout dans l'eau

ᓴᔅᑳᑯᐦᑯᐦᑎᑖᐤ **seskaaskuhkuhtitaau** vai+o
* il/elle en trempe un bout dans l'eau

ᓴᔅᑳᔅᑾᐱᑌᐤ **seskaaskwaapihteu** vii ♦ la fumée entre dans la forêt

ᓴᔅᑳᐦᑎᑿ **seskaahtikw** p,lieu ♦ sous ou en dessous des buissons, des branches, des broussailles

ᓭᔐᓈᑯᓐ **seschenaakun** vii ♦ ça semble se rapprocher

ᓭᔐᓈᑯᓲ **seschenaakusuu** vai -i ♦ il/elle semble s'approcher

ᓭᔐᔮᐱᒣᐤ **sescheyaapimeu** vta ♦ il/elle semble s'en approcher

ᓭᔑᐱᑌᐤ **seschipiteu** vta ♦ il/elle la/le tire sur le rivage

ᓭᔑᐱᑕᒨᐌᐤ **seschipitamuweu** vta
* il/elle la/le tire sur le rivage pour elle/lui

ᓭᔑᐱᑕᒼ **seschipitam** vti ♦ il/elle tire le canot sur la rive

ᓭᔑᐸᔨᐦᐁᐤ **seschipayiheu** vta ♦ il/elle l'amène au rivage, la/le fait accoster

ᓭᔑᐸᔨᐦᑖᐤ **seschipayihtaau** vai+o
* il/elle le dirige vers le rivage (canot, bateau)

ᓭᔑᐸᔫ **seschipayuu** vii -i ♦ ça touche le fond (un canot)

ᓭᔑᓀᐤ **seschineu** vta ♦ il/elle en met le bout, l'extrémité sur le rivage

ᓭᔑᓇᒼ **seschinam** vti ♦ il/elle en met le bout, l'extrémité sur le rivage

ᓭᔑᔑᒣᐤ **seschishimeu** vta ♦ il/elle en met un bout sur le rivage

ᓭᔑᐦᑎᑖᐤ **seschihtitaau** vai+o ♦ il/elle en met un bout sur la rive

ᓭᔮᐱᑌᔫ **seyaapiteyuu** vai -i ♦ il/elle montre ses dents

ᓭᔮᔅᑯᓀᐤ **seyaaskuneu** vta ♦ il/elle la/le congédie, renvoie

ᓭᐦᑫᐱᑌᐤ **sehkwepiteu** vta ♦ il/elle la/le tire en l'évasant

ᓭᐦᑫᐱᑕᒼ **sehkwepitam** vti ♦ il/elle le tire évasé, élargi

ᓭᐦᑫᐳᑖᐤ **sehkweputaau** vai+o ♦ il/elle le scie évasé, écarté

ᓭᐦᑫᐳᔦᐤ **sehkwepuyeu** vta ♦ il/elle la/le scie en l'évasant

ᓭᐦᑫᐸᔫ **sehkwepayuu** vai/vii -i
* il/elle/ça s'embrase, jaillit

ᓭᐦᑫᑎᐦᒉᐐᐤ **sehkwetihchewiiu** vai
* il/elle écarte les doigts

ᓭᐦᑫᑯᑌᐤ **sehkwekuteu** vii ♦ ça pend évasé

ᓭᐦᑫᑯᑖᐤ **sehkwekutaau** vai+o ♦ il/elle le pend ou suspend en l'évasant, en l'écartant, en éventail

ᓭᐦᑫᑯᒋᓐ **sehkwekuchin** vai ♦ il/elle pend évasé-e, écarté-e, en éventail

ᓭᐦᑫᑯᔦᐤ **sehkwekuyeu** vta ♦ il/elle la/le suspend en l'étalant

ᓭᐦᑫᑳᑌᓲ **sehkwekaatesuu** vai -i ♦ il/elle a la jambe évasée (par ex. un pantalon à pattes d'éléphant)

ᓭᐦᑫᓀᐤ **sehkweneu** vta ♦ il/elle l'étale à la main

ᓭᐦᑫᓲ **sehkwesuu** vai -u ♦ il/elle est écarté-e, évasé-e

ᓭᐦᑫᔎᐤ **sehkweshweu** vta ♦ il/elle la/le coupe en forme évasée

ᓭᐦᑫᔕᒼ **sehkwesham** vti ♦ il/elle le coupe évasé, élargi

ᓭᐦᑫᔥᑯᐌᐤ **sehkweshkuweu** vta ♦ il/elle l'étale, l'évase avec son poids, ses pieds

ᓭᐦᑫᔥᑲᒼ **sehkweshkam** vti ♦ il/elle l'évase, l'élargit avec son poids, ses pieds

ᓭᐦᑫᔮᐤ **sehkweyaau** vii ♦ c'est évasé

ᓭᐦᑫᔮᔔ **sehkweyaashuu** vai -i ♦ il/elle est gonflé-e par le vent

ᓭᐦᑫᔮᔥᑎᓐ **sehkweyaashtin** vii ♦ le vent le gonfle, le distend

ᓭᐦᑫᐦᐊᒼ **sehkweham** vti ♦ il/elle l'évase, l'élargit, l'ébrase

ᓭᐦᒉ **sehche** p,manière ♦ gratuitement, gratis, gratuit; libre, de sa propre volonté ou initiative, de lui-même, d'elle-même ♦ ᒥᔪ ᓭᐦᒉ ᐱ ᒥᔥᑮ ᐊᓲ ᐊᔨᒼ ♦ ᓭᐦᒉ ᐱ ᐯ ᐊᐸᑎᔫ ♦ *On lui a donné les raquettes gratis.* ♦ *Il est venu travailler de lui-même.*

##

ᓯᐳᐱᑌᐤ **sipupiteu** vta ♦ il/elle la/le ferme avec un lacet de serrage

ᓯᐳᑎᒻ **sipupitam** vti ♦ il/elle le ferme avec un lacet de serrage

ᓯᐳᒑ **siputaau** vai+o ♦ il/elle l'aiguise, l'affûte, l'affile

ᓯᐳᒑᑳ **siputaakan** ni ♦ une lime (outil)

ᓯᐳᔫ **sipuyeu** vta ♦ il/elle la/le lime (pour raccourcir)

ᓯᐳᐦᑌᐸᔫ **sipuhtepayuu** vai/vii -i ♦ il/elle s'ouvre et se ferme tout-e seul-e; ça s'ouvre et se ferme tout seul, spontanément

ᓯᐳᐦᑌᓇᒻ **sipuhtenam** vti ♦ il/elle ferme la porte du tipi

ᓯᑎᓂᔐᓅ **sitinischeneu** vta ♦ il/elle la/le mène par la main

ᓯᑎᓂᔐᐦᑖᐦᐁᐤ **sitinischehtaheu** vta ♦ il/elle la/le prend par la main, en marchant

ᓰᑖᒥᐢᑯᐦᐊᒻ **sitaamiskuham** vti ♦ il/elle le maintient au fond de l'eau avec un objet

ᓰᑖᒥᐢᑯᐦᐌᐤ **sitaamiskuhweu** vta ♦ il/elle l'immobilise, la/le coince (par ex. un castor) au fond de la rivière, du lac avec un objet

ᓰᑖᐢᑯᓀᐤ **sitaaskuneu** vta ♦ il/elle la/le tient, fixe sur du bois avec la main

ᓰᑖᐢᑯᓇᒻ **sitaaskunam** vti ♦ il/elle le maintient contre un objet long et rigide

ᓰᑖᐢᑯᔖᐌᐤ **sitaaskushaaweu** vai ♦ il/elle coupe de la babiche sur un morceau de bois

ᓰᑖᐢᑯᐦᐄᒉᐤ **sitaaskuhiicheu** vai ♦ il/elle appuie des choses sur du bois

ᓰᑖᐢᑯᐦᐊᒻ **sitaaskuham** vti ♦ il/elle l'appuie sur du bois en travaillant dessus

ᓰᑖᐢᑯᐦᐌᐤ **sitaaskuhweu** vta ♦ il/elle la/le fixe, retient contre du bois en travaillant dessus

ᓯᑲᒫᑌᔨᐦᑖᑯᓐ **sikamaateyihtaakun** vai ♦ il/elle est paisible, calme, tranquille

ᓯᑲᒫᑌᔨᐦᑖᑯᓱ **sikamaateyihtaakusuu** vai -i ♦ c'est une personne calme, tranquille, paisible

ᓯᑲᒫᑎᓰᐤ **sikamaatisiiu** vai ♦ il/elle a un caractère calme, paisible

ᓯᒋᔑᓐ **sichishin** vai ♦ il/elle pisse ou urine en tombant

ᓯᒋᔦᓰᐦᑕᒨᐌᐤ **sichiyesiishtamuweu** vai ♦ il/elle est reconnaissant-e pour lui/elle

ᓯᒋᔦᓱ **sichiyesuu** vai -i ♦ il/elle est reconnaissant-e

ᓯᒋᔦᓴᐎᓐ **sichiyesuuwin** ni ♦ de la gratitude, de la reconnaissance

ᓯᒋᔦᐦᐁᐤ **sichiyeheu** vta ♦ il/elle la/le contente, la/le rend reconnaissant-e

ᓯᒋᔦᐦᐆ **sichiyehuu** vai -u ♦ il/elle est reconnaissant-e, content-e pour quelque chose

ᓯᒋᐦᑌᐤ **sichihteu** vta ♦ il/elle urine sur elle/lui; il/elle lui pisse dessus

ᓯᒋᐦᑎᓱ **sichihtisuu** vai reflex -u ♦ il/elle pisse dans ses culottes, urine dans son pantalon

ᓯᒋᐦᑕᒻ **sichihtam** vti ♦ il/elle urine dessus, pisse sur quelque chose

ᓯᒋᐦᒁᒨ **sichihkwaamuu** vai -u ♦ il/elle mouille son lit; il/elle fait pipi en dormant

ᓯᒎ **sichuu** vai -i ♦ il/elle pisse, urine

ᓯᒎᐎᓐ **sichuuwin** ni ♦ de l'urine, de la pisse

ᓯᓂᑯᐯᑲᐦᐄᑲᓐ **sinikupekahiikan** ni ♦ une lavette, un torchon pour laver la vaisselle

ᓯᓂᑯᐯᐦᑲᑎᑲᐦᐄᑲᓐ **sinikupehkaatikahiikan** ni [Côte] ♦ une vadrouille

ᓯᓂᑯᓀᐤ **sinikuneu** vta ♦ il/elle la/le frotte avec la main

ᓯᓂᑯᓇᒻ **sinikunam** vti ♦ il/elle le frotte avec sa main

ᓯᓂᑯᔒᒣᐤ **sinikushimeu** vta ♦ il/elle la/le frotte sur une planche à laver

ᓯᓂᑯᔒᒧ **sinikushimuu** vai -u ♦ il/elle se frotte sur quelque chose

ᓯᓂᑯᔥᑐᐌᐦᐆᓱ **sinikushtuwehuusuu** vai reflex -u ♦ il/elle se met de la mousse pour se raser (ancien terme)

ᓯᓂᑯᔥᑯᐌᐤ **sinikushkuweu** vta ♦ il/elle la/le frotte contre quelque chose

ᓯᓂᑯᔥᑲᒻ **sinikushkam** vti ♦ il/elle le frotte contre quelque chose

ᓯᓂᑯᐦᐄᑲᓐ **sinikuhiikan** ni [Côte] ♦ une lime

ᓯᓂᑯᐦᐄᒉᐤ **sinikuhiicheu** vai ♦ il/elle affile, affûte, aiguise

ᓯᓂᑯᐊᒻ **sinikuham** vti ◆ il/elle l'aiguise avec une lime

ᓯᓂᑯᐐᐤ **sinikuhweu** vta ◆ il/elle l'aiguise à la lime, la/le lime

ᓯᓂᑯᐦᑎᑖᐤ **sinikuhtitaau** vai+o ◆ il/elle le frotte sur une planche à récurer

ᓯᓂᑯᐦᑕᑲᐦᐄᑲᓐ **sinikuhtakahiikan** ni ◆ un balai ou une brosse à planchers

ᓯᓂᑯᐦᑕᑲᐊᒻ **sinikuhtakaham** vti ◆ il/elle astique, frotte le plancher avec une brosse

ᓯᓂᑯᐦᑕᑲᐊᐧᐤ **sinikuhtakahweu** vta ◆ il/elle la/le frotte avec une brosse à récurer

ᓯᓂᑯᐦᑖᑲᓐ **sinikuhtaakan** ni ◆ une planche à laver

ᓯᓂᒀᐱᔫ **sinikwaapiiu** vai ◆ il/elle se frotte les yeux

ᓯᓂᒀᔅᑯᔑᒥᐤ **sinikwaaskushimeu** vta ◆ il/elle la/le frotte sur un bâton

ᓯᓂᒀᔅᑯᔑᒻ **sinikwaaskushimuu** vai-u ◆ il/elle se frotte avec un bâton, sur un arbre

ᓯᓂᒀᔅᑯᐦᐄᑲᓐ **sinikwaaskuhiikan** ni ◆ un arbre ou un bout de bois empreint d'une odeur pour attirer un animal

ᓯᓂᓰᐤ **sinisiiu** vai ◆ il/elle est compact-e

ᓯᓂᔅᒋᔅᐳᓐ **sinischispun** vii ◆ il tombe de la neige mouillée

ᓯᓂᔅᒋᔅᐸᔫ **sinischispayuu** vii-i ◆ il tombe de la neige mouillée

ᓯᓈᐤ **sinaau** vii ◆ c'est compact, comprimé

ᓯᓈᑯᓀᔥᑲᒻ **sinaakuneshkam** vti ◆ il/elle tasse la neige

ᓯᓈᑰ **sinaakuu** vai-u ◆ il/elle prend une collation, du mot anglais 'snack'

ᓯᓯᐦᐳᐦᑑᑲᔦᐸᔫ **sisihpuhtuukayepayuu** vai-i ◆ ses oreilles se rabattent

ᓯᓲᒋᐯᒡ **sisuuchipech** p,lieu [Côte] ◆ près du rivage ou de la rive du lac, proche de la berge, au bord de l'eau

ᓯᓲᒡ **sisuuch** p,lieu [Côte] ◆ près du rivage ou de la rive, proche de la berge, au bord de l'eau

ᓯᓲᐦᒋᒧ **sisuuhchimuu** vai-u ◆ il/elle parle avec audace

ᓯᔅᑲᖧᐤ **siskachaau** vii ◆ c'est de la neige fondante

ᓯᔅᑲᓐ **siskan** vii [Intérieur] ◆ c'est de la neige mouillée en hiver

ᓯᔅᑲᐎᓐ **siskahun** ni ◆ une canne, une béquille

ᓯᔅᑲᐐ **siskahuu** vai-u ◆ il/elle marche avec une canne ou avec des béquilles

ᓯᔅᑲᐐᐋᒉᐤ **siskahuuwaacheu** vai ◆ il/elle s'en sert comme canne

ᓯᔅᑲᐐᓈᐦᑎᒄ **siskahuunaahtikw** ni ◆ un cadre de béquille

ᓯᔅᑳᐦᑐᐍᐦᐄᑲᓈᐦᑎᒄ **siskaahtuwehiikanaahtikw** ni ◆ une perche ou un poteau de support ou d'appui

ᓯᔅᑳᐦᑐᐍᐊᒻ **siskaahtuweham** vti ◆ il/elle dresse une perche de soutien, plante un poteau d'appui

ᓯᔅᒋᑯᒌᐍᓲ **sischikuchiiwesuu** vai [Côte] ◆ il/elle se fâche soudainement

ᓯᔅᒋᑯᒡ **sischikuch** p,manière ◆ soudainement, subitement, brusquement, soudain, tout à coup, tout d'un coup, d'un coup sec ■ ᐁᔅᒋᑯᒡ ᐊᐸᐸᔨᖵ *Il s'est arrêté trop brusquement.*

ᓯᔅᒋᑯᓀᐤ **sischikuneu** vta ◆ il/elle la/le touche sans faire exprès

ᓯᔅᒋᑯᓇᒻ **sischikunam** vti ◆ il/elle le touche par accident

ᓯᔅᒋᑯᔑᓐ **sischikushin** vai ◆ il/elle se frappe ou se cogne sur quelque chose par accident

ᓯᔅᒋᑯᐊᒻ **sischikuham** vti ◆ il/elle le touche par accident avec un objet

ᓯᔅᒋᑯᐐᐤ **sischikuhweu** vta ◆ il/elle la/le touche accidentellement avec un objet

ᓯᔅᒋᑲᔥᑯᓂᐸᔫ **sischikashkunipayuu** vii ◆ le brouillard se lève soudainement

ᓯᔅᒋᒀᒌᐍᓲ **sischikwaachiiwesuu** vai [Intérieur] ◆ il/elle se fâche soudainement, tout à coup

ᓯᔅᒋᐦᑯᐱᓀᐤ **sischihkuhpineu** vai ◆ il/elle tombe malade tout d'un coup, soudainement; il/elle éprouve une douleur soudaine

ᓯᔅᒌᐅᒋᔑᒥᐤ **sischiiuchishimeu** vta [Côte] ◆ il/elle la/le salit de boue accidentellement

ᓯᔅᑎᐅᒋᐦᑎᑖᐤ sischiiuchihtitaau vai+o [Côte] ♦ il/elle le salit avec de la boue sans faire exprès

ᓯᔅᑎᐅᓀᐤ sischiiuneu vta [Côte] ♦ il/elle la/le couvre de boue à la main

ᓯᔅᑎᐅᓇᒼ sischiiunam vti ♦ il/elle le couvre de boue avec sa main

ᓯᔅᑎᐅᔑᓐ sischiiushin vai ♦ il/elle se couvre de boue en tombant

ᓯᔅᑎᐅᐦᐁᐤ sischiiuheu vta ♦ il/elle l'éclabousse, la/le couvre de boue

ᓯᔅᑎᐅᐦᑎᓐ sischiiuhtin vii ♦ ça se couvre de boue en tombant

ᓯᔅᑎᐅᐦᑖᐤ sischiiuhtaau vai+o ♦ il/elle le salit avec de la boue

ᓯᔅᑎᐚᑲᒨ sischiiwaakamuu vii -i ♦ l'eau est boueuse

ᓯᔅᑎᐚᒥᔅᑳᐤ sischiiwaamiskaau vii ♦ cette étendue d'eau a un fond boueux

ᓯᔅᑎᐚᔅᑯᓇᒼ sischiiwaaskunam vti ♦ il/elle le couvre de boue (long et rigide)

ᓯᔅᑎᐤ sischiiu vai/vii ♦ il est boueux, elle est boueuse; c'est boueux

ᓯᔅᒎ sischuu ni -chiim ♦ de la boue, de la vase; de l'argile, de la glaise

ᓯᔅᒎᒋᔑᒣᐤ sischuuchishimeu vta [Intérieur] ♦ il/elle la/le salit de boue accidentellement

ᓯᔅᒎᒋᐦᑎᑖᐤ sischuuchihtitaau vai+o [Intérieur] ♦ il/elle le salit de boue sans faire exprès

ᓯᐳᐸᔫ sihpupayuu vai/vii -i ♦ il/elle est aplati-e; c'est aplati

ᓯᐳᓀᐤ sihpuneu vta ♦ il/elle l'aplatit, l'écrase à la main

ᓯᐳᓇᒼ sihpunam vti ♦ il/elle l'aplatit (métal) avec ses mains

ᓯᐳᐦᐊᒼ sihpuham vti ♦ il/elle l'aplatit (métal, par ex. une cannette) avec quelque chose

ᓯᐳᐦᐁᐤ sihpuhweu vta ♦ il/elle l'aplatit, l'aplanit avec quelque chose (métal)

ᓯᐦᑯᐎᓐ sihkuwin ni ♦ de la salive, de la bave

ᓯᐦᑰ sihkuu vai -u ♦ il/elle crache

ᓯᐦᒀᑌᐤ sihkwaateu vta ♦ il/elle crache sur elle/lui

ᓯᐦᒀᑕᒼ sihkwaatam vti ♦ il/elle crache dessus

ᓰ

ᓰᐅᑏᔅ siiutiis ni -im ♦ des bonbons, de l'anglais 'sweeties'

ᓰᐱᑌᔮᔅᑯᐁᐤ siipiteyaaskuheu vta ♦ il/elle désosse un castor et l'étend avec des tiges pour le cuire près du feu

ᓰᐱᑌᔮᔅᑯᐦᐄᑲᓐ siipiteyaaskuhiikan ni [Intérieur] ♦ une façon de cuire un castor désossé, en l'étirant en carré sur quatre bâtons, comme un cerf-volant

ᓰᐱᑌᔮᔅᑯᐙᐗᓐ siipiteyaaskuhaapwaan ni [Côte] ♦ une façon de cuire un castor désossé, en l'étirant en carré sur quatre bâtons

ᓰᐱᓂᔐᔫ siipinischeyuu vai -i ♦ il/elle tend, étend, étire la main

ᓰᐱᔅᑳᑖᐦᑕᒼ siipiskataahtam vti ♦ il/elle a de la salive visqueuse à la bouche, de la bave qui lui dégouline de la bouche

ᓰᐱᔅᑳᐤ siipiskaau vii ♦ c'est élastique; c'est collant et gluant, visqueux

ᓰᐱᔐᔫᒋᓀᐤ siipischeyuuchineu vta ♦ il/elle l'étire à la main

ᓰᐱᔅᒋᐱᑌᐤ siipischipiteu vta ♦ il/elle l'étire

ᓰᐱᔅᒋᐱᒉᐤ siipischipicheu vai ♦ il/elle joue de l'accordéon

ᓰᐱᔅᒋᐱᒋᑲᓐ siipischipichikan ni ♦ un accordéon

ᓰᐱᔅᒋᐸᔫ siipischipayuu vai/vii -i ♦ il/elle devient élastique; ça devient collant, visqueux, poisseux

ᓰᐱᔅᒋᓲ siipischisuu vai -i ♦ il est collant, gluant, visqueux, extensible; elle est collante, gluante, visqueuse, extensible

ᓰᐱᔅᒋᐦᑕᑳᐤ siipischihtakaau vii ♦ c'est difficile à fendre (bois utile, ex. du bois mouillé)

ᓰᐱᐦᑳᓲ siipihkasuu vai ♦ il/elle (par ex. du castor) prend plus de temps que d'habitude à cuire

ᓰᐲ siipii ni -m ♦ une rivière, un fleuve

ᓰᐲᐌᓰᐃᐧᐁ siipiiwesiiwin ni ♦ de la patience

ᓰᐲᐌᔅ siipiiwesuu vai ♦ il/elle est patient-e

ᓰᐲᔅᑳᐤ siipiiskaau vii ♦ il y a beaucoup de rivières

ᓰᐲᐦᑳᐣ siipiihkaan ni ♦ un canal, un chenal

ᓰᐹᐃ siipaai na -m ♦ un ragoût avec des dumplings (boules de pâte), du français 'cipaille'

ᓰᐹᐃᐦᒉᐤ siipaaihcheu vai ♦ il/elle prépare des dumplings, des boulettes de pâte

ᓰᐹᓲ siipaasuu vai -i ♦ il/elle va sous quelque chose

ᓰᑐᐌᔨᒣᐤ siituweyimeu vta ♦ il/elle est réconforté-e par sa présence

ᓰᑐᐌᔨᒧᐃᐧᐁ siituweyimuwin ni ♦ le réconfort

ᓰᑐᐋᐱᐦᑳᑌᐤ siituwaapihkaateu vta ♦ il/elle l'attache pour la/le maintenir ensemble

ᓰᑐᐋᐱᐦᑳᑕᒼ siituwaapihkaatam vti ♦ il/elle l'attache pour le tenir ensemble

ᓰᑐᐋᔅᑯᐦᐄᑲᐣ siituwaaskuhiikan ni ♦ un bâton ou pieu servant d'étai, de montant, de béquille ou de support

ᓰᑐᐋᔅᑯᐦᐊᒼ siituwaaskuham vti ♦ il/elle l'appuie sur un bâton, le cale avec un objet long et rigide

ᓰᑐᐋᔅᑯᐦᐌᐤ siituwaaskuhweu vta ♦ il/elle l'étaie, la/le cale avec un objet long et rigide, lui pose un support

ᓰᑐᐢᑯᐌᐤ siitushkuweu vta ♦ il/elle est réconforté-e par sa présence

ᓰᑐ siituu p,manière ♦ précaire, instable, mauvais, dangereux, peu sûr; qui a besoin de support; soigneusement, prudemment, avec soin, avec précaution ■ *Cette table est précaire, dangereuse (elle a peut-être l'air solide, mais elle tombera si on y pose quelque chose).* ♦ *Pose-le là avec précaution.*

ᓰᑑᐴ siituupuu vai -i ♦ il/elle a peine à se tenir assise et fait attention

ᓰᑑᑳᐴ siituukaapuu vai -uu ♦ il/elle a peine à se tenir debout et fait attention

ᓰᑑᓀᐤ siituuneu vta ♦ il/elle l'assemble, la/le rassemble

ᓰᑑᓇᒼ siituunam vti ♦ il/elle le remet ensemble

ᓰᑑᔑᐣ siituushin vai ♦ il/elle est étendu-e là n'osant pas bouger (par ex. à cause de la douleur)

ᓰᑑᐦᐁᐤ siituuheu vta ♦ il/elle la/le dépose doucement, avec soin (par ex. une tasse de lait)

ᓰᑯᓂᑑᐦᐆᐃᐧᐁ siikunituuhuuwin ni ♦ la chasse de printemps

ᓰᑯᓂᔑᐃᐧᐁ siikunishuwin ni ♦ un endroit où passer le printemps

ᓰᑯᓂᔑᐤ siikunishuu vai -i ♦ il/elle passe tout le printemps au même endroit

ᓰᑯᓂᐦᑖᐅᑲᒥᒄ siikunihtaaukamikw ni ♦ une habitation de printemps

ᓰᑯᓂᐦᑖᐅ siikunihtaau vai+o ♦ il/elle passe le printemps à un endroit

ᓰᑯᓂᐦᑫᐤ siikunihkweu vai [Côte] ♦ sa face bronze ou brunit au printemps

ᓰᑯᓂᐦᒡ siikunihch p,temps ♦ le printemps passé, le printemps dernier

ᓰᑯᓈᐯᐤ siikunaapeu na ♦ un homme bronzé au printemps, lit. 'homme de printemps'

ᓰᑯᐣ siikun vii ♦ c'est le printemps

ᓰᑯᓵᑲᐣ siikusaakan na ♦ du gras crépitant sur le feu, une grillade de lard salé, une oreille de crisse

ᓰᑲᐦᐊᒧᐌᐤ siikahamuweu vta ♦ il/elle lui sert de la nourriture

ᓰᑲᐦᐊᒫᓲ siikahamaasuu vai reflex -u ♦ il/elle se sert de la nourriture

ᓰᑲᐦᐊᒼ siikaham vti ♦ il/elle sert de la nourriture dans des assiettes

ᓰᑲᐦᐋᐦᑐᐌᐤ siikahaahtuweu vta ♦ il/elle la/le baptise

ᓰᑲᐦᐋᐦᑖᐅᓲ siikahaahtaausuu vai -u ♦ il/elle fait baptiser son bébé

ᓰᑲᐦᐋᐦᑖᒉᐃᐧᐁ siikahaahtaachewin na ♦ un baptême

ᓰᑲᐦᐌᐤ siikahweu vta ♦ il/elle la/le sert

ᓰᑳᐴᓀᐤ siikaapuweneu vta ♦ il/elle la/le renverse ou répand avec la main (un liquide)

ᓰᑳᐳᐯᓇᒻ **siikaapuwenam** vti ♦ il/elle le verse (un liquide) avec la main

ᓰᑳᐳᐁᐦᑖᐤ **siikaapuwehtaau** vai+o ♦ il/elle le répand, le déverse, le renverse (liquide)

ᓰᑳᔮᐦᐴᑌᐤ **siikaayaahuuteu** vii ♦ les vagues se brisent dedans (par ex. un canot)

ᓰᑳᔮᐦᐴᑯᐤ **siikaayaahuukuu** vai-u ♦ il/elle reçoit les vagues qui se brisent sur le canot

ᓰᑳᔮᐦᐊᓐ **siikaayaahan** vii ♦ les vagues se brisent au-dessus du bateau

ᓰᒋᐁᐱᓀᐤ **siichiwepineu** vta ♦ il/elle la/le verse (par ex. du lait)

ᓰᒋᐁᐱᓇᒻ **siichiwepinam** vti ♦ il/elle le verse (par ex. de l'eau)

ᓰᒋᐠᐁᐤ **siichikwehweu** vai ♦ il/elle fait couler, répand son sang en la/le frappant; il/elle la/le fait saigner en frappant

ᓰᒋᓇᒻ **siichinam** vti ♦ il/elle le renverse, le répand de la main

ᓰᒥᓐ **siimin** ni ♦ une semence, une graine, un pépin

ᓰᓂᐱᑕᒻ **siinipitam** vti ♦ il/elle le comprime en glissant et tirant

ᓰᓂᐹᑎᓀᐤ **siinipaatineu** vta ♦ il/elle en exprime du liquide à la main

ᓰᓂᐹᑎᓇᒻ **siinipaatinam** vti ♦ il/elle en extrait du liquide en pressant avec la main

ᓰᓂᐹᑎᔥᑯᐁᐤ **siinipaatishkuweu** vta ♦ il/elle en exprime du liquide en utilisant son pied, le poids de son corps

ᓰᓂᐹᑎᔥᑳᒻ **siinipaatishkam** vti ♦ il/elle en extrait du liquide en pressant avec le poids de son corps (en s'asseyant dessus) ou avec le pied

ᓰᓂᐹᑖᐦᐄᑲᓐ **siinipaatahiikan** ni ♦ un tordeur, une essoreuse

ᓰᓂᒉᒧᐁᐤ **siinichemuweu** vai ♦ il/elle comprime les intestins pour en faire sortir le contenu

ᓰᓂᓱᐤ **siinisuu** vai -u ♦ le gras en est enlevé en bouillant

ᓰᓂᔅᒉᔨᑯᒣᐎᓐ **siinischeyikumewin** ni ♦ un Kleenex, un mouchoir, mouchoir de papier, papier-mouchoir

ᓰᓂᔅᒉᔨᑯᒣᐤ **siinischeyikumeu** vai ♦ il/elle se mouche

ᓰᓂᔅᒉᔨᑯᒣᐦᐁᐤ **siinischeyikumeheu** vta ♦ il/elle essuie le nez de quelqu'un, aide quelqu'un à se moucher

ᓰᓂᔅᒋᒀᑕᐦᐊᒻ **siinischikwaataham** vti ♦ il/elle glisse sur la glace (par ex. une loutre)

ᓰᓂᔅᒋᓀᐤ **siinischineu** vta ♦ il/elle glisse de sa main (par ex. une cuillère); il/elle la/le lâche

ᓰᓂᔅᒋᓇᒻ **siinischinam** vti ♦ ça glisse de sa main; il/elle lâche sa prise sur quelque chose

ᓰᓯᐯᐤ **siisipeu** vai ♦ il/elle fait fondre de la neige pour avoir de l'eau

ᓰᓯᐯᒄ **siisipekw** ni [Intérieur] ♦ de la neige fondue sur les lacs et rivières

ᓰᓯᐹᓈᐴ **siisipaanaapuu** ni -m ♦ de l'eau de neige, de la neige fondue (ancien terme)

ᓰᓰᑎᓲ **siisiitisuu** na -siim [Côte] ♦ un guillemot à miroir, un guillemot noir, un pigeon de mer *Cepphus grylle*

ᓰᔅᑳᐘᐅᑖᐤ **siiskaapwaautaau** vai+o ♦ il/elle en lave le sang

ᓰᔅᒋᓀᐤ **siischineu** vta ♦ il/elle la/le laisse glisser de sa main (filiforme)

ᓰᔅᒋᓇᒻ **siischinam** vti ♦ il/elle le laisse glisser (filiforme) de sa main

ᓰᐦᑌᒋᐱᑌᐤ **siihtechipiteu** vta ♦ il/elle la/le tend bien, la/le tire bien fort (étalé)

ᓰᐦᑌᒋᐱᑕᒻ **siihtechipitam** vti ♦ il/elle le tire pour le resserrer, le tendre (étalé)

ᓰᐦᑎᓀᐤ **siihtineu** vta ♦ il/elle l'agrippe, la/le prend ou saisit fermement, la/le serre à la main

ᓰᐦᑎᓇᒻ **siihtinam** vti ♦ il/elle le serre, le resserre avec la main; il/elle l'empoigne, le saisit en serrant fort

ᓰᐦᑎᔅᒋᒣᐤ **siihtischimeu** vai [Intérieur] ♦ il/elle fait un tressage serré de la raquette

ᓰᐦᑐ **siihtuu** p,lieu ♦ dans un lieu étroit, surpeuplé, un espace restreint, encombré ♦ ᓰᐦᑐ ᐊᓅᐦᒡ ᓂᔥᑖ ▪ *Debout dans la foule.*

ᓰᐦᑐᐙᐱᔅᑳᐤ **siihtuuwaapiskaau** vii ♦ c'est une crevasse dans un rocher

ᓰᐦᑑᐙᔅᑯᐦᑎᑖᐤ siihtuuwaaskuhtitaau vai+o ♦ il/elle le met dans un espace étroit parmi des choses longues et rigides

ᓰᐦᑑᐳ siihtuupuu vai -i ♦ il/elle est assis-e dans un espace étroit entre des choses

ᓰᐦᑑᐸᔨᐦᐤ siihtuupayihuu vai -u ♦ il/elle essaie de s'insérer entre deux personnes, deux choses; il (un animal) s'introduit ou se faufile dans un espace serré ou restreint

ᓰᐦᑑᐸᔪ siihtuupayuu vai/vii -i ♦ il/elle/ça tombe dans une fente, une crevasse, une fissure

ᓰᐦᑑᐹᒥᐤ siihtuupaameu vta ♦ il/elle la/le tient entre ses jambes

ᓰᐦᑑᐹᐦᑕᒼ siihtuupaahtam vti ♦ il/elle le tient entre ses jambes

ᓰᐦᑑᑎᐦᒀᒥᐤ siihtuutihkwaameu vta ♦ il/elle la/le prend sous son bras

ᓰᐦᑑᑎᐦᒀᐦᑕᒼ siihtuutihkwaahtam vti ♦ il/elle le prend sous son bras

ᓰᐦᑑᑳᐳ siihtuukaapuu vai -uu ♦ il/elle est debout dans un espace étroit, serré

ᓰᐦᑑᔑᒧ siihtuushimuu vai -u ♦ il/elle se faufile ou rampe parmi des choses

ᓰᐦᑑᔑᓐ siihtuushin vai ♦ il/elle est étendu-e dans un espace restreint

ᓰᐦᑑᐦᐄᑲᓐ siihtuuhiikan ni ♦ du calfeutrage pour les fissures, lézardes ou fentes dans une structure, une bâtisse

ᓰᐦᑑᐦᐄᒉᐤ siihtuuhiicheu vai ♦ il/elle calfeutre les fentes ou les fissures dans quelque chose (par ex. une cabane en rondins)

ᓰᐦᑑᐦᐊᒼ siihtuuham vti ♦ il/elle le calfeutre

ᓰᐦᑑᐦᑎᓐ siihtuuhtin vii ♦ c'est étendu dans un espace étroit

ᓰᐦᑕᐱᑌᐤ siihtapiteu vta ♦ il/elle l'attache solidement, bien serré-e

ᓰᐦᑕᐱᑕᒼ siihtapitam vti ♦ il/elle l'attache, le lie, le noue bien serré

ᓰᐦᑕᐳᐧᐃᒡ siihtapuwich vai pl -i ♦ ils sont tassés ensemble, elles sont tassées ensemble

ᓰᐦᑕᑯᑌᐤ siihtakuteu vii ♦ c'est suspendu en groupe serré

ᓰᐦᑕᒧᐦᐁᐤ siihtamuheu vta ♦ il/elle la/le pose ou met serré-e, tendu-e, raide sur quelque chose

ᓰᐦᑕᒧᐦᑖᐤ siihtamuhtaau vai+o ♦ il/elle le porte serré

ᓰᐦᑕᔅᑖᓱ siihtastaasuu vai -u ♦ ses choses sont entassées

ᓰᐦᑕᔦᒋᐱᑌᐤ siihtayechipiteu vta ♦ il/elle la/le tire bien fort, la/le tend bien (étalé)

ᓰᐦᑕᔦᒋᐱᑕᒼ siihtayechipitam vti ♦ il/elle le tire pour le resserrer, le tendre (étalé)

ᓰᐦᑕᔦᒋᓀᐤ siihtayechineu vta ♦ il/elle la/le tient bien fort, solidement (étalé)

ᓰᐦᑕᔦᒋᓇᒼ siihtayechinam vti ♦ il/elle le tient serré (étalé)

ᓰᐦᑕᐦᐊᒼ siihtaham vti ♦ il/elle le serre, le resserre avec quelque chose

ᓰᐦᑕᐦᐁᐤ siihtahweu vta ♦ il/elle la/le serre avec quelque chose

ᓰᐦᑖᐱᔅᑳᐤ siihtaapiskaau vii ♦ c'est un endroit étroit entre les rochers

ᓰᐦᑖᐱᐦᑌᐤ siihtaapihteu vii ♦ c'est enfumé, plein de fumée (par ex. une tente)

ᓰᐦᑖᐱᐦᑌᓂᐦᑖᐤ siihtaapihtenihtaau vai+o ♦ il/elle le remplit de fumée

ᓰᐦᑖᐱᐦᑳᑌᐤ siihtaapihkaateu vta ♦ il/elle l'attache solidement, en serrant bien

ᓰᐦᑖᐱᐦᑳᑕᒼ siihtaapihkaatam vti ♦ il/elle le serre bien, le resserre fortement

ᓰᐦᑖᐱᐦᒉᐱᑌᐤ siihtaapihchepiteu vta ♦ il/elle la/le tire fort (filiforme)

ᓰᐦᑖᐱᐦᒉᐱᑕᒼ siihtaapihchepitam vti ♦ il/elle le tire serré, tendu, raide (filiforme)

ᓰᐦᑖᐱᐦᒉᓀᐤ siihtaapihcheneu vta ♦ il/elle la/le tient bien, solidement, serré-e (filiforme)

ᓰᐦᑖᐱᐦᒉᓇᒼ siihtaapihchenam vti ♦ il/elle le tient bien serré (filiforme)

ᓰᐦᑖᐸᐦᐊᒼ siihtaapaham vti ♦ il/elle le resserre, le serre avec un outil

ᓰᐦᑖᐸᐦᐁᐤ siihtaapahweu vta ♦ il/elle la/le serre avec un outil

ᓰᐦᑖᑯᓀᐦᐊᒼ siihtaakuneham vti ♦ il/elle tasse, entasse de la neige dedans

ᓰᐦᑖᑯᓀᐦᐌᐤ siihtaakunehweu vta
 ♦ il/elle tasse de la neige dans quelque chose (d'animé)

ᓰᐦᑖᑲᒥᐦᑵᐸᔫ siihtaakamihkwepayuu vai -i ♦ il/elle a la circulation sanguine coupée, restreinte; sa circulation sanguine est coupée, restreinte

ᓰᐦᑖᔅᑵᔮᐤ siihtaaskweyaau vii ♦ la forêt est dense

ᓰᐦᑖᔅᑵᔮᑲᒫᐤ siihtaaskweyaakamaau vii ♦ le lac est entouré d'arbres serrés

ᓰᐦᑖᔅᑌᐦᑎᓐ siihtaaskuhtin vii ♦ c'est serré entre des choses longues et rigides

ᓰᐦᑲᑌᔨᐦᑕᒼ siihkateyihtam vti ♦ il/elle a un peu froid, sent la fraîcheur

ᓰᐦᑲᑌᔨᐦᑖᑯᓐ siihkateyihtaakun vii ♦ c'est frisquet, plutôt froid

ᓰᐦᑲᑎᒣᐤ siihkatimeu vta ♦ il/elle la/le fait frissonner, lui donne froid

ᓰᐦᑲᑖᐹᐌᐤ siihkataapaaweu vai ♦ il/elle a froid parce qu'il/qu'elle est mouillé-e ou humide

ᓰᐦᑲᐦᐄᐯᐤ siihkahiipeu vii ♦ il/elle passe un liquide d'un contenant à l'autre

ᓰᐦᑲᐦᐋᒑᒉᐤ siihkahaataacheu vai ♦ il/elle baptise, fait des baptêmes (par ex. St-Jean-Baptiste)

ᓰᐦᒋᑳᐴᐎᒡ siihchikaapuuwich vai pl -uu ♦ ils sont debout serrés ensemble, elles sont debout serrées ensemble

ᓰᐦᒋᒣᐤ siihchimeu vai ♦ il/elle l'encourage, lui demande avec insistance, lui donne un ordre

ᓰᐦᒋᒧᐌᐎᓐ siihchimuwewin ni ♦ de l'encouragement

ᓰᐦᒋᒧᐌᐤ siihchimuweu vai ♦ il/elle encourage, demande avec insistance

ᓰᐦᒋᓯᒀᐤ siihchisikwaau vii ♦ la glace brisée qui s'est déplacée est compacte

ᓰᐦᒋᔅᒋᒣᐤ siihchischimeu vai [Côte] ♦ il/elle fait un tissage serré de la partie de la raquette sous le pied

ᓰᐦᒋᔅᒋᓀᐤ siihchischineu vai ♦ il/elle est emballé-e serré-e, de façon compacte

ᓰᐦᒋᔅᒋᓂᐦᐁᐤ siihchischiniheu vta ♦ il/elle la/le tasse bien

ᓰᐦᒋᔅᒋᓂᐦᑖᐤ siihchischinihtaau vai+o ♦ il/elle l'emballe en serrant bien

ᓰᐦᒋᔑᐦᑌᐤ siihchishteu vii ♦ c'est plein, encombré de choses

ᓰᐦᒋᔑᑯᐌᐤ siihchishkuweu vta ♦ il/elle est serré-e, pressé-e contre elle/lui, est debout près d'elle/de lui

ᓰᐦᒋᔑᔅᑳᑐᐎᒡ siihchishkaatuwich vai pl recip -u ♦ ils sont bien serrés, tassés, entassés; elles sont bien serrées, tassées, entassées

ᓰᐦᒍᒎᓯᒣᐦᐆᓱᐎᓐ siihchuuchuusimehusuwin ni ♦ une brassière, un soutien-gorge (ancien terme)

ᓱ

ᓱᔅᑲᔅᒋᓇᒼ suskaschinam vti [Côte] ♦ il/elle attache le piège (à castor, à loutre) à un bâton fourchu et le descend dans l'eau

ᓲ

ᓲᐱᐸᔫ suupipayuu vii -i ♦ ça fait beaucoup de mousse

ᓲᐲᑎᐦᒉᐤ suupitihcheu vai ♦ il/elle a les mains savonneuses; il/elle a du savon sur les mains

ᓲᐳᔮᑲᓐ suupuyaakan ni ♦ un porte-savon

ᓲᐳᐦᐌᐤ suupuhweu vta ♦ il/elle la/le savonne

ᓲᐳᐦᑖᐤ suupuhtaau vai+o ♦ il/elle le savonne

ᓲᐸᐦᑕᒧᔦᐤ suupahtamuyeu vta ♦ il/elle la/le laisse lécher quelque chose (par ex. de la crème glacée)

ᓲᐸᐦᑕᒼ suupahtam vti ♦ il/elle le lèche

ᓲᐹᐴ suupaapuu ni ♦ de l'eau savonneuse

ᓲᐹᑲᒥᐸᔫ suupaakamipayuu vii -i ♦ l'eau est savonneuse

ᓲᐹᑲᒨ suupaakamuu vii -i ♦ c'est de l'eau savonneuse

ᓲᑉ suup na -im ♦ du savon

ᓱᓂᐸᑎᐦᐄᒉᒪᑲᓐ suunipaatihiichemakan vii ♦ ça arrose, pulvérise, vaporise

ᓱᓂᐸᑎᐦᐊᒻ suunipaatiham vti ♦ il/elle l'asperge, l'arrose, le vaporise

ᓱᓂᐸᑎᐦᐁᐤ suunipaatihweu vta ♦ il/elle la/le pulvérise, vaporise

ᓱᓂᐸᑖᐦᐅᓲᐚᑳᓐ suunipaatahusuuwaakan ni ♦ un pulvérisateur, une douche

ᓱᓂᐹᒋᑲᓐ suunipaachikan ni ♦ un pulvérisateur

ᓱᓂᔅᒉᔨᔥᑐᐌᐤ suunischeyishtuweu vta ♦ il/elle lui tend la main

ᓱᓂᔅᒉᔫ suunischeyuu vai -i ♦ il/elle étend la main, sort sa main

ᓲᓱᐸᒣᐤ suusuupameu vta redup ♦ il/elle la/le lèche plusieurs fois

ᓲᓱᐸᐦᑕᒻ suusuupahtam vti redup ♦ il/elle le lèche plusieurs fois

ᓲᓱᓯᒁᐤ suusuusikwaau vii redup ♦ c'est de la glace glissante

ᓲᓵᒋᐲᐎᓐ suusaachipiiwin vii [Intérieur] ♦ c'est détrempé, de la neige fondue (sur un lac, une rivière)

ᓲᓵᒋᐲᐦ suusaachipiih ni pl [Intérieur] ♦ du frasil, de l'eau mélangée à la glace quand la marée monte, de la bouillie de glace; de la neige fondante

ᓲᓵᒋᐸᔫ suusaachipayuu vii -i ♦ c'est de l'eau mélangée à de la glace quand la marée monte

ᓲᓵᓲ suusaasuu na -siim ♦ un omble chevalier, un omble arctique, un iqaluk, une truite rouge du Québec *Salvelinus alpinus*

ᓲᓵᔅᑯᓐ suusaaskun vii ♦ c'est de la glace lisse, glissante

ᓲᔅᑳᒋᓂᑲᓐ suuskaschinikan ni ♦ un piège attaché à un bâton fourchu, à poser dans l'eau

ᓲᔔᒍᐎᓐ suushuuchuwin vii ♦ le courant coule doucement

ᓱᐦᑫᐚᒻ suuhkweham vti [Côte] ♦ il/elle vérifie la solidité, l'épaisseur de la glace avec une perche

ᓱᐦᑯᑖᒧ suuhkutaamuu vai -u ♦ il/elle crache du sang

ᓱᐦᑯᓲ suuhkusuu vai -i ♦ il/elle est ensanglanté-e

ᓱᐦᑯᔒᓐ suuhkushin vai ♦ il/elle se tache de sang en traînant par terre

ᓱᐦᑯᐦᐁᐤ suuhkuheu vta ♦ il/elle la/le tache de sang

ᓱᐦᑯᐦᐄᓱ suuhkuhiisuu vai reflex -i ♦ il/elle reçoit du sang sur lui/elle

ᓱᐦᑯᐦᑎᓐ suuhkuhtin vii ♦ ça se couvre de sang en traînant par terre

ᓱᐦᑯᐦᑖᐤ suuhkuhtaau vai+o ♦ il/elle y met du sang

ᓱᐦᑲᓐ suuhkan vii ♦ ça a une prise solide, serrée (par ex. un piège)

ᓱᐦᑳᐱᐦᑳᑌᐤ suuhkaapihkaateu vta ♦ il/elle l'attache solidement

ᓱᐦᑳᐱᐦᑳᑕᒻ suuhkaapihkaatam vti ♦ il/elle l'attache bien serré, solidement

ᓱᐦᑳᑎᓰᐎᓐ suuhkaatisiiwin ni ♦ du pouvoir, de la puissance

ᓱᐦᑳᑎᓰᐤ suuhkaatisiiu vai ♦ il/elle est puissant-e, fort-e

ᓱᐦᑳᐦᑲᑎᑌᐤ suuhkaahkatiteu vii ♦ ça durcit en séchant

ᓱᐦᑳᐦᑲᑎᓲ suuhkaahkatisuu vai -u ♦ elle (une peau) sèche en profondeur; elle durcit en séchant

ᓱᐦᒁᐤ suuhkwaau vii ♦ c'est sanglant, ensanglanté

ᓱᐦᒡᐙᐯᑲᓐ suuhkwaapekan vii ♦ c'est une corde tachée de sang

ᓱᐦᒡᐙᐱᐦᒉᓱ suuhkwaapihchesuu vai ♦ c'est une corde tachée de sang

ᓱᐦᒃ suuhk p,interjection ♦ essaye! ∎ ᓱᐦᒃ ᐊᔅᒌᒡ * *Essaye fort.*

ᓱᐦᒉᑲᓐ suuhchekan vii ♦ c'est un tissu solide

ᓱᐦᒉᒋᓲ suuhchechisuu vai -i ♦ c'est un tissu solide

ᓱᐦᒉᔨᒣᐤ suuhcheyimeu vta ♦ il/elle a confiance en elle/lui; il/elle lui fait confiance, se fie à elle/lui

ᓱᐦᒉᔨᒧᑐᐌᐤ suuhcheyimutuweu vta ♦ il/elle agit avec assurance avec elle/lui, se sent en confiance avec elle/lui

ᓱᐦᒉᔨᒨ suuhcheyimuu vai -u ♦ il est sûr de lui, elle est sûre d'elle; il/elle est confiant-e

ᓱᐦᒉᔨᐦᑕᒻ suuhcheyihtam vti ♦ il/elle a confiance en quelque chose; il/elle est résolu-e, déterminé-e

ᒍᐅᔅᐊᐦᒉᐟᑲᐤ suuhcheyihtaakun vii ♦ ça semble fort, solide

ᒍᐅᔅᐊᐦᒉᐟᑯᔨ suuhcheyihtaakusuu vai -i ♦ il/elle a l'air fort-e, solide

ᒍᐅᔅᐊᐦᒉᒍ·ᐃᐊ suuhcheyihtaamuwin ni ♦ une force mentale

ᒍᐅᒋᐸᔨᐦᐁᐤ suuhchipayiheu vta ♦ il/elle la/le déplace avec force

ᒍᐅᒋᐸᔨᐦᐆ suuhchipayihuu vai -u ♦ il/elle bouge ou se déplace avec beaucoup de force

ᒍᐅᒋᐸᔨᐦᑖᐤ suuhchipayihtaau vai+o ♦ il/elle le bouge ou le déplace avec force

ᒍᐅᒋᐸᔫ suuhchipayuu vai/vii -i ♦ il/elle/ça bouge avec force

ᒍᐅᒋᑌᐦᐁᔥᑯᐌᐤ suuhchiteheshkuweu vta ♦ il/elle lui donne du courage

ᒍᐅᒋᑳᐴ suuhchikaapuu vai -uu ♦ il/elle se tient debout solidement, fermement

ᒍᐅᒋᑳᐴᐦᐁᐤ suuhchikaapuuheu vta ♦ il/elle la/le met fermement debout, la/le monte solidement

ᒍᐅᒋᑳᐴᐦᑖᐤ suuhchikaapuuhtaau vai+o ♦ il/elle le dresse, le met debout fermement, solidement

ᒍᐅᒋᒫᑲᐤ suuhchimaakun vii ♦ ça sent fort

ᒍᐅᒋᒫᑯᔨ suuhchimaakusuu vai -i ♦ il/elle sent fort

ᒍᐅᒋᒫᓲ suuhchimaasuu vai -u ♦ il/elle sent fort en brûlant (par ex. un cigare)

ᒍᐅᒋᒫᓴᒼ suuhchimaasam vti ♦ il/elle le brûle et ça sent fort

ᒍᐅᒋᒫᓵᐌᐤ suuhchimaasaaweu vai ♦ il/elle brûle quelque chose qui sent fort

ᒍᐅᒋᒫᔥᑌᐤ suuhchimaashteu vii ♦ ça sent fort en brûlant

ᒍᐅᒋᓈᑲᐤ suuhchinaakun vii ♦ ça a l'air fort, solide (par ex. une machine)

ᒍᐅᒋᓈᑯᔨ suuhchinaakusuu vai -i ♦ il/elle a l'air physiquement fort-e, solide

ᒍᐅᒋᓈᑯᐦᐁᐤ suuhchinaakuheu vta ♦ il/elle lui donne une apparence solide

ᒍᐅᒋᓈᑯᐦᑖᐤ suuhchinaakuhtaau vai+o ♦ il/elle lui donne une apparence solide

ᒍᐅᒋᓯᑯᔨ suuhchisikusuu vai -i ♦ elle (la glace) est solide

ᒍᐅᒋᓯᒁᐤ suuhchisikwaau vii ♦ c'est de la glace solide

ᒍᐅᒋᓯᐅᓈᑲᐤ suuhchisiiunaakun vii ♦ ça paraît fort, solide, rude

ᒍᐅᒋᓯᐃᐊ suuhchisiiwin ni ♦ de la force, de la puissance, de la robustesse, de la résistance

ᒍᐅᒋᓯᐤ suuhchisiiu vai ♦ il/elle est fort-e, solide

ᒍᐅᒋᓯᒫᑲᐤ suuhchisiimakan vii ♦ c'est fort, solide

ᒍᐅᒋᔅᐸᑲᐤ suuhchispakun vii ♦ ça goûte fort

ᒍᐅᒋᔅᐸᑯᔨ suuhchispakusuu vai -i ♦ il/elle a un goût fort, prononcé

ᒍᐅᒋᔥᑌᐦᐁᐤ suuhchisteheu vai ♦ il est brave, courageux; elle est brave, courageuse

ᒍᐅᒋᔥᑎᒁᓀᐤ suuhchishtikwaaneu vai [Intérieur] ♦ il/elle est entêté-e, têtu-e; il/elle a la tête dure

ᒍᐅᒋᔥᑳᐅᔓ suuhchishkaaushuu vai -u ♦ il/elle est capable, assez fort-e pour porter une lourde charge sur son dos

ᒍᐅᒋᐦᑖᑲᐤ suuhchihtaakun vii ♦ ça sonne, résonne, retentit fort

ᒍᐅᒋᐦᑖᑯᔨ suuhchihtaakusuu vai -i ♦ il/elle sonne fort, clair

ᒍᐅᒌᐌᐤ suuhchiiweu vii ♦ c'est un vent fort; il vente fort

ᒍᐅᒌᐌᓱ suuhchiiwesuu vai -i ♦ il/elle est enragé-e, vraiment fâché-e

ᒍᐅᒋᓯᐅᓈᑯᔨ suuhchiisiiunaakusuu vai -i ♦ il/elle a l'air rude, semble robuste

ᓴ

ᓴᐧᒉᐦᐱᑌᐤ sakwehpiteu vta ♦ il/elle tient plusieurs oiseaux attachés ensemble par le cou

ᓴᐧᒉᐦᐱᒋᑲᓂᔮᐲ sakwehpichikaniyaapii ni -m ♦ une corde servant à attacher des oiseaux en grappe

ᓴᑯᓱ sakusuu vai -i ♦ il/elle (par ex. un filet) a une maille fine, serrée

ᓴᑯᐍᑖᐤ **sakushtaau** vai+o ♦ il/elle pose ou installe des choses rapprochées

ᓴᑯᐦᐌᐤ **sakuhweu** vta ♦ il/elle la/le fait avec une maille fine et serrée (par ex. un filet)

ᓴᑲᐯᐤ **sakapeu** vai ♦ il/elle fait rôtir quelque chose sur une ficelle

ᓴᑲᐳᑌᐤ **sakaputeu** vta ♦ il/elle la/le fait rôtir pour elle/lui

ᓴᑲᐛᒉᑲᐣ **sakapwaachikan** ni ♦ un crochet au bout de la corde à rôtir

ᓴᑲᐛᓂᔮᐱ **sakapwaaniyaapii** ni -m ♦ une corde pour le rôtissage

ᓴᑲᐛᓈᐦᑎᒄ **sakapwaanaahtikw** ni ♦ un bâtonnet ou une broche que l'on passe au haut ou au bas d'une carcasse d'animal ou d'oiseau, suspendue à une corde à rôtir

ᓴᑲᐛᐣ **sakapwaan** na ♦ de la viande rôtie suspendue par une corde ou ficelle

ᓴᑲᑎᐦᑯᓅ **sakatihkunuu** vai ♦ c'est un arbre touffu, fourni

ᓴᑲᑯᐦᑖᐤ **sakakuhtaau** vai+o ♦ il/elle a le hoquet

ᓴᑲᒧᐦᑖᐤ **sakamuhtaau** vai+o ♦ il/elle le fait coller ou adhérer

ᓴᑲᒨ **sakamuu** vai/vii -u ♦ il/elle/ça adhère à quelque chose; c'est collé sur quelque chose

ᓴᑲᔅᒋᓀᐤ **sakaschineu** vta ♦ il/elle l'enterre, l'enfouit

ᓴᑲᔅᒋᓇᒼ **sakaschinam** vti ♦ il/elle enterre le corps

ᓴᑲᔅᒋᓯᐤ **sakaschisiiu** vai ♦ il/elle est bien tassé-e, rempli-e

ᓴᑲᐦᐄᑲᐣ **sakahiikan** ni ♦ une vis

ᓴᑲᐦᐊᒻ **sakaham** vti ♦ il/elle l'attache à quelque chose; il/elle le visse à quelque chose

ᓴᑲᐦᐌᐤ **sakahweu** vta ♦ il/elle l'attache à quelque chose, la/le fixe ou visse sur quelque chose

ᓴᑲᐦᐱᑌᐤ **sakahpiteu** vta ♦ il/elle tire autre chose en l'attachant à un premier objet qui se fait tirer

ᓴᑲᐦᐱᑕᒼ **sakahpitam** vti ♦ il/elle tire une deuxième chose en l'attachant à la première chose qui est tirée

ᓴᑳᐤ **sakaau** vii ♦ c'est un secteur couvert de buissons

ᓴᑳᐯᒋᓀᐤ **sakaapechineu** vta ♦ il/elle la/le tient par la poignée

ᓴᑳᐯᒋᓇᒼ **sakaapechinam** vti ♦ il/elle le tient par la poignée

ᓴᑳᐱᒉᐦᑎᑖᐤ **sakaapichehtitaau** vai+o ♦ il/elle l'accroche à quelque chose (filiforme)

ᓴᑳᐱᒉᐦᑎᐣ **sakaapichehtin** vii ♦ c'est accroché à quelque chose (filiforme)

ᓴᑳᐱᐦᒉᓀᐤ **sakaapihcheneu** vta ♦ il/elle la/le tient par la corde, la laisse, le harnais

ᓴᑳᐱᐦᒉᓇᒼ **sakaapihchenam** vti ♦ il/elle le tient par un cordon, une corde, une laisse, un harnais

ᓴᑳᐱᐦᒉᔑᐣ **sakaapihcheshin** vai ♦ il/elle est accroché-e à quelque chose (filiforme)

ᓴᑳᐱᐦᒉᔥᑯᐌᐤ **sakaapihcheshkuweu** vta ♦ il/elle est pris-e, emmêlé-e, enchevêtré-e dans quelque chose (filiforme)

ᓴᑳᔅᑫᔮᐤ **sakaaskweyaau** vii ♦ c'est une forêt dense, broussailleuse

ᓴᑳᔅᑯᐦᐊᒼ **sakaaskuham** vti ♦ il/elle l'épingle

ᓴᑳᔅᑯᐦᐌᐤ **sakaaskuhweu** vta ♦ il/elle l'épingle, la/le fixe avec une épingle, une punaise

ᓴᑳᔅᑳᐤ **sakaaskaau** vii ♦ c'est comprimé

ᓴᑳᔅᒋᔅᑳᐤ **sakaaschiskaau** vii ♦ c'est un endroit où les branches sont denses; la forêt est impénétrable

ᓴᑳᔨᐦᑴᐤ **sakaayihkweu** vai ♦ il/elle a les cheveux enchevêtrés, emmêlés

ᓴᑳᔨᐦᑴᐸᔫ **sakaayihkwepayuu** vai -i ♦ ses cheveux se mêlent, s'entremêlent

ᓴᑳᔨᐦᑴᓀᐤ **sakaayihkweneu** vta ♦ il/elle la/le tient ou retient par les cheveux, le poil

ᓴᑾᐤ **sakwaau** p,manière ♦ rapproché-e, serré-e, proche, très près, de près, densément, étroitement (par ex. le tissage d'une raquette). ᓅᐧᐄᔥ ᓴᑾᐤ ᐅ ᒋᑦᐊᒥᕁᐊ. *Ton tricot est tellement serré.*

ᓴᒋᐹᑌᐤ **sachipaateu** vta ♦ il/elle la/le boutonne

ᓴᒋᐹᑕᒼ **sachipaatam** vti ♦ il/elle le boutonne

ᓴᒋᐹᒐᑲᓐ **sachipaachikan** na ♦ un écrou, un boulon

ᓴᒋᐹᓲᓐ **sachipaasun** na ♦ un bouton

ᓴᒋᐹᓲᓂᒣᑕᐌᐎᓐ **sachipaasuunimetawewin** ni ♦ un jeu "Qui a le bouton?"

ᓴᒋᑑᓀᔮᐱᐦᑳᑌᐤ **sachituuneyaapihkaateu** vta ♦ il/elle l'attache par la bouche, la gueule

ᓴᒋᒁᓀᐤ **sachikweneu** vta ♦ il/elle la/le tient par le cou

ᓴᒋᒁᔮᐱᐦᑳᑌᐤ **sachikweyaapihkaateu** vta ♦ il/elle l'attache autour du cou

ᓴᒋᑯᐹᐤ **sachikupaau** vii ♦ ce sont des broussailles entremêlées, des buissons enchevêtrés, un taillis ou fourré dense

ᓴᒋᑯᔨᐌᓀᐤ **sachikuyiweneu** vta ♦ il/elle la/le tient par le cou

ᓴᒋᑲᒫᐤ **sachikamaau** vii ♦ c'est un lac croche

ᓴᒋᑳᑌᐱᑌᐤ **sachikaatepiteu** vta ♦ il/elle la/le tient par la jambe, la patte

ᓴᒋᑳᑌᓀᐤ **sachikaateneu** vta ♦ il/elle la/le tient par la jambe, la patte

ᓴᒋᑳᑌᐦᐱᑌᐤ **sachikaatehpiteu** vta ♦ il/elle l'attrape au collet par la patte

ᓴᒋᒀᑌᐤ **sachikwaateu** vta ♦ il/elle l'attache en cousant

ᓴᒋᒀᑕᒼ **sachikwaatam** vti ♦ il/elle l'attache en cousant

ᓴᒋᒣᐤᔮᓐ **sachimeuyaan** ni ♦ un ou une moustiquaire, un filet moustiquaire

ᓴᒋᒣᐤ **sachimeu** na -em ♦ un moustique, un maringouin

ᓴᒋᒣᔅᑳᐤ **sachimeskaau** vii ♦ c'est un endroit infecté de moustiques

ᓴᒋᒨᐌᐅᔥᑐᑎᓐ **sachimuweushtutin** ni ♦ un chapeau avec filet moustiquaire

ᓴᒋᓂᔐᓀᐤ **sachinischeneu** vta ♦ il/elle la/le tient par la main

ᓴᒋᓯᑌᓀᐤ **sachisiteneu** vta ♦ il/elle l'attrape, l'agrippe par le pied avec la main

ᓴᒋᓯᐦᑌᐱᑌᐤ **sachisihtepiteu** vta ♦ il/elle l'attrape, l'agrippe par les pattes (par ex. un lièvre, un chien)

ᓴᒋᓯᐦᑌᐦᐱᑌᐤ **sachisihtehpiteu** vta ♦ il/elle l'attrape au collet par les pattes (par ex. un lièvre, un chien)

ᓴᒋᔮᔅᒋᔅᑳᐤ **sachiyaaschiskaau** vii ♦ c'est une forêt dense de sapins

ᓴᒋᔮᐦᑎᑯᔅᑳᐤ **sachiyaahtikuskaau** vii ♦ c'est une forêt dense d'épinettes noires

ᓴᒋᐦᑑᑲᔦᓀᐤ **sachihtuukayeneu** vta ♦ il/elle la/le prend par l'oreille

ᓴᓂᔅᒌᐤ **sanischiiu** vai ♦ il (un chien) recule et s'aplatit quand on lui crie après

ᓴᓯᐳᑖᐤ **sasiputaau** vai+o redup ♦ il/elle l'affile, l'aiguise, l'affûte plusieurs fois

ᓴᓯᐳᑖᑲᓇᓰ **sasiputaakanasinii** na redup -m ♦ une meule, une pierre meule, une pierre meulière

ᓴᓯᐳᔦᐤ **sasipuyeu** vta redup ♦ il/elle la/le lime plusieurs fois

ᓴᓯᔅ **sasis** ni -im ♦ des ciseaux, de l'anglais 'scissors'

ᓴᓰᐹᓲ **sasiipaasuu** vai redup -i ♦ il/elle va sous quelque chose à plusieurs reprises

ᓴᔅᑲᑌᔨᒣᐤ **saskateyimeu** vta ♦ il/elle en a assez d'elle/de lui; il/elle est fatigué-e d'elle/de lui

ᓴᔅᑲᑌᔨᐦᑕᒨᐎᓐ **saskateyihtamuwin** ni ♦ de l'ennui

ᓴᔅᑲᑌᔨᐦᑕᒼ **saskateyihtam** vti ♦ il/elle en a assez, en a marre; il/elle s'ennuie à faire quelque chose, est fatigué-e de quelque chose

ᓴᔅᑲᑌᔨᐦᑖᑯᓐ **saskateyihtaakun** vii ♦ c'est ennuyeux

ᓴᔅᑲᑌᔨᐦᑖᑯᓲ **saskateyihtaakusuu** vai -i ♦ il/elle est ennuyant-e

ᓴᔅᑲᑕᐳ **saskatapuu** vai -i ♦ il/elle en a assez d'être assis-e

ᓴᔅᑲᒋᑳᐳ **saskachikaapuu** vai -uu ♦ il/elle en a assez d'être debout

ᓴᔅᑲᒋᒦᒍ **saskachimiichuu** vai -i ♦ il/elle est fatigué-e d'en manger; il/elle en a assez de manger cela

ᓴᔅᑲᒋᒨᐌᐤ **saskachimuweu** vta ♦ il/elle en a assez de manger la même chose

ᓴᔅᑲᒋᐦᐁᐤ **saskachiheu** vta ♦ il/elle l'ennuie, la/le fatigue

ᓴᔅᑲᒋᐤ **saskachiiu** vai ♦ il/elle est fatigué-e de faire quelque chose; il/elle en a assez de faire quelque chose

ᓴᔅᑲᒧᑎᔦᐤ **saskamutiyeu** vta ♦ il/elle introduit ou met quelque chose dans la bouche de quelqu'un

ᓴᔅᑲᒧᓈᓐ **saskamunaan** ni ♦ une bouchée, une gorgée

ᓴᔅᑲᒧᔔ **saskamushuu** vai dim -i ♦ il/elle en prend une petite bouchée

ᓴᔅᑲᒧ **saskamuu** vai -u ♦ il/elle se le met dans la bouche; il/elle le met dans sa bouche

ᓴᔅᑲᐦᐊᒫᓲᐎᓐ **saskahamaasuwin** ni ♦ un briquet, un allume-cigarette

ᓴᔅᑲᐦᐊᒼ **saskaham** vti ♦ il/elle y met le feu, l'allume

ᓴᔅᑲᐦᐌᐤ **saskahweu** vai ♦ il/elle l'allume (par ex. une cigarette), y met le feu

ᓵᔅᒋᑯᓀᐤ **saschikuneu** vta ♦ il/elle se cogne la main sur elle/lui

ᓵᔅᒋᑯᓇᒼ **saschikunam** vti ♦ il/elle se cogne la main sur quelque chose

ᓵᔅᒋᑯᔥᑯᐌᐤ **saschikushkuweu** vta ♦ il/elle la/le heurte, se cogne sur elle/lui en marchant

ᓵᔅᒋᑯᔥᑲᒼ **saschikushkam** vti ♦ il/elle se cogne dessus en marchant

ᓵᔅᒋᑯᐦᐊᒼ **saschikuham** vti ♦ il/elle entre dedans accidentellement, le frappe en conduisant

ᓵᔅᒋᑯᐦᐌᐤ **saschikuhweu** vta ♦ il/elle la/le frappe accidentellement en conduisant

ᓵᔅᒋᑯᐦᑖᐤ **saschikuhtaau** vai+o ♦ il/elle le frappe, le cogne sur quelque chose

ᓵᔅᒋᒁᑲᒥᐦᑕᒼ **saschikwaakamihtam** vti ♦ il/elle ne s'attendait pas à ce que la boisson soit si chaude

ᓵᔅᒋᔑᒣᐤ **saschishimeu** vta ♦ il/elle l'allume avec quelque chose

ᓵᔅᒋᐦᑎᑖᐤ **saschihtitaau** vai+o ♦ il/elle l'allume avec quelque chose

ᓴᐦᑳᐱᐦᑳᑌᐤ **sahkaapihkaateu** vta ♦ il/elle l'attache à quelque chose

ᓴᐦᑳᐱᐦᑳᑕᒼ **sahkaapihkaatam** vti ♦ il/elle l'attache, le noue à quelque chose

ᓵ

ᓵᐯᔨᒣᐤ **saapeyimeu** vta ♦ il/elle lui plaît (utilisé à la négative, il/elle ne lui plaît pas)

ᓵᐯᔨᐦᑕᒼ **saapeyihtam** vti ♦ il/elle est enthousiaste pour quelque chose (utilisé à la négative : n'est pas enthousiaste pour quelque chose)

ᓵᐱᑲᓐ **saapikan** vii ♦ c'est intéressant (par ex. une réunion, utilisé à la forme négative 'ce n'est pas intéressant, c'est ennuyeux'); c'est fort (utilisé à la forme négative, ex. du thé) ▪ ᒧᐊᐦ ᐊᓕᐃ ᐅᐦᒋ ᓵᐱᑲᓐ ᑳ ᓂᑳᒨᐊᐦᐠ ♦ ᐊᓕᐃ ᓵᐱᑲᓐ ᐁᑲ ᓵᐸᒣᐧᐠ ▪ *Le bal était un peu ennuyeux.* ♦ *Le thé n'est pas fort.*

ᓵᐱᓐ **saapin** vii ♦ c'est fort (par ex. une boisson, un médicament, utilisé à la négative 'ce n'est pas fort, c'est faible')

ᓵᐱᓰᐤ **saapisiiu** vai ♦ il/elle est fort-e, sain-e, en santé (souvent utilisé à la négative : il/elle n'est pas en santé)

ᓵᐱᐦᐄᑰ **saapihiikuu** vta inverse -u ♦ il/elle (par ex. un gibier) l'intéresse (utilisé à la forme négative avec 'namui', ça ne l'intéresse pas)

ᓵᐱᐦᑳᑌᐤ **saapihkaateu** vta [Côte] ♦ il/elle en attache un paquet ensemble (par ex. des mitaines)

ᓵᐱᐦᑳᑌᐤᐦ **saapihkaateuh** vii pl [Côte] ♦ plusieurs choses sont attachées ensemble

ᓵᐱᐦᑳᑕᒼ **saapihkaatam** vti [Côte] ♦ il/elle attache un tas de choses ensemble

ᓵᐱᐦᑳᓱᐎᒡ **saapihkaasuwich** vai pl -u [Côte] ♦ ils sont attachés ensemble, elles sont attachées ensemble; y en a plusieurs attachés ou attachées ensemble

ᓵᐲᐌᐤ **saapiiweu** vai ♦ il/elle a une forte constitution; il/elle est résistant-e (souvent utilisé à la négative : il/elle n'est pas fort-e, n'est pas en santé)

ᓵᐲᐤ **saapiiu** vai ♦ il/elle est fort-e, résistant-e (souvent utilisé à la négative : il/elle n'est pas fort-e, musclé-e)

ᓵᐸᑲᒥᐦᒀᐤ **saapakamihkweu** vai ♦ il/elle a le sang fort (utilisé à la négative pour décrire l'anémie : il/elle n'a pas le sang fort)

ᓵᐹᑲᒥᐦᑖᐤ **saapaakamihtaau** vai+o ♦ il/elle le fait solide (utilisé uniquement à la négative : il/elle ne le fait pas assez solide)

ᓵᐹᑲᒨ **saapaakamuu** vii -i ♦ c'est un liquide fort (utilisé seulement à la négative, c'est du thé ou du café faible)

ᓵᐹᔅᑯᐦᑎᓐ **saapaaskuhtin** vii ♦ c'est enroulé serré (utilisé à la négative, ce n'est pas enroulé serré)

ᓵᐹᔅᑲᑎᓐ **saapaaskatin** vii ♦ c'est gelé dur (utilisé à la négative, ce n'est pas complètement gelé)

ᓵᐹᔒᑌᐤ **saapaashteu** vii ♦ c'est une lumière forte, brillante; ça brille fort (utilisé uniquement à la négative, ça ne brille pas fort, ça n'éclaire pas bien)

ᓵᐹᔅᑯᔑᓐ **saapaashkushin** vai ♦ il/elle est enroulé-e solidement, bien serré-e (utilisé à la négative, ce n'est pas enroulé solidement, pas assez serré)

ᓵᐹᔥᑲᒎ **saapaashkachuu** vai -i ♦ il/elle est gelé-e dur-e (utilisé à la négative, ce n'est complètement gelé)

ᓵᑉᐙᔅᑲᑎᓐ **saapwaaskatin** vii ♦ c'est complètement gelé

ᓵᑉᐙᔅᑲᐦᑎᑖᐤ **saapwaaskahtitaau** vai+o ♦ il/elle le laisse geler dur, complètement

ᓵᑰᐤ **saakuweu** vai ♦ sa barbe ou sa fourrure commence à pousser

ᓵᑰᓱᒣᐤ **saakuusumeu** vta [Intérieur] ♦ il/elle la/le défait, convainc par son discours, persuade par ses paroles

ᓵᑲᑖᒣᐤ **saakataameu** vta ♦ il/elle la/le fait dépasser entre ses dents

ᓵᑲᑖᐦᑕᒼ **saakataahtam** vti ♦ il/elle le tient entre ses dents

ᓵᑲᔐᑲᐦᐊᒼ **saakaschekaham** vti ♦ il/elle rencontre un muskeg, arrive à une fondrière en voyageant

ᓵᑲᔑᓀᐤ **saakaschineu** vai/vii ♦ c'est plein; il/elle est rempli-e

ᓵᑲᔑᓀᐯᐤ **saakaschinepeu** vii ♦ c'est plein d'eau (par ex. un ruisseau, un fossé)

ᓵᑲᔑᓀᐯᐸᔫ **saakaschinepepayuu** vai/vii -i ♦ il/elle/ça se remplit de liquide

ᓵᑲᔑᓀᐯᒋᐦᐁᐤ **saakaschinepechiheu** vta ♦ il/elle la/le remplit d'un liquide

ᓵᑲᔑᓀᐯᔮᐤ **saakaschinepeyaau** vii ♦ c'est plein d'eau, de liquide (un contenant)

ᓵᑲᔑᓀᐸᑖᐤ **saakaschinepataau** vai+o ♦ il/elle le remplit d'eau, de liquide

ᓵᑲᔑᓀᐸᔦᐤ **saakaschinepayeu** vta ♦ il/elle la/le remplit d'eau, de liquide

ᓵᑲᔑᓀᑯᐦᑎᑖᐤ **saakaschinekuhtitaau** vai+o ♦ il/elle s'en sert pour remplir le contenant d'eau, de liquide

ᓵᑲᔑᓀᑯᐦᑎᓐ **saakaschinekuhtin** vii ♦ les choses dans l'eau ou le liquide remplissent le contenant

ᓵᑲᔑᓀᑯᐦᒋᓐ **saakaschinekuhchin** vai ♦ il/elle (par ex. une peau) est dans l'eau; le liquide remplit le contenant

ᓵᑲᔑᓀᔥᑯᐌᐤ **saakaschineshkuweu** vta ♦ Il (le Saint-Esprit) remplit son âme

ᓵᑲᔑᓀᔣᑯᐤ **saakaschineshkaakuu** vai -u ♦ il/elle en est rempli-e

ᓵᑲᔑᓀᐦᑯᐦᒋᒣᐤ **saakaschinehkuhchimeu** vta ♦ il/elle remplit le contenant d'eau, de liquide avec quelque chose

ᓵᑲᔑᓂᑖᓲ **saakaschinitaasuu** vai -u ♦ il/elle le remplit de ses possessions

ᓵᑲᔑᓂᐦᐁᐤ **saakaschiniheu** vta ♦ il/elle la/le remplit

ᓵᑲᔑᓂᐦᑖᐤ **saakaschinihtaau** vai+o ♦ il/elle le remplit

ᓵᑲᔥᑴᐸᔫ **saakashkwepayuu** vii -i ♦ le ruisseau débouche dans la clairière d'un bois

ᓵᑲᔥᑲᓐ **saakashkan** vii ♦ ça pousse (par ex. de l'herbe)

ᓵᑲᐦᐄᑲᓐ **saakahiikan** ni ♦ un lac

ᓵᑲᐦᐊᒼ **saakaham** vti ♦ il (un castor) sort de sa hutte en nageant

ᓵᑳᐯᒋᔑᓐ **saakaapechishin** vai ♦ il/elle dépasse, sort (filiforme)

ᓵᑳᐯᒋᐦᑎᓐ **saakaapechihtin** vii ♦ ça dépasse (filiforme)

ᓵᑳᐱᑌᐤ **saakaapiteu** vai ♦ il/elle perce ou fait ses dents

ᓵᑳᐱᐦᑌᐤ **saakaapihteu** vii ♦ la fumée monte au-dessus de quelque chose

ᓴᑳᐳᑌᐤ **saakaaputeu** vii ♦ la pression du courant le fait ressortir

ᓴᑳᐳᑰ **saakaapukuu** vai-u ♦ la pression du courant le fait sortir de l'eau

ᓴᑳᑯᓀᐤ **saakaakuneu** vai/vii ♦ il/elle/ça sort ou dépasse de la neige; c'est visible sur la neige

ᓴᑳᑯᓀᐦᐁᐤ **saakaakuneheu** vta ♦ il/elle la/le rend visible, la/le fait sortir ou dépasser de la neige

ᓴᑳᑯᓀᐦᑖᐤ **saakaakunehtaau** vai+o ♦ il/elle le rend visible, le fait sortir ou dépasser de la neige

ᓴᑳᔅᑯᐸᐦᑖᐤ **saakaaskupahtaau** vai ♦ il/elle sort en courant dans la clairière

ᓴᑳᔅᑯᔑᓐ **saakaaskushin** vai ♦ il/elle sort ou dépasse de quelque chose (long et rigide)

ᓴᑳᔅᑯᐦᑎᓐ **saakaaskuhtin** vii ♦ ça dépasse de quelque chose (long et rigide)

ᓴᑳᔑᑰ **saakaashikuu** vii-uu ♦ ça sort de là (un liquide)

ᓴᑳᔥᑌᐤ **saakaashteu** vii ♦ la lumière du soleil parvient à éclairer cet endroit

ᓴᑳᔥᑐᐌᐤ **saakaashtuweu** vii ♦ le soleil paraît, commence à briller

ᓵᒉᐤ **saacheweu** vai ♦ il/elle apparaît autour de la pointe de terre

ᓵᒉᐊᒌᐗᓐ **saachewechuwin** vii [Côte] ♦ ça coule hors de quelque chose derrière une pointe de terre

ᓵᒉᐧᔮᐳᑌᐤ **saacheweyaaputeu** vii ♦ ça apparaît à la vue en flottant autour de la pointe

ᓵᒉᐧᔮᐸᒣᐤ **saacheweyaapameu** vta ♦ il/elle lui jette un coup d'oeil, la/le regarde

ᓵᒉᐧᔮᐸᐦᑕᒻ **saacheweyaapahtam** vti ♦ il/elle le regarde, y jette un coup d'oeil

ᓵᒋᐯᐤ **saachipeu** vai/vii ♦ il/elle/ça sort ou dépasse de l'eau

ᓵᒋᐯᑉ **saachipepuu** vai-i ♦ il/elle est assis-e et dépasse de l'eau

ᓵᒋᐯᑯᒋᓐ **saachipekuchin** vai ♦ il/elle est dans l'eau avec une partie qui dépasse

ᓵᒋᐯᑯᐦᑎᑖᐤ **saachipekuhtitaau** vai+o ♦ il/elle le trempe dans l'eau avec une partie qui dépasse

ᓵᒋᐯᑯᐦᑎᓐ **saachipekuhtin** vii ♦ c'est dans l'eau avec une partie qui dépasse

ᓵᒋᐯᑳᑉ **saachipekaapuu** vai-uu ♦ il/elle est debout et dépasse de l'eau

ᓵᒋᐯᒋᔑᒣᐤ **saachipechishimeu** vta ♦ il/elle la/le fait dépasser (long et rigide)

ᓵᒋᐯᒋᔑᑎᒂᓀᑳᑉ **saachipechishtikwaanekaapuu** vai-uu ♦ il/elle est debout dans l'eau avec la tête qui dépasse

ᓵᒋᐯᒪᑲᓐ **saachipemakan** vii ♦ c'est l'époque de l'année où les feuilles et les fleurs commencent à pousser

ᓵᒋᐯᔑᒣᐤ **saachipeshimeu** vta ♦ il/elle la/le met dans l'eau avec un bout qui dépasse

ᓵᒋᐯᔥᑖᐤ **saachipeshtaau** vai+o ♦ il/elle le met dans l'eau avec une partie qui dépasse

ᓵᒋᐯᐦᐁᐤ **saachipeheu** vta ♦ il/elle la/le met ou pose dans l'eau avec une partie qui sort de l'eau

ᓵᒋᐯᐦᑎᑖᐤ **saachipehtitaau** vai+o ♦ il/elle le met dans l'eau avec une partie qui dépasse ou sort de l'eau

ᓵᒋᐱᑌᐤ **saachipiteu** vta ♦ il/elle la/le tire pour qu'elle/il dépasse

ᓵᒋᐱᑕᒻ **saachipitam** vti ♦ il/elle le tire pour que ça dépasse

ᓵᒋᐸᑲᓐ **saachipakan** vii ♦ les feuilles sortent à peine des bourgeons

ᓵᒋᐸᔫ **saachipayuu** vai/vii-i ♦ il/elle/ça dépasse, émerge, sort de quelque chose

ᓵᒋᐸᐦᑖᐤ **saachipahtaau** vai ♦ il/elle court à la vue

ᓵᒋᑌᐃᓃᐌᐸᔨᐦᐤ **saachiteiniiwepayihuu** vai-u [Intérieur] ♦ il/elle se sort la langue; il/elle sort sa langue

ᓵᒋᑌᔨᐌᐸᔨᐦᐤ **saachiteyiwepayihuu** vai-u ♦ il/elle tire la langue; il/elle sort sa langue

ᓵᒋᑎᔕᐤᐌᐤ **saachitishahweu** vta ♦ il/elle fait sortir un castor d'un trou dans la berge

ᓵᒋᐁᐱᔒᔥ **saachikwepishiish** na dim [Côte] ♦ un bécasseau, un chevalier solitaire *Tringa solitaria*, un chevalier grivelé, une maubèche branle-queue *Actitis macularia*, un bécasseau semi-palmé *Calidris pusillus*

ᓵᒋᐁᐴ **saachikwepuu** vai-i ♦ il/elle est assis-e avec la tête qui dépasse

ᓵᒋᒍᐃᓐ **saachichuwin** vii ♦ ça coule de quelque chose; c'est un ruisseau ou passage coulant dans un lac

ᓵᒋᓯᐤ **saachisiiu** vai ♦ il/elle est avare, pingre, chiche

ᓵᒋᔥᑎᑖᐤ **saachistitaau** vai+o ♦ il/elle le sort, le fait dépasser

ᓵᒋᔥᑎᓐ **saachistin** vii ♦ ça dépasse

ᓵᒋᔥᑐᐌᐤ **saachistuweu** vai ♦ il/elle parle clairement, de manière audible

ᓵᒋᔥᑐᐛᐤ **saachistuwaau** vii [Intérieur] ♦ c'est la décharge d'un lac, d'une rivière

ᓵᒋᔥᑑᐸᔫ **saachistuupayuu** vai-i ♦ il/elle arrive au lac par la rivière

ᓵᒋᔥᑑᐦᐊᒻ **saachistuuham** vti ♦ il/elle sort d'une rivière et arrive sur un lac en pagayant

ᓵᒋᔅᑵ **saachiskweu** vai ♦ il/elle passe la tête par la porte

ᓵᒋᔅᑵᐱᑌᐤ **saachiskwepiteu** vta ♦ il/elle tire la tête hors de quelque chose

ᓵᒋᔅᑵᑳᐴ **saachiskwekaapuu** vai-uu ♦ il/elle se tient debout avec sa tête qui dépasse

ᓵᒋᔅᑯᒣᐤ **saachiskumeu** vai/vii ♦ il/elle/ça sort ou dépasse de la glace

ᓵᒋᔑᒣᐤ **saachishimeu** vta ♦ il/elle la/le fait dépasser, sortir

ᓵᒋᔑᓐ **saachishin** vai ♦ il/elle sort, dépasse

ᓵᒋᔥᑑᔥᑲᒻ **saachishtuushkam** vti ♦ il/elle débouche sur un lac en marchant sur un ruisseau gelé

ᓵᒋᔥᑯᐌᐤ **saachishkuweu** vta ♦ il/elle se montre, la/le rencontre

ᓵᒋᔥᑲᒻ **saachishkam** vti ♦ il/elle se montre, sort de derrière quelque chose

ᓵᒋᐦᐁᐤ **saachiheu** vta ♦ il/elle l'aime

ᓵᒋᐦᐄᐌᐅᒌᔑᑳᐤ **saachihiiweuchiishikaau** vii ♦ c'est la Saint-Valentin

ᓵᒋᐦᐄᐌᐎᓐ **saachihiiwewin** ni ♦ l'amour

ᓵᒋᐦᐄᐌᐤ **saachihiiweu** vai ♦ il/elle aime

ᓵᒋᐦᐋᑲᓐ **saachihaakan** na ♦ un être aimé

ᓵᒋᐦᑖᐤ **saachihtaau** vai+o ♦ il/elle aime ça

ᓵᐦᐄᐅᔅᒋᔅᑳᐤ **saachiiuschiskaau** vii ♦ les pins commencent à peine à pousser

ᓵᐦᐄᐌᐤ **saachiiweu** vii ♦ le vent souffle autour d'une pointe

ᓵᒥᓀᐤ **saamineu** vta ♦ il/elle la/le touche; il/elle lui fait l'imposition des mains

ᓵᒥᓇᒻ **saaminam** vti ♦ il/elle pose ses mains sur quelque chose, le touche

ᓵᒥᔥᑎᒃᐛᓀᓀᐤ **saamishtikwaaneneu** vta ♦ il/elle la/le confirme (dans la religion)

ᓵᓂᑎᐹᓂᔥ **saanitipaanish** ni dim ♦ une tasse légère sans poignée, utilisée durant les voyages

ᓵᐊᓐᑖ ᑳᓬᐚᔅ **saantaa kaalwaas** na -im ♦ le Père Noël, de l'anglais 'Santa Claus'

ᓵᔅᒋᑵᐚᑲᓐ **saaseschikwewaakan** ni ♦ une friteuse

ᓵᔅᒋᑵᐅᓲ **saaseschihkweusuu** vai reflex -u [Intérieur] ♦ il/elle se fait frire quelque chose

ᓵᔅᒋᑵᐤ **saaseschihkweu** vai ♦ il/elle fait frire quelque chose

ᓵᔅᒋᒃᓲ **saaseschihkusuu** vai reflex -u [Côte] ♦ il/elle se fait frire quelque chose

ᓵᔅᒋᒃᐚᑌᐤ **saaseschihkwaateu** vta ♦ il/elle la/le fait frire

ᓵᔅᒋᒃᐚᑕᒻ **saaseschihkwaatam** vti ♦ il/elle le fait frire

ᓵᓯᐱᒣᐤ **saasipimeu** vai ♦ il/elle frit, fait fondre le gras d'animal

ᓵᓯᐱᒫᑌᐤ **saasipimaateu** vta ♦ il/elle en fait fondre le gras

ᓵᓯᐱᒫᓐ **saasipimaan** ni ♦ du gras fondu

ᓵᔔᐦᑯᓀᐤ **saasuuhkuneu** vta ♦ il/elle tache de sang

ᓵᔔᐦᑯᓂᒣᐦᑖᐤ **saasuuhkunimehtaau** vai+o ♦ il (un animal blessé) laisse du sang partout

ᓵᓴᐋᐃᐦᑯᓈᐤ **saasaaaihkunaau** na -naam ♦ une pâte frite

ᓵᓵᐲᕻ saasaapiih ni pl -m ♦ des herbes ou herbages aquatiques, du goémon, du varech

ᓵᓴᑲᑰᒉᐊ saasaakakuuchin vai ♦ il/elle (par ex. un jupon) pend, dépasse

ᓵᓵᒉᑲᐋᑌᐤ saasaachikaateu vai [Côte] ♦ il/elle a les jambes nues

ᓵᓵᒉᓂᑲᐋᑌᐤ saasaachinikaateu vai [Intérieur] ♦ il/elle a les jambes nues

ᓵᓵᒉᔅᑑ saasaachistuu vai -i ♦ il/elle est nu-pieds

ᓴᔅᑿᓐ saaskwaan ni ♦ du sang de caribou frit

ᓵᔥᒉᔨᒣᐤ saascheyimeu vta ♦ il/elle frissonne parce que quelqu'un lui inspire du dégoût

ᓵᔥᒉᔨᐦᑕᒼ saascheyihtam vti ♦ il/elle frissonne parce que ça le/la dégoûte

ᓵᔅᒋᐯᒋᔑᓐ saaschipechishin vai ♦ il (un oiseau) fait éclabousser l'eau en se posant

ᓵᐦᑌᔮᐱᓱ saahteyaapisuu vai -u ♦ il/elle a de la difficulté à voir à cause des reflets du soleil, particulièrement sur la neige au début du printemps; il/elle est aveuglé-e par les reflets du soleil

ᓵᐦᑴᔮᐅᔐᑐᑎᓐ saahkweyaaushtutin ni ♦ un chapeau de cowboy

ᓵᐦᑯᑌᓈᐴ saahkutenaapuu ni [Côte] ♦ du gruau, du porridge

ᓵᐦᑯᑎᒥᔥ saahkutimish na dim ♦ une jeune buse

ᓵᐦᑯᑕᒼ saahkutam na ♦ une buse pattue *Buteo lagopus*, une buse à queue rousse *Buteo jamaicensis*

·ᓴ

·ᓴᑉ swaap na -im ♦ du savon (ancien terme)

ᔐ

ᔐᐴ sheuchuu vai -i [Intérieur] ♦ il/elle sent facilement le froid (utilisé à la négative)

ᔐᐅᓂᐤ sheuneu vai ♦ il/elle se blesse facilement

ᔐᐅᓐ sheun vii ♦ c'est fragile; ça se brise facilement

ᔐᐅᓰᐤ sheusiiu vai ♦ il/elle est fragile, se brise facilement

ᔐᐅᔐᐤ sheusheu vai ♦ sa peau (d'un oiseau) se déchire facilement quand on le plume

ᔐᐅᐦᔐᐤ sheuheu vta ♦ il/elle s'en sert avec dureté, avec rudesse, sans ménagement, alors elle/il brise facilement

ᔐᐅᐦᑖᐤ sheuhtaau vai+o ♦ il/elle est dur-e avec, alors ça brise facilement

ᔐᐧᐸᔨᐦᐁᐤ shewepayiheu vta ♦ il/elle la/le fait résonner d'un son métallique

ᔐᐧᐸᔫ shewepayuu vai/vii -i ♦ il/elle/ça fait un bruit fort de sonnerie métallique

ᔐᐧᔑᒣᐤ sheweshimeu vta ♦ il/elle l'échappe et ça résonne d'un son métallique

ᔐᐧᔑᓐ sheweshin vai ♦ il/elle résonne, fait de l'écho (métal)

ᔐᐧᐦᑎᑖᐤ shewehtitaau vai+o ♦ il/elle l'échappe et ça résonne; il/elle fait un son métallique

ᔐᐧᐦᑎᓐ shewehtin vii ♦ ça résonne, fait de l'écho (métal)

ᔐᐋᔅᑲᑎᓐ shewaaskatin vii ♦ ça gèle facilement

ᔐᐋᔅᑲᒎ shewaaskachuu vai -i ♦ il/elle gèle facilement

ᔐᑯᐧᐸᐦᐊᒼ shekuwepaham vti ♦ il/elle le pousse, le balaie sous quelque chose

ᔐᑯᐧᐸᐦᐁᐤ shekuwepahweu vta ♦ il/elle la/le pousse, balaie sous quelque chose

ᔐᑯᐸᔨᐦᐁᐤ shekupayiheu vta ♦ il/elle la/le laisse passer dessous

ᔐᑯᐸᔨᐦᑖᐤ shekupayihtaau vai+o ♦ il/elle l'envoie dessous

ᔐᑯᑕᐦᒋᔅᑯᐧᐁᐤ shekutahchishkuweu vta ♦ il/elle lui donne un coup de pied sous quelque chose

ᔐᑯᑕᐦᒋᔥᑲᒼ shekutahchishkam vti ♦ il/elle lui donne des coups de pied pour le faire rentrer dans un endroit serré

ᓂᑦᑰᓂᐤ **shekukuniiu** vai ♦ il/elle se glisse sous la couverture

ᓂᑦᑰᓂᔥᑐᐌᐤ **shekukuniishtuweu** vta ♦ il/elle rampe, se glisse sous les couvertures de quelqu'un

ᓂᑯᐦ **shekuch** p,lieu ♦ sous, au-dessous, en dessous, dans un endroit ou espace étroit ∎ ᐊᓂᐤ" ᓂᑯᐦ ᓂᐸᓃᐤ ᐊᔅᒌ"ₓ ∎ *Mets-le sous la couverture.*

ᓂᑯᖰᐦᐋᐸᓐ **shekumekahiikan** ni [côte] ♦ une pièce de centre évasé d'un étireur de peaux de fourrure

ᓂᑯᓄᐤ **shekuneu** vta ♦ il/elle met ses mains directement sous elle/lui

ᓂᑯᓇᒧ **shekunam** vti ♦ il/elle met ses mains directement en dessous de quelque chose

ᓂᑯᓯᑯᐦᐊᒻ **shekusikuham** vti [Intérieur] ♦ il/elle le pousse sous la glace avec un instrument

ᓂᑯᓯᑯᐦᐌᐤ **shekusikuhweu** vta [Intérieur] ♦ il/elle la/le pousse sous la glace à l'aide d'un objet

ᓂᑯᓲ **shekusuu** vai-u ♦ il/elle se met quelque chose sous la ceinture, la manche

ᓂᑯᔅᒋᓇᒻ **shekuschinam** vti [Intérieur] ♦ il/elle glisse le piège sur un bâton fourchu sous la glace dans l'eau

ᓂᑯᔑᒣᐤ **shekushimeu** vta ♦ il/elle la/le glisse entre des choses dans un espace étroit (par ex. de l'argent dans un portefeuille)

ᓂᑯᔑᒨ **shekushimuu** vai-u ♦ il/elle se glisse, rampe entre des choses dans un espace étroit, restreint

ᓂᑯᔑᓐ **shekushin** vai ♦ il/elle se trouve entre des choses dans un espace étroit (par ex. de l'argent)

ᓂᑯᔦᒋᓄᐤ **shekuyechineu** vta ♦ il/elle passe la main sous la couverture pour la/le vérifier

ᓂᑯᔦᒋᓇᒻ **shekuyechinam** vti ♦ il/elle met sa main sous la couverture pour le vérifier

ᓂᑯᔭᐦᒋᓄᐤ **shekuyahchineu** vta ♦ il/elle la/le pousse sous quelque chose, dans un espace étroit, avec la main

ᓂᑯᔭᐦᒋᓇᒻ **shekuyahchinam** vti ♦ il/elle le pousse sous quelque chose, dans un espace étroit, avec la main

ᓂᑯᐦᐄᑲᓄᐎᑦ **shekuhiikanuwit** ni ♦ une chemise de classement, un dossier, un duo-tang

ᓂᑯᐦᐊᒻ **shekuham** vti ♦ il/elle le met dessous, entre des choses

ᓂᑯᐦᐌᐤ **shekuhweu** vta ♦ il/elle la/le met sous quelque chose

ᓂᑯᐦᑎᑖᐤ **shekuhtitaau** vai+o ♦ il/elle le glisse dessous

ᓂᑯᐦᑎᓐ **shekuhtin** vii ♦ c'est en dessous

ᓂᐙᐹᐌᐤ **shekwaapaaweu** vai/vii ♦ il y a de l'eau qui suinte, qui s'infiltre sous lui/elle/ça

ᓂᐙᐹᓀᐦᑖᐤ **shekwaapaanehtaau** vai+o ♦ il/elle le glisse sous le laçage de la charge du toboggan

ᓂᐙᐹᓂᑲᐦᑐᐌᐤ **shekwaapaanikahtuweu** vta ♦ il/elle attache une corde tout autour (un toboggan)

ᓂᐙᐹᓐ **shekwaapaan** ni ♦ des cordes latérales sur un toboggan ou traîneau; un cordage ou une corde

ᓂᐙᑎᑲᐦᐄᑲᓈᐦᑎᒄ **shekwaatikahiikanaahtikw** ni [côte] ♦ une baguette ou un refouloir sur un ancien fusil

ᓂᐙᑎᑲᐦᐄᐦᑑᑲᔦᐆᓲ **shekwaatikahiihtuukayehuusuu** vai-u ♦ il/elle se nettoie l'oreille avec quelque chose (par ex. un coton tige 'Q-tip')

ᓂᐙᔅᑯᐦᐄᑲᓈᐦᑎᒄ **shekwaaskuhiikanaahtikw** ni ♦ une pièce de centre évasé d'un étireur de peaux de fourrure

ᓂᐙᔅᑯᐦᐌᐤ **shekwaaskuhweu** vta ♦ il/elle glisse la pièce centrale du tendeur à fourrure dans quelque chose (d'animé)

ᓂᐙᔒ **shekwaashuu** vai-i ♦ il (le vent) passe à travers, sous des épaisseurs (de vêtements)

ᓂᐙᔥᑎᓐ **shekwaashtin** vii ♦ le vent traverse, passe en dessous de couches de quelque chose

ᓂᒫᒡ **shemaach** p,temps ♦ avant longtemps, pour longtemps (utilisé dans la négative avec namui ou taapaa) ∎ ᑖᐸ ᓂᒫᒡ ᒣ ᓂᐸ ᐙᐸᒫᐤₓ ∎ *Je ne la verrai pas avant longtemps.*

ᔐᓀᐤ **sheneu** vta ♦ il/elle la/le retourne là où il/elle l'a acheté-e

ᔐᓇᒻ **shenam** vti ♦ il/elle le retourne là où il/elle l'a acheté

ᔐᔅᒋᔑᓐ **sheschishin** vai ♦ il/elle a un bout sur la rive

ᔐᔅᒋᔥᑌᐤ **sheschishteu** vii ♦ c'est placé avec un bout sur le rivage

ᔐᔅᒋᔥᑖᐤ **sheschishtaau** vai+o ♦ il/elle le place (un canot) avec un bout sur la rive; il/elle l'accoste sur le rivage

ᔐᔐᐌᐦᑎᑖᐤ **sheshewehtitaau** vai+o redup ♦ il/elle le fait sonner, résonner

ᔐᔐᐌᐦᑖᑲᓐᐦ **sheshewehtaakanh** ni ♦ des cloches, des clochettes, des grelots (pour un harnais)

ᔐᔐᒫᔥᑕᐴ **sheshemaashtapuu** vai redup -i ♦ il/elle est assis-e avec les genoux élevés et séparés

ᔐᔐᔫ **shesheshuu** na -iim ♦ un grand chevalier, un grand chevalier à pattes jaunes *Tringa melanoleuca*, aussi petit chevalier, petit chevalier à pattes jaunes *Tringa flavipes*

ᔐᔥᑎᑯᔮᐱ **sheshtikuyaapii** ni -m ♦ une corde épaisse, un cordon [Côtier]; un fil [Intérieur]

ᔐᔥᒀᐦᒡ **sheshkwaaht** p,manière ♦ librement, sans contrainte, sans obligation, sans être forcé-e; pas nécessaire, pas besoin ▪ ᔐᔥᒀᐦᒡ ᓂ ᒥᒉᐦᑳᐤ ᐊᒐ ᓕᐦᑲᐤ. ▪ *Il n'est pas nécessaire de monter cette tente.*

ᔐᔥᒋᔑᒨ **sheshchishimuu** vai ♦ il/elle se sort la tête de l'eau sur la rive (par ex. un phoque, un poisson)

ᔐᔪᐌᑲᓐ **sheyuwekan** vii ♦ c'est du tissu, une étoffe à la verge

ᔐᔫᐳ **sheyuupuu** vai -i ♦ il/elle reste ouvert-e

ᔐᔫᐸᔫ **sheyuupayuu** vai/vii -i ♦ il/elle/ça ouvre; il/elle est ouvert-e; c'est ouvert

ᔐᔫᑯᑖᐤ **sheyuukutaau** vai+o ♦ il/elle le laisse pendre ouvert

ᔐᔫᑯᔦᐤ **sheyuukuyeu** vta ♦ il/elle la/le laisse pendre ouvert-e

ᔐᔫᔥᑖᐤ **sheyuushtaau** vai+o ♦ il/elle laisse ouvert

ᔐᔫᔥᑯᐌᐤ **sheyuushkuweu** vta ♦ il/elle l'ouvre avec son corps, son pied

ᔐᔫᔥᑲᒻ **sheyuushkam** vti ♦ il/elle l'ouvre avec son corps, son pied

ᔐᔫᐦᐁᐤ **sheyuuheu** vta ♦ il/elle la/le laisse ouvert-e

ᔐᐦ **sheh** p,interjection ♦ expression de désapprobation (utilisée seule)

ᔅ

ᔑᐳᒋᑲᓐ **shipuchikan** ni [Intérieur] ♦ une lime (outil)

ᔑᑖᐱᐦᑳᑌᐤ **shitaapihkaateu** vta ♦ il/elle l'attache avec les autres

ᔑᑖᐱᐦᑳᑕᒻ **shitaapihkaatam** vti ♦ il/elle l'attache avec les autres

ᔑᑖᐱᐦᑳᓲ **shitaapihkaasuu** vai -u ♦ il/elle est attaché-e à quelque chose

ᔑᒁᔮᐱᐦᒋᑲᓂᔥ **shikweyaapihchikanish** ni dim [Intérieur] ♦ un cran de mire, une encoche de hausse (près de la détente), une mire arrière de fusil

ᔑᑯᐸᔫ **shikupayuu** vai/vii -i ♦ il/elle/ça ramollit (par ex. du poisson gardé trop longtemps)

ᔑᑯᑌᒥᓈᓈᐦᑎᑯ **shikuteuminaanaahtikw** ni ♦ une ronce petit-mûrier, une chicouté, une plaquebière *Rubus chamaemorus*

ᔑᑯᑌᓈᑯᓐ **shikuteunaakun** vii ♦ c'est orange, la couleur de la chicouté

ᔑᑯᑌᓈᑯᓲ **shikuteunaakusuu** vai -i ♦ il/elle semble orange, la couleur de la mûre jaune (du chicouté, de la ronce petit-mûrier)

ᔑᑯᑌᐙᐦᑎᒄ **shikutewaahtikw** ni ♦ une ronce petit-mûrier, un chicouté *Rubus chamaemorus*

ᔑᑯᑌᐦ **shikuteuh** ni pl ♦ une ronce petit-mûrier, une mûre jaune, un chicouté, des mûres blanches, des plaquebières

ᔑᑯᑖᐅᓀᐦᐌᐤ **shikutaaunehweu** vta ♦ il/elle lui donne un coup à la bouche ou la gueule avec quelque chose

ᔑᑯᒣᐤ **shikumeu** vta ♦ il/elle l'écrase, la/le broie avec ses dents

ᔑᑯᒥᓐ **shikumin** ni ♦ du poisson cuit, déchiqueté et mélangé avec des fruits

ᔑᑯᓀᐤ **shikuneu** vta ♦ il/elle l'écrase, la/le broie avec la main

ᔑᑯᓇᒥ **shikunam** vti ♦ il/elle l'écrase, le broie avec la main

ᔑᑯᔑᒣᐤ **shikushimeu** vta ♦ il/elle l'écrase, la/le broie en l'échappant

ᔑᑯᔥᑯᐌᐤ **shikushkuweu** vta ♦ il/elle l'écrase, la/le broie avec le pied, le corps

ᔑᑯᔥᑲᒥ **shikushkam** vti ♦ il/elle l'écrase, le broie avec le pied, le corps

ᔑᑯᐦᐊᒼ **shikuham** vti ♦ il/elle l'écrase, le broie

ᔑᑯᐦᐌᐤ **shikuhweu** vta ♦ il/elle l'écrase

ᔑᑯᐦᑎᑖᐤ **shikuhtitaau** vai+o ♦ il/elle l'écrase en l'échappant

ᔑᑯᐦᑕᒼ **shikuhtam** vti ♦ il/elle l'écrase, le broie avec les dents

ᔑᑲᐴ **shikapuu** vai-i ♦ il/elle urine ou pisse dans ses culottes en étant assis-e

ᔑᑳᐱᔒ **shikaapishii** ni-m ♦ un crique, un petit ruisseau

ᔑᑳᑯᒫᑯᓐ **shikaakumaakun** vai-i ♦ ça sent la mouffette (ou moufette)

ᔑᑳᑯᒫᑯᓱᐤ **shikaakumaakusuu** vai-i ♦ ça sent la mouffette (ou mouffette)

ᔑᑳᑯᔥ **shikaakush** na dim ♦ une jeune mouffette

ᔑᑳᑯᔮᓐ **shikaakuyaan** na ♦ une peau de mouffette, 25 cents, un trente sous

ᔑᑳᑯ **shikaakw** na ♦ une mouffette

ᔑᑳᔦᐃᐦᑕᒼ **shikaayeyihtam** vti ♦ il/elle est frustré-e, éprouve du ressentiment à ce sujet ▪ ᔑᑳᔦᐦᑕᒼ ᐁ ᒍᒃ ᒋᐦᒡ. ▪ *Elle est frustrée de faire quelque chose (qu'elle n'a pas envie de faire).*

ᔑᐧᑳᐱᐦᒋᑲᓂᔥ **shikwaapihchikanish** ni dim [Côte] ♦ un cran de mire, une encoche de hausse (près de la détente), une mire arrière de fusil

ᔑᐧᑳᐸᒣᐤ **shikwaapameu** vta ♦ il/elle le/la regarde avec des jumelles

ᔑᐧᑳᐸᐦᑕᒼ **shikwaapahtam** vti ♦ il/elle le regarde avec des jumelles

ᔑᐧᑳᐸᐦᒋᑲᓐ **shikwaapahchikan** ni ♦ des jumelles, une longue-vue; une lunette d'approche, un télescope

ᔑᐧᑳᑎᑲᐦᐄᑲᓈᐦᑎᒄ **shikwaatikahiikanaahtikw** ni [Intérieur] ♦ une baguette ou un refouloir sur un ancien fusil

ᔑᐧᑳᑎᑲᐦᐊᒼ **shikwaatikaham** vti ♦ il/elle l'ajuste, le fait entrer dans un trou

ᔑᐧᑳᑎᑲᐦᐌᐤ **shikwaatikahweu** vta ♦ il/elle la/le met dans le poêle (par ex. la clé de tuyau)

ᔑᒋᑲᐦᐁᐤ **shichikaheu** vta ♦ il/elle la/le coupe ou tranche sur un objet en bois

ᔑᒋᑲᐦᐊᒼ **shichikaham** vti ♦ il/elle le fend, le coupe, le tranche sur un objet en bois

ᔑᒋᔥᑯᐌᐤ **shichishkuweu** vta ♦ il/elle la/le presse contre quelque chose si fort qu'elle/il urine

ᔑᒥᑌᑯᔦᐤ **shimitekuyeu** vta ♦ il/elle la/le pend ou suspend à l'endroit, en position debout (par ex. un pantalon)

ᔑᒥᑎᐱᐦᐁᐤ **shimitipiheu** vta ♦ il/elle l'installe en position droite, la/le dresse

ᔑᒥᑎᔅᑴᓀᐤ **shimitiskweneu** vta ♦ il/elle lui dresse la tête

ᔑᒥᑎᔅᑴᔑᓐ **shimitiskweshin** vai ♦ il/elle se lève ou se dresse la tête tout en étant couché-e

ᔑᒥᑎᔅᑴᔨᐤ **shimitiskweyuu** vai-i ♦ il/elle se monte ou se lève la tête toute droite

ᔑᒥᑎᐦᐁᐤ **shimitiheu** vta ♦ il/elle la/le redresse, l'assoit bien droit (par ex. asseoir le bébé droit)

ᔑᒥᑐᐦᑌᐤ **shimituhteu** vai ♦ il/elle marche debout (sur ses pattes arrière, comme un humain)

ᔑᒥᑑᑌᐤ **shimituuteu** vai ♦ il/elle transporte quelqu'un ou quelque chose sur son dos, la tête levée

ᔑᒥᑕᐴ **shimitapuu** vai-i ♦ il/elle est assis-e tout-e droit-e

ᔑᒥᑕᑯᒋᓐ **shimitakuchin** vai ♦ il/elle est accroché-e, pendu-e ou suspendu-e à l'endroit

ᔑᒥᑖᐱᐦᑳᑌᐤ **shimitaapihkaateu** vta ♦ il/elle l'attache debout, la tête en haut, pour la/le transporter sur son dos

ᔑᒥᑖᐱᐦᑳᑕᒻ **shimitaapihkaatam** vti
 ♦ il/elle l'attache debout, à l'endroit, pour le porter sur son dos

ᔑᒥᑖᔅᑯᐦᐌᐤ **shimitaaskuhweu** vta
 ♦ il/elle l'installe, la/le dresse ou pose debout (un oiseau mort servant d'appeau)

ᔑᒥᒋᑳᐴ **shimichikaapuu** vai-uu ♦ il/elle se dresse debout, se redresse

ᔑᒥᒋᑳᐴᐦᐁᐤ **shimichikaapuuheu** vta
 ♦ il/elle la/le dresse ou pose debout, la tête en haut (par ex. des raquettes)

ᔑᒥᒋᑳᐴᐦᑖᐤ **shimichikaapuuhtaau** vai+o
 ♦ il/elle le dresse, le redresse, le met debout

ᔑᒥᒋᔅᒀᔑᓐ **shimichiskweshin** vai [Côte]
 ♦ il/elle se dresse ou se lève la tête tout en étant couché-e

ᔑᒥᒋᔑᒣᐤ **shimichishimeu** vta ♦ il/elle l'assoit, l'installe en position assise

ᔑᒥᒋᔑᓐ **shimichishin** vai ♦ il/elle s'étend, s'allonge en position assise

ᔑᒫᑲᓐ **shimaakan** ni ♦ un harpon

ᔑᓂᑖᑲᓐ **shinitaakan** ni [Intérieur] ♦ une ligne de fixation d'un filet

ᔑᓂᔐᐤ **shinisheu** vai ♦ il/elle (un oiseau) a des plumes difficiles à enlever; il/elle est difficile à plumer

ᔑᔅᒌᐙᐱᓀᐤ **shischiiwaapineu** vta redup [Côte] ♦ il/elle lui frotte les yeux avec de la boue, de la glaise, de l'argile

ᔑᔅᒎᐙᐱᓀᐤ **shischuuwaapineu** vta redup [Intérieur] ♦ il/elle lui frotte les yeux avec de la boue, de la glaise, de l'argile

ᔑᔥᐯᑲᐦᐆᑎᓲ **shishupekahuutisuu** vai reflex -u ♦ il/elle se frotte ou se frictionne avec un liquide; il/elle s'enduit d'un liquide

ᔑᔥᐯᑲᐦᐊᒻ **shishupekaham** vti ♦ il/elle le vernit, peinture, le peint avec un liquide

ᔑᔥᐯᑲᐦᐌᐤ **shishupekahweu** vta
 ♦ il/elle la/le vernit, peinture avec un liquide

ᔑᔥᐯᒋᓀᐤ **shishupechineu** vta ♦ il/elle la/le frotte avec un liquide

ᔑᔥᐯᒋᓇᒻ **shishupechinam** vti ♦ il/elle le frotte avec un liquide

ᔑᔥᐱᑌᐤ **shishupiteu** vta ♦ il/elle la/le frotte rapidement, énergiquement

ᔑᔥᐱᑕᒻ **shishupitam** vti ♦ il/elle le frotte rapidement sur quelque chose

ᔑᔑᓀᐤ **shishuneu** vta ♦ il/elle frotte quelque chose sur elle/lui

ᔑᔑᓂᑎᓲ **shishunitisuu** vai reflex -u
 ♦ il/elle se frotte ou se frictionne avec

ᔑᔑᓂᑎᐦᐹᑌᐤ **shishunitihpaateu** vta
 ♦ il/elle frotte de la cervelle sur une peau pour la tanner

ᔑᔑᓇᒻ **shishunam** vti ♦ il/elle le frotte sur quelque chose

ᔑᔑᔅᒌᐆᐌᒋᓀᐤ **shishuschiiuwechineu** vta redup [Côte] ♦ il/elle frotte de la boue sur quelque chose (étalé)

ᔑᔑᔅᒌᐆᐌᒋᓇᒻ **shishuschiiuwechinam** vti redup [Côte] ♦ il/elle frotte de la boue dessus (étalé)

ᔑᔑᔅᒌᐆᒋᔑᒣᐤ **shishuschiiuchishimeu** vta redup [Côte] ♦ il/elle la/le frotte de boue, la/le salit accidentellement avec de la boue

ᔑᔑᔅᒌᐆᒋᐦᑏᑖᐤ **shishuschiiuchihtitaau** vai+o redup [Côte] ♦ il/elle frotte de la boue dessus accidentellement; il/elle le salit de boue sans faire exprès

ᔑᔑᔅᒎᐌᒋᓀᐤ **shishuschuuwechineu** vta redup [Intérieur] ♦ il/elle frotte de la boue sur quelque chose (étalé)

ᔑᔑᔅᒎᐌᒋᓇᒻ **shishuschuuwechinam** vti redup [Intérieur] ♦ il/elle frotte de la boue sur quelque chose (étalé)

ᔑᔑᔅᒎᐙᐱᓀᐤ **shishuschuuwaapineu** vta redup [Intérieur] ♦ il/elle frotte les yeux de quelqu'un avec de la boue, de la glaise, de l'argile

ᔑᔑᔅᒎᒋᔑᒣᐤ **shishuschuuchishimeu** vta redup [Intérieur] ♦ il/elle frotte, met de la boue sur elle/lui accidentellement

ᔑᔑᔅᒎᒋᐦᑏᑖᐤ **shishuschuuchihtitaau** vai+o redup [Intérieur] ♦ il/elle frotte de la boue dessus accidentellement; il/elle le salit de boue sans faire exprès

ᔑᔑᐦᐆᓲ **shishuhuusuu** vai redup reflex -u
 ♦ il/elle étend quelque chose sur lui/elle-même

ᔑᔑᐦᐊᒻ **shishuham** vti redup [Waswanipi]
 ♦ il/elle le peinture, le peint (un mur, une maison)

ᔑᔓᐦᐁᐤ **shishuhweu** vta redup [Waswanipi]
 • il/elle la/le peint, peinture

ᔑᔓᐦᑫᓀᐤ **shishuhkweneu** vta redup
 • il/elle peint le visage, la face de quelqu'un

ᔑᔓᐦᑫᓂᓲ **shishuhkwenisuu** vai redup reflex -u • il/elle se poudre la face, se met de la crème sur le visage

ᔑᔓᐦᑫᐆᓲ **shishuhkwehuusuu** vai reflex -u
 • il/elle se peint ou se maquille le visage

ᔑᔔᐯᑳᐦᐃᒉᐤ **shishuupekahiicheu** vai
 • il/elle peint des tableaux, des oeuvres d'art

ᔑᐦᑴᔨᒣᐤ **shihkweyimeu** vta [Côte]
 • il/elle doute de sa capacité

ᔑᐦᑴᔨᐦᑕᒼ **shihkweyihtam** vti [Côte]
 • il/elle doute de sa capacité

ᔑᐦᑯᔒᔑᔥ **shihkushiishish** na dim • une jeune belette, fouine, hermine

ᔑᐦᑯᔒᔑᐆᔮᓐ **shihkushiishuuyaan** na
 • une peau d'hermine, de belette

ᔑᐦᑯᔒᔥ **shihkushiish** na dim • une belette, une hermine *Mustela erminea*

ᔒ

ᔒᐆᐯᑲᓐ **shiiupekan** vii • ça goûte bon; c'est juteux

ᔒᐆᐯᒋᓲ **shiiupechisuu** vai -i • il/elle (par ex. une orange) a un goût sucré; il est juteux, elle est juteuse

ᔒᐆᑌᐐᐤ **shiiutewiiu** vai • il/elle commence à avoir faim, en travaillant sans prendre le temps de manger

ᔒᐆᑌᐤ **shiiuteu** vai [Côte] • il/elle a faim; il/elle est affamé-e

ᔒᐆᑌᓈᑯᓲ **shiiutenaakusuu** vai -i [Côte]
 • il/elle semble affamé-e; il/elle a l'air d'avoir faim

ᔒᐆᑌᐦᐁᐤ **shiiuteheu** vta [Côte] • il/elle lui donne faim

ᔒᐆᑌᐦᑌᐤ **shiiutehteu** vai • il/elle a faim après avoir marché

ᔒᐆᒫᑲᓐ **shiiumaakun** vii • ça a une odeur aigre

ᔒᐆᒫᑯᓲ **shiiumaakusuu** vai -i • il/elle a une odeur aigre, sure

ᔒᐆᔅᐸᑲᓐ **shiiuspakun** vii • ça goûte salé, sucré

ᔒᐆᔅᐸᑯᓲ **shiiuspakusuu** vai -i • il/elle a un goût salé, sucré

ᔒᐆᔑᓐ **shiiushin** vai • il/elle surit (par ex. du lait)

ᔒᐆᐦᐁᐤ **shiiuheu** vta • il/elle la/le sale, sucre

ᔒᐆᐦᑎᓐ **shiiuhtin** vii • ça surit

ᔒᐆᐦᑖᐤ **shiiuhtaau** vai+o • il/elle y met du sel

ᔒᐆᐦᑖᑲᓂᑰᐦᑰᔥ **shiiuhtaakanikuuhkuush** na -im • du porc salé

ᔒᐆᐦᑖᑲᓈᐴ **shiiuhtaakanaapuu** ni • de la saumure, de l'eau salée

ᔒᐆᐦᑖᑲᓐ **shiiuhtaakan** ni • du sel

ᔒᐆᐦᑖᒉᐤ **shiiuhtaacheu** vai • il/elle sale; il/elle met du sel

ᔒᐆᐦᑲᐦᑌᐤ **shiiuhkahteu** vii • ça surit à cause de la chaleur

ᔒᐆᐦᑳᐴ **shiiuhkaapuu** vai -uu • il/elle cligne de l'oeil, fait un clin d'oeil

ᔒᐆᐦᑳᐸᒣᐤ **shiiuhkaapameu** vta • il/elle lui fait un clin d'oeil

ᔒᐆᐦᑳᐸᐆᑰ **shiiuhkaapahuukuu** vai -u
 • il/elle plisse les yeux en mangeant quelque chose de très sucré ou sur (amer)

ᔒᐆᐦᑳᐸᐦᑕᒼ **shiiuhkaapahtam** vti
 • il/elle ferme un oeil pour viser

ᔒᐁᔫ **shiiweyuu** vai -i [Intérieur]
 • il/elle a faim; il/elle est affamé-e

ᔒᐁᐦᐁᐤ **shiiweheu** vta [Intérieur]
 • il/elle l'affame, lui donne faim

ᔒᐋᐤ **shiiwaau** vii • c'est assaisonné, salé, sucré

ᔒᐋᐴ **shiiwaapuu** ni • de l'eau salée

ᔒᐋᑲᒥᓂᒉᐤ **shiiwaakaminicheu** vai
 • il/elle sucre un liquide (par ex. du thé, du café)

ᔒᐋᑲᒥᔑᓐ **shiiwaakamishin** vai • il (un liquide) est sur

ᔒᐋᑲᒥᐦᑎᓐ **shiiwaakamihtin** vii • c'est aigre (liquide)

ᔒᐋᑲᒥᐦᑖᐤ **shiiwaakamihtaau** vai+o
 • il/elle le sucre (un liquide)

ᔒᐋᑲᒥᐦᑫᐎᓐ **shiiwaakamihkewin** ni
 • un diabète

ᔒᐋᑲᒨ **shiiwaakamuu** vii -i • c'est assaisonné (un liquide salé ou sucré)

ᔒᐯ·ᐁᐯᐤ **shiipewepeu** vii [Côte] ♦ il y a de l'eau qui coule dans le passage

ᔒᐯ·ᐁᒐ·ᐃᐣ **shiipewechuwin** vii ♦ le courant, la marée creuse un nouveau passage ou chenal

ᔒᐯ·ᐁᓯ·ᐃᑳᐤ **shiipewesikwaau** vii ♦ c'est un passage dans la glace

ᔒᐯ·ᐁᔮᐤ **shiipeweyaau** vii ♦ c'est un passage

ᔒᐯᐯᔮᐤ **shiipepeyaau** vii [Intérieur] ♦ de l'eau coule dans le passage

ᔒᐯᐸᔫ **shiipepayuu** vii ♦ il reste trop d'espace à la fin du laçage de la raquette

ᔒᐯᑎᓈᐤ **shiipetinaau** vii ♦ c'est un espace découvert sur une montagne

ᔒᐯᒋᐱᑌᐤ **shiipechipiteu** vta ♦ il/elle la/le tire et l'étire

ᔒᐯᒋᐱᑕᒼ **shiipechipitam** vti ♦ il/elle le tire et l'étire

ᔒᐯᒋᐸᔫ **shiipechipayuu** vai/vii-i ♦ il/elle s'étire tout-e seul-e, spontanément; ça s'étire tout seul

ᔒᐯᒥᓯᐦᐃᑯᔅᑳᐤ **shiipeminihiikuskaau** vii ♦ c'est une forêt d'épinettes blanches sans sous-bois

ᔒᐯᒦᑐᔅᑳᐤ **shiipemiituskaau** vii ♦ c'est une forêt de peupliers sans sous-bois

ᔒᐯᓂᔅᒋᓲ **shiipenischisuu** vai ♦ il (un arbre) est dénudé, n'a pas de branches dans sa partie inférieure

ᔒᐯᓈᑯᐣ **shiipenaakun** vii ♦ on dirait que les arbres n'ont pas de sous-bois

ᔒᐯᔃᑳᐤ **shiipeschekaau** vii ♦ c'est une forêt sans sous-bois

ᔒᐯᔅᒋᑳᐤ **shiipeschiskaau** vii ♦ c'est une forêt de pins sans sous-bois

ᔒᐯᔦᔨᐦᑕᒼ **shiipeyeyihtam** vti [Intérieur] ♦ il/elle pense qu'il y a trop d'espace dans la pièce vide

ᔒᐯᔨᒣᐤ **shiipeyimeu** vta ♦ il/elle la/le remet au lendemain, la/le laisse longtemps sans agir

ᔒᐯᔨᐦᑕᒼ **shiipeyihtam** vti ♦ il/elle procrastine, remet quelque chose à plus tard, le laisse longtemps sans rien faire

ᔒᐯᔪᐯᔮᐤ **shiipeyupeyaau** vii [Intérieur] ♦ l'eau coule dans un passage

ᔒᐯᔫᒋᐸᔪ **shiipeyuuchipayuu** vii-i ♦ ça s'étire (un vêtement en laine)

ᔒᐯᔮᐤ **shiipeyaau** vii ♦ il n'y a pas de sous-bois

ᔒᐯᔮᑯᓂᑳᐤ **shiipeyaakunikaau** vii ♦ c'est un espace découvert dans la neige

ᔒᐯᔮᔅᑵᔮᐤ **shiipeyaaskweyaau** vii ♦ c'est une forêt sans sous-bois

ᔒᐯᔮᔅᒋᑳᐤ **shiipeyaaschiskaau** vii ♦ c'est une forêt de sapins sans sous-bois

ᔒᐱᐸᔫ **shiipipayuu** vii-i ♦ ça s'étire

ᔒᐱᑳᐴ **shiipikaapuu** vai-uu ♦ il/elle se tient debout longtemps sans se fatiguer

ᔒᐱᒋᔅᒋᓲ **shiipichischisuu** vai-i ♦ il/elle a une bonne mémoire; il/elle se souvient longtemps

ᔒᐱᓀᐤ **shiipineu** vai ♦ il/elle prend du temps pour mourir

ᔒᐱᓂᔅᑳᑌᐤ **shiipiniskaateu** vta ♦ il/elle l'étire au bout de ses bras (par ex. pour la/le mesurer)

ᔒᐱᓂᔅᑳᑕᒼ **shiipiniskaatam** vti ♦ il/elle le lève au-dessus de la tête (par ex. des haltères); il/elle l'étire avec les deux bras

ᔒᐱᓂᔐᔳ **shiipinischeyuu** vai-i ♦ il/elle s'étire les bras

ᔒᐱᔅᒋᐱᑕᒼ **shiipischipitam** vti ♦ il/elle l'étire (quelque chose qui est extensible)

ᔒᐱᔅᒋᐸᔨᐦᐁᐤ **shiipischipayiheu** vta ♦ il/elle la/le fait s'étirer

ᔒᐱᔅᒋᐸᔨᐦᑖᐤ **shiipischipayihtaau** vai+o ♦ il/elle le fait s'étirer

ᔒᐱᔅᒋᐸᔫ **shiipischipayuu** vai/vii-i ♦ il/elle/ça s'étire

ᔒᐱᔅᒋᓲ **shiipischisuu** vai-i ♦ il/elle est étirable, extensible

ᔒᐱᔅᒋᔫ **shiipischiiu** vai [Intérieur] ♦ il/elle s'étire; il/elle est extensible

ᔒᐱᔥᑎᒀᓀᐤ **shiipishtikwaaneu** vai ♦ il/elle est têtu-e, entêté-e; il/elle a la tête dure

ᔒᐱᔥᑯᐌᐤ **shiipishkuweu** vta ♦ il/elle l'étire en la/le portant, avec le corps, le pied

ᔑᐱᑊᑲᒼ **shiipishkam** vti ♦ il/elle l'étire en le portant, avec le pied

ᔑᐱᔥᒋᔥᑯᐁᐤ **shiipishchishkuweu** vta ♦ il/elle l'étire avec le corps, le pied

ᔑᐱᔥᒋᔥᑲᒼ **shiipishchishkam** vti ♦ il/elle l'étire avec le corps, le pied

ᔑᐱᐦᑐᐁᐤ **shiipihtuweu** vta ♦ il/elle résiste aux ordres, ne fait pas ce qu'elle/il lui dit de faire

ᔑᐱᐦᑕᑳᐤ **shiipihtakaau** vii [Côte] ♦ c'est difficile à fendre (bois utile)

ᔑᐱᐦᑕᒼ **shiipihtam** vti ♦ il/elle est têtu-e, obstiné-e au sujet de quelque chose

ᔑᐱᐦᑯᔔ **shiipihkushuu** vai -i ♦ il/elle peut rester éveillé-e longtemps; il/elle peut rester longtemps sans dormir

ᔑᐲᐧᒋᐧᐃᐤ **shiipiiwesiiwin** ni ♦ s'abstenir d'agir, une patience à toute épreuve, de l'indulgence

ᔑᐲᐧᔑᔥᑐᐁᐤ **shiipiiweshiishtuweu** vta ♦ il/elle est patient-e avec elle/lui

ᔑᐲᐧᔑᔥᑕᒼ **shiipiiweshiishtam** vti ♦ il/elle est patient-e avec quelque chose

ᔑᐲᐤ **shiipiiu** vai ♦ il/elle s'étire

ᔑᐲᔑᒍᐃᐤ **shiipiishichuwin** vii ♦ c'est une rigole, de l'eau qui coule (par ex. après la pluie)

ᔑᐲᔥ **shiipiish** ni dim -im ♦ un ruisseau, un courant, un cours d'eau, un crique

ᔑᐱᔥᑳᐤ **shiipiishkaau** vii ♦ il y a beaucoup de ruisseaux, de criques

ᔑᐸᐳ **shiipapuu** vai -i ♦ il/elle reste assis-e longtemps sans se fatiguer; il/elle a de l'endurance

ᔑᐸᑎᐊ **shiipatin** vii ♦ c'est résistant au froid; ça résiste au froid

ᔑᐸᒍ **shiipachuu** vai -i ♦ il/elle résiste au froid

ᔑᐸᐊ **shiipan** vii ♦ c'est durable, solide, fort

ᔑᐸᐦᐄᔫᓀᐤ **shiipahiiyuuneu** vai ♦ il/elle étire des peaux

ᔑᐸᐦᐊᒼ **shiipaham** vti ♦ il/elle l'étire (une fourrure)

ᔑᐸᐦᐊᐱᔥᑖᓀᐤ **shiipahaapishtaaneu** vai ♦ il/elle étire une peau de martre (ou marte)

ᔑᐸᐦᐊᑯᔨᐁᐸᔨᐦᐆ **shiipahaakuyiwepayihuu** vai -u ♦ il/elle (un tétras, un lagopède, une perdrix) s'étire le cou à l'approche du chasseur

ᔑᐸᐦᐋᒉᔓᐁᐤ **shiipahaacheshuweu** vai ♦ il/elle étire une peau de renard

ᔑᐸᐦᐋᒋᔥᑯᔮᓀᐤ **shiipahaachishkuyaaneu** vai ♦ il/elle étire une peau de rat musqué

ᔑᐸᐦᐋᐦᑖᑲᓐ **shiipahaahtaakan** ni ♦ un étireur de fourrure

ᔑᐸᐦᐁᐤ **shiipahweu** vta ♦ il/elle l'étire (une peau)

ᔑᐹ **shiipaa** p,lieu ♦ sous, au-dessous, en dessous ■ ᔑᐹ ᒥᒋᓱᐦᑌᑯᒡ ᐊᔮᐅᐦ ᐳ *C'est sous la table.*

ᔑᐹᐁᐳᐦᐁᐤ **shiipaawepuheu** vta ♦ il/elle la/le balaie sous quelque chose

ᔑᐹᐱᑌᐤ **shiipaapiteu** vta ♦ il/elle la/le tire dessous

ᔑᐹᐱᑕᒼ **shiipaapitam** vti ♦ il/elle le tire dessous

ᔑᐹᐱᒋᑲᓐ **shiipaapichikan** ni [Côte] ♦ une perche passée sous la glace pour poser un filet

ᔑᐹᐸᔫ **shiipaapayuu** vai/vii -i ♦ il/elle va en dessous tout-e seul-e; ça passe dessous tout seul

ᔑᐹᐸᐦᑖᐤ **shiipaapahtaau** vai ♦ il/elle court en dessous

ᔑᐹᑎᔑᓀᐤ **shiipaatishineu** vta ♦ il/elle la/le pousse sous quelque chose

ᔑᐹᑎᔑᓇᒼ **shiipaatishinam** vti ♦ il/elle le pousse sous quelque chose

ᔑᐹᑕᐦᒋᔥᑯᐁᐤ **shiipaatahchishkuweu** vta ♦ il/elle lui donne un coup de pied dessous

ᔑᐹᑕᐦᒋᔥᑲᒼ **shiipaatahchishkam** vti ♦ il/elle lui donne des coups de pied pour le mettre sous quelque chose

ᔑᐹᑖᒋᒨ **shiipaataachimuu** vai ♦ il/elle rampe, se glisse, se traîne en dessous

ᔑᐹᓀᐤ **shiipaaneu** vta ♦ il/elle la/le pousse dessous avec la main

ᔑᐹᓂᒄ **shiipaanikw** ni -m [Côte] ♦ un passage

ᔑᐹᓯᑯᐱᑕᒼ **shiipaasikupitam** vti ♦ il/elle le tire sous la glace

ᔒᐹᓯᑯᐱᒋᑲᓐ shiipaasikupichikan ni ◆ une corde ou ligne servant à tirer les filets sous la glace

ᔒᐹᓯᑯᐦᐄᑲᓂᔮᐲ shiipaasikuhiikaniyaapii ni -m ◆ une corde ou ligne passée sous la glace avant de poser un filet de pêche

ᔒᐹᓯᑯᐦᐄᑲᓐ shiipaasikuhiikan ni [Intérieur] ◆ une perche passée sous la glace pour poser un filet

ᔒᐹᓯᓀᒋᐸᐦᑖᐤ shiipaasinechipahtaau vai ◆ il/elle s'enfuit sous un rocher

ᔒᐹᔅᑵᔮᐤ shiipaaskweyaau vii ◆ c'est un secteur où les arbres n'ont pas de branches à la base

ᔒᐹᔅᑯᐦᐊᒻ shiipaaskuham vti ◆ il/elle l'étire avec un bâton

ᔒᐹᔅᑯᐦᐌᐤ shiipaaskuhweu vta ◆ il/elle l'étire avec un bâton

ᔒᐹᔥᑎᑵᔮᐤ shiipaashtikweyaau vii ◆ c'est un faux-chenal

ᔒᐹᔥᑎᒄ shiipaashtikw ni -um ◆ un faux-chenal (d'une rivière)

ᔒᐹᔥᑯᐌᐤ shiipaashkuweu vta ◆ il/elle passe sous elle/lui

ᔒᐹᔥᑲᒻ shiipaashkam vti ◆ il/elle passe sous quelque chose

ᔒᐹᔦᔨᐦᑕᒻ shiipaayeyihtam vti ◆ il/elle s'endort, fait une sieste

ᔒᐹᔮᐯᑲᒧᐦᑖᐤ shiipaayaapekamuhtaau vai+o ◆ il/elle met une ligne en dessous

ᔒᐹᔮᐱᔅᒡ shiipaayaapisch p,lieu ◆ sous, au-dessous, en dessous de quelque chose en pierre ou en métal (par ex. un poêle)

ᔒᐹᔮᑯᓂᒌᐤ shiipaayaakunichiiu vai ◆ il/elle entre sous la neige

ᔒᐹᔮᔅᑯᐦᐄᑲᓈᐦᑎᒄ shiipaayaaskuhiikanaahtikw ni ◆ une perche faîtière, un faîtage ou faîte de tente

ᔒᐹᔮᔑᑰᐦᑖᐤ shiipaayaashikuuhtaau vai+o ◆ il/elle le fait entrer sous quelque chose, dans l'eau

ᔒᐹᔮᔔ shiipaayaashuu vai -i ◆ il (le vent) souffle ou passe sous lui/elle

ᔒᐹᔮᔥᑎᓐ shiipaayaashtin vii ◆ le vent passe en dessous

ᔒᐹᔮᐦᑎᒄ shiipaayaahtikw p,lieu ◆ sous un arbre

ᔒᐹᐦᐊᒻ shiipaaham vti ◆ il/elle marche sous quelque chose

ᔒᐹᐦᐌᐤ shiipaahweu vta ◆ il/elle marche sous quelque chose (par ex. un arbre)

ᔒᐹᐦᑌᐤ shiipaahteu vai ◆ il/elle marche sous, passe dessous

ᔒᑯᐁᔮᔥᑎᒋᔅᑌᐤ shiikueyaashtichisteu vii [Côte] ◆ les aiguilles tombent des branches du plancher de la tente ou du tipi à cause de la chaleur

ᔒᑯᐸᔨᐦᐁᐤ shiikupayiheu vta ◆ il/elle la/le vide dans un-e autre en secouant

ᔒᑯᐸᔨᐦᑖᐤ shiikupayihtaau vai+o ◆ il/elle le vide dans un autre en secouant

ᔒᑯᐸᔫ shiikupayuu vai/vii -i ◆ il/elle/ça vide, se vide

ᔒᑯᒣᐤ shiikumeu vta ◆ il/elle la/le vide en mangeant, buvant

ᔒᑯᒥᓀᐤ shiikumineu vai ◆ il/elle verse des baies dans un autre contenant; il/elle vide le contenant de petits fruits

ᔒᑯᓀᐤ shiikuneu vta ◆ il/elle la/le vide d'un contenant

ᔒᑯᓇᒻ shiikunam vti ◆ il/elle le vide d'un contenant

ᔒᑯᓈᑯᓐ shiikunaakun vii ◆ ça paraît vide; ça fait une poche

ᔒᑯᓈᑯᓲ shiikunaakusuu vai -i ◆ il/elle a l'air vide, lâche

ᔒᑯᓈᓲ shiikunaasuu vai -u ◆ il/elle décharge des choses, vide un contenant ou un conteneur

ᔒᑯᔑᒣᐤ shiikushimeu vta ◆ il/elle les vide dans un autre contenant

ᔒᑯᔥᑌᐤ shiikushteu vii ◆ c'est vide (ex. un contenant en tissu)

ᔒᑯᔥᑲᒧᐎᓐ shiikushkamuwin ni [Intérieur] ◆ de vieux vêtements à donner

ᔒᑯᔥᑳᒋᑲᓐᐦ shiikushkaachikanh ni pl ◆ des vêtements devenus trop petits, du linge sale

ᔒᑯᔦᑲᔥᑌᐤ shiikuyekashteu vii ◆ c'est un sac vide

ᔒᑯᐦᑎᑖᐤ shiikuhtitaau vai+o ◆ il/elle le vide dans un autre contenant

ᔒᑲᐦᐅᓂᔥ shiikahunish ni dim ◆ un petit peigne

ᔒᑲᐦᐅᓐ shiikahun ni ◆ un peigne

ᔑᑲᐅ shiikahuu vai -u ♦ il/elle peigne
ᔑᑲᐊᒧ shiikaham vti ♦ il/elle le peigne
ᔑᑲᐁᐤ shiikahweu vai ♦ il/elle peigne les cheveux d'une autre personne
ᔑᑲᑌᔨᒣᐤ shiikaateyimeu vta ♦ il/elle éprouve du dédain, du mépris à son endroit
ᔑᑲᑌᔨᒧ shiikaateyimuu vai -u ♦ il est dédaigneux, méprisant; elle est dédaigneuse, méprisante
ᔑᑲᑌᔨᑕᒧ shiikaateyihtam vti ♦ il/elle ressent du dédain, du mépris pour quelque chose; il/elle le dédaigne, le méprise
ᔑᑲᒋᐦᒀᔫ shiikaachihkweyuu vai -i ♦ il/elle grimace, fait une grimace
ᔑᑳᐘᔥᑕᔅᑌᐤ shiikwaashtasteu vii [Intérieur] ♦ les aiguilles tombent des branches du plancher de la tente ou du tipi à cause de la chaleur; il y a des branches nues sur le plancher du tipi [Côtier]
ᔑᑳᐘᔥᒉᐤ shiikwaashcheu vai ♦ il (le feu dans le poêle) est complètement éteint
ᔑᑳᐚᔮᐦᑲᑌᐤ shiikwaayaahkateu vii ♦ quelque chose qui brûlait s'est éteint
ᔑᑳᐘᐦᑯᔦᐤ shiikwaahkuyeu vii ♦ le feu est complètement éteint
ᔑᑳᐘᐦᑲᑐᑌᐤᐦ shiikwaahkatuteuh vii pl [Intérieur] ♦ les baies sont complètement séchées
ᔑᒋᐯᒋᐱᐅᑯᐦᑉ shiichipechipiiukuhp ni ♦ un chandail, un maillot, un gilet, un pull-over
ᔑᓂᔥᑳᐹᐅᑖᐤ shiinishkaapaautaau vai+o ♦ il/elle le fait tremper, le mouille
ᔑᓂᔥᑳᐹᐍᐤ shiinishkaapaaweu vai/vii ♦ il/elle est mouillé-e, trempé-e, détrempé-e; c'est trempé de part en part
ᔑᓂᔥᑳᑉᐚᑖᐤ shiinishkaapwaataau vai+o ♦ il/elle le mouille, le fait tremper
ᔑᔑᓐ shiishin vai ♦ il/elle est émoussé-e, épointé-e
ᔑᔑᐤ shiishiiu vai ♦ il/elle fait pipi (langage enfantin)
ᔑᔑᐱᔥ shiishiipish na dim -im ♦ un jeune canard colvert
ᔑᔑᐱᐦᑳᓐ shiishiipihkaan na ♦ un appelant à canards, un appeau, une chanterelle, un appeleur; une canardière
ᔑᔑᐹᐱᓯᒼ shiishiipapiisim na [Intérieur] ♦ avril
ᔑᔑᐹᔅᒋᐦᒄ shiishiipaschihkw na ♦ une bouilloire munie d'un bec courbé
ᔑᔑᐹᐦᑯᐎᑦ shiishiipaahkuwit ni ♦ un sac de sucre (ancien terme)
ᔑᔑᐹᐦᑯᑦ shiishiipaahkut ni ♦ du sucre (ancien terme)
ᔑᔑᑉ shiishiip na -im ♦ un canard
ᔑᔑᑯᓐ shiishiikun na ♦ un hochet, une crécelle, un cliquetis
ᔑᔥᒁᔖᔑᑰᓀᐤ shiishkweyaashikuuneu vta ♦ il/elle la/le passe, filtre à la main
ᔑᔥᒁᔖᔑᑰᓇᒧ shiishkweyaashikuunam vti ♦ il/elle le tend fortement avec la main
ᔑᔥᒁᔖᔑᑰᐦᑖᐤ shiishkweyaashikuuhtaau vai+o ♦ il/elle le filtre, le passe
ᔑᔥᒁᔖᔑᑰᐦᑖᑲᓐ shiishkweyaashikuuhtaakan ni ♦ un tamis, une crépine, une passoire, un filtre
ᔑᔥᒂᒋᑰᐦᐁᐤ shiishkwaachikuheu vai ♦ il/elle le filtre, le passe (par ex. du lait)
ᔑᔥᒂᒋᑰᐦᑖᐤ shiishkwaachikuhtaau vai+o ♦ il/elle le filtre, le passe
ᔑᔥᒂᒋᑰᐦᑖᑲᓐ shiishkwaachikuhtaakan ni ♦ un entonnoir, un filtre en feutre pour l'essence
ᔒᐦᐊᒧ shiiham vti ♦ il/elle l'émousse, l'épointe avec un instrument
ᔒᐦᐁᐤ shiihweu vta ♦ il/elle l'émousse, l'épointe
ᔒᐦᑎᑖᐤ shiihtitaau vai+o ♦ il/elle l'émousse, l'épointe
ᔒᐦᑎᓐ shiihtin vii ♦ c'est émoussé
ᔒᐦᑎᓲ shiihtisuu vai -i ♦ il/elle remplit la marmite complètement durant la cuisson
ᔒᐦᑎᔑᓐ shiihtishin vai ♦ il/elle est bien ajusté-e, serré-e
ᔒᐦᑎᔥᑯᐍᐤ shiihtishkuweu vta ♦ il/elle est serré-e, ajusté-e sur elle/lui (un pantalon)

ᔒᐦᑎᔥᑲᒼ shiihtishkam vti ◆ il/elle le porte serré, ajusté

ᔒᐦᑑᔑᓐ shiihtuushin vai ◆ il/elle se trouve dans une fente, une crevasse, une fissure

ᔒᐦᑕᒥᐦᒋᐦᐁᐤ shiihtamihchiheu vta ◆ il/elle sent que c'est serré sur lui/elle

ᔒᐦᑖᐤ shiihtaau vai+o ◆ il/elle l'émousse, lui enlève son tranchant

ᔒᐦᑖᔥᑯᔑᓐ shiihtaashkushin vai ◆ il/elle est serré-e entre les arbres, les planches

ᔒᐦᑲᑖᔔ shiihkataashuu vai -i ◆ il/elle a froid à cause du vent

ᔒᐦᑲᒋᔥᑎᐧᑳᓀᐅᒎ shiihkachishtikwaaneuchuu vai -i ◆ il/elle a la tête froide, a froid à la tête

ᔒᐦᑲᒋᐦᑑᑲᔦᐅᒎ shiihkachihtuukayeuchuu vai -i ◆ il/elle a froid aux oreilles, a les oreilles froides

ᔒᐦᑲᒋᐦᐧᑳᒨ shiihkachihkwaamuu vai -u ◆ il/elle a froid pendant son sommeil

ᔒᐦᑲᒌᐧᐁᐸᔫ shiihkachiiwepayuu vai -i ◆ il/elle frissonne ou grelotte de froid

ᔒᐦᑲᒎ shiihkachuu vai -i ◆ il/elle a froid; il/elle est froid-e

ᔒᐦᑳᒋᐦᐧᑫᐸᔨᐦᐆ shiihkaachihkwepayihuu vai -u ◆ il/elle fait des grimaces; il/elle grimace

ᔒᐦᒋᐱᑌᐤ shiihchipiteu vta ◆ il/elle la/le serre, resserre (par ex. un laçage)

ᔒᐦᒋᐱᑕᒼ shiihchipitam vti ◆ il/elle le tire pour le serrer, le raidir

ᔒᐦᒋᐸᔫ shiihchipayuu vai/vii -i ◆ il/elle/ça serre, se resserre

ᔒᐦᒋᔥᑌᓇᒼ shiihchishtenam vti ◆ il/elle l'arme (un fusil)

ᔒᐦᒋᐦᑎᓐ shiihchihtin vii ◆ c'est bien ajusté; il n'y a pas de jeu

ᔒᐦᒋᐦᑖᐤ shiihchihtaau vai+o ◆ il/elle le serre, le resserre

ᔒᐦᒑᐤ shiihchaau vii ◆ c'est tendu, serré

ᔓ

ᔓᐧᐁᐳᑌᐤ shuweputeu vii ◆ c'est une arête sciée

ᔓᐧᐁᐳᑖᐤ shuweputaau vai+o ◆ il/elle scie une cannelure, un pli sur quelque chose

ᔓᐧᐁᐴ shuwepuu vai -u ◆ il/elle mange avec un couteau (ancien terme)

ᔓᐧᐁᓲ shuwesuu vai -i ◆ il/elle a une crête, un pli, un plissement, une bordure

ᔓᐧᐁᔮᐤ shuweyaau vii ◆ ça a une arête, une bordure

ᔓᐧᐁᔮᐱᑎᒄ shuweyaapitikw ni ◆ un bord coupant de lame de hache

ᔓᐧᐁᔮᐱᔅᒋᐳᑖᐤ shuweyaapischiputaau vai+o ◆ il/elle lime une rayure, une rainure, un sillon, une cannelure dedans (métal, pierre)

ᔓᐧᐁᐦᑰᒄ shuwehkuukw ni -um ◆ une aiguille à gants ou aiguille de gantier triangulaire servant à coudre les peaux, le cuir

ᔓᓂᑖᑲᓐ shunitaakan ni [Côte] ◆ une ligne de fixation d'un filet

ᔔ

ᔔᐧᐁᐦᑲᒎ shuuwehkachuu ni -uum [Côte] ◆ un hélicoptère

ᔔᐧᐁᐦᑲᒎ shuuwehkachuu na ◆ une libellule

ᔔᐱᑌᐤ shuupiteu vta ◆ il/elle réussit, arrive à la/le tirer, est capable de la/le tirer

ᔔᐱᑕᒼ shuupitam vti ◆ il/elle parvient à le tirer, est capable de le tirer

ᔔᑌᐦᐁᐤ shuuteheu vai ◆ il/elle a le coeur tendre; il/elle est charitable

ᔔᑌᐦᐁᔨᒣᐤ shuuteheyimeu vta ◆ il/elle a un faible pour elle/lui

ᔔᑲᒥᐸᔫ shuukamipayuu vai/vii -i [Intérieur] ◆ il/elle/ça coule; c'est tout coulant (par ex. du gras)

ᓴᐅᑲᒥᓐ **shuukamin** vii [Intérieur] ♦ ça coule (par ex. quelque chose qui dégèle)

ᓴᐅᑲᒥᓲ **shuukamisuu** vai -i [Intérieur] ♦ il/elle coule (par ex. de la crème glacée qui dégèle)

ᓴᐅᑳᐅᐃᑦ **shuukaauwit** ni ♦ une boîte ou un sac de sucre

ᓴᐅᑳᐅᓄ **shuukaauneu** vta ♦ il/elle y met du sucre en touchant

ᓴᐅᑳᐅᓇᒻ **shuukaaunam** vti ♦ il/elle y met du sucre en y touchant

ᓴᐅᑳᐅᔮᑲᓐ **shuukaauyaakan** ni ♦ un bol de sucre, un sucrier

ᓴᐅᑳᐅᐦᐁᐤ **shuukaauheu** vta ♦ il/elle la/le sucre

ᓴᐅᑳᐅᐦᑖᐤ **shuukaauhtaau** vai+o ♦ il/elle le sucre

ᓴᐅᑳᐙᐴ **shuukaawaapuu** ni ♦ de l'eau sucrée, du sirop

ᓴᐅᑳᐤ **shuukaau** ni -m ♦ du sucre, de l'anglais 'sugar'

ᓴᐦᑳᐦᑐᐌᐤ **shuukaahkahtuweu** vta ♦ il/elle y met du sucre, la/le sucre

ᓴᐦᑳᐦᑕᒻ **shuukaahkahtam** vti ♦ il/elle le sucre, y met du sucre

ᓴᒋᔥᑎᑖᐤ **shuuchishtitaau** vai+o ♦ il/elle le dilue, le mouille; il/elle met de l'eau dessus (par ex. une plante)

ᓴᒋᔥᑎᒥᐤ **shuuchishtimeu** vta ♦ il/elle la/le dilue; il/elle lance de l'eau sur elle/lui

ᓴᒍ **shuuchuu** vai -i ♦ il/elle sent facilement le froid (utilisé à la négative, 'il/elle ne sent pas facilement le froid')

ᓴᒥᐸᔨᔕᐤ **shuumipayishuu** vai dim -i ♦ il/elle dégèle un peu, en partie

ᓴᒥᐸᔦᐤ **shuumipayuu** vai/vii -i ♦ il/elle/ça dégèle en partie

ᓴᒥᓂᓵᐊᐃᐦᑯᓈᐤ **shuuminishaaaihkunaau** na -naam ♦ du bannock, de la banique aux raisins

ᓴᒥᓂᔕᒡ **shuuminishach** na -im ♦ des raisins secs, des raisins de Corinthe (terme général)

ᓴᒥᓈᐴ **shuuminaapuu** ni ♦ du jus de raisins, du vin

ᓴᒫᐤ **shuumaau** vii ♦ c'est partiellement dégelé, un peu dégelé

ᓴᒫᐦᑲᑎᓐ **shuumaaskatin** vii ♦ c'est partiellement dégelé, un peu dégelé

ᓴᒫᐦᑲᒎ **shuumaaskachuu** vai -i ♦ il/elle est partiellement dégelé-e

ᓴᓄ **shuuneu** vta ♦ il/elle lui laisse une marque en pressant avec la main; il/elle peut la/le briser, la/le déplacer en appuyant de la main

ᓴᓇᒻ **shuunam** vti ♦ il/elle fait une empreinte, une impression avec sa main sur quelque chose; il/elle peut le briser, le bouger en appuyant avec la main

ᓲᔑᐌᑲᓐ **shuushuwekan** vii ♦ c'est lisse (étalé)

ᓲᔑᐌᒋᐱᑌᐤ **shuushuwechipiteu** vta ♦ il/elle l'aplanit, la/le lisse, défroisse (étalé)

ᓲᔑᐌᒋᐱᑕᒻ **shuushuwechipitam** vti ♦ il/elle le lisse, le défroisse (étalé)

ᓲᔑᐌᒋᓲ **shuushuwechisuu** vai -i ♦ il/elle est lisse (étalé)

ᓲᔑᐧᐋᐤ **shuushuwaau** vii ♦ c'est lisse

ᓲᔑᐧᐋᐯᑲᓐ **shuushuwaapekan** vii ♦ c'est lisse (filiforme)

ᓲᔑᐧᐋᐯᒋᓲ **shuushuwaapechisuu** vai -i ♦ il/elle est lisse (filiforme)

ᓲᔑᐧᐋᐱᐢᑳᐤ **shuushuwaapiskaau** vii ♦ c'est lisse (pierre, métal)

ᓲᔑᐧᐋᐱᐢᒋᓲ **shuushuwaapischisuu** vai -i ♦ il/elle est lisse (pierre, métal)

ᓲᔑᐧᐋᑯᓂᑳᐤ **shuushuwaakunikaau** vii ♦ c'est de la neige lisse

ᓲᔑᐧᐋᑯᓂᒋᓲ **shuushuwaakunichisuu** vai -i ♦ elle (la neige) est glissante

ᓲᔑᐧᐋᑲᒨ **shuushuwaakamuu** vii -i ♦ l'eau est calme, lisse

ᓲᔑᐧᐋᐢᑯᓐ **shuushuwaaskun** vii ♦ c'est lisse (long et rigide)

ᓲᔑᐧᐋᐢᑯᓲ **shuushuwaaskusuu** vai -i ♦ il/elle est lisse, aplani-e (long et rigide)

ᓲᔓᐳᑖᐤ **shuushuputaau** vai+o ♦ il/elle le lime, le scie pour le lisser, l'aplanir

ᓲᔓᐳᔦᐤ **shuushupuyeu** vta ♦ il/elle la/le lisse à la lime, la scie

ᓲᔑᓯᑯᓲ **shuushusikusuu** vai -i ♦ elle (la glace) est lisse

ᓲᔑᓯᒁᐤ **shuushusikwaau** vii ♦ c'est de la glace lisse

ᔔᔈᐧᐁᐤ shuushuhweu vta ♦ il/elle l'aplanit, la/le lisse, défroisse avec quelque chose; il/elle la/le sable

ᔔᔑᐁᑊᐦᑖᐤ shuushuuwekashtaau vai+o ♦ il/elle l'étend à plat, le lisse (étalé)

ᔔᔑᐁᑊᐦᐊᒼ shuushuuwekaham vti ♦ il/elle le lisse, le défroisse (étalé, par ex. un tissu froissé)

ᔔᔑᐁᑊᐦᐁᐤ shuushuuwekahweu vta ♦ il/elle l'aplanit, l'égalise, la/le lisse ou défroisse (par ex. un pantalon froissé)

ᔔᔑᖁᐸᔨᐦᐆ shuushuukwepayihuu vai -u ♦ il/elle glisse en bas

ᔔᔑᓅ shuushuuneu vta redup ♦ il/elle la/le lisse à la main

ᔔᔑᓇᒼ shuushuunam vti redup ♦ il/elle le lisse, le plane, le polit à la main

ᔔᔑᓯᑯᓲ shuushuusikusuu vai -i ♦ il/elle est lisse parce que glacé-e

ᔔᔑᓲ shuushuusuu vai -i ♦ il est doux, soyeux, poli, lisse; elle est douce, soyeuse, polie, lisse

ᔔᔑᑲᒥᑳᐤ shuushuuskamikaau vii ♦ c'est un terrain lisse, plat

ᔔᔑᔻᑳᐤ shuushuuschuukaau vii ♦ c'est de la boue lisse

ᔔᔑᔐᔮᐤ shuushuusheyaau vai ♦ c'est une peau lisse

ᔔᔑᔑᑲᔦᐤ shuushuushikayeu vai ♦ il/elle a la peau lisse

ᔔᔑᔑᒣᐤ shuushuushimeu vta ♦ il/elle la/le rend lisse en l'utilisant (par ex. le dessous du toboggan)

ᔔᔑᐦᐊᒼ shuushuuham vti ♦ il/elle le lisse, le plane avec quelque chose; il/elle le sable, le ponce

ᔔᔑᐦᑎᑖᐤ shuushuuhtitaau vai+o ♦ il/elle le lisse ou l'aplanit en l'utilisant

ᔔᔑᐦᑕᑳᐤ shuushuuhtakaau vii ♦ c'est lisse (bois utile)

ᔔᔑᐦᑕᒋᓲ shuushuuhtachisuu vai -i ♦ il (du bois utile) est lisse

ᔔᔑᐦᑫᐤ shuushuuhkweu vai ♦ il/elle glisse

ᔔᔑᐦᑯᑌᐤ shuushuuhkuteu vta ♦ il/elle la/le taille, découpe lisse

ᔔᔑᐦᑯᑕᒼ shuushuuhkutam vti ♦ il/elle le taille égal, lisse

ᔔᔑᐦᑳᓐ shuushuuhkwaan ni ♦ une diapositive, une diapo

ᔔᔥᑯᐁᐤ shuushkuweu vta ♦ il/elle réussit, arrive à la/le briser avec son poids

ᔔᔥᑯᐁᐱᓀᐤ shuushkuwepineu vta ♦ il/elle la/le pousse pour la/le faire glisser

ᔔᔥᑯᐁᐱᓇᒼ shuushkuwepinam vti ♦ il/elle le pousse pour le faire glisser

ᔔᔥᑯᐸᔨᐦᐁᐤ shuushkupayiheu vta ♦ il/elle la/le fait glisser

ᔔᔥᑯᐸᔨᐆ shuushkupayihuu vai -u ♦ il/elle se laisse glisser

ᔔᔥᑯᐸᔨᐦᑖᐤ shuushkupayihtaau vai+o ♦ il/elle le fait glisser

ᔔᔥᑯᐸᔫ shuushkupayuu vai/vii -i ♦ il/elle/ça glisse le long de

ᔔᔥᑯᑎᓈᐤ shuushkutinaau vii ♦ c'est une montagne en pente

ᔔᔥᑯᒋᐁᐱᓀᐤ shuushkuchiwepineu vta ♦ il/elle la/le pousse pour glisser en bas d'une colline

ᔔᔥᑯᒋᐁᐱᓇᒼ shuushkuchiwepinam vti ♦ il/elle le pousse pour glisser en bas d'une colline

ᔔᔥᑯᓅ shuushkuneu vta ♦ il/elle tombe, glisse de ses mains

ᔔᔥᑯᓇᒼ shuushkunam vti ♦ ça glisse de ses mains

ᔔᔥᑯᓲ shuushkusuu vai -i ♦ il/elle est incliné-e, en pente

ᔔᔥᑯᑲᒥᑳᐤ shuushkuskamikaau vii ♦ c'est un terrain glissant

ᔔᔥᑯᔑᓐ shuushkushin vai ♦ il/elle tombe en glissant

ᔔᔥᑯᐦᐄᑲᓈᐦᑎᒄ shuushkuhiikanaahtikw ni ♦ une planche à repasser

ᔔᔥᑯᐦᐄᑲᓐ shuushkuhiikan na ♦ un fer à repasser

ᔔᔥᑯᐦᐄᒉᐤ shuushkuhiicheu vai ♦ il/elle repasse

ᔔᔥᑯᐦᐊᒼ shuushkuham vti ♦ il/elle le repasse (avec un fer à repasser)

ᔔᔥᑯᐦᐁᐤ shuushkuhweu vta ♦ il/elle la/le repasse

ᔔᔥᑲᒼ shuushkam vti ♦ il/elle arrive à le briser avec son poids

ᔓᔥᑰ shuushkwaau vii ♦ c'est une pente

ᔓᔥᑳᑕᐦᐊᒼ shuushkwaataham vti ♦ il/elle court et se laisse glisser; il/elle patine

ᔓᔥᑳᑖᐦᐊᐅᑲᒥᐠ shuushkwaatahaaukamikw ni ♦ une aréna

ᔓᔥᑳᑖᐦᐊᐅᑲᒥᐠ shuushkwaatahaaukamikw ni ♦ une aréna, une patinoire couverte

ᔓᔥᑳᒥᔅᑳᐤ shuushkwaamiskaau vii ♦ le fond de l'eau est en pente

ᔓᔥᑳᒥᔑᐸᔫ shuushkwaamischipayuu vai/vii -i ♦ il/elle/ça glisse dans l'eau en bas d'une pente

ᔔᔮᓂᑲᒥᑰᒋᒫᐤ shuuyaanikamikuuchimaau na -maam [Côte] ♦ un directeur de banque, une directrice de banque

ᔔᔮᓂᑲᒥᐠ shuuyaanikamikw ni [Côte] ♦ une banque (pour l'argent)

ᔔᔮᓂᒋᒫᐤ shuuyaanichimaau na -maam [Côte] ♦ un directeur de banque, une directrice de banque; un expert financier

ᔔᔮᓅᐎᑦ shuuyaanuwit ni [Côte] ♦ un sac à main, une bourse, une sacoche; un portefeuille

ᔔᔮᓈᐱᔻᔕᒡ shuuyaanaapiskushach na dim -im [Côte] ♦ des pièces de monnaie, des sous

ᔔᔮᓈᐱᔻᔥ shuuyaanaapiskush na dim -im [Côte] ♦ une pièce de monnaie, un sou

ᔔᔮᓐ shuuyaan na -im [Côte] ♦ de l'argent, de la monnaie, une somme d'argent

ᔒᓖᔮᐅᒋᒫᐤ shuuliyaauchimaau na -maam [Intérieur] ♦ un directeur, une directrice de banque; un gestionnaire financier, une experte, un expert financier

ᔒᓖᔮᐤ shuuliyaau na -aam [Waswanipi] ♦ de l'argent

ᔒᓖᔮᐤ shuuliyaau ni -aam [Mistissini] ♦ de l'argent, de la monnaie

ᔒᓖᔮᐅᑲᒥᐠ shuuliiyaaukamikw ni [Intérieur] ♦ une banque (pour l'argent)

ᔒᓖᔮᐎᑦ shuuliiyaawit ni [Intérieur] ♦ un sac à main, une bourse, une sacoche; un portefeuille

ᔒᓖᔮᐚᐱᔻᔥ shuuliiyaawaapiskush na dim -im [Intérieur] ♦ une pièce de monnaie, de la monnaie, un sou

ᔕ

ᔖᐌᔨᒣᐤ shaweyimeu vta ♦ il/elle la/le bénit

ᔖᐌᔨᐦᑕᒼ shaweyihtam vti ♦ il/elle le bénit

ᔖᐌᔨᐦᑖᑯᓲ shaweyihtaakusuu vai -i ♦ il/elle est adorable

ᔖᐌᔨᐦᒋᒉᐎᓐ shaweyihchichewin ni ♦ une grâce, une bénédiction, un bienfait

ᔖᐌᔨᐦᒋᒉᐤ shaweyihchicheu vai ♦ il/elle bénit

ᔖᐌᔨᐦᒋᒉᓲ shaweyihchichesuu na -siim ♦ le miséricordieux

ᔕᑳᐱᔒᔥ shakaapishiish ni dim ♦ un crique ou très petit ruisseau bordé de buissons

ᔕᐦᒀᔨᒣᐤ shahkweyimeu vta [Intérieur] ♦ il/elle doute de sa capacité

ᔕᐦᒀᔨᐦᑕᒼ shahkweyihtam vti [Côte] ♦ il/elle doute de sa capacité

ᔖ

ᔖᐅᐦᑑᐴ shaauhtuupuu vai -i ♦ il/elle est assis-e sur le plancher avec les jambes étendues

ᔖᐘᓂᓲ shaawanisuu na ♦ l'Esprit du Sud

ᔖᐘᓂᐦᐊᓐ shaawanihan vii ♦ c'est un vent du sud

ᔖᐘᓃᐌᐤ shaawaniiweu vii ♦ le vent souffle du sud

ᔖᐘᓅᑖᐦᒡ shaawanuutaahch p,lieu ♦ le sud, au sud

ᔖᐯᐌᐤ shaapeweu vai ♦ il/elle coupe un passage à travers; il/elle prend un raccourci

ᔖᐯᐤ **shaapeu** vii ♦ il y a un passage à travers, un raccourci

ᔖᐯᔨᒣᐤ **shaapeyimeu** vta ♦ il/elle la/le connaît parfaitement

ᔖᐯᔨᐦᑕᒼ **shaapeyihtam** vti ♦ il/elle le connaît à fond, complètement

ᔖᐯᔮᔥᑯᔥᑲᒼ **shaapeyaashkushkam** vti ♦ il/elle traverse un boisé

ᔖᐳᐌᐱᓀᐤ **shaapuwepineu** vta ♦ il/elle la/le jette, lance à travers

ᔖᐳᐌᐱᓇᒼ **shaapuwepinam** vti ♦ il/elle le lance à travers

ᔖᐳᐯᐤ **shaapupeu** vai/vii ♦ l'eau passe à travers, le traverse, le trempe de part en part

ᔖᐳᐱᓵᐚᓐ **shaapupisaawaan** ni ♦ une radiation, un rayonnement

ᔖᐳᐸᔫ **shaapupayuu** vai/vii -i ♦ il/elle/ça passe au travers, le traverse

ᔖᐳᑎᓐ **shaaputin** vii ♦ le froid le traverse

ᔖᐳᒄ **shaapuchuu** vai -i ♦ il/elle a froid parce que le froid traverse

ᔖᐳᒥᓇᒡ **shaapuminach** na pl ♦ des groseilles *Ribes oxyacanthoides*

ᔖᐳᒥᓈᐦᑎᒄ **shaapuminaahtikw** na ♦ un groseillier sauvage, un groseillier du Nord *Ribes oxyacanthoides*

ᔖᐳᓀᐤ **shaapuneu** vta ♦ il/elle la/le fait passer au travers avec la main

ᔖᐳᓂᑲᓐ **shaapunikan** ni ♦ une aiguille à coudre

ᔖᐳᓇᒼ **shaapunam** vti ♦ il/elle le fait traverser à la main

ᔖᐳᓈᑯᓐ **shaapunaakun** vii ♦ c'est transparent; on voit à travers

ᔖᐳᓈᑯᓱᐤ **shaapunaakusuu** vai -i ♦ il/elle est transparent-e

ᔖᐳᔥᑐᐌᐤ **shaapushtuhweu** vta ♦ il/elle la/le perce avec quelque chose; il/elle coud quelque chose de part en part

ᔖᐳᔥᑕᐦᐊᒼ **shaapushtaham** vti ♦ il/elle le perce, le transperce avec quelque chose, le coud à travers

ᔖᐳᔥᑯᐌᐤ **shaapushkuweu** vta ♦ il/elle passe à travers en marchant; il/elle la/le passe

ᔖᐳᔥᑲᒼ **shaapushkam** vti ♦ il/elle passe à travers, le passe (par ex. un test, une opération)

ᔖᐳᔦᒋᓀᐤ **shaapuyechineu** vta ♦ il/elle la/le tâte, palpe à travers quelque chose (par ex. une couverture)

ᔖᐳᔦᒋᓇᒼ **shaapuyechinam** vti ♦ il/elle le palpe, le tâte à travers

ᔖᐳᔮᐦᒋᓀᐤ **shaapuyahchineu** vta ♦ il/elle la/le pousse au travers

ᔖᐳᔮᐦᒋᓇᒼ **shaapuyahchinam** vti ♦ il/elle le pousse à travers

ᔖᐳᐦᐊᒼ **shaapuham** vti ♦ il/elle tire dessus, fait passer au travers de quelque chose avec quelque chose

ᔖᐳᐦᐌᐤ **shaapuhweu** vta ♦ il/elle la/le met, tire à travers elle/lui

ᔖᐳᐦᑐᐌᐸᔫ **shaapuhtuwepayuu** vai -i ♦ il/elle passe sans s'arrêter en véhicule

ᔖᐳᐦᑐᐌᐸᐦᑖᐤ **shaapuhtuwepahtaau** vai ♦ il/elle passe à travers, passe à côté en courant

ᔖᐳᐦᑐᐌᔥᑯᐌᐤ **shaapuhtuweshkuweu** vta ♦ il/elle passe devant elle/lui en marchant

ᔖᐳᐦᑐᐌᔥᑲᒼ **shaapuhtuweshkam** vti ♦ il/elle le traverse en marchant

ᔖᐳᐦᑐᐌᔮᐤ **shaapuhtuweyaau** vii ♦ c'est ouvert aux deux bouts; il y a un passage à travers

ᔖᐳᐦᑐᐌᐦᑌᐤ **shaapuhtuwehteu** vai ♦ il/elle marche au travers, passe à côté en marchant

ᔖᐳᐦᑐᐚᓐ **shaapuhtuwaan** ni ♦ un long tipi avec une porte à chaque extrémité

ᔖᐳᐦᑑᐌᔮᐤ **shaapuhtuuwehyaau** vii ♦ ça survole, passe en vol (un oiseau)

ᔖᐳᐦᑑᐌᔮᒪᑲᓐ **shaapuhtuuwehyaamakan** vii ♦ ça survole, passe en vol (un avion)

ᔖᐳᐦᒁᒨ **shaapuhkwaamuu** vai -u ♦ il/elle dort dur; il/elle dort sans se réveiller

ᔖᐹᐱᓀᐤ **shaapwaapameu** vta ♦ il/elle voit à travers elle/lui; il/elle prend un rayon X d'elle/de lui

ᔖᐹᐸᓲ **shaapwaapasuu** vai -u ♦ il/elle est complètement fumé-e, enfumé-e

ᔖᐹᐸᐦᑌᐤ **shaapwaapahteu** vii ♦ c'est complètement fumé

ᓵᐹᐸᑕᒼ shaapwaapahtam vti ♦ il/elle voit à travers quelque chose; il/elle prend une radiographie de quelque chose

ᓵᐹᐸᒉᐤ shaapwaapahcheu vai ♦ il/elle prend des rayons X

ᓵᐹᐸᒋᑲᓐ shaapwaapahchikan ni ♦ un appareil à rayons x, un film ou une pellicule radiographique

ᓵᐹᐹᐌᐤ shaapwaapaaweu vai/vii ♦ il/elle est complètement trempé-e, détrempé-e; c'est trempé de part en part

ᓵᐸᔨᐦᑯᒋᑲᓐ shaapwaasihkuchikan ni [Intérieur] ♦ un tamis, une passoire, un filtre, une crépine

ᓵᐸᐦᑯᐸᔨᐦᑖᐤ shaapwaaskupayihtaau vai+o ♦ il/elle le passe à travers (long et rigide)

ᓵᐸᐦᑯᓀᐤ shaapwaaskuneu vta ♦ il/elle la/le pousse à travers un objet en bois

ᓵᐸᐦᑯᓇᒼ shaapwaaskunam vti ♦ il/elle le pousse à travers un objet en bois

ᓵᐸᐦᑯᐦᐌᐤ shaapwaaskuhweu vta ♦ il/elle passe un objet long et rigide au travers de quelque chose

ᓵᐸᐦᑯᐦᑎᓐ shaapwaaskuhtin vii ♦ ça passe au travers; c'est pris dedans (long et rigide)

ᓵᐸᐦᑲᑎᓐ shaapwaaskatin vii ♦ c'est complètement gelé (utilisé à la négative, ce n'est pas complètement gelé en parlant d'une rivière)

ᓵᐸᐦᑲᒍ shaapwaaskachuu vai-i ♦ il/elle est complètement gelé-e, gelé-e de part en part

ᓵᐸᐦᑲᐦᑎᑖᐤ shaapwaaskahtitaau vai+o ♦ il/elle le gèle complètement, le gèle dur

ᓵᐸᔒ shaapwaashuu vai-i ♦ il (le vent) passe ou souffle à travers

ᓵᐸᔥᑌᐤ shaapwaashteu vii ♦ ça brille à travers

ᓵᐸᔥᑎᓐ shaapwaashtin vii ♦ le vent le traverse; le vent passe à travers

ᓵᐸᔥᑯᔑᓐ shaapwaashkushin vai ♦ il/elle passe à travers; il/elle est pris-e ou coincé-e dedans (long et rigide)

ᓵᐹᔮᔅᑯᔑᓐ shaapwaayaaskushin vai ♦ il/elle est à peine visible parmi les arbres

ᓵᐹᔮᔅᑯᐦᑎᓐ shaapwaayaaskuhtin vii ♦ c'est à peine visible parmi les arbres, à travers les branches

ᓵᑫᔨᒧᐌᔨᐦᑖᑯᓲ shaakweyimuweyihtaakusuu vai-i ♦ il/elle est facilement embarrassé-e, gêné-e, timide

ᓵᑫᔨᒧᑐᐌᐤ shaakweyimutuweu vta ♦ il/elle se sent timide, gêné-e, embarrassé-e face à elle/lui

ᓵᑫᔨᒧᐦᐁᐤ shaakweyimuheu vta ♦ il/elle l'embarrasse, la/le gêne

ᓵᑫᔨᒧᐦᐄᐌᐤ shaakweyimuhiiweu vai ♦ il/elle embarrasse les gens

ᓵᑫᔨᒨ shaakweyimuu vai-u ♦ il/elle est timide, embarrassé-e, gêné-e

ᔖᑯᐄᐌᓲ shaakuiiwesuu vai-i ♦ il/elle s'emporte facilement; il est coléreux, elle est coléreuse

ᔖᑯᐌᑲᓐ shaakuwekan vii ♦ c'est étroit, mince (étalé)

ᔖᑯᐌᒋᓲ shaakuwechisuu vai-i ♦ il/elle est étroit-e, mince (étalé)

ᔖᑯᐚᐦᑳᐤ shaakuwaauhkaau vii ♦ c'est une étroite bande de sable

ᔖᑯᐚᐤ shaakuwaau vii ♦ c'est étroit, mince

ᔖᑯᐚᐯᑲᓐ shaakuwaapekan vii ♦ c'est étroit, mince (filiforme)

ᔖᑯᐚᐯᑲᔓ shaakuwaapekashuu vii dim -i ♦ c'est petit et mince ou étroit (filiforme)

ᔖᑯᐚᐯᒋᔓ shaakuwaapechishuu vai dim -i ♦ il/elle est étroit-e, mince (filiforme)

ᔖᑯᐚᐱᔅᑳᐤ shaakuwaapiskaau vii ♦ c'est étroit (pierre, métal)

ᔖᑯᐚᐱᔅᒋᓲ shaakuwaapischisuu vai-i ♦ il/elle est étroit-e, mince (pierre, métal)

ᔖᑯᐚᐦᑯᓲ shaakuwaaskusuu vai-i ♦ il/elle est étroit-e, mince (long et rigide)

ᔖᑯᐚᔨᐌᐤ shaakuwaayiweu vai ♦ il/elle (par ex. un castor) a la queue étroite

ᔖᑯᑌᐦᐁᐅ **shaakuteheu** vai ♦ il est peureux, elle est peureuse; il/elle a peur de tout; il/elle est timide

ᔖᑯᑎᓂᐅ **shaakutineu** vta [Côte] ♦ il/elle la/le bat, défait avec la main, en poussant

ᔖᑯᑎᓇᒻ **shaakutinam** vti [Côte] ♦ il/elle le défait, le bat à la main

ᔖᑯᑎᓐ **shaakutin** vii ♦ ça gèle facilement

ᔖᑯᑎᔥᑯᐌᐅ **shaakutishkuweu** vta [Côte] ♦ il/elle la/le bat, défait en la/le poussant

ᔖᑯᑎᔥᑲᒻ **shaakutishkam** vti [Côte] ♦ il/elle le défait, le bat en le poussant

ᔖᑯᑖᐦᐊᒻ **shaakutaham** vti [Côte] ♦ il/elle le défait, le bat avec un instrument; il/elle a les moyens de l'acheter, peut se permettre de l'acheter

ᔖᑯᑖᐦᐌᐅ **shaakutahweu** vta [Côte] ♦ il/elle la/le défait, bat à l'aide d'un objet; il/elle peut se payer quelque chose

ᔖᑯᒋᒥᐅ **shaakuchimeu** vta [Côte] ♦ il/elle la/le persuade

ᔖᑯᒋᐦᐄᐌᐅ **shaakuchihiiweu** vai ♦ il est persuasif, convaincant; elle est persuasive, convaincante

ᔖᑯᒍ **shaakuchuu** vai-i ♦ il/elle a facilement froid; il est frileux, elle est frileuse

ᔖᑯᒡ **shaakuch** p ♦ parce que, en raison de, à la suite de, par suite de, du fait de, en conséquence de, parce qu'il ou elle l'a fait en premier ▪ ᔖᑯᒡ ᔖᐢ ᐊᒥᔅᑯ ᐃᐦᑖᑰᓐx ▪ *Parce qu'il n'y en a plus.*

ᔖᑯᓀᐅ **shaakuneu** vai ♦ il/elle pleure facilement; c'est un pleurnicheur, un braillard; c'est une pleurnicheuse, une braillarde

ᔖᑯᐦᐁᐅ **shaakuheu** vta ♦ il/elle est capable de la/le lever

ᔖᑯᐦᑖᐅ **shaakuhtaau** vai+o ♦ il/elle est capable de le soulever

ᔖᑰᐳᑖᐅ **shaakuuputaau** vai+o ♦ il/elle le scie étroit

ᔖᑰᐴᔦᐅ **shaakuupuyeu** vta ♦ il/elle la/le scie mince

ᔖᑰᑌᔨᒣᐅ **shaakuuteyimeu** vta ♦ il/elle la/le défait, vainc, bat par la pensée

ᔖᑰᑎᓀᐅ **shaakuutineu** vta [Intérieur] ♦ il/elle la/le bat, défait avec la main

ᔖᑰᑎᓇᒻ **shaakuutinam** vti [Intérieur] ♦ il/elle le défait, le bat avec la main

ᔖᑰᑎᔥᑯᐌᐅ **shaakuutishkuweu** vta [Intérieur] ♦ il/elle la/le bat, défait en la/le poussant

ᔖᑰᑎᔥᑲᒻ **shaakuutishkam** vti [Intérieur] ♦ il/elle le défait, le bat en le poussant

ᔖᑰᑖᐦᐊᒻ **shaakuutaham** vti [Intérieur] ♦ il/elle le défait, le bat avec un instrument; il/elle a les moyens de l'acheter, peut se permettre de l'acheter

ᔖᑰᑖᐦᐌᐅ **shaakuutahweu** vta [Intérieur] ♦ il/elle la/le défait, bat à l'aide d'un objet; il/elle peut se payer quelque chose

ᔖᑰᑖᐅᐦᑳᐅ **shaakuutaauhkaau** vii ♦ c'est une étroite crête de sable

ᔖᑰᑖᔥᑕᒥᐦᒁᐅ **shaakuutaashtamihkweu** vai ♦ il/elle a le visage étroit, mince

ᔖᑯᑲᒌᐦᒉᔮᐅ **shaakukachiihcheyaau** vii ♦ c'est un rectangle

ᔖᑯᑲᒫᐅ **shaakuukamaau** vii ♦ c'est un lac étroit

ᔖᑰᒋᐌᐸᐦᐊᒻ **shaakuuchiwepaham** vti ♦ il/elle lui fait prendre la direction voulue, en faisant un grand geste

ᔖᑰᒋᐌᐸᐦᐌᐅ **shaakuuchiwepahweu** vta ♦ il/elle la/le fait aller là où il/elle veut, l'amène à prendre la direction voulue d'un geste large

ᔖᑰᒋᐸᔨᐤ **shaakuuchipayuu** vai/vii-i ♦ il/elle/ça le surmonte, le défait

ᔖᑰᒋᐦᐁᐅ **shaakuuchiheu** vta ♦ il/elle gagne contre elle/lui, la/le bat, défait

ᔖᑰᒋᐦᑖᐅ **shaakuuchihtaau** vai+o ♦ il/elle le défait, le surmonte, le bat; il/elle conquiert, gagne, triomphe

ᔖᑰᓯᑯᓱ **shaakuusikusuu** vai-i ♦ elle (la glace) est mince

ᔖᑰᓯᒁᐅ **shaakuusikwaau** vii ♦ c'est une étroite bande de glace

ᔖᑰᓱ **shaakuusuu** vai-i ♦ il/elle est mince, étroit-e

ᔖᑰᔐᐅ **shaakuushweu** vta ♦ il/elle la/le coupe mince, étroit-e

ᓵᑯᔕᒻ shaakuusham vti ♦ il/elle le coupe mince, le découpe étroit

ᓵᑰᑎᑳᐤ shaakuushtikwaau vii ♦ c'est une rivière étroite

ᓵᑯᔖᑖᒻ shaakuushtaham vti ♦ il/elle le coud étroit

ᓵᑯᔖᑌᐤ shaakuushtahweu vta ♦ il/elle la/le coud étroit-e, mince

ᓵᑰᐦᐁᐤ shaakuuheu vta ♦ il/elle la/le fait étroit-e

ᓵᑰᐦᑖᐤ shaakuuhtaau vai+o ♦ il/elle le fait étroit; il/elle l'amincit

ᓵᑰᐦᑴ shaakuuhkweu vai ♦ il/elle a la face étroite

ᓵᑲᒋᔥᑐᓀᐳ shaakachishtunepuu vai -i ♦ il/elle est dans son nid

ᓵᑲᒎᐌᐤ shaakachuweu vai ♦ il/elle monte

ᓵᑲᒎᐯᑎᓱ shaakachuwepitisuu vai reflex -u ♦ il/elle se hisse sur quelque chose

ᓵᑲᒎᐸᐦᑖᐤ shaakachuwepahtaau vai ♦ il/elle monte les marches en courant

ᓵᑲᒎᑎᔑᒨ shaakachuwetishimuu vai -u ♦ il/elle grimpe dans un arbre pour s'échapper

ᓵᑲᒎᔮᐤ shaakachuweyaau vii ♦ ça monte, s'élève, comme une colline

ᓵᑲᒎᐦᑎᑖᐤ shaakachuwehtihtaau vai+o ♦ il/elle le monte, l'emporte en haut

ᓵᑲᒎᐦᑖᐦᐁᐤ shaakachuwehtaheu vta ♦ il/elle la/le fait monter, l'amène en haut (d'une colline, d'un arbre)

ᓵᑲᒎᐙᓈᓐ shaakachuwaanaan ni ♦ une échelle, un escalier, une descente

ᓵᑳᔥᑌᐸᔫ shaakaashtepayuu vii -i ♦ le soleil sort des nuages

ᓵᑳᔥᑐᐌᐤ shaakaashtuweu vai ♦ il (le soleil) monte, un rayon de lumière est projeté par le soleil

ᓵᒋᑳᑌᔑᓐ shaachikaateshin vai ♦ il/elle est étendu-e ou couché-e avec les jambes qui dépassent

ᓵᒋᔥᑎᒃᐙᓀᑳᐳ shaachishtikwaanekaapuu vai -uu ♦ il/elle est debout avec la tête qui dépasse

ᓵᒋᔥᑎᒃᐙᓀᔑᓐ shaachishtikwaaneshin vai ♦ sa tête dépasse

ᓵᒥᔥᑯᐌᐤ shaamishkuweu vta ♦ il/elle la/le porte sur la peau

ᓵᒥᔥᑲᒧᑎᔦᐤ shaamishkamutiyeu vta ♦ il/elle le/la lui met directement sur la peau

ᓵᒥᔥᑲᒻ shaamishkam vti ♦ il/elle le porte sur la peau

ᓵᔒᐹᔥᑖᒻ shaashiipaashtaham vti redup ♦ il/elle le coud, le broche à la main, fait un surjet, un jeté (en tricot)

ᓵᔒᐹᔥᑌᐤ shaashiipaashtahweu vta redup ♦ il/elle la/le coud, pique, suture à la main

ᓵᔒᐹᔥᑲᒻ shaashiipaashkam vti redup ♦ il/elle fait le va-et-vient sous quelque chose

ᓵᔒᐹᔮᑯᓂᒋᐤ shaashiipaayaakunichiiu vai ♦ il/elle entre sous la neige et refait surface

ᓵᔒᐹᐦᐌᐤ shaashiipaahweu vta redup ♦ il/elle entre et sort de quelque chose (par ex. en passant sous le rabat de l'entrée du tipi)

ᓵᔒᐹᐦᑯᔔ shaashiipaahkushuu vai redup -i ♦ il/elle se réveille et se rendort; il/elle a le sommeil léger; son sommeil est intermittent

ᓵᔒᐙᐯᐤ shaashuwaapeu vai ♦ il/elle se débat pour se libérer d'un lien (par ex. un lièvre dans un collet)

ᓵᔒᐦᑴ shaashuuhkweu vai [Eastmain] ♦ il/elle glisse

ᓵᔕᑲᑎᓀᐤ shaashakatineu vta [Intérieur] ♦ il/elle l'étend sur le dos avec la main, la/le replie ou recourbe

ᓵᔕᑲᑎᓇᒻ shaashakatinam vti [Intérieur] ♦ il/elle l'étend sur le dos avec la main; il/elle le plie vers l'arrière

ᓵᔕᑲᑎᔑᒣᐤ shaashakatishimeu vta [Intérieur] ♦ il/elle la/le remet, l'étend sur le dos

ᓵᔕᑲᒋᐱᑌᐤ shaashakachipiteu vta [Intérieur] ♦ il/elle la/le tire pour la/le faire tomber à la renverse

ᓵᔕᑲᒋᐱᑖᒻ shaashakachipitam vti [Intérieur] ♦ il/elle le tire pour le faire tomber sur le dos

ᓵᔥᑲᒋᐹᔫ **shaashakachipayuu** vai -i [Intérieur] ♦ il/elle tombe à la renverse, sur le dos (par ex. sur une chaise)

ᓵᔥᑲᒋᐤ **shaashakachiiu** vai [Intérieur] ♦ il/elle s'allonge, s'étend

ᓵᔥᐋᐎᐤ **shaashaawiiu** vai redup ♦ ses muscles raides, ankylosés se détendent en travaillant

ᓵᔥᐋᑎᓂᑎᐦᒉᐤ **shaashaatinitihcheu** vai [Intérieur] ♦ il/elle a les mains nues

ᓵᔥᑳᑯᒣᐤ **shaashaakumeu** vta redup ♦ il/elle la/le mâche bien

ᓵᔥᑳᒥᓈᐋᐦᑎᒄ **shaashaakuminaanaahtikw** ni ♦ un quatre-temps, un cornouiller du Canada *Cornus canadensis*

ᓵᔥᑳᒥᓈᐦ **shaashaakuminaanh** ni pl [Intérieur] ♦ les fruits du quatre-temps, du cornouiller du Canada

ᓵᔥᑳᒥᓐᐦ **shaashaakuminh** ni [Côte] ♦ les fruits du quatre-temps, du cornouiller du Canada

ᓵᔥᑳᓄᑭᑳᔥ **shaashaakunikuchaash** na dim -im ♦ un tamia rayé, un suisse *Tamias striatus*

ᓵᔥᑳᑯᓯᐤ **shaashaakusiiu** vai ♦ il/elle est mince, svelte

ᓵᔥᑳᐦᐆᑳᓄ **shaashaakuhiikaneu** vai redup ♦ il/elle brise des os en petits morceaux

ᓵᔥᑳᐦᐊᒻ **shaashaakuham** vti redup ♦ il/elle le brise en petits morceaux

ᓵᔥᑳᐦᐌᐤ **shaashaakuhweu** vta redup ♦ il/elle la/le brise, casse en petits morceaux

ᓵᔥᑳᐦᑕᒻ **shaashaakuhtam** vti redup ♦ il/elle le mâche finement

ᓵᔥᐋᒋᑎᐦᒉᐤ **shaashaachitihcheu** vai [Côte] ♦ il/elle a les mains nues

ᓵᔥᐋᒋᓂᔥᑎᒀᓄ **shaashaachinishtikwaaneu** vai ♦ il/elle a la tête nue; il/elle est nu-tête

ᓵᔥᐋᒋᓂᔥᑎᒀᓀᑳᐴ **shaashaachinishtikwaanekaapuu** vai -uu ♦ il/elle reste debout nu-tête

ᓵᔥᐋᒋᔥᑐ **shaashaachistuu** vai ♦ il/elle est nu-pieds; il/elle a les pieds nus

ᓵᔥᐋᒋᔥᑎᔑᓐ **shaashaachishtishin** vai ♦ il/elle est étendu-e nu-pieds

ᓵᔥ **shaash** p,temps ♦ déjà; encore, toujours, jusqu'à présent ▪ ᓵᔥ ᒋᐦᑳᐦᒐ ᐃᔅᑴᐤ᙮ ▪ *Elle est déjà prête.*

ᓵᔥᑌᐤ **shaashteu** ni ♦ du gras ou de la graisse à friture

ᓵᔥᑌᒫᑯᓐ **shaashtemaakun** vii ♦ ça sent le rance

ᓵᔥᑌᒫᑯᓱᐤ **shaashtemaakusuu** vai -i ♦ il/elle sent le rance, le ranci

ᓵᔥᑌᓱᐤ **shaashtesuu** vai -i ♦ c'est de la nourriture rance, rancie

ᓵᔥᑌᔑᓐ **shaashteshin** vai ♦ c'est rance, ranci

ᓵᔥᑌᔮᐤ **shaashteyaau** vii ♦ ça reste trop longtemps et se décolore et sent mauvais; ça rancit (du gras)

ᓵᔥᑌᐦᑎᓐ **shaashtehtin** vii ♦ c'est rance

ᓵᔥᑎᒋᔖᓐ **shaashtichishaan** ni ♦ des tripailles ou intestins de poisson frits avec de la farine

ᓵᔥᑲᑎᓀᐤ **shaashkatineu** vta [Côte] ♦ il/elle l'étend sur le dos avec la main, la/le plie ou courbe vers l'arrière

ᓵᔥᑲᑎᓇᒻ **shaashkatinam** vti [Côte] ♦ il/elle l'étend sur le dos avec la main; il/elle le plie vers l'arrière, le replie

ᓵᔥᑲᑎᔑᒣᐤ **shaashkatishimeu** vta [Côte] ♦ il/elle l'étend sur le dos

ᓵᔥᑲᒋᐌᐱᓀᐤ **shaashkachiwepineu** vta ♦ il/elle la/le jette vers l'arrière, la/le renverse d'une poussée rapide

ᓵᔥᑲᒋᐌᐹᐦᐌᐤ **shaashkachiwepahweu** vta ♦ il/elle la/le frappe pour la/le faire tomber à la renverse

ᓵᔥᑲᒋᐱᑕᒻ **shaashkachipitam** vti [Côte] ♦ il/elle le tire pour le faire tomber sur le dos, en arrière

ᓵᔥᑲᒋᐸᔨᐆ **shaashkachipayihuu** vai -u ♦ il/elle est renversé-e; il/elle tombe à la renverse, sur le dos

ᓵᔥᑲᒋᐹᔫ **shaashkachipayuu** vai -i [Côte] ♦ il/elle est renversé-e; il/elle tombe à la renverse, sur le dos (par ex. sur une chaise)

ᓵᔥᑲᒋᐤ **shaashkachiiu** vai [Côte] ♦ il/elle s'allonge, s'étend

ᓵᔮᐴᑌᐤ **shaayaaputeu** vii ♦ le courant l'emmène, l'enlève

ᓵᔮᐴᑯ **shaayaapukuu** vai -u ♦ il/elle est aspiré-e ou emporté-e par le courant

ᔕᔮᑎᐊ shaayaashtin vii ♦ c'est emporté par le vent dans l'autre sens

ᔕᐦᐅᐦᐄᑲᐊ shaahkwehiikan ni ♦ un couteau, un racloir, un grattoir semi-circulaire

ᔕᐦᐅᐦᐄᒉᐅ shaahkwehiicheu vai ♦ il/elle gratte, racle, égratigne, érafle

ᔕᐦᐅᐦᐊᒻ shaahkweham vti ♦ il/elle le gratte, le racle, l'égratigne, l'érafle

ᔕᐦᐅᐦᐁᐅ shaahkwehweu vta ♦ il/elle la/le gratte, racle (une peau) avec un grattoir, un racloir en demi-lune

ᔒ

ᔒᐘᑲᓈᐳ shwaakanaapuu ni [Côte] ♦ de l'eau de neige fondue sur la glace des lacs et rivières

ᔒᐘᑲᓐ shwaakan vii ♦ la neige est vraiment molle pour marcher au printemps

ᔒᐗᔒᐘᑲᓂᒋᐸᔫ shwaashwaakanichipayuu vai redup ♦ il/elle s'enfonce dans la neige molle au printemps

ᔒᐗᔒᐘᑲᓂᒋᐸᐦᑖᐅ shwaashwaakanichipahtaau vai+o redup ♦ il/elle s'enfonce dans la neige molle au printemps (par ex. une motoneige)

ᔒᐗᔒᐘᑲᓐ shwaashwaakan vii redup ♦ la neige est molle au printemps, pour marcher ou voyager dessus

ᔒᐗᔒᐘᑲᐦᐊᒻ shwaashwaakaham vti redup ♦ il/elle s'enfonce dans la neige molle au printemps, en marchant avec des raquettes

ᔒᐗᔒᐘᒋᔑᓐ shwaashwaachishin vai redup ♦ il/elle s'enfonce dans la neige molle au printemps

ᔦ

ᔦᑳᐅᑖᐅᐦᑳᐅ yekaautaauhkaau vii ♦ c'est sablonneux

ᔦᑳᐅᔑᒣᐅ yekaaushimeu vta ♦ il/elle met du sable dessus en l'échappant

ᔦᑳᐅᔔ yekaaushuu vai dim -i ♦ c'est une plage de sable, une plage sablonneuse

ᔦᑳᐅᔥᑯᐌᐅ yekaaushkuweu vta ♦ il/elle met du sable dessus avec son pied, son corps

ᔦᑳᐅᔥᑲᒻ yekaaushkam vti ♦ il/elle y met du sable avec le pied, le corps

ᔦᑳᐅᐦᐁᐅ yekaauheu vta ♦ il/elle met du sable sur elle/lui

ᔦᑳᐅᐦᑎᑖᐅ yekaauhtitaau vai+o ♦ il/elle met du sable dessus en l'échappant

ᔦᑳᐅᐦᑑᒉᐅ yekaauhtuucheu vai ♦ il/elle a du sable dans les oreilles

ᔦᑳᐅᐦᑖᐅ yekaauhtaau vai+o ♦ il/elle met du sable dessus

ᔦᑳᐅ yekaauu vai/vii ♦ il est sablonneux, elle est sablonneuse; c'est couvert de sable; il y a du sable

ᔦᑳᐌᑲᓐ yekaawekan vii ♦ il y a du sable dessus (étalé)

ᔦᑳᐌᒋᓲ yekaawechisuu vai -i ♦ il y a du sable dessus (étalé)

ᔦᑳᐚᐱᔅᑳᐅ yekaawaapiskaau vii ♦ il y a du sable dessus (pierre, métal)

ᔦᑳᐚᐱᔅᒋᓲ yekaawaapischisuu vai -i ♦ il y a du sable dessus (pierre, métal)

ᔦᑳᐚᑲᒨ yekaawaakamuu vii -i ♦ il y a du sable dans l'eau

ᔦᑳᐚᒥᔅᑳᐅ yekaawaamiskaau vii ♦ le fond de la rivière est en sable

ᔦᑳᐚᒥᔅᒉᒎᐃᓐ yekaawaamischechuwin vii ♦ la rivière traverse un lit de sable

ᔦᑳᐚᓂᑳᐅ yekaawaanikaau vii ♦ c'est une île de sable

ᔦᑳᐚᔅᑯᓐ yekaawaaskun vii ♦ il y a du sable dessus (long et rigide)

ᔦᑳᐚᔅᑯᓲ yekaawaaskusuu vai -i ♦ il y a du sable dessus (long et rigide)

ᔦᑳᐅ yekaau ni -kaam ♦ du sable

ᔦᐦᔦᐃᓐ yehyewin ni ♦ une haleine, un souffle, une respiration

ᔦᐦᔦᐅ yehyeu vai ♦ il/elle respire

ᔦᐦᔦᐸᔫ yehyepayuu vai -i ♦ il/elle est essoufflé-e, à bout de souffle, hors d'haleine

ᔦᐦᔦᑐᑐᐌᐅ yehyetutuweu vta ♦ il/elle lui respire dessus

ᔦᐦᔦᓲ yehyesuu vai -u ♦ il/elle halète

ᔦᔦᐦᐁᐤ yehyeheu vta ♦ il/elle la/le fait respirer, souffler

ᔫ

ᔫᐁᐤ yuuweu vii ♦ ça perd de l'air; ça se dégonfle

ᔫᐁᐱᑌᐤ yuuwepiteu vta ♦ il/elle laisse l'air en sortir, la/le dégonfle

ᔫᐁᐱᑕᒼ yuuwepitam vti ♦ il/elle en laisse sortir l'air, le dégonfle

ᔫᐁᐸᔨᐦᑖᐤ yuuwepayihtaau vai+o ♦ il/elle laisse entrer l'air froid

ᔫᐛᑯᓀᔑᓐ yuuwaakuneshin vai ♦ il/elle s'enfonce dans la neige en tombant

ᔫᐛᑯᓀᐦᑎᓐ yuuwaakunehtin vii ♦ ça s'enfonce dans la neige en tombant

ᔫᐌᐸᔫ yuuwaachepayuu vai/vii -i [Intérieur] ♦ il/elle/ça dégonfle

ᔫᐌᑯᑌᐤ yuuwaachekuteu vii [Intérieur] ♦ ça se dégonfle en étant suspendu

ᔫᐌᓀᐤ yuuwaacheneu vta [Intérieur] ♦ il/elle la/le dégonfle

ᔨᐱᑌᐤ yuupiteu vta ♦ il/elle laisse passer l'air pour elle/lui

ᔨᐱᑕᒼ yuupitam vti ♦ il/elle laisse entrer l'air

ᔨᐸᔫ yuupayuu vii -i ♦ ça désenfle, dégonfle

ᔫᑎᓂᐸᔫ yuutinipayuu vii -i ♦ il y a une tempête avec des vents violents; la tempête arrive

ᔫᑎᓂᔫ yuutinishuu vai -i ♦ le vent se lève durant son voyage

ᔫᑎᓇᔅᒄ yuutinaskw na ♦ un nuage de vent

ᔫᑎᓈᑯᓐ yuutinaakun vii ♦ ça semble venteux; on dirait qu'il vente

ᔫᑎᓐ yuutin vii ♦ c'est venteux

ᔫᒉᐸᔫ yuuchepayuu vai/vii -i [Côte] ♦ il/elle/ça dégonfle

ᔫᒉᑯᑌᐤ yuuchekuteu vii [Côte] ♦ ça se dégonfle en étant suspendu

ᔫᒉᓀᐤ yuucheneu vta [Côte] ♦ il/elle la/le dégonfle

ᔫᒌᒣᐤ yuuchiimeu vta [Côte] ♦ il/elle devient trop grand-e pour elle/lui (par ex. un pantalon)

ᔫᒌᐦᑕᒼ yuuchiihtam vti [Côte] ♦ il/elle devient trop grand-e pour quelque chose

ᔫᔅᐯᔨᐦᑖᑯᓲ yuuspeyihtaakusuu vai -i ♦ c'est une personne gentille, aimable; il est gentil, doux; elle est gentille, douce

ᔫᔅᐱᓯᐤ yuuspisiiu vai ♦ il est doux, elle est douce

ᔫᔅᐹᑎᓯᐤ yuuspaatisiiu vai ♦ il/elle a le coeur tendre; il/elle vit humblement

ᔫᔅᑯᑐᐧᐁᔮᔥᑎᓐ yuuskutuweyaashtin vii ♦ la flamme vacille, tremblote dans le vent

ᔫᔅᑲᐴ yuuskapuu vai -i ♦ il/elle est assis-e sur quelque chose de mou, doux, moelleux

ᔫᔅᑲᒋᐤ yuuskachiiu vai [Côte] ♦ il/elle (tétras, perdrix) est perché-e dans un arbre et ne s'envole pas quand un chasseur s'approche pour tirer

ᔫᔅᑳᐅᓈᐤ yuuskaaunaau vii ♦ c'est doux (la température en hiver)

ᔫᔅᑳᐅᐦᑳᐤ yuuskaauhkaau vii ♦ c'est du sable mou

ᔫᔅᑳᐤ yuuskaau vii ♦ c'est mou, tendre

ᔫᔅᑳᐹᐅᑖᐤ yuuskaapaautaau vai+o ♦ il/elle l'assouplit en le faisant tremper dans l'eau

ᔫᔅᑳᐹᐁᐤ yuuskaapaaweu vai ♦ il/elle est assoupli-e par l'eau

ᔫᔅᒋᑌᐦᐁᐤ yuuschiteheu vai ♦ il/elle a le coeur tendre

ᔫᔅᒋᑕᐦᒋᓲ yuuschitahchisuu vai -i ♦ il est tendre (du bois utile)

ᔫᔅᒋᓀᐤ yuuschineu vta ♦ il/elle l'adoucit, l'amollit, l'assouplit à la main

ᔫᔅᒋᓇᒼ yuuschinam vti ♦ il/elle l'assouplit à la main

ᔫᔅᒋᓯᐤ yuuschisiiu vai ♦ il/elle est tendre, souple; il est doux, mou, moelleux; elle est douce, molle, moelleuse

ᔫᔅᒋᔑᓐ yuuschishin vai ♦ il/elle est couché-e sur quelque chose de mou, doux, moelleux

ᔫᔥᒋᐁᐤ yuuschiheu vta ♦ il/elle l'amollit, l'assouplit, le/la ramollit

ᔫᔥᒋᐦᑕᑳᐤ yuuschihtakaau vii ♦ c'est tendre (bois utile)

ᔫᔥᒋᐦᑖᐤ yuuschihtaau vai+o ♦ il/elle l'assouplit

ᔫᔫᔥᑳᓲ yuuyuuskaasuu na ♦ une sorte de hibou ou de chouette

ᔫᐦᐄᑲᓇᒡ yuuhiikanach na pl -im ♦ de la viande ou du poisson séché et pulvérisé

ᔫᐦᐄᒉᐤ yuuhiicheu vai ♦ il/elle prépare de la viande séchée en poudre ou du poisson séché en poudre

ᔫᐦᑌᐌᐱᓀᐤ yuuhtewepineu vta ♦ il/elle ouvre la porte toute grande

ᔫᐦᑌᐌᐱᓇᒼ yuuhtewepinam vti ♦ il/elle l'ouvre tout grand (par ex. une porte, une fenêtre)

ᔫᐦᑌᐌᐱᔥᑲᒼ yuuhtewepishkam vti ♦ il/elle l'ouvre à coups de pied

ᔫᐦᑌᐱᑌᐤ yuuhtepiteu vta ♦ il/elle ouvre le rabat de l'entrée du tipi

ᔫᐦᑌᐱᑕᒼ yuuhtepitam vti ♦ il/elle tire pour ouvrir la porte de la tente

ᔫᐦᑌᑯᑌᐤ yuuhtekuteu vii ♦ l'entrée du tipi reste ouverte

ᔫᐦᑌᑯᑖᐤ yuuhtekutaau vai+o ♦ il/elle laisse ouverte la porte du tipi ou de la tente

ᔫᐦᑌᓀᐤ yuuhteneu vta ♦ il/elle l'ouvre (la porte du tipi)

ᔫᐦᑌᓇᒼ yuuhtenam vti ♦ il/elle l'ouvre (l'entrée du tipi)

ᔫᐦᑌᔮᔥᑯᐦᐊᒼ yuuhteyaaskuham vti ♦ il/elle ouvre la porte du tipi avec un bâton

ᔫᐦᑌᔮᔥᑯᐦᐌᐤ yuuhteyaaskuhweu vta ♦ il/elle ouvre la porte du tipi avec un bâton

ᔫᐦᑌᔮᔒ yuuhteyaashuu vai -i ♦ elle (la porte du tipi) est soulevée par le vent

ᔫᐦᑌᔮᔥᑎᓐ yuuhteyaashtin vii ♦ la porte du tipi est ouverte par le vent

ᔫᐦᑌᐦᐊᒼ yuuhteham vti ♦ il/elle ouvre l'entrée du tipi

ᔫᔫᒣᐤ yuuhyuumeu vta redup ♦ il/elle aspire l'air par quelque chose

ᔫᔫᔥᑌᐤ yuuhyuusteu vai redup [Côte] ♦ il/elle se fait passer un savon; il/elle se fait réprimander, gronder, sermonner

ᔫᔫᔥᒋᑌᐤ yuuhyuuschiteu vai redup [Intérieur] ♦ il/elle se fait passer un savon; il/elle se fait réprimander, gronder, sermonner

ᔫᔫᔥᑲᒼ yuuhyuushkam vti redup ♦ il/elle laisse sortir l'air, le dégonfle en appuyant le pied dessus (par ex. un matelas gonflable)

ᔫᔫᐦᑕᒼ yuuhyuuhtam vti redup ♦ il/elle aspire l'air par quelque chose

ᔾ

ᔭᑯᔅᑯᓂᐸᔫ yakuskunipayuu vii -i ♦ le temps se couvre; les nuages arrivent

ᔭᑯᔅᑯᓈᑯᓐ yakuskunaakun vii ♦ on dirait que ça va s'ennuager, se couvrir

ᔭᑯᔅᑯᓐ yakuskun vii ♦ c'est nuageux

ᔮᐦᑲᒋᐦᑕᒼ yahkachihtam vti ♦ il/elle en augmente la valeur, en monte le prix

ᔮᐦᑲᐦᐄᑲᓈᐦᑎᒄ yahkahiikanaahtikw ni ♦ un bâton servant à pousser quelque chose

ᔮᐦᑲᐦᐊᒨᐌᐤ yahkahamuweu vta ♦ il/elle la/le pousse pour elle/lui avec un objet

ᔮᐦᑲᐦᐊᒼ yahkaham vti ♦ il/elle le pousse avec quelque chose

ᔮᐦᑲᐦᐌᐤ yahkahweu vta ♦ il/elle la/le pousse avec quelque chose

ᔮᐦᑳᔥᑕᒨᐎᓐ yahkaashtamuwin ni [Eastmain] ♦ une voile, traditionnellement la voile utilisée dans les canots

ᔮᐦᒋᐱᑌᐤ yahchipiteu vta ♦ il/elle la/le pousse

ᔮᐦᒋᐱᑕᒼ yahchipitam vti ♦ il/elle le secoue

ᔮᐦᒋᐸᔫ yahchipayuu vai/vii -i ♦ il/elle est poussé-e; c'est poussé

ᔮᐦᒋᓀᐤ yahchineu vta ♦ il/elle la/le pousse de la main

ᔮᐦᒋᓇᒼ yahchinam vti ♦ il/elle le pousse avec la main

ᔌⁿᒥᙷᐁᐤ **yahchishkuweu** vta ♦ il/elle la/le pousse avec son pied, son corps

ᔌⁿᒥᑲᒫ **yahchishkam** vti ♦ il/elle le pousse avec le pied, le corps

ᔌⁿᒋᐁᐤ **yahchiheu** vta ♦ il/elle l'augmente

ᔌⁿᒋᐆ **yahchihuu** vai-u ♦ il/elle augmente (par ex. de l'argent en banque)

ᔌⁿᒋᐦᑖᐤ **yahchihtaau** vai+o ♦ il/elle l'augmente

ᔌ

ᔌᐃᑌ **yaaite** p,manière ♦ s'assurer, être certain, pour sûr ▪ ᔌᐃᑌ ᐲᓴ ᐯᑦᐦ ᐊᐦ Lᒐᐦᐋᑖᐯˣ ▪ *Assure-toi de rapporter le livre.*

ᔌᐃᐅᔾᒣᐤ **yaaiteyimeu** vta ♦ il/elle est ferme envers elle/lui, têtu-e, entêté-e, déterminé-e à son sujet

ᔌᐃᐅᐃⁿᑕᒥ **yaaiteyihtam** vti ♦ il/elle est ferme, têtu-e, déterminé-e à propos de quelque chose

ᔌᐃᑎᒧᐦᐁᐤ **yaaitimuheu** vta ♦ il/elle la/le met solidement dessus

ᔌᐃᑎᒧᐦᑖᐤ **yaaitimuhtaau** vai+o ♦ il/elle le met, le pose, l'installe solidement

ᔌᐃᑎᒨ **yaaitimuu** vai/vii-u ♦ il/elle est posé-e fermement; c'est mis solidement sur quelque chose

ᔌᐃᑎᓀᐤ **yaaitineu** vta ♦ il/elle la/le tient fermement

ᔌᐃᑎᓂᔐᐤ **yaaitinischeu** vai ♦ il/elle a une bonne poigne, une prise solide

ᔌᐃᑎᓇᒥ **yaaitinam** vti ♦ il/elle le tient fermement

ᔌᐃᑎᓐ **yaaitin** vii ♦ c'est solide, sûr (ne brisera pas)

ᔌᐃᑎᓯᐤ **yaaitisiiu** vai ♦ il/elle est ferme

ᔌᐃᑕᐴ **yaaitapuu** vai-i ♦ il/elle est assis-e solidement, avec raideur

ᔌᐃᒐᐱᐦᑳᑌᐤ **yaaitaapihkaateu** vta ♦ il/elle l'attache solidement

ᔌᐃᒐᐱᐦᑳᑕᒥ **yaaitaapihkaatam** vti ♦ il/elle l'attache solidement, fermement

ᔌᐃᑖᔥᑯᔑᒣᐤ **yaaitaashkushimeu** vta ♦ il/elle l'appuie, la/le pose solidement

ᔌᐃᑖᔥᑯᔥᑌᐤ **yaaitaashkushteu** vii ♦ c'est posé solidement, installé fermement (long et rigide)

ᔌᐃᑖᔥᑯᔥᑖᐤ **yaaitaashkushtaau** vai+o ♦ il/elle le dépose, le pose fermement

ᔌᐃᑳᐯᑳᐳ **yaaikaapekapuu** vai-i ♦ il/elle est placé-e le long de quelque chose (filiforme)

ᔌᐃᑳᐯᑳᔥᑌᐤ **yaaikaapekashteu** vii ♦ c'est en bandes, bandelettes, lanières

ᔌᐃᑳᐯᔥᐌᐤ **yaaikaapeshweu** vta ♦ il/elle la/le découpe en lanières, en bandes sur les bords, la bordure

ᔌᐃᑳᐯᔑᒥ **yaaikaapesham** vti ♦ il/elle coupe en bandes, en lanières à la bordure

ᔌᐃᑳᐱᐦᒉᐱᑌᐤ **yaaikaapihchepiteu** vta ♦ il/elle la/le déchire en bandes, en lanières

ᔌᐃᑳᐱᐦᒉᐱᑕᒥ **yaaikaapihchepitam** vti ♦ il/elle le déchire en lanières, en bandes

ᔌᐃᒋᑳᐴ **yaaichikaapuu** vai/vii-uu ♦ il/elle/ça se tient debout solidement

ᔌᐃᒋᑳᐴᐦᐁᐤ **yaaichikaapuuheu** vta ♦ il/elle la/le met ou pose debout solidement, la/le fait tenir debout bien fermement

ᔌᐃᒋᑳᐴᐦᑖᐤ **yaaichikaapuuhtaau** vai+o ♦ il/elle le dresse, le monte, le pose solidement

ᔌᐃᒋᒀᑌᐤ **yaaichikwaateu** vta ♦ il/elle la/le coud solidement

ᔌᐃᒋᒀᑕᒥ **yaaichikwaatam** vti ♦ il/elle coud solidement

ᔌᐃᒋᔑᓐ **yaaichishin** vai ♦ il/elle est étendu-e fermement

ᔌᐃᒋᔥᑌᐤ **yaaichishteu** vii ♦ c'est posé solidement, fermement

ᔌᐃᒋᔥᑖᐤ **yaaichishtaau** vai ♦ il/elle le pose, l'installe solidement

ᔌᐃᒋᐁᐤ **yaaichiheu** vta ♦ il/elle l'attache solidement; il/elle le confirme dans la religion

ᔌᐃᒋᐦᑖᐤ **yaaichihtaau** vai+o ♦ il/elle l'affermit, le solidifie

ᔕᐃᔥᒋᐯᐅ° yaaischipiteu vta ♦ il/elle la/le tire de quelque chose (filiforme, une bande, une lanière)

ᔕᐃᔑᒋᐸᑕᒼ yaaischipitam vti ♦ il/elle le tire, le retire de quelque chose (filiforme, une lanière)

ᔕᐃᔑᐤ° yaaischiiu vai ♦ il/elle se tire hors de quelque chose

ᔕᐃᔑᒣᐅ° yaaishimeu vta ♦ il/elle frotte une allumette

ᔕᐅᓈᐋᑎᑲᓐ yaaunaawaatikan vii [Intérieur] ♦ c'est un long trou profond; le tunnel s'enfonce profondément

ᔕᐅᓈᑯᓐ° yaaunaakun vii ♦ c'est loin, lointain

ᔕᐅᓈᑯᓱᐤ yaaunaakusuu vai-i ♦ il/elle est loin, éloigné-e

ᔕᐅᑖᑯᓐ° yaauhtaakun vii ♦ on dirait que le bruit vient de loin

ᔕᐅᑖᑯᓱᐤ yaauhtaakusuu vai-i ♦ il/elle semble loin, éloigné-e; on l'entend au loin

ᔕᐯᑌᐅ° yaaweteu vii ♦ on entend un coup de fusil au loin

ᔕᐯᑕᒼ yaawetam vti ♦ il/elle semble être loin quand il/elle appelle; on dirait qu'il/elle est loin à l'entendre appeler

ᔕᐚᐸᒣᐅ° yaawaapameu vta ♦ il/elle est loin d'elle/de lui; il/elle est éloigné-e de quelqu'un

ᔕᐚᐸᑕᒼ yaawaapahtam vti ♦ il/elle en est loin

ᔕᓱᓯᑯᐊᒼ yaasuusikuham vti ♦ il/elle pagaie là où il y a de la glace sur l'eau au printemps, passe en canot parmi les glaces au printemps

ᔕᔑᐸᔫ yaashipayuu vii-i ♦ ça descend

ᔕᔑᐤ° yaashiiu vai ♦ il/elle descend

ᔕᔖᐱᐦᒉᓀᐅ° yaashaapihcheneu vta ♦ il/elle l'abaisse, la/le fait descendre avec une corde

ᔕᔖᐱᐦᒉᓇᒼ yaashaapihchenam vti ♦ il/elle le descend, le baisse, l'abaisse avec une corde

ᔮᔦᐤ° yaayeweu vai ♦ il/elle marche le long du rivage

ᔮᔦᐸᔫ yaayewepayuu vai/vii-i ♦ il/elle/ça suit le bord de l'eau, le rivage

ᔮᔦᐸᑖᐤ° yaayewepahtaau vai ♦ il/elle court le long de la berge, de la rive, du rivage ou de la plage

ᔮᔦᐌᑎᓐ° yaayewetin vii ♦ c'est gelé le long du rivage

ᔮᔦᐌᑕᐅᑦᒋᐸᑕᒼ yaayewetaauhchipitam vti ♦ il (un castor) creuse un tunnel le long de la berge, de la rive

ᔮᔦᐌᓯᑯᑎᓐ° yaayewesikutin vii ♦ ça gèle au bord de l'eau

ᔮᔦᐌᓯᒁᐤ yaayewesikwaau vii ♦ il y a de la glace au bord de l'eau

ᔮᔦᐌᔅᑯᐱᒎ yaayeweskupichuu vai-i ♦ il/elle marche sur la glace le long de la rive en déplaçant le camp d'hiver

ᔮᔦᐌᔅᑯᐸᑖᐤ° yaayeweskupahtaau vai ♦ il/elle court sur la glace au bord de l'eau

ᔮᔦᐌᔅᑯᑑᐤ° yaayeweskutuuteu vai ♦ il/elle le porte sur son dos le long du rivage sur la glace

ᔮᔦᐌᔅᑯᑑᑖᒣᐅ yaayeweskutuutaameu vta ♦ il/elle la/le porte sur son dos le long de la rive, sur la glace

ᔮᔦᐌᔅᑯᑖᐯᐤ° yaayeweskutaapeu vai ♦ il/elle marche sur la glace le long du rivage en tirant une charge

ᔮᔦᐌᔅᑯᑖᐹᑌᐤ° yaayeweskutaapaateu vta ♦ il/elle marche sur la glace le long de la rive en la/le tirant

ᔮᔦᐌᔅᑯᑦᑌᐤ° yaayeweskuhteu vai ♦ il/elle marche sur la glace le long du rivage

ᔮᔦᐌᔅᑯᑦᑕᐦᐁᐤ yaayeweskuhtaheu vta ♦ il/elle l'emmène sur la glace le long de la rive

ᔮᔦᐌᔅᑯ yaayeweskuu vai-u ♦ il/elle marche sur la glace au bord de la rivière, du lac

ᔮᔦᐌᔅᒉᒋᐴ yaayeweschechipichuu vai-i ♦ il/elle avance à pied à la limite du muskeg

ᔮᔦᐌᔅᒉᑦᒋᐸᑖᐤ° yaayeweschehchipahtaau vai ♦ il/elle court à la limite du muskeg

ᔮᔦᐌᔮᐯᑲᒧᐦᐁᐅ yaayeweyaapekamuheu vta ♦ il/elle la/le met le long de la rive (filiforme)

ᔭᐁᐌᑲᒧᐦᑖᐤ
yaayeweyaapekamuhtaau vai+o
• il/elle le met, le pose, l'installe le long du rivage (filiforme)

ᔭᐁᐌᑲᒨ yaayeweyaapekamuu vii-u
• c'est mis, posé le long du rivage (filiforme)

ᔭᐁᐌᐲᑌᐤ yaayeweyaapihteu vii • la fumée suit le rivage

ᔭᐁᐌᐲᐦᒉᔑᓐ yaayeweyaapihcheshin vai • il/elle est étendu-e sur le côté de la tente

ᔭᐁᐌᑖᑳᓯᐸᐦᑖᐤ yaayeweyaatikaasipahtaau vai • il/elle court dans l'eau le long du rivage

ᔭᐁᐌᑖᑳᓯᑕᐦᐁᐤ yaayeweyaatikaasitaheu vta • il/elle l'amène le long de la rive, en marchant dans l'eau

ᔭᐁᐌᑖᑳᓯᐦᑎᑖᐤ yaayeweyaatikaasihtitaau vai+o • il/elle l'amène ou l'apporte le long du rivage, en marchant dans l'eau

ᔭᐁᐌᑖᑳᓲ yaayeweyaatikaasuu vai-i
• il/elle marche dans l'eau le long du rivage

ᔭᐁᐌᑖᑳᓲᑖᒣᐤ yaayeweyaatikaasuutaameu vta
• il/elle marche dans l'eau le long de la rive, en la/le portant sur son dos

ᔭᐁᐌᑖᑳᓲᐦᑌᐤ yaayeweyaatikaasuuhteu vai • il/elle marche dans l'eau le long du rivage en portant quelque chose sur son dos

ᔭᐁᐌᔔ yaayeweyaashuu vai-i
• il/elle vogue, souffle le long de la rive

ᔭᐁᐌᔥᑎᓐ yaayeweyaashtin vii • ça navigue, souffle le long du rivage

ᔭᐁᐌᐦᒡ yaayeweyaahch p,lieu • le long de la rive, du rivage, de la côte ou de la berge

ᔭᐁᐦᐳᑖᐤ yaayewehutaau vai+o
• il/elle l'emporte le long du rivage en pagayant

ᔭᐁᐦᐳᔦᐤ yaayewehuyeu vta • il/elle l'amène le long de la rive en pagayant

ᔭᐁᐦᐊᒻ yaayeweham vti • il/elle pagaie le long du rivage

ᔮᔦᐤ yaayeu p,lieu • le long de la rive, du rivage, de la côte ou de la berge ▪ ᓂᑑᐱᒫᑌᐤ ᐊᓂᒥ ᔮᔦᐤ ▪ *Il est allé se promener le long de la rive.*

ᔮᔨ yaayi p,lieu • au bord, sur le bord ▪ ᑕᐳᔥᑕ ᐊᓂᒡ ᔮᔨ ᒥᕐᒑᐦᑎᑯᐦᒡ ▪ *Elle s'est cognée sur le bord de la table.*

ᔮᔨᐁᐸᔨᐦᐁᐤ yaayiwepayiheu vta
• il/elle la/le mène le long du bord de l'eau

ᔮᔨᐁᐸᔨᐦᑖᐤ yaayiwepayihtaau vai+o
• il/elle l'amène ou l'emporte le long du rivage

ᔮᔨᐁᔑᑳᒣᐤ yaayiweshikaameu vai [Côte]
• il/elle marche le long du rivage plus à l'intérieur des terres, alors que d'autres sautent les rapides

ᔮᔨᐁᔮᔑᑳᒣᐤ yaayiweyaashikaameu vai [Intérieur] • il/elle marche le long du rivage plus à l'intérieur des terres, alors que d'autres sautent les rapides

ᔮᔨᐲᑌᐤ yaayipiteu vta • il/elle l'effleure d'un mouvement rapide de la main

ᔮᔨᐱᑕᒻ yaayipitam vti • il/elle le brosse rapidement avec la main

ᔮᔨᐸᐦᑖᐤ yaayipahtaau vai • il/elle court au bord de

ᔮᔨᑳᒣᔅᑰ yaayikaameskuu vai • il/elle marche sur la glace le long de la rive

ᔮᔨᑳᒣᔥᑲᒻ yaayikaameshkam vti • il/elle marche au bord de la rivière

ᔮᔨᑳᒻ yaayikaam p,lieu • le bord du littoral, la limite du rivage ou de la rive, le bord de l'eau

ᔮᔨᑳᔅᑯᔑᒣᐤ yaayikaaskushimeu vta
• il/elle la/le déchire en l'accrochant à quelque chose (par ex. un arbre)

ᔮᔨᑳᔅᑯᐦᑎᑖᐤ yaayikaaskuhtitaau vai+o
• il/elle le déchire en l'accrochant à quelque chose (par ex. un arbre, un clou)

ᔮᔨᒋᐲᑌᐤ yaayichipiteu vta • il/elle en déchire une bande, une lanière

ᔮᔨᒋᐱᑕᒻ yaayichipitam vti • il/elle en déchire une bande (par ex. d'un tissu)

ᔮᔨᒋᐸᔤ yaayichipayuu vai/vii-i
• il/elle/ça se déchire; c'est déchiré

ᔮᔨᒋᔕᒻ yaayichisham vti • il/elle en coupe une bande, découpe une lanière avec une lame

ᔮᔨᒋᔥᑯᐧᐁᐤ yaayichishkuweu vta ♦ il/elle en déchire une bande en marchant dessus

ᔮᔨᒋᔥᑲᒻ yaayichishkam vti ♦ il/elle en déchire une bande en marchant dessus

ᔮᔨᓀᐤ yaayineu vta ♦ il/elle l'effleure, la/le caresse de la main

ᔮᔨᓇᒻ yaayinam vti ♦ il/elle le brosse, le caresse avec la main; il/elle passe la main sur quelque chose

ᔮᔨᔅᑵᓀᐤ yaayiskweneu vta ♦ il/elle lui caresse la tête, la chevelure

ᔮᔨᔅᑲᓅ yaayiskanuu p,lieu ♦ au bord ou le long d'un sentier, d'un chemin ou d'une route

ᔮᔨᔥᑎᒄ yaayishtikw p,lieu ♦ sur la rive ou le rivage d'une rivière, au bord ou le long d'une rivière

ᔮᔨᐦᑎᒡ yaayihtich p,lieu ♦ le long d'un mur

ᔮᔨᐦᑵᓀᐤ yaayihkweneu vta ♦ il/elle lui caresse le visage, lui passe la main sur la face

ᔮᔮᐤ yaayaau p,lieu ♦ à la lisière, le long de ou au bord de quelque chose d'autre que de l'eau

ᔮᔮᐱᔅᑲᐦᐊᒻ yaayaapiskaham vti ♦ il/elle marche au bord du rocher

ᔮᔮᐱᔅᒋᔑᓐ yaayaapischishin vai ♦ il/elle glisse le long de quelque chose (roche, métal, par ex. le poêle)

ᔮᔮᐱᔅᒋᐦᑎᓐ yaayaapischihtin vii ♦ c'est posé, placé le long d'un objet métallique; ça glisse, tombe au bord de quelque chose de métallique

ᔮᔮᐱᔅᒡ yaayaapisch p,lieu ♦ au bord du rocher

ᔮᔮᐱᐦᒉᔑᒣᐤ yaayaapihcheshimeu vta ♦ il/elle la/le met à côté, le pose près de quelque chose (par ex. un castor)

ᔮᔮᐳᐧᐁᐤ yaayaapuweu vai ♦ il/elle boit un liquide

ᔮᔮᐳᐧᐋᓐ yaayaapuwaan ni ♦ une boisson, un liquide à boire

ᔮᔮᐹᐧᐁᐤ yaayaapaaweu vai/vii ♦ il/elle/ça a du liquide qui coule sur le rebord

ᔮᔮᔅᑯᓀᐤ yaayaaskuneu vta ♦ il/elle la/le brosse, balaie de la main (long et rigide)

ᔮᔮᔅᑯᓇᒻ yaayaaskunam vti ♦ il/elle l'effleure (long et rigide) de la main

ᔮᔮᔅᑯᐦᑌᐤ yaayaaskuhteu vai ♦ il/elle marche le long de la clairière

ᔮᔮᔅᑰ yaayaaskuu vai -u ♦ il/elle se retient ou s'accroche à quelque chose

ᔮᔮᔑᑯᐧᐋᐴ yaayaashikuwaapuu vai redup -i ♦ il/elle a des larmes qui coulent sur ses joues; il/elle pleure

ᔮᔮᔩᐦᑵᓀᐤ yaayaayihkweneu vta redup ♦ il/elle lui caresse la tête, lui passe la main sur les cheveux

ᔮᔮᐦᑎᒄ yaayaahtikw p,lieu ♦ autour de la forêt, à la lisière du bois

ᔮᔮᐦᑕᐴ yaayaahtapuu vai redup -i ♦ il/elle bouge en étant assis-e

ᔮᔮᐦᑕᑯᑖᐤ yaayaahtakutaau vai+o redup ♦ il/elle le déplace du lieu où c'était suspendu

ᔮᔮᐦᑕᑯᔦᐤ yaayaahtakuyeu vai redup ♦ il/elle le déplace du lieu où c'était suspendu

ᔮᔮᐦᑕᐦᐊᒻ yaayaahtaham vti redup ♦ il/elle le brasse pendant que ça cuit dans l'eau

ᔮᔮᐦᑕᐦᐧᐁᐤ yaayaahtahweu vta redup ♦ il/elle la/le brasse durant la cuisson dans l'eau

ᔮᔮᐦᑖᔅᑯᐦᐊᒻ yaayaahtaaskuham vti redup ♦ il/elle le déplace, le bouge avec un bâton, une perche; il/elle le bouge, le déplace (un bâton, une perche)

ᔮᔮᐦᑖᔔ yaayaahtaashuu vai redup -i ♦ il/elle est mu-e par le vent; il/elle se balance au vent

ᔮᔮᐦᑖᔥᑎᓐ yaayaahtaashtin vii redup ♦ ça bouge à cause du vent

ᔮᔮᐦᑖᔥᑯᔥᑎᓐ yaayaahtaashkushtin vii redup ♦ les arbres bougent au vent

ᔮᔮᐦᒋᐱᑌᐤ yaayaahchipiteu vta redup ♦ il/elle la/le tire et la/le secoue, l'agite

ᔮᔮᐦᒋᐱᑕᒻ yaayaahchipitam vti redup ♦ il/elle le tire et le secoue

ᔮᔮᐦᒋᐸᔫ yaayaahchipayuu vai/vii redup -i ♦ il/elle bouge tout-e seul-e; ça bouge tout seul

ᔮᔮᐦᒋᑳᐴ yaayaahchikaapuu vai redup -uu ♦ il/elle se déplace en étant debout

ᔮᔮᐦᒌᐤ yaayaahchiiu vai redup ♦ il/elle bouge beaucoup

ᔭᔮᐦᒌᒪᑲᓐ yaayaahchiimakan vii redup
 • ça bouge

ᔭᔮᐦ yaayaahch p,manière • continuer de faire quelque chose après s'être fait dire de ne pas le faire, désobéissance ■ ᐋᓅ ᔭᔮᐦ ᐃᑉᒡ ᑎᐱᑦ ᐁ ᐃᒡᑑᒡᕽ ■ *Il continue ce qu'il faisait même si on lui a dit de faire autre chose.*

ᔮᐦᐄᑳᑦ yaahiikaham vti • il/elle le replie en arrière avec quelque chose

ᔮᐦᐄᑳᐌᐤ yaahiikahweu vta • il/elle la/le plie vers l'arrière avec quelque chose

ᔮᐦᐄᑳᐤ yaahiikaau vii • c'est plié vers l'arrière

ᔮᐦᐄᑳᐱᐦᒉᐳᑖᐤ yaahiikaapihcheputaau vai+o • il/elle le scie en bandes

ᔮᐦᐄᑳᐱᐦᒉᐳᔦᐤ yaahiikaapihchepuyeu vta • il/elle la/le scie en bandes

ᔮᐦᐄᑳᐱᐦᒉᔱᐌᐤ yaahiikaapihcheshweu vta • il/elle la/le coupe en bandes, en lanières

ᔮᐦᐄᑳᐱᐦᒉᔕᒼ yaahiikaapihchesham vti • il/elle le coupe en lanières, en bandes

ᔮᐦᐄᑳᔅᑯᓐ yaahiikaaskun vai-i • il/elle est plié-e, fléchi-e, incurvé-e vers l'arrière (long et rigide)

ᔮᐦᐄᑳᔅᑯᓱ yaahiikaaskusuu vai-i • il (un arbre) est plié, fléchi, incurvé

ᔮᐦᐄᑳᔓ yaahiikaashuu vai-i • il/elle est fendu-e, déchiré-e par le vent (étalé, toile)

ᔮᐦᐄᑳᔥᑎᓐ yaahiikaashtin vii • c'est fendu, déchiré par le vent (étalé, de la toile)

ᔮᐦᐄᒋᓀᐤ yaahiichineu vta • il/elle la/le plie en arrière avec la main

ᔮᐦᐄᒋᓇᒼ yaahiichinam vti • il/elle le replie vers l'arrière avec la main

ᔮᐦᐄᒋᓲ yaahiichisuu vai-i • il/elle est penché-e, plié-e, fléchi-e vers l'arrière

ᔮᐦᐄᒋᔓᐌᐤ yaahiichishweu vta • il/elle en coupe une lanière avec une lame

ᔮᐦᑲᒥᔖᐤ yaahkamishaau vai • il/elle va souvent uriner, pisser

ᔮᐦᒋᐱᑌᐤ yaahchipiteu vta • il/elle la/le déplace, bouge

ᔮᐦᒋᐱᑕᒼ yaahchipitam vti • il/elle le déplace, le bouge

ᔮᐦᔮᐅᒋᒨ yaahyaauchimuu vai-u • il/elle ne cesse de répéter la même chose, de poser des questions stupides

ᐧᔭ

ᐧᔭᐛᔅᒋᑲᓀᑲᓲ ywaawaaschikanekasuu vai-u • la poitrine d'un castor rôti dégonfle en cuisant

ᐧᔭᐸᔪ ywaapayuu vai/vii-i • il/elle/ça tombe, diminue, faiblit, s'affaisse, se comprime, dégonfle

ᐧᔭᒃ ywaak ni-im • un joug, un attelage, une palanche, de l'anglais 'yoke'

ᐧᔭᒉᐸᔩᐦᐁᐤ ywaachepayiheu vta • il/elle la/le laisse dégonfler

ᐧᔭᒉᐸᔩᐦᑖᐤ ywaachepayihtaau vii vai+o • il/elle, ça le laisse dégonfler

ᐧᔭᒉᐸᔪ ywaachepayuu vai/vii-i • il/elle/ça dégonfle

ᐧᔭᒉᑲᓲ ywaachekasuu vai-u • le castor rôti dégonfle en cuisant

ᐧᔭᒉᓀᐤ ywaacheneu vta • il/elle la/le comprime avec la main

ᐧᔭᒉᓇᒼ ywaachenam vti • il/elle le comprime à la main

ᐧᔭᒉᔥᑯᐌᐤ ywaacheshkuweu vta • il/elle la/le comprime, dégonfle avec le pied, le poids de son corps (par ex. un ballon)

ᐧᔭᒉᔥᑲᒼ ywaacheshkam vti • il/elle le comprime, le dégonfle avec le pied, le poids du corps

ᐧᔭᓀᐤ ywaaneu vta • il/elle la/le tasse, comprime (par ex. de la neige)

ᐧᔭᓇᒼ ywaanam vti • il/elle le comprime (par ex. de la mousse gelée)

ᐧᔭᔥᑎᓐ ywaashtin vii • c'est calme (voir *aywaashtin*)

ᐧᔭᐧᔭᒋᔑᓐ ywaaywaachishin vai redup [Côte] • il/elle s'enfonce dans la neige molle

ᓅ

ᓖᓯᐯᑕᑯᑦ lesipetakut ni [Côte] • un jupon de dentelle

www.ingramcontent.com/pod-product-compliance
Lightning Source LLC
Chambersburg PA
CBHW021954160426
43197CB00007B/125